Sistemas de Controle

Joseph J. DiStefano III é mestre em Sistemas de Controle e doutor em Biocibernética pela University of California, Los Angeles (UCLA) em 1966. Atualmente é professor de Ciências da Computação e Medicina, diretor do Biocybernetics Research Laboratory e presidente do Cybernetics Interdepartmental Program na UCLA. Ele também é membro do Conselho Editorial do *Annals of Biomedical Engineering* e do *Optimal Control Applications and Methods* e é editor e fundador do *Modeling Methodology Forum* do *American Journals of Psychology*. É autor de mais de 100 artigos e livros sobre pesquisa e participa ativamente da teoria de modelagem de sistemas e do desenvolvimento de softwares, bem como de pesquisas laboratoriais experimentais na área de Fisiologia.

Allen R. Stubberud obteve seu grau de bacharel pela University of Idaho e seus títulos de mestre e doutor pela University of California, Los Angeles (UCLA). Atualmente é professor de Engenharia de Computação e Engenharia Elétrica na University of California, Irvine. O Dr. Stubberud é autor de mais de 100 artigos e livros e é membro de diversas organizações profissionais e técnicas, incluindo o American Institute of Aeronautics and Astronautics (AIAA). Ele é membro do Institute of Electrical and Electronics Engineers (IEEE) e da American Association of the Advancement of Sciences (AAAS).

Ivan J. Williams obteve seu grau de bacharel e títulos de mestre e doutor pela University of California, em Berkeley. Ministrou a disciplina de engenharia de sistemas de controle na University of California, Los Angeles. Atualmente é gerente de projetos na empresa Space and Technology Group of TRW, Inc.

D614s   DiStefano III, Joseph J.
         Sistemas de controle / Joseph J. DiStefano III, Allen R. Stubberud, Ivan J. Williams ; tradução: José Lucimar do Nascimento ; revisão técnica: Antônio Pertence Júnior – 2. ed. – Porto Alegre : Bookman, 2014.
         xii, 499 p. : il. ; 28 cm.

         ISBN 978-85-8260-233-1

         1. Engenharia. 2. Sistema de controle. I. Stubberud, Allen R. II. Williams, Ivan J. III. Título.

                                                            CDU 681.5

Catalogação na publicação: Poliana Sanchez de Araujo – CRB 10/2094

Joseph J. DiStefano III
Departaments of Computer
Science and Medicine
University of California, Los Angeles

Allen R. Stubberud
Departaments of Electrical
and Computer Engineering
University of California, Irvine

Ivan J. Williams
Space and Technology Group,
TWR, Inc.

Sistemas de Controle

Segunda edição

Tradução
José Lucimar do Nascimento
Engenheiro Eletrônico e de Telecomunicação pela PUC-MG
Especialista em Sistemas de Controle pela UFMG
Professor e Coordenador de Ensino do CETEL

Revisão técnica
Antônio Pertence Júnior
Mestre em Engenharia pela Universidade Federal de Minas Gerais
Especialista em Processamento de Sinais
Professor da Universidade FUMEC-MG

bookman

2014

Obra originalmente publicada sob o título
Schaum's Outline of Feedback and Control Systems, 2nd Edition
ISBN 0071635122 / 9780071635127

Original edition copyright ©2012, The McGraw-Hill Global Education Holdings, LLC, New York, New York 10020.
All rights reserved.

Portuguese language translation copyright ©2014, Bookman Companhia Editora Ltda., a Division of Grupo A Educação S.A.
All rights reserved.

Gerente editorial: *Arysinha Jacques Affonso*

Colaboraram nesta edição:

Editora: *Denise Weber Novaczyk*

Capa: *Kaéle Finalizando Ideias (arte sobre capa original)*

Leitura final: *Renata Ramisch e Carolina Utinguassu Flores*

Editoração: *Techbooks*

Reservados todos os direitos de publicação, em língua portuguesa, à
BOOKMAN EDITORA LTDA., uma empresa do GRUPO A EDUCAÇÃO S.A.
Av. Jerônimo de Ornelas, 670 – Santana
90040-340 – Porto Alegre – RS
Fone: (51) 3027-7000   Fax: (51) 3027-7070

É proibida a duplicação ou reprodução deste volume, no todo ou em parte, sob quaisquer formas ou por quaisquer meios (eletrônico, mecânico, gravação, fotocópia, distribuição na Web e outros), sem permissão expressa da Editora.

Unidade São Paulo
Av. Embaixador Macedo Soares, 10.735 – Pavilhão 5 – Cond. Espace Center
Vila Anastácio – 05095-035 – São Paulo – SP
Fone: (11) 3665-1100   Fax: (11) 3667-1333

SAC 0800 703-3444 – www.grupoa.com.br

IMPRESSO NO BRASIL
PRINTED IN BRAZIL

Prefácio

Os processos com realimentação são abundantes na natureza e, ao longo das últimas décadas, a palavra realimentação, assim como *computador*, encontrou seu caminho em nossa língua de forma muito mais incisiva do que a maioria das outras de origem tecnológica. A estrutura conceitual para a teoria da realimentação e para esta disciplina na qual está inserida, a engenharia de sistemas de controle, desenvolveu-se somente a partir da Segunda Guerra Mundial. Quando a nossa primeira edição deste livro foi publicada, em 1967, o tema sistema de controle linear contínuo no tempo (ou *analógico*) já tinha atingido um alto nível de maturidade e muitas vezes era (e continua sendo) denominado *controle clássico* no meio técnico. Esse também foi o período inicial de desenvolvimento do computador digital e das aplicações e dos processos de controle de dados discretos no tempo, durante o qual os cursos e os livros sobre sistemas de controle de "dados amostrados" tornaram-se mais predominantes. Sistemas de controle digitais ou controlados por computador é a terminologia atual usada para sistemas de controle que incluem computadores digitais ou microprocessadores.

Nesta segunda edição, como na primeira, apresentamos uma abordagem sucinta, porém bastante abrangente, da teoria e das aplicações dos fundamentos da realimentação e dos sistemas de controle para engenheiros, físicos, biólogos, estudiosos do comportamento, economistas, matemáticos e estudantes dessas áreas. Conhecimento de cálculo básico e um pouco de física são os únicos pré-requisitos. As ferramentas matemáticas necessárias além do cálculo, bem como os princípios e modelos utilizados em aplicações físicas e não físicas, são desenvolvidas ao longo do livro e nos diversos problemas resolvidos.

Modernizamos o material de várias maneiras significativas nesta nova edição. Em primeiro lugar, incluímos os sinais discretos no tempo (digitais), elementos e sistemas de controle ao longo do livro, principalmente em conjunto com os tratamentos dos seus equivalentes contínuos no tempo (analógico), em vez de capítulos ou seções separadas. A maioria dos livros, pelo contrário, mantém esses assuntos pedagogicamente separados. Sempre que possível, integramos esses assuntos, no nível introdutório, em uma exposição *unificada* dos conceitos de sistemas de controle contínuo e discretos no tempo. A ênfase permanece em sistemas de controle lineares e contínuos no tempo, particularmente nos problemas resolvidos, mas acreditamos que nossa abordagem retira grande parte da mística das diferenças metodológicas entre os mundos dos sistemas de controle analógicos e digitais. Além disso, atualizamos e modernizamos a nomenclatura, introduzimos representações (modelos) de variável de estado e as utilizamos em um capítulo dedicado a sistemas de controle não lineares, bem como em um capítulo substancialmente modernizado que introduz conceitos avançados de sistemas controle. Também apresentamos inúmeros problemas resolvidos de projetos e análises de sistemas de controle analógicos e digitais usando softwares de computadores para fins específicos, que ilustram a capacidade e facilidade dessas novas ferramentas.

Este livro foi elaborado para ser usado como um livro-texto em um curso formal, como um complemento a outros livros, como referência ou como um manual de estudos autônomos. Cada novo tema é apresentado por uma seção ou um capítulo, e cada capítulo termina com vários problemas resolvidos que consistem em extensões e demonstrações da teoria e aplicações em diversas áreas.

Los Angeles, Irvine e
Redondo Beach, Califórnia
Março de 1990

Joseph J. Distefano, III
Allen R. Stubberud
Ivan J. Williams

Sumário

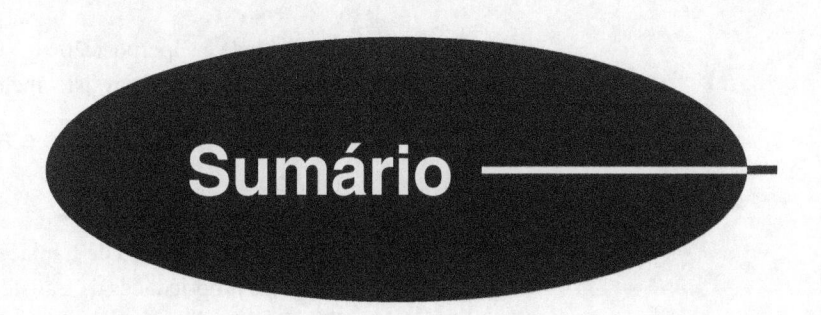

CAPÍTULO 1	**Introdução**	**1**
	1.1 Sistemas de controle	1
	1.2 Exemplos de sistemas de controle	2
	1.3 Sistemas de controle de malha aberta e malha fechada	3
	1.4 Realimentação	3
	1.5 Características da realimentação	4
	1.6 Sistemas de controle analógicos e digitais	4
	1.7 Problemas de engenharia nos sistemas de controle	6
	1.8 Modelos de sistemas de controle ou representações	6
CAPÍTULO 2	**Terminologia dos Sistemas de Controle**	**14**
	2.1 Diagramas em bloco: fundamentos	14
	2.2 Diagrama em bloco de sistemas de controle com realimentação	15
	2.3 Terminologia de diagrama em bloco em malha fechada	16
	2.4 Diagramas em bloco de componentes discretos no tempo (dados amostrados ou digitais), sistemas de controle e sistemas controlados por computador	17
	2.5 Terminologia suplementar	19
	2.6 Servomecanismos	21
	2.7 Reguladores	21
CAPÍTULO 3	**Equações Diferenciais, Equações de Diferenças e Sistemas Lineares**	**36**
	3.1 Equações de sistemas	36
	3.2 Equações diferenciais e de diferenças	36
	3.3 Equações diferenciais ordinárias e de derivadas parciais	37
	3.4 Equações diferenciais variáveis com o tempo e invariantes com o tempo	37
	3.5 Equações diferenciais lineares e não lineares e equações de diferenças	38
	3.6 O operador diferencial "D" e a equação característica	39
	3.7 Independência linear e conjuntos fundamentais	39
	3.8 Solução de equações diferenciais ordinárias lineares de coeficientes constantes	41
	3.9 Resposta livre	41
	3.10 A resposta forçada	42
	3.11 A resposta total	43
	3.12 As respostas de estado permanente e transitória	43
	3.13 Funções singulares: degrau, rampa e impulso	44
	3.14 Sistemas de segunda ordem	45
	3.15 Representação de variáveis de estado de sistemas descritos por equações diferenciais lineares	47
	3.16 Solução de equações de diferenças lineares de coeficientes constantes	48
	3.17 Representação de variáveis de estado de sistemas descritos por equações de diferenças lineares	51

3.18	Linearidade e superposição	53
3.19	Causalidade e sistemas fisicamente realizáveis	54

CAPÍTULO 4   A Transformada de Laplace e a Transformada *z*   *72*

4.1	Introdução	72
4.2	A transformada de Laplace	72
4.3	Transformada inversa de Laplace	73
4.4	Algumas propriedades da transformada de Laplace e da sua inversa	73
4.5	Tabela resumida das transformadas de Laplace	76
4.6	Aplicação das transformadas de Laplace na solução das equações diferenciais de coeficientes constantes lineares	78
4.7	Desenvolvimentos em frações parciais	82
4.8	Transformadas inversas usando desenvolvimento em frações parciais	83
4.9	A transformada *z*	*84*
4.10	Determinando as raízes dos polinômios	92
4.11	Plano complexo: mapa de polos e zeros	94
4.12	Avaliação gráfica dos resíduos	95
4.13	Sistemas de segunda ordem	97

CAPÍTULO 5   Estabilidade   114

5.1	Definições de estabilidade	114
5.2	Localizações das raízes características	114
5.3	Critério de estabilidade de Routh	115
5.4	Critério de estabilidade de Hurwitz	116
5.5	Critério de estabilidade por fração contínua	117
5.6	Critério de estabilidade por sistemas discretos no tempo	117

CAPÍTULO 6   Funções de Transferência   128

6.1	Definição de uma função de transferência	128
6.2	Propriedades da função de transferência de um sistema contínuo	129
6.3	Funções de transferência dos compensadores de sistema de controle contínuo e controladores	129
6.4	Resposta no tempo de um sistema contínuo	130
6.5	Resposta em frequência de sistemas contínuos	130
6.6	Funções de transferência de sistemas discretos no tempo, compensadores e respostas no tempo	132
6.7	Resposta de frequência de sistemas discretos no tempo	134
6.8	Combinação de elementos contínuos no tempo e discretos no tempo	134

CAPÍTULO 7   Álgebra dos Diagramas em Blocos e Funções de Transferência de Sistemas   154

7.1	Introdução	154
7.2	Revisão dos princípios básicos	154
7.3	Blocos em cascata	155
7.4	Forma canônica de um sistema de controle com realimentação	156
7.5	Teoremas de transformação dos diagramas em blocos	156
7.6	Sistemas de realimentação unitária	158
7.7	Entradas múltiplas	159
7.8	Redução de diagramas em blocos complicados	160

CAPÍTULO 8	**Diagrama de Fluxo de Sinal**	**179**
8.1	Introdução	179
8.2	Fundamentos de diagramas de fluxo de sinal	179
8.3	Álgebra do diagrama de fluxo de sinal	180
8.4	Definições	181
8.5	Construção de diagramas de fluxo de sinal	182
8.6	Fórmula geral de ganho entrada-saída	184
8.7	Cálculo das funções de transferência de componentes em cascata	186
8.8	Redução do diagrama em blocos usando diagramas de fluxo de sinal e fórmula geral de ganho entrada-saída	187

CAPÍTULO 9	**Classificação de Sistemas, Constantes de Erro e Sensibilidade**	**208**
9.1	Introdução	208
9.2	Sensibilidade de funções de transferência e de funções de resposta em frequência para parâmetros de sistemas	208
9.3	Sensibilidade de saída para parâmetros de modelos de equações diferenciais e de diferenças	213
9.4	Classificação por tipos dos sistemas contínuos com realimentação	214
9.5	Constantes de erro de posição para sistemas contínuos com realimentação unitária	216
9.6	Constantes de erro de velocidade para sistemas contínuos com realimentação unitária	216
9.7	Constantes de erro de aceleração para sistemas contínuos com realimentação unitária	217
9.8	Constantes de erro para sistemas discretos com realimentação unitária	217
9.9	Tabela-resumo para sistemas contínuos e discretos com realimentação unitária	218
9.10	Constantes de erro para sistemas contínuos em geral	218

CAPÍTULO 10	**Análise e Projeto de Sistemas de Controle com Realimentação: Objetivos e Métodos**	**230**
10.1	Introdução	230
10.2	Objetivos da análise	230
10.3	Métodos de análise	230
10.4	Objetivos do projeto	231
10.5	Compensação de sistemas	235
10.6	Métodos de projeto	236
10.7	Transformada w para análise e projeto de sistemas discretos no tempo usando métodos de sistemas contínuos	236
10.8	Projeto algébrico de sistemas digitais incluindo sistemas *Deadbeat*	238

CAPÍTULO 11	**Análise de Nyquist**	**246**
11.1	Introdução	246
11.2	Traçando funções complexas de uma variável complexa	246
11.3	Definições	247
11.4	Propriedades do mapeamento $P(s)$ ou $P(z)$	249
11.5	Diagramas polares	250
11.6	Propriedades dos diagramas polares	252
11.7	Percurso de nyquist	253
11.8	Diagrama de estabilidade de Nyquist	255
11.9	Diagrama de estabilidade de Nyquist de sistemas práticos de controle com realimentação	256

	11.10 Critério de estabilidade de Nyquist	260
	11.11 Estabilidade relativa	262
	11.12 Círculos M e N	263

CAPÍTULO 12   Projeto de Nyquist   297

	12.1 Filosofia do projeto	297
	12.2 Compensação do fator-ganho	297
	12.3 Compensação do fator de ganho usando círculos M	299
	12.4 Compensação em avanço	300
	12.5 Compensação em atraso	302
	12.6 Compensação em atraso-avanço	304
	12.7 Outros esquemas de compensação e combinações de compensadores	306

CAPÍTULO 13   Análise pelo Lugar das Raízes   317

	13.1 Introdução	317
	13.2 Variação dos polos do sistema de malha fechada: o lugar das raízes	317
	13.3 Critérios de ângulo e módulo	318
	13.4 Número de lugares	319
	13.5 Lugares do eixo real	319
	13.6 Assíntotas	320
	13.7 Pontos de separação	321
	13.8 Ângulos de partida e chegada	321
	13.9 Construção do lugar das raízes	322
	13.10 A função de transferência de malha fechada e a resposta no domínio do tempo	324
	13.11 Margens de ganho e de fase a partir do lugar das raízes	326
	13.12 Razão de amortecimento a partir do lugar das raízes	328

CAPÍTULO 14   Projeto pelo Lugar das Raízes   343

	14.1 O problema do projeto	343
	14.2 Compensação por cancelamento	344
	14.3 Compensação de fase: redes de avanço e atraso	344
	14.4 Compensação de módulo e combinação de compensadores	345
	14.5 Aproximações por polos e zeros dominantes	348
	14.6 Projetos por pontos	352
	14.7 Compensação por realimentação	353

CAPÍTULO 15   Análise de Bode   365

	15.1 Introdução	365
	15.2 Escalas logarítmicas e diagramas de Bode	365
	15.3 Forma de Bode e ganho de Bode	366
	15.4 Diagramas de bode de funções resposta de frequêcia simples e suas aproximações assintóticas	366
	15.5 Construção dos diagramas de Bode	372
	15.6 Diagramas de bode de funções de resposta de frequência discretas no tempo	374
	15.7 Estabilidade relativa	376
	15.8 Resposta de frequência de malha fechada	377
	15.9 Análise de bode de sistemas discretos no tempo usando a transformada w	378

CAPÍTULO 16   Projeto de Bode   387

	16.1 Filosofia do projeto	387
	16.2 Compensação do fator de ganho	387
	16.3 Compensação em avanço	388

16.4	Compensação em atraso para sistemas contínuos no tempo	392
16.5	Compensação de atraso-avanço para sistemas contínuos no tempo	393
16.6	Projeto de Bode de sistemas discretos no tempo	395

CAPÍTULO 17 Análise pelo Diagrama de Nichols — 411

17.1	Introdução	411
17.2	Traçados do módulo em dB *versus* ângulo de fase	411
17.3	Construção dos diagramas do módulo em dB *versus* ângulo de fase	412
17.4	Estabilidade relativa	417
17.5	Diagrama de Nichols	417
17.6	Funções de resposta de frequência de malha fechada	419

CAPÍTULO 18 Projeto pelo Diagrama de Nichols — 434

18.1	Filosofia do projeto	434
18.2	Compensação do fator de ganho	434
18.3	Compensação do fator de ganho usando as curvas de amplitude constante	435
18.4	Compensação em avanço para sistemas contínuos	436
18.5	Compensação em atraso para sistemas contínuos	439
18.6	Compensação em atraso-avanço	441
18.7	Projeto pelo diagrama de Nichols de sistemas discretos no tempo	444

CAPÍTULO 19 Introdução a Sistemas de Controle Não Lineares — 454

19.1	Introdução	454
19.2	Aproximações linearizadas e linearizadas por partes de sistemas não lineares	455
19.3	Métodos de plano de fase	460
19.4	Critério de estabilidade de Lyapunov	465
19.5	Métodos de resposta de frequência	468

CAPÍTULO 20 Introdução a Tópicos Avançados sobre Análise e Projeto de Sistemas de Controle — 482

20.1	Introdução	482
20.2	Controlabilidade e observabilidade	482
20.3	Projeto no domínio do tempo de sistemas com realimentação (realimentação de estado)	483
20.4	Sistemas de controle com entradas aleatórias	485
20.5	Sistemas de controle ótimo	486
20.6	Sistemas de controle adaptativo	487

APÊNDICE A Alguns Pares de Transformadas de Laplace Úteis para a Análise de Sistemas de Controle — 489

APÊNDICE B Alguns Pares de Transformadas z Úteis para a Análise de Sistemas de Controle — 491

ÍNDICE — 495

Capítulo 1

Introdução

1.1 SISTEMAS DE CONTROLE

Atualmente o significado da palavra sistema tem se tornado nebuloso. Assim, comecemos definindo-a primeiramente de forma abstrata e, em seguida, de modo ligeiramente mais específico, em relação à literatura científica.

Definição 1.1a: Um **sistema** é uma disposição, conjunto ou coleção de coisas conectadas ou relacionadas de tal maneira a formarem um todo.

Definição 1.1b: Um **sistema** é uma disposição de componentes físicos, conectados ou relacionados de tal maneira a formar e/ou atuar como um conjunto.

A palavra **controle** é geralmente tomada para significar *regular*, *dirigir* ou *comandar*. Combinando as definições acima, temos

Definição 1.2: Um **sistema de controle** é uma disposição de componentes físicos, conectados ou relacionados de maneira a comandar, dirigir ou regular a si mesmo ou a outros sistemas.

No sentido mais abstrato é possível considerar cada objeto físico um sistema de controle. Todas as coisas alteram o seu meio ambiente de alguma maneira, se não ativamente então passivamente, assim como um espelho que *direciona* um feixe luminoso que o atinge segundo um ângulo agudo. O espelho (Figura 1-1), pode ser considerado um sistema de controle elementar, controlando o feixe luminoso de acordo com a equação simples "o ângulo de reflexão α é igual ao ângulo de incidência α".

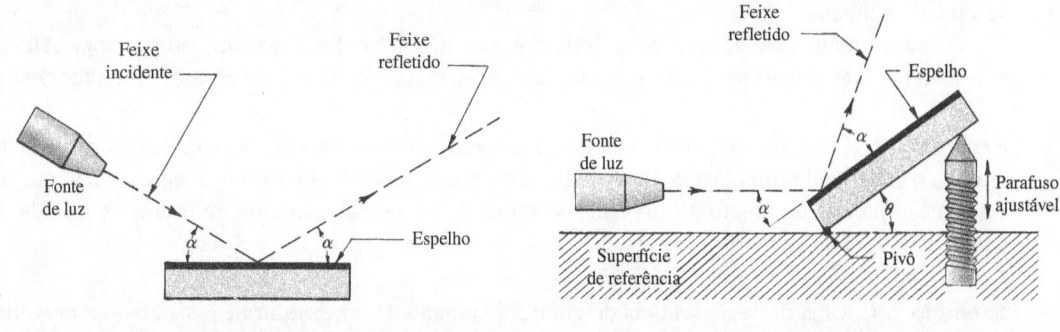

Figura 1-1   *Figura 1-2*

Na Engenharia e na Ciência, geralmente restringimos o significado dos sistemas de controle para aplicá-lo àqueles sistemas cuja função principal é comandar, dirigir ou regular *dinamicamente* ou *ativamente*. O sistema mostrado na Figura 1-2, que consiste em um espelho pivotado em uma das extremidades e ajustado para cima e para baixo com um parafuso na outra extremidade, é apropriadamente denominado *sistema de controle*. O ângulo da luz refletida é regulado por meio do parafuso.

Entretanto, é importante notar que os sistemas de controle de interesse para análise ou para fins de projeto incluem não apenas aqueles fabricados por pessoas, mas os que normalmente existem na natureza e os sistemas de controle com componentes artificiais e naturais.

1.2 EXEMPLOS DE SISTEMAS DE CONTROLE

Os sistemas de controle são abundantes em nosso meio. Mas antes de exemplificá-los definiremos dois termos: *entrada* e *saída*, que ajudarão na identificação e definição do sistema de controle.

Definição 1.3: A **entrada** é o estímulo, a excitação ou o comando aplicado a um sistema de controle por meio de uma fonte de energia externa, geralmente de modo a produzir uma resposta específica *a partir* do sistema de controle.

Definição 1.4: A **saída** é a resposta atual obtida de um sistema de controle. Ela pode ser ou não igual à resposta específica inferida da entrada.

Entradas e saídas têm diferentes formas. Entradas, por exemplo, podem ser variáveis físicas, ou grandezas mais abstratas como valores de *referência*, de *setpoint** ou *desejados* para a saída do sistema de controle.

A finalidade do sistema de controle geralmente identifica ou define a saída ou a entrada. Se a saída e a entrada são dadas, é possível identificar ou definir a natureza dos componentes do sistema.

Os sistemas de controle podem ter mais do que uma entrada ou saída. Frequentemente, todas as entradas e saídas são bem definidas pela descrição do sistema. Entretanto, algumas vezes elas não o são. Por exemplo, uma tempestade elétrica atmosférica pode interferir intermitentemente com a radiorrecepção, conduzindo a uma saída não desejada de um alto-falante na forma de estática. Esta saída, "ruído", é parte da saída total conforme definido antes, mas para fins de identificação do sistema, as entradas espúrias que produzem saídas indesejadas não são geralmente consideradas como entradas e saídas na descrição do sistema. No entanto, é geralmente necessário considerar cuidadosamente essas entradas e saídas extras, quando o sistema é examinado em detalhe.

Os termos entrada e saída também podem ser usados na descrição de qualquer tipo de sistema, seja ele um sistema de controle ou não. Um sistema de controle pode ser parte de um sistema maior, denominado **subsistema** ou **subsistema de controle**, e suas entradas e saídas podem ser variáveis internas do sistema maior.

Exemplo 1.1 Uma *chave elétrica* é um sistema de controle artificial que controla o fluxo da eletricidade. Por definição, o aparelho ou pessoa que aciona a chave não é uma parte desse sistema de controle.

O acionamento da chave para ligá-la ou desligá-la pode ser considerado como a entrada. Ou seja, a entrada pode estar em um dos dois estados – ligado ou desligado. A saída é a existência do fluxo de eletricidade ou a ausência dele (dois estados).

A chave elétrica é provavelmente um dos sistemas de controle mais rudimentares.

Exemplo 1.2 Um *aquecedor termostaticamente controlado* ou *uma estufa que regula automaticamente a temperatura de uma sala ou de um recipiente*, é um sistema de controle. A entrada para este sistema é uma temperatura de referência geralmente especificada pelo ajuste apropriado de um termostato. A saída é a temperatura desejada da sala ou recipiente.

Quando o termostato detecta que a saída é menor do que a entrada, a estufa proporciona calor até que a temperatura do recipiente se torne igual à entrada de referência. Então, a estufa é automaticamente desligada.

Exemplo 1.3 O ato aparentemente simples de *apontar para um objeto com o dedo* requer um sistema de controle biológico constituído principalmente dos olhos, do braço, da mão, do dedo e do cérebro de uma pessoa. A entrada é a direção precisa do objeto (deslocando-se ou não) em relação a alguma referência e a saída é a direção atual apontada em relação à mesma referência.

Exemplo 1.4 Uma parte do sistema de controle humano de temperatura é o *sistema de perspiração*. Quando a temperatura do ar exterior à pele torna-se muito elevada, as glândulas sudoríparas segregam intensamente induzindo ao resfriamento da pele por evaporação. As secreções são reduzidas quando o efeito de resfriamento desejado é obtido ou quando a temperatura do ar cai suficientemente.

A entrada para este sistema é a temperatura "normal" ou confortável da pele, que é o *setpoint*, ou a temperatura do ar, que é uma variável física. A saída é a temperatura atual da pele.

---

* N. de T.: O termo *setpoint* é de uso comum na forma original em inglês e tem o mesmo significado que valor de referência ou valor desejado.

Exemplo 1.5 O sistema de controle que consiste em *uma pessoa dirigindo um automóvel*, tem componentes que são claramente artificiais e biológicos. O motorista deseja manter o automóvel na faixa apropriada da rodovia. Ele consegue isto observando constantemente o rumo do automóvel em relação à direção da estrada. Neste caso, a direção da estrada, representada pelas guias ou linhas de cada lado de sua faixa, pode ser considerada a entrada. A orientação do automóvel é a saída do sistema. O motorista controla esta saída medindo constantemente com os olhos e o cérebro, corrigindo-a com as mãos sobre o volante. Os componentes principais desse sistema de controle são as mãos, os olhos e o cérebro do motorista e o veículo.

1.3 SISTEMAS DE CONTROLE DE MALHA ABERTA E MALHA FECHADA

Os sistemas de controle são classificados em duas categorias gerais: sistemas de *malha aberta* e de *malha fechada*. A diferença é determinada pela **ação de controle** que é a quantidade responsável pela ativação do sistema para produzir a saída.

O termo *ação de controle* é clássico na literatura que trata de sistemas de controle, mas a palavra *ação* nesta expressão nem sempre indica alteração, movimento ou atividade. Por exemplo, a ação de controle em um sistema projetado para que um objeto atinja um alvo é geralmente a *distância* entre o objeto e o alvo. A distância, neste caso, não é uma ação, mas a ação (movimento) está implícita aqui, porque o objetivo deste sistema de controle é reduzir essa distância para zero.

Definição 1.5: Um sistema de controle de **malha aberta** é aquele no qual a ação de controle é independente da saída.

Definição 1.6: Um sistema de controle de **malha fechada** é aquele no qual a ação de controle depende de algum modo da saída.

Duas características importantes dos sistemas de controle de malha aberta são:

1. Sua capacidade de desempenho preciso é determinada pela sua calibração. **Calibrar** significa estabelecer ou restabelecer a relação entrada-saída para obter uma precisão desejada do sistema.
2. Eles não são geralmente perturbados com problemas de *instabilidade*, um conceito a ser posteriormente explicado em detalhe.

Os sistemas de controle de malha fechada são normalmente chamados de sistemas de controle com realimentação como veremos com mais detalhe na próxima Seção.

A fim de classificar um sistema de controle como de malha aberta ou de malha fechada, os componentes do sistema devem ser claramente destacados dos componentes que com eles interagem, mas não são partes do sistema. Por exemplo, o operador humano pode ou não ser um componente do sistema.

Exemplo 1.6 A maioria das *torradeiras automáticas* são sistemas de controle de malha aberta, porque eles são controlados por um temporizador. O tempo exigido para fazer uma "boa torrada" deve ser determinado pelo usuário, que não é uma parte do sistema. O controle sobre a qualidade da torrada (a saída) é removido uma vez que o tempo, que é ao mesmo tempo a entrada e a ação de controle, tenha sido ajustado. O tempo é tipicamente ajustado por meio de um botão ou chave de calibração.

Exemplo 1.7 O *mecanismo do piloto automático e o avião que ele controla* é um sistema de controle de malha fechada (realimentação). A sua finalidade é manter a rota do avião, a despeito das variações atmosféricas. Ele executa essa tarefa medindo continuamente a orientação do avião, ajustando automaticamente suas superfícies de controle (leme, aletas, etc.), de modo a manter a orientação do avião em correspondência à rota determinada. O piloto humano ou operador que pré-ajusta o piloto automático não é parte do sistema de controle.

1.4 REALIMENTAÇÃO

Realimentação é aquela característica do sistema de controle de malha fechada que o distingue do sistema de malha aberta.

Definição 1.7: **Realimentação** é a propriedade do sistema de malha fechada que permite que a saída (ou alguma outra variável controlada do sistema) seja comparada com a entrada para o sistema (ou uma entrada para outro componente situado internamente ou subsistema), de modo que a ação apropriada de controle pode ser formada como alguma função da saída e da entrada.

Geralmente a realimentação é produzida em um sistema quando existe uma sequência *fechada* de relações de causa e efeito entre variáveis no sistema.

Exemplo 1.8 O conceito de realimentação é claramente explicado pelo mecanismo do piloto automático do Exemplo 1.7. A entrada é a rota especificada, que pode ser ajustada em um botão ou outro instrumento no painel de controle do avião, e a saída é a orientação atual determinada pelos instrumentos automáticos de navegação. Um dispositivo de comparação monitora continuamente a entrada e a saída. Quando as duas estão em correspondência, a ação de controle não é exigida. Quando existe uma diferença entre a entrada e a saída, o dispositivo de comparação emite um sinal de ação de controle para o controlador, o mecanismo de piloto automático. O controlador proporciona os sinais apropriados para os controles de superfície do avião, a fim de reduzir a diferença entrada-saída. A realimentação pode ser efetuada por uma conexão mecânica ou elétrica dos instrumentos de navegação, que medem a orientação, para o dispositivo de comparação. Na prática, o dispositivo de comparação pode ser integrado ao mecanismo de piloto automático.

1.5 CARACTERÍSTICAS DA REALIMENTAÇÃO

A presença da realimentação confere as seguintes propriedades a um sistema:

1. Precisão aumentada. Por exemplo: a capacidade de reproduzir fielmente a entrada. Esta propriedade é ilustrada ao longo do livro.
2. Tendência para oscilação ou instabilidade. Esta característica é considerada em detalhe nos Capítulos 5 e de 9 a 19.
3. Sensibilidade reduzida da razão da saída para entrada às variações nos parâmetros do sistema e outras características (Capítulo 9).
4. Efeito reduzido das não linearidades (Capítulos 3 e 19).
5. Efeito reduzido de distúrbios ou ruídos externos (Capítulos 7, 9 e 10).
6. Largura de faixa aumentada. A **largura de faixa** de um sistema é a medida da resposta de frequência (filtragem) do sistema a variações (ou frequências) no sinal de entrada (Capítulos 6, 10, 12 e de 15 a 18).

1.6 SISTEMAS DE CONTROLE ANALÓGICOS E DIGITAIS

Os sinais em um sistema de controle, por exemplo, as formas de onda de entrada e saída, são tipicamente funções de alguma variável independente, geralmente o tempo, indicada por t.

Definição 1.8: Um sinal dependente de uma série de valores da variável independente t é denominado de sinal **contínuo no tempo** ou, com mais frequência, um sinal **contínuo de dados** ou ainda, menos frequentemente, um sinal **analógico**.

Definição 1.9: Um sinal definido, ou de interesse, apenas em instantes discretos (distintos) da variável independente t (da qual depende) é denominado de sinal **discreto no tempo**, **discreto**, **amostrado** ou **digital**.

Destacamos que o termo *digital* é mais especializado, sobretudo em outros contextos. Vamos utilizá-lo como sinônimo aqui porque é a convenção na literatura de sistemas de controle.

Exemplo 1.9 A tensão contínua que varia senoidalmente $v(t)$ ou a corrente alternada $i(t)$, disponível em uma tomada elétrica comum de casa, é um sinal contínuo no tempo (analógico), pois ele é definido *em qualquer e em cada instante* de tempo t.

Exemplo 1.10 Se uma lâmpada conectada na tomada do Exemplo 1.9 for ligada e imediatamente desligada a cada minuto, a luz da lâmpada é um sinal discreto, ativado apenas um instante a cada minuto.

Exemplo 1.11 A temperatura média T em uma sala exatamente às 08:00 h da manhã de cada dia é um sinal discreto. Esse sinal pode ser expresso de várias formas, dependendo da aplicação; por exemplo, $T(8)$ para a temperatura às 08:00 horas – em vez de outra hora; $T(1)$, $T(2)$,..., para a temperatura às 08:00 horas no dia 1, no dia 2, etc., ou de forma equivalente, usando uma notação de subscrito, T_1, T_2,..., etc. Note que estes sinais discretos no tempo são valores *amostrados* a partir de um sinal contínuo no tempo, a temperatura média da sala em todos os instantes, indicada por $T(t)$.

Exemplo 1.12 Os sinais internos de computadores e microprocessadores digitais são inerentemente discretos no tempo, ou discretos ou digitais (codificados digitalmente). Em seu nível mais básico, eles são tipicamente na forma de sequências de tensões, correntes, intensidades luminosas, ou outras variáveis físicas, em qualquer dos dois níveis constantes, por exemplo, ±15 V, luz ligada, luz desligada, etc. Estes *sinais binários* são geralmente representados em formato alfanumérico (números, letras, ou outros caracteres) nas entradas e saídas de tais dispositivos digitais. Por outro lado, os sinais de computadores analógicos e outros dispositivos analógicos são contínuos no tempo.

Os sistemas de controle podem ser classificados de acordo com os tipos de sinais que eles processam: contínuo no tempo (analógico), discreto no tempo (digital) ou uma combinação dos dois (híbrido).

Definição 1.10: **Sistemas de controle contínuos no tempo**, também denominados de **sistemas de controle contínuos** ou sistemas de controle analógicos, contêm, ou processam, apenas componentes e sinais contínuos no tempo (analógicos).

Definição 1.11: **Sistemas de controle discretos no tempo**, também denominados de **sistemas de controle discretos** ou **sistemas de controle amostrados**, têm sinais ou componentes discretos no tempo em um ou mais pontos do sistema.

Notamos que os sistemas de controle discretos podem ter sinais contínuos assim como discretos; ou seja, eles podem ser híbridos. O fator que distingue um sistema de controle discreto ou digital *deve* incluir pelo menos um sinal discreto. Além disso, sistemas de controle digital, particularmente do tipo amostrado, muitas vezes têm modos de operação em malha aberta e malha fechada.

Exemplo 1.13 Um sistema de rastreamento e acompanhamento de um alvo, tal como o que é descrito no Exemplo 1.3 (rastreando e apontando para um objeto com o dedo), geralmente é considerado um sistema de controle analógico ou contínuo no tempo, porque a distância entre o "rastreador" (dedo) e o alvo é uma função contínua do tempo e o objetivo de tal sistema de controle é seguir *continuamente* o alvo. O sistema que consiste de uma pessoa dirigindo um automóvel (Exemplo 1.5) se encontra na mesma categoria. Entretanto, falando estritamente, os sistemas de rastreamento, tanto natural quanto artificial, podem conter sinais ou componentes digitais. Por exemplo, os sinais de controle do cérebro são muitas vezes tratados como "pulsados" ou discretos no tempo em modelos mais detalhados que incluem o cérebro e os computadores, ou microprocessadores digitais, que estão substituindo muitos componentes analógicos nos sistemas de controle de veículos e mecanismos de rastreamento.

Exemplo 1.14 Analisando mais detalhadamente o sistema de aquecimento controlado termostaticamente do Exemplo 1.2, pode-se dizer que ele é, na realidade, um sistema de controle amostrado, com componentes e sinais digitais e analógicos. Se a temperatura desejada da sala for, digamos, 68°F (22°C) no termostato e a temperatura da sala diminuir para, digamos, 66°F, o sistema de comutação do termostato fecha o circuito da estufa (um dispositivo analógico), ligando-o até que a temperatura da sala alcance, digamos, 70°F. Então, o sistema de comutação desliga automaticamente a estufa até que a temperatura da sala diminua abaixo de 66°F. Este sistema de controle opera na realidade em malha aberta nos instantes de comutação, quando o termostato liga ou desliga a estufa, mas o funcionamento geral é considerado em malha fechada. O termostato recebe um sinal contínuo no tempo em sua entrada, a temperatura real da sala, e fornece um sinal de comutação discreto no tempo (binário) em sua saída, que liga ou desliga a estufa. A temperatura real da sala varia continuamente entre 66° e 70°F e a temperatura *média* é controlada em aproximadamente 68°F, o valor de *setpoint* do termostato.

Os termos discreto no tempo e dados discretos, dados amostrados e contínuo no tempo e dados contínuos são muitas vezes abreviados como *discreto*, *amostrado* e *contínuo* no restante deste livro, onde quer que o significado for inequívoco. *Digital* ou *analógico* também é usado no lugar de discreto (amostrado) ou contínuo quando for apropriado e quando o significado for claro dentro do contexto.

1.7 PROBLEMAS DE ENGENHARIA NOS SISTEMAS DE CONTROLE

A engenharia de sistemas, de controle consiste na *análise* e *projeto* de configurações de sistemas de controle. **Análise** é a investigação das propriedades de um sistema existente. O problema de **projeto** é a escolha e disposição dos componentes dos sistemas de controle para desempenharem uma tarefa específica.

Existem dois métodos de projeto:

1. Projeto por análise
2. Projeto por síntese

O **projeto por análise** é realizado modificando as características de uma configuração do sistema padrão ou existente, e o **projeto por síntese**, definindo a forma do sistema diretamente das suas especificações. O último método é empregado nas seções deste livro destinadas a projeto.

1.8 MODELOS DE SISTEMAS DE CONTROLE OU REPRESENTAÇÕES

A fim de resolver um problema de sistema de controle, temos que colocar as especificações ou a descrição da configuração do sistema e seus componentes em uma forma passível de análise ou projeto.

Três representações básicas (modelos) de componentes físicos e de sistemas são extensamente empregados no estudo dos sistemas de controle:

1. Modelos matemáticos, na forma de equações diferenciais, equações de diferenças e/ou outras relações matemáticas, por exemplo, transformadas de Laplace e z.
2. Diagramas em bloco.
3. Diagramas de fluxo de sinal.

Os modelos matemáticos de sistemas de controle são desenvolvidos nos Capítulos 3 e 4. Os diagramas em bloco e os diagramas de fluxo de sinal são representações gráficas resumidas de qualquer diagrama esquemático de um sistema, ou do conjunto de equações matemáticas que caracterizam as suas partes. Os diagramas em bloco são considerados em detalhe nos Capítulos 2 e 7, e os diagramas de fluxo de sinal, no Capítulo 8.

Os modelos matemáticos são necessários quando relações quantitativas são necessárias, por exemplo, para representar o comportamento detalhado da saída de um sistema com realimentação para uma determinada entrada. O desenvolvimento de modelos matemáticos geralmente é baseado nos princípios físicos, biológicos, sociais ou em informações científicas, dependendo da área de aplicação do sistema de controle, e a complexidade de tais modelos varia bastante. Uma classe de modelos, geralmente denominada *sistema linear*, tem encontrado muitas aplicações na ciência dos sistemas de controle. Técnicas para a solução de modelos de sistemas lineares são bem estabelecidas e documentadas na literatura de matemática e engenharia aplicada, e o principal foco deste livro são os sistemas de controle linear, suas análises e projetos. Os sistemas contínuos no tempo (contínuos, analógicos) são enfatizados, mas as técnicas de sistemas discretos no tempo (discretos, digitais) também são desenvolvidas ao longo do livro de uma forma unificadora, mas não exaustiva. Técnicas para análise e projeto de sistemas de controle *não lineares* são objeto do Capítulo 19, a título de introdução deste assunto mais complexo.

Para estabelecer uma comunicação com o maior número de leitores possível, o material neste livro foi desenvolvido a partir de princípios básicos de ciência e matemática aplicada, e aplicações específicas em várias engenharias e outras disciplinas são apresentadas nos exemplos e nos problemas resolvidos no final de cada capítulo.

Problemas Resolvidos

Entrada e saída

1.1 Identifique as entradas e saídas para o espelho ajustável pivotado da Figura 1-2.

A entrada é o ângulo da inclinação do espelho θ, regulado pela rotação do parafuso. A saída é a posição angular do feixe refletido $\theta + \alpha$ a partir da superfície de referência.

Este ícone indica os problemas escolhidos pelo autor para serem resolvidos também com Mathcad, caso o aluno ou professor tenham acesso ao mesmo.

1.2 Identifique uma entrada possível e uma saída possível para um gerador de eletricidade rotacional.

A entrada pode ser a velocidade rotacional de uma força motriz (por exemplo, uma turbina a vapor), em revoluções por minuto. Supondo que o gerador não tenha carga aplicada a seus terminais de saída, a saída pode ser a tensão induzida nos terminais de saída.

Alternativamente, a entrada pode ser expressa como momento angular do eixo principal do motor, e a saída em unidades de potência elétrica (watts) com uma carga conectada ao gerador.

1.3 Identifique a entrada e a saída para uma máquina de lavar automática.

Muitas máquinas de lavar funcionam da seguinte maneira:

Depois que as roupas forem colocadas na máquina, o sabão ou detergente, o alvejante e a água dão entrada nas quantidades apropriadas. A programação para lavar e centrifugar é então fixada pelo temporizador e a máquina de lavar é energizada. Quando o ciclo é completado, a máquina se desliga sozinha.

Se as quantidades apropriadas de detergente, alvejante e água, e a temperatura desta são predeterminadas ou especificadas pelo fabricante da máquina, ou entram automaticamente, então a entrada é o tempo em minutos para o ciclo da lavagem e centrifugação. O temporizador é geralmente ajustado por um operador humano.

A saída de uma máquina de lavar é mais difícil de identificar. Definamos *limpo* como a ausência de todas as substâncias estranhas dos itens a serem lavados. Então, podemos identificar a saída como a percentagem de limpeza. Portanto, no início de um ciclo, a saída é menos do que 100%, e, no fim de um ciclo, a saída ideal é igual a 100% (roupas *limpas* não são sempre obtidas).

Para muitas máquinas, operadas com moedas, o ciclo é fixado e a máquina começa a funcionar quando a moeda entra. Neste caso, a percentagem de limpeza pode ser controlada ajustando-se a quantidade de detergente, alvejante, água e a temperatura desta. Podemos considerar todas estas quantidades como entrada.

Outras combinações de entradas e saídas também são possíveis.

1.4 Identifique os componentes de entrada e saída, e descreva a operação de um sistema de controle biológico, representado por um ser humano que tenta apanhar um objeto.

Os componentes básicos desse sistema de controle intencionalmente simplificado são: o cérebro, o braço, a mão e os olhos.

O cérebro envia pelo sistema nervoso o sinal desejado para o braço e a mão, a fim de apanhar o objeto. Este sinal é amplificado nos músculos do braço e da mão, que servem como atuadores de potência para o sistema. Os olhos são empregados como um dispositivo sensível, que "realimenta" continuamente a posição da mão para o cérebro.

A posição da mão é a saída para o sistema. A entrada é a posição do objeto.

O objetivo do sistema de controle é reduzir a zero a distância entre a posição da mão e a posição do objeto. A Figura 1-3 é um diagrama esquemático. As linhas tracejadas e as retas indicam o sentido do fluxo de informação.

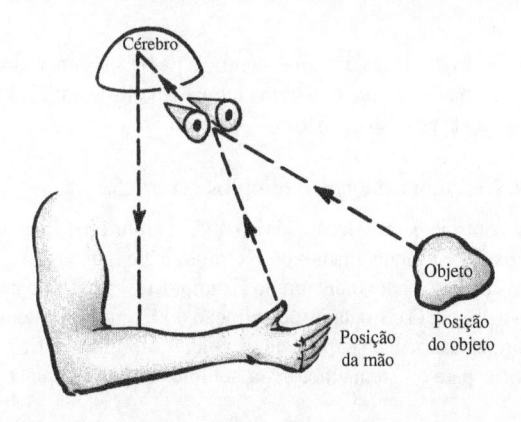

Figura 1-3

Sistemas de malha aberta e de malha fechada

1.5 Explique como uma máquina de lavar automática de malha fechada pode operar.

Suponha que todas as quantidades descritas como entradas possíveis no Problema 1.3, a saber: tempo do ciclo, volume de água, temperatura da água, quantidade de detergente, quantidade de alvejante, podem ser ajustados por dispositivos tais como válvulas e aquecedores.

Uma máquina de lavar de malha fechada mediria contínua ou periodicamente a percentagem de limpeza (saída) dos itens que estão sendo lavados, ajustaria as quantidades de entrada e se desligaria quando 100% de limpeza fossem atingidos.

1.6 Como são calibrados os seguintes sistemas de malha aberta?

(a) máquina de lavar automática

(b) torradeira automática

(c) voltímetro

(a) As máquinas de lavar automáticas são calibradas considerando-se qualquer combinação das seguintes quantidades de entrada: (1) quantidade de detergente, (2) quantidade de alvejante, (3) quantidade de água, (4) temperatura da água, (5) tempo do ciclo.

Em algumas máquinas de lavar uma ou mais dessas entradas são predeterminadas pelo fabricante. As quantidades restantes devem ser fixadas pelo usuário e dependem de fatores como grau de dureza da água, tipo de detergente e tipo ou eficácia do alvejante ou outros aditivos. Uma vez determinada essa calibração para um tipo específico de lavagem (por exemplo, só roupas brancas, roupas muito sujas) em geral não terá que ser alterada durante a vida útil da máquina. Se a máquina apresenta defeito e são instaladas peças de reposição, provavelmente será necessária uma recalibração.

(b) Embora o botão do temporizador em muitas torradeiras automáticas seja calibrado pelo fabricante (por exemplo, clara-média-escura), a quantidade de calor produzido pelo elemento aquecedor pode variar dentro de uma ampla faixa. Além disso, a eficiência do elemento aquecedor normalmente se reduz com o tempo. Em consequência, o prazo exigido para uma "boa torrada" deve ser fixado e periodicamente reajustado pelo usuário. Primeiramente, a torrada é, em geral, muito clara ou escura. Depois de várias tentativas diferentes, o tempo de torração necessário para uma qualidade desejada de torrada é obtido.

(c) Em geral, um voltímetro é calibrado pela comparação com uma fonte padrão de tensão conhecida e devidamente marcada a escala de leitura em intervalos especificados.

1.7 Identifique a ação de controle nos sistemas dos Problemas 1.1, 1.2 e 1.4.

Para o sistema de espelho do Problema 1.1, a ação de controle é igual à entrada, isto é, o ângulo de inclinação do espelho θ. Para o gerador do Problema 1.2, a ação de controle é igual à entrada, à velocidade de rotação ou ao momento angular do eixo do motor primário. A ação de controle, no sistema humano do Problema 1.4, é igual à distância entre a mão e a posição do objeto.

1.8 Quais dos sistemas de controle dos Problemas 1.1, 1.2 e 1.4 são de malha aberta? Quais são de malha fechada?

Visto que a ação de controle é igual à entrada para os sistemas dos Problemas 1.1 e 1.2, não existe realimentação e os sistemas são de malha aberta. O sistema humano do Problema 1.4 é de malha fechada porque a ação de controle é dependente da saída, da posição da mão.

1.9 Identifique a ação de controle nos Exemplos 1.1 a 1.5.

A ação de controle para a chave elétrica do Exemplo 1.1 é igual à entrada, o comando liga ou desliga. A ação de controle para o sistema de aquecimento do Exemplo 1.2 é igual à diferença entre as temperaturas de referência e a real da sala. Para o sistema de dedo apontado do Exemplo 1.3, a ação de controle é igual à diferença entre os sentidos real para o apontado o objeto. O sistema de perspiração do Exemplo 1.4 tem a sua ação de controle igual à diferença entre a temperatura "normal" e a real da superfície da pele. A diferença entre o sentido da estrada e a orientação do automóvel é a ação de controle para o sistema motorista-automóvel do Exemplo 1.5.

1.10 Quais dos sistemas de controle dos Exemplos 1.1 a 1.5 são de malha aberta? Quais são de malha fechada?

A chave elétrica do Exemplo 1.1 é de malha aberta porque a ação de controle é igual à entrada e, portanto, independente da saída. Para os Exemplos restantes, 1.2 a 1.5, a ação de controle é claramente uma função da saída. Em consequência, são sistemas de malha fechada.

Realimentação

1.11 Considere o circuito divisor de tensão da Figura 1-4. A saída é v_2 e a entrada v_1.

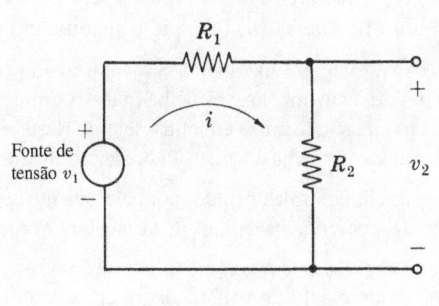

Figura 1-4

(a) Escreva uma equação para v_2 como uma função de v_1, R_1 e R_2. Isto é, escreva uma equação para v_2 que nos forneça um sistema de malha aberta.

(b) Escreva uma equação para v_2 na forma de malha fechada, isto é, v_2 como uma função de v_1, v_2, R_1 e R_2.

Este problema exemplifica como um circuito passivo pode ser caracterizado, seja como um sistema de malha aberta ou de malha fechada.

(a) A partir das leis de Ohm e de Kirchhoff para a tensão e corrente temos

$$v_2 = R_2 i \qquad i = \frac{v_1}{R_1 + R_2}$$

Portanto,
$$v_2 = \left(\frac{R_2}{R_1 + R_2}\right) v_1 = f(v_1, R_1, R_2)$$

(b) Escrevendo a corrente i de forma ligeiramente diferente, temos $i = (v_1 - v_2)/R_1$. Portanto,

$$v_2 = R_2 \left(\frac{v_1 - v_2}{R_1}\right) = \left(\frac{R_2}{R_1}\right) v_1 - \left(\frac{R_2}{R_1}\right) v_2 = f(v_1, v_2, R_1, R_2)$$

1.12 Explique como o conceito econômico clássico, conhecido como Lei da Oferta e da Procura, pode ser interpretado como um sistema de controle com realimentação. Escolha o preço de mercado (preço de venda) de um item particular como saída do sistema e considere que o objetivo do sistema é manter a estabilidade do preço.

A lei pode ser enunciada da seguinte maneira: a *demanda* do mercado para o item diminui à medida que o seu preço aumenta. A *oferta* do mercado geralmente aumenta à medida que o seu preço aumenta. A lei da oferta e da procura diz que o mercado de preço estável é atingido se e somente se a oferta é igual à demanda.

A maneira pela qual o preço é regulado pela oferta e demanda pode ser descrita por meio dos conceitos de controle com realimentação. Escolhemos os seguintes quatro elementos básicos para o nosso sistema: o fornecedor, o comprador, o que dá o preço, e o mercado em que o item é vendido/comprado. (Na verdade, esses elementos geralmente representam processos muito complicados.)

A entrada para o nosso sistema econômico idealizado é a *estabilidade de preço*. Uma maneira mais conveniente para descrever esta entrada é a *flutuação de preço nula*. A saída é o preço de mercado atual.

O sistema opera como segue: o que dá o preço recebe um comando (zero) para estabilidade de preço. Ele avalia o preço para a transação no mercado com o auxílio das informações de sua memória ou o registro de transações passadas. Este preço permite que o fornecedor produza ou forneça certo número de itens, e o comprador peça certo número de itens. A diferença entre a oferta e a demanda é a ação de controle para esse sistema. Se a ação de controle é não nula, isto é, se o fornecimento não é igual à demanda, o que dá o preço inicia uma mudança no preço de mercado a fim de que o fornecimento eventualmente seja igual à demanda. Desse modo, tanto o fornecedor como o comprador podem ser considerados como realimentação, visto que determinam a ação de controle.

Problemas diversos

1.13 (a) Explique o funcionamento dos sinais de tráfego que controlam o fluxo automobilístico nas interseções das rodovias. (b) Por que eles são sistemas de controle em malha aberta? (c) Como o tráfego pode ser controlado com maior eficiência? (d) Por que o sistema em (c) é de malha fechada?

(a) Os semáforos controlam o fluxo de tráfego confrontando sucessivamente o tráfego em um sentido particular (por exemplo, norte-sul) com uma luz vermelha (pare) e, em seguida, com uma luz verde (siga). Quando um sentido tem o sinal verde, o trafego que cruza em outro sentido (leste-oeste) tem a luz vermelha. Em muitos sinais de tráfego os intervalos das luzes vermelha e verde são predeterminados por um mecanismo de tempo calibrado.

(b) Todos os sistemas de controle operados com mecanismo de tempo prefixado são de malha aberta. A ação de controle é igual à entrada, conforme os tempos de vermelho e verde.

(c) Além de prevenir colisões em geral, é uma função desses sinais controlar o *volume* do tráfego. Para o sistema de malha aberta, descrito antes, o volume de tráfego não influencia os intervalos de tempo prefixados de vermelho e verde. A fim de fazer com que o fluxo de tráfego seja mais suave, o intervalo da luz verde deve ser tornado mais longo que o da luz vermelha no sentido que tem o maior volume de tráfego. Muitas vezes, um guarda de trânsito desempenha esta tarefa.

O sistema ideal seria medir o volume de tráfego em todos os sentidos, compará-lo, e usar a diferença para controlar os intervalos de tempo vermelho e verde.

(d) O sistema em (c) é de malha fechada porque a ação de controle (a diferença entre o volume de tráfego em cada sentido) é uma função da saída (volume de tráfego real que flui depois da interseção em cada sentido).

1.14 (a) Indique os componentes e as variáveis do aparelho de controle biológico envolvidos na marcha em um sentido determinado. (b) Por que a marcha é uma operação de malha fechada? (c) Sob quais condições o aparelho de marcha humana se toma um sistema de malha aberta? E em um sistema de dados amostrados? Considere que a pessoa tenha visão normal.

(a) Os principais componentes envolvidos na marcha são o cérebro, os olhos, as pernas e os pés. A entrada pode ser escolhida como o sentido da marcha desejada e a saída como o sentido da marcha real. A ação de controle é determinada pelos olhos que detectam a diferença entre a entrada e a saída e enviam esta informação ao cérebro. O cérebro comanda as pernas e os pés levando-os a marchar no sentido determinado.

(b) A marcha é uma operação de malha fechada porque a ação de controle é uma função da saída.

(c) Se os olhos estão fechados, o laço de realimentação está interrompido e o sistema se toma de malha aberta. Se os olhos são abertos e fechados periodicamente, torna-se um sistema de dados amostrados e a marcha é geralmente controlada com mais precisão do que com os olhos sempre fechados.

1.15 Desenvolva um sistema de controle para encher um recipiente de água depois que ele foi esvaziado pela abertura de uma torneira na parte inferior. O sistema deve fechar automaticamente a entrada da água quando o recipiente estiver cheio.

O diagrama simplificado (Figura 1-5) mostra o princípio do sistema de enchimento da caixa de descarga de um vaso sanitário comum.

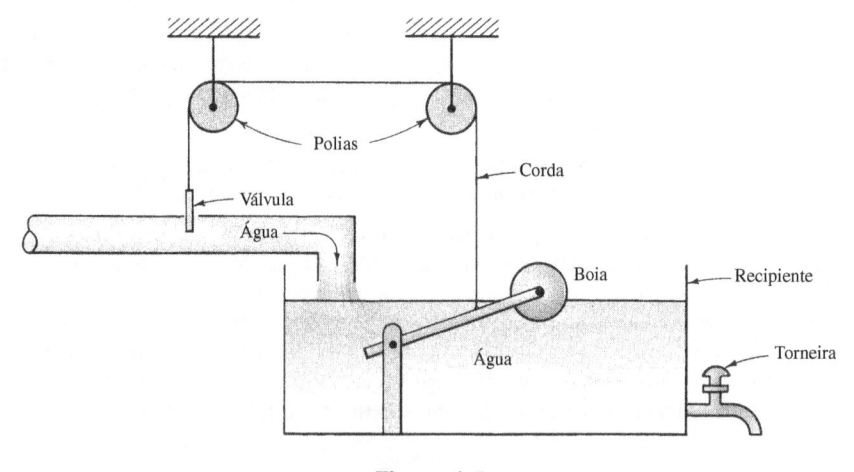

Figura 1-5

A boia flutua sobre a água. À medida que a boia se aproxima da superfície, a válvula diminui o fluxo da água, quando o recipiente se enche, interrompe totalmente o fluxo.

1.16 Desenvolva um sistema de controle simples que ligue automaticamente a lâmpada da sala ao anoitecer e desligue-a durante o dia claro.

Um sistema simples que realize esta tarefa é mostrado no diagrama esquemático na Figura 1-6.

Ao anoitecer, a fotocélula, que funciona como uma chave sensível à luz, fecha o circuito da lâmpada iluminando, assim, a sala. A lâmpada permanece iluminada até o amanhecer, quando a fotocélula detecta a luz externa e abre o circuito da lâmpada.

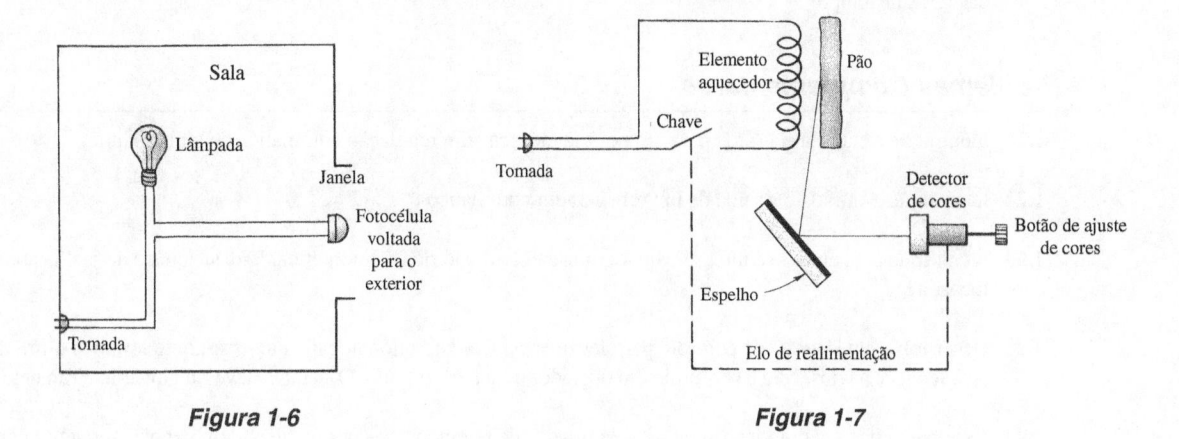

Figura 1-6   *Figura 1-7*

1.17 Imagine uma torradeira automática de malha fechada.

Suponha que cada elemento aquecedor fornece a mesma quantidade de calor por todos os lados do pão e a qualidade da torrada pode ser determinada pela sua cor. Um diagrama simplificado da maneira possível de aplicar o princípio da realimentação à torradeira é mostrado na Figura 1-7. Apenas um lado da torradeira é exemplificado.

A torradeira está inicialmente programada para a qualidade de torrada desejada por meio do botão de ajuste da cor. Ele nunca necessita reajuste, a não ser que o critério de qualidade da torrada mude. Quando a chave está fechada, o pão é torrado até que o detector de cor "veja" a cor desejada. Então a chave é automaticamente aberta por meio da conexão de realimentação, a qual pode ser elétrica ou mecânica.

1.18 O circuito divisor de tensão do Problema 1.11 é um dispositivo analógico ou digital? E a entrada e saída são sinais digitais ou analógicos?

Com certeza se trata de um dispositivo analógico, assim como todos os circuitos elétricos que consiste apenas de elementos passivos como resistores, capacitores e indutores. A fonte de tensão v_1 é considerada uma entrada externa para o circuito. Se ela produz um sinal contínuo, por exemplo, a partir de uma bateria ou é uma fonte de alimentação alternada, a saída é um sinal contínuo ou analógico. Entretanto, se a fonte de tensão v_1 for um sinal discreto no tempo ou digital, então a saída $v_2 = v_1 R_2/(R_1 + R_2)$. Além disso, se uma chave fosse incluída no circuito em série com uma fonte de tensão analógica, a abertura e fechamento intermitente da chave geraria uma forma de onda amostrada da fonte de tensão v_1 e, portanto, uma saída amostrada ou discreta no tempo sai deste circuito analógico.

1.19 O sistema que controla o valor total de dinheiro em uma conta bancária é um sistema contínuo ou discreto no tempo? Suponha que um depósito é feito apenas uma vez e nenhuma retirada é feita.

Se o banco não paga juros nem desconta taxa de manutenção da conta (como colocar seu dinheiro "embaixo do colchão"), o sistema que controla o total do valor em dinheiro na conta pode ser considerado contínuo porque o valor é sempre o mesmo. Entretanto, a maioria dos bancos paga juros periodicamente, por exemplo, diariamente, mensalmente ou anualmente, e o valor da conta, portanto, varia periodicamente de forma discreta no tempo. Neste caso, o sistema que controla o valor do dinheiro na conta é um sistema discreto. Considerando que não seja efetuado nenhum saque, os juros são acrescentados ao capital cada vez que a conta recebe juros, denominado juros compostos, e o valor da conta continua crescendo sem limites ("a maior invenção da humanidade" um comentário atribuído a Einstein).

1.20 Que *tipo* de sistema de controle, de malha aberta ou de malha fechada, contínuo ou discreto, é usado por um investidor comum do mercado de ações, cujo objetivo é lucrar com seu investimento?

Os investidores do mercado de ações necessitam acompanhar periodicamente o andamento de suas ações, por exemplo, seus preços. Eles podem verificar a oferta e solicitar preços diariamente, com seu corretor ou pelo jornal diário, com maior ou menor frequência, dependendo das circunstâncias individuais. De qualquer forma, eles *tiram uma amostra* dos sinais de preço de forma regular e, portanto, o sistema é de dados amostrados ou discretos no tempo. Entretanto, os preços das ações normalmente sobem e caem entre os momentos de amostragem e, portanto, o sistema opera em malha aberta durante estes períodos. O enlace de realimentação é fechado apenas quando o investidor faz sua observação periódica e atua sobre a informação recebida, que pode ser para comprar, vender ou não fazer nada. Assim, o controle global é de malha fechada. O processo de medição (amostragem) poderia, evidentemente, ser feito de forma mais eficiente usando um computador, que também pode ser programado para tomar decisões baseado nas informações recebidas. Sendo assim, o sistema de controle permanece discreto no tempo, mas não apenas porque existe um computador digital na malha de controle. Os lances e preços pedidos não variam continuamente, mas são inerentemente sinais discretos no tempo.

Problemas Complementares

1.21 Identifique a entrada e a saída para uma estufa elétrica com regulação automática de temperatura.

1.22 Identifique a entrada e a saída de um refrigerador automático.

1.23 Identifique uma entrada e uma saída para uma cafeteira elétrica e automática. Este sistema é de malha aberta ou malha fechada?

1.24 Desenvolva um sistema de controle para levantar ou abaixar automaticamente uma ponte levadiça a fim de permitir a passagem de navios. Não é permitido um operador humano contínuo. O sistema deve funcionar inteiramente automático.

1.25 Explique a operação e identifique as quantidades de componentes pertinentes a um canhão antiaéreo controlado por radar, automaticamente. Suponha que não seja necessário operador, exceto para inicialmente por o sistema em um modo operacional.

1.26 A rede elétrica da Figura 1-8 pode ser julgada como um sistema de controle com *realimentação*? Este sistema é analógico ou digital?

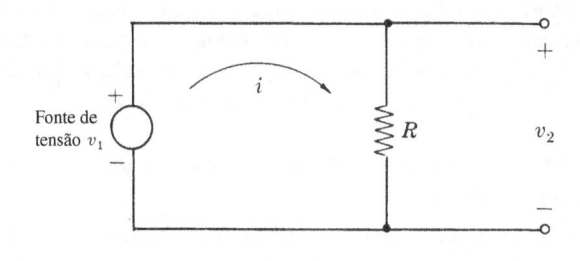

Figura 1-8

1.27 Desenvolva um sistema de controle para o posicionamento do leme de um navio a partir de uma sala de controle localizada distante do leme. O objetivo do sistema de controle é dirigir o navio, segundo a marcação desejada.

1.28 Quais as entradas, em adição ao comando para uma marcação desejada, que você esperaria encontrar, analisando o sistema do Problema 1.27?

1.29 A aplicação do capitalismo "liberal" (*laissez faire*) a um sistema econômico pode ser interpretada como um sistema de controle com realimentação? Por quê?

1.30 A operação de uma bolsa de valores, como a de Nova York, satisfaz ao modelo da lei da oferta e da procura descrita no Problema 1.12? Como?

1.31 Um sistema econômico puramente socialista pode satisfazer ao modelo da lei da oferta e da procura, descrita no Problema 1.12? Por que (ou por que não)?

1.32 Quais sistemas de controle nos Problemas 1.1 a 1.4 e 1.12 a 1.17 são digitais ou de dados amostrados e quais são contínuos ou analógicos? Defina os sinais contínuos e os sinais discretos em cada sistema.

1.33 Explique por que os sistemas de controle econômicos baseados na obtenção de dados a partir de procedimentos contábeis típicos são sistemas de controle de dados amostrados. Eles são de malha aberta ou malha fechada?

1.34 A rotação da antena de um sistema de radar, que normalmente recebe dados de alcance e direcionais uma vez a cada revolução, é um sistema analógico ou digital?

1.35 Que tipo de sistema de controle está envolvido no tratamento de um paciente por um médico, baseado na obtenção de dados a partir da análise laboratorial de uma amostra do sangue do paciente?

Respostas Selecionadas

1.21 A entrada é a temperatura de referência. A saída é a temperatura real da estufa.

1.22 A entrada é a temperatura de referência. A saída é a temperatura real do refrigerador.

1.23 Uma entrada possível para a cafeteira elétrica automática é a quantidade de café usado. Além disso, muitas cafeteiras têm um mostrador que pode ser ajustado para café fraco, médio ou forte. Este ajuste geralmente regula o mecanismo de tempo. Tempo de mistura é, portanto, outra entrada possível. A saída de qualquer cafeteira pode ser escolhida segundo as opções do tipo de café. As cafeteiras descritas são de malha aberta.

Capítulo 2

Terminologia dos Sistemas de Controle

2.1 DIAGRAMAS EM BLOCO: FUNDAMENTOS

Um **diagrama em bloco** é uma representação simplificada e pictórica da relação de causa e efeito entre a entrada e a saída de um sistema físico. Ele proporciona um método conveniente e útil para caracterizar as relações funcionais entre os vários componentes de um sistema de controle. Os *componentes* do sistema são alternativamente denominados *elementos* do sistema. A forma mais simples de um diagrama em bloco é o *bloco* único, com uma entrada e uma saída, como mostra a Figura 2-1.

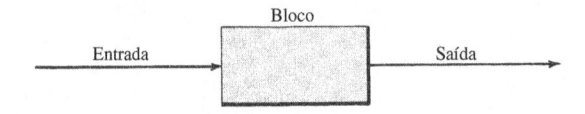

Figura 2-1

O interior do retângulo que representa o bloco, geralmente contém uma descrição ou o nome do elemento ou símbolo para a operação matemática a ser efetuada sobre a entrada para resultar na saída. As *setas* representam o sentido da informação ou fluxo de sinal.

Exemplo 2.1

Figura 2-2

As operações de adição e subtração têm uma representação especial. O bloco torna-se um pequeno círculo, denominado **ponto de soma**, com os sinais de positivo e negativo apropriados e associados com as setas que entram no círculo. A saída é a soma algébrica das entradas. Qualquer número de entradas pode atingir um ponto de soma.

Exemplo 2.2

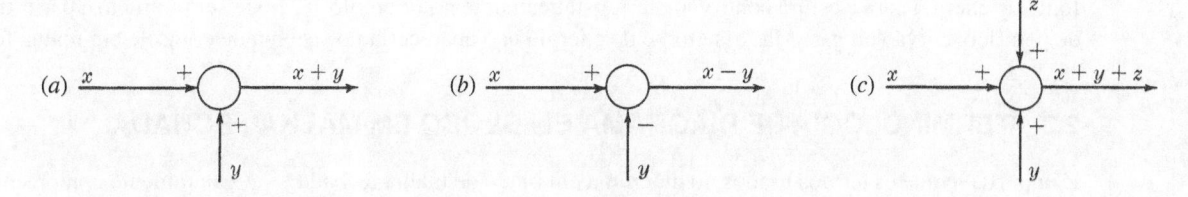

(a) $x \xrightarrow{+} \bigcirc \xrightarrow{x+y}$ com y entrando por $+$

(b) $x \xrightarrow{+} \bigcirc \xrightarrow{x-y}$ com y entrando por $-$

(c) $x \xrightarrow{+} \bigcirc \xrightarrow{x+y+z}$ com z e y entrando por $+$

Figura 2-3

Alguns autores colocam uma cruz no interior do círculo:

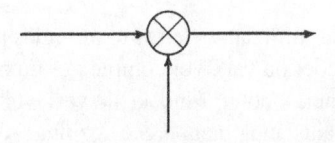

Figura 2-4

Esta notação é evitada aqui porque algumas vezes é confundida com a operação de multiplicação. A fim de empregar o mesmo sinal ou variável como uma entrada para mais de um bloco, ou ponto de soma, é usado um **ponto de tomada**. Isto permite ao sinal continuar inalterado ao longo de diferentes caminhos para diferentes fins.

Exemplo 2.3

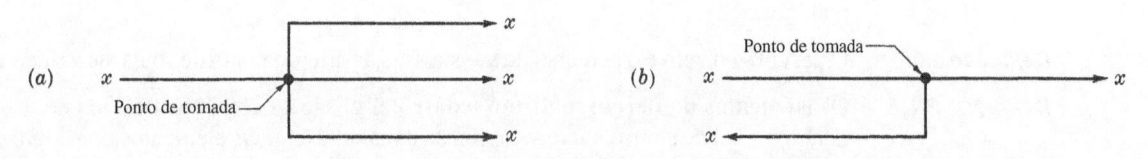

(a) diagrama com Ponto de tomada ramificando x em três saídas x

(b) diagrama com Ponto de tomada ramificando x

Figura 2-5

2.2 DIAGRAMA EM BLOCO DE SISTEMAS DE CONTROLE COM REALIMENTAÇÃO

Os blocos representando vários componentes de um sistema de controle são conectados de maneira que caracterizam a sua relação funcional dentro do sistema. A configuração básica de um sistema de controle simples, de malha fechada (realimentação) com uma única entrada e uma única saída (abreviado por SISO – *single input and single output*), é representado na Figura 2-6 para um sistema que contém apenas sinais contínuos.

Entrada de referência r → Sinal atuante (erro) $e = r \mp b$ → Elementos do percurso direto (controle) g_1 → Sinal de controle ou variável manipulada u ou m → Planta ou processo g_2 → Saída controlada c

Distúrbio n

PERCURSO DIRETO

Sinal de realimentação primário b ← Elementos de realimentação h ←

PERCURSO DE REALIMENTAÇÃO

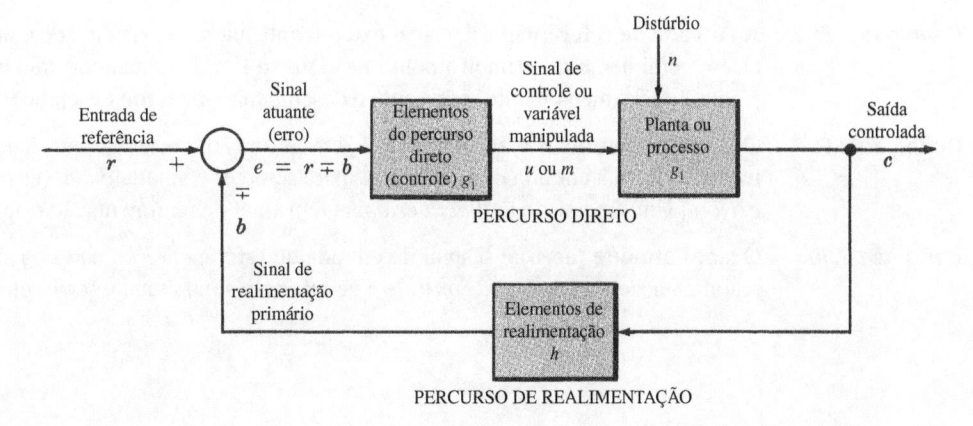

Figura 2-6

Enfatizamos que as setas da malha fechada, que conectam um bloco a outro, representam o sentido do fluxo da energia de *controle* ou informação, que geralmente não é a principal fonte de energia do sistema. A principal fonte de energia para a estufa controlada termostaticamente no Exemplo 1.2 pode ser química, a partir da queima de petróleo, carvão ou gás. Mas essa fonte de energia não apareceria no sistema de controle em malha fechada.

2.3 TERMINOLOGIA DE DIAGRAMA EM BLOCO EM MALHA FECHADA

É importante que os termos usados no diagrama em bloco de malha fechada sejam claramente compreendidos.

As letras minúsculas são usadas para representar as variáveis de entrada e saída de cada elemento, bem como os símbolos para os blocos g_1, g_2 e h. Estas grandezas representam funções do tempo, exceto quando especificado em contrário.

Exemplo 2.4 $r = r(t)$

Nos capítulos subsequentes, utilizamos letras maiúsculas para indicar grandezas em transformadas de Laplace ou transformadas z, como funções da variável complexa s ou z, respectivamente, e as grandezas em transformadas de Fourier (funções da frequência), como funções da variável imaginária pura $j\omega$. As funções de s ou z são geralmente abreviadas com letra maiúscula que aparece sozinha. As funções de frequência nunca são abreviadas.

Exemplo 2.5 $R(s)$ é abreviada como R ou $F(z)$, mas como F. $R(j\omega)$ nunca é abreviada.

As letras r, c, e, etc., foram escolhidas para preservar a natureza genérica do diagrama em bloco. Esta convenção agora é clássica.

Definição 2.1: A **planta** (ou **processo**, ou **sistema controlado**) g_2 é o sistema, subsistema, processo ou objeto controlado pelo sistema de controle com realimentação.

Definição 2.2: A **saída controlada** c é a variável de saída da planta controlada pelo sistema de controle com realimentação.

Definição 2.3: O **percurso direto** é o percurso de transmissão a partir do ponto de soma até a saída controlada c.

Definição 2.4: Os **elementos do percurso direto (controle)** g_1 são os componentes do percurso direto que geram o sinal de controle u ou m aplicado à planta. Nota: Os elementos do percurso direto tipicamente incluem controladores, compensadores (ou elementos de equalização) e/ou amplificadores.

Definição 2.5: O **sinal de controle** u (ou a **variável manipulada** m) é o sinal de saída dos elementos do percurso direto g_1 aplicado como entrada na planta g_2.

Definição 2.6: O **percurso de realimentação** é o percurso de transmissão da saída controlada c de volta para o ponto de soma.

Definição 2.7: Os **elementos de realimentação** h estabelecem a relação funcional entre a saída controlada c e o sinal de realimentação primário b. *Nota*: Os elementos de realimentação tipicamente incluem sensores da saída controlada c, compensadores e/ou elementos controladores.

Definição 2.8: A **entrada de referência** r é o sinal externo aplicado a um sistema de controle com realimentação, geralmente no primeiro ponto de soma, a fim de comandar uma ação especificada da planta. Ele frequentemente representa o desempenho ideal (ou desejado) de saída da planta.

Definição 2.9: O **sinal de realimentação primário** b é uma função da saída controlada c, que é algebricamente somada à entrada de referência r para se obter o sinal atuante (erro) e, ou seja, $r \pm b = e$. *Nota*: Um sistema de *malha aberta* não tem sinal de realimentação primário.

Definição 2.10: O **sinal atuante** (**erro**) é o sinal de entrada de referência r somado ou subtraído do sinal de realimentação b. A *ação de controle* é gerada pelo sinal atuante (erro) em um sistema de controle com realimentação (veja as Definições 1.5 e 1.6). *Nota*: Em um sistema de *malha aberta*, que não possui realimentação, o sinal atuante é igual a *r*.

Definição 2.11: **Realimentação negativa** significa que o ponto de soma é um subtrator, ou seja, $e = r - b$.
Realimentação positiva significa que o ponto de soma é um somador, ou seja, $e = r + b$.

2.4 DIAGRAMAS EM BLOCO DE COMPONENTES DISCRETOS NO TEMPO (DADOS AMOSTRADOS OU DIGITAIS), SISTEMAS DE CONTROLE E SISTEMAS CONTROLADOS POR COMPUTADOR

Um *sistema de controle discreto no tempo* (*dados amostrados ou digitais*) foi descrito na Definição 1.11 como aquele que tem sinais ou componentes discretos no tempo em um ou mais pontos do sistema. Apresentamos primeiro alguns sistemas discretos no tempo comuns e, em seguida, ilustramos algumas das formas em que eles estão interconectados em sistemas de controle digital. Lembramos ao leitor neste momento que o termo *discreto no tempo* é muitas vezes abreviado neste livro como *discreto* e o termo *contínuo no tempo* como *contínuo*, onde quer que seja, o significado não será ambíguo.

Exemplo 2.6 Um computador digital ou microprocessador é um dispositivo discreto no tempo (discreto ou digital), um componente comum em sistemas de controle digital. Os sinais internos e externos de um computador digital são tipicamente discretos no tempo ou codificados digitalmente.

Exemplo 2.7 Um componente (ou componentes) de um sistema discreto com os sinais de entrada $u(t_k)$ e saída $y(t_k)$ discretos no tempo, onde t_k são os instantes de tempo discretos, $k = 1, 2,...$, etc., podem ser representados por um diagrama em bloco, como mostra a Figura 2-7.

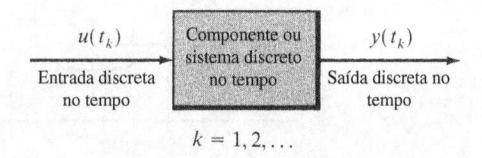

Figura 2-7

Muitos sistemas de controle digital contêm componentes contínuos e discretos. Um ou mais dispositivos conhecidos como *amostradores* e outros conhecidos como *retentores*, geralmente são incluídos em tais sistemas.

Definição 2.12: Um **amostrador** é um dispositivo que converte um sinal contínuo no tempo, digamos $u(t)$, em um sinal discreto no tempo, indicado por $u^*(t)$, que consiste de uma sequência de valores do sinal nos instantes $t_1, t_2,...$, ou seja, $u(t_1), u(t_2),...$, etc.

Amostradores ideais são geralmente representados esquematicamente por uma chave, como mostra a Figura 2-8, em que a chave é normalmente aberta, exceto nos instantes t_1, t_2, etc., quando está fechada. A chave também pode ser representada envolvida por um bloco, como mostra a Figura 2-9.

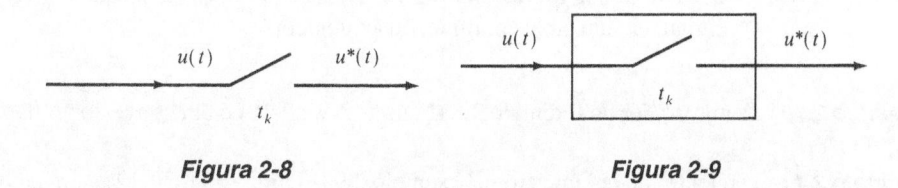

Figura 2-8 *Figura 2-9*

Exemplo 2.8 O sinal de entrada de um amostrador ideal e algumas amostras do sinal de saída são ilustrados na Figura 2-10. Este tipo de sinal é muitas vezes denominado *sinal amostrado*.

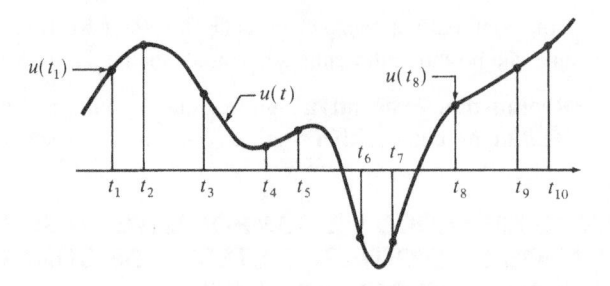

Figura 2-10

Os sinais discretos $u(t_k)$ são muitas vezes escritos de forma mais simples, utilizando o índice k como o único argumento, ou seja, $u(k)$, e a sequência $u(t_1), u(t_2),...$, se torna $u(1), u(2),...$, etc. Esta notação é introduzida no Capítulo 3. Embora as taxas de amostragem geralmente não sejam uniformes, como no Exemplo 2.8, a amostragem uniforme é a regra neste livro, ou seja, $t_{k+1} - t_k \equiv T$ para qualquer k.

Definição 2.13: Um dispositivo de **retenção**, ou **retenção de dados**, é aquele que converte a saída discreta no tempo de um amostrador em um tipo particular de sinal contínuo no tempo ou sinal analógico.

Exemplo 2.9 Um **retentor de ordem zero**, ou simplesmente **retentor**, é aquele que mantém (isto é, retém) o valor de $u(t_k)$ constante até o próximo instante de amostragem t_{k+1}, como mostra a Figura 2-11. Veja que a saída $y_{H0}(t)$ do retentor de ordem zero se mantém contínua, exceto nos instantes de amostragem. Este tipo de sinal é denominado sinal **seccionalmente contínuo**.

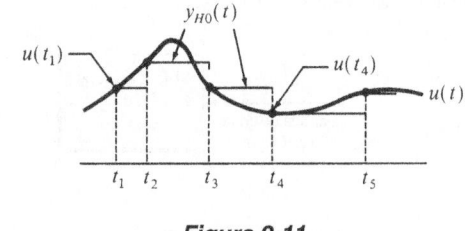

Figura 2-11

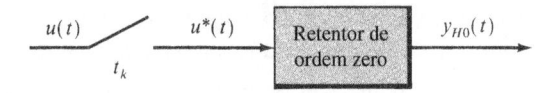

Figura 2-12

Definição 2.14: Um **conversor analógico-digital (A/D)** é um dispositivo que converte um sinal contínuo, ou analógico, em um sinal discreto, ou digital.

Definição 2.15: Um **conversor digital-analógico (D/A)** é um dispositivo que converte um sinal discreto, ou digital, em um sinal contínuo, ou analógico.

Exemplo 2.10 O amostrador no Exemplo 2.8 (Figuras 2-9 e 2-10) é um conversor A/D.

Exemplo 2.11 O retentor de ordem zero no Exemplo 2.9 (Figuras 2-11 e 2-12) é um conversor D/A.

Amostradores e retentores de ordem zero são geralmente usados em conversores A/D e D/A, mas eles não são os únicos tipos disponíveis. Alguns conversores D/A, em particular, são mais complexos.

Exemplo 2.12 Computadores digitais ou microprocessadores são muitas vezes usados para controlar plantas ou processos contínuos. Conversores A/D e D/A são tipicamente necessários em tais aplicações para converter os sinais da planta para sinais digitais e converter os sinais digitais do computador em um sinal de controle para a planta analógica. A operação conjunta destes elementos geralmente é sincronizada por um clock e o controlador resultante é, às vezes, denominado *filtro digital*, conforme ilustra a Figura 2-13.

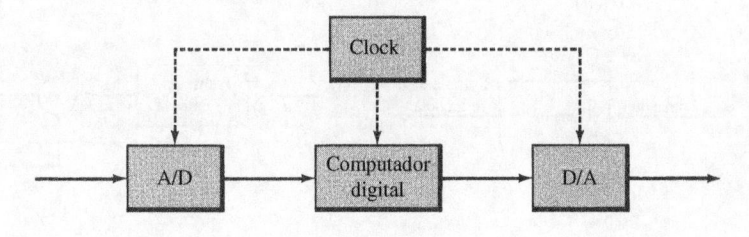

Figura 2-13

Definição 2.16: Um **sistema controlado por computador** inclui um computador como elemento de controle principal.

Os sistemas mais comuns controlados por computador possuem computadores digitais controlando processos analógicos, ou contínuos. Neste caso, os conversores A/D e D/A são necessários, como ilustra a Figura 2-14.

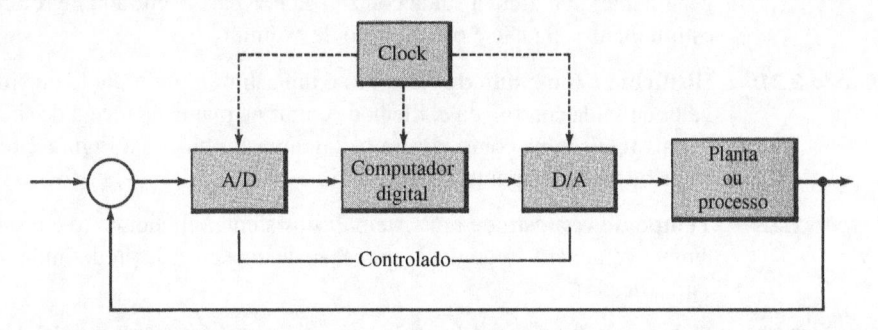

Figura 2-14

O clock pode ser omitido do diagrama, embora ele sincronize não é uma parte explícita do fluxo do sinal na malha de controle. Do mesmo modo, a junção de soma e a entrada de referência são algumas vezes omitidas do diagrama porque elas podem ser implementadas no computador.

2.5 TERMINOLOGIA SUPLEMENTAR

Diversos termos exigem definição e exemplificação neste momento. Outros serão apresentados em capítulos subsequentes conforme for necessário.

Definição 2.17: **Transdutor** é um dispositivo que converte uma forma de energia em outra.

Por exemplo, um dos transdutores mais comuns em aplicações de sistemas de controle é o *potenciômetro*, que converte posição mecânica em tensão elétrica (Figura 2-15).

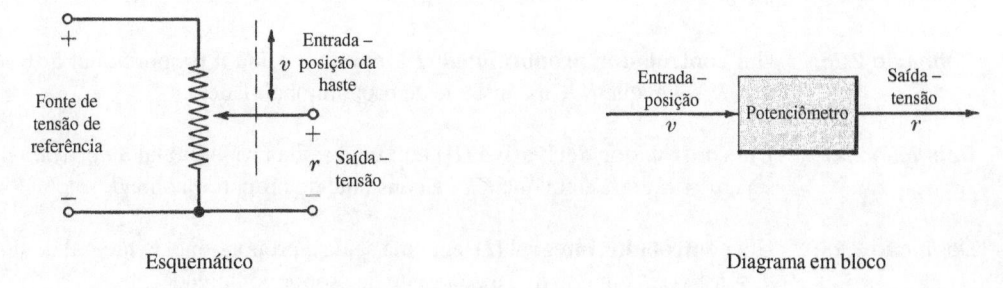

Figura 2-15

Definição 2.18: O **comando** v é um sinal de entrada, geralmente igual à entrada de referência r. Mas quando a forma de energia do comando v não é a mesma que aquela da realimentação primária b, um transdutor é necessário entre o comando v e a entrada de referência r como mostra a Figura 2-16(a).

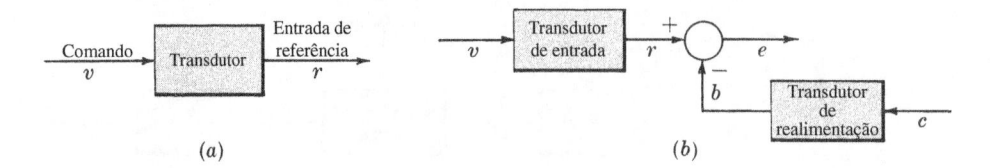

Figura 2-16

Definição 2.19: Quando o elemento de realimentação consiste em um transdutor e um transdutor é necessário na entrada, aquela parte do sistema de controle ilustrada na Figura 2-16(b) é denominada **detector de erro**.

Definição 2.20: Um **estímulo**, ou **entrada de teste**, é qualquer sinal de entrada introduzido externamente (exogenamente) que afeta a saída controlada c. *Nota*: A entrada de referência r é um exemplo de estímulo, mas ela não é o único tipo de estímulo.

Definição 2.21: **Distúrbio** n (ou **ruído de entrada**) é um estímulo indesejado ou sinal de entrada que afeta o valor da saída controlada c. Ele pode entrar na planta na forma de sinal de controle u, ou variável manipulada m, como mostra o diagrama em bloco na Figura 2-6, ou no primeiro ponto de soma ou via outro ponto intermediário.

Definição 2.22: **Tempo de resposta** de um sistema, subsistema, ou elemento é a saída como uma função do tempo, geralmente seguida da aplicação de uma entrada predefinida sob condições de operação especificadas.

Definição 2.23: **Sistema multivariável** é aquele com mais de uma entrada (**múltiplas entradas, MI**), mais de uma saída (**múltiplas saídas, MO**) ou ambas (**múltiplas entradas e múltiplas saídas, MIMO**).

Definição 2.24: O termo **controlador** em um sistema de controle com realimentação está muitas vezes associado com os elementos do percurso direto, entre o sinal atuante (erro) e e a variável de controle u. Mas ele algumas vezes inclui o ponto de soma, os elementos de realimentação, ou ambos, e alguns autores usam os termos controlador e compensador como sinônimos. O contexto deve eliminar a ambiguidade.

As cinco definições a seguir são exemplos de **leis de controle** ou **algoritmos de controle**.

Definição 2.25: Um **controlador** *on-off* (**controlador de duas posições**, ou **binário**) tem apenas dois valores possíveis na sua saída u, dependendo da entrada e do controlador.

Exemplo 2.13 Um controlador binário pode ter uma saída $u = +1$ quando o sinal de erro for positivo, ou seja, $e > 0$ e $u = -1$ quando $e \leq 0$.

Definição 2.26: Um **controlador proporcional** (*P*) tem uma saída u proporcional à sua entrada e, ou seja, $u = K_p e$, em que K_p é a constante de proporcionalidade.

Definição 2.27: Um **controlador derivativo** (*D*) tem uma saída proporcional à *derivada* da sua entrada e, ou seja, $u = K_D de/dt$, em que K_D é a constante de proporcionalidade.

Definição 2.28: Um **controlador integral** (*I*) tem uma saída u proporcional à integral de sua entrada e, ou seja, $u = K_I \int e(t)dt$, em que K_I é a constante de proporcionalidade.

Definição 2.29: **Controladores PD, PI, DI e PID** são combinações de controladores proporcinal (*P*), derivativo (*D*) e integral (*I*).

Exemplo 2.14 A saída u de um controlador PD tem a forma:

$$u_{\text{PD}} = K_P e + K_D \frac{de}{dt}$$

A saída de um controlador PID tem a forma:

$$u_{\text{PID}} = K_P e + K_D \frac{de}{dt} + K_I \int e(t)\, dt$$

2.6 SERVOMECANISMOS

O sistema de controle com realimentação especializado denominado *servomecanismo* merece atenção especial devido à sua prevalência nas aplicações industriais e na literatura de sistemas de controle.

Definição 2.30: Um **servomecanismo** é um sistema de controle com realimentação que amplifica potência no qual a variável controlada *c* é a posição mecânica ou uma derivada no tempo desta posição, como velocidade ou aceleração.

Exemplo 2.15 O *mecanismo de controle da direção de um automóvel* é um servomecanismo. O comando de entrada é a posição angular do volante. Um pequeno torque rotacional aplicado ao volante é hidraulicamente amplificado, resultando em uma força adequada para modificar a saída, que é a posição angular das rodas da frente. O diagrama em bloco desse sistema pode ser representado pela Figura 2-17. A realimentação negativa é necessária a fim de levar a válvula de controle à posição neutra, reduzindo o torque do amplificador hidráulico a zero, quando a posição desejada da roda tenha sido obtida.

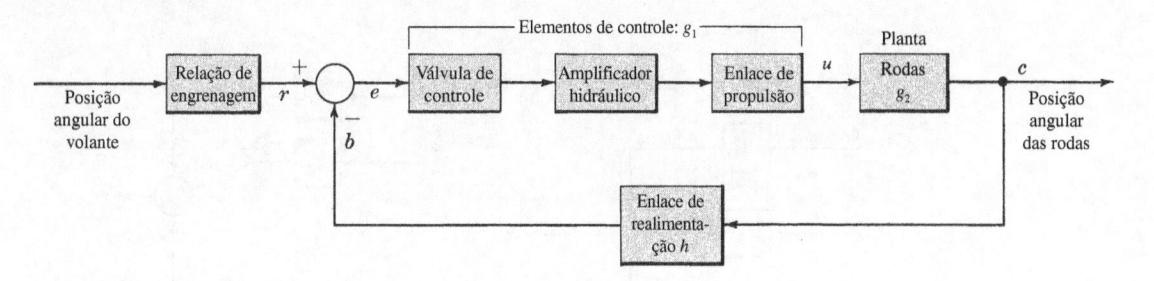

Figura 2-17

2.7 REGULADORES

Definição 2.31: Um **regulador** ou **sistema de regulação** é um sistema de controle com realimentação, no qual a entrada de referência ou comando é constante durante um longo período de tempo, frequentemente pelo intervalo de tempo em que o sistema é operacional. Esta entrada é muitas vezes denominada *setpoint*.

O regulador difere de um servomecanismo no fato de que a função primária de um regulador é, geralmente, manter uma saída controlada constante, enquanto a de um servomecanismo é, com maior frequência, fazer com que a saída do sistema acompanhe uma entrada variável.

Problemas Resolvidos

Diagramas em bloco

2.1 Consideremos as seguintes equações nas quais $x_1, x_2, ..., x_n$ são variáveis e $a_1, a_2, ..., a_n$ são coeficientes gerais ou operadores matemáticos:

(a) $x_3 = a_1 x_1 + a_2 x_2 - 5$

(b) $x_n = a_1 x_1 + a_2 x_2 + \cdots + a_{n-1} x_{n-1}$

Desenhe um diagrama em bloco para cada equação, identificando todos os blocos, entradas e saídas.

(a) Na forma em que a equação é escrita, x_3 é a saída Os termos do segundo membro da equação são combinados no ponto de soma, como mostra a Figura 2-18.

O termo $a_1 x_1$ é representado por um único bloco, com x_1 como sua entrada e $a_1 x_1$ como sua saída. Portanto, o coeficiente a_1 é colocado dentro do bloco como é mostrado na fig. 2-19. a_1 pode representar qualquer operação matemática. Por exemplo, se a_1 fosse uma constante, a operação do bloco seria "multiplique a entrada x_1 pela constante a_1". Isto é geralmente claro a partir da descrição ou do contexto de um problema, o que é definido pelo símbolo, operador ou descrição no interior do bloco.

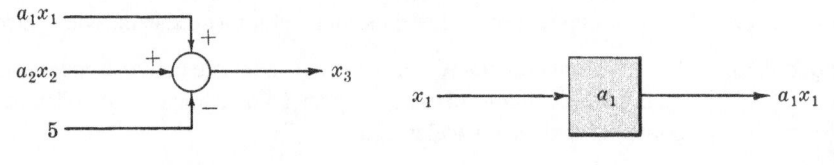

Figura 2-18   *Figura 2-19*

O termo $a_2 x_2$ é representado da mesma maneira.

O diagrama em bloco para a equação inteira é, portanto, mostrado na Figura 2-20.

(b) Seguindo a mesma linha de raciocínio como na parte (a), o diagrama em bloco para

$$x_n = a_1 x_1 + a_2 x_2 + \cdots + a_{n-1} x_{n-1}$$

é mostrado na Figura 2-21.

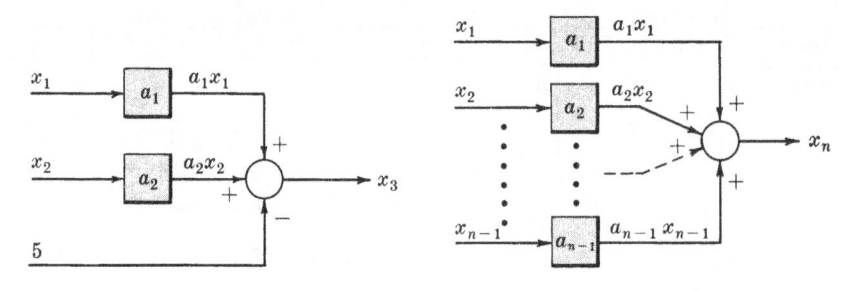

Figura 2-20   *Figura 2-21*

2.2 Desenhe o diagrama em bloco para cada uma das seguintes equações:

(a) $x_2 = a_1 \left(\dfrac{dx_1}{dt} \right)$ (b) $x_3 = \dfrac{d^2 x_2}{dt^2} + \dfrac{dx_1}{dt} - x_1$ (c) $x_4 = \int x_3 \, dt$

(a) Duas operações são especificadas por esta equação, a_1 e derivação d/dt. Portanto, o diagrama em bloco contém dois blocos, conforme mostrados na Figura 2-22. Note a ordem dos blocos.

CAPÍTULO 2 • TERMINOLOGIA DOS SISTEMAS DE CONTROLE

Figura 2-22

Figura 2-23

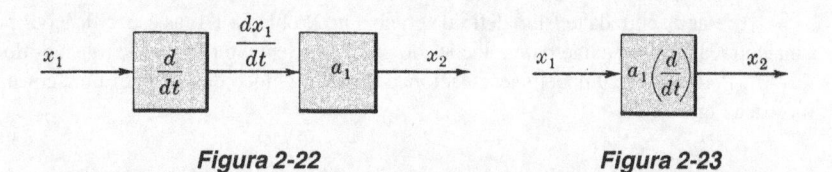

Se a_1 é uma constante, o bloco a_1 pode ser combinado com o bloco d/dt, como mostra a Figura 2-23, visto que não resulta em confusão em relação a ordem dos blocos. Porém, se a_1 fosse um operador desconhecido, a inversão dos blocos d/dt e a_1 não resultaria necessariamente em uma saída igual a x_2, como mostra a Figura 2-24.

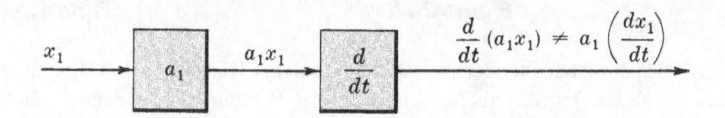

Figura 2-24

(*b*) As operações + e − indicam a necessidade de um ponto de soma. A operação de diferenciação pode ser tratada como na parte (a), ou combinando as duas operações de derivação em um segundo bloco operador de derivação, resultando em dois diagramas em bloco diferentes para a equação para x_3, confome a Figura 2-25.

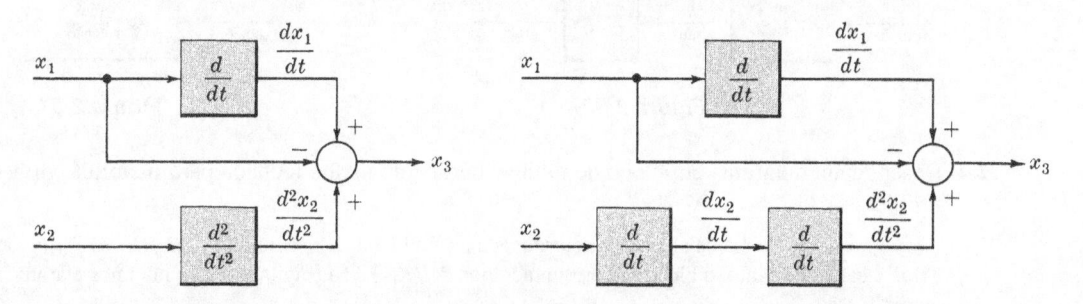

Figura 2-25

(*c*) A operação de integração pode ser representada em um diagrama em bloco como na Figura 2-26.

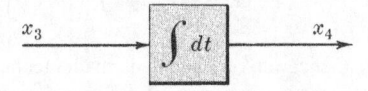

Figura 2-26

2.3 Desenhe um diagrama em bloco para mecanismo com espelho ajustável pivotado da Seção 1.1, com a saída identificada como no Problema 1.1. Suponha que cada rotação de 360° do parafuso levanta ou abaixa o espelho k graus. Identifique todos os sinais e componentes do sistema de controle no diagrama.

O diagrama esquemático do sistema é repetido na Figura 2-27, por conveniência.

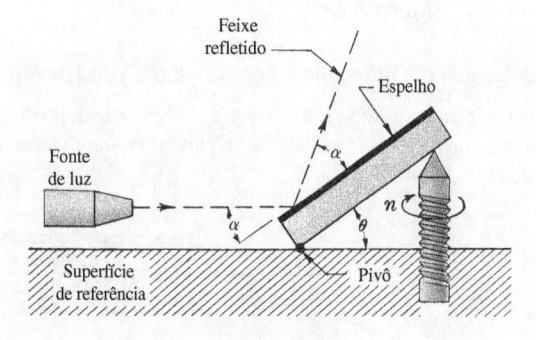

Figura 2-27

Apesar da entrada ter sido definida como θ no Problema 1.1, as especificações para este problema implicam em uma entrada igual ao número de rotações do parafuso. Seja n o número de rotações do parafuso tal que $n = 0$ quando $\theta = 0°$. Portanto, n e θ podem ser relacionados por um bloco descrito por uma constante k, visto que $\theta = kn$, como mostra a Figura 2-28.

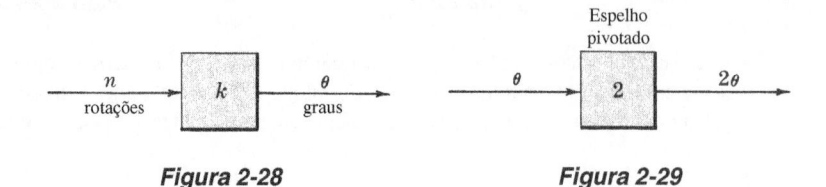

Figura 2-28

Figura 2-29

A saída do sistema foi determinada no Problema 1.1 como $\theta + \alpha$. Porém, visto que a fonte de luz é dirigida paralelamente à superfície de referência, então $\alpha = \theta$. Portanto, a saída é igual a 2θ e o espelho pode ser representado por uma constante igual a 2 no bloco, como na Figura 2-29.

O diagrama em bloco completo de malha aberta é dado na Figura 2-30. Neste exemplo simples, constata-se que a saída 2θ é igual a $2kn$ rotações do parafuso. Isto resulta no diagrama em bloco mais simples da Figura 2-31.

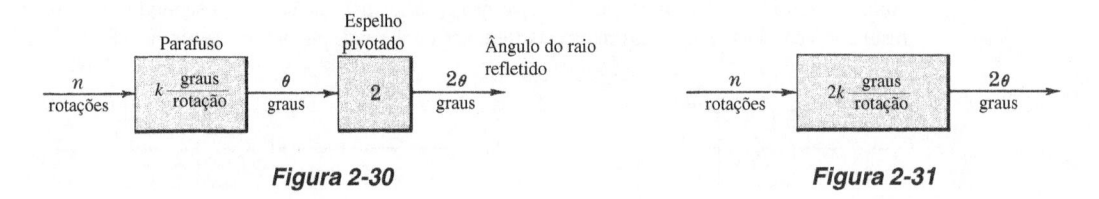

Figura 2-30

Figura 2-31

2.4 Desenhe um diagrama em bloco de malha aberta e de malha fechada para o circuito divisor de tensão do Problema 1.11.

A equação de malha aberta foi determinada no Problema 1.11 como $v_2 = (R_2/(R_1 + R_2))v_1$, onde v_1 é a entrada e v_2 é a saída. Portanto, o bloco é representado por $R_2/(R_1 + R_2)$ (Figura 2-32) e notamos claramente a operação de multiplicação.

A equação de malha fechada é

$$v_2 = \left(\frac{R_2}{R_1}\right)v_1 - \left(\frac{R_2}{R_1}\right)v_2 = \left(\frac{R_2}{R_1}\right)(v_1 - v_2)$$

O sinal de erro é $v_1 - v_2$. O diagrama em bloco de malha fechada com realimentação negativa é facilmente construído apenas com um único bloco representado por R_2/R_1, como mostra a Figura 2-33.

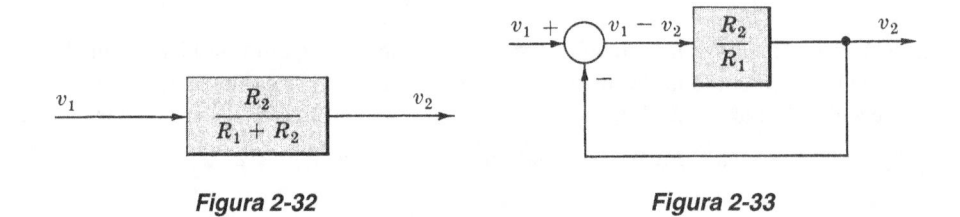

Figura 2-32

Figura 2-33

2.5 Desenhe um diagrama em bloco para a chave elétrica do Exemplo 1.1 (veja os Problemas 1.9 e 1.10).

Tanto a entrada como a saída são variáveis binárias (de dois estados). A chave é representada por um bloco, e a fonte de alimentação que a chave controla não é parte do sistema de controle. Um diagrama em bloco de malha aberta possível é mostrado na Figura 2-34.

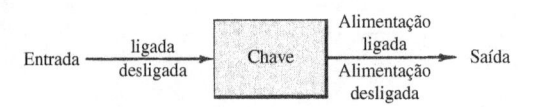

Figura 2-34

Por exemplo, considere que a fonte de alimentação seja uma fonte de corrente. Então, o diagrama em bloco para a chave pode tomar a forma da Figura 2-35, onde (novamente) a fonte de corrente não é parte do sistema de controle, a entrada para o bloco da chave é mostrada como uma conexão mecânica simples como uma chave "faca" e a saída é uma corrente não nula somente quando a chave é fechada (*on*). Caso contrário, será zero (*off*).

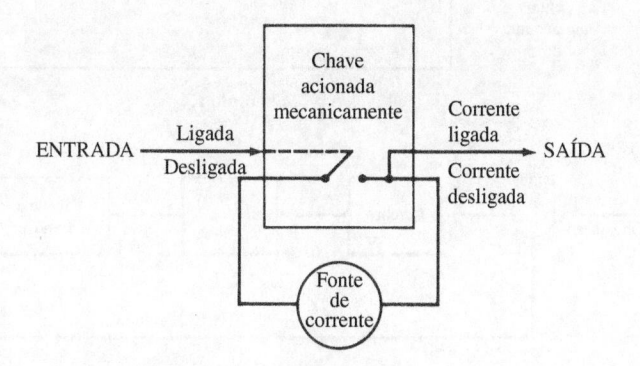

Figura 2-35

2.6 Desenhe diagramas em bloco simples para os sistemas de controle nos Exemplos 1.2 a 1.5.

A partir do Problema 1.10 notamos que estes sistemas são de malha fechada, e a partir do Problema 1.9 o sinal de erro (ação de controle) para o sistema, em cada exemplo, é igual à entrada menos a saída. Portanto, existe realimentação negativa em cada sistema.

Para a estufa termostaticamente controlada do Exemplo 1.2, o termostato pode ser escolhido como ponto de soma, visto que ele é o dispositivo que determina se a estufa deve ou não ser ligada. A temperatura ambiente (externa) em torno do recipiente pode ser tratada como uma entrada de **ruído** que age diretamente no recipiente.

Os olhos podem ser representados por um ponto de soma, tanto no sistema humano do Exemplo 1.3 como no sistema motorista-automóvel do Exemplo 1.5. Eles desempenham a função de observar a entrada e a saída.

Para o sistema de perspiração do Exemplo 1.4, o ponto de soma não é tão facilmente definido. Para maior simplicidade chamemos o mesmo de sistema nervoso.

No sistema de perspiração do Exemplo 1.4, o ponto de soma não é tão facilmente definido. Para simplificar, iremos chamá-lo de sistema nervoso.

Os diagramas em bloco são facilmente construídos como é mostrado abaixo, a partir da informação dada acima e a lista de componentes, entradas e saídas dadas nos exemplos.

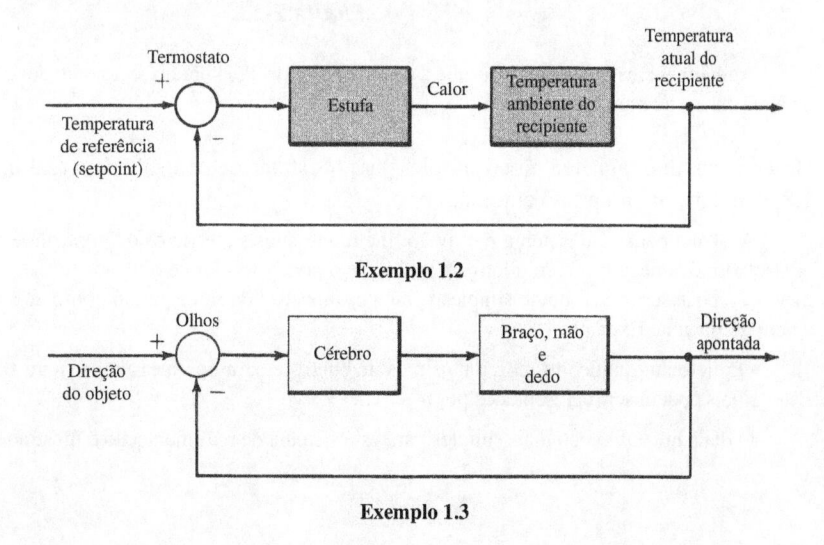

Exemplo 1.2

Exemplo 1.3

Exemplo 1.4

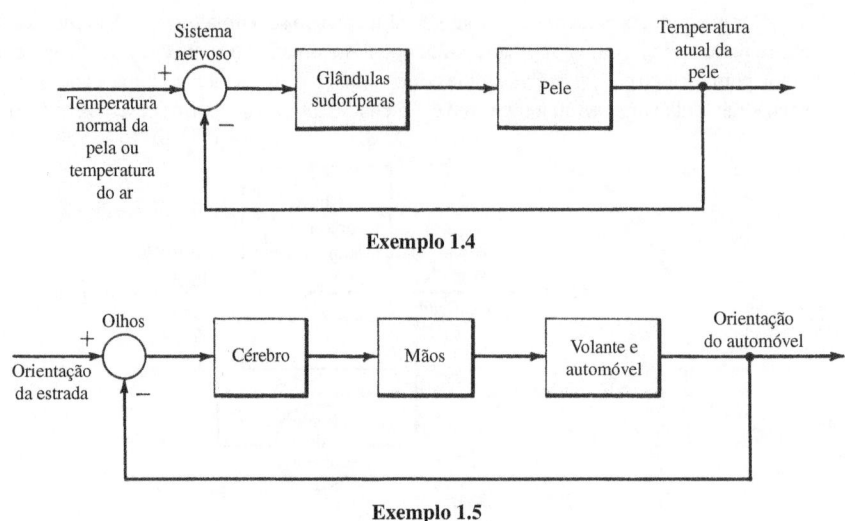

Exemplo 1.5

Diagramas em bloco de sistemas de controle com realimentação

2.7 Desenhe um diagrama em bloco para um sistema de enchimento de água descrito no Problema 1.15. Qual o componente, ou componentes, que compõem a planta? E o controlador? E a realimentação?

O recipiente é a planta porque o nível da água *do recipiente* está sendo controlado (veja Definição 2.1). A válvula de fechamento pode ser escolhida como elemento de controle; e a boia, cordão e conexões associadas como elementos de realimentação. O diagrama em bloco é dado na Figura 2-36.

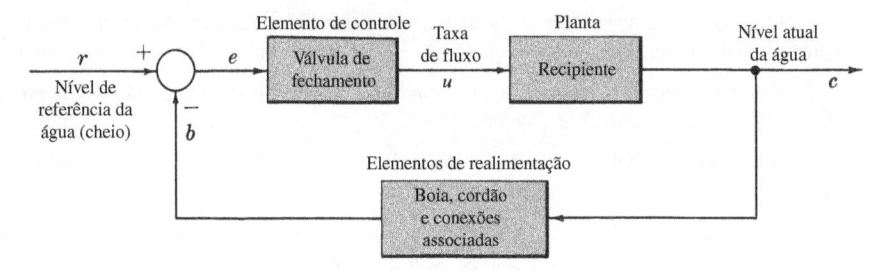

Figura 2-36

A realimentação é negativa porque a taxa de fluxo da água para o recipiente deve decrescer à medida que o nível da água cresce no recipiente.

2.8 Desenhe um diagrama em bloco simples para o sistema de controle com realimentação dos Exemplos 1.7 e 1.8, o avião com um piloto automático.

A planta para esse sistema é o avião, incluindo suas superfícies de controle e instrumentos de navegação. O controlador é o mecanismo de piloto automático e o ponto de soma é o dispositivo de comparação. O enlace de realimentação pode ser representado simplesmente por uma seta da saída para o ponto de soma, visto que essa ligação não é bem definida no Exemplo 1.8.

O piloto automático proporciona sinais de controle para operar as superfícies de controle (leme, "flaps", etc). Estes sinais podem ser representados por $u_1, u_2,....$

O diagrama em bloco mais simples para este sistema de realimentação é mostrado na Figura 2-37.

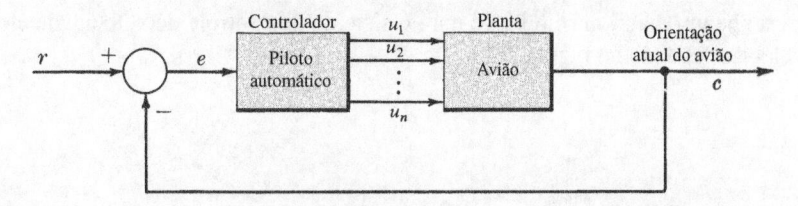

CAPÍTULO 2 • TERMINOLOGIA DOS SISTEMAS DE CONTROLE

Figura 2-37

Servomecanismos

2.9 Desenhe um diagrama esquemático e um outro em bloco a partir da seguinte descrição de um *servomecanismo de posição*, cuja função é abrir e fechar uma válvula de água.

Na entrada do sistema há um potenciômetro do tipo rotativo ligado sobre uma fonte de tensão. O seu terminal móvel (3°), é calibrado em termos de posição angular (em radianos). O terminal de saída é eletricamente conectado ao terminal de um amplificador de tensão chamado de *servo-amplificador*. O servo-amplificador fornece tensão de saída suficiente para operar o motor elétrico chamado de *servomotor*. O servomotor é conectado mecanicamente com a válvula de água de modo que permite à válvula ser aberta ou fechada pelo motor.

Suponha que o efeito de carga da válvula sobre o motor seja desprezível, ou seja, ela não oferece resistência ao motor. Uma rotação de 360° do eixo do motor abre completamente a válvula. Além disso, o terminal móvel de um segundo potenciômetro, conectado em paralelo a seus terminais fixos com o potenciômetro de entrada, é mecanicamente conectado ao eixo do motor. Ele é eletricamente conectado ao terminal de entrada restante do servo-amplificador. As razões dos potenciômetros são ajustadas, de modo que sejam iguais quando a válvula está fechada.

Quando é dado um comando para abrir a válvula, o servomotor gira no sentido apropriado. À medida que a válvula abre, o segundo potenciômetro, que é chamado de *potenciômetro de realimentação*, gira no mesmo sentido do potenciômetro de entrada. Ele para quando as razões dos potenciômetros são exatamente iguais.

O diagrama esquemático (Figura 2-38) é facilmente desenhado a partir da descrição acima. As conexões mecânicas são mostradas por linhas tracejadas.

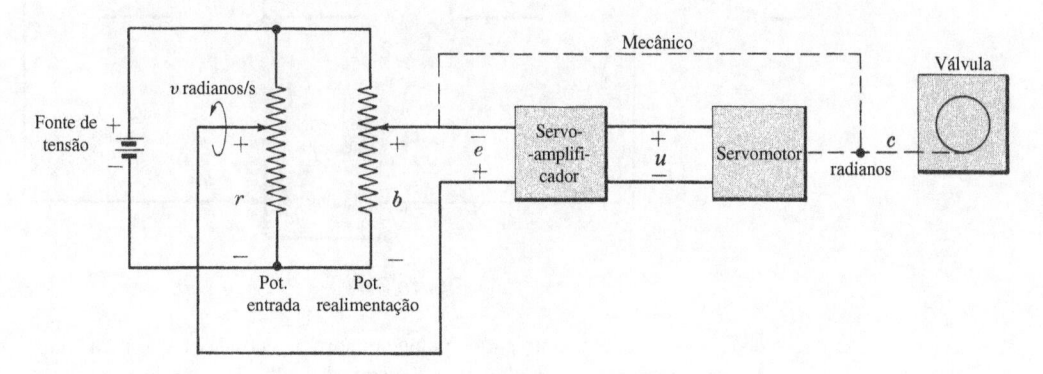

Figura 2-38

O diagrama em bloco para esse sistema (Figura 2-39) é facilmente desenhado a partir do diagrama esquemático.

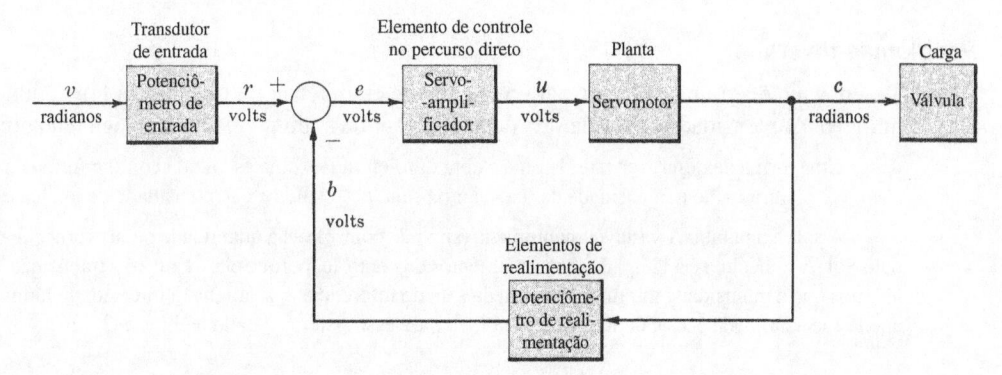

Figura 2-39

2.10 Desenhe um diagrama em bloco para o sistema de controle de velocidade elementar (servomecanismo de velocidade) dado na Figura 2-40.

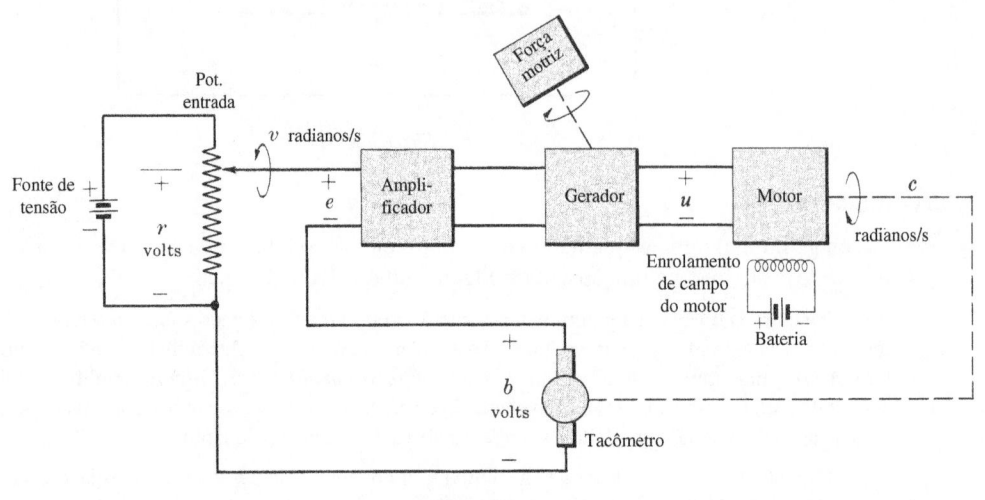

Figura 2-40

O potenciômetro é do tipo rotativo, calibrado em radianos/s, e a velocidade da força motriz, enrolamento de campo do motor e as correntes do potenciômetro de entrada são funções constantes do tempo. Nenhuma carga é conectada ao eixo do motor.

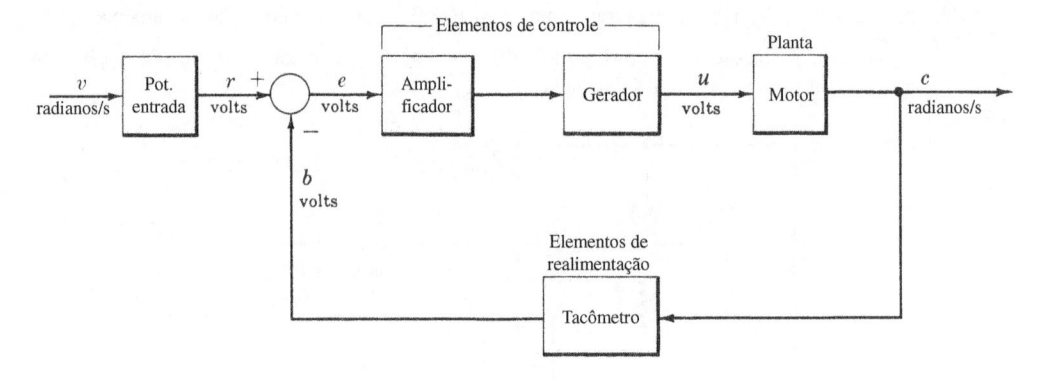

Figura 2-41

As fontes de tensão (baterias), tanto para o potenciômetro de entrada quanto para o enrolamento de campo do motor, e a fonte de força motriz para o gerador, não são partes da malha de controle deste servomecanismo. A saída de cada uma dessas fontes é uma função constante do tempo e pode ser considerada na descrição matemática do potenciômetro de entrada, do gerador, e do motor, respectivamente. Portanto, o diagrama em bloco para este sistema é dado na Figura 2.41.

Problemas diversos

2.11 Desenhe um diagrama em bloco para o sistema de um interruptor de luz com fotocélula descrito no Problema 1.16. A intensidade de luz da sala deve ser mantida a um nível maior ou igual ao pré-especificado.

Uma forma de descrever este sistema é com duas entradas, uma escolhida como mínimo da intensidade de luz na sala, r_1, e a outra como a intensidade da luz solar na sala, r_2. A saída c é a intensidade de luz presente na sala.

A sala é a planta. A variável manipulada (sinal de controle) é a quantidade de luz fornecida à sala pela lâmpada e pelo Sol. A fotocélula e a lâmpada são os elementos de controle, porque elas regulam a intensidade de luz da sala. Suponhamos que a intensidade mínima luminosa da sala de referência r_1 seja igual à intensidade luminosa da sala fornecida apenas pela lâmpada acesa. O diagrama em bloco para esse sistema é dado na Figura 2-42.

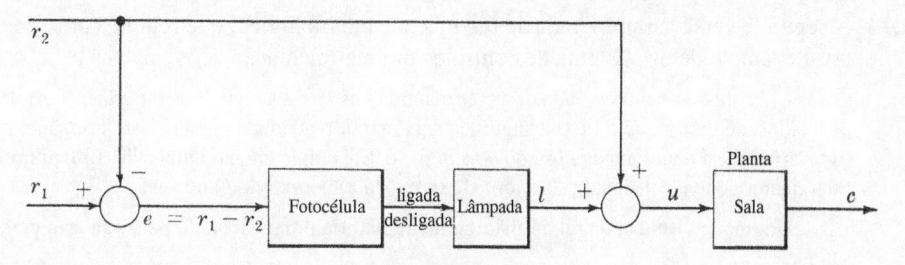

Figura 2-42

O sistema é claramente de malha aberta. O sinal de erro e é independente da saída c e é igual à diferença entre as duas entradas $r_1 = r_2$. Quando $e \leq 0$, $l = 0$ (a luz está desligada). Quando $e > 0$, $l = r_1$ (a luz está ligada).

2.12 Desenhe um diagrama em bloco para um sistema de sinal de tráfego em malha fechada como é descrito no Problema 1.13.

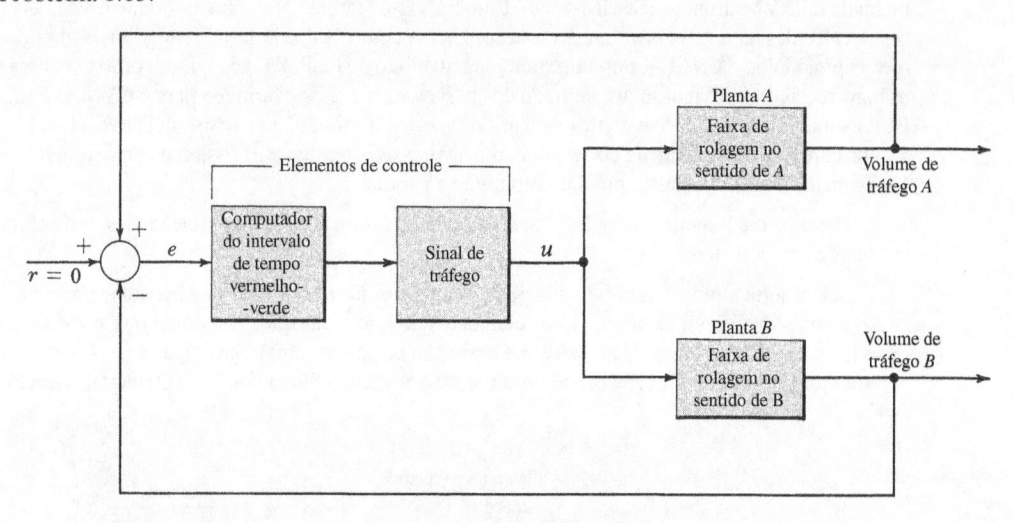

Figura 2-43

Este sistema tem duas saídas, o volume de tráfego que passa no cruzamento em um sentido (no sentido de A) e o volume que passa no cruzamento no outro sentido (no sentido de B). A entrada é o comando para volumes iguais nos sentidos de A e B; isto é, a entrada é a diferença zero de volume.

Chamemos o mecanismo que calcula os intervalos apropriados de tempo, vermelho e verde, de computador de intervalo de tempo vermelho-verde. Este dispositivo, além do sinal de tráfego, constitui os elementos de controle. As plantas são a pista de rolagem no sentido de A e a pista de rolagem no sentido de B. O diagrama em bloco do *regulador* de tráfego é dado na Figura 2-43.

2.13 Desenhe um diagrama em bloco mostrando a Lei econômica da Oferta e da Procura, como foi descrito no Problema 1.12.

O diagrama em bloco é mostrado na Figura 2-44.

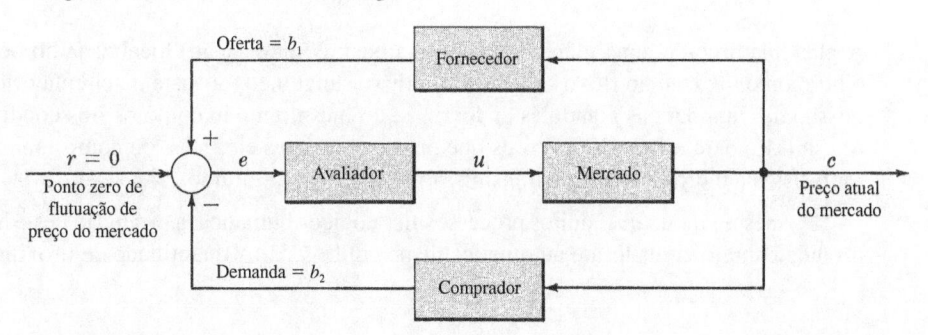

Figura 2-44

2.14 A seguinte versão simplificada de um mecanismo biológico, que regula a pressão arterial do sangue humano, é exemplo de um sistema de controle com realimentação.

Uma pressão bem regulada deve ser mantida nos vasos sanguíneos (artérias, arteríolas e capilares), alimentando os tecidos, de modo que o fluxo sanguíneo seja mantido adequadamente. Esta pressão é geralmente medida na aorta (uma artéria) e é denominada *pressão do sangue* p. Ela é tipicamente igual a 70-130 milímetros de mercúrio (mm Hg). Suponhamos que p seja igual a 100 mm Hg (em média) no indivíduo normal.

Um modelo fundamental da fisiologia circulatória é representado pela equação geral para a pressão arterial do sangue:

$$p = Q\rho$$

onde Q é a *saída cardíaca* ou a taxa de fluxo volumétrica do sangue do coração para a aorta e ρ é a *resistência periférica* oferecida ao fluxo sanguíneo pelas arteríolas. Em condições normais, ρ é inversamente proporcional à quarta potência do diâmetro d dos vasos (arteríolas).

Agora d é controlado pelo *centro vasomotor* (CVM), situado na medula na base do cérebro. A atividade aumentada do CVM diminui d e vice-versa. Embora vários fatores afetem a atividade CVM, as *células barorreceptoras*, localizadas na região da árvore arterial conhecida como "sinus arterial", são as mais importantes. A atividade barorreceptora inibe o CVM, e, portanto, funciona no modo de realimentação. De acordo com essa teoria, se ρ aumenta, os barorreceptores enviam sinais ao longo dos nervos vago e glossofaríngeo para o CVM, diminuindo a sua atividade. Isto resulta no aumento do diâmetro d da arteríola, uma diminuição na resistência periférica ρ, e (supondo constante a saída cardíaca Q) uma queda correspondente na pressão do sangue p. Essa rede de realimentação serve para manter aproximadamente constante a pressão do sangue na aorta.

Desenhe um diagrama em bloco do sistema de controle com realimentação, descrito acima, identificando todos os sinais e componentes.

Seja a aorta a planta, representada por Q (saída cardíaca); o CVM e as arteríolas podem ser escolhidos como os controladores; os barorreceptores são os elementos de realimentação. A entrada p_0 é a média normal (referência) da pressão sanguínea, 100 mm Hg. A saída p é a pressão do sangue atual. Visto que $\rho = k(1/d)^4$, onde k é uma constante de proporcionalidade, as arteríolas podem ser representadas no bloco por $k(\cdot)^4$. O diagrama em bloco é dado na Figura 2-45.

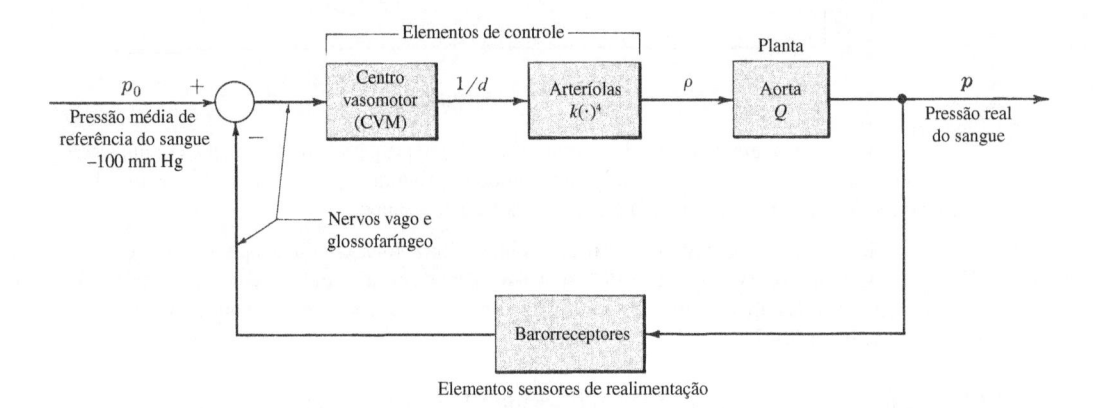

Figura 2-45

2.15 A glândula tireoide, uma glândula endócrina (sem comunicação) localizada no pescoço humano secreta o hormônio *tiroxina* no fluxo sanguíneo. O fluxo sanguíneo, ou sistema circulatório, é o sistema de transmissão de sinal para as glândulas endócrinas, do mesmo modo como os fios condutores são o sistema de transmissão para o fluxo de elétrons que produz correntes elétricas, ou como canalizações e tubos podem ser o sistema hidrodinâmico de transmissão para o fluxo do fluido.

Do mesmo modo que muitos processos fisiológicos humanos, a produção deste hormônio pela glândula tireoide é muito cuidadosa e automaticamente controlada. A quantidade de tiroxina no fluxo sanguíneo é regulada pela secreção de um hormônio da *glândula pituitária*, uma glândula endócrina suspensa na base do cérebro. O hormônio de "controle" é apropriadamente chamado de *hormônio de estimulação da tireoide* (TSH). Analisando este sistema de controle de forma simplificada, quando o nível de tiroxina do sistema circulatório é mais alto do que aquele exigido pelo organismo, a secreção de TSH é inibida (reduzida), ocasionando uma redução na atividade da tireoide. Em consequência, menos tiroxina é fornecida pela tireoide.

Desenhe um diagrama em bloco simples deste sistema, identificando todos os componentes e sinais.

Seja a planta a glândula tireoide, uma variável controlada pelo nível de tiroxina no fluxo sanguíneo. A glândula pituitária é o controlador, e a variável manipulada é a quantidade de TSH que ela secreta. O diagrama em bloco é mostrado na Figura 2-46.

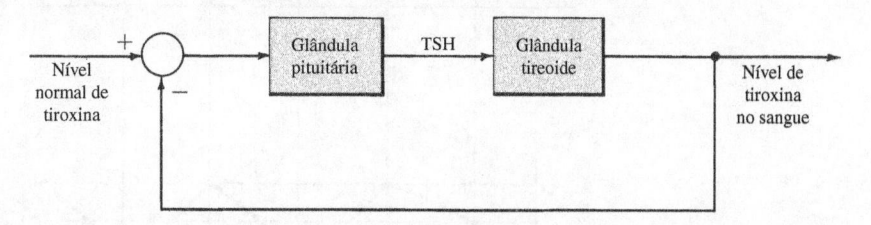

Figura 2-46

Enfatizamos novamente que essa é uma visão bastante simplificada deste sistema de controle biológico, como feito no problema anterior.

2.16 Que tipo de **controlador** é incluído no sistema de aquecimento controlado termostaticamente descrito no Exemplo 1.14?

O controlador da estufa termostática tem uma saída binária: estufa ligada ou estufa desligada. Portanto, trata-se de um controlador *on-off*. Mas ele não é tão simples quanto o controlador binário sensível ao sinal do Exemplo 2.13. A chave termostática liga a estufa quando a temperatura da sala cai 2° abaixo do setpoint de 68°F (22°C) e a desliga quando se eleva 2° acima do setpoint.

Graficamente, a curva característica deste controlador tem a forma dada na Figura 2.47.

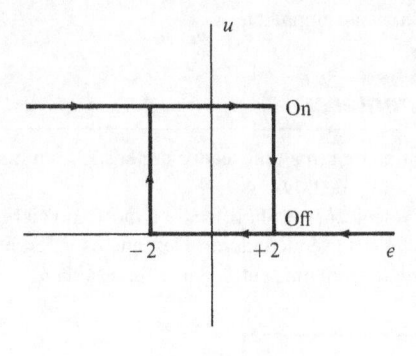

Figura 2-47

Esta curva característica é denominada curva de **histerese**, porque sua saída tem uma "memória", ou seja, os pontos de comutação dependem se a entrada *e* está aumentando ou diminuindo quando o controlador comuta do estado *on* para *off*, ou do estado *off* para *on*.

2.17 Esboce os sinais de erro, de controle e da saída controlada como funções do tempo e descreva como o controlador on-off do Problema 2.16 mantém a temperatura média da sala especificada no *setpoint* (68°F) do termostato.

Os sinais $e(t)$, $u(t)$ e $c(t)$ têm tipicamente as formas mostradas na Figura 2-48, considerando que a temperatura estava menor do que 68°F no início.

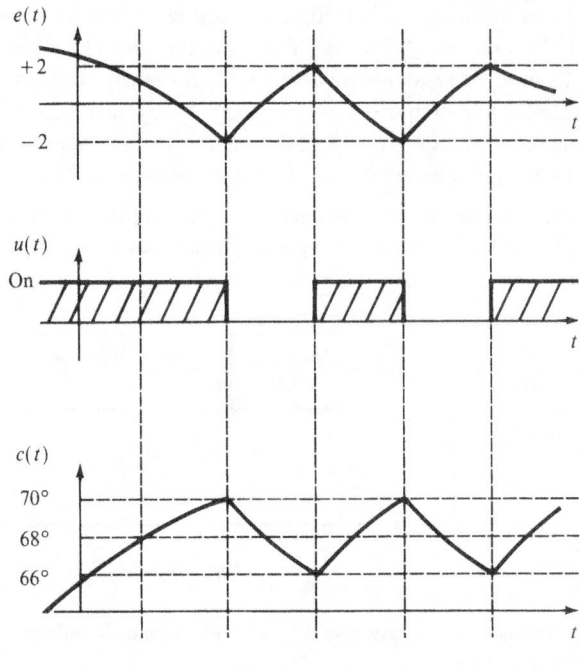

Figura 2-48

A temperatura da sala $c(t)$ varia constantemente. Em cada intervalo de comutação do controlador, ela aumenta a uma taxa aproximadamente constante, de 66° a 70°, ou diminui a uma taxa aproximadamente constante, de 70° a 66°. A temperatura média da sala é o valor médio da função $c(t)$, que é aproximadamente 68°F.

2.18 Qual a principal vantagem que um sistema controlado por computador tem sobre um sistema analógico?

O controlador (lei de controle) em um sistema controlado por computador é tipicamente implementado por meio de software, em vez de hardware. Portanto, das leis de controle que podem ser implementadas convenientemente, a vantagem é substancialmente ampliada.

Problemas Complementares

2.19 O diagrama esquemático de um amplificador de tensão com dispositivos semicondutores, denominado *seguidor de emissor*, é mostrado na Figura 2-49.

O circuito equivalente a este amplificador é mostrado na Fig. 2-50, onde r_ρ é a resistência interna do emissor e μ é um parâmetro particular do semicondutor. Desenhe os diagramas em bloco, tanto em malha aberta como em malha fechada, para esse circuito com uma entrada v_{in} e uma saída v_{out}.

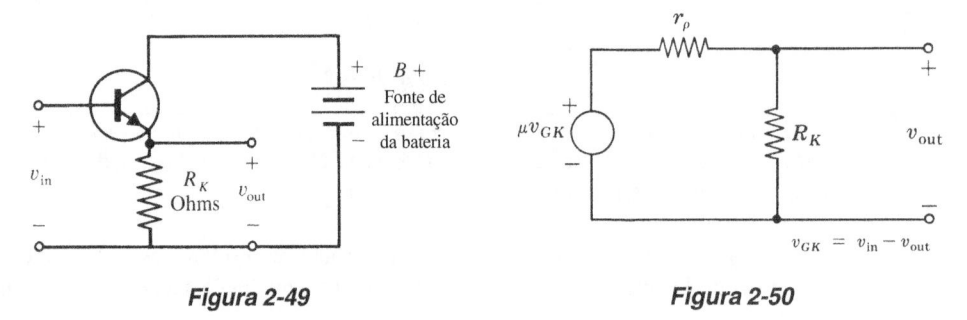

Figura 2-49   **Figura 2-50**

2.20 Desenhe o diagrama em bloco para o sistema de marcha humana do Problema 1.14.

2.21 Desenhe um diagrama em bloco para o sistema humano descrito no Problema 1.4.

2.22 Desenhe um diagrama em bloco para a estufa de temperatura regulada automaticamente do Problema 1.21.

2.23 Desenhe um diagrama em bloco para a torradeira automática de malha fechada do Problema 1.17.

2.24 Enuncie as unidades dimensionais comuns para a entrada e a saída dos seguintes transdutores:
   (a) Acelerômetro
   (b) Gerador de eletricidade
   (c) Termistor (resistor sensível à temperatura)
   (d) Termopar

2.25 Quais dos sistemas nos Problemas 2.1 a 2.8 e 2.11 a 2.21 são servomecanismos?

2.26 A glândula endócrina, conhecida como *córtex suprarrenal*, está localizada no topo de cada rim. Ela segrega vários hormônios, um dos quais é o *cortisol* (hidrocortisona). O cortisol desempenha um papel importante na regulação do metabolismo dos carboidratos, proteínas e gorduras, particularmente nos momentos de estresse. A produção de cortisol é controlada pelo hormônio adrenocorticotrófico (ACTH) da glândula pituitária. O cortisol elevado no sangue inibe a produção do ACTH. Desenhe um diagrama em bloco simplificado para este sistema de controle com realimentação.

2.27 Desenhe um diagrama em bloco para cada um dos seguintes elementos, primeiro com a tensão *v* como entrada e a corrente *i* como saída, e em seguida, vice-versa: (a) resistência *R*, (b) capacitância *C*, (c) indutância *L*.

2.28 Desenhe um diagrama em bloco para cada um dos sistemas mecânicos seguintes, em que a força é a entrada e a posição a saída: (a) um amortecedor, (b) uma mola, (c) uma massa, (d) uma conexão em série de uma massa, uma mola e um amortecedor fixados em uma das extremidades (a posição da massa é a saída).

2.29 Desenhe um diagrama em bloco de um circuito *R-L-C:* (a) paralelo (b) série.

2.30 Que sistemas descritos nos problemas deste capítulo são reguladores?

2.31 Que tipo de sistema de amostragem descrito neste capítulo pode ser usado na implementação de um dispositivo ou algoritmo para aproximação da integral de uma função contínua *u(t)*, usando a conhecida regra retangular, ou técnica de integração retangular?

2.32 Desenhe um diagrama em bloco simples de um sistema controlado por computador no qual um computador digital é usado para controlar uma planta ou processo analógico, em que o ponto de soma e a entrada de referência são implementados no software do computador.

2.33 Que tipo de controlador é a válvula de fechamento do sistema de enchimento de um recipiente com água do Problema 2.7?

2.34 Quais os tipos de controladores estão incluídos em:
   (a) cada um dos servomecanismos dos Problemas 2.9 e 2.10.
   (b) o regulador de tráfego do Problema 2.12.

Respostas Selecionadas

2.19 O circuito equivalente para o seguidor de emissor tem a mesma forma que o circuito divisor de tensão do Problema 1.11. Portanto, a equação de malha aberta para a saída é

$$v_{\text{out}} = \frac{\mu R_K}{r_p + R_K}(v_{\text{in}} - v_{\text{out}}) = \left(\frac{\mu R_K}{r_p + (1 + \mu) R_K}\right) v_{\text{in}}$$

e o diagrama em bloco de malha aberta é dado na Figura 2-51.

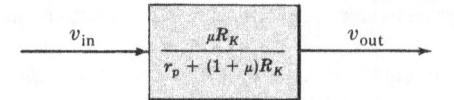

Figura 2-51

A equação de malha fechada para saída é simplesmente

$$v_{out} = \frac{\mu R_K}{r_p + R_K}(v_{in} - v_{out})$$

e o diagrama em bloco de malha fechada é dado na Figura 2-52.

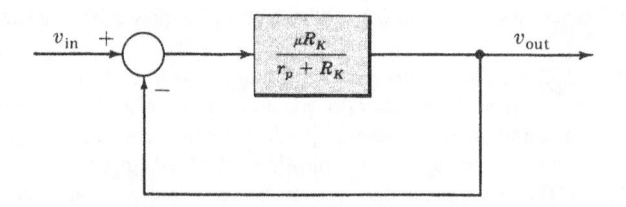

Figura 2-52

2.20

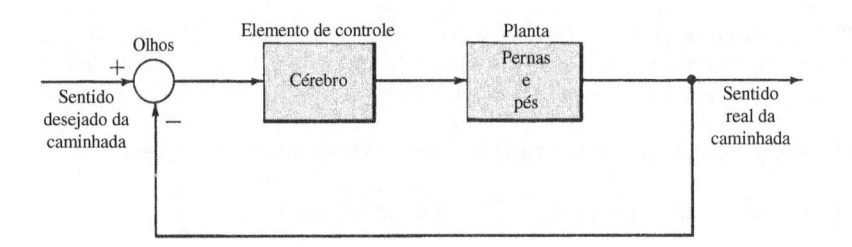

2.21

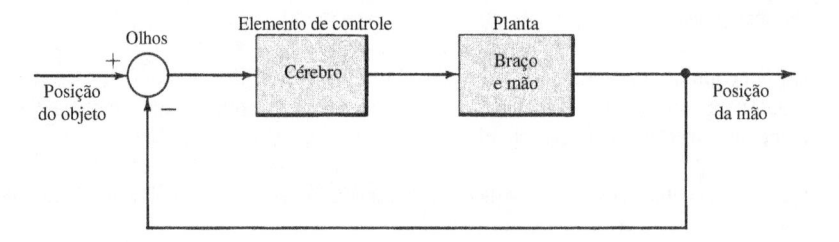

2.22

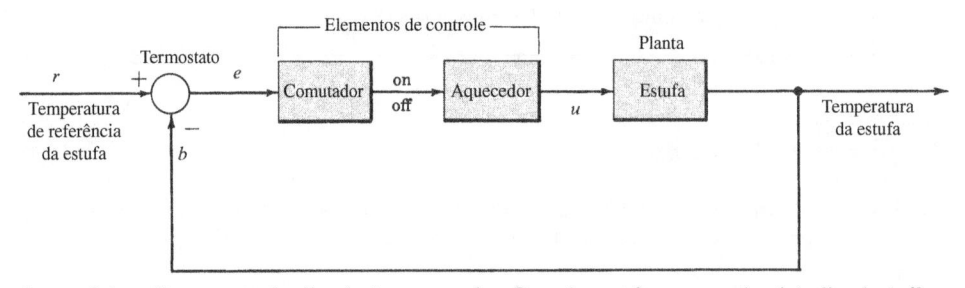

Quando $e > 0$ ($r > b$), o comutador liga (*on*) o aquecedor. Quando $e \leq 0$, o aquecedor é desligado (*off*).

2.23

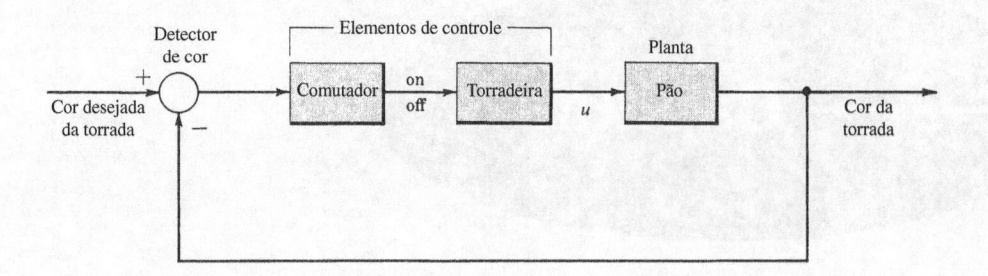

```
                              Detector       ┌── Elementos de controle ──┐
                              de cor                                              Planta
Cor desejada  ──→(+)──────────────→ [Comutador] ─on/off→ [Torradeira] ──u──→ [Pão] ─────→ Cor da
da torrada       (−)↑                                                                      torrada
                  │                                                                     │
                  └─────────────────────────────────────────────────────────────────────┘
```

2.24 (a) A entrada para um acelerômetro é a aceleração. A saída é o deslocamento de uma massa, tensão ou outra grandeza proporcional à aceleração.

(b) Veja o Problema 1.2.

(c) A entrada para um termistor é a temperatura. A saída é uma grandeza elétrica medida em ohms, volts ou ampères.

(d) A entrada para um termopar é uma diferença de temperatura. A saída é uma tensão.

2.25 Os Problemas seguintes descrevem sistemas de servomecanismos: Exemplos 1.3 e 1.5 nos Problemas 2.6 e Problemas 2.7, 2.8, 2.17 e 2.21.

2.26

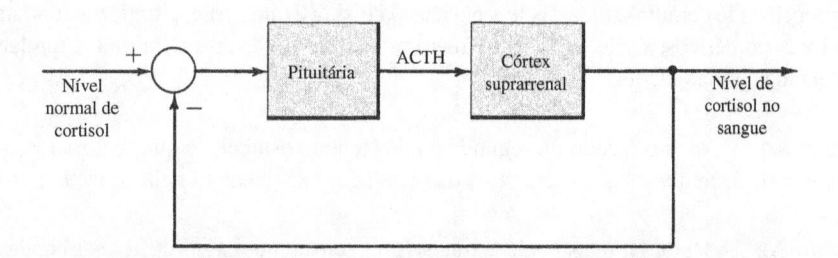

```
                         +
Nível            ──→(  )──→ [Pituitária] ──ACTH──→ [Córtex        ]──────→ Nível de
normal de           (−)↑                           [suprarrenal   ]        cortisol no
cortisol             │                                                     sangue
                     └──────────────────────────────────────────────┘
```

2.30 Os sistemas dos Exemplos 1.2 e 1.4 no Problema 2.6, e os sistemas dos Problemas 2.7, 2.8, 2.12, 2.13, 2.14, 2.15, 2.22, 2.23 e 2.26 são reguladores.

2.31 O amostrador e o dispositivo retentor de ordem zero do Exemplo 2.9 realizam parte do processo necessário para a integração retangular. Para esse simples algoritmo de integração numérica, a "área sob a curva" (ou seja, a integral) é aproximada por retângulos pequenos de altura $u(t_k)$ e largura $t_{k+1} - t_k$. Este resultado poderia ser obtido primeiro multiplicando a saída do dispositivo retentor $u^*(t)$ pela largura do intervalo $t_{k+1} - t_k$, quando $u^*(t)$ está no intervalo entre t_k e t_{k+1}. A soma desses produtos é o resultado desejado.

2.32

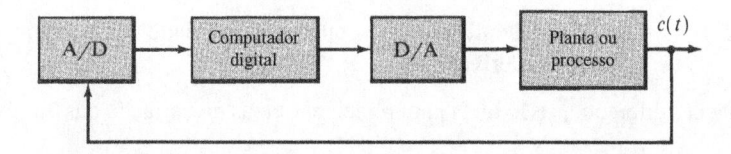

```
──→ [A/D] ──→ [Computador] ──→ [D/A] ──→ [Planta ou] ──┬──→ c(t)
              [digital    ]              [processo  ]  │
      ↑                                                 │
      └─────────────────────────────────────────────────┘
```

2.33 Se a válvula de fechamento for simples do tipo que pode estar totalmente aberta ou totalmente fechada, ela é um *controlador on-off*. Porém, se ela for do tipo que fecha gradualmente à medida que o tanque enche, ela é um *controlador proporcional*.

Capítulo 3

Equações Diferenciais, Equações de Diferenças e Sistemas Lineares

3.1 EQUAÇÕES DE SISTEMAS

Uma propriedade comum a todas as leis básicas da Física é que certas grandezas fundamentais podem ser definidas por valores numéricos. As leis físicas definem relações entre estas quantidades fundamentais que são geralmente representadas por equações.

Exemplo 3.1 A versão escalar da segunda lei de Newton estabelece que se uma força de magnitude f é aplicada a uma massa de M unidades, a aceleração a da massa é relacionada a f pela equação $f = Ma$.

Exemplo 3.2 A lei de Ohm estabelece que se uma tensão de magnitude v é aplicada sobre um resistor de R unidades, a corrente i através do resistor é relacionada a v pela equação $v = Ri$.

Muitas leis não relacionadas a sistemas físicos também podem ser representadas por equações.

Exemplo 3.3 A lei de juros compostos estabelece que, se uma quantia $P(0)$ é depositada por n períodos iguais de tempo a uma taxa de juros I para cada período de tempo, a quantia cresce para um valor de $P(n) = P(0)(1 + I)^n$.

3.2 EQUAÇÕES DIFERENCIAIS E DE DIFERENÇAS

Duas classes de equações que têm ampla aplicação na descrição de sistemas são as equações diferenciais e de diferenças.

Definição 3.1: Uma **equação diferencial** é qualquer igualdade algébrica ou transcendental que envolve diferenciais ou derivadas.

As equações diferenciais são úteis para relacionar taxas de variação das variáveis e outros parâmetros.

Exemplo 3.4 A segunda lei de Newton (Exemplo 3.1) pode ser escrita alternativamente como uma relação entre a força f, a massa M e a taxa de variação da velocidade v da massa com relação ao tempo t, ou seja, $f = M(dv/dt)$.

Exemplo 3.5 A lei de Ohm (Exemplo 3.2) pode ser escrita alternativamente como a relação entre tensão v, resistência R e a taxa da passagem de cargas pelo resistor em relação ao tempo, ou seja, $v = R(dq/dt)$

Exemplo 3.6 A equação de difusão em uma dimensão descreve a relação entre a taxa de variação em relação ao tempo de uma quantidade T num corpo (por exemplo, a concentração de calor numa barra de ferro) e a taxa de variação posicional de $\partial T/\partial x = k(\partial T/\partial t)$, onde k é uma constante de proporcionalidade, x é uma variável de posição e t é o tempo.

Definição 3.2: Uma **equação de diferenças** é uma igualdade algébrica ou transcendental que envolve mais do que um valor da(s) variável(is) dependente(s), correspondendo a mais de um valor de pelo menos uma da(s) variável(is) dependente(s). As variáveis dependentes não envolvem diferenciais ou derivadas.

Equações de diferenças são úteis para relacionar a evolução de variáveis (ou parâmetros) de um instante discreto no tempo (ou outra variável independente) para outro.

Exemplo 3.7 A lei de juros compostos do Exemplo 3.3 pode ser escrita alternativamente como uma equação de diferenças relacionando entre $P(k)$, a quantia de dinheiro após k períodos de tempo, e $P(k+1)$, a quantia de dinheiro após $k+1$ períodos de tempo, ou seja, $P(k+1) = (1+I)P(k)$.

3.3 EQUAÇÕES DIFERENCIAIS ORDINÁRIAS E DE DERIVADAS PARCIAIS

Definição 3.3: Uma **equação diferencial de derivadas parciais** é uma igualdade envolvendo uma ou mais variáveis dependentes e duas ou mais variáveis independentes, junto com derivadas parciais das variáveis dependentes com respeito às variáveis independentes

Definição 3.4: Uma **equação diferencial ordinária (total)** é uma igualdade envolvendo uma ou mais variáveis dependentes, uma variável independente e uma ou mais derivadas das variáveis dependentes com relação à variável independente.

Exemplo 3.8 A equação de difusão $\partial T/\partial x = k(\partial T/\partial t)$ é uma equação diferencial de derivada parcial. $T = T(x, t)$ é a variável dependente que representa a concentração de alguma quantidade em alguma posição e algum tempo no objeto. A variável independente x define a posição no objeto e a variável independente t define o tempo.

Exemplo 3.9 A segunda lei de Newton (Exemplo 3.4) é uma equação diferencial ordinária: $f = M(dv/dt)$. A velocidade $v = v(t)$ e a força $f = f(t)$ são variáveis dependentes e o tempo t é a variável independente.

Exemplo 3.10 A lei de Ohm (Exemplo 3.5) é uma equação diferencial ordinária: $v = R(dq/dt)$. A carga $q = q(t)$ e a tensão $v = v(t)$ são variáveis dependentes e o tempo t é a variável independente.

Exemplo 3.11 Uma equação diferencial da forma

$$a_n \frac{d^n y}{dt^n} + a_{n-1} \frac{d^{n-1} y}{dt^{n-1}} + \cdots + a_1 \frac{dy}{dt} + a_0 y = u(t)$$

ou, de forma reduzida,

$$\sum_{i=0}^{n} a_i \frac{d^i y(t)}{dt^i} = u(t) \tag{3.1}$$

onde, $a_0, a_1, \ldots, a_n$ são constantes, é uma equação diferencial ordinária $y(t)$ e $u(t)$ são variáveis dependentes e t é a variável independente.

3.4 EQUAÇÕES DIFERENCIAIS VARIÁVEIS COM O TEMPO E INVARIANTES COM O TEMPO

No restante deste Capítulo, o *tempo* é a única variável independente, a menos que seja especificado o contrário. Esta variável é normalmente indicada por t, exceto nas equações de diferenças em que a variável discreta k é muitas vezes usada como uma abreviação para o instante de tempo t_k (ver Exemplo 1.11 e Seção 2.5); ou seja, $y(k)$ é usada em vez de $y(t_k)$, etc.

Um **termo** de uma equação diferencial ou de diferenças consiste de produtos e/ou quocientes de funções explícitas da variável independente, das variáveis dependentes e, para equações diferenciais, das derivadas das variáveis dependentes.

Nas definições desta seção e da próxima, o termo *equação* se refere tanto a uma equação diferencial quanto a uma equação de diferenças.

Definição 3.5: Uma **equação diferencial variável com o tempo** é uma equação diferencial na qual um ou mais termos dependem *explicitamente* da variável independente tempo.

Definição 3.6: Uma **equação diferencial invariante com o tempo** é uma equação diferencial na qual nenhum dos termos depende *explicitamente* da variável indepedente tempo.

Exemplo 3.12 A equação diferencial $ky(k + 2) + y(k) = u(k)$ onde u e y são variáveis dependentes, é variável com o tempo porque o termo $ky(k + 2)$ depende explicitamente do coeficiente k, que representa o tempo t_k.

Exemplo 3.13 Qualquer equação diferencial da forma

$$\sum_{i=0}^{n} a_i \frac{d^i y}{dt^i} = \sum_{i=0}^{m} b_i \frac{d^i u}{dt^i} \qquad (3.2)$$

onde os coeficientes $a_0, a_1, ..., a_n, b_0, b_1, ..., b_n$ são constantes, é *invariante com o tempo*. A equação depende *implicitamente* do tempo em t, através das variáveis dependentes u e y e suas derivadas.

3.5 EQUAÇÕES DIFERENCIAIS LINEARES E NÃO LINEARES E EQUAÇÕES DE DIFERENÇAS

Definição 3.7: Um **termo linear** é aquele no qual as variáveis dependentes e suas derivadas são de primeiro grau.

Definição 3.8: Uma **equação linear** é uma equação consistindo na soma de termos lineares. Todas as outras são **equações não lineares**.

Se uma equação diferencial contém termos que são potências mais altas, produtos, ou funções transcendentais das variáveis dependentes, ela é não linear. Tais termos incluem $(dy/dt)^3$, $u(dy/dt)$ e sen u, respectivamente. Por exemplo, $(5/\cos t)(d^2y/dt^2)$ é um termo de primeiro grau na variável dependente y e $2uy^3(dy/dt)$ é um termo de quinto grau nas variáveis dependentes u e y.

Exemplo 3.14 As equações diferenciais ordinárias $(dy/dt)^2 + y = 0$ e $d^2y/dt^2 + \cos y = 0$ são não lineares porque $(dy/dt)^2$ é de segundo grau na primeira equação e $\cos y$ na segunda equação *não* é de primeiro grau, o que é verdadeiro para todas as funções transcendentes.

Exemplo 3.15 A equação de diferenças $y(k + 2) + u(k + 1)y(k + 1) + y(k) = u(k)$, na qual u e y são variáveis dependentes, é uma equação de diferenças não linear porque $u(k + 1)y(k + 1)$ é de segundo grau em u e y. Este tipo de equação não linear é denominada algumas vezes *bilinear* em u e y.

Exemplo 3.16 Qualquer equação de diferenças

$$\sum_{i=0}^{n} a_i(k) y(k+i) = \sum_{i=0}^{n} b_i(k) u(k+i) \qquad (3.3)$$

na qual os coeficientes $a_i(k)$ e $b_i(k)$ dependam apenas da variável independente k, é uma equação de diferenças linear.

Exemplo 3.17 Qualquer equação diferencial ordinária

$$\sum_{i=0}^{n} a_i(t) \frac{d^i y}{dt^i} = \sum_{i=0}^{m} b_i(t) \frac{d^i u}{dt^i} \qquad (3.4)$$

onde os coeficientes $a_i(t)$ e $b_i(t)$ dependem apenas da variável independente t, é uma equação diferencial linear.

3.6 O OPERADOR DIFERENCIAL "D" E A EQUAÇÃO CARACTERÍSTICA

Consideremos a equação diferencial de coeficiente constante linear de ordem n

$$\frac{d^n y}{dt^n} + a_{n-1}\frac{d^{n-1}y}{dt^{n-1}} + \cdots + a_1\frac{dy}{dt} + a_0 y = u \quad (3.5)$$

É conveniente definir um **operador diferencial**

$$D \equiv \frac{d}{dt}$$

e mais geralmente, um **operador diferencial de ordem n**

$$D^n \equiv \frac{d^n}{dt^n}$$

A equação diferencial pode agora ser escrita como

ou
$$D^n y + a_{n-1}D^{n-1}y + \cdots + a_1 Dy + a_0 y = u$$
$$\left(D^n + a_{n-1}D^{n-1} + \cdots + a_1 D + a_0\right)y = u$$

Definição 3.9: O polinômio em D:

$$D^n + a_{n-1}D^{n-1} + \cdots + a_1 D + a_0 \quad (3.6)$$

é denominado **polinômio característico**.

Definição 3.10: A equação

$$D^n + a_{n-1}D^{n-1} + \cdots + a_1 D + a_0 = 0 \quad (3.7)$$

é denominada **equação característica**.

O teorema fundamental da álgebra estabelece que a equação característica tem exatamente n soluções $D = D_1$, $D = D_2,..., D = D_n$. Estas n soluções (também denominadas **raízes**) não são necessariamente distintas.

Exemplo 3.18 Consideremos a equação diferencial

$$\frac{d^2 y}{dt^2} + 3\frac{dy}{dt} + 2y = u$$

O polinômio característico é $D^2 + 3D + 2$. A equação característica é $D^2 + 3D + 2 = 0$, que tem duas raízes distintas: $D = -1$ e $D = -2$.

3.7 INDEPENDÊNCIA LINEAR E CONJUNTOS FUNDAMENTAIS

Definição 3.11: Um conjunto de n funções do tempo $f_1(t), f_2(t),...,f_n(t)$, é denominado **linearmente independente** se o único conjunto de constantes $c_1, c_2,..., c_n$ para o qual

$$c_1 f_1(t) + c_2 f_2(t) + \cdots + c_n f_n(t) = 0$$

tal que para qualquer t as constantes são $c_1, c_2,..., c_n = 0$

Exemplo 3.19 As funções t e t^2, são funções linearmente independentes visto que

$$c_1 t + c_2 t^2 = t(c_1 + c_2 t) = 0$$

implica que $c_1/c_2 = -t$. *Não existem constantes* que satisfaçam a esta relação.

Uma equação diferencial linear *homogênea* de ordem n da forma

$$\sum_{i=0}^{n} a_i \frac{d^i y}{dt^i} = 0$$

Apresenta pelo menos um conjunto de n soluções linearmente independentes.

Definição 3.12: Qualquer conjunto de n soluções *linearmente independentes* de uma equação diferencial linear homogênea de ordem n é denominado **conjunto fundamental**.

Não existe um conjunto fundamental único. A partir de um conjunto fundamental, podem ser gerados outros conjuntos fundamentais pela técnica seguinte. Suponha que $y_1(t), y_2(t), \ldots, y_n(t)$ é um conjunto fundamental para uma equação diferencial linear de ordem n. Então um conjunto de n funções $z_1(t), z_2(t), \ldots, z_n(t)$ pode ser formado:

$$z_1(t) = \sum_{i=1}^{n} a_{1i} y_i(t), \; z_2(t) = \sum_{i=1}^{n} a_{2i} y_i(t), \ldots, z_n(t) = \sum_{i=1}^{n} a_{ni} y_i(t) \tag{3.8}$$

onde os a_{ji} são um conjunto de n^2 constantes. Cada $Z_i(t)$ é uma solução da equação diferencial. Este conjunto de n soluções é um conjunto fundamental se o determinante

$$\begin{vmatrix} a_{11} & a_{12} & \cdots & a_{1n} \\ a_{21} & a_{22} & \cdots & a_{2n} \\ \cdots & \cdots & \cdots & \cdots \\ a_{n1} & a_{n2} & \cdots & a_{nn} \end{vmatrix} \neq 0$$

Exemplo 3.20 A equação para o movimento harmônico simples, $d^2y/dt^2 + \omega^2 y = 0$, tem como conjunto fundamental

$$y_1 = \text{sen } \omega t \qquad y_2 = \cos \omega t$$

Um segundo conjunto fundamental é*

$$z_1 = \cos \omega t + j \text{ sen } \omega t = e^{j\omega t} \qquad z_2 = \cos \omega t - j \text{ sen } \omega t = e^{-j\omega t}$$

Raízes distintas

Se a equação característica

$$\sum_{i=0}^{n} a_i D^i = 0$$

tem raízes distintas $D_1, D_2, \ldots, D_n$ então um conjunto fundamental para uma equação homogênea

$$\sum_{i=0}^{n} a_i \frac{d^i y}{dt^i} = 0$$

é o conjunto de funções $y_1 = e^{D_1 t}, y_2 = e^{D_2 t}, \ldots, y_n = e^{D_n t}$.

Exemplo 3.21 A equação diferencial

$$\frac{d^2 y}{dt^2} + 3 \frac{dy}{dt} + 2y = 0$$

tem a equação característica $D^2 + 3D + 2 = 0$, cujas raízes são $D = D_1 = -1$ e $D = D_2 = -2$. Um conjunto fundamental para esta equação é $y_1 = e^{-t}$ e $y_2 = e^{-2t}$.

---

* A função exponencial complexa e^w, onde $w = u + jv$ para u e v reais, e $j = \sqrt{-1}$, é definida na teoria de variáveis complexas por $e^w \equiv e^u(\cos v + j \text{ sen } v)$. Portanto, $e^{\pm j\omega t} = \cos \omega t \pm j \text{ sen } \omega t$.

Raízes múltiplas

Se a equação característica tem raízes múltiplas, então para cada raiz D_i de multiplicidade n_i (ou seja, n_i raízes iguais a D_i) existem n_i elementos do conjunto fundamental $e^{D_i t}, te^{D_i t},..., t^{n_i-1}e^{D_i t}$.

Exemplo 3.22 A equação

$$\frac{d^2y}{dt^2} + 2\frac{dy}{dt} + y = 0$$

cuja equação característica e $D^2 + 2D + 1 = 0$, tem a raiz múltipla $D = -1$, tem um conjunto fundamental que consiste de e^{-t} e te^{-t}.

3.8 SOLUÇÃO DE EQUAÇÕES DIFERENCIAIS ORDINÁRIAS LINEARES DE COEFICIENTES CONSTANTES

Consideremos a classe de equações diferenciais da forma

$$\sum_{i=0}^{n} a_i \frac{d^i y}{dt^i} = \sum_{i=0}^{m} b_i \frac{d^i u}{dt^i} \tag{3.9}$$

onde os coeficientes a_i e b_i são constantes, $u = u(t)$ (*a entrada*) *é uma função do tempo conhecida* e $y = y(t)$ (*a saída*) *é a solução desconhecida da equação*. Se esta equação descreve um sistema físico, então geralmente $m \leq n$, e n é denominada a **ordem** da equação diferencial. Para especificar completamente o problema, de modo que uma *única solução* $y(t)$ possa ser obtida, dois itens adicionais devem ser especificados: (1) o intervalo de tempo no qual uma solução é desejada e (2) um conjunto de n *condições iniciais* para $y(t)$ e as suas $n - 1$ derivadas. O intervalo de tempo para a classe de problemas considerados é definido por $0 \leq t < +\infty$. Este intervalo é usado no restante deste livro, a não ser que seja especificado de outro modo. O conjunto de condições iniciais é

$$y(0), \left.\frac{dy}{dt}\right|_{t=0},..., \left.\frac{d^{n-1}y}{dt^{n-1}}\right|_{t=0} \tag{3.10}$$

Um problema definido neste intervalo e com estas condições iniciais, é denominado **problema de valor inicial**.

A solução de uma equação diferencial desta classe pode ser dividida em duas partes: uma *resposta livre* e uma *resposta forçada*. A soma destas duas respostas constitui a *resposta total* ou a solução $y(t)$ da equação.

3.9 RESPOSTA LIVRE

A **resposta livre** de uma equação diferencial é a solução da equação diferencial quando a entrada $u(t)$ é identicamente nula.

Se a entrada $u(t)$ é identicamente zero, então a equação diferencial assume a forma.

$$\sum_{i=0}^{n} a_i \frac{d^i y}{dt^i} = 0 \tag{3.11}$$

A solução $y(t)$ de tal equação depende apenas das n condições iniciais na Equação (3.10).

Exemplo 3.23 A solução da equação diferencial de 1ª ordem homogênea $dy/dt + y = 0$, com condição inicial $y(0) = c$, é $y(t) = ce^{-t}$. Isto pode ser verificado por substituição direta ce^{-t} é a resposta livre de qualquer equação diferencial da forma $dy/dt + y = u$ com a condição inicial $y(0) = c$.

A *resposta livre* de uma equação diferencial pode ser sempre escrita como uma combinação linear dos elementos de um *conjunto fundamental*. Isto é, se $y_1(t), y_2(t),..., y_n(t)$ é um conjunto fundamental, então *qualquer* resposta livre $y_a(t)$ da equação diferencial pode ser representada na forma

$$y_a(t) = \sum_{i=1}^{n} c_i y_i(t) \qquad (3.12)$$

na qual as *constantes* c_i são determinadas em termos das condições iniciais

$$y(0), \left.\frac{dy}{dt}\right|_{t=0}, \ldots, \left.\frac{d^{n-1}y}{dt^{n-1}}\right|_{t=0}$$

a partir do conjunto de n equações algébricas

$$y(0) = \sum_{i=1}^{n} c_i y_i(0), \left.\frac{dy}{dt}\right|_{t=0} = \sum_{i=1}^{n} c_i \left.\frac{dy_i}{dt}\right|_{t=0}, \ldots, \left.\frac{d^{n-1}y}{dt^{n-1}}\right|_{t=0} = \sum_{i=1}^{n} c_i \left.\frac{d^{n-1}y_i}{dt^{n-1}}\right|_{t=0} \qquad (3.13)$$

A independência linear de $y_i(t)$ garante que uma solução para estas equações pode ser obtida para $c_1, c_2, \ldots, c_n$.

Exemplo 3.24 A resposta livre $y_a(t)$ da equação diferencial

$$\frac{d^2y}{dt^2} + 3\frac{dy}{dt} + 2y = u$$

com condições iniciais $y(0) = 0$, $(dy/dt)|_{t=0} = 1$ é determinada fazendo

$$y_a(t) = c_1 e^{-t} + c_2 e^{-2t}$$

na qual c_1 e c_2 são coeficientes desconhecidos e e^{-t} e e^{-2t} são o conjunto fundamental para a equação (Exemplo 3.21). Visto que $y_a(t)$ deve satisfazer as condições iniciais, isto é,

$$y_a(0) = y(0) = 0 = c_1 + c_2 \qquad \left.\frac{dy_a(t)}{dt}\right|_{t=0} = \left.\frac{dy}{dt}\right|_{t=0} = 1 = -c_1 - 2c_2$$

então $c_1 = 1$ e $c_2 = -1$. Portanto, a resposta livre é dada por $y_a(t) = e^{-t} - e^{-2t}$.

3.10 A RESPOSTA FORÇADA

A **resposta forçada** $y_b(t)$ de uma equação diferencial é a solução da equação diferencial quando todas as condições iniciais

$$y(0), \left.\frac{dy}{dt}\right|_{t=0}, \ldots, \left.\frac{d^{n-1}y}{dt^{n-1}}\right|_{t=0}$$

são identicamente nulas.

A implicação desta definição é que a resposta forçada depende apenas da entrada $u(t)$. A *resposta forçada* para uma equação diferencial ordinária de coeficientes constantes pode ser escrita em termos de uma *integral de convolução* (ver Exemplo 3.38):

$$y_b(t) = \int_0^t w(t-\tau)\left[\sum_{i=0}^{m} b_i \frac{d^i u(\tau)}{d\tau^i}\right] d\tau \qquad (3.14)$$

na qual $w(t-\tau)$ é a *função de ponderação (ou de Kernel) da equação diferencial*. Esta forma da integral de convolução supõe que a função de ponderação descreve um sistema *causal* (ver Definição 3.22). Esta suposição é mantida abaixo.

A função de ponderação de uma equação diferencial ordinária linear de coeficientes constantes pode ser escrita como

$$w(t) = \sum_{i=1}^{n} c_i y_i(t) \qquad t \geq 0$$
$$ = 0 \qquad\qquad\quad t < 0 \qquad (3.15)$$

na qual $c_1, c_2, ..., c_n$ são constantes e o conjunto de funções $y_1(t), y_2(t), ..., y_n(t)$ é um conjunto fundamental da equação diferencial. Deve-se notar que $w(t)$ é uma *resposta livre da equação diferencial* e, portanto, requer n condições iniciais para uma completa especificação. Estas condições fixam os valores das constantes $c_1, c_2, ..., c_n$. As condições iniciais, que todas as funções de ponderação das equações diferenciais lineares devem satisfazer, são

$$w(0) = 0, \left.\frac{dw}{dt}\right|_{t=0} = 0, \ldots, \left.\frac{d^{n-2}w}{dt^{n-2}}\right|_{t=0} = 0, \left.\frac{d^{n-1}w}{dt^{n-1}}\right|_{t=0} = 1 \tag{3.16}$$

Exemplo 3.25 A função de ponderação da equação

$$\frac{d^2y}{dt^2} + 3\frac{dy}{dt} + 2y = u$$

é uma combinação linear de e^{-t} e e^{-2t} (um conjunto fundamental da equação). Isto é,

$$w(t) = c_1 e^{-t} + c_2 e^{-2t}$$

c_1 e c_2 são determinados a partir das duas equações algébricas

$$w(0) = 0 = c_1 + c_2 \qquad \left.\frac{dw}{dt}\right|_{t=0} = 1 = -c_1 - 2c_2$$

A solução é $c_1 = 1$, $c_2 = -1$ e a função de ponderação é $w(t) = e^{-t} - e^{-2t}$.

Exemplo 3.26 Para a equação diferencial do Exemplo 3.25, se $u(t) = 1$, então a resposta forçada $y_b(t)$ da equação é

$$y_b(t) = \int_0^t w(t-\tau) u(\tau) \, d\tau = \int_0^t \left[e^{-(t-\tau)} - e^{-2(t-\tau)} \right] d\tau$$

$$= e^{-t} \int_0^t e^\tau \, d\tau - e^{-2t} \int_0^t e^{2\tau} \, d\tau = \frac{1}{2}(1 - 2e^{-t} + e^{-2t})$$

3.11 A RESPOSTA TOTAL

A **resposta total** de uma equação diferencial linear de coeficientes constantes é a soma da *resposta livre* e da *resposta forçada*.

Exemplo 3.27 A resposta total $y(t)$ da equação diferencial

$$\frac{d^2y}{dt^2} + 3\frac{dy}{dt} + 2y = 1$$

com as condições iniciais $y(0) = 0$ e $(dy/dt)|_{t=0} = 1$, é a soma da resposta livre $y_a(t)$, determinada no Exemplo 3.24 e a resposta forçada $y_b(t)$, determinada no Exemplo 3.26. Assim,

$$y(t) = y_a(t) + y_b(t) = (e^{-t} - e^{-2t}) + \frac{1}{2}(1 - 2e^{-t} + e^{-2t}) = \frac{1}{2}(1 - e^{-2t})$$

3.12 AS RESPOSTAS DE ESTADO PERMANENTE E TRANSITÓRIA

A resposta de estado permanente e a resposta transitória são outro par de quantidades cuja soma é igual à resposta total. Estes termos são frequentemente usados para especificar o desempenho do sistema de controle. Eles são definidos a seguir:

Definição 3.13: A **resposta de estado permanente** é a parte da resposta total que *não* se aproxima de zero quando o tempo tende para o infinito.

Definição 3.14: A **resposta transitória** é a parte da resposta total que se aproxima de zero quando o tempo tende para o infinito.

Exemplo 3.28 A resposta total para a equação diferencial no Exemplo 3.27 foi determinada como $y = \frac{1}{2} - \frac{1}{2} e^{-t}$. Claramente, a resposta de estado permanente é dada por $y_{ss} = \frac{1}{2}$. Visto que $\lim_{t \to \infty}[-\frac{1}{2} e^{-t}] = 0$, a resposta transitória é $y_T = -\frac{1}{2} e^{-t}$.

3.13 FUNÇÕES SINGULARES: DEGRAU, RAMPA E IMPULSO

No estudo de sistemas de controle e das equações diferenciais que o descrevem, uma família particular de funções, denominada *funções singulares*, é extensamente usada. Cada membro desta família é relacionado aos outros por uma ou mais integrações ou derivações. Nesta família, as três funções mais amplamente usadas são *degrau unitário*, *impulso unitário* e *rampa unitária*.

Definição 3.15: Uma **função degrau unitário** $(t - t_0)$ é definida por

$$\mathbf{1}(t - t_0) = \begin{cases} 1 & \text{para} \quad t > t_0 \\ 0 & \text{para} \quad t \leq t_0 \end{cases} \quad (3.17)$$

A função degrau unitário é ilustrada na Figura 3-1.

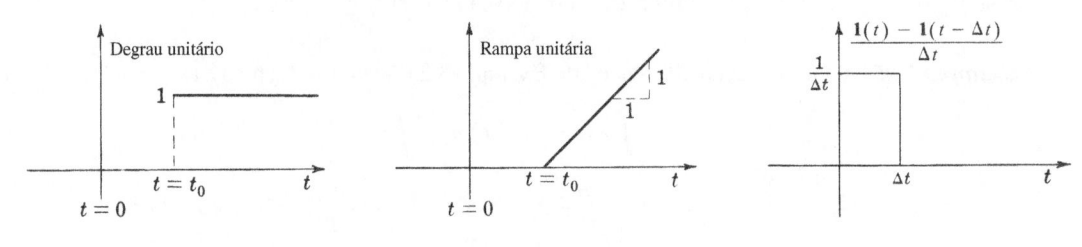

Figura 3-1   *Figura 3-2*   *Figura 3-3*

Definição 3.16: A função rampa unitária é a integral de uma função degrau unitário dada por

$$\int_{-\infty}^{t} \mathbf{1}(\tau - t_0) \, d\tau = \begin{cases} t - t_0 & \text{para} \quad t > t_0 \\ 0 & \text{para} \quad t \leq t_0 \end{cases} \quad (3.18)$$

A função rampa unitária é ilustrada na Figura 3-2.

Definição 3.17: Uma **função impulso unitário** $\delta(t)$ pode ser definida por

$$\delta(t) = \lim_{\substack{\Delta t \to 0 \\ \Delta t > 0}} \left[\frac{\mathbf{1}(t) - \mathbf{1}(t - \Delta t)}{\Delta t} \right] \quad (3.19)^*$$

onde $\mathbf{1}(t)$ é a função degrau unitário.

O par $\begin{Bmatrix} \Delta t \to 0 \\ \Delta t > 0 \end{Bmatrix}$ pode ser abreviado por $\Delta t \to 0^+$, significando que Δt tende para zero *pela direita*. O quociente entre colchetes representa um retângulo de altura $1/\Delta t$ e largura Δt, como mostra a Figura 3-3. O processo de

---

* No sentido formal, a Equação 3.19 define a derivada unilateral da função degrau unitário, embora não exista, no sentido matemático, nem o limite nem a derivada da função. Entretanto, a Definição 3.17 é satisfatória para os propósitos deste livro e muitos outros.

limitação produz uma função cuja altura tende para o infinito e cuja largura tende para zero. A área sob a curva é igual a 1 para todos os valores de Δt. Ou seja,

$$\int_{-\infty}^{\infty} \delta(t)\, dt = 1$$

A função impulso unitário tem uma propriedade muito importante:

Propriedade de filtragem (ou amostragem): A integral do produto de uma função impulso unitário $\delta(t - t_0)$ e uma função $f(t)$ que é contínua em $t = t_0$, no intervalo que inclua t_0, é igual à função $f(t)$ avaliada em t_0, isto é

$$\int_{-\infty}^{\infty} f(t)\, \delta(t - t_0)\, dt = f(t_0) \tag{3.20}$$

Definição 3.18: A **resposta ao impulso unitário** de um sistema linear é a saída $y(t)$ do sistema, quando a entrada $u(t) = \delta(t)$ e todas as condições iniciais são zero.

Exemplo 3.29 Se a relação entrada-saída de um sistema linear é dada pela integral de convolução

$$y(t) = \int_0^t w(t - \tau)\, u(\tau)\, d\tau$$

então a resposta ao impulso unitário $y_\delta(t)$ do sistema é

$$y_\delta(t) = \int_0^t w(t - \tau)\, \delta(\tau)\, d\tau = \int_{-\infty}^{\infty} w(t - \tau)\, \delta(\tau)\, d\tau = w(t) \tag{3.21}$$

visto que $w(t - \tau) = 0$ para $\tau > t$, $\delta(t) = 0$ para $\tau < 0$ e a propriedade de filtragem do impulso unitário foi usada para avaliar a integral.

Definição 3.19: A **resposta ao degrau unitário** é a saída $y(t)$ quando a entrada $u(t) = \mathbf{1}(t)$ e todas as condições iniciais são zero.

Definição 3.20: A **resposta à rampa unitária** é a saída $y(t)$ quando a entrada $u(t) = t$ para $t > 0$, $(t) = 0$ para $t \leq 0$ e todas as condições iniciais são zero.

3.14 SISTEMAS DE SEGUNDA ORDEM

No estudo dos sistemas de controle, as equações diferenciais de segunda ordem de coeficientes constantes lineares da forma

$$\frac{d^2 y}{dt^2} + 2\zeta\omega_n \frac{dy}{dt} + \omega_n^2 y = \omega_n^2 u \tag{3.22}$$

são muito importantes, porque os sistemas de ordem mais elevada podem frequentemente ser aproximados pelos sistemas de segunda ordem. A constante ζ é denominada **razão de amortecimento** e a constante ω_n é denominada **frequência natural não amortecida** do sistema. A resposta forçada desta equação para a entrada u, pertencendo à classe de funções singulares é de particular interesse. Isto é, a *resposta forçada* ao impulso unitário, degrau unitário, ou rampa unitária, é a mesma que a *resposta ao impulso unitário, resposta ao degrau unitário ou resposta à rampa unitária* de um sistema representado por esta equação.

Supondo que $0 \leq \zeta \leq 1$, a equação característica para a Equação (3.22) é

$$D^2 + 2\zeta\omega_n D + \omega_n^2 = \left(D + \zeta\omega_n - j\omega_n\sqrt{1 - \zeta^2}\right)\left(D + \zeta\omega_n + j\omega_n\sqrt{1 - \zeta^2}\right) = 0$$

Em consequência, as raízes são

$$D_1 = -\zeta\omega_n + j\omega_n\sqrt{1 - \zeta^2} \equiv -\alpha + j\omega_d \qquad D_2 = -\zeta\omega_n - j\omega_n\sqrt{1 - \zeta^2} \equiv -\alpha - j\omega_d$$

onde $\alpha \equiv \zeta\omega_n$ é denominado **coeficiente de amortecimento** e $\omega_d \equiv \omega_n\sqrt{1-\zeta^2}$ é denominado **frequência natural amortecida**. α é o inverso da **constante de tempo** τ do sistema, isto é, $\tau = 1/\alpha$.

A função de ponderação da Equação (3.22) é $w(t) = (1/\omega_d)e^{-\alpha t}\operatorname{sen}\omega_d t$. A resposta ao degrau unitário é dada por

$$y_1(t) = \int_0^t w(t-\tau)\omega_n^2\,d\tau = 1 - \frac{\omega_n e^{-\alpha t}}{\omega_d}\operatorname{sen}(\omega_d t + \phi) \tag{3.23}$$

onde $\phi \equiv \tan^{-1}(\omega_d/\alpha)$

A Figura 3-4 é uma representação paramétrica da resposta ao degrau unitário. Note-se que a abscissa desta família de curvas é o tempo normalizado $\omega_n t$, e o parâmetro que define cada curva é a razão de amortecimento ζ.

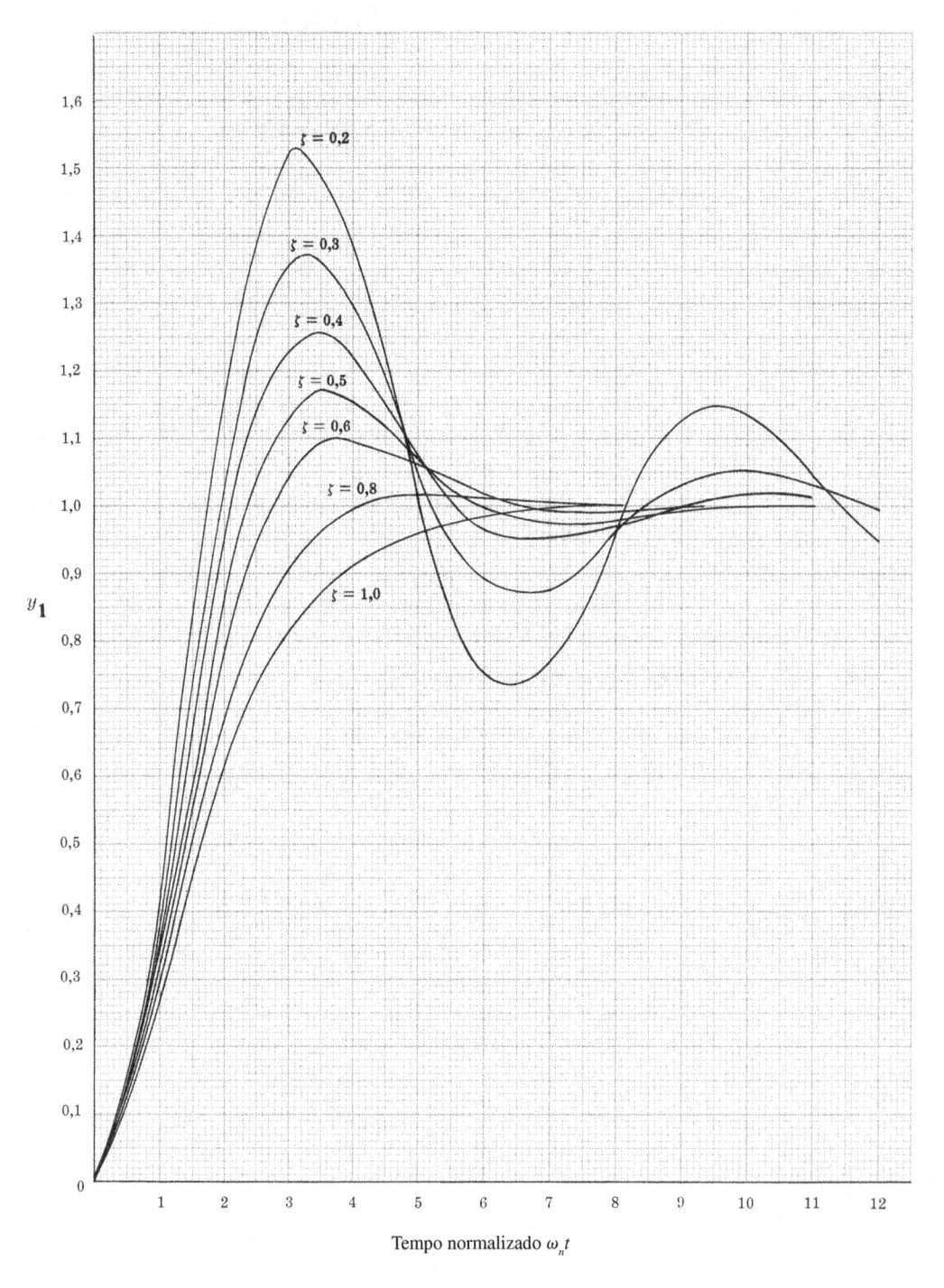

Figura 3-4

3.15 REPRESENTAÇÃO DE VARIÁVEIS DE ESTADO DE SISTEMAS DESCRITOS POR EQUAÇÕES DIFERENCIAIS LINEARES

Em alguns problemas de realimentação e controle é mais conveniente descrever um sistema por um conjunto de equações diferenciais de primeira ordem em vez de uma ou mais equações diferenciais de ordem n. Uma razão para isso é que resultados bastante gerais e poderosos a partir da álgebra vetor-matriz podem, então, ser facilmente aplicados na dedução de soluções para equações diferenciais.

Exemplo 3.30 Considere a forma da equação diferencial da segunda lei de Newton, $f = M(d^2x/dt^2)$. É evidente que, a partir dos significados de velocidade v e aceleração a, essa equação de segunda ordem pode ser substituída por duas equações de primeira ordem, $v = dx/dt$ e $f = M(dv/dt)$.

Existem diversas formas de transformar equações diferenciais de ordem n em n equações de primeira ordem. Uma delas é predominante na literatura, além de simples, e apresentamos aqui essa transformação apenas para ilustrar a abordagem. Considere a equação diferencial linear de coeficientes constantes, de entrada única e de ordem n

$$\sum_{i=0}^{n} a_i \frac{d^i y}{dt^i} = u$$

Esta equação sempre pode ser representada pelas n seguintes equações diferenciais de primeira ordem:

$$\frac{dx_1}{dt} = x_2$$

$$\frac{dx_2}{dt} = x_3$$

$$\vdots$$

$$\frac{dx_{n-1}}{dt} = x_n$$

$$\frac{dx_n}{dt} = -\frac{1}{a_n}\left[\sum_{i=0}^{n-1} a_i x_{i+1}\right] + \frac{1}{a_n} u \qquad (3.24a)$$

em que escolhemos $x \equiv y$. Usando a notação *vetor-matriz*, este conjunto de equações pode ser escrito como

$$\begin{bmatrix} \dfrac{dx_1}{dt} \\ \dfrac{dx_2}{dt} \\ \vdots \\ \dfrac{dx_n}{dt} \end{bmatrix} = \begin{bmatrix} 0 & 1 & 0 & \cdots & 0 \\ 0 & 0 & 1 & \cdots & 0 \\ \vdots & \vdots & \vdots & \ddots & \vdots \\ -\dfrac{a_0}{a_n} & -\dfrac{a_1}{a_n} & -\dfrac{a_2}{a_n} & \cdots & -\dfrac{a_{n-1}}{a_n} \end{bmatrix} \begin{bmatrix} x_1 \\ x_2 \\ \vdots \\ x_n \end{bmatrix} + \begin{bmatrix} 0 \\ 0 \\ \vdots \\ 0 \\ \dfrac{1}{a_n} \end{bmatrix} u \qquad (3.24b)$$

ou, de forma mais compacta, como

$$\frac{d\mathbf{x}}{dt} = A\mathbf{x} + \mathbf{b}u \qquad (3.24c)$$

Na Equação (3.24c) $\mathbf{x} \equiv \mathbf{x}(t)$ é denominado **vetor de estado**, com n funções do tempo $x_1(t), x_2(t),..., x_n(t)$ conforme seus elementos, denominados **variáveis de estado** do sistema. A entrada escalar do sistema é $u(t)$.

Geralmente, os sistemas *MIMO* (múltiplas entradas e múltiplas saídas) descritos por uma ou mais equações diferenciais lineares de coeficientes constantes podem ser representados por uma equação diferencial vetor-matriz da forma:

$$\begin{bmatrix} \dfrac{dx_1}{dt} \\ \dfrac{dx_2}{dt} \\ \vdots \\ \dfrac{dx_n}{dt} \end{bmatrix} = \begin{bmatrix} a_{11} & a_{12} & \cdots & a_{1n} \\ a_{21} & a_{22} & \cdots & a_{2n} \\ \vdots & & \ddots & \vdots \\ a_{n1} & a_{n2} & \cdots & a_{nn} \end{bmatrix} \begin{bmatrix} x_1 \\ x_2 \\ \vdots \\ x_n \end{bmatrix} + \begin{bmatrix} b_{11} & b_{12} & \cdots & b_{1r} \\ b_{21} & b_{22} & \cdots & b_{2r} \\ \vdots & & \ddots & \vdots \\ b_{n1} & b_{n2} & \cdots & b_{nr} \end{bmatrix} \begin{bmatrix} u_1 \\ u_2 \\ \vdots \\ u_r \end{bmatrix} \quad (3.25a)$$

ou, de forma mais compacta, como

$$\frac{d\mathbf{x}}{dt} = A\mathbf{x} + B\mathbf{u} \quad (3.25b)$$

Na Equação (3.25b) **x** é definido como na Equação (3.24c), A é a matriz $n \times n$ de constante a_{ij} e B é a matriz $n \times r$ de constante b_{ij}, cada uma dada na Equação (3.25a) e **u** é um vetor r de funções de entrada.

A matriz de transição

A equação matricial

$$\frac{d\Phi}{dt} = A\Phi$$

em que Φ é uma matriz $n \times n$ de funções do tempo, denominada **matriz de transição da equação diferencial** (3.24b) ou (3.25b), tem um papel especial na solução de equações diferenciais vetor-matriz como a Equação (3.25b). Se I é uma matriz *identidade* ou *unitária* $n \times n$ e $\Phi(0) = I$ é a condição inicial desta equação homogênea, a matriz de transição tem a solução especial: $\Phi(t) = e^{At}$. Neste caso, e^{At} é uma função matricial $n \times n$ definida pela série infinita:

$$e^{At} = I + At + \frac{A^2 t^2}{2!} + \frac{A^3 t^3}{3!} + \cdots$$

Φ também tem a propriedade, denominada *propriedade de transição*, que para qualquer t_1, t_2 e t_3: $\Phi(t_1 - t_2)\Phi(t_2 - t_3) = (t_1 - t_3)$.

Para resolver a equação diferencial (3.24) ou (3.25), o intervalo de tempo de interesse deve ser especificado, por exemplo, $0 \leq t < +\infty$, e também é necessário um vetor $\mathbf{x}(0)$ de condição inicial. Neste caso, a solução geral da Equação (3.25) é

$$\mathbf{x}(t) = e^{At}\mathbf{x}(0) + \int_0^t e^{A(t-\tau)} B\mathbf{u}(\tau)\, d\tau \quad (3.26)$$

A condição inicial $\mathbf{x}(0)$ é algumas vezes conhecida como **estado do sistema no instante** $t = 0$. A partir da Equação (3.26) vemos que o conhecimento de $\mathbf{x}(0)$ e da entrada $\mathbf{u}(t)$ no intervalo $0 \leq t < +\infty$, é adequado para determinar completamente as variáveis de estado em qualquer instante $t \geq 0$. Na verdade, o conhecimento do estado do sistema em *qualquer* instante t', $0 < t' < +\infty$, e o conhecimento da entrada $u(t)$, $t' \leq t < +\infty$, são adequados para definir completamente o vetor de estado $\mathbf{x}(t)$ em quaisquer instantes subsequentes $t \geq t'$.

3.16 SOLUÇÃO DE EQUAÇÕES DE DIFERENÇAS LINEARES DE COEFICIENTES CONSTANTES

Considere a classe de equações de diferenças

$$\sum_{i=0}^{n} a_i y(k+i) = \sum_{i=0}^{m} b_i u(k+i) \quad (3.27)$$

em que k é um número inteiro referente à variável discreta no tempo, os coeficientes a_i e b_i são constantes, a_0 e a_n não são nulos, a entrada $u(k)$ é uma sequência no tempo conhecida e a saída $y(k)$ é a sequência desconhecida que é solução da equação. Visto que $y(k+n)$ é uma função explícita de $y(k), y(k+1),..., y(k+n-1)$, então n é a **ordem da equação de diferenças**. Para obter uma única solução para $y(k)$, dois itens adicionais devem ser especificados, a sequência no tempo na qual uma solução é desejada e um conjunto de n condições iniciais para $y(k)$. A sequência no tempo para a classe de problemas tratados neste livro é o conjunto de inteiros não negativos, ou seja, $k = 0, 1, 2,...$. O conjunto de condições iniciais é

$$y(0), y(1),..., y(n-1) \tag{3.28}$$

Um problema definido sobre essa sequência no tempo e com essas condições iniciais é denominado **problema de valor inicial**.

Considere a equação de diferenças linear de coeficientes constantes de ordem n

$$y(k+n) + a_{n-1}y(k+n-1) + \cdots + a_1 y(k+1) + a_0 y(k) = u(k) \tag{3.29}$$

É conveniente definir um **operador de deslocamento** Z por meio da equação

$$Z[y(k)] \equiv y(k+1)$$

Por meio da aplicação repetida desta operação, obtemos

$$Z^n[y(k)] = Z[Z[...Z[y(k)]...]] = y(k+n)$$

De modo similar, um **operador unitário** I é definido por

$$I[y(k)] = y(k)$$

e $Z^0 \equiv I$. O operador Z tem as seguintes propriedades algébricas importantes:

1. Para a constante c, $Z[cy(k)] = cZ[y(k)]$
2. $Z^m[y(k) + x(k)] = Z^m[y(k)] + Z^m[x(k)]$

A equação de diferenças pode, então, ser escrita como

$$Z^n[y(k)] + a_{n-1}Z^{n-1}[y(k)] + \cdots + a_1 Z[y(k)] + a_0 y(k) = u(k)$$

ou
$$\left(Z^n + a_{n-1}Z^{n-1} + \cdots + a_1 Z + a_0\right)[y(k)] = u(k)$$

A equação

$$Z^n + a_{n-1}Z^{n-1} + \cdots + a_1 Z + a_0 = 0 \tag{3.30}$$

é denominada **equação característica** da equação de diferenças e, pelo teorema fundamental da álgebra, ela tem exatamente n soluções: $Z = Z_1, Z = Z_2,..., Z = Z_n$.

Exemplo 3.31 Considere a equação de diferenças

$$y(k+2) + \frac{5}{6}y(k+1) + \frac{1}{6}y(k) = u(k)$$

A equação característica é $Z^2 + \frac{5}{6}Z + \frac{1}{6} = 0$ com duas soluções, $Z = -\frac{1}{2}$ e $Z = -\frac{1}{3}$.

Uma equação de diferenças linear de ordem n homogênea tem pelo menos um conjunto de n soluções linearmente independentes. Qualquer destes conjuntos é denominado **conjunto fundamental**. Assim como ocorre com as equações diferenciais, os conjuntos fundamentais não são únicos.

Se a equação característica tem raízes distintas $Z_1, Z_2,..., Z_n$, um conjunto fundamental para a equação homogênea

$$\sum_{i=0}^{n} a_i y(k+i) = 0 \tag{3.31}$$

é o conjunto de funções $Z_1^k, Z_2^k, \ldots, Z_n^k$.

Exemplo 3.32 A equação de diferenças

$$y(k+2) + \frac{5}{6}y(k+1) + \frac{1}{6}y(k) = 0$$

tem a equação característica $Z^2 + \frac{5}{6}Z + \frac{1}{6} = 0$, com raízes $Z = Z_1 = -\frac{1}{2}$ e $Z = Z_2 = -\frac{1}{3}$. Um conjunto fundamental desta equação é $y_1(k) = (-\frac{1}{2})^k$ e $y_3(k) = (-\frac{1}{3})^k$.

Se a equação característica tem raízes repetidas, então para cada raiz Z_i de multiplicidade n_i, existem n_i elementos do conjunto fundamental $Z_i^k, kZ_i^k, \ldots, k^{n_i-2}Z_i^k, k^{n_i-1}Z_i^k$.

Exemplo 3.33 A equação $y(k+2) + y(k+1) + \frac{1}{4}y(k) = 0$ com a raiz dupla $Z = -\frac{1}{2}$ tem um conjunto fundamental que consiste de $(-\frac{1}{2})^k$ e $k(-\frac{1}{2})^k$.

A resposta livre de uma equação de diferenças da forma da Equação (3.27) é a solução quando a sequência de entrada é identicamente nula. A equação tem, então, a forma da Equação (3.31) e sua solução depende apenas das n condições iniciais (3.28). Se $y_1(k), y_2(k), \ldots, y_n(k)$ é um conjunto fundamental, então qualquer resposta livre da equação de diferenças (3.27) pode ser representada como

$$y_a(k) = \sum_{i=1}^{n} c_i y_i(k)$$

em que as constantes c_i são determinadas em termos das condições iniciais $y_i(0)$ a partir do conjunto de n equações algébricas:

$$y(0) = \sum_{i=1}^{n} c_i y_i(0)$$

$$y(1) = \sum_{i=1}^{n} c_i y_i(1)$$

$$\vdots$$

$$y(n-1) = \sum_{i=1}^{n} c_i y_i(n-1) \tag{3.32}$$

A independência linear de $y_i(k)$ garante uma solução para $c_1, c_2, \ldots, c_n$.

Exemplo 3.34 A resposta livre da equação de diferenças $y(k+2) + \frac{5}{6}y(k+1) + y(k) = u(k)$ com condições iniciais $y(0) = 0$ e $y(1) = 1$ é determinada fazendo

$$y_a(k) = c_1\left(-\frac{1}{2}\right)^k + c_2\left(-\frac{1}{3}\right)^k$$

em que c_1 e c_2 são coeficientes conhecidos e $(-\frac{1}{2})^k$ e $(-\frac{1}{3})^k$ são um conjunto fundamental para a equação (Exemplo 3.32). Visto que $y_a(k)$ devem satisfazer as condições iniciais, ou seja,

$$y_a(0) = y(0) = 0 = c_1 + c_2$$

$$y_a(1) = y(1) = 1 = -\frac{1}{2}c_1 - \frac{1}{3}c_2$$

então $c_1 = -6$ e $c_2 = 6$. Portanto, a resposta livre é dada por $y_a(k) = -6(-\frac{1}{2})^k + 6(-\frac{1}{3})^k$.

A resposta forçada $y_b(k)$ de uma equação de diferenças é sua solução quando todas as condições iniciais $y(0), y(1), \ldots, y(n-1)$ são nulas. Podemos escrever em termos de uma *soma convolucional*:

$$y_b(k) = \sum_{j=0}^{k-1} w(k-j)\left[\sum_{i=0}^{m} b_i u(j+i)\right] \qquad k = 0, 1, \ldots, n \tag{3.33}$$

em que $w(k - j)$ é a **sequência ponderada da equação de diferenças**. Note que $y_b(0) = 0$ pela definição da resposta forçada e $w(k - j) = 0$ para $k < j$ (ver Seção 3.19). Se $u(j) \equiv \delta(j) = 1$ para $j = 0$ e $\delta(j) = 0$ para $j \neq 0$, a entrada especial é denominada **sequência delta de Kronecker**, então a resposta forçada $y_b(k) \equiv y_\delta(k)$ é denominada **resposta ao delta de Kronecker**.

A sequência ponderada de uma equação de diferença linear de coeficientes constantes pode ser escrita como

$$w(k - l) = \sum_{j=1}^{n} \frac{M_j(l)}{a_n M(l)} y_j(k) \tag{3.34}$$

em que $y_1(k), y_2(k), ..., y_n(k)$ é um conjunto fundamental da equação de diferenças, $M(l)$ é o **determinante**:

$$M(l) = \begin{vmatrix} y_1(l+1) & y_2(l+1) & \cdots & y_n(l+1) \\ y_1(l+2) & y_2(l+2) & \cdots & y_n(l+2) \\ \vdots & \vdots & \ddots & \vdots \\ y_1(l+n) & y_2(l+n) & \cdots & y_n(l+n) \end{vmatrix}$$

e $M_j(l)$ é o **cofator** do último elemento na coluna de ordem j de $M(l)$.

Exemplo 3.35 Considere a equação de diferenças $y(k + 2) + \frac{5}{6}y(k + 1) + \frac{1}{6}y(k) = u(k)$. A sequência ponderada é dada por

$$w(k - l) = \frac{M_1(l)}{M(l)} y_1(k) + \frac{M_2(l)}{M(l)} y_2(k)$$

em que $y_1(k) = (-\frac{1}{2})^k$, $y_2(k) = (-\frac{1}{3})^k$, $M_1(l) = -(-\frac{1}{3})^{l+1}$, $M_2(l) = (-\frac{1}{2})^{l+1}$ e

$$M(l) = \begin{vmatrix} \left(-\frac{1}{2}\right)^{l+1} & \left(-\frac{1}{3}\right)^{l+1} \\ \left(-\frac{1}{2}\right)^{l+2} & \left(-\frac{1}{3}\right)^{l+2} \end{vmatrix} = \frac{1}{36}\left(-\frac{1}{2}\right)^l \left(-\frac{1}{3}\right)^l$$

Portanto,

$$w(k - l) = 12\left(-\frac{1}{2}\right)^{k-l} - 18\left(-\frac{1}{3}\right)^{k-l}$$

Assim como em sistemas contínuos, a **resposta total** de uma equação de diferenças é a soma das respostas livre e forçada da equação. A **resposta transitória** de uma equação de diferenças é a parte da resposta total que se aproxima de zero à medida que o tempo se aproxima de infinito. A parte da resposta total que não se aproxima de zero é denominada **resposta de estado permanente**.

3.17 REPRESENTAÇÃO DE VARIÁVEIS DE ESTADO DE SISTEMAS DESCRITOS POR EQUAÇÕES DE DIFERENÇAS LINEARES

Assim como nas equações diferenciais da Seção 3.15, muitas vezes é útil descrever um sistema por meio de um conjunto de equações de diferenças de primeira ordem, em vez de uma ou mais equações de diferenças de ordem n.

Exemplo 3.36 A equação de diferenças de segunda ordem

$$y(k + 2) + \frac{5}{6}y(k + 1) + \frac{1}{6}y(k) = u(k)$$

pode ser escrita como duas equações de primeira ordem:

$$x_1(k+1) = x_2(k)$$

$$x_2(k+1) = -\frac{5}{6}x_2(k) - \frac{1}{6}x_1(k) + u(k)$$

em que escolhemos $x_1(k) \equiv y(k)$.

Considere a equação de diferenças linear de coeficientes constantes, de entrada única e de ordem n

$$\sum_{i=0}^{n} a_i y(k+i) = u(k)$$

Esta equação sempre pode ser representada pelas n seguintes equações de diferenças de primeira ordem:

$$x_1(k+1) = x_2(k)$$
$$x_2(k+1) = x_3(k)$$
$$\vdots$$
$$x_{n-1}(k+1) = x_n(k)$$
$$x_n(k+1) = -\frac{1}{a_n}\left[\sum_{i=0}^{n-1} a_i x_{i+1}(k)\right] + \frac{1}{a_n}u(k) \quad (3.35a)$$

em que escolhemos $x_1(k) \equiv y(k)$. Usando notação vetor-matriz, este conjunto de equações pode ser escrito como a equação de diferenças *vetor-matriz*

$$\begin{bmatrix} x_1(k+1) \\ x_2(k+1) \\ \vdots \\ x_n(k+1) \end{bmatrix} = \begin{bmatrix} 0 & 1 & 0 & \cdots & 0 \\ 0 & 0 & 1 & & 0 \\ \vdots & & & \ddots & 0 \\ & & & & 1 \\ -a_0/a_n & -a_1/a_n & \cdots & & -a_{n-1}/a_n \end{bmatrix} \begin{bmatrix} x_1(k) \\ x_2(k) \\ \vdots \\ x_n(k) \end{bmatrix} + \begin{bmatrix} 0 \\ 0 \\ \vdots \\ 0 \\ 1/a_n \end{bmatrix} u \quad (3.35b)$$

ou, de forma reduzida, como

$$\mathbf{x}(k+1) = A\mathbf{x}(k) + \mathbf{b}u \quad (3.35c)$$

Nestas equações, $\mathbf{x}(k)$ é um elemento do vetor n de uma sequência no tempo denominada **vetor de estados**, constituído de elementos escalares $x_1(k), x_2(k),..., x_n(k)$ denominado **variáveis de estado** do sistema no instante k.

Em geral, os sistemas MIMO (*múltiplas entradas e múltiplas saídas*) descritos por uma ou mais equações de diferenças lineares de coeficientes constantes, podem ser representados por

$$\mathbf{x}(k+1) = A\mathbf{x}(k) + B\mathbf{u}(k) \quad (3.36)$$

em que $\mathbf{x}(k)$ é o vetor de estado do sistema, como acima, A é uma matriz $n \times n$ de constantes a_{ij} e B é uma matriz $n \times r$ de constantes b_{ij}, cada uma definida como na Equação (3.25a) e $\mathbf{u}(k)$ é um elemento do vetor r de uma sequência de entrada (múltipla). Dada uma sequência no tempo de interesse $k = 0, 1, 2,...$, e um vetor de condição inicial $\mathbf{x}(0)$, a solução da Equação (3.36) pode ser escrita como

$$\mathbf{x}(k) = A^k \mathbf{x}(0) + \sum_{j=0}^{k-1} A^{k-1-j} B\mathbf{u}(j) \quad (3.37)$$

Observe que a Equação (3.37) tem uma forma similar a da Equação (3.26). Entretanto, em geral A^k não precisa ter as propriedades de uma matriz de transição de uma equação diferencial. Mas existe um caso muito importante quando A^k não tem essas propriedades, ou seja, em que A^k é uma matriz de transição. Este caso fornece as bases para a *discretização* de equações diferenciais, conforme ilustrado a seguir.

Discretização de equações diferenciais

Considere um sistema *diferencial* descrito pela Equação (3.26). Suponha que seja necessário apenas ter conhecimento das variáveis de estado nos instantes de tempo periódicos $t = 0, T, 2T,..., kT,...,$. Neste caso, a *sequência* a seguir de vetores de estado pode ser escrita como

$$\mathbf{x}(T) = e^{AT}\mathbf{x}(0) + \int_0^T e^{A(T-\tau)}B\mathbf{u}(\tau)\,d\tau$$

$$\mathbf{x}(2T) = e^{AT}\mathbf{x}(T) + e^{AT}\int_T^{2T} e^{A(T-\tau)}B\mathbf{u}(\tau)\,d\tau$$

$$\vdots$$

$$\mathbf{x}(kT) = e^{AT}\mathbf{x}((k-1)T) + e^{A(k-1)T}\int_{(k-1)T}^{kT} e^{A(T-\tau)}B\mathbf{u}(\tau)\,d\tau$$

Se omitimos o parâmetro T, usamos a abreviação $\mathbf{x}(k) \equiv \mathbf{x}(kT)$ e definimos a nova *sequência de entrada* por

$$\mathbf{u}'(k) = e^{AkT}\int_{kT}^{(k+1)T} e^{A(T-\tau)}B\mathbf{u}(\tau)\,d\tau$$

então, o conjunto de equações de solução acima pode ser substituído por uma única *equação de diferenças vetor-matriz*

$$\mathbf{x}(k+1) = e^{AT}\mathbf{x}(k) + \mathbf{u}'(k) \tag{3.38}$$

Note que $A' \equiv e^{AT}$ é uma matriz de transição na Equação (3.38).

3.18 LINEARIDADE E SUPERPOSIÇÃO

O conceito de linearidade foi apresentado na Definição 3.8 como uma propriedade das equações diferenciais e das equações de diferenças. Nesta seção, a linearidade é explicada como uma propriedade dos *sistemas em geral*, nos quais haja uma variável independente, o tempo t. Nos Capítulos 1 e 2, os conceitos de sistemas, entrada e saída foram definidos. A definição seguinte de linearidade é baseada nessas definições anteriores.

Definição 3.21: Se todas as condições iniciais no sistema são nulas, ou seja, se o sistema está completamente em repouso, então é um **sistema linear** se tiver as seguintes propriedades:

(a) Se uma entrada $u_1(t)$ produz uma saída $y_1(t)$ e
(b) uma entrada $u_2(t)$ produz uma saída $y_2(t)$, então,
(c) uma entrada $c_1u_1(t) + c_2u_2(t)$ produz uma saída $c_1y_1(t) + c_2y_2(t)$ para todos os pares de entradas $u_1(t)$ e $u_2(t)$ e todos os pares de constantes c_1 e c_2.

Os sistemas lineares podem frequentemente ser representados por equações diferenciais ou de diferenças lineares.

Exemplo 3.37 Um sistema é *linear* se as suas relações entrada-saída podem ser descritas pela equação diferencial

$$\sum_{i=0}^{n} a_i(t)\frac{d^i y}{dt^i} = \sum_{i=0}^{m} b_i(t)\frac{d^i u}{dt^i} \tag{3.39}$$

onde $y = y(t)$ é a saída do sistema e $u = u(t)$ é a entrada do sistema.

Exemplo 3.38 Um sistema é linear se as suas relações de entrada-saída podem ser descritas pela **integral de convolução**

$$y(t) = \int_{-\infty}^{\infty} w(t,\tau)u(\tau)\,d\tau \tag{3.40}$$

em que $w(t, \tau)$ é uma **função de ponderação** que incorpora as propriedades físicas internas do sistema, $y(t)$ é a saída e $u(t)$ é a entrada.

A relação entre os sistemas dos Exemplos 3.37 e 3.38 é explicada na Seção 3.10. O conceito de linearidade pode ser representado pelo *princípio da superposição*.

Princípio da superposição: A resposta $y(t)$ de um sistema linear, devido às várias entradas $u_1(t), u_2(t)..., u_n(t)$ agindo simultaneamente, é igual à soma das respostas de cada entrada atuando sozinha, quando todas as condições iniciais no sistema são nulas. Ou seja, se $y_i(t)$ é a resposta devido à entrada $u_i(t)$ então,

$$y(t) = \sum_{i=1}^{n} y_i(t)$$

Exemplo 3.39 Um sistema linear é descrito pela equação algébrica linear

$$y(t) = 2u_1(t) + u_2(t)$$

em que $u_1(t) = t$ e $u_2(t) = t^2$ são entradas e $y(t)$ é a saída. Quando $u_1(t) = t$ e $u_2(t) = 0$, então $y(t) = y_1(t) = 2t$. Quando $u_1(t) = 0$ e $u_2(t) = t^2$, então $y(t) = y_2(t) = t^2$. A saída total resultante de $u_1(t) = t$ e $u_2(t) = t^2$ é então igual a

$$y(t) = y_1(t) + y_2(t) = 2t + t^2$$

O princípio da superposição acompanha a definição de linearidade (Definição 3.21). Qualquer sistema que satisfaça ao princípio da superposição é linear.

3.19 CAUSALIDADE E SISTEMAS FISICAMENTE REALIZÁVEIS

As propriedades de um sistema físico restringem a forma da sua saída. Esta restrição é incorporada no conceito de *causalidade*.

Definição 3.22: Um sistema no qual o tempo é a variável independente é denominado **causal** se a saída depende apenas dos valores presente e passado da entrada; isto é, se $y(t)$ é a saída, então $y(t)$ depende apenas da entrada $u(\tau)$ para valores de $\tau \leq t$.

A implicação da Definição 3.22 é que em um sistema causal não se pode antecipar qual será a sua futura entrada. Portanto, os sistemas causais são algumas vezes chamados de sistemas **fisicamente realizáveis**. Uma consequência importante da causalidade (realizabilidade física) é que a função de ponderação $w(t, \tau)$ de um sistema linear contínuo causal é identicamente zero para $\tau > t$, isto é, os valores futuros da entrada são de peso 0. Para sistemas discretos causais, a sequência ponderada $w(k + j) \equiv 0$ para $j > k$.

Problemas Resolvidos

Equações de sistemas

3.1 A lei de Faraday estabelece que a tensão v, induzida entre os terminais de um indutor, é igual à taxa de variação no tempo das linhas de fluxo. (Uma linha de fluxo é definida como uma linha do fluxo magnético que enlaça uma espira do enrolamento do indutor.) Suponha que seja experimentalmente determinado que o número de linhas de fluxo λ está relacionado à corrente i no indutor, como mostra a Figura 3.5. A curva é aproximadamente uma linha reta para $-I_0 \leq i \leq I_0$. Determine uma equação diferencial, válida para $-I_0 \leq i \leq I_0$, que relacione a tensão induzida v e a corrente i.

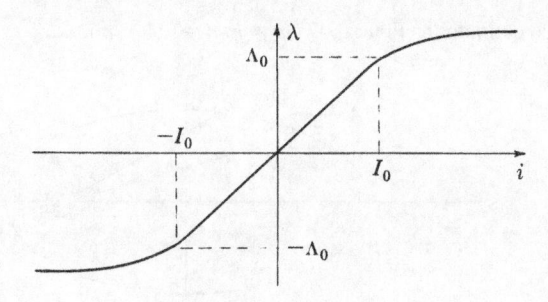

Figura 3-5

A lei de Faraday pode ser escrita como $v = d\lambda/dt$. Vemos no gráfico que

$$\lambda = \left(\frac{\Lambda_0}{I_0}\right)i = Li \qquad -I_0 \leq i \leq I_0$$

em que $L \equiv \Lambda_0/I_0$ é denominado *indutância* do indutor. A equação que relaciona v e i é obtida substituindo Li por λ:

$$v = \frac{d\lambda}{dt} = \frac{d}{dt}(Li) = L\frac{di}{dt} \qquad \text{onde} \quad -I_0 \leq i \leq I_0$$

3.2 Determine uma equação diferencial relacionando a tensão $v(t)$ e a corrente $i(t)$ para $t \geq 0$ para o circuito elétrico dado na Figura 3.6. Suponha que o capacitor está descarregado em $t = 0$, a corrente i é zero em $t = 0$ e a chave S fecha em $t = 0$.

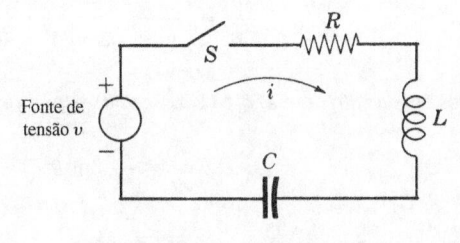

Figura 3-6

Pela lei de Kirchhoff para tensão, a tensão aplicada $v(t)$ é igual à soma das quedas de tensão v_R, v_L e v_C sobre o resistor R, o indutor L e o capacitor C, respectivamente. Assim,

$$v = v_R + v_L + v_C = Ri + L\frac{di}{dt} + \frac{1}{C}\int_0^t i(\tau)\,d\tau$$

Para eliminar a integral, ambos os membros da equação são derivados em relação ao tempo, resultando na equação diferencial desejada:

$$L\frac{d^2i}{dt^2} + R\frac{di}{dt} + \frac{i}{C} = \frac{dv}{dt}$$

3.3 As duas primeiras leis de Kepler do movimento planetário estabelecem que:

1. A órbita de um planeta é uma elipse com o sol em um foco dela.
2. O raio vetor traçado do sol para um planeta varre áreas iguais em tempos iguais.

Determine um par de equações diferenciais que descreva o movimento de um planeta em torno do sol usando as duas primeiras leis de Kepler.

Da primeira lei de Kepler, o movimento de um planeta satisfaz à equação de uma elipse:

$$r = \frac{p}{1 + e\cos\theta}$$

em que r e θ são definidos na Figura 3-7 e $p \equiv b^2/a = a(1 - e^2)$.

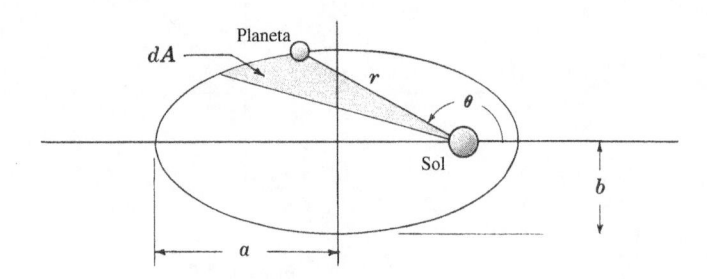

Figura 3-7

Em um tempo infinitesimal dt, o ângulo θ aumenta por uma quantidade $d\theta$. A área varrida por r no período dt é, portanto, igual a $dA = \frac{1}{2}r^2 \, d\theta$. A taxa segundo a qual a área é varrida por r é constante (segundo a lei de Kepler). Assim,

$$\frac{dA}{dt} = \frac{1}{2}r^2\frac{d\theta}{dt} = \text{constante} \quad \text{ou} \quad r^2\frac{d\theta}{dt} = k$$

A primeira equação diferencial é obtida derivando-se este resultado em relação ao tempo:

$$2r\frac{dr}{dt}\frac{d\theta}{dt} + r^2\frac{d^2\theta}{dt^2} = 0 \quad \text{ou} \quad 2\frac{dr}{dt}\frac{d\theta}{dt} + r\frac{d^2\theta}{dt^2} = 0$$

A segunda equação é obtida derivando-se a equação da elipse:

$$\frac{dr}{dt} = \left[\frac{pe \, \text{sen} \, \theta}{(1 + e \cos \theta)^2}\right]\frac{d\theta}{dt}$$

Usando os resultados em que $d\theta/dt = k/r^2$ e $(1 + e \cos \theta) = p/r$, dr/dt pode ser reescrita como

$$\frac{dr}{dt} = \frac{ek}{p} \text{sen} \, \theta$$

Derivando novamente e substituindo $r^2(d\theta/dt)$ por k, temos

$$\frac{d^2r}{dt^2} = \left(\frac{e}{p}\right)\left(\frac{k^2}{r^2}\right)\cos \theta$$

Mas $\cos \theta = (1/e)[p/r - 1]$. Portanto,

$$\frac{d^2r}{dt^2} = \frac{k^2}{pr^2}\left[\frac{p}{r} - 1\right] = \frac{k^2}{r^3} - \frac{k^2}{pr^2}$$

Substituindo $r(d\theta/dt)^2$ por k^2/r^3, obtemos a segunda equação diferencial desejada:

$$\frac{d^2r}{dt^2} - r\left(\frac{d\theta}{dt}\right)^2 + \frac{k^2}{pr^2} = 0 \quad \text{ou} \quad \frac{d^2r}{dt^2} - r\left(\frac{d\theta}{dt}\right)^2 = -\frac{k^2}{pr^2}$$

3.4 Um modelo matemático para uma modalidade de organização do sistema nervoso chamada de *inibição lateral* foi produzido como um resultado do trabalho de vários autores [2,3,4]. O fenômeno inibitório lateral pode ser descrito simplesmente como uma interação elétrica inibitória entre neurônios vizinhos, lateralmente espaçados (células nervosas). Cada neurônio, neste modelo, tem uma resposta c, medida pela frequência da descarga de pulsos no seu axônio (o cabo de "conexão" ou "fio"). A resposta é determinada por uma excitação r, fornecida por um estímulo externo, e é diminuída por todas as influências inibitórias que atuem sobre os neurônios, como resultado da atividade dos neurônios vizinhos. Em um sistema de n neurônios, a resposta de estado permanente do neurônio de ordem k é dada por

$$c_k = r_k - \sum_{i=1}^{n} a_{k-i} c_i$$

onde a constante a_{k-1} é o coeficiente inibitório da ação do neurônio i sobre k. Ela depende apenas da separação dos neurônios de ordem k e ordem i e pode ser interpretada como uma *função de ponderação espacial*. Além disso, $a_m = a_{-m}$ (interação espacial simétrica).

(a) Se o efeito do neurônio i sobre k não é imediatamente sentido, mas exibe um pequeno retardo de tempo Δt, como este modelo deve ser modificado?

(b) Se a entrada $r_k(t)$ é determinada apenas pela saída c_k, Δt segundos antes de $t [r_k(t) = c_k(t - \Delta t)]$, determine uma equação diferencial aproximada para o sistema da parte (a).

(a) A equação se toma

$$c_k(t) = r_k(t) - \sum_{i=1}^{n} a_{k-i} c_i(t - \Delta t)$$

(b) Substituindo $c_k(t - \Delta t)$ por $r_k(t)$,

$$c_k(t) - c_k(t - \Delta t) = -\sum_{i=1}^{n} a_{k-i} c_i(t - \Delta t)$$

Dividindo ambos os membros por Δt,

$$\frac{c_k(t) - c_k(t - \Delta t)}{\Delta t} = -\sum_{i=1}^{n} \left(\frac{a_{k-i}}{\Delta t}\right) c_i(t - \Delta t)$$

O primeiro membro é aproximadamente igual a dc_k/dt para um Δt pequeno. Se adicionalmente supomos que $c_i(t - \Delta t) \cong c_i(t)$, para Δt pequeno, então temos a equação diferencial aproximada

$$\frac{dc_k}{dt} + \sum_{i=1}^{n} \left(\frac{a_{k-i}}{\Delta t}\right) c_i(t) = 0$$

3.5 Determine a equação matemática que descreve a saída de dados amostrados do amostrador ideal descrito na Definição 2.12 e no Exemplo 2.8.

Uma representação conveniente da saída de um amostrador ideal é baseada na extensão do conceito da função impulso unitária $\delta(t)$ em um **trem de pulsos**, definido para $t \geq 0$ como a função

$$m_{IT}(t) = \delta(t) + \delta(t - t_1) + \delta(t - t_2) + \cdots = \sum_{k=0}^{\infty} \delta(t - t_k)$$

em que $t_0 = 0$ e $t_{k+1} > t_k$. O sinal amostrado $u^*(t)$ é então dado por

$$u^*(t) = u(t) m_{IT}(t) = u(t) \sum_{k=0}^{\infty} \delta(t - t_k)$$

A utilidade desta representação é desenvolvida no início do Capítulo 4, logo depois da introdução dos métodos de transformadas.

3.6 Mostre como um circuito RC simples, dado na Figura 3-8, pode ser utilizado como aproximação da função de amostragem (ordem zero) e retenção descrita no Exemplo 2.9.

Este elemento do sistema opera como a seguir. Quando a chave de amostragem S é fechada, o capacitor C é carregado através do resistor R e a tensão em C se aproxima da entrada $u(t)$. Quando S é aberta, o capacitor não pode liberar sua carga porque a corrente (carga) não tem onde se dissipar, mantendo assim a tensão até a próxima vez que S for fechada. Se descrevermos a abertura e fechamento da chave pela simples função

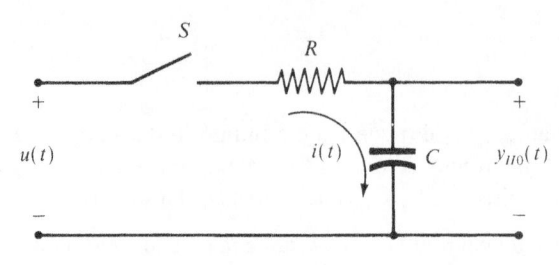

Figura 3-8

$$m_S(t) = \begin{cases} 1 & \text{se } S \text{ for fechada} \\ 0 & \text{se } S \text{ for aberta} \end{cases}$$

podemos dizer que a corrente em R e C é *modulada* por $m_S(t)$. Nestes termos, podemos escrever

$$i(t) = m_S(t)\left(\frac{u(t) - y_{H0}(t)}{R}\right)$$

e, visto que $i = C\, dy_{H0}/dt$, a equação diferencial para este circuito é

$$\frac{dy_{H0}}{dt} = \left(\frac{u - y_{H0}}{RC}\right) m_S(t)$$

Percebe-se que esta é uma equação diferencial *variante no tempo* devido à função multiplicativa $m_S(t)$ no segundo membro da equação. Além disso, conforme RC se torna menor, ou seja, $1/RC$ se torna maior, dy_{H0}/dt se torna maior e o capacitor se carrega mais rápido. Assim, um RC menor neste circuito produz uma melhor aproximação da função amostragem e retenção.

3.7 Se o amostrador do problema anterior for ideal e a taxa de amostragem for uniforme, com período T, qual é a equação diferencial?

O trem de pulso do amostrador ideal que modula a função $m_{1T}(t)$ foi definido no Problema 3.5. Portanto, a equação diferencial da amostragem e retenção se torna

$$\frac{dy_{H0}}{dt} = \left(\frac{u - y_{H0}}{RC}\right) \sum_{k=0}^{\infty} \delta(t - kT)$$

Nesta idealização, impulsos substituem pulsos de corrente.

Classificação das equações diferenciais

3.8 Classifique as seguintes equações diferenciais em ordinárias ou derivadas parciais. Indique as variáveis dependentes e independentes.

$(a)\ \dfrac{dx}{dt} + \dfrac{dy}{dt} + x + y = 0 \qquad x = x(t) \qquad y = y(t)$

$(b)\ \dfrac{\partial f}{\partial x} + \dfrac{\partial f}{\partial y} + x + y = 0 \qquad f = f(x, y)$

$(c)\ \dfrac{d}{dt}\left[\dfrac{\partial f}{\partial x}\right] = 0 \qquad f = x^2 + \dfrac{dx}{dt}$

$(d)\ \dfrac{df}{dx} = x \qquad f = y^2(x) + \dfrac{dy}{dx}$

(a) Ordinária; variável independente t; variáveis dependentes x e y.

(b) Derivadas parciais; variáveis independentes x e y; variável dependente f.

(c) Visto que $\partial f/\partial x = 2x$, então $(d/dt)[\partial f/\partial x] = 2(dx/dt) = 0$, que é uma equação diferencial ordinária; variável independente t; variável dependente x.

(d) $df/dx = 2y(dy/dx) + d^2y/dx^2 = x$, que é uma equação diferencial ordinária, variável independente x; variável dependente y.

3.9 Classifique as seguintes equações diferenciais lineares em variáveis com o tempo ou invariantes com o tempo. Indique qualquer termo variável com o tempo.

(a) $\dfrac{d^2y}{dt^2} + 2y = 0$ (c) $\left(\dfrac{1}{t+1}\right)\dfrac{d^2y}{dt^2} + \left(\dfrac{1}{t+1}\right)y = 0$

(b) $\dfrac{d}{dt}(t^2 y) = 0$ (d) $\dfrac{d^2y}{dt^2} + (\cos t)y = 0$

(a) Invariante com o tempo.

(b) $(d/dt)(t^2y) = 2ty + t^2(dy/dt) = 0$. Dividindo por t, $t(dy/dt) + 2y = 0$ que é variável com o tempo. O termo variável com o tempo é $t(dy/dt)$.

(c) Multiplicando por $t + 1$, obtemos $d^2y/dt^2 + y = 0$, que é invariante com o tempo.

(d) Variante com o tempo. O termo variável com o tempo é $(\cos t)y$.

3.10 Classifique as seguintes equações diferenciais em lineares ou não lineares. Indique as variáveis dependentes e independentes e quaisquer termos não lineares.

(a) $t\dfrac{dy}{dt} + y = 0$ $y = y(t)$ (d) $(\cos t)\dfrac{d^2y}{dt^2} + (\text{sen } 2t)y = 0$ $y = y(t)$

(b) $y\dfrac{dy}{dt} + y = 0$ $y = y(t)$ (e) $(\cos y)\dfrac{d^2y}{dt^2} + \text{sen } 2y = 0$ $y = y(t)$

(c) $\dfrac{dy}{dt} + y^2 = 0$ $y = y(t)$ (f) $(\cos x)\dfrac{d^2y}{dt^2} + \text{sen } 2x = 0$ $y = y(t), x = x(t)$

(a) Linear; variável independente t; variável dependente y.

(b) Não linear; variável independente t; variável dependente y; termo não linear $y(dy/dt)$.

(c) Não linear; variável independente t. variável dependente y; termo não linear y^2.

(d) Linear; variável independente t; variável dependente y.

(e) Não linear; variável independente t; variável dependente y; termos não lineares $(\cos y)d^2y/dt^2$ e sen $2y$.

(f) Não linear; variável independente t; variáveis dependentes x e y; termo não linear $(\cos y)d^2y/dt^2$ e sen $2x$.

3.11 Porque todas as funções transcendentais não são do primeiro grau?

As funções transcendentais, tais como a logarítmica, trigonométrica e hiperbólica e suas correspondentes inversas, não são do primeiro grau porque são definidas por séries infinitas ou podem ser escritas como tal. Em consequência, o seu grau é em geral igual a *infinito*. Por exemplo,

$$\text{sen } x = \sum_{n=1}^{\infty}(-1)^{n-1}\dfrac{x^{2n-1}}{(2n-1)!} = x - \dfrac{x^3}{3!} + \dfrac{x^5}{5!} - \cdots$$

em que o primeiro termo é do primeiro grau, o segundo é do terceiro grau e assim por diante.

A equação característica

3.12 Determine o polinômio característico e a equação característica para cada sistema:

(a) $\dfrac{d^4y}{dt^4} + 9\dfrac{d^2y}{dt^2} + 7y = u$ (b) $\dfrac{d^4y}{dt^4} + 9\dfrac{d^2y}{dt^2} + 7y = \text{sen } u$

(a) Fazendo $D^n \equiv d^n/dt^n$ para $n = 2$ e $n = 4$, o polinômio característico é $D^4 + 9D^2 + 7$; e a equação característica é $D^4 + 9D^2 + 7 = 0$.

(b) Embora a equação dada em (b) seja não linear pela Definição 3.8 (o termo sen u não é do primeiro grau em u), podemos tratá-la como uma equação linear se, arbitrariamente, fizermos sen $u = x$ e tratarmos x como uma segunda variável dependente representando a entrada. Neste caso, a parte (b) tem a mesma resposta que a parte (a).

3.13 Determine a solução da equação característica do problema precedente.

Seja $D^2 \equiv E$. Então $D^4 = E^2$, e a equação característica se torna quadrática:

$$E^2 + 9E + 7 = 0 \qquad E = -\frac{9 \pm \sqrt{53}}{2} \quad \text{e} \quad D = \pm\sqrt{\frac{-9 \pm \sqrt{53}}{2}}$$

Independência linear e conjuntos fundamentais

3.14 Mostre que uma condição suficiente para um conjunto de n funções $f_1, f_2, ..., f_n$ ser linearmente independente é que o determinante não seja nulo.

$$\begin{vmatrix} f_1 & f_2 & \cdots & f_n \\ \dfrac{df_1}{dt} & \dfrac{df_2}{dt} & \cdots & \dfrac{df_n}{dt} \\ \cdots & \cdots & \cdots & \cdots \\ \dfrac{d^{n-1}f_1}{dt^{n-1}} & \dfrac{d^{n-1}f_2}{dt^{n-1}} & \cdots & \dfrac{d^{n-1}f_n}{dt^{n-1}} \end{vmatrix}$$

Este determinante é denominado **Wronskiano** das funções $f_1, f_2, ..., f_n$.

Supondo f_i derivável pelo menos $n - 1$ vezes, seja $n - 1$ derivadas de

$$c_1 f_1 + c_2 f_2 + \cdots + c_n f_n = 0$$

formadas como segue, onde os c_i são constantes desconhecidas:

$$c_1 \frac{df_1}{dt} + c_2 \frac{df_2}{dt} + \cdots + c_n \frac{df_n}{dt} = 0$$

$$\cdots \cdots \cdots \cdots \cdots \cdots \cdots \cdots \cdots \cdots$$

$$c_1 \frac{d^{n-1}f_1}{dt^{n-1}} + c_2 \frac{d^{n-1}f_2}{dt^{n-1}} + \cdots + c_n \frac{d^{n-1}f_n}{dt^{n-1}} = 0$$

Estas equações podem ser consideradas como n equações homogêneas lineares simultâneas nas n constantes desconhecidas $c_1, c_2, ..., c_n$, com coeficientes dados pelos elementos de Wronskian. Sabe-se que estas equações têm uma solução não nula para $c_1, c_2, ..., c_n$ (isto é, nem todos os c_i são iguais a zero) se, e se somente se, o determinante dos coeficientes (Wronskiano) for igual a zero. Assim, se o Wronskiano não for nulo, então a única solução para $c_1, c_2, ..., c_n$ é o degenerado $c_1 = c_2 = ... = c_n = 0$. Claramente, isto é equivalente a dizer que se o Wronskiano não é nulo, as funções $f_1, f_2, ..., f_n$ são linearmente independentes, visto que a única solução para $c_1 f_1 + c_2 f_2 + ... + c_n f_n = 0$ é, então, $c_1 = c_2 = c_3 = ... = c_n = 0$. Em consequência, uma condição suficiente para a independência linear de $f_1, f_2, ..., f_n$ é que o Wronskiano seja não nulo. Esta condição não é *necessária*; isto é, existem conjuntos de funções independentes linearmente para as quais o Wronskiano é zero.

3.15 Mostre que as funções $1, t, t^2$ são linearmente independentes.

O Wronskiano destas funções (ver Problema 3.14) é

$$\begin{vmatrix} 1 & t & t^2 \\ 0 & 1 & 2t \\ 0 & 0 & 2 \end{vmatrix} = 2$$

Visto que o Wronskiano é não nulo, as funções são linearmente independentes.

3.16 Determine um conjunto fundamental para as equações diferenciais

(a) $\dfrac{d^3y}{dt^3} + 5\dfrac{d^2y}{dt^2} + 8\dfrac{dy}{dt} + 4y = u$ (b) $\dfrac{d^3y}{dt^3} + 4\dfrac{d^2y}{dt^2} + 6\dfrac{dy}{dt} + 4y = u$

(a) O polinômio característico é $D^3 + 5D^2 + 8D + 4$ que pode ser escrito na forma fatorada: $(D + 2)(D + 2)(D + 1)$. Correspondendo à raiz $D_1 = -1$ há uma solução e^{-t} e corresponde à raiz repetida $D_2 = D_3 = -2$ são as duas soluções e^{-2t} e te^{-2t}. As três soluções constituem um conjunto fundamental.

(b) O polinômio característico é $D^3 + 4D^2 + 6D + 4$ que pode ser escrito na forma fatorada: $(D + 1 + j)(D + 1 - j)(D + 2)$.

Um conjunto fundamental é então $e^{(-1-j)t}$, $e^{(-1+j)t}$ e e^{-2t}.

3.17 Para as equações diferenciais do Problema 3.16, determine conjuntos fundamentais diferentes dos encontrados no Problema 3.16.

(a) Escolha qualquer determinante 3×3 não nulo, digamos

$$\begin{vmatrix} 1 & 2 & -1 \\ -3 & 2 & 0 \\ 1 & 3 & -2 \end{vmatrix} = -5$$

Usando os elementos da primeira linha como coeficientes a_{1i} para o conjunto fundamental e^{-t}, e^{-2t}, te^{-2t} determinados no Problema 3.16, forme

$$z_1 = e^{-t} + 2e^{-2t} - te^{-2t}$$

Usando a segunda linha, forme

$$z_2 = -3e^{-t} + 2e^{-2t}$$

A partir da terceira linha, forme

$$z_3 = e^{2t} + 3e^{-2t} - 2te^{-2t}$$

As funções z_1, z_2 e z_3 constituem um conjunto fundamental.

(b) Para esta equação gere o segundo conjunto fundamental fazendo

$$z_1 = e^{-2t}$$

$$z_2 = \frac{1}{2}e^{(-1+j)t} + \frac{1}{2}e^{(-1-j)t} = e^{-t}\left(\frac{e^{-jt} + e^{jt}}{2}\right)$$

$$= e^{-t}\left(\frac{\cos t - j\,\text{sen}\,t + \cos t + j\,\text{sen}\,t}{2}\right) = e^{-t}\cos t$$

$$z_3 = \frac{1}{2j}e^{(-1+j)t} - \frac{1}{2j}e^{(-1-j)t} = e^{-t}\left(\frac{e^{jt} - e^{-jt}}{2j}\right)$$

$$= e^{-t}\left(\frac{\cos t + j\,\text{sen}\,t - \cos t + j\,\text{sen}\,t}{2j}\right) = e^{-t}\,\text{sen}\,t$$

o determinante dos coeficientes neste caso é

$$\begin{vmatrix} 1 & 0 & 0 \\ 0 & \dfrac{1}{2} & \dfrac{1}{2} \\ 0 & \dfrac{1}{2j} & -\dfrac{1}{2j} \end{vmatrix} = -\dfrac{1}{2j}$$

Solução de equações diferenciais ordinárias lineares de coeficientes constantes

3.18 Mostre que qualquer resposta livre $y_a(t) = \sum_{k=1}^n c_k y_k(t)$ satisfaz $\sum_{i=0}^n a_i(d^i y/dt^i) = 0$.

Pela definição de um conjunto fundamental, $y_k(t)$, $k = 1, 2,..., n$, satisfaz $\sum_{i=0}^n a_i(d^i y_k/dt^i) = 0$.

Substituindo $\sum_{k=1}^n c_k y_k(t)$ nesta equação diferencial temos

$$\sum_{i=0}^n a_i \frac{d^i}{dt^i}\left[\sum_{k=1}^n c_k y_k(t)\right] = \sum_{i=0}^n \sum_{k=1}^n a_i \frac{d^i}{dt^i}(c_k y_k(t)) = \sum_{k=1}^n c_k \left[\sum_{i=0}^n a_i \frac{d^i y_k(t)}{dt^i}\right] = 0$$

A última igualdade é obtida porque o termo entre colchetes é zero para qualquer k.

3.19 Mostre que a resposta forçada dada pela Equação (3.14)

$$y_b(t) = \int_0^t w(t-\tau)\left[\sum_{i=0}^m b_i \frac{d^i u(\tau)}{d\tau^i}\right] d\tau$$

satisfaz à equação diferencial

$$\sum_{i=0}^n a_i \frac{d^i y}{dt^i} = \sum_{i=0}^m b_i \frac{d^i u}{dt^i}$$

Simplificando, seja $r(t) \equiv \sum_{i=0}^m b_i(d^i u/dt^i)$. Então, $y_b(t) = \int_0^t w(t-\tau)r(\tau)d\tau$ e

$$\frac{dy_b}{dt} = \int_0^t \frac{\partial w(t-\tau)}{\partial t} r(\tau)\, d\tau + w(t-\tau)r(\tau)\bigg|_{\tau=t} = \int_0^t \frac{\partial w(t-\tau)}{\partial t} r(\tau)\, d\tau + 0 \cdot r(t)$$

Do mesmo modo,

$$\frac{d^2 y_b}{dt^2} = \int_0^t \frac{\partial^2 w(t-\tau)}{\partial t^2} r(\tau)\, d\tau, \ldots, \frac{d^{n-1} y_b}{dt^{n-1}} = \int_0^t \frac{\partial^{n-1} w(t-\tau)}{\partial t^{n-1}} r(\tau)\, d\tau$$

visto que, pela Equação (3.16),

$$\frac{\partial^i w(t-\tau)}{\partial t^i}\bigg|_{\tau=t} = \frac{d^i w(t)}{dt^i}\bigg|_{t=0} = 0 \quad \text{para} \quad i = 0, 1, 2, \ldots, n-2$$

A derivada de ordem n é

$$\frac{d^n y_b}{dt^n} = \int_0^t \frac{\partial^n w(t-\tau)}{\partial t^n} r(\tau)\, d\tau + \frac{\partial^{n-1} w(t-\tau)}{\partial t^{n-1}}\bigg|_{\tau=t} \cdot r(t) = \int_0^t \frac{\partial^n w(t-\tau)}{\partial t^n} r(\tau)\, d\tau + r(t)$$

Visto que, pela Equação (3.16),

$$\frac{\partial^{n-1} w(t-\tau)}{\partial t^{n-1}}\bigg|_{\tau=t} = \frac{d^{n-1} w(t)}{dt^{n-1}}\bigg|_{t=0} = 1$$

A soma de n derivadas é

$$\sum_{i=0}^n a_i \frac{d^i y_b}{dt^i} = \int_0^t \left[\sum_{i=0}^n a_i \frac{\partial^i w(t-\tau)}{\partial t^i}\right] r(\tau)\, d\tau + r(t)$$

Finalmente, fazendo a mudança de variáveis, $t - \tau = \theta$ no termo entre colchetes, temos

$$\sum_{i=0}^n a_i \frac{\partial^i w(\theta)}{\partial \theta^i} = \sum_{i=0}^n a_i \frac{d^i w(\theta)}{d\theta^i} = 0$$

CAPÍTULO 3 • EQUAÇÕES DIFERENCIAIS, EQUAÇÕES DE DIFERENÇAS E SISTEMAS LINEARES

porque $w(\theta)$ é uma resposta livre (ver Seção 3.10 e Problema 3.18). Em consequência,

$$\sum_{i=0}^{n} a_i \frac{d^i y_b}{dt^i} = r(t) \equiv \sum_{i=0}^{m} b_i \frac{d^i u}{dt^i}$$

3.20 Determine a resposta livre da equação diferencial

$$\frac{d^3 y}{dt^3} + 4\frac{d^2 y}{dt^2} + 6\frac{dy}{dt} + 4y = u$$

com condições iniciais $y(0) = 1$, $(dy/dt)|_{t=0} = 0$ e $(d^2y/dt^2)|_{t=0} = -1$.

A partir dos resultados dos Problemas 3.16 e 3.17, um conjunto fundamental para esta equação é: e^{-2t}, $e^{-t}\cos t$, $e^{-t}\operatorname{sen} t$. Em consequência, a resposta livre pode ser escrita como

$$y_a(t) = c_1 e^{-2t} + c_2 e^{-2t} \cos t + c_3 e^{-t} \operatorname{sen} t$$

As condições iniciais proporcionam o seguinte conjunto de equações algébricas para c_1, c_2, c_3:

$$y_a(0) = c_1 + c_2 = 1 \qquad \left.\frac{dy_a}{dt}\right|_{t=0} = -2c_1 - c_2 + c_3 = 0 \qquad \left.\frac{d^2 y_a}{dt^2}\right|_{t=0} = 4c_1 - 2c_3 = -1$$

das quais $c_1 = \frac{1}{2}$, $c_2 = \frac{1}{2}$, $c_3 = \frac{3}{2}$. Portanto, a resposta livre é

$$y_a(t) = \frac{1}{2}e^{-2t} + \frac{1}{2}e^{-t}\cos t + \frac{3}{2}e^{-t}\operatorname{sen} t$$

3.21 Determine a função de ponderação da equação diferencial

$$\frac{d^2 y}{dt^2} + 4\frac{dy}{dt} + 4y = 3\frac{du}{dt} + 2u$$

A equação característica é $D^2 + 4D + 4 = (D + 2)^2 = 0$ com a raiz repetida $D = -2$. Um conjunto fundamental é portanto dado por e^{-2t}, te^{-2t} e a função de ponderação tem a forma

$$w(t) = c_1 e^{-2t} + c_2 t e^{-2t}$$

com as condições iniciais

$$w(0) = \left[c_1 e^{-2t} + c_2 t e^{-2t}\right]\Big|_{t=0} = c_1 = 0 \qquad \left.\frac{dw}{dt}\right|_{t=0} = \left[-2c_1 e^{-2t} + c_2 e^{-2t} - 2c_2 t e^{-2t}\right]\Big|_{t=0} = c_2 = 1$$

Assim, $w(t) = te^{-2t}$.

3.22 Determine a resposta forçada da equação diferencial (Problema 3.21):

$$\frac{d^2 y}{dt^2} + 4\frac{dy}{dt} + 4y = 3\frac{du}{dt} + 2u$$

em que $u(t) = e^{-3t}$, $t \geq 0$.

A resposta forçada é dada pela Equação (3.14) como

$$y_b(t) = \int_0^t w(t-\tau)\left[3\frac{du}{d\tau} + 2u\right]d\tau = 3\int_0^t w(t-\tau)\frac{du}{d\tau}d\tau + 2\int_0^t w(t-\tau)u\,d\tau$$

Integrando a primeira expressão por partes,

$$\int_0^t w(t-\tau)\frac{du}{d\tau}\,d\tau = w(t-\tau)u(\tau)\Big|_0^t - \int_0^t \frac{\partial w(t-\tau)}{\partial \tau} u\,d\tau$$

$$= w(0)u(t) - w(t)u(0) - \int_0^t \frac{\partial w(t-\tau)}{\partial \tau} u\,d\tau$$

Mas $w(0) = 0$; deste modo, a resposta forçada pode ser escrita como

$$y_b(t) = \int_0^t \left[-3\frac{\partial w(t-\tau)}{\partial \tau} + 2w(t-\tau)\right]u(\tau)\,d\tau - 3w(t)u(0)$$

A partir do Problema 3.21, $w(t-\tau) = (t-\tau)e^{-2(t-\tau)}$; assim,

$$\left[-3\frac{\partial w(t-\tau)}{\partial \tau} + 2w(t-\tau)\right] = 3e^{-2(t-\tau)} - 4(t-\tau)e^{-2(t-\tau)}$$

e a resposta forçada é

$$y_b(t) = 3e^{-2t}\int_0^t e^{2\tau}e^{-3\tau}\,d\tau - 4te^{-2t}\int_0^t e^{2\tau}e^{-3\tau}\,d\tau + 4e^{-2t}\int_0^t \tau e^{2\tau}e^{-3\tau}\,d\tau - 3te^{-2t}$$

$$= 7[e^{-2t} - e^{-3t} - te^{-2t}]$$

3.23 Determine a saída y de um sistema descrito pela equação diferencial

$$\frac{d^2 y}{dt^2} + 3\frac{dy}{dt} + 2y = 1 + t$$

com condições iniciais $y(0) = 0$ e $(dy/dt)|_{t=0} = 1$.

Sejam $u_1 \equiv 1$ e $u_2 \equiv t$. A resposta y devida a u_1 somente foi determinada no Exemplo 3.27 como $y_1 = \frac{1}{2}(1 - e^{-2t})$. A resposta livre y_a, para a equação diferencial foi determinada no Exemplo 3.24 como sendo $y_a = e^{-t} - e^{-2t}$. A resposta forçada devida a u_2 é dada pela Equação (3.14). Usando a função de ponderação determinada no Exemplo 3.25, a resposta forçada devida a u_2 é

$$y_2 = \int_0^t w(t-\tau)u_2(\tau)\,d\tau = \int_0^t \left[e^{-(t-\tau)} - e^{-2(t-\tau)}\right]\tau\,d\tau$$

$$= e^{-t}\int_0^t \tau e^{\tau}\,d\tau - e^{-2t}\int_0^t \tau e^{2\tau}\,d\tau = \frac{1}{4}[4e^{-t} - e^{-2t} + 2t - 3]$$

Assim a resposta forçada é

$$y_b = y_1 + y_2 = \frac{1}{4}[4e^{-t} - 3e^{-2t} + 2t - 1]$$

e a resposta total é

$$y = y_a + y_b = \frac{1}{4}[8e^{-t} - 7e^{-2t} + 2t - 1]$$

3.24 Determine as respostas transitória e permanente de um sistema descrito pela equação diferencial

$$\frac{d^2 y}{dt^2} + 3\frac{dy}{dt} + 2y = 1 + t$$

com as condições iniciais $y(0) = 0$ e $(dy/dt)|_{t=0} = 1$.

A resposta total para esta equação foi determinada no Problema 3.23 como

$$y = \frac{1}{4}[8e^{-t} - 7e^{-2t} + 2t - 1]$$

Visto que $\lim_{t \to \infty}[\frac{1}{4}(8e^{-t} - 7e^{-2t})] = 0$, a resposta transitória é $y_T = \frac{1}{4}(8e^{-t} - 7e^{-2t})$. A resposta de estado permanente é $y_{ss} = \frac{1}{4}(2t - 1)$.

Funções singulares

3.25 Avalie: (a) $\int_5^8 t^2 \delta(t - 6)\, dt$, (b) $\int_0^4 \text{sen}\, t\delta(t - 7)\, dt$.

(a) Usando a propriedade de amostragem da função impulso unitário, $\int_5^8 t^2\delta(t - 6)\, dt = t^2|_{t=6} = 36$.

(b) Visto que o intervalo de integração $0 \leq t \leq 4$ não inclui a posição da função impulso unitário $t = 7$, então $\int_0^4 \text{sen}\, t\delta(t - 7)\, dt = 0$.

3.26 Mostre que a resposta ao degrau unitário $y_1(t)$ de um sistema linear causal descrito pela integral de convolução

$$y(t) = \int_0^t w(t - \tau)u(\tau)\, d\tau$$

está relacionada com a resposta ao impulso unitário $y_\delta(t)$ pela equação $y_1(t) = \int_0^t y_\delta(\tau)\, d\tau$.

A resposta ao degrau unitário é dada por $y_1(t) = \int_0^t w(t - \tau)u(\tau)\, d\tau$, em que $\mathbf{1}(t)$ é uma função degrau unitário. No Exemplo 3.29 foi mostrado que $y_\delta(t) = w(t)$. Em consequência,

$$y_1(t) = \int_0^t y_\delta(t - \tau)u(\tau)\, d\tau = \int_0^t y_\delta(t - \tau)\, d\tau$$

Agora fazemos a mudança de variável $\theta = t - \tau$. Então $dt = -d\theta$, $\tau = 0$ implica em $\theta = t$, $\tau = t$ implica em $\theta = 0$ e a integral se torna

$$y_1(t) = -\int_t^0 y_\delta(\theta)\, d\theta = \int_0^t y_\delta(\theta)\, d\theta$$

3.27 Mostre que a resposta à rampa unitária $y_r(t)$, de um sistema linear causal descrito pela integral de convolução (ver Problema 3.26) está relacionada à resposta ao impulso unitário $y_\delta(t)$ e à resposta ao degrau unitário $y_1(t)$ pela equação

$$y_r(t) = \int_0^t y_1(\tau')\, d\tau' = \int_0^t \int_0^{\tau'} y_\delta(\theta)\, d\theta\, d\tau'$$

Procedendo como no Problema 3.26, com $w(t - \tau) = y_\delta(t - \tau)$ e τ variando para $t - \tau'$, temos

$$y_r(t) = \int_0^t y_\delta(t - \tau)\tau\, d\tau = \int_0^t (t - \tau')y_\delta(\tau')\, d\tau' = \int_0^t ty_\delta(\tau')\, d\tau' - \int_0^t \tau' y_\delta(\tau')\, d\tau'$$

A partir do Problema 3.26, o primeiro termo pode ser escrito como $t\int_0^t y_\delta(\tau')\, d\tau' = ty_1(t)$. O segundo termo pode ser integrado por partes, resultando em

$$\int_0^t \tau' y_\delta(\tau')\, d\tau' = \tau' y_1(\tau')\big|_0^t - \int_0^t y_1(\tau')\, d\tau'$$

em que $dy_1(\tau') = y_\delta(\tau)\, d\tau'$. Portanto,

$$y_r(t) = ty_1(t) - ty_1(t) + \int_0^t y_1(\tau')\, d\tau' = \int_0^t y_1(\tau')\, d\tau'$$

Usando novamente o resultado do Problema 3.26, obtemos a equação desejada.

Sistemas de segunda ordem

3.28 Mostre que a função de ponderação da equação diferencial de segunda ordem

$$\frac{d^2y}{dt^2} + 2\zeta\omega_n \frac{dy}{dt} + \omega_n^2 y = \omega_n^2 u$$

é dada por $w(t) = (1/\omega_d)e^{-\alpha t}\,\text{sen}\,\omega_d t$, em que $\alpha \equiv \zeta\omega_n$, $\omega_d \equiv \omega_n\sqrt{1 - \zeta^2}$, $0 \leq \zeta \leq 1$.

A equação característica

$$D^2 + 2\zeta\omega_n D + \omega_n^2 = 0$$

tem as raízes

$$D_1 = -\zeta\omega_n + j\omega_n\sqrt{1 - \zeta^2} = -\alpha + j\omega_d$$

$$D_2 = -\zeta\omega_n - j\omega_n\sqrt{1 - \zeta^2} = -\alpha - j\omega_d$$

Um conjunto fundamental é $y_1 = e^{-\alpha t}e^{j\omega_d t}$, $y_2 = e^{-\alpha t}e^{-j\omega_d t}$; e a função de ponderação pode ser escrita como

$$w(t) = c_1 e^{-\alpha t}e^{-j\omega_d t} + c_2 e^{-\alpha t}e^{j\omega_d t}$$

onde c_1 e c_2 são, como anteriormente, coeficientes desconhecidos. $w(t)$ pode ser reescrita como

$$w(t) = e^{-\alpha t}[c_1 \cos\omega_d t - jc_1 \text{sen}\,\omega_d t + c_2 \cos\omega_d t + jc_2 \text{sen}\,\omega_d t]$$

$$= (c_1 + c_2)e^{-\alpha t}\cos\omega_d t + j(c_2 - c_1)e^{-\alpha t}\text{sen}\,\omega_d t$$

$$= Ae^{-\alpha t}\cos\omega_d t + Be^{-\alpha t}\text{sen}\,\omega_d t$$

em que $A \equiv c_1 + c_2$ e $B \equiv j(c_2 - c_1)$ são os coeficientes desconhecidos determinados a partir das condições iniciais dadas pela Equação (3.16). Ou seja,

$$w(0) = \left[Ae^{-\alpha t}\cos\omega_d t + Be^{-\alpha t}\text{sen}\,\omega_d t\right]\Big|_{t=0} = A = 0$$

e

$$\left.\frac{dw}{dt}\right|_{t=0} = Be^{-\alpha t}[\omega_d \cos\omega_d t - \alpha \text{sen}\,\omega_d t]\Big|_{t=0} = B\omega_d = 1$$

portanto,

$$w(t) = \frac{1}{\omega_d}e^{-\alpha t}\text{sen}\,\omega_d t$$

3.29 Determine a razão de amortecimento ζ, a frequência natural não amortecida ω_n, a frequência natural amortecida ω_d, o coeficiente de amortecimento α e a constante de tempo τ para o seguinte sistema de segunda ordem:

$$2\frac{d^2y}{dt^2} + 4\frac{dy}{dt} + 8y = 8u$$

Dividindo ambos os membros da equação por 2, $d^2y/dt^2 + 2(dy/dt) + 4y = 4u$. Comparando os coeficientes desta equação com os da Equação (3.22) obtemos $2\zeta\omega_n = 2$ e $\omega_n^2 = 4$ com as soluções $\omega_n = 2$ e $\zeta = \frac{1}{2} = 0{,}5$. Agora $\omega_d = \omega_n\sqrt{1 - \zeta^2} = \sqrt{3}$, $\alpha = \zeta\omega_n = 1$ e $\tau = 1/\alpha = 1$.

3.30 O **sobressinal** (*overshoot*) de um sistema de segunda ordem, em reposta a uma entrada de degrau unitário, é a diferença entre o valor máximo atingido pela saída e a solução de estado permanente. Determine o sobressinal para o sistema do Problema. 3.29 usando a família de curvas normalizadas dadas na Seção 3.14.

Visto que a razão de amortecimento deste sistema é $\zeta = 0{,}5$, a curva normalizada que corresponde a $\zeta = 0{,}5$ é usada. Esta curva tem o seu máximo valor (pico) em $\omega_n t = 3{,}4$. A partir do Problema 3.29, $\omega_n = 2$; portanto, o tempo t_p no qual o pico ocorre é, $t_p = 3{,}4/\omega_n = 3{,}4/2 = 1{,}7$ segundos. O valor atingido neste tempo é 1,17 e o sobressinal é $1{,}17 - 1{,}00 = 0{,}17$.

Representação de variável de estado de sistemas descritos por equações diferenciais e de diferenças lineares

3.31 Dada a equação diferencial

$$\frac{d^2y}{dt^2} = u$$

com condições iniciais $y(0) = 1$ e $(dy/dt)|_{t=0} = -1$, na forma de variável de estado. Desenvolva então uma solução para a equação vetor-matriz resultante na forma da Equação (3.26) e, a partir dela especifique as respostas livre e forçada. Além disso, para $u(t) = 1$, especifique as respostas transitória e de estado permanente.

Fazendo $x_1 \equiv y$ e $dx_1/dt = x_2$, a representação em variável de estado é $dx_1/dt = x_2$ com $x_1(0) = 1$ e $dx_2/dt = u$ com $x_2(0) = -1$. As matrizes A e B na forma da equação geral (3.25) são

$$A = \begin{bmatrix} 0 & 1 \\ 0 & 0 \end{bmatrix} \qquad b = \begin{bmatrix} 0 \\ 1 \end{bmatrix}$$

Visto que $A^k = 0$ para $k \geq 2$, a matriz de transição é

$$e^{At} = I + At = \begin{bmatrix} 1 & t \\ 0 & 1 \end{bmatrix}$$

e a solução da equação de variável de estado pode ser escrita como

$$\begin{bmatrix} x_1(t) \\ x_2(t) \end{bmatrix} = \begin{bmatrix} 1 & t \\ 0 & 1 \end{bmatrix} \begin{bmatrix} 1 \\ -1 \end{bmatrix} + \int_0^t \begin{bmatrix} 1 & (t-\tau) \\ 0 & 1 \end{bmatrix} \begin{bmatrix} 0 \\ u(\tau) \end{bmatrix} d\tau$$

ou, após multiplicar as matrizes em cada termo,

$$x_1(t) = 1 - t + \int_0^t (t-\tau) u(\tau) \, d\tau$$

$$x_2(t) = -1 + \int_0^t u(\tau) \, d\tau$$

As *respostas livres* são

$$x_{1a}(t) = 1 - t$$
$$x_{2a}(t) = -1$$

e as *respostas forçadas* são

$$x_{1b}(t) = \int_0^t (t-\tau) u(\tau) \, d\tau$$

$$x_{2b}(t) = \int_0^t u(\tau) \, d\tau$$

Para $u(t) = 1$, $x_1(t) = 1 - t + t^2/2$ e $x_2(t) = -1 + t$. As *respostas transitórias* são $x_{1T}(t) = 0$ e $x_{2T}(t) = 0$ e as *respostas de estado permanente* são $x_{1ss}(t) = 1 - t + t^2/2$ e $y_{2ss}(t) = -1 + t$.

3.32 Mostre que a sequência ponderada da equação de diferenças (3.29) tem a forma da Equação (3.34).

A técnica usada para resolver este problema é denominada *variação de parâmetros*. Considera-se que a resposta forçada da Equação (3.29) tem a forma:

$$y_b(k) = \sum_{j=1}^{n} c_j(k) y_j(k)$$

em que $y_1(k),..., y_n(k)$ é um conjunto fundamental de soluções e $c_1(k),..., c_n(k)$ é um conjunto de parâmetros variáveis do tempo desconhecidas. Visto que $y_b(0) = 0$ para qualquer resposta forçada de uma equação de diferenças, então $c_1(0) = 0,..., c_n(0) = 0$. O parâmetro $c_j(k+1)$ é escrito como $c_j(k+1) = c_j(k) + \Delta c_j(k)$. Portanto,

$$y_b(k+1) = \sum_{j=1}^{n} c_j(k) y_j(k+1) + \left[\sum_{j=1}^{n} \Delta c_j(k) y_j(k+1) \right]$$

Os incrementos $\Delta c_1(k),..., \Delta c_n(k)$ são escolhidos de modo que o termo entre colchetes seja zero. Esse processo é então repetido para $y_b(k+2)$ de modo que

$$y_b(k+2) = \sum_{j=1}^{n} c_j(k) y_j(k+2) + \left[\sum_{j=1}^{n} \Delta c_j(k) y_j(k+2) \right]$$

Novamente, o termo entre colchetes é anulado pela escolha dos incrementos $\Delta c_1(k),..., \Delta c_n(k)$. De forma similar, as expressões são geradas para $y_b(k+3), y_b(k+4),..., y_b(k+n-1)$. Finalmente,

$$y_b(k+n) = \sum_{j=1}^{n} c_j(k) y_j(k+n) + \left[\sum_{j=1}^{n} \Delta c_j(k) y_j(k+n) \right]$$

Nesta última expressão, o termo entre colchetes não é anulado. Agora, a soma na Equação (3.29) é

$$\sum_{i=0}^{n} a_i y_b(k+i) = \sum_{j=1}^{n} c_j(k) \sum_{i=0}^{n} a_i y_j(k+i) + a_n \sum_{j=1}^{n} \Delta c_j(k) y_j(k+n) = u(k)$$

Visto que cada elemento do conjunto fundamental é uma resposta livre, então

$$\sum_{i=0}^{n} a_i y_j(k+i) = 0$$

para cada j. Um conjunto de n equações algébricas lineares em n incógnitas são então geradas:

$$\sum_{j=1}^{n} \Delta c_j(k) y_j(k+1) = 0$$

$$\sum_{j=1}^{n} \Delta c_j(k) y_j(k+2) = 0$$

$$\vdots$$

$$\sum_{j=1}^{n} \Delta c_j(k) y_j(k+n) = \frac{u(k)}{a_n}$$

Agora $\Delta c_j(k)$ pode ser escrito como

$$\Delta c_j(k) = \frac{M_j(k)}{M(k)} \frac{u(k)}{a_n}$$

em que $M(k)$ é o determinante

$$M(k) = \begin{vmatrix} y_1(k+1) & y_2(k+1) & \cdots & y_n(k+1) \\ y_1(k+2) & y_2(k+2) & \cdots & y_n(k+2) \\ \vdots & \vdots & \ddots & \vdots \\ y_1(k+n) & y_2(k+n) & \cdots & y_n(k+n) \end{vmatrix}$$

$M_j(k)$ é o cofator do último elemento na coluna de ordem j deste determinante. Os parâmetros $c_1(k),..., c_n(k)$ são então dados por

$$c_j(k) = \sum_{l=0}^{k-1} \Delta c_j(l) = \sum_{l=0}^{k-1} \frac{M_j(l)}{M(l)} \frac{u(l)}{a_n}$$

A resposta forçada torna-se

$$y_b(k) = \sum_{j=1}^{n} \sum_{l=0}^{k-1} \frac{M_j(l)}{M(l)} \frac{u(l)}{a_n} y_j(k)$$

$$= \sum_{l=0}^{k-1} \left[\sum_{j=1}^{n} \frac{M_j(l)}{a_n M(l)} y_j(k) \right] u(l)$$

Esta última equação é a forma da soma convolucional com sequência ponderada

$$w(k-l) = \sum_{j=1}^{n} \frac{M_j(l)}{a_n M(l)} y_j(k)$$

Linearidade e superposição

3.33 Usando a definição de linearidade, conforme a Definição 3.21, mostre que qualquer equação diferencial da forma

$$\sum_{i=0}^{n} a_i(t) \frac{d^i y}{dt^i} = u$$

em que y é a saída e u é a entrada, é linear.

Sejam u_1 e u_2 duas entradas arbitrárias e sejam y_1 e y_2 as saídas correspondentes. Então, com todas as condições iniciais iguais a zero,

$$\sum_{i=0}^{n} a_i(t) \frac{d^i y_1}{dt^i} = u_1 \quad \text{e} \quad \sum_{i=0}^{n} a_i(t) \frac{d^i y_2}{dt^i} = u_2$$

Agora forme

$$c_1 u_1 + c_2 u_2 = c_1 \left[\sum_{i=0}^{n} a_i(t) \frac{d^i y_1}{dt^i} \right] + c_2 \left[\sum_{i=0}^{n} a_i(t) \frac{d^i y_2}{dt^i} \right]$$

$$= \sum_{i=0}^{n} a_i(t) \frac{d^i(c_1 y_1)}{dt^i} + \sum_{i=0}^{n} a_i(t) \frac{d^i(c_2 y_2)}{dt^i}$$

$$= \sum_{i=0}^{n} a_i(t) \frac{d^i}{dt^i} (c_1 y_1 + c_2 y)$$

Visto que esta equação é satisfeita para todo c_1 e c_2, a equação é linear.

3.34 Mostre que um sistema descrito pela integral de convolução

$$y(t) = \int_{-\infty}^{\infty} w(t, \tau) u(\tau) \, d\tau$$

é linear, y é a saída e u a entrada.

Sejam u_1 e u_2 duas entradas arbitrárias e sejam

$$y_1 = \int_{-\infty}^{\infty} w(t, \tau) u_1(\tau) \, d\tau \qquad y_2 = \int_{-\infty}^{\infty} w(t, \tau) u_2(\tau) \, d\tau$$

Agora seja $c_1 u_1 + c_2 u_2$ uma terceira entrada e forme

$$\int_{-\infty}^{\infty} w(t,\tau) [c_1 u_1(\tau) + c_2 u_2(\tau)] \, d\tau = c_1 \int_{-\infty}^{\infty} w(t,\tau) u_1(\tau) \, d\tau + c_2 \int_{-\infty}^{\infty} w(t,\tau) u_2(\tau) \, d\tau$$

$$= c_1 y_1 + c_2 y_2$$

Visto que esta relação é satisfeita para todo c_1 e c_2, a integral de convolução é uma operação linear (ou transformação).

3.35 Use o princípio da superposição para determinar a saída y do sistema na Figura 3-9.

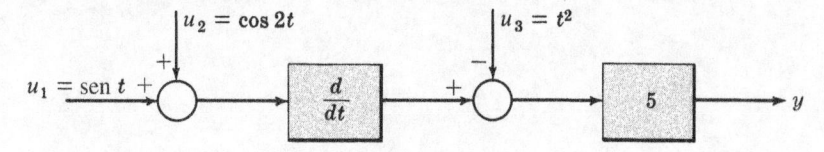

Figura 3-9

Para $u_2 = u_3 = 0$, $y_1 = 5(d/dt)(\text{sen } t) = 5 \cos t$. Para $u_1 = u_3 = 0$, $y_2 = 5(d/dt)(\cos 2t) = -10 \text{ sen } 2t$. Para $u_1 = u_2 = 0$, $y_3 = -5t^2$. Portanto,

$$y = y_1 + y_2 + y_3 = 5(\cos t - 2 \text{ sen } 2t - t^2)$$

3.36 Um sistema linear é descrito pela função de ponderação

$$w(t, \tau) = e^{-|t-\tau|} \quad \text{para} \quad t, \tau$$

Suponha que o sistema seja excitado por uma entrada

$$u(t) = t \quad \text{para todo} \quad t$$

Determine a saída $y(t)$.

A saída é dada pela integral de convolução (Exemplo 3.38):

$$\begin{aligned}
y(t) &= \int_{-\infty}^{\infty} e^{-|t-\tau|} \tau \, d\tau = \int_{-\infty}^{t} e^{-(t-\tau)} \tau \, d\tau + \int_{t}^{\infty} e^{(t-\tau)} \tau \, d\tau \\
&= e^{-t} \int_{-\infty}^{t} e^{\tau} \tau \, d\tau + e^{t} \int_{t}^{\infty} e^{-\tau} \tau \, d\tau \\
&= e^{-t} \left[e^{\tau}(\tau - 1) \Big|_{-\infty}^{t} \right] + e^{t} \left[e^{-\tau}(-\tau - 1) \Big|_{t}^{\infty} \right] = 2t
\end{aligned}$$

Causalidade

3.37 Dois sistemas são definidos pelas relações entre as suas entradas e saídas, como a seguir:

Sistema 1: A entrada é $u(t)$ e, no mesmo instante de tempo, a saída é $y(t) = u(t + T)$, $T > 0$.
Sistema 2: A entrada é $u(t)$ e, no mesmo instante de tempo, a saída é $y(t) = u(t + T)$, $T > 0$.

Qualquer destes sistemas é causal?

No sistema 1, a saída depende apenas da entrada T segundos no futuro. Assim, não é causal. Uma operação deste tipo é denominada **predição**.

No sistema 2, a saída depende apenas da entrada T segundos no passado. Assim, ele é causal. Uma operação deste tipo é denominada **retardo de tempo**.

Problemas Complementares

3.38 Quais dos termos seguintes são de primeiro grau na variável dependente $y = y(t)$?
Resp.: (a) $t^2 y$, (b) tg y, (c) cos t, (d) e^{-y}, (e) te^{-2}

3.39 Mostre que um sistema definido pela equação $y = mu + b$, no qual y é a saída, u é a entrada e m e b são constantes não nulas, é não linear de acordo com a Definição 3.21.

3.40 Mostre que qualquer equação diferencial da forma

$$\sum_{i=0}^{n} a_i(t) \frac{d^i y}{dt^i} = \sum_{i=0}^{m} b_i(t) \frac{d^i u}{dt^i}$$

satisfaz a Definição 3.21 (Ver Exemplo 3.37 e Problema 3.33).

3.41 Mostre que as funções cos t e sen t são linearmente independentes.

3.42 Mostre que a função sen nt e sen kt onde n e k são inteiros, são linearmente independentes se $n \neq k$.

3.43 Mostre que as funções t e t^2 constituem um conjunto fundamental para a equação diferencial

$$t^2 \frac{d^2 y}{dt^2} - 2t \frac{dy}{dt} + 2y = 0$$

3.44 Determine um conjunto fundamental para

$$\frac{d^3 y}{dt^3} + 6 \frac{d^2 y}{dt^2} + 21 \frac{dy}{dt} + 26 y = u$$

Capítulo 4

A Transformada de Laplace e a Transformada z

4.1 INTRODUÇÃO

Várias técnicas usadas na solução de problemas de engenharia são baseadas na substituição de funções de uma variável (geralmente tempo ou distância) por certas representações dependentes da frequência ou por funções de uma variável complexa dependente da frequência. Um exemplo típico é o uso da série de Fourier para resolver determinados problemas elétricos. Um deles consiste em determinar a corrente em alguma parte de uma rede elétrica linear, na qual a tensão de entrada é uma forma de onda periódica ou repetitiva. A tensão periódica pode ser substituída pela sua representação em série de Fourier e a corrente produzida por cada termo da série pode então ser determinada. A corrente total é a soma das correntes individuais (superposição). Esta técnica frequentemente resulta em uma substancial economia em esforço computacional.

Duas técnicas de transformação muito importantes para a análise de sistemas de controle lineares são apresentadas neste capítulo: a *transformada de Laplace* e a *transformada z*. A transformada de Laplace relaciona funções do tempo a funções dependentes da frequência de uma variável complexa. A transformada z relaciona sequências no tempo a tipos diferentes, mas relacionados, de funções dependentes da frequência. A aplicação destas transformações matemáticas para resolver equações diferenciais e de diferenças lineares, de coeficientes constantes também são discutidas neste capítulo. Em conjunto, estes métodos proporcionam a base para as técnicas de análise e projeto desenvolvidas nos capítulos subsequentes.

4.2 A TRANSFORMADA DE LAPLACE

A transformada de Laplace é definida da seguinte maneira:

Definição 4.1: Seja $f(t)$ a função real de uma variável real t, definida para $t > 0$. Então,

$$\mathscr{L}[f(t)] \equiv F(s) \equiv \lim_{\substack{T \to \infty \\ \epsilon \to 0}} \int_{\epsilon}^{T} f(t) e^{-st} dt = \int_{0^+}^{\infty} f(t) e^{-st} dt \qquad 0 < \epsilon < T$$

é denominada **transformada de Laplace** de $f(t)$. s é uma variável complexa, definida por $s \equiv \sigma + j\omega$, onde σ e ω são variáveis reais* e $j = \sqrt{-1}$.

Note que o limite inferior da integral é $t = \epsilon > 0$. Esta definição do limite inferior é, algumas vezes, útil ao lidarmos com funções que são descontínuas em $t = 0$. Quando é feito uso *explícito* desse limite, ele será abreviado para $t = \lim_{\epsilon \to 0} \epsilon \equiv 0^+$, como é mostrado acima na integral à direita.

A variável real t sempre representa *tempo*.

---

* A parte real σ de uma variável complexa s é muitas vezes escrita como $\mathrm{Re}(s)$ (a parte real de s) e a parte imaginária ω como $\mathrm{Im}(s)$ (a parte imaginária de s). Coloca-se o s entre parênteses somente quando há possibilidade de confusão.

Definição 4.2: Se $f(t)$ é definida como uma função unívoca para $t > 0$ e $F(\sigma)$ é absolutamente convergente para algum número real σ_0, ou seja,

$$\int_{0^+}^{\infty} |f(t)| e^{-\sigma_0 t} dt = \lim_{\substack{T \to \infty \\ \epsilon \to 0}} \int_{\epsilon}^{T} |f(t)| e^{-\sigma_0 t} dt < +\infty \qquad 0 < \epsilon < T$$

Então $f(t)$ é **transformável por Laplace** para $\text{Re}(s) > \sigma_0$.

Exemplo 4.1 A função e^{-t} é transformável por Laplace, visto que

$$\int_{0^+}^{\infty} |e^{-t}| e^{-\sigma_0 t} dt = \int_{0^+}^{\infty} e^{-(1+\sigma_0)t} dt = \left. \frac{1}{-(1+\sigma_0)} e^{-(1+\sigma_0)t} \right|_{0^+}^{\infty} = \frac{1}{1+\sigma_0} < +\infty$$

se $1 + \sigma_0 > 0$ ou $\sigma_0 > -1$.

Exemplo 4.2 A transformada de Laplace de e^{-t} é

$$\mathscr{L}[e^{-t}] = \int_{0^+}^{\infty} e^{-t} e^{-st} dt = \left. \frac{-1}{(s+1)} e^{-(s+1)t} \right|_{0^+}^{\infty} = \frac{1}{s+1} \quad \text{para} \quad \text{Re}(s) > -1$$

4.3 TRANSFORMADA INVERSA DE LAPLACE

A transformada de Laplace transforma um problema da variável real no domínio do tempo para o domínio da variável complexa s. Depois de obtida uma solução do problema transformado, nos termos de s, é necessário "inverter" essa transformada para obter a solução no domínio do tempo. A transformação do domínio s no domínio t é chamada de *transformada inversa de Laplace*.

Definição 4.3: Seja $F(s)$ a transformada de Laplace de uma função $f(t)$, $t > 0$. A integral de contorno

$$\mathscr{L}^{-1}[F(s)] \equiv f(t) = \frac{1}{2\pi j} \int_{c-j\infty}^{c+j\infty} F(s) e^{st} ds$$

na qual $j = \sqrt{-1}$ e $c > \sigma_0$ (σ_0 como foi dado na Definição 4.2), é denominada **transformada inversa de Laplace** de $F(s)$.

Na prática, é poucas vezes necessário efetuar a integração de contorno apresentada na Definição 4.3. Para aplicações das transformadas de Laplace, neste livro, ela nunca é necessária. Uma técnica simples para avaliar a transformada inversa, em muitos problemas de sistema de controle, é apresentada na Seção 4.8.

4.4 ALGUMAS PROPRIEDADES DA TRANSFORMADA DE LAPLACE E DA SUA INVERSA

A transformada de Laplace e a sua inversa têm várias propriedades importantes que podem ser usadas com vantagem na solução de equações diferenciais lineares de coeficientes constantes. São elas:

1. A transformada de Laplace é uma *transformação linear* entre funções definidas no domínio t e funções definidas no domínio s. Isto é, se $F_1(s)$ e $F_2(s)$ são as transformadas de Laplace de $f_1(t)$ e $f_2(t)$, respectivamente, então $a_1 F_1(s) + a_2 F_2(s)$ é a transformada de Laplace de $a_1 f_1(t) + a_2 f_2(t)$, onde a_1 e a_2 são constantes arbitrárias.
2. A transformada inversa de Laplace é uma *transformação linear* entre funções definidas no domínio s e funções definidas no domínio t. Isto é, se $f_1(t)$ e $f_2(t)$ são as transformadas inversas de Laplace de $F_1(s)$ e $F_2(s)$, respectivamente, então $b_1 f_1(t) + b_2 f_2(t)$ é a transformada inversa de Laplace de $b_1 F_1(s) + b_2 F_2(s)$, onde b_1 e b_2 são constantes arbitrárias.

3. A transformada de Laplace da *derivada df/dt* de uma função *f(t)* cuja transformada de Laplace é *F(s)* é

$$\mathscr{L}\left[\frac{df}{dt}\right] = sF(s) - f(0^+)$$

Onde *f(0⁺)* é o valor inicial de *f(t)*, avaliado como o limite lateral de *f(t)*, conforme *t* tende para zero de valores positivos.

4. A transformada de Laplace da *integral* $\int_0^t f(\tau)\,d\tau$ de uma função *f(t)*, cuja transformada de Laplace é *F(s)*, é

$$\mathscr{L}\left[\int_0^t f(\tau)\,d\tau\right] = \frac{F(s)}{s}$$

5. O valor inicial *f(0+)* da função *f(t)*, cuja transformada de Laplace é *F(s)*, é

$$f(0^+) = \lim_{t \to 0} f(t) = \lim_{s \to \infty} sF(s) \qquad t > 0$$

Esta relação é denominada *Teorema do Valor Inicial*.

6. O valor final *f(∞)* da função *f(t)*, cuja transformada de Laplace é *F(s)*, é

$$f(\infty) = \lim_{t \to \infty} f(t) = \lim_{s \to 0} sF(s)$$

se $\lim_{t \to \infty} f(t)$ existe. Esta relação é denominada *Teorema do Valor Final*.

7. A transformada de Laplace de uma função *f(t/a)* (*Escalamento no tempo*) é

$$\mathscr{L}\left[f\left(\frac{t}{a}\right)\right] = aF(as)$$

onde $F(s) = \mathscr{L}[f(t)]$.

8. A transformada inversa de Laplace da função *F(s/a)* (*Escalamento em frequência*) é

$$\mathscr{L}^{-1}\left[F\left(\frac{s}{a}\right)\right] = af(at)$$

onde $\mathscr{L}^{-1}[F(s)] = f(t)$.

9. A transformada de Laplace da função *f(t − T)* (*Retardo de tempo*), onde *T > 0* e *f(t − T) = 0* para *t ≤ T*, é

$$\mathscr{L}[f(t - T)] = e^{-sT}F(s)$$

onde $F(s) = \mathscr{L}[f(t)]$.

10. A transformada de Laplace da função $e^{-at}f(t)$ é dada por

$$\mathscr{L}[e^{-at}f(t)] = F(s + a)$$

onde $F(s) = \mathscr{L}[f(t)]$ (*Translação complexa*).

11. A transformada de Laplace do *produto de duas funções* $f_1(t)$ e $f_2(t)$ é dada pela *integral de convolução complexa*.

$$\mathscr{L}[f_1(t)f_2(t)] = \frac{1}{2\pi j}\int_{c-j\infty}^{c+j\infty} F_1(\omega)F_2(s-\omega)\,d\omega$$

onde $F_1(s) = \mathscr{L}[f_1(t)]$, $F_2(s) = \mathscr{L}[f_2(t)]$.

12. A transformada inversa de Laplace do *produto de duas transformadas* $F_1(s)$ e $F_2(s)$ é dada pelas *integrais de convolução*

$$\mathscr{L}^{-1}[F_1(s)F_2(s)] = \int_{0^+}^t f_1(\tau)f_2(t-\tau)\,d\tau = \int_{0^+}^t f_2(\tau)f_1(t-\tau)\,d\tau$$

onde $\mathscr{L}^{-1}[F_1(s)] = f_1(t)$, $\mathscr{L}^{-1}[F_2(s)] = f_2(t)$.

Exemplo 4.3 As transformadas de Laplace das funções e^{-t} e e^{-2t} são $\mathscr{L}[e^{-t}] = 1/(s+1)$, $\mathscr{L}[e^{-2t}] = 1/(s+2)$. Então, pela Propriedade 1

$$\mathscr{L}[3e^{-t} - e^{-2t}] = 3\mathscr{L}[e^{-t}] - \mathscr{L}[e^{-2t}] = \frac{3}{s+1} - \frac{1}{s+2} = \frac{2s+5}{s^2+3s+2}$$

Exemplo 4.4 As transformadas de Laplace das funções $1/(s+1)$ e $1/(s+3)$ são

$$\mathscr{L}^{-1}\left[\frac{1}{s+1}\right] = e^{-t} \qquad \mathscr{L}^{-1}\left[\frac{1}{s+3}\right] = e^{-3t}$$

Então, pela Propriedade 2

$$\mathscr{L}^{-1}\left[\frac{2}{s+1} - \frac{4}{s+3}\right] = 2\mathscr{L}^{-1}\left[\frac{1}{s+1}\right] - 4\mathscr{L}^{-1}\left[\frac{1}{s+3}\right] = 2e^{-t} - 4e^{-3t}$$

Exemplo 4.5 A transformada de Laplace de $(d/dt)(e^{-t})$ pode ser determinada pela aplicação da Propriedade 3. Visto que $\mathscr{L}[e^{-t}] = 1/(s+1)$ e $\lim_{t \to 0} e^{-t} = 1$, então

$$\mathscr{L}\left[\frac{d}{dt}(e^{-t})\right] = s\left(\frac{1}{s+1}\right) - 1 = \frac{-1}{s+1}$$

Exemplo 4.6 A transformada de Laplace de $\int_0^t e^{-t}$ pode ser determinada pela aplicação da Propriedade 4. Visto que $\mathscr{L}[e^{-t}] = 1/(s+1)$, então

$$\mathscr{L}\left[\int_0^t e^{-\tau} d\tau\right] = \frac{1}{s}\left(\frac{1}{s+1}\right) = \frac{1}{s(s+1)}$$

Exemplo 4.7 A transformada de Laplace de e^{-3t} é $\mathscr{L}[e^{-3t}] = 1/(s+3)$. O valor inicial de e^{-3t} pode ser determinado por meio do Teorema de Valor Inicial, como

$$\lim_{t \to 0} e^{-3t} = \lim_{s \to \infty} s\left(\frac{1}{s+3}\right) = 1$$

Exemplo 4.8 A transformada de Laplace da função $(1 - e^{-t})$ é $1/(s+3)$. O valor final desta função pode ser determinado por meio do Teorema do Valor Final, como

$$\lim_{t \to \infty} (1 - e^{-t}) = \lim_{s \to 0} \frac{s}{s(s+1)} = 1$$

Exemplo 4.9 A transformada de Laplace de e^{-t} é $1/(s+1)$. A transformada de Laplace de e^{-3t} pode ser determinada pela aplicação da Propriedade 7 (aplicação de escala no tempo), em que $a = \frac{1}{3}$:

$$\mathscr{L}[e^{-3t}] = \frac{1}{3}\left[\frac{1}{\left(\frac{1}{3}s+1\right)}\right] = \frac{1}{s+3}$$

Exemplo 4.10 A transformada inversa de $1/(s+1)$ é e^{-t}. A transformada inversa de $1/(\frac{1}{3}s+1)$ pode ser determinada pela aplicação da Propriedade 8 (aplicação de escala na frequência):

$$\mathscr{L}^{-1}\left[\frac{1}{\frac{1}{3}s+1}\right] = 3e^{-3t}$$

Exemplo 4.11 A transformada de Laplace da função e^{-t} é $1/(s+1)$. A transformada de Laplace da função definida como

$$f(t) = \begin{cases} e^{-(t-2)} & t > 2 \\ 0 & t \leq 2 \end{cases}$$

pode ser determinada pela Propriedade 9, com $T = 2$:

$$\mathscr{L}[f(t)] = e^{-2s} \cdot \mathscr{L}[e^{-t}] = \frac{e^{-2s}}{s+1}$$

Exemplo 4.12 A transformada de Laplace de $\cos t$ é $s/(s^2+1)$. A transformada de Laplace de $e^{-2t}\cos t$ pode ser determinada por meio da Propriedade 10. Com $a = 2$:

$$\mathscr{L}[e^{-2t}\cos t] = \frac{s+2}{(s+2)^2+1} = \frac{s+2}{s^2+4s+5}$$

Exemplo 4.13 A transformada de Laplace do produto $e^{-2t}\cos t$ pode ser determinada pela aplicação da Propriedade 11 (Convolução Complexa). Visto que $\mathscr{L}[e^{-2t}] = 1/(s+2)$ e $\mathscr{L}[\cos t] = s/(s^2+1)$, então

$$\mathscr{L}[e^{-2t}\cos t] = \frac{1}{2\pi j}\int_{c-j\infty}^{c+j\infty}\left(\frac{\omega}{\omega^2+1}\right)\left(\frac{1}{s-\omega+2}\right)d\omega = \frac{s+2}{s^2+4s+5}$$

Os detalhes dessa integração de contorno não são apresentados aqui porque são muito complicados (veja, por exemplo, a Referência [1]) e desnecessários. A transformada de Laplace de $e^{-2t}\cos t$ foi determinada de forma simples no Exemplo 4.12, usando a Propriedade 10. Entretanto, há muitas instâncias em tratamentos mais avançados do controle automático, nos quais a convolução complexa pode ser efetivamente usada.

Exemplo 4.14 A transformada inversa de Laplace da função $F(s) = s/(s+1)(s^2+1)$ pode ser determinada pela aplicação da Propriedade 12. Visto que $\mathscr{L}^{-1}[1/(s+1)] = e^{-t}$ e $\mathscr{L}^{-1}[s/(s^2+1)] = \cos t$, então

$$\mathscr{L}^{-1}\left[\left(\frac{1}{s+1}\right)\left(\frac{s}{s^2+1}\right)\right] = \int_{0^+}^{t} e^{-(t-\tau)}\cos\tau\, d\tau = e^{-t}\int_{0^+}^{t} e^{\tau}\cos\tau\, d\tau = \tfrac{1}{2}(\cos t + \operatorname{sen} t - e^{-t})$$

4.5 TABELA RESUMIDA DAS TRANSFORMADAS DE LAPLACE

A Tabela 4.1 é uma tabela resumida das transformadas de Laplace. Ela não é completa, mas quando usada em conjunção com as propriedades das transformadas de Laplace, descritas na Seção 4.4, e as técnicas de desenvolvimento em fração parcial, descritas na Seção 4.7, é adequada para manipular outros problemas neste livro. Para uma tabela mais completa de pares de transformadas de Laplace, veja o Apêndice A ao final do livro.

A Tabela 4.1 pode ser usada tanto para as transformadas de Laplace como para as transformadas inversas de Laplace. Para achar a transformada de Laplace de uma função do tempo, que pode ser representada por alguma combinação de funções elementares dadas na Tabela 4.1, as transformadas apropriadas são escolhidas e combinadas da tabela, usando as propriedades da Seção 4.4.

Exemplo 4.15 A transformada de Laplace da função $f(t) = e^{-4t} + \operatorname{sen}(t-2) + t^2 e^{-2t}$ é determinada como segue. As transformadas de Laplace de e^{-4t}, $\operatorname{sen} t$ e t^2 são dadas na tabela, como

$$\mathscr{L}[e^{-4t}] = \frac{1}{s+4} \qquad \mathscr{L}[\operatorname{sen} t] = \frac{1}{s^2+1} \qquad \mathscr{L}[t^2] = \frac{2}{s^3}$$

A aplicação das Propriedades 9 e 10, respectivamente, proporciona

$$\mathscr{L}[\operatorname{sen}(t-2)] = \frac{e^{-2s}}{s^2+1} \qquad \mathscr{L}[t^2 e^{-2t}] = \frac{2}{(s+2)^3}$$

Tabela 4.1

Função do tempo		Transformada de Laplace
Impulso unitário	$\delta(t)$	1
Degrau unitário	$\mathbf{1}(t)$	$\dfrac{1}{s}$
Rampa unitária	t	$\dfrac{1}{s^2}$
Polinômio	t^n	$\dfrac{n!}{s^{n+1}}$
Exponencial	e^{-at}	$\dfrac{1}{s+a}$
Seno	$\operatorname{sen} \omega t$	$\dfrac{\omega}{s^2+\omega^2}$
Cosseno	$\cos \omega t$	$\dfrac{s}{s^2+\omega^2}$
Seno amortecido	$e^{-at}\operatorname{sen} \omega t$	$\dfrac{\omega}{(s+a)^2+\omega^2}$
Cosseno amortecido	$e^{-at}\cos \omega t$	$\dfrac{s+a}{(s+a)^2+\omega^2}$

Então a Propriedade 1 (linearidade) dá

$$\mathscr{L}[f(t)] = \frac{1}{s+4} + \frac{e^{-2s}}{s^2+1} + \frac{2}{(s+2)^3}$$

Para determinar a transformada inversa de uma combinação daquelas da Tabela 4.1, as funções do tempo correspondentes (transformadas inversas) são determinadas a partir da tabela e combinadas apropriadamente, usando as propriedades na Seção 4.4.

Exemplo 4.16 A transformada inversa de $F(s) = [(s+2)/s^2+4] \cdot e^{-s}$ pode ser determinada como segue. $F(s)$ é primeiro reescrita como

$$F(s) = \frac{se^{-s}}{s^2+4} + \frac{2e^{-s}}{s^2+4}$$

Agora
$$\mathscr{L}^{-1}\left[\frac{s}{s^2+4}\right] = \cos 2t \qquad \mathscr{L}^{-1}\left[\frac{2}{s^2+4}\right] = \operatorname{sen} 2t$$

A aplicação da Propriedade 9 para $t > 1$ resulta em

$$\mathscr{L}^{-1}\left[\frac{se^{-s}}{s^2+4}\right] = \cos 2(t-1) \qquad \mathscr{L}^{-1}\left[\frac{2e^{-s}}{s^2+4}\right] = \operatorname{sen} 2(t-1)$$

Então, a Propriedade 2 (linearidade) fornece

$$\mathscr{L}^{-1}[F(s)] = \cos 2(t-1) + \operatorname{sen} 2(t-1) \qquad t > 1$$
$$= 0 \qquad t \leq 1$$

4.6 APLICAÇÃO DAS TRANSFORMADAS DE LAPLACE NA SOLUÇÃO DAS EQUAÇÕES DIFERENCIAIS DE COEFICIENTES CONSTANTES LINEARES

A aplicação das transformadas de Laplace para a solução da equação diferencial de coeficientes constantes lineares é da maior importância nos problemas de sistemas de controle lineares. Duas classes de equações de interesse geral são tratadas nesta seção. A primeira delas tem a forma

$$\sum_{i=0}^{n} a_i \frac{d^i y}{dt^i} = u \tag{4.1}$$

onde y é a saída, u é a entrada, os coeficientes $a_0, a_1, \ldots, a_{n-1}$, são constantes e $a_n = 1$. As condições iniciais para esta equação são escritas como

$$\left. \frac{d^k y}{dt^k} \right|_{t=0^+} \equiv y_0^k \qquad k = 0, 1, \ldots, n-1$$

onde y_0^k são constantes. A transformada de Laplace da equação (4.1) é dada por

$$\sum_{i=0}^{n} \left[a_i \left(s^i Y(s) - \sum_{k=0}^{i-1} s^{i-1-k} y_0^k \right) \right] = U(s) \tag{4.2}$$

e a transformada da saída é

$$Y(s) = \frac{U(s)}{\sum_{i=0}^{n} a_i s^i} + \frac{\sum_{i=0}^{n} \sum_{k=0}^{i-1} a_i s^{i-1-k} y_0^k}{\sum_{i=0}^{n} a_i s^i} \tag{4.3}$$

Veja que o segundo membro da Equação (4.3) é a soma de dois termos: um termo dependente apenas da transformada de entrada e um termo dependente apenas das condições iniciais. Além disso, note que o denominador de ambos os termos da Equação (4.3), isto é,

$$\sum_{i=0}^{n} a_i s^i = s^n + a_{n-1} s^{n-1} + \cdots + a_i s + a_0$$

é o *polinômio característico* da Equação (4.1) (ver Seção 3.6).

A solução em função do tempo $y(t)$ da Equação (4.1) é a transformada inversa de Laplace de $Y(s)$, isto é,

$$y(t) = \mathscr{L}^{-1} \left[\frac{U(s)}{\sum_{i=0}^{n} a_i s^i} \right] + \mathscr{L}^{-1} \left[\frac{\sum_{i=0}^{n} \sum_{k=0}^{i-1} a_i s^{i-1-k} y_0^k}{\sum_{i=0}^{n} a_i s^i} \right] \tag{4.4}$$

o primeiro termo do segundo membro é a *resposta forçada* e o segundo termo é a *resposta livre* do sistema representado pela Equação (4.1).

A substituição direta nas Equações (4.2), (4.3) e (4.4) proporciona a transformada da equação diferencial, a transformada da solução $Y(s)$ ou a solução em função do tempo $y(t)$, respectivamente. Porém, frequentemente é mais fácil aplicar diretamente as propriedades da Seção 4.4 para determinar essas quantidades, especialmente quando a ordem da equação diferencial é baixa.

Exemplo 4.17 A transformada de Laplace da equação diferencial

$$\frac{d^2 y}{dt^2} + 3 \frac{dy}{dt} + 2y = \mathbf{1}(t) = \text{degrau unitário}$$

com as condições iniciais $y(0^+) = -1$ e $(dy/dt)|_{t=0^+} = 2$ pode ser escrita diretamente da Equação (4.2) identificando primeiro n, a_i e y_0^k: $n = 2$, $y_0^0 = -1$, $y_0^1 = 2$, $a_0 = 2$, $a_1 = 3$, $a_2 = 1$. A substituição desses valores na Equação (4.2) nos dá

$$2Y + 3(sY + 1) + 1(s^2Y + s - 2) = \frac{1}{s} \quad \text{ou} \quad (s^2 + 3s + 2)Y = \frac{-(s^2 + s - 1)}{s}$$

Devemos notar que, quando $i = 0$ na Equação (4.2), a soma interna aos colchetes é, por definição,

$$\sum_{k=0}^{i-1}\bigg|_{i=0} = \sum_{k=0}^{k=-1} = 0$$

A transformada de Laplace da equação diferencial pode também ser determinada da maneira a seguir. A transformada de d^2y/dt^2 é dada por

$$\mathscr{L}\left[\frac{d^2y}{dt^2}\right] = s^2Y(s) - sy(0^+) - \frac{dy}{dt}\bigg|_{t=0^+}$$

Esta equação é uma consequência direta da Propriedade 3, Seção 4.4 (ver Problema 4.17). Com esta informação a transformada da equação diferencial pode ser determinada aplicando-se a Propriedade 1 (linearidade) da Seção 4.4; isto é,

$$\mathscr{L}\left[\frac{d^2y}{dt^2} + 3\frac{dy}{dt} + 2y\right] = \mathscr{L}\left[\frac{d^2y}{dt^2}\right] + \mathscr{L}\left[3\frac{dy}{dt}\right] + \mathscr{L}[2y] = (s^2 + 3s + 2)Y + s + 1 = \mathscr{L}[\mathbf{1}(t)] = \frac{1}{s}$$

A transformada da saída $Y(s)$ é determinada, rearranjando a equação anterior, sendo

$$Y(s) = \frac{-(s^2 + s - 1)}{s(s^2 + 3s + 2)}$$

A solução da saída em função do tempo $y(t)$ é a transformada inversa de $Y(s)$. Um método para determinar a transformada inversa de funções como $Y(s)$ acima, é apresentado nas Seções 4.7 e 4.8.

Consideremos agora equações de coeficientes constantes da forma

$$\sum_{i=0}^{n} a_i \frac{d^i y}{dt^i} = \sum_{i=0}^{m} b_i \frac{d^i u}{dt^i} \tag{4.5}$$

em que y é a saída, u é a entrada, $a_n = 1$ e $m \leq n$. A transformada de Laplace da Equação (4.5) é dada por

$$\sum_{i=0}^{n}\left[a_i\left(s^i Y(s) - \sum_{k=0}^{i-1} s^{i-1-k} y_0^k\right)\right] = \sum_{i=0}^{m}\left[b_i\left(s^i U(s) - \sum_{k=0}^{i-1} s^{i-1-k} u_0^k\right)\right] \tag{4.6}$$

em que $u_0^k = (d^k u/dt^k)|_{t=0^+}$. A transformada da saída $Y(s)$ é

$$Y(s) = \left[\frac{\sum_{i=0}^{m} b_i s^i}{\sum_{i=0}^{n} a_i s^i}\right] U(s) - \frac{\sum_{i=0}^{m}\sum_{k=0}^{i-1} b_i s^{i-1-k} u_0^k}{\sum_{i=0}^{n} a_i s^i} + \frac{\sum_{i=0}^{n}\sum_{k=0}^{i-1} a_i s^{i-1-k} y_0^k}{\sum_{i=0}^{n} a_i s^i} \tag{4.7}$$

A solução no tempo $y(t)$ é a transformada inversa de Laplace de $Y(s)$:

$$y(t) = \mathscr{L}^{-1}\left[\frac{\sum_{i=0}^{m} b_i s^i}{\sum_{i=0}^{n} a_i s^i} U(s) - \frac{\sum_{i=0}^{m}\sum_{k=0}^{i-1} b_i s^{i-1-k} u_0^k}{\sum_{i=0}^{n} a_i s^i}\right] + \mathscr{L}^{-1}\left[\frac{\sum_{i=0}^{n}\sum_{k=0}^{i-1} a_i s^{i-1-k} y_0^k}{\sum_{i=0}^{n} a_i s^i}\right] \tag{4.8}$$

O primeiro termo do segundo membro é a *resposta forçada* e o segundo termo é a *resposta livre* de um sistema representado pela Equação (4.5).

Note que a transformada de Laplace $Y(s)$ da saída $y(t)$, consiste em razões de polinômios na variável complexa s. Tais razões são geralmente denominadas **funções racionais (algébricas)**. Se todas as condições iniciais na Equação (4.8) são nulas e $U(s) = 1$, a Equação (4.8) resulta na *resposta ao impulso unitário*. O denominador de cada termo na Equação (4.8) é o *polinômio característico* do sistema.

Para os problemas nos quais as condições iniciais não são especificadas em $y(t)$, mas em algum outro parâmetro do sistema (tal como a tensão inicial sobre um capacitor que não aparece na saída), y_0^k, $k = 0, 1, ..., n - 1$, deve ser deduzida usando a informação disponível. Para o sistema representado na forma da Equação (4.5), ou seja, incluindo termos derivados em u, o cálculo de y_0^k dependerá também de u_0^k. O Problema 4.38, exemplifica estes pontos.

A restrição $n \geq m$, na Equação (4.5), é baseada no fato de que muitos sistemas de importância têm um efeito *suavizante* sobre a entrada. Por efeito suavizante, entende-se que as variações da entrada são tornadas menos pronunciadas (pelo menos não muito pronunciadas) pela ação do sistema sobre a entrada. Visto que um diferenciador gera a inclinação de uma função do tempo, ele acentua as variações da função. Um integrador, por outro lado, soma a área debaixo da curva de uma função do tempo sobre um intervalo de tempo e, assim, suaviza as variações médias da função.

Na Equação (4.5), a saída y está relacionada à entrada u por uma operação que inclui m derivações e n integrações da entrada. Em consequência, a fim de que haja um efeito suavizante (pelo menos que não acentue as variações) entre a entrada e a saída, deve existir mais (pelo menos tantas) integrações quanto derivações; isto é $n \geq m$.

Exemplo 4.18 Certo sistema é descrito pela equação diferencial

$$\frac{d^2y}{dt^2} = \frac{du}{dt}, \qquad y(0^+) = \frac{dy}{dt}\bigg|_{t=0^+} = 0$$

em que a entrada u é representada graficamente na Figura 4.1. As funções que correspondem a du/dt e

$$y(t) = \int_{0^+}^{t}\int_{0^+}^{\theta}\frac{du}{d\alpha}d\alpha\,d\theta = \int_{0^+}^{t} u(\theta)\,d\theta$$

também são mostradas. Note nestes gráficos que a derivação de u acentua as variações em u enquanto as integrações suavizam-nas.

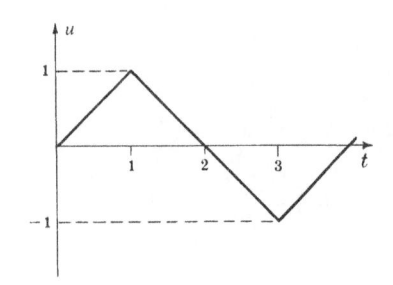

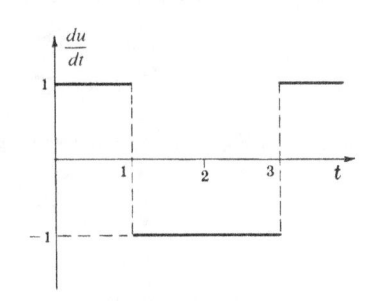

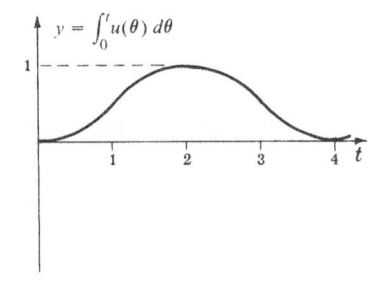

Figura 4-1

Exemplo 4.19 Considere um sistema descrito pela equação diferencial

$$\frac{d^2y}{dt^2} + 3\frac{dy}{dt} + 2y = \frac{du}{dt} + 3u$$

com as condições iniciais $y_0^0 = 1$, $y_0^1 = 0$. Se a entrada é dada por $u(t) = e^{-4t}$, então a transformada de Laplace da saída $y(t)$ pode ser obtida pela aplicação direta da Equação (4.7), identificando primeiro m, n, a_i, b_i e u_0^0: $n = 2$, $a_0 = 2$, $a_1 = 3$, $a_2 = 1$, $m = 1$, $u_0^0 = \lim_{t \to 0} e^{-4t} = 1$, $b_0 = 3$, $b_1 = 1$. A substituição destes valores na Equação (4.7) nos dá

$$Y(s) = \left(\frac{s+3}{s^2+3s+2}\right)\left(\frac{1}{s+4}\right) + \frac{s+3}{s^2+3s+2} - \frac{1}{s^2+3s+2}$$

Esta transformada também pode ser obtida pela aplicação direta das Propriedades 1 e 3 da Seção 4.4 à equação diferencial, como foi feito no Exemplo 4.17.

As equações diferenciais vetor-matriz lineares de coeficientes constantes, discutidas na Seção 3.15 também podem ser resolvidas pelas técnicas de transformada de Laplace, conforme ilustrado no exemplo a seguir.

Exemplo 4.20 Considere a equação diferencial vetor-matriz do Problema 3.31:

$$\frac{d\mathbf{x}}{dt} = A\mathbf{x} + \mathbf{b}u$$

em que

$$\mathbf{x}(t) = \begin{bmatrix} x_1(t) \\ x_2(t) \end{bmatrix} \quad A = \begin{bmatrix} 0 & 1 \\ 0 & 0 \end{bmatrix} \quad \mathbf{b} = \begin{bmatrix} 0 \\ 1 \end{bmatrix} \quad \mathbf{x}(0) = \begin{bmatrix} 1 \\ -1 \end{bmatrix}$$

e com $u = \mathbf{1}(t)$, a função degrau unitário. A transformada de Laplace da forma vetor-matriz dessa equação é

$$s\mathbf{X}(s) - \mathbf{x}(0) = A\mathbf{X}(s) + \frac{1}{s}\mathbf{b}$$

em que $\mathbf{X}(s)$ é a transformada de Laplace do vetor cujos componentes são as transformadas de Laplace dos componentes de $\mathbf{x}(t)$. Isto pode ser reescrito como

$$[sI - A]\mathbf{X}(s) = \mathbf{x}(0) + \frac{1}{s}\mathbf{b}$$

em que I é a matriz *identidade* ou *unitária*. A transformada de Laplace da solução do vetor $\mathbf{x}(t)$ pode, portanto, ser escrita como

$$\mathbf{X}(s) = [sI - A]^{-1}\mathbf{x}(0) + \frac{1}{s}[sI - A]^{-1}\mathbf{b}$$

em que $[\cdot]^{-1}$ representa o *inverso* da matriz. Visto que

$$sI - A = \begin{bmatrix} s & -1 \\ 0 & s \end{bmatrix}$$

então

$$[sI - A]^{-1} = \frac{1}{s^2}\begin{bmatrix} s & 1 \\ 0 & s \end{bmatrix}$$

Substituindo por $[sI - A]^{-1}$, $\mathbf{x}(0)$ e $\mathbf{b}$, temos

$$\mathbf{X}(s) = \begin{bmatrix} \dfrac{s-1}{s^2} \\ -\dfrac{1}{s} \end{bmatrix} + \begin{bmatrix} \dfrac{1}{s^3} \\ \dfrac{1}{s^2} \end{bmatrix}$$

em que o primeiro termo é a transformada de Laplace da *resposta livre* e o segundo termo é a transformada de Laplace da *resposta forçada*. Usando a Tabela 4.1, a transformada de Laplace destes vetores pode ser invertida termo a termo, produzindo o vetor solução:

$$\mathbf{x}(t) = \begin{bmatrix} \mathbf{1}(t) - t + t^2/2 \\ -\mathbf{1}(t) + t \end{bmatrix}$$

4.7 DESENVOLVIMENTOS EM FRAÇÕES PARCIAIS

Na Seção 4.6 foi mostrado que as transformadas de Laplace encontradas na solução de equações diferenciais lineares de coeficientes constantes são funções racionais de s (ou seja, razões de polinômios em s). Nesta seção, uma importante representação das funções racionais, o desenvolvimento em frações parciais é apresentada. Será mostrado na próxima seção que essa representação simplifica extremamente a inversão da transformada de Laplace de uma função racional.

Consideremos a função racional

$$F(s) = \frac{\sum_{i=0}^{m} b_i s^i}{\sum_{i=0}^{n} a_i s^i} \qquad (4.9)$$

em que $a_n = 1$ e $n \geq m$. Pelo teorema fundamental da álgebra, a equação do polinômio denominador

$$\sum_{i=0}^{n} a_i s^i = 0$$

tem n raízes. Algumas dessas raízes podem ser repetidas.

Exemplo 4.21 O polinômio $s^3 + 5s^2 + 8s + 4$ tem três raízes: -2, -2 e -1. -2 é uma raiz repetida.

Suponha que a equação polinomial do denominador acima tenha n_1 raízes iguais a $-p_1$, n_2 raízes iguais a $-p_2$,..., n_r raízes iguais a $-p_r$, em que $\sum_{i=1}^{r} n_i = n$. Então

$$\sum_{i=0}^{n} a_i s^i = \prod_{i=1}^{r} (s + p_i)^{n_i}$$

A função racional $F(s)$ pode então ser escrita como

$$F(s) = \frac{\sum_{i=0}^{m} b_i s^i}{\prod_{i=1}^{r} (s + p_i)^{n_i}}$$

A representação do **desenvolvimento em frações parciais** da função racional $F(s)$ é

$$F(s) = b_n + \sum_{i=1}^{r} \sum_{k=1}^{n_i} \frac{c_{ik}}{(s + p_i)^k} \qquad (4.10a)$$

em que $b_n = 0$, a não ser que $m = n$. Os coeficientes c_{ik} são dados por

$$c_{ik} = \frac{1}{(n_i - k)!} \frac{d^{n_i - k}}{ds^{n_i - k}} \left[(s + p_i)^{n_i} F(s) \right] \bigg|_{s = -p_i} \qquad (4.10b)$$

Os coeficientes particulares c_{i1}, $i = 1, 2,..., r$, são denominados **resíduos** de $F(s)$ em p_i, $i = 1, 2,..., r$. Se nenhuma das raízes é repetida, então

$$F(s) = b_n + \sum_{i=1}^{n} \frac{c_{i1}}{s + p_i} \qquad (4.11a)$$

em que

$$c_{i1} = (s + p_i) F(s) \big|_{s = -p_i} \qquad (4.11b)$$

Exemplo 4.22 Considere a função racional

$$F(s) = \frac{s^2 + 2s + 2}{s^2 + 3s + 2} = \frac{s^2 + 2s + 2}{(s+1)(s+2)}$$

O desenvolvimento em frações parciais de $F(s)$ é

$$F(s) = b_2 + \frac{c_{11}}{s+1} + \frac{c_{21}}{s+2}$$

O coeficiente do numerador de s^2 é $b_2 = 1$. Os coeficientes c_{11} e c_{21} são determinados pela Equação (4.11b) como

$$c_{11} = (s+1)F(s)\big|_{s=-1} = \frac{s^2 + 2s + 2}{s+2}\bigg|_{s=-1} = 1$$

$$c_{21} = (s+2)F(s)\big|_{s=-2} = \frac{s^2 + 2s + 2}{s+1}\bigg|_{s=-2} = -2$$

Em consequência

$$F(s) = 1 + \frac{1}{s+1} - \frac{2}{s+2}$$

Exemplo 4.23 Considere a função racional

$$F(s) = \frac{1}{(s+1)^2(s+2)}$$

O desenvolvimento em frações parciais de $F(s)$ é

$$F(s) = b_3 + \frac{c_{11}}{s+1} + \frac{c_{12}}{(s+1)^2} + \frac{c_{21}}{s+2}$$

Os coeficientes $b_3, c_{11}, c_{12}, c_{21}$ são dados por

$$b_3 = 0$$

$$c_{11} = \frac{d}{ds}(s+1)^2 F(s)\bigg|_{s=-1} = \frac{d}{ds}\frac{1}{s+2}\bigg|_{s=-1} = -1$$

$$c_{12} = (s+1)^2 F(s)\big|_{s=-1} = \frac{1}{s+2}\bigg|_{s=-1} = 1$$

$$c_{21} = (s+2)F(s)\big|_{s=-2} = 1$$

Assim
$$F(s) = -\frac{1}{s+1} + \frac{1}{(s+1)^2} + \frac{1}{s+2}$$

4.8 TRANSFORMADAS INVERSAS USANDO DESENVOLVIMENTO EM FRAÇÕES PARCIAIS

Na Seção 4.6 foi mostrado que a solução de uma equação diferencial ordinária, linear e de coeficientes constantes pode ser determinada obtendo-se a transformada inversa de Laplace de uma função racional. A forma geral desta operação pode ser escrita usando a Equação (4.10) como

$$\mathcal{L}^{-1}\left[\frac{\sum_{i=0}^{m} b_i s^i}{\sum_{i=0}^{n} a_i s^i}\right] = \mathcal{L}^{-1}\left[b_n + \sum_{i=0}^{r}\sum_{k=1}^{n_i} \frac{c_{ik}}{(s+p_i)^k}\right] = b_n \delta(t) + \sum_{i=1}^{r}\sum_{k=1}^{n_i} \frac{c_{ik}}{(k-1)!} t^{k-1} e^{-p_i t} \quad (4.12)$$

em que $\delta(t)$ é a função impulso unitário e $b_n = 0$, a não ser que $m = n$. Observe que o termo mais à direita na Equação (4.12) é a forma geral da *resposta ao impulso unitário* para a Equação (4.5).

Exemplo 4.24 A transformada inversa de Laplace da função

$$F(s) = \frac{s^2 + 2s + 2}{(s+1)(s+2)}$$

é dada por

$$\mathcal{L}^{-1}\left[\frac{s^2+2s+2}{(s+1)(s+2)}\right] = \mathcal{L}^{-1}\left[1 + \frac{1}{s+1} - \frac{2}{s+2}\right] = \mathcal{L}^{-1}[1] + \mathcal{L}^{-1}\left[\frac{1}{s+1}\right] - \mathcal{L}^{-1}\left[\frac{2}{s+2}\right] = \delta(t) + e^{-t} - 2e^{-2t}$$

que é a resposta ao impulso unitário para a equação diferencial:

$$\frac{d^2y}{dt^2} + 3\frac{dy}{dt} + 2y = \frac{d^2u}{dt^2} + 2\frac{du}{dt} + 2u$$

Exemplo 4.25 A transformada inversa de Laplace da função

$$F(s) = \frac{1}{(s+1)^2(s+2)}$$

é dada por

$$\mathcal{L}^{-1}\left[\frac{1}{(s+1)^2(s+2)}\right] = \mathcal{L}^{-1}\left[-\frac{1}{s+1} + \frac{1}{(s+1)^2} + \frac{1}{s+2}\right]$$

$$= -\mathcal{L}^{-1}\left[\frac{1}{s+1}\right] + \mathcal{L}^{-1}\left[\frac{1}{(s+1)^2}\right] + \mathcal{L}^{-1}\left[\frac{1}{s+2}\right] = -e^{-t} + te^{-t} + e^{-2t}$$

4.9 A TRANSFORMADA z

A transformada z é usada para descrever sinais e componentes em sistemas de controle discretos no tempo. Ela é definida como a seguir:

Definição 4.4: Seja $\{f(k)\}$ uma sequência de valores reais $f(0), f(1), f(2),...$, ou de forma equivalente, $f(k)$ para $k = 0, 1, 2,...$. Então

$$\mathcal{Z}\{f(k)\} \equiv F(z) = \sum_{k=0}^{\infty} f(k) z^{-k}$$

é denominada **transformada z** de $\{f(k)\}$. z é a *variável complexa definida* por $z \equiv \mu + j\nu$, em que μ e ν são variáveis reais e $j = \sqrt{-1}$.

Observação 1: O termo de ordem k da série nesta definição é sempre o elemento de ordem k da sequência que passa pela transformada z um número de vezes igual a z^{-k}.

Observação 2: Muitas vezes $\{f(k)\}$ é definida em instantes de tempo igualmente espaçados: $0, T, 2T,..., kT$, em que T é um intervalo de tempo fixo. A sequência resultante é, portanto, escrita algumas vezes como $\{f(kT)\}$, ou $f(kT)$, $k = 0, 1, 2,...$, e $\mathcal{Z}\{f(kT)\} = \sum_{k=0}^{\infty} f(kT)z^{-k}$, mas a dependência de T é geralmente suprimida. Usamos os argumentos de variáveis k e kT indistintamente para sequências de tempo, quando não houver ambiguidade.

Observação 3: A transformada z é definida de forma diferente por alguns autores como a transformação $z \equiv e^{sT}$, o que equivale a uma simples mudança exponencial de variáveis entre a variável complexa $z = \mu + j\nu$ e a variável complexa $s = \sigma + j\omega$ no domínio da transformada de Laplace, em que T é o período de amostragem do sistema discreto no tempo. Essa definição implica em uma sequência $\{f(k)\}$, ou $\{f(kT)\}$, obtida por meio de amostragem ideal (algumas vezes denominada *amostragem por meio de impulsos*) de um sinal contínuo $f(t)$ em instantes de tempo uniformemente espaçados, kT, $k = 1, 2,...,$. Então, $s = \ln z/T$ e a definição acima, ou seja, $F(z) = \sum_{k=0}^{\infty} f(kT)z^{-k}$, segue diretamente do resultado do Problema 4.39. Relações adicionais entre sistemas contínuos e discretos no tempo, particularmente para sistemas com os dois tipos de elementos, são desenvolvidos mais adiante, começando no Capítulo 6.

Exemplo 4.26 A série $F(z) = 1 + z^{-1} + z^{-2} + \cdots + z^{-k} + \cdots$, é a transformada z da sequência $f(k) = 1$, $k = 0, 1, 2,...$.

Se a taxa de aumento nos termos da sequência $\{f(k)\}$ não for maior que alguma série geométrica conforme k se aproxima do infinito, então se diz que $\{f(k)\}$ é de **ordem exponencial**. Neste caso, existe um número real r tal que

$$F(z) = \sum_{k=0}^{\infty} f(k) z^{-k}$$

converge para $|z| > r$. r é denominado **raio de convergência** da série. Se r for infinito, a sequência $\{f(k)\}$ é denominada **transformável em** z.

Exemplo 4.27 A série no Exemplo 4.26 é convergente para $|z| > 1$ e pode ser escrita na forma fechada como a função

$$F(z) = \frac{1}{1 - z^{-1}} \quad \text{para} \quad |z| > 1$$

Se $F(z)$ existe para $|z| > r$, então a integral e a derivada de $F(z)$ podem ser calculadas operando termo a termo na série da definição. Além disso, se

$$F_1(z) = \sum_{k=0}^{\infty} f_1(k) z^{-k} \quad \text{para} \quad |z| > r_1$$

e

$$F_2(z) = \sum_{k=0}^{\infty} f_2(k) z^{-k} \quad \text{para} \quad |z| > r_2$$

então,

$$F_1(z) F_2(z) = \sum_{k=0}^{\infty} \left(\sum_{i=0}^{k} f_1(k-i) f_2(i) \right) z^{-k} = \sum_{k=0}^{\infty} \left(\sum_{i=0}^{k} f_2(k-i) f_1(i) \right) z^{-k}$$

O termo $\sum_{i=0}^{k} f_1(k-i) f_2(i)$ é denominado **soma convolucional** das sequências $\{f_1(k)\}$ e $\{f_2(k)\}$, em que o raio de convergência é o maior dos dois raios de convergência de $F_1(z)$ e $F_2(z)$.

Exemplo 4.28 A derivada da série no Exemplo 4.26 é

$$\frac{dF}{dz} = -z^{-2} - 2z^{-3} - \cdots - kz^{-(k+1)} - \cdots$$

A integral indefinida é

$$\int F(z)\, dz = z + \ln z - z^{-1} + \cdots$$

Exemplo 4.29 A transformada z da sequência $f_2(k) = 2^k$, $k = 0, 1, 2,\ldots$, é

$$F_2(z) = 1 + 2z^{-1} + 4z^{-2} + \cdots$$

Para $|z| > 2$. Seja $F_1(z)$ a transformada z no Exemplo 4.26. Então

$$F_1(z) F_2(z) = \sum_{k=0}^{\infty} \left(\sum_{i=0}^{k} 1^{k-1} 2^i \right) z^{-k} = \sum_{k=0}^{\infty} (2^{k+1} - 1) z^{-k} \quad \text{para} \quad |z| > 2$$

A transformada z da sequência $f(k)\, A^k$, $k = 0, 1, 2,\ldots$, em que A é qualquer número complexo finito, é

$$\mathcal{Z}\{A^k\} = 1 + Az^{-1} + A^2 z^{-2} + \cdots$$

$$= \frac{1}{1 - Az^{-1}} = \frac{z}{z - A}$$

em que o raio de convergência $r = |A|$. Por meio da escolha adequada de A, os tipos mais comuns de sequências podem ser definidos e suas transformadas z geradas a partir desta relação.

Exemplo 4.30 Para $A = e^{\alpha T}$, a sequência $\{A^k\}$ é a exponencial amostrada $1, e^{\alpha T}, e^{2\alpha T},\ldots$, e a transformada z desta sequência é

$$\mathcal{Z}\{e^{\alpha k T}\} = \frac{1}{1 - e^{\alpha T} z^{-1}}$$

com raio de convergência $r = |e^{\alpha T}|$.

A transformada z tem uma inversa muito similar a da transformada de Laplace.

Definição 4.5: Seja C um círculo centrado na origem do plano z e com raio maior do que o raio de convergência da transformada z $F(z)$. Então

$$\mathcal{Z}^{-1}[F(z)] \equiv \{f(k)\} = \frac{1}{2\pi j} \int_C F(z) z^{k-1}\, dz$$

é o **inverso da transformada** z $F(z)$.

Na prática, raramente ela é necessária para realizar a integração do contorno na Definição 4.5. Para as aplicações da transformada z neste livro, ela nunca será necessária. As propriedades e técnicas abordadas no restante desta seção são adequadas para avaliar a transformada inversa para a maioria dos problemas de sistemas de controle discretos no tempo.

A seguir são apresentadas mais algumas **propriedades da transformada z e sua inversa** que podem ser usadas com vantagem em problema de sistemas de controle discretos no tempo.

1. A transformada z e sua inversa são *transformações lineares* entre o domínio do tempo e o domínio z. Portanto, se $\{f_1(k)\}$ e $F_1(z)$ são um par de transformadas e se $\{f_2(k)\}$ e $F_2(z)$ são um par de transformadas, então $\{a_1 f_1(k) + a_2 f_2(k)\}$ e $a_1 F_1(z) + a_2 F_2(z)$ são um par de transformadas para qualquer a_1 e a_2.
2. Se $F(z)$ é a transformada z da sequência $f(0), f(1), f(2),\ldots$, então

$$z^n F(z) - z^n f(0) - z^{n-1} f(1) - \cdots - z f(n-1)$$

é a transformada z da sequência $f(n), f(n+1), f(n+2),\ldots$, para $n > 1$. Note que o elemento de ordem k desta sequência é $f(n+k)$.
3. O termo inicial $f(0)$ da sequência $\{f(k)\}$ cuja transformada z é $F(z)$ é

$$f(0) = \lim_{z \to \infty} (1 - z^{-1}) F(z) = F(\infty)$$

Essa relação é denominada **Teorema do Valor Inicial**.

4. Seja a sequência $\{f(k)\}$ que tem como transformada z $F(z)$, com raio de convergência ≤ 1. Então, o valor final $f(\infty)$ da sequência é dado por

$$f(\infty) = \lim_{z \to 1} (1 - z^{-1}) F(z)$$

caso os limites existam. Essa relação é denominada **Teorema do Valor Final**.

5. A transformada z inversa da função $F(z/a)$ (**aplicação de escala na frequência**) é

$$\mathcal{Z}^{-1}\left[F\left(\frac{z}{a}\right)\right] = a^k f(k) \qquad k = 0, 1, 2, \ldots$$

em que $\mathcal{Z}^{-1}[F(z)] = \{f(k)\}$.

6. Se $F(z)$ é a transformada z da sequência $f(0), f(1), f(2),\ldots$, então $z^{-1}F(z)$ é a transformada z da sequência deslocada no tempo $f(-1), f(0), f(1),\ldots$, em que $f(-1) \equiv 0$. Essa relação é denominada **Teorema do Deslocamento**.

Exemplo 4.31 As transformadas z das sequências $\{(\frac{1}{3})^k\}$ e $\{(\frac{1}{2})^k\}$ são $\mathcal{Z}\{(\frac{1}{3})^k\} = z/(z - \frac{1}{3})$ e $\mathcal{Z}\{(\frac{1}{2})^k\} = z/(z - \frac{1}{2})$. Então, pela Propriedade 1,

$$\mathcal{Z}\left\{3\left(\frac{1}{2}\right)^k - \left(\frac{1}{3}\right)^k\right\} = \frac{3z}{z - \frac{1}{2}} - \frac{z}{z - \frac{1}{3}}$$

$$= \frac{2z^2 - \frac{z}{2}}{z^2 - \frac{5z}{6} + \frac{1}{6}}$$

Exemplo 4.32 As transformadas z inversas das funções $z/(z + \frac{1}{2})$ e $z/(z - \frac{1}{4})$ são

$$\mathcal{Z}^{-1}\left[\frac{z}{z + \frac{1}{2}}\right] = \left\{\left(-\frac{1}{2}\right)^k\right\}, \qquad \mathcal{Z}^{-1}\left[\frac{z}{z - \frac{1}{4}}\right] = \left\{\left(\frac{1}{4}\right)^k\right\}$$

Então, pela Propriedade 1,

$$\mathcal{Z}^{-1}\left[2\frac{z}{z + \frac{1}{2}} - 4\frac{z}{z - \frac{1}{4}}\right] = 2\mathcal{Z}^{-1}\left[\frac{z}{z + \frac{1}{2}}\right] - 4\mathcal{Z}^{-1}\left[\frac{z}{z - \frac{1}{4}}\right] = \left\{2\left(-\frac{1}{2}\right)^k - 4\left(\frac{1}{4}\right)^k\right\}$$

Exemplo 4.33 A transformada z da sequência $1, \frac{1}{2}, \frac{1}{4},\ldots, (\frac{1}{2})^k,\ldots$ é $z/(z - \frac{1}{2})$. Então, pela Propriedade 2, a transformada z da sequência $\frac{1}{4}, \frac{1}{8},\ldots, (\frac{1}{2})^{k+2}$ é

$$z^2\left(\frac{z}{z - \frac{1}{2}}\right) - z^2 - \frac{z}{2} = \frac{1}{4}\frac{z}{z - \frac{1}{2}}$$

Exemplo 4.34 A transformada z de $\{(\frac{1}{4})^k\}$ é $z/(z - \frac{1}{4})$. O valor inicial de $\{(\frac{1}{4})^k\}$ pode ser determinado pelo Teorema do Valor Inicial como

$$\lim_{k \to 0}\left\{\left(\frac{1}{4}\right)^k\right\} = \lim_{z \to \infty}(1 - z^{-1})\left(\frac{z}{z - \frac{1}{4}}\right) = 1$$

Exemplo 4.35 A transformada z da sequência $\{1 - (\frac{1}{4})^k\}$ é $\frac{3}{4}z/(z^2 - \frac{5z}{4} + \frac{1}{4})$. O valor final desta sequência pode ser determinado a partir do Teorema do Valor Final como

$$\lim_{k \to \infty}\left\{1 - \left(\frac{1}{4}\right)^k\right\} = \lim_{z \to 1}(1 - z^{-1})\left(\frac{\frac{3}{4}z}{z^2 - \frac{5z}{4} + \frac{1}{4}}\right) = 1$$

Exemplo 4.36 A transformada z inversa de $z/(z - \frac{1}{4})$ é $\{(\frac{1}{4})^k\}$. A transformada inversa de $(\frac{z}{2})/(\frac{z}{2} - \frac{1}{4})$ é $\{2^k(\frac{1}{4})^k\} = \{(\frac{1}{2})^k\}$.

Para os tipos de problemas de controle considerados neste livro, as transformadas z resultantes são funções algébricas racionais de z, conforme ilustrado a seguir, e existem dois métodos práticos de inversão delas. O primeiro é uma técnica numérica, que gera uma expansão ou desenvolvimento em série de potências por divisão longa.

Considere que a transformada z tenha a seguinte forma:

$$F(z) = \frac{b_n z^n + b_{n-1} z^{n-1} + \cdots + b_1 z + b_0}{a_n z^n + a_{n-1} z^{n-1} + \cdots + a_1 z + a_0}$$

Ela é facilmente reescrita em potências de z^{-1} como

$$F(z) = \frac{b_n + b_{n-1} z^{-1} + \cdots + b_0 z^{-n}}{a_n + a_{n-1} z^{-1} + \cdots + a_0 z^{-n}}$$

multiplicando cada termo por z^{-n}. Em seguida, por meio de divisão longa, o denominador divide o numerador, resultando no polinômio em z^{-1} da forma:

$$F(z) = \frac{b_n}{a_n} + \frac{1}{a_n}\left(b_{n-1} - \frac{b_n a_{n-1}}{a_n}\right) z^{-1} + \cdots$$

Exemplo 4.37 A transformada z $z/(z - \frac{1}{2})$ é reescrita como $1/(1 - z^{-1}/2)$ que, por meio de divisão longa, tem a forma

$$\frac{1}{1 - z^{-1}/2} = 1 + \left(\frac{1}{2}\right) z^{-1} + \left(\frac{1}{2}\right)^2 z^{-2} + \cdots$$

Para o segundo método de inversão, $F(z)$ é primeiro expandida em uma forma de fração parcial especial e cada termo é invertido usando as propriedades discutidas anteriormente.

A Tabela 4.2 é uma pequena tabela de pares de transformadas z. Quando usada em conjunto com as propriedades da transformada z já descritas, e as técnicas de expansão em frações parciais mostradas na Seção 4.7, ela é adequada para lidar com todos os problemas deste livro. Uma tabela mais completa de pares de transformadas z é dada no apêndice B.

Tabela 4-2

Termo de ordem k da sequência no tempo	Transformada z
1 para k, 0 caso contrário (sequência delta de Kronecker)	z^{-k}
1 (sequência do degrau unitário)	$\dfrac{z}{z - 1}$
k (sequência da rampa unitária)	$\dfrac{z}{(z - 1)^2}$
A^k (para números complexos A)	$\dfrac{z}{z - A}$
kA^k	$\dfrac{Az}{(z - A)^2}$
$\dfrac{(k + 1)(k + 2) \cdots (k + n - 1)}{(n - 1)!} A^k$	$\dfrac{z^n}{(z - A)^n}$

O par de transformadas no final da Tabela 4.2 pode ser usado para gerar muitas outras transformadas úteis por meio de uma escolha adequada de A e o uso da Propriedade 1.

Os exemplos a seguir ilustram como transformadas z podem ser invertidas usando o método de decomposição em frações parciais.

Exemplo 4.38 Para inverter a transformada z $F(z) = 1/(z + 1)(z + 2)$, fazemos a decomposição em frações parciais de $F(z)/z$:

$$\frac{F(z)}{z} = \frac{1}{z(z+1)(z+2)} = \frac{\frac{1}{2}}{z} + \frac{-1}{z+1} + \frac{\frac{1}{2}}{z+2}$$

Então

$$F(z) = \frac{1}{2} - \frac{z}{z+1} + \frac{1}{2}\frac{z}{z+2}$$

que pode ser invertida termo a termo como

$$f(0) = 0$$

$$f(k) = -(-1)^k + \frac{1}{2}(-2)^k \qquad \text{para qualquer } k \geq 1$$

Exemplo 4.39 Para inverter $F(z) = 1/(z + 1)^2(z + 2)$, obtemos a decomposição em frações parciais de $F(z)/z$:

$$\frac{F(z)}{z} = \frac{\frac{1}{2}}{z} + \frac{0}{z+1} + \frac{-1}{(z+1)^2} + \frac{-\frac{1}{2}}{z+2}$$

Então

$$F(z) = \frac{1}{2} - \frac{z}{(z+1)^2} - \frac{1}{2}\frac{z}{z+2}$$

$$f(k) = -k(-1)^k - \frac{1}{2}(-2)^k \qquad \text{para qualquer } k \geq 1 \text{ e } f(0) = 0$$

Exemplo 4.40 Usando o último par de transformada na Tabela 4.2, a transformada z da sequência $\{k^2/2\}$ pode ser gerada observando os seguintes pares de transformadas:

$$\left\{\frac{(k+1)(k+2)}{2!}\right\} \leftrightarrow \frac{z^3}{(z-1)^3}$$

$$\{k\} \leftrightarrow \frac{z}{(z-1)^2}$$

$$\{1\} \leftrightarrow \frac{z}{z-1}$$

Visto que

$$\frac{(k+1)(k+2)}{2!} = \frac{k^2}{2} + \frac{3}{2}k + 1$$

então, pela Propriedade 1,

$$\mathcal{Z}\left\{\frac{k^2}{2}\right\} = \frac{z^3}{(z-1)^3} - \frac{3}{2}\frac{z}{(z-1)^2} - \frac{z}{z-1} = \frac{z(z+1)/2}{(z-1)^3}$$

Equações de diferenças lineares de coeficientes constantes de ordem n podem ser resolvidas usando métodos de transformadas z por meio de um procedimento praticamente idêntico ao usado para resolver equações diferenciais pelos métodos de transformadas de Laplace.

Exemplo 4.41 A equação de diferenças

$$x(k+2) + \frac{5}{6}x(k+1) + \frac{1}{6}x(k) = 1$$

cujas condições iniciais $x(0) = 0$ e $x(1) = 1$ é transformada z, pela aplicação das Propriedades 1 e 2. Pela Propriedade 1 (linearidade):

$$\mathcal{Z}\left\{x(k+2) + \frac{5}{6}x(k+1) + \frac{1}{6}x(k)\right\} = \mathcal{Z}\{x(k+2)\} + \frac{5}{6}\mathcal{Z}\{x(k+1)\} + \frac{1}{6}\mathcal{Z}\{x(k)\} = \mathcal{Z}\{1\}$$

Pela Propriedade 2, se $\mathcal{Z}[x(k)] \equiv X(z)$, então

$$\mathcal{Z}\{x(k+1)\} = zX(z) - zx(0) = zX(z)$$

$$\mathcal{Z}\{x(k+2)\} = z^2 X(z) - z^2 x(0) - zx(1) = z^2 X(z) - z$$

A partir da Tabela 4.2, a transformada z da sequência degrau unitário é

$$\mathcal{Z}\{1\} = \frac{z}{z-1}$$

A substituição direta destas expressões na equação transformada nos dá

$$\left(z^2 + \frac{5}{6}z + \frac{1}{6}\right) X(z) - z = \frac{z}{z-1}$$

Portanto, a transformada z $X(z)$ da sequência $x(k)$ da solução é

$$X(z) = \frac{z}{z^2 + \frac{5}{6}z + \frac{1}{6}} + \frac{z}{(z-1)\left(z^2 + \frac{5}{6}z + \frac{1}{6}\right)} = X_a(z) + X_b(z)$$

Note que o primeiro termo $X_a(z)$ resulta das condições iniciais e o segundo termo $X_b(z)$ resulta da sequência de entrada. Portanto, o inverso do primeiro termo é a *resposta livre*, e o inverso do segundo termo é a *resposta forçada*. O primeiro termo pode ser invertido pela decomposição em frações parciais

$$\frac{X_a(z)}{z} = \frac{1}{z^2 + \frac{5}{6}z + \frac{1}{6}} = -\frac{6}{z + \frac{1}{2}} + \frac{6}{z + \frac{1}{3}}$$

A partir disto,

$$X_a(z) = -6 \frac{z}{z + \frac{1}{2}} + 6 \frac{z}{z + \frac{1}{3}}$$

e a partir da Tabela 4.2, o inverso de $X_a(z)$ (a resposta livre) é

$$x_a(k) = -6\left(-\frac{1}{2}\right)^k + 6\left(-\frac{1}{3}\right)^k \qquad k = 0, 1, 2, \ldots$$

De forma similar, para determinar a resposta forçada, fazemos a seguinte decomposição em frações parciais:

$$\frac{X_b(z)}{z} = \frac{1}{(z-1)\left(z + \frac{1}{2}\right)\left(z + \frac{1}{3}\right)}$$

$$= \frac{\frac{1}{2}}{z-1} + \frac{4}{z + \frac{1}{2}} + \frac{-\frac{9}{2}}{z + \frac{1}{3}}$$

Portanto,

$$X_b(z) = \frac{\frac{1}{2}z}{z-1} + \frac{4z}{z+\frac{1}{2}} - \frac{\frac{9}{2}z}{z+\frac{1}{3}}$$

Então, a partir da Tabela 4.2, o inverso de $X_b(z)$ (a resposta forçada) é

$$x_b(k) = \frac{1}{2} + 4\left(-\frac{1}{2}\right)^k - \frac{9}{2}\left(-\frac{1}{3}\right)^k \qquad k = 0,1,2,\ldots$$

A resposta total $x(k)$ é

$$x(k) \equiv x_a(k) + x_b(k) = \frac{1}{2} - 2\left(-\frac{1}{2}\right)^k + \frac{3}{2}\left(-\frac{1}{3}\right)^k \qquad k = 0,1,2,\ldots$$

A equação de diferenças linear vetor-matriz de coeficientes constantes apresentada na Seção 3.17 pode ser também resolvida por técnicas de transformada z, conforme ilustrado no exemplo a seguir.

Exemplo 4.42 Considere a equação de diferenças do Exemplo 4.41 escrita na forma de variável de estado (ver Exemplo 3.36)

$$x_1(k+1) = x_2(k)$$
$$x_2(k+1) = -\frac{5}{6}x_2(k) - \frac{1}{6}x_1(k) + 1$$

cujas condições iniciais $x_1(0) = 0$ e $x_2(0) = 1$. Na forma vetor-matriz, estas duas equações são escritas como

$$\mathbf{x}(k+1) = A\mathbf{x}(k) + \mathbf{b}u(k)$$

em que

$$A = \begin{bmatrix} 0 & 1 \\ -\frac{1}{6} & -\frac{5}{6} \end{bmatrix} \qquad \mathbf{b} = \begin{bmatrix} 0 \\ 1 \end{bmatrix} \qquad \mathbf{x}(k) = \begin{bmatrix} x_1(k) \\ x_2(k) \end{bmatrix} \qquad \mathbf{x}(0) = \begin{bmatrix} 0 \\ 1 \end{bmatrix}$$

$u(k) = 1$. A transformada z da forma vetor-matriz da equação é

$$z\mathbf{X}(z) - z\mathbf{x}(0) = A\mathbf{X}(z) + \frac{z}{z-1}\mathbf{b}$$

em que $\mathbf{X}(z)$ é a transformada z do vetor avaliado cujos componentes são as transformadas z dos componentes correspondentes ao vetor estado $\mathbf{x}(k)$. Esta equação transformada pode ser reescrita como

$$(zI - A)\mathbf{X}(z) = z\mathbf{x}(0) + \frac{z}{z-1}\mathbf{b}$$

em que I é a matriz unitária ou identidade. A transformada z do vetor $\mathbf{x}(k)$ da solução é

$$\mathbf{X}(z) = z(zI - A)^{-1}\mathbf{x}(0) + \frac{z}{z-1}(zI - A)^{-1}\mathbf{b}$$

em que $(\cdot)^{-1}$ representa o *inverso* da matriz. Visto que

$$zI - A = \begin{bmatrix} z & -1 \\ \frac{1}{6} & z + \frac{5}{6} \end{bmatrix}$$

então

$$(zI - A)^{-1} = \frac{1}{z^2 + \frac{5}{6}z + \frac{1}{6}} \begin{bmatrix} z + \frac{5}{6} & 1 \\ -\frac{1}{6} & z \end{bmatrix}$$

Substituindo por $(zI - A)^{-1}$, $\mathbf{x}(0)$ e $\mathbf{b}$ obtemos

$$\mathbf{X}(z) = \begin{bmatrix} \dfrac{z}{z^2 + \frac{5}{6}z + \frac{1}{6}} \\ \dfrac{z^2}{z^2 + \frac{5}{6}z + \frac{1}{6}} \end{bmatrix} + \begin{bmatrix} \dfrac{z}{(z-1)\left(z^2 + \frac{5}{6}z + \frac{1}{6}\right)} \\ \dfrac{z^2}{(z-1)\left(z^2 + \frac{5}{6}z + \frac{1}{6}\right)} \end{bmatrix}$$

em que o primeiro termo é a transformada z da resposta livre e o segundo é da resposta forçada. Usando o método de desenvolvimento em frações parciais e a Tabela 4.2, a transformada z inversa é

$$\mathbf{x}(k) = \begin{bmatrix} \frac{1}{2} - 2\left(-\frac{1}{2}\right)^k + \frac{3}{2}\left(-\frac{1}{3}\right)^k \\ \frac{1}{2} + \left(-\frac{1}{2}\right)^k - \frac{1}{2}\left(-\frac{1}{3}\right)^k \end{bmatrix} \qquad k = 0, 1, 2, \ldots$$

4.10 DETERMINANDO AS RAÍZES DOS POLINÔMIOS

Os resultados das Seções 4.7, 4.8 e 4.9 indicam que determinar a solução das equações de diferenças e diferenciais lineares de coeficientes constantes pelas técnicas da transformada de Laplace geralmente exige a determinação de raízes de equações polinomiais da forma

$$Q_n(s) = \sum_{i=0}^{n} a_i s^i = 0$$

em que $a_n = 1$, $a_0, a_1, \ldots, a_{n-1}$, são constantes reais e s é substituído por z para polinômios da transformada z.

As raízes de uma equação polinomial de segunda ordem $s^2 + a_1 s + a_0 = 0$ podem ser obtidas diretamente da fórmula quadrática e são dadas por

$$s_1 = \frac{-a_1 + \sqrt{a_1^2 - 4a_0}}{2} \qquad s_2 = \frac{-a_1 - \sqrt{a_1^2 - 4a_0}}{2}$$

Mas, para polinômios de ordem mais elevada, em geral não existem tais expressões analíticas. As expressões que existem são muito complicadas. Felizmente, existem técnicas numéricas para a determinação dessas raízes.

Para auxiliar no uso dessas técnicas numéricas, as seguintes propriedades gerais de $Q_n(s)$ são dadas:

1. Se uma raiz repetida de multiplicidade n_i é contada como n_i raízes, então $Q_n(s) = 0$ tem exatamente n raízes (Teorema Fundamental da Álgebra).
2. Se $Q_n(s)$ é dividida pelo fator $s + p$ até que seja obtido o resto constante, o resto é $Q_n(-p)$.
3. $s + p$ é um fator de $Q_n(s)$ se e somente se $Q_n(-p) = 0$ [$-p$ é a raiz de $Q_n(s) = 0$].
4. Se $\sigma + j\omega$ (σ, ω reais) é uma raiz de $Q_n(s) = 0$, então $\sigma - j\omega$ é também uma raiz de $Q_n(s) = 0$.
5. Se n é ímpar, $Q_n(s) = 0$ tem pelo menos uma raiz real.
6. O número de raízes reais positivas de $Q_n(s) = 0$ não pode exceder o número de variações de sinal do coeficiente no polinômio $Q_n(s)$, e o número de raízes negativas não pode exceder o número de variações no sinal dos coeficientes de $Q_n(-s)$. (Regra dos sinais de Descartes)

Das técnicas disponíveis para a determinação iterativa das raízes de uma equação polinomial (ou equivalentemente os fatores do polinômio), algumas podem determinar apenas raízes reais e, outras, raízes reais e complexas. Ambos os tipos são apresentados a seguir.

Método de Horner

Este método pode determinar as *raízes reais* da equação polinomial $Q_n(s) = 0$. Os passos a serem seguidos são:

1. Calcule $Q_n(s)$ para os valores inteiros reais de s, $s = 0, \pm 1, \pm 2, \ldots$, até que para dois valores inteiros consecutivos, tais como k_0 e $k_0 + 1$, $Q_n(k_0)$ e $Q_n(k_0 + 1)$ tenham sinais opostos. Uma raiz real então existe entre k_0

e $k_0 + 1$. Suponha que esta raiz é positiva, sem perda de generalidade. Uma primeira aproximação da raiz é tomada como sendo k_0. As correções para esta aproximação são obtidas nos passos restantes.

2. Determine uma sequência de polinômios $Q_n^l(s)$ usando a relação recursiva

$$Q_n^{l+1}(s) = Q_n^l\left(\frac{k_l}{10^l} + s\right) = \sum_{i=0}^{n} a_i^{l+1} s^i \qquad l = 0, 1, 2, \ldots \qquad (4.13)$$

em que $Q_n^0(s) = Q_n(s)$, e os valores de $k_l =$, $l = 1, 2, \ldots$, são gerados no Passo 3.

3. Determine o inteiro k_l em cada iteração calculando $Q_n^l(s)$ para valores reais de s dados por $s = k/10^l$, $k = 0, 1, 2, \ldots, 9$. Para dois valores consecutivos de k, digamos k_l e k_{l+1}, os valores $Q_n(k_l/10^l)$ e $Q_n(k_{l+1}/10^l)$ têm sinais opostos.

4. Repita até que a precisão desejada da raiz tenha sido obtida. A aproximação da raiz real, depois da iteração de ordem N, é dada por

$$s_N = \sum_{l=0}^{N} \frac{k_l}{10^l} \qquad (4.14)$$

Cada iteração aumenta a precisão da aproximação de uma casa decimal.

Método de Newton

Este método pode determinar *raízes reais* da equação polinomial $Q_n(s) = 0$. Os passos a serem seguidos são:

1. Obtenha uma primeira aproximação s_0 de uma raiz, fazendo uma tentativa "educada" ou por uma técnica, como a do Passo 1 do Método de Horner.
2. Gere uma sequência de aproximações melhoradas até que a precisão desejada seja obtida por meio da relação recursiva

$$s_{l+1} = s_l - \left.\frac{Q_n(s)}{\dfrac{d}{ds}[Q_n(s)]}\right|_{s=s_l}$$

a qual pode ser reescrita como

$$s_{l+1} = \frac{\sum_{i=0}^{n}(i-1)a_i s_l^i}{\sum_{i=1}^{n} i a_i s_l^{i-1}} \qquad (4.15)$$

em que $l = 0, 1, 2, \ldots$.

Este método não proporciona uma medida da precisão da aproximação. Na verdade, não há garantia de que as aproximações convirjam para o valor correto.

Método de Lin-Bairstow

Este método pode determinar *tanto as raízes reais como complexas* da equação polinomial $Q_n(s) = 0$. Mais exatamente, ele determina fatores quadráticos de $Q_n(s)$ dos quais duas raízes podem ser determinadas pela fórmula quadrática. Estas raízes podem, evidentemente, ser reais ou complexas. Os passos a serem seguidos são:

1. Obtenha uma primeira aproximação de um fator quadrático

$$s^2 + \alpha_1 s + \alpha_0$$

de $Q_n(s) = \sum_{i=0}^{n} a_i s^i$ por algum método, talvez uma tentativa "educada". As correções para as aproximações são obtidas nos passos restantes.

2. Gere um conjunto de constantes $b_{n-2}, b_{n-3},..., b_0, b_{-1}, b_{-2}$ a partir da relação recursiva

$$b_{i-2} = a_i - \alpha_1 b_{i-1} - \alpha_0 b_i$$

em que $b_n = b_{n-1} = 0$ e $i = n, n-1,..., 1, 0$.

3. Gere um conjunto de constantes $c_{n-2}, c_{n-3},..., c_1, c_0$ a partir da relação recursiva

$$c_{i-1} = b_{i-1} - \alpha_1 c_i - \alpha_0 c_{i+1}$$

em que $c_n = c_{n-1} = 0$ e $i = n, n-1,..., 1$.

4. Resolva as duas equações simultâneas

$$c_0 \Delta\alpha_1 + c_1 \Delta\alpha_0 = b_{-1}$$
$$(-\alpha_1 c_0 - \alpha_0 c_1) \Delta\alpha_1 + c_0 \Delta\alpha_0 = b_{-2}$$

para $\Delta\alpha_1$ e $\Delta\alpha_0$. A nova aproximação do fator quadrático é

$$s^2 + (\alpha_1 + \Delta\alpha_1)s + (\alpha_0 + \Delta\alpha_0)$$

5. Repita os Passos de 1 a 4 para o fator quadrático obtido no Passo 4, até que as sucessivas aproximações sejam suficientemente próximas.

Este método não proporciona uma medida de precisão da aproximação. Na verdade, não há garantia de que as aproximações convirjam para o valor correto.

Método do lugar das raízes

Este método pode ser usado para determinar tanto as raízes reais como complexas da equação polinomial $Q_n(s)= 0$. A técnica é discutida no Capítulo 13.

4.11 PLANO COMPLEXO: MAPA DE POLOS E ZEROS

A função racional $F(s)$ das seções anteriores pode ser reescrita como

$$F(s) = \frac{b_m \sum_{i=0}^{m} (b_i/b_m)s^i}{\sum_{i=0}^{n} a_i s^i} = \frac{b_m \prod_{i=1}^{m} (s + z_i)}{\prod_{i=0}^{n} (s + p_i)}$$

onde os termos $s + z_i$ são fatores do polinômio numerador e os termos $s + p_i$ são fatores do polinômio denominador, com $a_n \equiv 1$. Se s for substituído por z, $F(z)$ representa uma função do sistema para sistemas discretos no tempo.

Definição 4.6: Os valores da variável complexa s para os quais $|F(s)|$ [valor absoluto de $F(s)$] é zero são denominados **zeros** de $F(s)$.

Definição 4.7: Os valores da variável complexa s para os quais $|F(s)|$ é infinito são denominados **polos** de $F(s)$.

Exemplo 4.43 Seja $F(s)$ dada por

$$F(s) = \frac{2s^2 - 2s - 4}{s^3 + 5s^2 + 8s + 6}$$

que pode ser reescrita como

$$F(s) = \frac{2(s+1)(s-2)}{(s+3)(s+1+j)(s+1-j)}$$

$F(s)$ tem *zeros finitos* em $s = -1$ e $s = 2$, e um *zero* em $s = \infty$. $F(s)$ tem *polos finitos* em $s = -3$, $s = -1 - j$, e $s = -1 + j$.

Os **polos** e **zeros** são números complexos determinados por duas variáveis reais, uma representando a parte real e a outra a parte imaginária do número complexo. Um polo ou zero pode, portanto, ser representado como um ponto em coordenadas retangulares. A *abscissa* deste ponto representa a parte real e a *ordenada*, a parte imaginária. No plano s, a abscissa é denominada **eixo σ** e a ordenada **eixo jω**. No plano z, a abscissa é denominada **eixo μ** e a ordenada **eixo jν**. O plano definido por este sistema de coordenadas é chamado de **plano complexo** (plano s ou plano z). A metade do plano na qual $\text{Re}(s) < 0$ ou $\text{Re}(z) < 0$ é denominada **semiplano esquerdo do plano s** ou **plano z** (SPE) e a metade na qual $\text{Re}(s) > 0$ ou $\text{Re}(z) > 0$ é denominada **semiplano direito do plano s** ou **plano z** (SPD). A porção do plano z na qual $|z| < 1$ é denominada **círculo unitário** (o interior dele) no plano z.

A localização de um polo no plano complexo é representada simbolicamente por uma cruz ($\times$) e a localização de um zero por um pequeno círculo ($\bigcirc$). O plano s incluindo as localizações dos polos e zeros finitos de $F(s)$ é denominado **mapa de polos e zeros** de $F(s)$. Um comentário semelhante vale para o plano z.

Exemplo 4.44 A função racional

$$F(s) = \frac{(s+1)(s-2)}{(s+3)(s+1+j)(s+1-j)}$$

tem polos finitos $s = -3$, $s = -1-j$ e $s = -1+j$, e os zeros finitos $s = -1$ e $s = 2$. O mapa de polos e zeros de $F(s)$ é mostrado na Fig. 4-2.

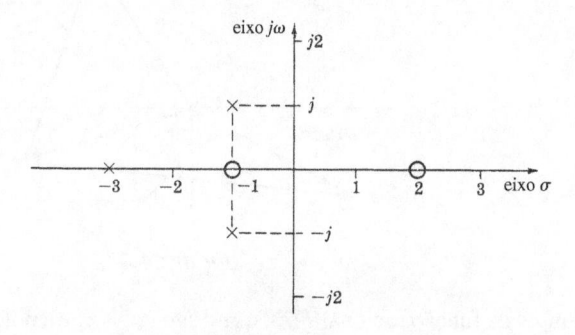

Figura 4-2

4.12 AVALIAÇÃO GRÁFICA DOS RESÍDUOS*

Seja $F(s)$ uma função racional escrita na forma fatorada:

$$F(s) = \frac{b_m \prod_{i=1}^{m}(s+z_i)}{\prod_{i=1}^{n}(s+p_i)}$$

Visto que $F(s)$ é uma função complexa, ela pode ser escrita na *forma polar* como

$$F(s) = |F(s)|e^{j\phi} = |F(s)|\underline{/\phi}$$

em que $|F(s)|$ é o valor absoluto de $F(s)$ e $\phi \equiv \arg F(s) = \text{tg}^{-1}[\text{Im } F(s)/\text{Re } F(s)]$.

$F(s)$ pode, além disso, ser escrita em termos das formas polares dos fatores $s + z_i$ e $s + p_i$ como

---

* Enquanto s é usado para representar uma variável complexa nesta seção, ela não se destina a representar apenas a variável de Laplace, e sim uma variável complexa geral sendo aplicável às transformadas z e de Laplace.

$$F(s) = \frac{b_m \prod_{i=1}^{m} |s + z_i|}{\prod_{i=1}^{n} |s + p_i|} \bigg/ \left[\sum_{i=1}^{m} \phi_{iz} - \sum_{i=1}^{n} \phi_{ip} \right]$$

em que $s + z_i = |s + z_i| \underline{/\phi_{iz}}$ e $s + p_i = |s + p_i| \underline{/\phi_{ip}}$.

Cada número complexo s, z_i, p_i, $s + z_i$, $s + p_i$, pode ser representado por um vetor no plano s. Se p é um número complexo geral, então o vetor que representa p tem módulo $|p|$ e sentido definido pelo ângulo

$$\phi = \text{tg}^{-1} \left[\frac{\text{Im } p}{\text{Re } p} \right]$$

medido no sentido anti-horário a partir do eixo σ.

A Figura 4.3 mostra um típico polo $(-p_i)$ e zero $(-z_i)$, junto com uma variável complexa geral s. Os *vetores soma* $s + z_i$ e $s + p_i$ são também mostrados. Note que o vetor $s + z_i$ é um vetor que começa no zero $-z_i$ e termina em s, e $s + p_i$ começa no polo $-p_i$ e termina em s.

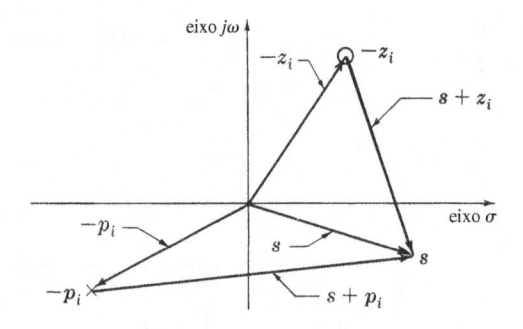

Figura 4-3

Para polos distintos da função racional $F(s)$, o *resíduo* $c_{k1} \equiv c_k$ do polo $-p_k$ é dado por

$$c_k = (s + p_k) F(s) \big|_{s = -p_k} = \frac{b_m (s + p_k) \prod_{i=1}^{m} (s + z_i)}{\prod_{i=1}^{n} (s + p_i)} \bigg|_{s = -p_k}$$

Estes resíduos podem ser determinados pelo seguinte procedimento gráfico:

1. Desenhe o mapa de polos e zeros de $(s + p_k)F(s)$.
2. Desenhe vetores sobre esse mapa, começando nos polos e zeros de $(s + p_k)F(s)$, e terminando em $-p_k$. Meça o módulo (na escala do mapa de polos e zeros) desses vetores e os ângulos dos vetores medidos, a partir do eixo real positivo, no sentido contrário ao dos ponteiros do relógio.
3. Obtenha o módulo $|c_k|$ do resíduo c_k como o produto de b_m e os módulos dos vetores dos zeros até $-p_k$, dividido pelo produto dos módulos dos vetores dos polos até $-p_k$.
4. Determine o ângulo ϕ_k do resíduo c_k como a soma dos ângulos dos vetores dos zeros até $-p_k$, menos a soma dos ângulos dos vetores dos zeros até $-p_k$. Isto é verdadeiro para b_m positivo. Se b_m é negativo, então adicione 180° a este ângulo.

O resíduo c_k é dado na forma polar por

$$c_k = |c_k| e^{j\phi_k} = |c_k| \underline{/\phi_k}$$

ou na forma retangular por

$$c_k = |c_k| \cos \phi_k + j|c_k| \text{sen } \phi_k$$

Esta técnica gráfica não é diretamente aplicável à avaliação de resíduos de polos Múltiplos.

4.13 SISTEMAS DE SEGUNDA ORDEM

Conforme indicado na Seção 3.14, muitos sistemas de controle podem ser descritos ou aproximados pela equação diferencial de segunda ordem

$$\frac{d^2y}{dt^2} + 2\zeta\omega_n\frac{dy}{dt} + \omega_n^2 y = \omega_n^2 u$$

o coeficiente positivo ω_n é chamado de **frequência natural não amortecida** e o coeficiente ζ é a **razão de amortecimento** do sistema.

A transformada de Laplace de $y(t)$, quando as condições iniciais são zero, é

$$Y(s) = \left[\frac{\omega_n^2}{s^2 + 2\zeta\omega_n s + \omega_n^2}\right] U(s)$$

onde $U(s) = \mathscr{L}[u(t)]$. Os polos da função $Y(s)/U(s) = \omega_n^2/(s^2 + 2\zeta\omega_n s + \omega_n^2)$ são

$$s = -\zeta\omega_n \pm \omega_n\sqrt{\zeta^2 - 1}$$

Note que:

1. Se $\zeta > 1$, ambos os polos são reais e negativos.
2. Se $\zeta = 1$, os polos são iguais, negativos e reais ($s = -\omega_n$).
3. Se $0 < \zeta < 1$, os polos são complexos conjugados com partes reais negativas ($s = -\zeta\omega_n \pm j\omega_n\sqrt{1 - \zeta^2}$).
4. Se $\zeta = 0$, os polos são imaginários e complexos conjugados ($s = \pm j\omega_n$).
5. Se, $\zeta < 0$, os polos estão no semiplano direto (SPD) do plano s.

É de particular Interesse neste livro o Caso 3, que representa um **sistema de segunda ordem subamortecido**. Os polos são complexos conjugados com as partes reais negativas e são localizados em

$$s = -\zeta\omega_n \pm j\omega_n\sqrt{1 - \zeta^2}$$

ou em

$$s = -\alpha \pm j\omega_d$$

onde $1/\alpha \equiv 1/\zeta\omega_n$ é denominado **constante de tempo** do sistema e $\omega_d \equiv \omega_n\sqrt{1 - \zeta^2}$ é denominado **frequência natural amortecida** do sistema. Para ω_n fixo, a Figura 4-4 mostra o lugar destes polos como uma função de ζ, $0 < \zeta$ 1. O lugar geométrico é um semicírculo de raio ω_n. O ângulo θ está relacionado à razão de amortecimento por $\theta = \cos^{-1}\zeta$.

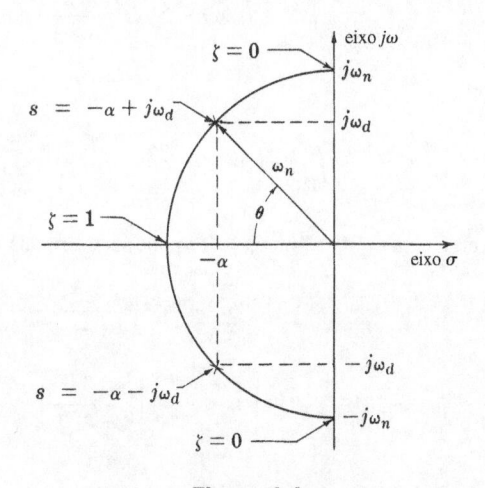

Figura 4-4

Uma descrição similar para sistemas de segunda ordem descrita por equações de diferenças não existe de tal forma simples e útil.

Problemas Resolvidos

Transformadas de Laplace a partir da definição

4.1 Mostre que a função degrau unitário $u(t)$ é transformável por Laplace e determine a sua transformada de Laplace.

A substituição direta na equação da Definição 4.2 resulta em

$$\int_{0^+}^{\infty} |\mathbf{1}(t)| e^{-\sigma_0 t}\, dt = \int_{0^+}^{\infty} e^{-\sigma_0 t}\, dt = -\frac{1}{\sigma_0} e^{-\sigma_0 t} \bigg|_{0^+}^{\infty} = \frac{1}{\sigma_0} < +\infty$$

para $\sigma_0 > 0$. A transformada de Laplace é dada pela Definição 4.1:

$$\mathscr{L}[\mathbf{1}(t)] = \int_{0^+}^{\infty} \mathbf{1}(t) e^{-st}\, dt = -\frac{1}{s} e^{-st} \bigg|_{0^+}^{\infty} = \frac{1}{s} \quad \text{para} \quad \operatorname{Re} s > 0$$

4.2 Mostre que a função rampa unitária t é transformável por Laplace e determine a sua transformada de Laplace.

A substituição direta na equação da Definição 4.2, resulta em

$$\int_{0^+}^{\infty} |t| e^{-\sigma_0 t}\, dt = \frac{e^{-\sigma_0 t}}{\sigma_0^2}(-\sigma_0 t - 1)\bigg|_{0^+}^{\infty} = \frac{1}{\sigma_0^2} < +\infty$$

para $\sigma_0 > 0$. A transformada de Laplace é dada pela Definição 4.1:

$$\mathscr{L}[t] = \int_{0^+}^{\infty} t e^{-st}\, dt = \frac{e^{-st}}{s^2}(-st - 1)\bigg|_{0^+}^{\infty} = \frac{1}{s^2} \quad \text{para} \quad \operatorname{Re} s > 0$$

4.3 Mostre que a função sen t é transformável por Laplace e determine a sua transformada de Laplace.

A integral $\int_{0^+}^{\infty} |\operatorname{sen} t| e^{-\sigma_0 t} dt$ pode ser avaliada escrevendo a integral sobre os semiciclos positivos de sen t, como

$$\int_{n\pi}^{(n+1)\pi} \operatorname{sen} t\, e^{-\sigma_0 t}\, dt = \frac{e^{-\sigma_0 n\pi}}{\sigma_0^2 + 1}\left[e^{-\sigma_0 \pi} + 1 \right]$$

para n par, e sobre os semiciclos negativos de sen t, como

$$-\int_{n\pi}^{(n+1)\pi} \operatorname{sen} t\, e^{-\sigma_0 t}\, dt = \frac{e^{-\sigma_0 n\pi}}{\sigma_0^2 + 1}\left[e^{-\sigma_0 \pi} + 1 \right]$$

para n ímpar. Então

$$\int_{0^+}^{\infty} |\operatorname{sen} t| e^{-\sigma_0 t}\, dt = \frac{e^{-\sigma_0 \pi} + 1}{\sigma_0^2 + 1} \sum_{n=0}^{\infty} e^{-\sigma_0 n \pi}$$

A somatória converge para $e^{-\sigma_0 \pi} < 1$ ou $\sigma_0 > 0$ e pode ser escrita na forma

$$\sum_{n=0}^{\infty} e^{-\sigma_0 n \pi} = \frac{1}{1 - e^{-\sigma_0 \pi}}$$

Então

$$\int_{0^+}^{\infty} |\operatorname{sen} t| e^{-\sigma_0 t}\, dt = \left[\frac{1 + e^{-\sigma_0 \pi}}{1 - e^{-\sigma_0 \pi}}\right]\left(\frac{1}{\sigma_0^2 + 1}\right) < +\infty \quad \text{para} \quad \sigma_0 > 0$$

Finalmente, $\mathscr{L}[\operatorname{sen} t] = \int_{0^+}^{\infty} \operatorname{sen} t\, e^{-st}\, dt = \dfrac{e^{-st}(-s\operatorname{sen} t - \cos t)}{s^2 + 1}\bigg|_{0^+}^{\infty} = \dfrac{1}{s^2 + 1} \quad \text{para} \quad \operatorname{Re} s > 0$

4.4 Mostre que a transformada de Laplace da função impulso unitário é dado por $\mathscr{L}[\delta(t)] = 1$.

A substituição direta da Equação (3.19) na equação da Definição 4.1 resulta em

$$\int_{0^+}^{\infty} \delta(t) e^{-st} dt = \int_{0^+}^{\infty} \lim_{\Delta t \to 0} \left[\frac{\mathbf{1}(t) - \mathbf{1}(t - \Delta t)}{\Delta t} \right] e^{-st} dt$$

$$= \lim_{\Delta t \to 0} \left[\int_{0^+}^{\infty} \frac{\mathbf{1}(t)}{\Delta t} e^{-st} dt - \int_{0^+}^{\infty} \frac{\mathbf{1}(t - \Delta t)}{\Delta t} e^{-st} dt \right] = \lim_{\Delta t \to 0} \frac{1}{\Delta t} \left[\frac{1}{s} - \frac{e^{-\Delta t s}}{s} \right]$$

em que a transformada de Laplace de $\mathbf{1}(t)$ é $1/s$, como é mostrado no Problema 4.1, e o segundo termo é obtido usando a Propriedade 9. Agora

$$e^{-\Delta t s} = 1 - \Delta t s + \frac{(\Delta t s)^2}{2!} - \frac{(\Delta t s)^3}{3!} + \cdots$$

(ver referência [1]). Assim

$$\mathscr{L}[\delta(t)] = \lim_{\Delta t \to 0} \frac{1}{\Delta t} \left[\frac{1}{s} - \frac{e^{-\Delta t s}}{s} \right] = \lim_{\Delta t \to 0} \frac{1}{\Delta t} \left[\Delta t - \frac{(\Delta t)^2 s}{2!} + \frac{(\Delta t)^3 s^2}{3!} - \cdots \right] = 1$$

Propriedades da transformada de Laplace e da sua inversa

4.5 Mostre que $\mathscr{L}[a_1 f_1(t) + a_2 f_2(t)] = a_1 F_1(s) + a_2 F_2(s)$, em que $F_1(s) = \mathscr{L}[f_1(t)]$ e $F_2(s) = \mathscr{L}[f_2(t)]$ (Propriedade 1).

Por definição,

$$\mathscr{L}[a_1 f_1(t) + a_2 f_2(t)] = \int_{0^+}^{\infty} [a_1 f_1(t) + a_2 f_2(t)] e^{-st} dt$$

$$= \int_{0^+}^{\infty} a_1 f_1(t) e^{-st} dt + \int_{0^+}^{\infty} a_2 f_2(t) e^{-st} dt$$

$$= a_1 \int_{0^+}^{\infty} f_1(t) e^{-st} dt + a_2 \int_{0^+}^{\infty} f_2(t) e^{-st} dt$$

$$= a_1 \mathscr{L}[f_1(t)] + a_2 \mathscr{L}[f_2(t)] = a_1 F_1(s) + a_2 F_2(s)$$

4.6 Mostre que $\mathscr{L}^{-1}[a_1 F_1(s) + a_2 F_2(s)] = a_1 f_1(t) + a_2 f_2(t)$, em que $\mathscr{L}^{-1}[F_1(s)] = f_1(t)$ e $\mathscr{L}^{-1}[F_2(s)] = f_2(t)$ (Propriedade 2).

Por definição,

$$\mathscr{L}^{-1}[a_1 F_1(s) + a_2 F_2(s)] = \frac{1}{2\pi j} \int_{c-j\infty}^{c+j\infty} [a_1 F_1(s) + a_2 F_2(s)] e^{st} ds$$

$$= \frac{1}{2\pi j} \int_{c-j\infty}^{c+j\infty} a_1 F_1(s) e^{st} ds + \frac{1}{2\pi j} \int_{c-j\infty}^{c+j\infty} a_2 F_2(s) e^{st} ds$$

$$= a_1 \left[\frac{1}{2\pi j} \int_{c-j\infty}^{c+j\infty} F_1(s) e^{st} ds \right] + a_2 \left[\frac{1}{2\pi j} \int_{c-j\infty}^{c+j\infty} F_2(s) e^{st} ds \right]$$

$$= a_1 \mathscr{L}^{-1}[F_1(s)] + a_2 \mathscr{L}^{-1}[F_2(s)] = a_1 f_1(t) + a_2 f_2(t)$$

4.7 Mostre que a transformada de Laplace da derivada df/dt de uma função $f(t)$ é dada por $\mathscr{L}[df/dt] = sF(s) - f(0^+)$, em que $F(s) = \mathscr{L}[f(t)]$ (Propriedade 3).

Por definição,

$$\mathscr{L}\left[\frac{df}{dt}\right] = \lim_{\substack{T \to \infty \\ \epsilon \to 0}} \int_{\epsilon}^{T} \frac{df}{dt} e^{-st} dt$$

Integrando por partes,

$$\lim_{\substack{T \to \infty \\ \epsilon \to 0}} \int_\epsilon^T \frac{df}{dt} e^{-st} dt = \lim_{\substack{T \to \infty \\ \epsilon \to 0}} \left[f(t) e^{-st} \Big|_\epsilon^T + s \int_\epsilon^T f(t) e^{-st} dt \right] = -f(0^+) + sF(s)$$

Onde $\lim_{\epsilon \to 0} f(\epsilon) = f(0^+)$.

4.8 Mostre que

$$\mathscr{L}\left[\int_0^t f(\tau) \, d\tau \right] = \frac{F(s)}{s}$$

em que $F(s) = \mathscr{L}[f(t)]$ (Propriedade 4).

Por definição e uma mudança na ordem das integrações, temos

$$\mathscr{L}\left[\int_0^t f(\tau) \, d\tau \right] = \int_{0^+}^\infty \int_0^t f(\tau) \, d\tau \, e^{-st} dt = \int_{0^+}^\infty f(\tau) \int_\tau^\infty e^{-st} dt \, d\tau$$

$$= \int_{0^+}^\infty f(\tau) \left[-\frac{1}{s} e^{-st} \Big|_\tau^\infty \right] d\tau = \int_{0^+}^\infty f(\tau) \frac{e^{-s\tau}}{s} d\tau = \frac{F(s)}{s}$$

4.9 Mostre que $f(0^+) \equiv \lim_{t \to 0} f(t) = \lim_{s \to \infty} sF(s)$, em que $F(s) = \mathscr{L}[f(t)]$ (Propriedade 5).

A partir do Problema 4.7,

$$\mathscr{L}\left[\frac{df}{dt} \right] = sF(s) - f(0^+) = \lim_{\substack{T \to \infty \\ \epsilon \to 0}} \int_\epsilon^T \frac{df}{dt} e^{-st} dt$$

Agora, façamos $s \to \infty$, isto é,

$$\lim_{s \to \infty} [sF(s) - f(0^+)] = \lim_{s \to \infty} \left[\lim_{\substack{T \to \infty \\ \epsilon \to 0}} \int_\epsilon^T \frac{df}{dt} e^{-st} dt \right]$$

Visto que os processos de limites podem ser intercambiados, temos

$$\lim_{s \to \infty} \left[\lim_{\substack{T \to \infty \\ \epsilon \to 0}} \int_\epsilon^T \frac{df}{dt} e^{-st} dt \right] = \lim_{\substack{T \to \infty \\ \epsilon \to 0}} \int_\epsilon^T \frac{df}{dt} \left(\lim_{s \to \infty} e^{-st} \right) dt$$

Mas $\lim_{s \to \infty} e^{-st} = 0$. Em consequência, o segundo membro da equação é zero e $\lim_{s \to \infty} sF(s) = f(0^+)$.

4.10 Mostre que se $\lim_{t \to \infty} f(t)$ existir, então $f(\infty) \equiv \lim_{t \to \infty} f(t) = \lim_{s \to 0} sF(s)$, em que $F(s) = \mathscr{L}[f(t)]$ (Propriedade 6).

A partir do Problema 4.7,

$$\mathscr{L}\left[\frac{df}{dt} \right] = sF(s) - f(0^+) = \lim_{\substack{T \to \infty \\ \epsilon \to 0}} \int_\epsilon^T \frac{df}{dt} e^{-st} dt$$

Façamos $s \to 0$, isto é,

$$\lim_{s \to 0} [sF(s) - f(0^+)] = \lim_{s \to 0} \left[\lim_{\substack{T \to \infty \\ \epsilon \to 0}} \int_\epsilon^T \frac{df}{dt} e^{-st} dt \right]$$

Visto que os processos de limite podem ser intercambiados, temos

$$\lim_{s \to 0} \left[\lim_{\substack{T \to \infty \\ \epsilon \to 0}} \int_\epsilon^T \frac{df}{dt} e^{-st} dt \right] = \lim_{\substack{T \to \infty \\ \epsilon \to 0}} \int_\epsilon^T \frac{df}{dt} \left(\lim_{s \to 0} e^{-st} \right) dt = \lim_{\substack{T \to \infty \\ \epsilon \to 0}} \int_\epsilon^T \frac{df}{dt} dt = f(\infty) - f(0^+)$$

Adicionando $f(0^+)$ a ambos os membros da última equação, temos $\lim_{s \to 0} sF(s) = f(\infty)$ se $f(\infty) = \lim_{t \to \infty} f(t)$ existe.

4.11 Mostre que $\mathscr{L}[f(t/a)] = aF(as)$, em que $F(s) = \mathscr{L}[f(t)]$ (Propriedade 7).

Por definição, $\mathscr{L}[f(t/a)] = \int_{0^+}^{\infty} f(t/a) e^{-st} \, dt$. Fazendo a mudança de variável $\tau = t/a$,

$$\mathscr{L}\left[f\left(\frac{t}{a}\right)\right] = a \int_{0^+}^{\infty} f(\tau) e^{-(as)\tau} \, d\tau = aF(as)$$

4.12 Mostre que $\mathscr{L}^{-1}[F(s/a)] = af(at)$, em que $f(t) = \mathscr{L}^{-1}[F(s)]$ (Propriedade 8).

Por definição,

$$\mathscr{L}^{-1}\left[F\left(\frac{s}{a}\right)\right] = \frac{1}{2\pi j} \int_{c-j\infty}^{c+j\infty} F\left(\frac{s}{a}\right) e^{st} \, ds$$

Fazendo a mudança de variável $\omega = s/a$,

$$\mathscr{L}^{-1}\left[F\left(\frac{s}{a}\right)\right] = \frac{a}{2\pi j} \int_{c-j\infty}^{c+j\infty} F(\omega) e^{\omega(at)} \, d\omega = af(at)$$

4.13 Mostre que $\mathscr{L}[f(t-T)] = e^{-sT} F(s)$, em que $f(t-T) = 0$ para $t \leq T$ e $F(s) 5 \mathscr{L}[f(t)]$ (Propriedade 9).

Por definição,

$$\mathscr{L}[f(t-T)] = \int_{0^+}^{\infty} f(t-T) e^{-st} \, dt = \int_{T}^{\infty} f(t-T) e^{-st} \, dt$$

Fazendo a mudança de variável $\theta = t - T$,

$$\mathscr{L}[f(t-T)] = \int_{0^+}^{\infty} f(\theta) e^{-s\theta} e^{-sT} \, d\theta = e^{-sT} F(s)$$

4.14 Mostre que $\mathscr{L}[e^{-at} f(t)] = F(s+a)$, em que $F(s) = \mathscr{L}[f(t)]$ (Propriedade 10).

Por definição,

$$\mathscr{L}[e^{-at} f(t)] = \int_{0^+}^{\infty} e^{-at} f(t) e^{-st} \, dt = \int_{0^+}^{\infty} f(t) e^{-(s+a)t} \, dt = F(s+a)$$

4.15 Mostre que

$$\mathscr{L}[f_1(t) f_2(t)] = \frac{1}{2\pi j} \int_{c-j\infty}^{c+j\infty} F_1(\omega) F_2(s-\omega) \, d\omega$$

em que $F_1(s) = \mathscr{L}[f_1(t)]$ e $F_2(s) = \mathscr{L}[f_2(t)]$ (Propriedade 11).

Por definição,

$$\mathscr{L}[f_1(t) f_2(t)] = \int_{0^+}^{\infty} f_1(t) f_2(t) e^{-st} \, dt$$

Mas

$$f_1(t) = \frac{1}{2\pi j} \int_{c-j\infty}^{c+j\infty} F_1(\omega) e^{\omega t} \, d\omega$$

Portanto,

$$\mathscr{L}[f_1(t) f_2(t)] = \frac{1}{2\pi j} \int_{0^+}^{\infty} \int_{c-j\infty}^{c+j\infty} F_1(\omega) e^{\omega t} \, d\omega \, f_2(t) e^{-st} \, dt$$

Intercambiando a ordem das integrações, temos

$$\mathscr{L}[f_1(t)f_2(t)] = \frac{1}{2\pi j}\int_{c-j\infty}^{c+j\infty} F_1(\omega)\int_{0^+}^{\infty} f_2(t)e^{-(s-\omega)t}\,dt\,d\omega$$

Visto que $\int_{0^+}^{\infty} f_2(t)e^{-(s-\omega)t}\,dt = F_2(s-\omega)$,

$$\mathscr{L}[f_1(t)f_2(t)] = \frac{1}{2\pi j}\int_{c-j\infty}^{c+j\infty} F_1(\omega)F_2(s-\omega)\,d\omega$$

4.16 Mostre que

$$\mathscr{L}^{-1}[F_1(s)F_2(s)] = \int_{0^+}^{t} f_1(\tau)f_2(t-\tau)\,d\tau$$

em que $f_1(t) = \mathscr{L}^{-1}[F_1(s)]$ e $f_2(t) = \mathscr{L}^{-1}[F_2(s)]$ (Propriedade 12).

Por definição,

$$\mathscr{L}^{-1}[F_1(s)F_2(s)] = \frac{1}{2\pi j}\int_{c-j\infty}^{c+j\infty} F_1(s)F_2(s)e^{st}\,ds$$

Mas $F_1(s) = \int_{0^+}^{\infty} f_1(\tau)e^{-s\tau}\,d\tau$. Portanto,

$$\mathscr{L}^{-1}[F_1(s)F_2(s)] = \frac{1}{2\pi j}\int_{c-j\infty}^{c+j\infty}\int_{0^+}^{\infty} f_1(\tau)e^{-s\tau}\,d\tau\,F_2(s)e^{st}\,ds$$

Intercambiando a ordem das integrações temos

$$\mathscr{L}^{-1}[F_1(s)F_2(s)] = \int_{0^+}^{\infty}\frac{1}{2\pi j}\int_{c-j\infty}^{c+j\infty} F_2(s)e^{s(t-\tau)}\,ds\,f_1(\tau)\,d\tau$$

Visto que

$$\frac{1}{2\pi j}\int_{c-j\infty}^{c+j\infty} F_2(s)e^{s(t-\tau)}\,ds = f_2(t-\tau)$$

então

$$\mathscr{L}^{-1}[F_1(s)F_2(s)] = \int_{0^+}^{\infty} f_1(\tau)f_2(t-\tau)\,d\tau = \int_{0^+}^{t} f_1(\tau)f_2(t-\tau)\,d\tau$$

em que a segunda igualdade é verdadeira, visto que $f_2(t-\tau) = 0$ para $\tau \geq t$.

4.17 Mostre que

$$\mathscr{L}\left[\frac{d^i y}{dt^i}\right] = s^i Y(s) - \sum_{k=0}^{i-1} s^{i-1-k} y_0^k$$

para $i > 0$, em que $Y(s) = \mathscr{L}[y(t)]$ e $y_0^k = (d^k y/dt^k)|_{t=0^+}$.

Este resultado pode ser demonstrado por indução matemática. Para $i = 1$,

$$\mathscr{L}\left[\frac{dy}{dt}\right] = sY(s) - y(0^+) = sY(s) - y_0^0$$

como é mostrado no Problema 4.7. Agora suponha que o resultado é concordante para $i = n - 1$, isto é,

$$\mathscr{L}\left[\frac{d^{n-1}y}{dt^{n-1}}\right] = s^{n-1}Y(s) - \sum_{k=0}^{n-2} s^{n-2-k} y_0^k$$

Então $\mathcal{L}(d^n y/dt^n)$ pode ser escrita como

$$\mathcal{L}\left[\frac{d^n y}{dt^n}\right] = \mathcal{L}\left[\frac{d}{dt}\left(\frac{d^{n-1} y}{dt^{n-1}}\right)\right] = s\mathcal{L}\left[\frac{d^{n-1} y}{dt^{n-1}}\right] - \frac{d^{n-1} y}{dt^{n-1}}\bigg|_{t=0^+}$$

$$= s\left(s^{n-1}Y(s) - \sum_{k=0}^{n-2} s^{n-2-k} y_0^k\right) - y_0^{n-1} = s^n Y(s) - \sum_{k=0}^{n-1} s^{n-1-k} y_0^k$$

Para o caso especial de $n = 2$, temos $\mathcal{L}[d^2 y/dt^2] = s^2 Y(s) - s y_0^0 - y_0^1$.

Transformadas de Laplace e suas inversas a partir da tabela de pares de transformadas

4.18 Determine a transformada de Laplace de $f(t) = 2e^{-t}\cos 10t - t^4 + 6e^{-(t-10)}$ para $t > 0$.

A partir da tabela de pares de transformadas,

$$\mathcal{L}[e^{-t}\cos 10t] = \frac{s+1}{(s+1)^2 + 10^2} \qquad \mathcal{L}[t^4] = \frac{4!}{s^5} \qquad \mathcal{L}[e^{-t}] = \frac{1}{s+1}$$

Usando a Propriedade 9, $\mathcal{L}[e^{-(t-10)}] = e^{-10s}/(s+1)$. Usando a Propriedade 1,

$$\mathcal{L}[f(t)] = 2\mathcal{L}[e^{-t}\cos 10t] - \mathcal{L}[t^4] + 6\mathcal{L}[e^{-(t-10)}] = \frac{2(s+1)}{s^2 + 2s + 101} - \frac{24}{s^5} + \frac{6e^{-10s}}{s+1}$$

4.19 Determine a transformada inversa de Laplace de

$$F(s) = \frac{2e^{-0,5s}}{s^2 - 6s + 13} - \frac{s-1}{s^2 - 2s + 2}$$

para $t > 0$.

$$\frac{2}{s^2 - 6s + 13} = \frac{2}{(s-3)^2 + 2^2} \qquad \frac{s-1}{s^2 - 2s + 2} = \frac{s-1}{(s-1)^2 + 1}$$

As transformadas inversas são determinadas diretamente pela Tabela 4.1 como

$$\mathcal{L}^{-1}\left[\frac{1}{(s-3)^2 + 2^2}\right] = e^{3t}\operatorname{sen} 2t \qquad \mathcal{L}^{-1}\left[\frac{s-1}{(s-1)^2 + 1}\right] = e^t \cos t$$

Usando a Propriedade 9 e *em seguida* a Propriedade 2, resulta em

$$f(t) = \begin{cases} -e^t \cos t & 0 < t \leq 0,5 \\ e^{3(t-0,5)}\operatorname{sen} 2(t-0,5) - e^t \cos t & t > 0,5 \end{cases}$$

Transformadas de Laplace de equações diferenciais lineares de coeficientes constantes

4.20 Determine a transformada de saída $Y(s)$ para a equação diferencial

$$\frac{d^3 y}{dt^3} + 3\frac{d^2 y}{dt^2} - \frac{dy}{dt} + 6y = \frac{d^2 u}{dt^2} - u$$

em que y = saída, u = entrada e as condições iniciais são

$$y(0^+) = \frac{dy}{dt}\bigg|_{t=0^+} = 0 \qquad \frac{d^2 y}{dt^2}\bigg|_{t=0^+} = 1$$

Usando a Propriedade 3 ou o resultado do Problema 4.17, as transformadas de Laplace dos termos da equação são dadas como

$$\mathscr{L}\left[\frac{d^3y}{dt^3}\right] = s^3Y(s) - s^2y(0^+) - s\frac{dy}{dt}\bigg|_{t=0^+} - \frac{d^2y}{dt^2}\bigg|_{t=0^+} = s^3Y(s) - 1$$

$$\mathscr{L}\left[\frac{d^2y}{dt^2}\right] = s^2Y(s) - sy(0^+) - \frac{dy}{dt}\bigg|_{t=0^+} = s^2Y(s)$$

$$\mathscr{L}\left[\frac{dy}{dt}\right] = sY(s) - y(0^+) = sY(s) \qquad \mathscr{L}\left[\frac{d^2u}{dt^2}\right] = s^2U(s) - su(0^+) - \frac{du}{dt}\bigg|_{t=0^+}$$

em que $Y(s) = \mathscr{L}[y(t)]$ e $U(s) = \mathscr{L}[u(t)]$. A transformada de Laplace da equação dada pode ser agora escrita como

$$\mathscr{L}\left[\frac{d^3y}{dt^3}\right] + 3\mathscr{L}\left[\frac{d^2y}{dt^2}\right] - \mathscr{L}\left[\frac{dy}{dt}\right] + 6\mathscr{L}[y]$$

$$= s^3Y(s) - 1 + 3s^2Y(s) - sY(s) + 6Y(s)$$

$$= \mathscr{L}\left[\frac{d^2u}{dt^2}\right] - \mathscr{L}[u] = s^2U(s) - su(0^+) - \frac{du}{dt}\bigg|_{t=0^+} - U(s)$$

Resolvendo para $Y(s)$, obtemos

$$Y(s) = \frac{(s^2-1)U(s)}{s^3+3s^2-s+6} - \frac{su(0^+) + \dfrac{du}{dt}\bigg|_{t=0^+}}{s^3+3s^2-s+6} + \frac{1}{s^3+3s^2-s+6}$$

4.21 Que parte da solução do Problema 4.20 é a transformada da resposta livre? E da resposta forçada?

A transformada da resposta livre $Y_a(s)$ é a parte da transformada de saída $Y(s)$ que não depende da entrada $u(t)$, das suas derivadas ou suas transformadas; isto é,

$$Y_a(s) = \frac{1}{s^3+3s^2-s+6}$$

A transformada da resposta forçada $Y_b(s)$ é a parte de $Y(s)$ que depende de $u(t)$, de sua derivada e de sua transformada; isto é,

$$Y_b(s) = \frac{(s^2-1)U(s)}{s^2+3s^2-s+6} - \frac{su(0^+) + \dfrac{du}{dt}\bigg|_{t=0^+}}{s^3+3s^2-s+6}$$

4.22 Qual é o polinômio característico para a equação diferencial dos Problemas 4.20 e 4.21?

O polinômio característico é o polinômio denominador que é comum às transformadas das respostas livre e forçada (ver Problema 4.21), isto é, o polinômio $s^3 + 3s^2 - s + 6$.

4.23 Determine a transformada de saída $Y(s)$ do sistema do Problema 4.20 para uma entrada $u(t) = 5\operatorname{sen} t$.

A partir da Tabela 4.1, $U(s) \equiv \mathscr{L}[u(t) = \mathscr{L}[5\operatorname{sen} t] = 5/(s^2+1)$.

Os valores iniciais de $u(t)$ e du/dt são $u(0^+) = \lim_{t\to 0} 5\operatorname{sen} t = 0$, $(du/dt)|_{t=0^+} = \lim_{t\to 0} 5\cos t = 5$. Substituindo estes valores na transformada de saída $Y(s)$ dada no Problema 4.20, temos

$$Y(s) = \frac{s^2-9}{(s^3+3s^2-s+6)(s^2+1)}$$

Desenvolvimentos em frações parciais

4.24 Uma função racional $F(s)$ pode ser representada por

$$F(s) = \frac{\sum_{i=0}^{n} b_i s^i}{\prod_{i=1}^{r}(s+p_i)^{n_i}} = b_n + \sum_{i=1}^{r}\sum_{k=1}^{n_i} \frac{c_{ik}}{(s+p_i)^k} \qquad (4.10a)$$

em que a segunda forma é o desenvolvimento em fração parcial de $F(s)$. Mostre que as constantes c_{ik} são dadas por

$$c_{ik} = \frac{1}{(n_i-k)!} \frac{d^{n_i-k}}{ds^{n_i-k}}\left[(s+p_i)^{n_i} F(s)\right]\bigg|_{s=-p_i} \qquad (4.10b)$$

Seja $(s+p_j)$ o fator de interesse e forme

$$(s+p_j)^{n_j} F(s) = (s+p_j)^{n_j} b_n + \sum_{i=1}^{r}\sum_{k=1}^{n_i} \frac{(s+p_j)^{n_j} c_{ik}}{(s+p_i)^k}$$

Isto pode ser reescrito como

$$(s+p_j)^{n_j} F(s) = (s+p_j)^{n_j} b_n + \sum_{i=1}^{j-1}\sum_{k=1}^{n_i} \frac{(s+p_j)^{n_j} c_{ik}}{(s+p_i)^k}$$
$$+ \sum_{i=j+1}^{r}\sum_{k=1}^{n_i} \frac{(s+p_j)^{n_j} c_{ik}}{(s+p_i)^k} + \sum_{k=1}^{n_j} (s+p_j)^{n_j-k} c_{jk}$$

Agora forme $\quad \dfrac{d^{n_j-l}}{ds^{n_j-l}}\left[(s+p_j)^{n_j} F(s)\right]\bigg|_{s=-p_j}$

Note que os três primeiros termos no segundo membro de $(s+p_j)^{n_j}F(s)$ terão um fator $s+p_j$ no numerador par depois de ser derivado $n_j - l$ vezes ($l = 1, 2, ..., n_j$) e assim estes três termos se tornam nulos quando avaliados em $s = -p_j$. Portanto,

$$\frac{d^{n_j-l}}{ds^{n_j-l}}\left[(s+p_j)^{n_j} F(s)\right]\bigg|_{s=-p_j} = \frac{d^{n_j-l}}{ds^{n_j-l}}\left[\sum_{k=1}^{n_j}(s+p_j)^{n_j-k} c_{jk}\right]\bigg|_{s=-p_j}$$
$$= \sum_{k=1}^{l} (n_j-k)(n_j-k-1)\cdots(l-k+1)(s+p_j)^{(-k+l)} c_{jk}\bigg|_{s=-p_j}$$

Exceto para aquele termo do somatório para o qual $k = l$, todos os outros termos são zero, visto que eles contêm fatores $s + p_j$. Então

$$\frac{d^{n_j-l}}{ds^{n_j-l}}\left[(s+p_j)^{n_j} F(s)\right]\bigg|_{s=-p_j} = (n_j-l)(n_j-l-1)\cdots(1) c_{jl}$$

ou $\quad c_{jl} = \dfrac{1}{(n_j-l)!} \dfrac{d^{n_j-l}}{ds^{n_j-l}}\left[(s+p_j)^{n_j} F(s)\right]\bigg|_{s=-p_j}$

4.25 Desenvolva $Y(s)$ do Exemplo 4.17 em um desenvolvimento em fração parcial. $Y(s)$ pode ser reescrito com o denominador polinomial na forma fatorada, como

$$Y(s) = \frac{-(s^2+s-1)}{s(s+1)(s+2)}$$

o desenvolvimento em frações parciais $Y(s)$ é [ver Equação (4.11)]

$$Y(s) = b_3 + \frac{c_{11}}{s} + \frac{c_{21}}{s+1} + \frac{c_{31}}{s+2}$$

em que $b_3 = 0$,

$$c_{11} = \left.\frac{-(s^2+s-1)}{(s+1)(s+2)}\right|_{s=0} = \frac{1}{2} \qquad c_{21} = \left.\frac{-(s^2+s-1)}{s(s+2)}\right|_{s=-1} = -1 \qquad c_{31} = \left.\frac{-(s^2+s-1)}{s(s+1)}\right|_{s=-2} = -\frac{1}{2}$$

Assim,
$$Y(s) = \frac{1}{2s} - \frac{1}{s+1} - \frac{1}{2(s+2)}$$

4.26 Desenvolva $Y(s)$ do Exemplo 4.19 no desenvolvimento em frações parciais.

$Y(s)$ pode ser reescrito com o denominador polinomial na forma fatorada como

$$Y(s) = \frac{s^2 + 9s + 19}{(s+1)(s+2)(s+4)}$$

O desenvolvimento em frações parciais de $Y(s)$ é [ver Equação (4.11)]

$$Y(s) = b_3 + \frac{c_{11}}{s+1} + \frac{c_{21}}{s+2} + \frac{c_{31}}{s+4}$$

em que $b_3 = 0$,

$$c_{11} = \left.\frac{s^2 + 9s + 19}{(s+2)(s+4)}\right|_{s=-1} = \frac{11}{3} \qquad c_{21} = \left.\frac{s^2 + 9s + 19}{(s+1)(s+4)}\right|_{s=-2} = -\frac{5}{2}$$

$$c_{31} = \left.\frac{s^2 + 9s + 19}{(s+1)(s+2)}\right|_{s=-4} = -\frac{1}{6}$$

Assim,
$$Y(s) = \frac{11}{3(s+1)} - \frac{5}{2(s+2)} - \frac{1}{6(s+4)}$$

Transformadas inversas de Laplace usando desenvolvimentos em frações parciais

4.27 Determine $y(t)$ para o sistema do Exemplo 4.17.

A partir do resultado do Problema 4.25, a transformada de $y(t)$ pode ser escrita como

$$\mathscr{L}[y(t)] \equiv Y(s) = \frac{1}{2s} - \frac{1}{s+1} - \frac{1}{2(s+2)}$$

Portanto,

$$y(t) = \frac{1}{2}\mathscr{L}^{-1}\left[\frac{1}{s}\right] - \mathscr{L}^{-1}\left[\frac{1}{s+1}\right] - \frac{1}{2}\mathscr{L}^{-1}\left[\frac{1}{s+2}\right] = \frac{1}{2}[1 - 2e^{-t} - e^{-2t}] \qquad t > 0$$

4.28 Determine $y(t)$ para o sistema do Exemplo 4.19.

A partir do resultado do Problema 4.26, a transformada de $y(t)$ pode ser escrita como

$$\mathscr{L}[y(t)] = Y(s) = \frac{11}{3(s+1)} - \frac{5}{2(s+2)} - \frac{1}{6(s+4)}$$

Portanto,
$$y(t) = \frac{11}{3}e^{-t} - \frac{5}{2}e^{-2t} - \frac{1}{6}e^{-4t}$$

Raízes dos polinômios

4.29 Determine a aproximação de uma raiz real da equação polinomial

$$Q_3(s) = s^3 - 3s^2 + 4s - 5 = 0$$

com uma precisão de três algarismos usando o *método de Horner*.

Pela regra de sinais de Descartes, $Q_3(s)$ tem três variações nos sinais dos seus coeficientes (1 a -3, -3 a 4 e 4 a -5): Assim, podem existir três raízes reais positivas. $Q_3(-s) = -s^3 - 3s^2 - 4s - 5$ não tem mudança de sinal; portanto, $Q_3(s)$ não tem raízes reais negativas, e apenas os valores reais de s maiores do que zero, precisam ser considerados.

Passo 1 – Temos $Q_3(0) = -5$, $Q_3(1) = -3$, $Q_3(2) = -1$, $Q_3(3) = 7$. Portanto, $k_0 = 2$ e a primeira aproximação é $s_0 = k_0 = 2$.

Passo 2 – Determine $Q_3^1(s)$ como

$$Q_3^1(s) = Q_3^0(2+s) = (2+s)^3 - 3(2+s)^2 + 4(2+s) - 5 = s^3 + 3s^2 + 4s - 1$$

Passo 3 – $Q_3^1(0) = -1$, $Q_3^1(\tfrac{1}{10}) = -0{,}569$, $Q_3^1(\tfrac{2}{10}) = -0{,}072$, $Q_3^1(\tfrac{3}{10}) = 0{,}497$. Portanto, $k_1 = 0{,}2$ e $s_1 = k_0 + k_1 = 2{,}2$.

Agora repita o Passo 2 para determinar $Q_3^2(s)$:

$$Q_3^2(s) = Q_3^1(0{,}2 + s) = (0{,}2+s)^3 + 3(0{,}2+s)^2 + 4(0{,}2+s) - 1 = s^3 + 3{,}6s^2 + 5{,}32s - 0{,}072$$

Repetindo o Passo 3: $Q_3^2(0) = -0{,}072$, $Q_3^2(1/100) = -0{,}018$, $Q_3^2(2/100) = 0{,}036$. Portanto, $k_2 = 0{,}01$ e $s_2 = k_0 + k_1 + k_2 = 2{,}21$ que é uma aproximação da raiz precisa para três algarismos significativos.

4.30 Determine a aproximação de uma raiz real da equação polinomial dada no Problema 4.29 usando o *método de Newton*. Execute 4 iterações e compare o resultado com a solução do Problema 4.29.

A sequência das aproximações é definida fazendo $n = 3$, $a_3 = 1$, $a_2 = -3$, $a_1 = 4$ e $a_0 = -5$ na relação recursiva do método de Newton [Equação (4.15)]. O resultado é

$$s_{l+1} = \frac{2s_l^3 - 3s_l^2 + 5}{3s_l^2 - 6s_l + 4} \qquad l = 0, 1, 2, \ldots$$

Seja a primeira tentativa $s_0 = 0$. Então

$$s_1 = \frac{5}{4} = 1{,}25 \qquad s_3 = \frac{2(3{,}55)^3 - 3(3{,}55)^2 + 5}{3(3{,}55)^2 - 6(3{,}55) + 4} = 2{,}76$$

$$s_2 = \frac{2(1{,}25)^3 - 3(1{,}25)^2 + 5}{3(1{,}25)^2 - 6(1{,}25) + 4} = 3{,}55 \qquad s_4 = \frac{2(2{,}76)^3 - 3(2{,}76)^2 + 5}{3(2{,}76)^2 - 6(2{,}76) + 4} = 2{,}35$$

As próximas iterações resultam em $s_5 = 2{,}22$ e a sequência é convergente.

4.31 Determine a aproximação de um fator quadrático do polinômio

$$Q_3(s) = s^3 - 3s^2 + 4s - 5$$

dos Problemas 4.29 e 4.30, usando o *método de Lin-Bairstow*. Execute 2 iterações.

Passo 1 – Escolha como primeira aproximação o fator $s^2 - s + 2$.

As constantes necessárias no Passo 2 são $\alpha_1 = -1$, $\alpha_0 = 2$, $n = 3$, $a_3 = 1$, $a_2 = -3$, $a_1 = 4$, $a_0 = -5$.

Passo 2 – A partir da relação recursiva

$$b_{i-2} = a_i - \alpha_1 b_{i-1} - \alpha_0 b_i$$

$i = n, n-1, \ldots, 1, 0$, as seguintes constantes são formadas:

$$b_1 = a_3 = 1 \qquad\qquad b_0 = a_2 + b_1 = -2$$
$$b_{-1} = a_1 + b_0 - 2b_1 = 0 \qquad b_{-2} = a_0 + b_{-1} - 2b_0 = -1$$

Passo 3 – A partir da relação recursiva

$$c_{i-1} = b_{i-1} - \alpha_1 c_i - \alpha_0 c_{i+1}$$

$i = n, n - 1,..., 1$, as seguintes constantes são determinadas:

$$c_1 = b_1 = 1 \qquad c_0 = b_0 + c_1 = -1$$

Passo 4 – As equações simultâneas

$$c_0 \Delta\alpha_1 + c_1 \Delta\alpha_0 = b_{-1}$$
$$(-\alpha_1 c_0 - \alpha_0 c_1) \Delta\alpha_1 + c_0 \Delta\alpha_0 = b_{-2}$$

podem agora ser escritas como

$$-\Delta\alpha_1 + \Delta\alpha_0 = 0$$
$$-3\Delta\alpha_1 - \Delta\alpha_0 = -1$$

cuja solução é $\Delta\alpha_1 = \frac{1}{4}$, $\Delta\alpha_0 = \frac{1}{4}$, e a nova aproximação do fator quadrático é

$$s^2 - 0{,}75s + 2{,}25$$

Se os Passos de 1 a 4 são repetidos para $\alpha_1 = -0{,}75$, $\alpha_0 = 2{,}25$, a segunda iteração produz

$$s^2 - 0{,}7861s + 2{,}2583$$

Mapa de polos e zeros

4.32 Determine todos os polos e zeros de $F(s) = (s^2 - 16)/(s^5 - 7s^4 - 30s^3)$.

Os polos finitos de $F(s)$ são as raízes da equação polinomial do denominador

$$s^5 - 7s^4 - 30s^3 = s^3(s + 3)(s - 10) = 0$$

Portanto, $s = 0$, $s = -3$ e $s = 10$ são os polos finitos de $F(s)$. $s = 0$ é uma raiz tripla da equação e é denominada **polo triplo** de $F(s)$, Estes são os únicos valores de S para os quais $|F(s)|$ é infinito e são todos os polos de $F(s)$. Os zeros finitos de $F(s)$ são as raízes da equação polinomial do numerador

$$s^2 - 16 = (s - 4)(s + 4) = 0$$

Portanto, $s = 4$ e $s = -4$ são os *zeros finitos* de $F(s)$. Conforme $|s| \to \infty$, $F(s) \cong 1/s^3 \to 0$. Então $F(s)$ tem um zero triplo em $s = \infty$.

4.33 Desenhe um mapa de polos e zeros para a função do Problema 4.32.

A partir da solução do Problema 4.32, $F(s)$ tem *zeros finitos* em $s = 4$ e $s = -4$ e *polos finitos* em $s = 0$ (um polo triplo), $s = -3$ e $s = 10$. O mapa de polos e zeros é mostrado na Figura 4-5.

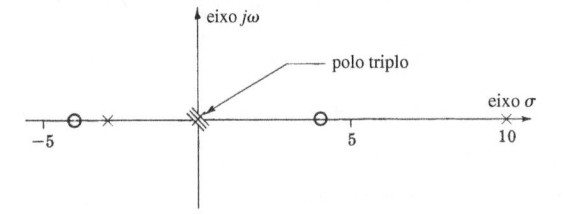

Figura 4-5

4.34 Usando a técnica gráfica, avalie os resíduos da função

$$F(s) = \frac{20}{(s+10)(s+1+j)(s+1-j)}$$

O mapa de polos e zeros de $F(s)$ é mostrado na Figura 4-6.

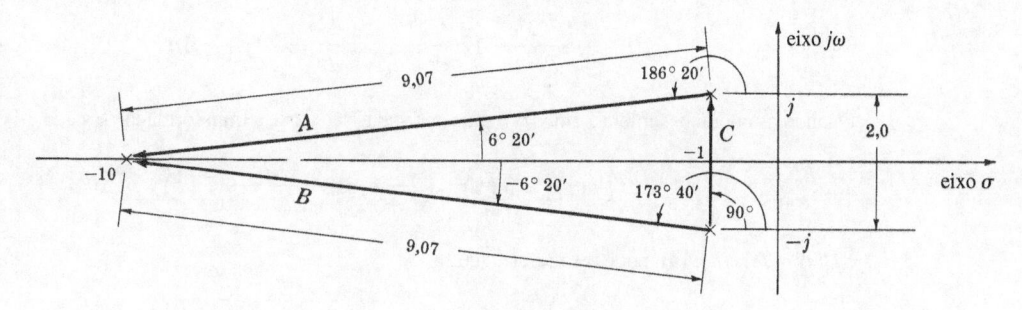

Figura 4-6

Incluídos neste mapa de polos e zeros estão os deslocamentos de vetores entre os polos. Por exemplo, A é o deslocamento do vetor do polo $s = -10$ relativo ao polo $s = -1 + j$. Claramente, então, A é o deslocamento do vetor do polo $s = -1 + j$ relativo ao polo $s = -10$.

O módulo do resíduo do polo $s = -10$ é

$$|c_1| = \frac{20}{|A||B|} = \frac{20}{(9,07)(9,07)} = 0,243$$

O ângulo ϕ_1 do resíduo $s = -10$ é o negativo da soma dos ângulos A e B, isto é, $\phi_1 = -[186°20' + 173°40'] = -360°$. Portanto, $c_1 = 0,243$.

O módulo do resíduo do polo $s = -1 + j$ é

$$|c_2| = \frac{20}{|-A||C|} = \frac{20}{(9,07)(2)} = 1,102$$

O ângulo ϕ_2 do resíduo do polo $s = -1 + j$ é o negativo da soma dos ângulos $-A$ e C: $\phi_2 = -[6°20' + 90°] = -96°20'$. Portanto, $c_2 = 1,102\angle{-96°20'} = -0,128 - j1,095$.

O módulo do resíduo do polo $s = -1 - j$ é

$$|c_3| = \frac{20}{|-B||-C|} = \frac{20}{(9,07)(2)} = 1,102$$

O ângulo ϕ_3 do resíduo no polo $s = -1 - j$ é o negativo da soma dos ângulos $-B$ e $-C$: $\phi_3 = -[-90° - 6°20'] = 96°20'$. Portanto, $c_3 = 1,102\angle{96°20'} = -0,128 + j1,095$.

Note-se que os resíduos c_2 e c_3 dos polos complexos conjugados são também complexos conjugados. Isto é sempre verdadeiro para os resíduos de polos complexos conjugados.

Sistemas de segunda ordem

4.35 Determine (a) frequência natural não amortecida ω_n, (b) razão de amortecimento ζ, (c) constante de tempo τ, (d) frequência natural amortecida ω_d, (e) equação característica para o sistema de segunda ordem dado por

$$\frac{d^2y}{dt^2} + 5\frac{dy}{dt} + 9y = 9u$$

Comparando esta equação com as definições da Seção 4.13, temos

(a) $\omega_n^2 = 9$ ou $\omega_n = 3$ rad/s

(c) $\tau = \dfrac{1}{\zeta\omega_n} = \dfrac{2}{5}$ s

(e) $s^2 + 5s + 9 = 0$

(b) $2\zeta\omega_n = 5$ ou $\zeta = \dfrac{5}{2\omega_n} = \dfrac{5}{6}$

(d) $\omega_d = \omega_n\sqrt{1-\zeta^2} = 1,66$ rad/s

4.36 Como e por que o seguinte sistema pode ser aproximado por um sistema de segunda ordem?

$$\frac{d^3y}{dt^3} + 12\frac{d^2y}{dt^2} + 22\frac{dy}{dt} + 20y = 20u$$

Quando as condições iniciais em $y(t)$ e suas derivadas são zero, a transformada de saída é

$$\mathscr{L}[y(t)] \equiv Y(s) = \frac{20}{s^3 + 12s^2 + 22s + 20} U(s)$$

em que $U(s) = \mathscr{L}[u(t)]$. Isto pode ser reescrito como

$$Y(s) = \frac{10}{41}\left(\frac{1}{s+10} - \frac{s}{s^2+2s+2}\right)U(s) + \frac{80}{41}\left(\frac{U(s)}{s^2+2s+2}\right)$$

O fator constante $\frac{80}{41}$, do segundo termo, é oito vezes o fator constante $\frac{10}{41}$, do primeiro termo. A saída $y(t)$ será então dominada pela função do tempo

$$\frac{80}{41}\mathscr{L}^{-1}\left[\frac{U(s)}{s^2+2s+2}\right]$$

A transformada da saída $Y(s)$ pode, então, ser aproximada por este segundo termo; isto é,

$$Y(s) \approx \frac{80}{41}\left(\frac{U(s)}{s^2+2s+2}\right) \approx \left(\frac{2}{s^2+2s+2}\right)U(s)$$

A aproximação de segunda ordem é $d^2y/dt^2 + 2(dy/dt) + 2y = 2u$.

4.37 No Capítulo 6 será mostrado que a saída $y(t)$ do sistema causal linear invariante com o tempo, com todas as condições iniciais iguais a zero, está relacionada com a entrada $u(t)$, no domínio da transformada de Laplace, pela equação $Y(s) = P(s)U(s)$, em que $P(s)$ é denominada *função de transferência* do sistema. Mostre que $p(t)$, a transformada inversa de Laplace de $P(s)$, é igual à *função de ponderação* $w(t)$ do sistema descrito pela equação diferencial de coeficientes constantes

$$\sum_{i=0}^{n} a_i \frac{d^i y}{dt^i} = u$$

A resposta forçada para um sistema descrito pela equação acima é dada pela Equação 3.15, com todos os $b_i = 0$, exceto $b_0 = 1$:

$$y(t) = \int_{0^+}^{t} w(t-\tau)u(\tau)\,d\tau$$

e $w(t-\tau)$ é a função de ponderação da equação diferencial.

A transformada inversa de Laplace de $Y(s) = P(s)U(s)$ é facilmente determinada a partir da Propriedade 12, integral de convolução, como

$$y(t) = \mathscr{L}^{-1}[Y(s)] = \mathscr{L}^{-1}[P(s)U(s)] = \int_{0^+}^{t} p(t-\tau)u(\tau)\,d\tau$$

Portanto, $\int_{0^+}^{t} w(t-\tau)u(\tau)\,d\tau = \int_{0^+}^{t} p(t-\tau)u(\tau)\,d\tau$ ou $w(t) = p(t)$

Problemas diversos

4.38 Para o circuito RC, da Figura 4-7:

(a) Determine uma equação diferencial que relacione a tensão de saída y e a tensão de entrada u.

(b) Seja a tensão inicial sobre o capacitor C, $v_{c0} = 1$ volt, com a polaridade mostrada e seja $u = 2e^{-t}$. Usando a técnica da transformada de Laplace, determine y.

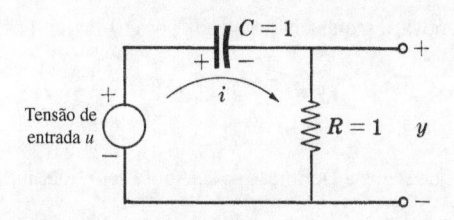

Figura 4-7

(a) A partir da lei de Kirchhoff para tensões

$$u = v_{c0} + \frac{1}{C}\int_0^t i\,dt + Ri = v_{c0} + \int_0^t i\,dt + i$$

Porém $y = Ri = i$. Portanto $u = v_{c0} + \int_0^t y\,dt + y$. Derivando ambos os membros dessa equação integral temos a equação diferencial $\dot{y} + y = \dot{u}$.

(b) A transformada de Laplace da equação diferencial encontrada na parte (a) é

$$sY(s) - y(0^+) + Y(s) = sU(s) - u(0^+)$$

em que $U(s) = \mathscr{L}[2e^{-t}] = 2/(s+1)$ e $u(0^+) = \lim_{t \to 0} 2e^{-t} = 2$. Para determinar $y(0^+)$, são tomados os limites de ambos os membros da equação de tensão original:

$$u(0^+) = \lim_{t \to 0} u(t) = \lim_{t \to 0}\left[v_{c0} + \int_0^t y\,dt + y(t)\right] = v_{c0} + y(0^+)$$

Portanto, $y(0^+) = u(0^+) - v_{c0} = 2 - 1 = 1$. A transformada de $y(t)$ é então

$$Y(s) = \frac{2s}{(s+1)^2} - \frac{1}{s+1} = -\frac{2}{(s+1)^2} + \frac{2}{s+1} - \frac{1}{s+1} = -\frac{2}{(s+1)^2} + \frac{1}{s+1}$$

Finalmente,

$$y(t) = \mathscr{L}^{-1}\left[-\frac{2}{(s+1)^2}\right] + \mathscr{L}^{-1}\left[\frac{1}{s+1}\right] = -2te^{-t} + e^{-t}$$

4.39 Determine a transformada de Laplace da saída do amostrador descrito no Problema 3.5.

A partir da Definição 4.1 e da Equação (3.20), a propriedade de amostragem do impulso unitário, temos

$$U^*(s) = \int_{0^+}^{\infty} e^{-st}U^*(t)\,dt = \int_{0^+}^{\infty} e^{-st}\sum_{k=0}^{\infty} u(t)\,\delta(t-kT)\,dt$$

$$= \sum_{k=0}^{\infty}\int_{0^+}^{\infty} e^{-st}u(t)\,\delta(t-kT)\,dt = \sum_{k=0}^{\infty} e^{-skT}u(kT)$$

4.40 Compare o resultado do Problema 4.39 com a transformada z do sinal amostrado $u(kT)$, $k = 0, 1, 2, \ldots$.

Pela definição da transformada z do sinal amostrado é

$$U(z) = \sum_{k=0}^{\infty} u(kT)z^{-k}$$

Esse resultado deve ser obtido diretamente pela substituição $z = e^{sT}$ no resultado do Problema 4.39.

4.41 Prove o Teorema do Deslocamento (Propriedade 6, Seção 4.9).

Pela definição,

$$\mathcal{Z}\{f(k)\} \equiv F(z) \equiv \sum_{k=0}^{\infty} f(k)z^{-k}$$

Se definirmos uma nova, a sequência deslocada por $g(0) \equiv f(-1) = 0$ e $g(k) \equiv f(k-1), k = 1, 2,...$, então

$$\mathcal{Z}\{g(k)\} \equiv \sum_{k=0}^{\infty} g(k)z^{-k} \equiv \sum_{j=0}^{\infty} g(j)z^{-j} = \sum_{j=0}^{\infty} f(j-1)z^{-j}$$

(ver Observação 1 que segue a Definição 4.4). Agora seja k definido como $k \equiv j - 1$ na última equação. Então

$$\mathcal{Z}\{f(k-1)\} = \sum_{k=-1}^{\infty} f(k)z^{-k-1} = z^{-1} \sum_{k=-1}^{\infty} f(k)z^{-k}$$

$$= z^{-1}f(-1)z^{+1} + z^{-1} \sum_{k=0}^{\infty} f(k)z^{-k}$$

$$= z^0 \cdot 0 + z^{-1} \sum_{k=0}^{\infty} f(k)z^{-k} = z^{-1}F(z)$$

Note que a aplicação repetida disso resulta em

$$Z[f(k-j)] = z^{-j}F(z)$$

Problemas Complementares

4.42 Mostre que $\mathcal{L}[-tf(t)] = dF(s)/ds$, em que $F(s) = \mathcal{L}[f(t)]$.

4.43 Usando a integral de convolução, determine a transformada inversa de $1/s(s+2)$

4.44 Determine o valor final da função $f(t)$ cuja transformada de Laplace é

$$F(s) = \frac{2(s+1)}{s(s+3)(s+5)^2}$$

4.45 Determine o valor inicial da função $f(t)$ cuja transformada de Laplace é

$$F(s) = \frac{4s}{s^3 + 2s^2 + 9s + 6}$$

4.46 Determine o desenvolvimento em frações parciais da função $F(s) = 10/(s+4)(s+2)^3$

4.47 Determine a transformada inversa de Laplace $f(t)$ da função $F(s) = 10/(s+4)(s+2)^3$

4.48 Resolva o Problema. 3.24 usando a técnica da transformada de Laplace.

4.49 Usando a técnica da transformada de Laplace, determine a resposta forçada da equação diferencial

$$\frac{d^2y}{dt^2} + 4\frac{dy}{dt} + 4y = 3\frac{du}{dt} + 2u$$

em que $u(t) = e^{-3t}, t > 0$. Compare esta solução com aquela obtida no Problema 3.26.

4.50 Usando a técnica da transformada de Laplace, determine as respostas transitória e de estado permanente do sistema descrito na equação diferencial $d^2y/dt^2 + 3(dy/dt) + 2y = 1$ com as condições iniciais $y(0^+)$ e $(dy/dt)_{|t=0^+} = 1$.

4.51 Usando a técnica das transformadas de Laplace, determine a resposta ao impulso unitário do sistema descrito pela equação diferencial $d^3y/dt^3 + dy/dt = u$.

Respostas Selecionadas

4.43 $\frac{1}{2}[1 - e^{-2t}]$

4.44 $\frac{2}{75}$

4.45 0

4.46 $F(s) = \dfrac{5}{(s+2)^3} - \dfrac{5}{2(s+2)^2} + \dfrac{5}{4(s+2)} - \dfrac{5}{4(s+4)}$

4.47 $f(t) = \dfrac{5t^2 e^{-2t}}{2} - \dfrac{5t e^{-2t}}{2} + \dfrac{5e^{-2t}}{4} - \dfrac{5e^{-4t}}{4}$

4.49 $y_b(t) = 7e^{-2t} - 7e^{-3t} - 7te^{-2t}$

4.50 Resposta transitória $= 2e^{-t} - \frac{3}{2}e^{-2t}$. Resposta em estado permanente $= \frac{1}{2}$.

4.51 $y_\delta(t) = 1 - \cos t$

Capítulo 5

Estabilidade

5.1 DEFINIÇÕES DE ESTABILIDADE

A estabilidade de um sistema contínuo ou discreto no tempo é determinada pela sua resposta às entradas ou perturbações. Intuitivamente, um sistema estável é aquele que permanecerá em repouso a não ser quando excitado por fonte externa, e retornará ao repouso se todas as excitações forem removidas. A estabilidade pode ser precisamente definida em termos da resposta ao impulso $y_\delta(t)$ de um sistema contínuo ou da resposta delta Kronecker $y_\delta(k)$ de um sistema discreto (ver as Seções 3.13 e 3.16), como segue:

Definição 5.1a: Um sistema contínuo no tempo (discreto no tempo) é **estável** se a sua resposta $y_\delta(t)$ (resposta delta de Kronecker $y_\delta(k)$) tende para zero à medida que o tempo tende para o infinito.

Alternativamente a definição de um sistema estável pode ser baseada na resposta de um sistema às **entradas delimitadas**, isto é, entradas cujas grandezas sejam menores do que algum valor finito durante todo o tempo.

Definição 5.1b: Um sistema contínuo ou discreto no tempo é **estável** se cada entrada delimitada produz uma saída delimitada.

A consideração do *grau* de estabilidade de um sistema frequentemente proporciona valiosa informação sobre o seu desempenho. Isto é, se ele é estável, quão próximo está de se tornar instável? Este é o conceito de **estabilidade relativa**. Geralmente, a estabilidade relativa é expressa em termos de alguma variação permitida de um parâmetro particular para o qual o sistema permanecerá estável. Definições mais precisas indicadoras da estabilidade relativa serão apresentadas nos capítulos seguintes. A estabilidade de sistemas não lineares é abordada no Capítulo 19.

5.2 LOCALIZAÇÕES DAS RAÍZES CARACTERÍSTICAS

Um importante resultado mostrado nos Capítulos 3 e 4 é que a resposta ao impulso de um sistema linear invariante no tempo é composta de uma soma de funções exponenciais do tempo, cujos expoentes são as raízes da equação característica do sistema (ver Equação 4.12). *Uma condição suficiente para que o sistema seja estável é que as partes reais das raízes da equação característica sejam negativas*. Isto assegura que a resposta ao impulso diminuirá exponencialmente com o tempo.

Se um sistema tem algumas raízes com partes reais iguais a zero, mas nenhuma com partes reais positivas, diz-se que o sistema é **marginalmente estável**. Neste caso, a resposta ao impulso não diminui para zero, embora seja delimitada. Adicionalmente, certas entradas produzirão saídas não delimitadas. Portanto, os sistemas marginalmente estáveis são instáveis.

Exemplo 5.1 O sistema descrito pela equação diferencial transformada por Laplace,

$$(s^2 + 1)Y(s) = U(s)$$

tem a equação característica

$$s^2 + 1 = 0$$

Essa equação tem duas raízes $\pm j$. Visto que estas raízes têm partes reais zero, o sistema não é estável. Ele é, entretanto, marginalmente estável, visto que a equação não tem raízes com partes reais positivas. Em resposta a muitas entradas ou perturbações, o sistema oscila com uma saída delimitada. Porém, se a entrada for $y = \operatorname{sen} t$ a saída conterá um termo da forma: $y = t \cos t$, que não é delimitado.

5.3 CRITÉRIO DE ESTABILIDADE DE ROUTH

O critério de estabilidade de Routh é um método para determinar a estabilidade de sistemas, que pode ser aplicado a uma equação característica de ordem n da forma

$$a_n s^n + a_{n-1} s^{n-1} + \cdots + a_1 s + a_0 = 0$$

O critério é aplicado pelo uso da **tabela de Routh**, definida como segue:

$$\begin{array}{c|cccc} s^n & a_n & a_{n-2} & a_{n-4} & \cdots \\ s^{n-1} & a_{n-1} & a_{n-3} & a_{n-5} & \cdots \\ \cdot & b_1 & b_2 & b_3 & \cdots \\ \cdot & c_1 & c_2 & c_3 & \cdots \\ \cdot & \multicolumn{4}{c}{\cdots\cdots\cdots\cdots\cdots} \end{array}$$

onde $a_n, a_{n-1}, \ldots, a_0$ são os coeficientes da equação característica e

$$b_1 \equiv \frac{a_{n-1} a_{n-2} - a_n a_{n-3}}{a_{n-1}} \qquad b_2 \equiv \frac{a_{n-1} a_{n-4} - a_n a_{n-5}}{a_{n-1}} \qquad \text{etc.}$$

$$c_1 \equiv \frac{b_1 a_{n-3} - a_{n-1} b_2}{b_1} \qquad c_2 \equiv \frac{b_1 a_{n-5} - a_{n-1} b_3}{b_1} \qquad \text{etc.}$$

A tabela é continuada horizontalmente e verticalmente até que apenas zeros sejam obtidos. Qualquer linha pode ser multiplicada por uma constante positiva antes que a próxima linha seja computada sem perturbar as propriedades da tabela.

O critério de Routh: *Todas as raízes da equação característica têm partes reais negativas, se e somente se os elementos da primeira coluna da tabela de Routh têm o mesmo sinal. Outrossim, o número de raízes com partes reais positivas é igual ao número de mudanças de sinal.*

Exemplo 5.2

$$s^3 + 6s^2 + 12s + 8 = 0$$

$$\begin{array}{c|ccc} s^3 & 1 & 12 & 0 \\ s^2 & 6 & 8 & 0 \\ s^1 & \frac{64}{6} & 0 & \\ s^0 & 8 & & \end{array}$$

Visto que não há mudanças de sinal na primeira coluna da tabela, todas as raízes da equação têm partes reais negativas.

Frequentemente é desejável determinar a faixa de valores de um parâmetro particular do sistema para o qual o mesmo é estável. Isto pode ser obtido escrevendo-se as desigualdades que assegurarão que não há mudança de sinal na primeira coluna da tabela de Routh para o sistema. Estas desigualdades especificarão as faixas de valores permissíveis do parâmetro.

Exemplo 5.3

$$s^3 + 3s^2 + 3s + 1 + K = 0$$

$$\begin{array}{c|ccc} s^3 & 1 & 3 & 0 \\ s^2 & 3 & 1+K & 0 \\ s^1 & \dfrac{8-K}{3} & 0 & \\ s^0 & 1+K & & \end{array}$$

A fim de que não haja mudanças de sinal na primeira coluna, é necessário que as condições $8 - K > 0$, $1 + K > 0$ sejam satisfeitas. Assim, a equação característica tem raízes com partes reais negativas se $-1 < K < 8$, a solução simultânea destas duas inequações.

Uma linha de zeros para a linha s^1 da tabela de Routh indica que o polinômio tem um par de raízes que satisfazem a equação auxiliar formada como segue:

$$As^2 + B = 0$$

onde A e B são o primeiro e o segundo elementos da linha s^2.

Para continuar a tabela, os zeros na linha s^1 são substituídos com os coeficientes da derivada da equação auxiliar. A derivada é

$$2As + 0 = 0$$

Os coeficientes $2A$ e 0 são, então, inseridos na linha s^1 e a tabela é continuada conforme descrito antes.

Exemplo 5.4 No exemplo anterior, a linha s^1 é zero se $K = 8$. Neste caso, a equação auxiliar é $3s^2 + 9 = 0$. Portanto, duas das raízes da equação característica são $s = \pm j\sqrt{3}$.

5.4 CRITÉRIO DE ESTABILIDADE DE HURWITZ

O critério de estabilidade de Hurwitz é outro método para determinar se todas as raízes da equação característica têm ou não partes reais negativas. Esse critério é aplicado por meio do uso de determinantes formados a partir dos coeficientes da equação característica. Supõe-se que o primeiro coeficiente, a_n, é positivo. Os determinantes Δ_i, $i = +1, 2,..., n - 1$, são formados como os determinantes menores principais do determinante

$$\Delta_n = \begin{vmatrix} a_{n-1} & a_{n-3} & \cdots & \begin{bmatrix} a_0 & \text{se } n \text{ ímpar} \\ a_1 & \text{se } n \text{ par} \end{bmatrix} & 0 & \cdots & 0 \\ a_n & a_{n-2} & \cdots & \begin{bmatrix} a_1 & \text{se } n \text{ ímpar} \\ a_0 & \text{se } n \text{ par} \end{bmatrix} & 0 & \cdots & 0 \\ 0 & a_{n-1} & a_{n-3} & \cdots & & & 0 \\ 0 & a_n & a_{n-2} & \cdots & & & 0 \\ \vdots & & & & & & \vdots \\ 0 & \cdots & & & & & a_0 \end{vmatrix}$$

Os determinantes são formados como segue:

$$\Delta_1 = a_{n-1}$$

$$\Delta_2 = \begin{vmatrix} a_{n-1} & a_{n-3} \\ a_n & a_{n-2} \end{vmatrix} = a_{n-1}a_{n-2} - a_n a_{n-3}$$

$$\Delta_3 = \begin{vmatrix} a_{n-1} & a_{n-3} & a_{n-5} \\ a_n & a_{n-2} & a_{n-4} \\ 0 & a_{n-1} & a_{n-3} \end{vmatrix} = a_{n-1}a_{n-2}a_{n-3} + a_n a_{n-1}a_{n-5} - a_n a_{n-3}^2 - a_{n-4}a_{n-1}^2$$

e assim por diante até Δ_{n-1}.

Critério de Hurwitz: *Todas as raízes da equação característica têm partes reais negativas se, e somente se,* $\Delta_i > 0$, $i = 1, 2,..., n$.

Exemplo 5.5 Para $n = 3$,

$$\Delta_3 = \begin{vmatrix} a_2 & a_0 & 0 \\ a_3 & a_1 & 0 \\ 0 & a_2 & a_0 \end{vmatrix} = a_2 a_1 a_0 - a_0^2 a_3, \qquad \Delta_2 = \begin{vmatrix} a_2 & a_0 \\ a_3 & a_1 \end{vmatrix} = a_2 a_1 - a_0 a_3, \qquad \Delta_1 = a_2$$

Assim, todas as raízes da equação característica têm partes reais negativas se

$$a_2 > 0 \qquad a_2 a_1 - a_0 a_3 > 0 \qquad a_2 a_1 a_0 - a_0^2 a_3 > 0$$

5.5 CRITÉRIO DE ESTABILIDADE POR FRAÇÃO CONTÍNUA

Este critério é aplicado à equação característica de um sistema contínuo formando-se uma fração contínua com as porções ímpar e par da equação, da seguinte maneira. Seja

$$Q(s) \equiv a_n s^n + a_{n-1} s^{n-1} + \cdots + a_1 s + a_0$$
$$Q_1(s) \equiv a_n s^n + a_{n-2} s^{n-2} + \cdots$$
$$Q_2(s) \equiv a_{n-1} s^{n-1} + a_{n-3} s^{n-3} + \cdots$$

Forme a fração Q_1/Q_2, em seguida efetue a divisão e inverta o resto para formar uma fração contínua como segue:

$$\frac{Q_1(s)}{Q_2(s)} = \frac{a_n s}{a_{n-1}} + \frac{\left(a_{n-2} - \frac{a_n a_{n-3}}{a_{n-1}}\right) s^{n-2} + \left(a_{n-4} - \frac{a_n a_{n-5}}{a_{n-1}}\right) s^{n-4} + \cdots}{Q_2}$$

$$= h_1 s + \cfrac{1}{h_2 s + \cfrac{1}{h_3 s + \cfrac{1}{h_4 s + \cfrac{\ddots}{\cfrac{1}{h_n s}}}}}$$

Se $h_1, h_2, \ldots, h_n$ são todos positivos, então todas as raízes de $Q(s) = 0$ têm partes reais negativas.

Exemplo 5.6

$$Q(s) = s^3 + 6s^2 + 12s + 8$$

$$\frac{Q_1(s)}{Q_2(s)} = \frac{s^3 + 12s}{6s^2 + 8} = \frac{1}{6}s + \frac{\frac{32}{3}s}{6s^2 + 8}$$

$$= \frac{1}{6}s + \cfrac{1}{\cfrac{9}{16}s + \cfrac{1}{\frac{4}{3}s}}$$

Visto que todos os coeficientes de s na fração contínua são positivos, ou seja, $h_1 = \frac{1}{6}$, $h_2 = \frac{9}{16}$ e $h_3 = \frac{4}{3}$, todas as raízes do polinômio $Q(s) = 0$ têm partes reais negativas.

5.6 CRITÉRIO DE ESTABILIDADE POR SISTEMAS DISCRETOS NO TEMPO

A Estabilidade de sistemas discretos é determinada pelas raízes da equação característica do sistema discreto

$$Q(z) = a_n z^n + a_{n-1} z^{n-1} + \cdots + a_1 z + a_0 = 0 \tag{5.1}$$

Entretanto, neste caso a região de estabilidade é definida pelo *círculo unitário* $|z| = 1$ no plano z. **A condição necessária e suficiente para a estabilidade do sistema é que todas as raízes da equação característica tenham um módulo menor que um**, ou seja, estejam dentro do *círculo unitário*. Isto garante que a resposta ao delta de Kronecker decaia com o tempo.

O critério de estabilidade para sistemas discretos, similar ao critério de Routh, é denominado **teste Jury**. Para este teste, os coeficientes da equação característica são primeiro organizados em um *arranjo de Jury*:

linha						
1	a_0	a_1	a_2	$\cdots$	a_{n-1}	a_n
2	a_n	a_{n-1}	a_{n-2}	$\cdots$	a_1	a_0
3	b_0	b_1	b_2	$\cdots$	b_{n-1}	
4	b_{n-1}	b_{n-2}	b_{n-3}	$\cdots$	b_0	
5	c_0	c_1	c_2	$\cdots$ c_{n-2}		
6	c_{n-2}	c_{n-3}	c_{n-4}	$\cdots$ c_0		
$\vdots$	$\vdots$	$\vdots$	$\vdots$			
$2n-5$	r_0	r_1	r_2	r_3		
$2n-4$	r_3	r_2	r_1	r_0		
$2n-3$	s_0	s_1	s_2			

em que

$$b_k = \begin{vmatrix} a_0 & a_{n-k} \\ a_n & a_k \end{vmatrix} \qquad c_k = \begin{vmatrix} b_0 & b_{n-1-k} \\ b_{n-1} & b_k \end{vmatrix}$$

$$s_0 = \begin{vmatrix} r_0 & r_3 \\ r_3 & r_0 \end{vmatrix} \qquad s_1 = \begin{vmatrix} r_0 & r_2 \\ r_3 & r_1 \end{vmatrix} \qquad s_2 = \begin{vmatrix} r_0 & r_1 \\ r_3 & r_2 \end{vmatrix}$$

As primeiras duas linhas são escritas usando os coeficientes da equação característica e as próximas duas linhas são calculadas usando as relações de determinantes mostradas acima. O processo continua com cada par de linhas sucessivas tendo uma coluna a menos que o par anterior até a linha $2n-3$ ser calculada, a qual tem apenas três entradas. O arranjo é então finalizado.

Teste de Jury: *As condições necessárias e suficientes para que as raízes de $Q(z) = 0$ tenham módulos menores do que um são*:

$$Q(1) > 0$$
$$Q(-1) \begin{cases} > 0 & \text{para } n \text{ par} \\ < 0 & \text{para } n \text{ ímpar} \end{cases}$$
$$|a_0| < a_n$$
$$|b_0| > |b_{n-1}|$$
$$|c_0| > |c_{n-2}|$$
$$\vdots$$
$$|r_0| > |r_3|$$
$$|s_0| > |s_2|$$

Note que se as condições $Q(1)$ ou $Q(-1)$ não são satisfeitas, o sistema é instável e não é necessário construir o arranjo.

Exemplo 5.7 Para $Q(z) = 3z^4 + 2z^3 + z^2 + z + 1 = 0$ (n par),

$$Q(1) = 3 + 2 + 1 + 1 + 1 = 8 > 0$$
$$Q(-1) = 3 - 2 + 1 - 1 + 1 = 2 > 0$$

Portanto, o arranjo de Jury deve ser completado como

linha					
1	1	1	1	2	3
2	3	2	1	1	1
3	-8	-5	-2	-1	
4	-1	-2	-5	-8	
5	63	38	11		

As condições de restrição do restante do teste são portanto,

$$|a_0| = 1 < 3 = a_n$$
$$|b_0| = |-8| > |-1| = |b_{n-1}|$$
$$|c_0| = 63 > 11 = |c_{n-2}|$$

Visto que todas as restrições do teste de Jury são satisfeitas, todas as raízes da equação característica estão dentro do círculo unitário e o sistema é estável.

A transformada *w*

A estabilidade de um sistema discreto no tempo e linear expressa no domínio z também pode ser determinada usando os métodos do plano s, desenvolvidos para sistemas contínuos (por exemplo, Routh, Hurwitz). A *transformação bilinear* a seguir, da variável complexa z na nova variável complexa w, é dada pelas expressões equivalentes:

$$z = \frac{1+w}{1-w} \tag{5.2}$$

$$w = \frac{z-1}{z+1} \tag{5.3}$$

transforma o interior do círculo unitário no plano z na metade esquerda do plano w. Portanto, a estabilidade de um sistema discreto no tempo com polinômio característico $Q(z)$ pode ser determinado examinando os locais das raízes de

$$Q(w) = Q(z)|_{z=(1+w)/(1-w)} = 0$$

no plano w, tratando w como s e usando as técnicas do plano s para estabelecer as propriedades de estabilidade. Essa transformação é desenvolvida com mais detalhes no Capítulo 10 e também é usada logo mais, nas análises no domínio da frequência e nos capítulos de projetos.

Exemplo 5.8 A equação polinomial

$$27z^3 + 27z^2 + 9z + 1 = 0$$

é a equação característica de um sistema discreto no tempo. Para testar raízes fora do círculo unitário $|z| = 1$, que significa instabilidade, fazemos

$$z = \frac{1+w}{1-w}$$

que, após alguma manipulação algébrica, conduz a uma nova equação característica em w:

$$w^3 + 6w^2 + 12w + 8 = 0$$

Essa equação foi determinada para ter raízes apenas na metade esquerda do plano complexo no Exemplo 5.2. Portanto, o sistema discreto no tempo original é estável.

Problemas Resolvidos

Definições de estabilidade

5.1 As respostas ao impulso de vários sistemas são mostradas abaixo. Para cada caso, determine se a resposta ao impulso representa um sistema estável ou instável.

(a) $h(t) = e^{-t}$, (b) $h(t) = te^{-t}$, (c) $h(t) = 1$, (d) $h(t) = e^{-t}\operatorname{sen} 3t$, (e) $h(t) = \operatorname{sen} \omega t$

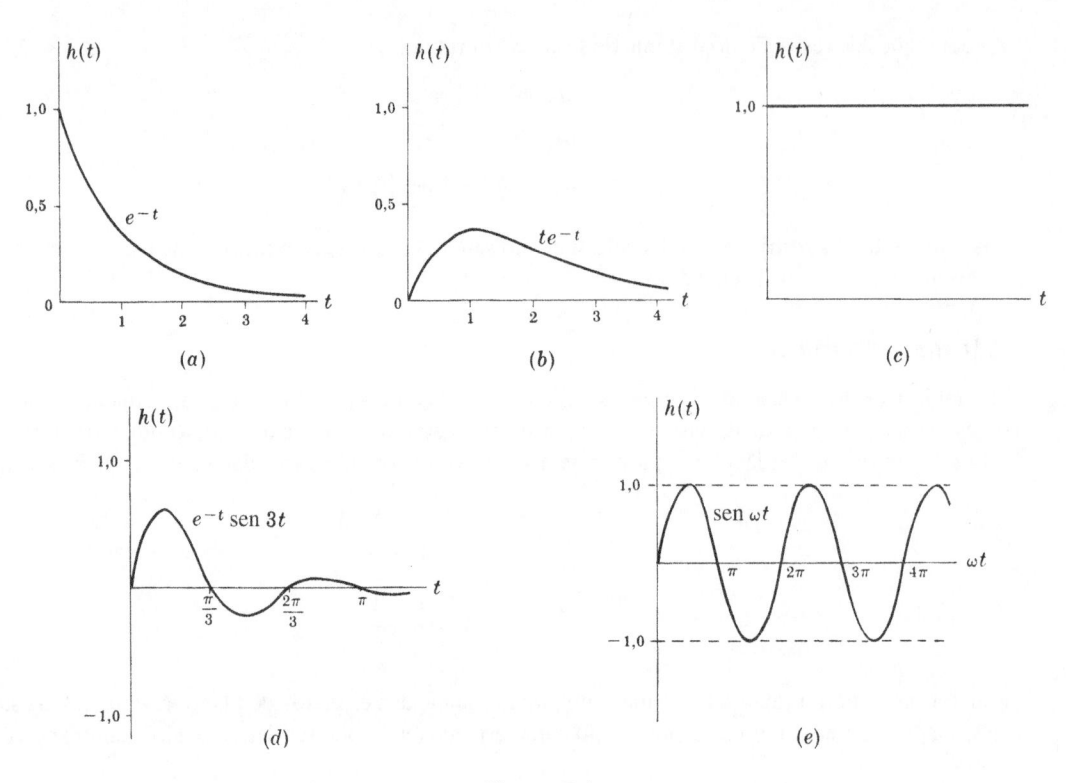

Figura 5-1

Se a resposta ao impulso tende para zero com o tempo tendendo para o infinito, o sistema é estável. Como pode ser visto na Figura 5-1, as respostas ao impulso de (a), (b) e (d) tendem para zero, à medida que o tempo tende para o infinito e, portanto, representa *sistemas estáveis*. Visto que as respostas ao impulso (c) e (e) não se aproximam de zero, elas representam *sistemas instáveis*.

5.2 Se uma função degrau é aplicada à entrada de um sistema e a saída permanece abaixo de certo nível por todo o tempo, o sistema é estável?

O sistema não é necessariamente estável, visto que a saída pode ser delimitada para cada entrada delimitada. Uma saída delimitada para uma entrada delimitada específica não assegura estabilidade.

5.3 Se uma função degrau é aplicada à entrada de um sistema e a saída é da forma $y = t$, o sistema é estável ou instável?

O sistema é instável visto que uma entrada delimitada produziu uma saída não delimitada.

Localizações das raízes características para sistemas contínuos

5.4 As raízes das equações características de vários sistemas são dadas abaixo. Determine em cada caso se o conjunto de raízes representa sistemas estáveis, marginalmente estáveis ou instáveis.

(a) $-1, -2$ (d) $-1+j, -1-j$ (g) $-6, -4, 7$
(b) $-1, +1$ (e) $-2+j, -2-j, 2j, -2j$ (h) $-2+3j, -2-3j, -2$
(c) $-3, -2, 0$ (f) $2, -1, -3$ (i) $-j, j, -1, 1$

Os conjuntos de raízes de (a), (d) e (h) representam sistemas estáveis, visto que todas as raízes têm partes reais negativas. Os conjuntos de raízes (c) e (e) representam sistemas marginalmente estáveis, visto que todas as raízes têm partes reais não positivas, isto é, zero ou negativo. Os conjuntos (b), (f), (g) e (i) representam sistemas instáveis visto que cada um tem pelo menos uma raiz com uma parte real positiva.

5.5 Um sistema tem polos em $-1, -5$ e zeros em 1 e -2. O sistema é estável?

O sistema é estável, visto que os polos são as raízes da equação característica do sistema (Capítulo 3) que têm partes reais negativas. O fato de que o sistema tem um zero com uma parte real positiva não afeta a sua estabilidade.

5.6 Determine se o sistema com a seguinte equação característica é estável:

$$(s + 1)(s + 2)(s - 3) = 0.$$

Esta equação característica tem as raízes -1, -2 e 3 e, portanto, representa um sistema instável, visto que há uma raiz real positiva.

5.7 A equação diferencial de um integrador pode ser escrita como segue: $dy/dt = u$. Determine se um integrador é estável.

A equação característica deste sistema é $s = 0$. Visto que a raiz não tem uma parte real negativa, um integrador não é estável. Visto que não tem raízes com partes reais positivas, um integrador é marginalmente estável.

5.8 Determine uma entrada delimitada que produzirá uma saída não delimitada de um integrador.

A entrada $u = 1$ produzirá a saída $y = t$, que é não delimitada.

Critério de estabilidade de Routh

5.9 Determine se a seguinte equação característica representa um sistema estável:

$$s^3 + 4s^2 + 8s + 12 = 0$$

A tabela de Routh para este sistema é

s^3	1	8
s^2	4	12
s^1	5	0
s^0	12	

Visto que não há mudanças de sinal na primeira coluna, todas as raízes da equação característica têm partes reais negativas e o sistema é estável.

5.10 Determine se a seguinte equação característica tem quaisquer raízes com partes reais positivas:

$$s^4 + s^3 - s - 1 = 0$$

Note que o coeficiente do termo s^2 é zero. A tabela de Routh para esta equação é

	s^4	1	0	-1
	s^3	1	-1	0
	s^2	1	-1	
	s^1	0	0	
nova	s^1	2	0	
	s^0	-1		

a presença de zeros na linha s^1 indica que a equação característica tem duas raízes que satisfazem a equação auxiliar formada a partir da linha s^2 como a seguir: $s^2 - 1 = 0$. As raízes da equação são $+1$ e -1.

A nova linha s^1 foi formada usando os coeficientes da derivada da equação auxiliar: $2s - 0 = 0$. Visto que há uma mudança de sinal, a equação característica tem uma raiz com uma parte real positiva, que está em $+1$, determinada a partir da equação auxiliar.

5.11 A equação característica de um dado sistema é

$$s^4 + 6s^3 + 11s^2 + 6s + K = 0$$

Quais as restrições que devem ser impostas ao parâmetro K, a fim de assegurar que o sistema seja estável?

A tabela de Routh para este sistema é

$$\begin{array}{c|ccc} s^4 & 1 & 11 & K \\ s^3 & 6 & 6 & 0 \\ s^2 & 10 & K & 0 \\ s^1 & \dfrac{60-6K}{10} & 0 & \\ s^0 & K & & \end{array}$$

Para o sistema ser estável, $60 - 6K > 0$ ou $K < 10$ e $K > 0$. Assim, $0 < K < 10$.

5.12 Construa uma tabela de Routh e determine o número de raízes com partes reais positivas para a equação.

$$2s^3 + 4s^2 + 4s + 12 = 0$$

A tabela de Routh para equação é dada abaixo. Aqui a linha s^2 foi dividida por 4, antes de ter sido calculada a linha s^1. A linha s^1 foi então dividida por 2, antes que a linha s^0 fosse calculada.

$$\begin{array}{c|cc} s^3 & 2 & 4 \\ s^2 & 1 & 3 \\ s^1 & -1 & 0 \\ s^0 & 3 & \end{array}$$

Visto que há duas mudanças de sinal na primeira coluna da tabela de Routh, a equação acima tem duas raízes com partes reais positivas.

Critério de estabilidade de Hurwitz

5.13 Determine se a equação característica abaixo representa um sistema estável ou um sistema instável

$$s^3 + 8s^2 + 14s + 24 = 0$$

Os determinantes de Hurwitz para este sistemas são

$$\Delta_3 = \begin{vmatrix} 8 & 24 & 0 \\ 1 & 14 & 0 \\ 0 & 8 & 24 \end{vmatrix} = 2112 \quad \Delta_2 = \begin{vmatrix} 8 & 24 \\ 1 & 14 \end{vmatrix} = 88 \quad \Delta_1 = 8$$

Visto que cada determinante é positivo, o sistema é estável. Note que a formulação geral do Exemplo 5.5 podia ter sido usada para verificar a estabilidade neste caso, substituindo os valores apropriados dos coeficientes a_0, a_1, a_2 e a_3.

5.14 Para que faixa de valores de K torna estável o sistema com a seguinte equação característica?

$$s^2 + Ks + 2K - 1 = 0$$

Os determinantes de Hurwitz para este sistema são

$$\Delta_2 = \begin{vmatrix} K & 0 \\ 1 & 2K-1 \end{vmatrix} = 2K^2 - K = K(2K-1) \quad \Delta_1 = K$$

A fim de que esses determinantes sejam positivos, é necessário que $K > 0$ e $2K - 1 > 0$. Assim, o sistema é estável se $K > \frac{1}{2}$.

5.15 Um sistema é projetado para dar desempenho satisfatório quando o ganho de um amplificador particular K tem o valor 2 ($K = 2$). Determine o quanto este ganho deve variar antes que o sistema se torne instável se a equação característica é

$$s^3 + (4 + K)s^2 + 6s + 16 + 8K = 0$$

Substituindo os coeficientes da equação dada nas condições gerais de Hurwitz do Exemplo 5.5, resulta nas seguintes exigências para a estabilidade:

$$4 + K > 0 \quad (4 + K)6(16 + 8K) > 0 \quad (4 + K)(6)(16 + 8K) - (16 + 8K)^2 > 0$$

Supondo que o ganho K do amplificador não pode ser negativo, a primeira condição é satisfeita. As condições segunda e terceira são satisfeitas se K é menor do que 4. Portanto, com o valor 2 para o ganho de projeto do amplificador, o sistema pode tolerar um aumento no ganho de um fator 2, antes que se torne instável. O ganho pode também cair a zero sem causar instabilidade.

5.16 Determine as condições de Hurwitz para a estabilidade da seguinte equação característica geral de quarta ordem, supondo a_4 positivo.

$$a_4 s^4 + a_3 s^3 + a_2 s^3 + a_2 s^2 + a_1 s + a_0 = 0$$

Os determinantes de Hurwitz são:

$$\Delta_4 = \begin{vmatrix} a_3 & a_1 & 0 & 0 \\ a_4 & a_2 & a_0 & 0 \\ 0 & a_3 & a_1 & 0 \\ 0 & a_4 & a_2 & a_0 \end{vmatrix} = a_3(a_2 a_1 a_0 - a_3 a_0^2) - a_1^2 a_0 a_4$$

$$\Delta_3 = \begin{vmatrix} a_3 & a_1 & 0 \\ a_4 & a_2 & a_0 \\ 0 & a_3 & a_1 \end{vmatrix} = a_3 a_2 a_1 - a_0 a_3^2 - a_4 a_1^2$$

$$\Delta_2 = \begin{vmatrix} a_3 & a_1 \\ a_4 & a_2 \end{vmatrix} = a_3 a_2 - a_4 a_1$$

$$\Delta_1 = a_3$$

As condições para estabilidade são:

$$a_3 > 0 \quad a_3 a_2 - a_4 a_1 > 0 \quad a_3 a_2 a_1 - a_0 a_3^2 - a_4 a_1^2 > 0 \quad a_3(a_2 a_1 a_0 - a_3 a_0^2) - a_1^2 a_0 a_4 > 0$$

5.17 O sistema com a seguinte equação característica é estável?

$$s^4 + 3s^3 + 6s^2 + 9s + 12 = 0$$

Substituindo os valores apropriados para os coeficientes gerais do Problema 5.16, temos

$$3 > 0 \quad 18 - 9 > 0 \quad 162 - 108 - 81 \not> 0 \quad 3(648 - 432) - 972 \not> 0$$

Visto que as duas últimas condições não são satisfeitas, o sistema é instável.

Critério de estabilidade por frações contínuas

5.18 Repita o Problema 5.9 usando o critério de estabilidade pelas frações contínuas.

O polinômio $Q(s) = s^3 + 4s^2 + 8s + 12$ é dividido em duas partes:

$$Q(s) = s^3 + 8s \quad Q_2(s) = 4s^2 + 12$$

A fração contínua para $Q_1(s)/Q_2(s)$ é

$$\frac{Q_1(s)}{Q_2(s)} = \frac{s^3 + 8s}{4s^2 + 12} = \frac{1}{4}s + \frac{5s}{4s^2 + 12} = \frac{1}{4}s + \cfrac{1}{\cfrac{4}{5}s + \cfrac{1}{\frac{5}{12}s}}$$

Visto que todos os coeficientes de s são positivos, o polinômio tem todas as suas raízes no seu plano esquerdo e o sistema com a equação característica $Q(s) = 0$ é estável.

5.19 Determine os limites do parâmetro K para os quais um sistema com a seguinte equação característica será estável.

$$s^3 + 14s^2 + 56s + K = 0$$

$$\frac{Q_1(s)}{Q_2(s)} = \frac{s^3 + 56s}{14s^2 + K} = \frac{1}{14}s + \frac{(56 - K/14)s}{14s^2 + K} = \frac{1}{14}s + \cfrac{1}{\left[\cfrac{14}{56 - K/14}\right]s + \cfrac{1}{\left[\cfrac{56 - K/14}{K}\right]s}}$$

Para o sistema ser estável, as seguintes condições devem ser satisfeitas: $56 - K/14 > 0$ e $K > 0$, ou seja, $0 < K < 784$.

5.20 Deduza todas as condições necessárias para que todas as raízes do polinômio de terceira ordem geral tenham partes reais negativas.

Para $Q(s) = a_3 s^3 + a_2 s^2 + a_1 s + a_0$,

$$\frac{Q_1(s)}{Q_2(s)} = \frac{a_3 s^3 + a_1 s}{a_2 s^2 + a_0} = \frac{a_3}{a_2}s + \frac{[a_1 - a_3 a_0/a_2]s}{a_2 s^2 + a_0} = \frac{a_3}{a_2}s + \cfrac{1}{\left[\cfrac{a_2}{a_1 - a_3 a_0/a_2}\right]s + \cfrac{1}{\left[\cfrac{a_1 - a_3 a_0/a_2}{a_0}\right]s}}$$

As condições necessárias para que todas as raízes de $Q(s)$ tenham partes reais negativas são então

$$\frac{a_3}{a_2} > 0 \qquad \frac{a_2}{a_1 - a_3 a_0/a_2} > 0 \qquad \frac{a_1 - a_3 a_0/a_2}{a_0} > 0$$

Assim, se a_3 é positivo, as condições necessárias são $a_2, a_1, a_0 > 0$ e $a_1 a_2 - a_3 a_0 > 0$. Note que se a_3 não for positivo, $Q(s)$ deve ser multiplicado por -1 antes de verificar as condições acima.

5.21 É estável o sistema com a seguinte equação característica?

$$s^4 + 4s^3 + 8s^2 + 16s + 32 = 0$$

$$\frac{Q_1(s)}{Q_2(s)} = \frac{s^4 + 8s^2 + 32}{4s^3 + 16s} = \frac{1}{4}s + \frac{4s^2 + 32}{4s^3 + 16s}$$

$$= \frac{1}{4}s + \cfrac{1}{s + \cfrac{-16s}{4s^2 + 32}} = \frac{1}{4}s + \cfrac{1}{s + \cfrac{1}{-\cfrac{1}{4}s + \cfrac{1}{-\frac{1}{2}s}}}$$

Visto que os coeficientes de s não são todos positivos, o sistema é instável.

Sistemas discretos no tempo

5.22 O sistema com a seguinte equação característica é estável?

$$Q(z) = z^4 + 2z^3 + 3z^2 + z + 1 = 0$$

Aplicando o teste de Jury, com $n = 4$ (par),

$$Q(1) = 1 + 2 + 3 + 1 + 1 = 8 > 0$$
$$Q(-1) = 1 - 2 + 3 - 1 + 1 = 2 > 0$$

O arranjo de Jury deve ser construído como a seguir:

Linha

1	1	1	3	2	1
2	1	2	3	1	1
3	0	−1	0	1	
4	1	0	−1	0	
5	−1	1	0		

As restrições do teste de Jury são

$$|a_0| = 1 \not< 1 = a_n$$
$$|b_0| = 0 \not> 1 = |b_{n-1}|$$
$$|c_0| = |-1| > 0 = |c_{n-2}|$$

Visto que todas as restrições não são satisfeitas, o sistema é instável.

5.23 O sistema com a seguinte equação característica é estável?

$$Q(z) = 2z^4 + 2z^3 + 3z^2 + z + 1 = 0$$

Aplicando o teste de Jury, com $n = 4$ (par),

$$Q(1) = 2 + 2 + 3 + 1 + 1 = 9 > 0$$
$$Q(-1) = 2 - 2 + 3 - 1 + 1 = 3 > 0$$

O arranjo de Jury deve ser construído como a seguir:

Linha

1	1	1	3	2	2
2	2	2	3	1	1
3	3	3	2	0	
4	0	2	3	3	
5	9	7	0		

As restrições do teste de Jury são

$$|a_0| = 1 < 2 = a_n$$
$$|b_0| = 3 > 0 = |b_{n-1}|$$
$$|c_0| = 9 > 0 = |c_{n-2}|$$

Visto que todas as restrições são satisfeitas, o sistema é estável.

5.24 O sistema com a seguinte equação característica é estável?

$$Q(z) = z^5 + 3z^4 + 3z^3 + 3z^2 + 2z + 1 = 0$$

Aplicando o teste de Jury, com $n = 5$ (ímpar),

$$Q(1) = 1 + 3 + 3 + 3 + 2 + 1 = 13 > 0$$
$$Q(-1) = -1 + 3 - 3 + 3 - 2 + 1 = 1 > 0$$

Visto que n é ímpar, $Q(-1)$ deve ser menor do que zero para o sistema ser estável. Portanto, o sistema é instável.

Problemas diversos

5.25 Se aparece um zero na primeira coluna da tabela de Routh, o sistema é necessariamente instável?

Estritamente, um zero na primeira coluna da tabela de Routh deve ser interpretado como não tendo sinal isto é, nem positivo nem negativo. Consequentemente, todos os elementos da primeira coluna não podem ter o mesmo sinal se um deles é zero, e o sistema é instável. Em alguns casos, um zero na primeira coluna da tabela de Routh indica a presença de duas raízes de grandeza igual mas de sinais opostos (veja Problema 5.10). Em outros casos, isto indica a presença de uma ou mais raízes com as partes reais zero. Assim, uma equação característica tendo uma ou mais raízes com as partes reais zero e nenhuma raiz com partes reais positivas produzirá uma tabela de Routh na qual todos os elementos da primeira coluna não têm o mesmo sinal ou qualquer mudança de sinal.

5.26 Prove que um sistema é instável se qualquer coeficiente da equação característica é nulo.

A equação característica pode ser escrita na forma

$$(s - s_1)(s - s_2)(s - s_3) \cdots (s - s_n) = 0$$

onde $s_1, s_2, \ldots s_n$ são as raízes da equação. Se esta equação é multiplicada, n novas equações podem ser obtidas relacionando as raízes e os coeficientes da equação característica da forma usual. Assim,

$$a_n s^n + a_{n-1} s^{n-1} + \cdots + a_0 = 0 \quad \text{ou} \quad s^n + \frac{a_{n-1}}{a_n} s^{n-1} + \cdots + \frac{a_0}{a_n} = 0$$

e as relações são

$$\frac{a_{n-1}}{a_n} = -\sum_{i=1}^{n} s_i, \quad \frac{a_{n-2}}{a_n} = \sum_{\substack{i=1 \\ i \neq j}}^{n} \sum_{j=1}^{n} s_i s_j, \quad \frac{a_{n-3}}{a_n} = -\sum_{\substack{i=1 \\ i \neq j \neq k}}^{n} \sum_{j=1}^{n} \sum_{k=1}^{n} s_i s_j s_k, \ldots, \frac{a_0}{a_n} = (-1)^n s_1 s_2 \cdots s_n$$

Os coeficientes $a_{n-1}, a_{n-2}, \ldots, a_0$ têm todos o mesmo sinal que a_n e são todos não nulos, se todas as raízes $s_1, s_2, \ldots, s_n$ tiverem partes reais negativas. A única maneira para que qualquer dos coeficientes possa ser zero é que uma das raízes ou mais tenha partes reais positivas ou zero. Neste caso, o sistema seria instável

5.27 Prove que um sistema contínuo é instável se todos os coeficientes da equação característica não tiverem o mesmo sinal.

A partir das relações apresentadas no Problema 5.26, pode-se ver que os coeficientes $a_{n-1}, a_{n-2}, \ldots, a_0$ têm o mesmo sinal que a_n, se todas as raízes $s_1, s_2, \ldots, s_n$ tiverem partes reais negativas. A única maneira para que qualquer desses coeficientes possa diferir no sinal de a_n é que uma das raízes, ou mais, tenha uma parte real positiva. Assim, o sistema é necessariamente instável se outros coeficientes não tiverem o mesmo sinal. Note que um sistema *não* é necessariamente estável se todos os coeficientes tiverem o mesmo sinal.

5.28 O critério de estabilidade apresentado neste capítulo pode ser aplicado a sistemas contínuos que contenham retardos de tempo?

Não, eles não podem ser diretamente aplicados porque os sistemas que contêm retardos de tempo não têm equações características da forma exigida, isto é, polinômios finitos em s. Por exemplo, a seguinte equação característica representa um sistema que contém um retardo de tempo:

$$s^2 + s + e^{-sT} = 0$$

Estritamente, esta equação tem um número infinito de raízes. Entretanto, em alguns casos uma aproximação pode ser empregada para e^{-sT} para dar informação útil, embora não inteiramente precisa, referente à estabilidade do sistema. Para exemplificar, seja e^{-sT}, na equação acima, substituída pelos dois primeiros termos da série de Taylor. A equação então se torna

$$s^2 + s + 1 - sT = 0 \quad \text{ou} \quad s^2 + (1 - T)s + 1 = 0$$

Um dos critérios de estabilidade deste capítulo pode então ser aplicado a esta aproximação da equação característica.

5.29 Determine um limite superior aproximado do retardo de tempo, a fim de que o sistema explicado na solução do Problema 5.28 seja estável.

Empregando a equação aproximada $s^2 + (1 - T)s + 1 = 0$, os determinantes de Hurwitz são $\Delta_1 = \Delta_2 = 1 - T$. Portanto, para o sistema ser estável, o retardo de tempo T deve ser maior que 1 segundo.

Problemas Complementares

5.30 Para cada polinômio característico, determine se ele representa um sistema estável ou instável:

(a) $2s^4 + 8s^3 + 10s^2 + 10s + 20$ (c) $s^5 + 6s^4 + 10s^2 + 5s + 24$ (e) $s^4 + 8s^3 + 24s^2 + 32s + 16$

(b) $s^3 + 7s^2 + 7s + 46$ (d) $s^3 - 2s^2 + 4s + 6$ (f) $s^6 + 4s^4 + 8s^2 + 16$

5.31 Para quais valores de K o polinômio $s^3 + (4 + K)s^2 + 6s + 12$ tem raízes com partes reais negativas?

5.32 Quantas raízes com partes reais positivas tem cada polinômio a seguir?

(a) $s^3 + s^2 - s + 1$ (b) $s^4 + 2s^3 + 2s^2 + 2s + 1$ (c) $s^3 + s^2 - 2$ (d) $s^4 - s^2 - 2s + 2$

(e) $s^3 + s^2 + s + 6$

5.33 Para qual valor positivo de K o polinômio $s^4 + 8s^3 + 24s^2 + 32s + K$ tem raízes com partes reais zero? Quais são essas raízes?

Respostas Selecionadas

5.30 (b) e (e) representam sistemas estáveis; (a), (c), (d) e (f) representam sistemas instáveis.

5.31 $K > -2$

5.32 (a) 2, (b) 0, (c) 1, (d) 2, (e) 2

5.33 $K = 80;\ s = \pm j2$

Capítulo 6

Funções de Transferência

6.1 DEFINIÇÃO DE UMA FUNÇÃO DE TRANSFERÊNCIA

Como foi mostrado nos Capítulos 3 e 4, a resposta de um sistema linear invariante com o tempo pode ser separada em duas partes; a resposta forçada e a resposta livre. Isto se aplica tanto para sistemas contínuos quanto discretos. Primeiro, vamos considerar funções de transferência para sistemas contínuos, e apenas para sistemas de uma entrada e uma saída. A Equação (4.8) mostra claramente esta divisão para a equação diferencial ordinária, linear e de coeficientes constantes mais geral. A resposta forçada inclui termos devidos aos valores iniciais u_0^k da entrada e a resposta livre depende de umas das condições iniciais y_0^k na saída. Se os termos devidos a *todos* os valores iniciais, ou seja, u_0^k e y_0^k, são agrupados, a Equação (4.8) pode ser escrita como

$$y(t) = \mathscr{L}^{-1}\left[\left(\sum_{i=0}^{m} b_i s^i \middle/ \sum_{i=0}^{n} a_i s^i\right) U(s) + \left(\text{termos devido a } todos \text{ os valores iniciais } u_0^k, y_0^k\right)\right]$$

ou, na notação de transformada, como

$$Y(s) = \left(\sum_{i=0}^{m} b_i s^i \middle/ \sum_{i=0}^{n} a_i s^i\right) U(s) + \left(\text{termos devido a } todos \text{ os valores iniciais } u_0^k, y_0^k\right)$$

A **função de transferência** $P(s)$ de um sistema contínuo é definida como aquele fator na equação para $Y(s)$ que multiplica a transformada da entrada $U(s)$. Para o sistema descrito acima, a função de transferência é

$$P(s) = \sum_{i=0}^{m} b_i s^i \middle/ \sum_{i=0}^{n} a_i s^i = \frac{b_m s^m + b_{m-1} s^{m-1} + \cdots + b_0}{a_n s^n + a_{n-1} s^{n-1} + \cdots + a_0}$$

o denominador é o polinômio característico e a transformada da resposta pode ser reescrita como

$$Y(s) = P(s) U(s) + (\text{termos devidos a } todos \text{ os valores iniciais } u_0^k, y_0^k)$$

Se a quantidade (termos devidos a *todos* os valores iniciais, u_0^k, y_0^k) é zero, a transformada de Laplace da saída $Y(s)$, em resposta a uma entrada $U(s)$, é dada por

$$Y(s) = P(s) U(s)$$

Se o sistema está em repouso antes da aplicação da entrada, ou seja, $d^k y/dt^k = 0$, $k = 0, 1, \cdots, n-1$, para $t < 0$, então

$$(\text{termos devidos a } todos \text{ os valores iniciais } u_0^k, y_0^k) = 0$$

e a saída como uma função do tempo $y(t)$ é simplesmente a transformada inversa de $P(s)U(s)$.

Enfatizamos que nem todas as funções de transferência são expressões algébricas racionais. Por exemplo, a função de transferência de um sistema contínuo incluindo retardo de tempo, contém termos da forma e^{-sT} (por exemplo, o Problema 5.28). A função de transferência de um elemento que representa o retardo de tempo puro é $P(s) = e^{-sT}$, onde T é o retardo de tempo em unidades de tempo.

Visto que a formação da transformada de saída $Y(s)$ é puramente uma multiplicação algébrica de $P(s)$ e $U(s)$ quando (os termos devidos a *todos* os valores iniciais $u_0^k, y_0^k) = 0$, a multiplicação é comutativa; isto é,

$$Y(s) = U(s)\,P(s) = U(s) \tag{6.1}$$

6.2 PROPRIEDADES DA FUNÇÃO DE TRANSFERÊNCIA DE UM SISTEMA CONTÍNUO

A função de transferência de um sistema contínuo tem várias propriedades úteis:

1. A função de transferência de um sistema é a transformada de Laplace da sua resposta ao impulso $y_\delta(t)$, $t \geq 0$. Isto é, se a entrada para um sistema com função de transferência $P(s)$ é um impulso e todos os valores iniciais são zero, a transformada da saída é $P(s)$.
2. A função de transferência de um sistema pode ser determinada a partir da equação diferencial do sistema tomando-se a transformada de Laplace e ignorando todos os termos que resultam dos valores iniciais. A função de transferência $P(s)$ é então dada por

$$P(s) = \frac{Y(s)}{U(s)}$$

3. A equação diferencial do sistema pode ser obtida a partir da função de transferência substituindo-se a variável s pelo operador diferencial D definido por $D = d/dt$.
4. A estabilidade de um sistema linear invariante no tempo pode ser determinada a partir da equação característica (ver Capítulo 5). O denominador da função de transferência de um sistema é o *polinômio característico*. Consequentemente, para sistemas contínuos, se todas as raízes do denominador têm partes reais negativas, o sistema é estável.
5. As raízes do denominador são os polos do sistema e as raízes do numerador são os zeros do sistema (ver Capítulo 4). A função de transferência do sistema pode então ser especificada, a menos de uma constante, especificando-se os polos e zeros do sistema. Essa constante, geralmente representada por K, é o **fator de ganho** do sistema. Como foi descrito no Capítulo 4, Seção 4.11, os polos e zeros do sistema podem ser representados esquematicamente por um mapa de polos e zeros no plano s.
6. Se a função de transferência não tem polos nem zeros com partes reais positivas, o sistema é de **fase mínima**.

Exemplo 6.1 Considere o sistema com a equação diferencial $dy/dt + 2y = du/dt + u$.

A versão desta equação em transformada de Laplace, com todos os valores iniciais tornados iguais a zero, é $(s + 2)\,Y(s) = (s + 1)U(s)$.

A função de transferência do sistema é assim dada por $P(s) = Y(s)/U(s) = (s + 1)/(s + 2)$.

Exemplo 6.2 Dada $P(s) = 2s + 1)/(s^2 + s + 1)$, a equação diferencial do sistema é

$$y = \left[\frac{2D + 1}{D^2 + D + 1}\right]u \quad \text{ou} \quad D^2 y + Dy + y = 2Du + u \quad \text{ou} \quad \frac{d^2 y}{dt^2} + \frac{dy}{dt} + y = 2\frac{du}{dt} + u$$

Exemplo 6.3 A função de transferência $P(s) = K\,(s + a)/(s + b)(s + c)$ pode ser especificada dando-se a localização do zero $-a$, as localizações dos polos $-b$ e $-c$, e o fator de ganho K.

6.3 FUNÇÕES DE TRANSFERÊNCIA DOS COMPENSADORES DE SISTEMA DE CONTROLE CONTÍNUO E CONTROLADORES

As funções de transferência dos quatro compensadores de sistemas de controle comuns são apresentadas a seguir. As disposições típicas destas funções de transferência, usando redes RC, são apresentadas nos problemas resolvidos.

Exemplo 6.4 A função de transferência de um **compensador de avanço de sistema contínuo** é

$$P_{\text{Avanço}}(s) = \frac{s+a}{s+b} \qquad b > a \tag{6.2}$$

Este compensador tem um zero em $s = -a$ e um polo em $s = -b$.

Exemplo 6.5 A função de transferência de um **compensador de atraso de sistema contínuo** é

$$P_{\text{Atraso}}(s) = \frac{a(s+b)}{b(s+a)} \qquad b > a \tag{6.3}$$

Entretanto, neste caso o zero está em $s = -b$ e o polo está em $s = -a$. O fator de ganho a/b é incluído, devido ao modo em que ele usualmente é disposto (Problema 6.13).

Exemplo 6.6 A função de transferência de um **compensador de atraso-avanço de sistema contínuo** é

$$P_{\text{LL}}(s) = \frac{(s+a_1)(s+b_2)}{(s+b_1)(s+a_2)} \qquad b_1 > a_1,\ b_2 > a_2 \tag{6.4}$$

Este compensador tem dois zeros e dois polos. Para considerações de disposição, a restrição $a_1 b_2 = b_1 a_2$ é geralmente imposta (Problema 6.14).

Exemplo 6.7 A função de transferência do **controlador PID** do Exemplo 2.14 é

$$P_{\text{PID}}(s) \equiv \frac{U_{\text{PID}}(s)}{E(s)} = K_P + K_D s + \frac{K_I}{s} = \frac{K_D s^2 + K_P s + K_I}{s} \tag{6.5}$$

Este controlador tem dois zeros e um polo. Ele é similar ao compensador de atraso-avanço do exemplo anterior, exceto que o menor polo está na origem (um integrador) e ele não tem o segundo polo. Ele é geralmente implementado em um computador analógico ou digital.

6.4 RESPOSTA NO TEMPO DE UM SISTEMA CONTÍNUO

A transformada de Laplace da resposta de um sistema contínuo a uma entrada específica é dada por

$$Y(s) = P(s)\, U(s)$$

quando as condições iniciais são zero. A transformada inversa $y(t) = \mathscr{L}^{-1}[P(s)U(s)]$ é então a resposta no tempo e $y(t)$ pode ser determinada encontrando-se os polos de $P(s)U(s)$ e avaliando os resíduos desses polos (quando não há polos múltiplos). Portanto, $y(t)$ depende tanto dos polos como dos zeros da função de transferência e dos polos e zeros da entrada.

Os resíduos podem ser determinados graficamente por meio do *mapa de polos e zeros* de $Y(s)$, que é construído a partir do mapa de polos e zeros de $P(s)$, adicionando simplesmente polos e zeros de $U(s)$. A avaliação gráfica dos resíduos pode então ser executada como descrito no Capítulo 4, Seção 4.12.

6.5 RESPOSTA EM FREQUÊNCIA DE SISTEMAS CONTÍNUOS

A resposta de estado permanente de um sistema contínuo para entradas senoidais pode ser determinada por meio da função de transferência do sistema. Para o caso especial de uma entrada de função degrau, de amplitude A, muitas vezes denominada **entrada CC**, a transformada de Laplace da saída do sistema é dada por

$$Y(s) = P(s)\frac{A}{s}$$

Se o sistema é estável, a resposta de estado permanente é uma função degrau de amplitude $AP(0)$, visto que este é o resíduo no polo de entrada. A amplitude do sinal de entrada é assim multiplicada por $P(0)$ para determinar a amplitude da saída. $P(0)$ é, portanto, o **ganho CC** do sistema.

Note que, para um sistema instável, como o integrador ($P(s) = 1/s$), uma resposta de estado permanente nem sempre existe. Se a entrada para um integrador é uma função degrau, a saída é uma rampa, que não é delimitada (ver Problemas 5.7 e 5.8). Por esta razão, diz-se algumas vezes que os integradores têm ganho CC infinito.

A resposta de estado permanente de um sistema estável para a entrada $u = A \operatorname{sen} \omega t$ é dada por

$$y_{ss} = A|P(j\omega)|\operatorname{sen}(\omega t + \phi)$$

em que $|P(j\omega)|$ = módulo de $P(j\omega)$, $\phi = \arg P(j\omega)$, e o número complexo $P(j\omega)$ é determinado a partir de $P(s)$ substituindo-se s por $j\omega$ (ver Problema 6.20). A saída do sistema tem a mesma frequência que a entrada e pode ser obtida multiplicando-se o módulo da entrada por $|P(j\omega)|$ e deslocando-se o ângulo de fase da entrada de $\arg P(j\omega)$. O módulo $|P(j\omega)|$ e o ângulo $\arg P(j\omega)$ para qualquer ω constitui a **resposta de frequência do sistema**. O módulo $|P(j\omega)|$ representa o *ganho* do sistema para entradas senoidais com frequência ω.

A resposta de frequência do sistema pode ser determinada graficamente no plano s, a partir de um mapa de polos e zeros de $P(s)$, da mesma maneira que para o cálculo dos resíduos. Entretanto, neste caso o módulo e o ângulo de $P(s)$ são computados num ponto sobre o eixo $j\omega$, medindo-se os módulos e ângulos dos vetores, desenhado a partir dos polos e zeros de $P(s)$ até o ponto sobre o eixo $j\omega$.

Exemplo 6.8 Considere o sistema com a função de transferência

$$P(s) = \frac{1}{(s+1)(s+2)}$$

Consultando a Figura 6-1, o módulo e o ângulo de $P(j\omega)$ para $\omega = 1$ são computados no plano s, como segue. O módulo de $P(j1)$ é

$$|P(j1)| = \frac{1}{\sqrt{5} \cdot \sqrt{2}} = 0{,}316$$

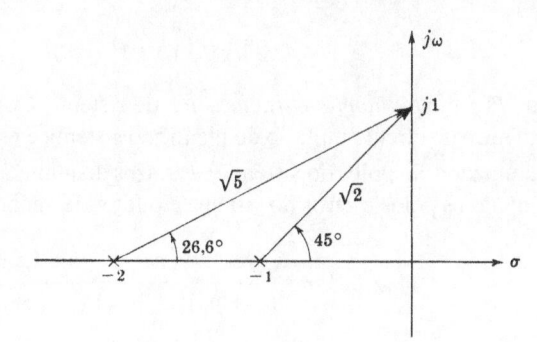

Figura 6-1

e o ângulo é

$$\arg P(j1) = -26{,}6° - 45° = -71{,}6°$$

Exemplo 6.9 A resposta de frequência de sistemas é geralmente representada por dois gráficos (ver Figura 6-2): um de $|P(j\omega)|$ como uma função de ω e um do $\arg P(j\omega)$ como uma função de ω. Para a função de transferência do Exemplo 6.8, $P(s) = 1/(s+1)(s+2)$, estes gráficos são facilmente determinados registrando os valores de $|P(j\omega)|$ e $\arg P(j\omega)$ para vários valores de ω, como é mostrado a seguir.

ω	0	0,5	1,0	2,0	4,0	8,0
$\|P(j\omega)\|$	0,5	0,433	0,316	0,158	0,054	0,015
$\arg P(j\omega)$	0	$-40{,}6°$	$-71{,}6°$	$-108{,}5°$	$-139{,}4°$	$-158{,}9°$

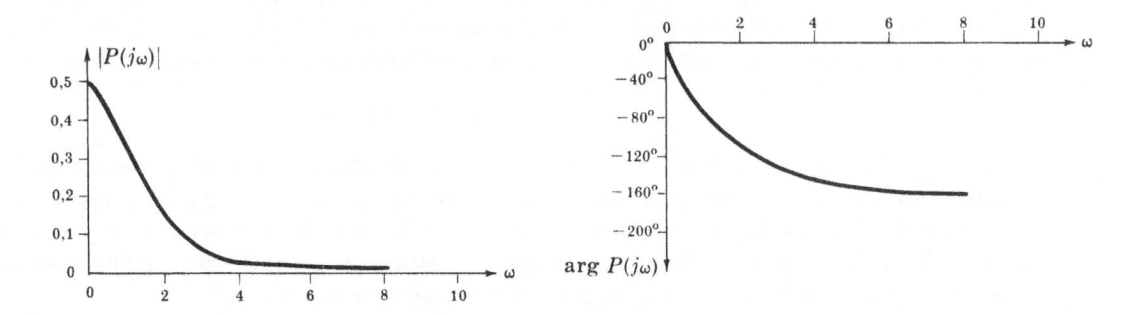

Figura 6-2

6.6 FUNÇÕES DE TRANSFERÊNCIA DE SISTEMAS DISCRETOS NO TEMPO, COMPENSADORES E RESPOSTAS NO TEMPO

A função de transferência $P(z)$ para um sistema discreto no tempo é definido como o fator na equação para a transformada de saída $Y(z)$ que multiplica a transformada de entrada $U(z)$. Se todos os termos devidos às condições iniciais são zero, então a resposta do sistema para uma entrada $U(z)$ é dada por: $Y(z) = P(z)U(z)$ no domínio z e $\{y(k)\} = \mathcal{Z}^{-1}[P(z)U(z)]$ no domínio do tempo.

A função de transferência de um sistema discreto no tempo tem as seguintes propriedades:

1. $P(z)$ é a transformada z de sua resposta ao delta de Kronecker $y_\delta(k)$, $k = 0, 1, \cdots$.
2. A equação de diferenças pode ser obtida a partir de $P(z)$ substituindo a variável z com o operador de deslocamento Z definido por quaisquer inteiros k e n por

$$Z^n[\,y(k)\,] = y(k+n) \tag{6.6}$$

3. O denominador de $P(z)$ é o *polinômio característico* do sistema. Consequentemente, se todas as raízes do denominador estão dentro do círculo unitário do plano z, o sistema é estável.
4. As raízes do denominador são polos do sistema e as raízes do numerador são os zeros do sistema. $P(z)$ pode ser especificado definindo os polos e zeros do sistema e o fator de ganho K:

$$P(z) = \frac{K(z+z_1)(z+z_2)\cdots(z+z_m)}{(z+p_1)(z+p_2)\cdots(z+p_n)} \tag{6.7}$$

Os polos e zeros do sistema podem ser representados esquematicamente por um mapa de polos e zeros no plano z. O mapa de polos e zeros da resposta de saída pode ser construído a partir do mapa de polos e zeros de $P(z)$ incluindo os polos e zeros da entrada $U(z)$.

5. A ordem do polinômio do denominador da função de transferência de um sistema discreto no tempo causal (fisicamente realizável) deve ser maior ou igual à ordem do polinômio do numerador.
6. A resposta de estado permanente de um sistema discreto no tempo para uma entrada degrau unitário é denominada ganho CC e é dada pelo Teorema do Valor Final (Seção 4.9):

$$\lim_{k\to\infty} y(k) = \lim_{z\to 1}\left[\frac{z-1}{z}P(z)\frac{z}{z-1}\right] = P(1) \tag{6.8}$$

Exemplo 6.10 Considere um sistema discreto no tempo caracterizado pela equação de diferenças

$$y(k+2) + 1{,}1y(k+1) + 0{,}3y(k) = u(k+2) + 0{,}2u(k+1)$$

A versão da transformada z desta equação com todas as condições iniciais iguais a zero é

$$(z^2 + 1{,}1z + 0{,}3)\, Y(z) = (z^2 + 0{,}2z)\, U(z)$$

A função de transferência do sistema é dada por

$$P(z) = \frac{z(z+0{,}2)}{z^2 + 1{,}1z + 0{,}3} = \frac{z(z+0{,}2)}{(z+0{,}5)(z+0{,}6)}$$

O sistema tem um zero em $-0{,}2$ e dois polos em $-0{,}5$ e $-0{,}6$. Visto que os polos são internos ao círculo unitário, o sistema é estável. O ganho CC é

$$P(1) = \frac{1(1{,}2)}{(1{,}5)(1{,}6)} = 0{,}5$$

Exemplo 6.11 A função de transferência geral de um **compensador de avanço digital** é

$$P_{\text{Avanço}}(z) = \frac{K_{\text{Avanço}}(z - z_c)}{z - p_c} \qquad z_c > p_c \tag{6.9}$$

Este compensador tem um zero em $z = z_c$ e um polo em $z = p_c$. O seu ganho de estado permanente é

$$P_{\text{Avanço}}(1) = \frac{K_{\text{Avanço}}(1 - z_c)}{1 - p_c} \tag{6.10}$$

O fator de ganho $K_{\text{Avanço}}$ é incluído na função de transferência para ajustar seu ganho em um ω dado para um valor desejado. No Problema 12.13, por exemplo, $K_{\text{Avanço}}$ é escolhido para tornar o ganho de estado permanente de $P_{\text{Avanço}}$ (para $\omega = 0$) igual ao seu equivalente analógico.

Exemplo 6.12 A função de transferência geral de um **compensador de atraso digital** é

$$P_{\text{Atraso}}(z) = \frac{(1 - p_c)(z - z_c)}{(1 - z_c)(z - p_c)} \qquad z_c < p_c \tag{6.11}$$

Este compensador tem um zero em $z = z_c$ e um polo em $z = p_c$. O fator de ganho $(1 - P_c)/(1 - z_c)$ é incluído de modo que a frequência baixa ou o ganho de estado permanente $P_{\text{Atraso}}(1) = 1$, análogo ao compensador de atraso contínuo no tempo.

Exemplo 6.13 Compensadores de atraso e avanço digitais podem ser projetados diretamente a partir de especificações no domínio s usando a transformada entre os domínios s e z definido por $z = e^{sT}$. Ou seja, os polos e zeros de

$$P_{\text{Avanço}}(s) = \frac{s + a}{s + b} \qquad \text{e} \qquad P_{\text{Atraso}} = \frac{a(s + b)}{b(s + a)}$$

podem ser mapeados de acordo com $z = e^{sT}$. Para o compensador de avanço, o zero em $s = -a$ mapeia no zero em $z = z_c = e^{-aT}$, e o polo em $s \equiv -b$ mapeia no polo em $z = P_c \equiv e^{-bT}$. Isto resulta em

$$P'_{\text{Avanço}}(z) = \frac{z - e^{-aT}}{z - e^{-bT}} \tag{6.12}$$

De modo similar,

$$P'_{\text{Atraso}}(z) = \left(\frac{1 - e^{-aT}}{1 - e^{-bT}} \right) \left(\frac{z - e^{-bT}}{z - e^{-aT}} \right) \tag{6.13}$$

Note que $P'_{\text{Atraso}}(1) = 1$.

Esta transformação é apenas uma das diversas possibilidades para compensadores de avanço e atraso digitais, ou quaisquer tipos de compensadores para esse caso. Outra variação do compensador de avanço é ilustrada nos Problemas 12.13 a 12.15.

Um exemplo de como a Equação (6.13) pode ser usada nas aplicações é dado no Exemplo 12.7.

6.7 RESPOSTA DE FREQUÊNCIA DE SISTEMAS DISCRETOS NO TEMPO

A resposta de estado permanente para uma sequência de entrada $\{u(k) = A \operatorname{sen} \omega kT\}$ de um sistema discreto no tempo e estável com função de transferência $P(z)$ é dado por

$$Y_{ss} A|P(e^{j\omega T})|\operatorname{sen}(\omega kT + \phi) \qquad k = 0, 1, 2, \ldots \qquad (6.14)$$

em que $|P(e^{j\omega T})|$ é o módulo de $P(e^{j\omega T})$, $\phi = \arg P(e^{j\omega T})$ e a função complexa $P(e^{j\omega T})$ é determinada a partir de $P(z)$ substituindo z por $e^{j\omega T}$ (ver Problema 6.40). A saída do sistema é uma sequência de amostras de uma senoide com a mesma frequência que a senoide de entrada. A sequência de saída é obtida multiplicando o módulo A da entrada por $|P(e^{j\omega T})|$ e deslocando o ângulo de fase da entrada em arg $P(e^{j\omega T})$. O módulo $|P(e^{j\omega T})|$ e o ângulo de fase arg $P(e^{j\omega T})$, para qualquer ω, juntos definem a **função de resposta de frequência de um sistema discreto no tempo**. O módulo $|P(e^{j\omega T})|$ é o **ganho** do sistema para entradas senoidais com frequência angular ω.

Uma função de resposta em frequência de um sistema discreto no tempo pode ser determinada no plano z a partir de um mapa de polos e zeros de $P(z)$ da mesma forma que o cálculo gráfico dos resíduos (Seção 4.12). Entretanto, neste caso o módulo e o ângulo de fase são calculados no círculo $e^{j\omega T}$ (círculo unitário), medindo o módulo e o ângulo dos vetores desenhados a partir dos polos e zeros de P para o ponto no círculo unitário. Visto que $P(e^{j\omega T})$ é periódico em ω, com período $2\pi/T$, a função de resposta em frequência precisa apenas ser determinada ao longo da faixa de frequência angular $-\pi/T \leq \omega \leq \pi/T$. Além disso, visto que a função módulo é uma função par de ω e o ângulo de fase é uma função ímpar de ω, na realidade os cálculos precisam ser feitos ao longo de metade desta faixa angular, ou seja, $0 \leq \omega \leq \pi/T$.

6.8 COMBINAÇÃO DE ELEMENTOS CONTÍNUOS NO TEMPO E DISCRETOS NO TEMPO

Até agora a transformada z foi usada principalmente para sistemas discretos e elementos que operam sobre sinais discretos e os produzem. No caso da transformada de Laplace, até aqui foi usada apenas para sistemas e elementos contínuos no tempo, com sinais de entrada e saída contínuos no tempo. Entretanto, muitos sistemas de controle incluem os dois tipos de elementos. Algumas das relações importantes entre as transformadas z e de Laplace são desenvolvidas aqui para facilitar a análise e o projeto de sistemas mistos (contínuos/discretos).

Os sinais discretos no tempo surgem a partir de amostragem de sinais contínuos no tempo, ou como a saída de elementos de sistemas inerentemente discretos no tempo, como os computadores digitais. Se um sinal contínuo no tempo $y(t)$ com transformada de Laplace $Y(s)$ é amostrado uniformemente, com período T, a sequência resultante de amostras $y(kT)$, $k = 0, 1, 2, \ldots$, pode ser escrita como

$$y(kT) = \frac{1}{2\pi j}\int_{c-j\infty}^{c+j\infty} Y(s)e^{skT}ds \qquad k = 0, 1, 2, \ldots$$

em que $c > \sigma_0$ (ver Definição 4.3). A transformada z desta sequência é $Y^*(z) = \sum_{k=0}^{\infty} y(kT)z^{-k}$ (Definição 4.4), em que, conforme mostra o Problema 6.41, pode ser escrita como

$$Y^*(z) = \frac{1}{2\pi j}\int_{c-j\infty}^{c+j\infty} Y(s)\left(\frac{1}{1-e^{sT}z^{-1}}\right)ds \qquad (6.15)$$

para a região de convergência $|z| > e^{cT}$. Esta relação entre a transformada de Laplace e a transformada z pode ser avaliada pela aplicação da lei da integral de Cauchy [1]. Entretanto, na prática, geralmente não é necessário usar esta abordagem de análise complexa.

A função contínua no tempo $y(t)$ $\mathscr{L}^{-1}[Y(s)]$ pode ser determinada a partir de $Y(s)$ e de uma tabela de transformadas de Laplace, e a variável tempo t é então substituída por kT, fornecendo o elemento de ordem k da sequência desejada:

$$y(kT) = \mathscr{L}^{-1}[Y(s)]\big|_{t=kT}$$

Assim, a transformada z da sequência $y(kT)$, $k = 0, 1, 2,\ldots$, é gerada pela referência à tabela de transformadas z, que produz o resultado desejado

$$Y^*(z) = \mathcal{Z}\left\{y(kT)\right\} = \mathcal{Z}\left\{\mathcal{L}^{-1}[Y(s)]\big|_{t=kT}\right\} \tag{6.16}$$

Portanto, na Equação (6.16), a operação simbólica $\mathcal{L}^{-1}$ e $\mathcal{Z}$ representam tabelas de pesquisa direta, e $\big|_{t=kT}$ gera a sequência para a transformada z.

Uma combinação comum de elementos contínuos e discretos no tempo é mostrada na Figura 6-3.

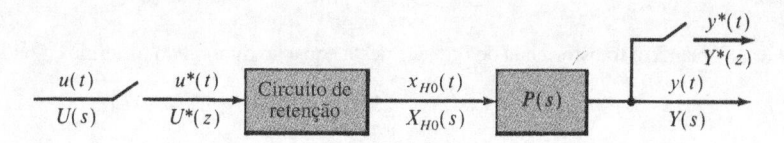

Figura 6-3

Se o circuito de *retenção* for *de ordem zero*, como mostra o Problema 6.42, a função de transferência discreta no tempo de $U^*(z)$ a $Y^*(z)$ é dada por

$$\frac{Y^*(z)}{U^*(z)} = (1 - z^{-1})\mathcal{Z}\left\{\mathcal{L}^{-1}\frac{P(s)}{s}\bigg|_{t=kT}\right\} \tag{6.17}$$

Na prática, o amostrador na saída, que gera $y^*(t)$ na Figura 6-3, pode não existir. Entretanto, algumas vezes é conveniente considerar que existe um neste ponto, para fins de análise (ver, por exemplo, o Problema 10.13). Quando isso é feito, o amostrador é muitas vezes denominado **amostrador fictício**.

Se a entrada e a saída de um sistema como mostra a Figura 6-3 são sinais contínuos no tempo, e a entrada é subsequentemente amostrada, então a Equação (6.17) gera uma função de transferência discreta no tempo que relaciona a entrada nos instantes de amostragem $T, 2T,\ldots$ à saída nos mesmos instantes de amostragem. Entretanto, esta função de transferência de um sistema discreto no tempo *não* relaciona os sinais de entrada e saída no mesmo τ entre os instantes de amostragem, ou seja, para $kT < \tau < (k+1)T$, $k = 0, 1, 2, \ldots$.

Exemplo 6.14 Na Figura 6-3, se o circuito de retenção é de ordem zero e $P(s) = 1/(s+1)$, então a partir da Equação (6.17), a função de transferência discreta no tempo do subsistema de elementos mistos é

$$\frac{Y^*(z)}{U^*(z)} = (1 - z^{-1})\mathcal{Z}\left\{\mathcal{L}^{-1}\left(\frac{1}{s(s+1)}\right)\bigg|_{t=kT}\right\}$$

$$= (1 - z^{-1})\mathcal{Z}\left\{\mathcal{L}^{-1}\left(\frac{1}{s} - \frac{1}{s+1}\right)\bigg|_{t=kT}\right\}$$

$$= (1 - z^{-1})\mathcal{Z}\left\{(\mathbf{1}(t) - e^{-t})\big|_{t=kT}\right\}$$

$$= (1 - z^{-1})\mathcal{Z}\left\{\mathbf{1}(kT) - e^{-kT}\right\}$$

$$= (1 - z^{-1})\left[\mathcal{Z}\left\{\mathbf{1}(kT)\right\} - \mathcal{Z}\left\{e^{-kT}\right\}\right]$$

$$= (1 - z^{-1})\left[\frac{1}{1-z^{-1}} - \frac{1}{1-e^{-T}z^{-1}}\right]$$

$$= \left(\frac{z-1}{z}\right)\left(\frac{z}{z-1}\right)\left[\frac{1-e^{-T}}{z-e^{-T}}\right]$$

$$= \frac{1-e^{-T}}{z-e^{-T}}$$

Problemas Resolvidos

Definições de funções de transferência

6.1 Qual é a função de transferência de um sistema cujas entradas e saídas estão relacionadas pela seguinte equação diferencial?

$$\frac{d^2y}{dt^2} + 3\frac{dy}{dt} + 2y = u + \frac{du}{dt}$$

Tomando a transformada de Laplace desta equação, ignorando os termos devidos às condições iniciais, obtemos

$$s^2Y(s) + 3sY(s) + 2Y(s) = U(s) + sU(s)$$

Esta equação pode ser escrita na forma

$$Y(s) = \left[\frac{s+1}{s^2 + 3s + 2}\right] U(s)$$

A função de transferência deste sistema é, portanto, dada por

$$P(s) = \frac{s+1}{s^2 + 3s + 2}$$

6.2 Um sistema particular, contendo um retardo de tempo tem a equação diferencial $(d/dt)\,y(t) + y(t) = u(t - T)$. Determine a função de transferência deste sistema.

A transformada de Laplace da equação diferencial, ignorando os termos devidos às condições iniciais, é $sY(s) + Y(s) = e^{-sT} U(s)$. $Y(s)$ e $U(s)$ estão relacionadas pela seguinte função de s, que é a função de transferência do sistema:

$$P(s) = \frac{Y(s)}{U(s)} = \frac{e^{-sT}}{s+1}$$

6.3 A posição y de um objeto em movimento, de massa constante M, está relacionada à força total f aplicada ao objeto pela equação diferencial $M(d^2y/dt^2) = f$. Determine a função de transferência relacionando a posição à força aplicada.

Tomando a transformada de Laplace da equação diferencial, obtemos $Ms^2Y(s) = F(s)$. A função de transferência que relaciona $Y(s)$ com $F(s)$ é, portanto, $P(s) = Y(s)/F(s) = 1\,Ms^2$.

6.4 Um motor conectado a uma carga com inércia J e atrito viscoso B, produz um torque que é proporcional à corrente de entrada i. Se a equação diferencial para o motor e para carga é $J(d^2\theta/dt^2) + B(d\theta/dt) = Ki$, determine a função de transferência entre a corrente de entrada i e a posição do eixo θ.

A transformada de Laplace da equação diferencial é $(Js^2 + Bs)\Theta(s) = KI(s)$, e a função de transferência requerida é $P(s) = \Theta(s)/I(s) = K/s(Js + B)$.

Propriedades de uma função de transferência

6.5 Um impulso é aplicado na entrada de um sistema e a saída é observada como sendo a função do tempo e^{-2t}. Determine a função de transferência deste sistema.

A função de transferência é $P(s) = Y(s)/U(s)$ e $U(s) = 1$ para $u(t) = \delta(t)$. Portanto,

$$P(s) = Y(s) = \frac{1}{s+2}$$

6.6 A resposta ao impulso de certo sistema é o sinal senoidal sen t. Determine a função de transferência do sistema e a equação diferencial.

A função de transferência do sistema é a transformada de Laplace da sua resposta ao impulso, $P(s) = 1/(s^2 + 1)$. Então, $P(D) = y/u = 1/(D^2 + 1)$, $D^2y + y = u$ ou $d^2y/dt^2 + y = u$.

6.7 A resposta ao degrau de um dado sistema é $y = 1 - \frac{7}{3}e^{-t} + \frac{3}{2}e^{-2t} - \frac{1}{6}e^{-4t}$. Qual é a função de transferência deste sistema?

Visto que a derivada de uma função degrau é um impulso (ver Definição 3.17), a resposta ao impulso para este sistema é $p(t) = dy/dt = \frac{7}{3}e^{-t} - 3e^{-2t} + \frac{2}{3}e^{-4t}$.

A transformada de Laplace de $p(t)$ é a função de transferência desejada. Assim,

$$P(s) = \frac{\frac{7}{3}}{s+1} + \frac{-3}{s+2} + \frac{\frac{2}{3}}{s+4} = \frac{s+8}{(s+1)(s+2)(s+4)}$$

Note que uma solução alternativa seria calcular a transformada de Laplace de y e então multiplicar por s para determinar $P(s)$, visto que uma multiplicação por s no domínio s é equivalente à derivação no domínio do tempo.

6.8 Determine se a função de transferência $P(s) = (2s + 1/s^2 + s + 1)$ representa um sistema estável ou instável.

A equação característica do sistema é obtida igualando o polinômio do denominador a zero, ou seja, $s^2 + s + 1 = 0$. A equação característica pode então ser testada usando um dos critérios de estabilidade descrito no Capítulo 5. A tabela de Routh para este sistema é dada por

$$\begin{array}{c|cc} s^2 & 1 & 1 \\ s^1 & 1 & \\ s^0 & 1 & \end{array}$$

Visto que não existem mudanças de sinal na primeira coluna, o sistema é estável.

6.9 A função de transferência $P(s) = (s + 4)/(s + 1)(s + 2)(s - 1)$ representa um sistema estável ou instável?

A estabilidade do sistema é determinada pelas raízes do polinômio do denominador, ou seja, os *polos* do sistema. Neste caso o denominador está na forma fatorada e os polos estão localizados em $s = -1, -2, +1$. Visto que existe um polo com a parte real positiva, o sistema é instável.

6.10 Qual é a função de transferência de um sistema com um fator de ganho de 2 e um mapa de polos e zeros no plano s como mostra a Figura 6-4?

A função de transferência tem um zero em -1 e polos em -2 e na origem. Portanto, a função de transferência é $P(s) = 2(s + 1)/s(s + 2)$.

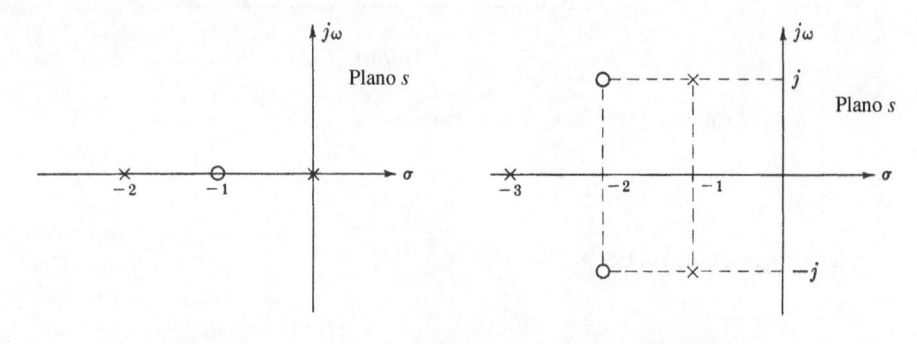

Figura 6-4   **Figura 6-5**

6.11 Determine a função de transferência de um sistema com um fator de ganho de 3 e o mapa de polos e zeros mostrado na Figura 6-5.

A função de transferência tem zeros em $-2 \pm j$ e polos em -3 e em $-1 \pm j$. A função de transferência é, portanto, $P(s) = 3(s + 2 + j)(s + 2 - j)/(s + 3)(s + 1 + j)(s + 1 - j)$.

Funções de transferência de componentes de sistemas de controle contínuos

6.12 Uma configuração de um circuito *RC* de um compensador de avanço é mostrado na Figura 6-6. Determine sua função de transferência.

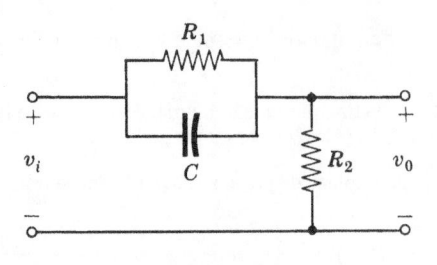

Figura 6-6

Supondo que o circuito esteja sem carga, ou seja, nenhuma corrente flui nos terminais de saída, a lei de Kirchhoff para o nó de saída resulta em

$$C\frac{d}{dt}(v_i - v_0) + \frac{1}{R_1}(v_i - v_0) = \frac{1}{R_2}v_0$$

A transformada de Laplace desta equação (com condições iniciais iguais a zero) é

$$Cs[V_i(s) - V_0(s)] + \frac{1}{R_1}[V_i(s) - V_0(s)] = \frac{1}{R_2}V_0(s)$$

A função de transferência é

$$P_{\text{Avanço}} = \frac{V_0(s)}{V_i(s)} = \frac{Cs + 1/R_1}{Cs + 1/R_1 + 1/R_2} = \frac{s+a}{s+b}$$

em que $a = 1/R_1C$ e $b = 1/R_1C + 1/R_2C$.

6.13 Determine a função de transferência do circuito RC do compensador de atraso mostrado na Figura 6-7.

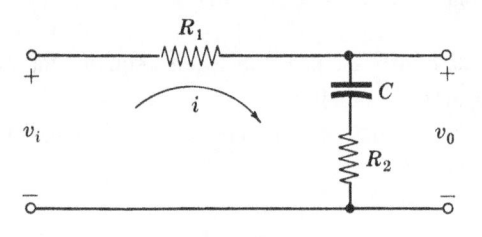

Figura 6-7

A lei de Kirchhoff para Tensão na malha resulta em

$$iR_1 + \frac{1}{C}\int_0^t i\,dt + iR_2 = v_i$$

cuja transformada de Laplace é

$$\left(R_1 + R_2 + \frac{1}{Cs}\right)I(s) = V_i(s)$$

A tensão de saída é dada por

$$V_0(s) = \left(R_2 + \frac{1}{Cs}\right)I(s)$$

A função de transferência do circuito de atraso é, portanto,

$$P_{\text{Atraso}} = \frac{V_0(s)}{V_i(s)} = \frac{R_2 + 1/Cs}{R_1 + R_2 + 1/Cs} = \frac{a(s+b)}{b(s+a)} \quad \text{em que} \quad a = \frac{1}{(R_1+R_2)C} \quad b = \frac{1}{R_2C}$$

6.14 Deduza a função de transferência do circuito RC do compensador de avanço-atraso mostrado na Figura 6-8.

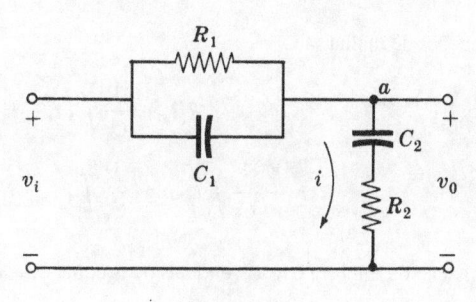

Figura 6-8

Equacionando as correntes no nó de saída a temos

$$\frac{1}{R_1}(v_i - v_0) + C_1 \frac{d}{dt}(v_i - v_0) = i$$

A tensão v_0 e a corrente i estão relacionadas por

$$\frac{1}{C_2}\int_0^t i\, dt + iR_2 = v_0$$

Tomando a transformada de Laplace dessas duas equações (com condições iniciais zero) e eliminando $I(s)$, resulta na equação

$$\left(\frac{1}{R_1} + C_1 s\right)[V_i(s) - V_0(s)] = \frac{V_0(s)}{1/sC_2 + R_2}$$

A função de transferência do circuito é, portanto,

$$P_{LL} = \frac{V_0(s)}{V_i(s)} = \frac{\left(s + \dfrac{1}{R_1 C_1}\right)\left(s + \dfrac{1}{R_2 C_2}\right)}{s^2 + \left(\dfrac{1}{R_2 C_2} + \dfrac{1}{R_2 C_1} + \dfrac{1}{R_1 C_1}\right)s + \dfrac{1}{R_1 C_1 R_2 C_2}} = \frac{(s + a_1)(s + b_2)}{(s + b_1)(s + a_2)}$$

em que

$$a_1 = \frac{1}{R_1 C_1} \qquad b_1 a_2 = a_1 b_2 \qquad b_1 + a_2 = a_1 + b_2 + \frac{1}{R_2 C_1} \qquad b_2 = \frac{1}{R_2 C_2}$$

6.15 Determine a função de transferência do circuito de atraso *simples* mostrado na Figura 6-9.

Este circuito é um caso especial de rede de compensação de atraso do Problema 6.13 com R_2 igual a zero. Portanto, a função de transferência é dada por

$$P(s) = \frac{V_0(s)}{V_i(s)} = \frac{1/Cs}{R + 1/Cs} = \frac{1/RC}{s + 1/RC}$$

Figura 6-9

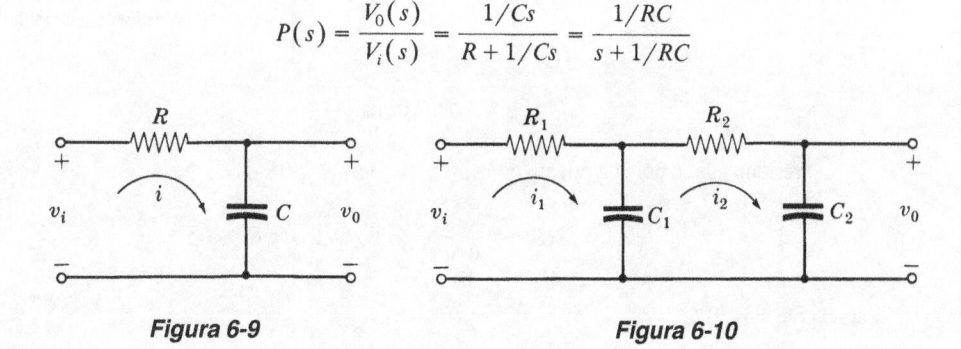

Figura 6-10

6.16 Determine a função de transferência de dois circuitos de atraso simples conectados em série, como mostra a Figura 6-10.

As duas equações de malha são

$$R_1 i_1 + \frac{1}{C_1}\int_0^t (i_1 - i_2)\, dt = v_i$$

$$R_2 i_2 + \frac{1}{C_2}\int_0^t i_2\, dt + \frac{1}{C_1}\int_0^t (i_2 - i_1)\, dt = 0$$

Usando a transformação de Laplace e resolvendo as duas equações de malha para $I_2(s)$, obtemos

$$I_2(s) = \frac{C_2 s V_i(s)}{R_1 R_2 C_1 C_2 s^2 + (R_1 C_1 + R_1 C_2 + R_2 C_2)s + 1}$$

A tensão de saída é dada por $v_0 = (1/C_2)\int_0^t i_2\, dt$. Assim,

$$\frac{V_0(s)}{V_i(s)} = \frac{1}{R_1 R_2 C_1 C_2 s^2 + (R_1 C_1 + R_1 C_2 + R_2 C_2)s + 1}$$

Resposta no tempo de sistemas contínuos

6.17 Qual é a resposta ao degrau unitário de um sistema contínuo cuja função de transferência tem um zero em -1, um polo em -2 e um fator de ganho de 2?

A transformada de Laplace da saída é dada por $Y(s) = P(s)U(s)$. Aqui

$$P(s) = \frac{2(s+1)}{s+2} \qquad U(s) = \frac{1}{s} \qquad Y(s) = \frac{2(s+1)}{s(s+2)} = \frac{1}{s} + \frac{1}{s+2}$$

Avaliando a transformada inversa do desenvolvimento em frações parciais de $Y(s)$ obtemos $Y(t) = 1 + e^{-2t}$.

6.18 Calcule graficamente a resposta ao degrau unitário de um sistema contínuo cuja função de transferência é dada por

$$P(s) = \frac{(s+2)}{(s+0,5)(s+4)}$$

O mapa de polos e zeros da saída é obtido adicionando-se os polos e os zeros da entrada ao mapa de polos e zeros da função de transferência. Portanto, o mapa de polos e zeros da saída tem polos em 0, $-0,5$ e -4 e um zero em -2, como é mostrado na Figura 6-11.

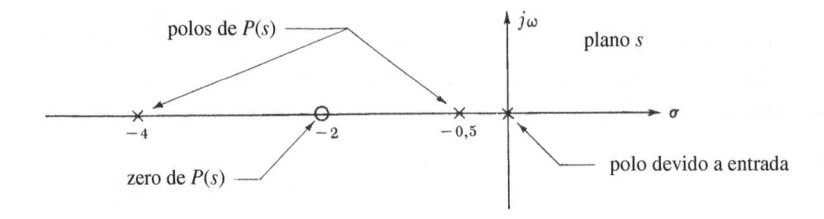

Figura 6-11

O resíduo para o polo na origem é

$$|R_1| = \frac{2}{0,5(4)} = 1 \qquad \arg R_1 = 0°$$

Para o polo em $-0,5$,

$$|R_2| = \frac{1,5}{0,5(3,5)} = 0,857 \qquad \arg R_2 = -180°$$

Para o polo em -4,

$$|R_3| = \frac{2}{4(3,5)} = 0,143 \qquad \arg R_3 = -180°$$

A resposta no tempo é, portanto, $y(t) = R_1 R_2 e^{-0,5t} + R_3 e^{-4t} = 1 - 0,857 e^{-0,5t} - 0,143 e^{-4t}$.

6.19 Avalie a resposta ao degrau unitário do sistema do Problema 6.11.

A transformada de Laplace da saída do sistema é

$$Y(s) = P(s)U(s) = \frac{3(s+2+j)(s+2-j)}{s(s+3)(s+1+j)(s+1-j)}$$

Desenvolvendo $Y(s)$ em frações parciais temos

$$Y(s) = \frac{R_1}{s} + \frac{R_2}{s+3} + \frac{R_3}{s+1+j} + \frac{R_4}{s+1-j}$$

em que

$$R_1 = \frac{3(2+j)(2-j)}{3(1+j)(1-j)} = \frac{5}{2} \qquad R_3 = \frac{3(1)(1-2j)}{(-1-j)(2-j)(-2j)} = \frac{-3}{20}(7+j)$$

$$R_2 = \frac{3(-1+j)(-1-j)}{-3(-2+j)(-2-j)} = \frac{-2}{5} \qquad R_4 = \frac{3(1+2j)(1)}{(2+j)(-1+j)(2j)} = \frac{-3}{20}(7-j)$$

Avaliando a transformada inversa de Laplace,

$$y = \frac{5}{2} - \frac{2}{5}e^{-3t} - \frac{3\sqrt{2}}{4}e^{-t}\left[e^{-j(t+\theta)} + e^{j(t+\theta)}\right] = \frac{5}{2} - \frac{2}{5}e^{-3t} - \frac{3\sqrt{2}}{2}e^{-t}\cos(t+\theta)$$

em que $\theta = -\mathrm{tg}^{-1}[\frac{1}{7}] = -8,13°$.

Resposta de frequência de sistemas contínuos

6.20 Prove que a saída de estado permanente de um sistema estável com função de transferência $P(s)$ e entrada $u = A\,\mathrm{sen}\,\omega t$ é dada por

$$y_{ss} = A|P(j\omega)|\mathrm{sen}(\omega t + \phi) \qquad \text{em que} \qquad \phi = \arg P(j\omega)$$

A transformada de Laplace da saída é $Y(s) = P(s)U(s) = P(s)[A\omega/(s^2 + \omega^2)]$.

Quando esta transformada é desenvolvida em frações parciais, existirão termos devidos aos polos de $P(s)$ e dois termos devidos aos polos da entrada ($s = \pm j\omega$). Visto que o sistema é estável, todas as funções do tempo resultantes do polo de $P(s)$ tenderão para zero à medida que o tempo tende para o infinito. Assim, a saída de estado permanente conterá apenas as funções do tempo resultantes dos termos do desenvolvimento da fração parcial devido aos polos da entrada. A transformada de Laplace da saída de estado permanente é, portanto,

$$Y_{ss}(s) = \frac{AP(j\omega)}{2j(s-j\omega)} + \frac{AP(-j\omega)}{-2j(s+j\omega)}$$

A transformada inversa desta equação é

$$y_{ss} = A|P(j\omega)|\left[\frac{e^{j\phi}e^{j\omega t} - e^{-j\phi}e^{-j\omega t}}{2j}\right] = A|P(j\omega)|\mathrm{sen}(\omega t + \phi) \quad \text{em que} \quad \phi = \arg P(j\omega)$$

6.21 Determine o *ganho CC* de cada um dos sistemas representados pelas seguintes funções de transferência:

(a) $P(s) = \dfrac{1}{s+1}$ (b) $P(s) = \dfrac{10}{(s+1)(s+2)}$ (c) $P(s) = \dfrac{(s+8)}{(s+2)(s+4)}$

O ganho CC é dado por $P(0)$. Então (a) $P(0) = 1$, (b) $P(0) = 5$, (c) $P(0) = 1$.

6.22 Calcule o ganho e o deslocamento de fase de $P(s) = 2/(s + 2)$ para $\omega = 1$, 2 e 10.

O ganho de $P(s)$ é dado por $|P(j\omega)| = 2/\sqrt{\omega^2 + 4}$. Para $\omega = 1$, $|P(j1)| = 2/\sqrt{5} = 0{,}894$; para $\omega = 2$, $|P(j2)| = 2/\sqrt{8} = 0{,}707$; para $\omega = 10$, $|P(j10)| = 2/\sqrt{104} = 0{,}196$.

O deslocamento de fase da função de transferência é o ângulo de fase de $P(j\omega)$, arg $P(j\omega) = -\text{tg}^{-1}\omega/2$. Para $\omega = 1$, arg $P(j1) = -\text{tg}^{-1}\frac{1}{2} = -26{,}6°$; para $\omega = 2$, arg$P(j2) = -\text{tg}^{-1} 1 = -45°$; para $\omega = 10$, arg $P(j10) = -\text{tg}^{-1} 5 = -78{,}7°$.

6.23 Esboce os gráficos de $|P(j\omega)|$ e arg $P(j\omega)$ como uma função da frequência, para a função de transferência do Problema 6.22.

Além dos valores calculados no Problema 6.22 para $|P(j\omega)|$ e arg $P(j\omega)$, os valores para $\omega = 0$ serão também úteis: $|P(j0)| = 2/2 = 1$, arg $P(j0) = \text{tg}^{-1} 0 = 0$.

À medida que ω se torna grande, $|P(j\omega)|$ tende assintoticamente para zero, enquanto arg $P(j\omega)$ tende assintoticamente para $-90°$. Os gráficos que representa a resposta de frequência de $P(s)$ são mostrados na Figura 6-12.

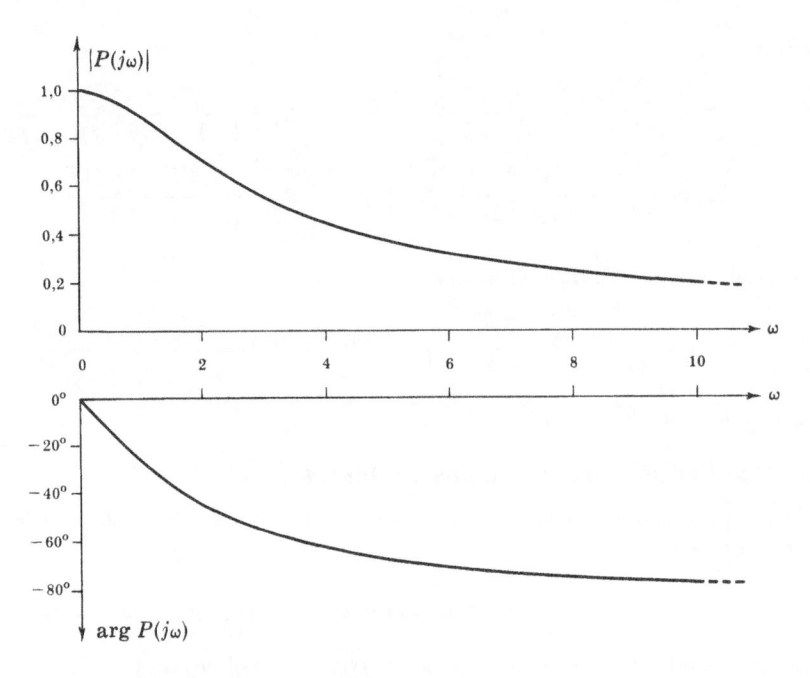

Figura 6-12

Funções de transferência de sistemas discretos no tempo e resposta no tempo

6.24 A resposta ao delta de Kronecker de um sistema discreto no tempo é dada por $y_\delta(k) = 1$ para qualquer $k \geq 0$. Qual é a função de transferência?

A função de transferência é a transformada z da resposta ao delta de Kronecker, conforme dado no Exemplo 4.26:

$$P(z) = 1 + z^{-1} + z^{-2} + z^{-3} + \cdots$$

Para determinar uma representação de polos e zeros de $P(z)$, note que

$$zP(z) - z = P(z)$$
ou
$$(z - 1) P(z) = z$$

de modo que

$$P(z) = \frac{z}{z - 1}$$

Alternativamente, note que a resposta ao delta de Kronecker é a sequência degrau unitário, que tem a transformada z

$$P(z) = \frac{z}{z-1}$$

(ver Tabela 4.2).

6.25 A resposta ao delta de Kronecker de um sistema discreto particular é dada por $y\delta(k) = (0.5)^k$ para $k \geq 0$. Qual é a função de transferência?

A forma da resposta ao delta de Kronecker indica a presença de um polo simples em 0,5. A resposta ao delta de Kronecker de um sistema com um polo simples e nenhum zero não tem saída para $k = 0$. Ou seja,

$$\frac{1}{z-0,5} = z^{-1} + 0,5z^{-2} + 0,25z^{-3} + \cdots + (0,5)^{n-1}z^{-n} + \cdots$$

Consequentemente, a função de transferência deve ter um zero no numerador para avançar a sequência de saída um intervalo de amostra. Ou seja,

$$P(z) = \frac{z}{z-0,5}$$

6.26 Qual é a equação de diferenças para um sistema cuja função de transferência é

$$P(z) = \frac{z - 0,1}{z^2 + 0,3z + 0,2}$$

Substituindo z^n por Z^n, temos

$$P(Z) = \frac{Z - 0,1}{Z^2 + 0,3Z + 0,2}$$

Então

$$y(k) = P(Z)u(k) = \frac{(Z-0,1)u(k)}{Z^2 + 0,3Z + 0,2} = \frac{u(k+1) - 0,1u(k)}{Z^2 + 0,3Z + 0,2}$$

e, multiplicando de forma cruzada,

$$y(k+2) + 0,3y(k+1) + 0,2y(k) = u(k+1) - 0,1u(k)$$

6.27 Qual é a função de transferência de um sistema discreto com um fator de ganho de 2, zeros em 0,2 e $-0,5$, e polos em 0,5, 0,6 e $-0,4$? Este sistema é estável?

A função de transferência é

$$P(z) = \frac{2(z-0,2)(z+0,5)}{(z-0,5)(z-0,6)(z+0,4)}$$

Visto que todos os polos do sistema estão dentro do círculo unitário, o sistema é estável.

Problemas diversos

6.28 Um *motor CC (corrente contínua)* é mostrado esquematicamente na Figura 6-13. L e R representam a indutância e resistência do circuito da armadura do motor e a tensão v_b representa a força contra eletromotriz (FCEM) gerada a qual é proporcional à velocidade do eixo $d\theta/dt$. O torque T gerado pelo motor é proporcional à corrente da armadura i. A inércia J representa a inércia combinada da armadura do motor e da carga e B é o atrito viscoso total atuando sobre o eixo de saída. Determine a função de transferência entre a tensão de entrada V e a posição angular Θ do eixo de saída.

Circuito de armadura do motor   **Carga inercial**

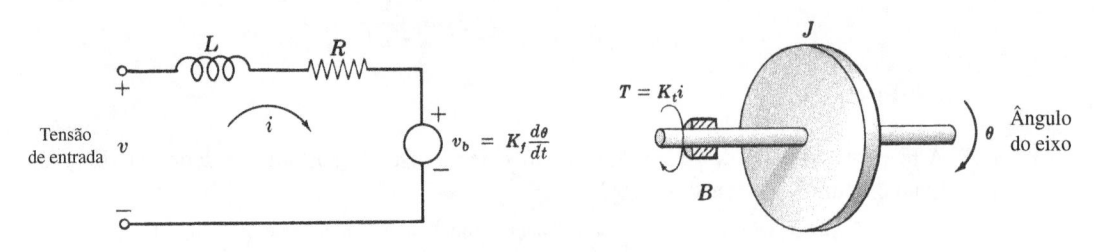

Figura 6-13

As equações diferenciais do circuito da armadura do motor e da carga inercial são

$$Ri + L\frac{di}{dt} = v - K_f\frac{d\theta}{dt} \quad \text{e} \quad K_t i = J\frac{d^2\theta}{dt^2} + B\frac{d\theta}{dt}$$

Tomando a transformada de Laplace de cada equação, ignorando as condições iniciais,

$$(R + sL)I = V - K_f s\Theta \quad \text{e} \quad K_t I = (Js^2 + Bs)\Theta$$

Resolvendo essas equações simultaneamente para a função de transferência V e Θ, temos

$$\frac{\Theta}{V} = \frac{K_t}{(Js^2 + Bs)(Ls + R) + K_t K_f s} = \frac{K_t/JL}{s[s^2 + (B/J + R/L)s + BR/JL + K_t K_f/JL]}$$

6.29 A força contra eletromotriz gerada pela armadura de uma máquina CC é proporcional à velocidade angular do seu eixo, como é representado no problema acima. Este princípio é utilizado no *tacômetro CC* mostrado esquematicamente na Figura 6-14, em que v_b é a tensão gerada pela armadura, L é a indutância da armadura, R_a é a resistência da armadura e v_o é a tensão de saída. Se K_f é a constante de proporcionalidade entre v_b e a velocidade do eixo $d\theta/dt$, ou seja, $v_b = K_f(d\theta/dt)$, determine a função de transferência entre a posição do eixo θ e a tensão de saída V_0. A carga de saída é representada por uma resistência R_L e $R_L + R_a \equiv R$.

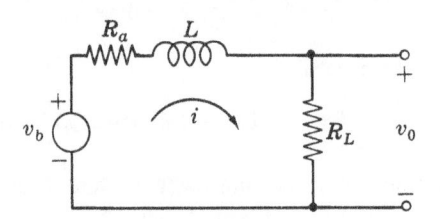

Figura 6-14

A equação transformada de Laplace que representa o tacômetro é $I(R + sL) = K_f s\Theta$. A tensão de saída é dada por

$$V_0 = IR_L = \frac{R_L K_f s\Theta}{R + sL}$$

A função de transferência do tacômetro CC é então

$$\frac{V_0}{\Theta} = \frac{R_L K_f}{L}\left(\frac{s}{s + R/L}\right)$$

6.30 Um simples *acelerômetro* mecânico é mostrado na Figura 6-15. A posição y da massa M em relação à caixa do acelerômetro é proporcional à aceleração da caixa. Qual é a função de transferência entre a aceleração de entrada A ($a = d^2x/dt^2$) e a saída Y?

CAPÍTULO 6 • FUNÇÕES DE TRANSFERÊNCIA

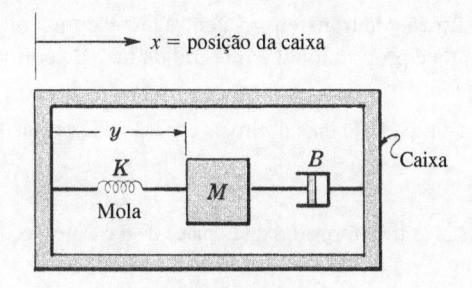

Figura 6-15

Igualando a soma das forças que atuam na massa M, para sua aceleração inercial, obtemos

$$-B\frac{dy}{dt} - Ky = M\frac{d^2}{dt^2}(y-x)$$

ou

$$M\frac{d^2y}{dt^2} + B\frac{dy}{dt} + Ky = M\frac{d^2x}{dt^2} = Ma$$

em que a é a aceleração de entrada. A equação transformada da condição inicial zero é

$$(Ms^2 + Bs + K)Y = MA$$

A função de transferência do acelerômetro é, portanto,

$$\frac{Y}{A} = \frac{1}{s^2 + (B/M)s + K/M}$$

6.31 A equação diferencial descrevendo a operação dinâmica do *giroscópio com um grau de liberdade*, mostrada na Figura 6-16, é

$$J\frac{d^2\theta}{dt^2} + B\frac{d\theta}{dt} + K\theta = H\omega$$

onde ω é a velocidade angular do giroscópio em torno do eixo de entrada, θ é a posição angular do eixo de rotação – a saída medida do giroscópio, H é o momento angular armazenado na roda girante, J é a inércia da roda em torno do eixo de saída, B é o coeficiente de atrito viscoso em torno do eixo de saída e K é a constante da mola de retenção conectada ao eixo de rotação.

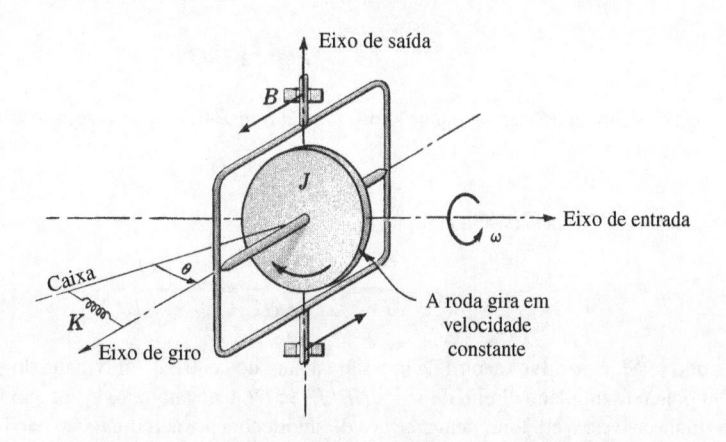

Figura 6-16

(a) Determine a função de transferência relacionando as transformadas de Laplace de ω e θ, e mostre que a saída em estado permanente é proporcional à grandeza de uma taxa de entrada constante. Este tipo de giroscópio é chamado de *giroscópio de taxa*.

(b) Determine a função de transferência entre ω e θ com a mola retentora removida ($K = 0$). Visto que aqui a saída é proporcional à integral da taxa de entrada, este tipo de giroscópio é chamado de *giroscópio de integração*.

(a) A transformada da condição inicial zero da equação diferencial do giroscópio é

$$(Js^2 + Bs + K)\Theta = H\Omega$$

em que Θ e Ω são as transformadas de Laplace de θ e ω, respectivamente. A função de transferência que relaciona θ e Ω é, portanto,

$$\frac{\Theta}{\Omega} = \frac{H}{(Js^2 + Bs + K)}$$

Para uma taxa de entrada constante ou CC ω_K, a grandeza da saída de estado permanente θ_{ss} pode ser obtida multiplicando-se a entrada pelo ganho CC da função de transferência que, neste caso, é H/K. Assim, a saída de estado permanente é proporcional à grandeza da taxa de entrada, isto é, $\theta_{ss} = (H/K)\omega_K$.

(b) Fazendo K igual a zero na função de transferência de (a) temos $\Theta/\Omega = H/s(Js + B)$. Esta função de transferência agora tem um polo na origem. De modo que é obtida uma integração entre a entrada ω e a saída θ. A saída é então proporcional à integral da taxa de entrada ou, equivalentemente, ao ângulo de entrada.

6.32 Uma equação diferencial que aproxima a dinâmica rotacional de um veículo rígido que se move na atmosfera é

$$J\frac{d^2\theta}{dt^2} - NL\theta = T$$

em que θ é o ângulo de posição do veículo, J a sua inércia, N o coeficiente de força normal, L a distância do centro da gravidade ao centro de pressão e T qualquer torque aplicado (veja a Figura 6-17). Determine a função de transferência entre um torque aplicado e o ângulo de posição do veículo.

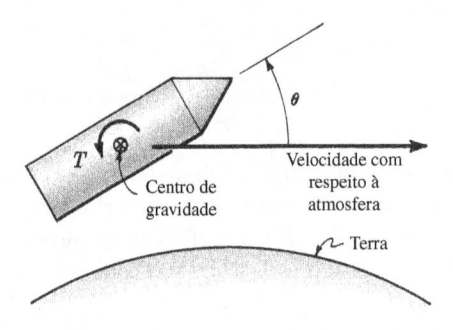

Figura 6-17

A condição inicial zero, a equação diferencial transformada do sistema é

$$(Js^2 - NL)\Theta = T$$

A função de transferência desejada é

$$\frac{\Theta}{T} = \frac{1}{Js^2 - NL} = \frac{1/J}{s^2 - NL/J}$$

Note que se NL é positivo (centro de pressão adiante do centro de gravidade do veículo), o sistema é *instável* porque há um polo no semiplano direito de $s = \sqrt{NL/J}$. Se NL é negativo, os polos são imaginários e o sistema é *oscilatório* (marginalmente estável). Entretanto, termos de amortecimento aerodinâmico não incluídos na equação diferencial estão realmente presentes e desempenham a função de amortecer quaisquer oscilações.

6.33 Os receptores de pressão, chamados de *barorreceptores*, medem variações da pressão arterial do sangue, como é descrito no Problema 2.14. Eles são mostrados como um bloco no percurso de realimentação do diagrama de bloco determinado na solução daquele problema. A frequência $b(t)$, segundo a qual os sinais (potenciais de ação) se deslocam ao longo dos nervos vago e glossofaríngeo dos barorreceptores para o centro vasomotor (CVM) do cérebro, é proporcional à pressão arterial do sangue p mais a taxa de variação da pressão do sangue no tempo. Determine a forma da função de transferência para os barorreceptores.

A partir da descrição dada acima, a equação para b é

$$b = k_1 p + k_2 \frac{dp}{dt}$$

em que k_1 e k_2 são constantes e p é a pressão do sangue. [p não deve ser confundido aqui com a notação $p(t)$, a transformada inversa de Laplace de $P(s)$ introduzida neste capítulo como uma representação geral para uma função de transferência.] A transformada de Laplace da equação acima, com condições iniciais zero, é

$$B = k_1 P + k_2 sP = P(k1 + k2s)$$

A função de transferência dos barorreceptores é portanto $B/P = k_1 + k_2 s$. Recordamos novamente ao leitor que P representa a transformada da pressão arterial do sangue neste problema.

6.34 Considere a função de transferência C_K/R_K para o sistema biológico do Problema 3.4(a) pelas equações

$$c_k(t) = r_k(t) - \sum_{i=1}^{n} a_{k-i} c_i(t - \Delta t)$$

para $k = 1, 2,..., n$. Explique como C_K/R_K pode ser calculado.

Tomando a transformada de Laplace das equações acima, ignorando as condições iniciais, temos os seguintes sistemas de equações:

$$C_k = R_k - \sum_{i=1}^{n} a_{k-i} C_i e^{-s\Delta t}$$

para $k = 1, 2,..., n$. Se todas as n equações forem escritas, teremos n equações em n incógnitas (C_K para $k = 1, 2,..., n$). A solução geral para qualquer C_K em termos das entradas R_K pode então ser determinada usando as técnicas padrão para a solução de equações simultâneas. Seja D representando o determinante na matriz dos coeficientes:

$$D \equiv \begin{vmatrix} 1 + a_0 e^{-s\Delta t} & a_{-1} e^{-s\Delta t} & \cdots & a_{1-n} e^{-s\Delta t} \\ a_1 e^{-s\Delta t} & 1 + a_0 e^{-s\Delta t} & \cdots & a_{2-n} e^{-s\Delta t} \\ \cdots & \cdots & \cdots & \cdots \\ a_{n-1} e^{-s\Delta t} & \cdots & a_1 e^{-s\Delta t} & 1 + a_0 e^{-s\Delta t} \end{vmatrix}$$

Então, em geral,

$$C_k = \frac{D_k}{D}$$

em que D_K é o determinante na matriz dos coeficientes com a coluna de ordem K substituída por

$$\begin{matrix} R_1 \\ R_2 \\ \vdots \\ R_n \end{matrix}$$

A função de transferência C_K/R_K é então determinada fazendo-se todas as entradas, exceto R_K, iguais a zero, calculando C_k pela fórmula acima e dividindo C_K por R_K.

6.35 Podemos determinar a função de transferência no domínio s do amostrador ideal descrito nos Problemas 3.5 e 4.39? Por quê?

Não. A partir dos resultados do Problema 4.39, a transformada da saída $U(s)$ do amostrador ideal é

$$U^*(s) = \sum_{k=0}^{\infty} e^{-skT} u(kT)$$

Não é possível fatorar a transformada $U(s)$ do sinal de entrada $u(t)$ aplicado ao amostrador porque o amostrador não é um elemento de sistema invariante no tempo. Portanto, não se pode descrever por meio de uma função de transferência ordinária.

6.36 Com base nos desenvolvimentos do amostrador e na função de retenção de ordem zero dados nos Problemas 3.5, 3.6, 3.7 e 4.39, projete uma idealização de uma função de transferência de um retentor de ordem zero.

No Problema 3.7, os impulsos em $m_{IT}(t)$ substituem os pulsos de corrente modulados por $m_s(t)$ no Problema 3.6. Então, por meio da propriedade de amostragem do impulso unitário, Equação (3.20), a integral de cada impulso é o valor de $u(t)$ no instante de amostragem kT, $k = 0, 1,...$, etc. Portanto, é lógico substituir o capacitor (e o resistor) no circuito de retenção aproximado do Problema 3.6 por um integrador, que tem a transformada de Laplace $1/s$. Para completar o projeto, a saída do circuito de retenção deve ser igual a u em cada instante de amostragem, não $u - y_{H0}$; portanto, precisamos de uma função que inicialize em zero automaticamente o integrador após cada período de amostragem. A função de transferência deste dispositivo é dada pela função de transferência do "pulso":

$$P_{H0}(s) = \frac{1}{s}(1 - e^{-sT})$$

Então, podemos escrever a transformada da saída do dispositivo de retenção ideal como

$$Y_{H0}(s) = P_{H0}(s)U^*(s) = \frac{1}{s}(1 - e^{-sT}) \sum_{k=0}^{\infty} e^{-sT}u(kT)$$

6.37 Podemos determinar a função de transferência no domínio s de uma combinação do amostrador ideal com o dispositivo de retenção de ordem zero do problema anterior? Por quê?

Não. Não é possível fatorar a transformada $U(s)$ de $u(t)$ aplicada ao amostrador. Novamente, o amostrador não é um dispositivo invariante no tempo.

6.38 O circuito de atraso simples da Figura 6-3, com uma chave S na linha de entrada, foi descrito no Problema 3.6 como uma aproximação de um dispositivo de amostragem e retenção de ordem zero e idealizado no Problema 6.36. Por que é este o caso, e sob quais circunstâncias?

A função de transferência de um atraso simples foi mostrada no Problema 6.15 como sendo

$$P(s) = \frac{1/RC}{s + 1/RC}$$

Se $RC \ll 1$, $P(s)$ pode ser aproximado como $P(s) \approx 1$, e o capacitor mantém idealmente a saída constante até o próximo instante de amostragem.

6.39 Mostre que para uma função racional $P(z)$ ser a função de transferência de um sistema *causal* discreto no tempo, a ordem do polinômio do seu denominador deve ser igual ou maior que a ordem do polinômio do seu numerador (Propriedade 6, Seção 6.6).

Na Seção 3.16 vimos que um sistema discreto no tempo é causal se sua sequência ponderada $w(k) = 0$ para $k < 0$. Seja $P(z)$, a função de transferência do sistema, com a forma:

$$P(z) = \frac{b_m z^m + b_{m-1} z^{m-1} + \cdots + b_1 z + b_0}{a_n z^n + a_{n-1} z^{n-1} + \cdots + a_1 z + a_0}$$

em que $a_n \neq 0$ e $b_m \neq 0$. A sequência ponderada $w(k)$ pode ser gerada invertendo $P(z)$, usando a técnica de divisão longa da Seção 4.9.

Primeiro dividimos o numerador e o denominador de $P(z)$ por z^m, obtendo assim:

$$P(z) = \frac{b_m + b_{m-1} z^{-1} + \cdots + b_0 z^{-m}}{a_n z^{n-m} + a_{n-1} z^{n-m-1} + \cdots + a_0 z^{-m}}$$

Dividindo o denominador de $P(z)$ pelo seu numerador obtemos

$$P(z) = \left(\frac{b_m}{a_n}\right) z^{m-n} + \left(b_{m-1} - \frac{b_m a_{n-1}}{a_n}\right) z^{m-n-1} + \cdots$$

O coeficiente de z^{-k} nesta expansão de $P(z)$ é $w(k)$, e vemos que $w(k) = 0$ para $k < n - m$ e

$$w(n - m) = \frac{b_m}{a_n} \neq 0$$

Para causalidade, $w(k) = 0$ para $k < 0$, portanto, $n - m \geq 0$ e $n \geq m$.

6.40 Mostre que a resposta de estado permanente de um sistema discreto no tempo estável para uma sequência de entrada $u(k) = A$ sen ωkT, $k = 0, 1, 2,...$, é dado por

$$y_{ss} = A|P(e^{j\omega T})| \text{sen}(\omega kT + \phi) \qquad k = 0, 1, 2,\ldots \tag{6.14}$$

em que $P(z)$ é a função de transferência do sistema.

Visto que o sistema é linear, se esse resultado for verdadeiro para $A = 1$, então é verdadeiro para valores arbitrários de A. Para simplificar os argumentos, uma entrada $u'(k)\, e^{j\omega kT}$, $k = 0, 1, 2, \ldots$, é usada. Notando que

$$u'(k) = e^{j\omega kT} = \cos \omega kT + j \text{ sen } \omega kT$$

a resposta do sistema para $\{u'(k)\}$ é uma combinação complexa das respostas para $\{\cos \omega kT\}$ e $\{\text{sen } \omega kT\}$, em que a parte imaginária é a resposta para $\{\text{sen } \omega kT\}$. A partir da Tabela 4.2 a transformada z de $\{e^{j\omega kT}\}$ é

$$\frac{z}{z - e^{j\omega T}}$$

Portanto, a transformada z da saída do sistema $Y'(z)$ é

$$Y'(z) = P(z) \frac{z}{z - e^{j\omega T}}$$

Para inverter $Y'(z)$, fazemos o desenvolvimento em frações parciais de

$$\frac{Y'(z)}{z} = P(z) \frac{1}{z - e^{j\omega T}}$$

Este desenvolvimento consiste de termos devidos aos polos de $P(z)$ e um termo devido ao polo em $z = e^{j\omega T}$. Portanto,

$$Y'(z) = z\left[\sum \text{termos devidos aos polos de } P(z) + \frac{P(e^{j\omega T})}{z - e^{j\omega T}}\right]$$

e

$$\{y'(k)\} = \mathcal{Z}^{-1}\left[z \sum \text{termos devidos aos polos de } P(z)\right] + \left\{P(e^{j\omega T}) e^{j\omega kT}\right\}$$

Visto que o sistema é estável, o primeiro termo desaparece à medida que k cresce e

$$y_{ss} = P(e^{j\omega T}) e^{j\omega kT} = |P(e^{j\omega T})| e^{j(\omega kT + \phi)}$$

$$= |P(e^{j\omega T})|[\cos(\omega kT + \phi) + j \text{ sen}(\omega kT + \phi)] \qquad k = 0, 1, 2, \ldots$$

em que $\phi = \arg P(e^{j\omega T})$. A resposta de estado permanente da entrada sen ωkT é a parte imaginária de y_{ss}, ou

$$y_{ss} = |P(e^{j\omega T})| \text{sen}(\omega kT + \phi) \qquad k = 0, 1, 2, \ldots$$

6.41 Mostre que, se uma função contínua no tempo $y(t)$ com transformada de Laplace $Y(s)$ é amostrada uniformemente com período T, a transformada z da sequência que resulta das amostras $Y^*(z)$ está relacionada a $Y(s)$ pela Equação (6.15).

A partir da Definição 4.3:

$$y(t) = \frac{1}{2\pi j} \int_{c-j\infty}^{c+j\infty} Y(s) e^{st} \, ds$$

em que $c > \sigma_0$. A amostragem uniforme de $y(t)$ gera as amostras $y(kT)$, $k = 0, 1, 2,...$ Portanto,

$$y(kT) = \frac{1}{2\pi j} \int_{c-j\infty}^{c+j\infty} Y(s) e^{skT} \, ds \qquad k = 0, 1, 2, \ldots$$

A transformada z desta sequência é

$$Y^*(z) = \sum_{k=0}^{\infty} y(kT) z^{-k} = \sum_{k=0}^{\infty} \frac{z^{-k}}{2\pi j} \int_{c-j\infty}^{c+j\infty} Y(s) e^{skT} \, ds$$

e após o intercâmbio de soma e integração,

$$Y^*(z) = \frac{1}{2\pi j} \int_{c-j\infty}^{c+j\infty} Y(s) \sum_{k=0}^{\infty} e^{skT} z^{-k} \, ds$$

Agora

$$\sum_{k=0}^{\infty} e^{skT} z^{-k} = \sum_{k=0}^{\infty} \left(e^{sT} z^{-1} \right)^k$$

é a série geométrica, que converge se $|e^{sT} z^{-1}| < 1$. Neste caso,

$$\sum_{k=0}^{\infty} \left(e^{sT} z^{-1} \right)^k = \frac{1}{1 - e^{sT} z^{-1}}$$

A inequação $|e^{sT} z^{-1}| < 1$ implica que $|z| > |e^{sT}|$. Sobre o contorno da integração, $|e^{sT}| = |e^{(c+j\omega)T}| = e^{cT}$. Assim, a série converge para $|z| > e^{cT}$. Portanto,

$$Y^*(z) = \frac{1}{2\pi j} \int_{c-j\infty}^{c+j\infty} Y(s) \frac{1}{1 - e^{sT} z^{-1}} \, ds$$

para $|z| > e^{cT}$, que é a Equação (6.15).

6.42 Mostre que se o circuito de retenção na Figura 6-3 é de ordem zero, a função de transferência discreta no tempo é dada pela Equação (6.17).

Seja $p(t) = \mathscr{L}^{-1}[P(s)]$. Então, usando a integral de convolução (Definição 3.23), a saída de $P(s)$ pode ser escrita como

$$y(t) = \int_0^t p(t - \tau) x_{H0}(\tau) \, d\tau$$

Visto que $x_{H0}(t)$ é a saída de um circuito de retenção de ordem zero, ele é constante ao longo de cada intervalo de amostragem. Assim, $y(t)$ pode ser escrita como

$$y(t) = \int_0^T p(t - \tau) x(0) \, d\tau + \int_T^{2T} p(t - \tau) x(1) \, d\tau + \cdots$$

$$+ \int_{(j-2)T}^{(j-1)T} p(t - \tau) x[(j-2)T] \, d\tau + \int_{(j-1)T}^{t} p(t - \tau) x[(j-1)T] \, d\tau$$

em que $(j-1)T \leq t \leq jT$. Agora

$$y(jT) = \sum_{i=0}^{j-1} \left(\int_{iT}^{(i+1)T} p(jT-\tau)\, d\tau \right) x(iT)$$

Fazendo $\theta \equiv jT - \tau$, a integral pode ser reescrita como

$$\int_{iT}^{(i+1)T} p(jT-\tau)\, d\tau = \int_{(j-i-1)T}^{(j-i)T} p(\theta)\, d\theta$$

em que $i = 0, 1, 2, 3, \ldots, j-1$. Agora, definindo $h(t) \equiv \int_0^t p(\theta)d\theta$ e $k = j-1$ ou $j = k+1$ resulta em

$$\int_{(j-i-1)T}^{(j-i)T} p(\theta)\, d\theta = \int_0^{(j-i)T} p(\theta)\, d\theta - \int_0^{(j-i-1)T} p(\theta)\, d\theta = \int_0^{(k-i+1)T} p(\theta)\, d\theta - \int_0^{(k-i)T} p(\theta)\, d\theta$$

$$= h[(k-i+1)T] - h[(k-i)T]$$

Portanto, podemos escrever

$$y[(k+1)T] = \sum_{i=0}^{k} h[(k-i+1)T] x(iT) - \sum_{i=0}^{k} h[(k-i)T] x(iT)$$

Usando a relação entre a soma e o produto convolucional de transformadas z na Seção 4.9, o Teorema do Deslocamento (Propriedade 6, Seção 4.9) e a definição de transformada z, esta transformada da última equação é

$$zY^*(z) = zH^*(z)X^*(z) - H^*(z)X^*(z)$$

em que $Y^*(z)$ é a transformada z da sequência $y(kT)$, $k = 0, 1, 2, \ldots$, $H^*(z)$ é a transformada z de $\int_0^{kT} p(\theta)d\theta$, $k = 0, 1, 2, \ldots$, e $X^*(z)$ é a transformada z de $x(kT)$, $k = 0, 1, 2, \ldots$ Rearranjando os termos obtemos

$$\frac{Y^*(z)}{X^*(z)} = (1 - z^{-1}) H^*(z)$$

Assim, como $h(t) = \int_0^t p(\theta)d\theta$, $\mathcal{L}[h(t)] = P(s)/s$ e

$$\frac{Y^*(z)}{X^*(z)} = (1 - z^{-1}) \mathcal{Z}\left\{ \mathcal{L}^{-1}\left(\frac{P(s)}{s} \right) \bigg|_{t=kT} \right\}$$

6.43 Compare a solução no Problema 6.42 com a do 6.37. Qual a diferença fundamental em relação ao Problema 6.42, permitindo assim o uso de métodos no domínio da frequência em sistema linear neste problema?

A presença de um amostrador na saída de $P(s)$ permite o uso das funções de transferência no domínio z para a combinação do amostrador, do dispositivo de retenção de ordem zero e $P(s)$.

Problemas Complementares

6.44 Determine a função de transferência do circuito RC mostrado na Figura 6-18.

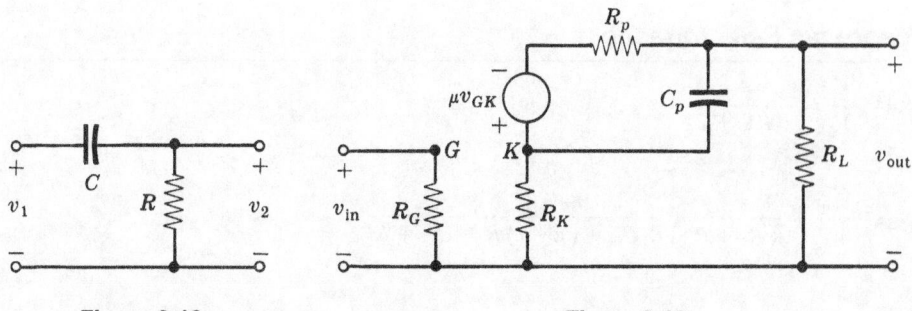

Figura 6-18

Figura 6-19

6.45 Um circuito equivalente de um amplificador eletrônico é mostrado na Figura 6-19. Qual é a sua função de transferência?

6.46 Determine a função de transferência de um sistema que tem resposta ao impulso $p(t) = e^{-t}(1 - \operatorname{sen} t)$.

6.47 Uma entrada senoidal $x = 2 \operatorname{sen} 2t$ é aplicada a um sistema com a função de transferência $P(s) = 2/s(s + 2)$. Determine a saída de estado permanente y_{ss}.

6.48 Determine a resposta ao degrau de um sistema tendo a função de transferência $P(s) = 4/(s^2 - 1)(s^2 + 1)$.

6.49 Determine quais das seguintes funções de transferência representam sistemas estáveis e quais representam sistemas instáveis:

$(a) \quad P(s) = \dfrac{(s-1)}{(s+2)(s^2+4)}$ $\qquad (c) \quad P(s) = \dfrac{(s+2)(s-2)}{(s+1)(s-1)(s+4)}$

$(b) \quad P(s) = \dfrac{(s-1)}{(s+2)(s+4)}$ $\qquad (d) \quad P(s) = \dfrac{6}{(s^2+s+1)(s+1)^2}$

$(e) \quad P(s) = \dfrac{5(s+10)}{(s+5)(s^2-s+10)}$

6.50 Use o Teorema do Valor Final (Capítulo 4) para mostrar que o valor de estado permenente da saída de um sistema estável, em resposta a uma entrada degrau unitário, é igual ao ganho CC do sistema.

6.51 Determine a função de transferência dos dois circuitos mostrados no Problema 6.44 conectados em cascata (série).

6.52 Examine a literatura das funções de transferência para os giroscópios de dois e três graus de liberdade e compare-as com o giroscópio de um grau de liberdade do Problema 6.31.

6.53 Determine a resposta à rampa de um sistema que tem a função de transferência $P(s) = (s + 1)/(s + 2)$.

6.54 Mostre que se um sistema descrito por

$$\sum_{i=0}^{n} a_i \frac{d^i y}{dt^i} = \sum_{i=0}^{m} b_i \frac{d^i u}{dt^i}$$

para $m \leq n$ estiver em repouso, antes da aplicação da entrada. ou seja, $d^k y/dt^k = 0$, $k = 0, 1, \ldots, n - 1$, para $t < 0$, então (os termos devidos a *todos* os valores iniciais $u_0^k, y_0^k) = 0$.
(*Sugestão*: Integre a equação diferencial n vezes de $0^- \equiv \lim_{\epsilon \to 0,\, \epsilon < 0} \epsilon$ a t, e então faça $t \to 0^+$.)

6.55 Determine a resposta de frequência de um dispositivo de retenção ideal de ordem zero com a função de transferência dada no Problema 6.36 e esboce as características de ganho e fase.

6.56 Um dispositivo de retenção de ordem zero foi expresso na Definição 2.13 e no Exemplo 2.9. Um dispositivo de **retenção de primeira ordem** mantém a **inclinação** da função definida pelos últimos dois valores da saída do amostrador, até o próximo instante de amostragem. Determine a função de transferência discreta no tempo a partir de $U^*(z)$ para $Y^*(z)$ para o subsistema na Figura 6-3, com um elemento de retenção de primeira ordem.

Respostas Selecionadas

6.44 $\dfrac{V_2}{V_1} = \dfrac{s}{s + 1/RC}$

6.45 $\dfrac{V_{\text{out}}}{V_{\text{in}}} = \dfrac{-\mu R_L}{(R_k + R_L) R_p C_p s + (\mu + 1) R_k + R_p + R_L}$

6.46 $P(s) = \dfrac{s^2 + s + 1}{(s+1)(s^2 + 2s + 2)}$

6.47 $y_{ss} = 0{,}707 \operatorname{sen}(2t - 135°)$

6.48 $y = -4 + e^{-t} + e^t + 2\cos t$

6.49 (b) e (d) representam sistemas estáveis; (a),(c) e (e) representam sistemas instáveis.

6.51 $\dfrac{V_2}{V_1} = \dfrac{s^2}{s^2 + (3/RC)s + 1/R^2C^2}$

6.53 $y = \tfrac{1}{4} - \tfrac{1}{4}e^{-2t} + \tfrac{1}{2}t$

6.55 $P(j\omega) = \left[\dfrac{T\operatorname{sen}(\omega T/2)}{\omega T/2}\right] e^{-j\omega T/2}$

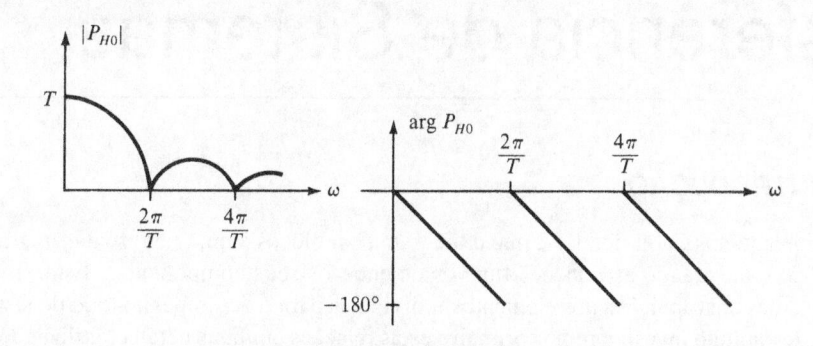

Figura P6-55

6.56 $\dfrac{Y^*(z)}{U^*(z)} = (1 - z^{-1})^2 \mathcal{Z}\left\{\mathcal{L}^{-1}\left(\dfrac{G(s)}{s} + \dfrac{1}{T}\dfrac{G(s)}{s^2}\right)\bigg|_{t=kT}\right\}$

Capítulo 7

Álgebra dos Diagramas em Blocos e Funções de Transferência de Sistemas

7.1 INTRODUÇÃO

Foi assinalado nos Capítulos 1 e 2 que o diagrama em blocos é uma representação gráfica simplificada de um sistema físico, mostrando as relações funcionais entre os seus componentes. Esta última característica permite a avaliação das contribuições dos elementos individuais para o desempenho total do sistema.

Neste capítulo investigaremos primeiro estas relações em mais detalhe, utilizando os conceitos de domínio de frequência e de função de transferência, desenvolvidos nos capítulos anteriores. Depois desenvolveremos métodos para reduzir os diagramas em blocos complicados a formas manuseáveis de modo que eles possam ser usados para predizer o desempenho total de um sistema.

7.2 REVISÃO DOS PRINCÍPIOS BÁSICOS

Em geral, um diagrama em blocos consiste em uma configuração específica de quatro tipos de elementos: blocos, pontos de soma, pontos de tomada e setas que representam fluxo de sinal unidirecional:

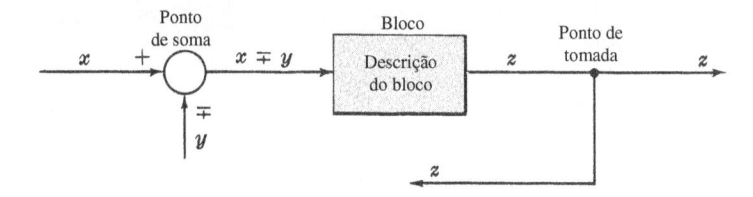

Figura 7-1

O significado de cada elemento deve ser claro a partir da Figura 7-1.

As quantidades no domínio do tempo são representadas por letras minúsculas.

Exemplo 7.1 $r = r(t)$ para sinais contínuos e $r(t_k)$ ou $r(k)$, k = 1, 2,..., para sinais discretos.

As letras maiúsculas neste capítulo são usadas para transformadas de Laplace ou transformadas z. Os argumentos s ou z é muitas vezes suprimido, por questão de simplificação, se o contexto for claro ou se os resultados apresentados são os mesmos tanto para funções de transferência no domínio de Laplace quanto de z.

Exemplo 7.2 $R = R(s)$ ou $R = R(z)$.

A configuração básica do sistema de controle com realimentação, apresentada no Capítulo 2, é reproduzida na Figura 7-2, com todas as quantidades na notação em transformada de Laplace abreviada:

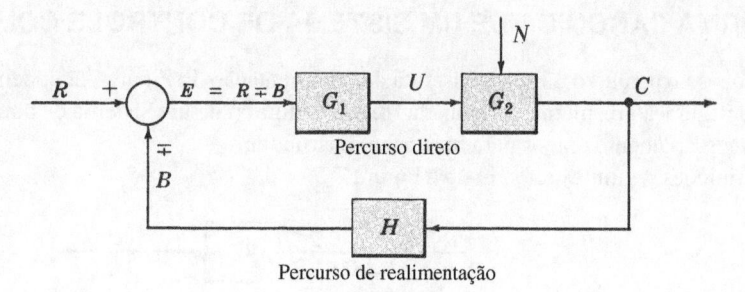

Figura 7-2

As quantidades G_1, G_2 e H são as funções de Transferência dos componentes dos blocos. Elas podem ser funções de transferência de transformada de Laplace ou transformada z.

Exemplo 7.3 $G_1 = U/E$ ou $U = G_1 E$.

É importante notar que esses resultados se aplicam *tanto* a funções de transferência de transformadas de Laplace *quanto* a transformadas z, mas não necessariamente a um diagrama em blocos *misto*, contínuo/discreto, que inclua *amostradores*. Estes são dispositivos lineares, mas eles não são invariantes no tempo. Portanto, não podem ser caracterizados por uma função de transferência ordinária no domínio s, conforme definido no Capítulo 6, Veja o Problema 7.38 para algumas exceções e a Seção 6-8 para uma discussão mais extensa de sistemas mistos, contínuos/discretos.

7.3 BLOCOS EM CASCATA

Qualquer número finito de blocos em série pode ser algebricamente combinado pela multiplicação. Isto é, n componentes ou blocos com funções de transferência $G_1, G_2, \ldots, G_n$ conectados em cascata são equivalentes a um único elemento G com uma função de transferência dada por

$$G = G_1 \cdot G_2 \cdot G_3 \cdots G_n = \prod_{i=1}^{n} G_i \tag{7.1}$$

O símbolo para multiplicação "." é frequentemente omitido quando não resulta em confusão.

Exemplo 7.4

Figura 7-3

A multiplicação das funções de transferência é *comutativa*, isto é.

$$G_i G_j = G_j G_i \tag{7.2}$$

para qualquer i ou j.

Exemplo 7.5

Figura 7-4

Os efeitos de carga (interação de uma função de transferência sobre a sua vizinha) devem ser levados em conta na dedução das funções de transferência individuais, antes que os blocos possam ser postos em cascata. (Ver Problema 7.4.)

7.4 FORMA CANÔNICA DE UM SISTEMA DE CONTROLE COM REALIMENTAÇÃO

Os dois blocos no percurso direto do sistema de realimentação da Figura 7.2 podem ser combinados. Fazendo $G \equiv G_1 G_2$, a configuração resultante é chamada **forma canônica** de um sistema de controle com realimentação. G e H não são necessariamente únicos para um sistema particular.

As definições seguintes referem-se à Figura 7-5.

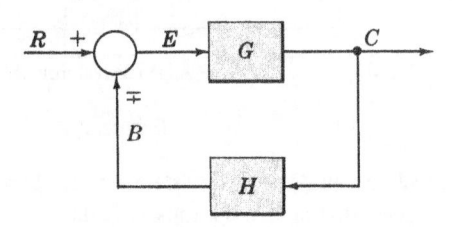

Figura 7-5

Definição 7.1: $G \equiv$ função de transferência direta $\equiv$ função de transferência do percurso direto.

Definição 7.2: $H \equiv$ função de transferência com realimentação.

Definição 7.3: $GH \equiv$ função de transferência da malha $\equiv$ função de transferência da malha-aberta.

Definição 7.4: $C/R \equiv$ função de transferência da malha fechada $\equiv$ razão de controle

Definição 7.5: $E/R \equiv$ razão de sinal atuante $\equiv$ razão de erro.

Definição 7.6: $B/R \equiv$ razão de realimentação primária.

Nas equações seguintes, o sinal "–" refere-se a um sistema com realimentação *positiva*; e o sinal "+" refere-se a um sistema com realimentação *negativa*:

$$\frac{C}{R} = \frac{G}{1 \pm GH} \tag{7.3}$$

$$\frac{E}{R} = \frac{1}{1 \pm GH} \tag{7.4}$$

$$\frac{B}{R} = \frac{GH}{1 \pm GH} \tag{7.5}$$

O denominador de C/R determina a equação característica do sistema, que é determinado a partir de $1 \pm GH = 0$ ou, de modo equivalente,

$$D_{GH} \pm N_{GH} = 0 \tag{7.6}$$

em que D_{GH} é o denominador e H_{GH} é o numerador de GH, a menos que um polo de G cancele um zero de H (ver Problema 7.9). As relações de (7.1) a (7.6) são válidas tanto para sistemas contínuos (domínio s) quanto discretos (domínio z).

7.5 TEOREMAS DE TRANSFORMAÇÃO DOS DIAGRAMAS EM BLOCOS

Os diagramas em blocos dos sistemas de controle complicados podem ser simplificados usando transformações facilmente deduzíveis. A primeira transformação importante, que combina blocos em cascata, já foi apresentada na Seção 7.3. Ela é repetida no quadro seguinte exemplificando os teoremas de transformação (Figura 7-6). A letra P é usada para representar qualquer função de transferência, e W, X, Y, Z representam quaisquer transformadas de sinais.

CAPÍTULO 7 • ÁLGEBRA DOS DIAGRAMAS EM BLOCOS E FUNÇÕES DE TRANSFERÊNCIA DE SISTEMAS

	Transformação	Equação	Diagrama em bloco	Diagrama em bloco equivalente
1	Combinação de blocos em cascata	$Y = (P_1 P_2)X$	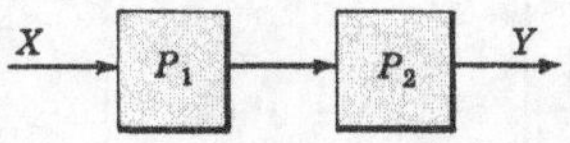	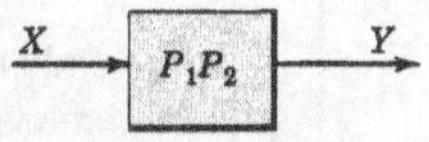
2	Combinação de blocos em paralelo; ou eliminação de uma malha direta	$Y = P_1 X \pm P_2 X$	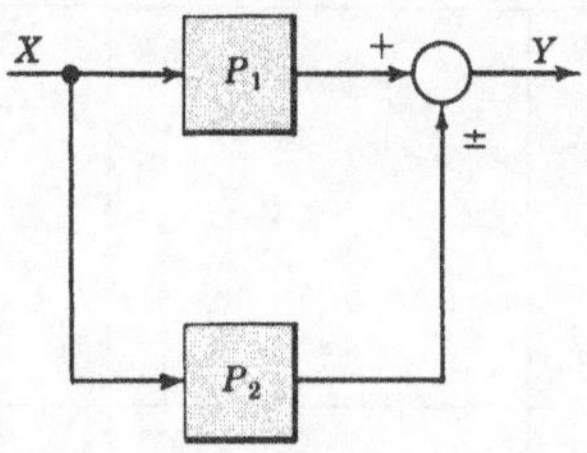	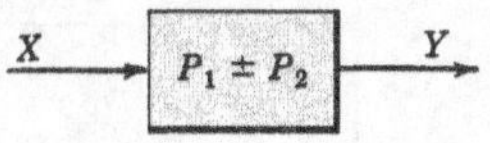
3	Remoção de um bloco de um percurso direto	$Y = P_1 X \pm P_2 X$		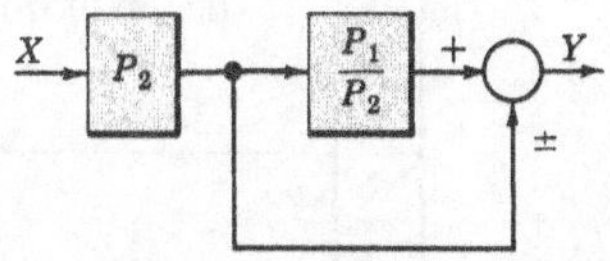
4	Eliminação de uma malha de realimentação	$Y = P_1(X \mp P_2 Y)$	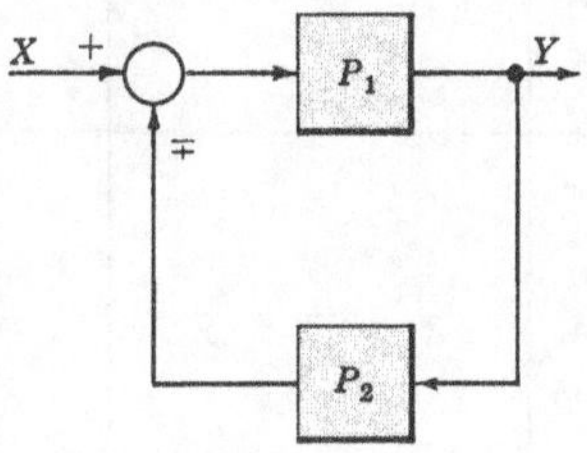	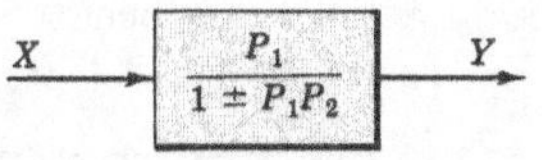
5	Remoção de um bloco de uma malha de realimentação	$Y = P_1(X \mp P_2 Y)$		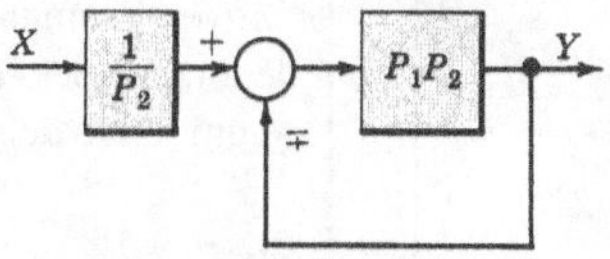
6a	Reorganizando os pontos de soma	$Z = W \pm X \pm Y$	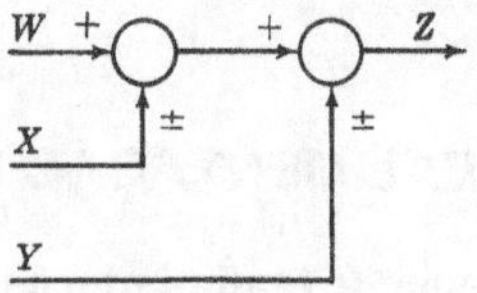	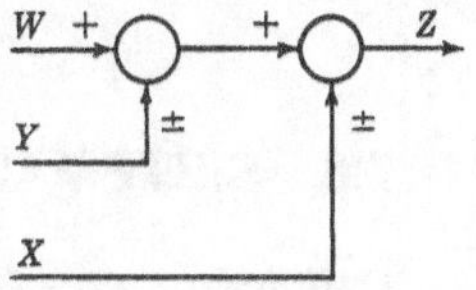
6b	Reorganizando os pontos de soma	$Z = W \pm X \pm Y$	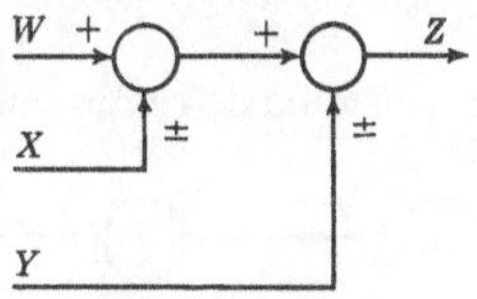	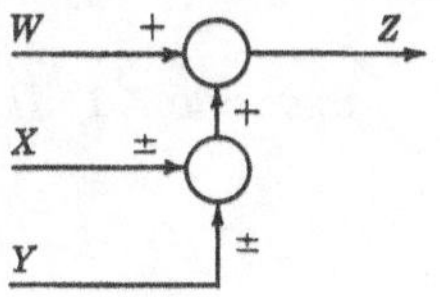
7	Movendo um ponto de soma à frente de um bloco	$Z = PX \pm Y$	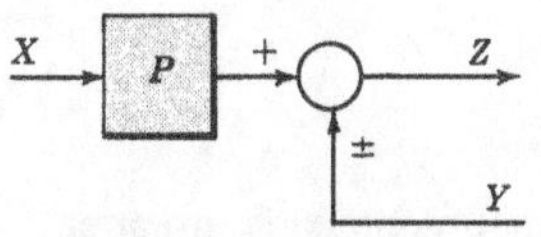	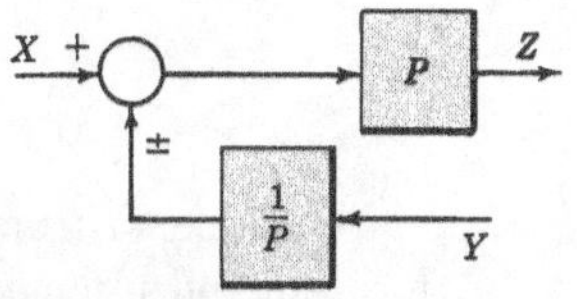
8	Movendo um ponto de soma para além de um bloco	$Z = P[X \pm Y]$	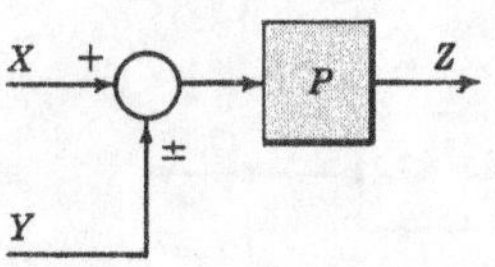	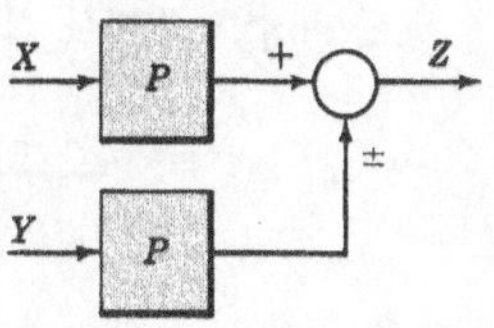

Figura 7-6

	Transformação	Equação	Diagrama em bloco	Diagrama em bloco equivalente
9	Movendo um ponto de tomada à frente de um bloco	$Y = PX$		
10	Movendo um ponto de tomada para além de um bloco	$Y = PX$		
11	Movendo um ponto de tomada à frente de um ponto de soma	$Z = X \pm Y$		
12	Movendo um ponto de tomada para além de um ponto de soma	$Z = X \pm Y$		

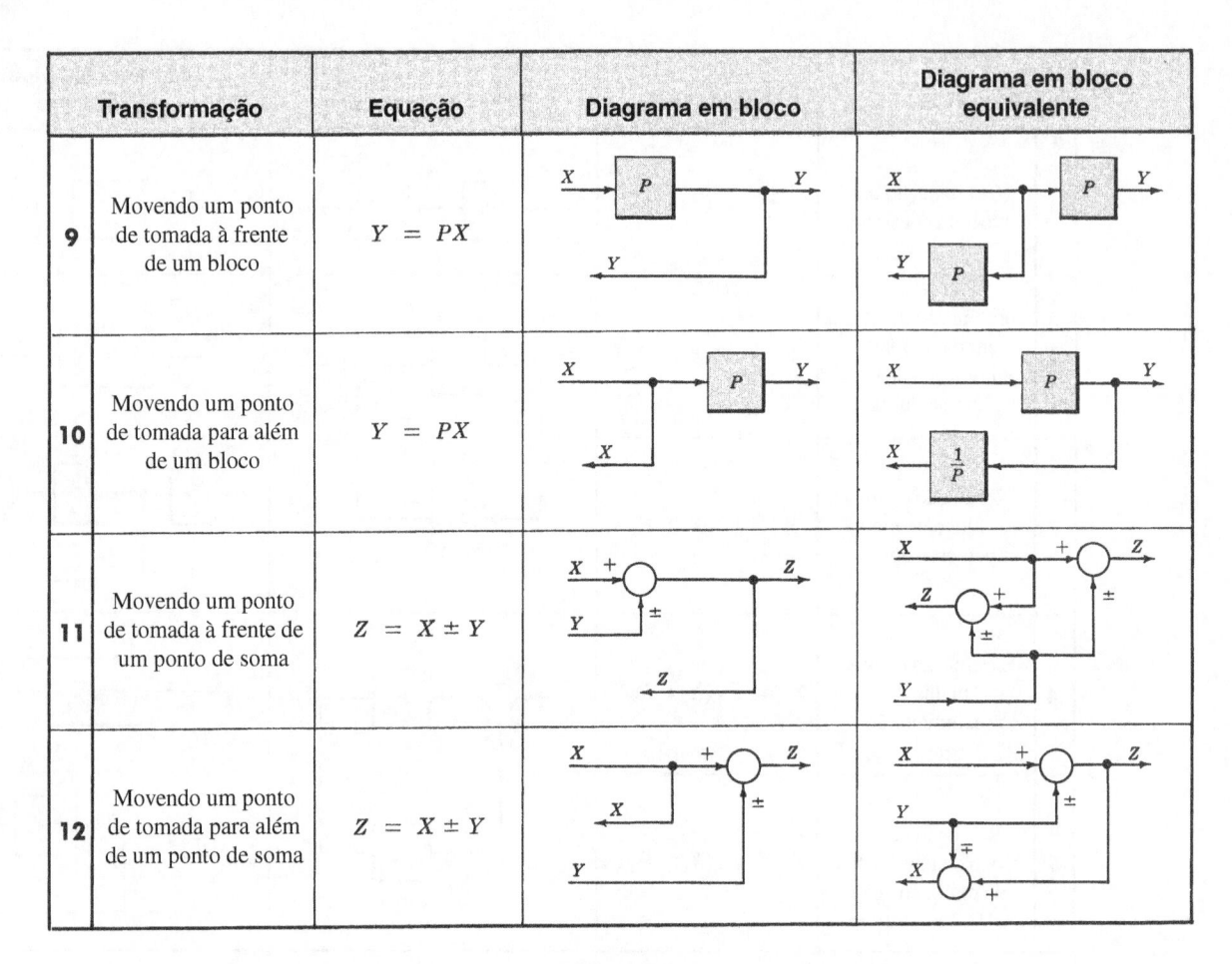

Figura 7-6

7.6 SISTEMAS DE REALIMENTAÇÃO UNITÁRIA

Definição 7.7: Um **sistema de realimentação unitária** é um sistema de realimentação no qual a realimentação primária b é identicamente igual à saída controlada c.

Exemplo 7.6 $H = 1$ para um sistema de realimentação unitária linear (Figura 7-7).

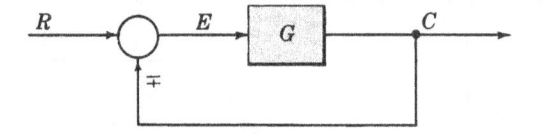

Figura 7-7

Qualquer sistema de realimentação com apenas elementos lineares invariantes no tempo pode ser colocado na forma de um sistema de realimentação unitária, usando-se a transformação 5.

Exemplo 7.7

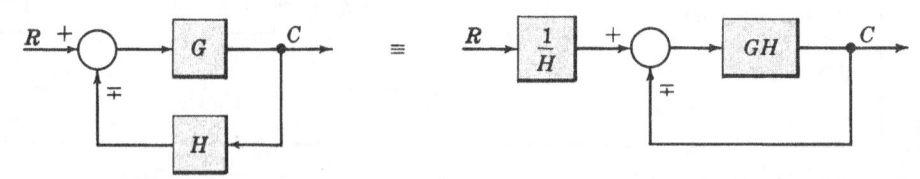

Figura 7-8

A equação característica para o sistema de realimentação unitária, determinada a partir de $1 \pm G = 0$, é

$$D_G \pm N_G = 0 \qquad (7.7)$$

em que D_G é o denominador e N_G o numerador de G.

7.7 ENTRADAS MÚLTIPLAS

Algumas vezes é necessário avaliar o desempenho de um sistema quando vários estímulos são aplicados simultaneamente em diferentes pontos do sistema.

Quando estão presentes entradas múltiplas em um sistema *linear*, cada uma é tratada independentemente das outras. A saída devido a todos os estímulos atuando conjuntamente é encontrada da seguinte maneira. Assumiremos a condição inicial nula, uma vez que buscamos apenas as respostas para as entradas do sistema.

Passo 1: Faça todas as entradas iguais a zero, exceto uma.

Passo 2: Transforme o diagrama em blocos na forma canônica, usando as transformações da Seção 7.5.

Passo 3: Calcule a resposta devido à entrada escolhida atuando sozinha.

Passo 4: Repita os Passos 1 a 3 para cada uma das entradas restantes.

Passo 5: Adicione algebricamente todas as respostas (saídas) determinadas nos Passos 1 a 4. Esta soma é a saída total do sistema com todas as entradas atuando simultaneamente.

Enfatizamos novamente que o processo de superposição acima é dependente do sistema ser linear.

Exemplo 7.8 Determinemos a saída C devido às entradas U e R para a Figura 7-9.

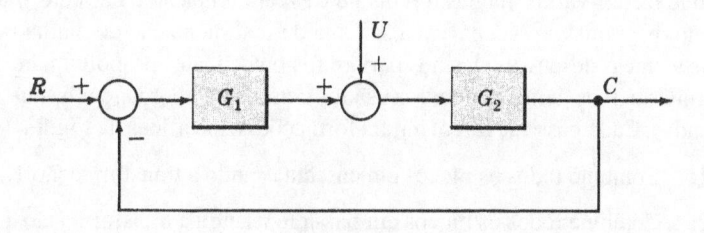

Figura 7-9

Passo 1: Faça $U \equiv 0$.

Passo 2: O sistema se reduz a

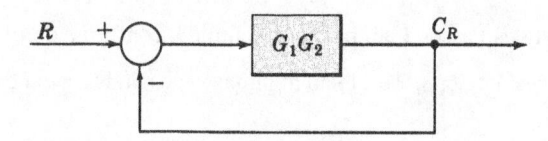

Passo 3: Pela Equação (7.3) a saída C_R devido à entrada R é $C_R = [G_1G_2/(1 + G_1G_2)]R$.

Passo 4a: Faça $R = 0$.

Passo 4b: Coloque -1 num bloco, representando o efeito de realimentação negativa:

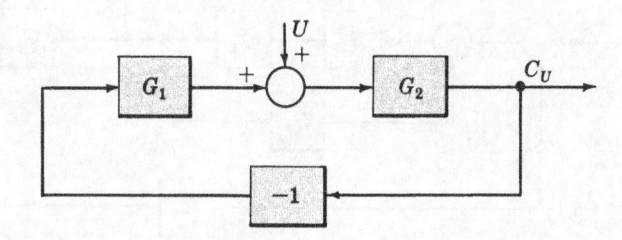

Reorganize o diagrama em blocos:

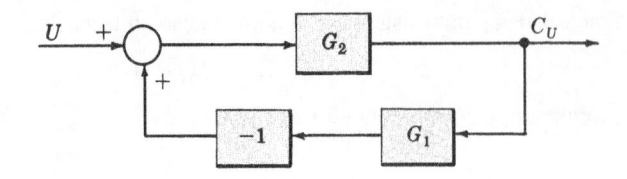

Faça com que o bloco −1 seja absorvido no ponto de soma:

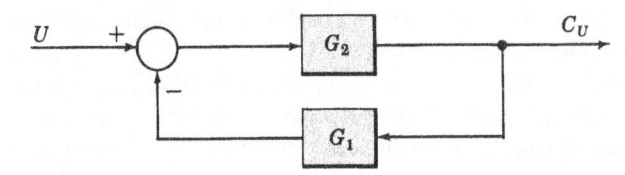

Passo 4c: Pela Equação (7.3), a saída C_U devido à entrada U é $C_U = [G_2/(1 + G_1 G_2)]U$.

Passo 5: A saída total é

$$C = C_R + C_U = \left[\frac{G_1 G_2}{1 + G_1 G_2}\right] R + \left[\frac{G_2}{1 + G_1 G_2}\right] U = \left[\frac{G_2}{1 + G_1 G_2}\right][G_1 R + U]$$

7.8 REDUÇÃO DE DIAGRAMAS EM BLOCOS COMPLICADOS

O diagrama em blocos de um sistema prático de controle com realimentação é, frequentemente, bastante complicado. Ele pode incluir várias malhas diretas ou de realimentação e entradas múltiplas. Por meio de uma redução sistemática do diagrama em blocos, cada sistema de realimentação de malha múltipla pode ser reduzido à forma canônica. As técnicas desenvolvidas nos parágrafos precedentes proporcionam as ferramentas necessárias.

Os seguintes passos gerais podem ser usados como uma abordagem básica na redução dos diagramas em blocos complicados. Cada passo se refere a transformações específicas na Figura 7-6.

Passo 1: Combine todos os blocos em cascata usando a transformação 1.

Passo 2: Combine todos os blocos em paralelo usando a transformação 2.

Passo 3: Elimine todas as malhas de realimentação secundárias usando a transformação 4.

Passo 4: Desloque os pontos de soma para a esquerda e os pontos de tomada para a direita das malhas principais usando as transformações 7, 10 e 12.

Passo 5: Repita os Passos 1 a 4 até que a forma canônica possa ser obtida para uma entrada particular.

Passo 6: Repita os Passos 1 a 5 para cada entrada, conforme desejado.

As transformações 3, 5, 6, 8, 9 e 11 são algumas vezes úteis e a experiência com a técnica de redução determinará a sua aplicação.

Exemplo 7.9 Vamos reduzir o seguinte diagrama em blocos (Figura 7-10) à forma canônica.

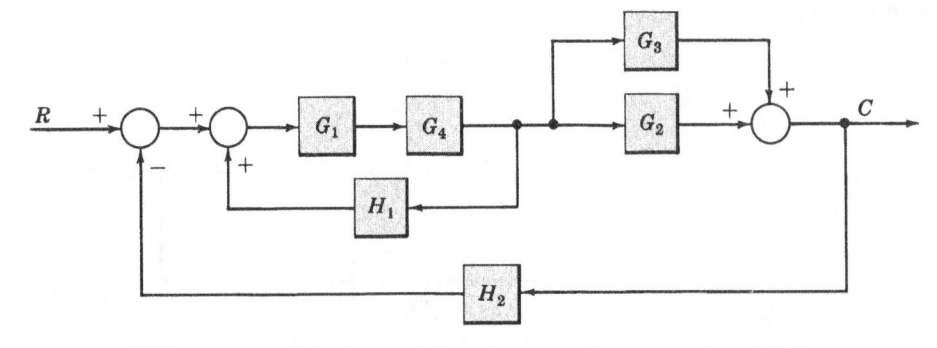

Figura 7-10

Passo 1:

$$G_1 \rightarrow G_4 \equiv G_1G_4$$

Passo 2:

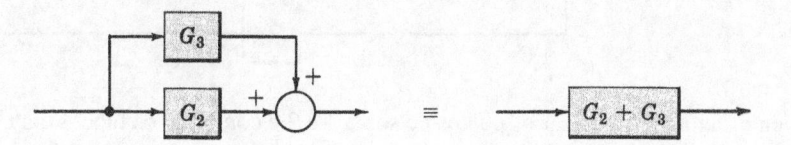

$$\begin{array}{c} G_3 \\ G_2 \end{array} \equiv G_2 + G_3$$

Passo 3:

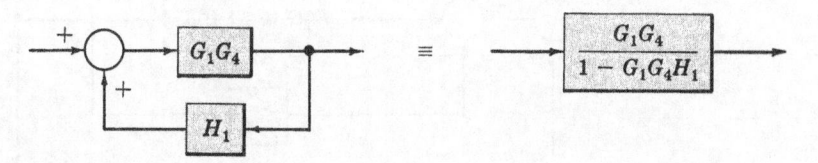

$$\frac{G_1G_4}{1 - G_1G_4H_1}$$ com realimentação H_1 $\equiv \dfrac{G_1G_4}{1 - G_1G_4H_1}$

Passo 4: Não se aplica

Passo 5:

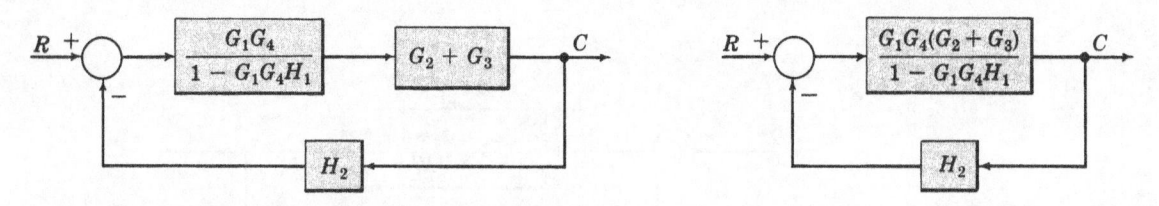

$$R \rightarrow \frac{G_1G_4}{1 - G_1G_4H_1} \rightarrow (G_2 + G_3) \rightarrow C, \quad H_2 \text{ realimentação}$$

$$\equiv R \rightarrow \frac{G_1G_4(G_2 + G_3)}{1 - G_1G_4H_1} \rightarrow C, \quad H_2 \text{ realimentação}$$

Passo 6: Não se aplica.

Uma exigência ocasional da redução do diagrama em blocos é o isolamento de um bloco particular numa malha direta de realimentação. Isto pode ser desejável, a fim de que mais facilmente se examine o efeito do bloco particular sobre o sistema completo.

O isolamento de um bloco pode ser realizado geralmente aplicando-se os passos de redução para o sistema, mas usualmente numa ordem diferente. Além disso, o bloco a ser isolado não pode ser combinado com quaisquer outros.

A reorganização dos pontos de soma (transformação 6) e as transformações 8, 9 e 11 são particularmente úteis para isolar blocos.

Exemplo 7.10 Vamos reduzir os diagramas em blocos do Exemplo 7.9, isolando o bloco H_1.

Passos 1 e 2:

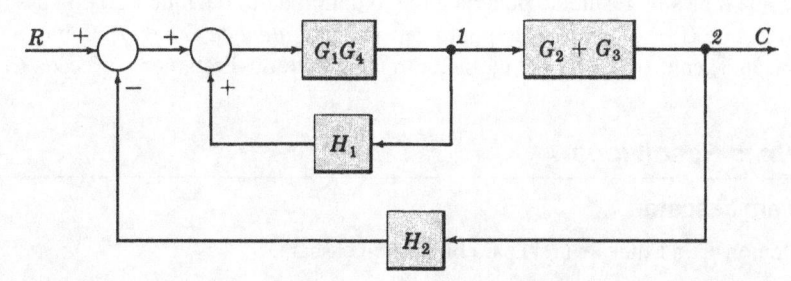

$$R \rightarrow \bigotimes \rightarrow \bigotimes \rightarrow G_1G_4 \rightarrow^1 \rightarrow G_2 + G_3 \rightarrow^2 C$$

com realimentação H_1 interna e H_2 externa.

Não aplicaremos o Passo 3 neste momento, mas iremos diretamente ao passo 4, mudando o ponto de tomada 1 para além do bloco $G_2 + G_3$:

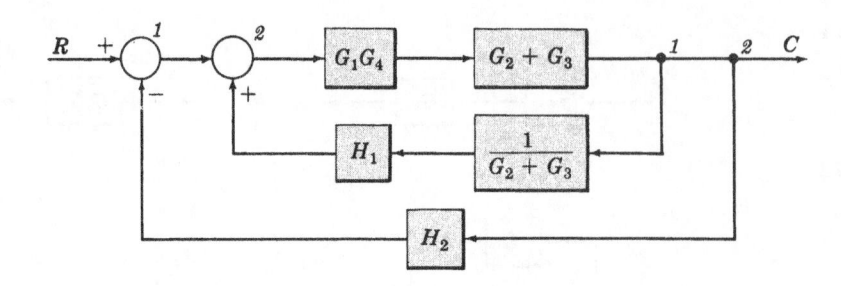

[Diagrama de blocos com R, somadores 1 e 2, bloco G_1G_4, bloco G_2+G_3, saída C, com realimentações via H_1, $1/(G_2+G_3)$ e H_2.]

Podemos agora reorganizar os pontos de soma 1 e 2 e combinar os blocos em cascata na malha direta usando a transformação 6 e, depois, a 1:

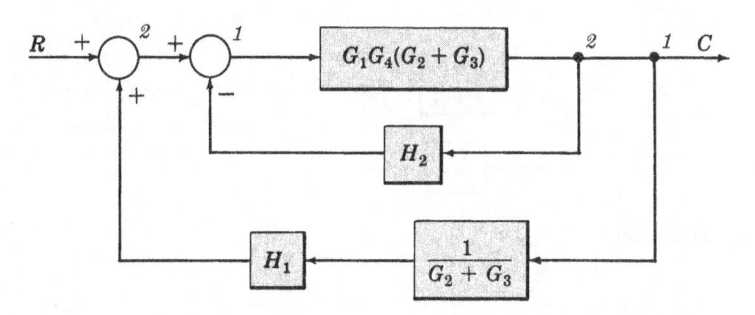

[Diagrama de blocos reorganizado com bloco $G_1G_4(G_2+G_3)$ na malha direta, realimentações com H_2, H_1 e $1/(G_2+G_3)$.]

Passo 3:

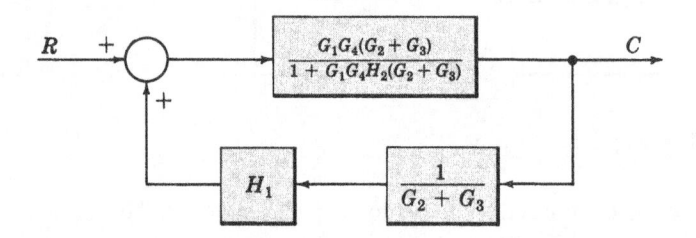

[Diagrama de blocos com bloco na malha direta $\dfrac{G_1G_4(G_2+G_3)}{1+G_1G_4H_2(G_2+G_3)}$ e realimentação via H_1 e $1/(G_2+G_3)$.]

Finalmente, aplicaremos a transformação 5 para remover $1/(G_2+G_3)$ da malha de realimentação:

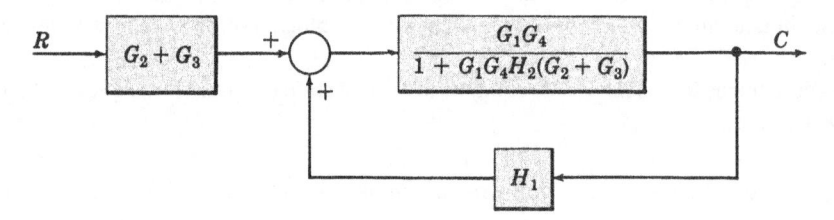

[Diagrama final: $R \to G_2+G_3 \to$ somador $\to \dfrac{G_1G_4}{1+G_1G_4H_2(G_2+G_3)} \to C$, com realimentação H_1.]

Note que o mesmo resultado poderia ter sido obtido antes da aplicação do Passo 2, deslocando o ponto de tomada 2 *antes* de G_2+G_3 em vez do ponto de tomada 1 *além* de G_2+G_3. O bloco G_2+G_3 tem o mesmo efeito sobre a razão de controle C/R quer ela siga diretamente R ou diretamente preceda C.

Problemas Resolvidos

Blocos em cascata

7.1 Demonstre a Equação (7.1) para blocos em cascata.

O diagrama em blocos para as n funções de transferência $G_1, G_2, ..., G_n$ em cascata é dado na Figura 7-11.

CAPÍTULO 7 • ÁLGEBRA DOS DIAGRAMAS EM BLOCOS E FUNÇÕES DE TRANSFERÊNCIA DE SISTEMAS 163

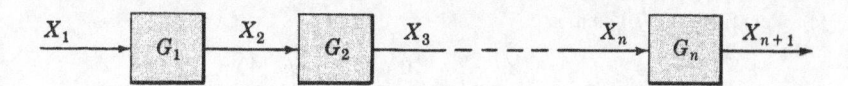

$$X_1 \to \boxed{G_1} \xrightarrow{X_2} \boxed{G_2} \xrightarrow{X_3} \cdots \xrightarrow{X_n} \boxed{G_n} \xrightarrow{X_{n+1}}$$

Figura 7-11

A transformada de saída para qualquer bloco é igual à transformada de entrada multiplicada pela função de transferência (ver Seção 6.1). Portanto, $X_2 = X_1 G_1$, $X_3 = X_2 G_2$, ..., $X_n = X_{n-1} G_{n-1}$, $X_{n+1} = X_n G_n$. Combinando estas equações, temos

$$X_{n+1} = X_n G_n = X_{n-1} G_{n-1} G_n = \cdots = X_1 G_1 G_2 \cdots G_{n-1} G_n$$

Dividindo ambos os membros por X_1, obtemos $X_{n+1}/X_1 = G_1 G_2 \cdots G_{n-1} G_n$.

7.2 Demonstre a comutatividade dos blocos em cascata, Equação (7.2).

Considere dois blocos em cascata (Figura 7-12):

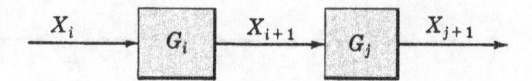

$$X_i \to \boxed{G_i} \xrightarrow{X_{i+1}} \boxed{G_j} \xrightarrow{X_{j+1}}$$

Figura 7-12

A partir da Equação (6.1) temos $X_{i+1} = X_i G_i = G_i X_i$ e $X_{j+1} = X_{i+1} G_j = G_j X_{i+1}$. Portanto, $X_{j+1} = (X_i G_i) G_j = X_i G_i G_j$. Dividindo os dois membros por X_i, $X_{j+1}/X_i = G_i G_j$.

Além disso, $X_{j+1} = G_j (G_i X_i) = G_j G_i X_i$. Dividindo novamente por X_i, $X_{j+1}/X_i = G_j G_i$. Assim, $G_i G_j = G_j G_i$.

Este resultado é extensivo por indução matemática a qualquer número finito de funções de transferência (blocos) em cascata.

7.3 Determine X_n/X_1 para cada um dos sistemas na Figura 7-13.

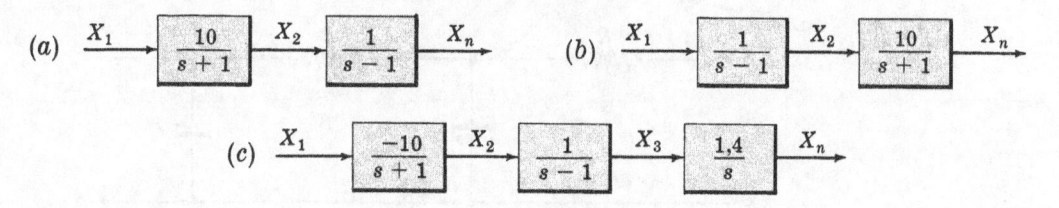

(a) $X_1 \to \boxed{\dfrac{10}{s+1}} \xrightarrow{X_2} \boxed{\dfrac{1}{s-1}} \xrightarrow{X_n}$ (b) $X_1 \to \boxed{\dfrac{1}{s-1}} \xrightarrow{X_2} \boxed{\dfrac{10}{s+1}} \xrightarrow{X_n}$

(c) $X_1 \to \boxed{\dfrac{-10}{s+1}} \xrightarrow{X_2} \boxed{\dfrac{1}{s-1}} \xrightarrow{X_3} \boxed{\dfrac{1{,}4}{s}} \xrightarrow{X_n}$

Figura 7-13

(a) Uma maneira de resolver este problema é escrever primeiro X_2 em termos de X_1:

$$X_2 = \left(\frac{10}{s+1}\right) X_1$$

Em seguida, escrevemos X_n em termos de X_2:

$$X_n = \left(\frac{1}{s-1}\right) X_2 = \left(\frac{1}{s-1}\right)\left(\frac{10}{s+1}\right) X_1$$

Multiplicando e dividindo ambos os membros por X_1, temos $X_n/X_1 = 10/(s^2 - 1)$.

Um método mais simples é mostrado a seguir. Sabemos da Equação (7.1), que dois blocos podem ser reduzidos a um, simplesmente multiplicando as suas funções de transferência. Além disso, a função de transferência de um bloco é a sua transformada de saída para a entrada. Portanto,

$$\frac{X_n}{X_1} = \left(\frac{1}{s-1}\right)\left(\frac{10}{s+1}\right) = \frac{10}{s^2 - 1}$$

(b) Este sistema tem a mesma função de transferência determinada na Parte (a) porque a multiplicação de funções de transferência é comutativa.

(c) Pela Equação (7.1) temos

$$\frac{X_n}{X_1} = \left(\frac{-10}{s+1}\right)\left(\frac{1}{s-1}\right)\left(\frac{1{,}4}{s}\right) = \frac{-14}{s(s^2-1)}$$

7.4 A função de transferência da Figura 7-14a é $\omega_0/(s + \omega_0)$, em que $\omega_0 = 1/RC$. A função de transferência da Figura 7-14b é igual a $\omega_0^2/(s + \omega_0)^2$? Por quê?

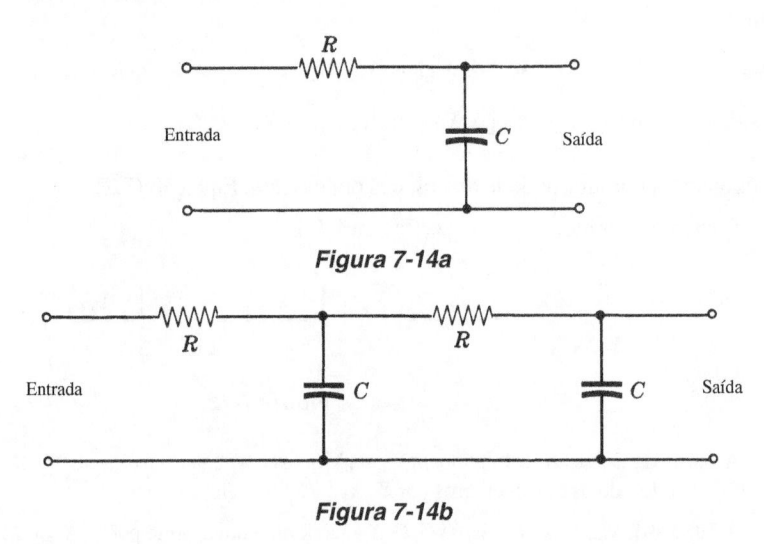

Figura 7-14a

Figura 7-14b

Não. Se duas redes idênticas são conectadas em série (Figura 7-15), a segunda representa a carga para a primeira, absorvendo corrente dela. Portanto, a Equação (7.1) não pode ser aplicada diretamente ao sistema combinado. A função de transferência correta para o circuito conectado é $\omega_0/(s^2 + 3\omega_0 s + \omega_0^2)$ (ver Problema 6.16), e isto *não* é igual a $(\omega_0/(s + \omega_0))^2$.

Figura 7-15

Sistemas canônicos de controle com realimentação

7.5 Demonstre a Equação (7.3), $C/R = G/(1 \pm GH)$.

As equações que descrevem o sistema de realimentação canônico são tomadas diretamente da Figura 7-16. Elas são dadas por $E = R \mp B$, $B = HC$, e $C = GE$. Substituindo uma na outra, temos

$$C = G(R \mp B) = G(R \mp HC)$$
$$= GR \mp GHC = GR + (\mp GHC)$$

Subtraindo $(\mp GHC)$ de ambos os membros, obtemos $C \pm GHC = GR$ ou $C/R = G/(1 \pm GH)$.

CAPÍTULO 7 • ÁLGEBRA DOS DIAGRAMAS EM BLOCOS E FUNÇÕES DE TRANSFERÊNCIA DE SISTEMAS   165

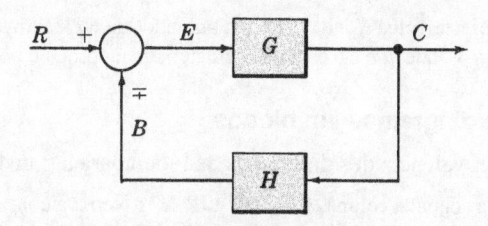

Figura 7-16

7.6 Demonstre a Equação (7.4), $E/R = 1/(1 \pm GH)$.

Do Problema precedente, temos $E = R \mp B$, $B = HC$, e $C = GE$.

Então $E = R \mp HC = R \mp HGE$, $E \pm GHE = R$ e $E/R = 1/(1 \pm GH)$.

7.7 Demonstre a Equação (7.5), $B/R = GH/(1 \pm GH)$.

De $E = R \mp B$, $B = HC$, e $C = GE$, obtemos $B = HGE = HG(R \mp B) = GHR \mp GHB$.

Então, $B \pm GHB = GHR$, $B = GHR/(1 \pm GH)$, e $B/R = GH/(1 \pm GH)$.

7.8 Demonstre a Equação (7.6), $D_{GH} \pm N_{GH} = 0$.

A equação característica é geralmente obtida fazendo $1 \pm GH = 0$. (ver Problema 7.9 para uma exceção). Fazendo $GH \equiv N_{GH}/D_{GH}$, obtemos $D_{GH} \pm N_{GH} = 0$.

7.9 Determine (a) a função de transferência da malha, (b) a razão de controle, (c) a razão de erro, (d) a razão de realimentação primária e (e) a equação característica para o sistema de controle com realimentação adjacente, no qual K_1 e K_2 são constantes (Figura 7-17).

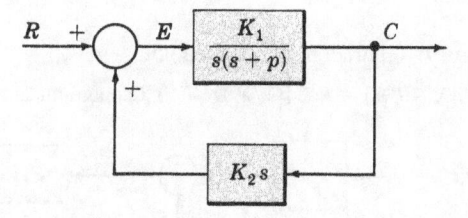

Figura 7-17

(a) A função de transferência da malha é igual a GH.

Portanto,

$$GH = \left[\frac{K_1}{s(s+p)} \right] K_2 s = \frac{K_1 K_2}{s+p}$$

(b) A razão de controle, ou razão de transferência da malha fechada, é dada pela Equação (7.3) (com um sinal negativo para a realimentação positiva):

$$\frac{C}{R} = \frac{G}{1-GH} = \frac{K_1}{s(s+p-K_1 K_2)}$$

(c) A razão de erro, ou razão de sinal atuante, é dada pela Equação (7.4):

$$\frac{E}{R} = \frac{1}{1-GH} = \frac{1}{1-K_1 K_2/(s+p)} = \frac{s+p}{s+p-K_1 K_2}$$

(d) A razão de realimentação primária é dada pela Equação (7.5):

$$\frac{B}{R} = \frac{GH}{1-GH} = \frac{K_1 K_2}{s+p-K_1 K_2}$$

(e) A equação característica é dada pelo denominador de C/R acima, $s(s + p - K_1K_2) = 0$. Neste caso, $1 - GH = s + p - K_1K_2 = 0$, que *não* é a equação característica, porque o polo s de G cancela o zero s de H.

Transformações de diagramas em blocos

7.10 Demonstre a equivalência dos diagramas de bloco para a transformação 2 (Seção 7.5).

A equação na segunda coluna, $Y = P_1X \pm P_2X$, governa a construção do diagrama em blocos na terceira coluna, como é mostrado. Reescreva esta equação como $Y = (P_1 \pm P_2)X$. O diagrama em blocos equivalente, na última coluna, é claramente a representação desta forma da equação (Figura 7-18).

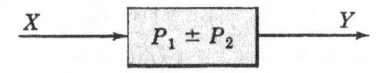

Figura 7-18

7.11 Repita o Problema 7.10 para a transformação 3.

Reescreva $Y = P_1 X \pm P_2 X$ como $Y = (P_1/P_2)P_2 X \pm P_2X$. O diagrama em blocos para esta forma da equação é dado claramente na Figura 7-19.

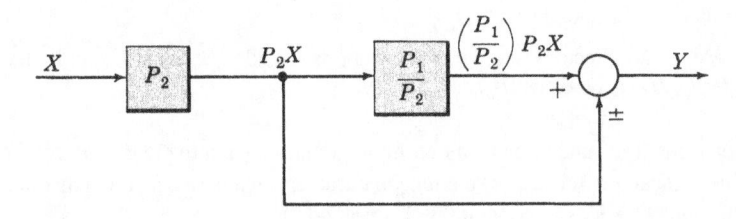

Figura 7-19

7.12 Repita o Problema 7.10 para a transformação 5.

Temos $Y = P_1[X \mp P_2Y] = P_1P_2[(1/P_2)X \mp Y]$. O diagrama em blocos para a última forma é dado na Figura 7-20.

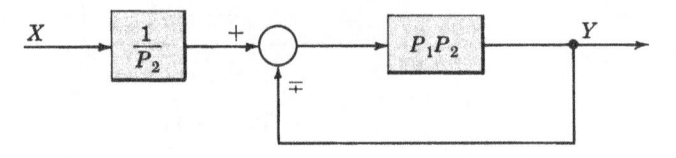

Figura 7-20

7.13 Repita o Problema 7.10 para a transformação 7.

Temos $Z = PX \pm Y = P[X \pm (1/P)Y]$, o que resulta no diagrama em blocos da Figura 7-21.

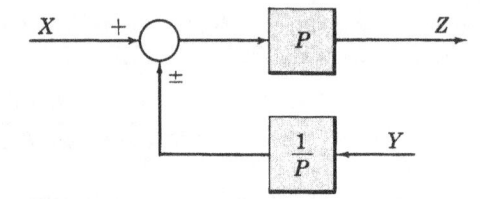

Figura 7-21

7.14 Repita o Problema 7.10 para a transformação 8.

Temos $Z = P(X + Y) = PX \pm PY$, cujo diagrama em blocos é claramente mostrado na Figura 7-22.

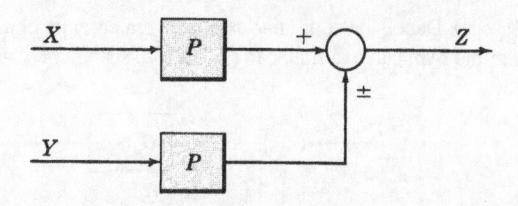

Figura 7-22

Sistemas de realimentação unitária

7.15 Reduza o diagrama em blocos mostrado na Figura 7-23 à forma de realimentação unitária e determine a equação característica do sistema.

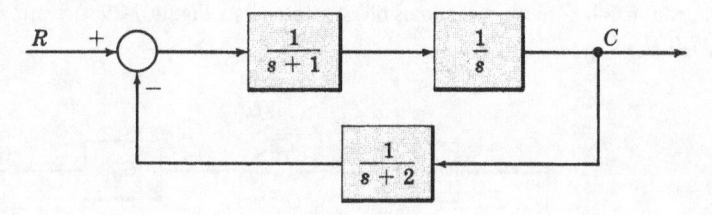

Figura 7-23

Combinando os blocos no percurso direto obtemos a Figura 7-24.

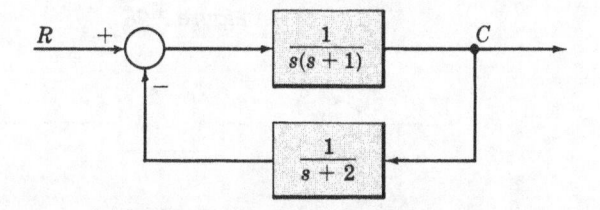

Figura 7-24

Aplicando a transformação 5, obtemos a Figura 7-25.

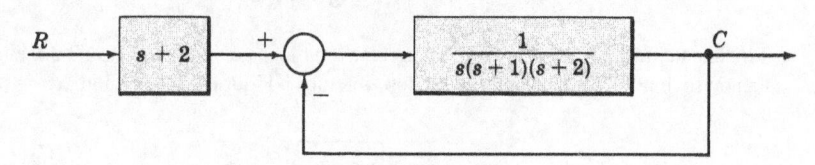

Figura 7-25

Pela Equação (7.7), a equação característica para este sistema é $s(s+1)(s+2) + 1 = 0$ ou $s^3 + 3s^2 + 2s + 1 = 0$.

Entradas e saídas múltiplas

7.16 Determine a saída C devido a U_1, U_2 e R para a Figura 7-26.

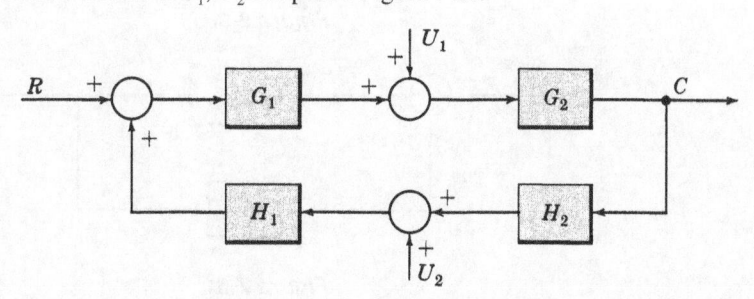

Figura 7-26

Seja $U_1 = U_2 = 0$. Depois de combinar os blocos em cascata, obtemos a Figura 7-27, em que C_R é a saída gerada por R atuando sozinho. Aplicando a Equação (7.3) a este sistema, $C_R = [G_1G_2/(1 - G_1G_2H_1H_2)]R$.

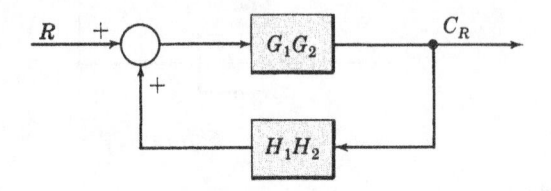

Figura 7-27

Agora, seja $R = U_2 = 0$. O diagrama em blocos agora é dado na Figura 7-28, em que C_1 é a resposta gerada por U_1 atuando sozinho. Reorganizando os blocos, obtemos a Figura 7-29. A partir da Equação (7.3), temos $C_1 = [G_2/(1 - G_1G_2H_1H_2)]U_1$.

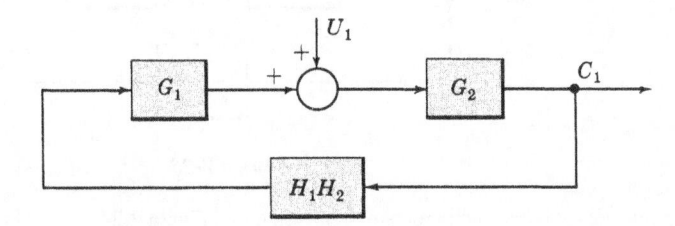

Figura 7-28

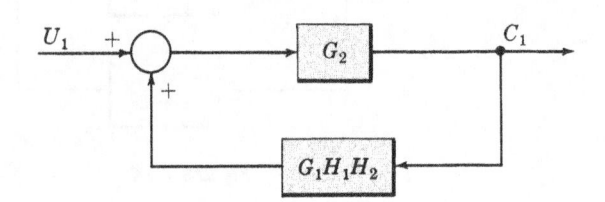

Figura 7-29

Finalmente, fazendo $R = U_1 = 0$, o diagrama em blocos é dado na Figura 7-30, em que C_2 é a resposta gerada por U_2 atuando sozinho. Reorganizando os blocos, obtemos a Figura 7-31. Portanto, $C_2 = [G_1G_2H_1/(1 - G_1G_2H_1H_2)]U_2$.

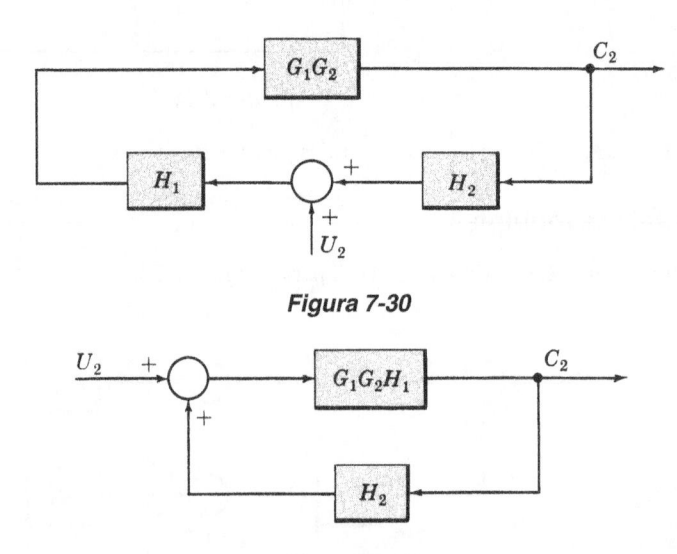

Figura 7-30

Figura 7-31

CAPÍTULO 7 • ÁLGEBRA DOS DIAGRAMAS EM BLOCOS E FUNÇÕES DE TRANSFERÊNCIA DE SISTEMAS

Por superposição, a saída total é

$$C = C_R + C_1 + C_2 = \frac{G_1G_2R + G_2U_1 + G_1G_2H_1U_2}{1 - G_1G_2H_1H_2}$$

7.17 O diagrama em blocos seguinte é um exemplo de um sistema de entradas e saídas múltiplas. Determine C_1 e C_2 devido a R_1 e R_2.

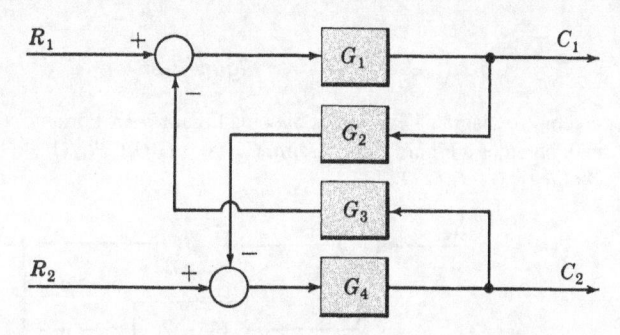

Figura 7-32

Primeiro coloque o diagrama em blocos na forma da Figura 7-33, ignorando a saída C_2.

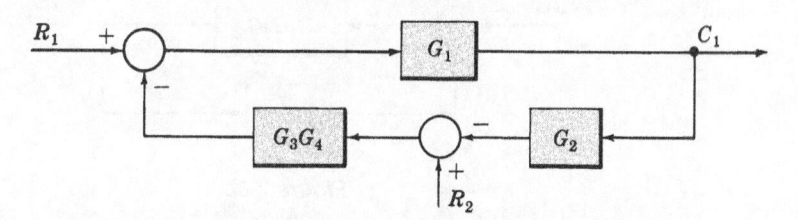

Figura 7-33

Fazendo $R_2 = 0$ e combinando os pontos de soma, obtemos a Figura 7-34.

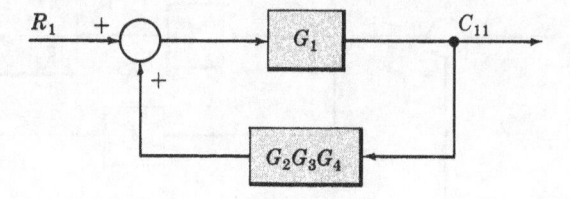

Figura 7-34

Portanto C_{11}, a saída em C_1 gerada por R_1 apenas, é $C_{11} = G_1R_1/(1 - G_1G_2G_3G_4)$. Para $R_1 = 0$, obtemos a Figura 7-35.

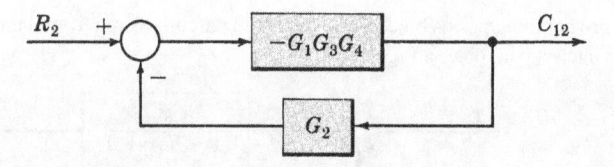

Figura 7-35

Portanto, $C_{12} = -G_1G_3G_4R_2/(1 - G_1G_2G_3G_4)$ é a saída em C_1 gerada por R_2 apenas. Assim $C_1 = C_{11} + C_{12} = (G_1R_1 - G_1G_3G_4R_2)/(1 - G_1G_2G_3G_4)$.

Agora, reduzimos o diagrama em blocos original, ignorando a saída C_1. Primeiro obtemos a Figura 7-36.

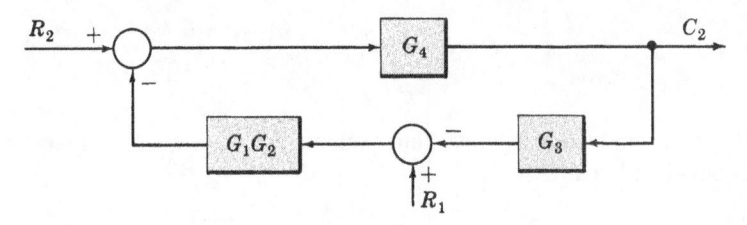

Figura 7-36

Então, obtemos o diagrama em blocos dado na Figura 7-37. Portanto, $C_{22} = G_4R_2/(1 - G_1G_2G_3G_4)$. Em seguida fazendo $R_2 = 0$, obtemos a Figura 7-38. Assim, $C_{21} = -G_1G_2G_4R_1/(1 - G_1G_2G_3G_4)$. Finalmente, $C_2 = C_{22} + C_{21} = (G_4R_2 - G_1G_2G_4R_1)/(1 - G_1G_2G_3G_4)$.

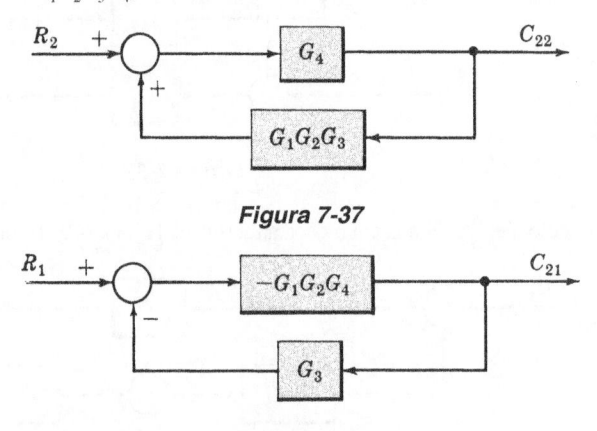

Figura 7-37

Figura 7-38

Redução do diagrama em blocos

7.18 Reduza o diagrama em blocos mostrado na Figura 7-39 à forma canônica e determine a transformada de saída C. K é uma constante.

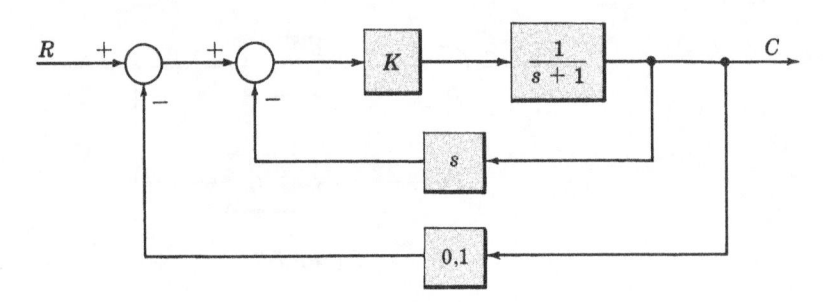

Figura 7-39

Primeiro combinamos os blocos em cascata do percurso direto e aplicamos a transformação 4 à malha de realimentação mais interna para obter a Figura 7-40.

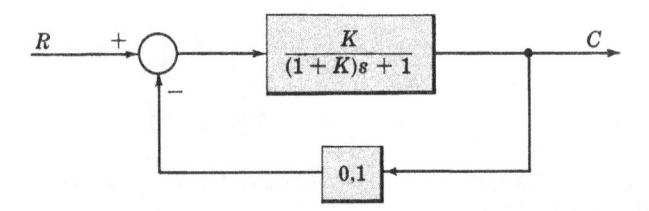

Figura 7-40

A Equação (7.3) ou a reaplicação da transformação 4 resulta em $C = KR/[(1 + K)s + (1 + 0,1K)]$.

7.19 Reduza o diagrama em blocos da Figura 7-39 à forma canônica, isolando o bloco *K* na malha direta.

Pela transformação 9, podemos deslocar o ponto de tomada adiante do bloco $1/(s+1)$ (Figura 7-41):

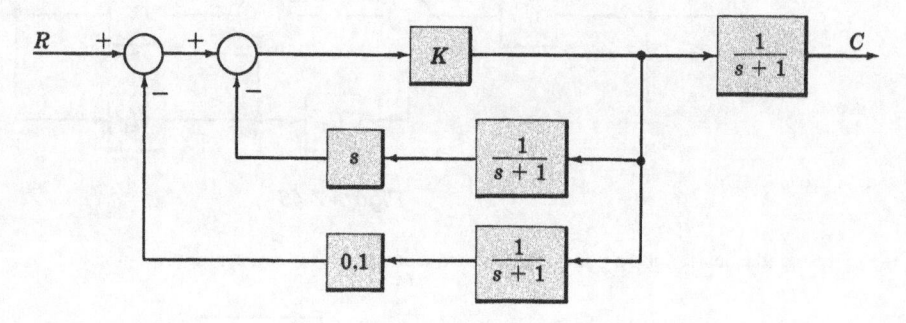

Figura 7-41

Aplicando as transformações 1 e 6b, obtemos a Figura 7-42.

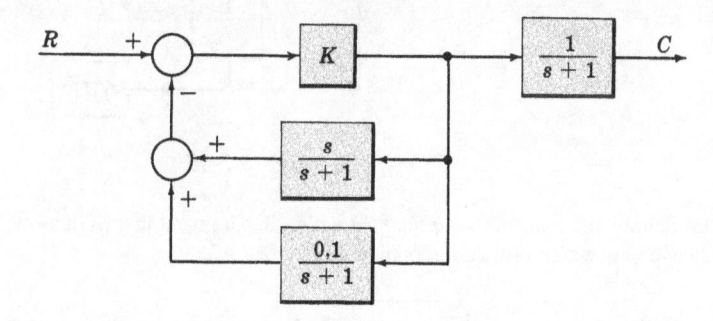

Figura 7-42

Agora podemos aplicar a transformação 2 às malhas de realimentação, resultando na forma final mostrada na Figura 7-43.

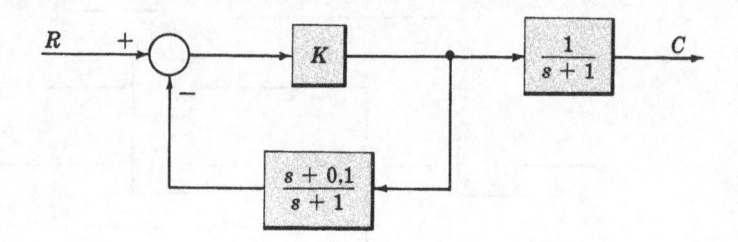

Figura 7-43

7.20 Reduza o diagrama em blocos mostrado na Figura 7-44 para a forma de malha aberta.

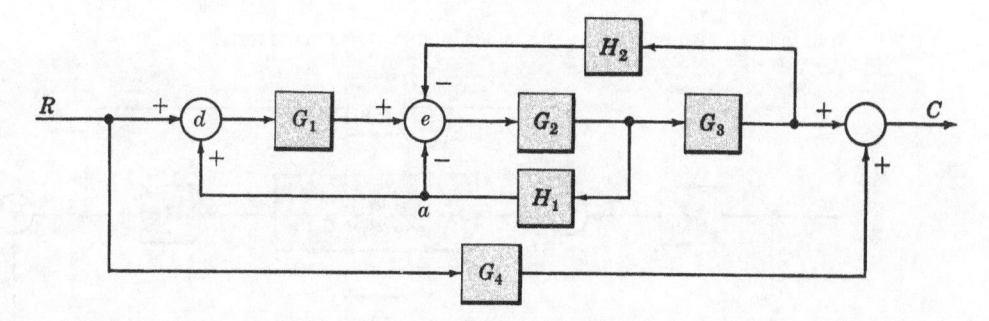

Figura 7-44

Primeiro, deslocando o ponto de soma da esquerda além de G_1 (transformação 8), obtemos a Figura 7-45.

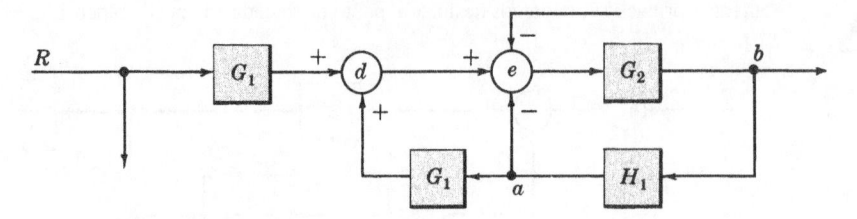

Figura 7-45

Em seguida, deslocando o ponto de tomada a além de G_1, obtemos a Figura 7-46.

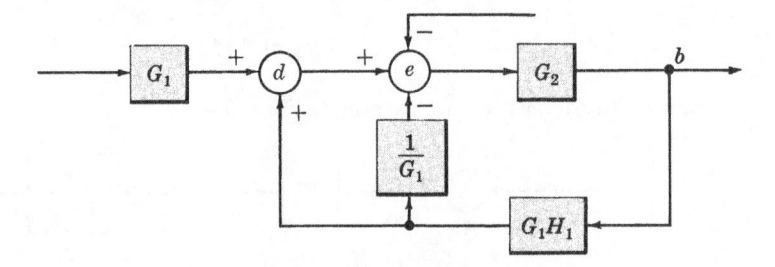

Figura 7-46

Agora usando a transformação 6b, e a seguir a 2, para combinar as duas malhas de realimentação mais baixas (a partir de G_1H_1) que entram em d e e, obtemos a Figura 7-47.

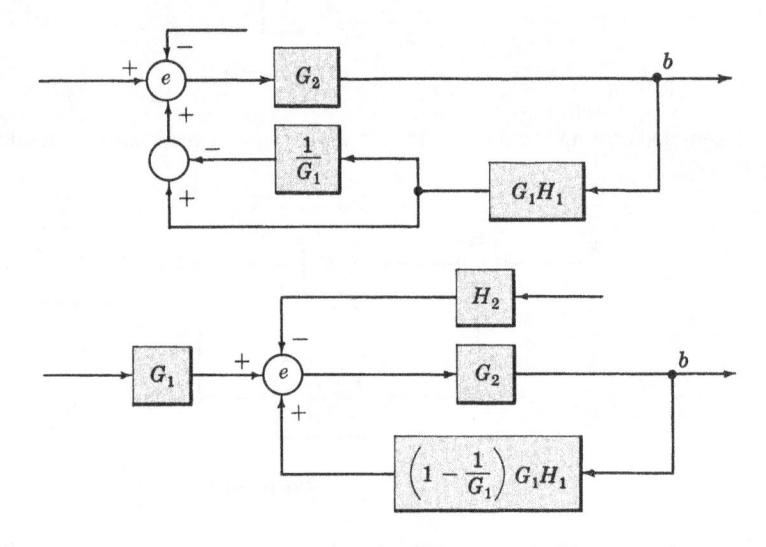

Figura 7-47

Aplicando a transformação 4 a essa malha interna, o sistema se torna

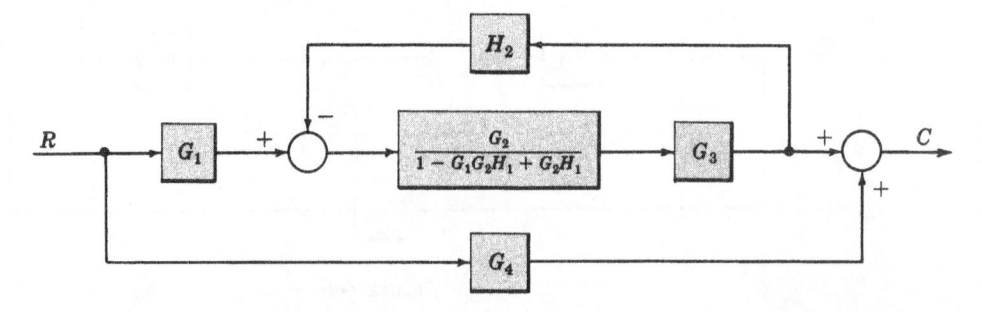

Novamente, aplicando a transformação 4 à malha de realimentação restante, obtemos

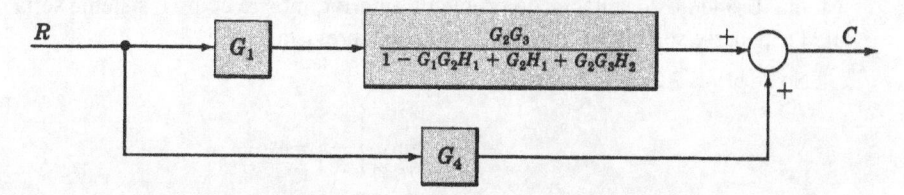

$$R \longrightarrow G_1 \longrightarrow \boxed{\dfrac{G_2G_3}{1 - G_1G_2H_1 + G_2H_1 + G_2G_3H_2}} \longrightarrow \oplus \longrightarrow C$$

com realimentação G_4.

Finalmente, as transformações 1 e 2 nos dão o diagrama em bloco de malha aberta:

$$R \longrightarrow \boxed{\dfrac{G_1G_2G_3 + G_4 - G_1G_2G_4H_1 + G_2G_4H_1 + G_2G_3G_4H_2}{1 - G_1G_2H_1 + G_2H_1 + G_2G_3H_2}} \longrightarrow C$$

Problemas diversos

7.21 Mostre que o diagrama em blocos simples da Transformação 1 na Seção 7.5 (combinação de blocos em cascata) não é válido se o primeiro bloco é (ou inclui) um *amostrador*.

A transformada de saída $U^*(s)$ de um amostrador ideal foi determinada no Problema 4.39 como

$$U^*(s) = \sum_{k=0}^{\infty} e^{-skT} u(kT)$$

Tomando $U^*(s)$ como a entrada do bloco P_2 da Transformação 1 da tabela, a transformada de saída $Y(s)$ do bloco P_2 é

$$Y(s) = P_2(s)U^*(s) = P_2(s)\sum_{k=0}^{\infty} e^{-skT} u(kT)$$

Obviamente, a transformada da entrada $X(s) = U(s)$ não pode ser fatorada no lado direito de $Y(s)$, ou seja, $Y(s) \neq F(s)U(s)$. O mesmo problema ocorre se P_1 inclui outros elementos, bem como um amostrador.

7.22 Por que a equação característica é invariante sob as transformações do diagrama em blocos?

As transformações do diagrama em blocos são determinadas *reorganizando* as equações de entrada-saída de um ou mais dos subsistemas que compõem o sistema total. Portanto, o sistema transformado final é governado pelas mesmas equações, provavelmente dispostas de maneira diferente do que aquela do sistema original.

Agora, a equação característica é determinada pelo denominador da função de transferência do sistema total, que é igualado a zero. A fatoração ou outra reorganização do numerador e denominador da função de transferência do sistema, claramente não a altera, nem altera o seu denominador igualado a zero.

7.23 Mostre que a função de transferência representada por C/R na Equação (7.3) pode ser aproximada por $\pm 1/H$ quando $|G|$ ou $|GH|$ são muito grandes.

Dividindo numerador e denominador de $G/(1 \pm GH)$ por G, obtemos $1 \Big/ \left(\dfrac{1}{G} \pm H \right)$. Então

$$\lim_{|G| \to \infty} \left[\dfrac{C}{R} \right] = \lim_{|G| \to \infty} \left[\dfrac{1}{\dfrac{1}{G} \pm H} \right] = \pm \dfrac{1}{H}$$

Dividindo por GH e tomando o limite, obtemos

$$\lim_{|GH| \to \infty} \left[\dfrac{C}{R} \right] = \lim_{|GH| \to \infty} \left[\dfrac{\dfrac{1}{H}}{\dfrac{1}{GH} \pm 1} \right] = \pm \dfrac{1}{H}$$

7.24 Suponha que as características de *G* mudem radicalmente ou de maneira imprevisível durante a operação do sistema. Usando os resultados do problema anterior, mostre como o sistema seria projetado de modo que a saída *C* pudesse sempre ser razoavelmente bem prevista.

No Problema 7.23 determinamos que

$$\lim_{|GH| \to \infty} \left[\frac{C}{R} \right] = \pm \frac{1}{H}$$

Portanto, $C \to \pm R/H$ como $|GH| \to \infty$, ou *C* é independente de *G* para $|GH|$ grande. Em consequência, o sistema será projetado de modo que $|GH| \gg 1$.

7.25 Determine a função de transferência do sistema na Figura 7-48. Em seguida, faça $H_1 = 1/G_1$ e $H_2 = 1/G_2$.

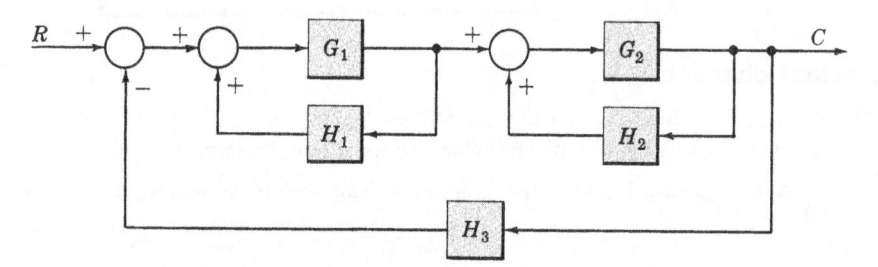

Figura 7-48

Reduzindo as malhas internas obtemos a Figura 7-49.

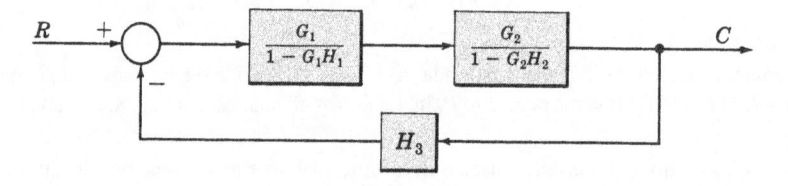

Figura 7-49

Aplicando a transformação 4 novamente. Obtemos a Figura 7-50.

Figura 7-50

Agora façamos $H_1 = 1/G_1$ e $H_2 = 1/G_2$. Isto resulta em

$$\frac{C}{R} = \frac{G_1 G_2}{(1-1)(1-1) + G_1 G_2 H_3} = \frac{1}{H_3}$$

7.26 Demonstre que a Figura 7-51 é válida.

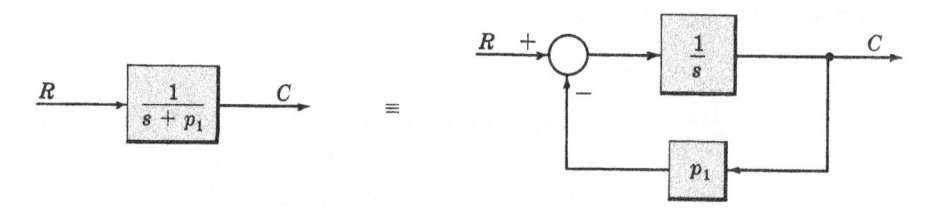

Figura 7-51

A partir do diagrama de malha aberta, temos $C = R/(s + p1)$. Reorganizando, $(s + p_1)C = R$ e $C = (1/s)(R - p_1C)$. O diagrama de malha fechada segue desta equação.

7.27 Prove que a Figura 7-52 é válida.

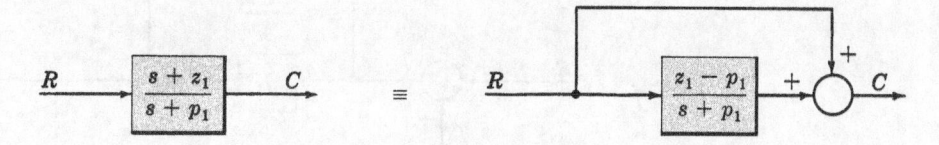

Figura 7-52

Este problema exemplifica como um zero finito pode ser removido de um bloco.

A partir do diagrama de malha fechada, $C = R + (z_1 - p_1)R/(s + p_1)$. Reorganizando,

$$C = \left(1 + \frac{z_1 - p_1}{s + p_1}\right)R = \left(\frac{s + p_1 + z_1 - p_1}{s + p_1}\right)R = \left(\frac{s + z_1}{s + p_1}\right)R$$

Esta equivalência matemática prova claramente a equivalência dos diagramas em blocos.

7.28 Suponha que aproximações lineares na forma de funções de transferência são disponíveis para cada bloco do Sistema de Oferta e Procura do Problema 2.13, e que o sistema pode ser representado pelo diagrama na Figura 7-53.

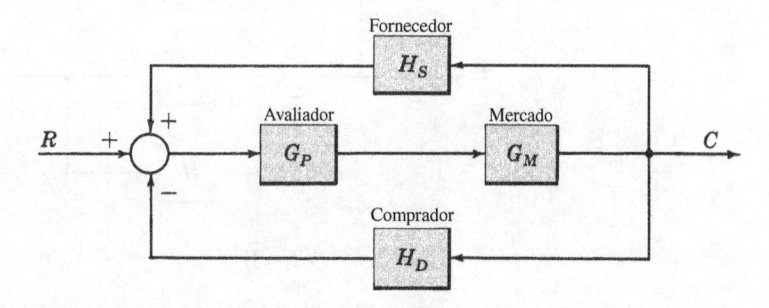

Figura 7-53

Determine a função de transferência total do sistema.

O diagrama em blocos da transformação 4, aplicado duas vezes a este sistema, resulta em

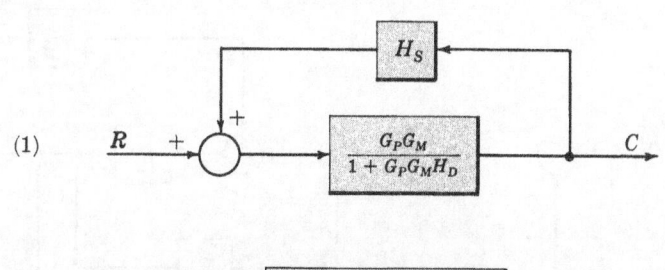

Figura 7-54

Em consequência, a função de transferência para o modelo de Oferta e Procura linearizada é $\dfrac{G_P G_M}{1 + G_P G_M (H_D - H_S)}$.

Problemas Complementares

7.29 Determine C/R para cada sistema na Figura 7-55.

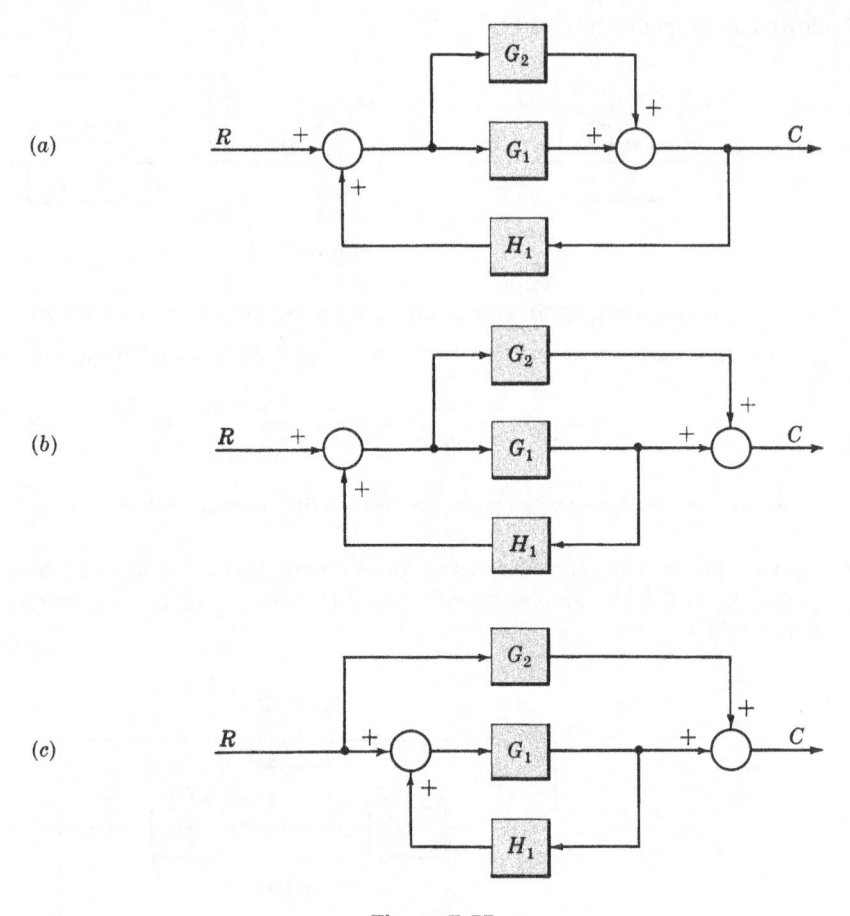

Figura 7-55

7.30 Considere o regulador de pressão do sangue descrito no Problema 2.14. Suponha que o centro vasomotor (CVM) pode ser descrito por uma função de transferência linear $G_{11}(s)$, e os barorreceptores pela função de transferência $k_1 s + k_2$ (ver Problema 6.33). Transforme o diagrama em blocos na sua forma mais simples, forma de realimentação unitária.

7.31 Reduza o diagrama em blocos na Figura 7-56 à forma canônica.

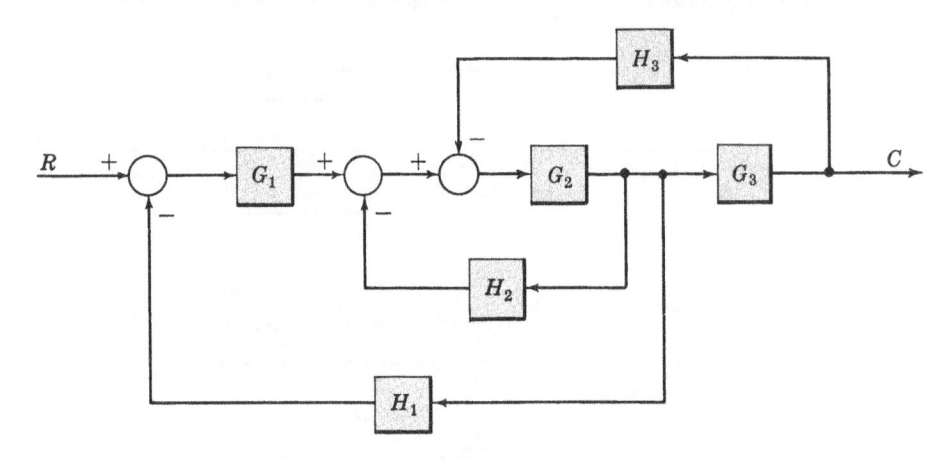

Figura 7-56

7.32 Determine C para o sistema representado pela Figura 7-57.

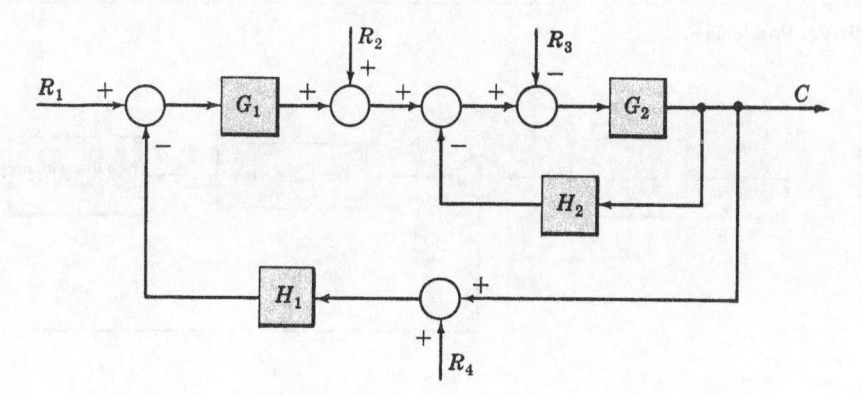

Figura 7-57

7.33 Dê um exemplo de dois sistemas com realimentação na forma canônica tendo razões de controle C/R idênticas, porém diferentes componentes G e H.

7.34 Determine C/R_2 para o sistema na Figura 7-58.

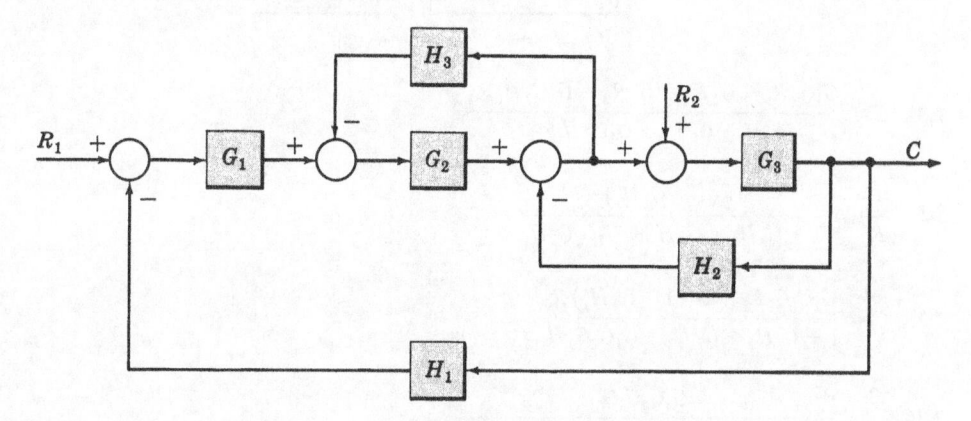

Figura 7-58

7.35 Determine a saída completa C, com ambas as entradas R_1 e R_2 atuando simultaneamente, para o sistema dado no problema precedente.

7.36 Determine C/R para o sistema representado na Figura 7-59.

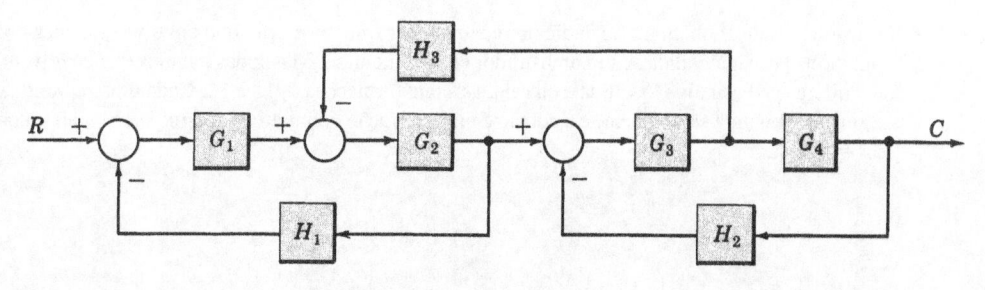

Figura 7-59

7.37 Determine a equação característica para cada um dos sistemas dos Problemas (a) 7.32, (b) 7.35 (c),7.36.

7.38 Quais regras de transformação de diagramas em bloco na tabela da Seção 7.5 permitem a inclusão de um amostrador?

Respostas Selecionadas

7.29 Ver Problema 8.15.

7.30

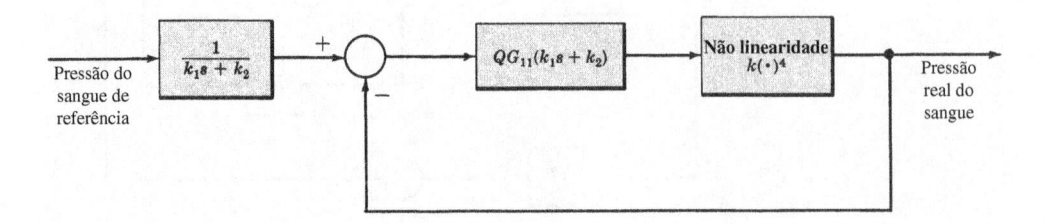

Block diagram: Pressão do sangue de referência → $\frac{1}{k_1 s + k_2}$ → (+/−) summing junction → $QG_{11}(k_1 s + k_2)$ → Não linearidade $k(\cdot)^4$ → Pressão real do sangue (feedback loop to summing junction)

7.31

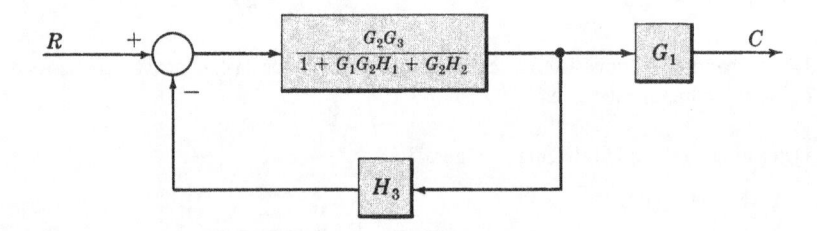

Block diagram: R → (+/−) summing junction → $\dfrac{G_2 G_3}{1 + G_1 G_2 H_1 + G_2 H_2}$ → G_1 → C, with feedback H_3

7.32 $C = \dfrac{G_1 G_2 R_1 + G_2 R_2 - G_2 R_3 - G_1 G_2 H_1 R_4}{1 + G_2 H_2 + G_1 G_2 H_1}$

7.34 $\dfrac{C}{R_2} = \dfrac{G_3 (1 + G_2 H_3)}{1 + G_3 H_2 + G_2 H_3 + G_1 G_2 G_3 H_1}$

7.35 $C = \dfrac{G_1 G_2 G_3 R_1 + G_3 (1 + G_2 H_3) R_2}{1 + G_3 H_2 + G_2 H_3 + G_1 G_2 G_3 H_1}$

7.36 $\dfrac{C}{R} = \dfrac{G_1 G_2 G_3 G_4}{(1 + G_1 G_2 H_1)(1 + G_3 G_4 H_2) + G_2 G_3 H_3}$

7.37 (a) $1 + G_2 H_2 + G_1 G_2 H_1 = 0$

(b) $1 + G_3 H_2 + G_2 H_3 + G_1 G_2 G_3 H_1 = 0$

(c) $(1 + G_2 G_2 H_1)(1 + G_3 G_4 H_2) + G_2 G_3 H_3 = 0$

7.38 Os resultados do Problema 7.21 indicam que qualquer transformação que envolva qualquer *produto* de duas ou mais transformadas não é válida se um amostrador estiver incluído. Mas todas aquelas que envolvem simplesmente a soma ou a diferença de sinais são válidas, ou seja, as Transformações 6, 11 e 12. Cada uma representa um rearranjo simples de sinais como uma soma linear, e a adição é uma operação comutativa, mesmo para sinais amostrados, ou seja, $Z = X \pm Y = Y \pm X$.

Capítulo 8

Diagrama de Fluxo de Sinal

8.1 INTRODUÇÃO

A representação gráfica de um sistema de controle com realimentação mais usada é o diagrama em blocos. Ele foi apresentado nos Capítulos 2 e 7. Neste capítulo consideraremos outro modelo, o diagrama de fluxo de sinal.

Um **diagrama de fluxo de sinal** é uma representação pictórica das equações simultâneas que descrevem um sistema. Ela exibe graficamente a transmissão de sinais por meio do sistema, como faz o diagrama em blocos. Mas é mais fácil de desenhar e, portanto, mais fácil de manipular que o diagrama em blocos.

As propriedades dos diagramas de fluxos de sinal são apresentadas nas próximas seções. O restante do capítulo trata das aplicações.

8.2 FUNDAMENTOS DE DIAGRAMAS DE FLUXO DE SINAL

Consideremos primeiro a equação simples

$$X_i = A_{ij} X_j \tag{8.1}$$

As variáveis X_i e X_j podem ser funções do tempo, frequência complexa, ou qualquer outra quantidade. Elas podem até mesmo ser constantes, as quais são "variáveis" no sentido matemático.

Para diagramas de fluxo de sinal, A_{ij} é um operador matemático que mapeia X_j em X_i, e é denominada **função de transmissão**. Por exemplo, A_{ij} pode ser uma constante, caso no qual X_i é uma constante vezes X_j na Equação (8.1); se X_i e X_j são funções de s ou z, A_{ij} pode ser uma função de transferência $A_{ij}(s)$ ou $A_{ij}(z)$.

O diagrama de fluxo de sinal para a Equação (8.1) é mostrado na Figura 8-1. Esta é a forma mais simples de um diagrama de fluxo de sinal. Note que as variáveis X_i e X_j são representadas por um pequeno ponto chamado de **nó**, e a função de transmissão A_{ij} é representada por uma linha com uma seta, denominada **ramo**.

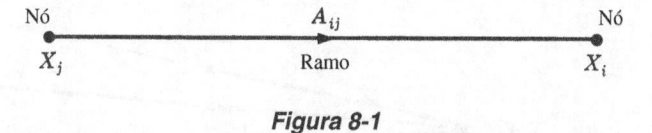

Nó A_{ij} Nó
•————————————————•
X_j Ramo X_i

Figura 8-1

Toda variável em um diagrama de fluxo de sinal é designada por um nó, e cada função de transmissão por um ramo. Os ramos são sempre unidirecionais. A seta representa o sentido do fluxo do sinal.

Exemplo 8.1 A lei de Ohm estabelece que $E = RI$, em que E é uma tensão, I é uma corrente e R é uma resistência. O diagrama de fluxo de sinal para esta equação é mostrado na Figura 8-2.

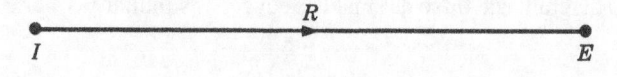

R
•————————————————•
I E

Figura 8-2

8.3 ÁLGEBRA DO DIAGRAMA DE FLUXO DE SINAL

1. A regra de adição

O valor da variável designada pelo nó é igual à soma de todos os sinais que entram no nó. Em outras palavras, a equação

$$X_i = \sum_{j=1}^{n} A_{ij} X_j$$

é representada pela Figura 8-3.

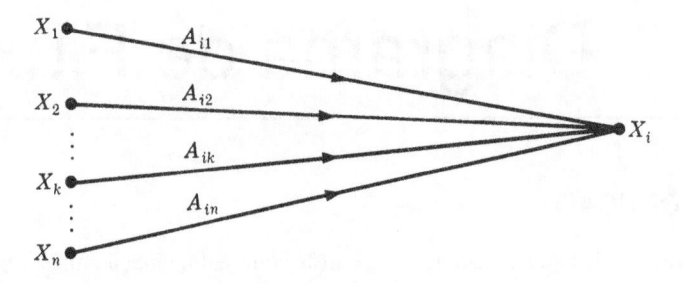

Figura 8-3

Exemplo 8.2 O diagrama de fluxo de sinal para a equação de uma linha em coordenadas retangulares, $Y = mX + b$, é mostrado na Figura 8-4. Visto que b, a interseção com o eixo Y, é uma constante, ela pode representar um nó (variável) ou uma função de transmissão.

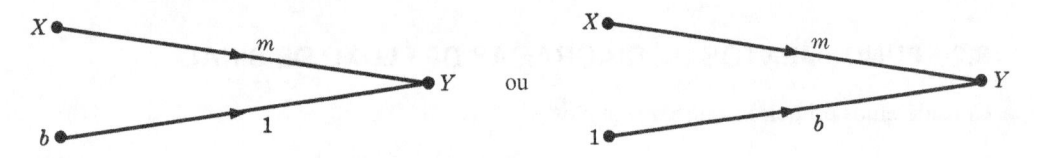

Figura 8-4

2. A regra de transmissão

O valor da variável designada por um nó é transmitido sobre cada ramo que deixa aquele nó. Em outras palavras, a equação

$$Xi = A_{ik} X_k \qquad i = 1, 2, \ldots, n, \; k \text{ fixo}$$

é representada pela Figura 8-5.

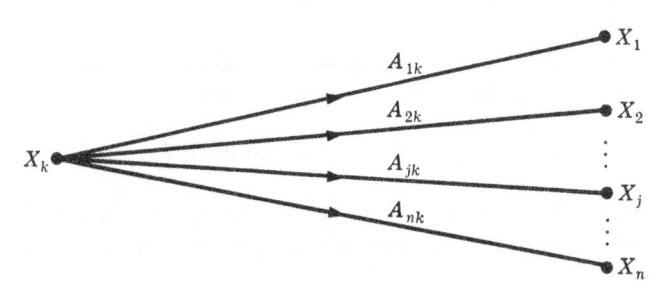

Figura 8-5

Exemplo 8.3 O diagrama de fluxo de sinal das equações simultâneas $Y = 3X$, $Z = -4X$ é mostrado na Figura 8-6.

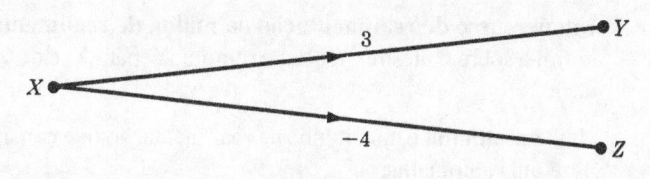

Figura 8-6

3. A regra de multiplicação

Uma conexão em cascata (série) de $n-1$ ramos com funções de transmissão $A_{21}, A_{32}, A_{43} A_{n(n-1)}$ pode ser substituída por um único ramo com uma nova função de transmissão igual ao produto das antigas. Isto é,

$$X_n = A_{21} \cdot A_{32} \cdot A_{43} \cdots A_{n(n-1)} \cdot X_1$$

A equivalência do diagrama de fluxo de sinal é representada pela Figura 8-7.

Figura 8-7

Exemplo 8.4 O diagrama de fluxo de sinal das equações simultâneas $Y = 10X$, $Z = -20Y$ é mostrado na Figura 8-8.

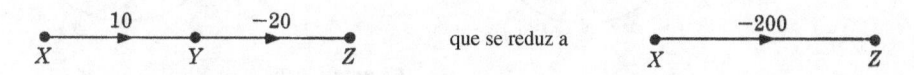

Figura 8-8

8.4 DEFINIÇÕES

A terminologia seguinte é frequentemente usada na teoria de diagramas de fluxo de sinal. Os exemplos associados a cada definição referem-se ao diagrama de fluxo de sinal na Figura 8-9.

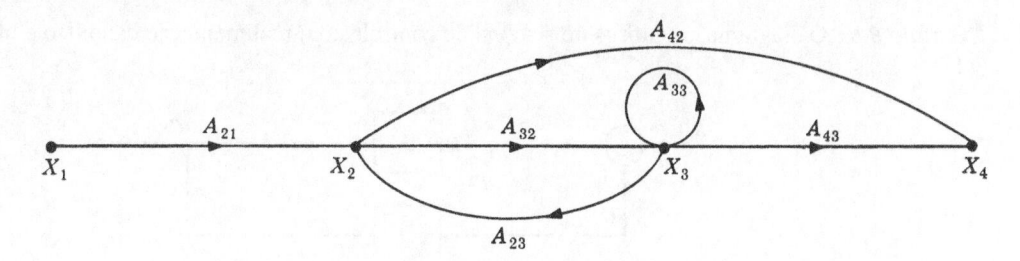

Figura 8-9

Definição 8.1: Um **percurso** é uma sucessão contínua unidirecional de ramos pela qual nenhum nó é passado mais do que uma vez. Por exemplo, X_1 para X_2 para X_3 para X_4, X_2 para X_3 e de volta para X_2 e X_1 para X_2 para X_4 são percursos.

Definição 8.2: Um **nó de entrada** ou **fonte** é um nó apenas com ramos de saída. Por exemplo, X_1 é um nó de entrada.

Definição 8.3: Um **nó de saída** ou **nó concentrador** é um nó apenas com ramos de entrada. Por exemplo, X_4 é um nó de saída.

Definição 8.4: Um **percurso direto** é um caminho de um nó de entrada para um nó de saída. Por exemplo, X_1 para X_2 para X_3 para X_4 e X_1 para X_2 para X_4 são percursos diretos.

Definição 8.5: Um **percurso de realimentação** ou **malha de realimentação** é um percurso que se origina e termina sobre o mesmo nó. Por exemplo, X_2 para X_3 e de volta a X_2 é um percurso de realimentação.

Definição 8.6: Uma **automalha** é uma malha de realimentação que consiste em um único ramo. Por exemplo, A_{33} é uma automalha.

Definição 8.7: O **ganho** de um ramo é uma função de transmissão daquele ramo quando a função de transmissão é um operador multiplicativo. Por exemplo, A_{33} é o ganho da automalha se A_{33} é uma constante ou função de transferência.

Definição 8.8: O **ganho de percurso** é o produto dos ganhos do ramo encontrados ao atravessar um percurso. Por exemplo, o ganho de percurso da malha direta de X_1 para X_2 para X_3 para X_4 é $A_{21}A_{32}A_{43}$.

Definição 8.9: O **ganho de malha** é o produto dos ganhos de ramo da malha. Por exemplo, o ganho de malha da malha de realimentação de X_2 para X_3 e de volta para X_2 é $A_{32}A_{23}$.

Muito frequentemente uma variável num sistema é uma função da variável de saída. O sistema canônico de realimentação é um exemplo óbvio. Neste caso, se o diagrama de fluxo de sinal fosse desenhado diretamente das equações, o "nó de saída" exigiria um ramo de saída, contrário à definição. Este problema pode ser remediado adicionando um ramo com uma função de transmissão unitária entrando em um nó "fictício". Por exemplo, os dois diagramas na Figura 8-10 são equivalentes, e Y_4 é um nó de saída. Note que $Y_4 = Y_3$.

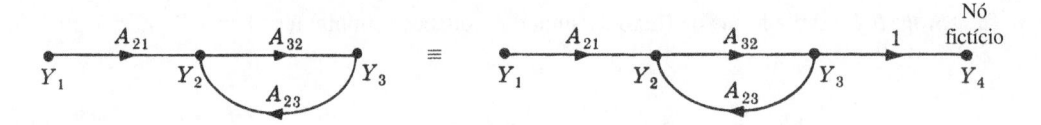

Figura 8-10

8.5 CONSTRUÇÃO DE DIAGRAMAS DE FLUXO DE SINAL

O diagrama de fluxo de sinal de um sistema de controle com realimentação linear, cujos componentes são especificados por funções de transferência não interativas, pode ser construído por referência direta ao diagrama em blocos do sistema. Cada variável do diagrama em blocos torna-se um nó e cada bloco torna-se um ramo.

Exemplo 8.5 O diagrama em blocos do sistema de controle com realimentação canônico é mostrado na Figura 8-11.

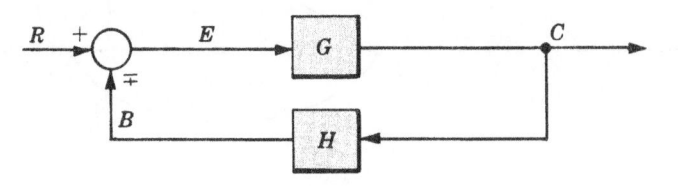

Figura 8-11

O diagrama de fluxo de sinal é facilmente construído (Figura 8-12). Note que os sinais – ou + dos pontos de soma são associados com H.

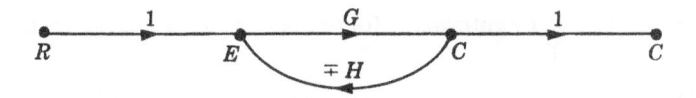

Figura 8-12

O diagrama de fluxo de sinal do sistema descrito por um sistema de equações simultâneas pode ser construído de forma geral com a seguir:

1. Escreva o sistema de equações na forma

$$X_1 = A_{11}X_1 + A_{12}X_2 + \cdots + A_{1n}X_n$$

$$X_2 = A_{21}X_1 + A_{22}X_2 + \cdots + A_{2n}X_n$$

$$\cdots\cdots\cdots\cdots\cdots\cdots\cdots\cdots\cdots\cdots\cdots$$

$$X_m = A_{m1}X_1 + A_{m2}X_2 + \cdots + A_{mn}X_n$$

Uma equação para X_1 não é necessária se X_1 é um nó de entrada.

2. Disponha os nós m ou n (o maior deles) da esquerda para a direita. Os nós podem ser reorganizados se as malhas necessárias mais tarde aparentarem ser muito complicadas.
3. Conecte os nós por meio de ramos apropriados A_{11}, A_{12}, etc.
4. Se o nó de saída desejado tiver ramos de saída, adicione um nó fictício e um ramo de ganho unitário.
5. Reorganize os nós e/ou malhas do diagrama para encontrar o máximo de clareza pictórica.

Exemplo 8.6 Construa o diagrama de fluxo de sinal para o circuito de resistências simples mostrado na Figura 8-13. Há cinco variáveis, v_1, v_2, v_3, i_1 e i_2. A variável v_1 é conhecida. Podemos escrever quatro equações independentes, a partir das leis de Kirchhoff para tensão e corrente. Continuando da esquerda para a direita do diagrama esquemático, temos

$$i_1 = \left(\frac{1}{R_1}\right)v_1 - \left(\frac{1}{R_1}\right)v_2 \qquad v_2 = R_3 i_1 - R_3 i_2 \qquad i_2 = \left(\frac{1}{R_2}\right)v_2 - \left(\frac{1}{R_2}\right)v_3 \qquad v_3 = R_4 i_2$$

Figura 8-13

Distribuindo os cinco nós na mesma ordem com v_1 como um nó de entrada e conectando os nós com os ramos apropriados, obtemos a Figura 8-14. Se quisermos considerar v_3 como nó de saída, devemos adicionar um ramo de ganho unitário e outro nó, que resulta na Figura 8-15. Nenhuma reorganização dos nós é necessária. Temos um percurso direto e três malhas de realimentação claramente em evidência.

Figura 8-14

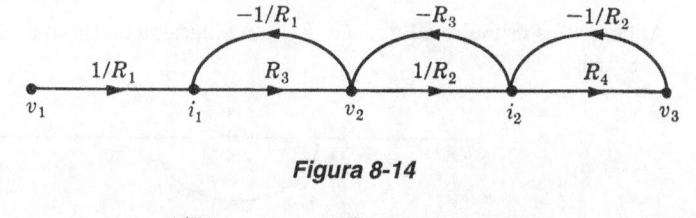

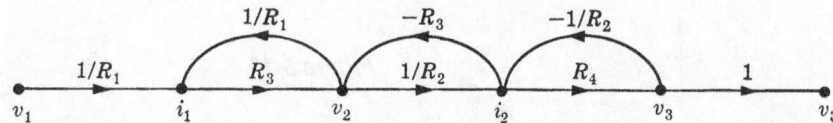

Figura 8-15

Note que as representações por diagramas de fluxo de sinal não são únicas. Por exemplo, a adição de um ramo de ganho unitário seguido por um nó fictício modifica o gráfico, mas não as equações que ele representa.

8.6 FÓRMULA GERAL DE GANHO ENTRADA-SAÍDA

Vimos no Capítulo 7 que podemos reduzir diagramas em blocos complicados à forma canônica, da qual a razão de controle é facilmente escrita como

$$\frac{C}{R} = \frac{G}{1 \pm GH}$$

É possível simplificar os diagramas de fluxo de sinal de maneira semelhante àquela da redução dos diagramas em blocos. Mas é também possível, e com muito menor gasto de tempo, escrever a relação entrada-saída *por inspeção* a partir do diagrama de fluxo de sinal original. Isto pode ser realizado usando a fórmula apresentada a seguir. Esta fórmula pode também ser aplicada diretamente aos diagramas em blocos, mas a representação em diagrama de fluxo de sinal é mais fácil de ler, especialmente quando o diagrama em blocos é muito complicado.

Vamos representar a razão da entrada variável para a saída variável por T. Para sistemas de controle com realimentação linear, $T = C/R$. Para o diagrama de fluxo de sinal geral apresentado nos parágrafos precedentes $T = X_n/X_1$, onde X_n é a saída e X_1 é a entrada.

A fórmula geral para qualquer diagrama de fluxo de sinal é

$$T = \frac{\sum_i P_i \Delta_i}{\Delta} \tag{8.2}$$

em que P_i = o ganho de percurso direto de ordem i
P_{jk} = o produto de ordem j possível dos K ganhos de malhas não adjacentes.

$$\Delta = 1 - (-1)^{k+1} \sum_k \sum_j P_{jk}$$
$$= 1 - \sum_j P_{j1} + \sum_j P_{j2} - \sum_j P_{j3} + \cdots$$
$$= 1 - (\text{soma de todos os ganhos de malha}) + (\text{soma de todos os produtos de ganhos de 2 malhas não adjacentes}) - (\text{soma de todos os produtos de ganhos de 3 malhas não adjacentes}) + \cdots$$

$\Delta_i = \Delta$ calculado com todas as malhas adjacentes a P_i eliminadas.

Duas malhas, percursos, ou uma malha e um percurso, são ditas **não adjacentes** se não tiverem nós em comum.

Δ é denominado **determinante de diagrama de fluxo de sinal** ou **função característica**, visto que $\Delta = 0$ é a equação característica do sistema.

A aplicação da Equação (8.2) é consideravelmente mais direta do que parece. Os exemplos seguintes esclarecem este ponto.

Exemplo 8.7 Aplicaremos primeiro a Equação (8.2) ao diagrama de fluxo de sinal do sistema canônico de realimentação (Figura 8-16).

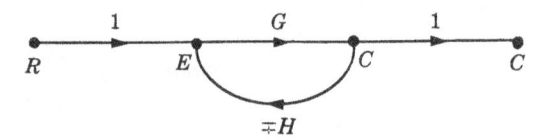

Figura 8-16

Há apenas um percurso direto; portanto,

$$P_1 = G$$
$$P_2 = P_3 = \cdots = 0$$

Há apenas uma malha (realimentação). Portanto,

$$P_{11} = \mp GH$$
$$P_{jk} = 0 \qquad j \neq 1 \qquad k \neq 1$$

Portanto,

$$\Delta = 1 - P_{11} = 1 \pm GH \qquad \text{e} \qquad \Delta_1 = 1 - 0 = 1$$

Finalmente,

$$T = \frac{C}{R} = \frac{P_1 \Delta_1}{\Delta} = \frac{G}{1 \pm GH}$$

Exemplo 8.8 O diagrama de fluxo de sinal do circuito de resistências do Exemplo 8.6 é mostrado na Figura 8-17. Apliquemos a Equação (8.2) a este gráfico e determinemos o ganho de tensão $T = v_3/v_1$ do circuito de resistências.

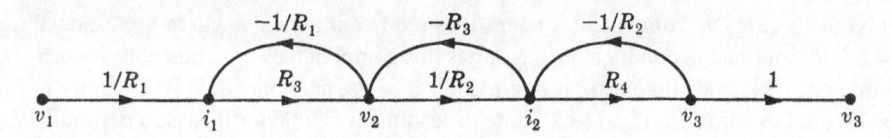

Figura 8-17

Há apenas um percurso direto (Figura 8-18): Portanto, o ganho de percurso direto é

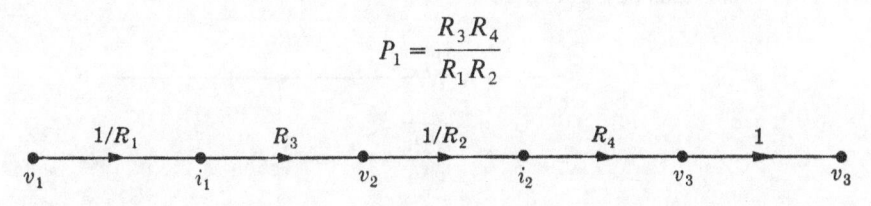

$$P_1 = \frac{R_3 R_4}{R_1 R_2}$$

Figura 8-18

Há três malhas de realimentação (Figura 8-19). Portanto, os ganhos de malhas são

$$P_{11} = -\frac{R_3}{R_1} \qquad P_{21} = -\frac{R_3}{R_2} \qquad P_{31} = -\frac{R_4}{R_2}$$

Figura 8-19

Há duas malhas não adjacentes, malhas 1 e 3. Portanto,

$$P_{12} = \text{produto de ganho de apenas duas malhas não adjacentes} = P_{11} \cdot P_{31} = \frac{R_3 R_4}{R_1 R_2}$$

Não há três malhas que não se toquem. Portanto,

$$\Delta = 1 - (P_{11} + P_{21} + P_{31}) + P_{12} = 1 + \frac{R_3}{R_1} + \frac{R_3}{R_2} + \frac{R_4}{R_2} + \frac{R_3 R_4}{R_1 R_2}$$

$$= \frac{R_1 R_2 + R_1 R_3 + R_1 R_4 + R_2 R_3 + R_3 R_4}{R_1 R_2}$$

Visto que todas as malhas se tocam no percurso direto, $\Delta_1 = 1$. Finalmente,

$$\frac{v_3}{v_1} = \frac{P_1 \Delta_1}{\Delta} = \frac{R_3 R_4}{R_1 R_2 + R_1 R_3 + R_1 R_4 + R_2 R_3 + R_3 R_4}$$

8.7 CÁLCULO DAS FUNÇÕES DE TRANSFERÊNCIA DE COMPONENTES EM CASCATA

Os efeitos de carga de componentes interativos requerem uma atenção muito especial usando diagramas de fluxo de sinal. Simplesmente combine os diagramas dos componentes nos seus pontos normais de conexão (nó de saída de um ao nó de entrada do outro), leve em conta a carga, adicionando novas malhas nos nós de conexão, e calcule o ganho total usando a Equação (8.2). Este procedimento é melhor ilustrado por meio de exemplo.

Exemplo 8.9 Suponha que dois circuitos de resistências idênticas devem ser conectados em cascata e usados como elemento de controle da malha direta de um sistema de controle. Os circuitos são simplesmente divisores de tensão da forma mostrada na Figura 8-20.

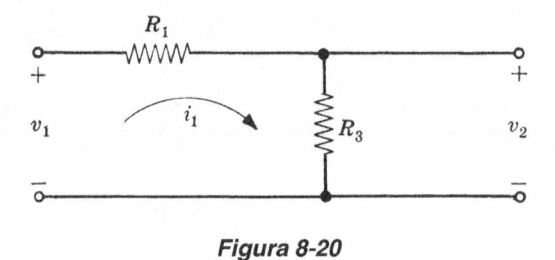

Figura 8-20

Duas equações independentes para este circuito são

$$i_1 = \left(\frac{1}{R_1}\right) v_1 - \left(\frac{1}{R_1}\right) v_2 \quad \text{e} \quad v_2 = R_3 i_1$$

O diagrama de fluxo de sinal é facilmente desenhado (Figura 8-21). O ganho deste circuito é, por inspeção, igual a

$$\frac{v_2}{v_1} = \frac{R_3}{R_1 + R_3}$$

Figura 8-21

Se quiséssemos ignorar a carga, o ganho total dos dois circuitos conectados em cascata seria simplesmente determinado multiplicando os ganhos individuais:

$$\left(\frac{v_2}{v_1}\right)^2 = \frac{R_3^2}{R_1^2 + R_3^2 + 2 R_1 R_3}$$

Esta resposta é incorreta. Provamos isto da seguinte maneira. Quando os dois circuitos idênticos são conectados em cascata, notamos que o resultado é equivalente ao circuito do Exemplo 8.6, com $R_2 = R_1$ e $R_4 = R_3$ (Figura 8-22).

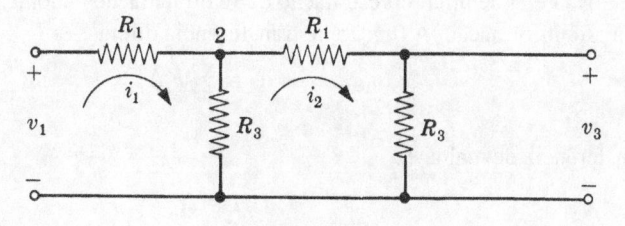

Figura 8-22

O diagrama de fluxo de sinal deste circuito também foi determinado no Exemplo 8.6 (Figura 8-23).

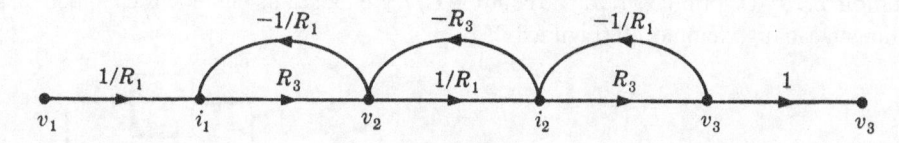

Figura 8-23

Observamos que o ramo de realimentação $-R_3$ na Figura 8-23 não aparece no diagrama de fluxo de sinal dos diagramas de fluxo de sinal conectados em cascata dos circuitos individuais conectadas do nó v_2 ao v_1' (Figura 8-24). Isto significa que, como resultado da conexão dos dois circuitos, o segundo exerce efeito de carga no primeiro, mudando a equação para v_2 de

$$v_2 = R_3 i_1 \quad \text{para} \quad v_2 = R_3 i_1 - R_3 i_2$$

Figura 8-24

Este resultado também pode ser obtido escrevendo diretamente as equações para os circuitos combinados. Neste caso, apenas a equação para v_2 mudaria de forma.

O ganho dos circuitos combinados foi determinado no Exemplo 8.8 como

$$\frac{v_3}{v_1} = \frac{R_3^2}{R_1^2 + R_3^2 + 3R_1 R_3}$$

quando R_2 é feito igual a R_1 e R_4 é feito igual a R_3. Observamos que

$$\left(\frac{v_2}{v_1}\right)^2 = \frac{R_3^2}{R_1^2 + R_3^2 + 2R_1 R_3} \neq \frac{v_3}{v_1}$$

É uma prática geral boa calcular o ganho dos circuitos conectados em cascata diretamente do diagrama de fluxo de sinal *combinado*. Muitos componentes de sistemas práticos de controle exercem efeito de carga uns nos outros quando conectados em série.

8.8 REDUÇÃO DO DIAGRAMA EM BLOCOS USANDO DIAGRAMAS DE FLUXO DE SINAL E FÓRMULA GERAL DE GANHO ENTRADA-SAÍDA

Frequentemente, o caminho mais fácil para determinar a razão de controle de um diagrama em blocos complicado é traduzir o diagrama em blocos num diagrama de fluxo de sinal e aplicar a Equação (8.2). Os pontos de tomada e os pontos de soma devem ser separados por um ramo de ganho unitário, no diagrama de fluxo de sinal, quando se usa a Equação (8.2).

Se os elementos G e H de uma representação de realimentação canônica são desejados, a Equação (8.2) também proporciona esta informação. A função de transferência direta é

$$G = \sum_i P_i \Delta_i \tag{8.3}$$

A função de transferência de malha é

$$GH = \Delta - 1 \tag{8.4}$$

As Equações (8.3) e (8.4) são resolvidas simultaneamente para G e H, e o sistema de controle canônico com realimentação é desenhado a partir do resultado.

Exemplo 8.10 Determine a razão de controle C/R e o diagrama em blocos canônico do sistema de controle com realimentação do Exemplo 7.9 (Figura 8-25).

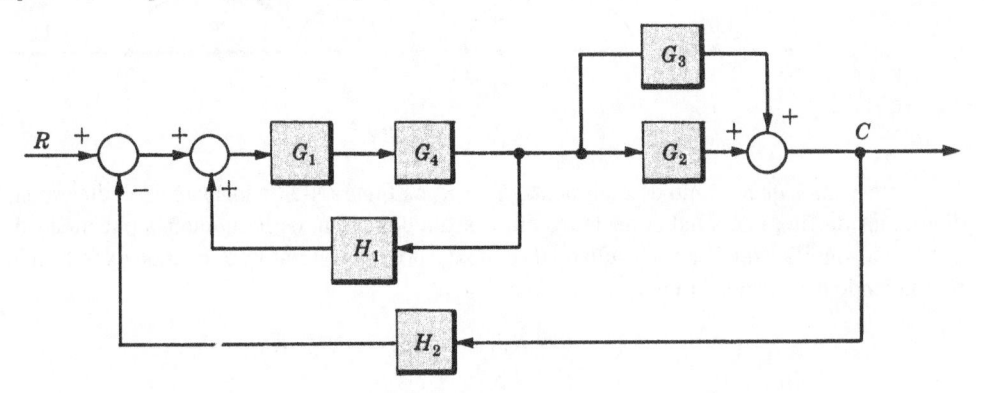

Figura 8-25

O diagrama de fluxo de sinal é mostrado na Figura 8-26. Há dois percursos diretos:

$$P_1 = G_1 G_2 G_4 \qquad P = G_1 G_3 G_4$$

Figura 8-26

Há três malhas de realimentação:

$$P_{11} = G_1 G_4 H_1 \qquad P_{21} = -G_1 G_2 G_4 H_2 \qquad P_{31} = -G_1 G_3 G_4 H_2$$

Não há malhas não adjacentes, todas as malhas tocam ambos os percursos diretos; então

$$\Delta_1 = 1 \qquad \Delta_2 = 1$$

Portanto, a razão de controle, é

$$T = \frac{C}{R} = \frac{P_1 \Delta_1 + P_2 \Delta_2}{\Delta} = \frac{G_1 G_2 G_4 + G_1 G_3 G_4}{1 - G_1 G_4 H_1 + G_1 G_2 G_4 H_2 + G_1 G_3 G_4 H_2}$$

$$= \frac{G_1 G_4 (G_2 + G_3)}{1 - G_1 G_4 H_1 + G_1 G_2 G_4 H_2 + G_1 G_3 G_4 H_2}$$

A partir das Equações (8.3) e (8.4), temos

$$G = G_1G_4(G_2 + G_3) \quad \text{e} \quad GH = G_1G_4(G_3H_2 + G_2H_2 - H_1)$$

Portanto,
$$H = \frac{GH}{G} = \frac{(G_2 + G_3)H_2 - H_1}{G_2 + G_3}$$

o diagrama em blocos canônico é, portanto, mostrado na Figura 8-27.

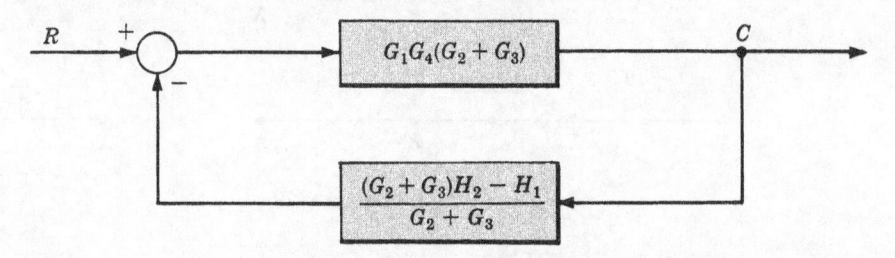

Figura 8-27

O sinal negativo do ponto de soma para a malha de realimentação é o resultado de usarmos sinal positivo na fórmula *GH* acima. Se isto não ficou claro, consulte a Equação (7.3) e a sua explicação na Seção 7.4.

O diagrama em blocos acima pode ser colocado na sua forma final nos Exemplos 7.9 ou 7.10, usando os teoremas de transformação da Seção 7.5.

Problemas Resolvidos

Álgebra dos diagramas de fluxo de sinal e definições

8.1 Simplifique os diagramas de fluxo de sinal da Figura 8-28.

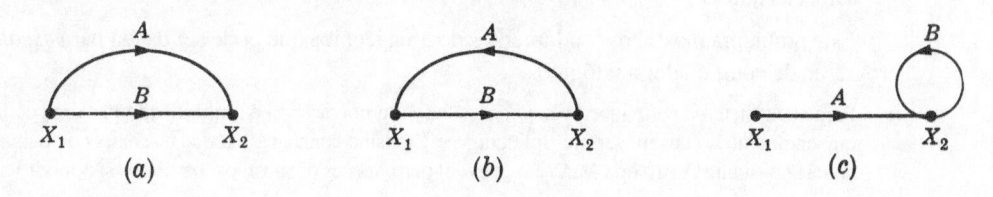

Figura 8-28

(a) Claramente, $X_2 = AX_1 + BX_1 = (A + B)X_1$. Portanto, temos

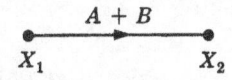

(b) Temos $X_2 = BX_1$ e $X_1 = AX_2$. Portanto, $X_2 = BAX_2$ ou $X_1 = ABX_1$, que resulta em

(c) Se *A* e *B* são operadores multiplicativos (por exemplo, constantes ou funções de transferência), temos $X_2 = AX_1 + BX_2 = (A/(1 - B))X_1$. Portanto, o diagrama de fluxo de sinal torna-se

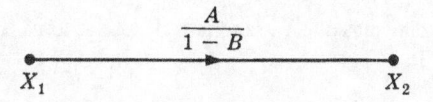

8.2 Desenhe os diagramas de fluxo de sinal para os diagramas de bloco no Problema 7.3 e reduza-os pela regra de multiplicação (Figura 8-29).

Figura 8-29

8.3 Considere o seguinte diagrama de fluxo de sinal na Figura 8-30.

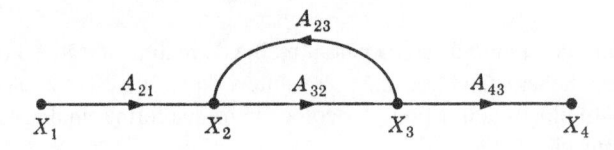

Figura 8-30

(a) Desenhe o diagrama de fluxo de sinal para o sistema equivalente ao desenhado na Figura 8-30, mas no qual X_3 se torne kX_3 (k constante) e X_1, X_2 e X_4 permaneçam os mesmos.

(b) Repita (a) para o caso em que X_2 e X_3 tornem-se k_2X_2 e k_3X_3, e X_1 e X_4 permaneçam os mesmos (k_2 e k_3 são constantes).

Este problema mostra os fundamentos de uma técnica que pode ser usada para *escalar* as variáveis num programa de computador analógico.

(a) Para que o sistema permaneça o mesmo quando um nó variável é multiplicado por uma constante, todos os sinais que entram no nó devem ser multiplicados pela mesma constante e todos os sinais que deixam o nó, divididos por aquela constante. Visto que X_1, X_2 e X_4 devem permanecer os mesmos, os *ramos* são modificados (Figura 8-31).

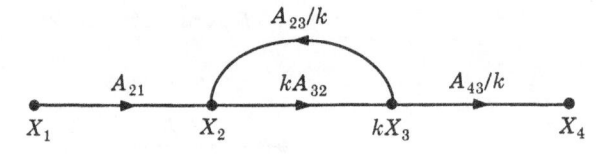

Figura 8-31

(b) Substitua k_2X_2 por X_2 e k_3X_3 por X_3 (Figura 8-32):

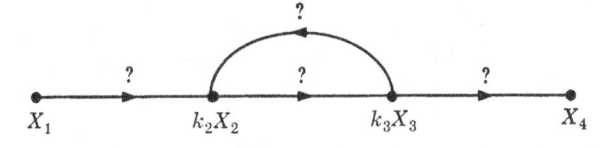

Figura 8-32

Está claro pelo diagrama que A_{21} se torna k_2A_{21}, A_{32} se torna $(k_3/k_2)A_{32}$, A_{23} se torna $(k_2/k_3)A_{23}$, e A_{43} se torna $(1/k_3)A_{43}$ (Figura 8-33).

CAPÍTULO 8 • DIAGRAMA DE FLUXO DE SINAL

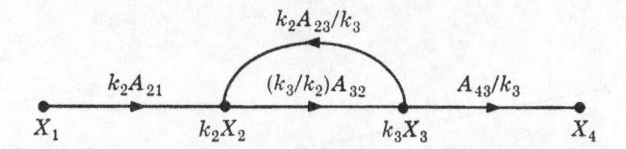

Figura 8-33

8.4 Considere o diagrama de fluxo de sinal mostrado na Figura 8-34.

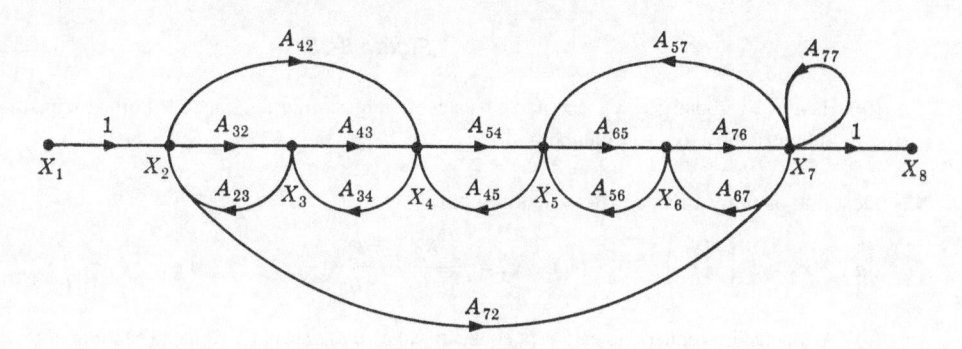

Figura 8-34

Identifique (a) nó de entrada, (b) nó de saída, (c) percurso direto, (d) percurso de realimentação, (e) automalha. Determine (f) ganhos de malha das malhas de realimentação, (g) ganhos de percurso dos percursos diretos.

(a) X_1

(b) X_8

(c) X_1 para X_2 para X_3 para X_4 para X_5 para X_6 para X_7 para X_8

   X_1 para X_2 para X_7 para X_8

   X_1 para X_2 para X_4 para X_5 para X_6 para X_7 para X_8

(d) X_2 para X_3 para X_2; X_3 para X_4 para X_3; X_4 para X_5 para X_4; X_2 para X_4 para X_3 para X_2;

   X_2 para X_7 para X_5 para X_4 para X_3 para X_2; X_5 para X_6 para X_5; X_6 para X_7 para X_6;

   X_5 para X_6 para X_7 para X_5; X_7 para X_7; X_2 para X_7 para X_6 para X_5 para X_4 para X_3 para X_2

(e) X_7 para X_7

(f) $A_{32}A_{23}$; $A_{43}A_{34}$; $A_{54}A_{45}$; $A_{65}A_{56}$; $A_{76}A_{67}$; $A_{65}A_{76}A_{57}$; A_{77}; $A_{42}A_{34}A_{23}$;

   $A_{72}A_{57}A_{45}A_{34}A_{23}$; $A_{72}A_{67}A_{56}A_{45}A_{34}A_{23}$

(g) $A_{32}A_{43}A_{54}A_{65}A_{76}$; A_{72}; $A_{42}A_{54}A_{65}A_{76}$

Construção do diagrama de fluxo de sinal

8.5 Considere as seguintes equações nas quais $x_1, x_2, ..., x_n$ são variáveis e $a_1, a_2, ..., a_n$ são coeficientes ou operadores matemáticos:

(a) $x_3 = a_1 x_1 + a_2 x_2 \mp 5$ (b) $x_n = \sum_{k=1}^{n-1} a_k x_k + 5$

Qual é o número mínimo de nós e número mínimo de ramos necessários para construir o diagrama de fluxo de sinal destas equações? Desenhe os diagramas.

(a) Há quatro variáveis nesta equação: x_1, x_2, x_3 e ± 5. Portanto, um mínimo de quatro nós é necessário. Há três coeficientes ou funções de transmissão no segundo membro da equação: a_1, a_2 e ∓ 1. Em consequência, um mínimo de três ramos são necessários. Um diagrama de fluxo de sinal mínimo é mostrado na Figura 8-35(a).

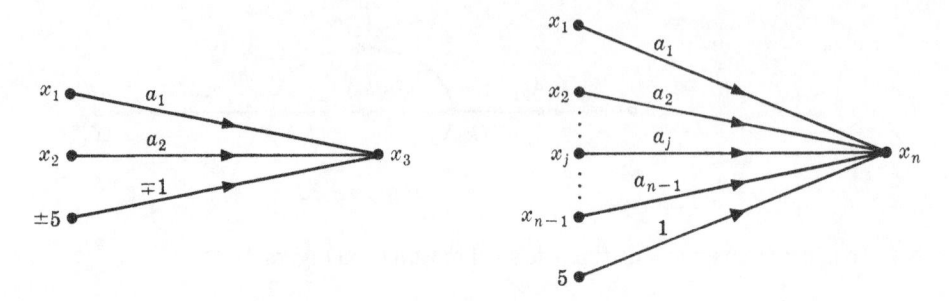

Figura 8-35

(b) Há $n + 1$ variáveis: $x_1, x_2, ..., x_n$ e 5; e há n coeficientes: $a_1, a_2, ..., a_{n-1}$, e 1. Portanto, um diagrama de fluxo de sinal mínimo é mostrado na Figura 8-35(b).

8.6 Desenhe os diagramas de fluxo de sinal para

(a) $\quad x_2 = a_1\left(\dfrac{dx_1}{dt}\right) \qquad$ (b) $\quad x_3 = \dfrac{d^2 x_2}{dt^2} + \dfrac{dx_1}{dt} - x_1 \qquad$ (c) $\quad x_4 = \int x_3\, dt$

(a) As operações requeridas para esta equação são a_1 e d/dt. Seja a equação escrita como $x = a_1 \cdot (d/dt)(x_1)$. Visto que há duas operações, podemos definir a nova variável dx_1/dt e usá-la como um nó intermediário. O diagrama de fluxo de sinal é mostrado na Figura 8-36.

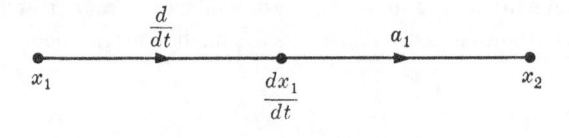

Figura 8-36

(b) Do mesmo modo, $x_3 = (d^2/dt^2)(x_2) + (d/dt)(x_1) - x_1$. Portanto, obtemos a Figura 8-37.

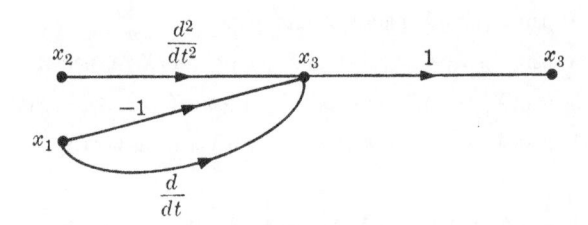

Figura 8-37

(c) A operação é a integração. Seja o operador representado por $\int dt$. O diagrama de fluxo de sinal é mostrado na Figura 8-38.

Figura 8-38

8.7 Construa o diagrama de fluxo de sinal para o seguinte sistema de equações simultâneas:

$$x_2 = A_{21}x_1 + A_{23}x_3 \qquad x_3 = A_{31}x_1 + A_{32}x_2 + A_{33}x_3 \qquad x_4 = A_{42}x_2 + A_{43}x_3$$

Há quatro variáveis: $x_1, ..., x_4$. Em consequência, são necessários quatro nós. Organizando-os da esquerda para a direita e conectando-os com os ramos apropriados, obtemos a Figura 8-39.

Capítulo 8 • Diagrama de Fluxo de Sinal

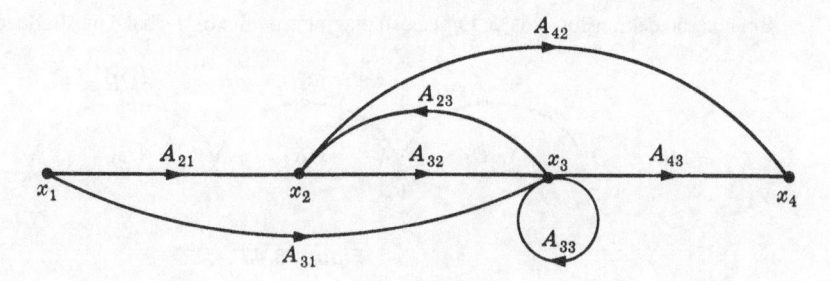

Figura 8-39

Uma maneira mais interessante de organizar este gráfico, é mostrada na Figura 8-40.

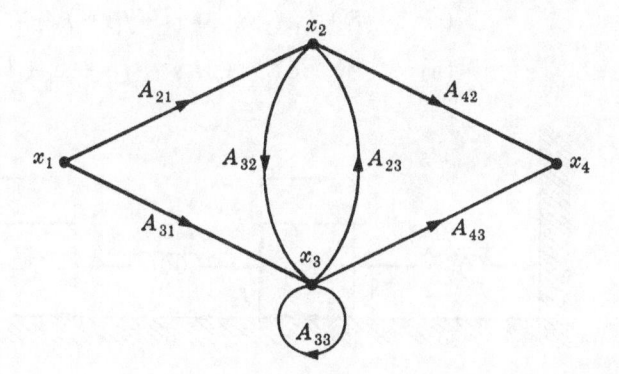

Figura 8-40

8.8 Desenhe um diagrama de fluxo de sinal para o circuito de resistências mostrado na Figura 8-41, no qual $v_2(0) = v_3(0) = 0$. v_2 é a tensão sobre C_1.

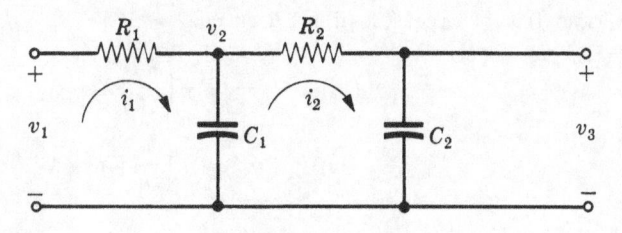

Figura 8-41

As cinco variáveis são v_1, v_2, v_3, i_1 e i_2; v_1 é a entrada. As quatro equações independentes, deduzidas das leis de Kirchhoff para tensão e corrente, são

$$i_1 = \left(\frac{1}{R_1}\right)v_1 - \left(\frac{1}{R_1}\right)v_2 \qquad v_2 = \frac{1}{C_1}\int_0^t i_1\,dt - \frac{1}{C_1}\int_0^t i_2\,dt$$

$$i_2 = \left(\frac{1}{R_2}\right)v_2 - \left(\frac{1}{R_2}\right)v_3 \qquad v_3 = \frac{1}{C_2}\int_0^t i_2\,dt$$

O diagrama de fluxo de sinal pode ser desenhado diretamente a partir destas equações (Figura 8-42):

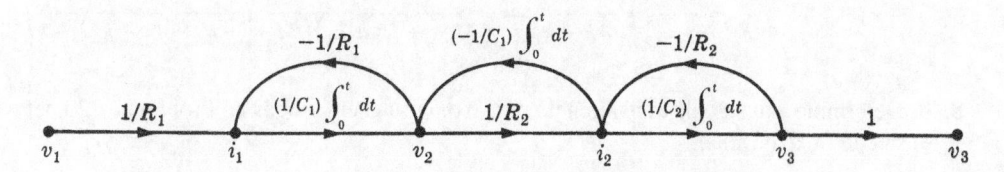

Figura 8-42

Em notação de transformada de Laplace, o diagrama de fluxo de sinal é mostrado na Figura 8-43.

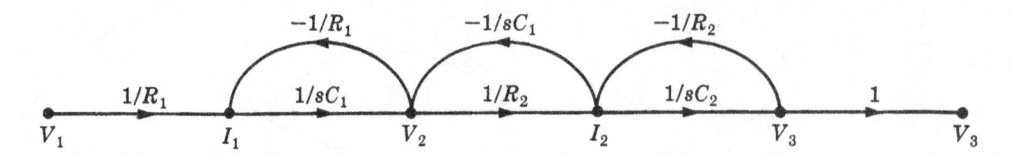

Figura 8-43

Fórmula geral de ganho entrada-saída

8.9 As equações de transformada para o sistema mecânico mostrado na Figura 8-44 são

(i) $\quad F + k_1 X_2 = \left(M_1 s^2 + f_1 s + k_1 \right) X_1$

(ii) $\quad k_1 X_1 = \left(M_2 s^2 + f_2 s + k_1 + k_2 \right) X_2$

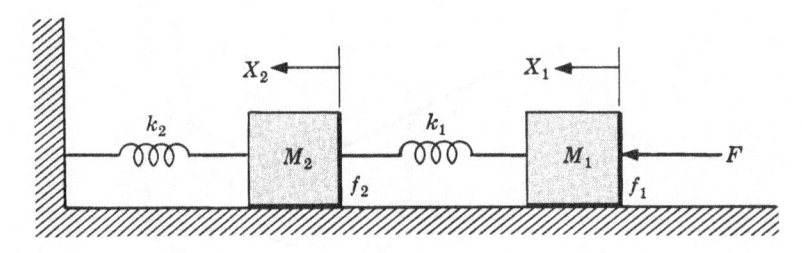

Figura 8-44

em que F é força, M é massa, k é a constante da mola, f é o atrito e X é o deslocamento. Determine X_2/F usando a Equação (8.2).

Há três variáveis; X_1, X_2 e F. Portanto, precisamos de três nós. A fim de desenhar o diagrama de fluxo de sinal, divida a equação (i) por A e a equação (ii) por B, em que $A \equiv M_1 s^2 + f_1 s + k_1$, e $B \equiv M_2 s^2 + f_2 s + k_1 + k_2$:

(iii) $\quad \left(\dfrac{1}{A} \right) F + \left(\dfrac{k_1}{A} \right) X_2 = X_1$

(iv) $\quad \left(\dfrac{k_1}{B} \right) X_1 = X_2$

Portanto, o diagrama de fluxo de sinal é mostrado na Figura 8-45.

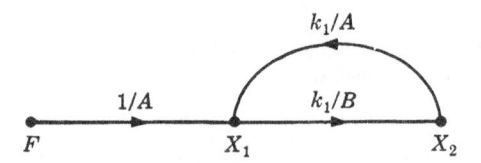

Figura 8-45

O ganho do percurso direto é $P_1 = k_1/AB$. O ganho da malha de realimentação é $P_{11} = k_1^2/AB$. Então $\Delta = 1 - P_{11} = (AB - k_1^2)/AB$ e $\Delta_1 = 1$. Finalmente,

$$\frac{X_2}{F} = \frac{P_1 \Delta_1}{\Delta} = \frac{k_1}{AB - k_1^2} = \frac{k_1}{\left(M_1 s^2 + f_1 s + k_1 \right)\left(M_2 s^2 + f_2 s + k_1 + k_2 \right) - k_1^2}$$

8.10 Determine a função de transferência para o diagrama em blocos no Problema 7.20 pelas técnicas do diagrama de fluxo de sinal.

O diagrama de fluxo de sinal, Figura 8-46, é desenhado diretamente a partir da Figura 7-44. Há dois percursos diretos. Os ganhos de percurso são $P_1 = G_1 G_2 G_3$ e $P_2 = G_4$. Os três ganhos de malha de realimentação são $P_{11} = -G_2 H_1$,

$P_{21} = G_1G_2H_1$ e $P_{31} = -G_2G_3H_2$. Nenhuma das malhas é não adjacente. Portanto, $\Delta = 1 - (P_{11} + P_{21} + P_{31})$. Além disso, $\Delta_1 = 1$; e visto que não há malhas adjacentes aos nós de P_2, $\Delta_2 = \Delta$. Assim,

$$T = \frac{P_1\Delta_1 + P_2\Delta_2}{\Delta} = \frac{G_1G_2G_3 + G_4 + G_2G_4H_1 - G_1G_2G_4H_1 + G_2G_3G_4H_2}{1 + G_2H_1 - G_1G_2H_1 + G_2G_3H_2}$$

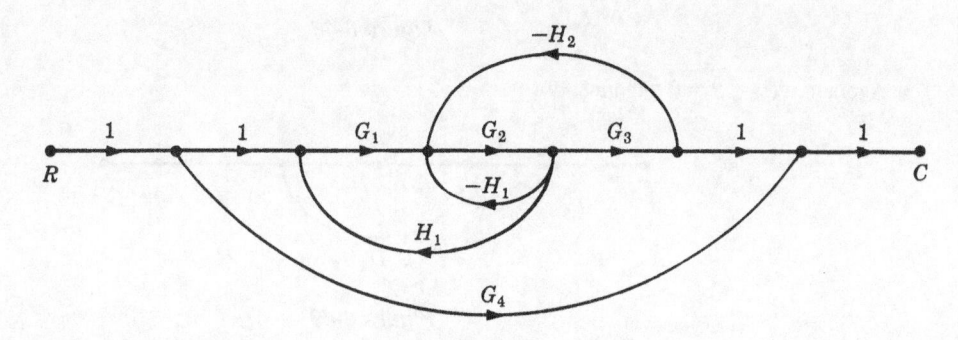

Figura 8-46

8.11 Determine a função de transferência V_3/V_1 do diagrama de fluxo de sinal do Problema 8.8.

O ganho de percurso direto é $1/(s^2R_1R_2C_1C_2)$. Os ganhos de malha das três malhas de realimentação são $P_{11} = -1/(sR_1C_1)$, $P_{21} = -1/(sR_2C_1)$ e $P_{31} = -1/(sR_2C_2)$. O produto de ganhos das duas únicas malhas não adjacentes é $P_{12} = P_{11} \cdot P_{31} = 1/(s^2R_1R_2C_1C_2)$. Portanto,

$$\Delta = 1 - (P_{11} + P_{21} + P_{31}) + P_{12} = \frac{s^2R_1R_2^2C_1^2C_2 + s(R_2^2C_1C_2 + R_1R_2C_1C_2 + R_1R_2C_1^2) + R_2C_1}{s^2R_1R_2^2C_1^2C_2}$$

Visto que todas as malhas tocam o percurso direto, $\Delta_1 = 1$. Finalmente,

$$\frac{V_3}{V_1} = \frac{P_1\Delta_1}{\Delta} = \frac{1}{s^2R_1R_2C_1C_2 + s(R_2C_2 + R_1C_2 + R_1C_1) + 1}$$

8.12 Resolva o Problema 7.16 pelas técnicas do diagrama de fluxo de sinal.

O diagrama de fluxo de sinal é desenhado diretamente a partir da Figura 7-26, como mostra a Figura 8-47:

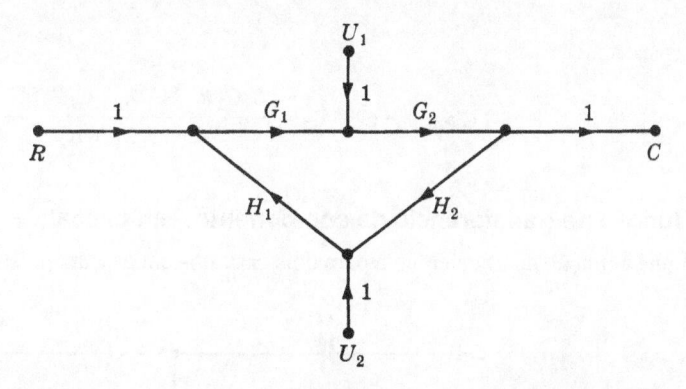

Figura 8-47

Com $U_1 = U_2 = 0$, temos a Figura 8-48. Então $P_1 = G_1G_2$ e $P_{11} = G_1G_2H_1H_2$. Portanto, $\Delta = 1 - P_{11} = 1 - G_1G_2H_1H_2$, $\Delta_1 = 1$, e

$$C_R = TR = \frac{P_1\Delta_1 R}{\Delta} = \frac{G_1G_2 R}{1 - G_1G_2H_1H_2}$$

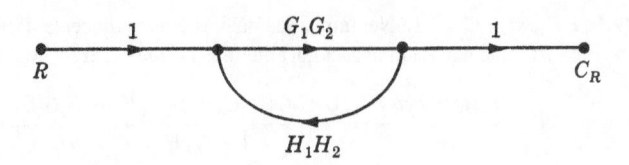

$$\begin{array}{c} R \xrightarrow{\;1\;} \bullet \xrightarrow{\;G_1G_2\;} \bullet \xrightarrow{\;1\;} C_R \\ \qquad\qquad H_1H_2 \end{array}$$

Figura 8-48

Agora faça $U_2 = R = 0$ (Figura 8-49):

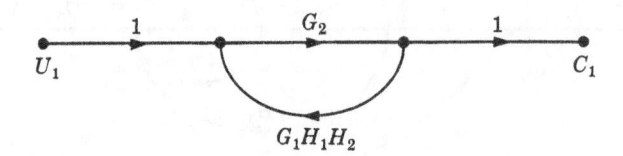

$$U_1 \xrightarrow{\;1\;} \bullet \xrightarrow{\;G_2\;} \bullet \xrightarrow{\;1\;} C_1 \\ \qquad\qquad G_1H_1H_2$$

Figura 8-49

Então $P_1 = G_2$, $P_{11} = G_1G_2H_1H_2$, $\Delta = 1 - G_1G_2H_1H_2$, $\Delta_1 = 1$, e

$$C_1 = TU_1 = \frac{G_2U_1}{1 - G_1G_2H_1H_2}$$

Agora, faça $R = U_1 = 0$ (Figura 8-50):

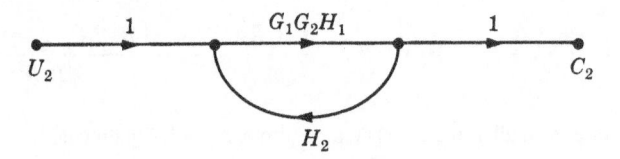

$$U_2 \xrightarrow{\;1\;} \bullet \xrightarrow{\;G_1G_2H_1\;} \bullet \xrightarrow{\;1\;} C_2 \\ \qquad\qquad H_2$$

Figura 8-50

Então $P_1 = G_1G_2H_1$, $P_{11} = G_1G_2H_1H_2$, $\Delta = 1 - G_1G_2H_1H_2$, $\Delta_1 = 1$, e

$$C_2 = TU_2 = \frac{P_1\Delta_1 U_2}{\Delta} = \frac{G_1G_2H_1U_2}{1 - G_1G_2H_1H_2}$$

Finalmente, temos

$$C = C_R + C_1 + C_2 = \frac{G_1G_2R + G_2U_1 + G_1G_2H_1U_2}{1 - G_1G_2H_1H_2}$$

Cálculo da função de transferência de componentes em cascata

8.13 Determine a função de transferência para dois circuitos em cascata mostrados na Figura 8-51.

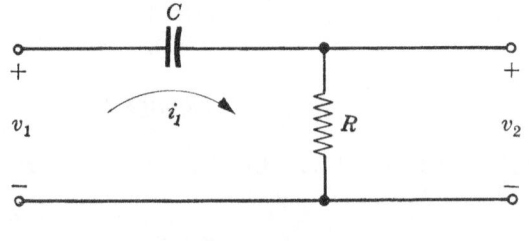

Figura 8-51

Na notação da transformada de Laplace o circuito se torna como na Figura 8-52.

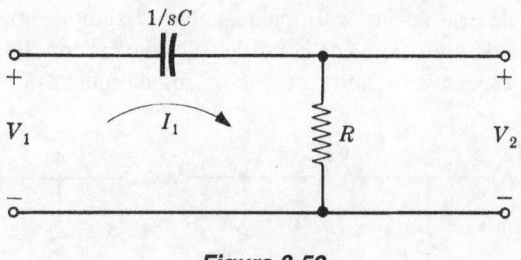

Figura 8-52

Pelas leis de Kirchhoff, temos $I_1 = sCV_1 - sCV_2$ e $V_2 = RI_1$. O diagrama de fluxo de sinal é mostrado na Figura 8-53.

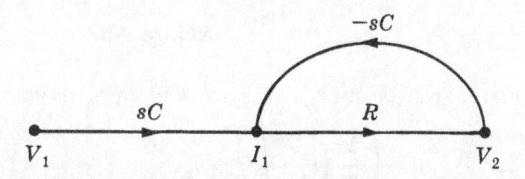

Figura 8-53

Para dois circuitos em cascata (Figura 8-54) a equação de V_2 é também dependente de I_2: $V_2 = RI_1 - RI_2$. Portanto, dois circuitos são conectados no nó 2 (Figura 8-55) e uma malha de realimentação ($-RI_2$) é acrescentada entre I_2 e V_2 (Figura 8-56).

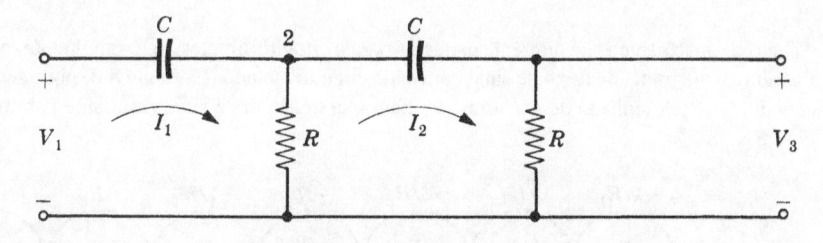

Figura 8-54

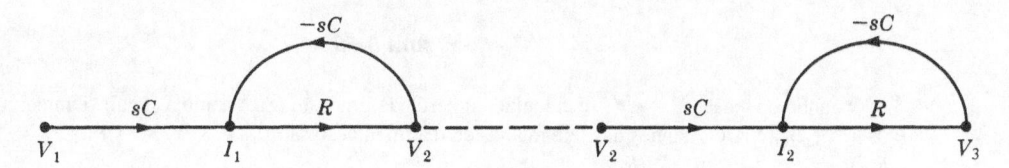

Figura 8-55

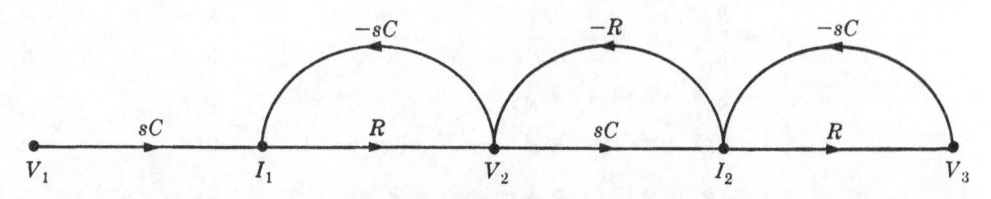

Figura 8-56

Então $P_1 = s^2R^2C^2$, $P_{11} = P_{31} = -sRC$, $P_{12} = P_{11} \cdot P_{31} = s^2R^2C^2$, $\Delta = 1 - (P_{11} + P_{21} + P_{31}) + P_{12} = 1 + 3sRC + s^2R^2C^2$, $\Delta_1 = 1$, e

$$T = \frac{P_1 \Delta_1}{\Delta} = \frac{s^2}{s^2 + (3/RC)s + 1/(RC)^2}$$

8.14 Dois circuitos de resistências na forma daquela do Exemplo 8.6, são usados como elementos de controle do percurso direto de um sistema de controle. Eles devem ser conectados em cascata e devem ter valores de componentes respectivos idênticos, como mostra a Figura 8-57. Determine v_5/v_1 usando a Equação (8.2).

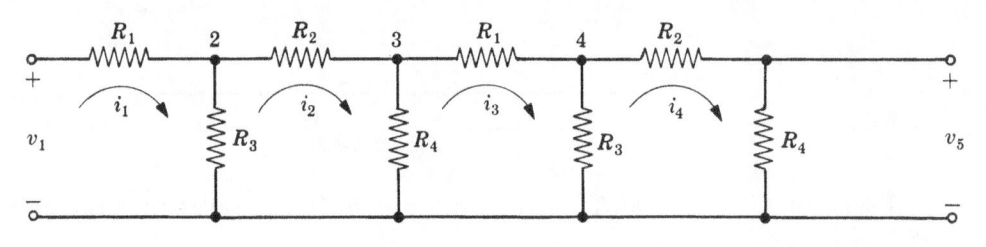

Figura 8-57

Há nove variáveis: $v_1, v_2, v_3, v_4, v_5, i_1, i_2, i_3$ e i_4. Oito equações independentes são

$$i_1 = \left(\frac{1}{R_1}\right)v_1 - \left(\frac{1}{R_1}\right)v_2 \qquad i_3 = \left(\frac{1}{R_1}\right)v_3 - \left(\frac{1}{R_1}\right)v_4$$

$$v_2 = R_3 i_1 - R_3 i_2 \qquad v_4 = R_3 i_3 - R_3 i_4$$

$$i_2 = \left(\frac{1}{R_2}\right)v_2 - \left(\frac{1}{R_2}\right)v_3 \qquad i_4 = \left(\frac{1}{R_2}\right)v_4 - \left(\frac{1}{R_2}\right)v_5$$

$$v_3 = R_4 i_2 - R_4 i_3 \qquad v_5 = R_4 i_4$$

Apenas a equação para v_3 é diferente daquelas para o circuito simples do Exemplo 8.6; -ela tem um termo extra $(-R_4 i_3)$. Portanto, o diagrama de fluxo de sinal para cada circuito isolado (Exemplo 8.6) pode ser ligado no nó v_3 e o ramo extra de ganho $-R_4$ desenhado de i_3 para v_3. O diagrama de fluxo de sinal resultante para o circuito duplo é mostrado na Figura 8-58.

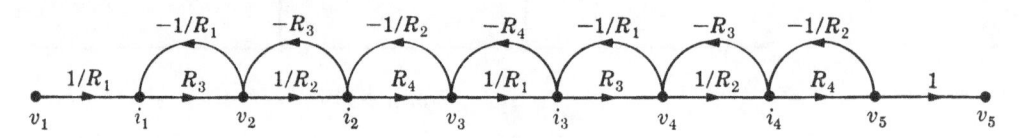

Figura 8-58

O ganho de tensão $T = v_5/v_1$ é calculado a partir da Equação (8.2) como a seguir. Um percurso direto resulta de $P_1 = (R_3 R_4/R_1 R_2)^2$. Os ganhos das sete malhas de realimentação são $P_{11} = -R_3/R_1 = P_{51}$, $P_{21} = -R_3/R_2 = P_{61}$, $P_{31} = -R_4/R_2 = P_{71}$, e $P_{41} = -R_4/R_1$.

Há quinze produtos de ganhos das duas malhas não adjacentes. Da esquerda para a direita, temos

$$P_{12} = \frac{R_3 R_4}{R_1 R_2} \qquad P_{42} = \frac{R_3^2}{R_1 R_2} \qquad P_{72} = \frac{R_3^2}{R_1 R_2} \qquad P_{10,2} = \frac{R_3 R_4}{R_1 R_2} \qquad P_{13,2} = \frac{R_3 R_4}{R_1 R_2}$$

$$P_{22} = \frac{R_3 R_4}{R_1^2} \qquad P_{52} = \frac{R_3 R_4}{R_1 R_2} \qquad P_{82} = \left(\frac{R_3}{R_2}\right)^2 \qquad P_{11,2} = \frac{R_3 R_4}{R_2^2} \qquad P_{14,2} = \frac{R_4^2}{R_1 R_2}$$

$$P_{32} = \left(\frac{R_3}{R_1}\right)^2 \qquad P_{62} = \frac{R_3 R_4}{R_1 R_2} \qquad P_{92} = \frac{R_3 R_4}{R_2^2} \qquad P_{12,2} = \left(\frac{R_4}{R_2}\right)^2 \qquad P_{15,2} = \frac{R_3 R_4}{R_1 R_2}$$

Há dez produtos de ganhos das três malhas não adjacentes. Da esquerda para a direita, temos

$$P_{13} = \frac{R_3^2 R_4}{R_1^2 R_2} \qquad P_{33} = -\frac{R_3 R_4^2}{R_1 R_2^2} \qquad P_{63} = -\frac{R_3^2 R_4}{R_1^2 R_2} \qquad P_{83} = -\frac{R_3 R_4^2}{R_1 R_2^2} \qquad P_{53} = -\frac{R_3 R_4^2}{R_1^2 R_2}$$

$$P_{23} = -\frac{R_3^2 R_4}{R_1 R_2^2} \qquad P_{43} = -\frac{R_3^2 R_4}{R_1^2 R_2} \qquad P_{73} = -\frac{R_3^2 R_4}{R_1 R_2^2} \qquad P_{93} = -\frac{R_3^2 R_4}{R_1 R_2^2} \qquad P_{10,3} = -\frac{R_3 R_4^2}{R_1 R_2^2}$$

Há um produto de ganhos de quatro malhas não adjacentes: $P_{14} = P_{11}P_{31}P_{51}P_{71} = (R_3R_4/R_1R_2)^2$. Portanto, o determinante é

$$\Delta = 1 - \sum_{j=1}^{7} P_{j1} + \sum_{j=1}^{15} P_{j2} - \sum_{j=1}^{10} P_{j3} + P_{14}$$

$$= 1 + \frac{R_1R_3 + R_1R_4 + R_2R_3 + R_2R_4 + 6R_3R_4 + 2R_3^2 + R_4^2}{R_1R_2} + \frac{R_3R_4 + R_3^2}{R_1^2} + \frac{R_3^2 + R_4^2 + R_3R_4}{R_2^2}$$

Visto que todas as malhas tocam o percurso direto, $\Delta_1 = 1$ e

$$T = \frac{P_1\Delta_1}{\Delta} = \frac{(R_3R_4)^2}{(R_1R_2)^2 + R_1^2(R_2R_3 + R_2R_4 + R_3R_4 + R_3^2 + R_4^2) + R_2^2(R_3^2 + R_1R_3 + R_1R_4 + R_3R_4) + 2R_1R_2R_3^2 + R_1R_2R_4^2 + 6R_1R_2R_3R_4}$$

Redução dos diagramas em blocos

8-15 Determine C/R para cada sistema mostrado na Figura 8-59 usando a Equação (8.2)

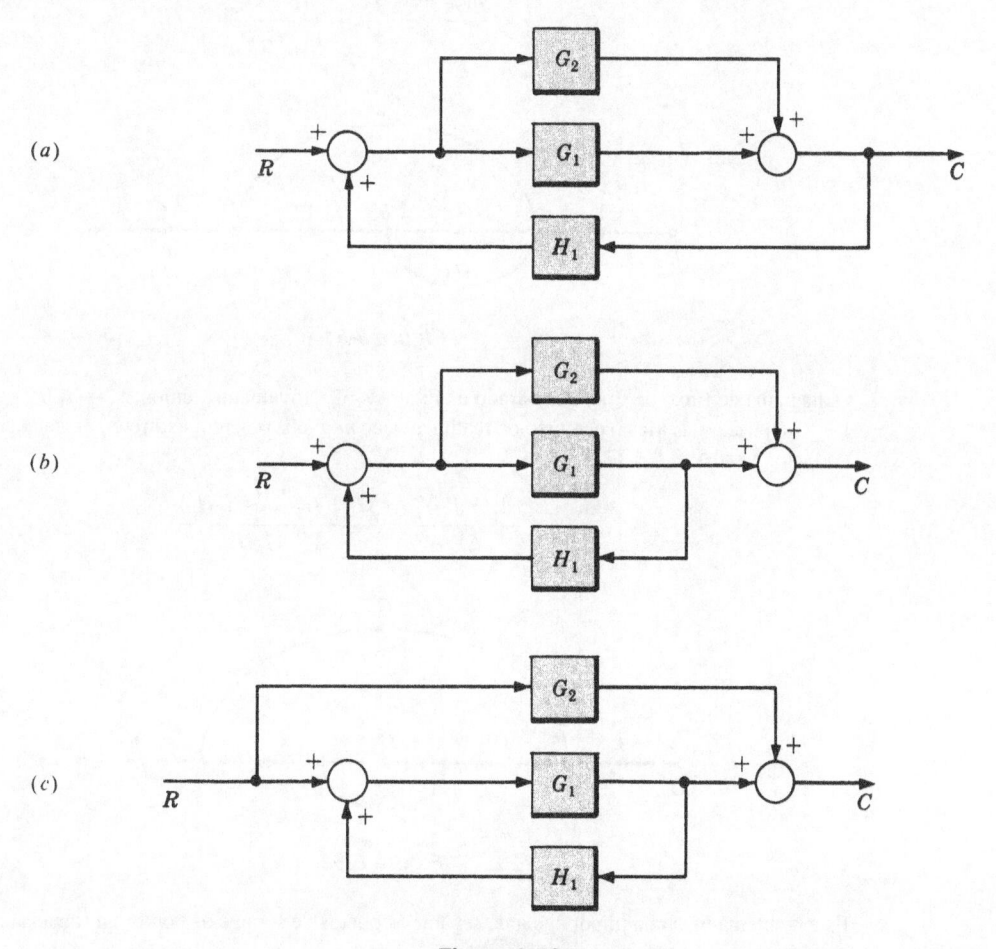

Figura 8-59

(a) O diagrama de fluxo de sinal é mostrado na Figura 8-60. Os dois ganhos do percurso direto são: $P_1 = G_1$ e $P_2 = G_2$. Os dois ganhos da malha de realimentação são: $P_{11} = G_1H_1$ e $P_{21} = G_2H_1$. Então

$$\Delta = 1 - (P_{11} + P_{21}) = 1 - G_1H_1 - G_2H_1$$

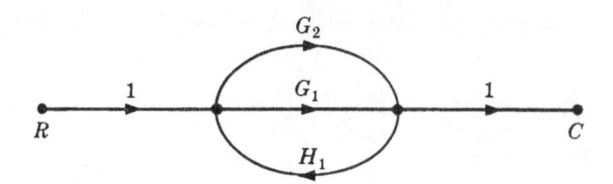

Figura 8-60

Agora, $\Delta_1 = 1$ e $\Delta_2 = 1$ porque ambos os percursos tocam as malhas de realimentação em ambos os nós interiores. Portanto,

$$\frac{C}{R} = \frac{P_1\Delta_1 + P_2\Delta_2}{\Delta} = \frac{G_1 + G_2}{1 - G_1H_1 - G_2H_1}$$

(b) O diagrama de fluxo de sinal é mostrado na Figura 8-61. Novamente, temos $P_1 = G_1$ e $P_2 = G_2$. Mas agora há apenas uma malha de realimentação, e $P_{11} = G_1H_1$; então $\Delta = 1 - G_1H_1$. O percurso direto passando por G_1 toca claramente a malha de realimentação nos nós a e b; então $\Delta_1 = 1$. O percurso direto passando por G_2 toca a malha de realimentação no nó a; então $\Delta_2 = 1$. Portanto,

$$\frac{C}{R} = \frac{P_1\Delta_1 + P_2\Delta_2}{\Delta} = \frac{G_1 + G_2}{1 - G_1H_1}$$

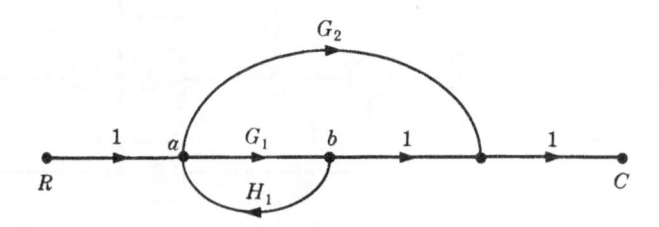

Figura 8-61

(c) O diagrama de fluxo de sinal é mostrado na Figura 8-62. Novamente, temos $P_1 = G_1$, $P_2 = G_2$, $P_{11} = G_1H_1$, $\Delta = 1 - G_1H_1$ e $\Delta_1 = 1$. Mas o percurso de realimentação *não* toca o percurso direto passando por G_2 em *qualquer* nó. Portanto, $\Delta_2 = \Delta = 1 - G_1H_1$ e

$$\frac{C}{R} = \frac{P_1\Delta_1 + P_2\Delta_2}{\Delta} = \frac{G_1 + G_2(1 - G_1H_1)}{1 - G_1H_1}$$

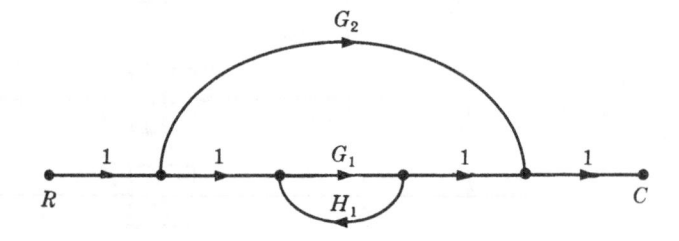

Figura 8-62

Este problema mostra a importância de separar os pontos de soma e os pontos de tomada com um ramo de ganho unitário quando se aplica a Equação (8.2).

8.16 Determine a função de transferência C/R para o sistema mostrado na Figura 8-63, no qual K é uma constante:

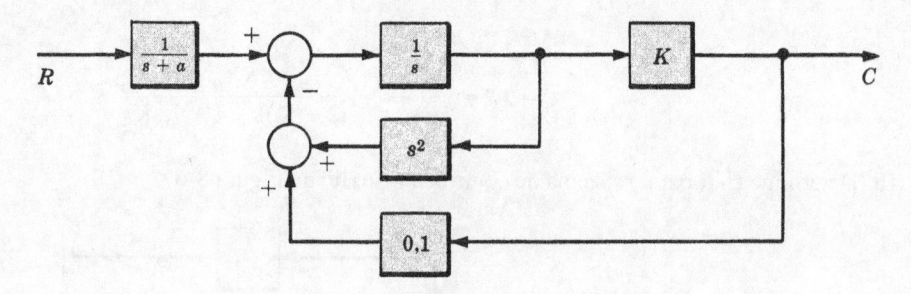

Figura 8-63

O diagrama de fluxo de sinal é mostrado na Figura 8-64. O único ganho de percurso direto é

$$P_1 = \left(\frac{1}{s+a}\right) \cdot \left(\frac{1}{s}\right) K = \frac{K}{s(s+a)}$$

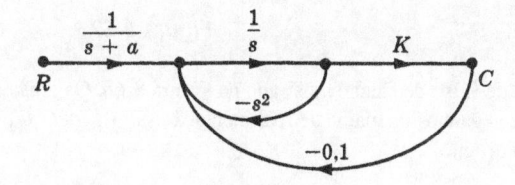

Figura 8-64

Os dois ganhos de malha de realimentação são $P_{11} = (1/s) \cdot (-s^2) = -s$ e $P_{21} = -0{,}1K/s$. Não há malhas não adjacentes. Portanto,

$$\Delta = 1 - (P_{11} + P_{21}) = \frac{s^2 + s - 0{,}1K}{s} \qquad \Delta_1 = 1 \qquad \frac{C}{R} = \frac{P_1 \Delta_1}{\Delta} = \frac{K}{(s+a)(s^2 + s + 0{,}1K)}$$

8 17 Resolva o Problema 7.18 usando as técnicas de diagrama de fluxo de sinal.

O diagrama de fluxo de sinal é mostrado na Figura 8-65.

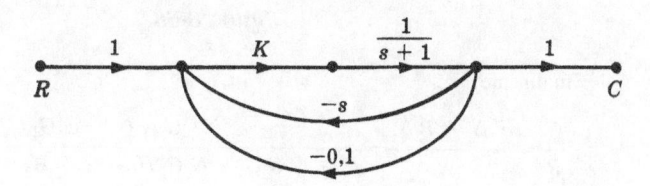

Figura 8-65

Aplicando as regras de multiplicação e adição obtemos a Figura 8-66. Agora

$$P_1 = \frac{K}{s+1} \qquad P_{11} = -\frac{K(s+0{,}1)}{s+1} \qquad \Delta = 1 + \frac{K(s+0{,}1)}{s+1} \qquad \Delta_1 = 1,$$

Figura 8-66

e

$$C = TR = \frac{P_1 \Delta_1 R}{\Delta} = \frac{KR}{(1+K)s + 1 + 0{,}1K}$$

8.18 Determine C/R para o sistema de controle mostrado na Figura 8-67.

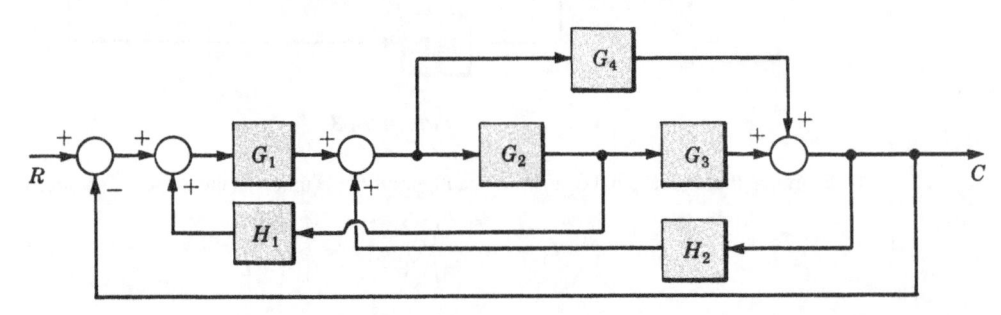

Figura 8-67

O diagrama de fluxo de sinal é mostrado na Figura 8-68. Os dois ganhos de percurso direto são $P_1 = G_1 G_2 G_3$ e $P_2 = G_1 G_4$. Os cincos ganhos de malha de realimentação são $P_{11} = G_1 G_2 H_1$ e $P_{21} = G_2 G_3 H_2$, $P_{31} = G_1 G_2 G_3$, $P_{41} = G_4 H_2$ e $P_{51} = -G_1 G_4$. Portanto,

$$\Delta = 1 - (P_{11} + P_{21} + P_{31} + P_{41} + P_{51}) = 1 + G_1 G_2 G_3 - G_1 G_2 H_1 - G_2 G_3 H_2 - G_4 H_2 + G_1 G_4$$

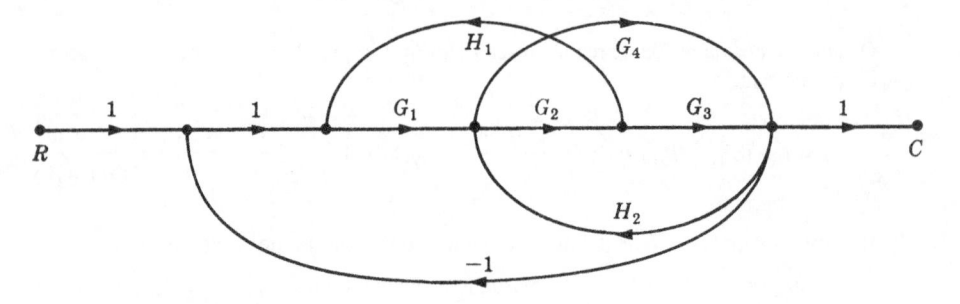

Figura 8-68

e $\Delta_1 = \Delta_2 = 1$. Finalmente,

$$\frac{C}{R} = \frac{P_1 \Delta_1 + P_2 \Delta_2}{\Delta} = \frac{G_1 G_2 G_3 + G_1 G_4}{1 + G_1 G_2 G_3 - G_1 G_2 H_1 - G_2 G_3 H_2 - G_4 H_2 + G_1 G_4}$$

8.19 Determine C/R para o sistema mostrado na Figura 8-69. *Então*, faça $G_3 = G1G_2H_2$.

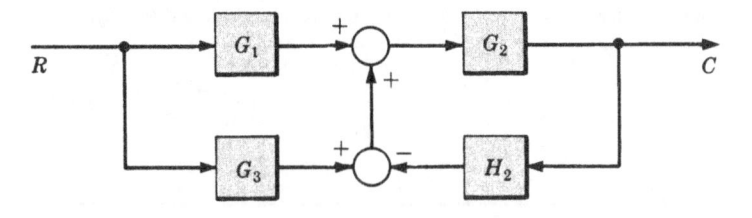

Figura 8-69

O diagrama de fluxo de sinal é mostrado na Figura 8-70. Temos $P_1 = G_1 G_2$, $P_2 = G_2 G_3$, $P_{11} = -G_2 H_2$, $\Delta = 1 + G_2 H_2$, $\Delta_1 = \Delta_2 = 1$, e

$$\frac{C}{R} = \frac{P_1 \Delta_1 + P_2 \Delta_2}{\Delta} = \frac{G_2(G_1 + G_3)}{1 + G_2 H_2}$$

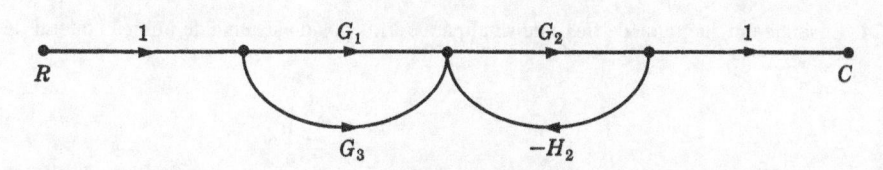

Figura 8-70

Fazendo $G_3 = G_1G_2H_2$, obtemos $C/R = G_1G_2$ e a função de transferência do sistema torna-se de malha aberta.

8.20 Determine os elementos para um sistema de realimentação canônico para o sistema do Problema 8.10.

A partir do Problema 8.10, $P_1 = G_1G_2G_3$, $P_2 = G_4$, $\Delta = 1 + G_2H_1 - G_1G_2H_1 + G_2G_3H_2$ e $\Delta_2 = \Delta$. A partir da Equação (8.3) temos

$$G = \sum_{i=1}^{2} P_i\Delta_i = G_1G_2G_s + G_4 + G_2G_4H_1 - G_1G_2G_4H_1 + G_2G_3G_4H_2$$

e a partir da Equação (8.4) obtemos

$$H = \frac{\Delta - 1}{G} = \frac{G_2H_1 - G_1G_2H_1 + G_2G_3H_2}{G_1G_2G_3 + G_4 + G_2G_4H_1 - G_1G_2G_4H_1 + G_2G_3G_4H_2}$$

Problemas Complementares

8.21 Determine C/R para o sistema na Figura 8-71, usando a Equação (8.2).

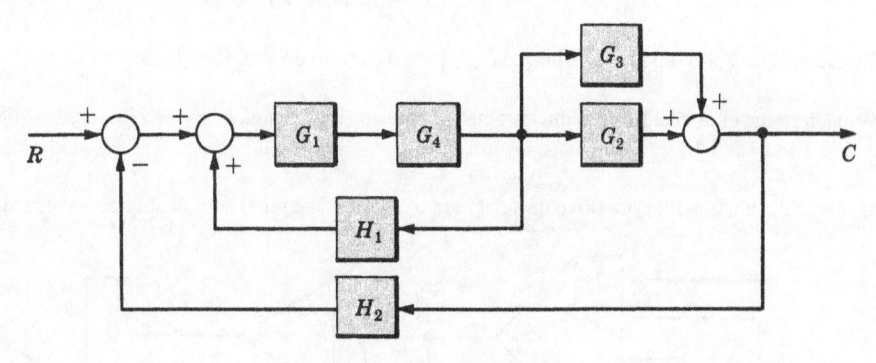

Figura 8-71

8.22 Determine um conjunto de funções de transferência de um sistema canônico com realimentação para o sistema do problema precedente, usando as Equações (8.3) e (8.4).

8.23 Coloque em escala o diagrama de fluxo de sinal na Figura 8-72, de modo que X_3 se torne $X_3/2$ (ver Problema 8.3).

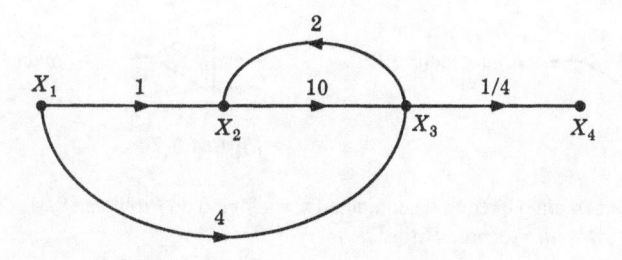

Figura 8-72

8.24 Desenhe um diagrama de fluxo de sinal para vários nós do sistema de inibição lateral descrito no Problema 3.4 pela equação

$$c_k = r_k - \sum_{i=1}^{n} a_{k-i} c_i$$

8.25 Desenhe um diagrama de fluxo de sinal para o sistema apresentado no Problema 7.31.

8.26 Desenhe um diagrama de fluxo de sinal para o sistema apresentado no Problema 7.32.

8.27 Determine C/R_4 a partir da Equação (8.2) para o diagrama de fluxo de sinal desenhado no Problema 8.26.

8.28 Desenhe um diagrama de fluxo de sinal para o circuito elétrico na Figura 8-73.

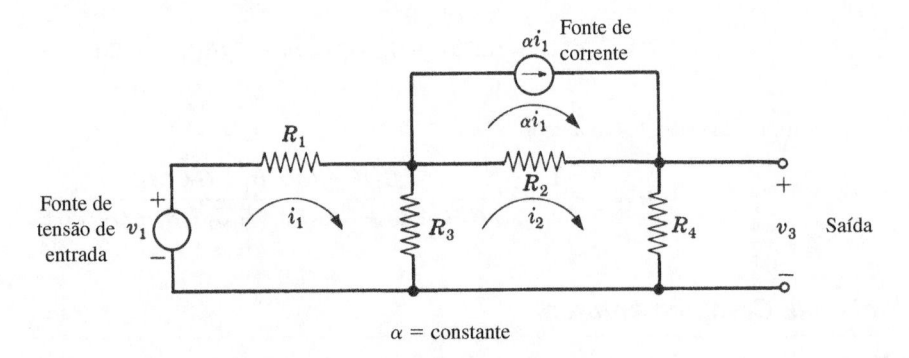

Figura 8-73

8.29 Determine V_3/V_1 a partir da Equação (8.2) para o circuito do Problema 8.28.

8.30 Determine os elementos para um sistema canônico de realimentação para o circuito do Problema 8.28, usando as Equações (8.3) e (8.4).

8.31 Desenhe um diagrama de fluxo de sinal para o circuito de computador analógico mostrado na Figura 8-74.

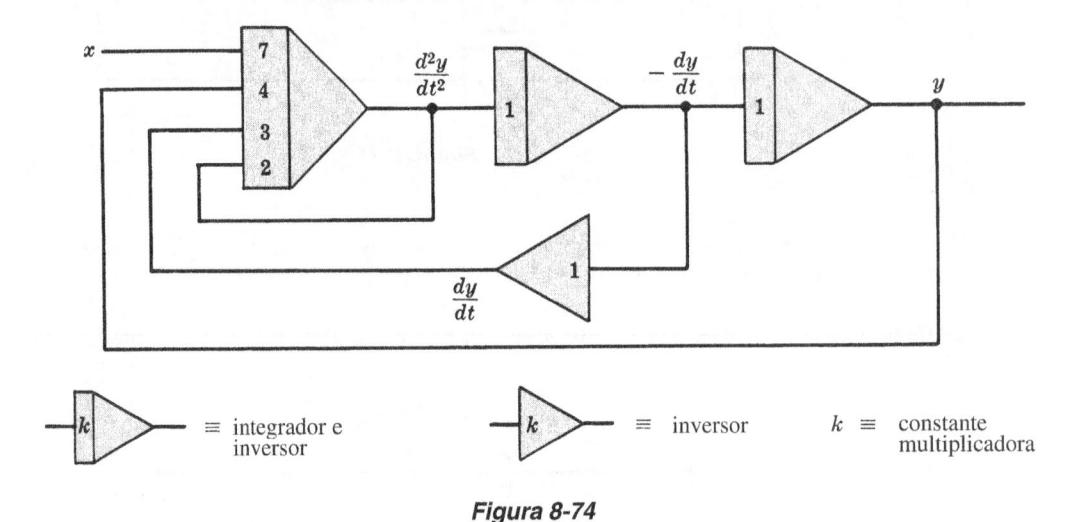

Figura 8-74

8.32 Coloque em escala o circuito de computador analógico do Problema 8.31, de modo que y se torne $10y$, dy/dt se torne $20(dy/dt)$ e d^2y/dt^2 se torne $5(d^2y/dt^2)$.

Respostas Selecionadas

8.21 $P_1 = G_1G_2G_4$; $P_2 = G_1G_3G_4$, $P_{11} = G_1G_4H_1$, $P_{21} = -G_1G_2G_4H_2$, $P_{31} = -G_1G_3G_4H_2$, $\Delta = 1 - G_1G_4H_1 + G_1G_2G_4H_2 + G_1G_2G_4H_2 + G_1G_3G_4H_2$, e $\Delta_1 = \Delta_2 = 1$. Portanto

$$\frac{C}{R} = \frac{P_1\Delta_1 + P_2\Delta_2}{\Delta} = \frac{G_1G_4(G_2 + G_3)}{1 - G_1G_4[H_1 - H_2(G_2 + G_3)]}$$

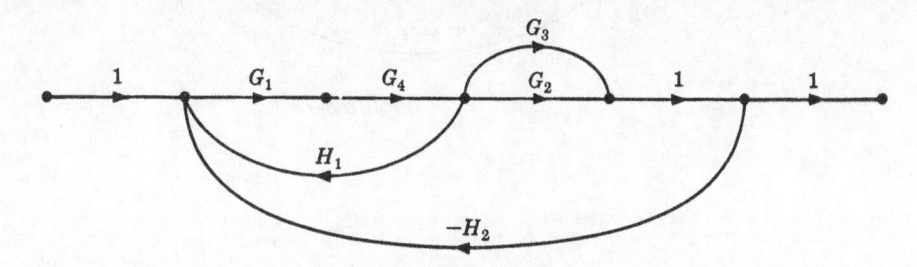

Figura 8-75

8.22 $G = P_1\Delta_1 + P_2\Delta_2 = G_1G_4(G_2 + G_3)$ $H = \dfrac{\Delta - 1}{G} = H_2 - \dfrac{H_1}{G_2 + G_3}$

8.23

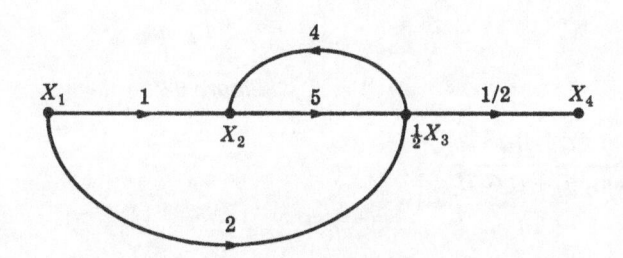

Figura 8-76

8.24

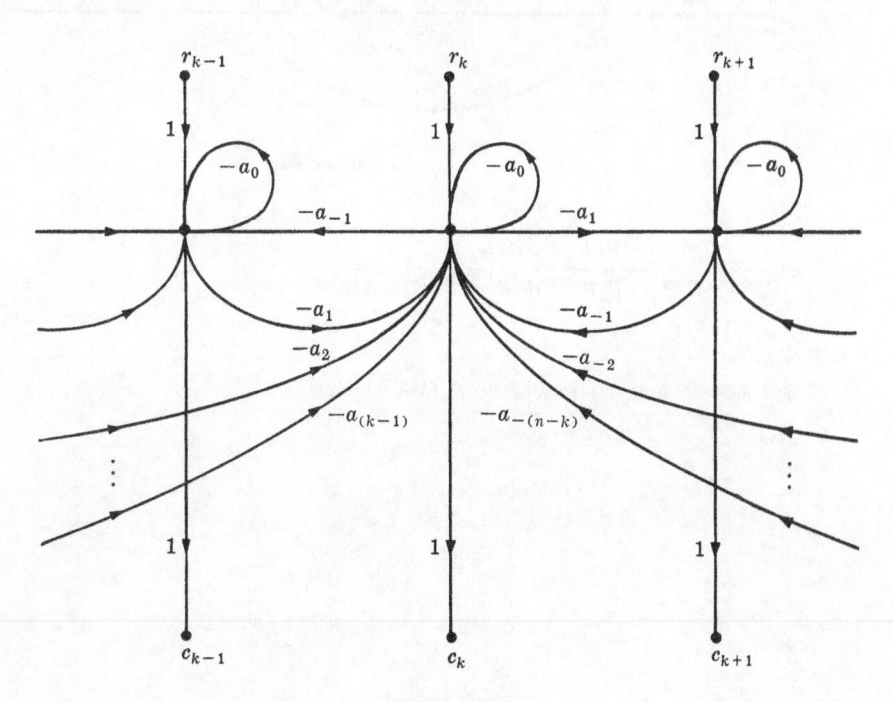

Figura 8-77

8.25

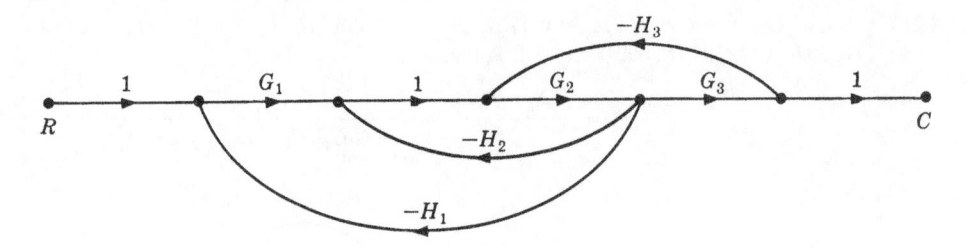

Figura 8-78

8.26

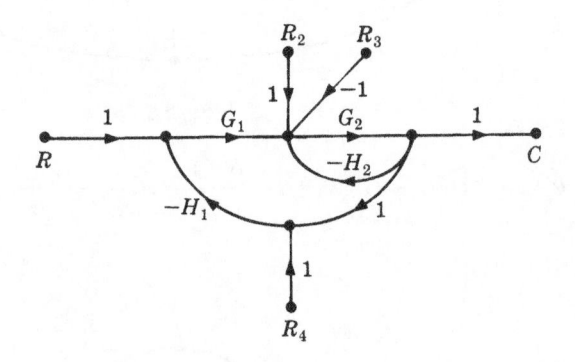

Figura 8-79

8.27 $\dfrac{C}{R_4} = \dfrac{-G_1 G_2 H_1}{1 + G_2 H_2 + G_1 G_2 H_1}$

8.28

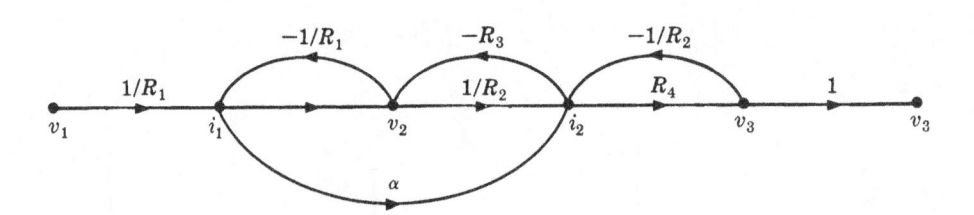

Figura 8-80

8.29 $\dfrac{V_3}{V_1} = \dfrac{R_3 R_4 + \alpha R_2 R_4}{R_1 R_2 + R_1 R_3 + R_1 R_4 + R_2 R_3 + R_3 R_4 - \alpha R_2 R_3}$

8.30 $G = R_4(R_3 + \alpha R_2)$

$H = \dfrac{R_1(R_2 + R_3 + R_4) + R_3 R_4 + R_2 R_3(1 - \alpha)}{R_4(R_3 + \alpha R_2)}$

8.31

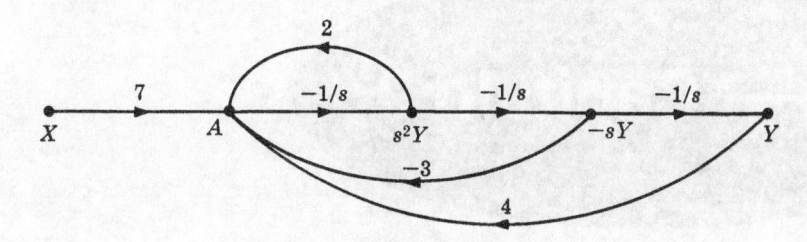

Figura 8-81

8.32

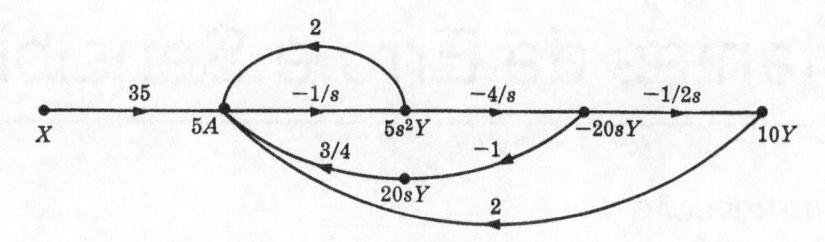

Figura 8-82

Capítulo 9

Classificação de Sistemas, Constantes de Erro e Sensibilidade

9.1 INTRODUÇÃO

Nos capítulos anteriores enfatizamos os conceitos de realimentação e sistemas com realimentação. Visto que um sistema com uma dada função de transferência pode ser sintetizado em uma configuração de malha aberta ou configuração de malha fechada, vê-se que uma configuração de malha fechada (realimentação) deve ter algumas propriedades convenientes, que uma configuração de malha aberta não tem.

Neste capítulo algumas das propriedades de realimentação e dos sistemas com realimentação são discutidas mais além, e medidas quantitativas da efetividade da realimentação são desenvolvidas em termos de conceitos de *constantes de erro* e *sensibilidade*.

9.2 SENSIBILIDADE DE FUNÇÕES DE TRANSFERÊNCIA E DE FUNÇÕES DE RESPOSTA EM FREQUÊNCIA PARA PARÂMETROS DE SISTEMAS

Um primeiro passo na análise ou projeto de um sistema de controle é a geração de modelos para os vários elementos do sistema. Se o sistema for linear e invariante no tempo, dois importantes modelos matemáticos para esses elementos são a *função de transferência* e a *função de resposta em frequência* (ver Capítulo 6).

A função de transferência é fixada quando um número finito de parâmetros constantes foi escolhido. Os valores dados a estes parâmetros são denominados **valores nominais** e a função de transferência correspondente é denominada **função de transferência nominal**. A precisão do modelo depende aparentemente de quanto os valores dos parâmetros nominais se aproximam dos parâmetros dos valores reais, bem como o quanto esses parâmetros se desviam dos valores nominais durante o curso da operação do sistema. A **sensibilidade** de um sistema para seus parâmetros é uma medida da quantidade em que a função de transferência do sistema difere do seu valor nominal quando cada um dos seus parâmetros difere do seu valor nominal.

A sensibilidade de um sistema também pode ser definida e analisada em termos da função de resposta em frequência. A função de resposta em frequência de um sistema contínuo pode ser determinada diretamente da função de transferência do sistema, se ela é conhecida, substituindo-se a variável complexa s na função de transferência por $j\omega$. Para sistemas discretos no tempo, a função de resposta em frequência é obtida substituindo-se z por $e^{j\omega T}$. Portanto, ela é definida pelos mesmos parâmetros que aqueles da função de transferência e a sua precisão é determinada pela precisão desses parâmetros. A função de resposta em frequência pode alternativamente ser definida por gráficos de seu módulo e ângulo de fase, ambos plotados como uma função da frequência real ω. Estes gráficos são frequentemente determinados experimentalmente e, em muitos casos, não podem ser definidos por um número finito de parâmetros. Em consequência, um número infinito de valores de amplitude e ângulo de fase (valores para todas as frequências) define a função de resposta em frequência. A **sensibilidade** do sistema é, neste caso, uma medida da quantidade em que a sua função de resposta difere do seu valor nominal quando a função de resposta em frequência de um elemento do sistema difere do seu valor nominal.

Consideremos o modelo matemático $T(k)$ (a função de transferência ou função de resposta em frequência) de um sistema invariante no tempo, linear, escrito na forma polar como

Capítulo 9 • Classificação de Sistemas, Constantes de Erro e Sensibilidade

$$T(k) = |T(k)|e^{j\phi_T} \quad (9.1)$$

em que k é um parâmetro do qual $T(k)$ depende. Geralmente $|T(k)|$ e ϕ_T dependem de k, e k é uma quantidade real ou complexa representando algum parâmetro identificável do sistema.

Definição 9.1: Para o modelo matemático $T(k)$, em que k é considerado como único parâmetro, a **sensibilidade de $T(k)$ com respeito ao parâmetro k** é definida por

$$S_k^{T(k)} \equiv \frac{d\ln T(k)}{d\ln k} = \frac{dT(k)/T(k)}{dk/k} = \frac{dT(k)}{dk}\frac{k}{T(k)} \quad (9.2)$$

Em alguns tratamentos deste assunto, $S_k^{T(k)}$ é denominado **sensibilidade relativa**, ou **sensibilidade normalizada**, porque ele representa uma variação dT relativa ao T nominal, para uma variação dk relativa ao k nominal. $S_k^{T(k)}$ também é algumas vezes denominado **sensibilidade de Bode**.

Definição 9.2: A **sensibilidade do módulo de $T(k)$ com relação ao parâmetro k** é definida por

$$S_k^{|T(k)|} \equiv \frac{d\ln|T(k)|}{d\ln k} = \frac{d|T(k)|/|T(k)|}{dk/k} = \frac{d|T(k)|}{dk}\frac{k}{|T(k)|} \quad (9.3)$$

Definição 9.3: A **sensibilidade do ângulo de fase ϕ_T de $T(k)$ com relação ao parâmetro k** é definida por

$$S_k^{\phi_T} \equiv \frac{d\ln\phi_T}{d\ln k} = \frac{d\phi_T/\phi_T}{dk/k} = \frac{d\phi_T}{dk}\frac{k}{\phi_T} \quad (9.4)$$

As sensibilidades de $T(k) = |T(k)|e^{j\phi_T}$, o módulo $|T(k)|$, e o ângulo de fase ϕ_T com relação ao parâmetro k são relacionados pela expressão

$$S_k^{T(k)} = S_k^{|T(k)|} + j\phi_T S_k^{\phi_T} \quad (9.5)$$

Note que, em geral, $S_k^{|T(k)|}$ e $S_k^{\phi_T}$ são números complexos. No caso especial, mas muito importante, em que k é real, então $S_k^{|T(k)|}$ e $S_k^{\phi_T}$ são reais. Quando $S_k^{T(k)} = 0$, $T(k)$ é **insensível** a k.

Exemplo 9.1 Consideremos a função de resposta em frequência

$$T(\mu) = e^{-j\omega\mu}$$

em que $\mu \equiv k$. O módulo de $T(\mu)$ é $|T(\mu)| = 1$ e o ângulo de fase $T(\mu)$ é $\phi_T = -\omega\mu$. A sensibilidade de $T(\mu)$ com relação ao parâmetro μ é

$$S_\mu^{T(\mu)} = \frac{d(e^{-j\omega\mu})}{d_\mu}\frac{\mu}{e^{-j\omega\mu}} = -j\omega\mu$$

A sensibilidade do módulo de $T(\mu)$ com relação ao parâmetro μ é

$$S_\mu^{|T(\mu)|} = \frac{d|T(\mu)|}{\mu}\frac{\mu}{|T(\mu)|} = 0$$

A sensibilidade do ângulo de fase de $T(\mu)$ com relação ao parâmetro μ é

$$S_\mu^{\phi_T} = \frac{d\phi_T}{d\mu}\frac{\mu}{\phi_T} = -\omega \cdot \frac{\mu}{-\omega\mu} = 1$$

Note que

$$S_\mu^{|T(\mu)|} + j\phi_T S_\mu^{\phi_T} = -j\omega\mu = S_\mu^{T(\mu)}$$

O desenvolvimento a seguir é em termos de funções de transferência. Entretanto, tudo se aplica a funções de resposta em frequência (para sistemas contínuos) simplesmente substituindo s por $j\omega$ em todas as equações ou $z = e^{j\omega T}$ para sistemas discretos.

Uma classe especial, porém muito importante, de funções de transferência de sistemas tem a forma:

$$T = \frac{A_1 + kA_2}{A_3 + kA_4} \qquad (9.6)$$

em que k é um parâmetro e A_1, A_2, A_3 e A_4 são polinômios em s (ou z). Este tipo de dependência entre um parâmetro k e a função de transferência T é suficientemente geral para incluir muitos dos sistemas considerados neste livro.

Para uma função de transferência com a forma da Equação (9.6), a *sensibilidade de T em relação ao parâmetro k* é dada por

$$S_k^T \equiv \frac{dT}{dk} \cdot \frac{k}{T} = \frac{k(A_2 A_3 - A_1 A_4)}{(A_3 + kA_4)(A_1 + kA_2)} \qquad (9.7)$$

Em geral, S_k^T é uma função da variável complexa s (ou z).

Exemplo 9.2 A função de transferência do sistema discreto no tempo dado na Figura 9-1 é

$$T \equiv \frac{C}{R} = \frac{K}{z^3 + (a+b)z^2 + abz + K}$$

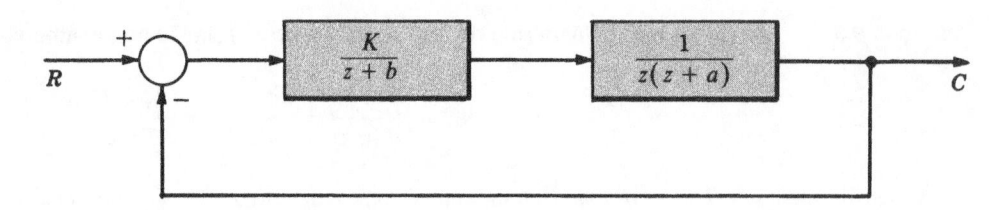

Figura 9-1

Se K é o parâmetro de interesse ($k \equiv K$), grupamos os termos em T como segue:

$$T = \frac{K}{[z^3 + (a+b)z^2 + abz] + K}$$

Comparando T com a Equação (9.6) vemos que

$$A_1 = 0 \qquad A_2 = 1 \qquad A_3 = z^3 + (a+b)z^2 + abz \qquad A_4 = 1$$

Se a é o parâmetro de interesse ($k \equiv a$), T pode ser reescrito como

$$T = \frac{K}{[z^3 + bz^2 + K] + a[z^2 + bz]}$$

Comparando esta expressão com a Equação (9.6) vemos que

$$A_1 = K \qquad A_2 = 0 \qquad A_3 = z^3 + bz^2 + K \qquad A_4 = z^2 + bz$$

Se b é o parâmetro de interesse ($k \equiv b$), T pode ser reescrito como

$$T = \frac{K}{[z^3 + az^2 + K] + b[z^2 + az]}$$

Comparando novamente esta expressão com a Equação (9.6) vemos que

$$A_1 = K \qquad A_2 = 0 \qquad A_3 = z^3 + az^2 + K \qquad A_4 = z^2 + az$$

Exemplo 9.3 Para o circuito de avanço mostrado na Figura 9-2 a função de transferência é

$$T \equiv \frac{E_0}{E_i} = \frac{1 + RCs}{2 + RCs}$$

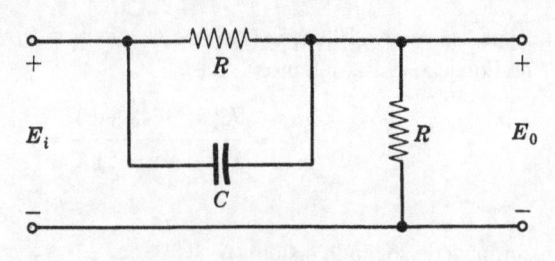

CAPÍTULO 9 • CLASSIFICAÇÃO DE SISTEMAS, CONSTANTES DE ERRO E SENSIBILIDADE

Figura 9-2

Se C (capacitância) é o parâmetro de interesse, escrevemos $T = (1 + C(Rs))/[2 + C(Rs)]$. Comparando essa expressão com a Equação (9.6) vemos que $A_1 = 1, A_2 = Rs, A_3 = 2, A_4 = Rs$.

Exemplo 9.4 Para o sistema do Exemplo 9.2 a *sensibilidade de T em relação a K* é

$$S_K^T = \frac{K[z^3 + (a+b)z^2 + abz]}{K[z^3 + (a+b)z^2 + abz + K]} = \frac{1}{1 + \dfrac{K}{z^3 + (a+b)z^2 + abz}}$$

A sensibilidade de T em relação ao parâmetro a é

$$S_a^T = \frac{-aK(z^2 + bz)}{K[z^3 + bz^2 + K + a(z^2 + bz)]} = \frac{-1}{1 + \dfrac{z^3 + bz^2 + K}{a(z^2 + bz)}}$$

A sensibilidade de T em relação ao parâmetro b é

$$S_b^T = \frac{-bK(z^2 + az)}{K[z^3 + az^2 + K + b(z^2 + az)]} = \frac{-1}{1 + \dfrac{z^3 + az^2 + K}{b(z^2 + az)}}$$

Exemplo 9.5 Para o circuito de avanço mostrado na Figura 9-2, a sensibilidade de T em relação à capacitância C é

$$S_C^T = \frac{C(2Rs - Rs)}{(2 + RCs)(1 + RCs)} = \frac{RCs}{(2 + RCs)(1 + RCs)} = \frac{1}{(1 + 2/RCs)(1 + 1/RCs)}$$

Exemplo 9.6 Os sistemas de malha aberta e malha fechada mostrados na Figura 9-3 têm a mesma instalação e a mesma função de transferência total para $K = 2$.

$$\left(\frac{C}{R}\right)_1 = \frac{K}{s^2 + 4s + 5}$$

$$\left(\frac{C}{R}\right)_2 = \frac{K}{s^2 + 4s + 3 + K}$$

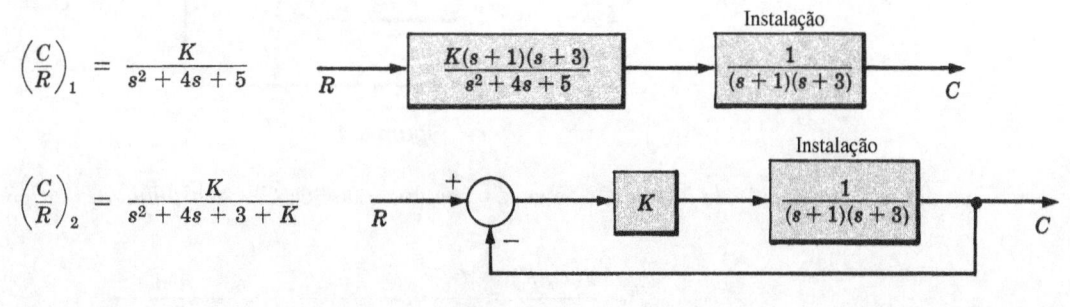

Figura 9-3

Embora esses sistemas sejam precisamente equivalentes para $K = 2$, suas propriedades diferem significativamente para pequenos (e grandes) desvios de K a partir de $K = 2$. A função de transferência do primeiro sistema é

$$T_1 \equiv \left(\frac{C}{R}\right) = \frac{K}{s^2 + 4s + 5}$$

Comparando esta expressão com a Equação (9.6) temos que $A_1 = 0$, $A_2 = 1$, $A_3 = s^2 + 4s + 5$, $A_4 = 0$. Substituindo estes valores na Equação (9.7), obtemos

$$S_K^{T_1} = \frac{K(s^2 + 4s + 5)}{(s^2 + 4s + 5)K} = 1$$

para qualquer K.

A função de transferência do segundo sistema é

$$T_2 \equiv \left(\frac{C}{R}\right)_2 = \frac{K}{s^2 + 4s + 3 + K}$$

Comparando esta expressão com a Equação (9.6) temos que $A_1 = 0$, $A_2 = 1$, $A_3 = s^2 + 4s + 3$, $A_4 = 0$. Substituindo estes valores na Equação 9.7 obtemos

$$S_K^{T_2} = \frac{K(s^2 + 4s + 3)}{(s^2 + 4s + 3 + K)(K)} = \frac{1}{1 + K/(s^2 + 4s + 3)}$$

Para $K = 2$, $S_K^{T_2} = 1/[1 + 2/(s^2 + s + 3)]$.

Note que a sensibilidade do sistema de malha aberta T_1 é fixada em 1 para todos os valores de ganho K e a variável complexa s. Portanto, $S_K^{T_2}$ pode ser ajustado em um problema de projeto variando K ou mantendo a frequência da função de entrada dentro da faixa apropriada.

Para $\omega < \sqrt{3}$ rad/s, a sensibilidade do sistema de malha fechada é

$$S_K^{T_2} \simeq \frac{1}{1 + \frac{2}{3}} = \frac{3}{5} = 0{,}6$$

Desta forma, o sistema com realimentação é 40% menos sensível que o sistema de malha aberta para frequências baixas. Para frequências altas, a sensibilidade do sistema de malha fechada se aproxima de 1, o mesmo que no sistema de malha aberta.

Exemplo 9.7 Considere que G seja a função de resposta em frequência, sendo $G(j\omega)$ para um sistema contínuo ou $G(e^{j\omega T})$ para um sistema discreto no tempo. A função de resposta em frequência para o sistema com realimentação unitária (contínuo ou discreto no tempo) mostrado na Figura 9-4 está relacionada à função de resposta em frequência da malha direta G por

$$\frac{C}{R} = \left|\frac{C}{R}\right|e^{j\phi_{C/R}} = \frac{G}{1+G} = \frac{|G|e^{j\phi_G}}{1+|G|e^{j\phi_G}}$$

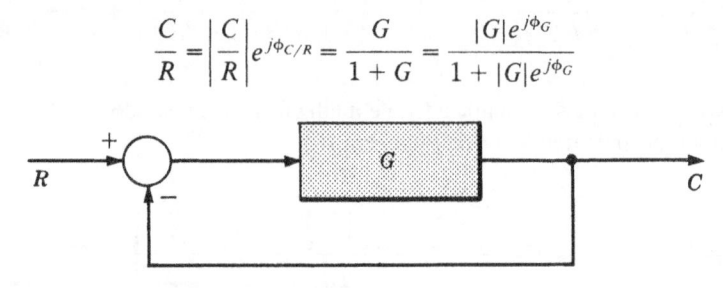

Figura 9-4

em que $\phi_{C/R}$ é o ângulo de fase de C/R e ϕ_G é o ângulo de fase de G. *A sensibilidade de C/R em relação a $|G|$* é dada por

$$S_{|G|}^{C/R} = \frac{d(C/R)}{d|G|} \cdot \frac{|G|}{C/R} = \frac{e^{j\phi_G}}{(1+|G|e^{j\phi_G})^2} \cdot \frac{|G|}{\frac{|G|e^{j\phi_G}}{1+|G|e^{j\phi_G}}}$$

$$= \frac{1}{1+|G|e^{j\phi_G}} = \frac{1}{1+G} \tag{9.8}$$

Note que para $|G|$ grande a sensibilidade de C/R para $|G|$ é relativamente pequena.

Exemplo 9.8 Considere que o sistema do Exemplo 9.7 seja contínuo, $\omega = 1$ e para um determinado $G(j\omega)$, $G(j1) = 1 + j$. Então, $|G(j\omega)| = \sqrt{2}$, $\phi_G = \pi/4$ rad e $(C/R)(j\omega) = \frac{3}{5} + j\frac{1}{5}$, $|(C/R)(j\omega)| = \sqrt{10}/5$, and $\phi_{C/R} = 0{,}3215$ rad. Usando o resultado do exemplo anterior, a *sensibilidade* de $(C/R)(j\omega)$ *em relação a* $|G(j\omega)|$ é

$$S_{|G(j\omega)|}^{(C/R)(j\omega)} = \frac{1}{2+j} = \frac{2}{5} - j\frac{1}{5}$$

Então, a partir da Equação (9.5) temos

$$S_{|G(j\omega)|}^{|(C/R)(j\omega)|} = \frac{2}{5} = 0{,}4 \qquad \phi_{C/R} S_{|G(j\omega)|}^{\phi_{C/R}} = -\frac{1}{5} \qquad S_{|G(j\omega)|}^{\phi_{C/R}} = -\frac{1}{5(0{,}3215)} = -0{,}622$$

Estes valores reais de sensibilidade significam que uma variação de 10% em $|G(j\omega)|$ produzirá uma variação de 4% em $|(C/R)(j\omega)|$ e uma variação de –6,22% em $\phi_{C/R}$.

Um atributo qualitativo de um sistema relacionado à sua sensibilidade é a sua *robustez*. Diz-se que um sistema é **robusto** quando sua operação é insensível às variações do parâmetro. A robustez pode ser caracterizada em temos da sensibilidade de sua função de transferência ou resposta em frequência, ou de um conjunto de índices de desempenho para os parâmetros do sistema.

9.3 SENSIBILIDADE DE SAÍDA PARA PARÂMETROS DE MODELOS DE EQUAÇÕES DIFERENCIAIS E DE DIFERENÇAS

O conceito de sensibilidade também é aplicável aos modelos de sistemas expressos no domínio do tempo. **A sensibilidade da saída y do modelo para qualquer parâmetro p** é dada por

$$S_p^{y(t)} \equiv S_p^y = \frac{d(\ln y)}{d(\ln p)} = \frac{dy/y}{dp/p} = \frac{dy}{dp}\frac{p}{y}$$

Visto que o modelo é definido no domínio do tempo, a sensibilidade é geralmente determinada calculando-se a saída $y(t)$ no domínio do tempo. A derivada dy/dp é algumas vezes denominada **coeficiente de sensibilidade da saída**, que é geralmente uma função do tempo, assim como a sensibilidade S_p^y.

Exemplo 9.9 Determine a sensibilidade da saída $y(t) = x(t)$ para o parâmetro a para o sistema diferencial $\dot{x} = ax + u$. A sensibilidade é

$$S_a^y = \frac{dy}{da}\frac{a}{y} = \frac{dx}{da}\frac{a}{x}$$

Para determinar S_a^y, considere a *derivada no tempo* de dx/da e permute a ordem da diferenciação, ou seja,

$$\frac{d}{dt}\left(\frac{dx}{da}\right) = \frac{d}{da}\left(\frac{dx}{dt}\right) = \frac{d}{da}(ax+u)$$

Agora defina a nova variável $v \equiv dx/da$. Então,

$$\dot{v} = \frac{d}{da}(ax+u) = a\frac{dx}{da} + 1 \cdot x = av + x$$

A função sensibilidade S_a^y pode então ser determinada primeiro calculando a equação diferencial do sistema para $x(t)$, porque $x(t)$ é a função de excitação (forçante) na equação diferencial para $v(t)$ acima. As soluções necessárias foram desenvolvidas na Seção 3.15 como

$$x(t) = e^{at}x(0) + \int_0^t e^{a(t-\tau)}u(\tau)\,d\tau$$

e

$$v(t) = \int_0^t e^{a(t-\tau)}x(\tau)\,d\tau$$

porque $v(0) = 0$. A sensibilidade de saída variante no tempo é calculada a partir destas duas funções como

$$S_a^y = \frac{dx}{da}\frac{a}{x} = \frac{av(t)}{x(t)}$$

Exemplo 9.10 Para o sistema discreto definido por

$$x(k+1) = ax(k) + u(k)$$
$$y(k) = cx(k)$$

determinamos a sensibilidade da saída y para o parâmetro a como a seguir. Seja

$$v(k) \equiv \frac{\partial x(k)}{\partial a}$$

Então

$$v(k+1) = \frac{\partial x(k+1)}{\partial a} = \frac{\partial}{\partial a}[ax(k) + u(k)]$$
$$= x(k) + a\frac{\partial x(k)}{\partial a} = av(k) + x(k)$$

e

$$\frac{\partial y(k)}{\partial a} = \frac{\partial cx(k)}{\partial a} = c\frac{\partial x(k)}{\partial a} = cv(k)$$

Portanto, para determinar S_a^y, primeiro resolvemos as duas equações discretas:

$$x(k+1) = ax(k) + u(k)$$
$$v(k+1) = av(k) + x(k)$$

(por exemplo, veja a Seção 3.17). Assim,

$$S_a^y = \frac{\partial y(k)}{\partial a} \cdot \frac{a}{y(k)} = \frac{av(k)}{x(k)}$$

9.4 CLASSIFICAÇÃO POR TIPOS DOS SISTEMAS CONTÍNUOS COM REALIMENTAÇÃO

Consideremos a classe de sistemas canônicos com realimentação, definida pela Figura 9-5. Para sistemas contínuos, a função de transferência de malha aberta pode ser escrita como:

$$GH = \frac{K\prod_{i=1}^{m}(s+z_i)}{\prod_{i=1}^{n}(s+p_i)}$$

Figura 9-5

onde K é uma constante, $m \leq n$, e $-z_i$ e $-p_i$ são os polos e zeros finitos, respectivamente, de GH. Se existirem a zeros e b polos na origem, então

$$GH = \frac{Ks^a \prod_{i=1}^{m-a}(s+z_i)}{s^b \prod_{i=1}^{n-b}(s+p_i)}$$

No restante deste capítulo, somente sistemas para os quais $b \geq a$ são considerados, e $l \equiv b - a$.

Definição 9.4: Um sistema canônico com realimentação cuja função de transferência de malha aberta pode ser escrita na forma:

$$GH = \frac{K \prod_{i=1}^{m-a}(s+z_i)}{s^l \prod_{i=1}^{n-a-l}(s+p_i)} \equiv \frac{KB_1(s)}{s^l B_2(s)} \qquad (9.9)$$

onde $l \geq 0$ e $-zi$ e $-pi$ são os zeros e polos finitos não nulos de GH, respectivamente, é denominado **sistema tipo l**.

Exemplo 9.11 O sistema definido pela Figura 9-6 é um *sistema tipo 2*.

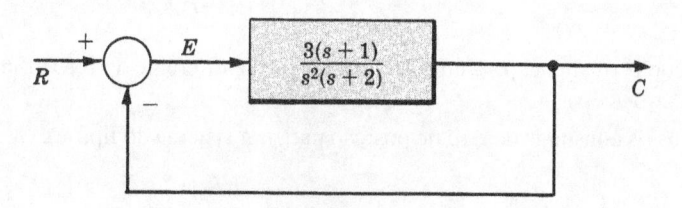

Figura 9-6

Bloco: $\dfrac{3(s+1)}{s^2(s+2)}$

Exemplo 9.12 O sistema definido pela Figura 9-7 é um *sistema tipo 1*.

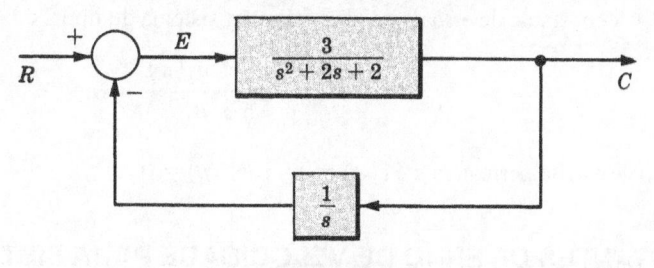

Figura 9-7

Bloco direto: $\dfrac{3}{s^2+2s+2}$; Realimentação: $\dfrac{1}{s}$

Exemplo 9.13 O sistema definido pela Figura 9-8 é um *sistema tipo 0*.

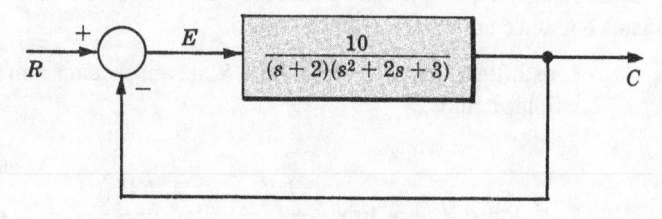

Figura 9-8

Bloco: $\dfrac{10}{(s+2)(s^2+2s+3)}$

9.5 CONSTANTES DE ERRO DE POSIÇÃO PARA SISTEMAS CONTÍNUOS COM REALIMENTAÇÃO UNITÁRIA

Um critério da efetividade da realimentação em um *sistema com realimentação unitária tipo l estável* é a *constante de erro de posição (degrau)*. Ela é uma medida do erro em estado permanente entre a entrada e a saída quando a entrada é uma função degrau unitário, ou seja, a diferença entre a entrada e a saída quando o sistema estiver em estado permanente e a entrada for um degrau.

Definição 9.5: A **constante de erro de posição** K_p de um sistema com realimentação unitária tipo l é definida como

$$K_p \equiv \lim_{s \to 0} G(s) = \lim_{s \to 0} \frac{KB_1(s)}{s^l B_2(s)} = \begin{cases} \dfrac{KB_1(0)}{B_2(0)} & \text{para } l = 0 \\ \infty & \text{para } l > 0 \end{cases} \qquad (9.10)$$

O erro de estado permanente de um sistema com realimentação unitária tipo l estável, quando a entrada é uma função degrau unitário $[e(\infty) = 1 - c(\infty)]$, está relacionado à constante de erro de posição por

$$e(\infty) = \lim_{t \to \infty} e(t) = \frac{1}{1 + K_p} \qquad (9.11)$$

Exemplo 9.14 A constante de erro de posição para um sistema de tipo 0 é finita. Ou seja,

$$|K_p| = \left| \frac{KB_1(0)}{B_2(0)} \right| < \infty$$

O erro de estado permanente para um sistema do tipo 0 é diferente de zero e finito.

Exemplo.9.15 A constante de erro de posição para um sistema do tipo 1 é

$$K_p = \lim_{s \to 0} \frac{KB_1(0)}{sB_2(0)} = \infty$$

Portanto, o erro de estado permanente é $e(\infty) = 1/(1 + Kp) = 0$.

Exemplo 9.16 A constante de erro de posição para um sistema do tipo 2 é

$$K_p = \lim_{s \to 0} \frac{KB_1(s)}{s^2 B_2(s)} = \infty$$

Portanto, o erro de estado permanente é $e(\infty) = 1/(1 + Kp) = 0$.

9.6 CONSTANTES DE ERRO DE VELOCIDADE PARA SISTEMAS CONTÍNUOS COM REALIMENTAÇÃO UNITÁRIA

Outro critério da efetividade da realimentação em um *sistema com realimentação unitária do tipo l estável* é a *constante de erro de velocidade (rampa)*. Ela é uma medida do erro de estado permanente entre a entrada e a saída do sistema quando a entrada é uma função rampa unitária.

Definição 9.6: A **constante de erro de velocidade** K_v de um sistema com realimentação unitária tipo l estável é definida como

$$K_v \equiv \lim_{s \to 0} sG(s) = \lim_{s \to 0} \frac{KB_1(s)}{s^{l-1} B_2(s)} = \begin{cases} 0 & \text{para } l = 0 \\ \dfrac{KB_1(0)}{B_2(0)} & \text{para } l = 1 \\ \infty & \text{para } l > 1 \end{cases} \qquad (9.12)$$

O erro de estado permanente de um sistema com realimentação unitária tipo *l*, quando a entrada é uma função rampa-unitária, está relacionado com a constante de erro de velocidade por

$$e(\infty) = \lim_{t \to \infty} e(t) = \frac{1}{K_v} \qquad (9.13)$$

Exemplo 9.17 A constante de erro de velocidade para um sistema tipo 0 é $K_v = 0$. Em consequência, o erro de estado permanente é infinito.

Exemplo 9.18 A constante de erro de velocidade para um sistema tipo 1, $K_v = KB_1(0)/B_2(0)$, é finita. Portanto, o erro de estado permanente é não nulo e finito.

Exemplo 9.19 A constante de erro de velocidade para o sistema tipo 2 é infinita. Portanto, o erro de estado permanente é zero.

9.7 CONSTANTES DE ERRO DE ACELERAÇÃO PARA SISTEMAS CONTÍNUOS COM REALIMENTAÇÃO UNITÁRIA

O terceiro critério da efetividade da realimentação num sistema com *realimentação unitária tipo l estável* é a *constante de erro da aceleração* (*parabólica*). Ela é uma medida do erro do estado estacionário do sistema quando a entrada e uma função parabólica unitária; isto é, $r = t^2/2$ e $R = 1/s^3$.

Definição 9.7: A **constante de erro de aceleração** K_a de um sistema com realimentação unitária tipo *l* estável, é definida como

$$K_a \equiv \lim_{s \to 0} s^2 G(s) = \lim_{s \to 0} \frac{KB_1(s)}{s^{l-2}B_2(s)} = \begin{cases} 0 & \text{para} \quad l = 0, 1 \\ \dfrac{KB_1(0)}{B_2(0)} & \text{para} \quad l = 2 \\ \infty & \text{para} \quad l > 2 \end{cases} \qquad (9.14)$$

O erro de estado permanente de um sistema com realimentação unitário tipo *I*, quando a entrada é uma função parabólica unitária, está relacionado à constante de erro de aceleração por

$$e(\infty) = \lim_{t \to \infty} e(t) = \frac{1}{K_a} \qquad (9.15)$$

Exemplo 9.20 A constante de erro de aceleração para um sistema tipo 0 é $K_a = 0$. Em consequência, o erro de estado permanente é infinito.

Exemplo 9.21 A constante de erro de aceleração para um sistema tipo 1 é $K_a = 0$. Em consequência, o erro de estado permanente é infinito.

Exemplo 9.22 A constante de erro de aceleração para um sistema tipo 2, $K_a = KB_1(0)/B_2(0)$, é finita. Em consequência, o erro de estado permanente é infinito.

9.8 CONSTANTES DE ERRO PARA SISTEMAS DISCRETOS COM REALIMENTAÇÃO UNITÁRIA

A função de transferência de malha aberta para um sistema discreto tipo l pode ser escrita como

$$GH = \frac{K(z+z_1)\cdots(z+z_m)}{(z-1)^l(z+p_1)\cdots(z+p_n)} = \frac{KB_1(z)}{(z-1)^l B_2(z)}$$

em que, $l \geq 0$ e $-z_i$ e $-p_i$ são zeros e polos não unitários de GH no plano z.

Todos os resultados desenvolvidos para sistemas contínuos com realimentação unitária nas Seções 9.5 a 9.7 são os mesmos para sistemas discretos com essa função de transferência em malha aberta.

9.9 TABELA-RESUMO PARA SISTEMAS CONTÍNUOS E DISCRETOS COM REALIMENTAÇÃO UNITÁRIA

Na Tabela 9.1 as constantes de erro são dadas em termos de α, em que $\alpha = 0$ para sistemas contínuos e $\alpha = 1$ para sistemas discretos. Para os sistemas contínuos $T = 1$ no erro de estado permanente.

Tabela 9.1

Entrada	Degrau unitário		Rampa unitária		Parábola unitária	
Tipo de sistema	K_p	Erro de estado permanente	K_v	Erro de estado permanente	K_a	Erro de estado permanente
Tipo 0	$\dfrac{KB_1(\alpha)}{B_2(\alpha)}$	$\dfrac{1}{1+K_p}$	0	∞	0	∞
Tipo 1	∞	0	$\dfrac{KB_1(\alpha)}{B_2(\alpha)}$	$\dfrac{T}{K_v}$	0	∞
Tipo 2	∞	0	∞	0	$\dfrac{KB_1(\alpha)}{B_2(\alpha)}$	$\dfrac{T^2}{K_a}$

9.10 CONSTANTES DE ERRO PARA SISTEMAS CONTÍNUOS EM GERAL

Os resultados das Seções 9.5 a 9.9 são aplicáveis apenas aos sistemas lineares estáveis com realimentação unitária. Entretanto, eles podem ser facilmente estendidos aos sistemas estáveis em geral. Na Figura 9-9, T_d representa a função de transferência de um sistema desejado (ideal) e C/R representa a função de transferência de um sistema real (uma aproximação de T_d). R é a entrada para ambos os sistemas e E é a diferença (o erro) entre a saída desejada e a saída real. Para este sistema geral são definidas abaixo três constantes de erro e elas estão relacionadas ao erro de estado permanente.

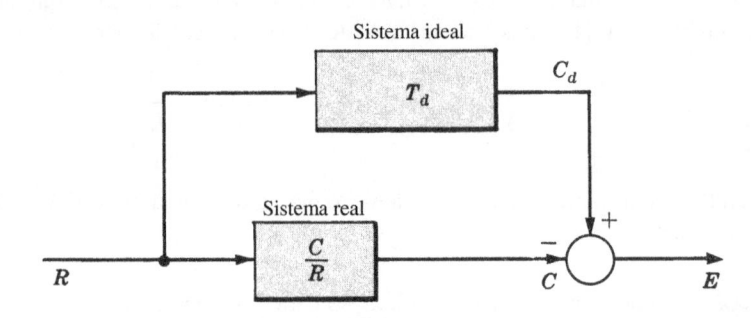

Figura 9-9

Definição 9.8: A **constante de erro de degrau** K_s é definida para sistemas contínuos como

$$K_s \equiv \dfrac{1}{\lim\limits_{s \to 0}\left[T_d - \dfrac{C}{R}\right]} \tag{9.16}$$

O erro de estado permanente para o sistema geral quando a entrada é uma função degrau unitário está relacionado a K_s por

$$e(\infty) = \lim_{t \to \infty} e(t) = \dfrac{1}{K_s} \tag{9.17}$$

Capítulo 9 • Classificação de Sistemas, Constantes de Erro e Sensibilidade

Definição 9.9: A **constante de erro de rampa** K_r é definida como

$$K_r \equiv \frac{1}{\lim_{s \to 0} \frac{1}{s}\left[T_d - \frac{C}{R}\right]} \tag{9.18}$$

O erro de estado permanente para o sistema geral quando a entrada é uma função rampa unitária está relacionado a K_r por

$$e(\infty) = \lim_{t \to \infty} e(t) = \frac{1}{K_r} \tag{9.19}$$

Definição 9.10: A **constante de erro parabólica** K_{pa} é definida como

$$K_{pa} \equiv \frac{1}{\lim_{s \to 0} \frac{1}{s^2}\left[T_d - \frac{C}{R}\right]} \tag{9.20}$$

O erro de estado permanente para o sistema geral quando a entrada é uma função parabólica unitária está relacionado a K_{pa} por

$$e(\infty) = \lim_{t \to \infty} e(t) = \frac{1}{K_{pa}} \tag{9.21}$$

Exemplo 9.23 O sistema com realimentação não unitária mostrado na Figura 9-10 tem a função de transferência $C/R = 2/(s^2 + 2s + 4)$. Se a função de transferência desejada que se aproxima de C/R é $T_d = \frac{1}{2}$, então

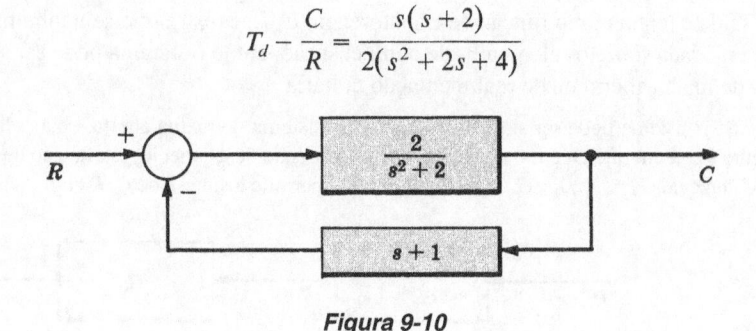

$$T_d - \frac{C}{R} = \frac{s(s+2)}{2(s^2 + 2s + 4)}$$

Figura 9-10

Portanto,

$$K_s = \frac{1}{\lim_{s \to 0}\left[\frac{s(s+2)}{2(s^2+2s+4)}\right]} = \infty \qquad K_r = \frac{1}{\lim_{s \to 0} \frac{1}{s}\left[\frac{s(s+2)}{2(s^2+2s+4)}\right]} = 4$$

$$K_{pa} = \frac{1}{\lim_{s \to 0} \frac{1}{s^2}\left[\frac{s(s+2)}{2(s^2+2s+4)}\right]} = 0$$

Exemplo 9.24 Para o sistema do Exemplo 9.23, os erros de estado permanente devidos a uma entrada degrau unitário, uma entrada de rampa unitária e uma entrada parabólica unitária podem ser determinados usando os resultados daquele exemplo. Para uma entrada em degrau unitário, $e(\infty) = 1/K_s = 0$. Para uma entrada em rampa unitária, $e(\infty) = 1/K_r = \frac{1}{4}$. Para uma entrada parabólica unitária, $e(\infty) = 1/K_{pa} = \infty$.

Para estabelecer as relações entre as constantes de erro geral K_s, K_r e K_{pa} e as constantes de erro K_p, K_v e K_a para sistemas de realimentação unitária, fazemos o sistema real ser um sistema contínuo com realimentação unitária e consideramos o sistema desejado como tendo uma função de transferência unitária. Isto é, fazemos

$$T_d = 1 \quad \text{e} \quad \frac{C}{R} = \frac{G}{1+G}$$

Portanto,

$$K_s = \frac{1}{\lim_{s \to 0}\left[\dfrac{1}{1+G}\right]} = 1 + \lim_{s \to 0} G(s) = 1 + K_p \tag{9.22}$$

$$K_r = \frac{1}{\lim_{s \to 0}\left[\dfrac{1}{s}\left(\dfrac{1}{1+G}\right)\right]} = \lim_{s \to 0} sG(s) = K_v \tag{9.23}$$

$$K_{pa} = \frac{1}{\lim_{s \to 0}\left[\dfrac{1}{s^2}\left(\dfrac{1}{1+G}\right)\right]} = \lim_{s \to 0} s^2 G(s) = K_a \tag{9.24}$$

Problemas Resolvidos

Configurações de sistemas

9.1 Uma dada instalação tem a função de transferência G_2. É desejado um sistema que inclua G_2 como elemento de saída e tenha como função de transferência C/R. Mostre que se nenhuma restrição (como estabilidade) for colocada sobre os elementos de compensação, então o sistema pode ser sintetizado, seja como um sistema de malha aberta ou de realimentação unitária.

Se o sistema pode ser sintetizado como um sistema de malha aberta, então ele terá a configuração mostrada na Figura 9-11, em que G_1 é um elemento de compensação desconhecido. A função de transferência do sistema é $C/R = G_1' G_2$ da qual $G_1' = (C/R)/G_2$. Este valor para G_1' permite a síntese de C/R como um sistema de malha aberta.

Figura 9-11

Se o sistema pode ser sintetizado como um sistema com realimentação unitária, então ele terá a configuração mostrada na Figura 9-12.

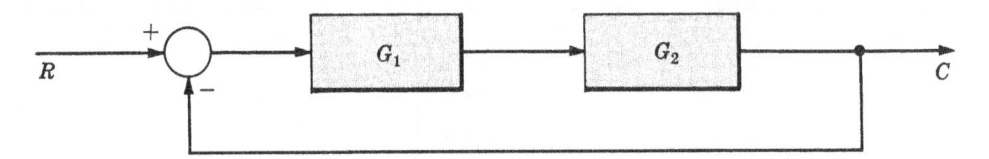

Figura 9-12

A função de transferência do sistema é $C/R = G_1 G_2/(1 + G_1 G_2)$, a partir da qual

$$G_1 = \frac{1}{G_2}\left(\frac{C/R}{1 - C/R}\right)$$

Este valor para G_1 permite a síntese de C/R como um sistema com realimentação unitária.

9.2 Usando os resultados do Problema 9.1, mostre como a função de transferência $C/R = 2/(s^2 + s + 2)$ do sistema que inclui como seu elemento de saída a instalação $G_2 = 1/s(s + 1)$, pode ser sintetizada como (a) um sistema de malha aberta, (b) um sistema com realimentação unitária.

(a) Para o sistema de malha aberta,

$$G_1' = \frac{C/R}{G_2} = \frac{2s(s+1)}{s^2 + s + 2}$$

e o diagrama em blocos do sistema é dado na Figura 9-13.

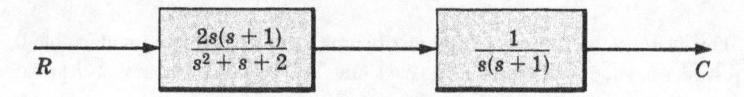

$$R \longrightarrow \boxed{\frac{2s(s+1)}{s^2+s+2}} \longrightarrow \boxed{\frac{1}{s(s+1)}} \longrightarrow C$$

Figura 9-13

(b) Para o sistema com realimentação unitária,

$$G_1 = \frac{1}{G_2}\left(\frac{C/R}{1 - C/R}\right) = s(s+1)\left[\frac{2/(s^2+s+2)}{(s^2+s+2-2)/(s^2+s+2)}\right] = 2$$

e o diagrama em blocos do sistema é dado na Figura 9-14.

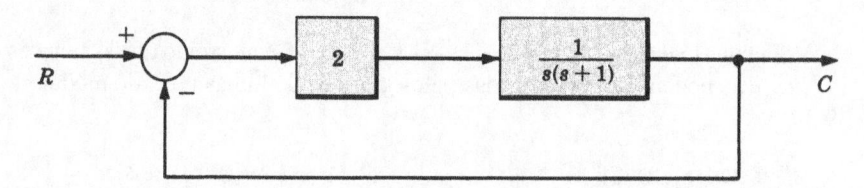

Figura 9-14

Sensibilidade da função de transferência

9.3 Os dois sistemas mostrados na Figura 9-15 têm a mesma função de transferência quando $K_1 = K_2 = 100$.

$$T_1 = \left(\frac{C}{R}\right)_1\bigg|_{\substack{K_1=100 \\ K_2=100}} = \frac{K_1 K_2}{1 + 0{,}0099 K_1 K_2} = 100$$

$$T_2 = \left(\frac{C}{R}\right)_2\bigg|_{\substack{K_1=100 \\ K_2=100}} = \left(\frac{K_1}{1 + 0{,}09 K_1}\right)\left(\frac{K_2}{1 + 0{,}09 K_2}\right) = 100$$

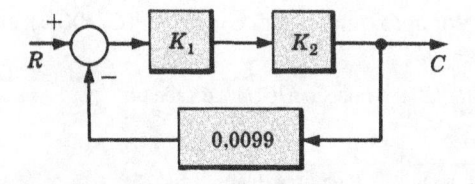

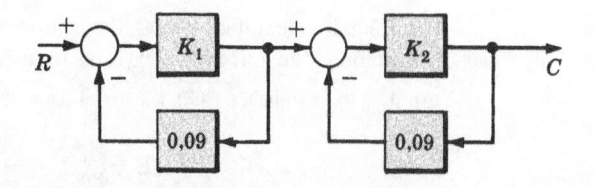

Figura 9-15

Compare as sensibilidades desses dois sistemas em relação ao parâmetro K_1 para valores nominais $K_1 = K_2 = 100$.

Para o primeiro sistema, $T_1 = K_1 K_2/[1 + K_1(0{,}0099 K_2)]$. Comparando esta expressão com a Equação (9.6) resulta em $A_1 = 0, A_2 = K_2, A_3 = 1, A_4 = 0{,}0099 K_2$. Substituindo estes valores na Equação (9.7), obtemos

$$S_{K_1}^{T_1} = \frac{K_1 K_2}{(1 + 0{,}0099 K_1 K_2)(K_1 K_2)} = \frac{1}{1 + 0{,}0099 K_1 K_2} = 0{,}01 \quad \text{para} \quad K_1 = K_2 = 100$$

Para o segundo sistema,

$$T_2 = \left(\frac{K_1}{1+0{,}09K_1}\right)\left(\frac{K_2}{1+0{,}09K_2}\right) = \frac{K_1K_2}{1+0{,}09K_1+0{,}09K_2+0{,}0081K_1K_2}$$

Comparando esta expressão com a Equação (9.6) resulta em $A_1 = 0, A_2 = K_2, A_3 = 1 + 0{,}09K_2, A_4 = 0{,}09 + 0{,}0081K_2$. Substituindo estes valores na Equação (9.7), temos

$$S_{K_1}^{T_2} = \frac{K_1K_2(1+0{,}09K_2)}{(1+0{,}09K_1)(1+0{,}09K_2)(K_1K_2)} = \frac{1}{1+0{,}09K_1} = 0{,}1 \quad \text{para} \quad K_1 = K_2 = 100$$

Uma variação de 10% em K_1 produzirá uma variação de aproximadamente 0,1% em T_1 e uma variação de 1% em T_2. Assim, o segundo sistema T_2 é 10 vezes mais sensível às variações em K_1 do que é o primeiro sistema T_1.

9.4 O sistema de malha fechada mostrado na Figura 9-16 é definido em termos da função de resposta em frequência do elemento do ramo direto $G(j\omega)$.

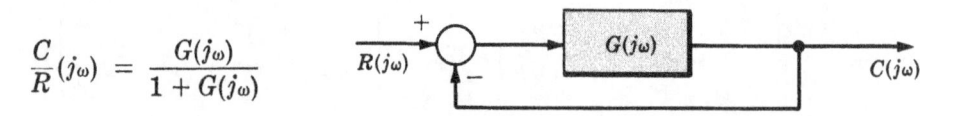

$$\frac{C}{R}(j\omega) = \frac{G(j\omega)}{1+G(j\omega)}$$

Figura 9-16

Suponha que $G(j\omega) = 1/(j\omega + 1)$. No Capítulo 15 é mostrado que as funções de resposta em frequência $1/(j\omega + 1)$ podem ser aproximadas pelos gráficos de linhas retas de módulo e fase mostrados na Figura 9-17.

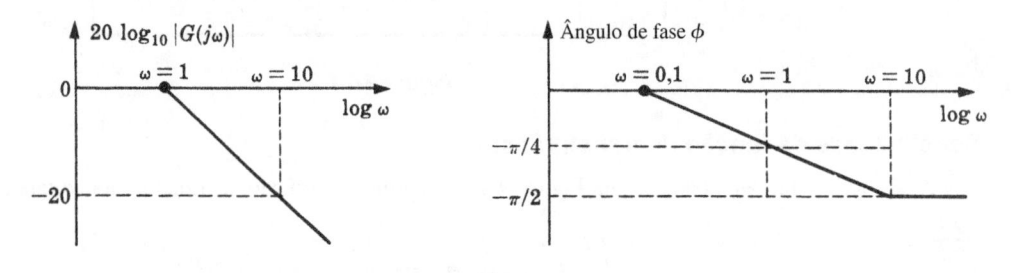

Figura 9-17

Em $\omega = 1$, os valores verdadeiros de $20\log_{10}|G(j\omega)|$ e ϕ são -3 e $-\pi/4$, respectivamente. Para $\omega = 1$, determine.

(a) A sensibilidade de $|(C/R)(j\omega)|$ em relação a $|G(j\omega)|$.

(b) Usando o resultado de (a), determine um valor aproximado para o erro em $|(C/R)(j\omega)|$ causado pelo emprego de aproximações retas para $1/(j\omega + 1)$.

(a) Usando a Equação (9.8), a sensibilidade de $(C/R)(j\omega)$ em relação a $|G(j\omega)|$ é dada por

$$S_{|G(j\omega)|}^{(C/R)(j\omega)} = \frac{1}{1+G(j\omega)} = \frac{1}{2+j\omega} = \frac{2-j\omega}{4+\omega^2}$$

Visto que $|G(j\omega)|$ é real,

$$S_{|G(j\omega)|}^{|(C/R)(j\omega)|} = \text{Re}\, S_{|G(j\omega)|}^{(C/R)(j\omega)} = \frac{2}{4+\omega^2}$$

Para $\omega = 1$, $S_{|G(j\omega)|}^{|(C/R)(j\omega)|} = 0{,}4$.

(b) Para $\omega = 1$, o valor exato de $|G(j\omega)|$ é $|G(j\omega)| = 1\sqrt{2} = 0{,}707$. O valor aproximado obtido do gráfico é $|G(j\omega)| = 1$. Então o erro percentual na aproximação é $100(1 - 0{,}707)/0{,}707 = 41{,}4\%$. O erro percentual aproximado em $|(C/R)(j\omega)|$ é $41{,}4\, S_{|G(j\omega)|}^{|(C/R)(j\omega)|} = 16{,}6\%$.

9.5 Mostre que as sensibilidades de $T(k) = |T(k)|e^{j\phi_T}$, o módulo $|T(k)|$, e o ângulo de fase ϕ_T, em relação ao parâmetro k, são relacionados por

$$S_k^{T(k)} = S_k^{|T(k)|} + j\phi_T \cdot S_k^{\phi_T} \qquad [\text{Equação (9.5)}]$$

Usando a Equação (9.2),

$$S_k^{T(k)} = \frac{d\ln T(k)}{d\ln k} = \frac{d\ln\left[|T(k)|e^{j\phi_T}\right]}{d\ln k} = \frac{d\left[\ln|T(k)| + j\phi_T\right]}{d\ln k}$$

$$= \frac{d\ln|T(k)|}{d\ln k} + j\frac{d\phi_T}{d\ln k} = \frac{d\ln|T(k)|}{d\ln k} + j\phi_T\frac{d\ln\phi_T}{d\ln k} = S_k^{|T(k)|} + j\phi_T S_k^{\phi_T}$$

Note que se k é real, então $S_k^{|T(k)|}$ e $S_k^{\phi_T}$ são reais, e

$$S_k^{|T(k)|} = \operatorname{Re} S_k^{T(k)} \qquad \phi_T S_k^{\phi_T} = \operatorname{Im} S_k^{T(k)}$$

9.6 Mostre que a sensibilidade da função de transferência $T = (A_1 + kA_2)/(A_3 + kA_4)$ em relação ao parâmetro k é dada por $S_k^T = k(A_2A_3 - A_1A_4)/(A_3 + kA_4)(A_1 + kA_2)$.

Por definição, a sensibilidade de T em relação ao parâmetro k é

$$S_k^T = \frac{d\ln T}{d\ln k} = \frac{dT}{dk} \cdot \frac{k}{T}$$

Agora

$$\frac{dT}{dk} = \frac{A_2(A_3 + kA_4) - A_4(A_1 + kA_2)}{(A_3 + kA_4)^2} = \frac{A_2A_3 - A_1A_4}{(A_3 + kA_4)^2}$$

Assim,

$$S_k^T = \frac{A_2A_3 - A_1A_4}{(A_3 + kA_4)^2} \cdot \frac{k(A_3 + kA_4)}{A_1 + kA_2} = \frac{k(A_2A_3 - A_1A_4)}{(A_3 + kA_4)(A_1 + kA_2)}$$

9.7 Considere o sistema do Exemplo 9.6 com o acréscimo de um distúrbio como carga e uma entrada de ruído conforme mostra a Figura 9-18. Mostre que o controlador de realimentação melhora a sensibilidade da saída para a entrada de ruído e para o distúrbio.

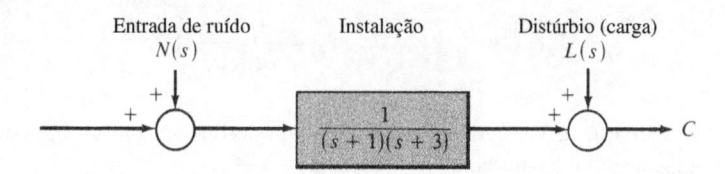

Figura 9-18

Para o sistema de malha aberta, a saída devido ao ruído e ao distúrbio é

$$C(s) = L(s) + \frac{1}{(s+1)(s+3)}N(s)$$

independente da ação do controlador de malha aberta. Para o sistema de malha fechada,

$$C(s) = \frac{(s+1)(s+3)}{s^2 + 4s + 5}L(s) + \frac{1}{s^2 + 4s + 5}N(s)$$

Para as frequências baixas, o sistema de malha fechada atenua o distúrbio e o ruído, em comparação com o sistema de malha aberta. Em particular, o sistema de malha fechada tem um ganho de estado permanente ou CC:

$$C(0) = \frac{3}{5}L(0) + \frac{1}{5}N(0)$$

enquanto que o sistema de malha aberta tem

$$C(0) = L(0) + \frac{1}{3}N(0)$$

Em frequências altas, estes ganhos são aproximadamente iguais.

Sensibilidade da saída do sistema no domínio do tempo

9.8 Para o sistema definido por

$$\dot{\mathbf{x}} = A(\mathbf{p})\mathbf{x} + B(\mathbf{p})\mathbf{u}$$
$$\mathbf{y} = C(\mathbf{p})\mathbf{x}$$

mostre que a matriz de sensibilidade da saída

$$\left[\frac{\partial y_i}{\partial p_j}\right]$$

é determinada pela solução das equações diferenciais

$$\dot{\mathbf{x}} = A\mathbf{x} + \mathbf{u} \tag{9.25}$$

$$\dot{V} = AV + \frac{\partial A}{\partial \mathbf{p}}\mathbf{x} + \frac{\partial B}{\partial \mathbf{p}}\mathbf{u} \tag{9.26}$$

com
$$\left[\frac{\partial y_i}{\partial p_j}\right] = CV + \frac{\partial C}{\partial \mathbf{p}}\mathbf{x} \tag{9.27}$$

em que
$$V \equiv [v_{ij}] \equiv \frac{\partial \mathbf{x}}{\partial \mathbf{p}} \equiv \left[\frac{\partial x_i}{\partial p_j}\right]$$

ou seja, V é a matriz das funções de sensibilidade. A derivada da função de sensibilidade v_{ij} é dada por

$$\dot{v}_{ij} = \frac{d}{dt}\left(\frac{\partial x_i}{\partial p_j}\right)$$

Considerando que as variáveis de estado tenham derivadas contínuas, podemos trocar entre si a ordem das diferenciações total e parcial, de modo que

$$\dot{v}_{ij} = \frac{\partial}{\partial p_j}\left(\frac{dx_i}{dt}\right)$$

Na forma matricial,

$$\dot{V} = \frac{\partial \dot{\mathbf{x}}}{\partial \mathbf{p}} = \frac{\partial}{\partial \mathbf{p}}[A\mathbf{x} + B\mathbf{u}] = \frac{\partial A}{\partial \mathbf{p}}\mathbf{x} + A\frac{\partial \mathbf{x}}{\partial \mathbf{p}} + \frac{\partial B}{\partial \mathbf{p}}\mathbf{u}$$

Visto que $V = \partial \mathbf{x}/\partial \mathbf{p}$, temos

$$\dot{V} = AV + \frac{\partial A}{\partial \mathbf{p}}\mathbf{x} + \frac{\partial B}{\partial \mathbf{p}}\mathbf{u}$$

Então

$$\frac{\partial \mathbf{y}}{\partial \mathbf{p}} = \frac{\partial C\mathbf{x}}{\partial \mathbf{p}} = \frac{\partial C}{\partial \mathbf{p}}\mathbf{x} + C\frac{\partial \mathbf{x}}{\partial \mathbf{p}} = CV + \frac{\partial C}{\partial \mathbf{p}}\mathbf{x}$$

Note que, nas equações acima, a derivada parcial de uma matriz em relação ao vetor **p** gera uma série de matrizes, cada uma das quais, quando multiplicada por **x**, gera uma coluna na matriz resultante. Ou seja, $(\partial A/\partial \mathbf{p})\mathbf{x}$ é uma matriz com a coluna de ordem j $(\partial A/\partial p_j)\mathbf{x}$. Isto é facilmente verificado escrevendo todas as equações escalares explicitamente e diferenciando termo a termo.

Classificação de sistemas pelo tipo

9.9 O sistema canônico com realimentação é representado na Figura 9-19.

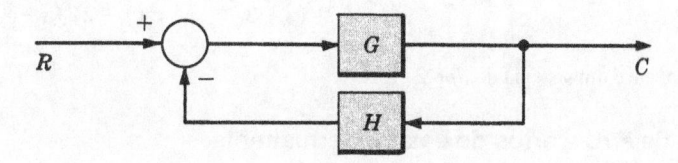

Figura 9-19

Classifique este sistema de acordo com o tipo se

(a) $G = \dfrac{1}{s}$ $H = 1$

(b) $G = \dfrac{5}{s(s+3)}$ $H = \dfrac{s+1}{s+2}$

(c) $G = \dfrac{2}{s^2 + 2s + 5}$ $H = s + 5$

(d) $G = \dfrac{24}{(2s+1)(4s+1)}$ $H = \dfrac{4}{4s(3s+1)}$

(e) $G = \dfrac{4}{s(s+3)}$ $H = \dfrac{1}{s}$

(a) $GH = \dfrac{1}{s}$; *tipo 1*

(b) $GH = \dfrac{5(s+1)}{s(s+2)(s+3)}$; *tipo 1*

(c) $GH = \dfrac{2(s+5)}{s^2 + 2s + 5}$; *tipo 0*

(d) $GH = \dfrac{96}{4s(2s+1)(3s+1)(4s+1)} = \dfrac{1}{s\left(s+\frac{1}{2}\right)\left(s+\frac{1}{3}\right)\left(s+\frac{1}{4}\right)}$; *tipo 1*

(e) $GH = \dfrac{4}{s^2(s+3)}$; *tipo 2*

9.10 Classifique o sistema mostrado na Figura 9-20 pelo tipo:

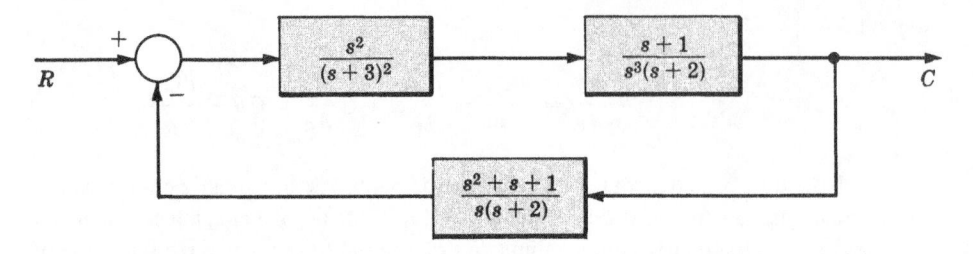

Figura 9-20

A função de transferência de malha aberta deste sistema é

$$GH = \frac{s^2(s+1)(s^2+s+1)}{s^4(s+2)^2(s+3)^2} = \frac{(s+1)(s^2+s+1)}{s^2(s+2)^2(s+3)^2}$$

Portanto, ele é um sistema do *tipo 2*.

Constantes de erro e erros de estado permanente

9.11 Mostre que o erro de estado permanente $e(\infty)$ de um sistema estável com realimentação unitária tipo *I*, quando a entrada é uma função degrau unitário, está relacionado com a constante de erro de posição por

$$e(\infty) = \lim_{t \to \infty} e(t) = \frac{1}{1+K_p}$$

A razão de erro (Definição 7.5) para um sistema com realimentação negativa unitária é dada pela Equação (7.4) com $H = 1$, isto é, $E/R = 1/(1 + G)$. Para $R = 1/s$, $E = (1/s)(1/(1 + G))$. A partir do Teorema do Valor Final, obtemos

$$e(\infty) = \lim_{s \to 0} sE(s) = \lim_{s \to 0}\left(\frac{s}{s[1+G(s)]}\right) = \frac{1}{1+\lim_{s \to 0}G(s)} = \frac{1}{1+K_p}$$

onde usamos a definição $K_p \equiv \lim_{s \to 0} G(s)$.

9.12 Mostre que o erro de estado permanente $e(\infty)$ de um sistema com realimentação unitária tipo *I*, com uma função de entrada de rampa unitária, está relacionado à constante de erro de velocidade por $e(\infty) = \lim_{t \to \infty} e(t) = 1/K_v$.

Temos $E/R = 1/(1 + G)$ e $E = (1/s^2)(1/(1 + G))$ para $R = 1/s^2$. Visto que $G = KB_1(s)/s^l B_2(s)$ pela Definição 9.4,

$$E = \frac{1}{s^2}\left[\frac{s^l B_2(s)}{s^l B_2(s) + KB_1(s)}\right]$$

Para $l > 0$, temos

$$sE(s) = \frac{B_2(s)}{sB_2(s) + KB_1(s)/s^{l-1}}$$

em que $l - 1 \geq 0$. Agora podemos usar o Teorema do Valor Final, como foi dado no problema anterior, porque a condição para a aplicação desse teorema é atendida. Isto é, para $l > 0$, temos

$$e(\infty) = \lim_{s \to 0} sE(s) = \begin{cases} 0 & \text{para } l > 1 \\ \dfrac{B_2(0)}{KB_i(0)} & \text{para } l = 1 \end{cases}$$

$B_1(0)$ e $B_2(0)$ são finitas e não nulas pela Definição 9.4; portanto, o limite existe (ou seja, ele é finito).

Não podemos evocar o Teorema do Valor Final para o caso $l = 0$ porque

$$sE(s)\big|_{l=0} = \frac{1}{s}\left[\frac{B_2(s)}{B_2(s)+KB_1(s)}\right]$$

e o limite quando $s \to 0$, da quantidade no segundo membro, não existe. Entretanto, podemos usar o seguinte argumento para $l = 0$. Visto que o sistema é estável, $B_2(s) + KB_1(s)$ tem raízes apenas no semiplano esquerdo. Portanto, E pode ser escrito com seu denominador na forma fatorada geral

$$E = \frac{B_2(s)}{s^2 \prod_{i=1}^{r}(s+p_i)^{n_i}}$$

em que $\text{Re}(p_i) > 0$ e $\sum_{i=1}^{r} n_i = n - a$ (ver Definição 9.4), ou seja, algumas raízes podem ser repetidas. Desenvolvendo E em frações parciais (Equação 4.10a), obtemos

$$E = \frac{c_{20}}{s^2} + \frac{c_{10}}{s} + \sum_{i=1}^{r}\sum_{k=1}^{n_i} \frac{c_{ik}}{(s+p_i)^k}$$

em que b_n na Equação (4.10a) é zero porque o grau do denominador é maior do que o do numerador ($m < n$). Invertendo $E(s)$ (Seção 4.8), temos

$$e(t) = c_{20}t + c_{10} + \sum_{i=1}^{r}\sum_{k=1}^{n_i} \frac{c_{ik}}{(k-1)!}t^{k-1}e^{-p_i t}$$

Visto que $\text{Re}(p_i) > 0$ e c_{20} e c_{10} são constantes finitas não nulas (E é uma expressão algébrica racional), então

$$e(\infty) = \lim_{t\to\infty} e(t) = \lim_{t\to\infty}(c_{20}t) + c_{10} = \infty$$

Reunindo os resultados, temos

$$e(\infty) = \begin{cases} \infty & \text{para} \quad l = 0 \\ \dfrac{B_2(0)}{KB_1(0)} & \text{para} \quad l = 1 \\ 0 & \text{para} \quad l > 1 \end{cases}$$

De forma equivalente,

$$\frac{1}{e(\infty)} = \begin{cases} 0 & \text{para} \quad l = 0 \\ \dfrac{KB_1(0)}{B_2(0)} & \text{para} \quad l = 1 \\ \infty & \text{para} \quad l > 1 \end{cases}$$

Esses três valores para $1/e(\infty)$ definem K_v; assim,

$$e(\infty) = \frac{1}{K_v}$$

9.13 Para a Figura 9-21, determine as constantes de erro de posição, velocidade e aceleração.

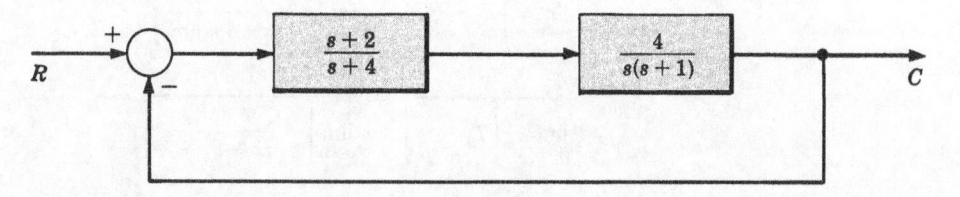

Figura 9-21

Constante de erro de posição:

$$K_p = \lim_{s \to 0} G(s) = \lim_{s \to 0} \frac{4(s+2)}{s(s+1)(s+4)} = \infty$$

Constante de erro de velocidade:

$$K_v = \lim_{s \to 0} sG(s) = \lim_{s \to 0} \frac{4(s+2)}{(s+1)(s+4)} = 2$$

Constante de erro de aceleração:

$$K_a = \lim_{s \to 0} s^2 G(s) = \lim_{s \to 0} \frac{4s(s+2)}{(s+1)(s+4)} = 0$$

9.14 Para o sistema no Problema 9.13, determine o erro de estado permanente para (a) uma entrada degrau unitário, (b) uma entrada rampa unitária, (c) uma entrada parabólica unitária.

   (a) O erro de estado permanente para uma entrada degrau unitário é dado por $e(\infty) = 1/(1 + K_p)$. Usando o resultado do Problema 9.13 obtemos $e(\infty) = 1/(1 + \infty) = 0$.

   (b) O erro de estado permanente para uma entrada rampa unitária é dado por $e(\infty) = 1/K_v$. Usando novamente o resultado do Problema 9.13, temos $e(\infty) = \frac{1}{2}$.

   (c) O erro de estado permanente para uma entrada parabólica unitária é dado por $e(\infty) = 1/K_a$. Então, $e(\infty) = 1/0 = \infty$.

9.15 A Figura 9-22 representa aproximadamente um diferenciador. A sua função de transferência é $C/R = Ks/[s(\tau s + 1) + K]$. Note que $\lim_{\tau \to 0, K \to \infty} C/R = s$, ou seja, C/R é um diferenciador puro no limite. Determine as constantes de erro degrau, rampa e parabólica para este sistema, em que o sistema ideal T_d é suposto ser um diferenciador.

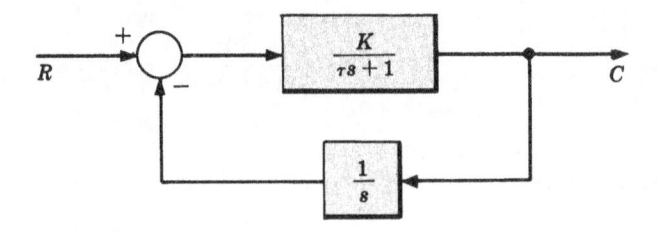

Figura 9-22

Usando a notação da Seção 9.10, $T_d = s$ e $T_d - C/R = s^2(\tau s + 1)/[s(\tau s + 1) + K]$. Aplicando as Definições 9.8, 9.9 e 9.10, obtemos

$$K_s = \frac{1}{\lim_{s \to 0}\left[T_d - \frac{C}{R}\right]} = \frac{1}{\lim_{s \to 0}\left[\frac{s^2(\tau s + 1)}{s(\tau s + 1) + K}\right]} = \infty$$

$$K_r = \frac{1}{\lim_{s \to 0}\frac{1}{s}\left[T_d - \frac{C}{R}\right]} = \frac{1}{\lim_{s \to 0}\left[\frac{s(\tau s + 1)}{s(\tau s + 1) + K}\right]} = \infty$$

$$K_{pa} = \frac{1}{\lim_{s \to 0}\frac{1}{s^2}\left[T_d - \frac{C}{R}\right]} = \frac{1}{\lim_{s \to 0}\left[\frac{\tau s + 1}{s(\tau s + 1) + K}\right]} = K$$

9.16 Determine o valor de estado permanente da diferença (erro) entre as saídas de um diferenciador puro e o diferenciador aproximado do problema anterior para (a) uma entrada degrau unitário, (b) uma entrada rampa unitária, (e) uma entrada parabólica unitária.

A partir do Problema 9.15, $K_s = \infty$, $K_r = \infty$ e $K_{pa} = K$.

(a) O erro de estado permanente para uma entrada degrau unitário é $e(\infty) = 1/K_s = 0$.

(b) O erro de estado permanente para uma entrada rampa unitária é $e(\infty) = 1/K_r = 0$.

(c) O erro de estado permanente para uma entrada parabólica unitária é $e(\infty) = 1/K_{pa} = 1/K$.

9.17 Dado o sistema com realimentação unitária tipo 2 estável mostrado na Figura 9-23, determine (a) as constantes de erro de posição, velocidade e aceleração, (b) o erro de estado permanente quando a entrada é $R = \dfrac{3}{s} - \dfrac{1}{s^2} + \dfrac{1}{2s^3}$.

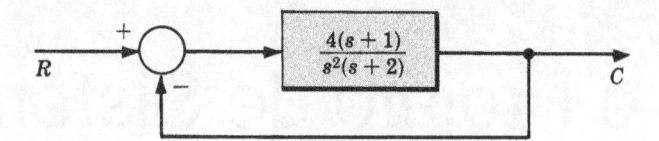

Figura 9-23

(a) Usando a última linha da Tabela 9.1 (sistemas *tipo 2*), as constantes de erro são $K_p = \infty$, $K_v = \infty$ e $K_a = (4)(1)/2 = 2$.

(b) Os erros de estado permanente para as entradas degrau unitário, rampa unitária e parabólica unitária são obtidos a partir da mesma linha da tabela e são dados por: $e_1(\infty) = 0$ para um degrau unitário; $e_2(\infty) = 0$ para uma rampa unitária; $e_3(\infty) = \tfrac{1}{2}$ para uma parábola unitária.

Visto que o sistema é linear, os erros podem ser superpostos. Assim, o erro de estado permanente quando a entrada é $R = \dfrac{3}{s} - \dfrac{1}{s^2} + \dfrac{1}{2s^3}$ é dado por $e(\infty) = 3e_1(\infty) - e_2(\infty) + \tfrac{1}{2}e_3(\infty) = \tfrac{1}{4}$.

Problemas complementares

9.18 Prove a validade da Equação (9.17). (*Sugestão*: Ver Problemas 9.11 e 9.12.)

9.19 Prove a validade da Equação (9.19). (*Sugestão:* Ver Problemas 9.11 e 9.12.)

9.20 Prove a validade da Equação (9.21). (*Sugestão:* Ver Problemas 9.11 e 9.12.)

9.21 Determine a sensibilidade do sistema no Problema 7.9, para as variações em cada um dos parâmetros K_1, K_2 e p individualmente.

9.22 Gere uma expressão, em termos das sensibilidades determinadas no Problema 9.21, que relacione a variação total na função de transferência do sistema no Problema 7.9 às variações em K_1, K_2 e p.

9.23 Mostre que o erro de estado permanente $e(\infty)$ de um sistema com realimentação unitária tipo *I* estável com uma entrada parabólica unitária está relacionado à constante de erro de aceleração por $e(\infty) = \lim_{t \to \infty} e(t) = 1/K_a$. (*Sugestão:* Ver Problema. 9.12.)

9.24 Verifique as Equações (9.26) e (9.27) realizando todas as diferenciações em todo o conjunto de equações diferenciais simultâneas escalares que compõem a Equação (9.25).

Respostas Selecionadas

9.21 $S_{K_1}^{C/R} = \dfrac{s+p}{s+p-K_1K_2}$ $\quad S_{K_2}^{C/R} = \dfrac{K_1K_2}{s+p-K_1K_2}$ $\quad S_p^{C/R} = \dfrac{-p}{s+p-K_1K_2}$

9.22 $\Delta \dfrac{C}{R} = \dfrac{(s+p)\Delta K_1 + (K_1K_2)\Delta K_2 - p\Delta p}{s+p-K_1K_2}$

Capítulo 10

Análise e Projeto de Sistemas de Controle com Realimentação: Objetivos e Métodos

10.1 INTRODUÇÃO

Os conceitos básicos, as ferramentas matemáticas e as propriedades dos sistemas de controle com realimentação foram apresentados nos primeiros nove capítulos. A atenção é agora focalizada sobre o nosso maior objetivo: a *análise e projeto de sistemas de controle com realimentação*.

Os métodos apresentados nos próximos oito capítulos são técnicas lineares aplicáveis a modelos lineares. Entretanto, em circunstâncias apropriadas, um ou mais podem ser usados também para problemas de sistemas não lineares, gerando assim projetos aproximados quando o método particular é suficientemente robusto. Técnicas para a solução de problemas de sistemas de controle representados por modelos não lineares são introduzidas no Capítulo 19.

Este capítulo é dedicado principalmente a tornar explícitos os objetivos e descrever brevemente a metodologia de análise e projeto. Também está incluída uma abordagem de projeto de sistemas digitais, na Seção 10.8, que pode ser considerada independentemente das diversas abordagens desenvolvidas nos próximos capítulos.

10.2 OBJETIVOS DA ANÁLISE

Os três objetivos predominantes na análise dos sistemas com realimentação são a determinação das seguintes características dos sistemas:

1. O grau ou extensão da estabilidade do sistema.
2. O desempenho de estado permanente.
3. O desempenho no estado transitório.

O conhecimento de que um sistema é absolutamente estável ou não, é informação insuficiente para muitas finalidades. Se um sistema é estável, geralmente queremos saber o quão próximo o sistema está de tornar-se instável. Precisamos determinar sua *estabilidade relativa*.

No Capítulo 3 aprendemos que a solução completa das equações diferenciais descrevendo um sistema pode ser desdobrada em duas partes. A primeira, a solução de estado permanente, é aquela parte da solução completa que não tende para zero à medida que o tempo tende para o infinito. A segunda, a resposta transitória, é aquela parte da solução completa que tende para zero, (ou decresce) à medida que o tempo tende para o infinito. Logo veremos que há uma forte correlação entre estabilidade relativa e resposta transitória dos sistemas de controle com realimentação.

10.3 MÉTODOS DE ANÁLISE

O procedimento geral para análise de um sistema de controle é o seguinte:

1. Determine as equações ou função de transferência para cada componente do sistema.
2. Escolha um modelo para representar o sistema (diagrama em blocos ou diagrama de fluxo de sinal).
3. Formule o modelo do sistema conectando apropriadamente os componentes (blocos ou nós e ramos).
4. Determine as características do sistema.

Há vários métodos disponíveis para determinação das características dos sistemas lineares. A solução direta do sistema de equações diferenciais deve ser empregada para achar as soluções de estado permanente e transitória (Capítulos 3 e 4). Esta técnica é trabalhosa para sistemas de segunda ordem ou de ordem mais elevada, e a estabilidade relativa é difícil de estudar no domínio do tempo.

Quatro métodos primariamente gráficos estão disponíveis para o analista de sistemas de controle, os quais são mais simples e mais diretos do que o método no domínio do tempo para modelos lineares práticos de sistemas de controle com realimentação. São eles:

1. O Método do Lugar das Raízes
2. Representações pelo Diagrama de Bode
3. Diagramas de Nyquist
4. Diagramas de Nichols

Os últimos três são técnicas do domínio da frequência. Todos os quatro são considerados em detalhe nos Capítulos 13, 15, 11 e 17, respectivamente.

10.4 OBJETIVOS DO PROJETO

A finalidade básica de um projeto de sistema de controle é satisfazer as *especificações de desempenho*. As especificações de desempenho são as limitações feitas sobre as funções matemáticas que descrevem as características do sistema. Elas podem ser enunciadas de várias maneiras. Geralmente tomam duas formas:

1. Especificações no domínio da frequência (quantidades pertinentes expressas como funções de frequência).
2. Especificações no domínio do tempo (em termos da resposta no tempo).

As características de sistema desejadas podem ser prescritas, seja em uma ou ambas as formas acima. Em geral, elas especificam três propriedades importantes dos sistemas dinâmicos:

1. Velocidade de resposta
2. Estabilidade relativa
3. Precisão do sistema ou erro permissível.

As **especificações no domínio da frequência** para sistemas contínuos e discretos no tempo são geralmente enunciadas em uma das sete maneiras a seguir. Para manter a generalidade, definimos uma **função de resposta em frequência de malha aberta unificada** $GH(\omega)$:

$$GH(\omega) \equiv \begin{cases} GH(j\omega) & \text{para sistemas contínuos} \\ GH(e^{j\omega T}) & \text{para sistemas discretos no tempo} \end{cases} \qquad (10.1)$$

1. Margem de ganho

A margem de ganho, uma medida da estabilidade relativa, é definida como módulo do inverso da função de transferência de malha aberta, calculada na frequência ω_π, na qual o ângulo de fase (ver Capítulo 6) é −180 graus. Isto é,

$$\text{margem de ganho} \equiv \frac{1}{|GH(\omega_\pi)|} \qquad (10.2)$$

em que arg $GH(\omega_\pi) = -180° - \pi$ radianos e ω_π é denominada frequência de **cruzamento de fase**.

2. Margem de fase ϕ_{PM}

A margem de fase ϕ_{PM}, uma medida da estabilidade relativa, é definida como 180 graus mais o ângulo de fase ϕ_1 da função de transferência de malha aberta no ganho unitário. Isto é,

$$\phi_{PM} \equiv [180 + \arg GH(\omega_1)] \text{ graus} \qquad (10.3)$$

em que $|GH(\omega_1)| = 1$ e ω_1 é denominada frequência de **cruzamento do ganho**.

Exemplo 10.1 As margens de ganho e de fase de um sistema de controle com realimentação típica são ilustradas na Figura 10-1.

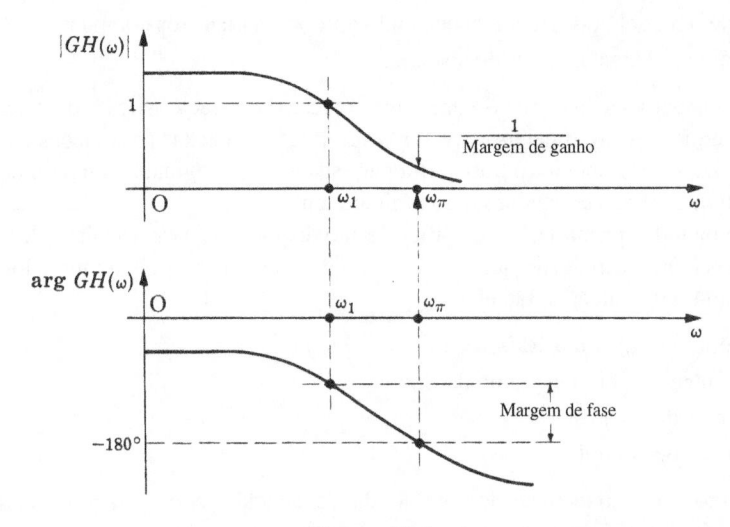

Figura 10-1

3. Retardo de tempo T_d

O retardo de tempo T_d é uma especificação do domínio da frequência e é uma medida da velocidade de resposta. É dado por

$$T_d(\omega) = -\frac{d\gamma}{d\omega} \tag{10.4}$$

em que $\gamma = \arg(C/R)$. O valor médio de $T_d(\omega)$ sobre as frequências de interesse é geralmente especificado.

4. Largura de faixa (BW)

De uma forma mais geral, a largura de faixa (*bandwidth*) de um sistema foi definida no Capitulo 1 como aquela faixa de frequência da entrada sobre a qual o sistema responderá satisfatoriamente

O desempenho satisfatório é determinado pela aplicação e características do sistema particular. Por exemplo, os amplificadores de áudio são frequentemente comparados com base nas suas larguras de faixa. O amplificador de áudio de alta fidelidade ideal tem uma *resposta de frequência plana* de 20 a 20.000 Hz. Isto é, ele tem uma faixa de passagem ou largura de faixa de 19.980 Hz (geralmente arredondada para 20.000 Hz). A resposta de frequência plana significa que a *razão da grandeza* da saída para a entrada é essencialmente constante, dentro da largura de faixa. Em consequência, os sinais no espectro de áudio são fielmente reproduzidos pelo amplificador de largura de faixa de 20.000 Hz. A razão dos módulos é o valor absoluto da função de resposta em frequência do sistema.

A resposta de frequência de um amplificador de áudio de alta fidelidade é mostrada na Figura 10-2. A razão dos módulos é 0,707 do seu máximo, ou aproximadamente 3 dB abaixo, nas **frequências de corte**.

$$f_{c1} = 20 \text{ Hz} \qquad f_{c2} = 20.000 \text{ Hz}$$

Figura 10-2

"dB" é a abreviação para **decibel**, definida pela seguinte equação:

$$dB \equiv 20 \log_{10} (\text{razão dos módulos}) \qquad (10.5)$$

Frequentemente a largura de faixa de um sistema é definida como a faixa de frequências sobre a qual a razão dos módulos não difere em mais do que -3 dB do seu valor em uma frequência especificada. Mas nem sempre. Em geral, o significado preciso de largura de faixa é esclarecido pela descrição do problema. De qualquer forma, a largura de faixa é geralmente uma medida da velocidade de resposta de um sistema.

A frequência cruzada do ganho ω_1 definida na Equação (10.3) é muitas vezes uma boa aproximação para a largura de faixa de um sistema de malha fechada.

A notação da amostragem de sinal, e do *tempo de amostragem uniforme T*, foi introduzido nos Capítulos 1 e 2 (especialmente na Seção 2.4), para sistemas que contêm sinais contínuos e discretos no tempo, e os dois tipos de elementos, incluindo amostradores, dispositivos de retenção e computadores. O valor de T é um parâmetro de projeto para estes sistemas e sua escolha é determinada por considerações de precisão e custo. O *teorema da amostragem* [9, 10] fornece um limite superior em T, necessitando que a taxa de amostragem seja pelo menos duas vezes a componente de maior frequência, f_{max}, do sinal amostrado, ou seja, $T \leq \dfrac{1}{2f_{max}}$. Na prática, podemos usar a frequência de corte f_{c2} (como na Figura 10-2) para f_{max} e por meio de uma regra prática importante podemos escolher T na faixa $\dfrac{1}{10f_{c2}} \leq T \leq \dfrac{1}{6f_{c2}}$. Entretanto, outros requisitos de projeto podem exigir valores de T ainda menores. Por outro lado, o maior valor de T de acordo com as especificações geralmente resulta no menor custo para os componentes do sistema.

5. Taxa de corte

A taxa de corte é a taxa de frequência a qual diminui a razão dos módulos, além da frequência de corte ω_c. Por exemplo, a taxa de corte pode ser especificada como 6 dB/oitava. Uma oitava é um fator dois de variação de frequência.

6. Pico de ressonância M_p

O pico de ressonância M_p, uma medida de estabilidade relativa, é o valor máximo do módulo da resposta de frequência em malha fechada. Isto é,

$$M_p \equiv \max_{\omega} \left| \frac{C}{R} \right| \qquad (10.6)$$

7. Frequência de ressonância ω_p

A frequência de ressonância ω_p é a frequência na qual M_p ocorre.

Exemplo 10.2 A largura de faixa BW (*bandwidth*), a frequência de corte ω_c, o pico de ressonância M_p e a frequência de ressonância ω_p para um sistema de segunda ordem subamortecido são ilustradas na Figura 10-3.

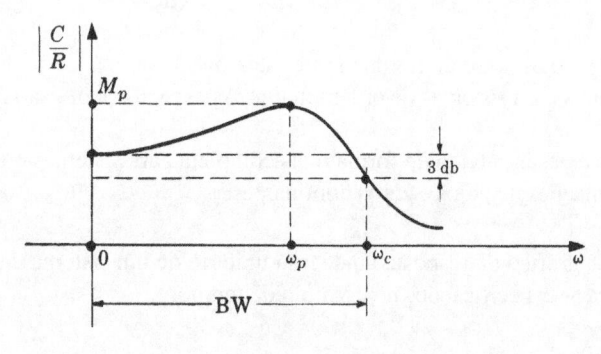

Figura 10-3

As **especificações no domínio do tempo** são geralmente definidas em termos da resposta à função degrau unitário, função rampa e função parabólica. Cada resposta tem um estado permanente e uma componente transitória.

O *desempenho de estado permanente*, em termos de erro do estado permanente, é uma medida da precisão do sistema, quando uma entrada específica é aplicada. Os valores de mérito para o desempenho de estado permanente, por exemplo, as constantes de erro K_p, K_v, K_a, são definidos no Capítulo 9.

O *desempenho transitório* é descrito normalmente em termos da resposta à função degrau unitário. Especificações típicas são:

1. **Sobrelevação**

   A sobrelevação (*overshoot*) é a diferença máxima entre as soluções transitória e de estado permanente para uma entrada de função degrau unitário. É uma medida de estabilidade relativa e frequentemente representada com uma percentagem no final da saída (solução de estado permanente).

   As quatro especificações a seguir são medidas da velocidade da resposta.

2. **Retardo de tempo T_d**

   O retardo de tempo T_d, interpretado como uma especificação no domínio do tempo, é frequentemente definido como o tempo requerido para que a resposta a uma função degrau unitário de entrada atinja 50% do seu valor final.

3. **Tempo de subida T_r**

   O tempo de subida T_r é normalmente definido como o tempo requerido para que a resposta a uma função degrau unitário de entrada cresça de 10% a 90% do seu valor final.

4. **Tempo de estabelecimento T_s**

   O tempo de estabelecimento T_s é frequentemente definido como o tempo requerido para que a resposta a uma função degrau unitário de entrada atinja e permaneça dentro de uma percentagem especificada (geralmente 2 ou 5%) do seu valor final.

5. **Constante de tempo predominante**

   A constante de tempo predominante τ, uma medida alternativa para o tempo de estabelecimento, frequentemente é definido como o tempo constante associado com o termo que domina a resposta transiente.

   A constante de tempo predominante é definida em termos do caráter decrescente exponencial da resposta transitória. Por exemplo, para sistemas contínuos subamortecidos de primeira e segunda ordens, os termos transitórios têm a forma $Ae^{-\alpha t}$ e $Ae^{-\alpha t}\cos(\omega_d t + \phi)$, respectivamente ($\alpha > 0$). Em cada caso, o retardo é determinado por $e^{-\alpha t}$. A constante de tempo τ é definida como o tempo requerido no qual o expoente $-\alpha t = -1$, ou seja, quando a exponencial alcança 37% do seu valor inicial. Portanto, $\tau = 1/\alpha$.

   Para sistemas de controle contínuos com realimentação de ordem maior do que dois, a constante de tempo predominante pode, algumas vezes, ser estimada a partir da constante de tempo de um sistema de segunda ordem subamortecido, o qual aproxima o sistema de ordem mais elevado. Visto que

$$\tau \leq \frac{1}{\zeta\omega_n} \tag{10.7}$$

ζ e ω_n (Capítulo 3) são os dois valores de mérito mais significativos, definido para sistemas de segunda ordem, mas frequentemente úteis para sistemas de ordem maior. As especificações são frequentemente dadas em termos de ζ e ω_n.

Este conceito é desenvolvido de forma mais completa para sistemas contínuos e discretos no Capítulo 14, em termos de aproximações de polos e zeros dominantes.

Exemplo 10.3 O gráfico da resposta ao degrau unitário de um sistema de segunda ordem amortecido na Figura 10-4 ilustra as especificações no domínio do tempo:

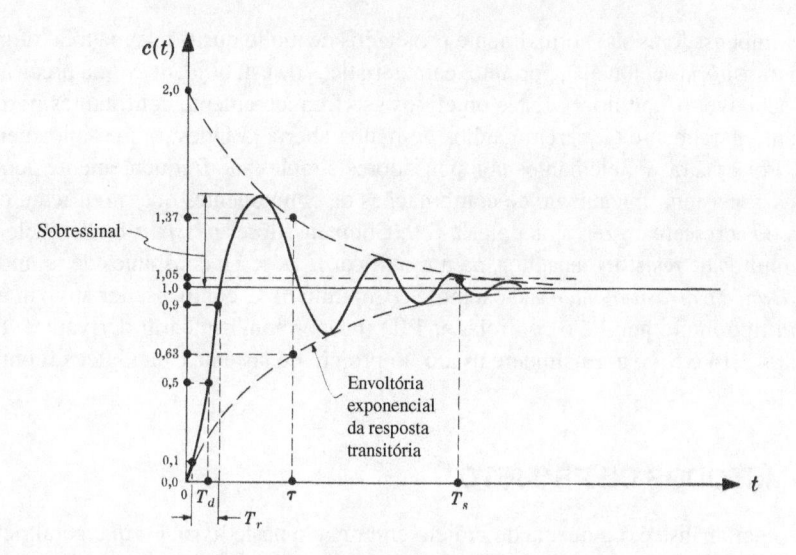

Figura 10-4

10.5 COMPENSAÇÃO DE SISTEMAS

Consideramos primeiro que G e H são configurações fixas de componentes sobre os quais os projetistas não têm controle. Para determinar as especificações de desempenho para sistemas de controle com realimentação, os componentes de *compensação* apropriados (algumas vezes denominadas *equalizadores*) são normalmente introduzidos no sistema. Esses componentes podem consistir de elementos passivos ou ativos, muitos dos quais foram discutidos nos Capítulos 2 e 6. Eles podem ser introduzidos em um percurso direto (*compensação em cascata*), ou no percurso de realimentação (*compensação na realimentação*), como mostra a Figura 10-5:

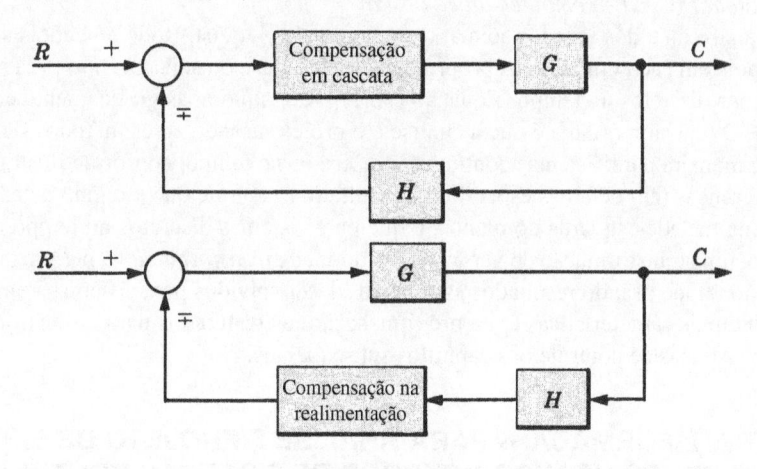

Figura 10-5

A compensação na realimentação também pode ocorrer em malhas de realimentação menores (Figura 10-6).

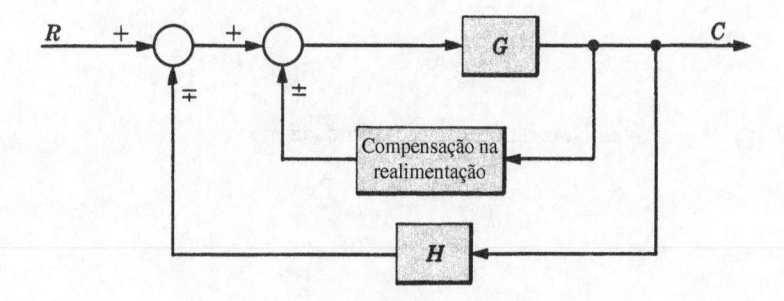

Figura 10-6

Os compensadores são normalmente projetados de modo que o sistema total (contínuo ou discreto) tenha uma resposta transitória aceitável e, portanto, características de estabilidade e uma precisão de estado permanente desejada ou aceitável (Capítulo 9). Estes objetivos são frequentemente conflitantes porque pequenos erros de estado permanente geralmente requerem ganhos de malha aberta grandes, o que tipicamente degrada a estabilidade do sistema. Por essa razão, elementos compensadores simples são frequentemente combinados em um projeto simples. Eles consistem tipicamente de combinações de componentes que modificam o ganho K e/ou constantes de tempo τ, ou acrescentam zeros ou polos a GH. Compensadores *passivos* incluem elementos físicos passivos assim como circuitos de resistor/capacitor, para modificar K ($K < 1$), constantes de tempo, zeros ou polos; circuitos de *atraso*, *avanço* e *atraso-avanço* são exemplos (Capítulo 6). O compensador ativo mais comum é o amplificador ($K > 1$). Um tipo muito geral é o controlador PID (proporcional-integral-derivativo) discutido nos Capítulos 2 e 6 (Exemplos 2.14 e 6.7), normalmente usado no projeto de sistemas analógicos (contínuos) ou discretos no tempo (digitais).

10.6 MÉTODOS DE PROJETO

O projeto por análise é o esquema de projeto empregado neste livro, porque geralmente é a abordagem mais prática, com a exceção de que o projeto direto de sistemas digitais, discutido na Seção 10.8, é uma técnica de síntese real. Os métodos de análise previamente mencionados, reiterados abaixo, são aplicados nos projetos dos Capítulos 12, 14, 16 e 18.

1. Diagramas de Nyquist (Capítulo 12)
2. Método do Lugar das Raízes (Capítulo 14)
3. Representações do Diagrama de Bode (Capítulo 16)
4. Diagramas de Nichols (Capítulo 18)

Os procedimentos de análise e projeto de sistemas de controle baseados nestes métodos têm sido automatizados por meio de pacotes de softwares para computadores com finalidades específicas e denominados *projeto auxiliado por computador* (CAD – *computer-aided design*).

Dos quatro métodos listados acima, os métodos de Nyquist, Bode e Nichols são técnicas de *resposta de frequência*, pois em cada um deles as propriedades de $GH(\omega)$, ou seja, $GH(j\omega)$ para sistemas contínuos ou $GH(e^{j\omega T})$ para sistemas discretos no tempo [Equação (10.1)], são exploradas graficamente como uma função da frequência angular ω. O mais importante é que a análise e o projeto usando esses métodos são realizados fundamentalmente da mesma maneira para sistemas contínuos e discretos no tempo, conforme ilustra os capítulos subsequentes. As únicas diferenças (em detalhes específicos) resultam do fato de que a região de estabilidade para sistemas contínuos está na metade esquerda do plano s e que para sistemas discretos no tempo é o círculo unitário no plano z. Entretanto, uma transformação de variáveis denominada *transformada w*, permite a análise e o projeto de sistemas discretos no tempo usando resultados específicos desenvolvidos para sistemas contínuos. Apresentamos nesta seção as principais características e, na próxima seção, os resultados para a transformada w para uso em análise e projeto de sistemas de controle nos capítulos subsequentes.

10.7 TRANSFORMADA *W* PARA ANÁLISE E PROJETO DE SISTEMAS DISCRETOS NO TEMPO USANDO MÉTODOS DE SISTEMAS CONTÍNUOS

A transformada w foi definida no Capítulo 5 para a análise de estabilidade de sistemas discretos no tempo. Ela é uma transformação bilinear entre os planos complexos w e z definida pelo par:

$$w = \frac{z-1}{z+1} \qquad z = \frac{1+w}{1-w} \tag{10.8}$$

em que $z = \mu + j\nu$. A variável complexa w é definida como

$$w = \operatorname{Re} w + j \operatorname{Im} w \tag{10.9}$$

As seguintes relações entre estas variáveis são úteis na análise e projeto de sistemas de controle discretos no tempo:

1. $$\text{Re } w = \frac{\mu^2 + \nu^2 - 1}{\mu^2 + \nu^2 + 2\mu + 1} \qquad (10.10)$$

2. $$\text{Im } w = \frac{2\nu}{\mu^2 + \nu^2 + 2\mu + 1} \qquad (10.11)$$

3. Se $|z| < 1$, então Re $w < 0$ \hfill (10.12)

4. Se $|z| = 1$, então Re $w = 0$ \hfill (10.13)

5. Se $|z| > 1$, então Re $w > 0$ \hfill (10.14)

6. No círculo unitário do plano z:

$$z = e^{j\omega T} = \cos \omega T + j \text{ sen } \omega T \qquad (10.15)$$

$$\mu^2 + \nu^2 = \cos^2 \omega T + \text{sen}^2 \omega T = 1 \qquad (10.16)$$

$$w = j\frac{\nu}{\mu + 1} \qquad (10.17)$$

Portanto, a região interna ao círculo unitário no plano z mapeia a metade esquerda do plano w; a região externa ao círculo unitário mapeia a metade direita do plano w; e o círculo unitário mapeia o eixo imaginário do plano w. Além disso, as funções racionais de z mapeiam as funções racionais de w.

Por estas razões, as propriedades absolutas e relativas de estabilidade dos sistemas discretos podem ser determinadas usando os métodos desenvolvidos para sistemas contínuos no plano s. Especificamente, para a análise de resposta de frequência e o projeto de sistemas discretos no tempo no plano w, geralmente tratamos o plano w como se fosse o plano s. Entretanto, temos que considerar as distorções em certos mapeamentos, particularmente na frequência angular, ao interpretar os resultados.

A partir da Equação (10.17), definimos a frequência angular ω_w no eixo imaginário no plano w da seguinte forma

$$\omega_w \equiv \frac{\nu}{\mu + 1} \qquad (10.18)$$

A nova frequência angular ω_w no plano w está relacionada à frequência angular verdadeira ω no plano z por

$$\omega_w = \text{tg} \frac{\omega T}{2} \qquad \text{ou} \qquad \omega = \frac{2}{T}\text{tg}^{-1}\omega_w \qquad (10.19)$$

As propriedades a seguir de ω_w são úteis para traçar os gráficos de análise de resposta de frequência no plano w:

1. Se $\omega = 0$, então $\omega_w = 0$ \hfill (10.20)

2. Se $\omega \to \frac{\pi}{T}$, então $\omega_w \to +\infty$ \hfill (10.21)

3. Se $\omega \to -\frac{\pi}{T}$, então $\omega_w \to -\infty$ \hfill (10.22)

4. A faixa $-\frac{\pi}{T} < \omega < \frac{\pi}{T}$ é mapeada dentro da faixa $-\infty < \omega_w < +\infty$ \hfill (10.23)

Algoritmo para análise da resposta de frequência e projeto usando a transformada w

O procedimento é resumido a seguir:
1. Substitua $(1 + w)/(1 - w)$ por z na função de transferência de malha aberta $GH(z)$:

$$GH(z)\big|_{z = (1 + w)/(1 - w)} \equiv GH'(w) \qquad (10.24)$$

2. Gere as curvas de resposta de frequência, ou seja, os gráficos de Nyquist, de Bode, etc., para

$$GH'(w)|_{w=j\omega w} \equiv GH'(j\omega_w) \qquad (10.25)$$

3. Analise as propriedades de estabilidade relativa do sistema no plano w (como se fosse o plano s). Por exemplo, determine as margens de ganho e de fase, as frequências de cruzamento, a resposta de frequência de malha fechada, a largura de banda ou qualquer outra curva característica relacionada à resposta de frequência desejada.
4. Transforme as frequências críticas do plano w (valores de ω_w), determinadas no Passo 3, em frequências angulares (valores de ω) no domínio da frequência verdadeira (plano z), usando a Equação (10.19).
5. Se for um problema de projeto, projete compensadores apropriados para modificar $GH'(j\omega_w)$ e para satisfazer as especificações de desempenho.

Esse algoritmo é desenvolvido e aplicado posteriormente nos Capítulos 15 a 18.

Exemplo 10.4 A função de transferência de malha aberta

$$GH(z) = \frac{(z+1)^2/100}{(z-1)(z+\frac{1}{3})(z+\frac{1}{2})} \qquad (10.26)$$

é transformada para o domínio w por meio da substituição $z = (1+w)/(1-w)$ na expressão por $GH(z)$, que resulta em

$$GH'(w) = \frac{-6(w-1)/100}{w(w+2)(w+3)} \qquad (10.27)$$

A análise de estabilidade relativa de $GH'(w)$ é adiada até o Capítulo 15.

10.8 PROJETO ALGÉBRICO DE SISTEMAS DIGITAIS INCLUINDO SISTEMAS *DEADBEAT*

Quando computadores digitais ou microprocessadores são componentes de um sistema discreto no tempo, compensadores podem ser facilmente implementados no software ou no firmware, facilitando assim o projeto direto do sistema por meio de solução algébrica para a função de transferência do compensador que satisfaz os objetivos do projeto dado. Por exemplo, considere que queremos construir um sistema com função de transferência de malha fechada C/R, que pode ser definido por características necessárias de malha fechada como largura de faixa, ganho em estado permanente, tempo de resposta, etc. Então, dada a função de transferência da planta $G_2(z)$, o compensador na malha direta necessário $G_1(z)$ pode ser determinado a partir da relação para a função de transferência de malha fechada do sistema canônico dado na Seção 7.5:

$$\frac{C}{R} = \frac{G_1 G_2}{1 + G_1 G_2 H} \qquad (10.28)$$

Então, o compensador necessário é determinado calculando $G_1(z)$:

$$G_1 = \frac{C/R}{G_2(1 - HC/R)} \qquad (10.29)$$

Exemplo 10.5 O sistema de realimentação unitária ($H \equiv 1$) na Figura 10-7, com $T = 0,1$s amostrado de forma uniforme e síncrona, necessita de um ganho em estado permanente $(C/R)(1) = 1$ e um tempo de subida T_r de 2 segundos ou menos.

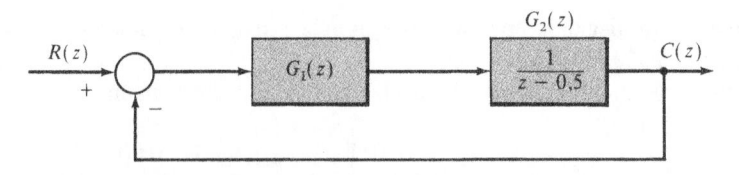

Figura 10-7

O C/R mais simples que satisfaz os requisitos é $(C/R) = 1$. Entretanto, o compensador necessário seria

$$G_1 = \frac{\dfrac{C}{R}}{G_2\left(1 - \dfrac{C}{R}\right)} = \frac{1}{\dfrac{1}{z - 0,5}(1 - 1)} = \frac{z - 0,5}{0}$$

que tem ganho infinito, um zero em $z = 0,5$ e não tem polos, que é irrealizável. Para ser realizável (Seção 6.6), G_1 tem que ter pelo menos tantos polos quanto zeros. Consequentemente, mesmo com o cancelamento dos polos e zeros de G_2 pelos polos e zeros de G_1, C/R deve conter pelo menos $n - m$ polos, em que n é o número de polos e m o número de zeros de G_2.

O C/R realizável mais simples tem a forma

$$\frac{C}{R} = \frac{K}{z - a}$$

Conforme mostra o Problema 10.10, o tempo de subida para o sistema discreto no tempo de primeira ordem, como o dado por C/R acima, é

$$T_r \leq \frac{T \ln \frac{1}{9}}{\ln a}$$

Calculando a, obtemos

$$a = \left[\frac{1}{9}\right]^{T_r/T} = \left[\frac{1}{9}\right]^{20} = 0,8959$$

Então

$$\frac{C}{R} = \frac{K}{z - a} = \frac{K}{z - 0,8959}$$

e, para o ganho de estado permanente $(C/R)(1)$ ser 1, $K = 1 - 0,8959 = 0,1041$. Portanto, o compensador necessário é

$$G_1 = \frac{\dfrac{C}{R}}{G_2\left(1 - \dfrac{C}{R}\right)} = \frac{\dfrac{0,1041}{z - 0,8959}}{\dfrac{1}{z - 0,5}\left(1 - \dfrac{0,1041}{z - 0,8959}\right)} = \frac{0,1041(z - 0,5)}{z - 1}$$

Vemos que G_1 acrescentou um polo de $G_1 G_2$ a $z = 1$, tornando o sistema do tipo 1. Isto é devido à exigência de que o ganho de estado permanente é igual a 1.

Os sistemas *deadbeat* (ou sistemas de tempo mínimo) são uma classe de sistemas discretos no tempo que pode ser facilmente projetada usando a abordagem direta descrita antes. Por definição, a resposta *transitória* de malha fechada de um **sistema *deadbeat*** tem um comprimento finito, ou seja, se torna zero, e permanece em zero, após um número finito de amostras. Em resposta a uma entrada degrau, a saída deste sistema é constante a cada amostra após um período finito. Esta é **denominada de resposta** *deadbeat* (resposta de tempo mínimo).

Exemplo 10.6 Para um sistema com realimentação unitária com a função de transferência

$$G_2(z) = \frac{K_1(z + z_1)}{(z + p_1)(z + p_2)}$$

a introdução de um compensador na malha direta com

$$G_1(z) = \frac{(z+p_1)(z+p_2)}{(z-K_1)(z+z_1)}$$

resulta em uma função de transferência de malha fechada:

$$\frac{C}{R} = \frac{G_1 G_2}{1 + G_1 G_2} = \frac{K_1}{z}$$

A resposta ao impulso deste sistema é $c(0) = K_1$ e $c(k) = 0$ para $k > 0$. A resposta ao degrau é $c(0) = 0$ e $c(k) = K_1$ para $k > 0$.

Em geral, os sistemas podem ser projetados para exibir uma resposta *deadbeat* com uma resposta transitória de $n - m$ amostras, em que m é o número de zeros e n é o número de polos da planta. Entretanto, para evitar *ondulações interamostras* (variações periódicas ou aperiódicas) em sistemas mistos, contínuos/discretos no tempo, em que $G_2(z)$ tem uma entrada contínua e/ou saída, os zeros de $G_2(z)$ não devem ser cancelados pelo compensador como no Exemplo 10.5. A resposta transitória nestes casos é um mínimo de n amostras e a função de transferência em malha fechada tem n polos em $z = 0$.

Exemplo 10.7 Para o sistema com

$$G_2(z) = \frac{K(z+0,5)}{(z-0,2)(z-0,4)}$$

seja

$$G_1(z) = \frac{(z-0,2)(z-0,4)}{(z+a)(z+b)}$$

Então,

$$\frac{C}{R} = \frac{G_1 G_2}{1 + G_1 G_2} = \frac{K(z+0,5)}{(z+a)(z+b) + K(z+0,5)}$$

$$= \frac{K(z+0,5)}{z^2 + (a+b+K)z + ab + 0,5K}$$

Para uma resposta *deadbeat*, escolhemos

$$\frac{C}{R} \equiv \frac{K(z+0,5)}{z^2}$$

e, portanto,

$$a + b + K \equiv 0$$
$$ab + 0,5K \equiv 0$$

Existem muitas soluções possíveis para a, b e K e uma é $a = 0,3$, $b = -0,75$ e $K = 0,45$.

Se for necessário que o sistema de malha fechada seja do tipo l, é necessário que $G_1(z)G_2(z)$ contenha l polos em $z = 1$. Se $G_2(z)$ tiver o número necessário de polos, eles devem ser mantidos, ou seja, não cancelados pelos zeros de $G_1(z)$. Se $G_2(z)$ não tiver todos os polos necessários em $z = 1$, eles podem ser acrescentados em $G_1(z)$.

Exemplo 10.8 Para o sistema com

$$G_2(z) = \frac{K}{z-1}$$

considere que seja desejado um sistema de malha fechada do tipo 2 com resposta *deadbeat*. Isto pode ser conseguido com um compensador da forma:

$$G_1(z) = \frac{z+a}{z-1}$$

que acrescenta um polo em $z = 1$. Então

$$\frac{C}{R} = \frac{G_1 G_2}{1 + G_1 G_2} = \frac{K(z+a)}{(z-1)^2 + K(z+a)} = \frac{K(z+a)}{z^2 + (K-2)z + 1 + Ka}$$

Se for desejada uma resposta *deadbeat*, temos que ter

$$\frac{C}{R} = \frac{K(z+a)}{z^2}$$

e, portanto, $K - 2 = 0$ e $1 + Ka = 0$, dado $K = 2$ e $a = -0{,}5$.

Problemas Resolvidos

10.1 O gráfico na Figura 10-8 representa a característica de entrada-saída de um amplificador-controlador para um sistema de controle com realimentação, cujos outros componentes são lineares. Qual é a faixa linear de $e(t)$ para este sistema?

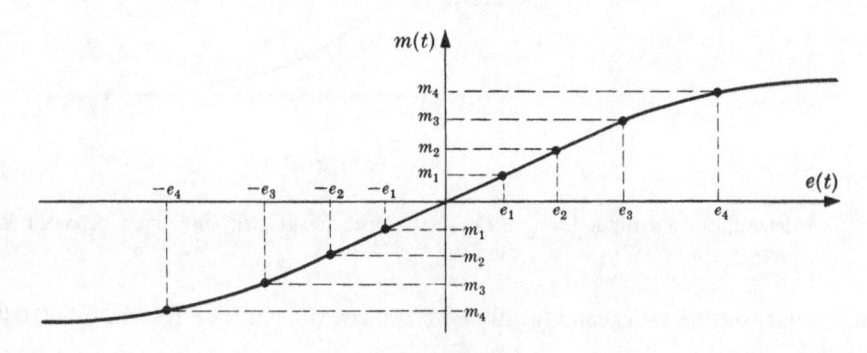

Figura 10-8

O amplificador-controlador opera linearmente na faixa de frequência aproximada $-e_3 \leq e \leq e_3$.

10.2 Determine a margem de ganho para o sistema no qual $GH(j\omega) = 1/(j\omega + 1)^3$.

Escrevendo $GH(j\omega)$ na forma polar, temos

$$GH(j\omega) = \frac{1}{(\omega^2 + 1)^{3/2}} \underline{/-3\,\mathrm{tg}^{-1}\omega} \qquad \arg GH(j\omega) = -3\,\mathrm{tg}^{-1}\omega$$

Então $-3\,\mathrm{tg}^{-1}\omega_\pi = -\pi$, $\omega_\pi = \mathrm{tg}(\pi/3) = 1{.}732$. Em consequência, pela Equação (10.2), a margem de ganho = $1/|GH(j\omega\pi)| = 8$.

10.3 Determine a margem de fase para o sistema do Problema 10.2.

Temos

$$|GH(j\omega)| = \frac{1}{(\omega^2 + 1)^{3/2}} = 1$$

somente quando $\omega = \omega_1 = 0$. Portanto,

$$\phi_{PM} = 180° + (-3\,\mathrm{tg}^{-1} 0) = 180° = \pi \text{ radianos}$$

10.4 Determine o valor médio de $T_d(\omega)$ sobre a faixa de frequências $0 \leq \omega \leq 10$ para $C/R = j\omega/(j\omega + 1)$. $T_d(\omega)$ é dado pela Equação (10.4).

$$\gamma = \arg \frac{C}{R}(j\omega) = \frac{\pi}{2} - \text{tg}^{-1}\omega \quad \text{e} \quad T_d(\omega) = \frac{-d\gamma}{d\omega} = \frac{d}{d\omega}[\text{tg}^{-1}\omega] = \frac{1}{1+\omega^2}$$

Portanto,

$$\text{Med. } T_d(\omega) = \frac{1}{10}\int_0^{10} \frac{d\omega}{1+\omega^2} = 0{,}147 \text{ s}$$

10.5 Determine a largura de faixa para o sistema cuja função de transferência é $(C/R)(s) = 1/(s+1)$.

Temos

$$\left|\frac{C}{R}(j\omega)\right| = \frac{1}{\sqrt{\omega^2+1}}$$

Um esboço de $|(C/R)(j\omega)|$ versus ω é dado na Figura 10-9.

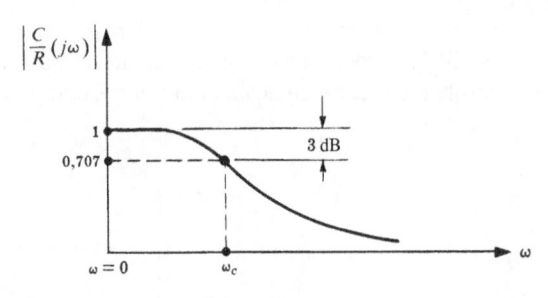

Figura 10-9

ω_c é determinado a partir de $1/\sqrt{\omega_c^2 + 1} = 0{,}707$. Visto que $|(C/R)(j\omega)|$ é uma função de frequência positiva estritamente decrescente, temos $BW = \omega_c = 1$ radiano.

10.6 Quantas oitavas estão entre (a) 200 Hz e 800 Hz, (b) 200 Hz e 100 Hz, (c) 10.048 radianos/s (RPS) e 100 Hz?

(a) Duas oitavas.

(b) Uma oitava.

(c) $f = \omega/2\pi = 10.048/2\pi = 1600$ Hz. Portanto, há quatro oitavas entre 10.048 rad/s e 100 Hz.

10.7 Determine o pico de ressonância M_p e a frequência ressonante ω_p para o sistema cuja função de transferência é $(C/R)(s) = 5/(s^2 + 2s + 5)$.

$$\left|\frac{C}{R}(j\omega)\right| = \frac{5}{|-\omega^2 + 2j\omega + 5|} = \frac{5}{\sqrt{\omega^4 - 6\omega^2 + 25}}$$

Fazendo a derivada de $|(C/R)(j\omega)|$ igual a zero, temos $\omega_p = \pm\sqrt{3}$. Portanto,

$$M_p = \max_\omega \left|\frac{C}{R}(j\omega)\right| = \left|\frac{C}{R}(j\sqrt{3})\right| = \frac{5}{4}$$

10.8 A saída em resposta a uma função de entrada de degrau unitário para um sistema de controle particular é $c(t) = 1 - e^{-t}$. Qual é o retardo de tempo T_d?

A saída é dada como uma função do tempo. Portanto, a definição de T_d no domínio do tempo apresentada na Seção 10.4 é aplicável. O valor final da saída é $\lim_{t \to \infty} c(t) = 1$. Em consequência, T_d (a 50% do valor final) é a solução de $0{,}5 = 1 - e^{-T_d}$ e é igual a $\log_e(2)$, ou 0,693.

10.9 Determine o tempo de subida T_r para $c(t) = 1 - e^{-t}$.

A 10% do valor final, $0,1 = 1 - e^{-t_1}$; portanto, $t_1 = 0,104$ segundos. A 90% do valor final, $0,9 = 1 - e^{-t_2}$; assim $t_2 = 2,302$ segundos. Então, $T_r = 2,302 - 0,104 = 2,198$ segundos.

10.10 Determine o tempo de subida do sistema discreto de primeira ordem:

$$P(z) = (1-a)/(z-a) \text{ com } |a| < 1.$$

Para uma entrada degrau, a transformada da saída é

$$Y(z) = P(z)U(z) = \frac{(1-a)z}{(z-1)(z-a)}$$

e a resposta no tempo é $y(k) = 1 - a^k$ para $k = 0, 1, \ldots$. Visto que $y(\infty) = 1$, o tempo de subida T_r é o tempo necessário para que a resposta ao degrau unitário varie de 0,1 a 0,9. Visto que a resposta amostrada pode não ter os valores exatos 0,1 e 0,9, devemos determinar os valores amostrados que são limitados por estes valores. Portanto, para o valor inferior, $y(k) \leq 0,1$, ou $1 - a^k \leq 0,1$ e, portanto, $a^k \geq 0,9$. De modo similar, para $y(k + T_r/T) = 1 - a^{k+T_r/T} \geq 0,9$, $a^{k+T_r/T} \leq 0,1$.

Dividindo as duas expressões, temos

$$\frac{a^{k+T_r/T}}{a^k} \leq \frac{1}{9}$$

ou

$$a^{T_r/T} \leq \frac{1}{9}$$

Então, calculando o logaritmo dos dois lados, temos

$$T_r \leq \frac{T \ln \frac{1}{9}}{\ln a}$$

10.11 Verifique as seis propriedades da transformada w na Seção 10.7, as Equações (10.10) a (10.17).

A partir de $w = (z-1)/(z+1)$ e $z = \mu + jv$,

$$w = \frac{\mu + jv - 1}{\mu + jv + 1} = \frac{(\mu - 1 + jv)(\mu + 1 - jv)}{(\mu + 1 + jv)(\mu + 1 - jv)} = \left(\frac{\mu^2 + v^2 - 1}{\mu^2 + v^2 + 2\mu + 1}\right) + j\left(\frac{2v}{\mu^2 + v^2 + 2\mu + 1}\right)$$

Portanto,

1. $$\text{Re } w = \frac{\mu^2 + v^2 - 1}{\mu^2 + v^2 + 2\mu + 1} \equiv \sigma_w$$

2. $$\text{Im } w = \frac{2v}{\mu^2 + v^2 + 2\mu + 1} \equiv \omega_w$$

3. $|z| < 1$ significa que $\mu^2 + v^2 < 1$, que implica em $\sigma_w < 0$
4. $|z| = 1$ significa que $\mu^2 + v^2 = 1$, que implica em $\sigma_w = 0$
5. $|z| > 1$ significa que $\mu^2 + v^2 > 1$, que implica em $\sigma_w > 0$

As seis propriedades decorrem das identidades trigonométricas elementares.

10.12 Mostre que a transformada da frequência angular ω_w está relacionada à frequência real ω pela Equação (10.19).

A partir do Problema 10.11, $|z| = 1$ também implica que $w = j[v/(\mu+1)] \equiv j\omega_w$ [Equação (10.17)]. Mas $|z| = 1$ implica que $z = e^{j\omega T} \equiv \cos \omega T + j \text{ sen } \omega T = \mu + jv$ [Equação (10.15)]. Portanto,

$$\omega_w = \frac{\text{sen } \omega T}{\cos \omega T + 1}$$

Finalmente, substituindo as seguintes identidades de arco metade da trigonometria na última expressão:

$$2\,\text{sen}\left(\frac{\omega T}{2}\right)\cos\left(\frac{\omega T}{2}\right) = \text{sen}\,\omega T$$

$$\cos^2\left(\frac{\omega T}{2}\right) - \text{sen}^2\left(\frac{\omega T}{2}\right) = \cos\omega T$$

$$\cos^2\left(\frac{\omega T}{2}\right) + \text{sen}^2\left(\frac{\omega T}{2}\right) = 1$$

temos

$$\omega_w = \frac{2\,\text{sen}\left(\frac{\omega T}{2}\right)\cos\left(\frac{\omega T}{2}\right)}{2\cos^2\left(\frac{\omega T}{2}\right)} = \frac{\text{sen}\left(\frac{\omega T}{2}\right)}{\cos\left(\frac{\omega T}{2}\right)} = \text{tg}\left(\frac{\omega T}{2}\right)$$

10.13 Para o sistema amostrado uniformemente e sincronamente dado na Figura 10-10, determine $G_1(z)$ de modo que o sistema seja do tipo 1 com uma resposta *deadbeat*.

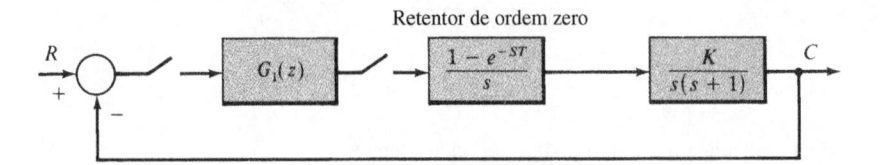

Figura 10-10

A transformada z da malha direta, considerando uma amostragem *fictícia* da saída $c(t)$ (ver Seção 6.8), é determinada a partir da Equação (6.9):

$$G_2(z) = \frac{z-1}{z}\mathcal{Z}\left\{\left.\mathscr{L}^{-1}\left(\frac{G(s)}{s}\right)\right|_{t=kT}\right\} = \frac{K_1(z+z_1)}{(z-1)(z-e^{-T})}$$

em que

$$K_1 \equiv K(T+e^{-T}-1) \qquad \text{e} \qquad z_1 \equiv \frac{1-e^{-T}-Te^{-T}}{T+e^{-T}-1}$$

Seja $G_1(z)$ com a forma $G_1(z) = (z-e^{-T})/(z+b)$. Então, se considerarmos também um amostrador fictício na entrada $r(t)$, podemos determinar a função de transferência no domínio z da malha fechada:

$$\frac{C}{R} = \frac{G_1 G_2}{1+G_1 G_2} = \frac{K_1(z+z_1)}{(z-1)(z+b)+K_1(z+z_1)}$$

$$= \frac{K_1(z+z_1)}{z^2+(b-1+K_1)z-b+K_1 z_1}$$

Para a resposta *deadbeat*, $b-1+K_1 = 0$ ($b = 1-K_1$) e $-b+K_1 z_1 = 0$ ($-1+K_1+K_1 z_1 = 0$). Então,

$$K_1 = \frac{1}{1+z_1}$$

e

$$b = 1-K_1 = \frac{z_1}{1+z_1}$$

Visto que $K_1 = K(T + e^{-T} - 1)$,

$$K = \frac{K_1}{T + e^{-T} - 1} = \frac{1}{(1 + z_1)(T + e^{-T} - 1)} = \frac{1}{T(1 - e^{-T})}$$

Para esse sistema, com sinais de entrada e saída contínuos, $(C/R)(z)$ determinado acima dá a relação de entrada-saída da malha fechada apenas nos instantes de amostragens.

Problemas Complementares

10.14 Determine a margem de fase para $GH = 2(s + 1)/s^2$.

10.15 Determine a largura de faixa para $GH = 60/s(s + 2)(s + 6)$ para o sistema de malha fechada.

10.16 Calcule a margem de ganho e de fase para $GH = 432\ s(s + 13s + 115)$.

10.17 Calcule a margem de fase e a largura de faixa para $GH = 640/s(s + 4)(s + 16)$ para o sistema de malha fechada.

Respostas Selecionadas

10.14 $\phi_{PM} = 65{,}5°$

10.15 BW = 3 radianos/s

10.16 Margem de ganho = 3,4, margem de fase = 65°

10.17 $\phi_{PM} = 17°$, BW = 5,5 radianos/s

Capítulo 11

Análise de Nyquist

11.1 INTRODUÇÃO

A análise de Nyquist, um método de resposta em frequência, é essencialmente um procedimento gráfico para determinação da estabilidade absoluta e relativa de sistemas de controle de malha fechada. A informação sobre estabilidade é diretamente disponível de um gráfico da função de transferência em malha aberta senoidal $GH(\omega)$, uma vez que o sistema de realimentação tenha sido posto na forma canônica.

Os métodos de Nyquist são aplicáveis aos sistemas de controle contínuos e discretos no tempo. Neste capítulo, é apresentado o desenvolvimento metodológico da análise de Nyquist, com certa ênfase nos sistemas contínuos, por razões pedagógicas.

Há diversas razões para que o método de Nyquist seja escolhido para determinar informação acerca da estabilidade do sistema. Os métodos do Capítulo 5 (Routh, Hurwitz, etc.) são frequentemente inadequados porque, com raras exceções, eles só podem ser usados para determinar a estabilidade *absoluta*, e são aplicáveis apenas a sistemas cuja equação característica seja um *polinômio finito em s* ou *z*. Por exemplo, quando um sinal é atrasado de T segundos, em algum lugar na malha de um sistema contínuo, os termos exponenciais da forma e^{-Ts} aparecem na equação característica. Os métodos do Capítulo 5 podem ser aplicados a tais sistemas apenas se e^{-Ts} for aproximado por alguns termos da série de potência

$$e^{-Ts} = 1 - Ts + \frac{T^2 s^2}{2!} - \frac{T^3 s^3}{3!} + \cdots$$

mas esta técnica fornece apenas informação de estabilidade *aproximada*. O método de Nyquist manipula sistemas com retardo de tempo sem a necessidade de aproximações e, portanto, fornece resultados *exatos* acerca, tanto da estabilidade relativa como absoluta, do sistema.

As técnicas de Nyquist são também úteis para se obter informação acerca das funções de transferência dos componentes dos sistemas por meio de dados experimentais de resposta de frequência. O Diagrama Polar (Seção 11.5) pode ser traçado diretamente a partir de medidas de estado permanente senoidais sobre as componentes que formam a função de transferência em malha aberta. Esta particularidade é muito útil na determinação das características da estabilidade do sistema, quando as funções de transferência dos componentes da malha são disponíveis na forma analítica, ou quando os sistemas físicos devem ser testados e avaliados experimentalmente.

Nas próximas seções, são apresentadas as preliminares matemáticas e técnicas necessárias para gerar Diagramas Polares e Diagramas de Estabilidade de Nyquist de sistemas de controle com realimentação, bem como a base matemática e as propriedades do Critério de Estabilidade de Nyquist. As seções restantes deste capítulo tratam da interpretação e uso da análise de Nyquist para a determinação da estabilidade *relativa* e avaliação da resposta de frequência em malha fechada.

11.2 TRAÇANDO FUNÇÕES COMPLEXAS DE UMA VARIÁVEL COMPLEXA

A função real de uma variável real é facilmente traçada sobre um conjunto simples de eixos coordenados. Por exemplo, a função real $f(x)$, x real, é facilmente traçada em coordenadas retangulares, x como abscissa e $f(x)$ como ordenada. Uma função complexa de uma variável complexa, como a função de transferência $P(s)$ com $s = \sigma + j\omega$, não pode ser traçada sobre um conjunto simples de coordenadas.

A variável complexa $s = \sigma + j\omega$ é dependente de duas quantidades independentes, as partes real e imaginária de s. Em consequência, s não pode ser representada por uma linha. A função complexa $P(s)$ também tem partes real e imaginária. Isto também não pode ser traçado uma dimensão simples. De modo similar, a variável complexa $z = \mu + jv$ e a função de transferência complexa $P(z)$ de um sistema discreto no tempo não podem ser traçadas em uma dimensão.

Em geral, a fim de traçar $P(s)$ com $s = \sigma + j\omega$, são necessários gráficos de duas dimensões. O primeiro é um gráfico de $j\omega$ *versus* σ denominado **plano** s, o mesmo conjunto de coordenadas que aquelas usadas para o traçado do mapa de polos e zeros no Capítulo 4. O segundo é a parte imaginária de $P(s)$ (lm P) *versus* a parte real de $P(s)$ (Re P), denominado **plano** $P(s)$. Os planos de coordenadas correspondentes para sistemas discretos no tempo são o **plano** z e o **plano** $P(z)$.

A correspondência entre pontos nos dois planos é denominada **mapeamento** ou **transformação**. Por exemplo, os pontos no plano s são *mapeados* em pontos do plano $P(s)$ pela função P (Figura 11-1).

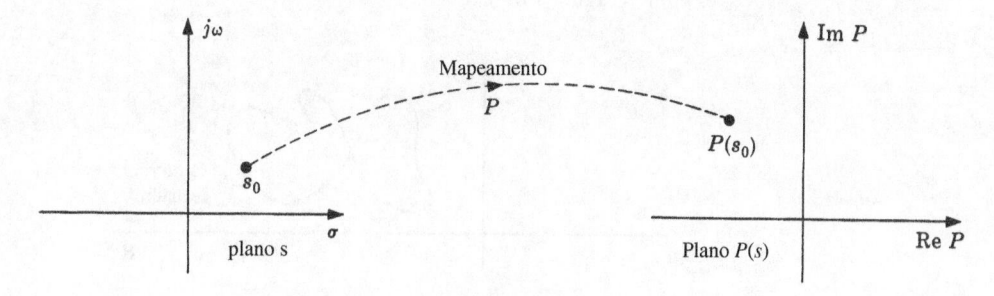

Figura 11-1

Em geral, apenas um lugar de pontos bastante específico do plano s (ou plano z) é mapeado no plano $P(s)$ [ou plano $P(z)$]. Para os traçados de Estabilidade de Nyquist, este lugar é chamado de *percurso de Nyquist* e é assunto da Seção 11.7.

Para o caso especial $\sigma = 0$, $s = j\omega$, o plano s degenera numa linha, e $P(j\omega)$ pode ser representado num plano $P(j\omega)$ com ω como um parâmetro. Os *Diagramas Polares* são construídos no plano $P(j\omega)$ a partir dessa linha (s = jω), no plano s.

Exemplo 11.1 Consideremos a função complexa. $P(s) = s^2 + 1$. O ponto $s_0 = 2 + j4$ é mapeado no ponto $P(s_0)$ = $P(2 + j4) = (2 + j4)^2 + 1 = -11 + j16$ (Figura 11-2).

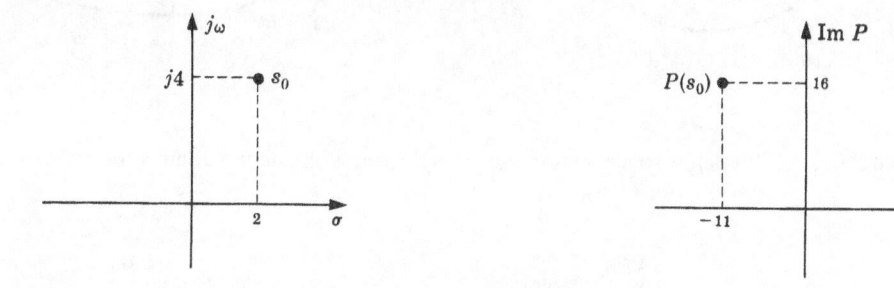

Figura 11-2

11.3 DEFINIÇÕES

As definições seguintes são necessárias nas seções subsequentes.

Definição 11.1:   Se a *derivada* de P em s_0 definida por

$$\left.\frac{dP}{ds}\right|_{s=s_0} \equiv \lim_{s \to s_0} \left[\frac{P(s) - P(s_0)}{s - s_0}\right]$$

existe em todos os pontos numa região do plano s, ou seja, se o limite é finito e único, então P é **analítica** naquela região [mesma definição para $P(z)$ no plano z, com z substituindo s e z_0 substituindo s_0].

As funções de transferência de todos os sistemas físicos práticos (aqueles considerados neste livro) são analíticas no plano s (ou plano z finito), exceto nos polos de $P(s)$ [ou polos de $P(z)$]. Nos desenvolvimentos a seguir, onde não houver risco de ambiguidade, e quando uma determinada afirmação se aplica tanto a $P(s)$ quanto a $P(z)$, então $P(s)$ ou $P(z)$ podem ser abreviadas por P sem argumento.

Definição 11.2: Um ponto, no qual $P(s)$ não é analítica, é um **ponto singular** ou de **singularidade** de $P[P(s)$ ou $P(z)]$.

Um *polo* de $P[P(s)$ ou $P(z)]$ é um ponto singular.

Definição 11.3: Um **contorno fechado** num plano complexo é uma curva contínua que começa e termina no mesmo ponto (Figura 11-3).

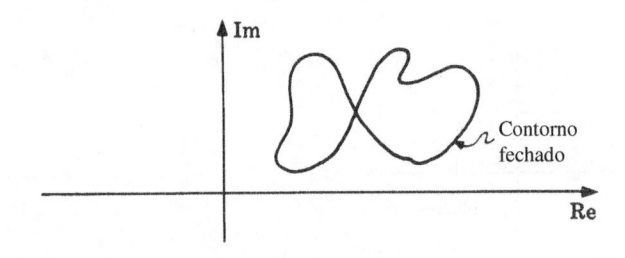

Figura 11-3

Definição 11.4: Todos os pontos à direita de um contorno, quando é percorrido num sentido prescrito, são ditos estarem **envolvidos** por ele (Figura 11-4).

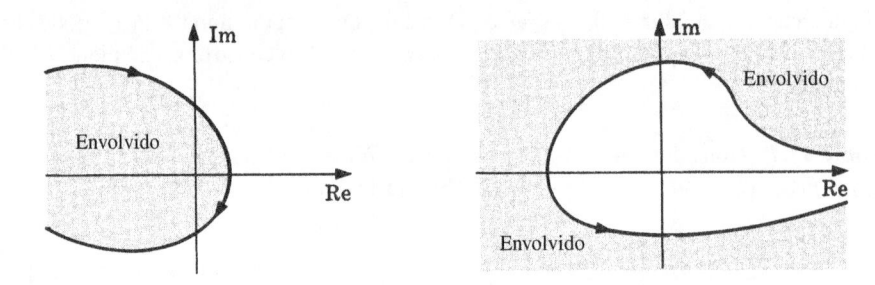

Figura 11-4

Definição 11.5: Um percurso no *sentido horário* (SH) em volta de um contorno é definido como **sentido positivo** (Figura 11-5).

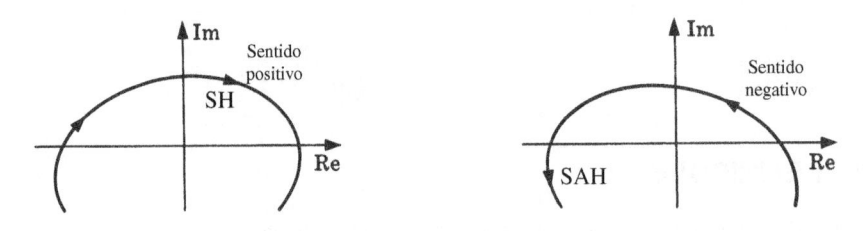

Figura 11-5

Definição 11.6: Diz-se que um contorno fechado no plano P faz n **envolvimentos positivos** da origem se uma linha radial traçada da origem a um ponto sobre a curva P está no sentido horário (SH) por

360n graus, percorrendo completamente o percurso fechado. Se o percurso é percorrido no sentido anti-horário, é obtido um **envolvimento negativo**. O **número total de envolvimentos** N_0 é igual aos envolvimentos SH menos os envolvimentos SAH.

Exemplo 11.2 O contorno no plano P, mostrado na Figura 11-6, envolve a origem uma vez. Isto é, $N_0 = 1$. Começando num ponto a, giramos uma linha radial a partir da origem para o contorno no sentido horário até o ponto c. O ângulo subentendido é $+270°$. De c para d o ângulo aumenta, depois diminui, e a soma é $0°$. De d para e e novamente para d, o ângulo varrido pela linha radial é novamente $0°$. d para c é $0°$ e c para a é claramente $+90°$. Em consequência, o ângulo total é $270° + 90° = 360°$. Portanto $N_0 = 1$.

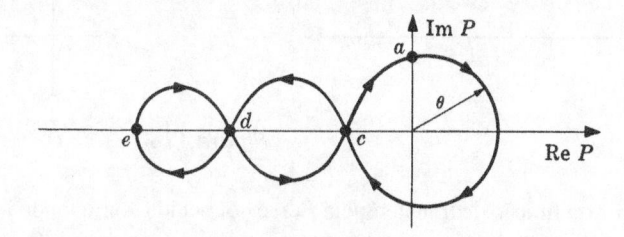

Figura 11-6

11.4 PROPRIEDADES DO MAPEAMENTO P(S) OU P(Z)

Todos os mapeamentos $P[P(s)$ ou $P(z)]$ considerados no restante deste capítulo têm as seguintes propriedades.

1. P é uma *função unívoca*. Isto é, cada ponto no plano s (ou plano z) mapeia em um e somente um ponto no plano P.
2. Os contornos do plano s (plano z) evitam pontos singulares de P.
3. P é *analítica*, exceto possivelmente num número finito de pontos (singularidades) no plano s (ou no plano z).
4. Cada contorno fechado no plano s (ou no plano z) mapeia em um contorno fechado no plano P.
5. P é um *mapeamento conforme*. Isto é, o ângulo entre o sentido de quaisquer duas curvas que se interceptam no plano s é preservado pelo mapeamento dessas curvas no plano P.
6. O mapeamento P obedece ao *princípio de argumentos*. Ou seja, o *número total de envolvimentos N_0 da origem*, feitos por um contorno fechado P no plano P mapeado a partir de um contorno fechado do plano s (ou plano z), é igual ao número de zeros Z_0 menos o número de polos P_0 de P envolvido pelo contorno do plano s (ou plano z). Ou seja,

$$N_0 = Z_0 - P_0 \tag{11.1}$$

7. Se a origem está *envolvida* pelo contorno de P, então $N_0 > 0$. Se a origem *não está envolvida* pelo contorno P, então $N_0 \leq 0$. Ou seja,

$$\text{envolvida} \Rightarrow N_0 > 0$$
$$\text{não envolvida} \Rightarrow N_0 \leq 0$$

O *sinal de N_0* é facilmente determinado sombreando a região à direita do contorno no sentido prescrito. Se a origem cai em uma região sombreada, $N_0 > 0$; caso contrário, $N_0 \leq 0$.

Exemplo 11.3 O princípio do mapeamento conforme é ilustrado na Figura 11-7. As curvas C_1 e C_2 são mapeadas em C_1' e C_2'. O ângulo entre as tangentes a estas curvas em s_0 e $P(s_0)$ é igual a α e as curvas estão voltadas para a direita em s_0 e em $P(s_0)$, conforme indicado pelas setas nos dois gráficos.

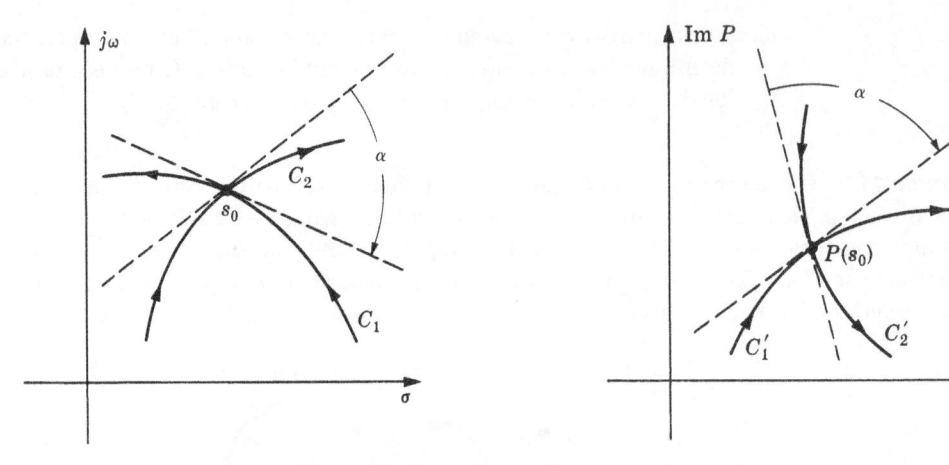

Figura 11-7

Exemplo 11.4 Certa função de transferência $P(s)$ é conhecida como tendo um zero no semiplano direito do plano s e este zero é envolvido pelo contorno do plano s mapeado no plano $P(s)$ na Figura 11-8. Os pontos s_1, s_2 e s_3 e $P(s_1)$, $P(s_2)$ e $P(s_3)$ determinam os sentidos de seus respectivos contornos. A região sombreada à direita do contorno do plano $P(s)$ indica que $N_0 \leq 0$, visto que a origem não está na região sombreada. Mas, claramente, o contorno de $P(s)$ envolve a origem uma vez no sentido anti-horário. Portanto, $N_0 = -1$. Assim, o número de polos de $P(s)$ envolvidos pelo contorno do plano s é $P_0 = Z_0 - N_0 = 1 - (-1) = 2$.

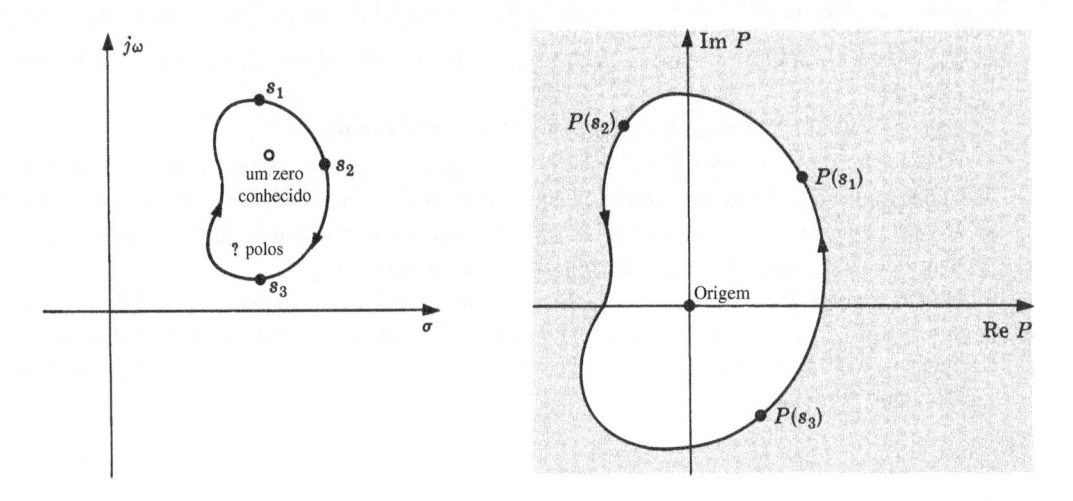

Figura 11-8

11.5 DIAGRAMAS POLARES

Uma função de transferência $P(s)$ de um sistema contínuo pode ser representada no domínio da frequência como uma função de transferência senoidal, substituindo $j\omega$ por s na expressão para $P(s)$. A forma resultante $P(j\omega)$ é uma função complexa da variável única ω; Portanto, ela pode ser traçada em duas dimensões, com ω como um parâmetro, e escrita nas seguintes formas equivalentes:

$$\text{Forma polar} \quad P(j\omega) = |P(j\omega)| \underline{/\phi(\omega)} \tag{11.2}$$

$$\text{Forma polar} \quad P(j\omega) = |P(j\omega)|(\cos\phi(\omega) + j\,\text{sen}\,\phi(\omega)) \tag{11.3}$$

$|P(j\omega)|$ é o **módulo** da função complexa $P(j\omega)$ e $\phi(\omega)$ é o **ângulo de fase**, arg $P(j\omega)$.

$|P(j\omega)|\cos\phi(\omega)$ é a *parte real* e $|P(j\omega)|\text{sen }\phi(\omega)$ é a *parte imaginária* de $P(j\omega)$. Portanto, $P(j\omega)$ pode também ser escrita como

Forma retangular ou complexa $\qquad P(j\omega) = \text{Re}P(j\omega) + j\,\text{Im}\,P(j\omega)$ (11.4)

Um **Diagrama Polar** de $P(j\omega)$ é um gráfico de $\text{Im}\,P(j\omega)$ *versus* $\text{Re}\,P(j\omega)$ na porção finita do plano $P(j\omega)$ para $-\infty < \omega < \infty$. Nos pontos singulares de $P(j\omega)$ (polos sobre o eixo $j\omega$), $|P(j\omega)| \to \infty$. Um Diagrama Polar pode também ser gerado sobre papel de coordenadas polares. O módulo e o ângulo de fase de $P(j\omega)$ são traçados com ω variando de $-\infty$ a $+\infty$.

O lugar de $P(j\omega)$ é idêntico, seja em coordenadas retangulares ou polares. A escolha do sistema de coordenadas pode depender do fato de $P(j\omega)$ estar disponível na forma analítica ou como dado experimental. Se $P(j\omega)$ é expresso analiticamente, a escolha de coordenadas depende de como seja mais fácil escrever $P(j\omega)$ na forma da Equação (11.2), em cujo caso as coordenadas polares são usadas, ou na forma da Equação (11.4) para coordenadas retangulares. Os dados experimentais sobre $P(j\omega)$ são geralmente expressos em termos do módulo e do ângulo de fase. Neste caso, as coordenadas polares são a escolha natural.

Exemplo 11.5 Os Diagramas Polares na Figura 11-9 são idênticos; apenas os sistemas de coordenadas são diferentes.

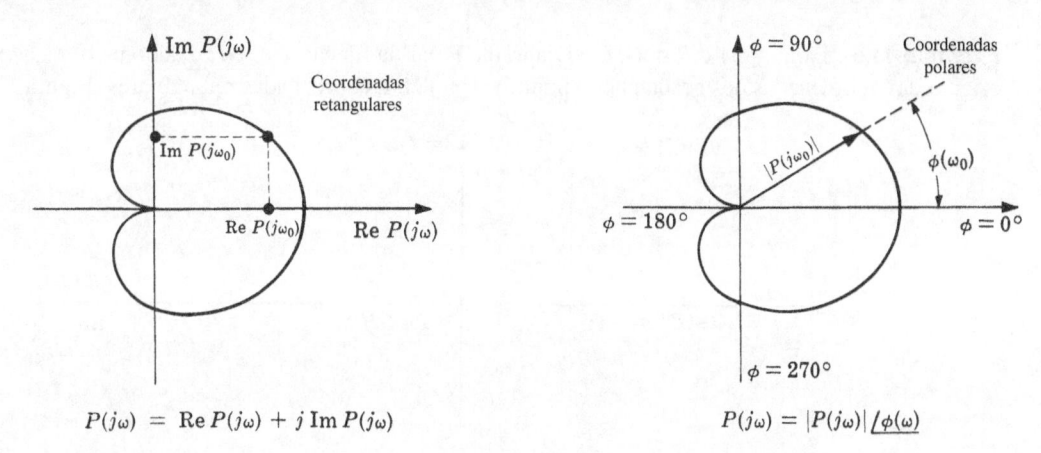

Figura 11-9

Para *sistemas discretos no tempo*, os Diagramas Polares são definidos no domínio da frequência da mesma forma. Lembre-se de que podemos escrever $z \equiv e^{sT}$ (ver Seção 4.9). Portanto, uma função de transferência discreta $P(z) \equiv P(e^{sT})$ e, se fizermos $s = j\omega$, $P(z)$ se torna $P(e^{j\omega T})$. O Diagrama Polar de $P(e^{j\omega T})$ é um gráfico de $\text{Im}\,P(e^{j\omega T})$ versus $\text{Re}\,P(e^{j\omega T})$ na porção finita do plano $P(e^{j\omega T})$, para $-\infty < \omega < \infty$.

Discutimos com frequência os Diagramas Polares e as suas propriedades, pois muitos resultados dependem disso em seções subsequentes de uma forma unificada, tanto para sistemas contínuos quanto discretos. Para fazer isso, adotamos para a nossa função de transferência geral P a representação unificada para funções de resposta em frequência dadas na Equação (10.1) para GH, ou seja, usamos a representação genérica $P(\omega)$ definida por

$$P(\omega) = \begin{cases} P(j\omega) & \text{Para sistemas contínuos} \\ P(e^{j\omega T}) & \text{Para sistemas discretos no tempo} \end{cases}$$

Nestes termos, as Equações (11.2) a (11.4) se tornam

$$P(\omega) = |P(\omega)|\underline{/\phi(\omega)} = |P(\omega)|(\cos\phi(\omega) + j\,\text{sen}\,\phi(\omega)) = \text{Re}\,P(\omega) + j\,\text{Im}\,P(\omega)$$

Usamos esta notação unificada em grande parte do restante deste capítulo e em capítulos subsequentes, especialmente onde os resultados são aplicáveis tanto a sistemas contínuos quanto discretos.

11.6 PROPRIEDADES DOS DIAGRAMAS POLARES

As várias propriedades de Diagramas Polares $P(\omega)$ [$P(j\omega)$ ou $P(e^{j\omega T})$] a seguir são úteis.

1. O Diagrama Polar para

$$P(\omega) + a$$

em que a é qualquer constante complexa, é idêntica ao traçado para $P(\omega)$ com a origem de coordenadas deslocadas para o ponto $-a = -(\text{Re } a + j \text{ Im } a)$.

2. O Diagrama Polar da função de transferência de um sistema linear invariante no tempo, de coeficientes constantes, exibe *simetria conjugada*. Isto é, o gráfico para $-\infty < \omega < 0$ é a imagem especular sobre o eixo horizontal do gráfico para $0 \leq \omega < \infty$.

3. O Diagrama Polar pode ser construído diretamente a partir do Diagrama de Bode (Capítulo 15), se o mesmo estiver disponível. Os valores de módulo e ângulo de fase em várias frequências ω, no Diagrama de Bode, representam pontos ao longo do lugar do Diagrama Polar.

4. Os acréscimos constantes de frequência geralmente não são separados por intervalos iguais, ao longo do Diagrama Polar.

Exemplo 11.6 Para $a = 1$ e $P = GH$, o Diagrama Polar da função $1 + GH$ é dado pelo traçado para GH, com a origem das coordenadas deslocada para o ponto $-1 + j0$ em coordenadas retangulares (Figura 11-10).

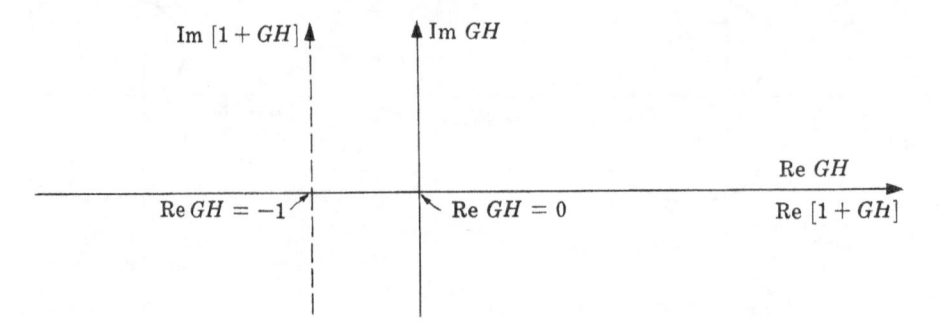

Figura 11-10

Exemplo 11.7 A fim de mostrar o traçado de uma função de transferência, considere a função de transferência de malha aberta de um sistema contínuo dada por

$$GH(s) = \frac{1}{s+1}$$

Fazendo $s = j\omega$ e reescrevendo GH($j\omega$) na forma da Equação (11.2) (forma polar), temos

$$GH(j\omega) = \frac{1}{j\omega + 1} = \frac{1}{\sqrt{\omega^2 + 1}} \underline{/-\text{tg}^{-1} \omega}$$

Para $\omega = 0$, $\omega = 1$ e $\omega \to \infty$:

$$GH(j0) = 1 \underline{/0°}$$

$$GH(j1) = (1/\sqrt{2}) \underline{/-45°}$$

$$\lim_{\omega \to \infty} GH(j\omega) = 0 \underline{/-90°}$$

A substituição de vários outros valores positivos de ω proporciona um lugar semicircular para $0 \leq \omega < \infty$. O gráfico para $-\infty < \omega < 0$ é a imagem especular em torno do diâmetro deste semicírculo. Ela é mostrada na

Figura 11-11 por uma linha tracejada. Note os incrementos bastante desiguais de frequência entre os arcos $\overline{ab}$ e $\overline{bc}$.

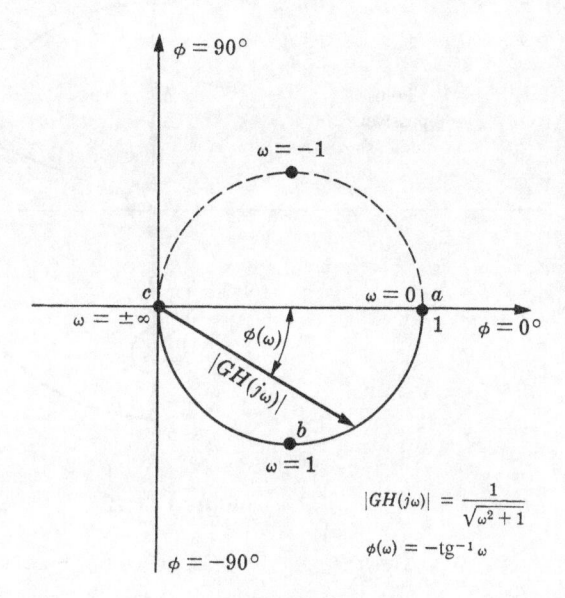

Figura 11-11

$$|GH(j\omega)| = \frac{1}{\sqrt{\omega^2+1}}$$
$$\phi(\omega) = -\mathrm{tg}^{-1}\omega$$

Os Diagramas Polares não são muito difíceis de esboçar para funções de transferência muito simples, embora eles sejam geralmente um pouco mais difíceis de determinar para sistemas discretos no tempo, conforme ilustrado no Exemplo 11.11. Porém, os cálculos podem ser muito trabalhosos para $P(s)$ ou $P(z)$ complicadas. Por outro lado, uma grande disponibilidade de programas de computador para análise da resposta de frequência, ou para traçar funções complexas de uma variável complexa, geram tipicamente Diagramas Polares precisos de forma bastante conveniente.

11.7 PERCURSO DE NYQUIST

Para sistemas contínuos, o **Percurso de Nyquist** é um contorno fechado no plano s que envolve completamente o semiplano direito (SPD) do plano s. Para sistemas discretos, o **Percurso de Nyquist** correspondente envolve todo o plano z *externo* ao círculo unitário.

Para sistemas contínuos, a fim de que o **Percurso de Nyquist** não passe por quaisquer polos de $P(s)$, pequenos semicírculos ao longo do eixo imaginário ou na origem de $P(s)$ são necessários no percurso de $P(s)$, como polos sobre o eixo $j\omega$ ou na origem. Os raios ρ desses pequenos círculos são interpretados como tendendo para zero no limite.

A fim de envolver o SPD no infinito e, assim, quaisquer polos no interior dele, um grande percurso semicircular é desenhado no SPD e o raio R desse semicírculo é interpretado como sendo infinito no limite.

O **Percurso de Nyquist generalizado no plano** s é ilustrado pelo contorno do plano s como na Figura 11-12. É evidente que *cada polo e zero de $P(s)$ no SPD está envolvido no Percurso de Nyquist* quando ele é mapeado no plano $P(s)$.

As várias porções do Percurso de Nyquist podem ser descritas, analiticamente, da seguinte maneira:

Percurso $\overline{ab}$: $\qquad s = j\omega \qquad\qquad 0 < \omega < \omega_0 \qquad\qquad$ (11.5)

Percurso $\overline{bc}$: $\qquad s = \lim_{\rho \to 0}\left(j\omega_0 + \rho e^{j\theta}\right) \qquad -90° \leq \theta \leq 90° \qquad$ (11.6)

Percurso $\overline{cd}$: $\qquad s = j\omega \qquad\qquad \omega_0 \leq \omega < \infty \qquad$ (11.7)

Percurso $\overline{def}$: $\qquad s = \lim_{R \to \infty} R e^{j\theta} \qquad +90° \leq \theta \leq -90° \qquad$ (11.8)

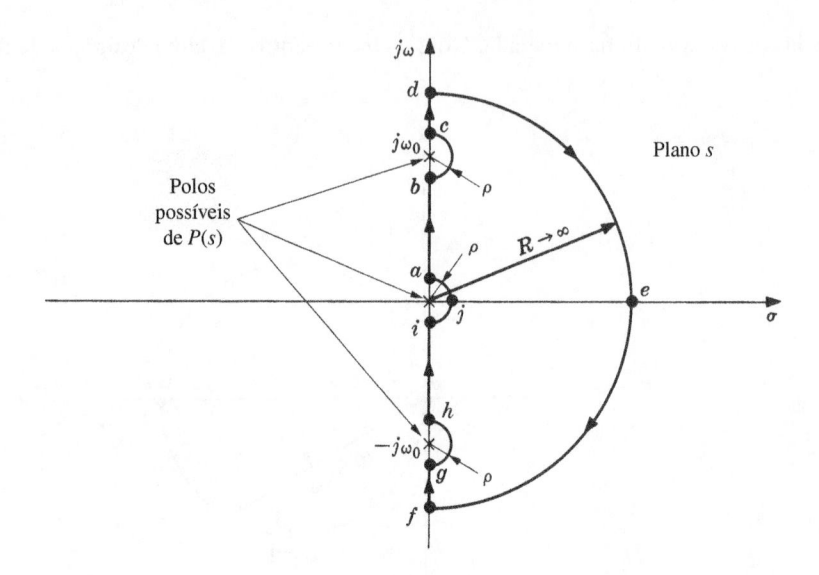

Figura 11-12

Percurso $\overline{fg}$:	$s = j\omega$	$-\infty < \omega < -\omega_0$	(11.9)
Percurso $\overline{gh}$:	$s = \lim_{\rho \to 0}\left(-j\omega_0 + \rho e^{j\theta}\right)$	$-90° \leq \theta \leq 90°$	(11.10)
Percurso $\overline{hi}$:	$s = j\omega$	$-\omega_0 < \omega < 0$	(11.11)
Percurso $\overline{ija}$:	$s = \lim_{\rho \to 0} \rho e^{j\theta}$	$-90° \leq \theta \leq 90°$	(11.12)

O **Percurso de Nyquist generalizado no plano** z é dado na Figura 11-13. Cada polo e zero de $P(z)$ fora do círculo unitário são envolvidos pelo Percurso de Nyquist quando ele é mapeado no plano $P(z)$. Ao percorrer o círculo unitário como uma função de incremento angular da frequência ω, quaisquer polos de $P(z)$ no círculo unitário, que podem incluir "integradores" em $z = 1$ (que corresponde a $z \equiv e^{0 \cdot T} \equiv 1$ quando $s = 0$), são excluídos por arcos circulares infinitesimais. Por exemplo, um par de polos conjugados complexos no círculo unitário é mostrado na Figura 11-13, contornados por arcos de raio $\rho \to 0$. O restante do plano z, externo ao círculo unitário, é envolvido por um círculo grande de raio $R \to \infty$ mostrado na Figura 11-13.

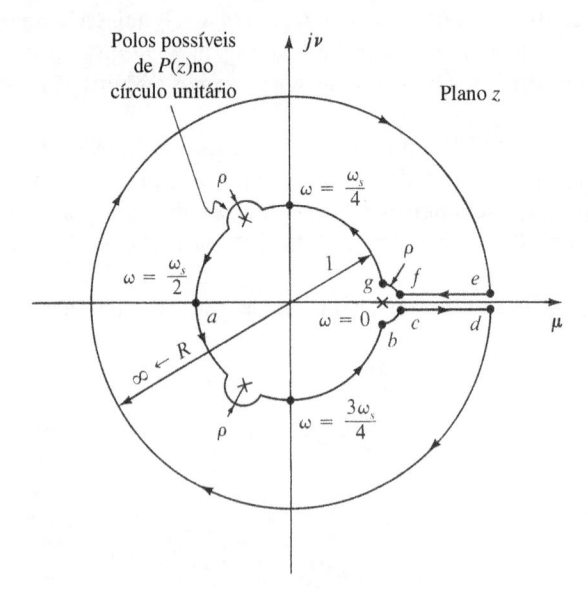

Figura 11-13

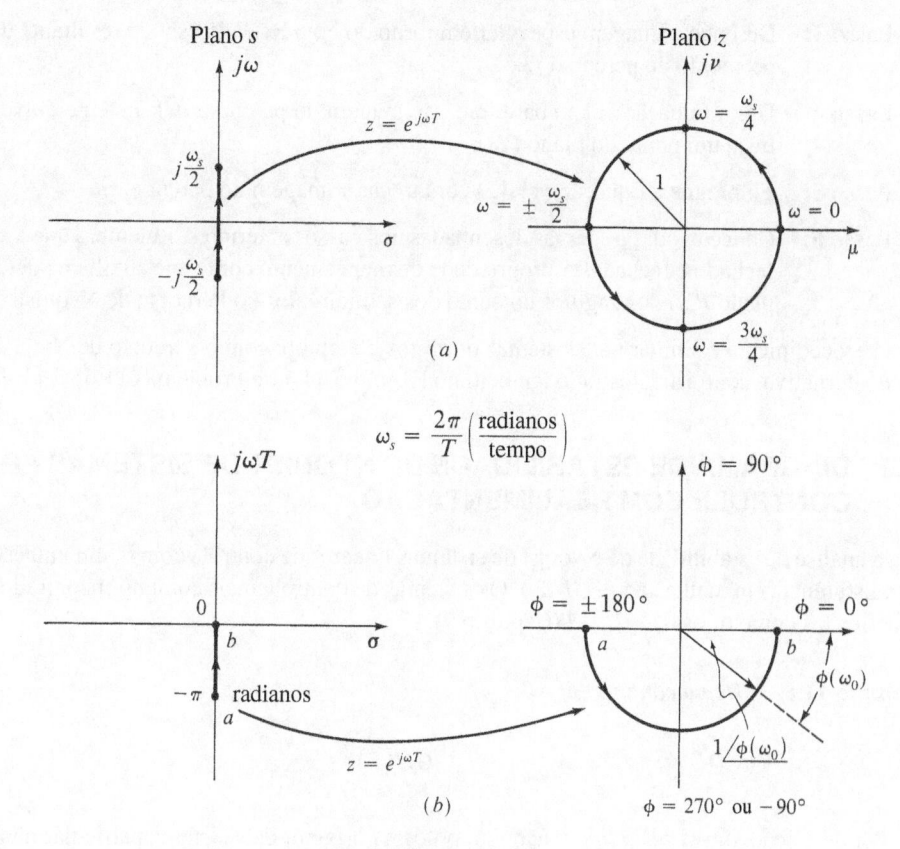

Figura 11-14

O **círculo unitário no plano** z tem uma característica prática não compartilhada pelo Percurso de Nyquist no plano s, que facilita o desenho de Diagramas Polares, bem como tem outras consequências no projeto de sistemas digitais. Primeiro, definimos a **frequência de amostragem angular** $\omega_s = 2\pi/T$ (radianos por unidade de tempo). A vantagem é que o círculo unitário se repete a cada frequência de amostragem angular ω_s conforme ω aumenta. Isto é mostrado na Figura 11-14(a), que ilustra a porção do eixo $j\omega$ no plano s entre $-j\omega s/2$ e $+j\omega s/2$ mapeado no círculo unitário completo no plano z. Esta propriedade é útil no desenho de Diagramas Polares de funções $P(z) = P(e^{j\omega T})$, porque o mesmo Diagrama Polar é obtido para $n\omega_s \leq \omega \leq (n+1)\omega_s$, para qualquer $n = \pm 1, \pm 2, \ldots$. Além disso, visto que o arco circular de $\omega = 0$ a $\omega_s/2$ é a imagem especular daquele de $\omega = -\omega_s/2$ a 0, a função $P(e^{j\omega T})$ precisa apenas ser avaliada de $\omega = -\omega_s/2$ a 0 para obter o Diagrama Polar completo, tirando proveito da simetria do mapeamento (Propriedade 2, Seção 11.6).

Algumas vezes também é conveniente tratar o mapeamento do Diagrama Polar como uma função de ωT em vez de ω. Em seguida a faixa $-(\omega_s/2)T \leq \omega T \leq 0$ é equivalente a $-\pi \leq \omega T \leq 0$ (em radianos), porque $\omega_s/2 = \pi/T$; esta faixa é mapeada na *metade inferior* do círculo unitário em coordenadas polares, de $-180°$ ($-\pi$ radianos) a 0° ou radianos [Figura 11-14(b)].

11.8 DIAGRAMA DE ESTABILIDADE DE NYQUIST

O Diagrama de Estabilidade de Nyquist, uma extensão do Diagrama Polar, é um mapeamento do Percurso de Nyquist *inteiro* no plano P. Ele é construído usando as propriedades de mapeamento das Seções 11.4 e 11.6 e, para sistemas contínuos, as Equações (11.5) a (11.8) e a Equação (11.12). Um esboço desenhado cuidadosamente é suficiente para muitas finalidades.

Um procedimento de construção geral é esboçado nos seguintes passos.

Passo 1: Verifique $P(s)$ para polos sobre o eixo $j\omega$ e na origem.

Passo 2: Usando as Equações (11.5) a (11.7), esboce a imagem do percurso $\overline{ad}$ no plano $P(s)$. Se não há polos sobre o eixo $j\omega$, a Equação (11.6) não necessita ser empregada. Neste caso, o Passo 2 deve ser lido: esboce o Diagrama Polar de $P(j\omega)$.

Passo 3: Desenhe a imagem especular em torno do eixo Re P do esboço resultante do Passo 2. Este é o mapeamento do percurso $\overline{fi}$.

Passo 4: Use a Equação (11.8) para traçar a imagem do percurso $\overline{def}$. Este percurso no infinito geralmente traça um ponto do plano $P(s)$.

Passo 5: Empregue a Equação (11.12) para traçar a imagem do percurso $\overline{ija}$.

Passo 6: Conecte todas as curvas desenhadas nos passos anteriores. Relembre que a imagem de um contorno fechado é fechada. A propriedade de mapeamento conforme auxilia na determinação a imagem no plano $P(s)$ dos ângulos do canto dos semicírculos no Percurso de Nyquist.

O procedimento é similar para sistemas discretos no tempo, com o Percurso de Nyquist dado na Figura 11-13 como alternativa, conforme ilustrado também no Exemplo 11.11 e Problemas 11.65 a 11.72.

11.9 DIAGRAMA DE ESTABILIDADE DE NYQUIST DE SISTEMAS PRÁTICOS DE CONTROLE COM REALIMENTAÇÃO

Para a análise de estabilidade de Nyquist de sistemas lineares de controle com realimentação, $P(\omega)$ é igual à função de transferência em malha aberta $GH(\omega)$. Os sistemas de controle mais comuns encontrados na prática são aqueles classificados como tipos 0, 1, 2,..., I (Capítulo 9).

Exemplo 11.8 *Sistema contínuo tipo 0.*

$$GH(s) = \frac{1}{s+1}$$

Por definição, um *sistema tipo 0* não tem polos na origem. Este sistema particular não tem polos sobre o eixo $j\omega$. O Percurso de Nyquist é dado na Figura 11-15.

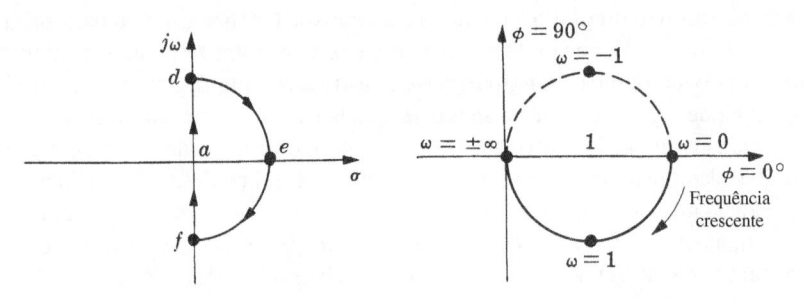

Figura 11-15   **Figura 11-16**

O Diagrama Polar para esta função de transferência de malha foi construído no Exemplo 11.7 e é mostrado na Figura 11-16. Este traçado é a imagem do eixo $j\omega$, ou o percurso $\overline{fad}$, do Percurso de Nyquist no plano $GH(s)$. O percurso semicircular $\overline{def}$ como infinito é mapeado no plano $GH(s)$ da seguinte maneira. A Equação (11.8) implica a substituição de $s = \lim_{R\to\infty} Re^{j\theta}$ na expressão para $GH(s)$, em que $90° \leq \theta \leq -90°$. Em consequência,

$$GH(s)\big|_{\text{percurso }\overline{def}} \equiv GH(\infty) = \frac{1}{\lim_{R\to\infty} Re^{j\theta} + 1}$$

Pelas propriedades elementares de limite,

$$GH(\infty) = \lim_{R\to\infty}\left[\frac{1}{Re^{j\theta}+1}\right]$$

Mas visto que $|a+b| \geq ||a|-|b||$, então

$$|GH(\infty)| = \lim_{R\to\infty}\left|\frac{1}{Re^{j\theta}+1}\right| \leq \lim_{R\to\infty}\left(\frac{1}{R-1}\right) = 0$$

e o semicírculo infinito traça um ponto na origem. Naturalmente, este cálculo era desnecessário para este exemplo simples, porque o Diagrama Polar produz um contorno completamente fechado no plano $GH(s)$. De fato, os Diagramas Polares de todos os *sistemas tipo 0* exibem esta propriedade. O Diagrama de Estabilidade de Nyquist é uma réplica do Diagrama Polar com os eixos remarcados, e é mostrado na Figura 11-17.

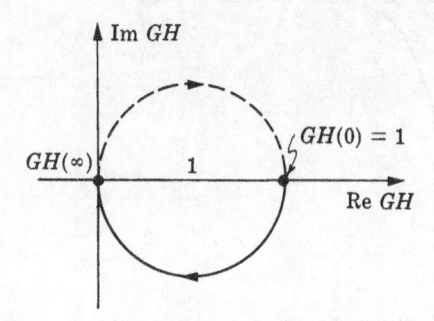

Figura 11-17

Exemplo 11.9 *Sistema contínuo tipo 1*

$$GH(s) = \frac{1}{s(s+1)}$$

Há um polo na origem. O Percurso de Nyquist é mostrado na Figura 11-18.

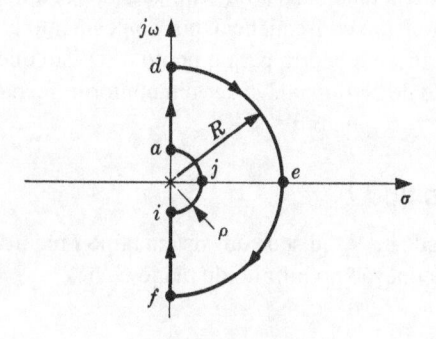

Figura 11-18

Percurso $\overline{ad}$: $s = j\omega$ para $0 < \omega < \infty$, e

$$GH(j\omega) = \frac{1}{j\omega(j\omega + 1)} = \frac{1}{\omega\sqrt{\omega^2 + 1}} \underline{/-90° - \text{tg}^{-1}\omega}$$

Nos valores extremos de ω temos

$$\lim_{\omega \to 0} GH(j\omega) = \infty \underline{/-90°} \qquad \lim_{\omega \to \infty} GH(j\omega) = 0 \underline{/-180°}$$

À medida que ω aumenta no intervalo $0 < \omega < \infty$, o módulo de GH diminui de ∞ para 0 e o ângulo de fase diminui continuamente de $-90°$ para $-180°$. Portanto, o contorno não cruza o eixo real negativo, mas tende para ele da parte inferior, como mostra a Figura 11-19.

O Percurso $\overline{f'i'}$ é a imagem especular em torno de R e GH do percurso $\overline{a'd'}$. Visto que os pontos d' e f' se encontram na origem, a origem é claramente a imagem do percurso $\overline{def}$. A aplicação da Equação (11.8) é, portanto, desnecessária.

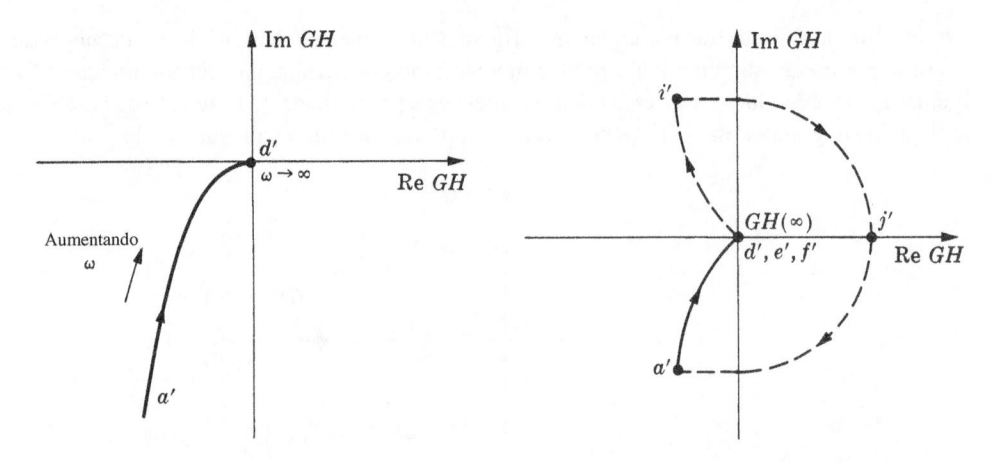

Figura 11-19 *Figura 11-20*

Percurso $\overline{ija}$: $s = \lim_{\rho \to 0} \rho e^{j\theta}$ para $-90° \leq \theta \leq 90°$, e

$$\lim_{\rho \to 0} GH(\rho e^{j\theta}) = \lim_{\rho \to 0}\left[\frac{1}{\rho e^{j\theta}(\rho e^{j\theta} + 1)}\right] = \lim_{\rho \to 0}\left[\frac{1}{\rho e^{j\theta}}\right] = \infty \cdot e^{-j\theta} = \infty\,\underline{/-\theta}$$

em que usamos o fato de que $(\rho e^{j\theta} + 1) \to 1$ quando $\rho \to 0$. Em consequência, o percurso $\overline{ija}$ mapeia um semicírculo de raio infinito. Para o ponto i, $GH = \infty\,\underline{/90°}$; para o ponto j, $GH = \infty\,\underline{/0°}$; e para o ponto a, $GH = \infty\,\underline{/-90°}$. O Diagrama de Estabilidade de Nyquist resultante é mostrado na Figura 11-20.

O percurso $\overline{i'j'a'}$ poderia também ser determinado da seguinte maneira. O Percurso de Nyquist faz o giro de 90° para a direita do ponto i; em consequência, por mapeamento conforme, um giro à direita de 90° deve ser feito em i' no plano $GH(s)$. O mesmo ocorre para o ponto a'. Visto que ambos, i' e a', são pontos no infinito e que o Diagrama de Estabilidade de Nyquist deve ser um contorno fechado, um semicírculo no sentido horário de raio infinito deve unir o ponto i' ao ponto a'.

Sistemas contínuos tipo *l*

O Diagrama de Estabilidade de Nyquist de um sistema tipo *l* inclui *l* semicírculos infinitos em seu percurso. Isto é, há 180*l* graus no arco de conexão no infinito do plano $GH(s)$.

Exemplo 11.10 O sistema tipo 3 com

$$GH(s) = \frac{1}{s^3(s+1)}$$

tem três semicírculos infinitos no Diagrama de Estabilidade de Nyquist (Figura 11-21).

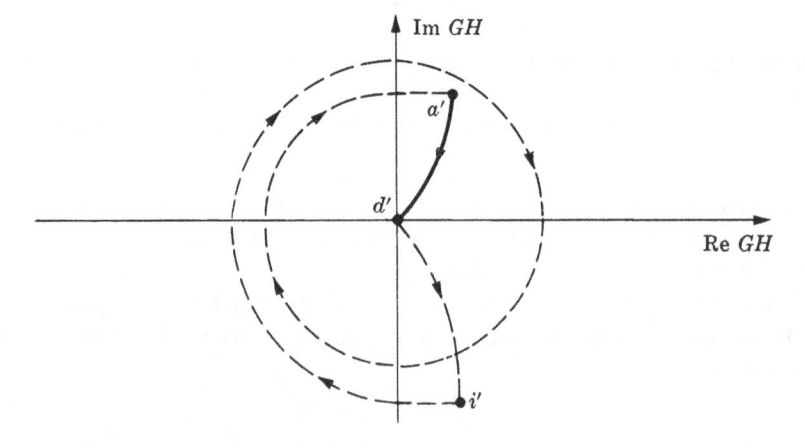

Figura 11-21

Sistemas discretos no tempo

Os Digramas de Estabilidade de Nyquist de sistemas discretos no tempo são desenhados da mesma maneira que o anterior. A única diferença é que o Percurso de Nyquist é como aquele dado na Figura 11-13 em vez da Figura 11-12.

Exemplo 11.11 Considere o sistema de controle digital tipo 1 com a função de transferência de malha aberta

$$GH(z) = \frac{K/4}{(z-1)\left(z-\frac{1}{2}\right)}$$

O Diagrama Polar de GH é determinado primeiro mapeando no plano GH o semicírculo unitário inferior no plano z. Isto é facilmente conseguido com o auxilio do mapeamento ilustrado na Figura 11-14(b), ou seja, calculamos $GH(e^{j\omega T})$ para valores crescentes de ωT, de $-180°$ a $0°$ (ou $-\pi$ a 0 radianos). Para valores dados de K e T, digamos $K = 1$ e $T = 1$,

$$GH(e^{j\omega T}) = \frac{K/4}{(e^{j\omega T}-1)\left(e^{j\omega T}-\frac{1}{2}\right)} = \frac{1/4}{(e^{j\omega}-1)\left(e^{j\omega}-\frac{1}{2}\right)}$$

Para o cálculo manual, a combinação das Formas Polar, Euler e Complexa são úteis no cálculo de $GH(e^{j\omega T})$ para diferentes valores de ω, porque $e^{j\omega T} = 1\underline{/\omega T(\text{rad})} = \cos(\omega T) + j\,\text{sen}(\omega T) = \text{Re}(e^{j\omega T}) + j\,\text{Im}(e^{j\omega T})$. Para $\omega = -\pi$ rad ($-180°$), temos

$$GH(e^{-j\pi}) = GH(1\underline{/-180°}) = \frac{0{,}25\underline{/0°}}{\left(1\underline{/-180°} - 1\underline{/0°}\right)\left(1\underline{/-180°} - \frac{1}{2}\underline{/0°}\right)}$$

$$= \frac{0{,}25}{(-1+j0-1)\left(-1+j0-\frac{1}{2}\right)} = \frac{0{,}25}{(-2)\left(-\frac{3}{2}\right)}$$

$$= 0{,}083\underline{/0°}$$

Então, para $\omega = 270°$,

$$GH(e^{j3\pi/2}) = GH(e^{-j\pi/2}) = \frac{0{,}25\underline{/0°}}{\left(1\underline{/-90°} - 1\underline{/0°}\right)\left(1\underline{/90°} - \frac{1}{2}\underline{/0°}\right)}$$

$$= \frac{0{,}25}{(-j-1)\left(-j-\frac{1}{2}\right)} = \frac{0{,}25}{-\frac{1}{2}+j\frac{3}{2}}$$

$$= \frac{2(0{,}25)}{\sqrt{10}}\underline{/180° - \text{tg}^{-1}(3)} = 0{,}158\underline{/-108{,}4°}$$

De forma similar, determinamos que $GH(e^{j2\pi})$ não existe, mas $\lim_{\phi\to 360°} GH(e^{j\phi}) = \lim_{\omega\to 0} GH(e^{j\omega}) = \infty\underline{/90}$.

Para completar o esboço desta metade do Diagrama Polar, precisamos calcular $GH(e^{j\omega})$ para mais alguns valores de ω. Determinamos facilmente $GH(e^{-j\pi/1000}) = 159\underline{/90{,}5°}$, $GH(e^{-j\omega/12}) = 1{,}8\underline{/127°}$, e $GH(e^{-j\pi/6}) = 0{,}779\underline{/159°}$. O resultado é mostrado na curva tracejada de a' para b' na Figura 11-22, o mapeamento de a para b na Figura 11-13. A porção restante do Diagrama Polar, de $\omega = 0$ para π e de g' para a' na Figura 11-22, é a imagem especular de a' para b' sobre o eixo real, pela Propriedade 2 da Seção 11.6. Esta porção, de g' para a', é desenhada como uma linha contínua, mantendo a convenção de que o Diagrama Polar é destacado para valores positivos de ω, $0 < \omega T < (2n-1)\pi$, n = 1, 2,...

O Diagrama de Estabilidade de Nyquist é determinado completando o mapeamento dos segmentos de b para c, c para d, d para e e f para g na Figura 11-13, para o plano GH. Usando as propriedades de mapeamento da Seção 11.4 e os cálculos de limite, $GH(e^{j\omega})$ faz uma curva à direita em b', de $\infty\underline{/90°}$ para $\infty\underline{/0°}$ em c', em seguida para $0\underline{/0°}$ em d' e em e', e $\infty\underline{/0°}$ em f' para $\infty\underline{/-90°}$ em g', usando operações de limite para os raios ρ e R na Figura

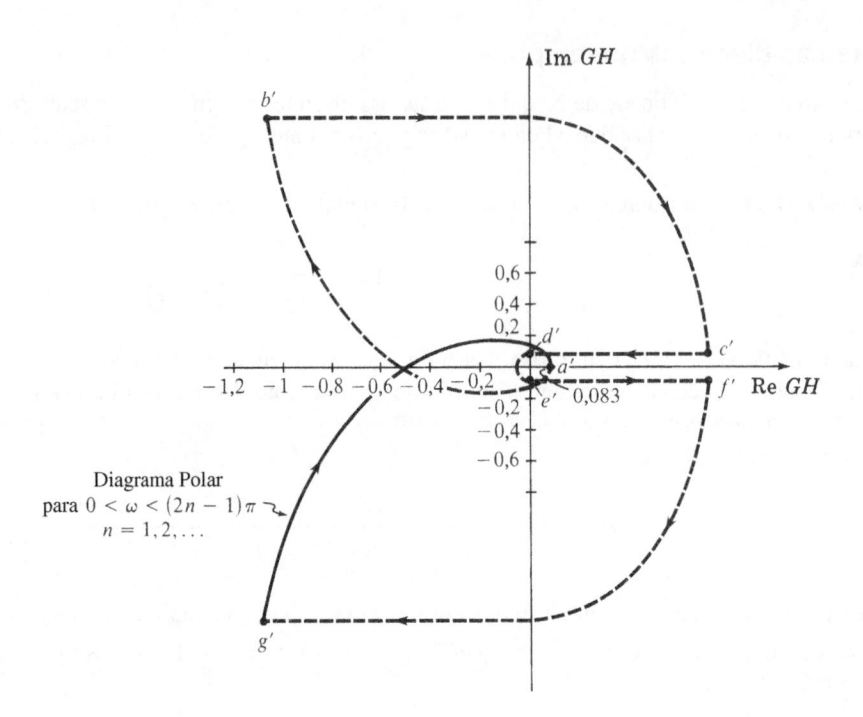

Figura 11-22

11-13. Por exemplo, $\lim_{\rho \to 0} GH(z = 1 + \rho e^{j\theta})$ para $-90° < \theta < 0°$, fornece o mapeamento do arco de b para c na Figura 11-13 no arco de b' ($\infty\underline{/-90°}$) para c' ($\infty\underline{/0°}$) na Figura 11-22.

11.10 CRITÉRIO DE ESTABILIDADE DE NYQUIST

Um *sistema de controle contínuo* de malha fechada é absolutamente estável se as raízes da equação característica têm partes reais negativas (Seção 5.2). De forma equivalente, os polos de uma função de transferência de malha fechada, ou os *zeros* do denominador, $1 + GH(s)$, de uma função de transferência de malha fechada devem ficar no semiplano esquerdo (SPE). Para sistemas contínuos, o Critério de Estabilidade de Nyquist estabelece o número de *zeros* de $1+ GH(s)$ no SPD diretamente do Diagrama de Estabilidade de Nyquist de $GH(s)$. Para *sistemas de controle discreto no tempo*, o Critério de Estabilidade de Nyquist estabelece o número de *zeros* de $1 + GH(s)$ *fora do círculo unitário* no plano z, a região de instabilidade para sistemas discretos.

Para qualquer classe de sistemas, contínuos ou discretos, o Critério de Estabilidade de Nyquist pode ser expresso da forma a seguir:

Critério de estabilidade de Nyquist

O sistema de controle de malha fechada, cuja função de transferência de malha aberta é GH, é estável se e somente se

$$N = -P_0 \leq 0 \qquad (11.13)$$

em que

$P_0 \equiv \begin{cases} \text{número de polos } (\geq 0) \text{ de } GH \text{ em SPD para sistemas contínuos} \\ \text{número de polos } (\geq 0) \text{ de } GH \text{ fora do círculo unitário (do plano } z\text{) para sistemas discretos no tempo} \end{cases}$

$N \equiv$ número total de envolvimentos no SH do ponto $(-1, 0)$(ou seja, $GH(s) = -1$) no plano GH (contínuo ou discreto).

Se $N > 0$, *o número de zeros Z_0 de $1 + GH$ no* SPD para sistemas contínuos, ou *fora do círculo unitário* para sistemas discretos, é determinado por

$$Z_0 = N + P_0 \qquad (11.14)$$

Se $N \leq 0$, o ponto $(-1, 0)$ não é envolvido pelo Diagrama de Estabilidade de Nyquist. Portanto, $N \leq 0$ se a região à direita do contorno, no sentido prescrito, não inclui o ponto $(-1, 0)$. O sombreamento desta região auxilia significativamente a determinar se $N \leq 0$.

Se $N \leq 0$ e $P_0 = 0$, então o sistema é absolutamente estável, se e somente se, $N = 0$; isto é, se e somente se o ponto $(-1, 0)$ *não está* na região sombreada.

Exemplo 11.12 O Diagrama de Estabilidade de Nyquist para $GH(s) = 1/s(s + 1)$ foi determinado no Exemplo 11.9 e é mostrado na Figura 11-23. A região à direita do contorno foi sombreada. Claramente, o ponto $(-1, 0)$ não está na região sombreada; portanto, ele não está envolvido pelo contorno e, assim, $N \leq 0$. Os polos de $GH(s)$ estão em $s = 0$ e $s = -1$, nenhum dos quais está no SPD; portanto, $P_0 = 0$. Assim,

$$N = -P_0 = 0$$

e o sistema é absolutamente estável.

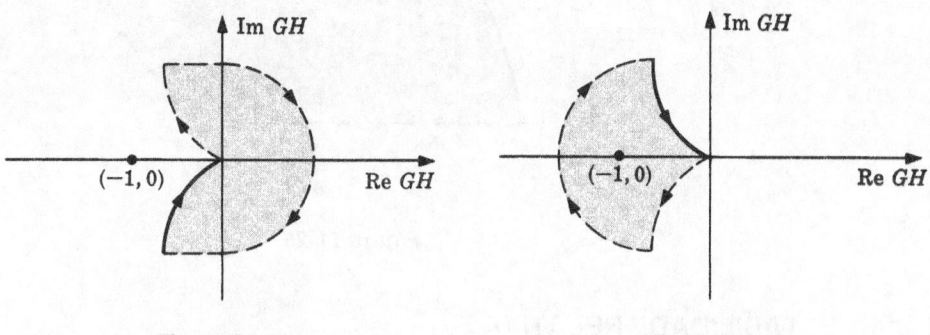

Figura 11-23

Figura 11-24

Exemplo 11.13 O Diagrama de Estabilidade de Nyquist para $GH(s) = 1/s(s - 1)$ é mostrado na Figura 11-24. A região à direita do contorno foi sombreada e o ponto $(-1, 0)$ está envolvido; então $N > 0$. (É claro que $N = 1$.) Os polos de GH estão em $s = 0$ e $s = +1$, o último polo sendo no SPD. Portanto, $P_0 = 1$.

$N \neq -P_0$ indica que o sistema é *instável*. A partir da Equação (11.14) temos

$$Z_0 = N + P_0 = 2$$

zeros de $1 + GH$ no SPD.

Exemplo 11.14 O Diagrama de Estabilidade de Nyquist para um sistema discreto no tempo com função de transferência de malha aberta

$$GH(z) = \frac{K/4}{(z - 1)(z - 0{,}5)}$$

foi determinado no Exemplo 11.11 e está repetido na Figura 11-25 para $K = 1$. A região à direita do contorno foi sombreada e o ponto $(-1, 0)$ não está envolvido por $K = 1$. Consequentemente, $N \leq 0$ e a partir da Equação (11.23) não existem polos externos ao círculo unitário no plano z, ou seja, $P_0 = 0$. Assim, $N = -P_0 = 0$ e o sistema é, portanto, estável.

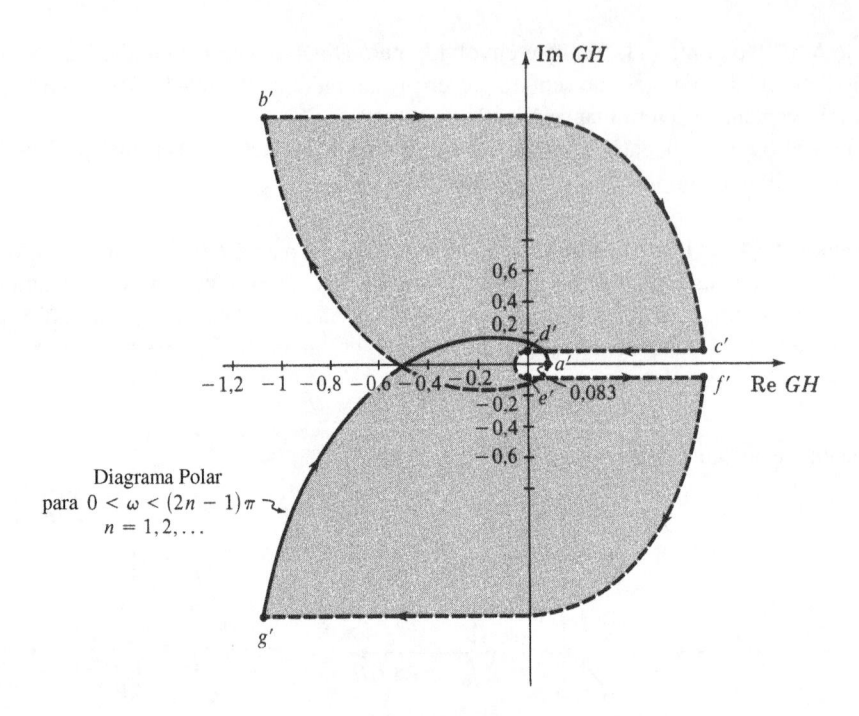

Figura 11-25

11.11 ESTABILIDADE RELATIVA

Os resultados nesta seção e na próxima são expressos em termos de $GH(\omega)$, tanto para sistemas contínuos [$GH(j\omega)$] quanto para discretos [$GH(e^{j\omega T})$].

A estabilidade relativa de um sistema de controle com realimentação é facilmente determinada a partir do Diagrama Polar ou de Estabilidade de Nyquist.

A **frequência de cruzamento de fase** (angular) ω_π é a frequência na qual o ângulo de fase de $GH(\omega)$ é $-180°$, isto é, a frequência na qual o Diagrama Polar cruza o eixo real negativo. A **margem de ganho** é dada por

$$\text{margem de ganho} = \frac{1}{|GH(\omega_\pi)|}$$

Estas quantidades são mostradas na Figura 11-26.

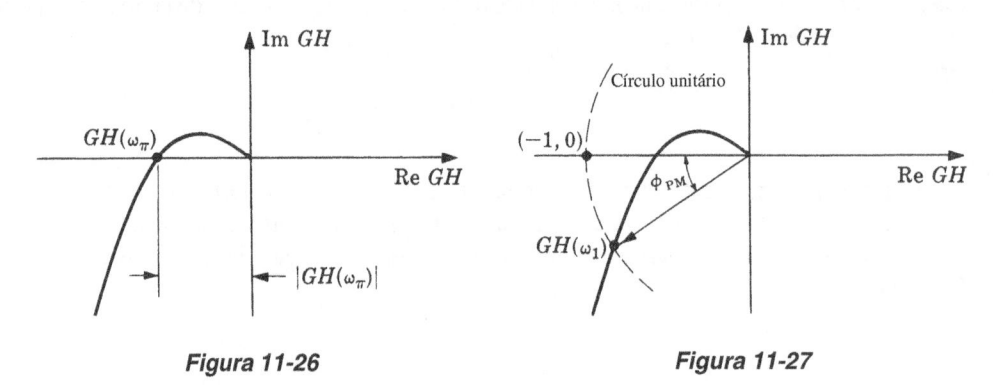

Figura 11-26   *Figura 11-27*

A **frequência de cruzamento de ganho** (angular) ω_1 é a frequência na qual $|GH(\omega)| = 1$. A **margem de fase** ϕ_{PM} é o ângulo pelo qual o Diagrama Polar pode ser girado para ocasionar a passagem pelo ponto $(-1, 0)$. Ele é dado por

$$\phi_{PM} = [180 + \arg GH(\omega_1)] \text{ graus}$$

Estas quantidades são mostradas na Figura 11-27.

11.12 CÍRCULOS M E N*

A resposta de frequência de malha fechada de um sistema de controle com realimentação unitária, é dada por

$$\frac{C}{R}(\omega) = \frac{G(\omega)}{1+G(\omega)} = \left|\frac{G(\omega)}{1+G(\omega)}\right| \bigg/ \operatorname{tg}^{-1}\left[\frac{\operatorname{Im}(C/R)(\omega)}{\operatorname{Re}(C/R)(\omega)}\right] \tag{11.15}$$

O módulo e o ângulo de fase característicos da resposta de frequência em malha fechada de um sistema de controle com realimentação unitária podem ser determinados diretamente, a partir do Diagrama Polar de $G(\omega)$. Isto é realizado desenhando primeiramente as linhas de módulo constante, denominadas **círculos M**, e linhas de ângulo de fase constante, chamadas de **círculos N**, diretamente sobre o plano $G(\omega)$, em que

$$M \equiv \left|\frac{G(\omega)}{1+G(\omega)}\right| \tag{11.16}$$

$$N \equiv \frac{\operatorname{Im}(C/R)(\omega)}{\operatorname{Re}(C/R)(\omega)} \tag{11.17}$$

A interseção do Diagrama Polar com um círculo M particular proporciona o valor de M na frequência ω de $G(\omega)$ no ponto de interseção. A interseção do Diagrama Polar com o círculo N particular proporciona o valor de N na frequência ω de $G(\omega)$ no ponto de interseção. *M versus* ω e *N versus* ω são facilmente traçados a partir destes pontos.

Vários círculos M são superpostos num Diagrama Polar típico no plano $G(\omega)$ na Figura 11-28.

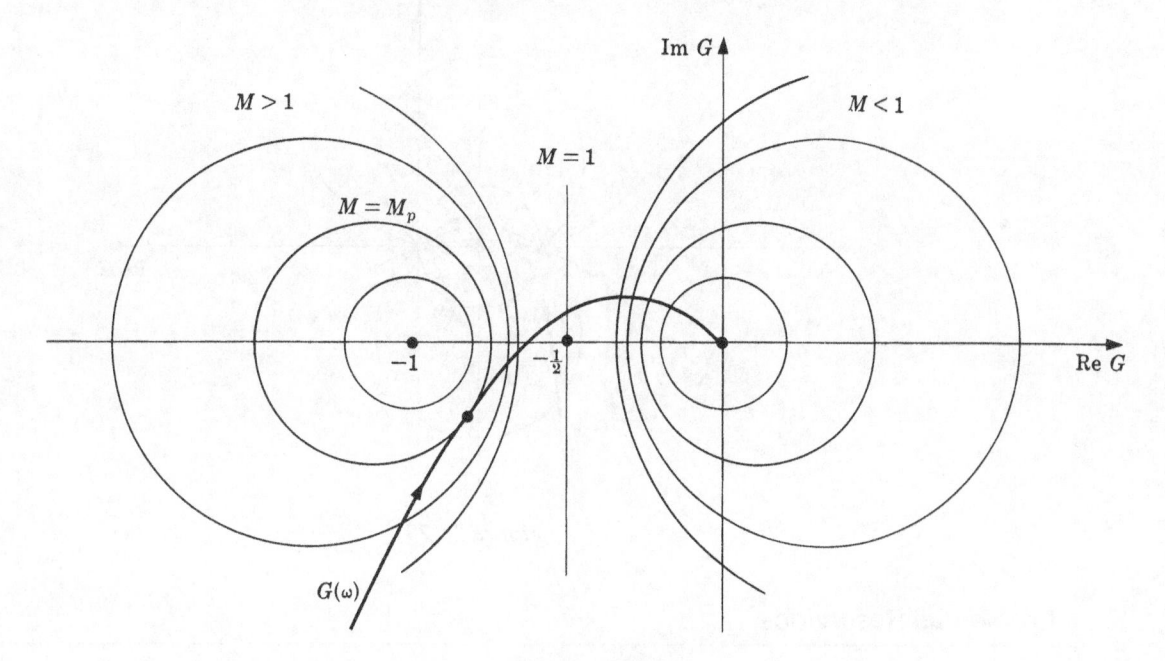

Figura 11-28

O **raio de um círculo M** é dado por

$$\text{raio do círculo M} = \left|\frac{M}{M^2-1}\right| \tag{11.18}$$

---

* As letras-símbolo M e N, usadas nesta seção para os círculos M e N, não são iguais e não devem ser confundidas com a variável manipulada $M = M(s)$, definida no Capítulo 2, e com o número de envolvimento N do ponto $(-1, 0)$, da Seção 11.10. Infelizmente os mesmos símbolos foram usados para definir mais de uma grandeza. Mas, no interesse de ser consistente com a maioria dos outros textos de sistemas de controle, mantivemos a terminologia da literatura clássica e agora assinalamos isso para o leitor.

O **centro de um círculo** M sempre está sobre o eixo Re $G(\omega)$. O ponto central é dado por

$$\text{centro do círculo } M = \left(\frac{-M^2}{M^2-1}, 0\right) \tag{11.19}$$

O **pico de ressonância** M_p é dado pelo maior valor de M do(s) círculo(s) M tangente(s) ao Diagrama Polar. (Pode haver mais do que uma tangente.)

A **razão de amortecimento** ζ para sistemas de segunda ordem com $0 \leq \zeta \leq 0{,}707$ está relacionada com M_p por

$$M_p = \frac{1}{2\zeta\sqrt{1-\zeta^2}} \tag{11.20}$$

Vários círculos N são superpostos no Diagrama Polar mostrado na Figura 11-29. O **raio de um círculo** N é dado por

$$\text{raio do círculo } N = \sqrt{\frac{1}{4} + \left(\frac{1}{2N}\right)^2} \tag{11.21}$$

O **centro de um círculo** N sempre cai sobre a linha Re $G(\omega) = -\frac{1}{2}$. O ponto central é dado por

$$\text{centro do círculo } N = \left(-\frac{1}{2}, \frac{1}{2N}\right) \tag{11.22}$$

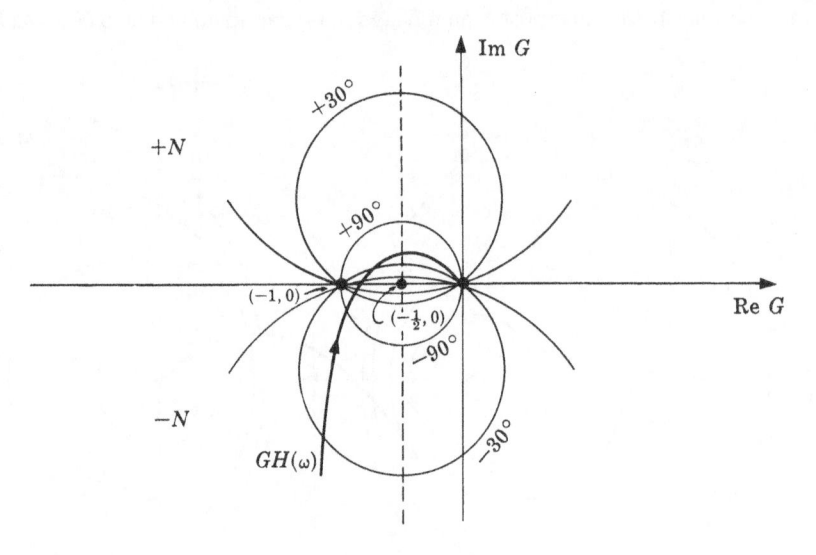

Figura 11-29

Problemas Resolvidos

Funções complexas de uma variável complexa

11.1 Quais são os valores de $P(s) = 1/(s^2+1)$ para $s_1 = 2$, $s_2 = j4$ e $s_3 = 2+j4$?

$$P(s_1) = P(2) = \frac{1}{(2)^2+1} = \frac{1}{5} + j0 \qquad P(s_2) = P(j4) = \frac{1}{(j4)^2+1} = -\frac{1}{15} + j0$$

$$P(s_3) = P(2+j4) = \frac{1}{(2+j4)^2+1} = \frac{1}{-11+j16}$$

$$= \frac{1\underline{/0°}}{\sqrt{(11)^2+(16)^2}\underline{/\text{tg}^{-1}(16/-11)}} = \frac{1}{19{,}4}\underline{/0° - 124{,}6°}$$

$$= 0{,}0514\underline{/-124{,}6°} = -0{,}0514\underline{/55{,}4°} = -0{,}0292 - j0{,}0423$$

11.2 Mapeie o eixo imaginário no plano s sobre o plano $P(s)$, usando a função de mapeamento $P(s) = s^2$.

Temos $s = j\omega$, $-\infty < \omega < \infty$. Portanto, $P(j\omega) = (j\omega)^2 = -\omega^2$. Agora, quando $\omega \to -\infty$, $P(j\omega) \to -\infty$ (ou $-\infty^2$, se você preferir). Quando $\omega \to +\infty$; $P(j\omega) \to -\infty$; e quando $\omega = 0$, $P(j0) = 0$. Assim, com $j\omega$ aumenta segundo o eixo *imaginário* negativo de $-j\infty$ para $j0$, $P(j\omega)$ aumenta segundo o eixo *real* negativo de $-\infty$ para 0. Quando $j\omega$ aumenta de $j0$ para $+j\infty$, $P(j\omega)$ decresce para $-\infty$, novamente segundo o eixo *real* negativo. O mapeamento é marcado da seguinte maneira (Figura 11-30):

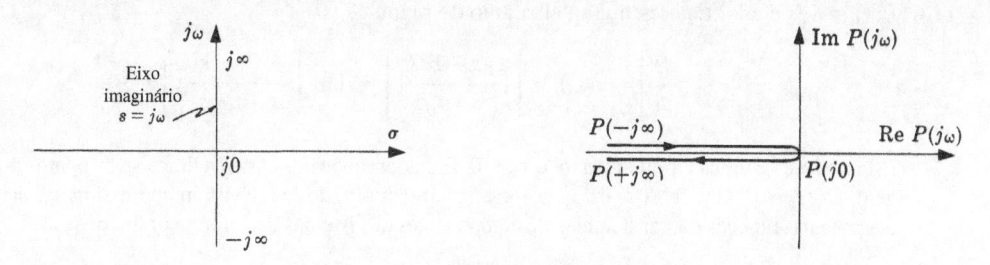

Figura 11-30

As duas linhas no plano $P(j\omega)$ estão realmente superpostas, mas elas são mostradas aqui separadas para maior clareza.

11.3 Mapeie a região retangular no plano s, limitada pelas linhas $\omega = 0$, $\sigma = 0$, $\omega = 1$ e $\sigma = 2$ sobre o plano $P(s)$ usando a transformação $P(s) = s + 1 - j2$

Temos

$\omega = 0$: $\quad P(\sigma) = (\sigma + 1) - j2 \qquad \omega = 1$: $\quad P(\sigma + j1) = (\sigma + 1) - j1$

$\sigma = 0$: $\quad P(j\omega) = 1 + j(\omega - 2) \qquad \sigma = 2$: $\quad P(2 + j\omega) = 3 + j(\omega - 2)$

Visto que σ varia sobre todos os números reais ($-\infty < \sigma < \infty$) sobre a linha $\omega = 0$, assim $\sigma + 1$ faz o mesmo sobre $P(\sigma) = (\sigma + 1) - j2$. Portanto $\omega = 0$ mapeia sobre a linha $-j2$ no plano $P(s)$. Do mesmo modo $\sigma = 0$ mapeia sobre a linha $P(s) = 1$, $\omega = 1$ mapeia sobre a linha $P(s) = -j1$ e $\sigma = 2$ sobre a linha $P(s) = 3$. A transformação resultante é ilustrada na Figura 11-31.

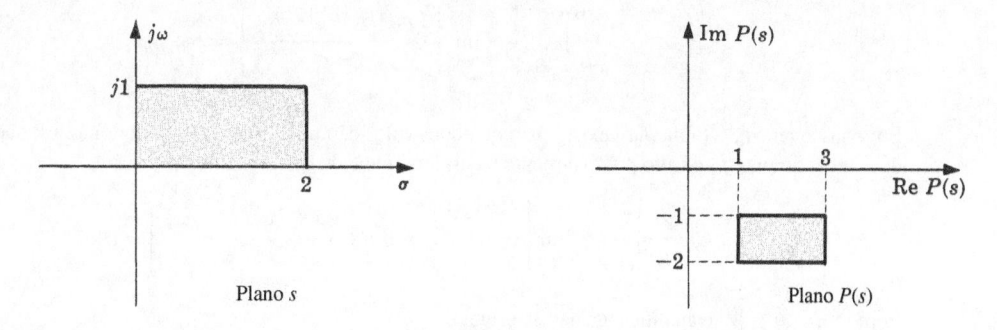

Figura 11-31

Este tipo de mapeamento é chamado de mapeamento de **translação**. Note que o mapeamento seria o mesmo se $s = \sigma + j\omega$ fosse substituído por $z = \mu + j\nu$ neste exemplo.

11.4 Determine a derivada de $P(s) = s^2$ nos pontos $s = s_0$ e $s_0 = 1$.

$$\left.\frac{dP}{ds}\right|_{s=s_0} = \lim_{s \to s_0}\left[\frac{P(s) - P(s_0)}{s - s_0}\right] = \lim_{s \to s_0}\left[\frac{s^2 - s_0^2}{s - s_0}\right] = \lim_{s \to s_0}(s + s_0) = 2s_0$$

Em $s_0 = 1$, temos $(dP/ds)|_{s=1} = 2$. De modo similar, $P(z) = z^2$, $(dP/dz)|_{z=1} = 2$.

Funções analíticas e singularidades

11.5 $P(s) = s^2$ é uma função analítica em qualquer região do plano s? Se assim for, qual é a região?

A partir do problema precedente $(dP/ds)|s = s_0 = 2s_0$. Em consequência, s^2 é analítica sempre que $2s_0$ é finita (Definição 11.1). Assim, s^2 é analítica na região finita inteira do plano s. Tais funções são frequentemente chamadas de **funções inteiras**. De forma similar, z^2 é analítica na região finita inteira do plano z.

11.6 $P(s) = 1/s$ é analítica em qualquer região do plano s?

$$\left.\frac{dP}{ds}\right|_{s=s_0} = \lim_{s \to s_0} \left[\frac{1/s - 1/s_0}{s - s_0}\right] = \lim_{s \to s_0} \left[\frac{-(s - s_0)}{ss_0(s - s_0)}\right] = \frac{-1}{s_0^2}$$

Esta derivada é única e finita para todo $s_0 \neq 0$. Em consequência, $1/s$ é analítica se os pontos do plano s, exceto a origem, $s = s_0 = 0$. O ponto $s = 0$ é uma *singularidade* (polo) de $1/s$. Existem outras singularidades que não são polos, mas não nas funções de transferência de componentes de sistemas de controle ordinários.

11.7 $P(s) = |s|^2$ é analítica em qualquer região do plano s?

Primeiro faça $s = \sigma + j\omega$, $s_0 = \sigma_0 + j\omega_0$. Então,

$$\left.\frac{dP}{ds}\right|_{s=s_0} = \lim_{(s-s_0) \to 0} \left[\frac{|\sigma + j\omega|^2 - |\sigma_0 + j\omega_0|^2}{(\sigma + j\omega) - (\sigma_0 + j\omega_0)}\right]$$

$$= \lim_{[(\sigma-\sigma_0)+j(\omega-\omega_0)] \to 0} \left[\frac{(\sigma - \sigma_0)(\sigma + \sigma_0) + (\omega - \omega_0)(\omega + \omega_0)}{(\sigma - \sigma_0) + j(\omega - \omega_0)}\right]$$

Se o limite existe, ele deve ser único e não depender de como s tende para s_0, ou equivalentemente, como $[(\sigma - \sigma_0) + j(\omega - \omega_0)]$ tende para zero. Assim, primeiro façamos $s \to s_0$ ao longo do eixo $j\omega$ e obtemos

$$\left.\frac{dP}{ds}\right|_{s=s_0} = \lim_{\substack{\omega \to \omega_0 \\ \sigma = \sigma_0}} \left[\frac{(\omega - \omega_0)(\omega + \omega_0)}{j(\omega - \omega_0)}\right] = -j2\omega_0$$

Agora fazendo $s \to s_0$ segundo o eixo σ; ou seja,

$$\left.\frac{dP}{ds}\right|_{s=s_0} = \lim_{\substack{\sigma \to \sigma_0 \\ \omega = \omega_0}} \left[\frac{(\sigma - \sigma_0)(\sigma + \sigma_0)}{\sigma - \sigma_0}\right] = 2\sigma_0$$

Em consequência, o limite *não* existe para qualquer valor não nulo de σ_0 e ω_0 e, portanto, $|s|^2$ não é analítica em qualquer lugar no plano s exceto possivelmente na origem. Quando $s_0 = 0$, temos

$$\left.\frac{dP}{ds}\right|_{s=0} = \lim_{s \to 0} \left[\frac{|s|^2 - 0}{s}\right] = \lim_{s \to 0} \left[\frac{(\sigma + j\omega)(\sigma - j\omega)}{\sigma + j\omega}\right] = 0$$

Portanto, $P(s) = |s|^2$ é analítica apenas na origem, $s = 0$.

11.8 Se $P(s)$ é analítica em s_0, prove que ela deve ser contínua em s_0. Isto é, mostre que $\lim_{s \to s_0} P(s) = P(s_0)$.

Visto que

$$P(s) - P(s_0) = \frac{P(s) - P(s_0)}{(s - s_0)} \cdot (s - s_0)$$

para $s \neq s_0$, então

$$\lim_{s \to s_0} [P(s) - P(s_0)] = \lim_{s \to s_0} \left[\frac{P(s) - P(s_0)}{(s - s_0)}\right] \cdot \lim_{s \to s_0} (s - s_0) = \left[\left.\frac{dP}{ds}\right|_{s=s_0}\right] \cdot 0 = 0$$

porque $(dP/ds)|_{s=s_0}$ existe por hipótese [ou seja, $P(s)$ é analítica]. Portanto,

$$\lim_{s \to s_0} [P(s) - P(s_0)] = 0 \quad \text{ou} \quad \lim_{s \to s_0} P(s) = P(s_0)$$

11.9 As **funções polinomiais** são definidas por $Q(s) \equiv a_n s^n + a_{n-1} s^{n-1} + \cdots + a_1 s + a_0$, em que $a_n \neq 0$, n é um inteiro positivo chamado de **grau do polinômio** e $a_0, a_1 ..., a_n$ são constantes. Prove que $Q(s)$ é analítica em toda região limitada (finita) do plano s.

Considere primeiro s^n:

$$\frac{d}{ds}[s^n]\bigg|_{s=s_0} = \lim_{s \to s_0} \left[\frac{s^n - s_0^n}{s - s_0} \right] = \lim_{s \to s_0} \left(s^{n-1} + s^{n-2} s_0 + \cdots + s s_0^{n-2} + s_0^{n-1} \right) = n s_0^{n-1}$$

Assim, s^n é analítica em toda região finita do plano s. Então, por indução matemática s^{n-1}, s^{n-2}, ..., s são também analíticas. Em consequência, pelos teoremas elementares sobre limites de somas e produtos, vemos que $Q(s)$ é analítica em toda a região finita do plano s.

11.10 As **funções algébricas racionais** são definidas por $P(s) \equiv N(s)/D(s)$ em que $N(s)$ e $D(s)$ são polinômios. Mostre que $P(s)$ é analítica em todos os pontos s em que $D(s) \neq 0$; isto é, prove que as funções de transferência de elementos de sistemas de controle, que tomam a forma de funções algébricas racionais, são analíticas, exceto em seus polos.

A maioria preponderante de elementos de sistemas de controle lineares está nesta categoria. O teorema fundamental da álgebra, "um polinômio de grau n tem n zeros e pode ser expresso como um produto de n fatores lineares", ajuda a colocar $P(s)$ em uma forma mais reconhecível como uma função de transferência de sistema de controle; isto é, $P(s)$ pode ser escrita na forma familiar

$$P(s) \equiv \frac{N(s)}{D(s)} = \frac{b_m s^m + b_{m-1} s^{m-1} + \cdots + b_0}{a_n s^n + a_{n-1} s^{n-1} + \cdots + a_0} = \frac{b_m (s + z_1)(s + z_2) \cdots (s + z_m)}{a_n (s + p_1)(s + p_2) \cdots (s + p_n)}$$

em que $-z_1, -z_2, ..., -z_n$ são zeros, $-p_1, -p_2, ..., -p_n$ são polos e $m \leq n$.

A partir da identidade dada por

$$\frac{N(s)}{D(s)} - \frac{N(s_0)}{D(s_0)} \equiv \frac{1}{D(s)D(s_0)} \left[D(s_0)(N(s) - N(s_0)) - N(s_0)(D(s) - D(s_0)) \right]$$

onde $D(s) \neq 0$, temos

$$\frac{dP}{ds}\bigg|_{s=s_0} = \lim_{s \to s_0} \left[\frac{\frac{N(s)}{D(s)} - \frac{N(s_0)}{D(s_0)}}{s - s_0} \right]$$

$$= \lim_{s \to s_0} \left[\frac{1}{D(s)D(s_0)} \left(D(s_0) \left[\frac{N(s) - N(s_0)}{s - s_0} \right] - N(s_0) \left[\frac{D(s) - D(s_0)}{s - s_0} \right] \right) \right]$$

$$= \lim_{s \to s_0} \left[\frac{1}{D(s)} \left(\frac{N(s) - N(s_0)}{s - s_0} \right) \right] - \lim_{s \to s_0} \left[\frac{N(s_0)}{D(s)D(s_0)} \left(\frac{D(s) - D(s_0)}{s - s_0} \right) \right]$$

$$= \lim_{s \to s_0} \left[\frac{1}{D(s)} \right] \cdot \lim_{s \to s_0} \left[\frac{N(s) - N(s_0)}{s - s_0} \right] - \lim_{s \to s_0} \left[\frac{N(s_0)}{D(s)D(s_0)} \right] \cdot \lim_{s \to s_0} \left[\frac{D(s) - D(s_0)}{s - s_0} \right]$$

$$= \frac{1}{D(s_0)} \cdot \frac{dN}{ds}\bigg|_{s=s_0} - \frac{N(s_0)}{D(s_0)^2} \cdot \frac{dD}{ds}\bigg|_{s=s_0}$$

em que usamos os resultados dos Problemas. 11.8, 11.9 e a Definição 11.1. Portanto, a derivada de $P(s)$ existe, ($P(s)$ é analítica) para todos os pontos s em que $D(s) \neq 0$.

Note que determinamos a fórmula para a derivada de uma função algébrica racional (última parte da equação acima) em termos das derivadas do seu numerador e denominador, além da solução do problema desejado.

11.11 Prove que e^{-sT} é analítica em toda a região delimitada do plano s.

Na teoria de variável complexa e^{-sT} é definida pela série de potências

$$e^{-sT} = \sum_{k=0}^{\infty} \frac{(-sT)^k}{k!}$$

Pelo teste do quociente, conforme $k \to \infty$ temos

$$\left| \frac{(-sT)^k/k!}{(-sT)^{k+1}/(k+1)!} \right| = \left| \frac{k+1}{-sT} \right| \to \infty$$

Em consequência, o raio de convergência desta série de potências é infinito. A soma de uma série de potências é analítica dentro do seu raio de convergência. Assim, e^{-sT} é analítica em toda a região delimitada do plano s.

11.12 Prove que $e^{-sT}P(s)$ é analítica sempre que $P(s)$ é analítica. Em consequência, os sistemas contendo uma combinação de funções de transferência algébricas racionais e operadores de retardo de tempo (ou seja, e^{-sT}) são analíticos, exceto nos polos do sistema.

Pelo Problema 11.11, e^{-sT} é analítica em toda a região delimitada do plano s; e pelo Problema 11.10, $P(s)$ é analítica, exceto nos seus polos. Agora

$$\frac{d}{ds}\left[e^{-sT}P(s)\right]\bigg|_{s=s_0} = \lim_{s \to s_0} \left[\frac{e^{-sT}P(s) - e^{-s_0 T}P(s_0)}{s - s_0}\right]$$

$$= \lim_{s \to s_0} \left[e^{-sT}\left(\frac{P(s) - P(s_0)}{s - s_0}\right) + P(s_0)\left(\frac{e^{-sT} - e^{-s_0 T}}{s - s_0}\right)\right]$$

$$= e^{-s_0 T}\frac{dP}{ds}\bigg|_{s=s_0} + P(s_0)\frac{d}{ds}(e^{-sT})\bigg|_{s=s_0}$$

Portanto, $e^{-sT}P(s)$ é analítica sempre que $P(s)$ é analítica.

11.13 Consideremos a função dada por $P(s) = e^{-sT}(s^2 + 2s + 3)/(s^2 - 2s + 2)$. Onde estão as singularidades desta função? Onde $P(s)$ é analítica?

Os pontos singulares são os polos de $P(s)$. Visto que $s^2 - 2s + 2 = (s - 1 + j1)(s - 1 - j1)$, os dois polos são dados por $-p_1 = 1 - j1$ e $-p_2 = 1 + j1$. $P(s)$ é analítica em toda a região delimitada do plano s, exceto nos pontos $s = -p_1$ e $s = -p_2$.

Contornos e envolvimentos

11.14 Quais os pontos que são *envolvidos* pelos seguintes contornos (Figura 11-32)?

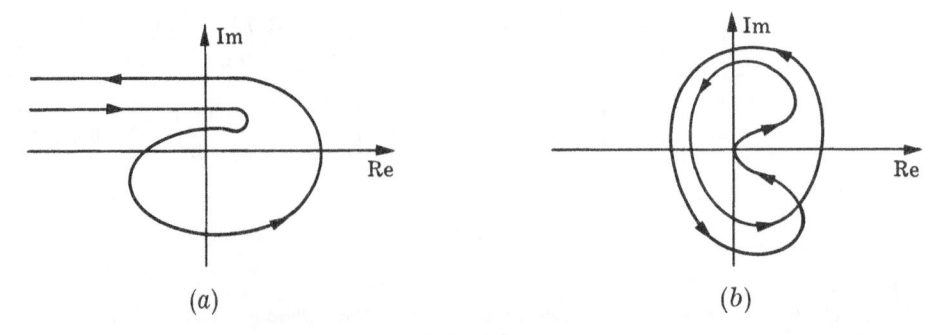

Figura 11-32

Sombreando a região à direita de cada contorno quando ele é percorrido no sentido prescrito, obtemos a Figura 11-33. Todos os pontos da região sombreada são envolvidos.

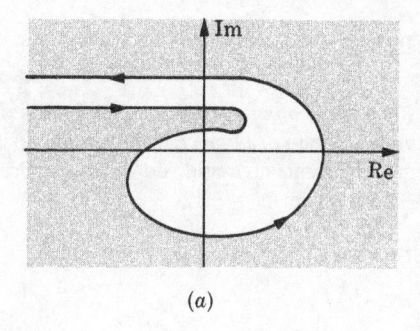

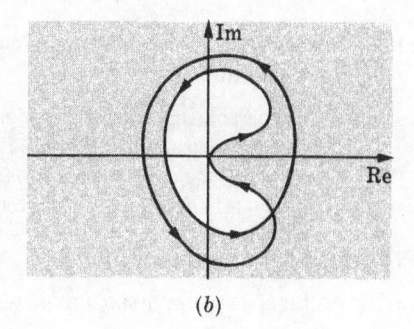

(a) *(b)*

Figura 11-33

11.15 Quais os contornos do Problema 11.14 estão *envolvidos*?

Claramente, o contorno da Parte (*b*) está envolvido. O contorno da parte (*a*) pode ou não estar envolvido sobre si no infinito no plano complexo. Isto não pode ser determinado pelo gráfico dado.

11.16 Qual é o *sentido* (positivo ou negativo) de cada contorno no Problema. 11.14(*a*) e (*b*)?

Usando a origem como uma base, cada contorno é orientado no sentido anti-horário, sentido negativo em torno da origem.

11.17 Determine o número de envolvimentos N_0 da origem para o contorno na Figura 11-34.

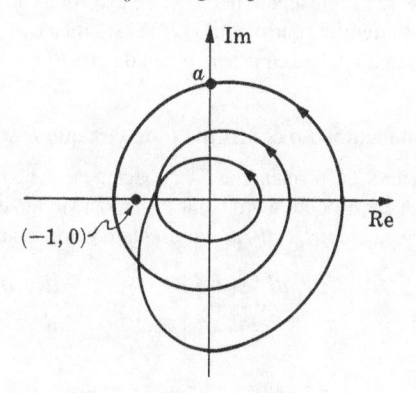

Figura 11-34

Começando no ponto *a*, giramos a linha radial da origem para o contorno no sentido das setas. Três rotações no sentido anti-horário de 360° resultam na linha radial que retorna ao ponto *a*. Em consequência, $N_0 = -3$.

11.18 Determine o número de envolvimentos N_0 da origem para o contorno na Figura 11-35.

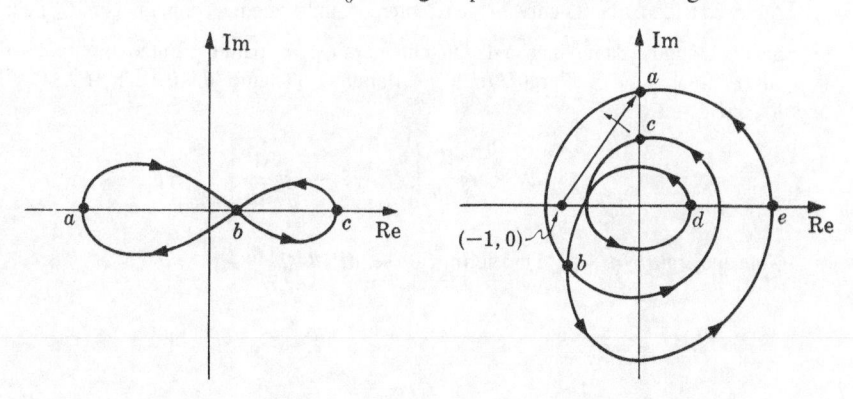

Figura 11-35   *Figura 11-36*

Começando no ponto a, $+180°$ são varridos pelo contorno quando b é atingido pela primeira vez. Indo de b para c e de volta para b, o ganho angular líquido é zero. Retornando para a a partir de b resulta em $+180°$. Assim, $N_0 = +1$.

11.19 Determine o número de envolvimentos N do ponto $(-1,0)$ (ou seja, o ponto -1 sobre o eixo real) para o contorno do Problema 11.17.

Começando ainda do ponto a, giramos uma linha radial *a partir do ponto* $(-1,0)$ para o contorno no sentido das setas, como é mostrado na Figura 11-36. Indo de a para b para c, a linha radial varre um pouco menos do que $-360°$. Mas de c para d e de volta para b, o ângulo aumenta novamente no sentido do valor atingido, indo apenas de a para b. Então de b para e para a o ângulo resultante é de $-360°$. Assim, $N = -1$.

Propriedades do mapeamento P

11.20 As funções a seguir são unívocas? (a) $P(s) = s^2$, (b) $P(s) = s^{1/2}$.

(a) A substituição de qualquer número complexo s em $P(s) = s^2$ proporciona um valor único para $P(s)$. Em consequência, $P(s) = -s^2$ é uma função unívoca.

(b) Na forma polar temos $s = |s|e^{j\theta}$, onde $\theta = \arg(s)$. Portanto $s^{1/2} = |s|^{1/2}e^{j\theta/2}$. Agora se aumentarmos θ de 2π voltamos ao mesmo ponto s. Mas

$$P(s) = |s|^{1/2}e^{j(\theta + 2\pi)/2} = |s|^{1/2}e^{j\theta/2}e^{j\pi} = P(s)e^{j\pi}$$

que é *outro* ponto no plano $P(s)$. Em consequência, $P(s) = s^{1/2}$ tem dois pontos no plano $P(s)$ para cada ponto no plano s. Ela não é uma função unívoca; é uma **função plurívoca** (com dois valores).

11.21 Prove que todo contorno fechado não contendo pontos singulares de $P(s)$ no plano s mapeia num contorno fechado no plano $P(s)$.

Suponha que não. Então em algum ponto s_0, onde o contorno do plano s fecha sobre si mesmo, o contorno do plano $P(s)$ não é fechado. Isto significa que o ponto s_0 (não singular) no plano s é mapeado em mais do que um ponto no plano $P(s)$ (as imagens do ponto s_0). Isto contradiz o fato de que $P(s)$ é uma função unívoca (Propriedade 1, Seção 11.4).

11.22 Prove que P é um mapeamento conforme toda vez que P seja analítica e $dP/ds \neq 0$.

Considere duas curvas: C no plano s e C' a imagem de C, no plano $P(s)$. Seja a curva no plano s descrita por um parâmetro t; isto é, cada t corresponde a um ponto $s = s(t)$ ao longo da curva C. Em consequência, C' é descrita por $P[s(t)]$ no plano $P(s)$. As derivadas ds/dt e dP/dt representam vetores tangentes a pontos correspondentes sobre C e C'. Agora

$$\left.\frac{dP[s(t)]}{dt}\right|_{P(s) = P(s_0)} = \frac{ds}{dt} \cdot \left.\frac{dP(s)}{ds}\right|_{s = s_0}$$

onde usamos o fato de que P é analítica em algum ponto $s_0 \equiv s(t_0)$. Fazendo $dP/dt \equiv r_1 e^{j\phi}$, $dP/ds \equiv r_2 e^{j\alpha}$ e $ds/dt \equiv r_3 e^{j\theta}$. Então,

$$r_1(s_0)e^{j\phi(s_0)} = r_2(s_0) \cdot r_3(s_0)e^{j[\phi(s_0) + \alpha(s_0)]}$$

Igualando os ângulos, temos $\phi(s_0) = \theta(s_0) + \alpha(s_0) = \theta(s_0) + \arg(dP/ds)|_{s=s_0}$, e vemos que a tangente C em s_0 é girada num ângulo $\arg(dP/ds)|_{s=s_0}$ em $P(s_0)$ sobre C' no plano $P(s)$.

Agora considere as duas curvas C_1 e C_2 interceptando-se em s_0, com imagem C_1' e C_2'; no plano $P(s)$ (Figura 11-37).

Seja θ_1 o ângulo da inclinação da tangente para C_1 e θ_2 para C_2. Então, os ângulos de inclinação para C_1' e C_2' são $\theta_1 + \arg(dP/ds)|_{s=s_0}$, e $\theta_2 + \arg(dP/ds)|_{s=s_0}$. Portanto, o ângulo $(\theta_1 - \theta_2)$ entre C_1 e C_2 é igual em módulo e sentido ao ângulo entre C_1' e C_2'.

$$\theta_1 + \left.\arg\frac{dP}{ds}\right|_{s=s_0} - \theta_2 - \left.\arg\frac{dP}{ds}\right|_{s=s_0} = \theta_1 - \theta_2$$

Note que $\arg(dP/ds)|_{s=s_0}$ é indeterminado se $(dP/ds)|_{s=s_0} = 0$.

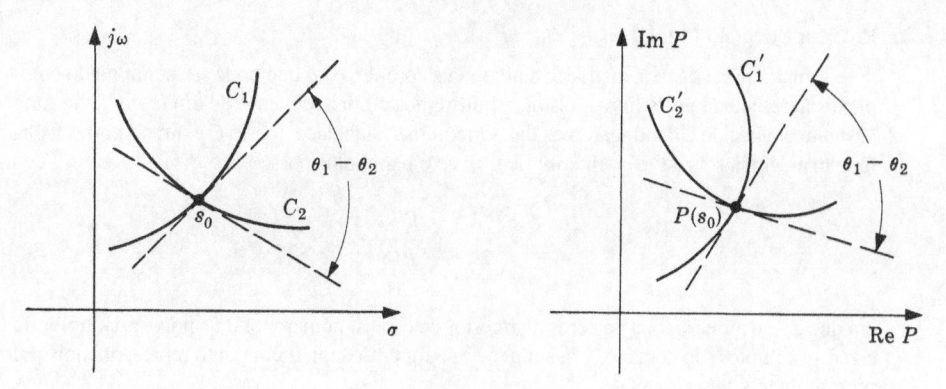

Figura 11-37

11.23 Mostre que $P(s) = e^{-sT}$ é conforme em toda a região limitada do plano s.

e^{-sT} é analítica (Problema 11.11). Além disso, $(d/ds)(e^{-sT}) = -Te^{-sT} \neq 0$ em qualquer região limitada (finita) do plano s. Então, pelo Problema 11.22, $P(s) = e^{-sT}$ é conforme.

11.24 Mostre que $P(s)e^{-sT}$ é conforme para $P(s)$ racional e $dP/ds \neq 0$.

Pelo Problema 11.12, Pe^{-sT} é analítica exceto nos polos de P. Pelo Problema 11.12,

$$\frac{d}{ds}[Pe^{-sT}] = e^{-sT}\frac{dP}{ds} - PTe^{-sT} = e^{-sT}\left(\frac{dP}{ds} - TP\right)$$

Suponha $(d/ds)[Pe^{-sT}] = 0$. Então, visto que $e^{-sT} \neq 0$ para qualquer s finito, temos $dP/ds - TP = 0$ cuja solução geral é $P(s) = ke^{sT}$, com k constante. Mas P é racional e e^{sT} não é. Em consequência $(d/ds)[Pe^{-sT}] \neq 0$.

11.25 Dois contornos C_1 e C_2, no plano s, interceptam-se num ângulo de 90 graus (Figura 11-38). A função analítica $P(s)$ mapeia estes contornos no plano $P(s)$ e $dP/ds \neq 0$ em s_0. Esboce a imagem do contorno C_2 na vizinhança de $P(s_0)$. A imagem de C_1 também é dada.

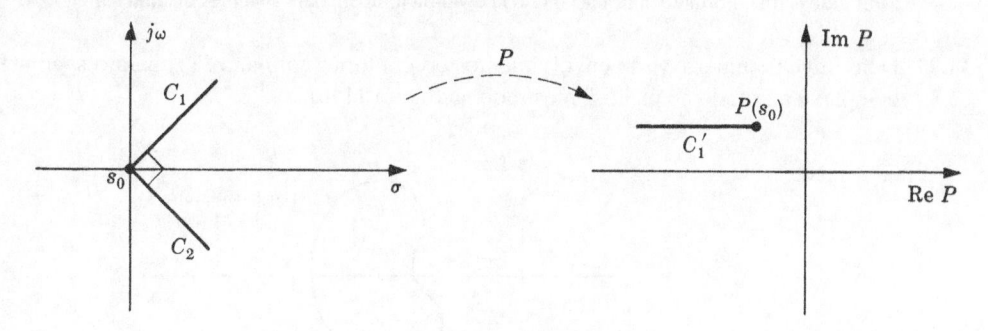

Figura 11-38

Pelo Problema 11.22, P é conforme; em consequência, o ângulo entre C_1' e C_2' é de 90°. Visto que C_1 faz um giro à esquerda sobre C_2 em s_0, então C_1' deve também girar para a esquerda em $P(s_0)$.

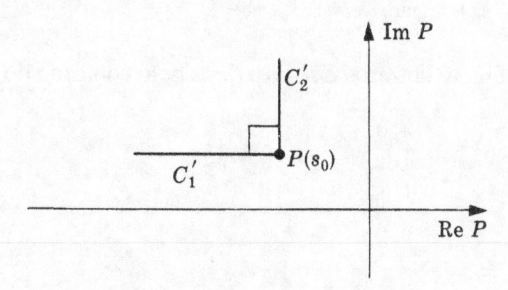

Figura 11-39

11.26 Prove a Equação (11.1): $N_0 = Z_0 - P_0$.

A maior parte da demonstração é algo mais complexo do que pode ser manipulado com a teoria de variáveis complexas apresentada neste livro. Assim, admitiremos o conhecimento de um teorema de funções de variável complexa bastante conhecido e continuaremos daí. O teorema estabelece que se C é um contorno fechado no plano s, $P(s)$ é uma função analítica sobre C e no interior de C exceto para polos possíveis e $P(s) \neq 0$ sobre C, então

$$\frac{1}{2\pi j} \int_C \frac{P'(s)}{P(s)} ds = Z_0 - P_0$$

em que Z_0 é o número total de zeros no interior de C, P_0 o número total de polos no interior de C e $P' \equiv dP/ds$. Os polos e zeros múltiplos são contados um a um; isto é, um polo duplo num ponto representa dois polos do total, um zero triplo representa três zeros do total.

Agora visto que $d[\ln P(s)] = [P'(s)/P(s)]ds$ e $\ln P(s) \equiv \ln|P(s)| + j \arg P(s)$, temos

$$\frac{1}{2\pi j} \int_C \left[\frac{P'(s)}{P(s)}\right] ds = \frac{1}{2\pi j} \int_C d[\ln P(s)] = \frac{1}{2\pi j} [\ln P(s)]\bigg|_C = \frac{1}{2\pi j} [\ln|P(s)| + j \arg P(s)]\bigg|_C$$

$$= \frac{1}{2\pi j} [\ln|P(s)|]\bigg|_C + \frac{1}{2\pi j} [j \arg P(s)]\bigg|_C$$

Agora visto que $\ln|P(s)$ retorna ao seu valor original, quando se passa uma vez mais em torno de C, o primeiro termo na última equação é zero. Em consequência,

$$Z_0 - P_0 = \frac{1}{2\pi} [\arg P(s)]\bigg|_C$$

Visto que C é fechado, a imagem de C no plano $P(s)$ é fechada e a variação no ângulo $\arg P(s)$ em torno do contorno $P(s)$ é 2π vezes o número de envolvimentos N_0 da origem no plano $P(s)$. Então, $Z_0 - P_0 = 2N_0\pi/2\pi = N_0$. Este resultado é frequentemente chamado de *o princípio do argumento*. Note que este resultado seria o mesmo se substituíssemos s por z em tudo acima. Portanto, a Equação (11.1) é válida também para sistemas discretos no tempo.

11.27 Determine o número N_0 de envolvimentos do contorno no plano $P(s)$ para o seguinte contorno do plano complexo mapeado no plano P mostrado na Figura 11.40.

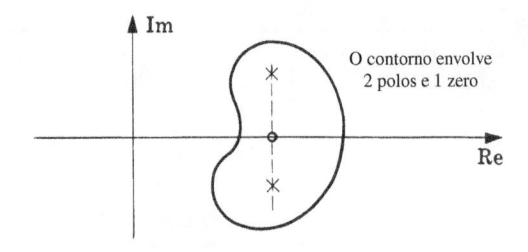

Figura 11-40

O contorno envolve 2 polos e 1 zero

$P_0 = 2$, $Z_0 = 1$. Portanto, $N_0 = 1 - 2 = -1$.

11.28 Determine o número de zeros Z_0 envolvidos pelo contorno do plano complexo na Figura 11-41, em que $P_0 = 5$.

CAPÍTULO 11 • ANÁLISE DE NYQUIST

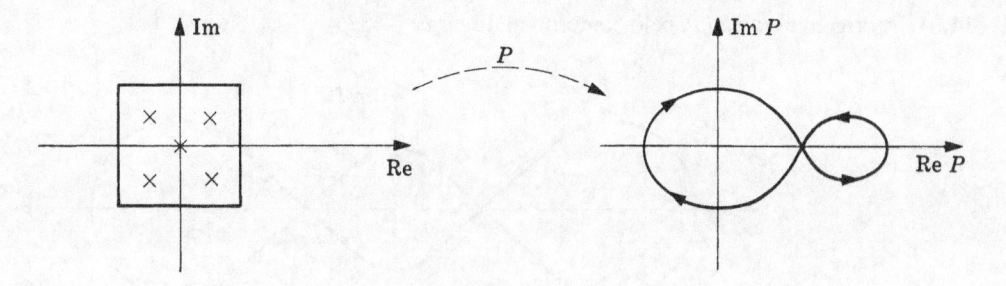

Figura 11-41

$N_0 = 1$ foi calculado no Problema 11.18 para o contorno do plano P dado. Visto que $P_0 = 5$, então $Z_0 = N_0 + P_0 = 1 + 5 = 6$.

11.29 Determine o número de polos P_0 envolvidos pelo contorno do plano complexo na Figura 11-42, em que $Z_0 = 0$.

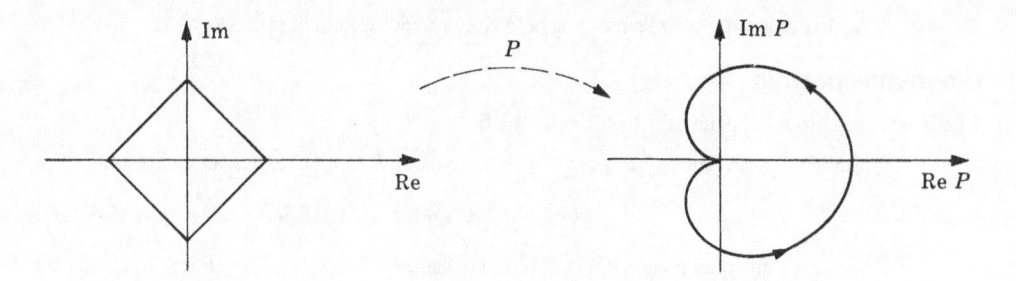

Figura 11-42

Claramente, $N_0 = -1$. Em consequência $P_0 = Z_0 - N_0 = 0 + 1 = 1$.

11.30 Determine N_0 [Equação (11.1)] para a seguinte função de transferência (transformação) e contorno do plano s da Figura 11-43.

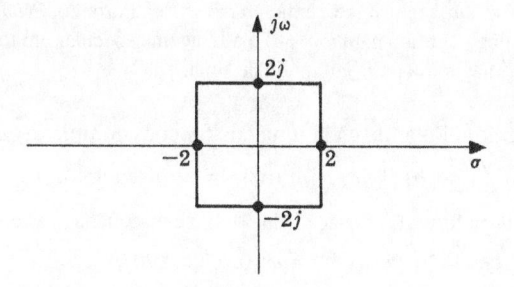

Figura 11-43

O mapa de polos e zeros de $P(s)$ é dado na Figura 11-44. Em consequência, três polos (dois em $s = 0$ e um em $s = -1$) e nenhum zero são envolvidos pelo contorno. Assim, $P_0 = 3$, $Z_0 = 0$ e $N_0 = -3$.

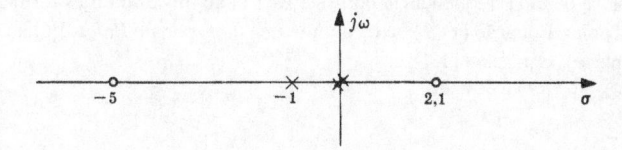

Figura 11-44

11.31 A origem é *envolvida* pelo contorno na Figura 11-45?

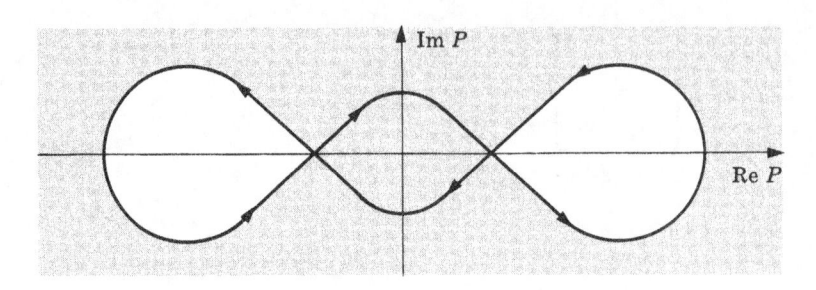

Figura 11-45

A região à direita do contorno foi sombreada. A origem cai na região sombreada e é, portanto, *envolvida* pelo contorno.

11.32 Qual é o sinal de N_0 no Problema 11.31?

Visto que a origem está envolvida pelo contorno no sentido horário, $N_0 > 0$.

Diagramas polares

11.33 Demonstre a Propriedade 1 da Seção 11.6.

Seja $P(\omega) \equiv P_1(\omega) + jP_2(\omega)$ e $a \equiv a_1 + ja_2$ em que $P_1(\omega)$, $P_2(\omega)$ e a_2 são reais. Então

$$P(\omega) + a = (P_1(\omega) + a_1) + j(P_2(\omega) + a_2)$$

e a imagem de qualquer ponto $(P_1(\omega), P_2(\omega))$, no plano $P(\omega)$ é $(P_1(\omega) + a_1, P_2(\omega) + a_2)$ no plano $(P(\omega) + a)$. Em consequência, a imagem de um contorno $P(\omega)$ é simplesmente uma *translação* (ver Problema 11.3). Claramente, a translação do contorno de a unidades é equivalente à translação dos eixos (origem) de $-a$ unidades.

11.34 Demonstre a Propriedade 2 da Seção 11.6.

A função de transferência $P(s)$ de um sistema linear de coeficientes constantes é, em geral, uma razão de polinômios com coeficientes constantes. As raízes complexas de tais polinômios ocorrem em pares conjugados; isto é, se $a + jb$ é uma raiz, então $a - jb$ também é uma raiz. Se fizermos que um asterisco (*) represente a conjugação complexa, então $a + jb = (a - jb)^*$ e, se $a = 0$, então $jb = (-jb)^*$. Portanto, $P(j\omega) = P(-j\omega)^*$ ou $P(-j\omega) = P(j\omega)^*$. Graficamente isto significa que o gráfico para $P(-j\omega)$ é a Imagem especular em torno do eixo real do gráfico para $P(j\omega)$ visto que somente a parte imaginária de $P(j\omega)$ muda de sinal.

11.35 Esboce o Diagrama Polar de cada uma das funções complexas a seguir:

(a) $P(j\omega) = \omega^2 \underline{/45°}$, (b) $P(j\omega) = \omega^2(\cos 45° + j \operatorname{sen} 45°)$, (c) $P(j\omega) = 0{,}707\omega^2 + 0{,}707j\omega^2$.

(a) $\omega^2 \underline{/45°}$ está na forma da Equação (11.2). Em consequência, as coordenadas polares são usadas na Figura 11-46.

(b) $P(j\omega) = \omega^2(\cos 45° + j \operatorname{sen} 45°) = \omega^2(0{,}707 + 0{,}707j)$

Isto é, $P(j\omega)$ está na forma da Equação (11.3) ou (11.4). Em consequência, as coordenadas retangulares são uma escolha natural, como mostra a Figura 11-47.

Note que este gráfico é idêntico aquele da parte (a), exceto quanto às coordenadas. De fato, $\omega^2(0{,}707 + 0{,}707j) = \omega^2 \underline{/45°}$.

(c) Claramente, (c) é idêntico a (b) e, portanto, a (a). Entre outras coisas, este problema mostrou como uma função complexa de uma frequência ω pode ser escrita de três diferentes formas matemáticas e graficamente idênticas: a forma polar, Equação (11.2); a trigonométrica ou *forma de Euler*, Equação (11.3); e a forma retangular equivalente (complexa), Equação (11.4).

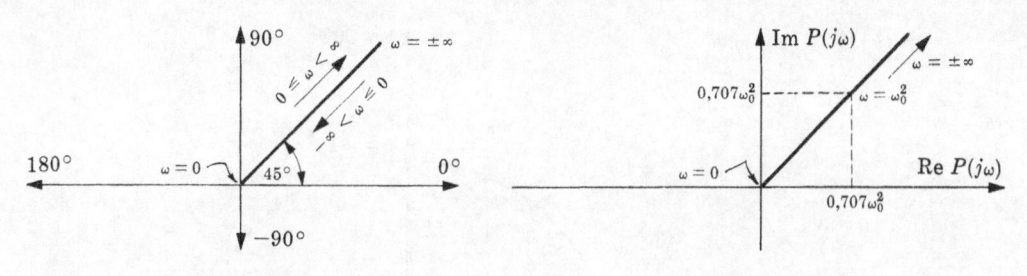

Figura 11-46

Figura 11-47

11.36 Esboce o Diagrama Polar de

$$P(j\omega) = 0{,}707\omega^2(1 + j) + 1$$

O Diagrama Polar de $0.707\omega^2(1 + j)$ foi desenhado no Problema 11.35(b). Pela Propriedade 1 da Seção 11.6, o Diagrama Polar desejado é dado por aquele do Problema 11.35(b) com a sua origem deslocada para $-a = -1$, como mostra a Figura 11-48.

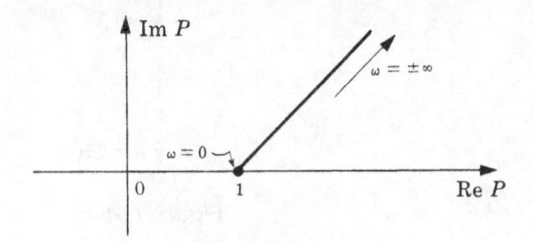

Figura 11-48

11.37 Construa um Diagrama Polar, a partir do seguinte conjunto de gráficos de módulo e ângulo de fase de $P(j\omega)$ na Figura 11-49, representando a resposta de frequência de um sistema linear de coeficientes constantes.

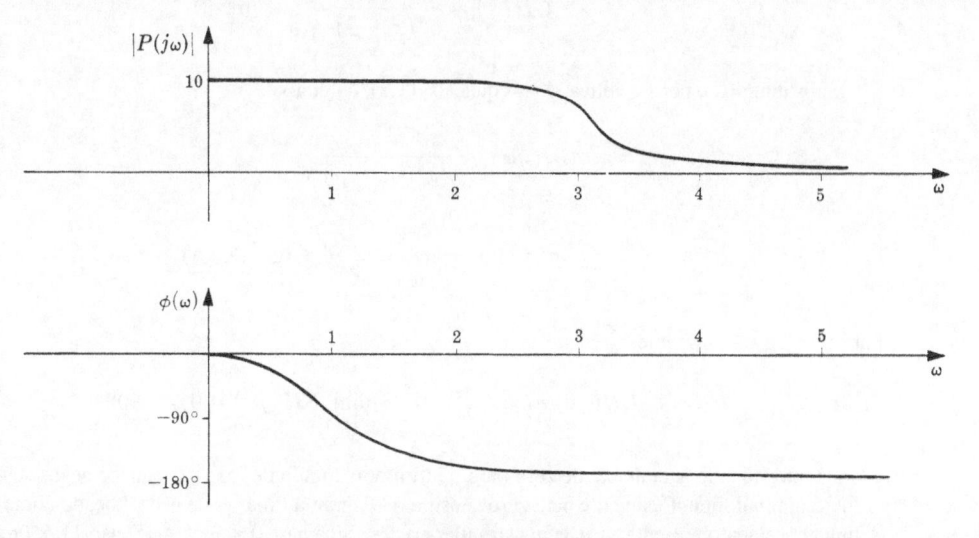

Figura 11-49

Os gráficos acima mostrados diferem um pouco da *representação de Bode*, explicada em detalhes no Capítulo 15. O Diagrama Polar é construído mapeando este conjunto de gráficos no plano $P(j\omega)$. É necessário apenas escolher valores de ω e valores correspondentes de $|P(j\omega)|$ e $\phi(\omega)$ a partir dos gráficos e traçar estes pontos no plano $P(j\omega)$. Por exemplo, em $\omega = 0$, $|P(j\omega)| = 10$ e $\phi(\omega) = 0$. O Diagrama Polar resultante é mostrado na Figura 11-50.

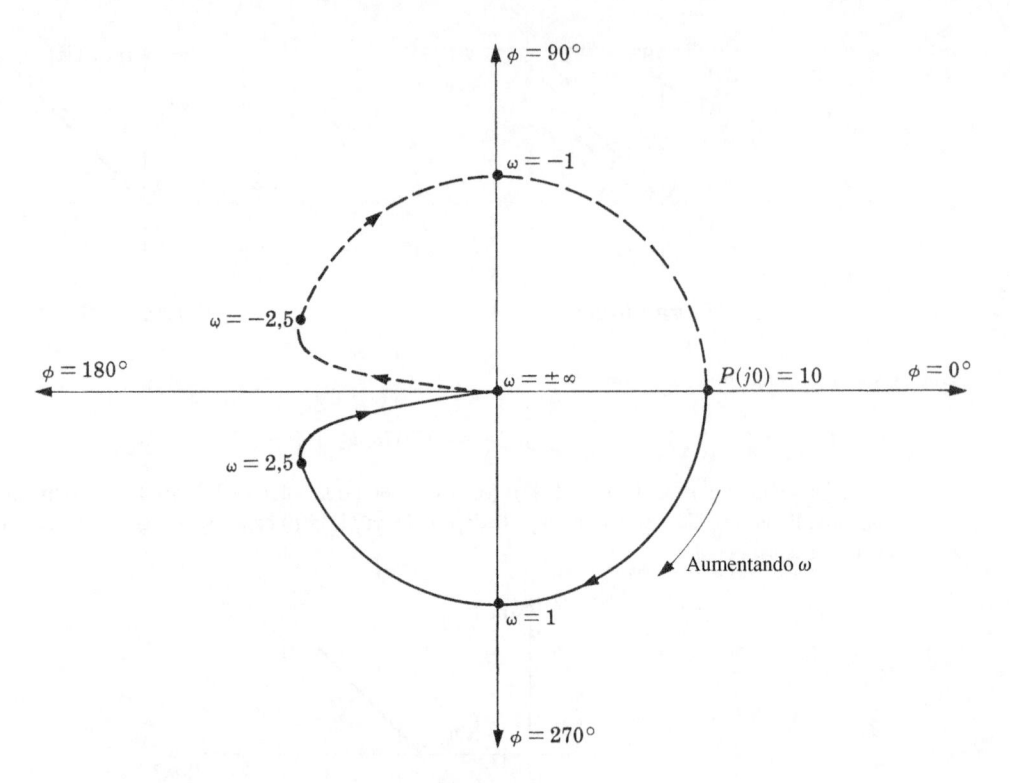

Figura 11-50

A porção do gráfico para $-\infty < \omega < 0$ foi desenhada usando a propriedade da simetria conjugada (Seção 11.6).

11.38 Esboce o Diagrama Polar para

$$GH(s) = \frac{1}{s^4(s+p)} \qquad p > 0$$

Substituindo $j\omega$ por s e aplicando a Equação (11.2), obtemos

$$GH(j\omega) = \frac{1}{j^4\omega^4(j\omega+p)}$$

$$= \frac{1}{\omega^4\sqrt{\omega^2+p^2}} \underline{/-\mathrm{tg}^{-1}(\omega/p)}$$

Para $\omega = 0$ e $\omega \to \infty$, temos

$$GH(j0) = \infty\underline{/0°} \qquad \lim_{\omega \to \infty} GH(j\omega) = 0\underline{/-90°}$$

Claramente, quando ω aumenta de zero para o infinito, o ângulo de fase permanece negativo e diminui para $-90°$ e o módulo diminui monotonamente para zero. Assim, o Diagrama Polar pode ser esboçado como mostra a Figura 11-51. A linha tracejada representa a imagem especular do diagrama para $0 < \omega < \infty$ (Seção 11.6, Propriedade 2). Em consequência, ele é o Diagrama Polar para $-\infty < \omega < 0$.

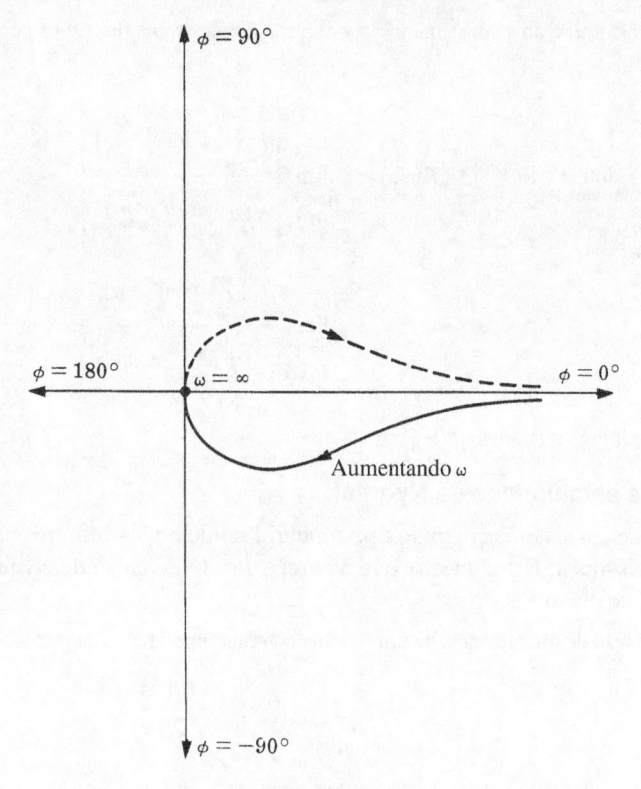

Figura 11-51

Percurso de Nyquist

11.39 Prove que o semicírculo infinito, porção $\overline{def}$ do Percurso de Nyquist, mapeia na origem $P(s) = 0$ no plano $P(s)$, para todas as funções de transferência da forma:

$$P(s) = \frac{K}{\prod_{i=1}^{n}(s+p_i)}$$

em que $n > 0$, K é uma constante e $-p_i$ é qualquer polo infinito.

Para $n > 0$,

$$\left|\lim_{R\to\infty} P(Re^{j\theta})\right| \equiv |P(\infty)| = \lim_{R\to\infty}\left|\frac{K}{\prod_{i=1}^{n}(Re^{j\theta}+p_i)}\right|$$

$$= \lim_{R\to\infty}\frac{|K|}{\prod_{i=1}^{n}|Re^{j\theta}+p_i|} \leq \lim_{R\to\infty}\frac{|K|}{\prod_{i=1}^{n}|R-|p_i||} = 0$$

Visto que $|P(\infty)| \leq 0$ então claramente $|P(\infty)| \equiv 0$.

11.40 Prove que o semicírculo infinito, porção $\overline{def}$ do Percurso de Nyquist, mapeia na origem $P(s) = 0$ no plano $P(s)$ para todas as funções de transferência da forma:

$$P(s) = \frac{K\prod_{i=1}^{m}(s+z_i)}{\prod_{i=1}^{n}(s+p_i)}$$

em que $m < n$, K é uma constante e $-p_i$ e $-z_i$ são polos e zeros finitos, respectivamente.

Para $m < n$,

$$\left| \lim_{R \to \infty} P(Re^{j\theta}) \right| \equiv |P(\infty)| = \lim_{R \to \infty} \left| \frac{K \prod_{i=1}^{m} (Re^{j\theta} + z_i)}{\prod_{i=1}^{n} (Re^{j\theta} + p_i)} \right|$$

$$= \lim_{R \to \infty} \frac{|K| \prod_{i=1}^{m} |Re^{j\theta} + z_i|}{\prod_{i=1}^{n} |Re^{j\theta} + p_i|} \leq \lim_{R \to \infty} \frac{|K| \prod_{i=1}^{m} |R + |z_i||}{\prod_{i=1}^{n} |R - |p_i||} = 0$$

Visto que $|P(\infty)| \leq 0$, então $|P(\infty)| \equiv 0$.

Diagramas de estabilidade de Nyquist

11.41 Prove que um sistema contínuo tipo l inclui l semicírculos infinitos no lugar do seu Diagrama de Estabilidade de Nyquist. Isto é, mostre que a porção $\overline{ija}$ do Percurso de Nyquist mapeia um arco de $180l$ graus no infinito, no plano $P(s)$.

A função de transferência de um sistema contínuo tipo l tem a forma:

$$P(s) = \frac{B_1(s)}{s^l B_2(s)}$$

em que $B_1(0)$ e $B_2(0)$ são finitos e não nulos. Se fizermos $B_1(s)/B_2(s) \equiv F(s)$, então

$$P(s) = \frac{F(s)}{s^l}$$

em que $F(0)$ é finito e não nulo. Agora faça $s = \rho e^{j\theta}$, como requerido pela Equação (11.12). Claramente, $\lim_{\rho \to 0} F(\rho e^{j\theta}) = F(0)$. Então, $P(\rho e^{j\theta}) = F(\rho e^{j\theta})/\rho^l e^{jl\theta}$ e

$$\lim_{\rho \to 0} P(\rho e^{j\theta}) = \infty \cdot e^{-jl\theta} \qquad -90° \leq \theta \leq +90°$$

Em $\theta = -90°$, o limite é $\infty \cdot e^{j90l}$. Em $\theta = +90°$, o limite é $\infty \cdot e^{-j90l}$. Em consequência, o ângulo subentendido no plano $P(s)$, mapeando o lugar do semicírculo infinitesimal do Percurso de Nyquist na vizinhança da origem no plano s, é $90l - (-90l) = 180l$ graus, que representa l semicírculos infinitos no plano $P(s)$.

11.42 Esboce o Diagrama de Estabilidade de Nyquist para a função de transferência de malha aberta dada por

$$GH(s) = \frac{1}{(s + p_1)(s + p_2)} \qquad p_1, p_2 > 0$$

o Percurso de Nyquist para este sistema tipo 0 é mostrado na Figura 11-52.

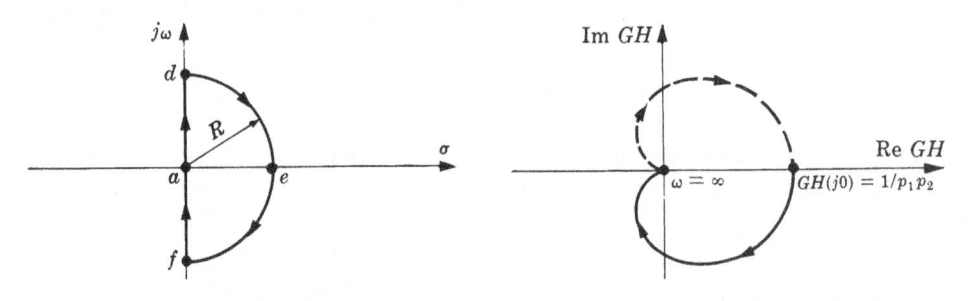

Figura 11-52

Figura 11-53

Visto que não há polos sobre o eixo $j\omega$, o Passo 2 da Seção 11.8 indica que o Diagrama Polar de $GH(j\omega)$ proporciona a imagem do percurso $\overline{ad}$ (e em consequência, $\overline{fad}$) no plano $GH(s)$. Fazendo $s = j\omega$ para $0 < \omega < \infty$, temos

$$GH(j\omega) = \frac{1}{(j\omega + p_1)(j\omega + p_2)} = \frac{1}{\sqrt{(\omega^2 + p_1^2)(\omega^2 + p_2^2)}} \bigg/ -\mathrm{tg}^{-1}\left(\frac{\omega}{p_1}\right) - \mathrm{tg}^{-1}\left(\frac{\omega}{p_2}\right)$$

$$GH(j0) = \frac{1}{p_1 p_2} \bigg/ 0° \qquad \lim_{\omega \to \infty} GH(j\omega) = 0 \bigg/ 180°$$

Para $0 < \omega < \infty$, o Diagrama Polar passa pelo terceiro e quarto quadrantes, porque $\phi = -[\mathrm{tg}{-1}(\omega/p_1) + \mathrm{tg}^{-1}(\omega/p_2)]$ varia de 0° a 180°, quando ω aumenta.

A partir do problema 11.39, o percurso $\overline{def}$ traça na origem $P(s) = 0$. Portanto, o Diagrama de Estabilidade de Nyquist é uma réplica do Diagrama Polar. Este é facilmente esboçado a partir das deduções acima, conforme mostrado na Figura 11.53.

11.43 Esboce o Diagrama de Estabilidade de Nyquist para $GH(s) = 1/s$.

O Percurso de Nyquist para este sistema tipo 1 simples é mostrado na Figura 11-54.

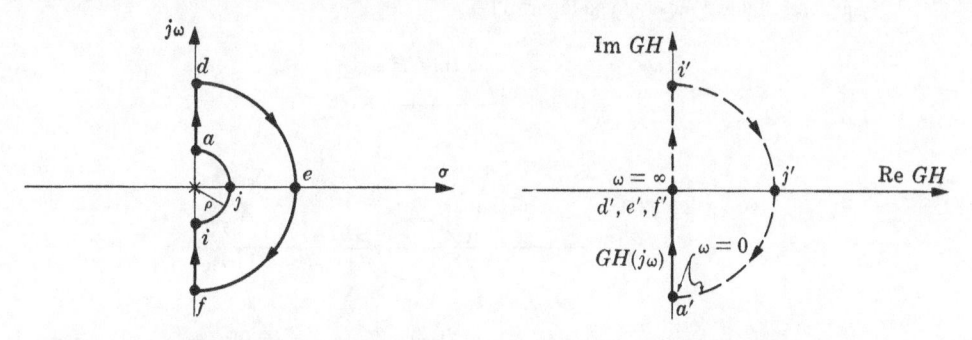

Figura 11-54   **Figura 11-55**

Para o percurso $\overline{ad}$, $s = j\omega$, $0 < \omega < \infty$ e

$$GH(j\omega) = \frac{1}{j\omega} = \frac{1}{\omega} \bigg/ -90° \qquad \lim_{\omega \to 0} GH(j\omega) = \infty \bigg/ -90° \qquad \lim_{\omega \to \infty} GH(j\omega) = 0 \bigg/ -90°$$

O percurso $\overline{def}$ mapeia na origem (ver Problema 11.39).

O percurso $\overline{f'i'}$ é a imagem especular de $\overline{a'd'}$ em torno do eixo real.

A imagem do percurso $\overline{ija}$ é determinada a partir da Equação (11.12), fazendo $s = \lim_{\rho \to 0} \rho e^{j\theta}$, em que $-90° \le \theta \le 90°$:

$$\lim_{\rho \to 0} GH(\rho e^{j\theta}) = \lim_{\rho \to 0} \left[\frac{1}{\rho} e^{-i\theta}\right] = \infty \cdot e^{-i\theta} = \infty \bigg/ -\theta$$

Para o ponto i, $\theta = -90°$; então, i mapeia em i' para $\infty \bigg/ 90°$. No ponto j, $\theta = 0°$, então j mapeia em j' para $\bigg/ 0°$. Do mesmo modo, a mapeia em a' para $\infty \bigg/ -90°$. O percurso $\overline{i'j'a'}$ pode também ter sido obtido a partir da propriedade de mapeamento conforme da transformação como foi explicado no Exemplo 11.9, além da afirmação demonstrada no Problema 11.41.

O Diagrama de Estabilidade de Nyquist resultante é mostrado na Figura 11-55.

11.44 Esboce o Diagrama de Estabilidade de Nyquist para $GH(s) = 1/s(s + p_1)(s + p_2)$, $p_1, p_2 > 0$.

O percurso de Nyquist para este sistema tipo 1 é o mesmo que o do problema precedente. Para o percurso $\overline{ad}$, $s = j\omega$, $0 < \omega < \infty$ e

$$GH(j\omega) = \frac{1}{j\omega(j\omega+p_1)(j\omega+p_2)} = \frac{1}{\omega\sqrt{(\omega^2+p_1^2)(\omega^2+p_2^2)}} \bigg/ -90° - \text{tg}^{-1}\left(\frac{\omega}{p_1}\right) - \text{tg}^{-1}\left(\frac{\omega}{p_2}\right)$$

$$\lim_{\omega \to 0} GH(j\omega) = \infty \bigg/ -90° \qquad \lim_{\omega \to \infty} GH(j\omega) = 0 \bigg/ -270° = 0 \bigg/ +90°$$

Visto que o ângulo de fase muda de sinal quando ω aumenta, o diagrama cruza o eixo real. Nos valores intermediários de frequência, o ângulo de fase ϕ está dentro da faixa $-90° < \phi < -270°$. Em consequência, o diagrama está no segundo e terceiro quadrantes. Uma assíntota de $GH(j\omega)$ para $\omega \to 0$ é determinada escrevendo $GH(j\omega)$ como uma parte real mais uma parte imaginária e, *então*, tomando o limite como $\omega \to 0$:

$$GH(j\omega) = \frac{-(p_1+p_2)}{(\omega^2+p_1^2)(\omega^2+p_2^2)} - \frac{j(p_1 p_2 - \omega^2)}{\omega(\omega^2+p_1^2)(\omega^2+p_2^2)} \qquad \lim_{\omega \to 0} GH(j\omega) = \frac{-(p_1+p_2)}{p_1^2 p_2^2} - j\infty$$

Em consequência, a linha $GH = -(p_1 + p_2)/p_1^2 p_2^2$ é uma assíntota do Diagrama Polar.

O percurso $\overline{def}$ mapeia na origem (Ver Problema 11.39). O percurso $\overline{f'i'}$ é a imagem especular de $\overline{a'd'}$ em torno do eixo real. O percurso $\overline{i'j'a'}$ é mais facilmente determinado pela propriedade de mapeamento conforme e pelo fato de que o sistema tipo 1 tem *um* semicírculo infinito no seu percurso (Problema 11.41). O Diagrama de Estabilidade de Nyquist resultante é mostrado na Figura 11-56.

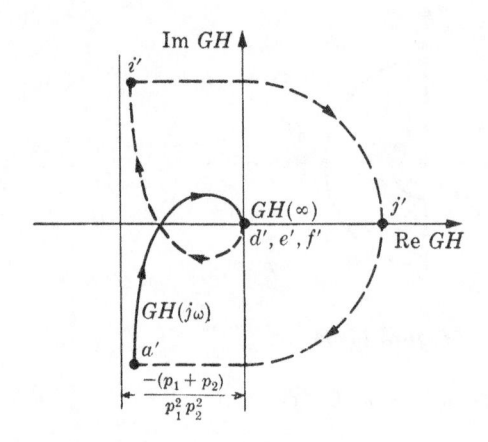

Figura 11-56

11.45 Esboce o Diagrama de Estabilidade de Nyquist para $GH(s) = 1/s^2$.

O Diagrama de Nyquist para este sistema tipo 2 é o mesmo que aquele para o problema precedente, exceto que há dois polos na origem em vez de um. Para $\overline{ad}$,

$$GH(j\omega) = \frac{1}{j^2\omega^2} = \frac{1}{\omega^2} \bigg/ 180° \qquad \lim_{\omega \to 0} GH(j\omega) = \infty \bigg/ 180° \qquad \lim_{\omega \to \infty} GH(j\omega) = 0 \bigg/ 180°$$

O Diagrama Polar situa-se claramente segundo o eixo real negativo, aumentando de $-\infty$ para 0 quando ω aumenta. O percurso $\overline{def}$ mapeia na origem e o percurso $\overline{ija}$ mapeia em *dois* semicírculos infinitos no infinito (veja Problema 11.41). Visto que o percurso de Nyquist faz um giro para a direita em i e a, assim ocorre com o Diagrama de Estabilidade de Nyquist em i' e a'. O lugar resultante é mostrado na Figura 11-57.

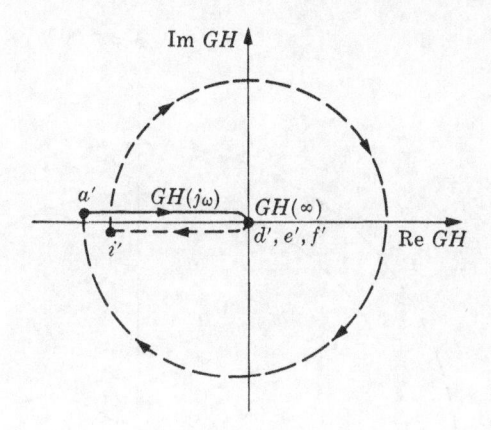

Figura 11-57

11.46 Esboce o Diagrama de Estabilidade de Nyquist para $GH(s) = 1/s^2(s + p), p > 0$.

O percurso de Nyquist para este sistema tipo 2 é o mesmo que o para o problema precedente. Para $\overline{ad}$,

$$GH(j\omega) = \frac{1}{j^2\omega^2(j\omega + p)} = \frac{1}{\omega^2\sqrt{\omega^2 + p^2}} \bigg/ -180° - \text{tg}^{-1}\left(\frac{\omega}{p}\right)$$

$$\lim_{\omega \to 0} GH(j\omega) = \infty \bigg/ -180° \qquad \lim_{\omega \to \infty} GH(j\omega) = 0 \bigg/ -270°$$

Para $0 < \omega < \infty$ o ângulo de fase varia continuamente de $-180°$ a $-270°$; assim, o diagrama está no segundo quadrante. O restante do percurso de Nyquist é mapeado no plano GH como no problema precedente. O Diagrama de Estabilidade de Nyquist resultante é mostrado na Figura 11-58.

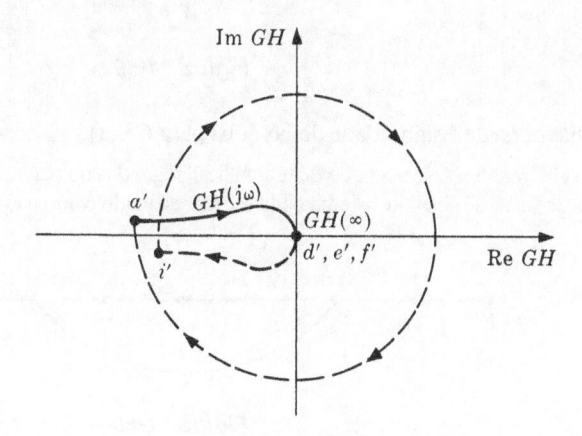

Figura 11-58

11.47 Esboce o Diagrama de Estabilidade de Nyquist para $GH(s) = 1/s^4(s + p), p > 0$.

Há quatro polos na origem no plano s, e o Percurso de Nyquist é o mesmo que o do problema precedente. O Diagrama Polar para este sistema foi determinado no Problema 11.38. O restante do Percurso de Nyquist é mapeado usando os resultados dos Problemas 11.39 e 11.41, assim como a propriedade de mapeamento conforme. O Diagrama de Estabilidade de Nyquist resultante é mostrado na Figura 11-59.

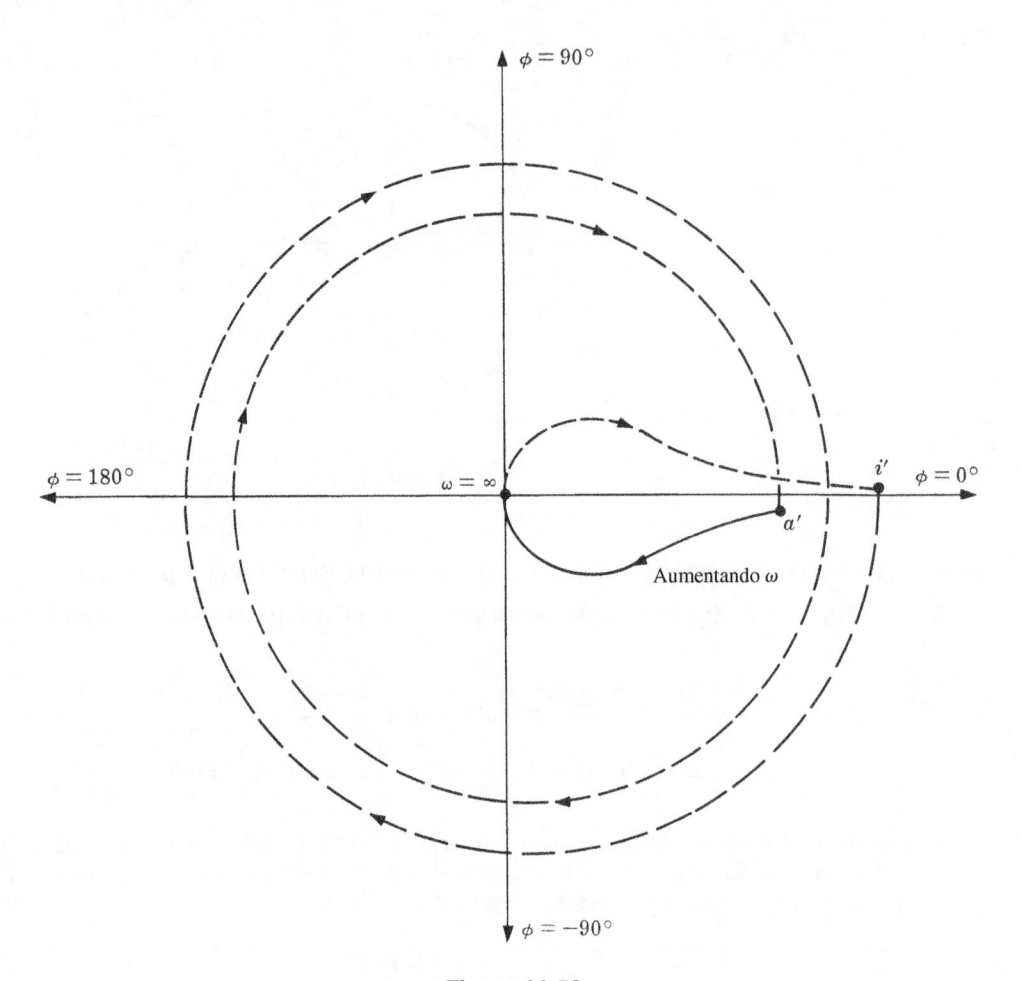

Figura 11-59

11.48 Esboce o Diagrama de Estabilidade de Nyquist para $GH(s) = e^{-Ts}/(s + p), p > 0$.

O termo e^{-Ts} representa um retardo de tempo de T segundos no percurso direto ou de realimentação. Por exemplo, um diagrama de fluxo de sinal do sistema pode ser representado como na Figura 11-60.

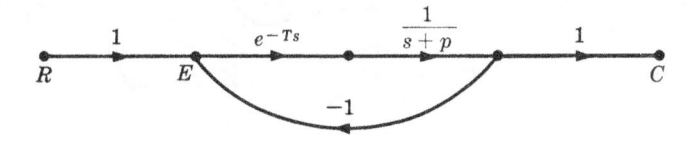

Figura 11-60

O Diagrama de Estabilidade de Nyquist para $1/(s + 1)$ foi desenhado no Exemplo 11.8. O traçado é modificado pela inclusão do termo e^{-Ts}, da seguinte maneira. Para o percurso $\overline{ad}$,

$$GH(j\omega) = \frac{e^{-Tj\omega}}{j\omega + p} = \frac{1}{\sqrt{\omega^2 + p^2}} \underline{\left/ -\operatorname{tg}^{-1}\left(\frac{\omega}{p}\right) - T\omega \right.} \qquad GH(j0) = \frac{1}{p}\underline{/0°}$$

O limite de $GH(j\omega)$ quando $\omega \to \infty$ não existe. Mas $\lim_{\omega \to \infty}|GH(j\omega)| = 0$ e $|GH(j\omega)|$ diminui monotonamente quando ω aumenta. O termo ângulo de fase

$$\phi(\omega) = -\operatorname{tg}^{-1}\left(\frac{\omega}{p}\right) - T\omega$$

Gira repetidamente em torno da origem entre 0° e −360° quando ω aumenta. Portanto, o Diagrama Polar é uma espiral decrescente, que começa em $(1/p)\underline{/0°}$ e se aproxima da origem no sentido anti-horário. Os pontos onde o lugar cruza o eixo real negativo são determinados fazendo $\phi = -180° = -\pi$ radianos:

$$-\pi = -\text{tg}^{-1}\left(\frac{\omega_\pi}{p}\right) - T\omega_\pi$$

ou $\omega_\pi = p\,\text{tg}(T\omega_\pi)$, que é facilmente resolvida quando p e T são conhecidos. O restante do percurso de Nyquist é mapeado usando os resultados dos Problemas 11.41 e 11.42 O Diagrama de Estabilidade de Nyquist é mostrado na Figura 11-61. A imagem do percurso $\overline{fa}\,(s = -j\omega)$ foi omitida para maior clareza

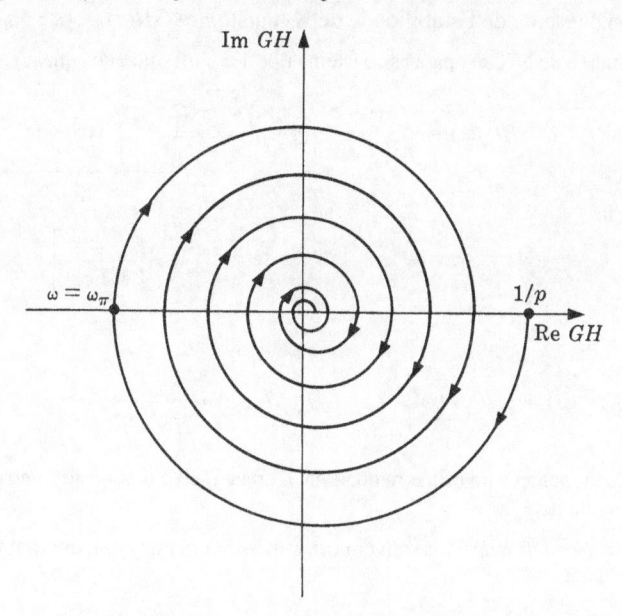

Figura 11-61

11.49 Esboce o Diagrama de Estabilidade de Nyquist para $GH(s) = 1/(s^2 + a^2)$.

Os polos de $GH(s)$ estão em $s = \pm ja \equiv \pm j\omega_0$. O Percurso de Nyquist para este sistema é, portanto, como o mostrado na Figura 11.62.

Para o percurso $\overline{ab}$, $\omega < a$ e

$$GH(j\omega) = \frac{1}{a^2 - \omega^2}\underline{/0°} \qquad GH(j0) = \frac{1}{a^2}\underline{/0°} \qquad \lim_{\omega \to a} GH(j\omega) = \infty\,\underline{/0°}$$

Para o percurso $\overline{bc}$, fazemos $s \equiv ja + \rho e^{j\theta}$, $-90° \leq \theta \leq 90°$; então

$$\lim_{\rho \to 0} GH(ja + \rho e^{j\theta}) = \lim_{\rho \to 0}\left[\frac{1}{\rho e^{j\theta}(2ja + \rho e^{j\theta})}\right] = -j\infty \cdot e^{-j\theta} = \infty\,\underline{/-\theta^0 - 90°}$$

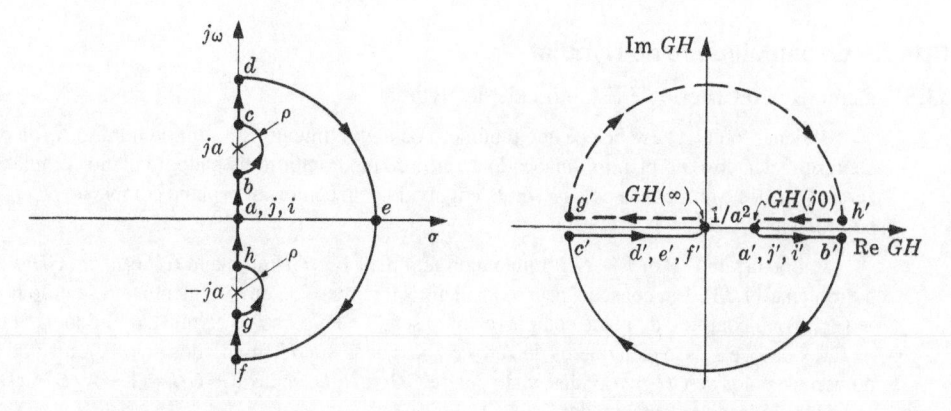

Figura 11-62   **Figura 11-63**

Em $\theta = -90°$, o limite é $\infty\underline{/0°}$; em $\theta = 0°$ ele é $\infty\underline{/-90°}$; em $\theta = 90°$ ele é $\infty\underline{/-180°}$.

Para o percurso $\overline{cd}$, $\omega > a$ e

$$\lim_{\omega \to a} GH(j\omega) = \infty\underline{/180°} \qquad \lim_{\omega \to \infty} GH(j\omega) = 0\underline{/180°}$$

O percurso $\overline{def}$ mapeia na origem pelo Problema 11.39, e $\overline{f'g'h'a'}$ é a imagem especular de $\overline{a'b'c'd'}$ em torno do eixo real. O Diagrama de Estabilidade de Nyquist resultante é mostrado na Figura 11-63.

11.50 Esboce o Diagrama de Estabilidade de Nyquist para $GH(s) = (s - z_1)/s(s + p)$, $z_1, p > 0$.

O Percurso de Nyquist para este sistema tipo 1 é o mesmo que aquele para o Problema 11.43. Para o percurso $\overline{ad}$,

$$GH(j\omega) = \frac{j\omega - z_1}{j\omega(j\omega + p)} = \frac{\sqrt{\omega^2 + z_1^2}}{\omega\sqrt{\omega^2 + p^2}} \underline{/90° - \mathrm{tg}^{-1}\left[\frac{\omega(p + z_1)}{pz_1 - \omega^2}\right]}$$

Onde usamos

$$\mathrm{tg}^{-1}x \pm \mathrm{tg}^{-1}y \equiv \mathrm{tg}^{-1}\left[\frac{x \pm y}{1 \mp xy}\right]$$

Agora

$$\lim_{\omega \to 0} GH(j\omega) = \infty\underline{/+90°} \qquad GH(j\sqrt{pz_1}) = \frac{1}{p\sqrt{pz_1}}\underline{/0°} \qquad \lim_{\omega \to \infty} GH(j\omega) = 0\underline{/-90°}$$

Assim, o lugar aparece no primeiro quadrante, cruza o eixo real positivo no quarto quadrante e se aproxima da origem com um ângulo de $-90°$.

O percurso $\overline{def}$ mapeia na origem e $\overline{ija}$ mapeia em um semicírculo no infinito. O traçado resultante é mostrado na Figura 11-64.

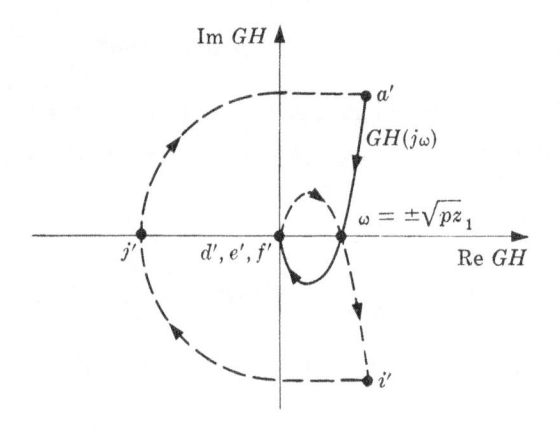

Figura 11-64

Critério de estabilidade de Nyquist

11.51 Demonstre o Critério de Estabilidade de Nyquist.

A Equação (11.1) estabelece que o número de envolvimentos no sentido horário N_0 da origem, efetuado por um contorno fechado P no plano P, mapeado a partir de um contorno fechado no plano complexo, é igual ao número de zeros Z_0 menos o número de polos P_0 de P, envolvido pelo contorno do plano complexo: $N_0 = Z_0 - P_0$. Isto foi provado no Problema 11.26.

Agora, façamos $P \equiv 1 + GH$. Então a origem para $1 + GH$ no plano GH está em $GH = -1$. (Ver Exemplo 11.6 e Problema 11.33). Em consequência, considere N o número de envolvimentos no sentido horário do ponto $-1 + j0 \equiv (-1,0)$ e o contorno do plano complexo como sendo o Percurso de Nyquist, definido na Seção 11.7. Então, $N_0 = Z_0 - P_0$, onde Z_0 e P_0 são os números de zeros e polos de $1 + GH$ envolvidos pelo Percurso de Nyquist. P_0 também é o número de polos de GH envolvidos, visto que se $GH \equiv N/D$, então $1 + GH = 1 + N/D = (D + N)/D$. Isto é, GH e $1 + GH$ tem o mesmo denominador.

Conhecemos do Capítulo 5 que um sistema de realimentação contínuo (ou discreto) é absolutamente estável se e somente se os zeros do polinômio característico $1 + GH$ (as raízes da equação característica $1 + GH = 0$) estão no semiplano esquerdo (ou círculo unitário), isto é, $Z_0 = 0$. Portanto, $N = -P_0$ e, claramente, $p_0 \geq 0$.

11.52 Estenda o Critério de Estabilidade de Nyquist, de modo que ele possa ser aplicado a uma classe de sistemas lineares maior do que aquelas já consideradas neste capítulo.

O Critério De Estabilidade de Nyquist foi estendido por Desoer [5]. O enunciado a seguir é uma modificação desta generalização, encontrada com sua demonstração na referência.

Um Critério de Estabilidade de Nyquist generalizado: Considere o sistema linear invariante com o tempo, descrito pelo diagrama em blocos na Figura 11-65. Se $g(t)$ satisfaz as condições dadas abaixo e o Diagrama de Estabilidade de Nyquist de $G(s)$ *não* envolve o ponto $(-1,0)$, então o sistema é *estável*. Se o ponto $(-1,0)$ é envolvido, o sistema é instável.

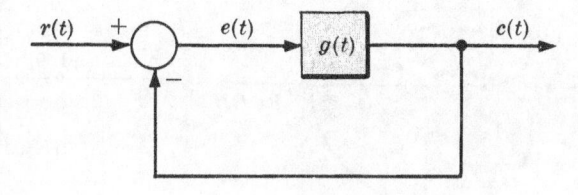

Figura 11-65

1. $G(s)$ representa um elemento de sistema linear invariante com o tempo causal.
2. A relação entrada-saída para $g(t)$ é

$$c(t) = c_a(t) + \int_0^t g(t-\tau)e(\tau)\,d\tau \qquad t \geq 0$$

onde $c_a(t)$, a resposta livre do sistema $g(t)$, é delimitada para todo $t \geq 0$ e todas as condições iniciais, e tende a um valor finito que depende das condições iniciais quando $t \to \infty$.

3. A resposta ao impulso unitário $g(t)$ é

$$g(t) = [k + g_1(t)]\mathbf{1}(t)$$

onde $k \geq 0$, $\mathbf{1}(t)$ é a função degrau unitário, $g_1(t)$ é delimitada e integrada para todo $t \geq 0$ e $g_1(t) \to 0$ quando $t \to \infty$.

Estas condições são preenchidas frequentemente por sistemas físicos descritos por equações diferenciais ordinárias e de derivadas parciais, e equações diferenciais de diferenças. A forma do diagrama em bloco de malha fechada, dada na Figura 11-65, não é necessariamente restritiva. Muitos sistemas de interesse podem ser transformados nesta configuração.

11.53 Suponha que o Percurso de Nyquist para $GH(s) = 1/s(s+p)$ fosse modificado, de modo que o polo da origem fosse envolvido, como é mostrado na Figura 11-66. Como isto modifica a aplicação do Critério de Estabilidade de Nyquist?

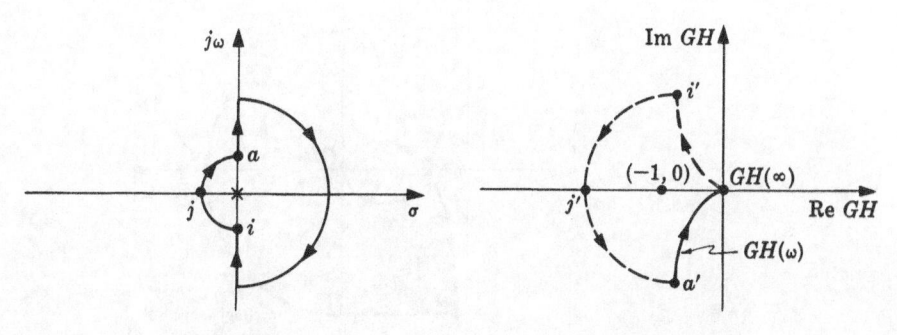

Figura 11-66   *Figura 11-67*

O Diagrama Polar permanece o mesmo, mas a imagem do percurso $\overline{ija}$ gira para a *esquerda* em vez de girar para a direita em i' e a', do mesmo modo que no Percurso de Nyquist. O Diagrama de Estabilidade de Nyquist é, portanto, dado pela Figura 11-67. Claramente, $N = -1$. Mas, visto que o polo de GH na origem está envolvido pelo Percurso de Nyquist, então $P_0 = 1$ e $Z_0 = N + P_0 = -1 + 1 = 0$. Portanto, o sistema é estável. A aplicação do Critério de Estabilidade de Nyquist não depende do percurso escolhido no plano s.

11.54 O sistema do Problema 11.42 é estável ou instável?

Sombreando a região à direita do contorno, no sentido prescrito, temos a Figura 11-68. Fica claro que $N = 0$. O ponto $(-1,0)$ não está na região sombreada. Agora, visto que $p_1 > 0$ e $p_2 > 0$, então $P_0 = 0$. Portanto, $N = -P_0 = 0$ ou $Z_0 = N + P_0 = 0$ e o sistema é estável.

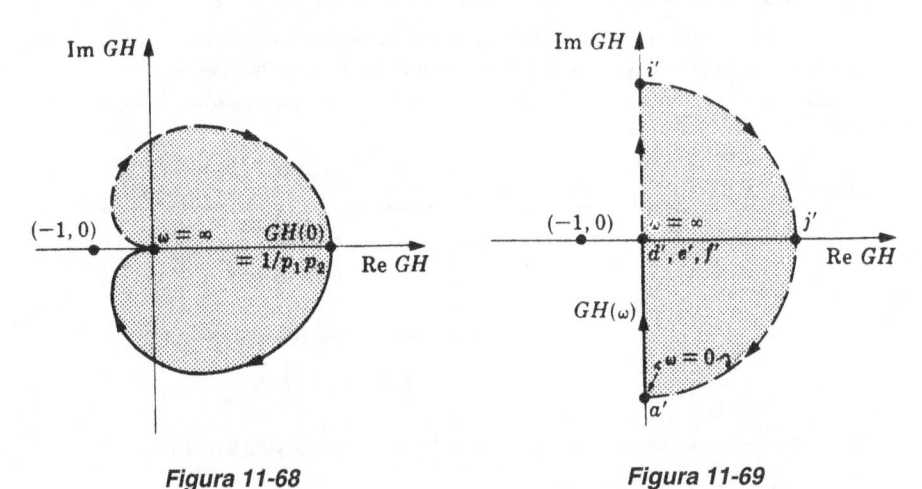

Figura 11-68   **Figura 11-69**

11.55 O sistema do Problema 11.43 é estável ou instável?

A região à direita do contorno foi sombreada na Figura 11-69. O ponto $(-1,0)$ não está envolvido e $N = 0$. Visto que $P_0 = 0$, então $Z_0 = P_0 + N = 0$ e o sistema é estável.

11.56 Determine a estabilidade do sistema do Problema 11.44.

A região à direita do contorno foi sombreada na Figura 11-70. Se o ponto $(-1,0)$ estiver à esquerda do ponto k, então $N = 0$; se ele estiver à direita, então $N = 1$. Visto que $P_0 = 0$, então $Z_0 = 0$ ou 1. Em consequência, o sistema é estável se e somente se o ponto $(-1,0)$ estiver à esquerda do ponto k. O ponto k pode ser determinado, resolvendo-se para $GH(j\omega_\pi)$, em que

$$-\pi = \frac{-\pi}{2} - \operatorname{tg}^{-1}\left(\frac{\omega_\pi}{p_1}\right) - \operatorname{tg}^{-1}\left(\frac{\omega_\pi}{p_2}\right)$$

ω_π é facilmente determinado por esta equação quando p_1 e p_2 são dados.

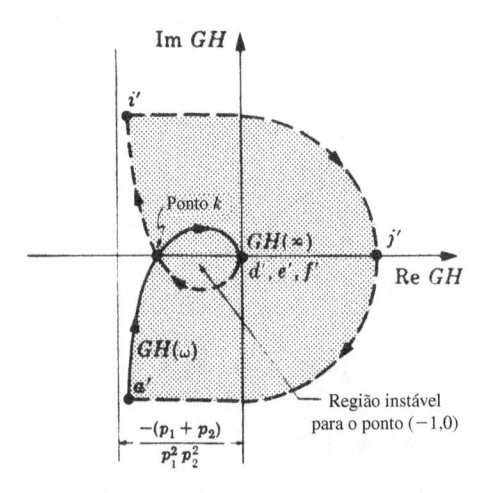

Figura 11-70

CAPÍTULO 11 • ANÁLISE DE NYQUIST

11.57 Determine a estabilidade do sistema do Problema 11.46.

A região à direita do contorno foi sombreada na Figura 11-71. Claramente, $N = 1$, $P_0 = 0$ e $Z_0 = 1 + 0 = 1$. Em consequência, o sistema é instável para todo $P > 0$.

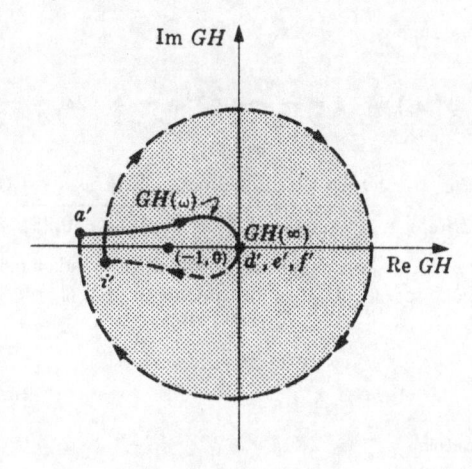

Figura 11-71

11.58 Determine a estabilidade do sistema do Problema 11.47.

A região à direita do sistema do contorno foi sombreada na Figura 11-72.

É claro que $N > 0$. Visto que $P_0 = 0$ para $P > 0$, então $N \neq -P_0$. Em consequência, o sistema é instável.

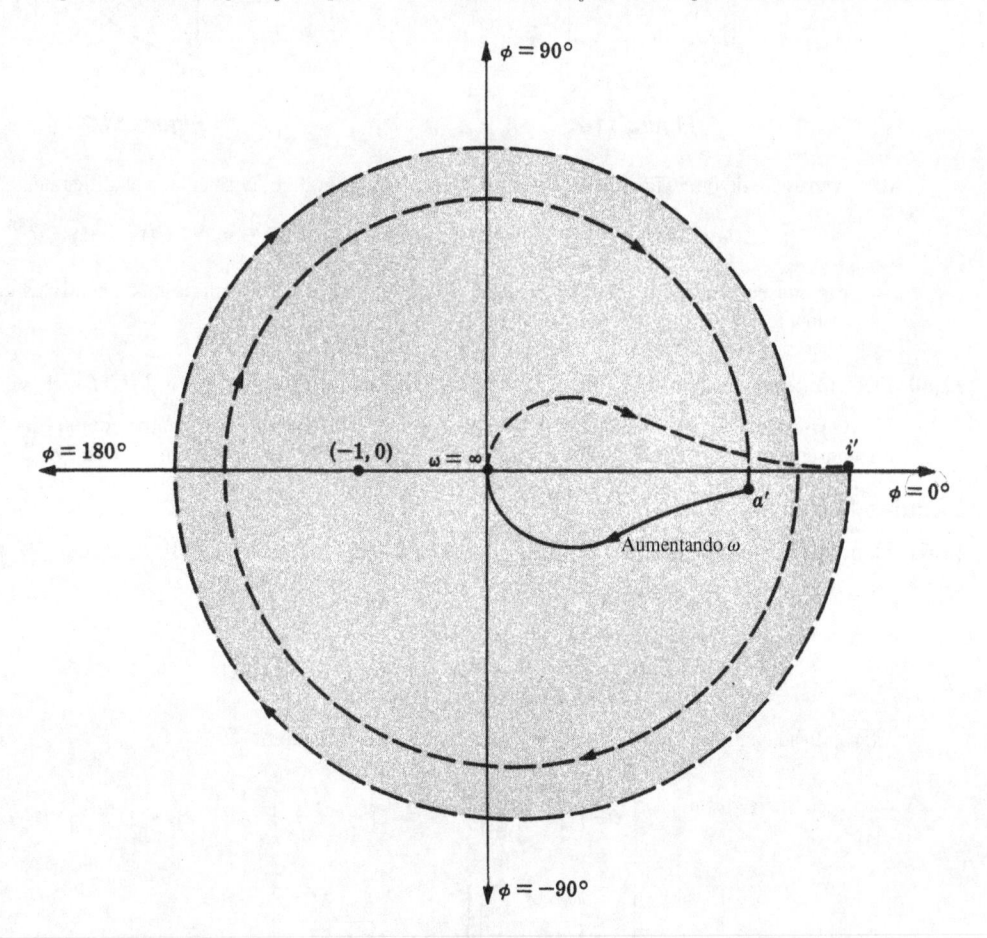

Figura 11-72

Estabilidade relativa

11.59 Determine: (a) a frequência de cruzamento de fase ω_π, (b) frequência de cruzamento de ganho ω_1, (c) margem de ganho e (d) margem de fase para o sistema do Problema 11.44, com $p_1 = 1$ e $p_2 = 1/2$.

(a) Fazendo $\omega = \omega_\pi$, temos

$$\phi(\omega_\pi) = -\pi = \frac{-\pi}{2} - \text{tg}^{-1}\omega_\pi - \text{tg}^{-1}2\omega_\pi = \frac{-\pi}{2} - \text{tg}^{-1}\left(\frac{3\omega_\pi}{1-2\omega_\pi^2}\right)$$

ou $3\omega_\pi/(1 - 2\omega_\pi^2) = \text{tg}(\pi/2) = \infty$. Em consequência, $\omega_\pi\sqrt{\frac{1}{2}} = 0{,}707$.

(b) A partir de $|GH(\omega 1)| = 1$, temos $1/\omega_1\sqrt{(\omega_1^2 + 1)(\omega_1^2 + 0{,}25)} = 1$ ou $\omega_1 = 0{,}82$.

(c) A margem de ganho $1/|GH(\omega_\pi)|$ é facilmente determinada a partir do gráfico, como é mostrado na Figura 11-73. Isto também pode ser calculado analiticamente: $|GH(\omega_\pi)| = |GH(j0{,}707)| = 4/3$; em consequência, a margem de ganho $= 3/4$.

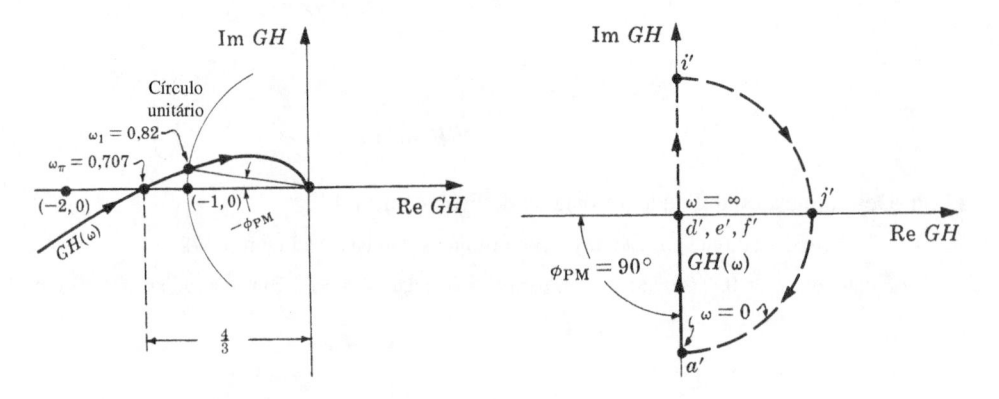

Figura 11-73

Figura 11-74

(d) A margem de fase é facilmente determinada a partir do gráfico ou calculada analiticamente:

$$\arg GH(\omega_1) = \arg GH(0{,}82) = -90° - \text{tg}^{-1}(0{,}82) - \text{tg}^{-1}(1{,}64) = -187{,}8°$$

Em consequência, $\phi_{PM} = 180° + \arg GH(\omega_1) = -7{,}8°$. A margem de fase negativa significa que o sistema é instável.

11.60 Determine as margens de ganho e fase para o sistema do Problema 11.43 ($GH = 1/s$).

O Diagrama de Estabilidade de Nyquist de $1/s$ nunca cruza o eixo real negativo, como é mostrado na Figura 11-74; em consequência, a margem de ganho é indefinida para este sistema. A margem de fase é $\phi_{PM} = 90°$.

Círculos M e N

11.61 Demonstre as Equações (11.18) e (11.19), as quais dão o raio e o centro do círculo M, respectivamente.

Seja $G(\omega) \equiv x + jy$. Então,

$$M \equiv \left|\frac{G(\omega)}{1+G(\omega)}\right| = \left|\frac{x+jy}{1+x+jy}\right|$$

Elevando ao quadrado ambos os membros e reorganizando-os, temos

$$\left[x - \left(\frac{M^2}{1-M^2}\right)\right]^2 + y^2 = \left(\frac{M}{1-M^2}\right)^2 \qquad M < 1$$

$$\left[x + \left(\frac{M^2}{M^2-1}\right)\right]^2 + y^2 = \left(\frac{M}{M^2-1}\right)^2 \qquad M > 1$$

Para $M =$ constante, estas são equações de círculos com raios $|M/(M^2 - 1)|$ e os centros estão em $(-M^2/(M^2 - 1), 0)$.

11.62 Demonstre a Equação (11.20).

A função de transferência G para o sistema contínuo de segunda ordem, cujo diagrama de fluxo de sinal é mostrado na Figura 11-75, é $G = \omega_n^2/s(s + 2\zeta\omega_n)$. Agora

$$M^2 = \left|\frac{G}{1+G}\right|^2 = \frac{\omega_n^4}{\left(\omega_n^2 - \omega^2\right)^2 + 4\zeta^2\omega_n^2\omega^2}$$

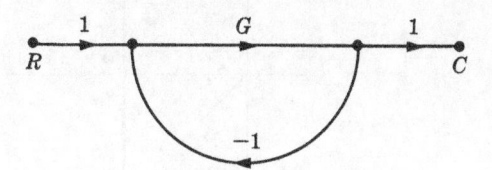

Figura 11-75

Para determinar ω_p, maximizamos a expressão anterior:

$$\frac{d}{d\omega}(M^2) = \frac{\omega_n^4\left[2(\omega_n^2 - \omega^2)(-2\omega) + 8\zeta^2\omega_n^2\omega\right]}{\left[\left(\omega_n^2 - \omega^2\right)^2 + 4\zeta^2\omega_n^2\omega^2\right]^2} = 0$$

a partir da qual $\omega = \omega_p = \pm\omega_n\sqrt{1 - 2\zeta^2}$. Em consequência, para $0 \leq \zeta \leq 0{,}707$,

$$M_p = \left[\frac{\omega_n^4}{\left[\omega_n^2 - \omega_n^2(1 - 2\zeta^2)\right]^2 + 4\zeta^2\omega_n^4(1 - 2\zeta^2)}\right]^{1/2} = \frac{1}{2\zeta\sqrt{1 - \zeta^2}}$$

11.63 Demonstre as Equações (11.21) e (11.22), que dão o raio e o centro do círculo N.

Seja $G(\omega) \equiv x + jy$. Então,

$$\frac{C(\omega)}{R(\omega)} = \frac{x^2 + x + y^2 + jy}{(1+x)^2 + y^2} \quad \text{e} \quad N \equiv \frac{\text{Im}(C/R)(\omega)}{\text{Re}(C/R)(\omega)} = \frac{y}{x^2 + x + y^2}$$

que resulta em

$$\left(x + \frac{1}{2}\right)^2 + \left(y - \frac{1}{2N}\right)^2 = \frac{1}{4}\left(1 + \frac{1}{N^2}\right)$$

Para N igual a um parâmetro constante, esta é a equação de um círculo com raio $\sqrt{\frac{1}{4} + (1/2N)^2}$ e centro em $(-\frac{1}{2}, 1/2N)$.

11.64 Determine M_p e ζ para um sistema de realimentação unitária dado por $G = 1/s(s+1)$.

A função de transferência de malha aberta geral para o sistema de segunda ordem é $G = \omega_n^2/s(s + 2\zeta\omega_n)$. Então $\omega_n = 1$, $\zeta = 0{,}5$ e $\sqrt{1 - \zeta^2} = 0{,}866$.

Problemas diversos

11.65 Determine o Diagrama Polar para

$$P(z) = \frac{z}{z - 1}$$

para um período de amostragem $T = 1$.

A solução necessita mapear o intervalo $-j\omega_s/2$ a $j\omega_s/2$ no eixo $j\omega$ do plano s ou, de modo equivalente, $\omega = -\pi$ a $\omega = \pi$ radianos no círculo unitário do plano z no plano $P(e^{j\omega})$. Temos $P(e^{\pm j\pi}) = 0{,}5\underline{/0°}$ e $P(e^{j0}) = \infty\underline{/\pm 90°}$. O cálculo de $P(e^{j\omega})$ para alguns valores de ω entre $-\pi$ e 0 resulta na linha reta paralela ao eixo imaginário no plano P, como mostra a Figura 11-76, em que os segmentos de a a b e de g a a mapeiam os seguimentos correspondentes no círculo unitário na Figura 11-13.

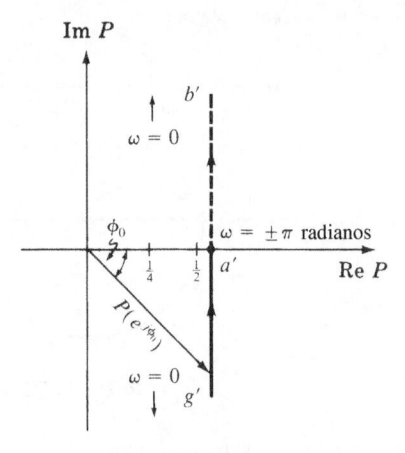

Figura 11-76

11.66 Determine o Diagrama Polar da função de transferência de malha aberta do sistema discreto no tempo do tipo 0

$$GH(z) = \frac{\frac{3}{8}(z+1)\left(z+\frac{1}{3}\right)K}{z\left(z+\frac{1}{2}\right)}$$

para $K = 1$ e $T = 1$.

Neste caso, o Diagrama Polar foi desenhado por computador, conforme ilustrado na Figura 11-77. O programa de computador calcula $GH(e^{j\omega})$ para valores de $\omega T = \omega$ na faixa de $-\pi$ a π radianos, separa cada resultado em partes real e imaginária (Forma Complexa) e, então, gera o gráfico retangular a partir destas coordenadas.

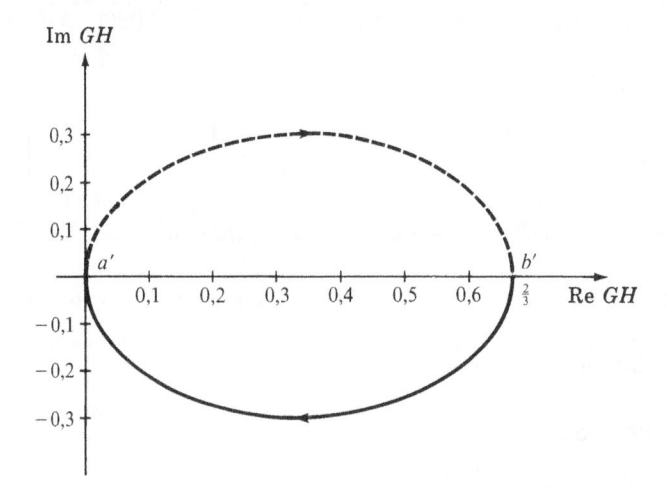

Figura 11-77

11.67 Determine o Diagrama Polar da função de transferência de malha aberta do sistema discreto tipo 1

$$GH(z) = \frac{K(z+1)^2}{(z-1)\left(z+\frac{1}{3}\right)\left(z+\frac{1}{2}\right)}$$

para $K = 1$ e $T = 1$.

Assim como no Problema 11.66, o Diagrama Polar dado na Figura 11-78 foi gerado por computador, exatamente da mesma forma descrita no problema anterior.

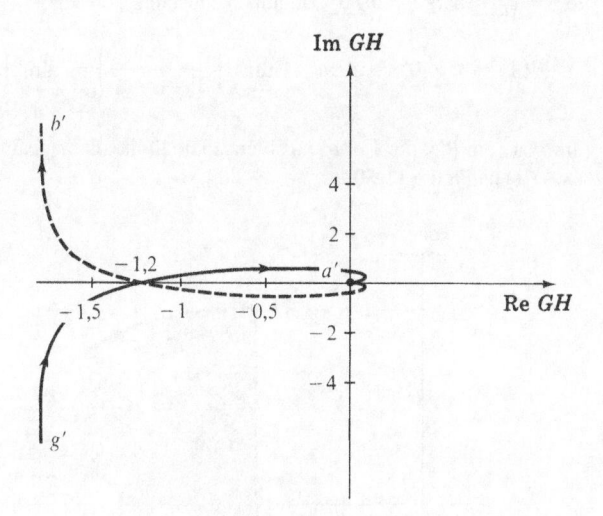

Figura 11-78

11.68 Determine a estabilidade absoluta do sistema dado no Exemplo 11.11 e 11.14, para $K \geq 2$ e $T = 1$.

O Digrama de Estabilidade de Nyquist para $K = 2$ é dado na Figura 11-79. A região à direita foi sombreada e o gráfico passa diretamente em $(-1,0)$. Assim, $N > 0$ e $N \neq -P_0$, que é zero para este problema. Portanto, o sistema é marginalmente estável para $K = 2$. Para $K > 2$, o ponto $(-1,0)$ está completamente envolvido, $N = 1$ e o sistema de malha fechada é instável.

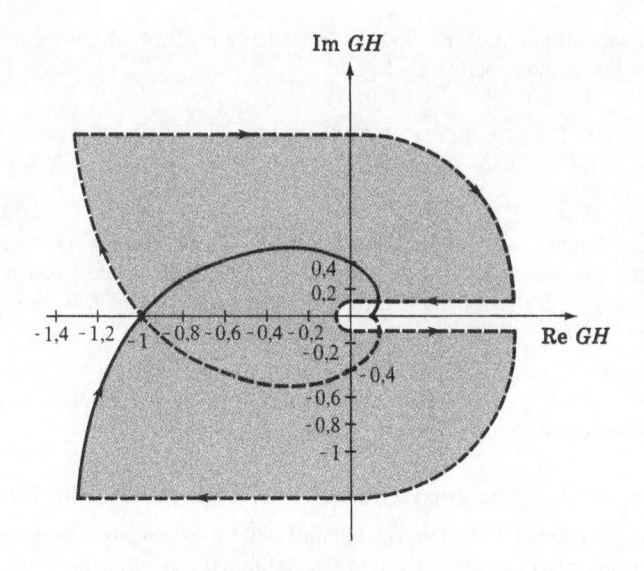

Figura 11-79

11.69 Determine o Diagrama de Estabilidade de Nyquist do sistema dado no Problema 11.65.

Notamos que $P(z) = z/(z - 1)$ tem um polo em 1, de modo que devemos começar mapeando o segmento de b para c do semicírculo infinitesimal próximo de $z = 1$ na Figura 11-13 no plano P. No geral, temos um mapeamento conforme, de modo que o gráfico deve girar à direita em b'. entre b e c, $z = 1 + \rho e^{j\phi}$, com ϕ aumentando de $-90°$ a $0°$. Portanto,

$$P(1 + \rho e^{j\phi}) = \frac{1 + \rho e^{j\phi}}{\rho e^{j\phi}} \qquad \text{e} \qquad \lim_{\rho \to 0} P(1 + \rho e^{j\phi}) = \frac{1}{\lim_{\rho \to 0} \rho e^{j\phi}} = \infty \underline{/-\phi}$$

Assim, o arco de b para c no plano z mapeia no semicírculo infinito de b' para c', de $+90°$ de volta para $0°$, mostrado na Figura 11-80. Para obter o mapeamento da linha de c para d na Figura 11-13, notamos que este é o mapeamento de $P(z)$ a partir de $z = 1\underline{/0°}$ para $z = \infty\underline{/0°}$ (ângulo ϕ constante), ou seja,

$$P(1) = \infty\underline{/0°} \quad \text{para} \quad \lim_{\alpha \to \infty}\left(\frac{1+\alpha}{1+\alpha-1}\right) = \lim_{\alpha \to \infty}\left(\frac{1+\alpha}{\alpha}\right) = 1\underline{/0°}$$

em que substituímos z em $P(z)$ por $1 + \alpha$, na obtenção do limite. O mapeamento resultante é mostrado como uma linha de c' para d' ($\infty \to 1$) na Figura 11-80.

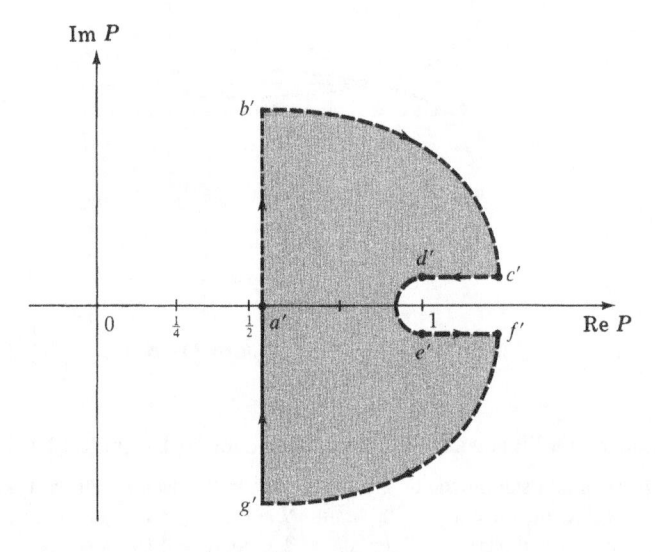

Figura 11-80

O círculo infinito de $0°$ a $-360°$, de d para e na Figura 11-13, mapeia no semicírculo infinitesimal em torno do ponto $z = 1$ no plano P, porque

$$P(Re^{j\phi}) = \frac{Re^{j\phi}}{Re^{j\phi} - 1} = \frac{e^{j\phi}}{e^{j\phi} - \frac{1}{R}}$$

e $P \to 1$ conforme $R \to \infty$ para qualquer ϕ e alguns cálculos de arg $P(Re^{j\phi})$ para valores de ϕ entre $0°$ e $-360°$ mostra que o limite é atingido a partir dos valores no primeiro quadrante de P quando $0 < \phi < -180°$, e no quarto quadrante quando $-180° < \phi < -360°$, com $P(Re^{j\phi}) = 1/(1+1R) < 1$ para $R > 0$ em $\phi = -180°$. O arco resultante é mostrado de d' para e' na Figura 11-80.

O arco de e' para f' na Figura 11-80 é obtido da mesma forma que de c' para d', tomando os limites de $(\alpha + 1)/\alpha$ quando $\alpha \to \infty$ e 0. E a finalização definitiva do Diagrama de Estabilidade de Nyquist, arco de f' para g', é obtido da mesma forma que de b' para c', como mostrado.

11.70 Para $GH = P = z/(z-1)$ no Problema 11.69, o sistema de malha fechada é estável?

A região à direita do contorno na Figura 11-80 foi sombreada e ela não envolve o ponto $(-1,0)$. Portanto, $N \leq 0$. O único polo de GH está em $z = 1$, que não está fora do círculo unitário. Assim, $P_0 = 0$, $N = -P_0 = 0$ e o sistema é totalmente estável.

11.71 Determine a estabilidade do sistema dado no Problema 11.66.

A função de transferência de malha aberta é

$$GH = \frac{\frac{3}{8}(z+1)(z+\frac{1}{3})}{z(z+\frac{1}{2})}$$

O Diagrama Polar de GH é dado na Figura 11-77, que é o mapeamento dos arcos de a para b e de g para a da Figura 11-13. Não existem polos de GH no círculo unitário, de modo que os arcos infinitesimais de b para c e de f para g na Figura 11-13 não são necessários. Fazendo $z = 1 + \alpha$ e usando os mesmos procedimentos de limitação ilustrados no Problema 11.70, as linhas retas de e para o infinito, de b para d e de e para f na Figura 11-13, mapeiam nas linhas de b

para d e de e para f entre $GH\frac{3}{8}$ e $\frac{2}{3}$. De modo semelhante, com z substituído por $1 + Re^{j\phi}$ e $R \to \infty$, o arco infinito de d para e mapeia no semicírculo infinitesimal sobre Re $GH = \frac{3}{8}$, tudo conforme a Figura 11-81.

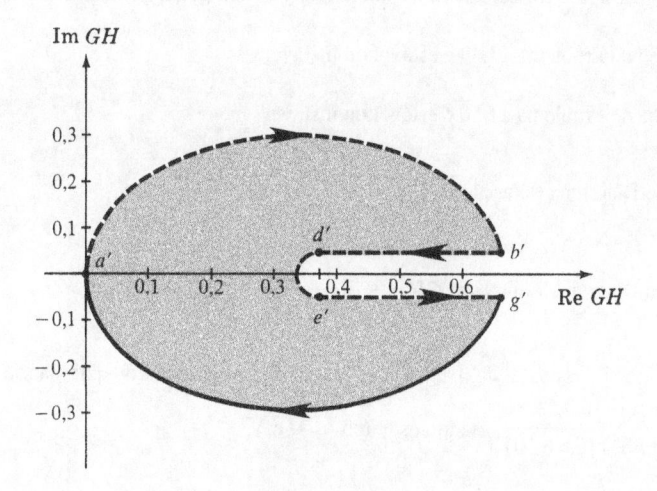

Figura 11-81

O ponto $(-1,0)$ não está envolvido por este contorno, conforme mostrado, $N = 0$, $P_0 = 0$ e o sistema de malha fechada é totalmente estável.

11.72 Determine a estabilidade do sistema dado no Problema 11.67.

A função de transferência de malha aberta é

$$GH = \frac{(z+1)^2}{(z-1)\left(z+\frac{1}{3}\right)\left(z+\frac{1}{2}\right)}$$

O Diagrama Polar de GH é dado na Figura 11-78. A conclusão do mapeamento do contorno fechado no exterior do círculo unitário no plano z (Figura 11-13) se aproxima bastante daquele descrito no Problema 11.69 e no Exemplo 11.11. Neste caso, o ponto $(-1,0)$ é envolvido por um contorno, ou seja, $N = 1$. Visto que $P_0 = 0$ e $Z_0 = N + P_0 = 1$, então um zero de $1 + GH$ está fora do círculo unitário do plano z e o sistema de malha fechada é, portanto, instável (Figura 11-82).

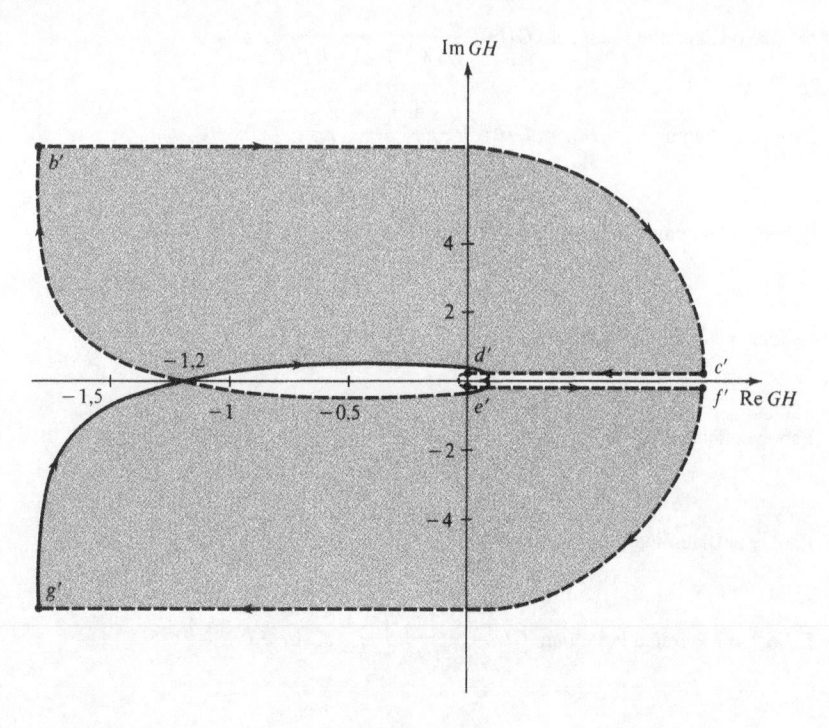

Figura 11-82

Problemas Complementares

11.73 Seja $T = 2$ e $p = 5$ no sistema do Problema 11.48. Este sistema é estável?

11.74 O sistema do Problema 11.49 é estável ou instável?

11.75 O sistema do Problema 11.50 é estável ou instável?

11.76 Esboce o Diagrama Polar para $GH = \dfrac{K(s + z_1)(s + z_2)}{s^3(s + p_1)(s + p_2)}$, $z_i, p_i > 0$.

11.77 Esboce o Diagrama Polar para $GH = \dfrac{K}{(s + p_1)(s + p_2)(s + p_3)}$, $p_i > 0$.

11.78 Determine a resposta de frequência de malha fechada do sistema de realimentação unitária descrito por $G = \dfrac{10(s + 0{,}5)}{s^2(s + 1)(s + 10)}$, usando os Círculos M e N.

11.79 Esboce o Diagrama Polar para $GH = \dfrac{K(s + z_1)}{s^2(s + p_1)(s + p_2)(s + p_3)}$, $z_1, p_i > 0$.

11.80 Esboce o Diagrama de Estabilidade de Nyquist para $GH = \dfrac{Ke^{-Ts}}{s(s + 1)}$.

11.81 Esboce o Diagrama Polar para $GH = \dfrac{s + z_1}{s(s + p_1)}$, $z_1, p_1 > 0$.

11.82 Esboce o Diagrama Polar para $GH = \dfrac{s + z_1}{s(s + p_1)(s + p_2)}$, $z_1, p_i > 0$.

11.83 Esboce o Diagrama Polar para $GH = \dfrac{K}{s^2(s + p_1)(s + p_2)}$, $p_i > 0$.

11.84 Esboce o Diagrama Polar para $GH = \dfrac{s + z_1}{s^2(s + p_1)}$, $z_1, p_1 > 0$.

11.85 Esboce o Diagrama Polar para $GH = \dfrac{s + z_1}{s^2(s + p_1)(s + p_2)}$, $z_1, p_i > 0$.

11.86 Esboce o Diagrama Polar para $GH = \dfrac{(s + z_1)(s + z_2)}{s^2(s + p_1)(s + p_2)(s + p_3)}$, $z_i, p_i > 0$.

11.87 Esboce o Diagrama Polar para $GH = \dfrac{K}{s^3(s + p_1)(s + p_2)}$, $p_i > 0$.

11.88 Esboce o Diagrama Polar para $GH = \dfrac{(s + z_1)}{s^3(s + p_1)(s + p_2)}$, $z_1, p_i > 0$.

11.89 Esboce o Diagrama Polar para $GH = \dfrac{s + z_1}{s^4(s + p_1)}$, $z_1, p_1 > 0$.

11.90 Esboce o Diagrama Polar para $GH = \dfrac{e^{-Ts}(s+z_1)}{s^2(s+p_1)}$, $z_1, p_1 > 0$.

11.91 Esboce o Diagrama Polar para $GH = \dfrac{e^{-Ts}(s+z_1)}{s^2(s^2+a)(s^2+b)}$, $z_1, a, b > 0$.

11.92 Esboce o Diagrama Polar para $GH = \dfrac{(s-z_1)}{s^2(s+p_1)}$, $z_1, p_1 > 0$.

11.93 Esboce o Diagrama Polar para $GH = \dfrac{s}{(s+p_1)(s-p_2)}$, $p_i > 0$.

11.94 As diversas partes do Percurso de Nyquist para sistemas contínuos são ilustradas na Figura 11-12 e os seguimentos diferentes são definidos matematicamente pelas Equações (11.5) a (11.12). Escreva as equações correspondentes para cada seguimento do Percurso de Nyquist para os sistemas discretos no tempo dados na Figura 11-13. (Um destes foi dado no Exemplo 11.11. Veja também os Problemas 11-69 e 11-70.)

Respostas Selecionadas

11.73 Sim

11.74 Instável

11.75 Instável

11.76

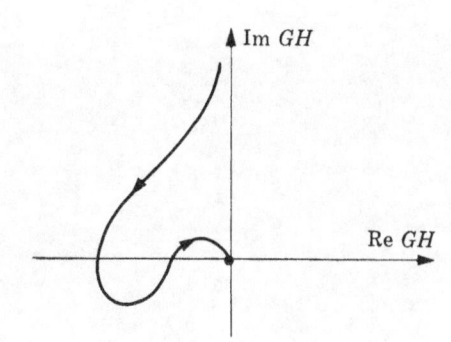

11.77

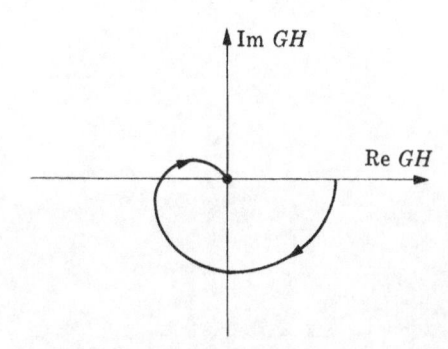

11.79

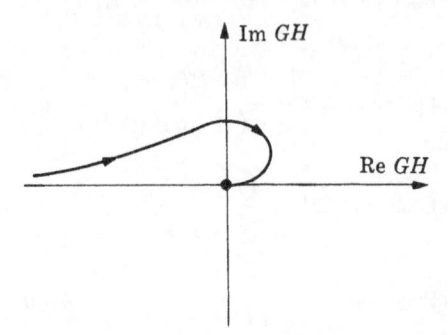

11.80

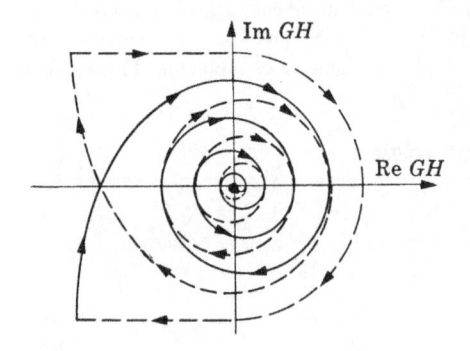

Capítulo 12

Projeto de Nyquist

12.1 FILOSOFIA DO PROJETO

O projeto por análise, no domínio de frequência usando as técnicas de Nyquist, é executado da mesma maneira geral que todos os outros métodos e projetos deste livro: redes de compensação apropriadas são introduzidas nos percursos diretos ou de realimentação, e o desempenho do sistema resultante é analisado de maneira crítica. Dessa forma, o Diagrama Polar é modelado e remodelado até que as especificações de desempenho sejam satisfeitas. Este procedimento é bastante facilitado quando programas de computador são usados para geração de diagramas polares.

Visto que o Diagrama Polar é um gráfico da função de transferência de malha aberta $GH(\omega)$, muitos tipos de rede de compensação podem ser usados nos percursos diretos ou de realimentação, tornando-se parte de G ou H. Frequentemente, a compensação em apenas um percurso ou uma combinação de compensações em cascata e por realimentação podem ser usadas para satisfazer as especificações. A compensação em cascata é empregada neste capítulo.

12.2 COMPENSAÇÃO DO FATOR DE GANHO

Foi apontado no Capítulo 5 que um sistema de realimentação instável algumas vezes pode ser estabilizado, ou um sistema estável desestabilizado, ajustando-se apropriadamente o fator de ganho K de GH. O método dos lugares das raízes dos Capítulos 13 e 14 ilustra nitidamente esse fenômeno, mas ele também é considerado nos Diagramas de Estabilidade de Nyquist.

Exemplo 12.1 A Figura 12-1 indica um sistema instável quando o fator de ganho é K_1:

$$GH(s) = \frac{K_1}{s(s+p_1)(s+p_2)} \qquad p_1, p_2, K_1 > 0 \qquad P_0 = 0 \qquad N = 2$$

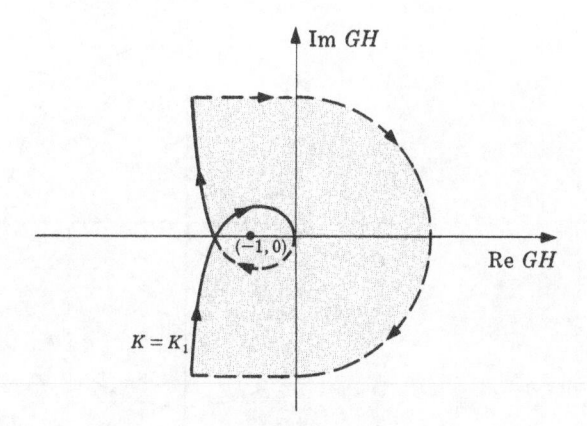

Figura 12-1

Uma diminuição suficiente no fator de ganho para K_2 ($K_2 < K_1$) estabiliza o sistema, como ilustra a Figura 12-2.

$$GH(s) = \frac{K_2}{s(s+p_1)(s+p_2)} \qquad 0 < K_2 < K_1 \qquad P_0 = 0 \qquad N = 0$$

Um decréscimo adicional de K não altera a estabilidade.

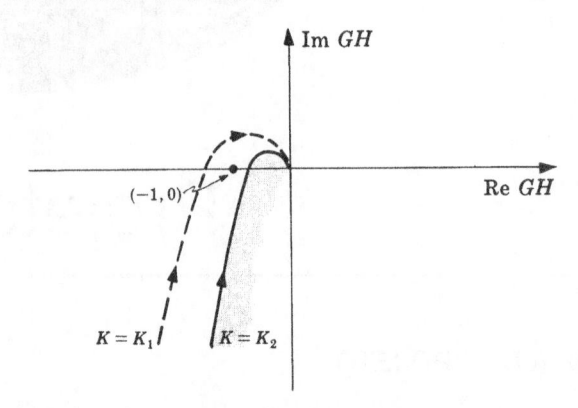

Figura 12-2

Exemplo 12.2 O sistema de controle *discreto no tempo* tipo 1 com

$$GH_1 = \frac{1}{(z-1)(z-\tfrac{1}{2})}$$

é instável, como mostra a Figura 11-79 e o Problema 11.68. Ou seja, a função de transferência em malha aberta

$$GH = \frac{K/4}{(z-1)(z-\tfrac{1}{2})}$$

verificou-se ser estável para $K \geq 2$. Portanto, a compensação do fator de ganho pode ser usada para estabilizar GH_1, pela atenuação do fator de ganho $K_1 = 1$ de GH_1 por um fator menor que 0,5. Por exemplo, se o atenuador apresentar um valor de 0,25, o $GH \equiv GH_2$ resultante teria o Diagrama de Estabilidade de Nyquist mostrado na Figura 11-25 do Exemplo 11.14, para representar um sistema estável.

Exemplo 12.3 A região estável para o ponto $(-1, 0)$, na Figura 12-3, é indicada pela porção do eixo real na área não sombreada:

$$GH(s) = \frac{K(s+z_1)(s+z_2)}{s^2(s+p_1)(s+p_2)(s+p_3)} \qquad z_1, z_2 > 0 \qquad p_i > 0 \qquad P_0 = 0$$

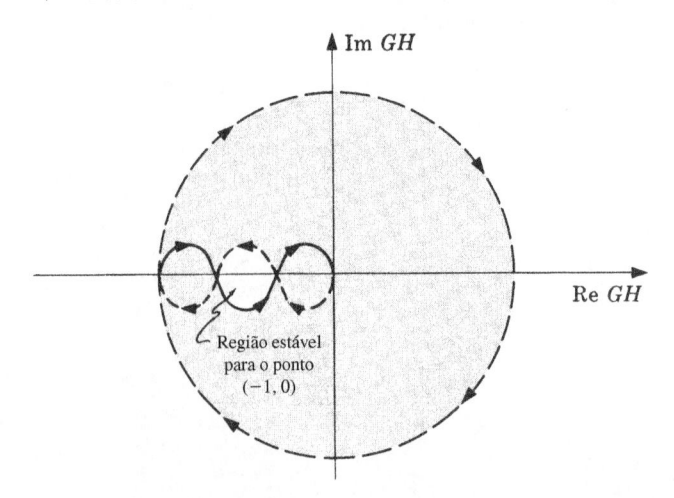

Figura 12-3

Se o ponto (−1, 0) cai na região estável, um acréscimo ou decréscimo em *K* pode ocasionar deslocamento suficiente no contorno *GH* à esquerda ou à direita para desestabilizar o sistema. Isso pode acontecer porque uma região sombreada (instável) aparece à esquerda e à direita da região não sombreada (estável). Este fenômeno é chamado de **estabilidade condicional**.

Embora a estabilidade absoluta frequentemente possa ser alterada apenas pelo ajuste do fator de ganho, outros critérios de desempenho, como aqueles referentes à *estabilidade relativa*, geralmente exigem compensadores adicionais.

12.3 COMPENSAÇÃO DO FATOR DE GANHO USANDO CÍRCULOS *M*

O fator de ganho *K* de *G* para um sistema de *realimentação unitária* pode ser determinado para um pico de ressonância específico M_p pelo seguinte processo, que envolve o desenho do Diagrama Polar apenas uma vez.

Passo 1: Desenhe o Diagrama Polar de $G(\omega)$ para $K = 1$.

Passo 2: Calcule Ψ_p, dada por

$$\Psi_p = \text{sen}^{-1}\left(\frac{1}{M_p}\right) \tag{12.1}$$

Passo 3: Desenhe uma linha radial $\overline{AB}$ a um ângulo Ψ_p abaixo do eixo real negativo, como mostrado na Figura 12-4.

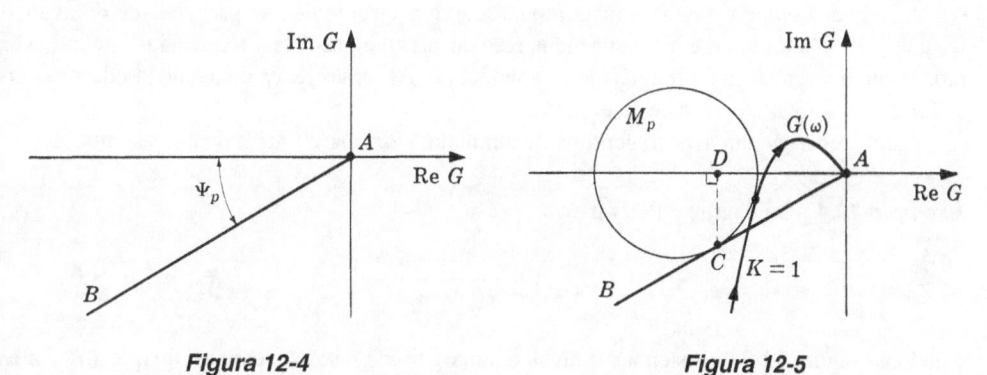

Figura 12-4 *Figura 12-5*

Passo 4: Desenhe um círculo M_p tangente a $G(\omega)$ e à linha $\overline{AB}$ em *C*. Então desenhe uma linha $\overline{CD}$ perpendicular ao eixo real, como mostrado no exemplo de Diagrama Polar na Figura 12-5.

Passo 5: Meça o comprimento da linha $\overline{AD}$ segundo o eixo real. O fator de ganho *K*, necessário para o M_p especificado, é dado por

$$K_{M_p} = \frac{1}{\text{Comprimento da linha } \overline{AD}} \tag{12.2}$$

Se o Diagrama Polar de $G(s)$, para um fator de ganho *K'* diferente de $K = 1$ já está disponível, não é necessário repetir este resultado para $K = 1$. Simplesmente aplique os Passos 2 até 5 e use a fórmula seguinte para o fator de ganho necessário, a fim de obter o M_p especificado

$$K_{M_p} = \frac{K'}{\text{Comprimento da linha } \overline{AD}} \tag{12.3}$$

12.4 COMPENSAÇÃO EM AVANÇO

A função de transferência para uma rede de avanço, apresentada na Equação (6.2), é

$$P_{avanço} = \frac{s+a}{s+b}$$

em que $a < b$. O Diagrama Polar de $P_{Avanço}$ para $0 \leq \omega < \infty$, é mostrado na Figura 12-6.

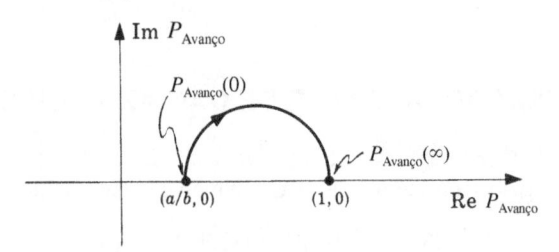

Figura 12-6

Para alguns sistemas nos quais a compensação em avanço é aplicável, a escolha apropriada do zero em $-a$ e o polo em $-b$ permite o aumento do fator de ganho em malha aberta K, proporcionando maior precisão (e algumas vezes estabilidade), mas sem afetar negativamente o desempenho transitório. Já para um dado K, o desempenho transitório pode ser aperfeiçoado. Em alguns casos, a resposta pode ser favoravelmente modificada com compensação em avanço.

A rede em avanço proporciona compensação em virtude de sua propriedade de avanço de fase na faixa de frequências baixas para médias e sua atenuação desprezível nas altas frequências. A faixa baixa para média é definida como a vizinhança da frequência ressonante ω_p. Algumas redes de avanço podem ser conectadas em cascata se for necessário um avanço de fase maior.

A compensação em avanço geralmente aumenta a *largura de faixa* de um sistema.

Exemplo 12.4 O Diagrama Polar para

$$GH_1(s) = \frac{K_1}{s(s+p_1)(s+p_2)} \qquad K_1, p_1, p_2 > 0$$

é dado na Figura 12-7. O sistema é estável, e a margem de fase ϕ_{PM} é maior do que 45°. Para uma dada aplicação, ϕ_{PM} é bastante grande, ocasionando um retardo de tempo T_d maior do que o desejado na resposta transitória do sistema. O erro de estado permanente também é bem grande. Isto é, a constante de erro de velocidade K é bastante pequena para um fator $\lambda > 1$. Modificaremos este sistema por meio de uma combinação da compensação do fator de ganho, para satisfazer a especificação de estado permanente e a compensação de avanço de fase, a fim de aperfeiçoar a resposta transitória. Supondo $H(s) = 1$, a Equação (9.12) nos dá

$$K_{v1} = \lim_{s \to 0} [sGH_1(s)] = \frac{K_1}{p_1 p_2}$$

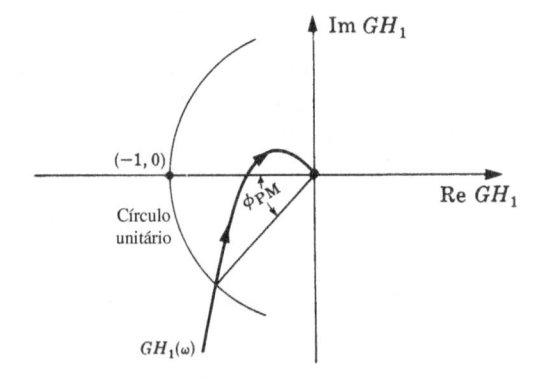

Figura 12-7

por consequência,

$$\lambda K_{v1} = \frac{\lambda K_1}{p_1 p_2}$$

Fazendo $K_2 = \lambda K_1$, a função de transferência de malha aberta se torna

$$GH_2 = \frac{K_2}{s(s+p_1)(s+p_2)}$$

O sistema representado por GH_2 tem a constante de velocidade desejada $K_{v2} = \lambda K_{v1}$.

Consideremos o que aconteceria a K_{v2} de GH_2 se uma rede de avanço fosse introduzida. A rede de avanço atua como um atenuador em baixas frequências. Isto é

$$\lim_{s \to 0} \left[sGH_2(s) \cdot P_{\text{Avanço}}(s) \right] = \frac{K_2 a}{p_1 p_2 b} < \lambda K_{v1}$$

visto que $a/b < 1$. Portanto, se uma rede de avanço é usada para modificar a resposta transitória, o fator de ganho K_1 de GH_1 deve ser aumentado $\lambda(b/a)$ vezes, a fim de satisfazer a exigência de estado permanente. A parte fator de ganho da compensação total seria, portanto, maior do que aquela que desejaríamos se apenas a especificação de estado permanente tivesse de ser atendida. Por consequência, modificamos GH_2, que resulta em

$$GH_3 = \frac{\lambda K_1(b/a)}{s(s+p_1)(s+p_2)}$$

Como acontece, frequentemente, aumentando o fator de ganho em uma quantidade tão grande quanto $\lambda(b/a)$ vezes, o sistema desestabiliza, como mostram os Diagramas Polares de GH_1, GH_2 e GH_3 na Figura 12-8.

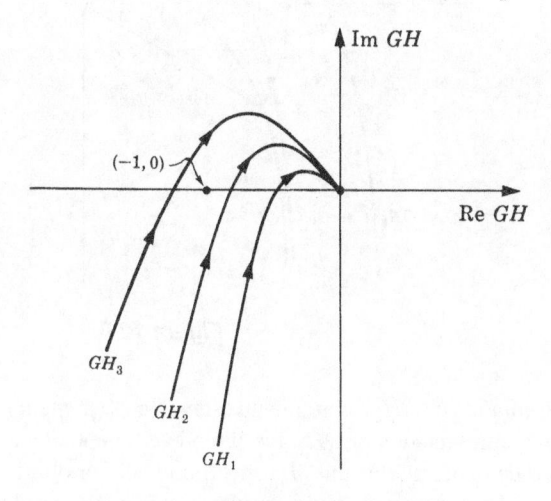

Figura 12-8

Agora, inserimos a rede de avanço e determinamos os seus efeitos. GH_3 se torna

$$GH_4 = \frac{\lambda K_1(b/a)(s+a)}{s(s+p_1)(s+p_2)(s+b)}$$

Primeiro, $\lim_{s \to 0}[sGH_4(s)] = \lambda K_{v1}$ nos convence de que a especificação de estado permanente foi atendida. De fato, na região de frequência muito baixa, temos,

$$GH_4(j\omega)\big|_{\omega \text{ muito pequeno}} \cong \frac{\lambda K_1}{j\omega(j\omega+p_1)(j\omega+p_2)}$$

$$= GH_2$$

Por consequência, o contorno GH_4 é quase coincidente com o contorno GH_2 na faixa de frequência muito baixa.

Na região de frequência muito alta,

$$GH_4(j\omega)|_{\omega \text{ muito grande}} \cong \frac{\lambda K_1(b/a)}{j\omega(j\omega + p_1)(j\omega + p_2)} = GH_3$$

Portanto, o contorno GH_4 é quase coincidente com GH_3 para frequências muito altas.

Na faixa de frequências médias, onde a propriedade de avanço de fase da rede de avanço altera substancialmente a característica de GH_4, o contorno GH_4 se afasta de GH_2 e se aproxima do lugar GH_3 conforme ω aumenta. Este efeito é melhor entendido se escrevermos GH_4 da seguinte forma:

$$GH_4(j\omega) = \left[\frac{\lambda K_1(b/a)}{j\omega(j\omega + p_1)(j\omega + p_2)}\right] \cdot \left[\frac{j\omega + a}{j\omega + b}\right]$$

$$= GH_3(j\omega) \cdot P_{\text{Avanço}}(j\omega) = GH_3(j\omega) \cdot |P_{\text{Avanço}}(j\omega)| \big/ \phi(\omega)$$

em que $|P_{\text{Avanço}}(j\omega)| = \sqrt{(\omega^2 + a^2)/(\omega^2 + b^2)}$, $\phi(\omega) = \text{tg}^{-1}(\omega/a) - \text{tg}^{-1}(\omega/b)$, $a/b < |P_{\text{Avanço}}(j\omega)| < 1$, $0° < \phi(\omega) < 90°$. Portanto, a rede de avanço modifica GH_3 como segue. GH_3 é deslocada para baixo começando em $GH_3(j\infty)$ no sentido anti-horário se aproximando de GH_2 devido à contribuição de fase positiva de $P_{\text{Avanço}}[0° < \phi(\omega) < 90°]$. Além disso, ela é atenuada $[0 < |P_{\text{Avanço}}(j\omega)| < 1]$. O Diagrama Polar resultante, para GH_4, é ilustrado na Figura 12-9.

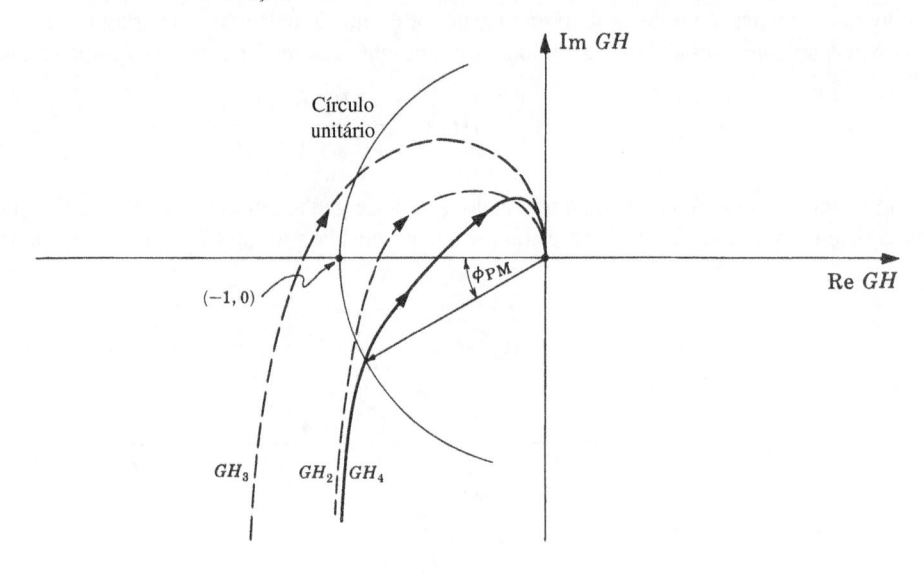

Figura 12-9

O sistema representado por GH_4 é claramente estável, e ϕ_{PM} é menor do que 45°, reduzindo o tempo de retardo T_d do sistema original representado por GH_1. Por um procedimento de tentativa e erro, o zero em $-a$ e o polo em $-b$ podem ser escolhidos de tal modo que um M_p específico pode ser obtido.

Um diagrama em blocos de um sistema completamente compensado é mostrado na Figura 12-10. A realimentação unitária é mostrada apenas por conveniência notacional.

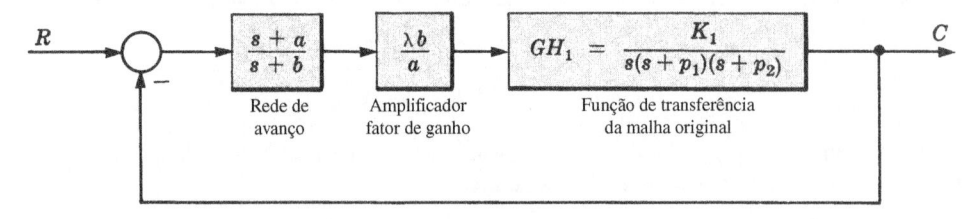

Figura 12-10

12.5 COMPENSAÇÃO EM ATRASO

A função de transferência para uma rede de atraso, apresentada na Equação (6.3), é

$$P_{\text{Atraso}} = \frac{a}{b}\left[\frac{s+b}{s+a}\right]$$

em que $a < b$. O Diagrama Polar de P_{Atraso} para $0 \leq \omega < \infty$ é mostrado na Figura 12-11.

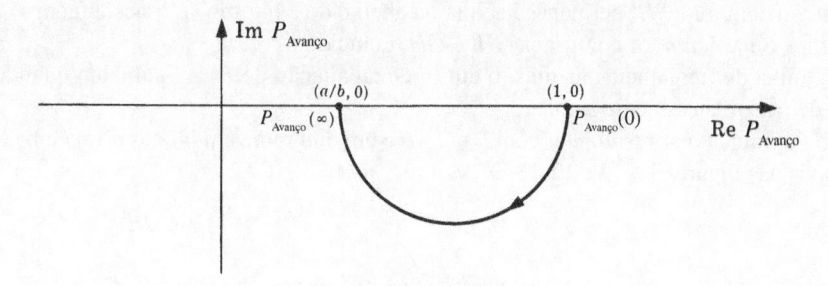

Figura 12-11

A rede de atraso geralmente proporciona compensação em virtude da sua propriedade de atenuação na porção de alta frequência do Diagrama Polar, visto que $P_{\text{Atraso}}(0) = 1$ e $P_{\text{Atraso}}(\infty) = a/b < 1$. Várias redes de atraso podem ser conectadas em cascata para proporcionar atenuação ainda mais elevada, se for desejado. A contribuição do atraso de fase de uma rede de atraso frequentemente é restringida, pelo projeto, à faixa de frequência muito baixa. Alguns dos efeitos gerais da compensação em atraso são:

1. A largura de faixa do sistema geralmente é diminuída.
2. A constante de tempo τ predominante do sistema geralmente é aumentada, produzindo um sistema mais lento.
3. Para uma dada estabilidade relativa, o valor da constante de erro é aumentado.
4. Para um dado valor da constante de erro, a estabilidade relativa é melhorada.

O procedimento para usar compensação em atraso, a fim de melhorar a precisão de alguns sistemas, é essencialmente o mesmo que aquele para compensação em avanço.

Exemplo 12.4 Reprojete o sistema do Exemplo 12.3 na última seção usando o fator de ganho mais a compensação em atraso. A função de transferência em malha aberta original é

$$GH_1 = \frac{K_1}{s(s+p_1)(s+p_2)}$$

A função de transferência com o fator de ganho compensado é

$$GH_2 = \frac{\lambda K_1}{s(s+p_1)(s+p_2)}$$

Visto que $P_{\text{Atraso}}(0) = 1$, a introdução da rede de atraso depois que o critério de estado permanente tenha sido satisfeito pela compensação do fator de ganho não exige um aumento adicional no fator de ganho.

Introduzindo a rede de atraso, temos

$$GH_3' = \frac{\lambda K_1(a/b)(s+b)}{s(s+p_1)(s+p_2)(s+a)}$$

$$\lim_{s \to 0}\left[sGH_3'(s)\right] = \lambda K_{v1}$$

em que $K_{v1} = K_1/p_1 p_2$. Portanto, a especificação de estado permanente é atendida por GH_3'.

Na região de frequência muito baixa,

$$GH_3'(j\omega)\big|_{\omega \text{ muito pequeno}} \cong \frac{\lambda K_1}{j\omega(j\omega+p_1)(j\omega+p_2)} = GH_2(j\omega)$$

Por consequência, GH_3' é quase coincidente com GH_2 em frequências muito baixas com retardamento dessa rede se manifestando nesse percurso.

Na região de frequência muito alta,

$$GH'_3(j\omega)|_{\omega \text{ muito grande}} \cong \frac{\lambda(a/b)K_1}{j\omega(j\omega + p_1)(j\omega + p_2)} = \lambda(a/b)GH_1(j\omega)$$

Portanto, o contorno GH'_3 permanece acima ou abaixo do contorno GH_1 nesta faixa se $\lambda > b/a$ ou $\lambda < b/a$, respectivamente. Se $\lambda = b/a$, os contornos GH'_3 e GH_1 coincidem.

Na faixa de frequências médias, o efeito de atenuação de P_{Atraso} aumenta quando ω se torna maior e há um atraso de fase relativamente pequeno.

O Diagrama Polar resultante (com $\lambda = b/a$) e um diagrama em blocos do sistema completamente compensado são dados nas Figuras 12-12 e 12-13.

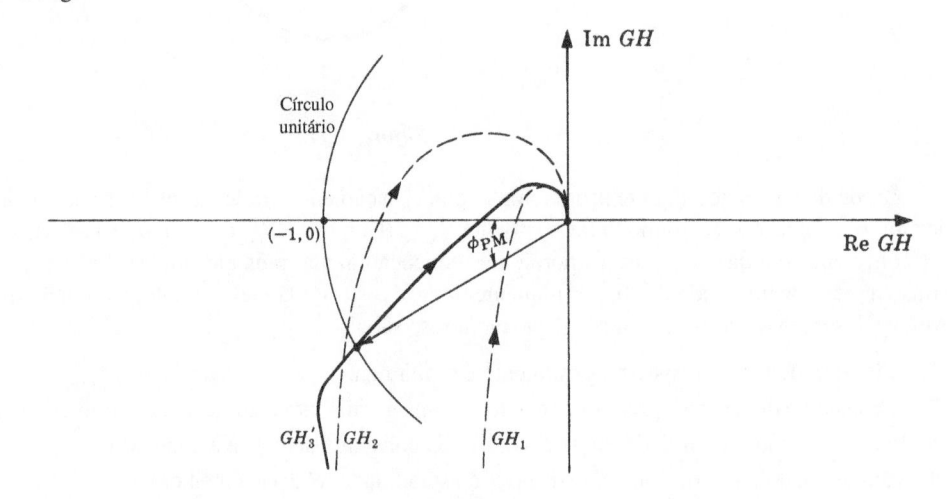

Figura 12-12

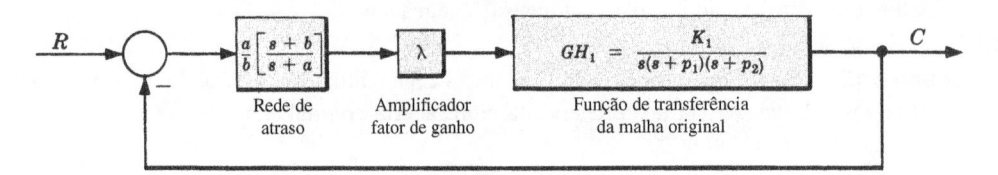

Figura 12-13

12.6 COMPENSAÇÃO EM ATRASO-AVANÇO

A função de transferência para uma rede de atraso-avanço, apresentada na Equação (6.4), é

$$P_{LL} = \frac{(s + a_1)(s + b_2)}{(s + b_1)(s + a_2)}$$

em que $a_1b_2/b_1a_2 = 1$, $b_1/a_1 = b_2/a_2 > 1$, $a_i, b_i > 0$. O Diagrama Polar de P_{LL} para $0 \leq \omega \leq \infty$ é mostrado na Figura 12-14.

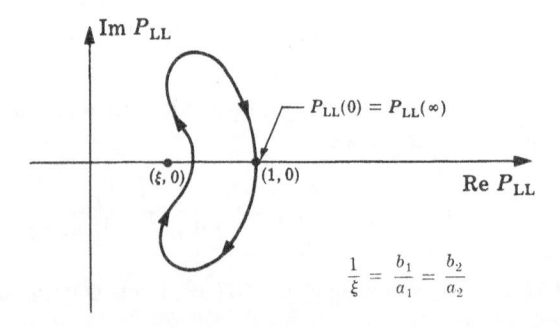

Figura 12-14

A compensação em atraso-avanço tem todas as vantagens das compensações de atraso e avanço, e apenas um mínimo das suas características geralmente indesejáveis. A satisfação de muitas especificações de sistemas é possível sem o peso da largura de faixa excessiva e constantes de tempo predominantes pequenas.

Não é fácil generalizar acerca da aplicação da compensação em atraso-avanço ou prescrever um método para seu emprego, especialmente usando as técnicas de Nyquist. Mas, para fins de ilustração, podemos descrever como ela altera as propriedades do sistema simples tipo 2, no exemplo seguinte.

Exemplo 12.6 O Diagrama de Estabilidade de Nyquist para

$$GH = \frac{K}{s^2(s+p_1)} \qquad p_1, K > 0$$

é dado na Figura 12-15. Claramente, o sistema é instável, e nenhuma quantidade de compensação do fator de ganho pode estabilizá-lo, porque o contorno para $0 < \omega < \infty$ sempre permanece acima do eixo real negativo. A compensação de atraso também é inaplicável basicamente pela mesma razão.

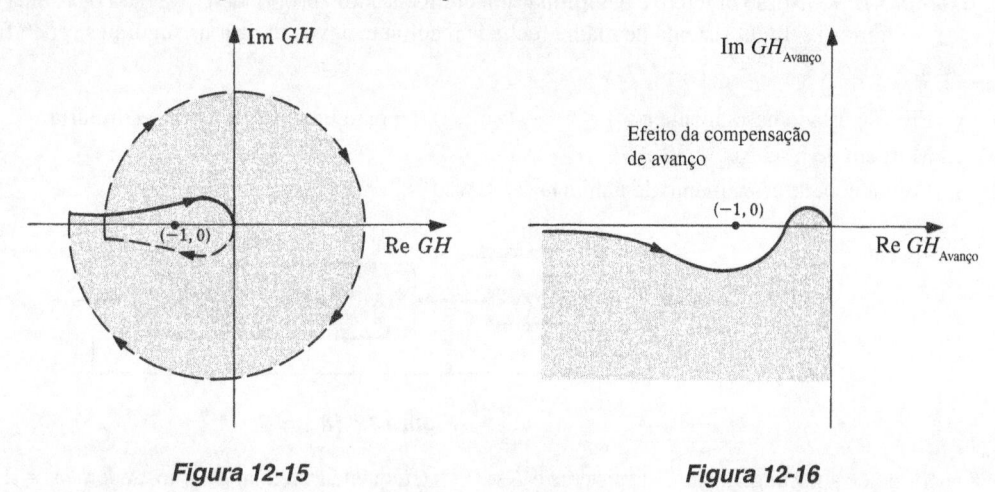

Figura 12-15   *Figura 12-16*

A compensação em avanço pode ter sucesso na estabilização de sistema; como é mostrado na Figura 12-16. Mas a aplicação desejada para o sistema compensado pode pedir uma largura de faixa mais baixa do que pode ser obtida com uma rede de avanço.

Se uma rede de atraso-avanço é usada para compensar o sistema, a função de transferência de malha aberta se torna

$$GH_{LL} = \frac{K(s+a_1)(s+b_2)}{s^2(s+p_1)(s+b_1)(s+a_2)}$$

e o Diagrama Polar é mostrado na Figura 12-17. Esse sistema é condicionalmente estável se o ponto (−1,0) cair sobre o eixo real, na região não sombreada. Por tentativa e erro, os parâmetros da rede de atraso-avanço podem ser escolhidos para proporcionar bom desempenho transitório e de estado permanente para este sistema anteriormente instável. Além disso, a largura de faixa será menor do que a do sistema compensado em avanço. Um pacote de software para auxílio no projeto do sistema (CAD) ou qualquer programa que possa gerar rapidamente diagramas polares, pode ser usado para realizar essa tarefa de forma rápida e efetiva.

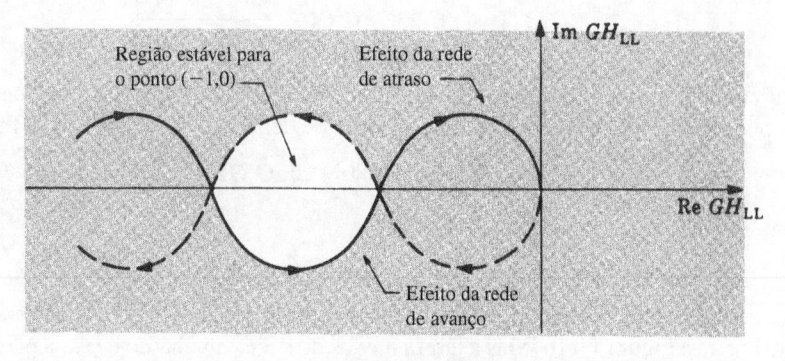

Figura 12-17

12.7 OUTROS ESQUEMAS DE COMPENSAÇÃO E COMBINAÇÕES DE COMPENSADORES

Muitos outros tipos de redes físicas podem ser usados para compensar os sistemas de controle com realimentação. As redes de compensação também podem ser implementadas por software como parte do algoritmo de controle em um sistema controlado por computador. Os controladores PID representam uma classe comum destes controladores (ver Exemplos 2.14 e 6.7 e a Seção 10.5).

Combinações de fatores de ganho e redes de avanço ou atraso foram usadas como compensadores nos Exemplos 12.4 e 12.5, e um compensador de atraso-avanço isolado foi usado no Exemplo 12.6. Outras combinações também são viáveis e eficazes, particularmente onde os requisitos de erro de estado permanente não podem ser atendidos apenas pela compensação do fator de ganho. Geralmente, este é o caso quando a função de transferência de malha aberta tem pouquíssimos integradores, ou seja, os termos denominadores da forma s^l para sistemas contínuos, ou $(z-1)^l$ para sistemas discretos, conforme ilustrado no próximo exemplo.

Exemplo 12.7 Nosso objetivo é determinar um compensador apropriado $G_1(z)$ para o sistema digital mostrado na Figura 12-18. O sistema de malha fechada resultante deve cumprir as seguintes especificações:

1. Erro de estado permanente $e(\infty) = 1 - c(\infty) \leq 0{,}02$, para uma entrada *rampa* unitária.
2. Margem de fase $\phi_{PM} \geq 30°$.
3. Frequência de cruzamento de ganho $\omega_1 \geq 10$ rad/s.*

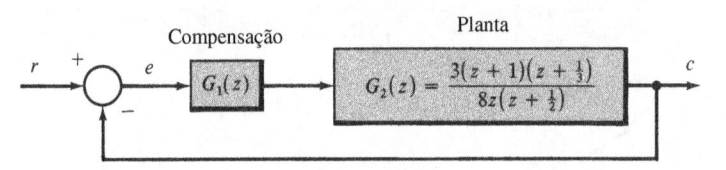

Figura 12-18

O período de amostragem para este sistema é $T = 0{,}1$ s (frequência angular de amostragem $\omega_s = 2\pi/0{,}1 = 20\pi$ rad/s).

Notamos primeiro que a planta é um sistema tipo 0, porque não há o termo "integrador" da forma $(z-1)^l$ no denominador de $G_2(z)$ para $l \geq 1$ (ver Seção 9.8). Para atender a primeira especificação, está bem claro que o tipo geral de sistema de malha aberta deve ser aumentado em pelo menos 1, ou seja, o sistema compensado deve ser pelo menos tipo 1, para alcançar um erro de estado permanente finito para uma entrada rampa unitária. Portanto, acrescentamos um único polo em $z = 1$, como G_1', como um primeiro passo na determinação da compensação apropriada:

$$G_1'G_2 = \frac{3(z+1)(z+\frac{1}{3})}{8z(z-1)(z+\frac{1}{2})}$$

Agora, a partir da tabela na Seção 9.9, o erro de estado permanente para uma entrada unitária é $e(\infty) = T/K_v$, e a constante de erro de velocidade é $K_v = 3(2)(\frac{3}{4})/8(\frac{3}{2}) = \frac{2}{3}$. Portanto, $e(\infty) = 0{,}15$, que é maior do que o valor 0,02 exigido pela especificação de desempenho 1.

A próxima questão óbvia é se o acréscimo da compensação do fator de ganho seria suficiente para concluir o projeto. Isto exigiria um aumento de ganho de pelo menos um fator de $\lambda = 0{,}1/(0{,}02)(\frac{2}{3}) = \frac{15}{2}$, que resulta em

$$G_1''G_2 = \frac{15}{2}G_1G_2' = \frac{45(z+1)(z+\frac{1}{3})}{16z(z-1)(z+\frac{1}{2})}$$

Para verificar os critérios de desempenho restantes (2 e 3), a frequência de cruzamento de ganho ω_1 e a margem de fase ϕ_{PM} podem ser calculadas a partir das equações de definição na Seção 11.11. Temos então

$$\phi_{PM} = [180 + \arg G_1''G2(\omega_1)] \text{ graus}$$

e ω_1 satisfaz a equação

$$|G_1''G_2(\omega_1)| = 1$$

Agora, ω_1 e ϕ_{PM} podem ser determinados graficamente a partir do Diagrama de Estabilidade de Nyquist de $G_1''G_2$, conforme ilustra a Figura 11-16. Mas a tarefa menos difícil é calcular ω_1 e ϕ_{PM} a partir de suas equações de definição, usando preferencialmente um programa de computador capaz de operar com números complexos. Isso pode ser feito substituindo primeiro $e^{j\omega T}$ por z em $G_1''G_2(z)$, usando a forma polar, a forma de Euler e/ou substituições na forma complexa [Equações (11.2) a (11.4)] e então calculando $\omega_1 T$ de modo que $|G_1''G_2| = 1$. A solução por tentativa e erro para $\omega_1 T$ pode ser útil nesse sentido, que utilizamos para determinar $\omega_1 T = 2{,}54$ rad após algumas tentativas, resultando em $G_1''G_2(\omega_1) = -0{,}72 + j0{,}7$ e

$$\phi_{PM} = \left[180° - \text{tg}^{-1}\left(\frac{0{,}7}{-0{,}72}\right)\right] = -44{,}4°$$

Obviamente, $\omega_1 = 2{,}54/0{,}1 = 25{,}4 > 10$ rad/s satisfaz a especificação de desempenho 3, mas *não* satisfaz o requisito de margem de fase 2, porque $\phi_{PM} = -44{,}4 \not\geq 30°$, a margem de fase negativa também indica que o sistema de malha fechada com $G_1''G_2$ é instável.

A introdução de um compensador de *atraso* pode resolver a restrição restante, porque ele aumenta a margem de fase sem afetar o erro de estado permanente. A função de transferência de um compensador de atraso digital foi mostrada no Exemplo 6.12, Equação 6.11, como

$$P_{\text{Atraso}}(z) = \left(\frac{1 - p_c}{1 - z_c}\right)\left[\frac{z - z_c}{z - p_c}\right]$$

em que $z_c < p_c$. Note que $P_{\text{Atraso}}(1) = P_{\text{Atraso}}(e^{j0}) = 1$, o que explica por que a rede de atraso não afeta a resposta de estado permanente deste sistema tipo 1. O Diagrama Polar de P_{Atraso} é mostrado na Figura 12-26.

O problema agora é escolher valores apropriados de z_c e p_c para tornar $\phi_{PM} \geq 30°$ e $\omega_1 \geq 10$ rad/s. Novamente, fazemos isso com facilidade por tentativa e erro, usando um computador para calcular a solução simultânea para z_c e p_c das duas relações $|G_1'''G_2(10)| = 1$ e

$$\phi_{PM} = [180 + \arg G_1'''G_2(10)] \geq 30°$$

em que $G_1'''G_2 = P_{\text{Atraso}}(G_1''G_2)$. Essas equações têm soluções múltiplas e, frequentemente, boas escolhas para p_c e z_c são valores próximos de 1, porque $P_{\text{Avanço}}$ tem efeito mínimo na fase de $G_1''G_2$ em altas frequências. O polo e o zero de $P_{\text{Avanço}}$ se cancelam efetivamente em altas frequências quando seus valores se aproximam de 1. Após algumas tentativas, obtemos $a = 0{,}86$ e $b = 0{,}97$ e um compensador final:

$$G_1(z) \equiv G_1'''(z) = \frac{1{,}59(z - 0{,}86)}{(z - 1)(z - 0{,}97)}$$

O Diagrama Polar resultante (para $0 < \omega < \pi$) para o sistema compensado G_1G_2 é mostrado com $\phi_{PM} > 30°$ na Figura 12-19.

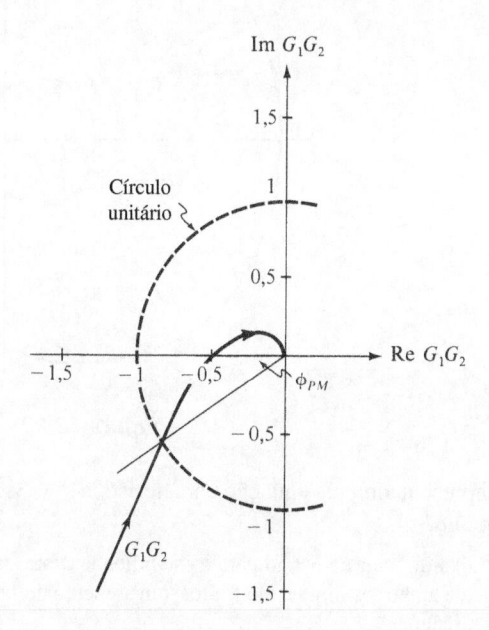

Figura 12-19

O Exemplo 12.7 é refeito usando a técnica de lugar das raízes no Exemplo 14.5, e também pelos métodos de Bode no Exemplo 16.6, esta última solução usando a transformada *w* introduzida na Seção 10.7.

Problemas Resolvidos

Compensação do fator de ganho

12.1 Considere a função de transferência de malha aberta $GH = -3/(s + 1)(s + 2)$. O sistema representado por GH é estável ou instável?

Instável. A equação característica é determinada a partir de $1 + GH = 0$ e é dada por $s^2 + 3s - 1 = 0$. Visto que todos os coeficientes não têm o mesmo sinal, o sistema é instável (ver Problema 5.27).

12.2 Determine o valor mínimo do fator de ganho para estabilizar o sistema do problema anterior.

Seja GH escrito como $GH = K/(s + 1)(s + 2)$. Então a equação característica é $s^2 + 3s + 2 + K = 0$ e a tabela de Routh (ver Seção 5.3) é

$$\begin{array}{c|cc} s^2 & 1 & (2+K) \\ s^1 & 3 & 0 \\ s^0 & (2+K) & \end{array}$$

Por consequência, o fator de ganho mínimo para estabilidade é $K = -2 + \epsilon$, onde ϵ é qualquer número positivo pequeno.

12.3 A solução do problema anterior também nos diz que o sistema dos Problemas 12.1 e 12.2 é estável para todo $K > -2$. Esboce os Diagramas Polares deste sistema, sobrepondo-os sobre os mesmos eixos coordenados, para $K_1 = -3$ e $K_2 = -1$. Quais os comentários gerais que você pode fazer sobre a resposta transitória do sistema estável? Suponha que ele é um sistema de realimentação unitária.

Os Diagramas Polares necessários são mostrados na Figura 12-20. O círculo M tangente ao diagrama para $K = -1$ tem raio infinito; assim $M_p = 1$. Isso significa que a sobrelevação do pico é zero (sem sobrelevação) e o sistema é amortecido criticamente ou sobreamortecido.

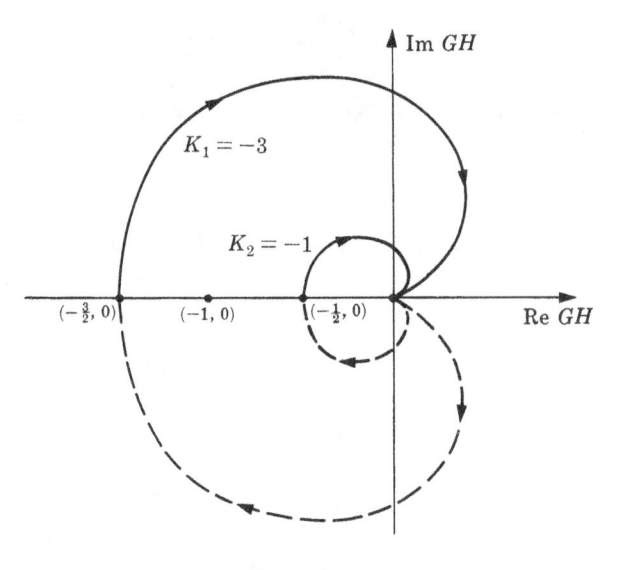

Figura 12-20

12.4 O sistema representado pela equação característica $s^3 + 3s^2 + 3s + 1 + K = 0$ é sempre condicionalmente estável? Por quê?

Sim. A faixa do fator de ganho para a estabilidade deste sistema foi determinada no Exemplo 5.3, como $-1 < K < 8$. Visto que ambos os limites são finitos, um aumento do fator de ganho acima de 8 ou decréscimo abaixo de -1 desestabiliza o sistema.

12.5 Determine o fator de ganho K de um sistema com realimentação unitária, cuja função de transferência de malha aberta é dada por $G = K/(s + 1)(s + 2)$ para um pico ressonante específico por $M_p = 2$.

A partir da Equação (12.1) temos $\Psi_p = \text{sen}^{-1}(\frac{1}{2}) = 30°$. A linha $\overline{AB}$, desenhada com um ângulo de 30°, abaixo do eixo real negativo, é mostrada na Figura 12-21, o que é uma réplica da Figura 12-20 para $K = -1$.

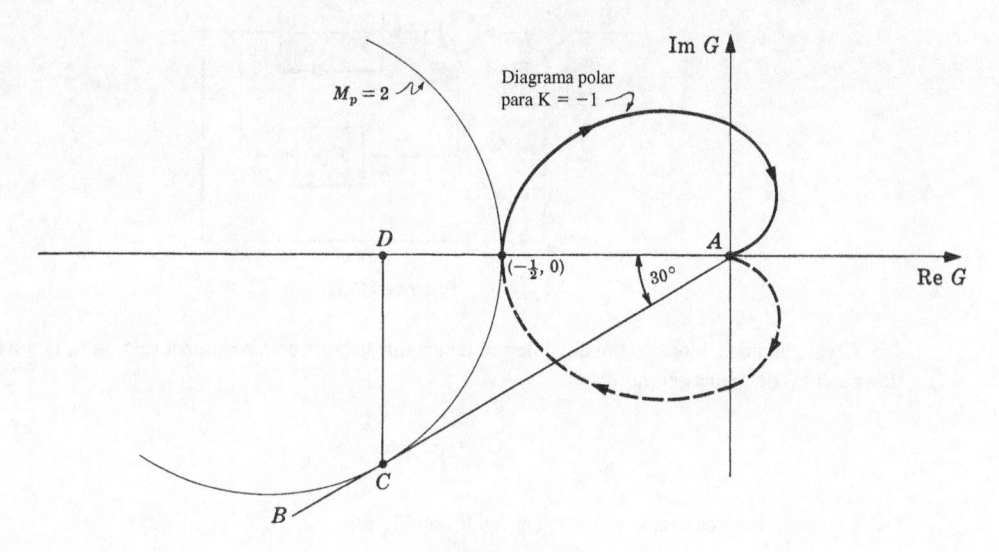

Figura 12-21

O círculo representado por $M_p = 2$ foi desenhado tangente a $\overline{AB}$ e ao Diagrama Polar para $K = -1$. Usando a escala desse Diagrama Polar, a linha $\overline{AD}$ tem um comprimento igual a 0,76. Portanto, a Equação (12.3) nos dá

$$K_{M_P} = \frac{K'}{\text{comprimento de } \overline{AD}} = \frac{-1}{0,76} = -1,32$$

Também é possível calcular o valor positivo do ganho para $M_p = 2$, a partir de um Diagrama Polar de $G(s)$, para qualquer valor positivo de K. O Diagrama Polar para $K = 1$ é o mesmo que na Figura 12-21, mas girado de 180°.

Compensações diversas

12.6 Que tipo de compensação é possível para um sistema cujo Diagrama Polar é dado pela Figura 12-22?

A compensação em avanço, atraso-avanço e o fator de ganho simples são capazes de estabilizar o sistema e melhorar a estabilidade relativa.

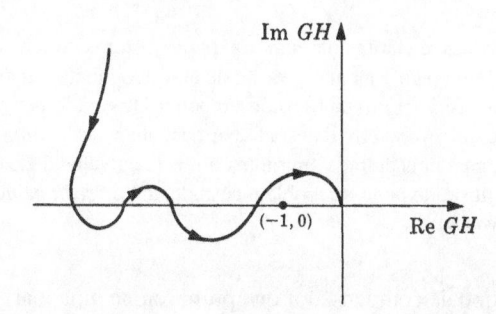

Figura 12-22

12.7 Consideremos o sistema com realimentação unitária, cuja função de transferência de malha aberta é dada por

$$G = \frac{K_1}{s(s+a)} \qquad a, K_1 > 0$$

Como a inclusão de uma malha de realimentação menor, com uma função de transferência $K_2 s$ ($K_2 > 0$), como é mostrado no diagrama em blocos na Figura 12-23, afeta o desempenho transitório e de estado permanente do sistema?

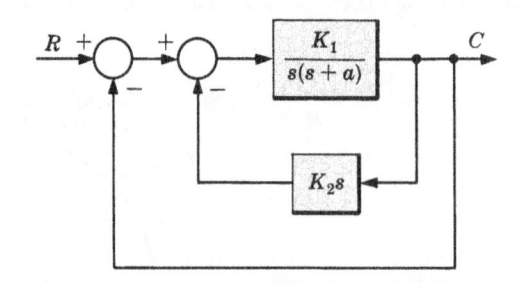

Figura 12-23

Combinando os blocos na malha interna, temos um sistema com realimentação unitária novo com uma função de transferência de malha aberta

$$G' = \frac{K_1}{s(s + a + K_1 K_2)}$$

Os Diagramas Polares para G e G' são esboçados na Figura 12-24.

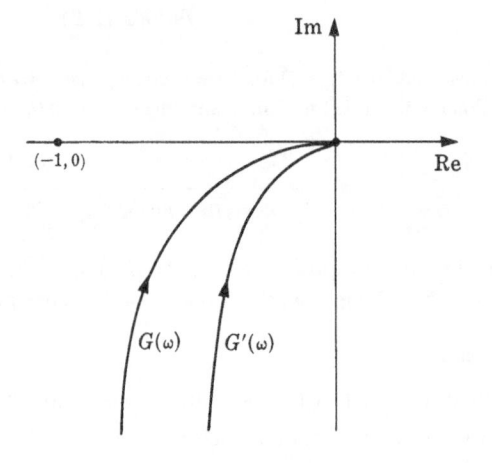

Figura 12-24

A margem de fase é claramente maior para um sistema com realimentação de duas malhas G'. Por consequência, a sobrelevação do pico é menor, a razão de amortecimento é maior, e a resposta transitória é superior àquela do sistema não compensado. Entretanto, o desempenho de estado permanente geralmente é um pouco pior. Para uma entrada de degrau unitário, o erro de estado permanente é zero, como para qualquer sistema tipo 1. Mas o erro de estado permanente, para uma entrada em rampa unitária ou velocidade é maior [ver Equações (9.4) e (9.5)]. O esquema de compensação ilustrado por esse problema é chamado de *realimentação tacométrica* ou *derivada*, e o algoritmo é o controle *derivativo* (D).

12.8 Determine um tipo de compensador que proporcione uma margem de fase de aproximadamente 45°, quando adicionado aos componentes do sistema fixado, definido por

$$GH = \frac{4}{s(s^2 + 3{,}2s + 64)}$$

Uma exigência adicional é que a resposta de alta frequência do sistema compensado seja aproximadamente a mesma que a do sistema não compensado.

O Diagrama Polar para *GH* é esboçado na Figura 12-25. Ele é bastante próximo do eixo imaginário negativo para quase todos os valores de ω.

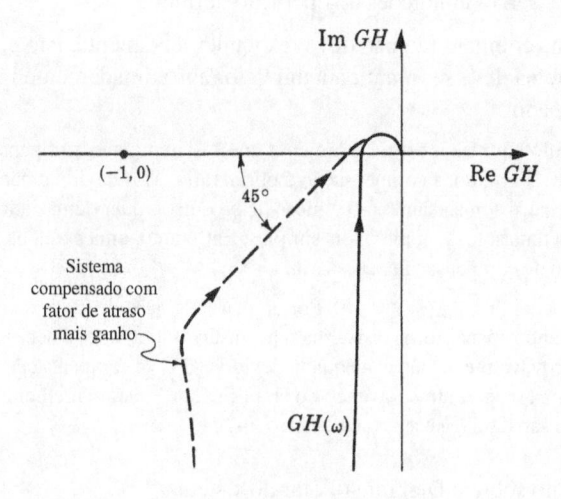

Figura 12-25

A margem de fase é quase de 90°, e seja ela um aumento no fator de ganho e/ou um compensador de atraso, é capaz de satisfazer a margem de fase exigida. Mas, visto que a rede de atraso pode ser projetada para proporcionar atenuação em altas frequências e atraso na faixa de baixa frequência, uma combinação de ambas seria ideal e suficiente (ver Exemplo 12.5), como é mostrado na Figura 12-25. Naturalmente, o compensador de fator de ganho mais atraso não é *necessário* para satisfazer às exigências do projeto. Há, provavelmente, um número infinito de redes diferentes com funções de transferência capazes de satisfazer essas especificações. Entretanto, a rede de atraso e o amplificador são *convenientes*, devido a sua padronização, disponibilidade e facilidade de síntese.

12.9 Esboce o projeto de um mecanismo capaz de seguir uma entrada de velocidade constante com erro de estado permanente zero e aproximadamente 25% de sobrelevação máxima no estado permanente. A planta fixada é dada por $G_2 = 50/s^2(s + 5)$.

Visto que a planta é do tipo 2, ela é capaz de seguir uma entrada de velocidade constante com erro de estado permanente zero (ver Capítulo 9). Entretanto, o sistema de malha fechada é instável para qualquer valor do fator de ganho (ver Exemplo 12-6). Visto que não foram feitas exigências sobre a largura de faixa, a compensação em avanço seria suficiente (ver novamente Exemplo 12.6) para estabilizar o sistema e satisfazer a especificação do estado transitório. Mas duas redes de avanço em série provavelmente são necessárias, porque a margem de fase do sistema instável é negativa, e a sobrelevação de 25% é equivalente a cerca de +45° de margem de fase. Muitas redes de avanço têm um avanço de fase máximo de aproximadamente 54° (ver Figura 16-2).

Os detalhes do restante deste projeto são bastante enfadonhos pelos métodos de análise de Nyquist, se feitos manualmente, devido ao fato de que o Diagrama Polar deve ser desenhado com algum detalhe várias vezes antes de convergir para uma solução satisfatória. Se não houver um computador disponível para facilitar esse processo, este problema pode ser resolvido muito mais facilmente usando os métodos de projetos apresentados nos Capítulo 14, 16 e 18. Na realidade, as duas redes de compensação em avanço podem, cada uma, ter uma função de transferência de aproximadamente $P_{\text{Avanço}} = (s + 3)/(s + 20)$ a fim de satisfazer as especificações. Se o erro de aceleração do estado permanente máximo também for especificado, será necessário um pré-amplificador com as redes de avanço. Por exemplo, se $K_a = 50$, então é necessário um pré-amplificador de ganho $5(20/3)^2$. Este pré-amplificador deveria ser colocado *entre* as duas redes de avanço para evitar, ou minimizar, os efeitos de carga (ver Seção 8.7).

12.10 Esboce o projeto de um sistema com realimentação unitária e com uma planta dada por

$$G_2 = \frac{2000}{s(s + 5)(s + 10)}$$

e as especificações de desempenho:

(1) $\phi_{\text{PM}} \cong 45°$.

(2) $K_v = 50$.

(3) A largura de faixa BW do sistema compensado deve ser aproximadamente igual, ou não muito maior do que aquela do sistema não compensado, porque as perturbações de "ruído" de alta frequência estão presentes sob as condições de operação normal.

(4) O sistema compensado não deve responder lentamente, isto é, a constante de tempo predominante τ do sistema deve ser mantida a um valor aproximadamente igual ao daquele do sistema não compensado.

Um cálculo simples mostra claramente que o sistema não compensado é instável (por exemplo, experimente o teste de Routh). Portanto, a compensação é obrigatória. Mas devido à natureza estrita das especificações, o projeto detalhado para este sistema usando as técnicas de Nyquist requer demasiado esforço. As técnicas dos próximos capítulos proporcionam uma solução muito mais simples. Entretanto, uma pequena análise inteligente do enunciado do problema indicará o tipo de compensação necessária.

Para G_2, $K_v = \lim_{s \to 0} sG_2(s) = 40$. Portanto, a satisfação de (2) requer uma compensação de ganho de 5/4. Mas um aumento no ganho apenas torna o sistema mais instável. Portanto, é necessária compensação adicional. A compensação em avanço, provavelmente não é adequada devido a (3), e a compensação em atraso não é possível devido a (4). Assim, aparece que uma rede de atraso-avanço no amplificador satisfará melhor a todos os critérios. A porção atraso da rede de atraso-avanço satisfará (3) e a porção avanço, (4) e (1).

12.11 Qual é o efeito sobre o Diagrama Polar do sistema

$$GH = \frac{\prod_{i=1}^{m}(s+z_i)}{\prod_{i=1}^{n}(s+p_i)}$$

em que $m \leq n$; $0 < z_i < \infty$; $0 \leq p_i < \infty$ quando k polos finitos, não nulos, são incluídos em GH em adição aos n polos originais?

Para as baixas frequências, o Diagrama Polar é modificado apenas em módulo, visto que

$$\lim_{s \to 0} GH' = \lim_{s \to 0} \left[\frac{\prod_{i=1}^{m}(s+z_i)}{\prod_{i=1}^{n+k}(s+p_i)} \right] = \frac{\prod_{i=1}^{m} z_i}{\prod_{i=1}^{n+k} p_i} = \left(\frac{1}{\prod_{i=1}^{k} p_i} \right) \lim_{s \to 0} GH$$

Para altas frequências, a adição de k polos reduz o ângulo de fase de GH para $k\pi/2$ radianos, visto que

$$\lim_{\omega \to \infty} \arg GH'(\omega) = \lim_{\omega \to \infty} \left[\sum_{i=1}^{m} \mathrm{tg}^{-1}\left(\frac{\omega}{z_i}\right) - \sum_{i=1}^{n+k} \mathrm{tg}^{-1}\left(\frac{\omega}{p_i}\right) \right]$$

$$= \frac{m\pi}{2} - \frac{(n+k)\pi}{2} = \lim_{\omega \to \infty} \arg GH - \frac{k\pi}{2}$$

Portanto, a porção do Diagrama Polar próximo à origem está girada no sentido horário de $k\pi/2$ graus, quando k polos são adicionados.

12.12 Desenhe o Diagrama Polar do compensador de atraso digital dado pela Equação (12.4):

$$P_{\text{Atraso}}(z) = \left(\frac{1-p_c}{1-z_c} \right) \left[\frac{z-z_c}{z-p_c} \right] \qquad z_c < p_c$$

Seja $z_c = 0{,}86$ e $p_c = 0{,}97$, para simplificar a tarefa.

Para $\omega = 0$, $P_{\text{Atraso}} = P_{\text{Atraso}}(e^{j0T}) = P_{\text{Atraso}}(1) = 1$. Para $\omega T = \pi$

$$P_{\text{Atraso}}(e^{j\pi}) = \left(\frac{1-p_c}{1-z_c} \right) \left[\frac{-1-z_c}{-1-p_c} \right] = \frac{1-z_c p_c - (p_c - z_c)}{1-z_c p_c + (p_c - z_c)} \equiv c = 0{,}2$$

Para alguns valores intermediários, $P_{Atraso}(e^{j\pi/4}) \approx 0{,}02 - j0{,}03$ e $P_{Atraso}(e^{j\pi/2}) \approx 0{,}2 - j0{,}012$. O Diagrama Polar resultante para $0 \leq \omega T \leq \pi$ radianos é mostrado na Figura 12-26. É instrutivo comparar este Diagrama Polar do compensador de atraso digital com o seu equivalente contínuo no tempo da Figura 12-11.

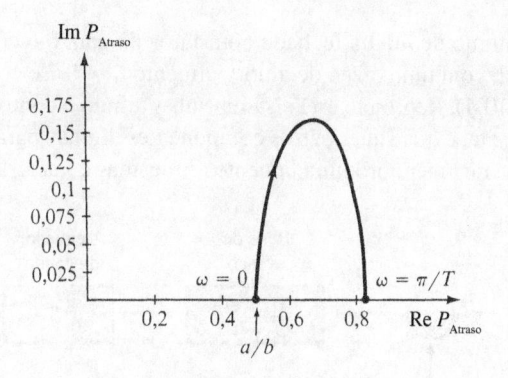

Figura 12-26

12.13 Desenhe o Diagrama Polar do compensador de atraso digital particular:

$$P_{Avanço}(z) = \left(\frac{a}{b}\right)\left[\frac{1 - e^{-bT}}{1 - e^{-aT}}\right]\left[\frac{z - e^{-aT}}{z - e^{-bT}}\right]$$

em que $a > b$.

Temos

$$P_{Avanço}(e^{j0T}) = P_{Avanço}(1) = \left(\frac{a}{b}\right)\left(\frac{1 - e^{-bT}}{1 - e^{-aT}}\right)\left(\frac{1 - e^{-aT}}{1 - e^{-bT}}\right) = \frac{a}{b} < 1$$

O restante do diagrama foi desenhado por computador, calculando $P_{Avanço}(1\underline{/\phi})$ para valores do ângulo ϕ na faixa $0 < \leq \pi$ radianos, para os valores específicos $a = 1$ e $b = 2$. O resultado é mostrado na Figura 12-27, que deve ser comparado com o da Figura 12-6, que é um Diagrama Polar de uma rede de avanço de um sistema contínuo.

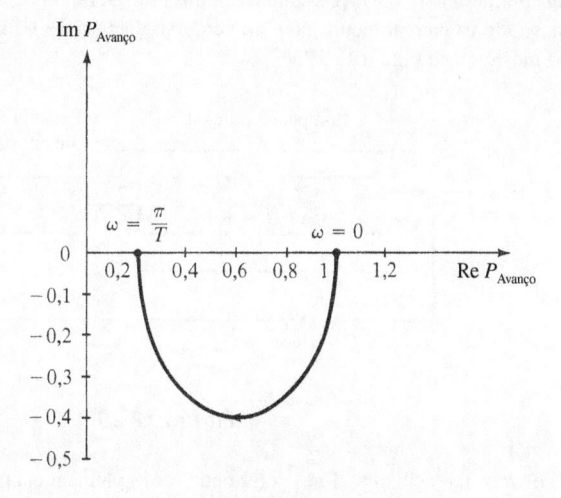

Figura 12-27

Esta forma de compensador de avanço digital, dada na Equação (6.9), em um fator de ganho

$$K_{Avanço} = \frac{a}{b}\left[\frac{1 - e^{-bT}}{1 - e^{-aT}}\right]$$

Este compensador é um equivalente digital direto do compensador contínuo $P_{\text{Avanço}} = (s + a)/(s + b)$, no qual os zeros e os polos em $-a$ e $-b$ no plano s foram transformados diretamente em zeros e polos $z_c = e^{-aT}$ e $p_c = e^{-bT}$ no plano z, e o ganho em estado permanente (para $\omega = 0$) foi preservado como a/b.

12.14 O sistema contínuo de malha fechada com fator de ganho e compensador de avanço mostrado na Figura 12-28 é estável, com uma razão de amortecimento $\zeta = 0,7$ e constante de tempo dominante $\tau \approx 4,5$ s (ver Seções 4.13 e 10.4). Reprojete este sistema substituindo o controlador (incluindo o ponto de soma) com um computador digital e quaisquer outros componentes digitais para uma conversão de dados analógico-digital. O novo sistema deve ter aproximadamente as mesmas características dinâmicas.

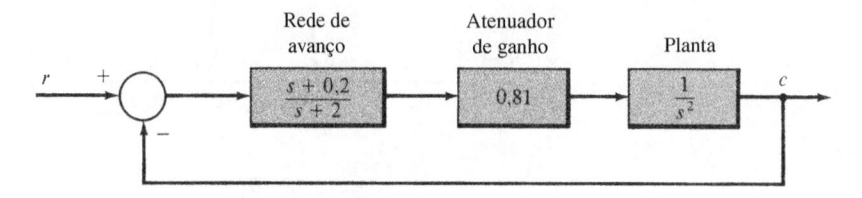

Figura 12-28

A taxa de amostragem dos componentes digitais deve ser suficientemente rápida para reproduzir os sinais com precisão. A frequência natural ω_n é estimada a partir da Equação (10.7) como $\omega_n \approx 1/\zeta\tau = 1/(0,7)(4,5) = 0,317$ rad/s. Para um sistema contínuo com este ω_n, uma frequência de amostragem angular segura $\omega_s \approx 20\omega_n = 6,35 \approx 2\pi$ rad/s, equivale a $f_s = 1$ Hz, porque $\omega_s = 2\pi f_s$. Portanto, escolhemos $T = 1$ s.

Agora substituímos o compensador de avanço contínuo pelo digital dado no Problema 12.13:

$$P_{\text{Avanço}}(z) = \left(\frac{a}{b}\right)\left(\frac{1 - e^{-bT}}{1 - e^{-aT}}\right)\left[\frac{z - e^{-aT}}{z - e^{-bT}}\right]$$

$$\approx 0,55\left[\frac{z - 0,82}{z - 0,14}\right]$$

em que $a = 0,2$ e $b = 2$ a partir da Figura 12.28. O fator de 0,55 pode ser obtido com o compensador de fator de ganho para o sistema contínuo, $K = 0,81$, resultando em um fator geral de $0,55(0,81) = 0,45$. O projeto resultante também precisa de amostradores na realimentação e no percurso de entrada, e um retentor de ordem zero no percurso direto, tudo conforme mostrado na Figura 12.29.

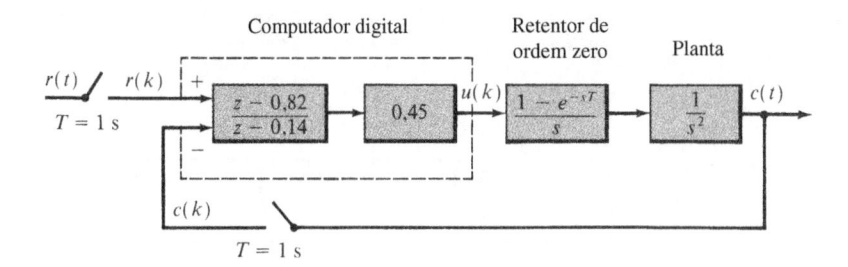

Figura 12-29

A função de transferência digital $P_{\text{Avanço}}(z)$ pode ser implementada por computação digital como uma equação de diferenças entre a entrada e a saída de $P_{\text{Avanço}}$, usando os métodos descritos na Seção 4.9. Ou seja, escreva $P_{\text{Avanço}}(z)$ como uma função de z^{-1} em vez de z e trate z^{-1} como um operador de deslocamento no tempo unitário. Combinando o fator de ganho 0,45 com $P_{\text{Avanço}}$, obtemos

$$0,48 P_{\text{Avanço}} = \frac{0,45 - 0,39z^{-1}}{1 - 0,14z^{-1}} \equiv \frac{u(k)}{r(k) - c(k)}$$

Em seguida, multiplicando os termos de forma cruzada e fazendo $z^{-1}u(k) = u(k-1)$, etc., obtemos a equação de diferenças desejada:

$$u(k) = 0{,}14u(k-1) + 0{,}45[r(k) - c(k)] - 0{,}39[r(k-1) - c(k-1)]$$

12.15 Digitalize os componentes contínuos restantes na Figura 12-29 e compare o Diagrama Polar de: (a) a planta contínua original sem a compensação, $G_2(s) = 1/s^2$, (b) o sistema compensado da Figura 12-28, $G_1G_2(s)$, e (c) o sistema digital da Figura 12-30, $G_1G_2(z)$.

A combinação do retentor de ordem zero e a planta $G_2(s) = 1/s^2$ pode ser digitalizado usando a Equação (6.9):

$$G_2'(z) = \left(\frac{z-1}{z}\right)Z\left\{\mathscr{L}^{-1}\left(\frac{1}{s^2}\right)\Big|_{t=kT}\right\}$$

$$= \frac{T^2}{2}\left(\frac{z+1}{(z-1)^2}\right) = \frac{0{,}5(z+1)}{(z-1)^2}$$

O sistema equivalente de malha fechada discreto no tempo é mostrado na Figura 12-30.

Os Diagramas de Estabilidade de Nyquist (não mostrados) indicam que os sistemas compensados são absolutamente estáveis.

Para verificar a estabilidade relativa, os Diagramas Polares dos três sistemas são mostrados sobrepostos na Figura 12-31, apenas para $\omega > 0$. A margem de fase de $G_1G_2(s)$ é $\phi_{PM} \simeq 53°$, uma melhoria substancial sobre aquela de $G_2(s)$. Os Diagramas Polares para $G_1G_2(s)$ e $G_1G_2(z)$ são bastante semelhantes, ao longo de uma grande faixa de ω, e a margem de fase para $G_1G_2(z)$ ainda é muito boa, $\phi_{PM} \simeq 37°$.

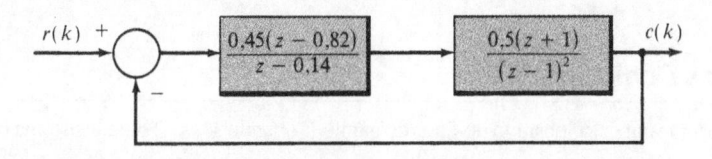

Figura 12-30

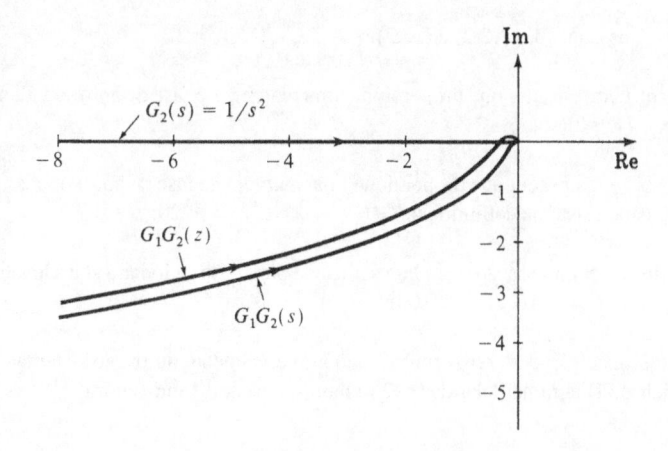

Figura 12-31

12.16 Determine a largura de banda (BW) do sistema de malha fechada do sistema compensado projetado no Exemplo 12.7.

Uma especificação de desempenho 3 foi dada em termos da frequência de cruzamento de ganho ω_1, quando $\omega_1 \geq 10$ rad/s. Isso pode parecer pouco realista, ou artificial, dado que uma margem de fase específica $\phi_{PM} = [180 + \arg GH(\omega_1)]$ graus também foi dada na especificação de desempenho 2. Na realidade, a *largura de banda* (BW) do sistema de malha fechada seria a frequência mais provável de interesse no projeto do sistema de controle. (Estes critérios de projeto são discutidos no Capítulo 10.) Entretanto, conforme notado na Seção 10.4, muitas vezes ω_1 é uma boa aproximação da largura de banda (BW) do sistema de malha fechada, quando é dada a sua interpretação comum como a faixa de frequências em que a razão de módulo do sistema, que neste caso significa $|C/R|$, não cai mais do que 3 dB a partir do valor de estado permanente, para $\omega = 0$ ($z = 1$). Para este problema

$$G_1 = \frac{1,59(z - 0,86)}{(z - 1)(z - 0,97)}$$

$$G_2 = \frac{3(z + 1)(z + \frac{1}{3})}{8z(z + \frac{1}{2})}$$

$$\frac{C}{R} = \frac{G_1 G_2}{1 + G_1 G_2}$$

Facilmente determinamos que

$$\lim_{\omega \to 0}\left(\frac{C}{R}\right) = \lim_{z \to 1}\left(\frac{C}{R}\right) = 1$$

Agora, 3 dB abaixo de 1 é 0,707 [ver Equação (10.5)]. Portanto, a largura de faixa é a frequência ω_{BW} que satisfaz a equação:

$$\left|\frac{C}{R}(\omega_{BW})\right| = 0,707$$

Obtemos rapidamente a solução $\omega_{BW} = 10,724$ rad/s por tentativa e erro usando um computador para calcular a razão de módulo para valores pequenos de ω nas vizinhanças de $\omega_1 = 10$. Assim, a aproximação $\omega_1 \simeq \omega_{BW}$ é confirmada como sendo uma boa aproximação para a solução do problema no Exemplo 12.7.

Problemas Complementares

12.17 Determine um valor positivo do fator de ganho K quando $M_p = 2$ para o sistema do Problema 12.5.

12.18 Demonstre a Equação (12.1).

12.19 Demonstre as Equações (12.2) e (12.3).

12.20 Projete um compensador que proporcione uma margem de fase de aproximadamente 45°, para um sistema definido por $GH = 84/s(s + 2)(s + 6)$.

12.21 Projete um compensador que proporcione uma margem de fase de aproximadamente 40° e uma constante de velocidade $K_v = 40$ para o sistema definido por $GH = (4 \times 10^5)/s(s + 20)(s + 100)$.

12.22 Qual o tipo de compensação que pode ser usada para proporcionar a sobrelevação máxima de 20% para o sistema definido por $GH = (4 \times 10^4)/s^2(s + 100)$.

12.23 Mostre que a adição de k zeros finitos, não numericamente nulos, ao sistema do Problema 12.11 gira a porção de alta frequência do Diagrama Polar de $k\pi/2$ radianos no sentido anti-horário.

Respostas Selecionadas

12.17 $K = 31,2$

12.18 $P_{\text{Avanço}} = \dfrac{s + 30}{s + 120}$

12.21 $P_{\text{Avanço}} = \dfrac{s + 20}{s + 100}$, $(s + 20)/(s + 100)$ não requerendo pré-amplificador.

12.17 Compensação em atraso-avanço e possivelmente avanço mais fator de ganho.

Capítulo 13

Análise pelo Lugar das Raízes

13.1 INTRODUÇÃO

Foi mostrado nos Capítulos 4 e 6 que os polos de uma função de transferência podem ser distribuídos graficamente no plano s, por meio do mapa de polos e zeros. Um método analítico é apresentado neste capítulo para distribuição da localização dos polos da função de transferência de malha fechada

$$\frac{G}{1+GH}$$

como uma função do fator de ganho K (ver Seções 6.2 e 6.6) da função de transferência de malha aberta GH. Este método, chamado de *análise pelo lugar das raízes*, exige que apenas a localização dos polos e zeros de GH seja conhecida, e não exige fatoração de polinômio característico.

As técnicas do lugar das raízes permitem o cálculo apurado da resposta no domínio do tempo, além de proporcionar prontamente informação sobre a resposta de frequência disponível.

A discussão a seguir da análise pelo lugar das raízes se aplica de maneira idêntica aos sistemas contínuos no plano s e aos sistemas discretos no plano z.

13.2 VARIAÇÃO DOS POLOS DO SISTEMA DE MALHA FECHADA: O LUGAR DAS RAÍZES

Consideremos o sistema de controle canônico, com realimentação, dado pela Figura 13-1. A função de transferência de malha fechada deste sistema é

$$\frac{C}{R} = \frac{G}{1+GH}$$

Figura 13-1

Seja a função de transferência de malha aberta GH representada por

$$GH \equiv \frac{KN}{D}$$

onde N e D são polinômios finitos na variável complexa s ou z, e K é o fator de ganho de malha aberta. A função de transferência de malha fechada se torna então

$$\frac{C}{R} = \frac{G}{1 + KN/D} = \frac{GD}{D + KN}$$

Os polos da malha fechada são raízes da equação característica

$$D + KN = 0 \qquad (13.1)$$

Em geral, a localização dessas raízes no plano s, ou plano z, muda quando o fator ganho de malha aberta K é variado. Um lugar dessas raízes traçado no plano s, ou plano z, como uma função de K, é chamado de **lugar das raízes**.

Para K igual a zero, as raízes da Equação (13.1) são as raízes do polinômio D, que são as mesmas dos polos da função de transferência de malha aberta GH. Se K torna-se muito grande, as raízes tendem para aquelas do polinômio N, que são os zeros da malha aberta. Assim, quando K é aumentado de zero para o infinito, os lugares dos polos de malha fechada originam-se dos polos de malha aberta e terminam nos zeros de malha aberta.

Exemplo 13.1 Considere a seguinte função de transferência de malha aberta de um sistema contínuo:

$$GH = \frac{KN(s)}{D(s)} = \frac{K(s+1)}{s^2 + 2s} = \frac{K(s+1)}{s(s+2)}$$

Para $H = 1$, função de transferência de malha fechada é

$$\frac{C}{R} = \frac{K(s+1)}{s^2 + 2s + K(s+1)}$$

Os polos da malha fechada deste sistema são facilmente determinados pela fatoração do polinômio denominador:

$$p_1 = -\tfrac{1}{2}(2 + K) + \sqrt{1 + \tfrac{1}{4}K^2}$$
$$p_2 = -\tfrac{1}{2}(2 + K) - \sqrt{1 + \tfrac{1}{4}K^2}$$

O lugar dessas raízes traçado como uma função de K (para $K > 0$), é mostrado no plano s na Figura 13-2. Como se observa na figura, estes lugares das raízes têm *dois ramos*: um para um polo de malha fechada que se move do polo de malha aberta na origem para o zero de malha aberta em -1, e um do polo de malha aberta em -2 para o zero de malha aberta em $-\infty$.

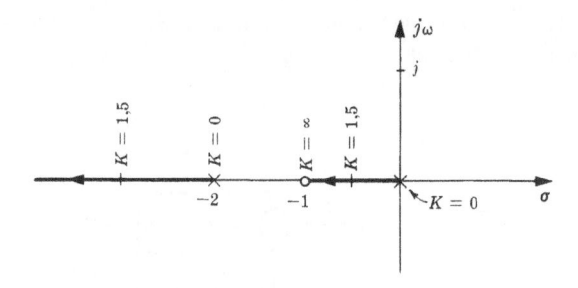

Figura 13-2

No exemplo acima, o lugar das raízes é construído fatorando o polinômio denominador da função de transferência do sistema de malha fechada. Nas seções seguintes, são descritas técnicas que permitem a construção dos lugares das raízes sem a necessidade de fatoração.

13.3 CRITÉRIOS DE ÂNGULO E MÓDULO

Para que um ramo do lugar das raízes passe por um ponto particular p_1 no plano complexo, é necessário que p_1 seja uma raiz da equação característica (13.1) para algum valor real de K. Isto é,

$$D(p_1) + KN(p_1) = 0 \qquad (13.2)$$

ou, equivalentemente a
$$GH = \frac{KN(p_1)}{D(p_1)} = -1 \qquad (13.3)$$

Portanto, o número complexo $GH(p_1)$ deve ter um ângulo de fase de $180° + 360l°$ onde l é um inteiro arbitrário. Assim, temos o **critério do ângulo**

$$\arg GH(p_1) = 180° + 360l° = (2l+1)\pi \text{ radianos} \qquad l = 0, \pm 1, \pm 2, \ldots \qquad (13.4a)$$

Que pode ser escrita como

$$\arg\left[\frac{N(p_1)}{D(p_1)}\right] = \begin{cases} (2l+1)\pi \text{ radianos} & \text{para } K > 0 \\ 2l\pi \text{ radianos} & \text{para } K < 0 \end{cases} \qquad l = 0, \pm 1, \pm 2, \ldots \qquad (13.4b)$$

Para que p_1 seja um polo de malha fechada do sistema, isto é, sobre o lugar das raízes, é necessário que a Equação (13.3) seja satisfeita com relação ao *módulo* em adição ao ângulo de fase. Isto é, K deve ter o valor particular que satisfaça o **critério do módulo**: $|GH(p_1)| = 1$, ou

$$|K| = \left|\frac{D(p_1)}{N(p_1)}\right| \qquad (13.5)$$

O ângulo e módulo de GH, em qualquer ponto no plano s, podem ser determinados graficamente, como foi descrito nas Seções 4.12 e 6.5. Dessa maneira, é possível construir o lugar das raízes por um procedimento de tentativa e erro, de pontos de teste no plano complexo. Isto é, o lugar das raízes é traçado passando por todos os pontos que satisfaçam o critério do ângulo, a Equação (13.4b) e o critério do módulo são usados para determinar os valores de K nos pontos ao longo de lugares. Este procedimento de construção é consideravelmente simplificado, usando certas simplificações ou regras de construção, conforme descrito nas seções seguintes.

13.4 NÚMERO DE LUGARES

O número de lugares, isto é, o número de ramos dos lugares das raízes é igual ao número de polos da função de transferência de malha aberta GH.

Exemplo 13.2 A função de transferência de malha aberta do sistema discreto no tempo $GH(z) = K(z + \frac{1}{2})/z^2(z + \frac{1}{4})$ tem três polos. Por consequência, há três lugares separados no diagrama do lugar das raízes

13.5 LUGARES DO EIXO REAL

Aquelas seções do lugar das raízes sobre o eixo real no plano complexo são determinadas pela contagem do total de polos e zeros finitos de GH, à direita dos pontos em questão. As regras seguintes dependem de o fator de ganho de malha aberta K ser positivo ou negativo.

Regra para $K > 0$
  Os pontos do lugar das raízes sobre o eixo real estão à esquerda de um número *ímpar* de polos e zeros finitos.

Regra para $K < 0$
  Os pontos sobre o lugar das raízes sobre o eixo real estão à esquerda de um número *par* de polos e zeros finitos.

Se nenhum ponto no eixo real está à esquerda de um número ímpar de polos e zeros finitos, então nenhuma parte do lugar das raízes para $K > 0$ está sobre o eixo real. Um enunciado semelhante é verdadeiro para $K < 0$.

Exemplo 13.3 Considere o mapa de polos e zeros de uma função de transferência de malha aberta GH, mostrada na Figura 13-3. Visto que todos os pontos sobre o eixo real, entre 0 e -1 e entre -1 e -2, estão à esquerda do número ímpar de polos e zeros finitos, estes pontos estão sobre o lugar das raízes para $K > 0$. A porção do eixo real entre $-\infty$ e -4 está à esquerda de um número ímpar de polos e zeros finitos; por consequência, estes pontos também estão sobre o lugar das raízes para $K > 0$. Todas as porções do lugar das raízes para $K > 0$, sobre o eixo real, são mostradas na Figura 13-4. Todas as porções restantes do eixo real, isto é, entre -2 e -4 e entre 0 e ∞, estão sobre o lugar das raízes para $K < 0$.

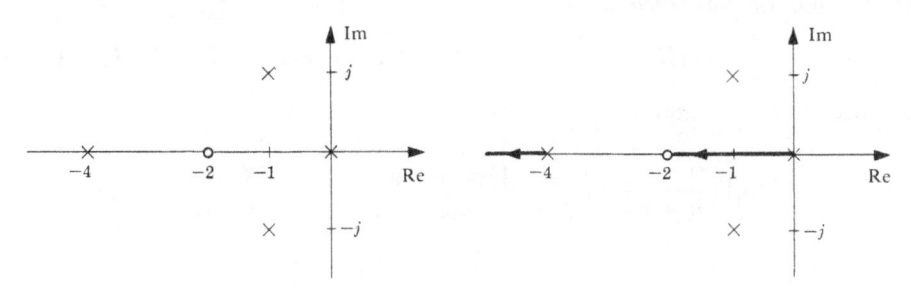

Figura 13-3   **Figura 13-4**

13.6 ASSÍNTOTAS

Para grandes distâncias da origem, no plano complexo, os ramos de um lugar das raízes tendem para um conjunto de retas assíntotas. Estas assíntotas originam-se de um ponto, no plano complexo, sobre o eixo real, chamado de **centro de assíntotas** σ_c, dado por

$$\sigma_c = -\frac{\sum_{i=1}^{n} p_i - \sum_{i=1}^{m} z_i}{n - m} \tag{13.6}$$

em que $-p_i$ são os polos, $-z_i$ são os zeros, n é o número de polos e m o número de zeros de GH.

Os ângulos entre as assíntotas e o eixo real são dados por

$$\beta = \begin{cases} \dfrac{(2l+1)180}{n-m} \text{ graus} & \text{para } K > 0 \\ \dfrac{(2l)180}{n-m} \text{ graus} & \text{para } K < 0 \end{cases} \tag{13.7}$$

para $l = 0, 1, 2, \ldots, n - m - 1$. Isto resulta em um número de assíntotas igual a $n - m$.

Exemplo 13.4 O centro de assíntotas para $GH = K(s + 2)/s^2(s + 4)$ está localizado em

$$\sigma_c = -\frac{4 - 2}{2} = -1$$

Visto que $n - m = 3 - 1 = 2$, há duas assíntotas. Seus ângulos com o eixo real são $90°$ e $270°$, para $K > 0$, como é mostrado na Figura 13-5.

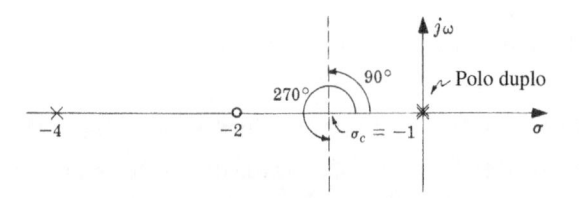

Figura 13-5

13.7 PONTOS DE SEPARAÇÃO

Um **ponto de separação** σ_b é um ponto sobre o eixo real de onde dois ou mais ramos do lugar das raízes partem ou onde chegam ao eixo real. Dois ramos deixando o eixo real são mostrados no diagrama de lugar das raízes na Figura 13-6. Dois ramos chegando sobre o eixo real são mostrados na Figura 13-7.

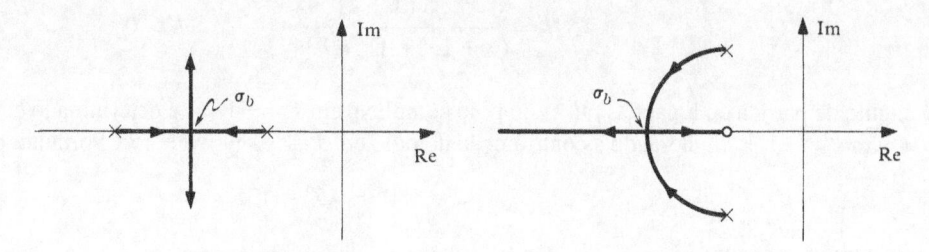

Figura 13-6   *Figura 13-7*

A localização do ponto de separação pode ser determinada resolvendo-se a seguinte equação para σ_b:

$$\sum_{i=1}^{n} \frac{1}{(\sigma_b + p_i)} = \sum_{i=1}^{m} \frac{1}{(\sigma_b + z_i)} \tag{13.8}$$

onde $-p_i$ e $-z_i$ são os polos e zeros de GH, respectivamente. A solução desta equação exige fatoração de um polinômio de ordem $(n + m - 1)$ em σ_b. Consequentemente, o ponto de separação só pode ser facilmente determinado de forma analítica para GH relativamente simples. Contudo, uma localização aproximada muitas vezes pode ser determinada de maneira intuitiva; então, um processo iterativo pode ser usado para resolver a equação mais exatamente (ver Problema 13.20). Os programas de computador para fatoração de polinômios também podem ser usados.

Exemplo 13.5 Para determinar os pontos de separação de $GH = K/s(s + 1)(s + 2)$, a seguinte equação deve ser resolvida para σ_b:

$$\frac{1}{\sigma_b} + \frac{1}{\sigma_b + 1} + \frac{1}{\sigma_b + 2} = 0$$

$$(\sigma_b + 1)(\sigma_b + 2) + \sigma_b(\sigma_b + 2) + \sigma_b(\sigma_b + 1) = 0$$

que se reduz a $3\sigma_b^2 + 6\sigma_b + 2 = 0$, cujas raízes são $\sigma_b = -0{,}423, -1{,}577$.

Aplicando a regra do eixo real da Seção 13.5, para $K > 0$, ela indica que há ramos do lugar das raízes entre 0 e -1 e entre $-\infty$ e -2. Portanto, a raiz em $-0{,}423$ é um ponto de separação, como é mostrado na Figura 13-8. O valor $\sigma_b = -1{,}577$ representa um ponto de separação sobre o lugar das raízes para valores de K, visto que a porção do eixo real entre -1 e -2 está sobre o lugar das raízes para $K < 0$.

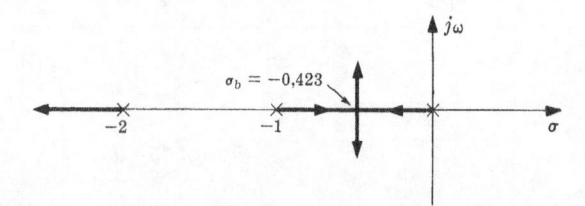

Figura 13-8

13.8 ÂNGULOS DE PARTIDA E CHEGADA

O **ângulo de partida** do lugar das raízes de um *polo complexo* é dado por

$$\theta_D = 180° + \arg GH' \tag{13.9}$$

em que *GH'* é o ângulo de fase de *GH*, calculado no polo complexo, mas ignorando a contribuição daquele polo particular.

Exemplo 13.6 Considere a função de transferência de malha aberta

$$GH = \frac{K(s+2)}{(s+1+j)(s+1-j)} \qquad K > 0$$

O ângulo de partida do lugar das raízes do polo complexo em $s = -1 + j$ é determinado como segue. O ângulo de *GH* para $s = -1 + j$, ignorando a contribuição do polo em $s = -1 + j$, é $-45°$. Portanto, o ângulo de partida é

$$\theta_D = 180° - 45° = 135°$$

e é mostrado na Figura 13-9.

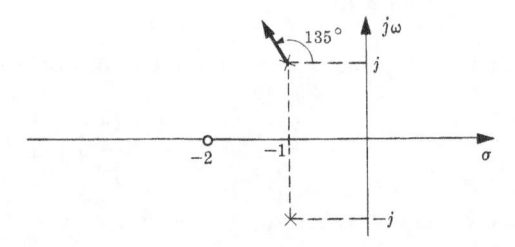

Figura 13-9

O **ângulo de chegada** do lugar das raízes de um *zero complexo* é dado por

$$\theta_A = 180° - \arg GH'' \qquad (13.10)$$

onde arg *GH''* é o ângulo de fase de *GH* no zero complexo, ignorando o efeito daquele zero.

Exemplo 13.7 Considere a função de transferência de malha aberta

$$\frac{K(z+j)(z-j)}{z(z+1)} \qquad K > 0$$

O ângulo de chegada do lugar das raízes para o zero complexo em $z = j$ é $\theta_A = 180° - (-45°) = 225°$, como é mostrado na Figura 13-10.

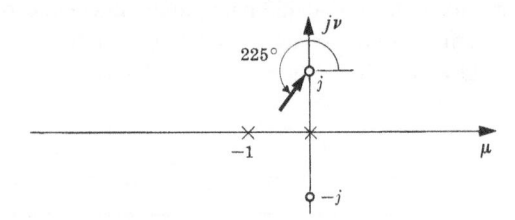

Figura 13-10

13.9 CONSTRUÇÃO DO LUGAR DAS RAÍZES

Um diagrama do lugar das raízes pode ser fácil e precisamente esboçado usando as regras de construção das Seções 13.4 a 13.8. Um procedimento eficiente é o seguinte. Primeiro, determine as partes do lugar das raízes no eixo real. Depois, calcule o centro e os ângulos das assíntotas e desenhe essas assíntotas no diagrama. Então, determine os ângulos de partida e chegada nos polos e zeros complexos (se houver) e indique-os no diagrama. Em seguida, faça um esboço dos ramos do lugar das raízes de modo que cada ramo do lugar termine em zero ou se tenda para o infinito ao longo de uma das assíntotas. A precisão deste passo pode, obviamente, melhorar com a experiência.

A precisão do diagrama pode ser melhorada aplicando-se o critério do ângulo na vizinhança das localizações estimadas dos ramos. A regra da Seção 13.7 também pode ser aplicada para determinar a localização exata dos pontos de separação.

O critério do módulo da Seção 13.3 é usado para determinar os valores de K ao longo dos ramos do lugar das raízes.

Visto que os polos complexos do sistema devem ocorrer em pares complexos conjugados (supondo coeficientes reais para os polinômios do numerador e denominador de GH), o lugar das raízes é simétrico em torno do eixo real. Assim, é suficiente traçar apenas a metade superior do lugar das raízes. Entretanto, deve-se lembrar que, ao fazer isso, as metades inferiores dos polos e zeros complexos de malha aberta devem ser incluídas quando se aplicam os critérios de módulo e ângulo.

Frequentemente, para fins de análise ou projeto, um traçado preciso do lugar das raízes é exigido em certas regiões do plano complexo. Nesse caso, os critérios de ângulo e módulo precisam ser aplicados apenas naquelas regiões de interesse, depois que o esboço tenha estabelecido a forma geral do traçado. Obviamente, se estiverem disponíveis um computador e o software apropriado, mesmo o traçado de lugares de raízes muito complexos, pode ser uma tarefa simples.

Exemplo 13.8 O lugar das raízes para o sistema de malha fechada cuja função de transferência de malha aberta é

$$GH = \frac{K}{s(s+2)(s+4)} \qquad K > 0$$

é construído como segue. Aplicando a regra do eixo real da Seção 13.5, as partes do eixo real entre 0 e -2 e entre -4 e $-\infty$ estão sobre o lugar das raízes para $K > 0$. O centro das assíntotas é determinado pela Equação (13.6) como sendo $\sigma_c = -(2+4)/3 = -2$, e há três assíntotas localizadas nos ângulos de $\beta = 60°$, $180°$ e $300°$.

Visto que dois ramos do lugar das raízes para $K > 0$ chegam juntos sobre o eixo real entre 0 e -2, existe um ponto de separação sobre aquela porção do eixo real. Por consequência, o lugar das raízes para $K > 0$ pode ser esboçado estimando-se a localização do ponto de separação e continuando os ramos do lugar das raízes para as assíntotas, como foi mostrado na Figura 13-11. Para melhorar a precisão deste traçado, a localização exata do ponto de separação é determinada pela Equação (13.8):

$$\frac{1}{\sigma_b} + \frac{1}{\sigma_b + 2} + \frac{1}{\sigma_b + 4} = 0$$

que é simplificada em $3\sigma_b^2 + 12\sigma_b + 8 = 0$. A solução apropriada desta equação é $\sigma_b = -0{,}845$.

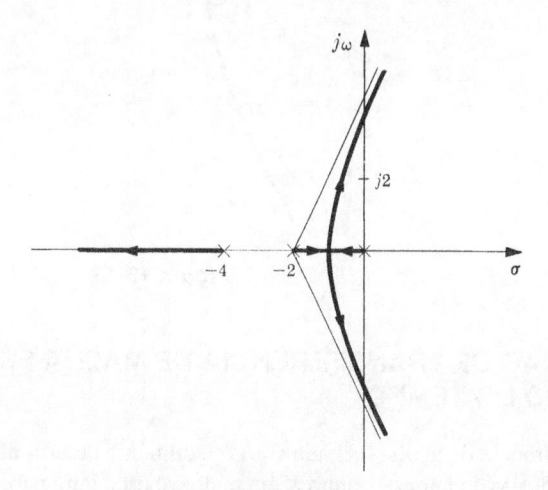

Figura 13-11

O critério do ângulo é aplicado aos pontos na vizinhança do lugar aproximado das raízes para melhorar a precisão da localização dos ramos da parte complexa do plano s; o critério do módulo é usado para determinar os valores de K segundo o lugar das raízes. O traçado do lugar das raízes resultante para $K > 0$ é mostrado na Figura 13-12.

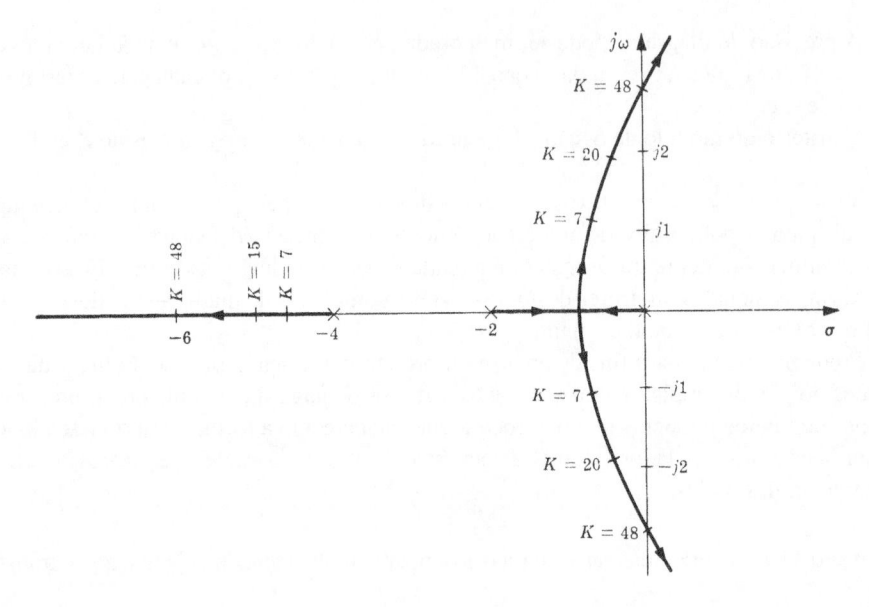

Figura 13-12

O lugar das raízes para $K < 0$ é construído de maneira semelhante. Entretanto, neste caso as porções do eixo real entre 0 e ∞ e entre -2 e -4 estão sobre o lugar das raízes; o ponto de separação é localizado em $-3,155$; e as assíntotas têm ângulos de 0°, 120° e 240°. O lugar das raízes para $K < 0$ é mostrado na Figura 13.13.

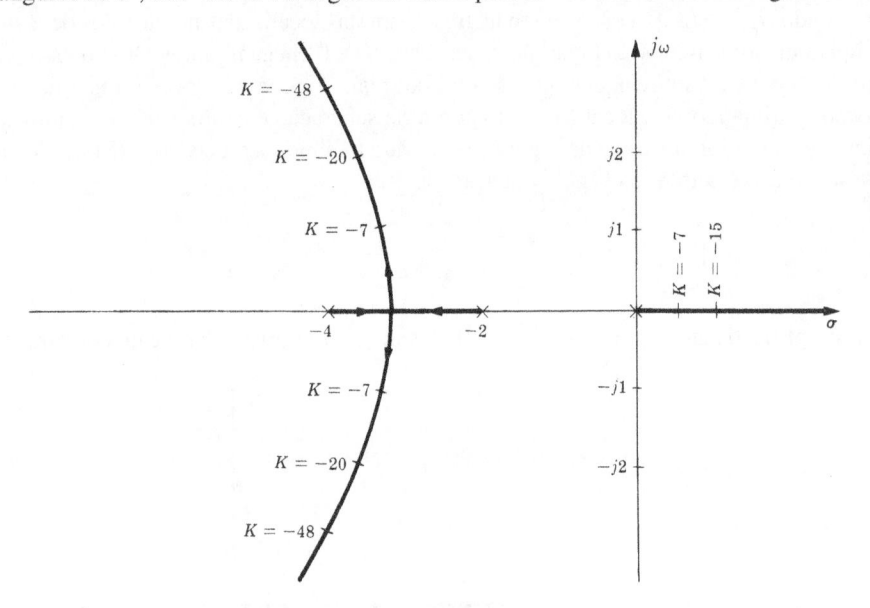

Figura 13-13

13.10 A FUNÇÃO DE TRANSFERÊNCIA DE MALHA FECHADA E A RESPOSTA NO DOMÍNIO DO TEMPO

A função de transferência de malha fechada C/R é facilmente determinada a partir do traçado do lugar das raízes para o valor especificado do fator de ganho K em malha aberta. Para isto, a resposta no domínio do tempo $c(t)$ pode ser determinada para uma dada entrada $r(t)$ transformável por Laplace para sistemas contínuos por inversão de $C(s)$. Para sistemas discretos, $c(k)$ pode ser determinado de modo similar por inversão de $C(z)$.

Considere a função de transferência de malha fechada C/R para o sistema de realimentação (negativa) unitária

$$\frac{C}{R} = \frac{G}{1+G} \tag{13.11}$$

As funções de transferência de malha aberta, que são expressões algébricas racionais, podem ser escritas, para sistemas contínuos, como

$$G = \frac{KN}{D} = \frac{K(s+z_1)(s+z_2)\cdots(s+z_m)}{(s+p_1)(s+p_2)\cdots(s+p_n)} \qquad (13.12)$$

G tem a mesma forma para sistemas discretos, com z substituindo s na Equação (13.12). Na Equação (13.12), $-z_i$ são os zeros, $-p_i$ são os polos de G, $m \leq n$ e N e D são polinômios cujas raízes são $-z_i$ e $-p_i$, respectivamente. Então

$$\frac{C}{R} = \frac{KN}{D + KN} \qquad (13.13)$$

e está claro que C/R e G têm os mesmos zeros, mas não os mesmos polos (a não ser que $K = 0$). Por consequência

$$\frac{C}{R} = \frac{K(s+z_1)(s+z_2)\cdots(s+z_m)}{(s+\alpha_1)(s+\alpha_2)\cdots(s+\alpha_n)}$$

onde $-\alpha_i$ representa os polos de n malhas fechadas. A localização destes polos é por definição determinada diretamente a partir do diagrama do lugar das raízes para um valor especificado de ganho K de malha aberta.

Exemplo 13.9 Considere o sistema contínuo cuja função de transferência de malha aberta é

$$G = \frac{K(s+2)}{(s+1)^2} \qquad K > 0$$

O diagrama de lugar das raízes é dado na Figura 13-14.

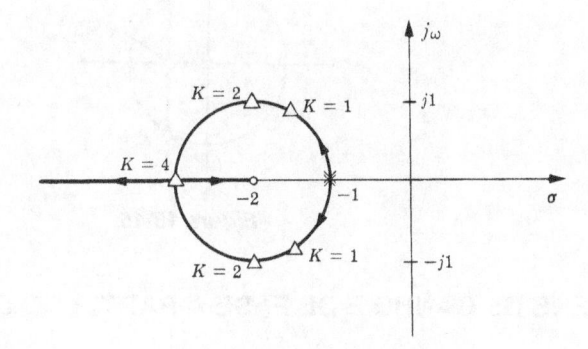

Figura 13-14

Vários valores do fator de ganho K são mostrados em pontos sobre os lugares, representados por *pequenos triângulos*. Estes pontos são os *polos de malha fechada* correspondentes aos valores especificados de K. Para $K = 2$, os polos de malha fechada são $-\alpha_1 = -2 + j$ e $-\alpha_2 = -2 + j$. Portanto,

$$\frac{C}{R} = \frac{2(s+2)}{(s+2+j)(s+2-j)}$$

Quando o sistema não é de realimentação unitária, então

$$\frac{C}{R} = \frac{G}{1 + GH} \qquad (13.14)$$

e

$$GH = \frac{KN}{D} \qquad (13.15)$$

Os polos de malha fechada podem ser determinados diretamente a partir do lugar das raízes para um dado K, mas os zeros de malha fechada não são iguais aos zeros de malha aberta e devem ser computados separadamente pela simplificação das frações na Equação (13.14).

Exemplo 13.10 Considere o sistema descrito por

$$G = \frac{K(s+2)}{s+1} \qquad H = \frac{1}{s+1} \qquad GH = \frac{K(s+2)}{(s+1)^2} \qquad K > 0$$

e

$$\frac{C}{R} = \frac{K(s+1)(s+2)}{(s+1)^2 + K(s+2)} = \frac{K(s+1)(s+2)}{(s+\alpha_1)(s+\alpha_2)}$$

O diagrama do lugar das raízes para este exemplo é mesmo que para o Exemplo 13.9. Por consequência, para $K = 2$, $\alpha_1 = 2 + j$ e $\alpha_2 = 2 - j$. Assim,

$$\frac{C}{R} = \frac{2(s+1)(s+2)}{(s+2+j)(s+2-j)}$$

Exemplo 13.11 Para o sistema discreto no tempo com $GH(z) = K/z(z-1)$, o lugar das raízes para $K > 0$ é mostrado na Figura 13-15. Para $K = 0,25$, as raízes estão em $z = 0,5$ e a função de transferência de malha fechada é

$$\frac{C}{R} = \frac{0,25}{(z-0,5)^2}$$

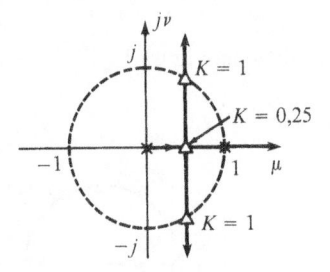

Figura 13-15

13.11 MARGENS DE GANHO E DE FASE A PARTIR DO LUGAR DAS RAIZES

A **margem de ganho** é o fator pelo qual o valor de projeto do fator de ganho K pode ser multiplicado antes que o sistema de malha fechada se torne instável. Ele pode ser determinado a partir do lugar das raízes, usando a fórmula seguinte:

$$\text{Margem de ganho} = \frac{\text{valor de } K \text{ no limite da estabilidade}}{\text{valor de projeto de } K} \tag{13.16}$$

em que o limite de estabilidade é o eixo $j\omega$ no plano s, ou o círculo unitário no plano z. Se o lugar das raízes não cruza o limite de estabilidade, a margem de ganho é infinita.

Exemplo 13.12 Considere o sistema na Figura 13-16. O valor de projeto para o fator de ganho é 8, produzindo polos de malha fechada (representados por pequenos triângulos) mostrados no lugar das raízes da Figura 13-17. O fator de ganho no cruzamento do eixo $j\omega$ é 64; portanto, a margem de ganho para este sistema é $64/8 = 8$.

Figura 13-16

Figura 13-17

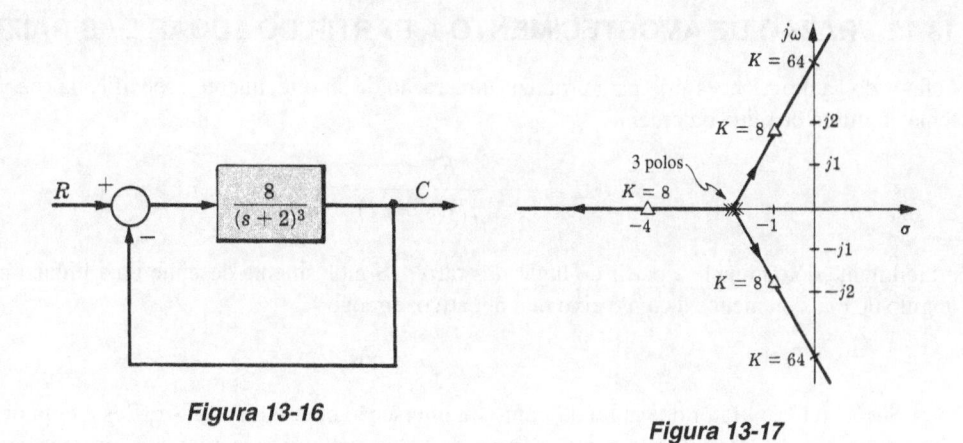

Exemplo 13.13 O lugar das raízes para o sistema discreto no tempo do Exemplo 13.11 cruza o limite da estabilidade (círculo unitário) para $K = 1$. Para um valor de projeto de $K = 0,25$, a margem de ganho é $1/0,25 = 4$.

A margem de fase também pode ser determinada a partir do lugar das raízes. Nesse caso, é necessário determinar o ponto ω_1 no limite da estabilidade para o qual $|GH| = 1$ para o valor de projeto de K; ou seja,

$$|D(\omega_1)/N(\omega_1)| = K_{\text{projeto}}$$

Geralmente, é necessário usar um procedimento de tentativa e erro para localizar ω_1. A margem de fase é então calculada a partir de arg $GH(\omega_1)$ como

$$\phi_{\text{PM}} = [180° + \arg GH(\omega_1)] \text{ graus} \tag{13.17}$$

Exemplo 13.14 Para o sistema do Exemplo 13.12, $|GH(\omega_1)| = |8/(j\omega_1 + 2)^3| \equiv 1$ quando $\omega_1 = 0$; o ângulo de fase de $GH(0)$ é $0°$. Portanto, a margem de fase é $180°$.

Exemplo 13.15 Considere o sistema contínuo da Figura 13-18. O lugar das raízes para este sistema é mostrado na Figura 13-19. O ponto sobre o eixo $j\omega$ para o qual $|GH(\omega_1)| = 24/j\omega_1(j\omega_1 + 4)^2| \equiv 1$ está em $\omega_1 = 1,35$; o ângulo de $GH(1,35)$ é $-129,6°$. Portanto, a margem de fase é $\phi_{\text{PM}} = 180° - 129,6° = 50,4°$.

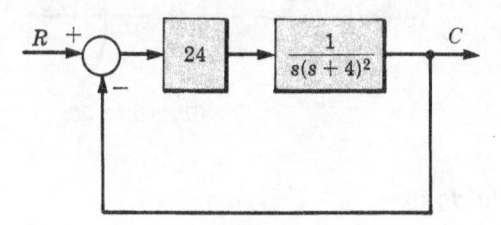

Figura 13-18

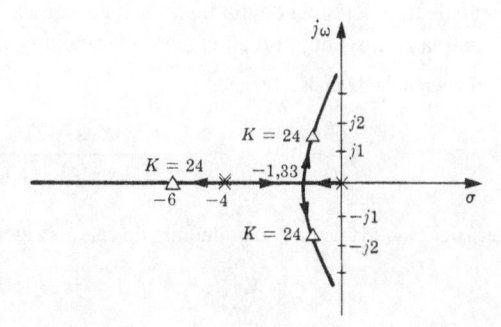

Figura 13-19

13.12 RAZÃO DE AMORTECIMENTO A PARTIR DO LUGAR DAS RAÍZES

O fator de ganho K necessário para produzir uma razão de amortecimento especificada (ou vice-versa) para o sistema contínuo de segunda ordem

$$GH = \frac{K}{(s+p_1)(s+p_2)} \qquad K, p_1, p_2 > 0$$

é facilmente determinado a partir do lugar das raízes. Simplesmente desenhe uma linha a partir da origem a um ângulo de mais ou menos θ com o eixo real negativo, em que

$$\theta = \cos^{-1}\zeta$$

(Ver Seção 4.13). O fator de ganho do ponto de interseção com o lugar das raízes é o valor requerido de K. Este procedimento pode ser aplicado a qualquer par de polos complexos conjugados, para sistemas de segunda ordem ou de ordem mais elevada. Para sistemas de ordem mais elevada, a razão de amortecimento determinada por este procedimento, um par específico de polos complexos, não determina necessariamente o amortecimento (constante de tempo predominante) do sistema.

Exemplo 13.16 Considere o sistema de terceira ordem do Exemplo 13.15. A razão de amortecimento ζ dos *polos complexos* para $K = 24$ é facilmente determinada, desenhando uma linha a partir da origem ao ponto sobre o lugar das raízes onde $K = 24$, como é mostrado na Figura 13-20. O ângulo θ é medido como 60°; por consequência,

$$\zeta = \cos\theta = 0{,}5$$

Este valor de ζ é uma boa aproximação para o amortecimento do sistema de terceira ordem com $K = 24$ porque os polos complexos dominam a resposta.

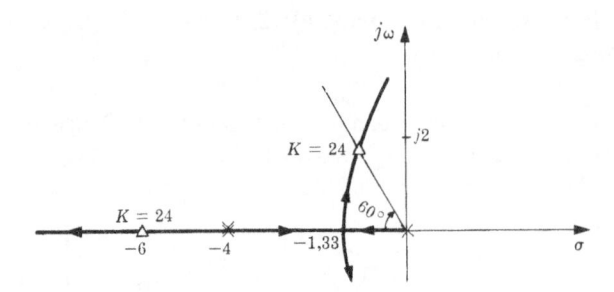

Figura 13-20

Problemas Resolvidos

Variação dos polos do sistema de malha fechada

13.1 Determine a função de transferência de malha fechada e a equação característica do sistema de controle com realimentação negativa unitária cuja função de transferência de malha aberta é $G = K(s+2)/(s+1)(s+4)$.

A função de transferência de malha fechada é

$$\frac{C}{R} = \frac{G}{1+G} = \frac{K(s+2)}{(s+1)(s+4) + K(s+2)}$$

A equação característica é obtida fazendo o polinômio do denominador igual a zero:

$$(s+1)(s+4) + K(s+2) = 0$$

13.2 Como seriam determinados os polos de malha fechada do sistema do Problema 13.1 para $K = 2$ a partir do seu diagrama de lugar das raízes?

O lugar das raízes é um diagrama dos polos de malha fechada do sistema com realimentação como uma função de K. Portanto, os polos de malha fechada para $K = 2$ são determinados pelos pontos sobre o lugar das raízes que correspondem a $K = 2$ (um ponto sobre cada ramo do lugar).

13.3 Como pode ser empregado o lugar das raízes para fatorar o polinômio $s^2 + 6s + 18$?

Visto que o lugar das raízes é um diagrama das raízes da equação característica de um sistema, a Equação (13.1), como uma função do seu fator de ganho de malha aberta, as raízes do polinômio acima podem ser determinadas a partir do lugar das raízes para qualquer sistema cujo polinômio característico seja equivalente a ele para algum valor de K. Por exemplo, o lugar das raízes para $GH = K/s(s + 6)$ fatora o polinômio característico $s^2 + 6s + K$. Para $K = 18$, este polinômio é equivalente ao que desejamos fatorar. Assim, as raízes desejadas estão localizadas sobre este lugar das raízes nos pontos correspondentes a $K = 18$.

Note-se que outras formas para GH podem ser escolhidas, como $GH = K/(s + 2)(s + 4)$ cujo polinômio característico de malha fechada corresponde a um que desejamos fatorar, mas agora para $K = 10$.

Critérios de ângulo e módulo

13.4 Mostre que o ponto $p_1 = -0,5$ satisfaz o critério de ângulo, Equação (13.4), e o critério de módulo, Equação (13.5), quando $K = 1,5$ na função de transferência de malha aberta do Exemplo 13.1.

$$\arg GH(p_1) = \arg \frac{K(p_1 + 1)}{p_1(p_1 + 2)} = \arg \frac{1,5(0,5)}{-0,5(1,5)} = 180° \qquad |GH(p_1)| = \left|\frac{1,5(0,5)}{-0,5(1,5)}\right| = 1$$

ou

$$\left|\frac{D(p_1)}{N(p_1)}\right| = \left|\frac{-0,5(1,5)}{0,5}\right| = 1,5 = K$$

Assim como é mostrado sobre o diagrama de lugar das raízes do Exemplo 13.1, o ponto $p_1 = -0,5$ está sobre o lugar das raízes e é um polo de malha fechada para $K = 1,5$.

13.5 Determine o ângulo e módulo de $GH(j2)$ para $GH = K/s(s + 2)^2$. Qual o valor de K que satisfaz $|GH(j2)| = 1$?

$$GH(j2) = \frac{K}{j2(j2 + 2)^2} \qquad \arg GH(j2) = \begin{cases} -180° & \text{para } K > 0 \\ 0° & \text{para } K < 0 \end{cases} \qquad |GH(j2)| = \frac{|K|}{2(8)} = \frac{|K|}{16}$$

e para $|GH(j2)| = 1$ é necessário que $|K| = 16$.

13.6 Exemplifique a composição gráfica de $\arg GH(j2)$ e $|GH(j2)|$ no Problema 13.5.

$$\arg GH(j2) = -90° - 45° - 45° = -180° \qquad |GH(j2)| = \frac{|K|}{2(2\sqrt{2})^2} = \frac{|K|}{16}$$

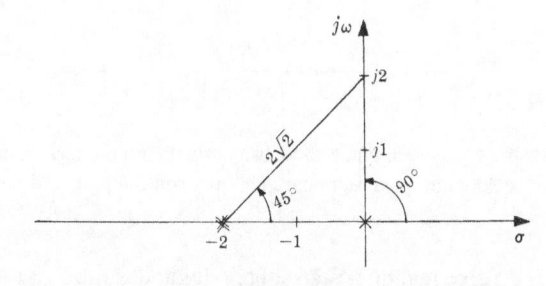

Figura 13-21

13.7 Mostre que o ponto $p_1 = -1 + j\sqrt{3}$ está sobre o lugar das raízes para

$$GH(s) = \frac{K}{(s + 1)(s + 2)(s + 4)} \qquad K > 0$$

e determine K neste ponto.

$$\arg\frac{N(p_1)}{D(p_1)} = \arg\frac{1}{j\sqrt{3}\,(1+j\sqrt{3})(3+j\sqrt{3})} = -90° - 60° - 30° = -180°$$

Assim o critério do ângulo, Equação (13.4b), é satisfeito para $K > 0$ e ponto $p_1 = -1 + j\sqrt{3}$ está sobre o lugar das raízes. A partir da Equação (13.5),

$$K = \left|\frac{j\sqrt{3}\,(1+j\sqrt{3})(3+j\sqrt{3})}{1}\right| = \sqrt{3(4)12} = 12$$

Números de lugares

13.8 Por que o número de lugares deve se igualar ao número de polos de malha aberta para $m \leq n$?

Cada ramo do lugar das raízes representa o lugar de um polo de malha fechada. Consequentemente, devem ser tantos ramos ou lugares quantos são os polos de malha fechada. Visto que o número de polos de malha fechada é igual ao número de polos de malha aberta $m \leq n$, o número de lugares deve igualar o número de polos de malha aberta.

13.9 Quantos lugares estão no lugar das raízes para

$$GH(z) = \frac{K\left(z+\frac{1}{3}\right)\left(z+\frac{1}{2}\right)}{z\left(z+\frac{1}{2}+j/2\right)\left(z-\frac{1}{2}-j/2\right)}$$

Visto que o número de polos de malha aberta é três, há três lugares no diagrama de lugar das raízes.

Lugares do eixo real

13.10 Demonstre as regras dos lugares do eixo real.

Para qualquer ponto sobre o eixo real, o ângulo contribuído para argGH por qualquer polo ou zero do eixo real é 0° ou 180°, dependendo de o ponto estar ou não à direita ou à esquerda do polo ou zero. O ângulo total de contribuição para arg$GH(s)$ por um par polos complexos ou zeros é zero porque

$$\arg(s + \sigma_1 + j\omega_1) + \arg(s + \sigma_1 - j\omega_1) = 0$$

para todos os valores reais de s. Assim arg$GH(s)$ para o valor real de s ($s = \sigma$) pode ser escrito como

$$\arg GH(\sigma) = 180 n_r + \arg K$$

onde n_r = número total de polos e zeros finitos à direita de σ. A fim de satisfazer o critério de ângulo, n_r deve ser ímpar para K positivo e par para K negativo. Assim, para $K > 0$, os pontos do lugar das raízes sobre o eixo real estão à esquerda de um número ímpar de polos e zeros finitos; e para $K < 0$, os pontos do lugar das raízes sobre o eixo real estão à esquerda de um número par de polos e zeros finitos.

13.11 Determine quais as partes do eixo real que estão sobre o lugar das raízes para

$$GH = \frac{K(s+2)}{(s+1)(s+3+j)(s+3-j)} \qquad K > 0$$

Os pontos sobre o eixo real que estão à esquerda de um número ímpar de polos e zeros finitos são apenas os pontos entre -1 e -2. Portanto, pela regra para $K > 0$, apenas a porção do eixo real entre -1 e -2 está sobre o lugar das raízes.

13.12 Quais as partes do eixo real que estão sobre o lugar das raízes para

$$GH = \frac{K}{s(s+1)^2(s+2)} \qquad K > 0$$

Os pontos sobre o eixo real entre 0 e -1 e entre -1 e -2 estão à esquerda de um número ímpar de polos e zeros e, portanto, estão sobre o lugar das raízes para $K > 0$.

Assíntotas

13.13 Demonstre que os ângulos das assíntotas são dados por

$$\beta = \begin{cases} \dfrac{(2l+1)180}{n-m} \text{ graus} & \text{para} \quad K > 0 \\ \dfrac{(2l)180}{n-m} \text{ graus} & \text{para} \quad K < 0 \end{cases} \quad (13.7)$$

Para pontos s distantes da origem no plano s, o ângulo contribuído para argGH de cada um dos m zeros é

$$\arg(s + z_i)|_{|s| \gg |z_i|} \cong \arg(s)$$

Do mesmo modo, o ângulo contribuído para argGH de cada um dos n polos é aproximadamente igual a $-\arg(s)$. Portanto,

$$\arg\left[\frac{N(s)}{D(s)}\right] \cong -(n-m) \cdot \arg(s) = -(n-m)\beta$$

onde $\beta \equiv \arg(s)$. Para que s esteja sobre o lugar das raízes, o critério do ângulo, Equação (13.4b), deve ser satisfeito. Assim,

$$\arg\left[\frac{N(s_1)}{D(s_1)}\right] = -(n-m)\beta = \begin{cases} (2l+1)\pi & \text{para} \quad K > 0 \\ (2l)\pi & \text{para} \quad K < 0 \end{cases}$$

e, visto que $\pm\pi$ radianos ($\pm 180°$) são o mesmo ângulo no plano s, então,

$$\beta = \begin{cases} \dfrac{(2l+1)180}{n-m} \text{ graus} & \text{para} \quad K > 0 \\ \dfrac{(2l)180}{n-m} \text{ graus} & \text{para} \quad K < 0 \end{cases}$$

A demonstração é similar para o plano z.

13.14 Mostre que o centro das assíntotas é dado por

$$\sigma_c = -\frac{\sum_{i=1}^{n} p_i - \sum_{i=1}^{m} z_i}{n-m} \quad (13.6)$$

Os pontos sobre o lugar das raízes satisfazem a equação característica $D + KN = 0$, ou

$$s^n + b_{n-1}s^{n-1} + \cdots + b_0 + K(s^m + a_{m-1}s^{m-1} + \cdots + a_0) = 0$$

Dividindo pelo polinômio do numerador $N(s)$, isso se torna

$$s^{n-m} + (b_{n-1} - a_{m-1})s^{n-m-1} + \cdots + K = 0$$

(o mesmo para o plano z com z substituindo s). Quando o primeiro coeficiente de um polinômio é a unidade, o segundo coeficiente é igual a menos a soma das raízes (ver Problema 5.26). Assim, a partir de $D(s) = 0$, $b_{n-1} = \sum_{i=1}^{n} p_i$. A partir de $N(s) = 0$, $a_{m-1} = \sum_{i=1}^{m} z_i$; e $-(b_{n-1} - a_{m-1})$ é igual a soma de $n - m$ raízes da equação característica.

Agora para valores grandes de K e distâncias correspondentemente grandes da origem, estas $n - m$ raízes tendem para as assíntotas de linha reta e, ao longo das assíntotas, a soma das $n - m$ raízes é igual a $-(b_{n-1} - a_{m-1})$. Visto que $b_{n-1} - a_{m-1}$ é um número real, as assíntotas devem interceptar-se num ponto sobre o eixo real. O centro das assíntotas, portanto, é dado pelo ponto sobre o eixo real, onde $n - m$ raízes iguais adicionam-se a $-(b_{n-1} - a_{m-1})$. Assim,

$$\sigma_c = -\frac{b_{n-1} - a_{m-1}}{n-m} = -\frac{\sum_{i=1}^{n} p_i - \sum_{i=1}^{m} z_i}{n-m}$$

Para uma demonstração mais detalhada, veja referência [6].

13.15 Esboce as assíntotas, indicando seus ângulos e o centro, para

$$GH = \frac{K(s+2)}{(s+1)(s+3+j)(s+3-j)(s+4)} \qquad K > 0$$

O centro das assíntotas é

$$\sigma_c = -\frac{1+3+j+3-j+4-2}{4-1} = -3$$

Há três assíntotas localizadas em ângulos de $\beta = 60°$, $180°$ e $300°$, como é mostrado na Figura 13-22.

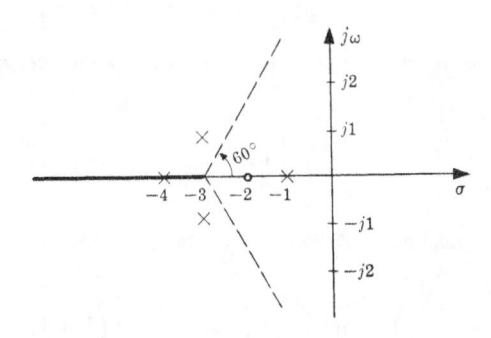

Figura 13-22

13.16 Esboce as assíntotas para $K > 0$ e $K < 0$ para

$$GH = \frac{K}{s(s+2)(s+1+j)(s+1-j)}$$

O centro de assíntotas é $\sigma_c = -(0+2+1+j+1-j)/4 = -1$.

Para $K > 0$, os ângulos das assíntotas são $\beta = 45°$, $135°$, $225°$ e $315°$, como é mostrado na Figura 13-23.

Para $K < 0$, os ângulos das assíntotas são $\beta = 0°$, $90°$, $180°$ e $270°$ como é mostrado na Figura 13-24.

Figura 13-23   *Figura 13-24*

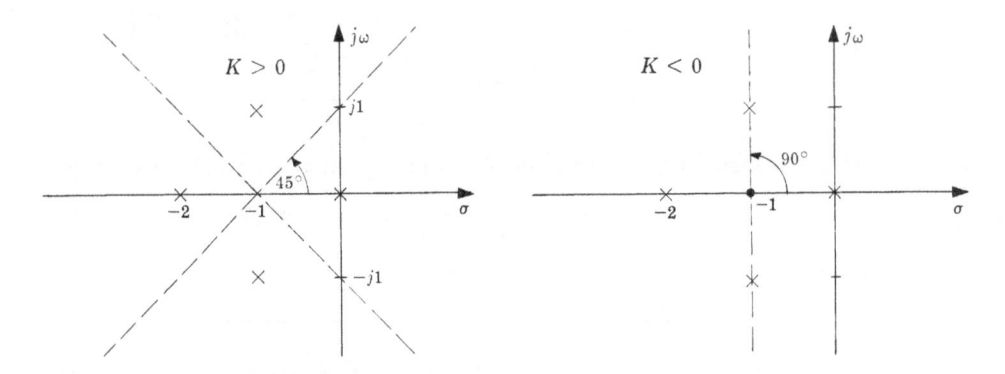

Pontos de separação

13.17 Mostre que um ponto de separação σ_b satisfaz

$$\sum_{i=1}^{n} \frac{1}{(\sigma_b + p_i)} = \sum_{i=1}^{m} \frac{1}{(\sigma_b + z_i)} \tag{13.8}$$

Um ponto de separação é um ponto sobre o eixo real em que o fator de ganho K, segundo a porção do eixo real do lugar das raízes é o máximo para polos que deixam o eixo real ou o mínimo para polos que chegam sobre o eixo real, (ver Seção 13.2). O fator de ganho segundo o lugar das raízes é dado por

$$|K| = \left|\frac{D}{N}\right| \qquad (13.5)$$

Sobre o eixo real, $s = \sigma$ (ou $z = \mu$) e os sinais de módulo podem ser desprezados porque $D(\sigma)$ e $N(\sigma)$ são ambas reais. Então,

$$K = \frac{D(\sigma)}{N(\sigma)}$$

Para determinar o valor de σ para o qual K é o máximo ou o mínimo, a derivada de K com relação a σ é igualada a zero:

$$\frac{dK}{d\sigma} = \frac{d}{d\sigma}\left[\frac{(\sigma + p_1)\cdots(\sigma + p_n)}{(\sigma + z_1)\cdots(\sigma + z_m)}\right] = 0$$

Por derivação e fatoração repetida, esta pode ser escrita como

$$\frac{dK}{d\sigma} = \sum_{i=1}^{n}\frac{1}{(\sigma + p_i)}\left[\frac{D(\sigma)}{N(\sigma)}\right] - \sum_{i=1}^{m}\frac{1}{(\sigma + z_i)}\left[\frac{D(\sigma)}{N(\sigma)}\right] = 0$$

Finalmente, dividindo ambos os membros por $D(\sigma)/N(\sigma)$ obtemos o resultado desejado.

13.18 Determine o ponto de separação para $GH = K/s(s + 3)^2$.

O ponto de separação satisfaz

$$\frac{1}{\sigma_b} + \frac{1}{\sigma_b + 3} + \frac{1}{\sigma_b + 3} = 0$$

a partir da qual $\sigma_b = -1$.

13.19 Determine o ponto de separação para

$$GH = \frac{K(s+2)}{(s+1+j\sqrt{3})(s+1-j\sqrt{3})}$$

A partir da Equação (13.8),

$$\frac{1}{\sigma_b + 1 + j\sqrt{3}} + \frac{1}{\sigma_b + 1 - j\sqrt{3}} = \frac{1}{\sigma_b + 2}$$

que resulta em $\sigma_b^2 + 4\sigma_b = 0$. Esta equação tem a solução $\sigma_b = 0$ e $\sigma_b = -4$; $\sigma_b = -4$ é um ponto de separação para $K < 0$ conforme mostra a Figura 13-25.

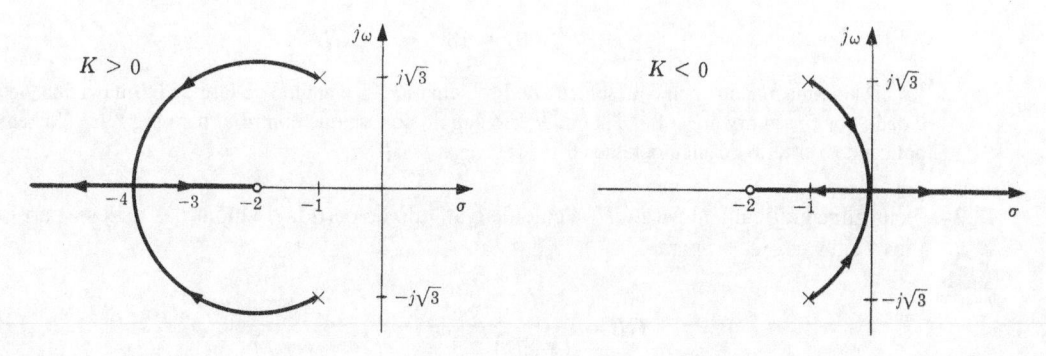

Figura 13-25

13.20 Determine o ponto de separação entre 0 e -1 para

$$GH = \frac{K}{s(s+1)(s+3)(s+4)}$$

O ponto de separação deve satisfazer

$$\frac{1}{\sigma_b} + \frac{1}{(\sigma_b+1)} + \frac{1}{(\sigma_b+3)} + \frac{1}{(\sigma_b+4)} = 0$$

Se esta equação fosse simplificada, seria obtido um polinômio de terceira ordem. Para evitar resolver o polinômio de terceira ordem, o procedimento seguinte pode ser usado. Como primeira tentativa, suponha $\sigma_b = -0,5$ e use este valor nos dois termos para polos mais afastados do polo de separação. Então,

$$\frac{1}{\sigma_b} + \frac{1}{\sigma_b+1} + \frac{1}{2,5} + \frac{1}{3,5} = 0$$

que se simplifica em $\sigma_b^2 + 3,92\sigma_b + 1,46 = 0$ e tem a raiz $\sigma_b = -0,43$ entre 0 e -1. Este valor é usado para obter uma melhor aproximação como segue:

$$\frac{1}{\sigma_b} + \frac{1}{\sigma_b+1} + \frac{1}{2,57} + \frac{1}{3,57} = 0 \qquad \sigma_b^2 + 3,99\sigma_b + 1,496 = 0 \qquad \sigma_b = -0,424$$

O segundo cálculo não resulta num valor muito diferente do primeiro. Uma primeira tentativa razoável pode frequentemente resultar numa aproximação bastante precisa com apenas um cálculo.

Ângulos de partida e chegada

13.21 Mostre que o ângulo de partida do lugar das raízes de um polo complexo é dado por

$$\theta_D = 180° + \arg GH' \qquad (13.9)$$

Consideremos um círculo de raio infinitamente pequeno em torno do polo complexo. Evidentemente, o ângulo de fase $\arg GH'$ de GH, desprezando a contribuição do polo complexo, é constante em torno deste círculo. Se θ_D representa o ângulo de partida, o ângulo de fase total de GH do ponto sobre o círculo onde o lugar das raízes cruzam é

$$\arg GH = \arg GH' - \theta_D$$

visto que $-\theta_D$ é o ângulo de fase que contribui para $\arg GH$ pelo polo complexo. A fim de satisfazer o critério de ângulo, $GH = \arg GH' - \theta_D = 180°$ ou $\theta_D = 180° + \arg GH'$, visto que $+180°$ e $-180°$ são equivalentes.

13.22 Determine a relação entre o ângulo de partida de um polo complexo para $K > 0$ com aquele para $K < 0$.

Visto que $\arg GH'$ muda de $180°$ se K varia de um número positivo para um negativo, o ângulo de partida para $K < 0$ é $180°$ diferente do ângulo de partida para $K > 0$.

13.23 Mostre que o ângulo de chegada a um zero complexo satisfaz

$$\theta_A = 180° - \arg GH'' \qquad (13.10)$$

Da mesma maneira como na solução do Problema 13.21, o ângulo de fase de GH na vizinhança do zero complexo é dado por $GH = \arg GH'' + \theta_A$, já que θ_A é o ângulo de fase que contribui para $\arg GH$ pelo zero complexo. Então, aplicando o critério do ângulo, temos $\theta_A = 180° - \arg GH''$.

13.24 Determine graficamente $\arg GH'$ e calcule o ângulo de partida do lugar das raízes a partir de um polo complexo em $s = -2 + j$ para

$$GH = \frac{K}{(s+1)(s+2-j)(s+2+j)} \qquad K > 0$$

A partir da Figura13-26, arg $GH' = -135° - 90° = -225°$; e $\theta_D = 180° - 225° = -45°$, como mostra a Figura 13-27.

Figura 13-26   **Figura 13-27**

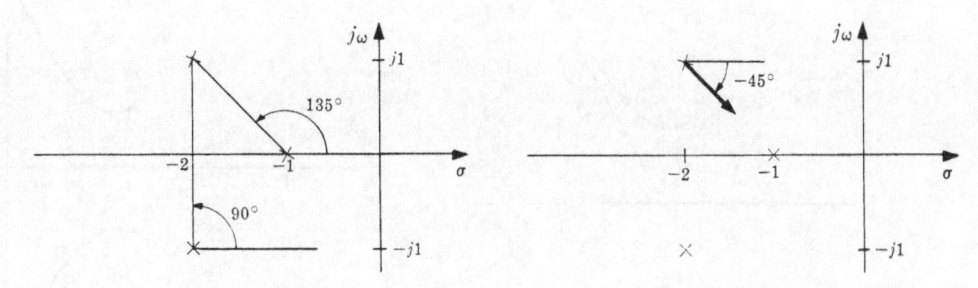

13.25 Determine os ângulos de partida dos polos complexos e os ângulos de chegada dos zeros complexos para a função de transferência de malha aberta

$$GH = \frac{K(s+1+j)(s+1-j)}{s(s+2j)(s-2j)} \qquad K > 0$$

Para o polo complexo em $s = 2j$,

$$\arg GH' = 45° + 71,6° - 90° - 90° = -63,4° \text{ e } \theta_D = 180° - 63,4° = 116,6°$$

Visto que o lugar das raízes é simétrico em torno do eixo real, o ângulo de partida do polo em $s = -2j$ é $-116,6°$. Para o zero complexo em $s = -1 + j$,

$$\arg GH'' = 90° - 108,4° - 135° - 225° = -18,4° \text{ e } \theta_A = 180° - (-18,4°) = 198,4°$$

Assim, o ângulo de chegada no zero complexo $s = -1 - j$ é $\theta_A = -198,4°$.

Construção do lugar das raízes

13.26 Construa o lugar das raízes para

$$GH = \frac{K}{(s+1)(s+2-j)(s+2+j)} \qquad K > 0$$

O eixo real de -1 a $-\infty$ está sob o lugar das raízes O centro de assíntotas está em

$$\sigma_c = \frac{-1-2+j-2-j}{3} = -1,67$$

Há três assíntotas ($n - m = 3$), localizadas em ângulos de 60°, 180° e 300°. O ângulo de afastamento do polo complexo em $s = -2 + j$, que foi calculado no Problema 13.24, é $-45°$. Um esboço do lugar das raízes resultante é mostrado na Figura 13-28. Um gráfico preciso do lugar das raízes é obtido verificando-se o critério dos ângulos nos pontos segundo os ramos esboçados, ajustando a localização dos ramos, se necessário, e então aplicando o critério do módulo para determinar os valores de K e pontos selecionados ao longo dos ramos. O lugar das raízes completo é mostrado na Figura 13-29.

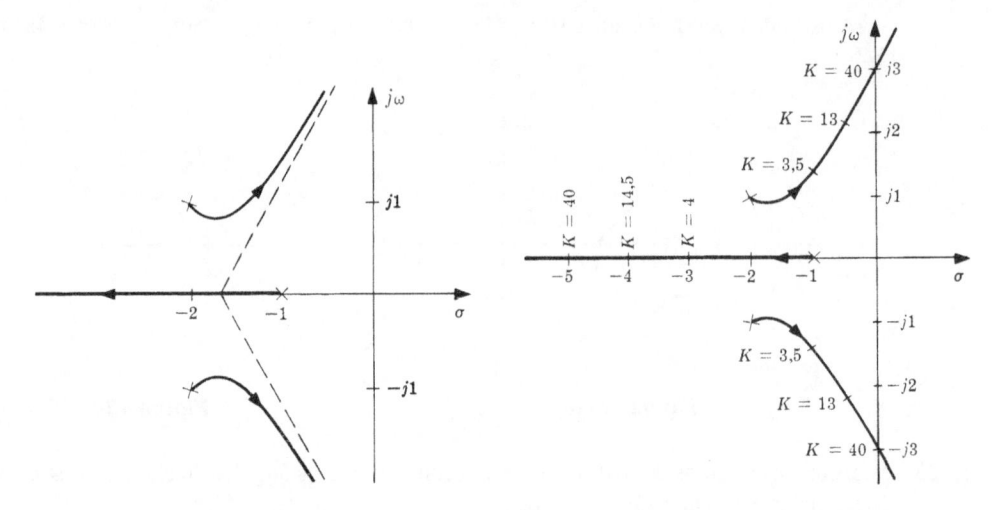

Figura 13-28   **Figura 13-29**

13.27 Esboce os ramos do lugar das raízes para a função de transferência

$$GH = \frac{K(s+2)}{(s+1)(s+3+j)(s+3-j)} \qquad K > 0$$

O eixo real entre –1 e –2 está sobre o lugar das raízes (Problema 13.11). Há duas assíntotas com ângulo de 90° e 270°. O centro de assíntotas é facilmente calculado como $\sigma_c = -2{,}5$, e o ângulo de partida do polo complexo em $s = -3 + j$ como 72°. Por simetria, o ângulo de partida do polo em $-3 - j$ é –72°. Os ramos do lugar das raízes podem, portanto, ser esboçados como mostra a Figura 13-30.

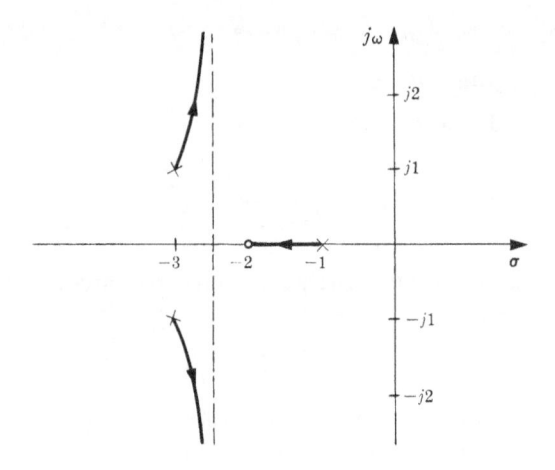

Figura 13-30

13.28 Construa o lugar das raízes para $K > 0$ e $K < 0$ para a função de transferência

$$GH = \frac{K}{s(s+1)(s+3)(s+4)}$$

Para esta função de transferência, o centro de assíntotas é simplesmente $\sigma_c = -2$; e $n - m = 4$. Portanto, para $K > 0$, as assíntotas têm ângulo de 45°, 135°, 225° e 315°. As seções do eixo real entre 0 e –1 e entre –3 e –4 estão sobre o lugar das raízes para $K > 0$, e foi determinado no Problema 13.20 que o ponto de separação está localizado em $\sigma_b = -0{,}424$. Da simetria da localização dos polos, outro ponto de separação está localizado em –3,576. Isto pode ser verificado substituindo este valor na relação para o ponto de separação, Equação (13.8). O lugar das raízes completo para $K > 0$ é mostrado na Figura 13-31.

Para $K < 0$, as assíntotas têm ângulos de 0°, 90°, 180° e 270°. Nesse caso, as porções do eixo real entre ∞ e 0, entre -1 e -3 e entre -4 e $-\infty$ estão sobre o lugar das raízes. Há apenas um ponto de separação, localizado em -2. O lugar das raízes completo para $K < 0$ é mostrado na Figura 13-32.

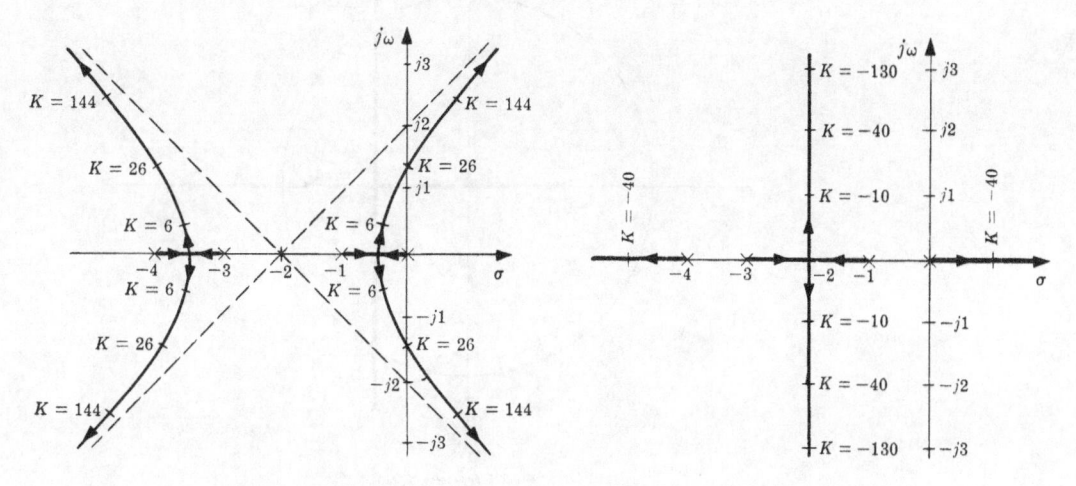

Figura 13-31

Figura 13-32

13.29 Construa o lugar das raízes para $K > 0$ para a função de transferência do sistema discreto

$$GH(z) = \frac{K(z - 0,5)}{(z - 1)^2}$$

Esse lugar das raízes tem dois lugares e uma assíntota. O lugar das raízes está sobre o eixo real para $z < 0,5$. Os pontos de separação estão em $z = 0$ e $z = 1$. O lugar das raízes completo é mostrado na Figura 13-33.

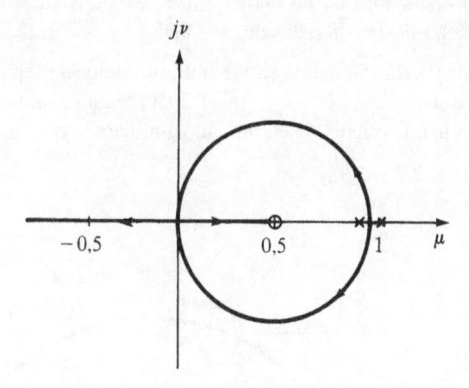

Figura 13-33

13.30 Construa o lugar das raízes para $K > 0$ para a função de transferência do sistema discreto

$$GH(z) = \frac{K}{(z + 0,5)(z - 1,5)}$$

Esse lugar das raízes tem dois ramos e duas assíntotas. O ponto de separação e o centro das assíntotas estão em $z = 0,5$. O lugar das raízes é mostrado na Figura 13-34.

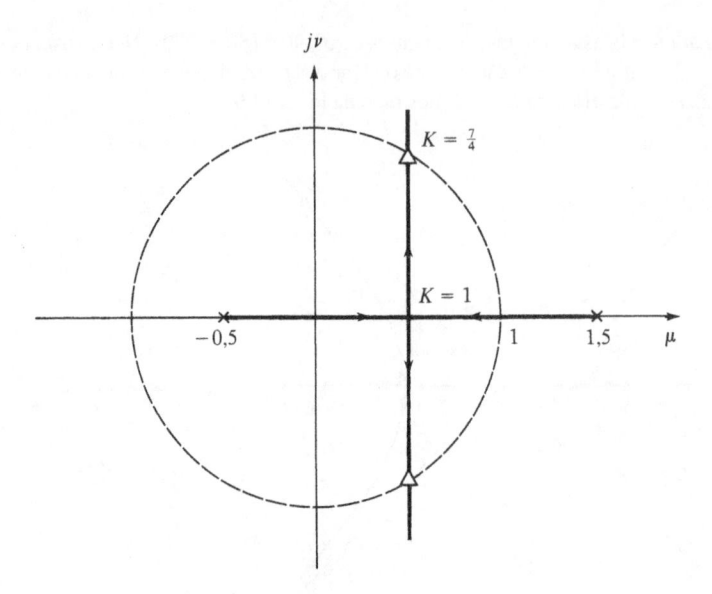

Figura 13-34

13.31 Construa o lugar das raízes para $K > 0$ para o sistema discreto no tempo com $H = 1$ e a seguinte função de transferência

$$G(z) = \frac{K(z + \frac{1}{3})(z + 1)}{z(z + \frac{1}{2})(z - 1)}$$

O sistema tem um polo a mais do que zero, de modo que o lugar das raízes tem apenas uma assíntota, ao longo do eixo real negativo. O lugar das raízes está sobre o eixo real entre 0 e 1, entre $-1/3$ e $-1/2$, e à esquerda de -1. Os pontos de separação estão localizados entre 0 e 1 e à esquerda de -1. Por tentativa e erro (ou solução computacional), os pontos de separação são encontrados em $z = 0{,}383$ e $z = -2{,}22$.

O lugar das raízes está sobre uma elipse entre os pontos de separação em $z = 0{,}383$ e $z = -2{,}22$. O ponto sobre o eixo $j\nu$, onde arg $G(z) = -180°$ é $z = -1 + j1{,}26$. O lugar das raízes é desenhado na Figura 13-35. O fator de ganho, juntamente com o lugar das raízes, é determinado graficamente a partir do mapa de polos e zeros ou analiticamente pelo cálculo de $G(z)$.

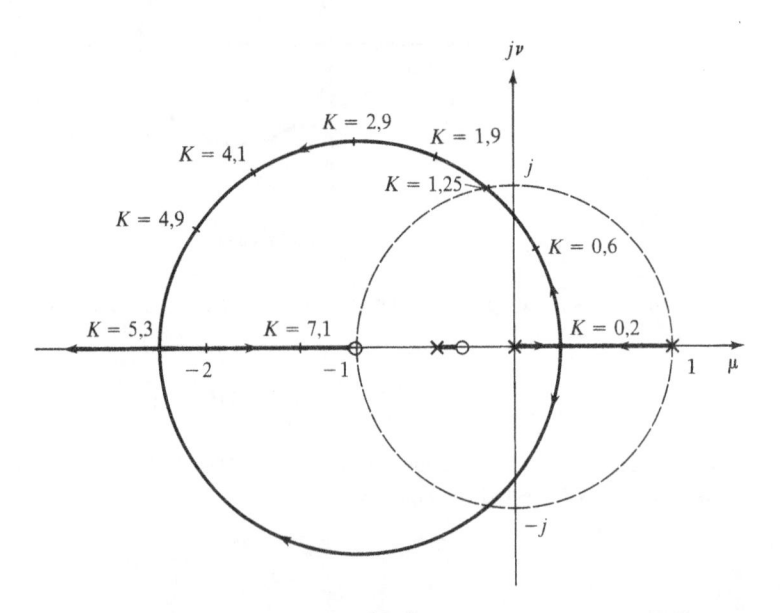

Figura 13-35

A função de transferência de malha fechada e a resposta no domínio do tempo

13.32 Determine a função de transferência de malha fechada do sistema do Exemplo 13.8, para $K = 48$, dadas as seguintes funções de transferência para H: (a) $H = 1$, (b) $H = 4/(s + 1)$, (c) $H = (s + 1)/(s + 2)$.

A partir do gráfico do lugar das raízes do Exemplo 13.8, os polos de malha fechada para $K = 48$ estão localizados em $s = -6, j2{,}83$ e $-j2{,}83$. Para $H = 1$,

$$G = \frac{48}{s(s+2)(s+4)} \quad e \quad \frac{C}{R} = \frac{GH}{1+GH} = \frac{48}{(s+6)(s-j2{,}83)(s+j2{,}83)}$$

Para $H = 4/(s + 1)$,

$$G = \frac{12(s+1)}{s(s+2)(s+4)} \quad e \quad \frac{C}{R} = \frac{1}{H}\left(\frac{GH}{1+GH}\right) = \frac{12(s+1)}{(s+6)(s-j2{,}83)(s+j2{,}83)}$$

Para $H = (s + 1)/(s + 2)$,

$$G = \frac{48}{s(s+1)(s+4)} \quad e \quad \frac{C}{R} = \frac{48(s+2)}{(s+1)(s+6)(s-j2{,}83)(s+j2{,}83)}$$

Note que neste último caso há quatro polos de malha fechada, enquanto GH tem apenas três polos. Isso se deve ao cancelamento de um polo de G por um zero de H.

13.33 Determine a resposta ao degrau unitário do sistema do Exemplo 13.1 com $K = 1{,}5$.

A função de transferência de malha fechada deste sistema é

$$\frac{C}{R} = \frac{1{,}5(s+1)}{(s+0{,}5)(s+3)}$$

Para $R = 1/s$,

$$C = \frac{1{,}5(s+1)}{s(s+0{,}5)(s+3)} = \frac{1}{s} + \frac{-0{,}6}{s+0{,}5} + \frac{-0{,}4}{s+3}$$

e a resposta ao degrau unitário é $\mathscr{L}^{-1}[C(s)] = c(t) = 1 - 0{,}6e^{-0{,}5t} - 0{,}4e^{-3t}$.

13.34 Determine a relação entre os zeros de malha fechada e os polos e zeros de G e H, supondo que não há cancelamentos.

Seja $G = N_1/D_1$ e $H = N_2/D_2$ onde N_1 e D_1 são polinômios do numerador (zeros) e denominador (polos) de G, e N_2 e D_2 são polinômios do numerador e denominador de H. Então,

$$\frac{C}{R} = \frac{G}{1+GH} = \frac{N_1 D_2}{D_1 D_2 + N_1 N_2}$$

Assim, os zeros de malha fechada são iguais aos zeros de G e os polos de H.

Margens de ganho e de fase

13.35 Determine a margem de ganho do sistema do Exemplo 13.8, para $K = 6$.

O fator de ganho no cruzamento do eixo $j\omega$ é 48, como mostra a Figura 13-12. Por consequência, a margem de ganho é $48/6 = 8$.

13.36 Mostre como uma Tabela de Routh (Seção 5.3) pode ser usada para determinar a frequência e o ganho no cruzamento do eixo $j\omega$.

Na Seção 5.3, foi mostrado que uma linha de zeros na linha s^1 da Tabela de Routh indica que o polinômio tem um par de raízes que satisfazem a equação auxiliar $As^2 + B = 0$ em que A e B são o primeiro e segundo elementos da linha s^2. Se A e B têm o mesmo sinal, as raízes da equação auxiliar são imaginárias (sobre o eixo $j\omega$). Assim, se uma Tabela de Routh é construída para a equação característica de um sistema, os valores de K e ω correspondentes aos cruzamentos do eixo $j\omega$ podem ser determinados. Por exemplo, consideremos um sistema com a função de transferência de malha aberta

$$GH = \frac{K}{s(s+2)^2}$$

A equação característica para este sistema é

$$s^3 + 4s^2 + 4s + K = 0$$

A Tabela de Routh para o polinômio característico é

$$\begin{array}{c|cc} s^3 & 1 & 4 \\ s^2 & 4 & K \\ s^1 & (16-K)/4 & \\ s^0 & K & \end{array}$$

A linha s^1 é zero para $K = 16$. A equação auxiliar então se torna

$$4s^2 + 16 = 0$$

Assim, para $K = 16$, a equação característica tem soluções (polos de malha fechada) em $s = \pm j2$, e o lugar das raízes cruza o eixo $j\omega$ em $j2$.

13.37 Determine a margem de fase para o sistema do Exemplo 13.8 (Figura 13-12) para $K = 6$.

Primeiro, o ponto sobre o eixo $j\omega$ para o qual $|GH(j\omega)| = 1$ é determinado por tentativa e erro como sendo $j0{,}7$. Então, $GH(j0{,}7)$ é calculado como $-120°$. Por consequência, a margem de fase é $180° - 120° = 60°$.

13.38 É necessário construir o lugar completo das raízes, a fim de determinar as margens de ganho e fase de um sistema?

Não. Apenas um ponto sobre o lugar das raízes é necessário para determinar a margem de ganho. Este ponto, em ω_π, em que o lugar das raízes cruza o limite da estabilidade, pode ser determinado por tentativa e erro ou pelo uso de uma Tabela de Routh, como descrito no Problema 13.36. Para determinar a margem de fase, é apenas necessário determinar o ponto no limite da estabilidade em que $|GH(j\omega)| = 1$. Embora o gráfico completo do lugar das raízes não seja necessário, ele pode ser útil, especialmente no caso de cruzamentos múltiplos no limite da estabilidade.

Razão de amortecimento a partir do lugar das raízes para sistemas contínuos

13.39 Demonstre a Equação (13.18).

As raízes de $s^2 + 2\zeta\omega_n s + \omega_n^2$ são $s_{1,2} = 2\omega_n \pm j\omega_n\sqrt{1-\zeta^2}$. Então,

$$|s_1| = |s_2| = \sqrt{\zeta^2\omega_n^2 + \omega_n^2(1-\zeta^2)} = \omega_n$$

e

$$\arg s_{1,2} = \mp \operatorname{tg}^{-1}\left(\sqrt{1-\zeta^2}/\zeta\right) \equiv 180° \pm \theta$$

ou $s_{1,2} = \omega_n \underline{/180° \pm \theta}$. Portanto, $\cos\theta = \zeta\omega_n/\omega_n = \zeta$.

13.40 Determine o valor positivo do ganho que resulta numa razão de amortecimento de 0,55 para os polos complexos sobre o lugar das raízes mostrado na Figura 13-12.

O ângulo dos polos desejado é $\theta = \cos^{-1} 0{,}55 = 56{,}6°$. Uma linha desenhada a partir da origem em um ângulo de $55{,}6°$ com o eixo real negativo intercepta o lugar das raízes da Figura 13-12 em $K = 7$.

13.41 Determine a razão de amortecimento dos polos complexos do Problema 13-26 para $K = 3{,}5$.

Uma linha desenhada a partir do lugar das raízes em $K = 3{,}5$ para a origem faz um ângulo de $53°$ com o eixo real negativo. Por consequência, a razão de amortecimento dos polos complexos é $\zeta = \cos 53° = 0{,}6$.

Problemas Complementares

13.42 Determine o ângulo e o módulo de

$$GH = \frac{16(s+1)}{s(s+2)(s+4)}$$

nos seguintes pontos no plano s: (a) $s = j2$, (b) $s = -2 + j2$, (c) $s = -4 + j2$, (d) $s = -6$, (e) $s = -3$.

13.43 Determine o ângulo e o módulo de

$$GH = \frac{20(s+10+j10)(s+10-j10)}{(s+10)(s+15)(s+25)}$$

nos seguintes pontos no plano s: (a) $s = j10$, (b) $s = j20$, (c) $s = -10 + j20$, (d) $s = -20 + j20$, (e) $s = -15 + j5$.

13.44 Para cada função de transferência, determine os pontos de separação sobre o lugar das raízes:

(a) $GH = \dfrac{K}{s(s+6)(s+8)}$, (b) $GH = \dfrac{K(s+5)}{(s+2)(s+4)}$, (c) $GH = \dfrac{K(s+1)}{s^2(s+9)}$.

13.45 Determine o ângulo de partida do lugar das raízes a partir do polo em $s = -10 + j10$ para

$$GH = \frac{K(s+8)}{(s+14)(s+10+j10)(s+10-j10)} \qquad K > 0$$

13.46 Determine o ângulo de partida do lugar das raízes do polo em $s = -15 + j9$ para

$$GH = \frac{K}{(s+5)(s+10)(s+15+j9)(s+15-j9)} \qquad K > 0$$

13.47 Determine o ângulo de chegada do lugar das raízes para o zero em $s = -7 + j5$ para

$$GH = \frac{K(s+7+j5)(s+7-j5)}{(s+3)(s+5)(s+10)} \qquad K > 0$$

13.48 Construa o lugar das raízes para $K > 0$ para a função de transferência do Problema 13.44(a).

13.49 Construa o lugar das raízes para $K > 0$ para a função de transferência do Problema 13.44(c).

13.50 Construa o lugar das raízes para $K > 0$ para a função de transferência do Problema 13.45.

13.51 Construa o lugar das raízes para $K > 0$ para a função de transferência do Problema 13.46.

13.52 Determine as margens de ganho e fase para o sistema com a função de transferência de malha aberta do Problema 13.46 se o fator de ganho K for igual a 20.000.

Respostas Selecionadas

13.42 (a) arg $GH = -99°$, $|GH| = 1,5$; (b) arg $GH = -153°$, $|GH| = 2,3$; (c) arg $GH = -232°$, $|GH| = 1,8$; (d) arg $GH = 0°$, $|GH| = 1,7$; (e) arg $GH = -180°$, $|GH| = 10,7$

13.43 (a) arg $GH = -38°$, $|GH| = 0,68$; (b) arg $GH = -40°$, $|GH| = 0,37$; (c) arg $GH = -41°$, $|GH| = 0,60$; (d) arg $GH = -56°$, $|GH| = 0,95$; (e) arg $GH = +80°$, $|GH| = 6,3$

13.44 (a) $\sigma_b = -2{,}25, -7{,}07$; (b) $\sigma_b = -3{,}27, -6{,}73$; (c) $\sigma_b = 0, -3$

13.45 $\theta_D = 124°$

13.46 $\theta_D = 193°$

13.47 $\theta_A = 28°$

13.52 Margem de ganho = 3,7; margem de fase = 102°.

Capítulo 14

Projeto pelo Lugar das Raízes

14.1 O PROBLEMA DO PROJETO

O método do lugar das raízes pode ser usado bastante efetivamente no projeto de sistemas de controle, contínuos ou discretos no tempo, com realimentação, porque ele mostra graficamente a variação dos polos de malha fechada do sistema como uma função do fator de ganho K. Na sua forma mais simples, o projeto é realizado escolhendo-se o valor de K que resulte num desempenho de malha fechada satisfatório. Este é chamado de compensação do fator de ganho (ver Seção 12.2). As especificações sobre erros de estado permanente permissíveis geralmente tomam a forma de um fator de um valor mínimo de K, expresso em termos de constates de erro, por exemplo, K_p, K_v e K_a (Capítulo 9). Se não for possível satisfazer todas as especificações do sistema usando apenas a compensação do fator de ganho, outra forma de compensação pode ser adicionada ao sistema para alterar o lugar das raízes conforme necessário, por exemplo, redes de atraso, avanço e atraso-avanço, ou controladores PID.

Para realizar o projeto do sistema no plano s ou plano z usando técnicas do lugar das raízes, é necessário interpretar as especificações do sistema em termos de configurações de polos e zeros desejadas.

Os programas de computadores digitais para a construção do lugar das raízes pode ser muito útil no projeto de sistemas, bem como na análise conforme indicado no Capítulo 13.

Exemplo 14.1 Considere o projeto de um sistema de realimentação unitária com a planta $G = K/(s+1)(s+3)$ e as seguintes especificações: (1) sobrelevação (*overshoot*) menor do que 20%, (2) $K_p \geq 4$, (3) tempo de subida de 10 a 90% menor do que 1 segundo.

O lugar das raízes para este sistema é mostrado na Figura 14-1. A função de transferência de malha fechada do sistema pode ser escrita da seguinte forma

$$\frac{C}{R} = \frac{K}{s^2 + 2\zeta\omega_n s + \omega_n^2}$$

Figura 14-1

em que ζ e ω_n podem ser determinadas a partir do lugar das raízes para um dado valor de K. Para satisfazer a primeira especificação, ζ deve ser maior do que 0,45 (ver Figura 3-4). Então, a partir do lugar das raízes, vemos que K deve ser maior do que 16 (ver Seção 13.12). Para este sistema, K_p é dado por $K/3$. Assim, para satisfazer a segunda especificação, K deve ser maior do que 12. O tempo de subida é uma função de ζ e ω_n. Suponha que seja escolhido um valor experimental $K = 13$. Nesse caso, $\zeta = 0,5$, $\omega_n = 4$, e o tempo de subida é de 0,5 segundo. Por consequência, todas as especificações podem ser satisfeitas fazendo $K = 13$. Note que se a especificação de K_p for maior do que 5,33, ou a especificação do tempo de subida for menor do que 0,34 segundos, todas as especificações não podem ser satisfeitas simplesmente ajustando o fator de ganho de malha aberta.

14.2 COMPENSAÇÃO POR CANCELAMENTO

Se a configuração de polos e zeros de uma planta é tal que as especificações do sistema não podem ser satisfeitas por um ajuste do fator de ganho de malha aberta, um compensador em cascata, como é mostrado na Figura 14-2, pode ser adicionado ao sistema para cancelar alguns ou todos os polos e zeros da planta. Devido às considerações de realizabilidade, o compensador não deve ter mais zeros do que polos. Consequentemente, quando são cancelados polos da planta por zeros do compensador, o compensador também adiciona novos polos à função de transferência da malha direta. A ideia desta técnica de compensação é substituir polos indesejáveis por desejáveis.

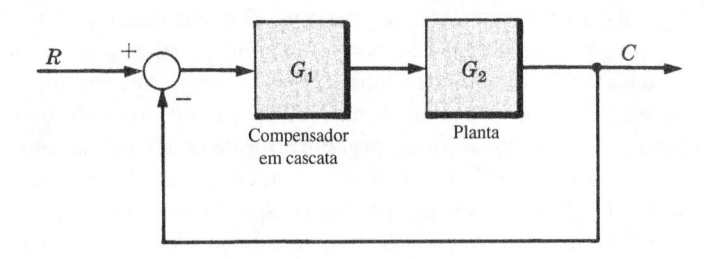

Figura 14-2

A dificuldade encontrada na aplicação deste esquema está no fato de que nem sempre é evidente qual a configuração de polos e zeros de malha aberta desejável do ponto de vista de satisfazer especificações sobre o desempenho de malha fechada.

Algumas situações nas quais a compensação por cancelamento pode ser usada com vantagem são as seguintes:

1. Se as especificações sobre o tempo de subida do sistema ou largura de faixa não podem ser satisfeitas sem compensação, o cancelamento dos polos de baixa frequência e substituição com polos de alta frequência é útil.
2. Se as especificações sobre erros de estado permanente permissíveis não podem ser satisfeitas, um polo de baixa frequência pode ser cancelado e substituído por um polo de frequência mais baixa proporcionando um ganho de malha direta maior em baixas frequências.
3. Se os polos com menores razões de amortecimento estão presentes na função de transferência da planta, eles podem ser cancelados e substituídos por polos que têm razões de amortecimentos maiores.

14.3 COMPENSAÇÃO DE FASE: REDES DE AVANÇO E ATRASO

Um compensador em cascata pode ser adicionado a um sistema para alterar as características de fase da função de transferência de malha aberta de maneira que afete favoravelmente o desempenho do sistema. Estes efeitos foram mostrados no domínio de frequência para redes de avanço, atraso e atraso-avanço usando Diagramas Polares no Capítulo 12. As Seções 12.4 a 12.7 resumem os efeitos gerais dessas redes.

Os mapas de polos e zeros de uma rede de avanço e de uma de atraso são mostrados nas Figuras 14-3 e 14-4. Note que uma rede de avanço faz uma contribuição positiva para a fase, e uma rede de atraso faz uma contribuição negativa. Uma rede de atraso-avanço pode ser obtida combinando apropriadamente uma rede de atraso e uma de avanço em série ou a partir da implementação descrita no Problema 6.14.

Visto que o lugar das raízes do sistema compensado é determinado pelos pontos no plano complexo para os quais o ângulo de fase de $G = G_1 G_2$ é igual a $-180°$, os ramos dos lugares podem ser movidos pela seleção apropriada do ângulo de fase proporcionado pelo compensador. Em geral, a compensação em avanço tem o efeito de movimentar o lugar para a esquerda.

$$\arg P_{\text{Avanço}} = \theta_a - \theta_b > 0$$

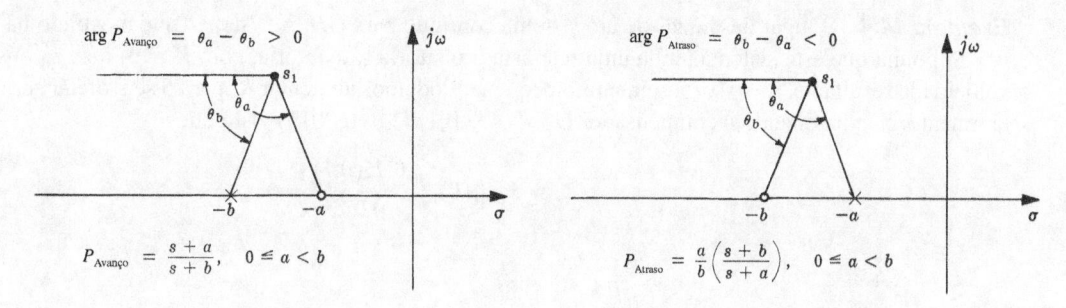

$$P_{\text{Avanço}} = \frac{s+a}{s+b}, \quad 0 \leq a < b$$

Figura 14-3

$$\arg P_{\text{Atraso}} = \theta_b - \theta_a < 0$$

$$P_{\text{Atraso}} = \frac{a}{b}\left(\frac{s+b}{s+a}\right), \quad 0 \leq a < b$$

Figura 14-4

Exemplo 14.2 O compensador de avanço de fase $G_1 = (s+2)/(s+8)$ altera o lugar das raízes do sistema com a planta $G_2 = K/(s+1)^2$, como é ilustrado na Figura 14-5.

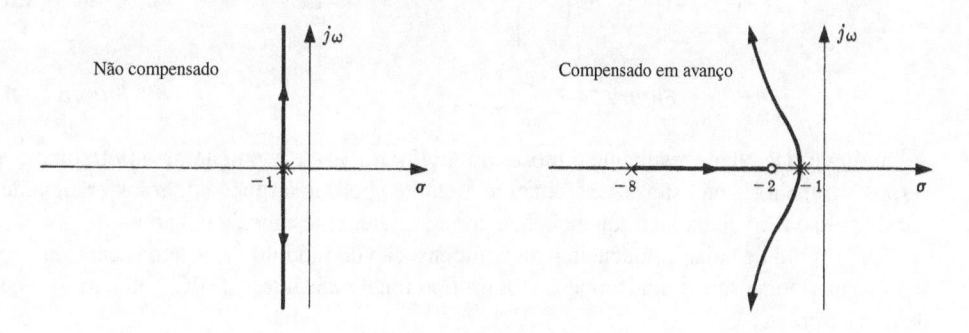

Figura 14-5

Exemplo 14.3 O uso de uma *compensação em atraso simples* (um polo em –1, nenhum zero) para alterar o ângulo de separação do lugar das raízes de um par de polos complexos é ilustrado na Figura 14.6.

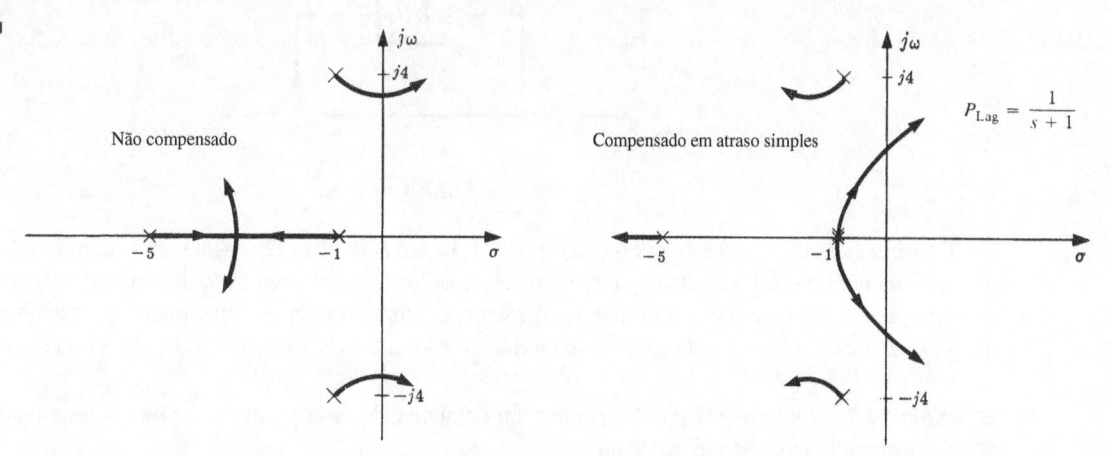

$$P_{\text{Lag}} = \frac{1}{s+1}$$

Figura 14-6

14.4 COMPENSAÇÃO DE MÓDULO E COMBINAÇÃO DE COMPENSADORES

As redes de compensação podem ser empregadas para alterar característica de malha fechada ($|(C/R)(\omega)|$) de um sistema de controle com realimentação. A característica de baixa frequência pode ser modificada pela adição de um par de polo e zero de baixa frequência, ou **dipolo**, de tal maneira que o desempenho em alta frequência fique essencialmente inalterado.

Exemplo 14.4 O lugar das raízes de um sistema contínuo para $GH = K/s(s + 2)^2$ é mostrado na Figura 14-7.

Suponha que este sistema tenha uma resposta transitória satisfatória, com $K = 3$, mas a constante de erro de velocidade resultante, $K_v = 0{,}75$, seja muito pequena. Podemos aumentar K_v para 5 sem afetar seriamente a resposta transitória, adicionando o compensador $G_1 = (s + 0{,}1)/(s + 0{,}0015)$ visto que

$$K'_v = K_v G_1(0) = \frac{0{,}75(0{,}1)}{0{,}015} = 5$$

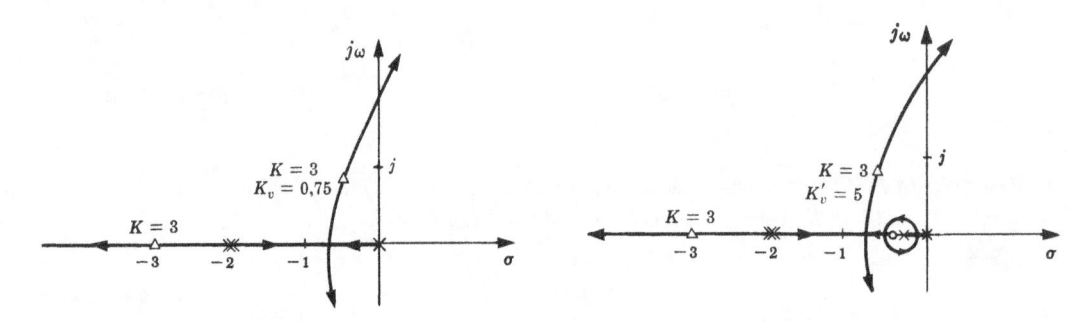

Figura 14-7

Figura 14-8

O lugar das raízes resultante é mostrado na Figura 14-7. A porção de alta frequência do lugar das raízes e a resposta transitória não são essencialmente afetados, porque a função de transferência de malha fechada tem um par de polo e zero de baixa frequência que aproximadamente cancela um ao outro.

Um dipolo de baixa frequência para compensação de módulo de sistemas contínuos pode ser sintetizado com o polo na origem usando um compensador proporcional mais integral (PI), como mostra a Figura 14-9, cuja função de transferência é

$$G_1 = \frac{s + K_I}{s}$$

Figura 14-9

Combinações de vários esquemas de compensação são algumas vezes necessárias para satisfazer as exigências ou performances da resposta em regime permanente ou transitório, conforme ilustrado no seguinte exemplo. Este exemplo, resolvido pelo método do lugar das raízes, é outra maneira de solucionar o problema do Exemplo 12.7, no qual utilizamos o método de Nyquist, e também o Exemplo 16.6, no qual utilizamos o método de Bode.

Exemplo 14.5 Nosso objetivo é determinar um compensador apropriado $G_1(z)$ para o sistema discreto no tempo com realimentação unitária com

$$G_2(z) = \frac{3(z+1)\left(z+\frac{1}{3}\right)}{8z(z+0{,}5)}$$

O sistema de malha fechada resultante deve satisfazer as seguintes especificações de desempenho:

1. Erro de estado permanente menor ou igual a 0,02 para uma entrada rampa unitária.
2. Margem de fase $= \phi_{\mathrm{PM}} \geq 30°$.
3. Frequência de cruzamento de ganho $\omega_1 \geq 10$ rad/s, em que $T = 0{,}1$ s.

Para um sistema ter um erro permanente finito, com uma entrada em rampa, ele deve ser do tipo 1. Portanto, a compensação deve fornecer um polo em $z = 1$. Considere o compensador

$$G_1' = \frac{K_1}{z-1}$$

A função de transferência da malha direta passa a ser então

$$G_1'G_2(z) = \frac{3K_1(z+1)\left(z+\frac{1}{3}\right)}{8(z-1)z(z+0,5)}$$

A partir da Seção 9.9, o coeficiente do erro de velocidade é

$$K_v = \frac{3K_1(1+1)\left(1+\frac{1}{3}\right)}{8(1)(1+0,5)} = 0,667K_1$$

Agora, para o sistema ter um erro de estado permanente menor do que 0,02 com uma entrada em rampa, devemos ter $K_v \geq 5$ ou $K_1 \geq 7,5$. Para investigar os efeitos do acréscimo de ganho, considere o lugar das raízes para

$$G_1'G_2(z) = \frac{K(z+1)\left(z+\frac{1}{3}\right)}{z(z+0,5)(z-1)}$$

em que $K = 3K_1/8$. Este lugar das raízes foi construído no Problema 13.31 e repetido na Figura 14-10.

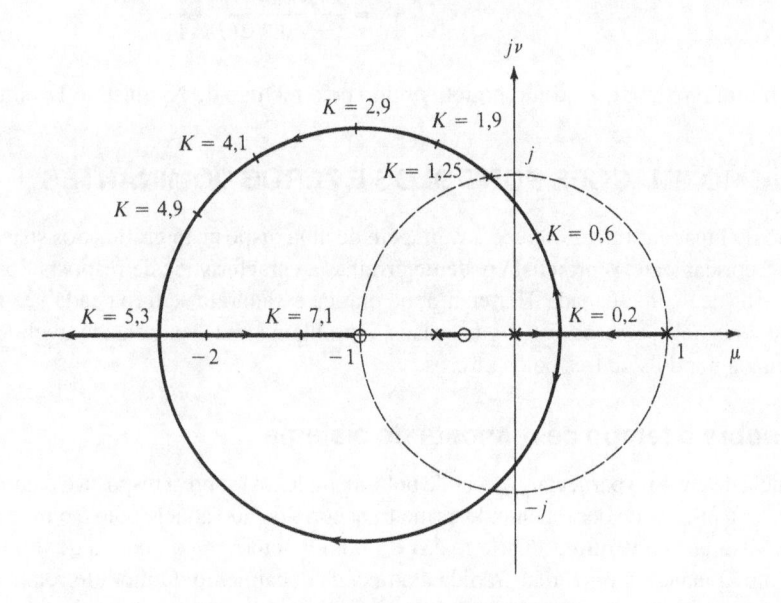

Figura 14-10

No ponto $z = -0,18 + j0,98$ em que o lugar das raízes cruza o círculo unitário, $\omega_\pi T = 1,75$ rad e $K = 1,25$. Visto que isso é menor do que o ganho $K_1 = 7,5$ necessário para tornar $K_v = 5$, a compensação com fator de ganho simples é insuficiente.

O próximo passo é avaliar o módulo e a fase de $G_1'G_2(z)$ na frequência de cruzamento de ganho mínima necessária, $\omega_1 = 10$, ou $\omega_1 T = 1$ rad. Este é o ponto $z = e^{j\omega T} = e^j$ no círculo unitário. Neste ponto, $|G_1'G_2(e^j)| = 1,66K$ e arg $G_1'G_2(e^j) = -142,5°$. Se o ganho K for ajustado de modo que $|G_1'G_2(e^j)| = 1$, ou seja, $K = 0,6$, e a constante de velocidade se torna $K_v = 0,667K_1 = 1,067$.

Para completar o projeto, deve ser acrescentado um ganho adicional para aumentar a constante de velocidade para o valor necessário (5) em baixas frequências, sem alterar significativamente as características de alta frequências obtidas até o momento. Isto requer um ganho adicional de $5/1,067 = 4,69$, que pode ser fornecido por um compensador de atraso. Esse compensador deve ter um ganho em $z = 1$ que é 4,69 vezes maior do que o ganho em

$\omega T = 1$, sem acrescentar um atraso de fase maior do que $7,5°$ em $\omega T = 1$, para satisfazer a necessidade de $\phi_{PM} \geq 30°$. Se um valor de 0,97 for escolhido para o polo do compensador de atraso, o zero deve ser localizado de modo que

$$P_{\text{Atraso}} = \frac{1 - z_1}{1 - 0,97} \geq 4,69$$

ou, $z_1 \leq 0,86$. Se fizermos $z_1 = 0,86$, então

$$|P_{\text{Atraso}}| = \left|\frac{z - 0,86}{z - 0,97}\right| = \begin{cases} 4,7 & \text{para} \quad z = 1 \\ 0,95 & \text{para} \quad z = e^j \end{cases} \quad (\omega T = 1)$$

e
$$\arg P_{\text{Atraso}} = \arg\left(\frac{e^j - 0,86}{e^j - 0,97}\right) = -6,25° \quad \text{para} \quad z = e^j$$

Então, o compensador torna-se

$$G_1 = \frac{K_1(z - 0,86)}{(z - 0,97)(z - 1)}$$

Finalmente, para $\omega_1 T = 1$, precisamos de $|G_1 G_2(e^j)| = 1$, de modo que $K_1 = 1,60/0,95 = 1,68$, para levar em conta o ganho do compensador de atraso em $\omega T = 1$. O compensador completo é

$$G_1 = \frac{1,68(z - 0,86)}{(z - 0,97)(z - 1)}$$

que está muito próximo do mesmo projeto obtido pelo método de Nyquist no Exemplo 12.7.

14.5 APROXIMAÇÕES POR POLOS E ZEROS DOMINANTES

O método do lugar das raízes oferece a vantagem de uma disposição gráfica dos sistemas de polos e zeros de malha fechada. Teoricamente, o projetista pode determinar a característica de resposta dos sistemas a partir do mapa de polos e zeros de malha fechada. Entretanto, na prática essa tarefa se torna cada vez mais difícil para sistemas com quatro ou mais polos e zeros. Em alguns casos, o problema pode ser consideravelmente simplificado se a resposta for dominada por dois ou três polos e zeros.

Efeito sobre o tempo de resposta do sistema

A influência de um polo particular (ou par de polos complexos) sobre a resposta é determinada principalmente por dois fatores: a taxa relativa de decaimento do termo transitório devido àquele polo e o módulo relativo do resíduo no polo.

Para **sistemas contínuos**, a parte real σ do polo p determina a taxa na qual o termo transitório decai devido àquele polo; quanto maior σ, mais rápida é a taxa de decaimento. O módulo relativo do resíduo determina a percentagem da resposta total devido àquele polo particular.

Exemplo 14.6 Considere um sistema com a função de transferência em malha fechada

$$\frac{C}{R} = \frac{5}{(s + 1)(s + 5)}$$

A resposta ao degrau deste sistema é

$$c(t) = 1 - 1,25e^{-t} + 0,25e^{-5t}$$

O termo na resposta, devido ao polo em $s_1 = \sigma_1 = -5$, decai cinco vezes mais rápido do que o termo devido ao polo em $s_2 = \sigma_2 = -1$. Além disso, o resíduo do polo em $s_1 = -5$ é apenas $1/5$ daquele em $s_2 = -1$. Portanto, para muitos fins práticos, o efeito do polo em $s_1 = -5$ pode ser ignorado, e o sistema aproximado por

$$\frac{C}{R} \cong \frac{1}{s+1}$$

O polo em $s_1 = -5$ foi removido da função de transferência, e o numerador foi ajustado para manter o mesmo ganho de estado permanente $((C/R)(0) = 1)$. A resposta do sistema aproximado é $c(t) = 1 - e^{-t}$.

Exemplo 14.7 O sistema com a função de transferência de malha fechada

$$\frac{C}{R} = \frac{5,5(s+0,91)}{(s+1)(s+5)}$$

tem a resposta ao degrau.

$$c(t) = 1 + 0,125e^{-t} - 1,125e^{-5t}$$

Nesse caso, a presença de um zero próximo ao polo, em –1, reduz significativamente o módulo do resíduo naquele polo. Consequentemente, é o polo em –5 que agora domina a resposta do sistema. O polo e o zero de malha fechada de fato cancelam um ao outro e $(C/R)(0) = 1$ de modo que uma função de transferência aproximada é

$$\frac{C}{R} \cong \frac{5}{s+5}$$

e a resposta ao degrau, aproximada, correspondente é $c \cong 1 - e^{-5t}$.

Para os sistemas discretos no tempo com polos distintos (não repetidos) $p_1, p_2,...$, a parte transitória $y_T(k)$ da resposta devido ao polo p tem a forma $y_T(k) = p^k$, $k = 1, 2,...$ (ver Tabela 4.2). Portanto, cada amostra sucessiva no tempo é igual à amostra anterior multiplicada por p, ou seja,

$$y_T(k+1) = p y_T(k)$$

Assim, o módulo de um polo distinto determina a taxa de decaimento da resposta transitória, sendo a taxa de decaimento inversamente proporcional a $|p|$: quanto menor o módulo, mais rápida é a taxa de decaimento. Por exemplo, polos próximos do círculo unitário decaem mais lentamente do que polos próximos da origem, visto que seus módulos são menores.

Para sistemas com polos repetidos, a análise é mais complicada e as aproximações podem não ser apropriadas.

Exemplo 14.8 O sistema discreto com a função de transferência de malha fechada

$$\frac{C}{R} = \frac{0,45z}{(z-0,1)(z-0,5)}$$

tem a resposta ao degrau

$$c(k) = 1 - 1,125(0,5)^k + 0,125(0,1)^k \qquad k = 0, 1, 2, ...$$

Para o termo na resposta devido ao polo em $z = 0,1$, o valor da amostra no instante k é apenas 10% do valor da amostra no instante $k - 1$ e, portanto, ela decai cinco vezes mais rápido do que o termo devido ao polo em $z = 0,5$. O módulo do resíduo em $z = 0,1$ é 0,125, que é 1/9 do módulo do resíduo 1,125 em $z = 0,5$. Consequentemente, para muitos propósitos práticos, o polo em $z = 0,1$ muitas vezes pode ser ignorado e o sistema ser aproximado por

$$\frac{C}{R} \cong \frac{0,5}{z-0,5}$$

em que o numerador foi ajustado para manter o mesmo ganho de estado permanente

$$\frac{C}{R}(1) = 1$$

e o zero em $z = 0$ foi retirado para manter um polo a mais do que os zeros no sistema aproximado. Isto é necessário para dar o mesmo atraso inicial (o tempo de uma amostragem) no sistema aproximado que no sistema original. A resposta ao degrau do sistema aproximado é $c(k) = 1 - (0,5)^k$, $k = 0, 1, 2,...$.

Efeitos nas outras características do sistema

O efeito de um polo de malha fechada no eixo real, em $-p_r < 0$ em relação à sobrelevação e o tempo de subida T_r, de um sistema contínuo, tendo também polos complexos $-p_c$, $-p_c^*$ é ilustrado nas Figuras 14-11 e 14-12. Para

$$\frac{p_r}{\zeta\omega_n} > 5 \tag{14.1}$$

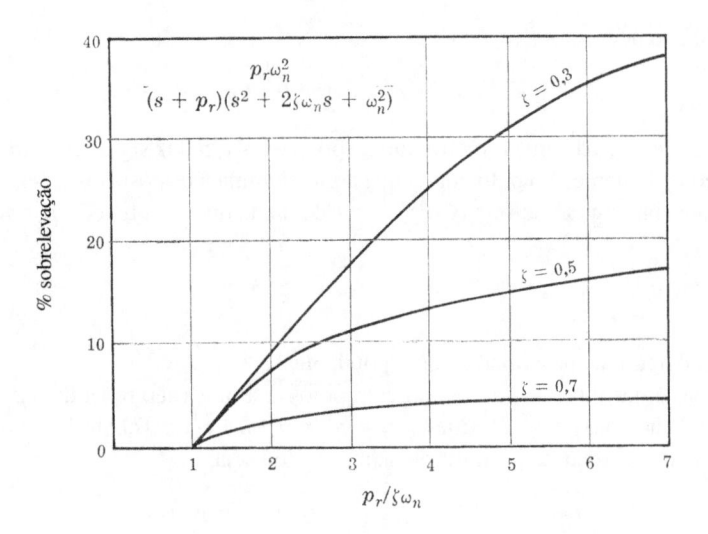

Figura 14-11

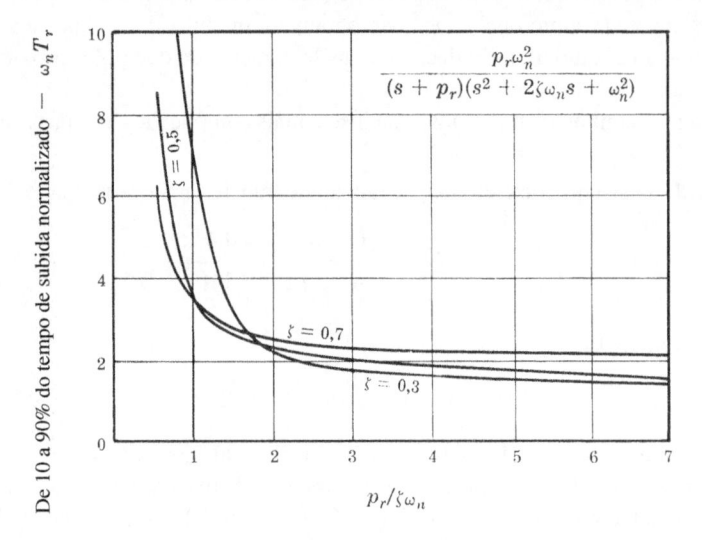

Figura 14-12

a sobrelevação e o tempo de subida tendem para aquela de um sistema de segunda ordem, contendo apenas polos complexos (ver Figura 3-4). Portanto, p_r pode ser desprezado na determinação da sobrelevação e do tempo de subida se $\zeta > 0,5$ e

$$p_r > 5|\mathrm{Re}\, p_c| = 5\zeta\omega_n \tag{14.2}$$

Não há sobrelevação se

$$p_r \leq |\text{Re } p_c| = \zeta\omega_n \tag{14.3}$$

e o tempo de subida tende para aquele do sistema de primeira ordem, contendo apenas o polo do eixo real.

O efeito de um zero de malha fechada no eixo real, em $-z_r < 0$ em relação à sobrelevação e ao tempo de subida T_r, de um sistema contínuo tendo também polos complexos $-p_c$, $-p_c^*$ é ilustrado nas Figuras 14-13 e 14.14. Estes gráficos mostram que z_r pode ser ignorado na determinação da sobrelevação e do tempo de subida se $\zeta > 0,5$ e

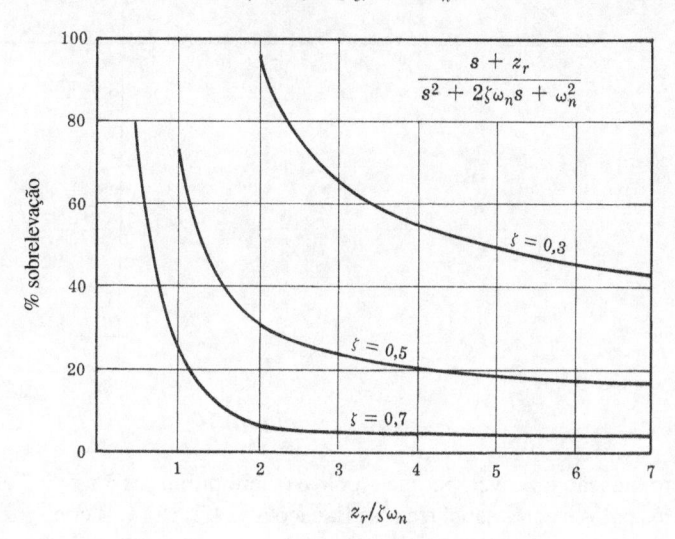

$$z_r > 5|\text{Re } p_c| = 5\zeta\omega_n \tag{14.4}$$

Figura 14-13

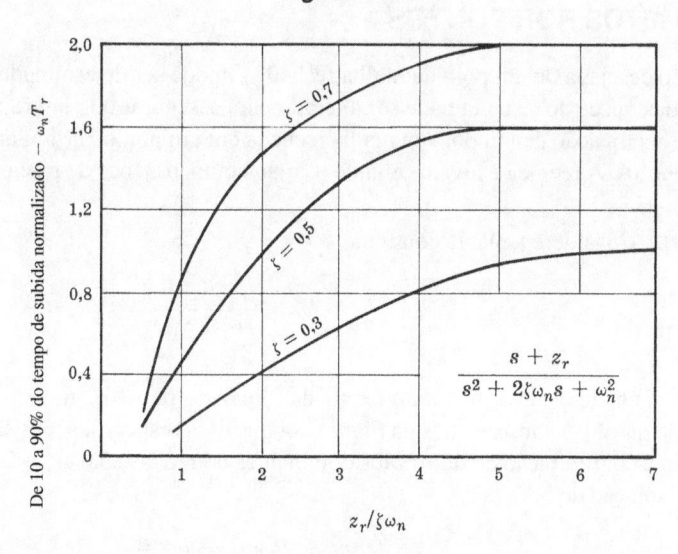

Figura 14-14

Exemplo 14.9 A função de transferência de malha fechada de um sistema contínuo particular é representada pelo mapa de polos e zeros mostrado na Figura 14-15. Dado o ganho de estado permanente $(C/R)(j0) = 1$, uma aproximação por polos e zeros dominante é

$$\frac{C}{R} \cong \frac{4}{s^2 + 2s + 4}$$

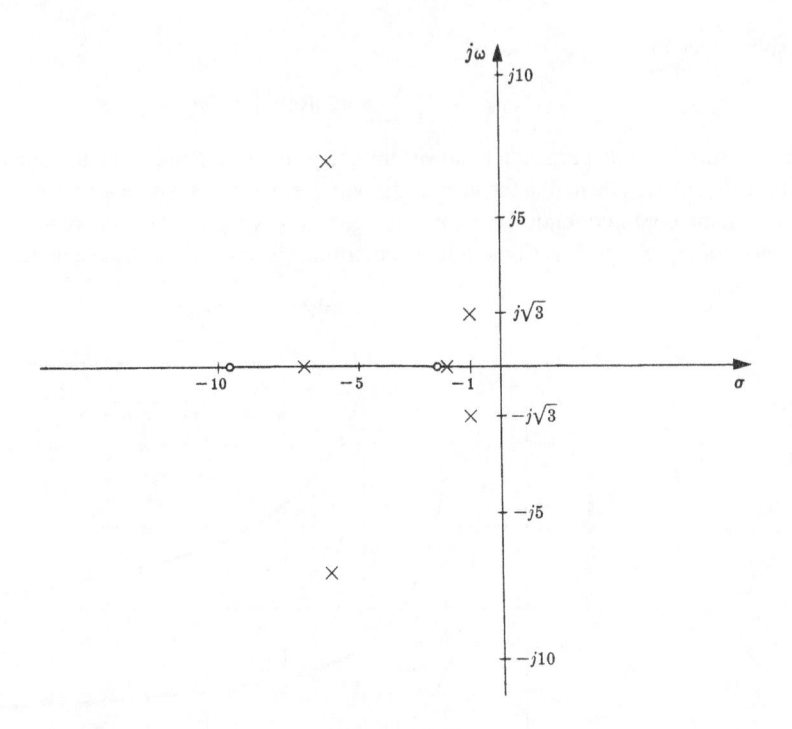

Figura 14-15

Esta é uma aproximação razoável, porque o polo e o zero próximos a $s = -2$ efetivamente cancelam um ao outro, e todos os outros polos e zeros satisfazem as Equações (14.2) e (14.4) com $-p_c = -1 + j\sqrt{3}$ e $\zeta = 0,5$.

14.6 PROJETOS POR PONTOS

Se uma posição desejada de um polo de malha fechada p_1 pode ser determinada a partir das especificações do sistema, o lugar das raízes do sistema pode ser alterado para assegurar que um ramo do lugar passará pelo ponto desejado p_1. A especificação de um polo de malha fechada em um ponto particular do plano complexo é chamado de **projeto por pontos**. A técnica é levada adiante usando compensações de fase e módulo.

Exemplo 14.10 Considere a planta contínua

$$G_2 = \frac{K}{s(s+2)^2}$$

A resposta em malha fechada deve ter um tempo de subida de 10 a 90% menor do que um segundo e uma sobrelevação menor do que 20%. Observamos na Figura 3-4 que essas especificações são satisfeitas se o sistema de malha fechada tem uma configuração de dois polos dominantes com $\zeta = 0,5$ e $\omega_n = 2$. Assim, p_1 é escolhido em $-1 + j\sqrt{3}$, que é uma solução de

$$p_1^2 + 2\zeta\omega_n p_1 + \omega_n^2 = 0$$

para $\zeta = 0,5$ e $\omega_n = 2$. Claramente, $p_1^* = -1 - j\sqrt{3}$ é a solução resultante desta equação quadrática. A orientação de p_1 com respeito aos polos de G_2 é mostrada na Figura 14-16.

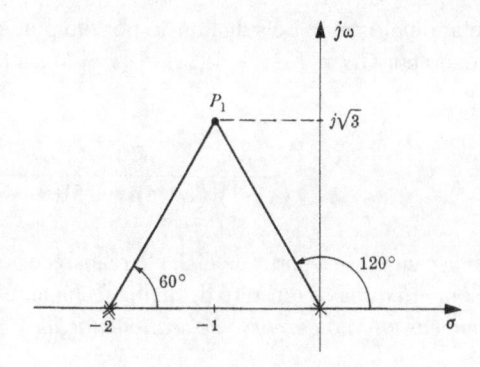

Figura 14-16

O ângulo de fase de G_2 é $-240°$ em p_1. Para que um ramo do lugar das raízes passe por p_1, o sistema deve ser modificado de modo que o ângulo de fase do sistema compensado seja $-180°$ em p_1. Isso pode ser realizado adicionando uma rede de avanço em cascata tendo um ângulo de fase de $240° - 180° = 60°$ em p_1, a qual é satisfeita por

$$G_1 = P_{\text{Avanço}} = \frac{s+1}{s+4}$$

como é mostrado no mapa de polos e zeros da função de transferência de malha aberta compensada, $G_1 G_2$, na Figura 14-17. O polo de malha fechada agora pode ser localizado em p_1 escolhendo-se um valor para K que satisfaça o critério de módulo do lugar das raízes. A solução da Equação (13.5) nos dá $K = 16$. O lugar das raízes, ou o mapa de polos e zeros de malha fechada do sistema compensado, deve ser esboçado para verificar a validade da suposição de dois polos dominantes. A Figura 14-18 mostra que os polos p_1 e p_1^* dominam a resposta.

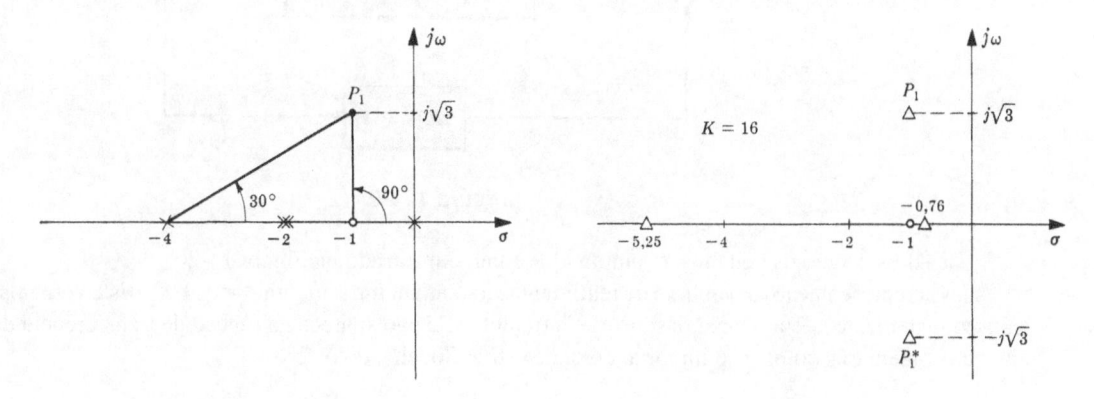

Figura 14-17   *Figura 14-18*

14.7 COMPENSAÇÃO POR REALIMENTAÇÃO

A adição de elementos de compensação num percurso de realimentação de um sistema de controle pode ser empregada no projeto do lugar das raízes de maneira semelhante àquela explicada nas seções anteriores. Os elementos de compensação afetam o lugar das raízes da função de transferência de malha aberta do sistema da mesma maneira. Mas, embora o lugar das raízes seja o mesmo quando o compensador está no percurso direto ou de realimentação, a função de transferência de malha fechada pode ser significativamente diferente. Foi mostrado no Problema 13.34 que os *zeros* de realimentação não aparecem na função de transferência de malha fechada, enquanto os *polos* de realimentação tornam-se zeros da função de transferência de malha fechada (supondo que não haja cancelamento).

Exemplo 14.11 Suponha que um compensador de realimentação tenha sido adicionado a um sistema com a função de transferência direta

$$G = \frac{K}{(s+1)(s+4)(s+5)}$$

numa tentativa de cancelar o polo em -1 e substituí-lo por um polo em -6. Então, o compensador seria $H = (s + 1)/(s + 6)$, GH seria dado por $GH = K/(s + 4)(s + 5)(s + 6)$ e a função de transferência de malha fechada se tornaria

$$\frac{C}{R} = \frac{K(s+6)}{(s+1)[(s+4)(s+5)(s+6)+K]}$$

Embora o polo em -1 seja cancelado a partir de GH, ele reaparece como um polo de *malha fechada*. Além disso, o polo de realimentação em -6 torna-se um zero de malha fechada. Consequentemente, *a técnica de cancelamento não opera com um compensador no percurso de realimentação.*

Exemplo 14.12 O diagrama em blocos da Figura 14-19 contém dois percursos de realimentação.

Figura 14-19

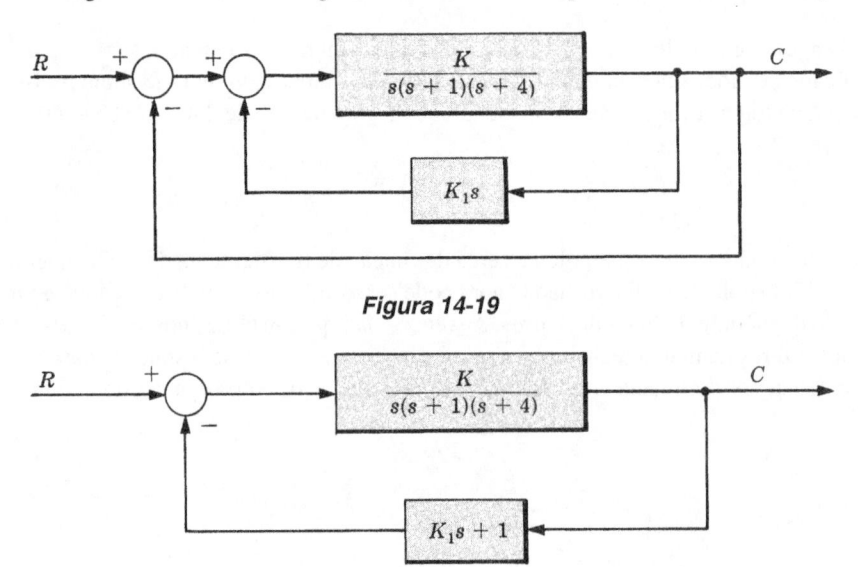

Figura 14-20

Estes dois percursos podem ser combinados como é mostrado na Figura 14-20.

Nessa representação, o percurso de realimentação contém um zero em $s = -1/K_1$. Este zero aparece em GH e, consequentemente, afeta o lugar das raízes. Entretanto, ele não aparece na função de transferência de malha fechada, que contém três polos, não importando onde estiver localizado o zero.

O fato de que os zeros de realimentação aparecem na função de transferência de malha fechada pode ser usado como vantagem da seguinte maneira. Se os polos de malha fechada são desejados em certas localizações do plano complexo, os zero de realimentação podem ser localizados nestes pontos. Visto que os ramos do lugar das raízes terminarão sobre estes zeros, a localização do polo de malha fechada desejada pode ser obtida fixando-se o fator de ganho de malha aberta suficientemente alto.

Exemplo 14.13 O compensador de realimentação do sistema contínuo

$$H = \frac{s^2 + 2s + 4}{(s+6)^2}$$

é adicionado ao sistema com a função de transferência de malha direta

$$G = \frac{K}{s(s+2)}$$

a fim de garantir que os polos de malha fechada dominantes estejam próximos de $s = -1 \pm j\sqrt{3}$. O lugar das raízes resultante é mostrado na Figura 14-21.

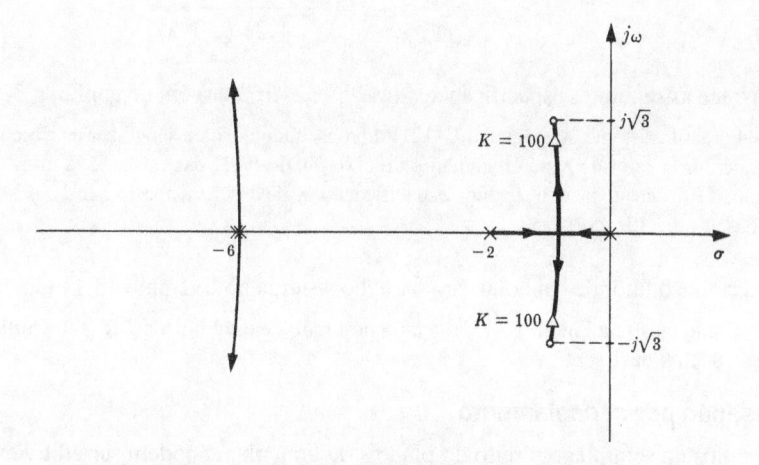

Figura 14-21

Se fizermos $K = 100$, a função de transferência de malha fechada é

$$\frac{C}{R} = \frac{100(s+6)^2}{(s^2 + 1{,}72s + 2{,}96)(s^2 + 12{,}3s + 135)}$$

e o par de polos complexos dominante $s_{1,2} = 0{,}86 \pm j1{,}5$ está suficientemente próximo a $-1 \pm j\sqrt{3}$.

Problemas Resolvidos

Compensação do fator de ganho

14.1 Determine o valor do fator de ganho K para o qual o sistema com função de transferência de malha aberta

$$GH = \frac{K}{s(s+2)(s+4)}$$

tenha polos de malha fechada com uma razão de amortecimento $\zeta = 0{,}5$.

Os polos de malha fechada terão uma razão de amortecimento de 0,5 quando fizerem um ângulo de 60° com o eixo real negativo [Equação (13.18)]. O valor desejado de K é determinado no ponto em que os lugares das raízes cruzam a linha $\zeta = 0{,}5$, no plano s. Um esboço do lugar das raízes é mostrado na Figura 14-22. O valor desejado de K é 8,3.

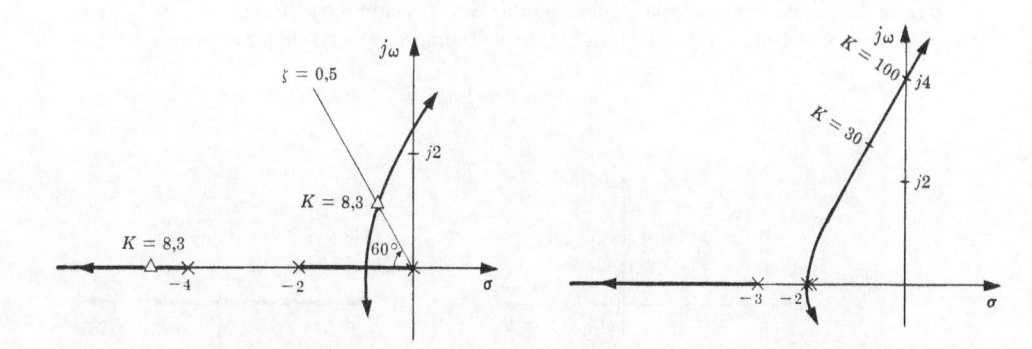

Figura 14-22   **Figura 14-23**

14.2 Determine o valor de K para o qual o sistema com função de transferência de malha aberta

$$GH = \frac{K}{(s+2)^2(s+3)}$$

satisfaça as seguintes especificações: (a) $K_p \geq 2$, (b) margem de ganho ≥ 3.

Para este sistema, K_p é igual a $K/12$. Por consequência, para satisfazer a primeira especificação, K deve ser maior do que 24. O valor de K no cruzamento do eixo $j\omega$, do lugar das raízes, é igual a 100, como mostra a Figura 14-23. Então, a fim de satisfazer a segunda especificação, K deve ser menor do que $100/3 = 33{,}3$. O valor de K que satisfará ambas as especificações é 30.

14.3 Determine o fator de ganho K para o qual o sistema no Exemplo 13.11 tem uma margem de ganho de 2.

Como mostra a Figura 13-15, o ganho no limite de estabilidade é $K = 1$. Portanto, a fim de ter uma margem de ganho de 2, K deve ser 0,5.

Compensação por cancelamento

14.4 Os polos do semiplano direito do plano s de uma planta podem ser efetivamente cancelados por um compensador com um zero no semiplano direito do plano s?

Não. Por exemplo, suponha uma planta particular que tenha função de transferência

$$G_2 = \frac{K}{s-1} \qquad K > 0$$

e um compensador em cascata é adicionado com a função de transferência $G_1 = (s - 1 + \epsilon)/(s + 1)$. O termo ϵ, na função de transferência, representa qualquer pequeno erro entre a localização desejada do zero em $+1$ e a localização real. A função de transferência de malha fechada é, então

$$\frac{C}{R} = \frac{K(s - 1 + \epsilon)}{s^2 + Ks + K\epsilon - K - 1}$$

Aplicando o Critério de Estabilidade de Hurwitz ou Routh (Capítulo 5) ao denominador dessa função de transferência, pode-se ver que o sistema é instável para qualquer valor de K se ϵ for menor do que $(1 + K)/K$, o que é geralmente o caso, porque ϵ representa o erro na localização desejada do zero.

14.5 Para o sistema discreto no tempo com realimentação unitária e com função de transferência de malha direta

$$G_2 = \frac{z+1}{z(z-1)}$$

determine um compensador G_1 que forneça uma resposta *deadbeat* para o sistema de malha fechada.

Para uma resposta *deadbeat* (Seção 10.8), queremos todos os polos de malha fechada em $z = 0$. Um malha de polos e zeros do sistema é mostrada na Figura 14-24(a). Se cancelarmos o polo em $z = 0$ e o zero em $z = -1$, o lugar das raízes passa em $z = 0$, como mostra a Figura 14-24(b). O compensador resultante é então

$$G_1 = \frac{z}{z+1}$$

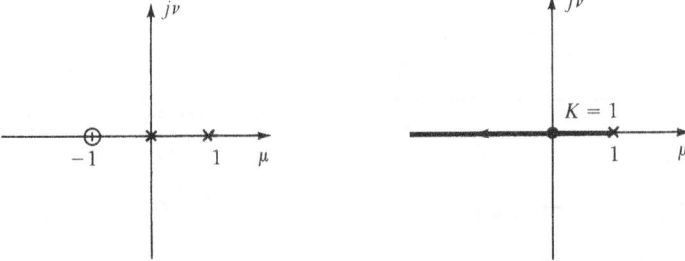

Figura 14-24

e a função de transferência de malha fechada é

$$\frac{C}{R} = \frac{G_1 G_2}{1 + G_1 G_2} = \frac{1}{z}$$

Compensação de fase

14.6 Deseja-se adicionar a um sistema um compensador com um zero em $s = -1$ para produzir 60° de avanço de fase em $s = -2 + j3$. Como pode ser determinada a localização apropriada do *polo*?

Com referência à Figura 14-3, queremos que a contribuição de fase da rede seja $\theta_a - \theta_b = 60°$. A partir da Figura 14-25, $\theta_a = 108°$. Por consequência, $\theta_b = \theta_a - 60° = 48°$, e o polo seria localizado em $s = -4,7$, como mostra a Figura 14-25.

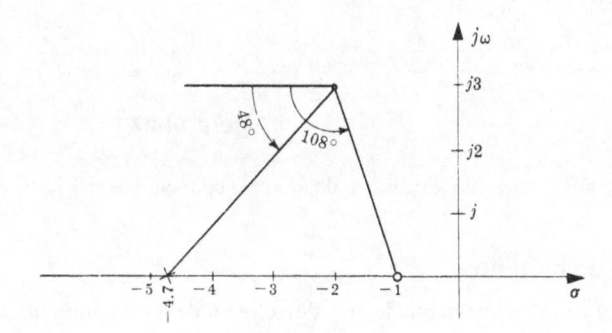

Figura 14-25

14.7 Determine um compensador que mudará o ângulo de partida do lugar das raízes a partir do polo em $s = -0,5 + j$ para $-135°$ relativo à função de transferência da planta

$$G_2 = \frac{K}{s(s^2 + s + 1,25)}$$

O ângulo de partida do sistema não compensado é $-27°$. A fim de mudá-lo para $-135°$, pode ser empregado um compensador de atraso com 108° de atraso de fase em $s = -0,5 + j$. A quantidade desejada de atraso de fase pode ser proporcionada por um compensador de atraso *simples* (um polo, sem zero) com um polo em $s = -0,18$, como mostra a Figura 14-26(a), ou por dois atrasos simples em cascata, com dois polos em $s = -1,22$ como mostra a Figura 14-26(b).

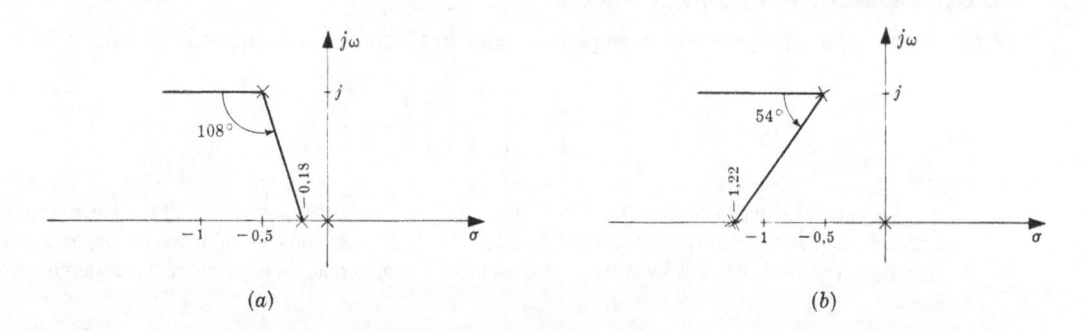

(a)   *(b)*

Figura 14-26

14.8 Determine um compensador para o sistema discreto no tempo com

$$GH(z) = \frac{K}{z(z-1)}$$

que fornece um frequência de cruzamento de fase ω_π tal que $\omega_\pi T = \pi/2$ rad.

Arg GH at $z = e^{j\pi/2} = j$ é determinado a partir do mapa de polos e zeros na Figura 14-27 como sendo –225°. Para que o lugar das raízes passe por este ponto, precisamos somar 45° avanço de fase, de modo que $GH = \pm 180°$. Isto pode ser fornecido por um compensador

$$P_{\text{Avanço}}(z) = \frac{K}{z(z-1)}$$

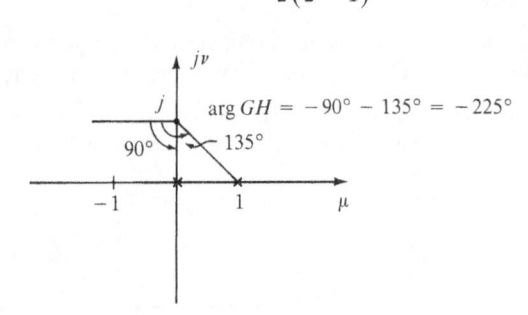

Figura 14-27

O zero em $z = 0$ fornece 90° de avanço de fase, e o polo em $z = -1$ fornece 45° de atraso, resultando em um avanço de 45°.

Compensação de módulo

14.9 No Exemplo 14.4, a constante de erro de velocidade K_v foi aumentada por um fator de $6\frac{2}{3}$, sem aumento do fator de ganho. Como isso foi realizado?

Supõe-se que o compensador G_1 tinha um ganho de alta frequência de 1 e um ganho de baixa frequência (CC) de $6\frac{2}{3}$. Este compensador não podia ser implementado passivamente, porque um compensador de atraso passivo tem um ganho CC de 1. Consequentemente, G_1 deve incluir um amplificador. Um método alternativo seria tornar G_1 um compensador de atraso passivo

$$G'_1 = \frac{0{,}015}{0{,}1}\left(\frac{s + 0{,}1}{s + 0{,}015}\right)$$

e então amplificar o fator de ganho por $6\frac{2}{3}$. Entretanto, quando as técnicas do lugar das raízes são empregadas, geralmente é mais conveniente supor que o compensador apenas adiciona um polo e um zero, como foi feito no Exemplo 14.4. Podem ser feitos ajustes apropriados nos estágios finais do projeto para obter a mais simples e/ou menos cara implementação do compensador.

Aproximações de polo-zero dominante

14.10 Determine a sobrelevação e o tempo de subida do sistema com a função de transferência

$$\frac{C}{R} = \frac{1}{(s+1)(s^2 + s + 1)}$$

Para este sistema, $\omega_n = 1$, $\zeta = 0{,}5$, $p_r = 1$ e $p_r/\zeta\omega_n = 2$. A partir da Figura 14-11, a porcentagem de sobrelevação é de cerca de 8%. O tempo de subida da Figura 14-12 é de 2,4 segundos. Os números correspondentes para um sistema apenas com polos complexos são 18% e 1,6 segundos. Assim, o polo do eixo real reduz a sobrelevação e retarda a resposta.

14.11 Determine a sobrelevação e o tempo de subida do sistema com a função de transferência

$$\frac{C}{R} = \frac{s+1}{s^2 + s + 1}$$

Para este sistema, $\omega_n = 1$, $\zeta = 0{,}5$ e $z_r/\zeta\omega_n = 2$. A partir da Figura 14-13, a porcentagem de sobrelevação é de 31%. A partir da Figura 14-14, o tempo de subida de 10 a 90% é de 1,0 segundo. Os números correspondentes para um sistema sem o zero são 18% e 1,6 segundos. Portanto, o zero do eixo real aumenta a sobrelevação e diminui o tempo de subida, isto é, acelera a resposta.

14.12 Qual é a aproximação de polos e zeros dominante apropriada para o seguinte sistema

$$\frac{C}{R} = \frac{2(s+8)}{(s+1)(s^2+2s+3)(s+6)}$$

O polo do eixo real em $s = -6$ e o zero do eixo real em $s = -8$ satisfazem as Equações (14.2) e (14.4), respectivamente, com relação aos polos complexos ($\zeta\omega_n = 1$ e $\zeta > 0,5$) e, portanto, podem ser desprezados. O polo do eixo real em $s = -1$ e os polos complexos não podem ser desprezados. Por consequência, uma aproximação apropriada (com o mesmo ganho CC) é

$$\frac{C}{R} = \frac{8}{3(s+1)(s^2+2s+3)}$$

14.13 Determine uma aproximação por polo dominante para o sistema discreto no tempo com função de transferência

$$\frac{C}{R} = \frac{0,16}{(z-0,2)(z-0,8)}$$

A resposta ao degrau é dada por

$$c(k) = 1 - 1,33(0,8)^k + 0,33(0,2)^k \qquad k = 0, 1, 2, \ldots$$

O módulo 0,33 do resíduo em $z = 0,2$ é quatro vezes menor do que o módulo 1,33 do resíduo em $z = 0,8$. Além disso, a resposta transitória em função do polo em $z = 0,2$ decai $0,8/0,2 = 4$ vezes mais rápido do que para o polo em $z = 0,8$. Assim, o sistema de malha fechada aproximado deve ter apenas um polo em $z = 0,8$. Entretanto, para manter um atraso de resposta do sistema de duas amostras (o sistema original tem dois polos a mais do que zeros), é necessário acrescentar um polo em $z = 0$ para a aproximação. Então,

$$\frac{C}{R} \cong \frac{0,2}{z(z-0,8)}$$

A resposta ao degrau do sistema aproximado é

$$c(k) = \begin{cases} 0 & \text{para } k = 0 \\ 1 - 1,25(0,8)^k & \text{para } k > 0 \end{cases}$$

Note que o único efeito do polo em $z = 0$ na resposta é atrasá-lo de uma amostra.

Projeto por pontos

14.14 Determine K, a e b, de modo que o sistema com função de transferência de malha aberta

$$GH = \frac{K(s+a)}{(s+b)(s+2)^2(s+4)}$$

tenha um polo de malha fechada em $p_1 = -2 + j3$.

O ângulo de contribuição para o arg $GH(s_1)$ pelos polos em $s = -2$ e $s = -4$ é 237°. Para satisfazer o critério de ângulo, as contribuições de ângulo do zero em $s = -a$ e o polo $s = -b$ devem totalizar $-180° - (-237°) = 57°$. Visto que este é um ângulo positivo, o zero deve estar mais afastado para a direita do que o polo ($b > a$). Tanto a quanto b podem ser escolhidos arbitrariamente, desde que o restante possa ser fixado no semiplano esquerdo do plano s finito, para dar a contribuição total de 57°. Seja a igual a 2, resultando em uma contribuição de fase de 90°. Então b deve ser colocado onde a contribuição do polo é de $-33°$. Uma linha desenhada de p_1 em 33° intercepta o eixo real em 6,6 = b, como mostra a Figura 14-28.

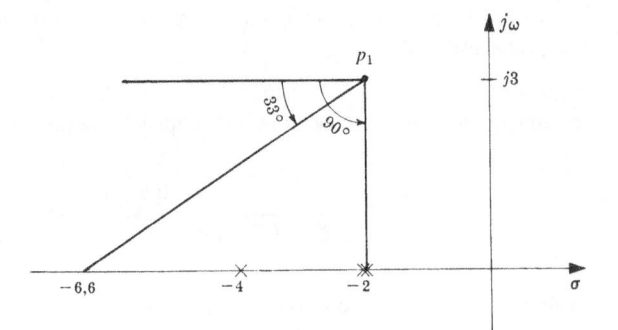

Figura 14-28

O valor de K, necessário para satisfazer o critério de módulo desejado, em p_1 pode agora ser calculado usando os valores escolhidos de a e b. A partir do cálculo seguinte, o valor desejado de K é

$$\left| \frac{(p_1+6,6)(p_1+2)^2(p_1+4)}{(p_1+2)} \right|_{p_1=-2+j3} = 60$$

14.15 Determine a compensação necessária para um sistema com a função de transferência da planta

$$G_2 = \frac{K}{(s+8)(s+14)(s+20)}$$

para satisfazer as seguintes especificações: (a) sobrelevação $\leq 5\%$, (b) tempo de subida de 10 a 90% $T_r \leq$ 150 ms, (c) $K_p > 6$.

A primeira especificação pode ser satisfeita com uma função de transferência de malha fechada, cuja resposta é dominada pelos dois polos complexos com $\zeta \geq 0,7$ como é visto na Figura 3-4. Uma ampla variedade de configurações de polos e zeros dominantes pode satisfazer a especificação de sobrelevação; mas a configuração de dois polos é geralmente a forma mais simples obtida. Mas também vemos na Figura 3-4 que, se $\zeta = 0,7$, o tempo de subida normalizado de 10% a 90% é cerca de $\omega_n T_r = 2,2$. Assim, a fim de satisfazer a segunda especificação, com $\zeta = 0,7$, temos $T_r = 2,2/\omega_n \leq 0,15$ segundos ou $\omega_n \geq 14,7$ rad/seg.

Escolhamos $\omega_n = 17$, a fim de obter alguma margem, em relação à especificação do tempo de subida. Outros polos de malha fechada, que podem aparecer no final do projeto, podem reduzir a resposta. Assim, para satisfazer as primeiras duas especificações, projetaremos um sistema para ter a resposta de dois polos dominantes com $\zeta = 0,7$ e $\omega_n = 17$. Uma avaliação no plano s de $G_2(p_1)$, onde $p_1 = -12 + j12$ (que corresponde a $\zeta = 0,7$, $\omega_n = 17$), resulta em arg $G_2(p_1) = -245°$. Então, para satisfazer o critério de ângulo de p_1, devemos compensar o sistema com um avanço de fase, de modo que o ângulo total se torne $-180°$. Por consequência, adicionamos um compensador de avanço em cascata, com $245° - 180° = 65°$ de avanço de fase em p_1. Colocando arbitrariamente o zero do compensador de avanço em $s = -8$ obtemos $\theta_a = 108°$ (ver Figura 14-3). Então, visto que desejamos $\theta_a - \theta_b = 65°$, $\theta_b = 108° - 65° = 43°$. Desenhando uma linha de p_1 para o eixo real no θ_b desejado, determine a localização do polo em $s = -25$. A adição do compensador de avanço com $a = 8$ e $b = 25$ nos dá uma função de transferência de malha aberta

$$G_2 G_{\text{Avanço}} = \frac{K}{(s+14)(s+20)(s+25)}$$

o valor de K necessário para satisfazer o critério de módulo em p_1 é $K = 3100$. A constante de erro posicional resultante, para este projeto, é $K_p = 3100/(14)(20)(25) = 0,444$, que é substancialmente menor que o valor especificado de 6 ou mais. K_p pode ser aumentado ligeiramente tentando-se outros pontos de projeto (ω_n maior); mas o K_p desejado não pode ser obtido sem alguma forma de compensação do módulo de baixa frequência. O aumento desejado de $6/0,444 = 13,5$ e pode ser obtido com um compensador de atraso de baixa frequência com $b/a = 13,5$. A única outra exigência é que a e b para o compensador de atraso devem ser suficientemente pequenos, de modo a não afetar o projeto de alta frequência, realizado com a rede de avanço. Isto é,

$$\arg P_{\text{Atraso}}(p_1) \cong 0$$

Seja $b = 1$ e $a = 0{,}074$. Então, o compensador desejado é

$$G_{\text{Atraso}} = \frac{s+1}{s+0{,}074}$$

Para sintetizar este compensador usando uma rede de atraso convencional, com a função de transferência

$$P_{\text{Atraso}} = \frac{0{,}074(s+1)}{s+0{,}074}$$

é necessário um amplificador adicional com o ganho de 13,5; equivalentemente, o valor de projeto de K, escolhido acima, pode ser aumentado de 13,5. Com qualquer implementação prática, a função de transferência de malha aberta total é

$$GH = \frac{3100(s+1)}{(s+0{,}075)(s+14)(s+20)(s+25)}$$

Os polos e zeros de malha fechada são mostrados na Figura 14-29. O polo e o zero de baixa frequência cancelam-se efetivamente um ao outro. O polo do eixo real em $s = -35$ afetará ligeiramente a resposta do sistema, porque $p_r/\zeta\omega_n$, para este polo, é apenas de cerca de 3 [Equação (14.2)]. Entretanto, a referência às Figuras 14-11 e 14-12 verifica que a sobrelevação e o tempo de subida estão ainda bem dentro das especificações. Se o sistema foi projetado para satisfazer escassamente a especificação desejada do tempo de subida, com aproximação de dois polos dominantes, a presença do polo adicional na função de transferência de malha fechada pode reduzir a resposta o suficiente para não satisfazer a especificação.

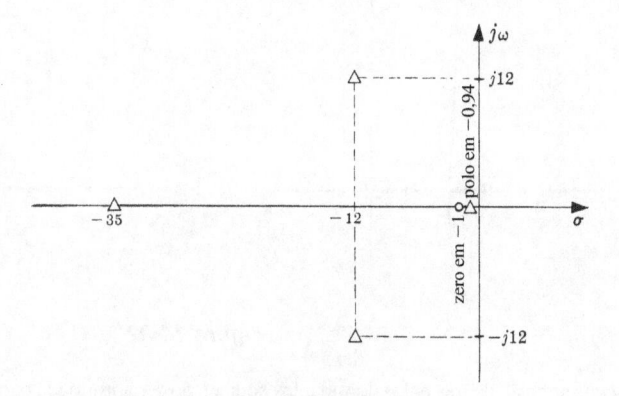

Figura 14-29

Compensação por realimentação

14.16 Um sistema de controle posicional com o percurso de realimentação a tacômetro tem o diagrama em blocos mostrado na Figura 14-30. Determine os valores de K_1 e K_2 que resultem num projeto de sistema que proporcione tempo de subida de 10 a 90% de menos de um segundo e uma sobrelevação de menos de 20%.

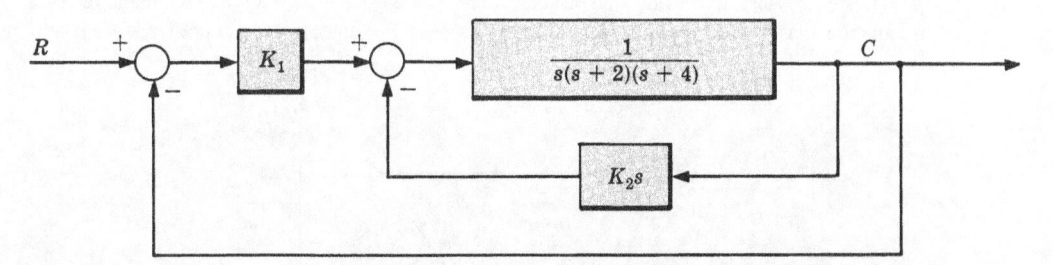

Figura 14-30

Uma maneira imediata de realizar este projeto é determinar um ponto de projeto apropriado, no plano s e usar a técnica de projeto por pontos. Se os dois percursos de realimentação são combinados, é obtido o diagrama em blocos mostrado na Figura 14-31.

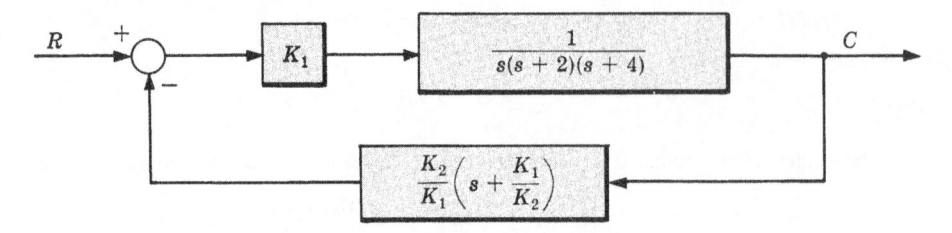

Para esta configuração

$$GH = \frac{K_2(s + K_1/K_2)}{s(s+2)(s+4)}$$

A localização do zero em $s = -K_1/K_2$ aparece no percurso de realimentação e o fator de ganho é K_2. Assim, para uma localização de zero fixada (razão de K_1/K_2), um lugar da raiz para o sistema pode ser construído como uma função de K_2. A função de transferência de malha fechada conterá então três polos, mas nenhum zero. Esboços grosseiros do lugar das raízes (Figura 14-32) revelam que, se a razão K_1/K_2 é fixada entre 0 e 4, a função de transferência de malha fechada provavelmente conterá dois polos complexos (se K_2 é suficientemente grande) e um polo no eixo próximo do valor $-K_1/K_2$.

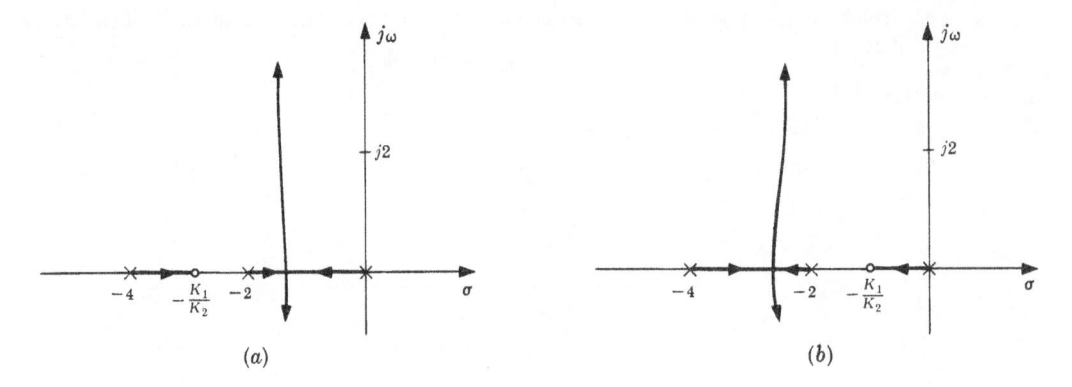

Figura 14-32

Uma configuração de três polos dominantes pode então ser apropriada para o projeto. O valor de $\zeta = 0,5$ para os polos complexos satisfará o requerimento de sobrelevação. Para $\zeta = 0,5$ e $p_r/\zeta\omega_n = 2$, a Figura 14-12 mostra um tempo de subida normalizado $\omega_n T_r = 2,3$. Assim, $T_r = 2,3/\omega_n < 1$ segundo ou $\omega_n > 2,3$ radianos por segundo. Se $p_r/\zeta\omega_n$ se torna maior do que 2, o tempo de subida será menor e vice-versa. A fim de ter uma pequena margem no caso de $p_r/\zeta\omega_n$ ser menor do que 2, escolhamos $\omega_n = 2,6$. O ponto de projeto no plano s é, portanto, $p_1 = -1,3 + j2,3$, que corresponde a $\zeta = 0,5$ e $\omega_n = 2,6$.

A partir da Figura 14-33, a contribuição dos polos em $s = 0, -2$ e -4 para arg $GH(p_1)$ é $-233°$. A contribuição do zero deve, portanto, ser $-180° - (-233°) = 53°$ em p_1 para satisfazer o critério de ângulo em p_1. A localização do zero é determinada em $s = -3$ desenhando-se uma linha de p_1 para o eixo real a $53°$. Com $K_1/K_2 = 3$, o fator de ganho de p_1 para GH é 7,5. Assim, os valores de projeto são $K_2 = 7,5$ e $K_1 = 22,5$. O polo de malha fechada sobre o eixo real está à esquerda, mas próximo ao zero localizado em $s = -3$. Portanto, $p_r/\zeta\omega_n$ para este projeto é pelo menos $3/1,3 = 2,3$.

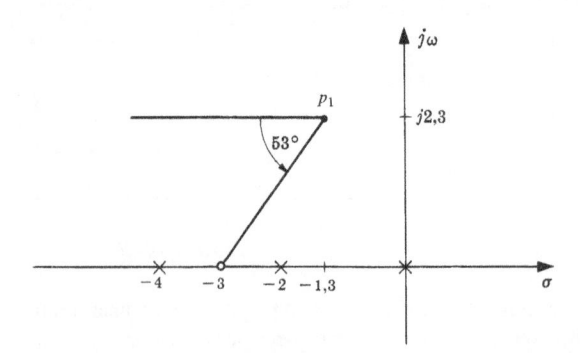

Figura 14-33

14.17 Para o sistema discreto no tempo com a função de transferência de malha direta

$$G_2 = \frac{K}{z(z-1)}$$

determine um compensador por realimentação que resulte em um sistema de malha fechada com uma resposta *deadbeat*.

Para uma resposta *deadbeat* (Seção 10.8), a função de transferência de malha fechada deve ter todos os seus polos em $z = 0$. Visto que os polos cancelados pelos zeros da realimentação aparecem na função de transferência de malha fechada, torne H um zero em $z = 0$. Isso elimina o polo em $z = 0$ do lugar das raízes, mas ele permanece na função de transferência de malha fechada.

Para ser realizável, H precisa ter pelo menos um polo. Se colocarmos o polo de H em $z = -1$, o lugar das raízes resultante passa por $z = 0$, como mostra a Figura 14-34. Então, fazendo $K = 1$, todos os polos de malha fechada estão localizados em $z = 0$, e o sistema tem uma resposta *deadbeat*.

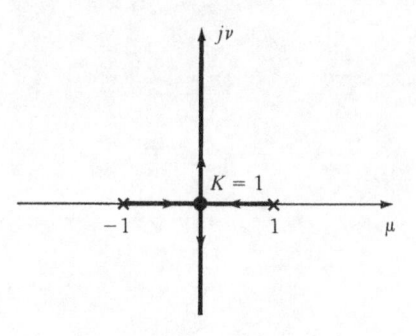

Figura 14-34

Problemas Complementares

14.18 Para o sistema com a função de transferência de malha aberta $GH = K(s + a)/(s^2 - 1)(s + 5)$, determine K e a, de modo que o sistema de malha fechada tenha polos dominantes com $\zeta = 0{,}5$ e $\omega_n = 2$. Qual é a porcentagem de sobrelevação do sistema de malha fechada com estes valores de K e a?

14.19 Determine um compensador apropriado para o sistema com a função de transferência da planta

$$G_2 = \frac{1}{s(s+1)(s+4)}$$

a fim de satisfazer as seguintes especificações: (1) sobrelevação < 20%, (2) tempo de subida de 10 a 90% ≤ 1 segundo, (3) margem de ganho ≥ 5.

14.20 Determine a compensação apropriada para o sistema com a função de transferência da planta $G_2 = 1/s(s + 4)^2$ para satisfazer as seguintes especificações: (1) sobrelevação < 20%, (2) constante de erro de velocidade $K_v \geq 10$.

14.21 Para o sistema mostrado no diagrama em blocos da Figura 14-35, determine K_1 e K_2 de modo que o sistema tenha polos de malha fechada em $s = -2 \pm j2$.

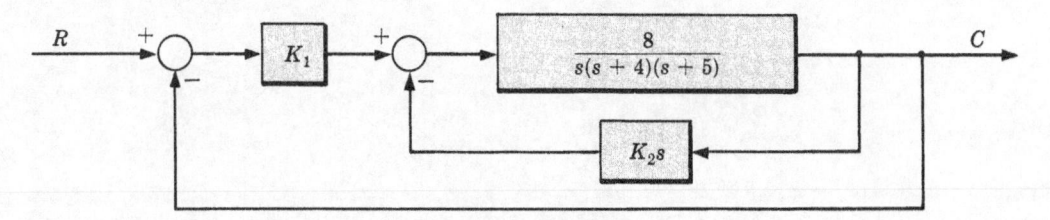

Figura 14-35

14.22 Determine o valor de K para o sistema com função de transferência de malha aberta $GH = K/s(s^2 + 6s + 25)$ de modo que a constante de erro de velocidade $K_v > 1$, a resposta do degrau da malha fechada não tenha sobrelevação e a margem de ganho > 5.

14.23 Projete um compensador para o sistema com a função de transferência da planta $G_2 = 63/s(s + 7)(s + 9)$, de modo que a constante de erro de velocidade $K_v > 30$, a sobrelevação seja menor que 20% e o tempo de subida 10 a 90% seja menor que 0,5 segundo.

Respostas Selecionadas

14.18 $K = 11,25$, $a = 1,6$, sobrelevação $= 38\%$; note que o sistema tem um zero de malha fechada em $s = -a = -1,6$.

14.19 $G_1 = 24(s + 1)/(s + 4)$

14.20 $G_1 = 24(s + 0,2)/(s + 0,03)$

14.21 $K_2 = 1$, $K_1 = 5$

14.22 $K = 28$

14.23 $G_1 = 3(s + 0,5)/(s + 0,05)$

Capítulo 15

Análise de Bode

15.1 INTRODUÇÃO

A análise de sistemas de controle com realimentação usando o método de Bode é equivalente à análise de Nyquist no fato de que ambas as técnicas empregam representações gráficas da função resposta de frequência de malha aberta $GH(\omega)$, em que $GH(\omega)$ se refere tanto a um sistema contínuo quanto discreto no tempo. Entretanto, os **diagramas de Bode** consistem em dois gráficos: o módulo de $GH(\omega)$ e o ângulo de fase de $GH(\omega)$, ambos traçados como uma função da frequência ω. As escalas logarítmicas geralmente são usadas para os eixos de frequências e para $|GH(\omega)|$.

Os diagramas de Bode mostram claramente a estabilidade relativa de um sistema. De fato, as margens de ganho e de fase frequentemente são definidas em termos de diagramas de Bode (ver Exemplo 10.1). Estas medidas de estabilidade relativa podem ser determinadas para um sistema particular, com o mínimo de esforço computacional, usando diagramas de Bode, especialmente para os casos em que os dados de respostas experimentais estão disponíveis.

15.2 ESCALAS LOGARÍTMICAS E DIAGRAMAS DE BODE

As escalas logarítmicas são usadas para os diagramas de Bode, porque simplificam consideravelmente a sua construção, manipulação e interpretação.

Uma escala logarítmica é usada para o eixo ω (abscissas), porque o módulo e ângulo de fase podem ser desenhados numa faixa de frequências muito maior do que o eixo de frequências lineares, sendo todas igualmente enfatizadas, e tais gráficos frequentemente resultam em linhas retas (Seção 15.4).

O módulo $|P(\omega)|$ de qualquer função de transferência $P(\omega)$, para qualquer valor de ω, é traçado sobre uma escala logarítmica, em unidades decibel (dB), onde

$$db = 20\log_{10}|P(\omega)| \qquad (15.1)$$

[Ver também a Equação (10.4).]

Exemplo 15.1 Se $|P(2)| \equiv |GH(2)| = 10$, o módulo é $20\log_{10}10 = 20$ dB.

Visto que o decibel é uma unidade logarítmica, o **módulo em dB** de uma função resposta de frequência, composta de um *produto* de termos, é igual à *soma* dos módulos em dB dos termos individuais. Assim, quando uma escala logarítmica é empregada, o módulo traçado de uma função resposta de frequência exprimível como um produto de mais do que um termo pode ser obtido adicionando-se os módulos em dB individuais, para cada termo do produto.

O *diagrama do módulo em dB* versus *log ω* é chamado de **diagrama de módulo de Bode**, e o *diagrama do ângulo de fase* versus *log de ω* é o **diagrama de ângulo de fase de Bode**. O diagrama módulo de Bode algumas vezes é chamado de *diagrama Log-módulo* na literatura.

Exemplo 15.2 O diagrama módulo de Bode para a função resposta de frequência contínua no tempo

$$P(j\omega) = \frac{100[1 + j(\omega/10)]}{1 + j\omega}$$

pode ser obtido adicionando os diagramas de módulo para: 100, $1 + j(\omega/10)$ e $1/(1 + j\omega)$.

15.3 FORMA DE BODE E GANHO DE BODE

É conveniente usar a chamada *forma de Bode* de uma função resposta de frequência para construir os diagramas de Bode para análise e projeto devido às aproximações assintóticas na Seção 15.4.

A **forma de Bode** para a função

$$\frac{K(j\omega + z_1)(j\omega + z_2)\cdots(j\omega + z_m)}{(j\omega)^l(j\omega + p_1)(j\omega + p_2)\cdots(j\omega + p_n)}$$

em que l é um inteiro não negativo obtido por fatoração de todos os z_i e p_i e reorganizando-os na forma

$$\frac{\left[K\prod_{i=1}^{m}z_i\bigg/\prod_{i=1}^{n}p_i\right](1+j\omega/z_1)(1+j\omega/z_2)\cdots(1+j\omega/z_m)}{(j\omega)^l(1+j\omega/p_1)(1+j\omega/p_2)\cdots(1+j\omega/p_n)} \tag{15.2}$$

O **ganho de Bode** K_B é definido como o coeficiente do numerador na Equação (15.2):

$$K_B \equiv \frac{K\prod_{i=1}^{m}z_i}{\prod_{i=1}^{n}p_i} \tag{15.3}$$

15.4 DIAGRAMAS DE BODE DE FUNÇÕES RESPOSTA DE FREQUÊNCIA SIMPLES E SUAS APROXIMAÇÕES ASSINTÓTICAS

A constante K_B tem o módulo $|K_B|$, um ângulo de fase de $0°$ se K_B for positivo, $-180°$ se K_B for negativo. Portanto, os diagramas de Bode para K_B são simplesmente linhas retas horizontais, como mostram as Figuras 15-1 e 15-2.

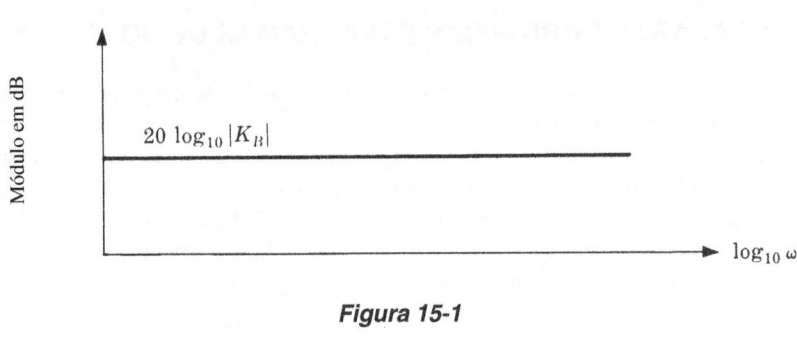

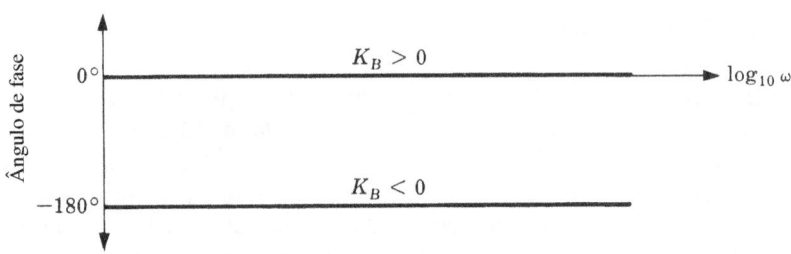

Figura 15-1

Figura 15-2

A função resposta de frequência (ou função de transferência senoidal) para um *polo de ordem l na origem* é

$$\frac{1}{(j\omega)^l} \tag{15.4}$$

O diagrama de Bode para esta função são linhas retas, como mostram as Figuras 15-3 e 15-4.

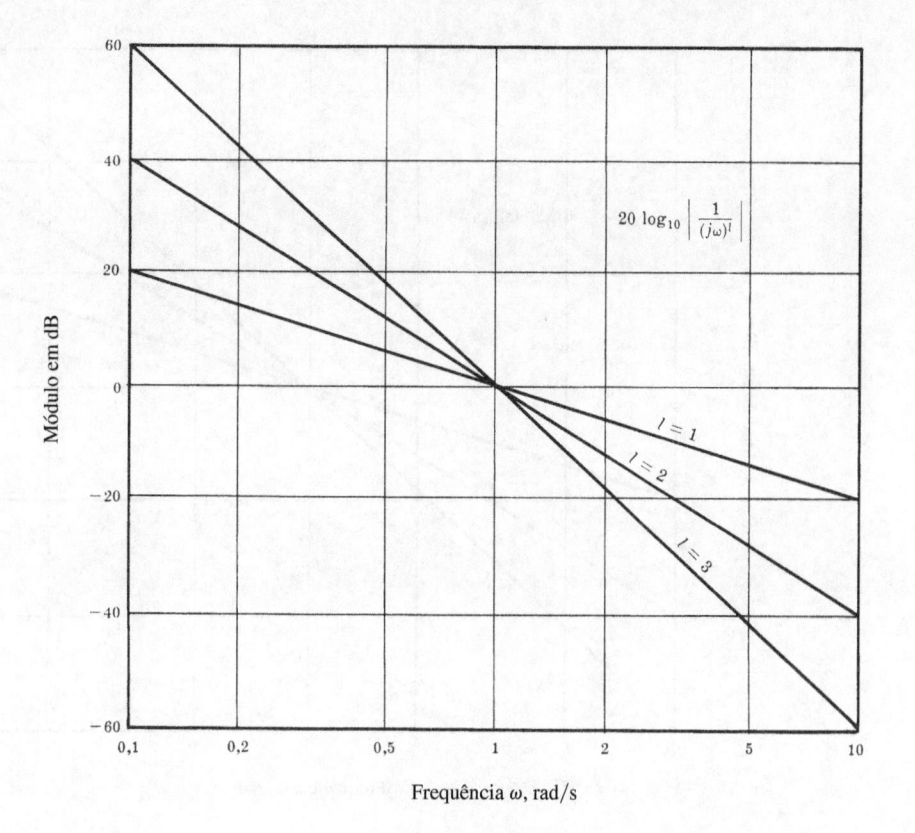

Figura 15-3

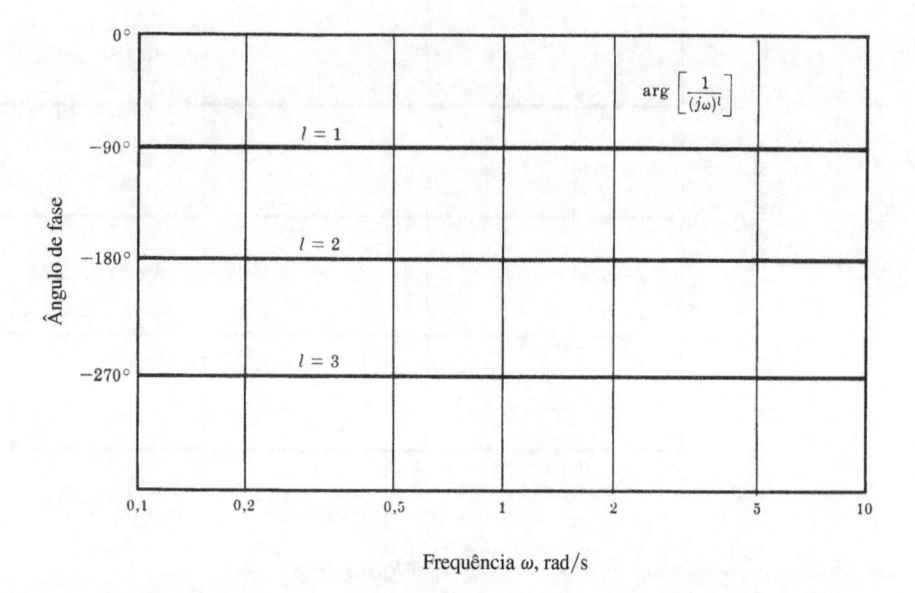

Figura 15-4

Para um *zero de ordem l na origem*,

$$(j\omega)^l. \qquad (15.5)$$

os diagramas de Bode são reflexões em torno das linhas de 0 dB e 0° das Figuras 15-3 e 15-4, como mostram as Figuras 15-5- e 15-6.

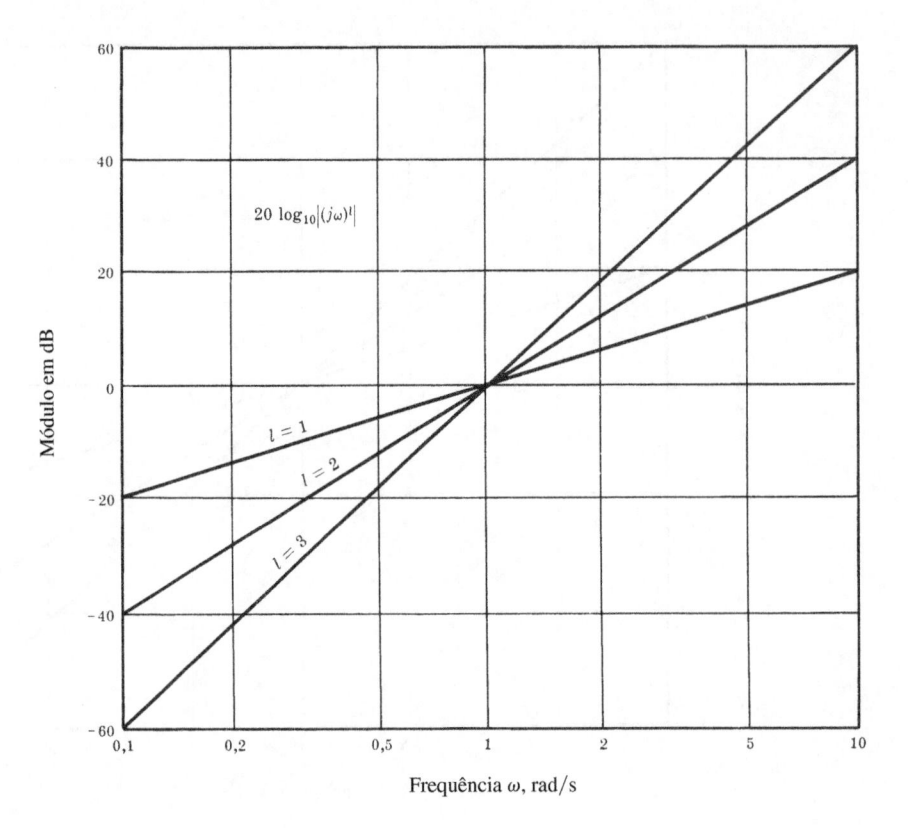

Figura 15-5

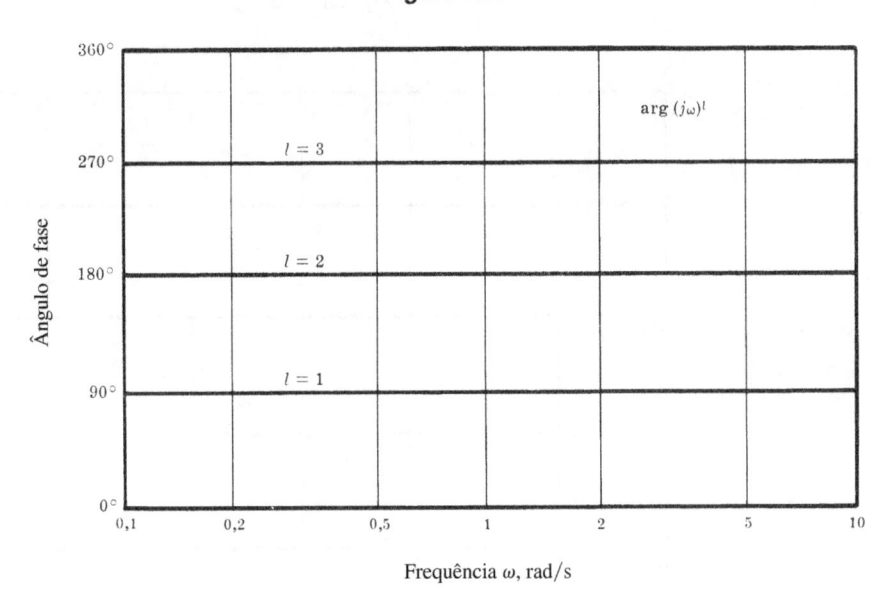

Figura 15-6

Considere uma função de transferência de polo simples, $p/(s + p)$, $p > 0$. Os diagramas de Bode para esta função resposta de frequência

$$\frac{1}{1 + j\omega/p} \tag{15.6}$$

são dados nas Figuras 15-7 e 15-8. Note que a escala de frequência logarítmica é normalizada em termos de p.

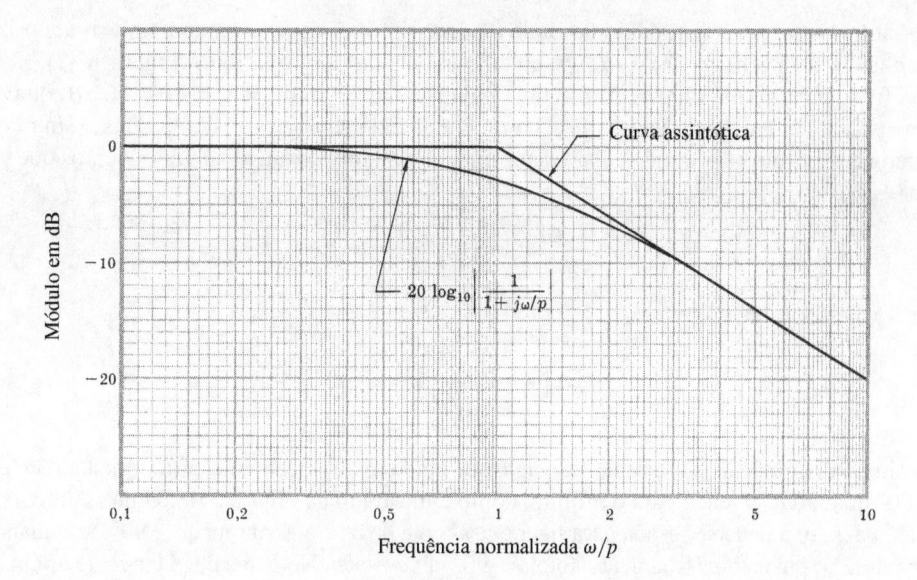

Figura 15-7

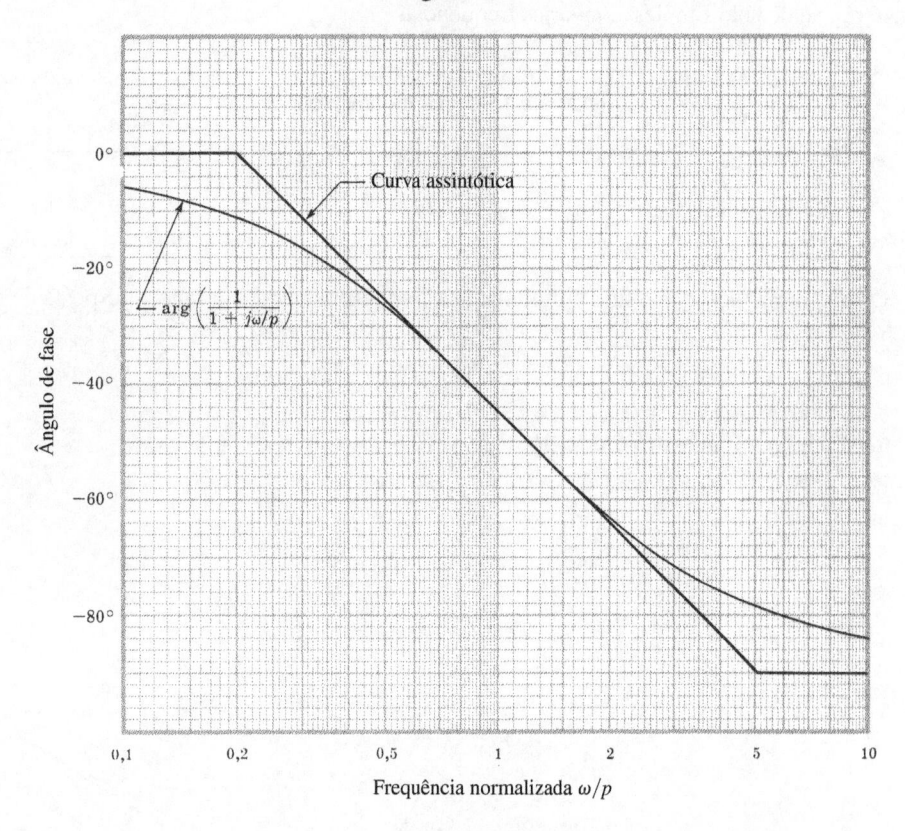

Figura 15-8

para determinar as *aproximações assintóticas* para esses diagramas de Bode, vemos que para $\omega/p \ll 1$ ou $\omega \ll p$,

$$20\log_{10}\left|\frac{1}{1+j\omega/p}\right| \cong 20\log_{10}1 = 0 \text{ db}$$

e para $\omega/p \gg 1$ ou $\omega \gg p$,

$$20\log_{10}\left|\frac{1}{1+j\omega/p}\right| \cong 20\log_{10}\left|\frac{1}{j\omega/p}\right| = -20\log_{10}\left(\frac{\omega}{p}\right)$$

Portanto, o diagrama de módulo de Bode tende assintoticamente para uma linha reta horizontal em 0 dB, quando ω/p tende para zero e $-20\log_{10}(\omega/p)$ quando ω/p tende para o infinito (Figura 15-7). Note que esta assíntota de alta frequência é uma linha reta com uma inclinação de -20 dB/década ou -6 dB/oitava quando traçada sobre uma escala de frequência logarítmica, como é mostrado na Figura 15-7. As duas assíntotas se interceptam na **frequência de canto** $\omega = p$ rad/s. Para determinar a assíntota do ângulo de fase, vemos que para $\omega/p \ll 1$, ou $\omega \ll p$,

$$\arg\left(\frac{1}{1+j\omega/p}\right) = -\tg^{-1}\left(\frac{\omega}{p}\right)\bigg|_{\omega \ll p} \cong 0°$$

e para $\omega/p \gg 1$, ou $\omega \gg p$,

$$\arg\left(\frac{1}{1+j\omega/p}\right) = -\tg^{-1}\left(\frac{\omega}{p}\right)\bigg|_{\omega \gg p} \cong -90°$$

Assim, o diagrama de ângulos de fase de Bode tende assintoticamente para $0°$ quando ω/p tende para zero, e para $-90°$ quando ω/p tende para o infinito, como é mostrado na Figura 15-8. Uma assíntota em linha reta com inclinação negativa pode ser usada para ligar a assíntota de $0°$ e a assíntota de $-90°$ desenhando uma linha a partir da assíntota $0°$ em $\omega = p/5$ para a assíntota $-90°$ em $\omega = 5p$. Note que ela é tangente às curvas exatas em $\omega = p$.

Os *erros* introduzidos por essas aproximações assintóticas são mostrados na Tabela 15-1 para a função de transferência de polo simples, em várias frequências.

Tabela 15-1 Erros assintóticos para $\dfrac{1}{1 + j\omega/p}$

ω	$p/5$	$p/2$	p	$2p$	$5p$
Erro de módulo (dB)	$-0{,}17$	$-0{,}96$	-3	$-0{,}96$	$-0{,}17$
Erro de ângulo de fase	$-11{,}3°$	$-0{,}8°$	$0°$	$+0{,}8°$	$+11{,}3°$

Os diagramas de Bode e suas aproximações assintóticas para uma função resposta de frequência

$$1 + \frac{j\omega}{z_1} \tag{15.7}$$

são mostradas nas Figuras 15-9 e 15-10.

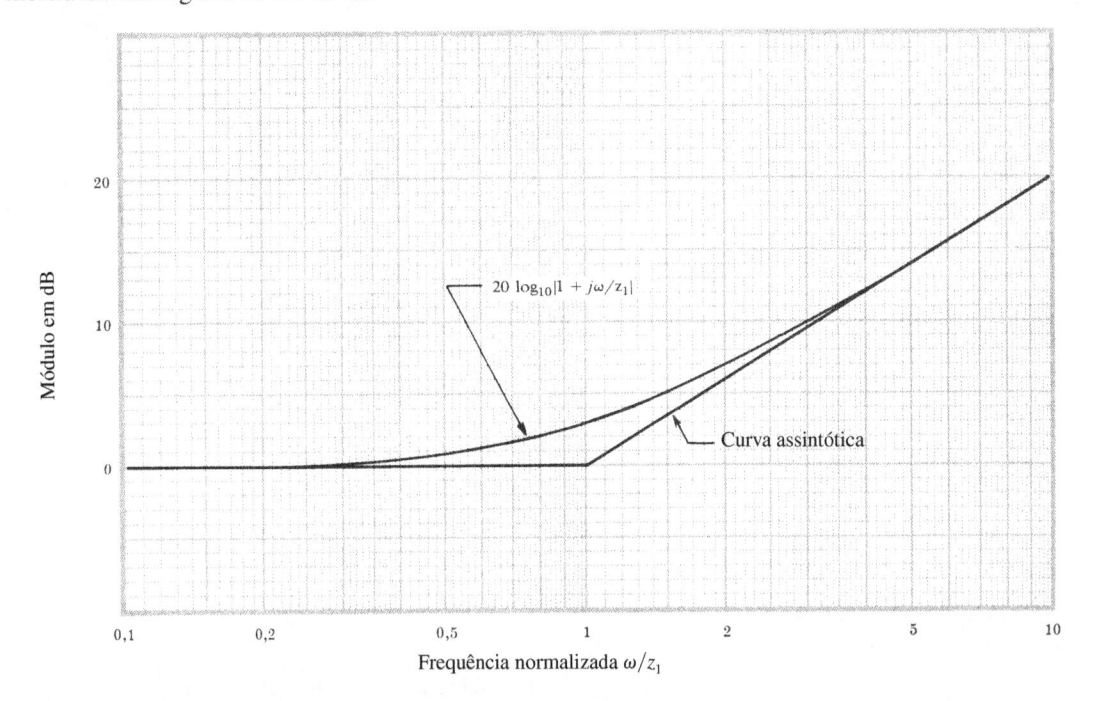

Figura 15-9

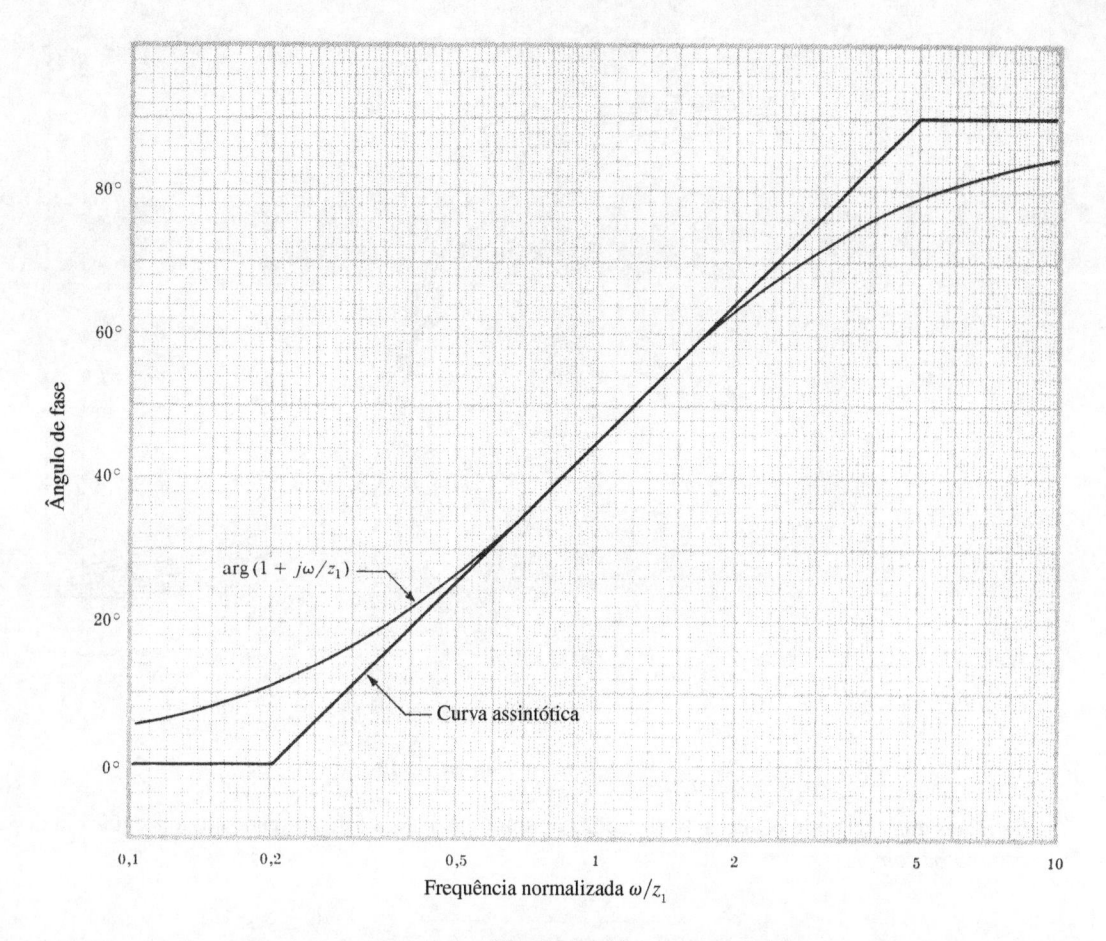

Figura 15-10

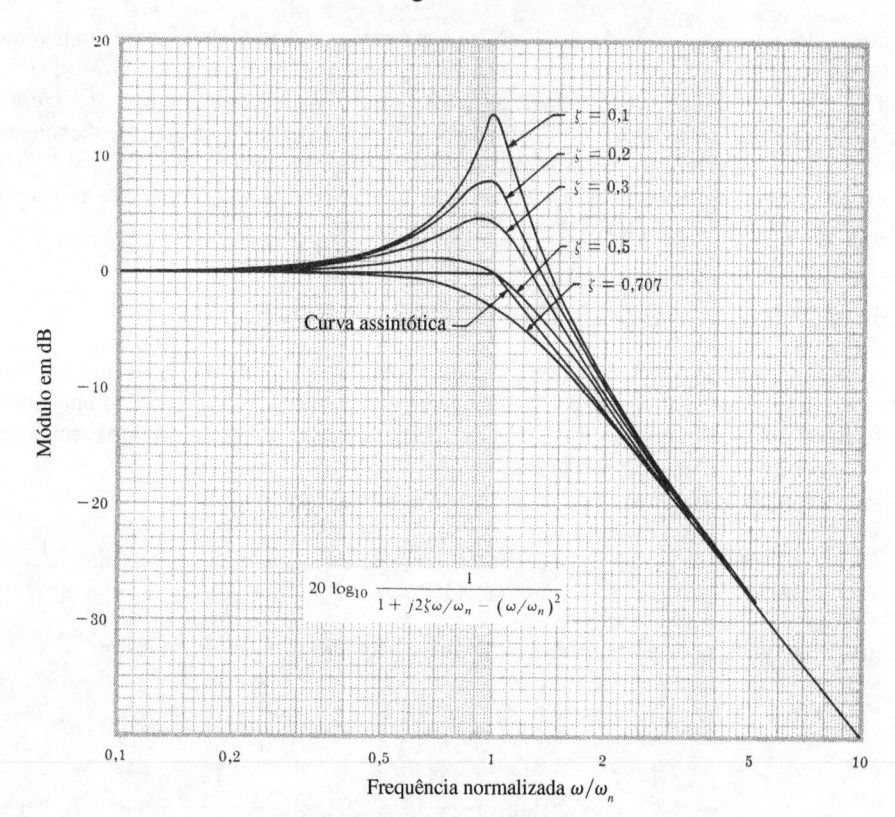

Figura 15-11

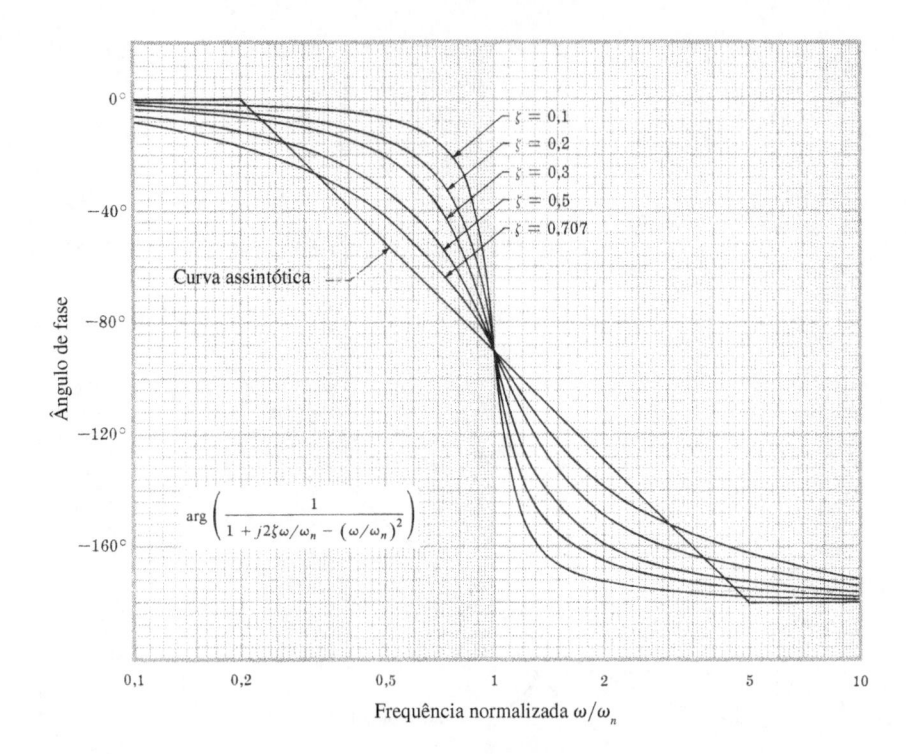

Figura 15-12

Os Diagramas de Bode e suas aproximações assintóticas para a função resposta de frequência de segunda ordem com *polos complexos*,

$$\frac{1}{1+j2\zeta\omega/\omega_n-(\omega/\omega_n)^2} \qquad 0 \leq \zeta \leq 1 \tag{15.8}$$

são mostrados nas Figuras 15-11 e 15-12. Note que a razão de amortecimento ζ é um parâmetro sobre estes gráficos.

A assíntota módulo, mostrada na Figura 15-11, tem uma frequência de canto em $\omega = \omega_n$ e uma inclinação de alta frequência que é o dobro daquela da assíntota, para o caso de polo simples da Figura 15-7. A assíntota do ângulo de fase é semelhante àquela da Figura 15-8, exceto que a porção de alta frequência está em $-180°$ em vez de $-90°$, e o ponto de tangência, ou inflexão, está em $-90°$.

Os Diagramas de Bode para um par de *zeros complexos* são as reflexões em torno das linhas de 0 dB e 0° daqueles para os polos complexos.

15.5 CONSTRUÇÃO DOS DIAGRAMAS DE BODE

Os Diagramas de Bode para funções de resposta de frequência complexa são construídos somando as contribuições de módulo e fase de cada polo e zero (ou pares de polos e zeros complexos). As aproximações assintóticas destes diagramas frequentemente são suficientes. Se forem desejados diagramas mais precisos, existem pacotes de software disponíveis para realizar esta tarefa.

Para a função resposta de frequência de malha aberta geral

$$GH(j\omega) = \frac{K_B(1+j\omega/z_1)(1+j\omega/z_2)\cdots(1+j\omega/z_m)}{(j\omega)^I(1+j\omega/p_1)(1+j\omega/p_2)\cdots(1+j\omega/p_n)} \tag{15.9}$$

em que I é um inteiro positivo ou zero, o módulo e o ângulo de fase são dados por

$$20\log_{10}|GH(j\omega)| = 20\log_{10}|K_B| + 20\log_{10}\left|1+\frac{j\omega}{z_1}\right| + \cdots + 20\log_{10}\left|1+\frac{j\omega}{z_m}\right|$$

$$+ 20\log_{10}\frac{1}{|(j\omega)^I|} + 20\log_{10}\frac{1}{|1+j\omega/p_1|} + \cdots + 20\log_{10}\frac{1}{|1+j\omega/p_n|} \tag{15.10}$$

e

$$\arg GH(j\omega) = \arg K_B + \arg\left(1 + \frac{j\omega}{z_1}\right) + \cdots + \arg\left(1 + \frac{j\omega}{z_m}\right)$$
$$+ \arg\left(\frac{1}{(j\omega)^l}\right) + \arg\left(\frac{1}{1 + j\omega/p_1}\right) + \cdots + \arg\left(\frac{1}{1 + j\omega/p_n}\right) \quad (15.11)$$

Os Diagramas de Bode para cada um dos termos na Equações (15.10) e (15.11) foram dados nas Figuras 15-1 a 15-12. Se $GH(j\omega)$ tem polos e zeros complexos, os Termos que têm uma forma semelhante ao da Equação (15.8) são simplesmente adicionados às Equações (15.10) e (15.11). O procedimento de construção é melhor ilustrado por um exemplo.

Exemplo 15.3 Os diagramas de Bode assintóticos para a função resposta de frequência

$$GH(j\omega) = \frac{10(1 + j\omega)}{(j\omega)^2\left[1 + j\omega/4 - (\omega/4)^2\right]}$$

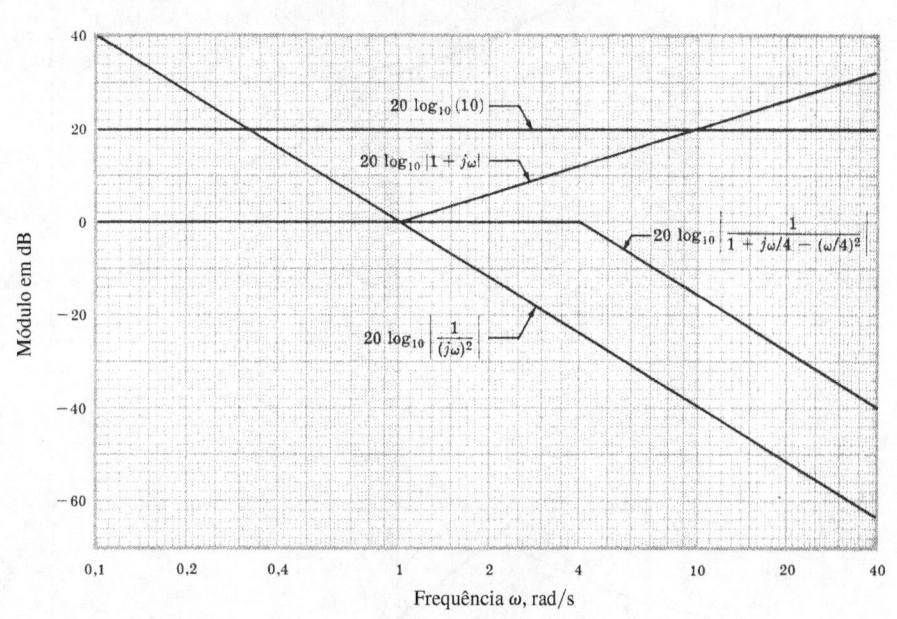

Figura 15-13

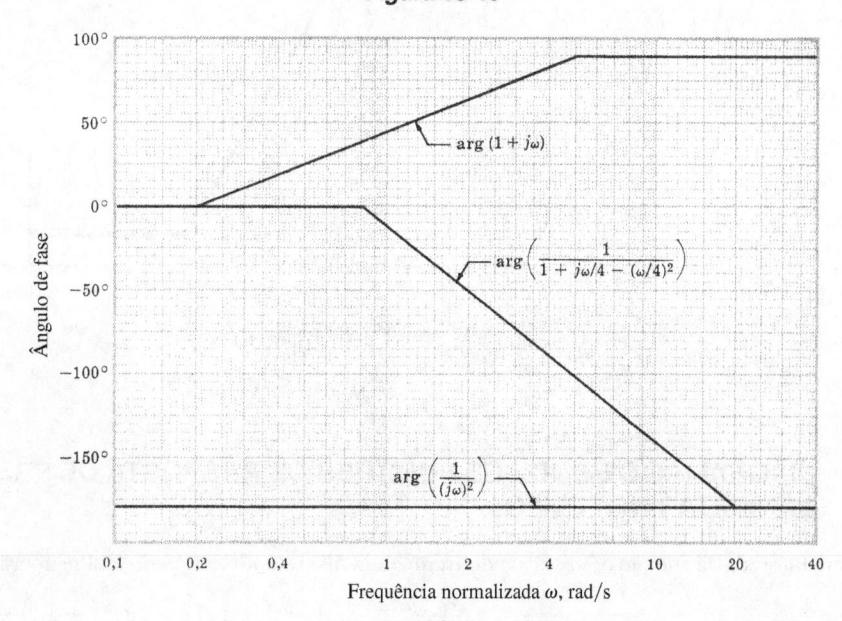

Figura 15-14

são construídos usando as Equações (15.10) e (15.11):

$$20\log_{10}|GH(j\omega)| = 20\log_{10}10 + 20\log_{10}|1+j\omega| + 20\log_{10}\left|\frac{1}{(j\omega)^2}\right| + 20\log_{10}\left|\frac{1}{1+j\omega/4-(\omega/4)^2}\right|$$

$$\arg GH(j\omega) = \arg(1+j\omega) + \arg\left(1/(j\omega)^2\right) + \arg\left(\frac{1}{1+j\omega/4-(\omega/4)^2}\right)$$

Os gráficos para cada um dos termos dessas equações são obtidos a partir das Figuras 15-1 a 15-12 e mostrados nas Figuras 15-13 e 15-14. Os diagramas de Bode assintóticos para $GH(j\omega)$ são obtidos adicionando estas curvas, resultando nas Figuras 15-15 e 15-16, em que os diagramas de Bode gerados por computador para a função resposta de frequência também são dados para comparação com as aproximações assintóticas.

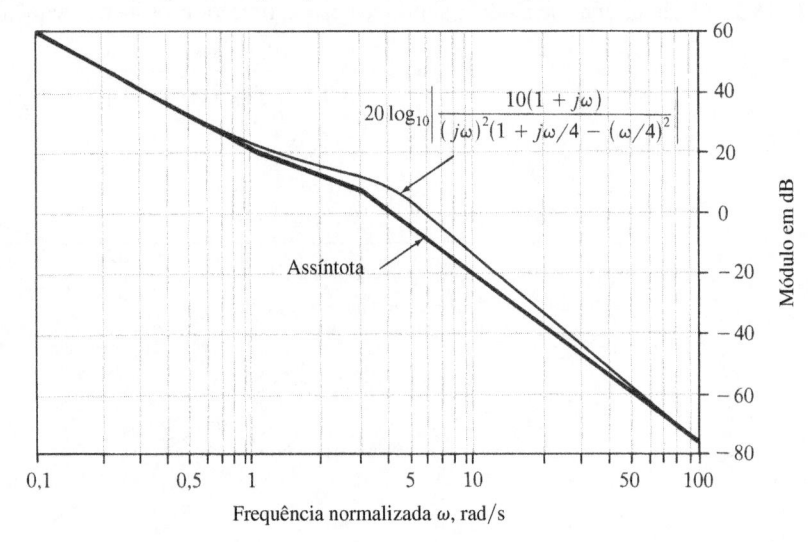

Figura 15-15

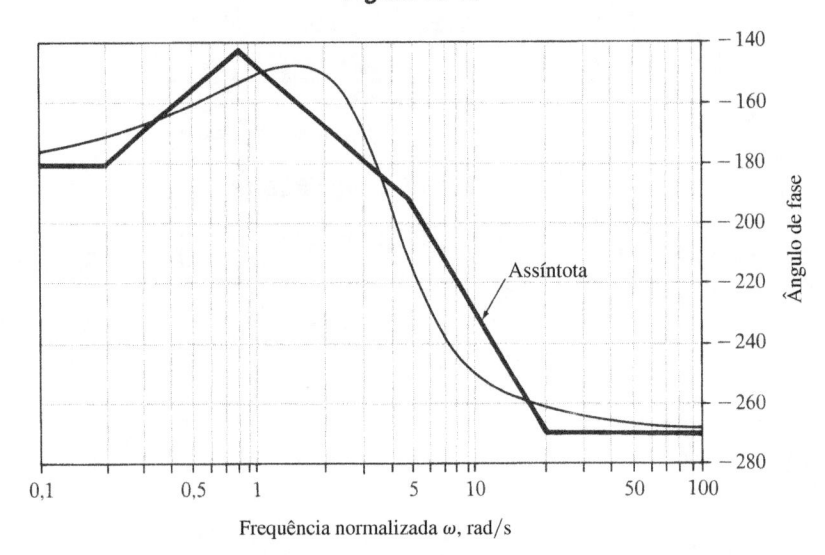

Figura 15-16

15.6 DIAGRAMAS DE BODE DE FUNÇÕES DE RESPOSTA DE FREQUÊNCIA DISCRETAS NO TEMPO

A forma fatorada da função de resposta de frequência discreta no tempo de malha aberta geral é

$$GH(e^{j\omega T}) = \frac{K(e^{j\omega T}+z_1)(e^{j\omega T}+z_2)\cdots(e^{j\omega T}+z_m)}{(e^{j\omega T}+p_1)(e^{j\omega T}+p_2)\cdots(e^{j\omega T}+p_n)} \qquad (15.12)$$

Aproximações assintóticas simples, similares àquelas na Seção 15.4, não existem para os termos individuais na Equação (15.12). Assim, não existe vantagem particular para a forma de Bode do tipo presente na Equação (15.2) para sistemas discretos no tempo. Em geral, os computadores fornecem a forma mais convencional para gerar diagramas de Bode para sistemas discretos no tempo, e existem diversos pacotes de software para realizar esta tarefa.

Para a Equação (15.12) da função de resposta de frequência de malha aberta, o módulo e o ângulo de fase são dados por

$$20\log_{10}|GH(e^{j\omega T})| = 20\log_{10}|K|$$
$$+ 20\log_{10}|e^{j\omega T}+z_1| + \cdots + 20\log_{10}|e^{j\omega T}+z_m|$$
$$+ 20\log_{10}\frac{1}{|e^{j\omega T}+p_1|} + \cdots + 20\log_{10}\frac{1}{|e^{j\omega T}+p_n|} \quad (15.13)$$

e

$$\arg GH(e^{j\omega T}) = \arg K + \arg(e^{j\omega T}+z_1) + \cdots$$
$$+ \arg(e^{j\omega T}+z_m) + \arg\frac{1}{(e^{j\omega T}+p_1)} + \cdots + \arg\left(\frac{1}{e^{j\omega T}+p_n}\right) \quad (15.14)$$

É importante notar que tanto o módulo quanto o ângulo de fase das funções de resposta de frequência discreta no tempo são periódicos na variável de frequência angular ω. Isto é verdadeiro visto que

$$e^{j\omega T} = e^{j(\omega + 2k\pi/T)T} = e^{j\omega T}e^{j2k\pi}$$

assim, $e^{j\omega T}$ é periódica no domínio da frequência com período $2\pi/T$. Assim, cada termo, tanto no módulo quanto no ângulo de fase, é periódico. Portanto, é necessário gerar apenas o diagrama de Bode ao longo da faixa angular $-\pi \leq \omega T \leq \pi$ radianos; e o módulo e o ângulo de fase são tipicamente traçados como uma função do ângulo ωT em vez da frequência angular ω.

Outra propriedade útil de uma função resposta de frequência discreta no tempo é que o módulo é uma função par da frequência ω (e ωT) e o ângulo de fase é uma função ímpar de ω e (ωT).

Exemplo 15.4 Os diagramas de Bode para a função resposta de frequência discreta no tempo

$$GH(e^{j\omega T}) = \frac{\frac{1}{100}(e^{j\omega T}+1)^2}{(e^{j\omega T}-1)(e^{j\omega T}+\frac{1}{3})(e^{j\omega T}+\frac{1}{2})}$$

são mostrados nas Figuras 15-17 e 15-18.

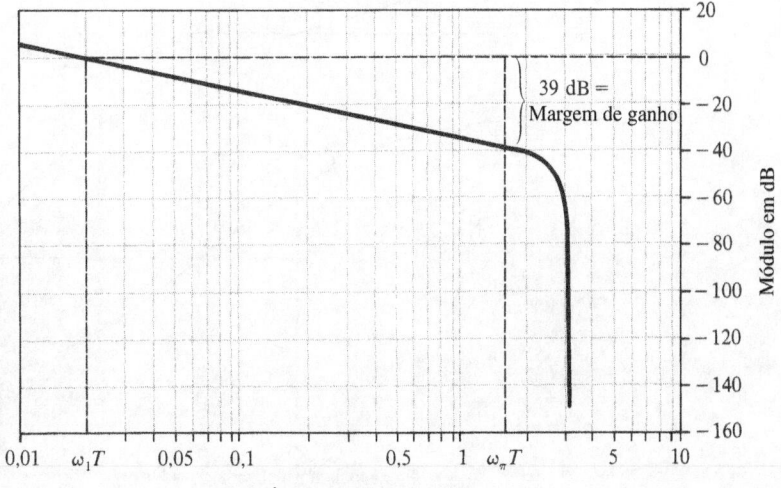

Figura 15-17

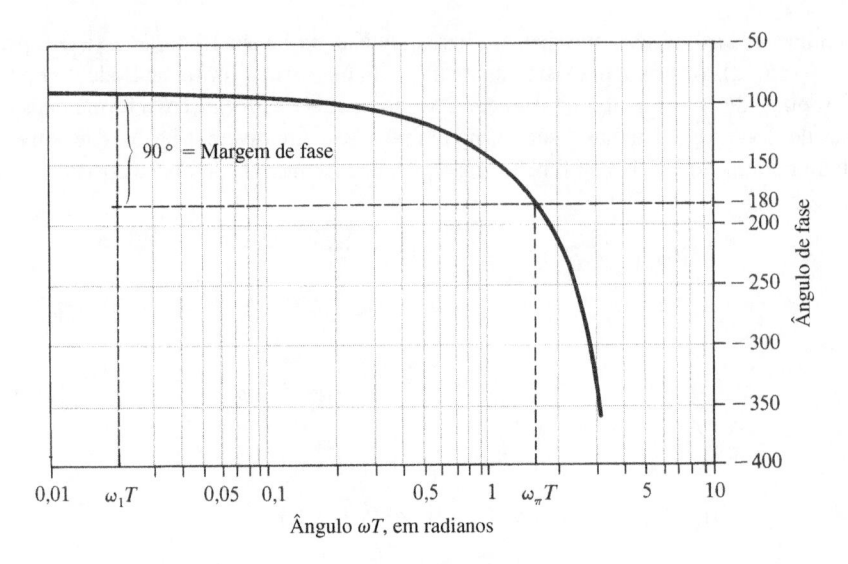

Figura 15-18

15.7 ESTABILIDADE RELATIVA

Os indicadores de estabilidade relativa, "margem de ganho" e "margem de fase", tanto para sistemas contínuos quanto discretos no tempo, são definidos em termos de uma resposta de frequência em malha aberta do sistema, como descrito na Seção 10.4. Consequentemente, estes parâmetros são facilmente determinados a partir dos diagramas de Bode $GH(\omega)$, como ilustrado no Exemplo 10.1. Visto que 0 dB corresponde a um módulo 1, a **margem de ganho** é o número de decibéis que $|GH(\omega)|$ está *abaixo* de 0 dB na frequência de cruzamento de fase ω_π (arg $GH(\omega_\pi) = -180°$). A **margem de fase** é o número de graus que arg $GH(j\omega)$ está acima de $-180°$ na frequência de cruzamento de ganho ω_1 ($|GH(\omega_1)| = 1$). Os diagramas de Bode gerados por computador devem ser usados para determinar com precisão ω_π, ω_1 e as margens de ganho e fase.

Em muitos casos, as margens de ganho e fase positivas, como foi definido acima, assegurarão estabilidade do sistema de malha fechada. Entretanto, um Diagrama de Estabilidade de Nyquist (Capítulo 11) pode ser esboçado, ou um dos métodos do Capítulo 5 pode ser empregado para verificar a estabilidade absoluta do sistema.

Exemplo 15.5 O sistema contínuo, cujos diagramas de Bode são mostrados na Figura 15-19, tem uma margem de ganho de 8 dB e uma margem de fase de 40°.

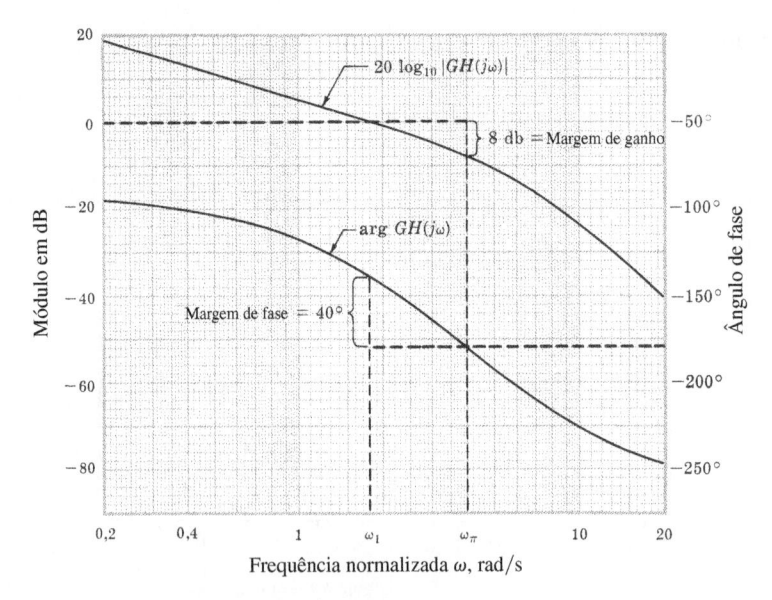

Figura 15-19

Exemplo 15.6 Para o sistema no Exemplo 15.4, a margem de ganho é 39 dB, o ângulo na frequência de cruzamento de fase ω_π é $\omega_\pi T = 1{,}57$ rad, a margem de fase é 90°, e o ângulo na frequência de cruzamento de ganho ω_1 é $\omega_1 T = 0{,}02$ rad, conforme ilustram as Figuras 15-17 e 15-18.

15.8 RESPOSTA DE FREQUÊNCIA DE MALHA FECHADA

Embora não haja método direto para registrar resposta de frequência de malha fechada $(C/R)(\omega)$ a partir do diagrama de Bode de $GH(\omega)$, ela pode ser aproximada da seguinte maneira, tanto para sistemas contínuos quanto discretos no tempo. A resposta de frequência de malha fechada é dada por

$$\frac{C}{R}(\omega) = \frac{G(\omega)}{1 + GH(\omega)}$$

Se $|GH(\omega)| \gg 1$,

$$\left.\frac{C}{R}(\omega)\right|_{|GH(\omega)| \gg 1} \cong \frac{G(\omega)}{GH(\omega)} = \frac{1}{H(\omega)}$$

Se $|GH(\omega)| \ll 1$,

$$\left.\frac{C}{R}(\omega)\right|_{|GH(\omega)| \ll 1} \cong G(\omega)$$

A resposta de frequência de malha aberta de muitos sistemas é caracterizada por ganho elevado para baixas frequências e ganho decrescente para altas frequências, devido ao excesso comum de polos sobre zeros. Assim, a resposta de frequência de malha fechada para um *sistema de realimentação unitária* ($H = 1$) é aproximada por um módulo 1(0 dB) e ângulo de fase de 0° para frequências abaixo de frequências de cruzamento de ganho, ω_1. Para frequências acima de ω_1, a resposta de frequência de malha fechada pode ser aproximada pelo módulo e ângulo de fase de $G(\omega)$. *Uma largura de faixa de malha fechada aproximada, para muitos sistemas, é a frequência de cruzamento de ganho ω_1* (ver Exemplo 12.7).

Exemplo 15.7 O Diagrama de módulo de Bode de malha aberta e o diagrama de módulo de Bode de malha fechada, aproximado, para um sistema de realimentação unitária representado por $G(j\omega) = 10/j\omega(1 + j\omega)$, são mostrados na Figura 15-20.

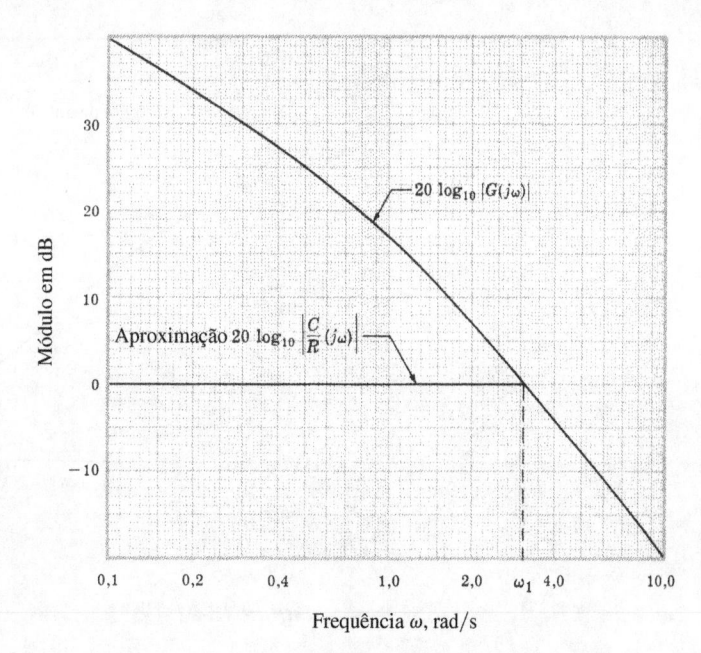

Figura 15-20

15.9 ANÁLISE DE BODE DE SISTEMAS DISCRETOS NO TEMPO USANDO A TRANSFORMADA *W*

A transformada *w* discutida na Seção 10.7 pode ser usada na análise de Bode de sistemas discretos no tempo. O algoritmo para a análise de Bode usando a transformada *w* é:

1. Substitua $(1 + w)/(1 - w)$ por z na função de transferência de malha aberta $GH(z)$:

$$GH(z)\big|_{z=\frac{1+w}{1-w}} \equiv GH'(w)$$

2. Faça $w = j\omega$ e gere os diagramas de Bode para $GH'(j\omega_w)$, usando os métodos da Seção 15.3 a 15.5.
3. Analise a estabilidade relativa do sistema no plano *w* determinando as margens de ganho e fase, o ganho e as frequências de cruzamento de fase, a resposta de frequência de malha fechada, a largura de faixa e/ou qualquer outra característica relacionada à frequência de interesse.
4. Transforme as frequências críticas determinadas no passo 3 para o domínio da frequência do plano *z* usando a transformação $\omega T = 2\mathrm{tg}^{-1}\omega_w$.

Exemplo 15.8 A função de transferência de malha aberta

$$GH(z) = \frac{\frac{1}{100}(z+1)^2}{(z-1)(z+\frac{1}{3})(z+\frac{1}{2})}$$

é transformada para o domínio *w* fazendo

$$z = \frac{1+w}{1-w}$$

que resulta em

$$GH'(w) = \frac{-\frac{6}{100}(w-1)}{w(w+2)(w+3)}$$

Note, em particular, que o sinal negativo contribui $-180°$ do ângulo de fase e o zero em $+1$ contribui $+90°$ em $\omega_w = 0°$. Os diagramas de Bode de $GH'(j\omega_w)$ são mostrados nas Figuras 15-21 e 15-22.

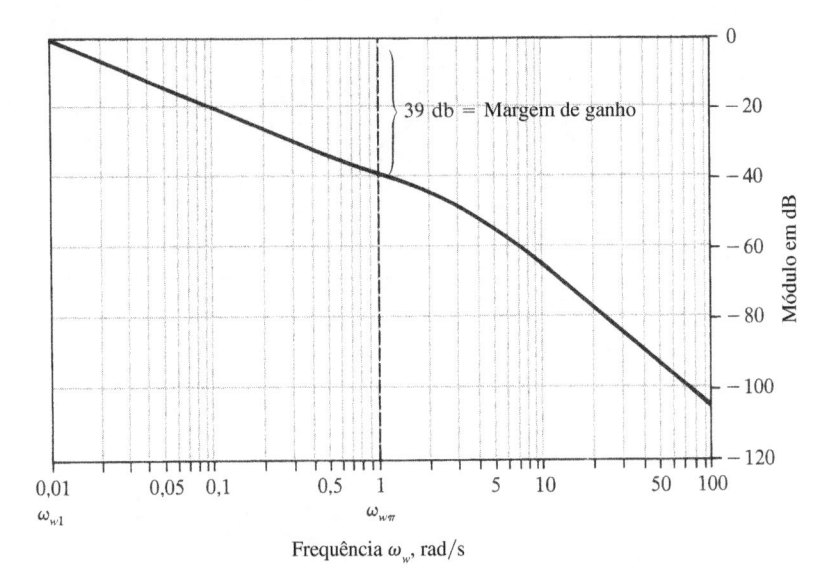

Figura 15-21

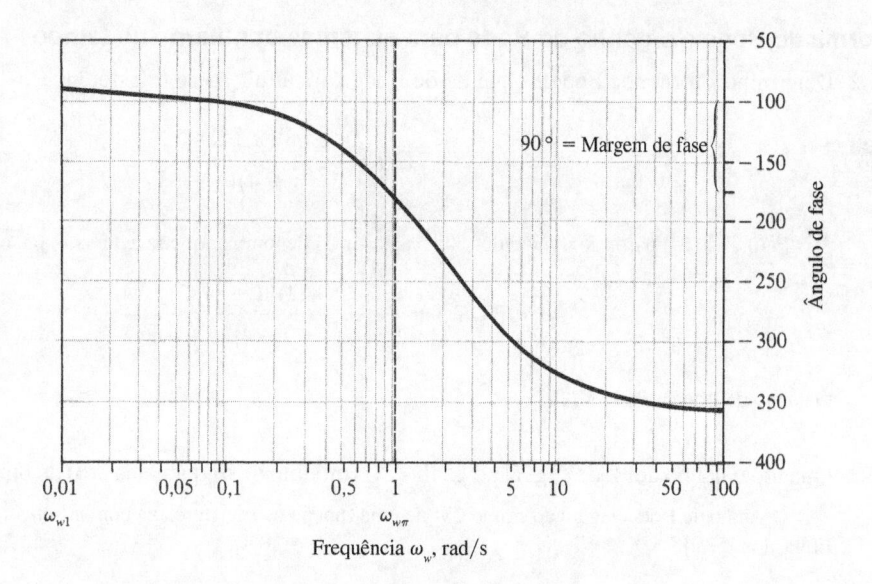

Figura 15-22

Exemplo 15.9 A partir dos diagramas de Bode do Exemplo 15.8, a margem de ganho no domínio w é 39 dB e a frequência de cruzamento de fase é $\omega_{w\pi} = 1$ rad/s. Transformando de volta para o domínio z, a frequência de cruzamento de fase ω_π é obtida a partir de

$$\omega_\pi T = 2\text{tg}^{-1}\omega_{w\pi} = 1{,}57 \text{ rad}$$

Compare estes resultados com aqueles do Exemplo 15.6, que são os mesmos.

Exemplo 15.10 A partir dos diagramas de Bode do Exemplo 15.8, a margem de fase é 90° e a frequência de cruzamento de ganho é $\omega_{w1} = 0{,}01$ rad/s. Transformando para o domínio z, a frequência de cruzamento de ganho ω_1 é obtida a partir de

$$\omega_1 T = 2\text{tg}^{-1}\omega_{w1} = 0{,}02 \text{ rad}$$

Compare estes resultados com aqueles do Exemplo 15.6, que são os mesmos.

Com a ampla disponibilidade de softwares para análise de controle, o uso a transformada w para a *análise* de Bode de sistemas discretos no tempo geralmente é desnecessário. Entretanto, para o *projeto* por análise, conforme discutido no Capítulo 16, em que a percepção adquirida a partir das técnicas de projeto de sistemas contínuos no tempo é transferida para o projeto de sistemas discretos no tempo, a transformada w pode ser uma ferramenta muito útil.

Problemas Resolvidos

Escalas logarítmicas

15.1 Exprima as seguintes quantidades em decibel (dB): (*a*) 2, (*b*) 4, (*c*) 8, (*d*) 20, (*e*) 25, (*f*) 140.

A partir da Equação (15.1),

$$\text{db}_a = 20\log_{10}2 = 20(0{,}301) = 6{,}02 \qquad \text{db}_d = 20\log_{10}20 = 20(1{,}301) = 26{,}02$$
$$\text{db}_b = 20\log_{10}4 = 20(0{,}602) = 12{,}04 \qquad \text{db}_e = 20\log_{10}25 = 20(1{,}398) = 27{,}96$$
$$\text{db}_c = 20\log_{10}8 = 20(0{,}903) = 18{,}06 \qquad \text{db}_f = 20\log_{10}140 = 20(2{,}146) = 42{,}92$$

Visto que $4 = 2 \times 2$, então para a parte (b) temos

$$20\log_{10}4 = 20\log_{10}2 + 20\log_{10}2 = 12{,}04$$

e visto que $8 = 2 \times 4$, então para a parte (c) temos

$$20\log_{10}8 = 20\log_{10}2 + 20\log_{10}4 = 6{,}02 + 12{,}04 = 18{,}06$$

A forma de Bode e o ganho de Bode para sistemas contínuos no tempo

15.2 Determine a forma de Bode e o ganho de Bode para a função de transferência

$$GH = \frac{K(s+2)}{s^2(s+4)(s+6)}$$

Fatorando 2 a partir do numerador, 4 e 6 a partir do denominador e fazendo $s = j\omega$, obtemos a forma de Bode

$$GH(j\omega) = \frac{(K/12)(1+j\omega/2)}{(j\omega)^2(1+j\omega/4)(1+j\omega/6)}$$

O ganho de Bode é $K_B = K/12$.

15.3 Quando o ganho de Bode é igual ao ganho CC (módulo de frequência zero) de uma função de transferência?

O ganho de Bode é igual ao ganho CC de uma função de transferência com ausência de polos na origem [$l = 0$ na Equação (15.2)].

Diagramas de Bode de funções resposta de frequência simples

15.4 Demonstre que o diagrama do módulo de Bode para $(j\omega)^l$ é uma linha reta.

O Diagrama de módulo de Bode para $(j\omega)^l$ é um diagrama de $20\log_{10}\omega^l$ versus $\log_{10}\omega$. Assim,

$$\text{inclinação} = \frac{d(20\log_{10}\omega^l)}{d(\log_{10}\omega)} = \frac{20l\,d(\log_{10}\omega)}{d(\log_{10}\omega)} = 20l$$

Visto que a inclinação é constante para qualquer l, o diagrama de módulo de Bode é uma linha reta.

15.5 Determine: (1) as condições sob as quais o diagrama de módulo de Bode para um par de polos complexos tenha um pico num ponto não nulo, valor finito de ω; e (2) a frequência na qual o pico ocorre.

O módulo de Bode é dado por

$$20\log_{10}\left|\frac{1}{1 + j2\zeta\omega/\omega_n - (\omega/\omega_n)^2}\right|$$

Visto que o logaritmo é uma função monotonicamente crescente, o módulo em dB tem um pico (máximo) se e somente se o módulo em si mesmo for máximo. O módulo ao quadrado, que é máximo quando o módulo é máximo, é

$$\frac{1}{\left[1-(\omega/\omega_n)^2\right]^2 + 4(\zeta\omega/\omega_n)^2}$$

Tomando a derivada dessa função e igualando-a a zero, obtemos

$$\frac{(4\omega/\omega_n^2)\left[1-(\omega/\omega_n)^2\right] - 8\zeta^2\omega/\omega_n^2}{\left\{\left[1-(\omega/\omega_n)^2\right]^2 + 4(\zeta\omega/\omega_n)^2\right\}^2} = 0$$

ou

$$1 - \left(\frac{\omega}{\omega_n}\right)^2 - 2\zeta^2 = 0$$

e a frequência no pico é igual a $\sqrt{1-2\zeta^2}$. Visto que ω deve ser real, por definição, o módulo tem um pico no valor não nulo ω apenas se $1 - 2\zeta^2 > 0$ ou $\zeta < 1/\sqrt{2} = 0{,}707$. Para $\zeta \geq 0{,}707$, o módulo de Bode é monotonicamente decrescente.

Construção de diagramas de Bode para sistemas contínuos no tempo

15.6 Construa os diagramas de Bode assintóticos para a função resposta de frequência

$$GH(j\omega) = \frac{1 + j\omega/2 - (\omega/2)^2}{j\omega(1 + j\omega/0{,}5)(1 + j\omega/4)}$$

Os diagramas assintóticos de Bode são determinados somando os gráficos das representações assintóticas para cada um dos termos de $GH(j\omega)$, como nas Equações (15.10) e (15.11). As assíntotas para cada um desses termos são mostradas nas Figuras 15-23 e 15-24, e os diagramas assintóticos de Bode para $GH(j\omega)$ nas Figuras 15-25 e 15-26. Os diagramas de Bode exatos gerados por computador são mostrados para comparação.

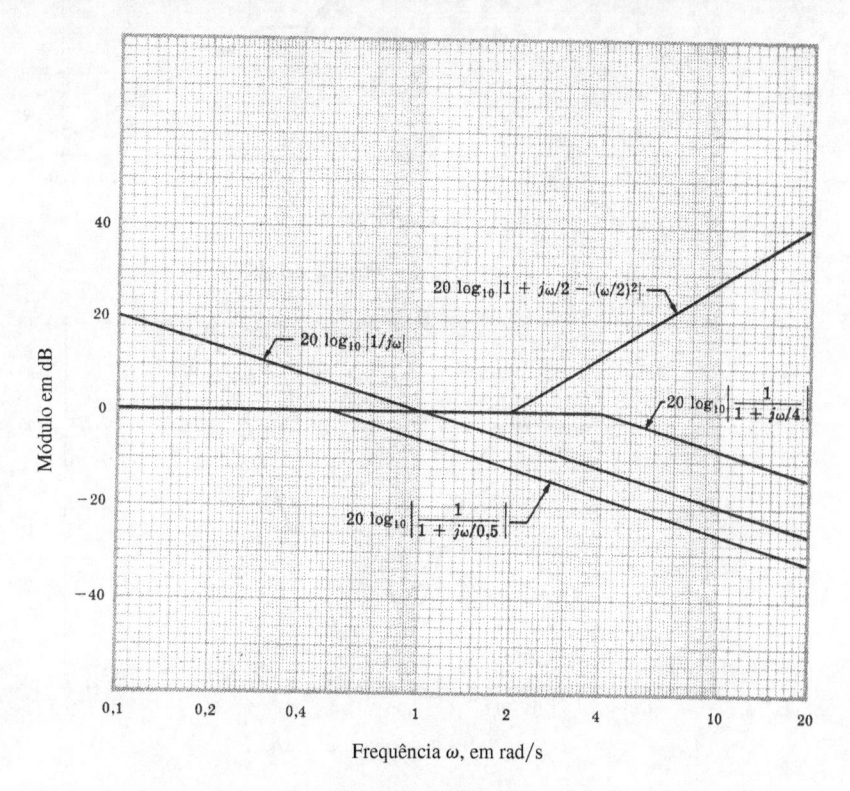

Figura 15-23

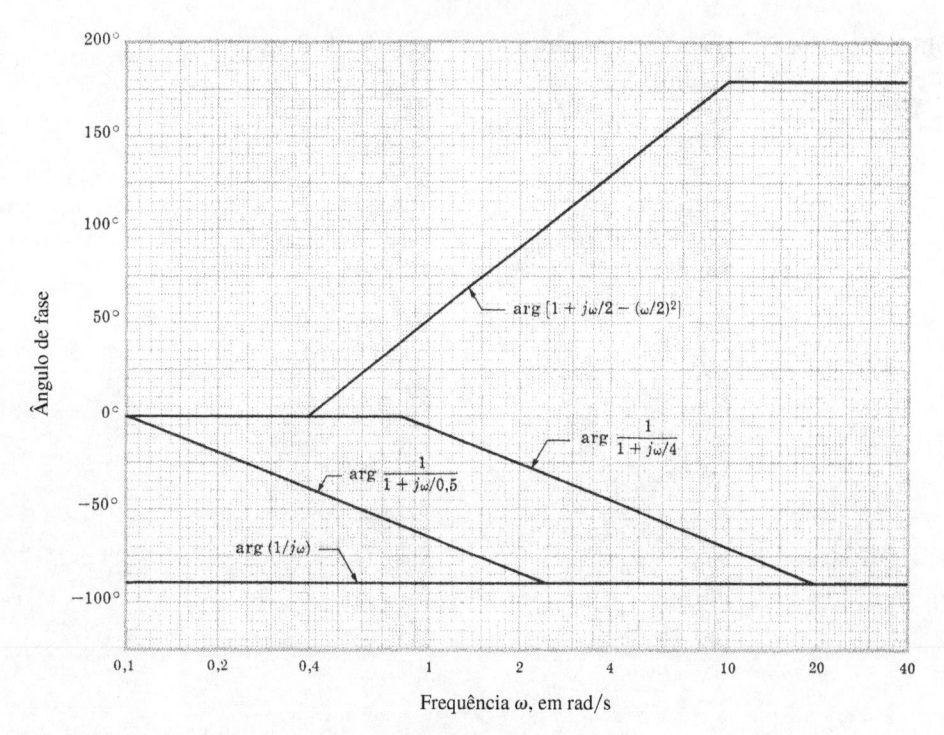

Figura 15-24

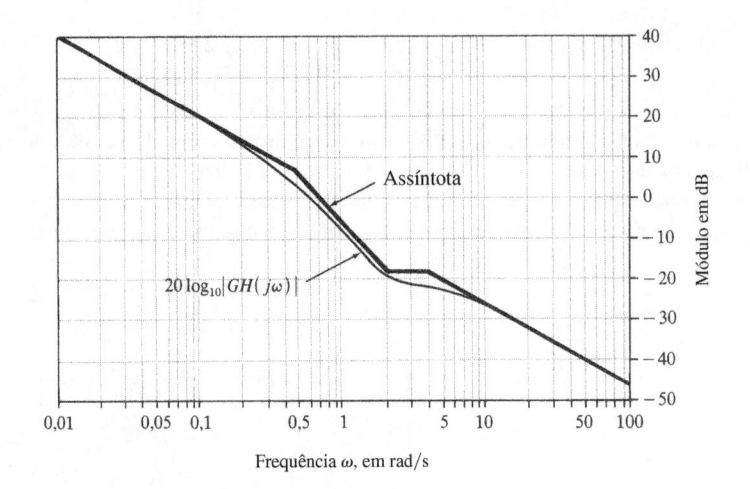

Figura 15-25

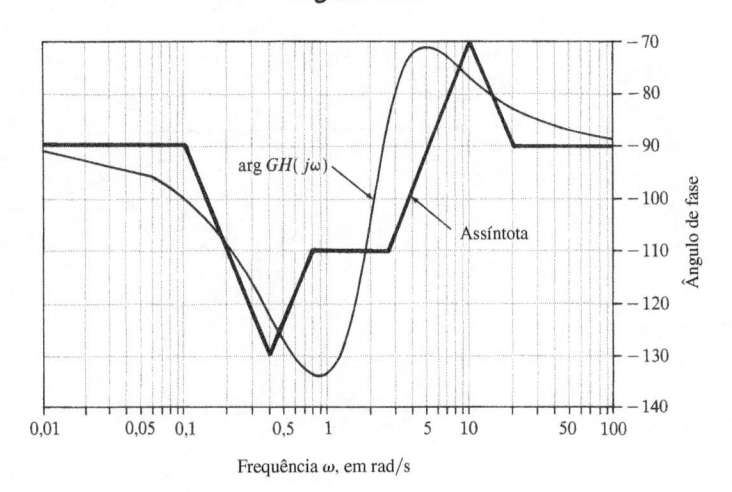

Figura 15-26

15.7 Construa diagramas de Bode para a função resposta de frequência

$$GH(j\omega) = \frac{2}{j\omega(1 + j\omega/2)(1 + j\omega/5)}$$

Os diagramas assintóticos de Bode são construídos somando os diagramas assintóticos para cada termo de $GH(j\omega)$, como nas Equações (15.10) e (15.11), e são mostrados nas Figuras 15-27 e 15-28. As curvas mais precisas, determinadas numericamente por computador, também são traçadas para comparação.

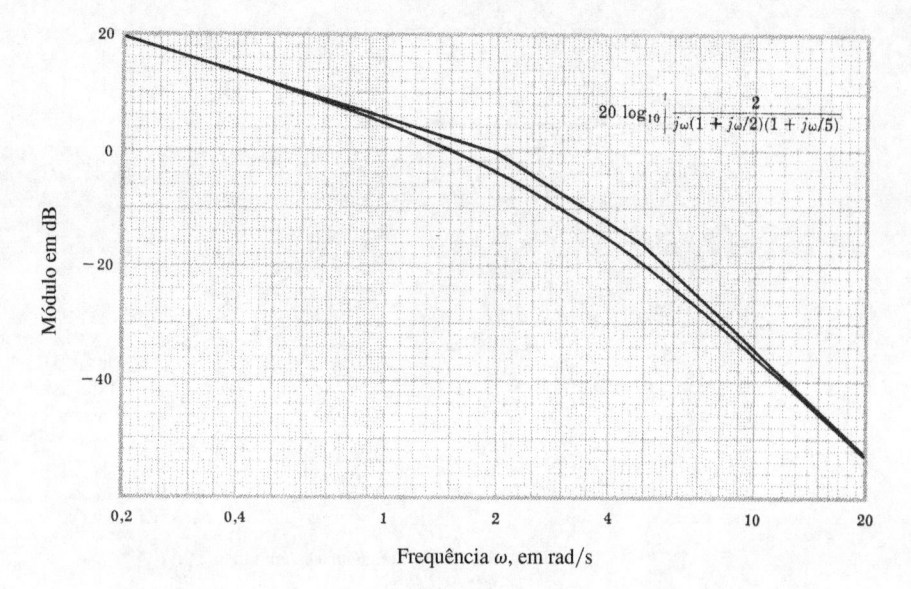

Figura 15-27

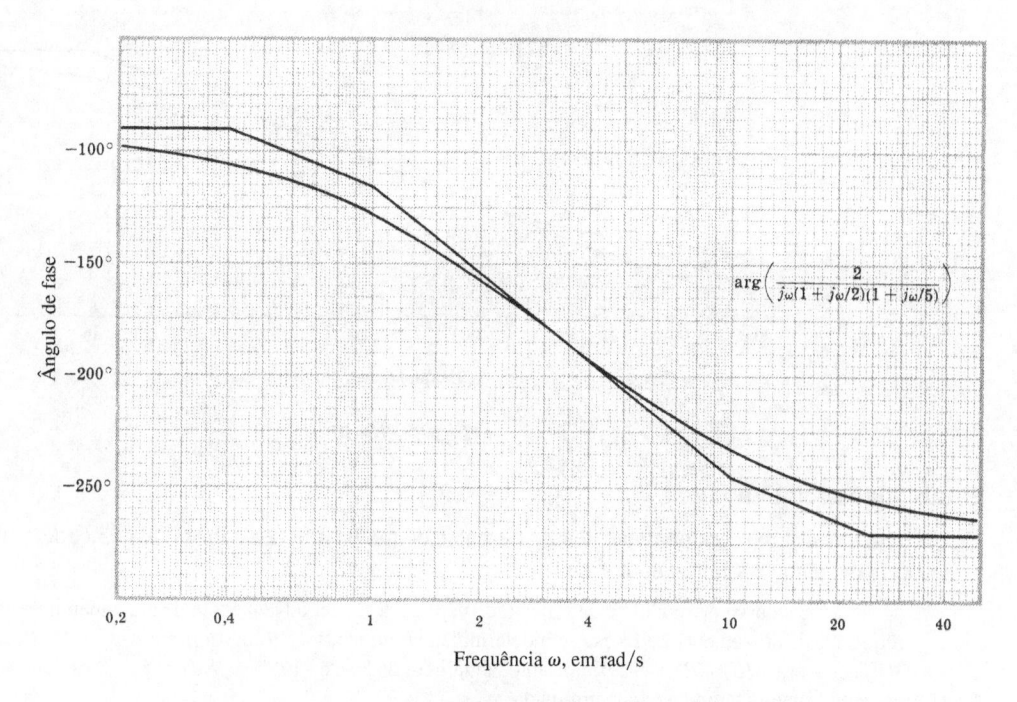

Figura 15-28

15.8 Construa diagramas de Bode para a função de transferência de malha aberta $GH = 2(s + 2)/(s^2 - 1)$.

Com $s = j\omega$, a forma de Bode para essa função de transferência é

$$GH(j\omega) = \frac{-4(1 + j\omega/2)}{(1 + j\omega)(1 - j\omega)}$$

Esta função tem um polo no semiplano direito [devido ao termo $1/(1-j\omega)$] que não é uma das funções-padrão introduzidas na Seção 15.4. Entretanto, esta função tem o mesmo módulo que $1/(1 + j\omega)$ e o mesmo angulo de fase que $1 + j\omega$. Assim, para uma função da forma $1/(1-j\omega/p)$ o módulo pode ser determinado a partir da Figura 15-7 e o ângulo de fase a partir da Figura 15-10. Para este problema, as contribuições do ângulo de fase para os termos $1/(1 + j\omega)$ e $1/(1 - j\omega)$ cancelam-se mutuamente. As assíntotas para o diagrama de módulo de Bode são mostradas na Figura 15-29 juntamente com um diagrama de módulo de Bode mais preciso. O ângulo de fase de Bode é determinado simplesmente a partir de $\arg K_B = \arg(-4) - 180°$ e o zero em $\omega = 2$, como mostra a Figura 15-30.

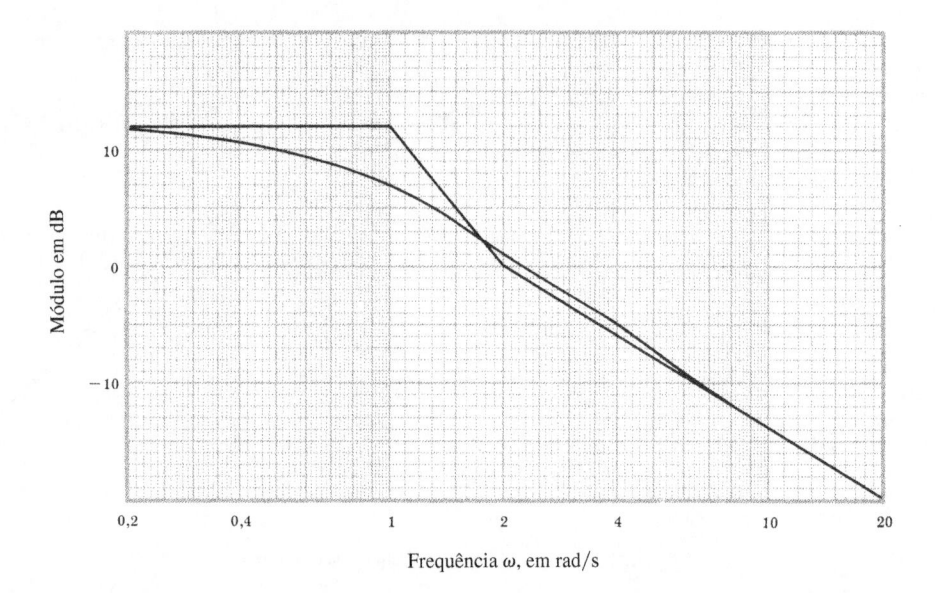

Figura 15-29

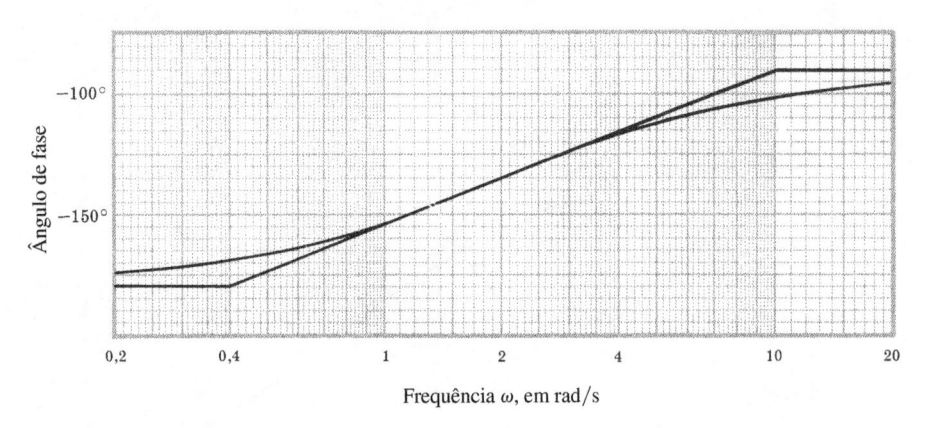

Figura 15-30

Estabilidade relativa

15.10 Para um sistema com a função de transferência de malha aberta do Problema 15.6, determine ω_1, ω_π, a margem de ganho e a margem de fase.

Usando a curva de módulo exata mostrada na Figura 15-25, a frequência de cruzamento de ganho é $\omega_1 = 0{,}62$. A frequência de cruzamento de fase ω_π é indeterminada porque arg $GH(j\omega_1)$ nunca cruza $-180°$. (Ver Figura 15-26.) Arg $GH(j\omega_1) = $ arg $GH(j0{,}62)$ é $-129°$. Portanto, a margem de fase é $-129° + 180° = 51°$. Visto que ω_π é indeterminado, a margem de ganho também é indeterminada.

15.10 Determine as margens de ganho e fase para o sistema com função de resposta de frequência de malha aberta do Problema 15.7.

A partir da Figura 15-27, $\omega_1 = 1{,}5$; e a partir da Figura 15-28, arg $GH(j\omega_1) = -144°$. Portanto a margem de fase é $180° - 144° = 36°$. A partir da Figura 15-28, $\omega_\pi = 3{,}2$; e a margem de ganho é obtida da Figura 15-27 como sendo $-20\log_{10}|GH(j\omega_\pi)| = 11$ dB.

15.11 Determine as margens de ganho e fase para o sistema de função de transferência de malha aberta do Problema 15-8.

A partir da Figura 15-29, $\omega_1 = 2{,}3$ rad/s. A partir da Figura 15-30, arg $GH(j\omega_1) = -127°$. Por consequência, a margem de fase é $180° - 127° = 53°$. Como mostra a Figura 15-30, arg $GH(j\omega)$ tende para $-180°$ quando ω diminui. Visto que arg $GH(j\omega) = -180°$ apenas em $\omega = 0$, então $\omega_\pi = 0$. Portanto, a margem de ganho é $-20\log_{10}|GH(j\omega_\pi)| = -12$ dB usando o procedimento normal. Embora uma margem de ganho negativa indique instabilidade para muitos sistemas, este sistema é estável, como é verificado pelo esboço do Diagrama de Estabilidade de Nyquist, conforme mostra a Figura 15-31. Lembre que o sistema tem um polo no semiplano direito de malha aberta; mas o zero de GH em -2 atua para estabilizar o sistema para $K = 2$.

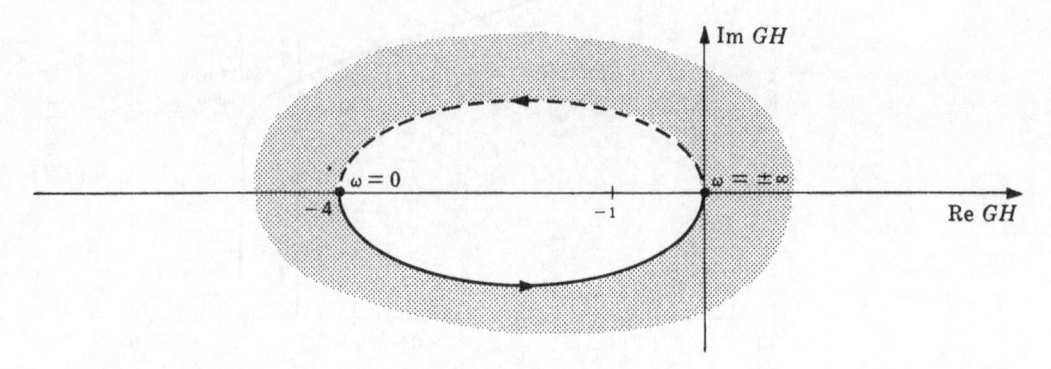

Figura 15-31

Resposta de frequência de malha fechada

15.12 Para o sistema do Exemplo 15.7 com $H = 1$, determine a função resposta de frequência de malha fechada e compare o diagrama de módulo de Bode de malha fechada real com o aproximado do Exemplo 15.7.

Para este sistema, $GH = 10/s(s + 1)$. Então,

$$\frac{C}{R} = \frac{10}{s^2 + s + 10}$$

e

$$\frac{C}{R}(j\omega) = \frac{1}{1 + j\omega/10 - \omega^2/10}$$

Portanto, o diagrama de módulo de Bode de malha fechada corresponde à Figura 15-11, com $\zeta = 0{,}18$ e $\omega_n = 3{,}16$. A partir deste diagrama, a largura de faixa (BW) de 3 dB real é $\omega/\omega_n = 1{,}5$ na forma normalizada; por consequência, visto que $\omega_n = 3{,}16$, BW $= 1{,}5(3{,}16) = 4{,}74$ rad/s. A largura de faixa aproximada, determinada a partir da Figura 15-20 do Exemplo 15.7 é 3,7 rad/s. Note que $\omega_n = 3{,}16$ rad/s para o sistema de malha fechada, que corresponde muito bem com $\omega_1 = 3{,}1$ rad/s a partir da Figura 15-20. Assim, a frequência de cruzamento de ganho do sistema de malha aberta corresponde muito bem com ω_n do sistema de malha fechada, apesar de a largura de faixa aproximada de 3 dB determinada acima não ser muito precisa. A razão para isto é que o diagrama de módulo de Bode aproximado, da Figura 15-20, não mostra o pico que ocorre na curva exata.

15.13 Para o sistema discreto no tempo com função de resposta de frequência de malha aberta

$$GH(z) = \frac{3(z+1)\left(z+\tfrac{1}{3}\right)}{8z(z-1)\left(z+\tfrac{1}{2}\right)} \qquad H = 1$$

determine a margem de ganho, margem de fase, ângulo de cruzamento de fase e ângulo de cruzamento de ganho.

Os diagramas de Bode para este sistema são dados nas Figuras 15-32 e 15-33. O ângulo de cruzamento de fase $\omega_\pi T$ é determinado a partir da Figura 15-33 como sendo 1,74 rad. A margem de ganho correspondente é determinada a partir da Figura 15-32 como sendo 11 dB. O ângulo de cruzamento de ganho $\omega_1 T$ é determinado a partir da Figura 15-32 como sendo 0,63 rad. A margem de fase correspondente é determinada a partir da Figura 15-33 como sendo 57°.

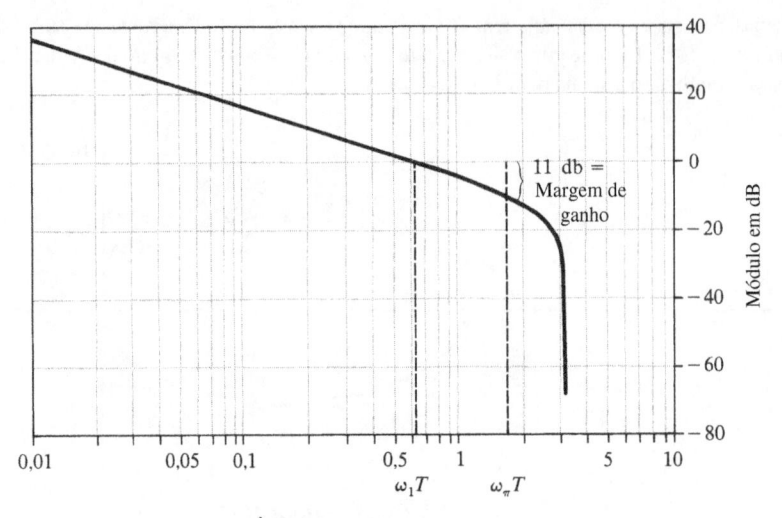

Figura 15-32

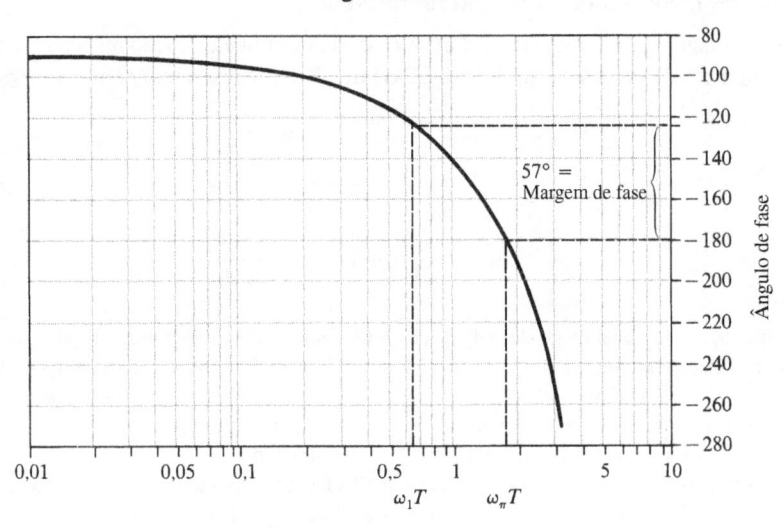

Figura 15-33

Problemas Complementares

15.14 Construa os diagramas de Bode para a função resposta de frequência de malha aberta

$$GH(j\omega) = \frac{4(1+j\omega/2)}{(j\omega)^2(1+j\omega/8)(1+j\omega/10)}$$

15.15 Construa os diagramas de Bode e determine as margens de ganho e fase para o sistema com a função resposta de frequência de malha aberta

$$GH(j\omega) = \frac{4}{(1+j\omega)(1+j\omega/3)^2}$$

15.16 Resolva os Problemas 13.35 e 13.37 desenhando os diagramas de Bode.

15.17 Resolva o Problema 13.52 usando os diagramas de Bode.

15.18 Resolva o Problema 11.59 usando os diagramas de Bode.

Capítulo 16

Projeto de Bode

16.1 FILOSOFIA DO PROJETO

O projeto de um sistema de controle com realimentação usando as técnicas de Bode implica em fazer e refazer os diagramas de módulo e de ângulo de fase de Bode até que as especificações do sistema sejam satisfeitas. Estas especificações são mais convenientemente expressas em termos de valores de mérito no domínio de frequência, como a margem de ganho e de fase para o desempenho transitório e as constantes de erro (Capítulo 9) para a resposta de estado permanente, no domínio do tempo.

Conformar os diagramas assintóticos de Bode de sistemas contínuos no tempo, adicionando compensação em cascata ou de realimentação, é um procedimento relativamente simples. Os Diagramas de Bode para várias redes de compensação comum são apresentados nas Seções 16.3, 16.4 e 16.5. Com estes gráficos, as contribuições de ângulo e módulo de fase de um compensador particular podem ser adicionadas diretamente ao diagrama de Bode não compensado. Geralmente é necessário corrigir os diagramas assintóticos de Bode nos estágios finais do projeto, para verificar precisamente a satisfação das especificações de desempenho.

Como os diagramas de Bode assintóticos simples não existem para sistemas discretos no tempo, a elaboração e revisão dos diagramas de Bode para sistemas discretos no tempo geralmente não é tão simples e intuitiva como para os sistemas contínuos. Entretanto, realizando a transformada da função de transferência discreta no tempo para o plano w, o projeto de sistemas discretos no tempo pode ser realizado por meio de técnicas dos sistemas contínuos no tempo.

16.2 COMPENSAÇÃO DO FATOR DE GANHO

É possível, em alguns casos, satisfazer todas as especificações do sistema, simplesmente ajustando o fator de ganho K em malha aberta. O ajuste do fator de ganho K não afeta o diagrama de ângulo de fase. Ele apenas desloca o diagrama de módulo para cima ou para baixo, a fim de corresponder ao aumento ou diminuição de K. O procedimento mais simples é alterar a escala em dB do diagrama de módulo, de acordo com a mudança em K em vez de refazer a curva. Por exemplo, se K é dobrado, a escala dB deve ser deslocada para abaixo de $20\log_{10}2 = 6{,}02$ dB.

Quando se trabalha com o diagrama de Bode de sistemas contínuos no tempo, é mais conveniente usar o ganho de Bode

$$K_B = \frac{K \prod_{i=1}^{m} z_i}{\prod_{i=1}^{n} p_i}$$

em que $-p_i$ e $-z_i$ são os polos e zeros finitos de GH.

Exemplo 16.1 Os diagramas de Bode para

$$GH(j\omega) = \frac{K_B}{j\omega(1+j\omega/2)}$$

são mostradas na Figura 16-1 para $K_B = 1$.

O valor máximo de K_B pode ser aumentado para melhorar o desempenho de estado permanente do sistema sem diminuir a margem de fase abaixo de 45°, sendo determinado como segue. Na Figura 16-1, a margem de fase é 45°, se a frequência de cruzamento de ganho ω_1 for 2 rad/s e o diagrama de módulo pode ser levantado cerca de 9 dB, antes que ω_1 se torne 2 radianos por segundo. Assim, K_B pode ser aumentado de 9 dB sem diminuição da margem de fase abaixo de 45°.

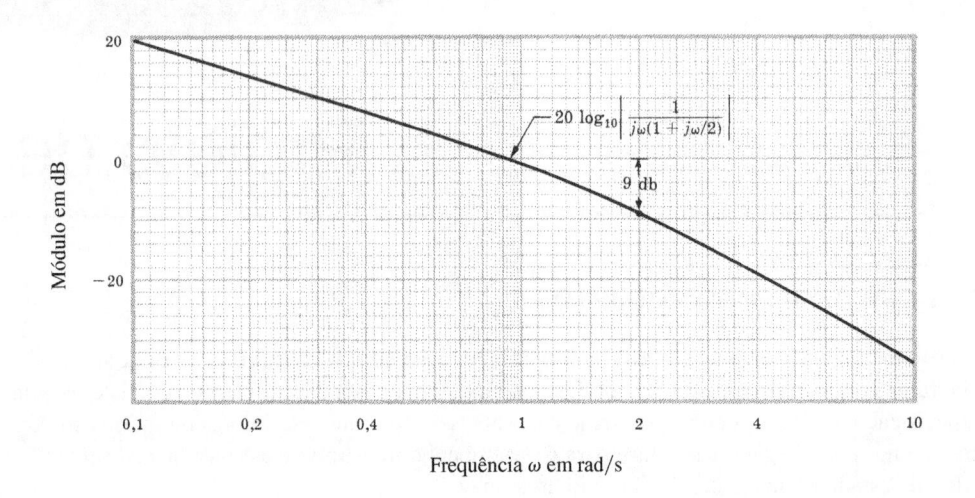

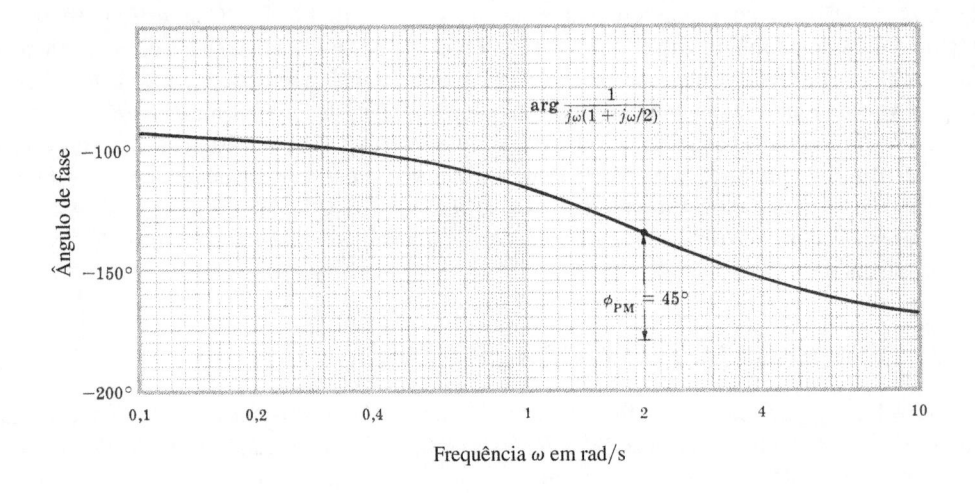

Figura 16-1

16.3 COMPENSAÇÃO EM AVANÇO

O compensador em avanço, apresentado nas Seções 6.3 e 12.4, tem a seguinte função resposta de frequência na forma de Bode:

$$P_{\text{Avanço}}(j\omega) = \frac{(a/b)(1 + j\omega/a)}{1 + j\omega/b} \quad (16.1)$$

Os diagramas de Bode para este compensador, para várias *razões de avanço a/b*, são mostrados na Figura 16-2. Estes gráficos mostram que a adição de um compensador de avanço em cascata a um sistema diminui a curva de módulo total na região de baixa frequência e aumenta a curva de ângulo de fase total na região de baixa e média frequência. Outras propriedades do compensador em avanço são discutidas na Seção 12.4.

A quantidade da atenuação de baixa frequência e avanço de fase, produzidos pelo compensador em avanço, depende da relação de avanço a/b. O máximo avanço de fase ocorre na frequência de $\omega_m = \sqrt{ab}$ e é igual a

$$\phi_{\max} = (90 - 2\mathrm{tg}^{-1}\sqrt{a/b}) \text{ graus} \qquad (16.2)$$

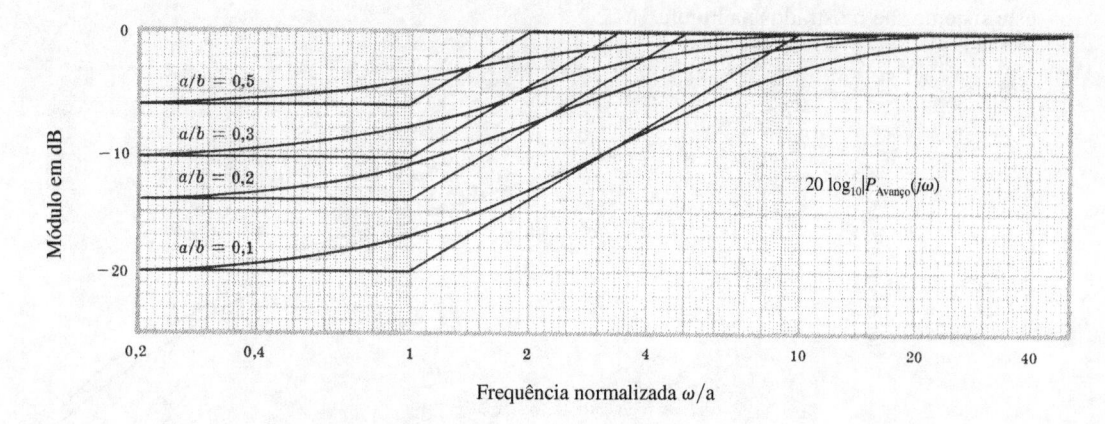

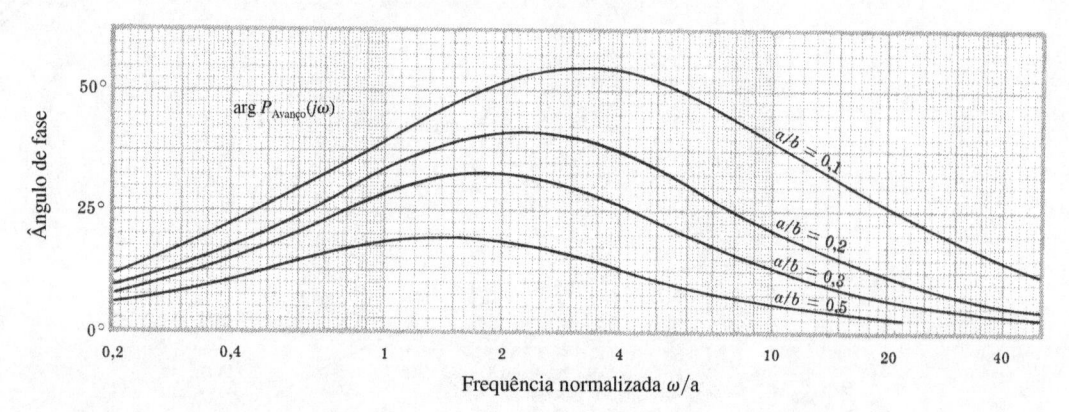

Figura 16-2

A compensação em avanço normalmente é usada para aumentar o ganho e/ou margens de fase de um sistema ou aumentar a sua largura de faixa. A modificação adicional do ganho de Bode K_B geralmente é exigida com as redes de avanço, como descrito na Seção 12.4.

Exemplo 16.2 Um sistema contínuo no tempo não compensado, cuja função de transferência de malha aberta é

$$GH = \frac{24}{s(s+2)(s+6)} \qquad H = 1$$

deve ser projetado para satisfazer as seguintes especificações de desempenho:

1. quando a entrada é uma rampa com inclinação (velocidade) igual a 2π rad/s, o erro de posição de estado permanente deve ser menor ou igual a $\pi/10$ radianos.
2. $\phi_{PM} = 45° \pm 5°$.
3. frequência de cruzamento de ganho $\omega_1 \geq 1$ rad/s.*

A compensação em avanço é apropriada, como foi previamente esboçado em detalhes no Exemplo 12.4. Transformando $GH(j\omega)$ na forma de Bode,

---

* No uso das técnicas de Bode, as especificações de largura de faixa de sistemas de malha fechada muitas vezes são interpretadas em termos da frequência de cruzamento de ganho ω_1, que é facilmente obtida do diagrama de módulo de Bode. A largura de faixa e ω_1 não são equivalentes de maneira geral; mas quando uma aumenta ou diminui, a outra geralmente a segue. Como descrevem as Seções 10.4 e 15.8 e o Problema 12.16, ω_1 frequentemente é uma aproximação razoável para a largura de faixa.

$$GH(j\omega) = \frac{2}{j\omega(1+j\omega/2)(1+j\omega/6)}$$

notamos que o ganho de Bode K_B é igual à constante de erro de velocidade $K_{v1} = 2$. Os diagramas de Bode para este sistema são mostrados na Figura 16-3.

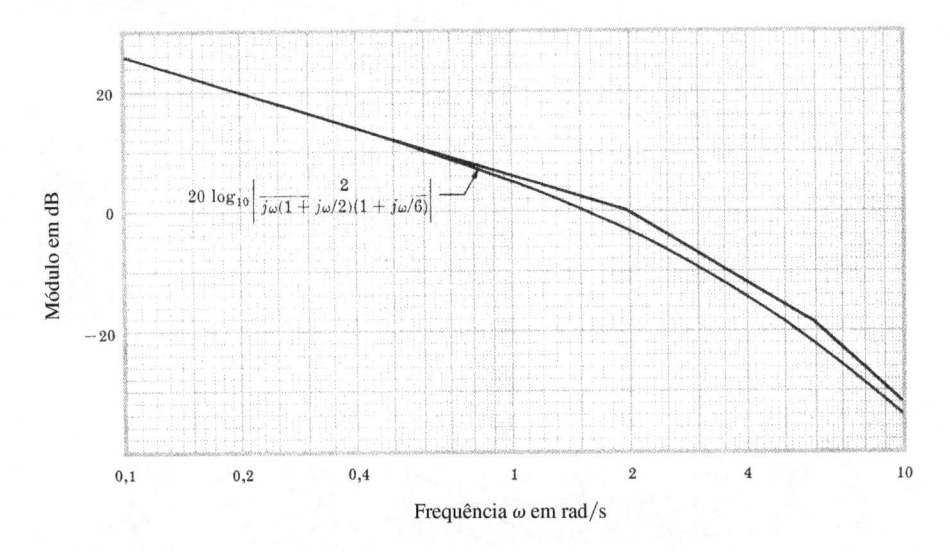

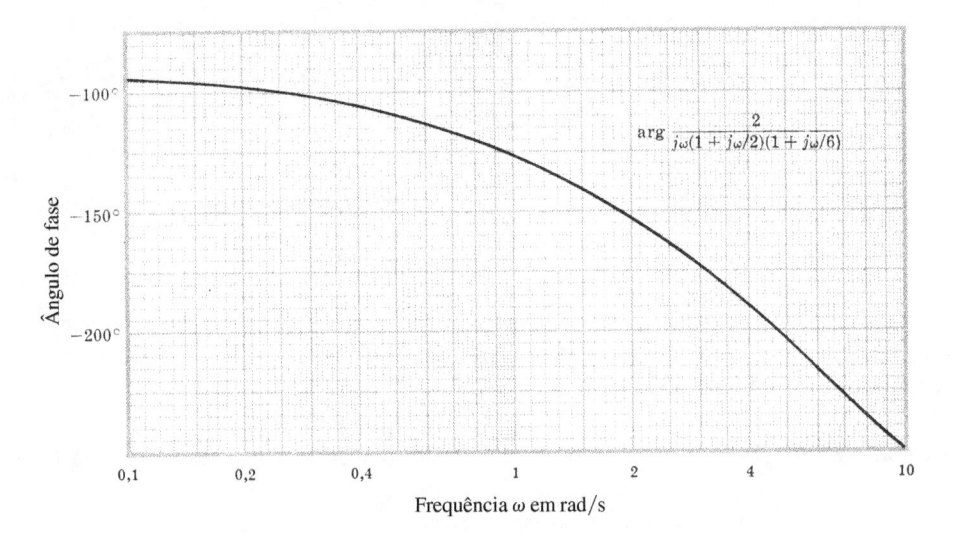

Figura 16-3

O erro de estado permanente $e(\infty)$ é dado pela Equação (9.13) como $1/K_v$ para uma função rampa unitária de entrada. Portanto, se $e(\infty) \leq \pi/10$ radianos e a rampa tiver uma inclinação de 2π em vez de 1, então a constante de erro de velocidade necessária é

$$K_{v2} \geq \frac{2\pi}{\pi/10} = 20 \text{ s}^{-1}$$

Assim, um amplificador em cascata com um ganho de $\lambda = 10$, ou 20 dB, satisfará a especificação de estado permanente. Mas este ganho deve ser posteriormente aumentado, depois que tenham sido escolhidos os parâmetros da rede avanço, como foi descrito no Exemplo 12.4. Quando o ganho de Bode é aumentado de 20 dB, a margem de ganho é de -8 dB e a margem de fase $-28°$, como pode ser lido diretamente nos diagramas da Figura 16-3. Portanto, o compensador em avanço deve ser escolhido para proporcionar a margem de fase até $45°$. Isso exige um avanço de fase grande. Além disso, visto que a adição do compensador de avanço deve ser acompanhada por um aumento no ganho de b/a, o efeito é aumentar o ganho das frequências médias e altas, aumentando assim a frequência de cruzamento de ganho. Por consequência, uma margem de fase de 45° deve ser elevada, exigindo ainda maior avanço de fase. Por essas razões, adicionamos duas redes de avanço em cascata (com isolamento necessário para reduzir os efeitos de carga, se necessário).

Para determinar os parâmetros do compensador em avanço, suponha que o ganho de Bode tenha sido aumentado de 20 dB, de modo que a linha de 0 dB está definitivamente abaixada de 20 dB. Se escolhermos $b/a = 10$, então o compensador em avanço mais o aumento do ganho de Bode adicional de $(b/a)^2$, para as duas redes, tem a seguinte forma combinada:

$$[10P_{\text{Avanço}}(j\omega)]^2 = G_c(j\omega) = \frac{(1+j\omega/a)^2}{(1+j\omega/10a)^2}$$

Agora devemos escolher o valor apropriado para a. Um método útil para melhorar a estabilidade do sistema é tentar cruzar a linha de 0 dB com uma inclinação de –6 dB/oitava. Cruzando com uma inclinação de –12 dB/oitava, geralmente temos um valor muito baixo para a margem de fase. Se a é fixado igual a 2, um esboço das assíntotas revela que a linha de 0 dB é cruzada em –12 dB/oitava. Se $a = 4$, a linha de 0 dB é cruzada com uma inclinação de –6 dB por oitava. Os diagramas de módulo e ângulo de fase de Bode para o sistema com $a = 4$ rad/s são mostrados na Figura 16-4. A margem de ganho é de 14 dB e a margem de fase é de 50°. Assim, a segunda especificação está satisfeita. A frequência de cruzamento de ganho $\omega_1 = 14$ rad/s é substancialmente mais elevada que o valor especificado, indicando que o sistema responderá muito mais rapidamente que o exigido pela terceira especificação. O diagrama em blocos de um sistema compensado é mostrado na Figura 16-5. Um amplificador apropriadamente projetado pode ainda servir a finalidade de isolamento do efeito de carga, caso ele seja colocado *entre* as duas redes de avanço.

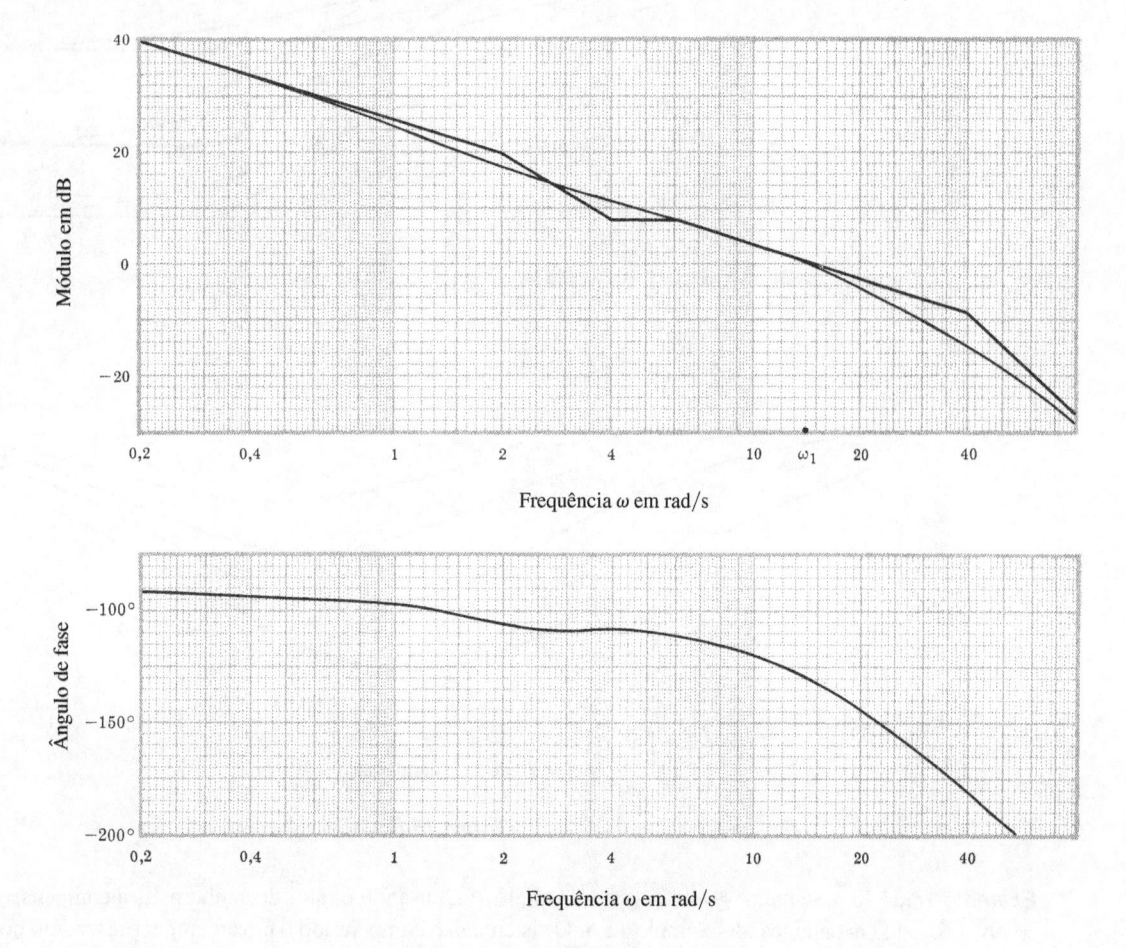

Figura 16-4

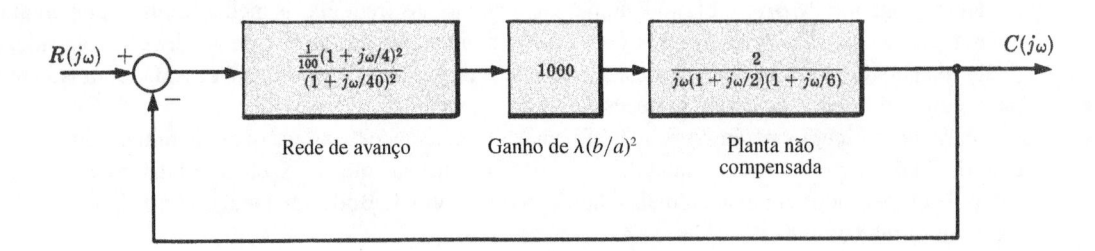

Figura 16-5

16.4 COMPENSAÇÃO EM ATRASO PARA SISTEMAS CONTÍNUOS NO TEMPO

O compensador em atraso apresentado nas Seções. 6.3 e 12.5 tem a seguinte função resposta de frequência na forma de Bode:

$$P_{\text{Avanço}}(j\omega) = \frac{1+j\omega/b}{1+j\omega/a} \tag{16.3}$$

Os diagramas de Bode para o compensador em atraso, para várias razões de atraso b/a, são mostrados na Figura 16-6. As propriedades para este compensador são explicadas na Seção 12.5.

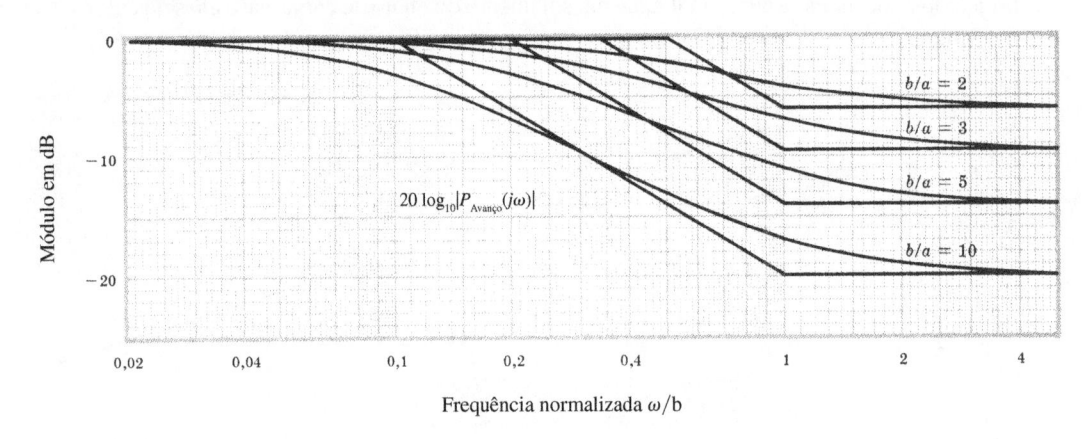

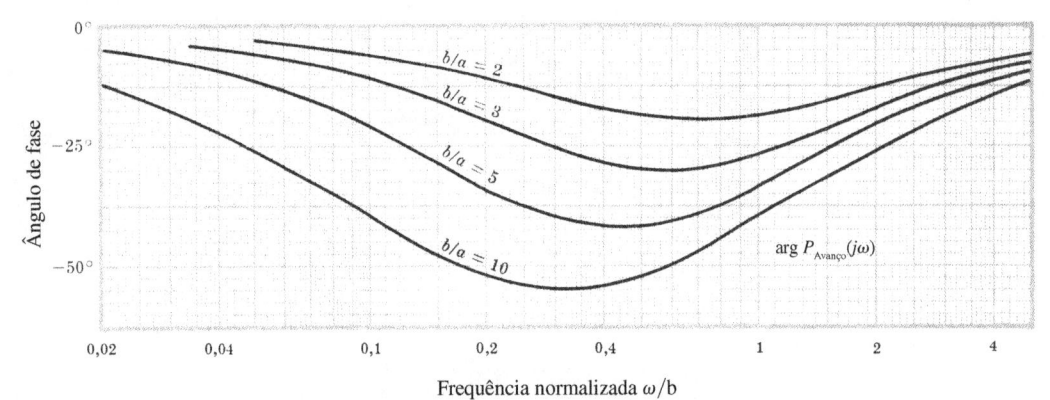

Figura 16-6

Exemplo 16.3 Redesenhemos o sistema do Exemplo 16.2, usando o fator de ganho mais a compensação em atraso, como esboçado em detalhes no Exemplo 12.5. O sistema não compensado é novamente representado por

$$GH(j\omega) = \frac{2}{j\omega(1+j\omega/2)(1+j\omega/6)}$$

e as especificações são:

1. $K_v \geq 20 \text{ s}^{-1}$
2. $\phi_{PM} = 45° \pm 5°$
3. $\omega_1 \geq 1$ rad/s

Como antes, um ganho de Bode aumenta de um fator de 10, ou 20 dB, se necessário para satisfazer a primeira especificação (estado permanente). Por consequência, os diagramas de Bode da Figura 16-3 novamente devem ser considerados com a linha de 0 dB efetivamente abaixada de 20 dB. A adição de atraso de fase significativo em frequências menores do que 0,1 rad/s abaixará a curva ou efetivamente aumentará a linha de 0 dB em quantidade correspondente a b/a. Assim, a razão b/a deve ser escolhida de modo que a margem de fase resultante seja 45°. A partir do diagrama de ângulo de fase de Bode (Figura 16-3), vemos que uma margem de fase de 45° é obtida se a frequência de cruzamento de ganho é $\omega_1 = 1,3$ rad/s. A partir do diagrama de módulo de Bode, isso requer que a curva seja baixada de $2 + 20 = 22$ dB. Assim, é necessário haver uma redução de 22 dB no ganho, ou um fator de 14. Isso pode ser obtido usando um compensador de atraso com $b/a = 14$. A localização real do compensador é arbitrária, uma vez que o deslocamento de fase produzido em ω_1 seja desprezível. Valores de $a = 0,01$ e $b = 0,14$ rad/s são adequados O diagrama em blocos do sistema compensado é mostrado na Figura 16-7.

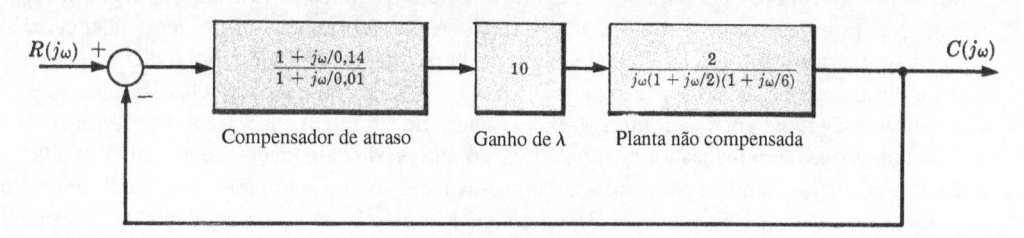

Figura 16-7

16.5 COMPENSAÇÃO DE ATRASO-AVANÇO PARA SISTEMAS CONTÍNUOS NO TEMPO

Algumas vezes é desejável, como foi explicado na Seção 12.6, empregar simultaneamente tanto a compensação de avanço como de atraso. Embora cada uma dessas duas redes possa ser conectada em série para obter o efeito desejado, geralmente é mais conveniente implementar o compensador de atraso-avanço combinado descrito no Exemplo 6.6. Este compensador pode ser construído com uma rede RC simples, como é mostrado no Problema 6.14.

A forma de Bode de uma função resposta de frequência, para o compensador de atraso-avanço, é

$$P_{LL}(j\omega) = \frac{(1 + j\omega/a_1)(1 + j\omega/b_2)}{(1 + j\omega/b_1)(1 + j\omega/a_2)}$$

com $b_1 > a_1$, $b_2 > a_2$ e $a_1 b_2 = b_1 a_2$. Um diagrama de módulo de Bode típico, no qual $a_1 > b_2$, é mostrado na Figura 16-8. Os diagramas de Bode para um compensador de atraso-avanço específico podem ser determinados combinando os diagramas de Bode para a porção de atraso da Figura 16-6 com aqueles para a porção de avanço da Figura 16-2. As propriedades adicionais do compensador de atraso-avanço são explicadas na Seção 12.6.

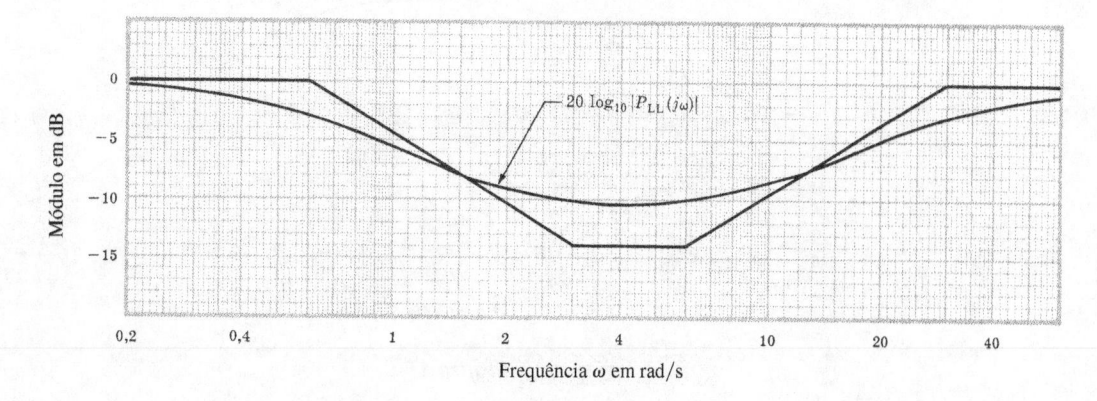

Figura 16-8

Exemplo 16.4 Vamos reprojetar o sistema do Exemplo 16.2, usando compensação de atraso-avanço. Suponha, por exemplo, que queremos a frequência de cruzamento de ganho ω_1 (aproximadamente a largura de faixa da malha fechada) maior que 2 radianos por segundo, porém menor que 5 rad/s, com todas as outras especificações iguais às do Exemplo 16.2. Para esta aplicação, veremos que o compensador de atraso-avanço tem vantagem sobre a compensação em atraso ou em avanço. O sistema não compensado é novamente representado por

$$GH(j\omega) = \frac{2}{j\omega(1 + j\omega/2)(1 + j\omega/6)}$$

Os diagramas de Bode são mostrados na Figura 16-3. Como no Exemplo 16.2, um aumento do ganho de Bode em 20 dB é necessário para satisfazer a especificação do desempenho de estado permanente. Uma vez mais referimo-nos à Figura 16-3 com a linha de 0 dB deslocada para baixo de 20 dB, para corresponder a um aumento do ganho de Bode, os parâmetros do compensador de atraso-avanço devem ser escolhidos para resultar numa frequência de cruzamento de ganho entre 2 e 5 rad/s, com uma margem de fase de aproximadamente 45°. O diagrama de ângulo de fase da Figura 16-3 mostra cerca de −188° de ângulo de fase em aproximadamente 4 rad/s. Assim, precisamos cerca de 53° de avanço de fase para estabelecer uma margem de 45°, naquela faixa de frequência. Escolhemos uma razão de avanço $a_1/b_1 = 0,1$ para nos assegurarmos de um avanço de fase suficiente. Para colocar isso na faixa de frequência apropriada, seja $a_1 = 0,8$ e $b_1 = 8$ rad/s. A porção em atraso deve ter a mesma razão $a_2/b_2 = 0,1$; mas a porção em atraso deve ser suficientemente mais baixa que a_1, de modo que reduza significativamente o avanço de fase obtido na porção de avanço; $b_2 = 0,2$ e $a_2 = 0,02$ são adequados. Os diagramas de Bode para o sistema compensado são mostrados na Figura 16-9; e o diagrama em bloco é mostrado na Figura 16-10.

Notamos que o compensador de atraso-avanço não produz atenuação de módulo nas altas nem nas baixas frequências. Portanto, usando a compensação atraso-avanço, obtém-se um menor ajuste de ganho (como o obtido com compensação em atraso, Exemplo 16.3), uma menor largura de faixa e frequência de cruzamento de ganho (como a que resulta da compensação em avanço, Exemplo 16.2).

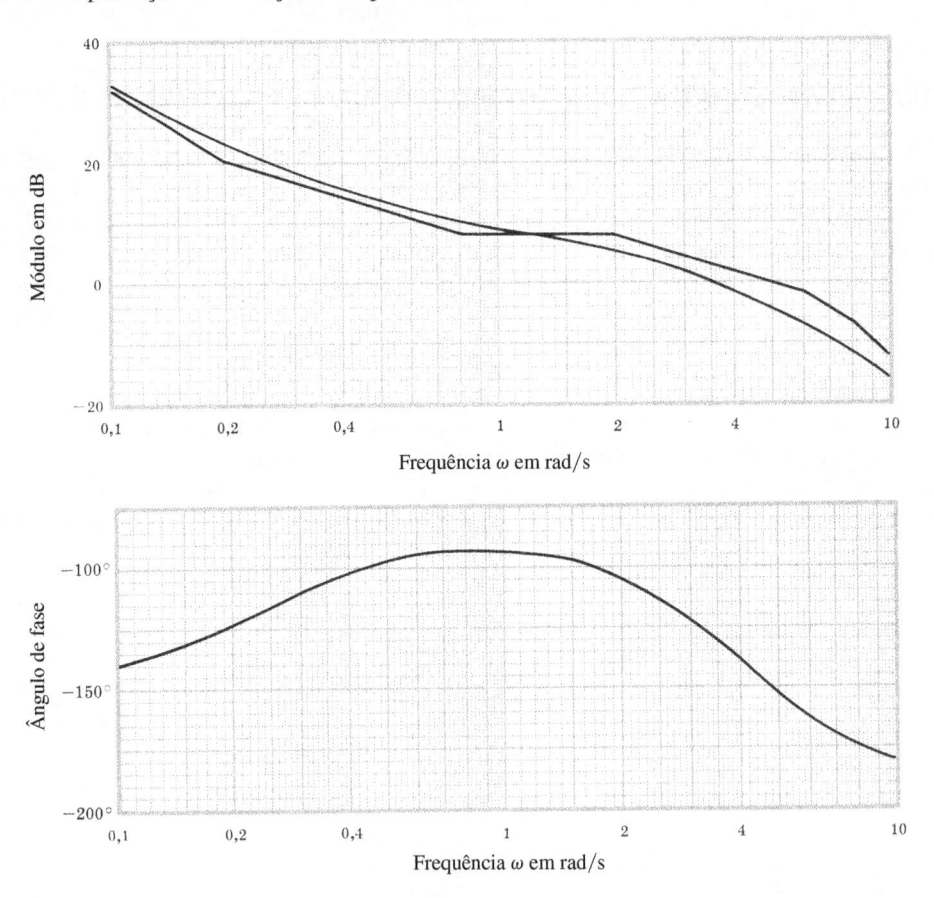

Figura 16-9

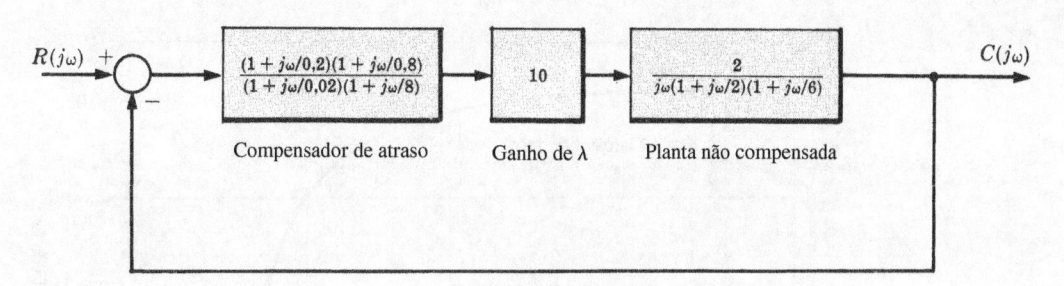

Figura 16-10

16.6 PROJETO DE BODE DE SISTEMAS DISCRETOS NO TEMPO

O projeto de Bode de sistemas discretos no tempo é baseado na mesma filosofia que o projeto de Bode de sistemas contínuos no tempo uma vez que implica na elaboração e revisão dos diagramas de módulo e ângulo de fase de Bode até que as especificações do sistema sejam atendidas. Porém, o esforço envolvido pode ser substancialmente maior.

Muitas vezes é possível satisfazer as especificações simplesmente ajustando o fator de ganho K de malha aberta, como descrito na Seção 16.2 para sistemas contínuos no tempo.

Exemplo 16.5 Considere o sistema discreto no tempo do Exemplo 15.4, com a função de resposta de malha aberta

$$GH(e^{j\omega T}) = \frac{\frac{1}{100}(e^{j\omega T}+1)^2}{(e^{j\omega T}-1)(e^{j\omega T}+\frac{1}{3})(e^{j\omega T}+\frac{1}{2})}$$

e $H = 1$. As Figuras 16-11 e 16-12 são os diagramas de Bode de GH, desenhados por computador, que ilustram as margens de ganho e fase e as frequências de cruzamento de ganho e fase. Mostramos agora que somente a compensação do fator de ganho pode ser usada para satisfazer as seguintes especificações do sistema:

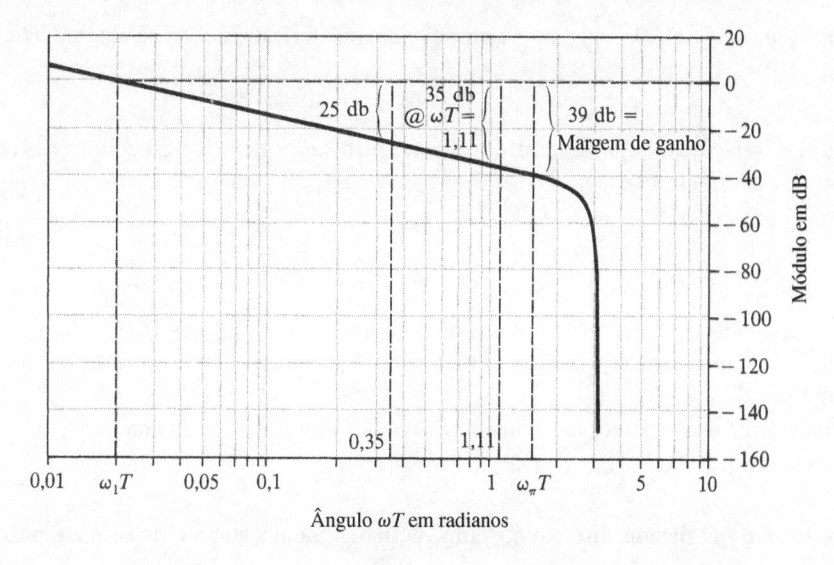

Figura 16-11

[Figura 16-12]

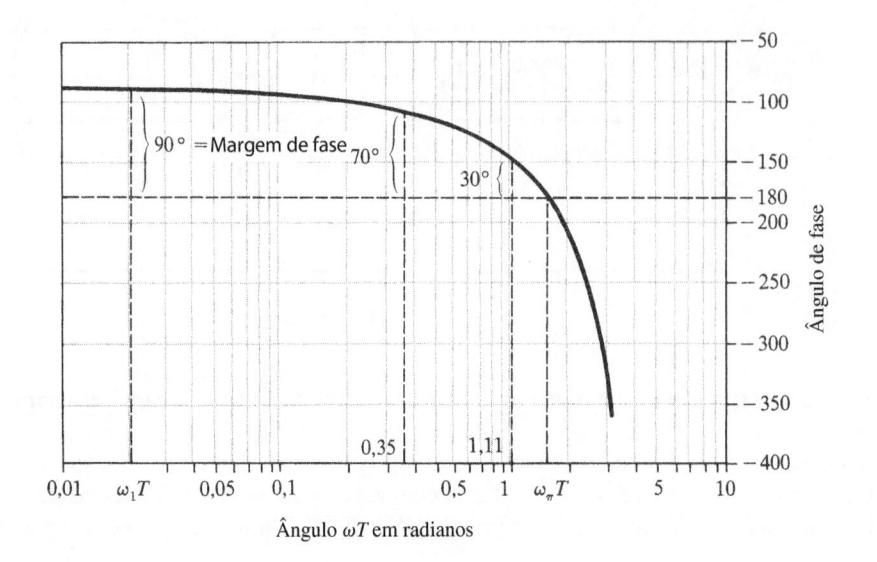

Figura 16-12

1. $\phi_{PM} \geq 30°$.
2. $10 \text{ dB} \leq$ margem de ganho $\leq 15 \text{ dB}$.

A partir da Figura 16-12, vemos que se $\omega_1 T$ pode ser aumentado para 1,11 rad, então $\phi_{PM} = 30°$. Para fazer isso, o ganho deve ser aumentado de 35 dB, como mostra a Figura 6-11, resultando em uma margem de ganho de $39 - 35 = 4$ dB, que é muito pequena. Se aumentarmos o ganho de apenas 25 dB (aumentando K por um fator de 18), então $\omega_1 T = 0,35$ rad e a margem de fase é 70°. Note que alterando K, não se altera $\omega_\pi T$.

Para sistemas discretos no tempo, as especificações de projeto que não podem ser satisfeitas apenas pela compensação do fator de ganho, o projeto de Bode no domínio z não é tão direto como no domínio s. Entretanto, métodos de projeto de sistemas contínuos no tempo podem ser transferidos para o projeto de sistemas discretos no tempo usando a *transformada w*. Baseado nos desenvolvimentos nas Seções 10.7 e 15.9, o algoritmo do projeto é o seguinte:

1. Substitua $(1 + w)/(1 - w)$ para z na função de transferência de malha aberta $GH(z)$:

$$GH(z)\Big|_{z = (1 + w)/(1 - w)} \equiv GH'(w)$$

2. Faça $w = j\omega_w$ e em seguida transforme as frequências críticas nas especificações de desempenho do domínio z para o domínio w, usando:

$$\omega_w = \text{tg}\frac{\omega T}{2}$$

3. Desenvolva a compensação contínua no tempo (como nas Seções 16.3 a 16.5) de modo que o sistema no domínio w satisfaça as especificações dadas nas frequências obtidas no Passo 2 (como se o domínio w fosse o domínio s).
4. Transforme os elementos de compensação obtidos no Passo 3 de volta para o domínio z para completar o projeto usando $w = (z - 1)/(z + 1)$.

Exemplo 16.6 O sistema discreto no tempo com realimentação unitária com a função de transferência

$$G(z) = GH(z) = \frac{3}{8}\frac{(z + 1)\left(z + \frac{1}{3}\right)}{z\left(z + \frac{1}{2}\right)}$$

e período de amostragem $T = 0,1$ s deve ser compensado de modo que ele atenda às seguintes especificações:

1. O erro de estado permanente deve ser menor ou igual a 0,02 para uma entrada rampa unitária.
2. $\phi_{PM} \geq 30°$.
3. A frequência de cruzamento de ganho ω_1 deve satisfazer $\omega_1 T \geq 1$ rad.

Este é um sistema tipo 0, e o erro de estado permanente para uma entrada unitária é infinito (Seção 9.9). Portanto, a compensação deve conter um polo em $z = 1$ e a nova função de transferência que inclui este polo torna-se

$$GH'(z) = \frac{3}{8} \frac{(z+1)\left(z+\frac{1}{3}\right)}{z(z-1)\left(z+\frac{1}{2}\right)}$$

A partir da tabela na Seção 9.9, o erro de estado permanente para a rampa unitária é $e(\infty) = T/K_v$, em que $K_v = GH(1) = \lim_{z \to 1}(z-1)GH'(z) = \frac{2}{3}$. Portanto, com $e(\infty) = 0{,}15$, o fator de ganho deve ser aumentado de um fator de 15/2 (17,5 dB).

Os diagramas de Bode para GH' são mostrados nas Figuras 16-13 e 16-14. A partir da Figura 16-13, o ângulo na frequência de cruzamento de ganho é $\omega_1 T = 0{,}68$ rad e a margem de fase é 56°. Um aumento do ganho de 17,5 dB, moveria o ângulo na frequência de cruzamento de ganho para $\omega_1 T = 2.56$ rad, mas a margem de fase se tornaria $-41°$, desestabilizando o sistema. Apenas a compensação do fator de ganho é aparentemente inadequada para este problema de projeto.

Para completar o projeto, transformamos $GH(z)$ para o domínio w, fazendo $z = (1+w)/(1-w)$ e formando

$$GH''(w) = \frac{1}{3} \frac{(1-w)(1+w/2)}{w(1+w)(1+w/3)}$$

Os diagramas de Bode para GH'' são mostrados nas Figuras 16-15 e 16-16.

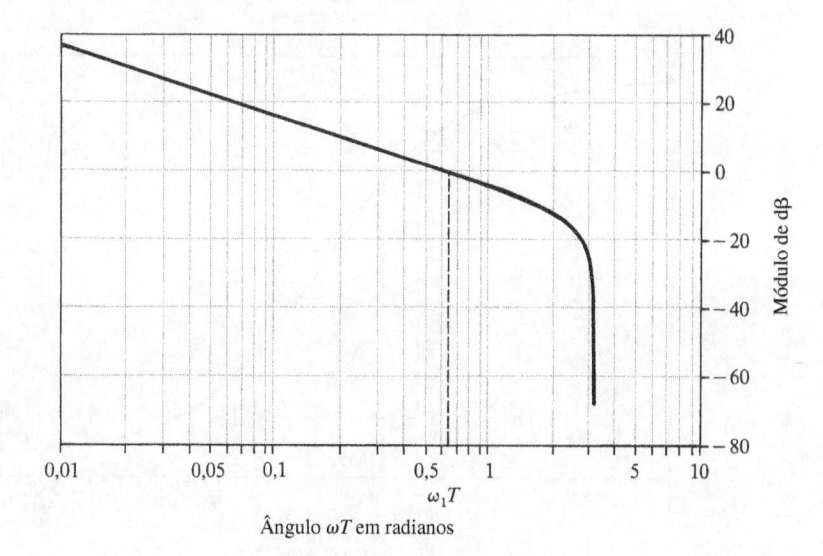

Figura 16-13

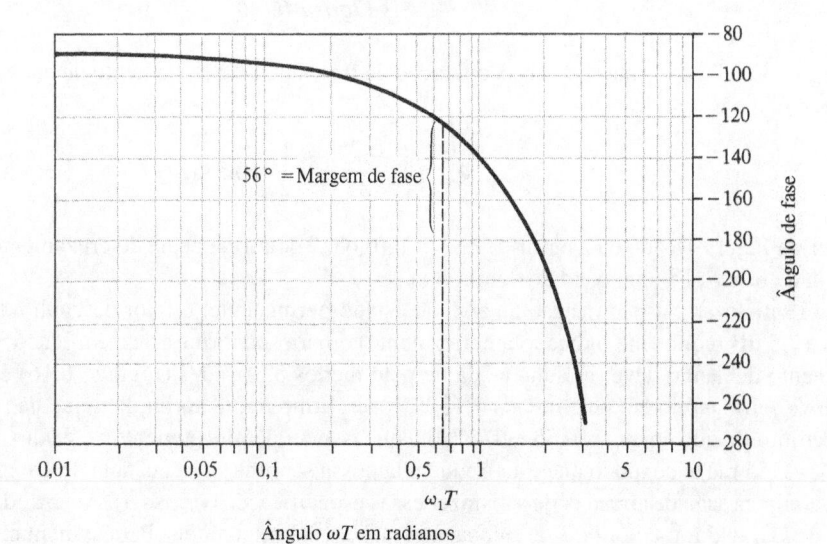

Figura 16-14

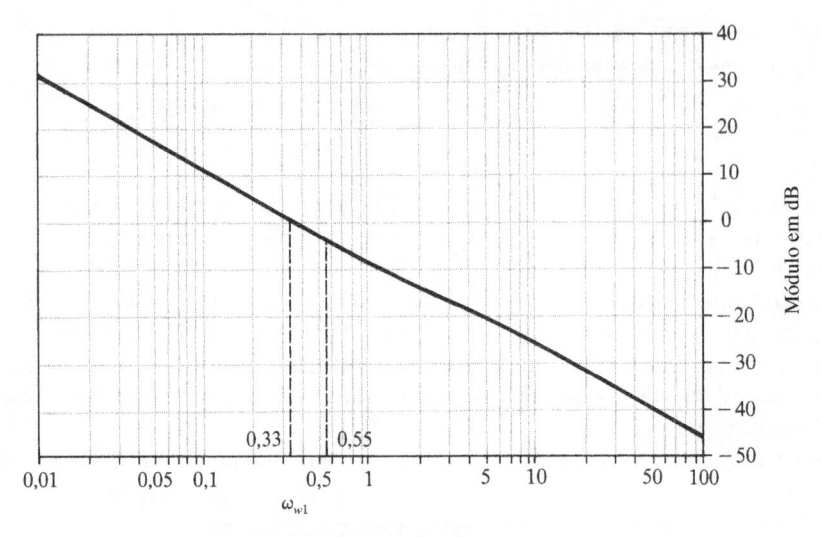

Figura 16-15

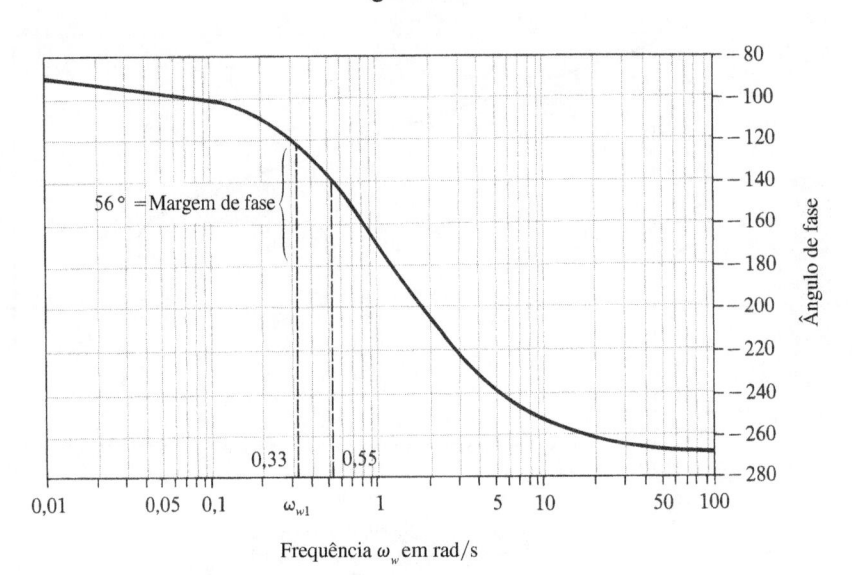

Figura 16-16

Seguindo o Passo 2 anterior, a especificação de frequência de cruzamento de ganho $\omega_1 T \geq 1$ rad é transformada para o plano w usando

$$\omega_{w1} = \operatorname{tg}\frac{\omega_1 T}{2} \geq \operatorname{tg}\frac{1}{2} = 0{,}55 \text{ rad/s}$$

A partir da Figura 16-15 [ou a partir de $\omega_{w1} = \operatorname{tg}(0{,}68/2)$], a frequência de cruzamento de ganho é 0,35 rad/s e a margem de fase é 56° (como era no domínio z).

Para satisfazer a especificação de erro de estado permanente, o fator de ganho deve ser aumentado de pelo menos 17,5 dB (conforme indicado anteriormente) e para satisfazer as especificações restantes, a frequência de cruzamento de ganho deve ser aumentada de pelo menos 0,55 rad/s (Figura 16.16) e o ângulo de fase em $\omega_w = 0{,}55$ deve ser mantido em pelo menos $-150°$. Este último requisito implica que não mais do que 6,5° de atraso pode ser introduzido em $\omega_w = 0{,}55$ rad/s. Note que isso requer um aumento de ganho de aproximadamente 4,3 dB em $\omega_w = 0{,}55$ rad/s de modo que esta frequência possa se tornar a frequência de cruzamento de ganho.

A compensação de atraso pode satisfazer essas especificações (Passo 3). A partir da Figura 16-6, uma razão de atraso de $b/a = 5$ fornece 14 dB de atenuação em frequências maiores. Para aumentar a frequência de cruzamento de ganho, o fator de ganho é aumentado de 18,3 dB, de modo que em $\omega_w = 0,55$ existe um aumento líquido de 4,3 dB. Isso é claramente adequado para satisfazer também a especificação de erro permanente (17,5 dB é necessário).

Agora o parâmetro a na razão de atraso pode ser escolhido para satisfazer o requisito de margem de fase. Conforme observado antes, devemos manter o atraso de fase do compensador abaixo de 6,5° em $\omega_w = 0,55$ rad/s. Notamos que o atraso de fase do compensador de atraso é

$$\phi_{\text{Atraso}} = \text{tg}^{-1} \frac{\omega T}{b} - \text{tg}^{-1} \frac{\omega T}{a}$$

Portanto, fazendo $\phi_{\text{Atraso}} = -6,5°$, $\omega = \omega_w = 0,55$ rad/s e $b = 5a$ (conforme acima), esta equação é facilmente resolvida calculando a. Escolhendo a menor das soluções que gera um *dipolo* (um par de polo e zero) muito próximo da origem do plano w, para $a = 0,0157$. Escolhemos $a = 0,015$ rad/s que gera apenas 6,2° de atraso de fase. Portanto, $b = 0,075$ e o compensador de atraso no plano w é dado por

$$P_{\text{Atraso}}(w) = \left(\frac{0,015}{0,075}\right)\left(\frac{w + 0,075}{w + 0,015}\right)$$

P_{Atraso} agora é transformado de volta para o domínio z (Passo 4) substituindo $w = (z-1)/(z+1)$. O resultado é

$$P_{\text{Atraso}}(z) = 0,21182\left(\frac{z - 0,86046}{z - 0,97044}\right)$$

Combinando este com o polo em $z = 1$ e o aumento do fator de ganho de 18,3 dB (um aumento na razão do fator de ganho de 8,22), o elemento de compensação completo $G_1(z)$ é

$$G_1(z) = 1,7417\left[\frac{z - 0,86046}{(z-1)(z - 0,97044)}\right]$$

O sistema de controle compensado é mostrado na Figura 16-17. Note que este projeto é bastante similar àquela desenvolvido para este mesmo sistema e especificações nos Exemplos 12.7 e 14.5.

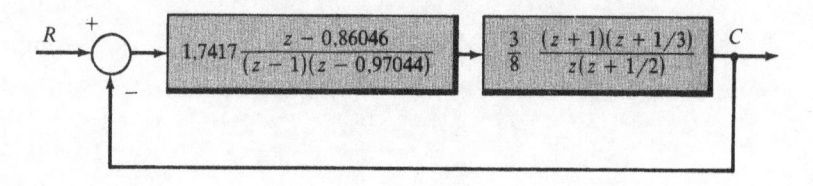

Figura 16-17

Problemas Resolvidos

Compensação do fator de ganho

16.1 Determine o valor máximo do ganho de Bode K_B, que resultará numa margem de ganho de 6 dB ou mais e uma margem de fase de 45° ou mais para o sistema com função de resposta de frequência de malha aberta.

$$GH(j\omega) = \frac{K_B}{j\omega(1 + j\omega/5)^2}$$

Os diagramas de Bode para este sistema com $K_B = 1$ são mostrados na Figura 16-18.

A margem de ganho, medida em $\omega_\pi = 5$ rad/s, é de 20 dB. Assim, o ganho de Bode pode ser aumentado até $20 - 6 = 14$ dB e ainda satisfaz a margem de ganho desejada. Entretanto, o diagrama de ângulo de fase de Bode indica que, para $\phi_{\text{PM}} \geq 45°$, a frequência de cruzamento de ganho ω_1 pode ser menor do que cerca de 2 rad/s. A curva de módulo pode ser aumentada de 7,5 dB, antes que ω_1 exceda 2 rad/s. Assim, o valor máximo de K_B, que satisfaz *ambas* as especificações é 7,5 dB ou 2,37.

16.2 Projete o sistema do Problema 15.7, para ter uma margem de fase de 55°.

O diagrama de ângulo de fase de Bode da Figura 15-28 indica que a frequência de cruzamento de ganho ω_1 deve ser 0,9 rad/s para uma margem de fase de 55°. A partir do diagrama de módulo de Bode da Figura 15-27, K_B deve ser reduzido de 6 dB, ou de um fator 2, para atingir $\omega_1 = 0,9$ rad/s e, portanto, $\phi_{PM} = 55°$.

Compensação em avanço

16.3 Mostre que o máximo avanço de fase do compensador em avanço [Equação (16.1)] ocorre em $\omega_m = \sqrt{ab}$ e demonstre a Equação (16.2).

O ângulo de fase do compensador em avanço é $\phi = \arg P_{avanço}(j\omega) = \text{tg}^{-1}\omega/a - \text{tg}^{-1}\omega/b$. Então

$$\frac{d\phi}{d\omega} = \frac{1}{a\left[1+(\omega/a)^2\right]} - \frac{1}{b\left[1+(\omega/b)^2\right]}$$

Fazendo $d\phi/d\omega$ igual a zero, temos $\omega^2 = ab$. Assim, o máximo avanço de fase ocorre em $\omega_m = \sqrt{ab}$. Por consequência, $\phi_{max} = \text{tg}^{-1}\sqrt{b/a} - \text{tg}^{-1}\sqrt{a/b}$. Porém, visto que $\text{tg}^{-1}\sqrt{b/a} = \pi/2 - \text{tg}^{-1}\sqrt{a/b}$; temos $\phi_{max} = (90 - 2\text{tg}^{-1}\sqrt{a/b})$ graus

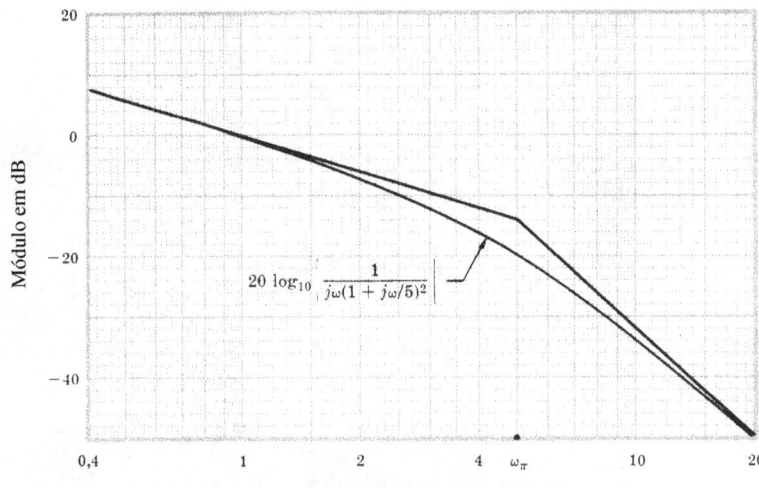

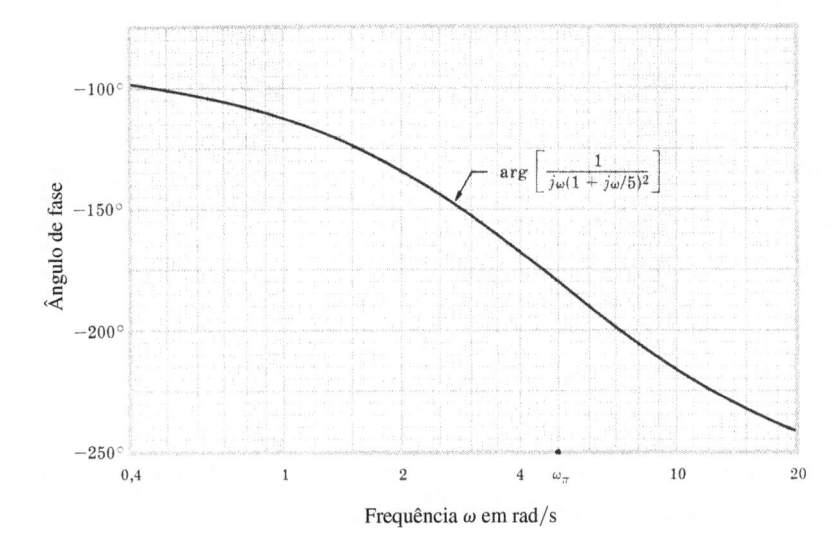

Figura 16-18

16.4 Qual a atenuação (módulo) produzida pelo compensador em avanço na frequência de máximo avanço de fase $\omega_m = \sqrt{ab}$?

O fator de atenuação é dado por

$$\left|P_{\text{Avanço}}(j\sqrt{ab})\right| = \left|\frac{(a/b)(1+j\sqrt{b/a})}{(1+j\sqrt{a/b})}\right| = \frac{a}{b}\sqrt{\frac{1+b/a}{1+a/b}} = \sqrt{\frac{a}{b}}$$

16.5 Projete compensação para o sistema

$$GH(j\omega) = \frac{8}{(1+j\omega)(1+j\omega/3)^2}$$

o qual proporcionará uma margem de fase total de 45° e a mesma frequência de cruzamento de ganho ω_1 que o sistema não compensado. A última é essencialmente a mesma que quando projetamos para a mesma largura de faixa, como explicado na Seção 15.8.

Os diagramas de Bode para o sistema não compensado são mostrados na Figura 16-19.

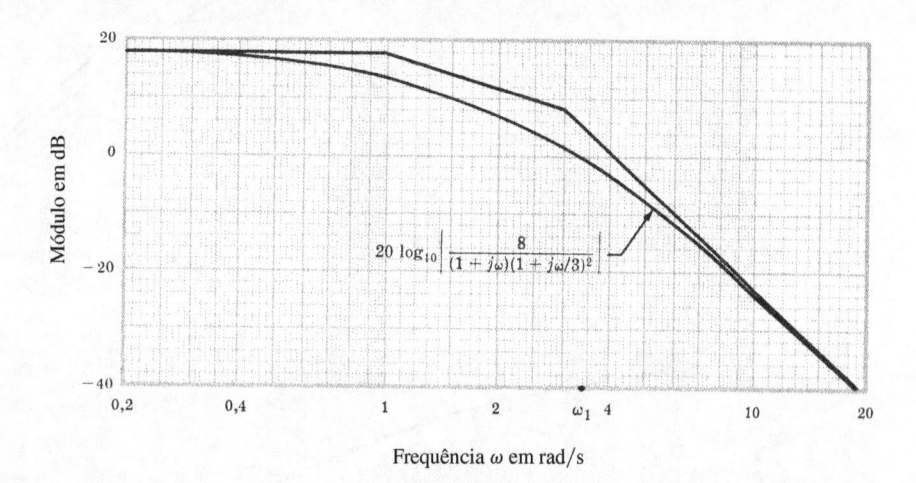

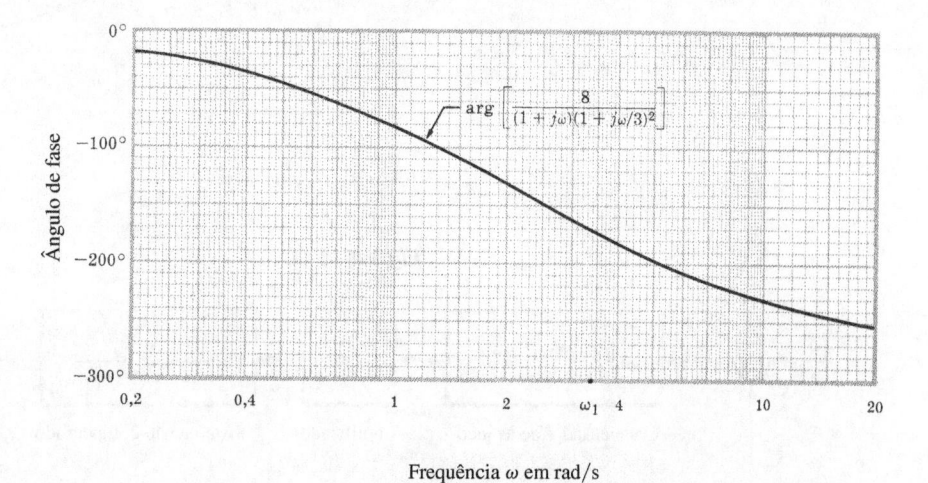

Figura 16-19

A frequência de cruzamento de ganho ω_1 é 3,4 rad/s e a margem de fase é 10°. As especificações podem ser satisfeitas com o compensador de avanço em cascata e o amplificador do fator de ganho. A escolha de a e b para o compensador em avanço é, de certo modo arbitrária, desde que o avanço de fase em $\omega_1 = 3,4$ seja suficiente para elevar a margem de fase de 10° para 45°. Entretanto, é frequentemente desejado, por razões econômicas, minimizar a atenuação em baixa frequência obtida da rede de avanço, escolhendo a maior razão de avanço $a/b < 1$ que proporcione a quantidade desejada de avanço de fase. Supondo que este é o caso, a máxima razão de avanço que proporcionará $45° - 10° = 35°$ de avanço de fase é cerca de 0,3, a partir da Figura 16-2. A solução da Equação (16.2) nos dá um valor de $a/b = 0,27$. Mas usaremos $a/b = 0,3$ porque temos as curvas disponíveis para este valor na Figura 16-2. Devemos escolher a e b tais que o máximo avanço de fase, que ocorre em $\omega_m = \sqrt{ab}$, seja obtido em $\omega_1 = 3,4$ rad/s. Assim, $\sqrt{ab} = 3,4$. Substituindo $a = 0,3b$ nesta equação e calculando b, achamos $b = 6,2$ e $a = 1,86$. Mas este compensador produz $20\log_{10} \sqrt{6,2/1,86}$ dB de atenuação em $\omega_1 = 3,4$ rad/s (ver Problema 6.4). Assim, um amplificador com ganho de 5,2 dB ou 1,82, é exigido, além do compensador de avanço para manter ω_1 em 3,4 rad/s. Os diagramas de Bode para o sistema compensado são mostrados na Figura 16-20 e o diagrama em blocos na Figura 16-21.

Figura 16-20

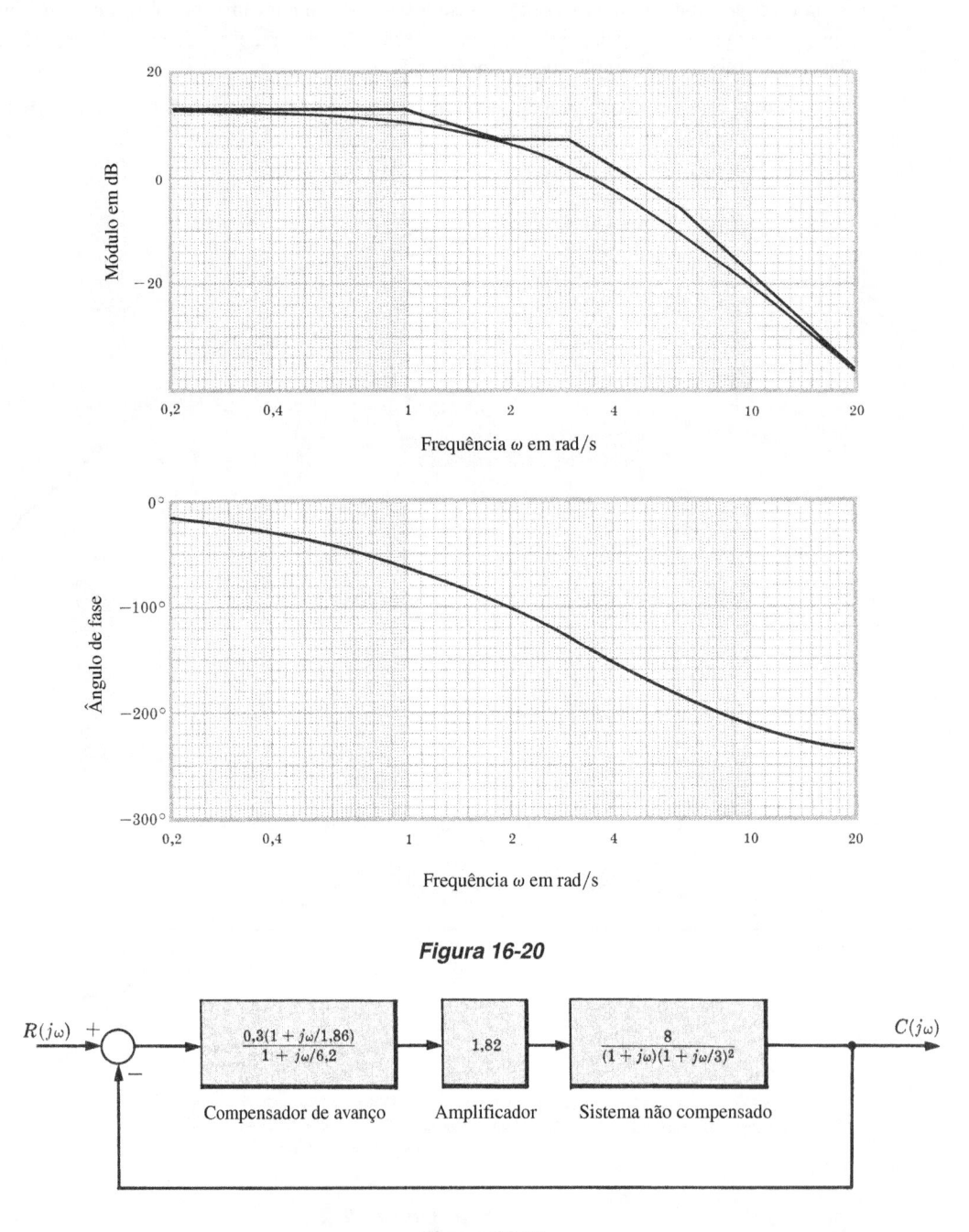

Figura 16-21

Compensação em atraso

16.6 Qual é o máximo atraso de fase produzido pelo compensador de atraso [Equação (16.3)]?

O ângulo de fase do compensador em atraso é

$$\arg P_{\text{Avanço}}(j\omega) = \text{tg}^{-1}\frac{\omega}{b} - \text{tg}^{-1}\frac{\omega}{a} = -\arg P_{\text{Avanço}}(j\omega)$$

Assim, o máximo atraso de fase (ângulo de fase negativo) do compensador de atraso é o mesmo que o avanço de fase máximo do compensador de avanço dos mesmos valores de a e b. Por consequência, o máximo também ocorre para $\omega_m = \sqrt{ab}$ e, a partir da Equação (16.2), temos

$$\phi_{\max}\left(90 - 2\,\text{tg}^{-1}\sqrt{\frac{a}{b}}\right)\text{graus}$$

Expressa em termos da razão de atraso b/a, esta equação se torna

$$\phi_{\max}\left(2\,\text{tg}^{-1}\sqrt{\frac{b}{a}} - 90\right)\text{graus}$$

16.7 Projete a compensação para o sistema do Problema 16.1, a fim de satisfazer as mesmas especificações, e, além disso, tenha uma frequência de cruzamento de ganho ω_1 menor ou igual a 0,1 rad/s, e uma constante de erro de velocidade $K_v > 5$.

Os diagramas de Bode para este sistema, mostrados na Figura 16-18, indicam que $\omega_1 = 1$ rad/s para $K_B = 1$. Portanto, $K_v = K_B = 1$ para $\omega_1 = 1$. As exigências de margem de ganho e fase são facilmente satisfeitas com qualquer $K_B < 2{,}37$; mas a especificação de estado permanente requer $K_v = K_B > 5$. Entretanto, um compensador de atraso de baixa frequência em cascata com $b/a = 5$ pode ser usado para aumentar K_v para 5, enquanto mantém a frequência de cruzamento e as margens de ganho e fase nos seus valores prévios. Um compensador de atraso com $b = 0{,}5$ e $a = 0{,}1$ satisfaz estas exigências, como é mostrado na Figura 16-22.

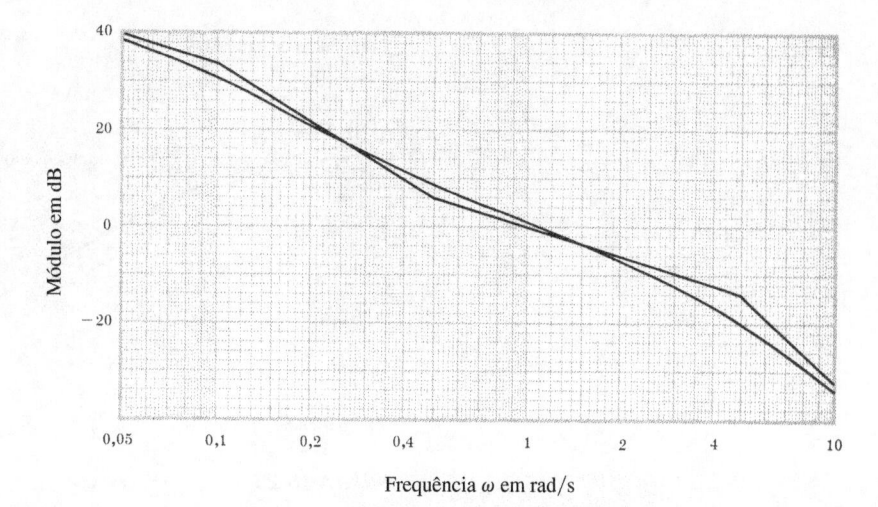

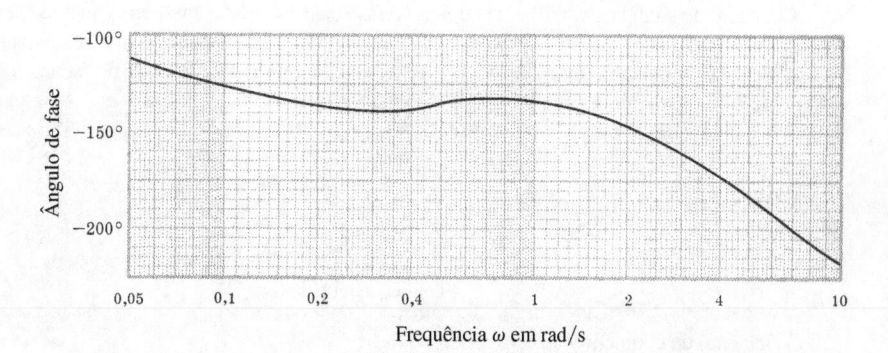

Figura 16-22

A função resposta de frequência de malha aberta compensada é $\dfrac{5(1+j\omega/0{,}5)}{j\omega(1+j\omega/0{,}1)(1+j\omega/5)^2}$

16.8 Projete um sistema de realimentação unitária, com a função da planta

$$G_2(z) = \frac{27}{64} \frac{(z+1)^3}{(z+\tfrac{1}{2})^3}$$

satisfazendo as especificações: (1) $K_p \geq 4$, (2) margem de ganho ≥ 12 dB, (3) margem de fase $\geq 45°$.

A especificação sobre a constante de erro de posição K_p requer um aumento no fator de ganho de 4. Esta função de transferência é transformada para o plano w fazendo $z = (1+w)/(1-w)$, formando assim

$$G'_2(w) = \frac{1}{(1+w/3)^3}$$

Os diagramas de Bode para este sistema, com o fator de ganho aumentado de $20\log_{10}4 = 12$ dB, são mostrados na Figura 16-23.

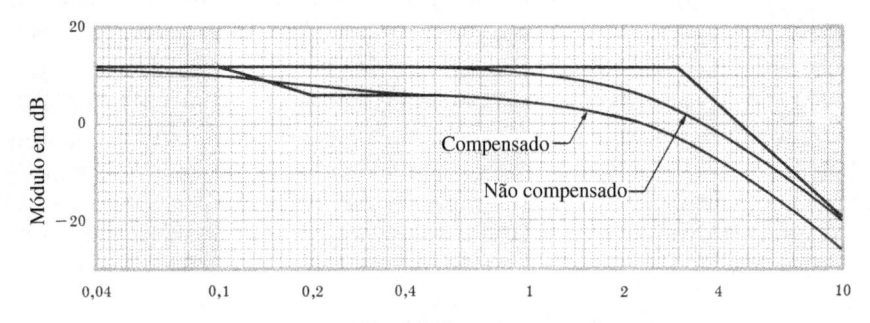

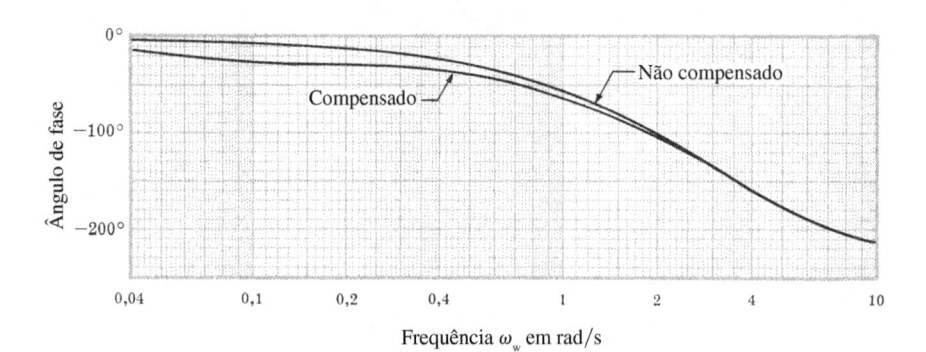

Figura 16-23

A margem de ganho é de 6 dB e a margem de fase é de 30°. Estas margens podem ser aumentadas adicionando um compensador de atraso. Para obter margem de ganho até 12 dB, o módulo de alta frequência deve ser reduzido de 6 dB. Para aumentar a margem de fase até 45°, ω_{w1} deve ser diminuído de 3,0 rad/s ou menos. Isso exige uma atenuação de módulo de 3 dB nesta frequência. Portanto, escolhemos uma razão de atraso $b/a = 2$ para proporcionar uma atenuação de alta frequência de $20\log_{10}2 = 6$ dB. Para $a = 0{,}1$ e $b = 0{,}2$ a margem de fase é 65° e a margem de ganho é 12 dB, como é mostrado nos diagramas de Bode compensados da Figura 16-23.

A função resposta de frequência compensada é

$$\frac{4(1+j\omega_w/0{,}2)}{(1+j\omega_w/0{,}1)(1+j\omega_w)^3}$$

O elemento de compensação

$$G'_1(w) = \frac{4(1+w/0{,}2)}{1+w/0{,}1}$$

é transformado de volta para o domínio z fazendo $w = (z-1)/(z+1)$, formando assim

$$G_1(z) = \frac{24}{11} \frac{\left(z - \frac{2}{3}\right)}{\left(z - \frac{9}{11}\right)}$$

Compensação de atraso-avanço

16.9 Determine a compensação para o sistema do Problema 16.5 que resultará numa constante de erro de posição $K_p \geq 10$, $\phi_{PM} \geq 45°$ e a mesma frequência de cruzamento de ganho ω_1 que o sistema não compensado.

A compensação determinada no Problema 16.5 satisfaz todas as especificações, exceto que K_p é apenas 4,4. O compensador de avanço escolhido naquele problema tem uma atenuação de baixa frequência 10,4 dB ou um fator de 3,33. Substituamos a rede de avanço por um compensador de atraso-avanço escolhendo $a_1 = 1,86$, $b_1 = 6,2$ e $a_2/b_2 = 0,3$. O módulo de baixa frequência torna-se $a_1b_2/b_1a_2 = 1$ ou 0 dB e a atenuação produzida pela rede de avanço é suprimida, aumentando efetivamente K_p para o sistema de um fator de 3,33 para 14,5. A porção de atraso do compensador deve ser colocada em frequências suficientemente baixas, de modo que a margem de fase não seja reduzida abaixo do valor especificado de 45°. Isto pode ser realizado com $a_2 = 0,09$ e $b_2 = 0,3$. O diagrama em bloco do sistema compensado é mostrado na Figura 16-24. Note que um amplificador com um ganho de 1,82 é incluído, como no Problema 16.5, para manter $\omega_1 = 3,4$.

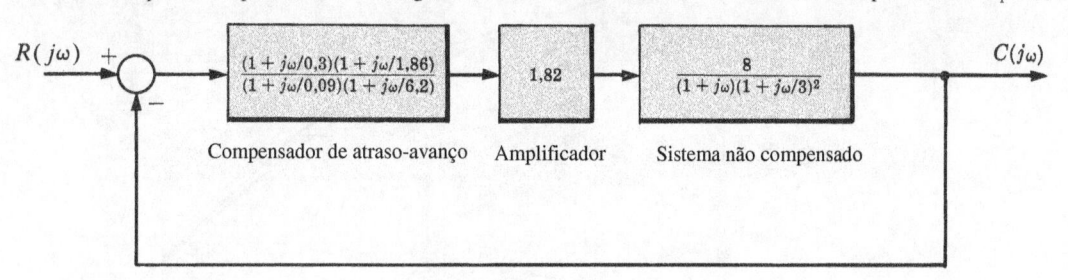

Figura 16-24

Os diagramas de Bode compensados são mostrados na Figura 16-25.

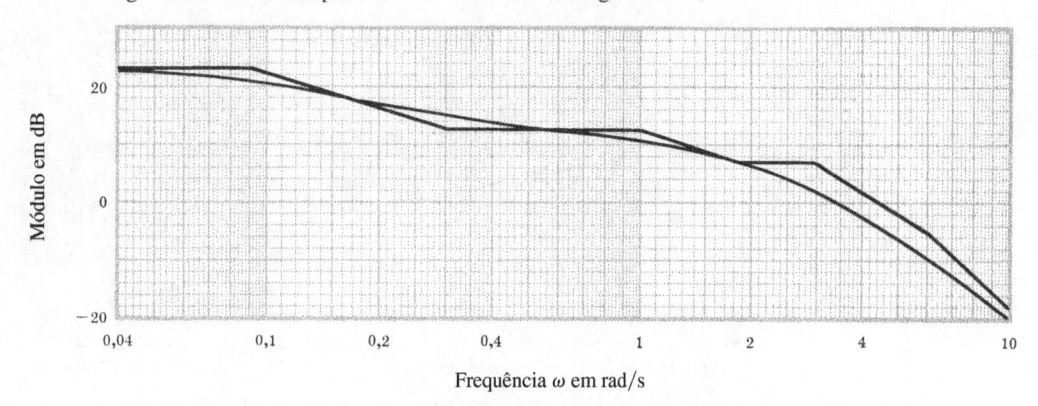

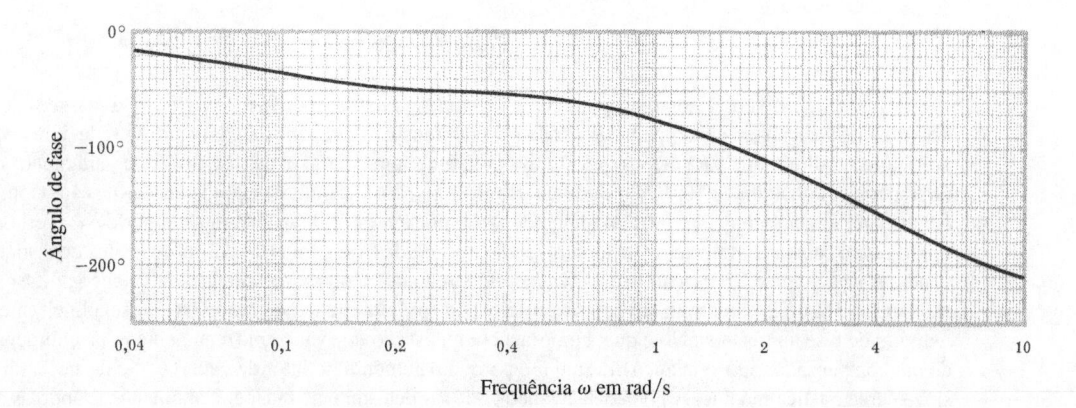

Figura 16-25

16.10 Projete uma compensação em cascata para um sistema de controle de realimentação unitária, com a planta

$$G_2(j\omega) = \frac{1}{j\omega(1+j\omega/8)(1+j\omega/20)}$$

para satisfazer as seguintes especificações:

(1) $K_v \geq 100$ (1) margem de ganho ≥ 10 db
(2) $\omega_1 \geq 10$ rad/s   (2) margem de fase $\phi_{PM} \geq 45°$

Para satisfazer a primeira especificação, um aumento do ganho de Bode de um fator de 100 é exigido, visto que o não compensado $K_v = 1$. Os diagramas de Bode para este sistema, com o ganho aumentado para 100, são mostrados na Figura 16-26.

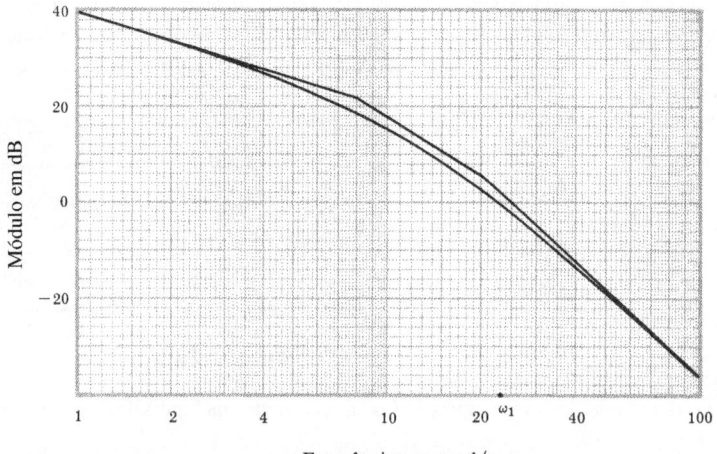

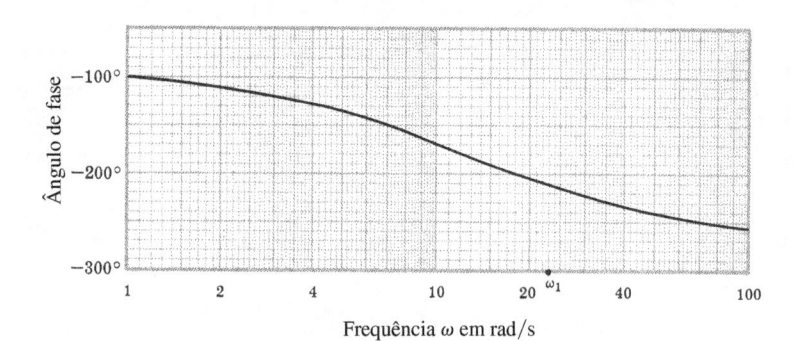

Figura 16-26

A frequência de cruzamento de ganho $\omega_1 = 23$ rad/s, a margem de fase é de $-30°$ e a margem de ganho é de -12 dB. A compensação em atraso pode ser usada para aumentar as margens de ganho e fase reduzindo ω_1. Entretanto, ω_1 precisaria ser diminuída para menos que 8 rad/s para obter uma margem de fase de 45°, e para menos que 6 rad/s para uma margem de ganho de 10dB. Consequentemente, não satisfaríamos a segunda especificação. Com a compensação em avanço, um aumento adicional do ganho de Bode por um fator de b/a seria necessário e ω_1 seria aumentado, exigindo assim substancialmente mais do que 75° de avanço de fase para $\omega_1 = 23$ rad/s. Estas desvantagens podem ser vencidas usando a compensação atraso-avanço. A porção avanço produz atenuação e avanço de fase. As frequências nas quais esses efeitos ocorrem devem ser posicionadas próximas a ω_1, de modo que ω_1 seja ligeiramente reduzida e a margem de fase aumentada. Note que, embora a compensação de avanço *pura* aumenta ω_1, a compensação de avanço de um compensador atraso-avanço diminui ω_1, porque o aumento do fator de ganho b/a é desnecessário, baixando assim a característica módulo. A porção de avanço pode ser determinada independentemente, usando as curvas da Figura 16-2; mas devemos ter em mente que, quando a porção em atraso é incluída, a atenuação e o avanço de fase podem ser reduzidos de algum modo. Tentemos uma razão de avanço de $a_1/b_1 = 0,1$, com $a_1 = 5$ e $b_1 = 50$. O máximo avanço de fase ocorre então em 15,8 rad/s. Isso habilita a assíntota de módulo a cruzar a linha de 0 dB com uma inclinação de –6 dB/oitava (Ver Exemplo 16.2). Os diagramas de Bode compensados são mostrados na Figura 16-27 com a_2 e b_2 escolhidos como 0,1 e 1,0 rad/s, respectivamente. Os parâmetros resultantes são $\omega_1 = 12$ rad/s, margem de ganho = 14 dB e $\phi_{PM} = 52°$, como mostrado nos gráficos. A função resposta de frequência de malha aberta compensada é

$$\frac{100(1+j\omega)(1+j\omega/5)}{j\omega(1+j\omega/0,1)(1+j\omega/8)(1+j\omega/20)(1+j\omega/50)}$$

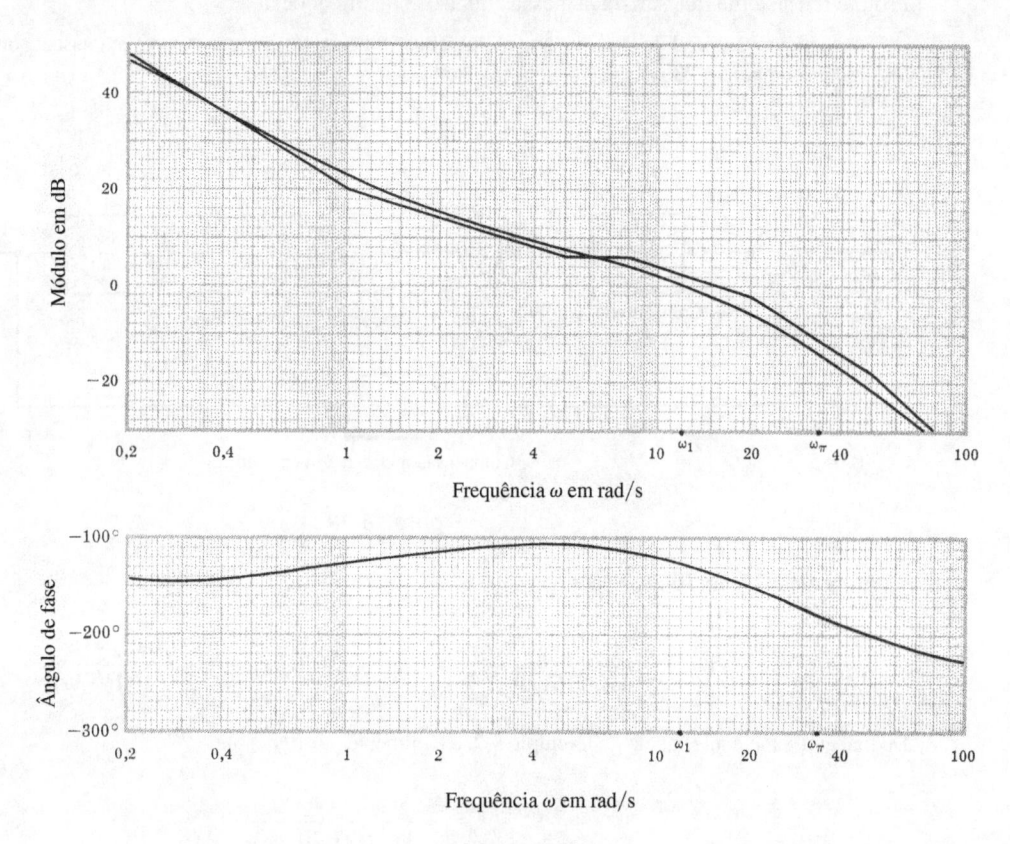

Figura 16-27

Problemas diversos

16.11 A função resposta de frequência nominal de certa planta é

$$G_2(j\omega) = \frac{1}{j\omega(1+j\omega/8)(1+j\omega/20)}$$

Um sistema de controle com realimentação deve ser projetado para controlar a saída dessa instalação para certa aplicação, e ela deve satisfazer as seguintes especificações no domínio da frequência:

(1) margem de ganho ≥ 6 dB

(2) margem de fase $\phi_{PM} \geq 30°$

Além disso, sabe-se que os parâmetros "fixos" da planta podem variar ligeiramente, durante a operação do sistema. Os efeitos dessa variação sobre a resposta do sistema devem ser minimizados na faixa de frequência de interesse, a qual é $0 \leq \omega \leq 8$ rad/s, e a exigência real pode ser interpretada como uma especificação sobre a sensibilidade de $(C/R)(j\omega)$ em relação a $|G_2(j\omega)|$, ou seja,

$$20\left|\log_{10} S^{(C/R)(j\omega)}_{|G_2(j\omega)|}\right| \leq -10 \text{ dB} \quad \text{para} \quad 0 \leq \omega \leq 8 \text{ rad/s}$$

Sabe-se também que a instalação estará sujeita a um distúrbio de entrada aditiva incontrolável, representada no domínio de frequência por $U(j\omega)$. Para esta aplicação, a resposta do sistema a este distúrbio de entrada deve ser suprimida na faixa de frequência $0 \leq \omega \leq 8$ rad/s. Portanto, o problema de projeto inclui a limitação adicional sobre a razão de módulo da saída para o distúrbio de entrada dado por

$$20\log_{10}\left|\frac{C}{U}(j\omega)\right| \leq -20 \text{ db} \quad \text{para} \quad 0 \leq \omega \leq 8 \text{ rad/s}$$

Projete um sistema que satisfaça a essas quatro especificações.

A configuração geral do sistema, que inclui a possibilidade de compensadores em cascata ou de realimentação, é mostrada na Figura 16-28.

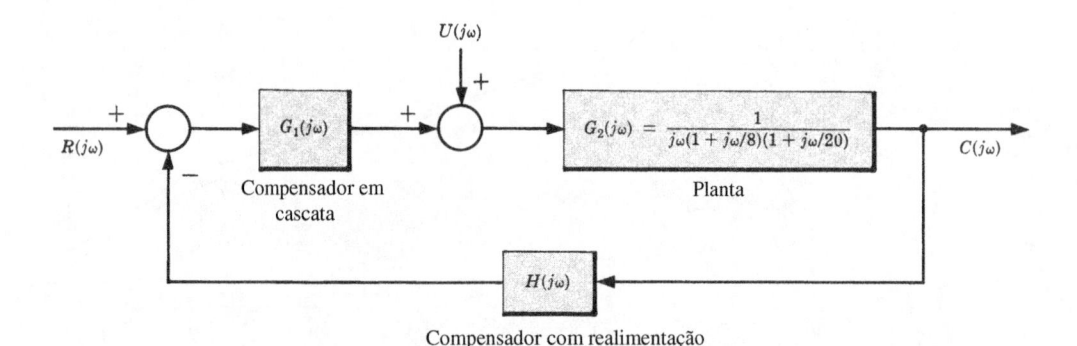

Figura 16-28

A partir da Figura 16-28, vemos que

$$\frac{C}{U}(j\omega) = \frac{G_2(j\omega)}{1 + G_1 G_2 H(j\omega)} \quad \text{e} \quad \frac{C}{R}(j\omega) = \frac{G_1 G_2(j\omega)}{1 + G_1 G_2 H(j\omega)}$$

De maneira semelhante àquela do Exemplo 9.7, é facilmente mostrado que

$$S_{|G_2(j\omega)|}^{(C/R)(j\omega)} = \frac{1}{1 + G_1 G_2 H(j\omega)}$$

Se supormos que $|G_1 G_2 H(j\omega)| \gg 1$, na faixa de frequência $0 \leq \omega \leq 8$ rad/s (esta desigualdade deve ser verificada, depois de terminado o projeto e, se não foi satisfeita, talvez a compensação precise ser recalculada), então a especificação (3) pode ser aproximada por

$$20\log_{10}\left|S_{|G_2(j\omega)|}^{(C/R)(j\omega)}\right| \cong 20\log_{10}\left|\frac{1}{G_1 G_2 H(j\omega)}\right|$$

$$= -20\log_{10}|G_1 G_2 H(j\omega)| \leq -10 \text{ dB}$$

ou
$$20\log_{10}|G_1 G_2 H(j\omega)| \geq 10 \text{ dB}$$

Da mesma forma, a especificação (4) pode ser aproximada por

$$20\log_{10}\left|\frac{C}{U}(j\omega)\right| \cong 20\log_{10}\frac{|G_2(j\omega)|}{|G_1 G_2 H(j\omega)|}$$

$$= 20\log_{10}|G_2(j\omega)| - 20\log_{10}|G_1 G_2 H(j\omega)| \leq -20 \text{ dB}$$

ou
$$20\log_{10}|G_1 G_2 H(j\omega)| \geq \left[20 + 20\log_{10}|G_2(j\omega)|\right] \text{ dB}$$

As especificações (3) e (4) podem, portanto, ser traduzidas na seguinte forma combinada. Exigimos que a resposta de frequência em malha aberta, $G_1 G_2 (j\omega)$, fique numa região sobre o diagrama de módulo de Bode que simultaneamente satisfaça as duas desigualdades:

$$20\log_{10}|G_1G_2H(j\omega)| \geq 10 \text{ db}$$
$$20\log_{10}|G_1G_2H(j\omega)| \geq [20 + 20\log_{10}|G_2(j\omega)|]$$

Esta região está acima da linha tracejada mostrada no diagrama de módulo de Bode na Figura 16-29, a qual também inclui os diagramas de Bode de $G_2(j\omega)$. O projeto pode ser completado, determinando-se as compensações que satisfazem as exigências de margem de ganho e fase, (1) e (2), sujeitas a esta limitação de módulo.

Um aumento de 32 dB no ganho de Bode, que é necessário em $\omega = 8$ rad/s, satisfaria as especificações (3) e (4), mas não (1) e (2). Portanto, uma compensação mais complicada é requerida. Para uma segunda tentativa, determinamos que a compensação atraso-avanço:

$$G_1H'(j\omega) = \frac{100(1 + j\omega/2,5)(1 + j\omega/0,25)}{(1 + j\omega/25)(1 + j\omega/0,025)}$$

resulta num sistema com uma margem de ganho de 6 dB e $\phi_{PM} \cong 26°$, como é mostrado na Figura 16-29. Vemos a partir da figura que 10° a 15° a mais de avanço de fase são necessários próximo a $\omega = 25$ rad/s e $|G_1H'(j\omega)|$ deve ser aumentado de pelo menos 2 dB, nas proximidades de $\omega = 8$ rad/s para satisfazer a limitação de módulo. Se introduzirmos uma rede de avanço adicional e aumentarmos o ganho de Bode para compensar a atenuação de baixa frequência da rede de avanço, a compensação se torna:

$$G_1H''(j\omega) = 300\left(\frac{1 + j\omega/10}{1 + j\omega/30}\right)\left[\frac{(1 + j\omega/2,5)(1 + j\omega/0,25)}{(1 + j\omega/25)(1 + j\omega/0,025)}\right]$$

Isto resulta numa margem de ganho de 7 dB, $\phi_{PM} \cong 30°$ e satisfaz as especificações (3) e (4), como mostra a Figura 16-29. A suposição de que $|G_1G_2H(j\omega)| \gg 1$ para $0 \leq \omega \leq 8$ rad/s; é facilmente demonstrada como sendo justificada, calculando-se os valores presentes dos módulos em dB de

$$\left|S^{(C/R)(j\omega)}_{|G_2(j\omega)|}\right| \quad \text{e} \quad \left|\frac{C}{U}(j\omega)\right|$$

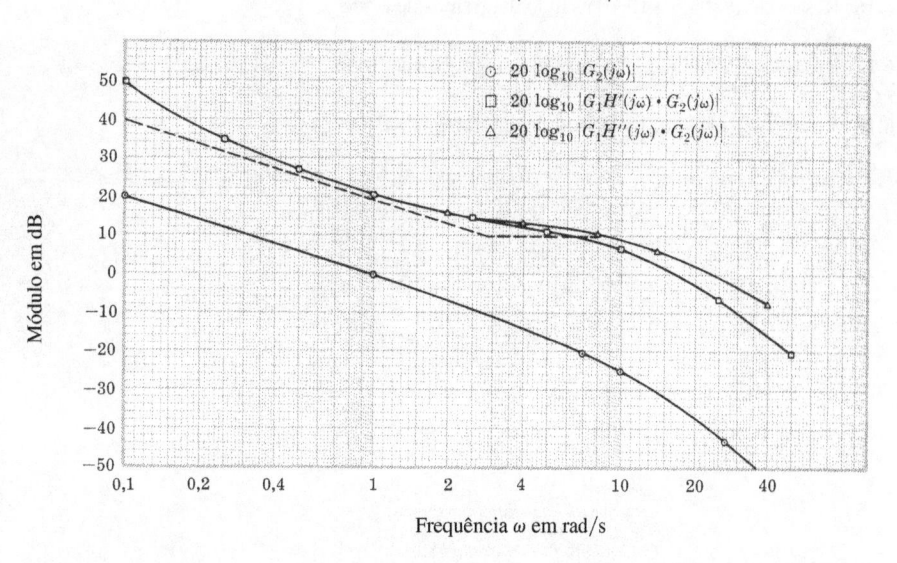

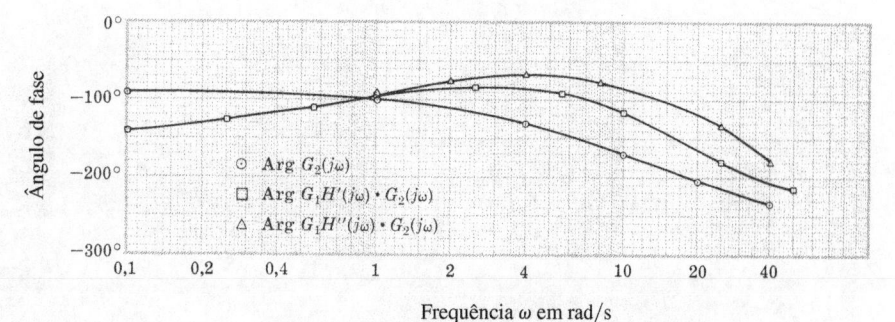

Figura 16-29

O compensador $G_1H''(j\omega)$ pode ser dividido entre os percursos direto e de realimentação, ou colocado todo em um percurso, dependendo da forma desejada para $(C/R)(j\omega)$ se tal forma é especificada pela aplicação.

Problemas Complementares

16.12 Projete o compensador para o sistema com função de resposta de frequência de malha aberta

$$GH(j\omega) = \frac{20}{j\omega(1+j\omega/10)(1+j\omega/25)(1+j\omega/40)}$$

que resulte em um sistema de malha fechada com uma margem de ganho de pelo menos 10 dB e uma margem de fase de pelo menos 45°.

16.13 Determine um compensador para o sistema do Problema 16.1 que resulte nas mesmas margens de ganho e fase, mas com uma frequência de cruzamento ω_1 de pelo menos 4 rad/s.

16.14 Projete um compensador para um sistema com a função resposta de frequência de malha aberta

$$GH(j\omega) = \frac{2}{(1+j\omega)\left[1+j\omega/10-(\omega/4)^2\right]}$$

que resulte num sistema de malha fechada com uma margem de ganho de pelo menos 6 dB e uma margem de fase de pelo menos 40°.

16.15 Resolva o Problema 12.9 usando diagramas de Bode. Suponha que um máximo de sobrelevação de 25% esteja assegurado, se o sistema tiver uma margem de fase de 45°.

16.16 Resolva o Problema 12.10 usando diagramas de Bode.

16.17 Resolva o Problema. 12.15 usando diagramas de Bode.

16.18 Resolva o Problema 12.16 usando diagramas de Bode.

Capítulo 17

Análise pelo Diagrama de Nichols

17.1 INTRODUÇÃO

A análise pelo diagrama de Nichols, um método de resposta de frequência, é uma modificação dos métodos de Nyquist e Bode. O *diagrama de Nichols* é essencialmente uma transformação dos círculos M e N sobre o Diagrama Polar (Seção 11.12) em contornos não circulares M e N sobre o diagrama de módulo em dB *versus* ângulo de fase em coordenadas retangulares. Se $GH(\omega)$ representa a função resposta de frequência de malha aberta de sistemas contínuos ou discretos no tempo, então $GH(\omega)$ marcada sobre o diagrama de Nichols é chamada de traçado do diagrama de Nichols de $GH(\omega)$. A estabilidade relativa do sistema de malha fechada é facilmente obtida deste gráfico. Entretanto, a determinação da estabilidade absoluta geralmente é impraticável com este método, e as técnicas do Capítulo 5 ou o Critério de Estabilidade de Nyquist (Seção 11.10) são preferidos.

As razões para usar análise pelo diagrama de Nichols são as mesmas que as para outros métodos de resposta de frequência, as técnicas de Nyquist e Bode, e são explicadas nos Capítulos 11 e 15. O traçado do diagrama de Nichols tem pelo menos duas vantagens sobre o diagrama polar: (1) uma faixa de módulos muito mais ampla pode ser traçada, porque $|GH(\omega)|$ é marcado sobre uma escala logarítmica: e (2) o gráfico de $GH(\omega)$ é obtido por soma algébrica das contribuições individuais de módulo e ângulo de fase dos seus polos e zeros. Enquanto estas duas propriedades também forem compartilhadas pelo diagrama de Bode, $|GH(\omega)|$ e arg $GH(\omega)$ são incluídas em um único diagrama de Nichols em vez de dois diagramas de Bode.

As técnicas do diagrama de Nichols são úteis para traçar diretamente $(C/R)(\omega)$ e são especialmente aplicáveis em projetos de sistemas, como é mostrado no próximo capítulo.

17.2 TRAÇADOS DO MÓDULO EM DB *VERSUS* ÂNGULO DE FASE

A forma polar das funções de resposta de frequência de malha aberta de sistemas contínuos e discretos no tempo é

$$GH(\omega) = |GH(\omega)| \underline{/\arg GH(\omega)} \qquad (17.1)$$

Definição 17.1: O **traçado do módulo em dB *versus* ângulo de fase** de $GH(\omega)$ é um gráfico de $|GH(\omega)|$, em dB, *versus* $GH(\omega)$, em graus, em coordenadas retangulares com ω como um parâmetro.

Exemplo 17.1 O traçado do modulo em dB *versus* ângulo de fase da função de resposta de frequência de malha aberta contínua no tempo

$$GH(j\omega) = 1 + j\omega = \sqrt{1 + \omega^2} \underline{/\text{tg}^{-1} \omega}$$

é mostrado na Figura 17-1.

17.3 CONSTRUÇÃO DOS DIAGRAMAS DO MÓDULO EM DB *VERSUS* ÂNGULO DE FASE

O diagrama de módulo em dB *versus* ângulo de fase, para sistemas contínuos ou discretos no tempo, pode ser construído diretamente calculando $20\log_{10}|GH(\omega)|$ e arg $GH(\omega)$. Para um número suficiente de valores de ω (ou ωT) e registrando os resultados em coordenadas retangulares com o módulo log como a ordenada e o ângulo de fase como a abscissa. Existem softwares disponíveis que fazem isso de forma relativamente simples.

Exemplo 17.2 O diagrama de módulo em dB *versus* ângulo de fase da função resposta de frequência de malha aberta

$$GH(e^{j\omega T}) = \frac{\frac{1}{100}(e^{j\omega T}+1)^2}{(e^{j\omega T}-1)(e^{j\omega T}+\frac{1}{3})(e^{j\omega T}+\frac{1}{2})}$$

é mostrado na Figura 17-2. Note que ωT é o parâmetro ao longo da curva.

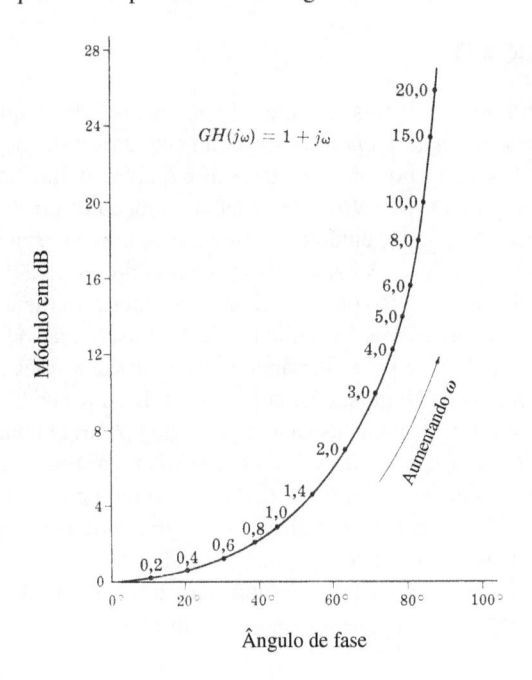

Figura 17-1

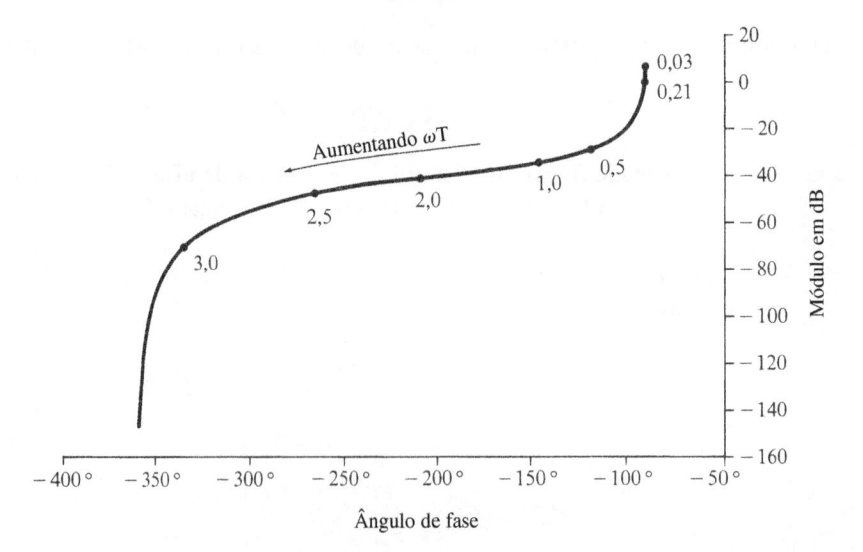

Figura 17-2

Uma abordagem gráfica para a construção de gráficos de Módulo em dB *versus* ângulo de fase é ilustrada pela análise da técnica para sistemas contínuos no tempo.

Primeiro escreva $GH(j\omega)$ na *forma de Bode* (Seção 15.3):

$$GH(j\omega) = \frac{K_B(1+j\omega/z_1)\cdots(1+j\omega/z_m)}{(j\omega)^l(1+j\omega/p_1)\cdots(1+j\omega/p_n)}$$

onde l é um inteiro não negativo. Para $K_B > 0$ [(se $K_B < 0$, adicione $-180°$ a arg $GH(j\omega)$],

$$20\log_{10}|GH(j\omega)| = 20\log_{10} K_B + 20\log_{10}\left|1+\frac{j\omega}{z_1}\right| + \cdots + 20\log_{10}\left|1+\frac{j\omega}{z_m}\right|$$

$$+ 20\log_{10}\left|\frac{1}{(j\omega)^l}\right| + 20\log_{10}\left|\frac{1}{1+\frac{j\omega}{p_1}}\right| + \cdots + 20\log_{10}\left|\frac{1}{1+\frac{j\omega}{p_n}}\right| \qquad (17.2)$$

$$\arg GH(j\omega) = \arg\left(1+\frac{j\omega}{z_1}\right) + \cdots + \arg\left(1+\frac{j\omega}{z_m}\right) + \arg\left[\frac{1}{(j\omega)^l}\right]$$

$$+ \arg\frac{1}{1+\frac{j\omega}{p_1}} + \cdots + \arg\frac{1}{1+\frac{j\omega}{p_n}} \qquad (17.3)$$

Usando as Equações (17.2) e (17.3), o diagrama de módulo em dB *versus* ângulo de fase de $GH(j\omega)$ é gerado somando-se os módulos em dB e os ângulos de fase dos polos e zeros ou pares de polos e zeros quando eles são complexos conjugados.

O diagrama do módulo em dB *versus* ângulo de fase de K_B é uma linha reta paralela ao eixo do ângulo de fase. A ordenada da linha reta é $20\log_{10} K_B$.

O diagrama do módulo em dB *versus* ângulo de fase para *um polo de ordem l na origem*,

$$\frac{1}{(j\omega)^l} \qquad (17.4)$$

é uma linha reta paralela ao eixo do módulo em dB com uma abscissa $-90l°$, como é mostrado na Figura 17-3. Note que o parâmetro ao longo da curva é ω^l.

O diagrama para um *zero de ordem l na origem*

$$(j\omega)^l \qquad (17.5)$$

é uma linha reta paralela ao eixo do módulo em dB com uma abscissa de $90l°$. O diagrama para $(j\omega)^l$ é uma imagem especular da diagonal em torno da origem do diagrama para $1/(j\omega)^l$. Isto é, para ω fixo, o módulo em dB e o ângulo de fase de $1/(j\omega)^l$ são os negativos daqueles para $(j\omega)^l$.

O traçado do módulo em dB *versus* ângulo de fase para um *polo real*,

$$\frac{1}{1+j\omega/p} \qquad p > 0 \qquad (17.6)$$

é mostrado na Figura 17-4. A forma do gráfico é independente de p, porque a frequência do parâmetro ao longo da curva é normalizada em ω/p.

O diagrama para um zero real.

$$1+\frac{j\omega}{z} \qquad z > 0 \qquad (17.7)$$

é uma imagem especular diagonal em torno da origem da Figura 17-4.

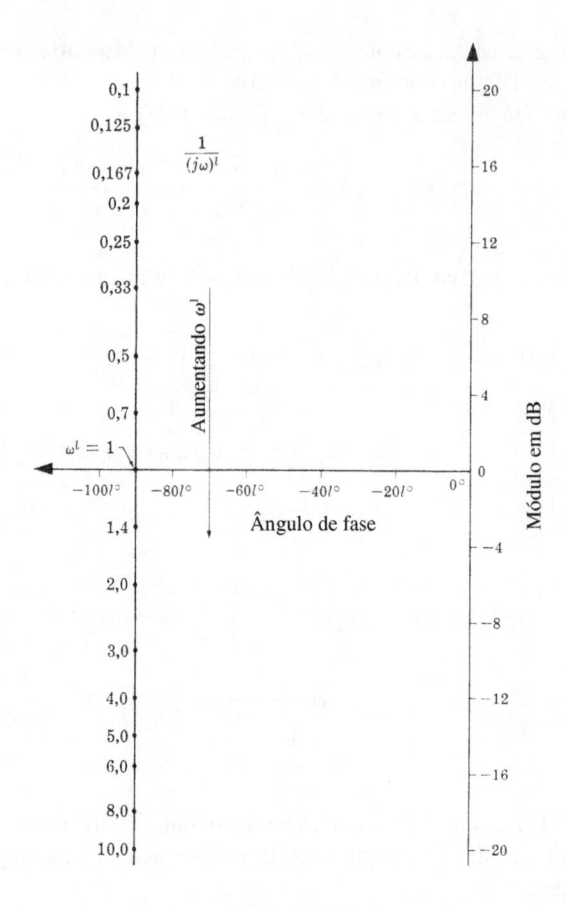

Figura 17-3

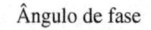

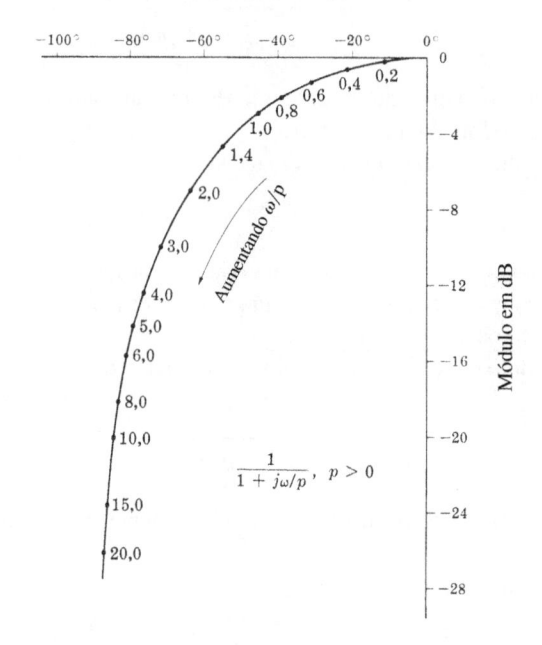

Figura 17-4

Um conjunto de diagramas do módulo em dB *versus* ângulo de fase de vários pares de *polos complexos conjugados*,

$$\frac{1}{1 - (\omega/\omega_n)^2 + j2\zeta(\omega/\omega_n)} \qquad 0 < \zeta < 1 \tag{17.8}$$

é mostrado na Figura 17-5. Para ζ fixo, os gráficos são independentes de ω_n, porque o parâmetro frequência é normalizado em ω/ω_n.

Os diagramas para *zeros complexos conjugados*

$$1 - \left(\frac{\omega}{\omega_n}\right)^2 + j2\zeta\left(\frac{\omega}{\omega_n}\right) \qquad 0 < \zeta < 1 \tag{17.9}$$

são imagens especulares diagonais em torno da origem da Figura 17-5.

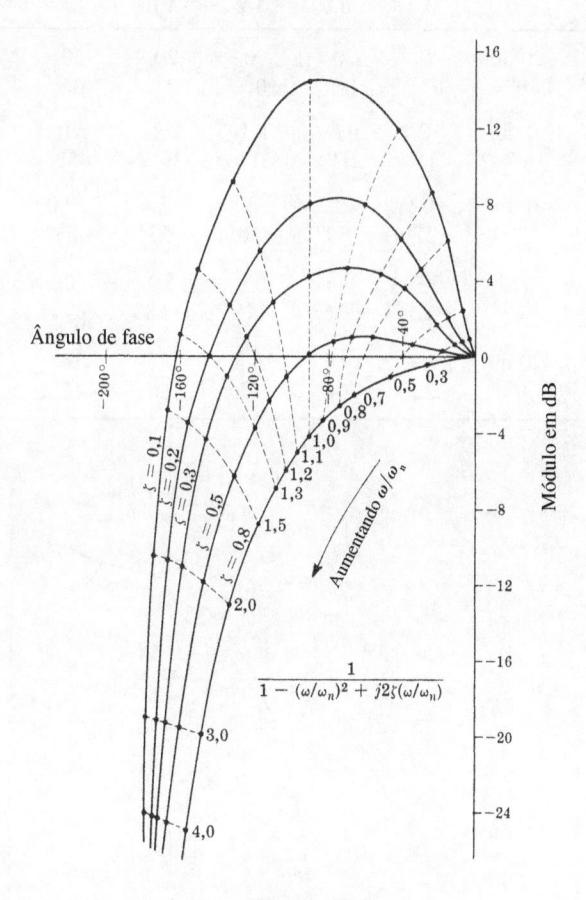

Figura 17-5

Exemplo 17.3 O diagrama de módulo em dB *versus* ângulo de fase de

$$GH(j\omega) = \frac{10(1 + j\omega/2)}{(1 + j\omega)\left[1 - (\omega/2)^2 + j\omega/2\right]}$$

é construído adicionando-se os módulos em dB e ângulos de fase de fatores individuais:

$$10 \qquad 1 + \frac{j\omega}{2} \qquad \frac{1}{1 + j\omega} \qquad \frac{1}{1 - (\omega/2)^2 + j\omega/2}$$

A tabulação desses fatores é útil, como é mostrado na Tabela 17.1. A primeira linha contém o módulo em dB e ângulo de fase do ganho de Bode $K_B = 10$ para alguns valores de frequência. O módulo em dB é –20 dB e o ângulo de fase é 0° para qualquer ω. A segunda linha contém os módulos em dB e ângulo de fase do termo $(1 + j\omega/2)$ para os mesmos valores de ω. Estes foram obtidos a partir da Figura 17-4 fazendo $p = 2$ e tomando os negativos dos valores na curva sobre as frequências da tabela. A terceira linha corresponde ao termo $1/(1 + j\omega)$, e também foi obtida a partir da Figura 17-4. A quarta linha foi obtida a partir da curva de $\zeta = 0,5$ da Figura 17-5 fazendo $\omega_n = 2$. A soma dos módulos em dB e ângulos de fase dos termos individuais para as frequências na tabela é dada na última linha. Estes valores são traçados na Figura 17-6, o diagrama de módulo em dB *versus* ângulo de fase de $GH(j\omega)$.

Tabela 17-1

Termo \ Frequência ω	0	0,4	0,8	1,2	1,6	2	2,8	4	6	8
10	20 db	20	20	20	20	20	20	20	20	20
	0°	0°	0°	0°	0°	0°	0°	0°	0°	0°
$1 + \dfrac{j\omega}{2}$	0 db	0,2	0,6	1,3	2,2	3,0	4,7	7	10	12,3
	0°	11°	21°	31°	39°	45°	54°	63°	71°	76°
$\dfrac{1}{1 + j\omega}$	0 db	−0,6	−2,2	−3,8	−5,4	−7,0	−9,4	−12,3	−15,7	−18,1
	0°	−21°	−39°	−50°	−57°	−63°	−70°	−76°	−81°	−83°
$\dfrac{1}{1 - (\omega/2)^2 + j\omega/2}$	0 db	0,3	0,6	0,9	1,0	0	−4,8	−12	−19,5	−24,5
	0°	−12°	−26°	−46°	−68°	−90°	−126°	−148°	−160°	−166°
Sum $= GH(j\omega)$	20 db	19,9	19,0	18,4	17,8	16	10,5	2,7	−5,2	−10,3
	0°	−22°	−44°	−65°	−86°	−108°	−142°	−161°	−170°	−173°

$$GH(j\omega) = \frac{10(1 + j\omega/2)}{(1 + j\omega)[1 - (\omega/2)^2 + j\omega/2]}$$

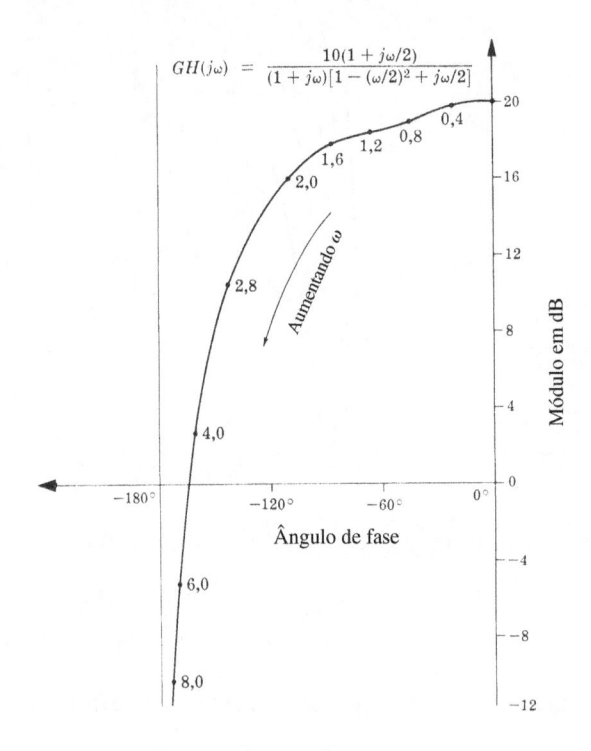

Figura 17-6

17.4 ESTABILIDADE RELATIVA

As margens de ganho e fase são facilmente determinadas pelo diagrama do módulo em dB *versus* ângulo de fase de $GH(\omega)$.

A frequência de *cruzamento de fase* ω_π é a frequência na qual o gráfico de $GH(\omega)$ intercepta a linha $-180°$ sobre o diagrama de módulo em dB *versus* ângulo de fase. A *margem de ganho em dB* é dada por

$$\text{margem de ganho} = -20\log_{10}|GH(\omega_\pi)| \text{ db} \tag{17.10}$$

e é lida diretamente do diagrama de módulo em dB *versus* ângulo de fase.

A frequência de *cruzamento de ganho* ω_1 é a frequência em que o gráfico de $GH(\omega)$ intercepta a linha 0 dB sobre o diagrama de módulo em dB *versus* ângulo de fase. A margem de fase é dada por

$$\text{margem de fase} = [180 + \arg GH(\omega_1)] \text{ graus}$$

e pode ser lida diretamente no diagrama de módulo em dB *versus* ângulo de fase.

Em muitos casos, as margens de ganho e fase positiva assegurarão estabilidade do sistema de malha fechada; entretanto, a estabilidade absoluta deve ser estabelecida por algum outro meio (por exemplo, ver Capítulos 5 e 11) para garantir que isso seja verdadeiro.

Exemplo 17.4 Para um sistema estável, o diagrama de módulo em dB *versus* ângulo de fase de $GH(\omega)$ é mostrado na Figura 17-7. A margem de ganho é 15 dB e a margem de fase é 35°, como indicado.

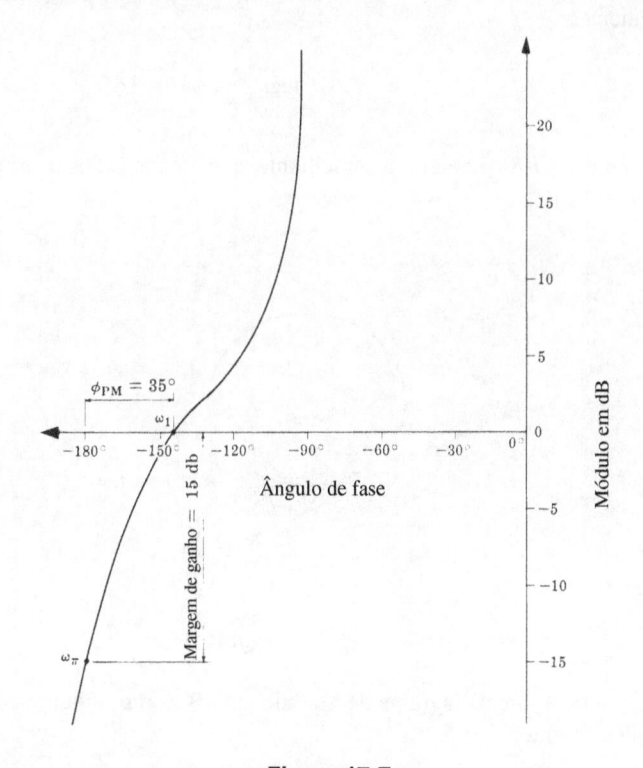

Figura 17-7

17.5 DIAGRAMA DE NICHOLS

A explicação restante está restrita ao sistema de realimentação unitária contínuo no tempo. Os resultados são facilmente generalizados para os sistemas de realimentação não unitária, como é ilustrado no Exemplo 17-9.

A função resposta de frequência de malha fechada de um sistema de realimentação unitária pode ser escrita na forma polar como

$$\frac{C}{R}(\omega) = \left|\frac{C}{R}(\omega)\right| \bigg/ \arg\frac{C}{R}(\omega) = \frac{G(\omega)}{1+G(\omega)} = \frac{|G(\omega)|\big/\phi_G}{1+|G(\omega)|\big/\phi_G} \tag{17.11}$$

onde $\phi_G \equiv \arg G(\omega)$.

O lugar dos pontos sobre um diagrama de módulo em dB *versus* ângulo de fase para o qual

$$\left|\frac{C}{R}(\omega)\right| = M = \text{constante}$$

é definido pela equação

$$|G(\omega)|^2 + \frac{2M^2}{M^2-1}|G(\omega)|\cos\phi_G + \frac{M^2}{M^2-1} = 0 \qquad (17.12)$$

Para um valor fixo de *M*, este lugar pode ser traçado em três passos: (1) escolha valores numéricos para $|G(\omega)|$; (2) calcule ϕ_G nas equações resultantes excluindo os valores de $|G(\omega)|$ para os quais $|\cos\phi_G| > 1$; e (3) trace os pontos obtidos sobre um diagrama de módulo em dB *versus* ângulo de fase. Note que, para valores fixos de *M* e $|G(\omega)|$, ϕ_G é plurívoca, porque aparece na equação como $\cos\phi_G$.

Exemplo 17.5 O lugar dos pontos para os quais

$$\left|\frac{C}{R}(\omega)\right| = \sqrt{2}$$

ou, equivalentemente,

$$20\log_{10}\left|\frac{C}{R}(\omega)\right| = 3\,\text{dB}$$

é desenhado na Figura 17-8. Uma curva semelhante aparece em todos os múltiplos ímpares de 180° ao longo do eixo $\arg G(\omega)$.

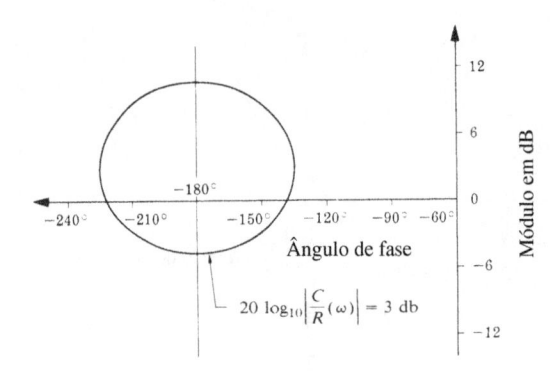

Figura 17-8

O lugar dos pontos sobre o diagrama de módulo em dB *versus* ângulo de fase para o qual $\arg (C/R)(\omega)$ é constante ou, equivalentemente,

$$\text{tg}\left[\arg\frac{C}{R}(\omega)\right] = N = \text{constante}$$

é definido pela equação

$$|G(\omega)| + \cos\phi_G - \frac{1}{N}\text{sen}\,\phi_G = 0 \qquad (17.13)$$

Para um valor fixo de N, este lugar dos pontos pode ser traçado em três passos: (1) escolha valores para ϕ_G; (2) calcule $G(\omega)$ nas equações resultantes; e (3) trace os pontos obtidos sobre um diagrama de módulo em dB *versus* ângulo de fase.

Exemplo 17.6 O lugar dos pontos para os quais $\arg(C/R)(\omega) = -60°$, ou, equivalentemente,

$$\text{tg}\left[\arg\frac{C}{R}(\omega)\right] = -\sqrt{3}$$

é desenhado na Figura 17-9. Uma curva semelhante aparece em todos os múltiplos de 180° ao longo do eixo $\arg G(\omega)$.

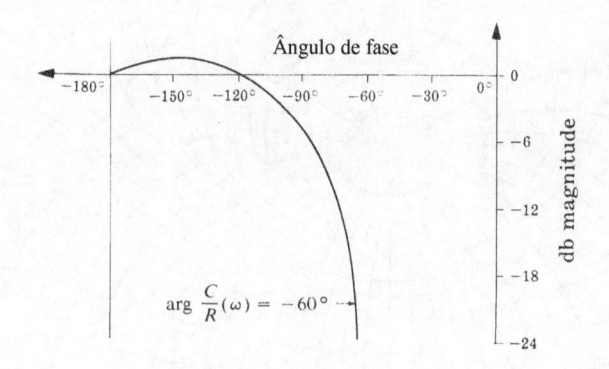

Figura 17-9

Definição 17.2: Um diagrama de Nichols é um diagrama de módulo em dB *versus* ângulo de fase dos lugares de módulo em dB constante e ângulo de fase de $(C/R)(\omega)$, desenhado como $|G(\omega)|$ *versus* $\arg G(\omega)$.

Exemplo 17.7 Um diagrama de Nichols é mostrado na Figura 17-10. A faixa de $\arg G(\omega)$ sobre este diagrama é bem apropriada para a análise de sistemas de controle.

Definição 17.3: Um **traçado do diagrama de Nichols** é um diagrama de módulo em dB *versus* ângulo de fase de uma função resposta de frequência $P(\omega)$ superposta sobre um diagrama de Nichols.

17.6 FUNÇÕES DE RESPOSTA DE FREQUÊNCIA DE MALHA FECHADA

A função resposta de frequência $(C/R)(\omega)$ de um sistema de realimentação unitária pode ser facilmente determinada a partir do traçado do diagrama de Nichols de $G(\omega)$. Valores de $|(C/R)(\omega)|$ em dB e $\arg(C/R)(\omega)$ são determinados diretamente a partir do traçado como os pontos onde o gráfico de $G(\omega)$ intercepta os gráficos do lugar da constante $|(C/R)(\omega)|$ e $\arg(C/R)(\omega)$.

Exemplo 17.8 O traçado do diagrama de Nichols de $GH(\omega)$ para o sistema do Exemplo 17.3 é mostrado na Figura 17-11. Supondo que ele é um sistema de realimentação unitária ($H = 1$), os valores para $|(C/R)(\omega)|$ e $\arg(C/R)(\omega)$ são obtidos deste gráfico e traçados como um diagrama de módulo em dB *versus* ângulo de fase de $(C/R)(\omega)$ na Figura 17-12.

Exemplo 17.9 Suponha que o sistema no Exemplo 17.3 não é um sistema com realimentação unitária e que

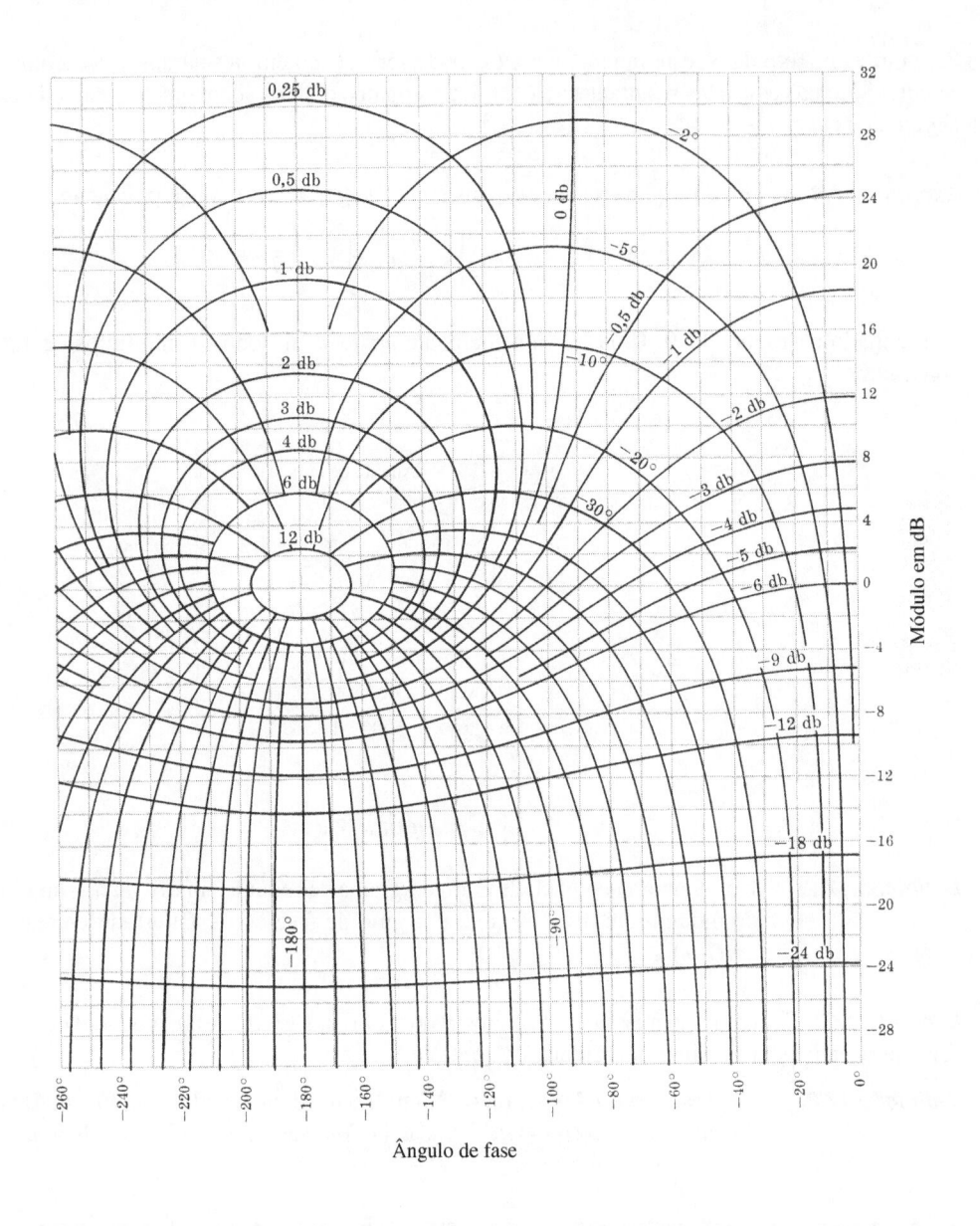

Figura 17-10

$$G(\omega) = \frac{10}{(1+j\omega)\left[1-(\omega/2)^2 + j\omega/2\right]} \qquad H(\omega) = 1 + j\frac{\omega}{2}$$

Então,
$$\frac{C}{R}(\omega) = \frac{1}{H(\omega)}\left[\frac{GH(\omega)}{1+GH(\omega)}\right] = \frac{1}{H(\omega)}\left[\frac{G'(\omega)}{1+G'(\omega)}\right]$$

onde $G' \equiv GH$. O diagrama de módulo em dB *versus* ângulo de fase de $G'(\omega)/(1 + G'(\omega))$ foi deduzido no Exemplo 17.8 e é mostrado na Figura 17-12. O diagrama de módulo em dB *versus* ângulo de fase de $(C/R)(\omega)$ pode ser obtido pela adição ponto a ponto do módulo e ângulo de fase do polo $1/(1 + j\omega/2)$ para este gráfico. O módulo e ângulo de fase de $1/(1 + j\omega/2)$ são obtidos a partir da Figura 17-4 para $p = 2$. O resultado é mostrado na Figura 17-13.

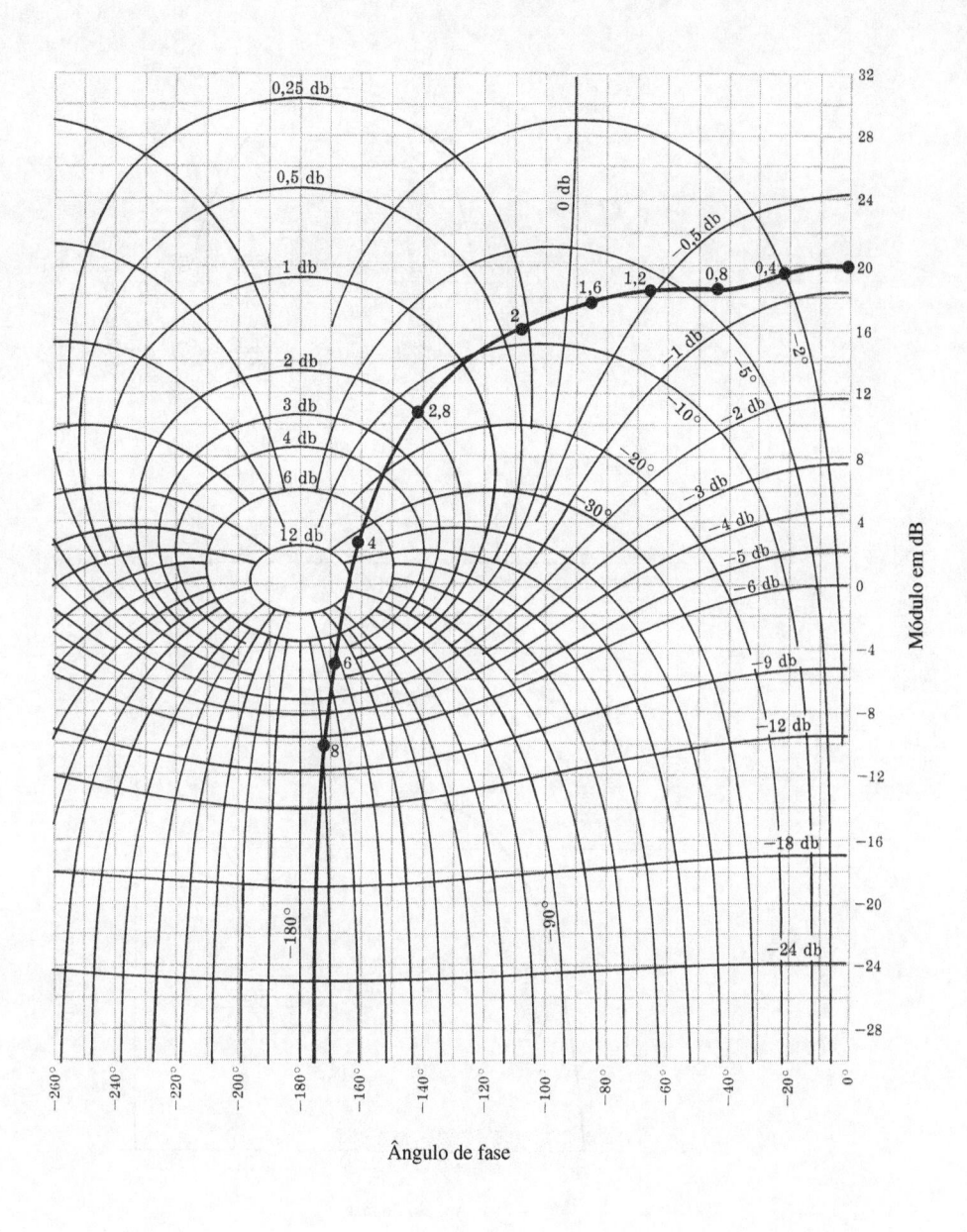

Figura 17-11

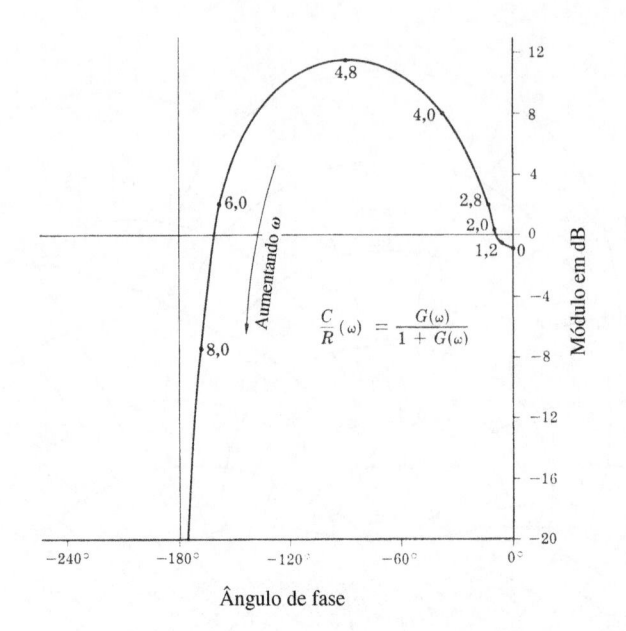

Figura 17-12

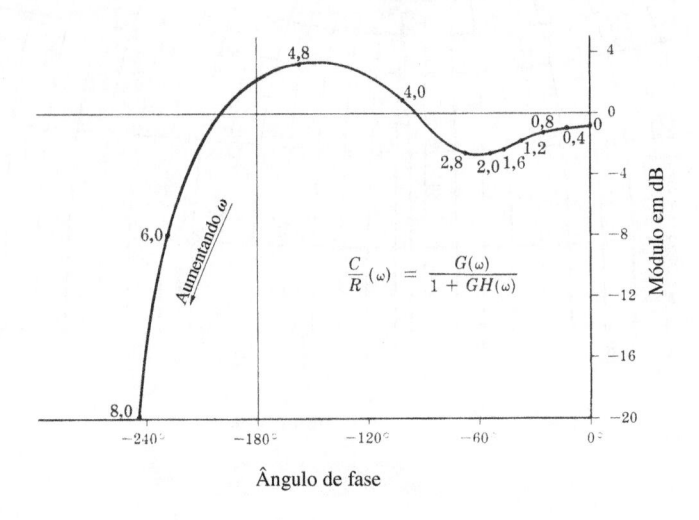

Figura 17-13

Problemas Resolvidos

Diagramas de módulo em dB *versus* ângulo de fase

17.1 Mostre que o diagrama de módulo em dB *versus* ângulo de fase para um polo de ordem l na origem do plano s, arg $1/(j\omega)^l$, é uma linha reta paralela ao eixo do módulo em dB com uma abscissa de $-90l°$ para $\omega \geq 0$.

Na forma polar, $j\omega = \omega \underline{/90°}$, $\omega \geq 0$, $\omega \geq 0$. Portanto,

$$\frac{1}{(j\omega)^l} = \frac{1}{\omega^l} \underline{/-90l°} \qquad \omega \geq 0$$

$$20 \log_{10} \left| \frac{1}{(j\omega)^l} \right| = 20 \log_{10} \frac{1}{\omega^l} = -20 \log_{10} \omega^l$$

e arg $1/(j\omega)^l = -90l°$. Vemos que arg $1/(j\omega)^l$ é independente de ω; por consequência, a abscissa do traçado é uma constante $-90l°$. Além disso, para a região $0 \le \omega \le +\infty$; o módulo em dB varia de $+\infty$ a $-\infty$. Assim, a abscissa é fixa e a ordenada toma todos os valores. O resultado é uma linha reta, como mostra a Figura 17-3.

17.2 Construa o diagrama de módulo em dB *versus* ângulo de fase para a função de transferência de malha aberta

$$GH = \frac{2}{s(1+s)(1+s/3)}$$

O módulo em dB de $GH(j\omega)$ é

$$20\log_{10}|GH(j\omega)| = 20\log_{10}\frac{2}{|j\omega||1+j\omega||1+j\omega/3|}$$

$$= 20\log_{10} 2 - 20\log_{10}\left[\omega\sqrt{1+\omega^2}\sqrt{1+\frac{\omega^2}{9}}\right]$$

$$= 6{,}02 - 10\log_{10}\left[\omega^2(1+\omega^2)\left(1+\frac{\omega^2}{9}\right)\right]$$

O ângulo de fase de $GH(j\omega)$ é

$$\arg[GH(j\omega)] = -\arg[j\omega] - \arg[1+j\omega] - \arg\left[1+\frac{j\omega}{3}\right]$$

$$= -90° - \mathrm{tg}^{-1}\omega - \mathrm{tg}^{-1}\left(\frac{\omega}{3}\right)$$

O diagrama do módulo em dB *versus* ângulo de fase é dado na Figura 17-14.

17.3 Usando os diagramas na Figura 17-3 e na Figura 17-4, mostre que o diagrama na Figura 17-14 pode ser aproximado.

Reescrevemos $GH(j\omega)$ como

$$GH(j\omega) = (2)\left(\frac{1}{j\omega}\right)\left(\frac{1}{1+j\omega}\right)\left(\frac{1}{1+j\omega/3}\right)$$

o módulo em dB de $GH(j\omega)$ é

$$20\log_{10}|GH(j\omega)| = 20\log_{10} 2 + 20\log_{10}\left|\frac{1}{j\omega}\right| + 20\log_{10}\left|\frac{1}{1+j\omega}\right| + 20\log_{10}\left|\frac{1}{1+j\omega/3}\right|$$

o ângulo de fase é

$$\arg GH(j\omega) = \arg(2) + \arg\left(\frac{1}{j\omega}\right) + \arg\left(\frac{1}{1+j\omega}\right) + \arg\left(\frac{1}{1+j\omega/3}\right)$$

Agora construímos a Tabela 17.2.

A primeira linha contém o módulo em dB e ângulo de fase do ganho de Bode $K_B = 2$. A segunda linha contém o módulo em dB e o ângulo de fase do termo $1/j\omega$ para alguns valores de ω. Estes são obtidos a partir da Figura 17-3, fazendo $l = 1$ e tomando valores da curva para as frequências dadas. A terceira linha corresponde ao termo $1/(1+j\omega)$ e é obtida a partir da Figura 17-4 para $p = 1$. A quarta linha corresponde ao termo $1/(1+j\omega/3)$ e é obtida a partir da Figura 17-4 para $p = 3$. Cada par de entradas na linha final é obtido somando os módulos em dB e ângulos de fase em cada coluna e correspondendo a módulo em dB e ângulo de fase de $GH(j\omega)$ para o valor dado de ω. Os valores na última linha desta tabela são então traçados (com a exceção do primeiro), e esses pontos são unidos para gerar graficamente uma aproximação da Figura 17-14.

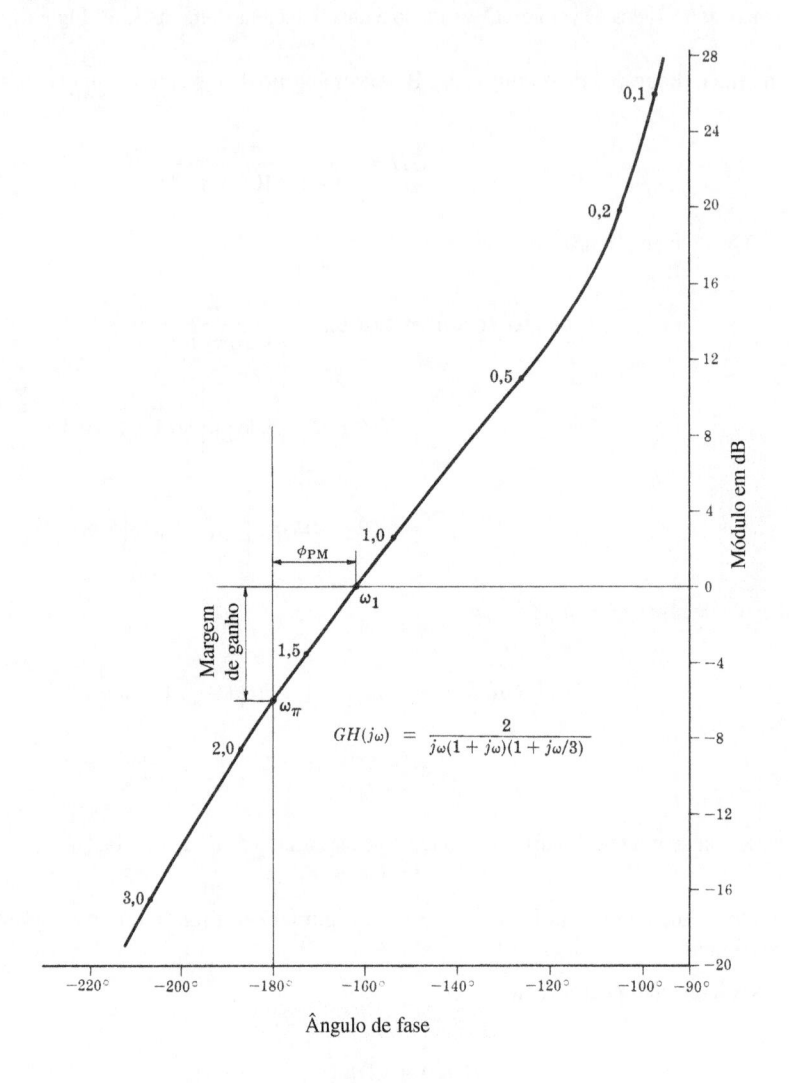

$$GH(j\omega) = \frac{2}{j\omega(1+j\omega)(1+j\omega/3)}$$

Figura 17-14

Tabela 17-2

Termo	Frequência ω							
	0	0,1	0,2	0,5	1,0	1,5	2,0	3,0
2	6 db 0°	6 0°	6 0°	6 0°	6 0°	6 0°	6 0°	6 0°
$\dfrac{1}{j\omega}$	∞ −90°	20 −90°	14 −90°	6 −90°	0 −90°	−3,6 −90°	−6 −90°	−9,5 −90°
$\dfrac{1}{1+j\omega}$	0 0°	−0,1 −5,5°	−0,3 −11°	−1,0 −26°	−3,0 −45°	−5,2 −57°	−7,0 −63°	−10 −72°
$\dfrac{1}{1+j\omega/3}$	0 0°	0 −2°	−0,1 −4°	−0,2 −9°	−0,5 −17,5°	−1,0 −26°	−1,6 −33°	−3,0 −45°
Soma = $GH(j\omega)$	∞ −90°	25,9 −97,5°	19,6 −105°	10,8 −125°	2,5 −152,5°	−3,8 −173°	−8,6 −186°	−16,5 −207°

17.4 Construa o diagrama de módulo em dB *versus* ângulo de fase para a função de transferência de malha aberta

$$GH = \frac{4(s + 0,5)}{s^2(s^2 + 2s + 4)}$$

A função resposta de frequência é

$$GH(j\omega) = \frac{4(j\omega + 0,5)}{(j\omega)^2((j\omega)^2 + 2j\omega + 4)}$$

O gráfico de módulo em dB *versus* ângulo de fase de $GH(j\omega)$ é mostrado na Figura 17-15.

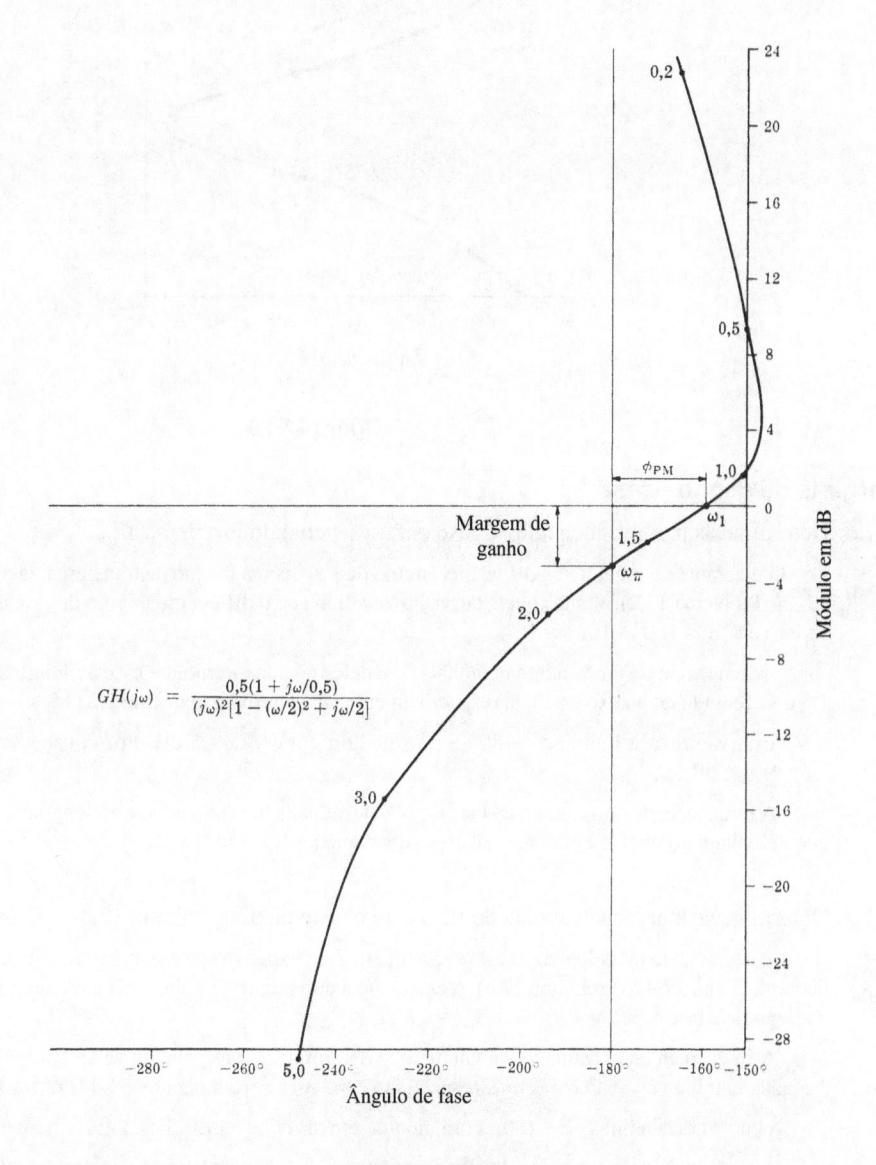

$$GH(j\omega) = \frac{0,5(1 + j\omega/0,5)}{(j\omega)^2[1 - (\omega/2)^2 + j\omega/2]}$$

Figura 17-15

17.5 Construa o gráfico de Módulo em dB *versus* ângulo de fase para um sistema discreto no tempo com a função de transferência de malha aberta

$$GH(z) = \frac{3}{8} \frac{(z + 1)(z + \frac{1}{3})}{(z - 1)(z + \frac{1}{2})}$$

A função resposta de frequência de malha aberta é

$$GH(e^{j\omega T}) = \frac{3}{8} \frac{(e^{j\omega T}+1)(e^{j\omega T}+\frac{1}{3})}{(e^{j\omega T}-1)(e^{j\omega T}+\frac{1}{2})}$$

O diagrama do módulo em dB *versus* ângulo de fase gerado por computador de *GH* é mostrado na Figura 17-16.

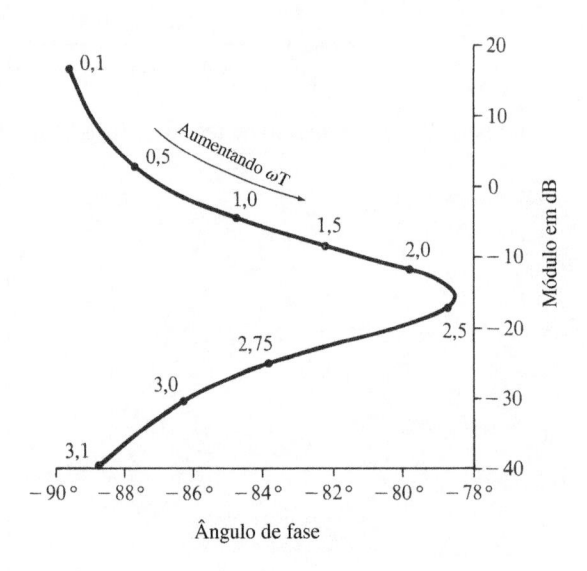

Figura 17-16

Margens de ganho e fase

17.6 Determine as margens de ganho e fase para o sistema do Problema 17.2.

O diagrama do módulo em dB *versus* ângulo de fase para a função de transferência deste sistema é dado na Figura 17-14 (Problema 17.2). Vemos que a curva cruza a linha de 0 dB em um ângulo de fase de –162°. Portanto, a margem de fase é $\phi_{PM} = 180° - 162° = 18°$.

(A frequência de cruzamento de ganho ω_1 é determinada interpolando-se ao longo da curva entre $\omega = 1,0$ e $\omega = 1,5$ que delimita ω_1 abaixo e acima, respectivamente, ω_1 é aproximadamente 1,2 rad/s.)

A curva cruza a linha de $-180°$ a um módulo em dB de –6 dB. Por consequência, a margem de ganho = $-(-6) = 6$ dB.

(A frequência de cruzamento de fase ω_π (é determinada interpolando-se ao longo da curva entre $\omega = 1,5$ e $\omega = 2,0$ que delimitam ω_π abaixo e acima. ω_π é aproximadamente 1,75 rad/s.)

17.7 Determine as margens de ganho de fase para o sistema do Problema 17.4.

O diagrama de módulo em dB *versus* ângulo de fase para a função de transferência de malha aberta deste sistema é dado na Figura 17-15 (Problema 17.4). Vemos que a curva cruza a linha 0 dB a um ângulo de fase de –159°. Portanto, a margem de fase é $\phi_{PM} = 180° - 159° = 21°$.

(A frequência de cruzamento de ganho ω_1 é determinada interpolando-se ao longo da curva entre $\omega = 1,0$ e $\omega = 1,5$ que delimitam ω_1 abaixo e acima, respectivamente. ω_1 é aproximadamente 1,2 rad/s.)

A curva cruza a linha de $-180°$ a um módulo em dB de $-3,1$ dB. Portanto, a margem de ganho = 3,1dB.

(A frequência de cruzamento de fase ω_π é determinada interpolando-se entre $\omega = 1,5$ e $\omega = 2,0$ que delimitam ω_π abaixo e acima, respectivamente. ω_π é aproximadamente 1,7rad/s.)

17.8 Determine as margens de ganho e fase para o sistema definido pela função resposta de frequência de malha aberta

$$GH(j\omega) = \frac{1+j\omega/0,5}{j\omega\left[1-(\omega/2)^2+j\omega/2\right]}$$

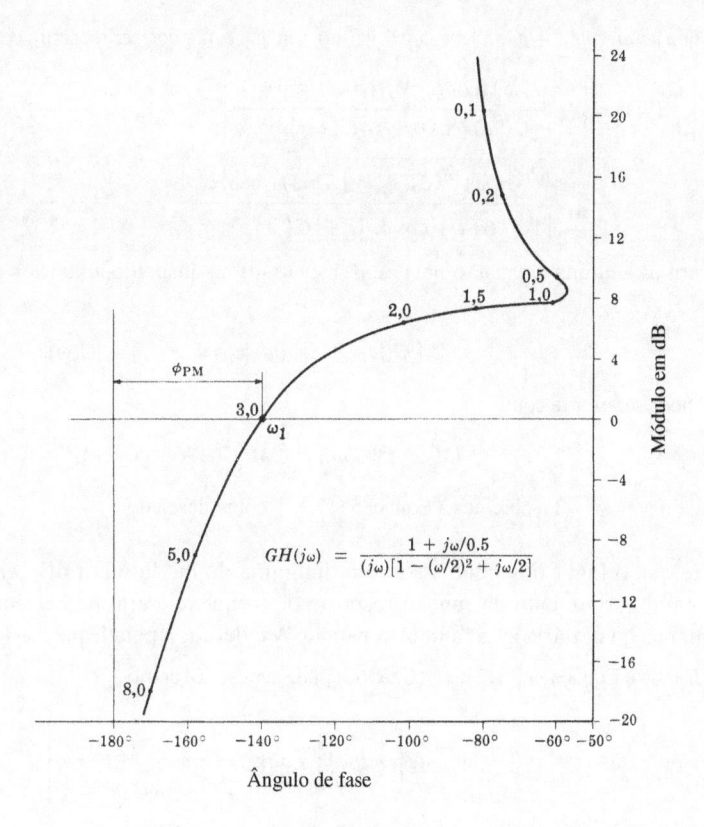

Figura 17-17

O diagrama de módulo em dB *versus* ângulo de fase de $GH(j\omega)$ é dado na Figura 17-17. Vemos que a curva cruza a linha 0 dB a um ângulo de fase de $-140°$. Por consequência, a margem de ganho é $\phi_{PM} = 180° - 140° = 40°$.

A curva não cruza a linha $-180°$ para a faixa de módulos em dB na Figura 17-17. Entretanto, conforme $\omega \to \infty$,

$$GH(j\omega) \to \frac{j\omega/0,5}{-j\omega(\omega/2)^2} = \frac{8}{\omega^2} \underline{/-180°}$$

A curva aproxima-se da linha $-180°$ assintoticamente, mas não a cruza. Portanto, a margem de ganho é indeterminada. Isto implica em que o fator de ganho pode ser aumentado de qualquer quantidade sem produzir instabilidade.

17.9 Determine as margens de ganho e fase para o sistema discreto no tempo do Problema 17.5.

O gráfico do módulo em dB *versus* ângulo de fase para a função de transferência de malha aberta deste sistema é dado na Figura 17-16 (Problema 17.5). Vemos que a curva cruza a linha 0 dB no ângulo de fase de $-87°$. Portanto, a margem de fase é $\phi_{PM} = 180° - 87° = 93°$.

O ângulo de cruzamento de ganho $\omega_1 T$ pode se determinado interpolando-se ao longo da curva entre $\omega T = 0,5$ e $\omega T = 1,0$ que limita $\omega_1 T$ abaixo e acima, respectivamente. $\omega_1 T \simeq 0,6$ rad.

A curva nunca cruza a linha de $-180°$, de modo que a margem de ganho é indeterminada como o ângulo de cruzamento de fase.

Diagrama de Nichols

17.10 Mostre que o lugar dos pontos sobre o diagrama de módulo em dB *versus* ângulo de fase para o qual o módulo da função resposta de frequência em malha aberta $(C/R)(\omega)$ de um sistema de realimentação unitária contínuo ou discreto no tempo igual a uma constante M é definida pela Equação (17.12).

Usando a Equação (17.11), $|(C/R)(\omega)|$ pode ser escrito como

$$\left| \frac{C}{R}(\omega) \right| = \left| \frac{|G(\omega)| \underline{/\phi_G}}{1 + |G(\omega)| \underline{/\phi_G}} \right|$$

Visto que $|G(\omega)|\underline{/\phi_G} = |G(\omega)|\cos\phi_G + j|G(\omega)|\operatorname{sen}\phi_G$, esta pode ser reescrita como

$$\left|\frac{C}{R}(\omega)\right| = \left|\frac{|G(\omega)|\cos\phi_G + j|G(\omega)|\operatorname{sen}\phi_G}{1+|G(\omega)|\cos\phi_G + j|G(\omega)|\operatorname{sen}\phi_G}\right|$$

$$= \sqrt{\frac{|G(\omega)|^2\cos^2\phi_G + |G(\omega)|^2\operatorname{sen}^2\phi_G}{[1+|G(\omega)|\cos\phi_G]^2 + |G(\omega)|^2\operatorname{sen}^2\phi_G}} = \sqrt{\frac{|G(\omega)|^2}{1+2|G(\omega)|\cos\phi_G + |G(\omega)|^2}}$$

Se fizermos a última expressão igual a *M*, elevarmos ao quadrado ambos os membros e simplificarmos a fração, obtemos

$$M^2[|G(\omega)|^2 + 2|G(\omega)|\cos\phi_G + 1] = |G(\omega)|^2$$

a qual pode ser escrita como

$$(M^2 - 1)|G(\omega)|^2 + 2M^2|G(\omega)|\cos\phi_G + M^2 = 0$$

Dividindo por ($M^2 - 1$), obtemos a Equação (17.12), como desejado.

17.11 Mostre que o lugar dos pontos sobre o diagrama de módulo em dB *versus* ângulo de fase para o qual a tangente do argumento da função resposta de frequência em malha fechada (C/R)(ω) de um sistema de realimentação unitária igual a uma constante *N* é definida pela Equação (17.13).

Usando a Equação (17.11), arg(C/R)(ω) pode ser escrito como

$$\arg\left[\frac{C}{R}(\omega)\right] = \arg\left[\frac{|G(\omega)|\underline{/\phi_G}}{1+|G(\omega)|\underline{/\phi_G}}\right]$$

Visto que $|G(\omega)|\underline{/\phi_G} = |G(\omega)|\cos\phi_G + j|G(\omega)|\operatorname{sen}\phi_G$

$$\arg\left[\frac{C}{R}(\omega)\right] = \arg\left[\frac{|G(\omega)|\cos\phi_G + j|G(\omega)|\operatorname{sen}\phi_G}{1+|G(\omega)|\cos\phi_G + j|G(\omega)|\operatorname{sen}\phi_G}\right]$$

Multiplicando numerador e denominador do termo entre colchetes pelo complexo conjugado do denominador, temos

$$\arg\left[\frac{C}{R}(\omega)\right] = \arg\left[\frac{\left(|G(\omega)|\cos\phi_G + j|G(\omega)|\operatorname{sen}\phi_G\right)\left(1+|G(\omega)|\cos\phi_G - j|G(\omega)|\operatorname{sen}\phi_G\right)}{\left(1+|G(\omega)|\cos\phi_G\right)^2 + |G(\omega)|^2\operatorname{sen}^2\phi_G}\right]$$

Visto que o denominador do termo no último colchete é real, arg[(C/R)(ω)] é determinado apenas pelo numerador. Isto é,

$$\arg\left[\frac{C}{R}(\omega)\right] = \arg\left[\left(|G(\omega)|\cos\phi_G + j|G(\omega)|\operatorname{sen}\phi_G\right)\left(1+|G(\omega)|\cos\phi_G - j|G(\omega)|\operatorname{sen}\phi_G\right)\right]$$

$$= \arg\left[|G(\omega)|\cos\phi_G + |G(\omega)|^2 + j|G(\omega)|\operatorname{sen}\phi_G\right]$$

Usando $\cos^2\phi_G + \operatorname{sen}^2\phi_G = 1$. Portanto

$$\operatorname{tg}\left[\arg\frac{C}{R}(\omega)\right] = \frac{|G(\omega)|\operatorname{sen}\phi_G}{|G(\omega)|\cos\phi_G + |G(\omega)|^2}$$

Igualando isto a *N*, cancelando o termo comum $|G(\omega)|$ e simplificando a fração, obtemos

$$N[\cos\phi_G + |G(\omega)|] = \operatorname{sen}\phi_G$$

a qual pode ser reescrita na forma da Equação (17.13), como desejado.

17.12 Construa o diagrama do módulo em dB *versus* ângulo de fase do lugar definido pela Equação (17.12) para o módulo em dB de $(C/R)(\omega)$ igual a 6 dB.

$20\log_{10}|(C/R)(\omega)| = 6$ dB implica que $|(C/R)(\omega)| = 2$. Portanto, fazemos $M = 2$ na Equação (17.12) e obtemos

$$|G(\omega)|^2 + \frac{8}{3}|G(\omega)|\cos\phi_G + \frac{4}{3} = 0$$

enquanto a equação define o lugar. Visto que $|\cos\phi_G| \leq 1$, $|G(\omega)|$ pode assumir apenas aqueles valores para os quais esta limitação é satisfeita. Para determinar os limites de $|G(\omega)|$, fazemos $\cos\phi_G$ tomar seus dois valores extremos de mais ou menos a unidade. Para $\cos\phi_G = 1$, a equação do lugar torna-se

$$|G(\omega)|^2 + \frac{8}{3}|G(\omega)| + \frac{4}{3} = 0$$

com soluções $|G(\omega)| = -2$ e $|GH(\omega)| = -\frac{2}{3}$. Visto que o valor absoluto não pode ser negativo, essas soluções são desprezadas. Isso implica que o lugar não existe sobre a linha 0° (em geral, qualquer linha que seja múltipla de 360°), que corresponde a $\cos\phi_G = 1$.

Para $\cos\phi_G = -1$, a equação do lugar torna-se

$$|G(\omega)|^2 - \frac{8}{3}|G(\omega)| + \frac{4}{3} = 0$$

com as soluções $|G(\omega)| = 2$ e $|GH(\omega)| = \frac{2}{3}$. Estas soluções são válidas para $|G(\omega)|$ e são os valores extremos que $|G(\omega)|$ pode assumir.

Resolvendo a equação do lugar para $\cos\phi_G$, obtemos

$$\cos\phi_G = \frac{-\left[\frac{4}{3} + |G(\omega)|^2\right]}{\frac{8}{3}|G(\omega)|}$$

As curvas obtidas desta relação são periódicas, com período de 360°. O diagrama é restrito a um ciclo único na vizinhança da linha de $-180°$ e é obtido calculando ϕ_G para vários valores de $|G(\omega)|$ entre os limites 2 e $\frac{2}{3}$. Os resultados são dados na Tabela 17.3.

Note que há dois valores de ϕ_G sempre que $|\cos\phi_G| < 1$. O diagrama resultante é mostrado na Figura 17-18.

Tabela 17-3

$|G(\omega)|$	$20\log_{10}|G(\omega)|$	$\cos\phi_G$	ϕ_G
2,0	6 dB	-1	—
1,59	4	$-0,910$	$-155,5$
1,26	2	$-0,867$	$-150,1$
1,0	0	$-0,873$	$-150,8$
0,79	-2	$-0,928$	$-158,1$
0,67	$-3,5$	-1	—

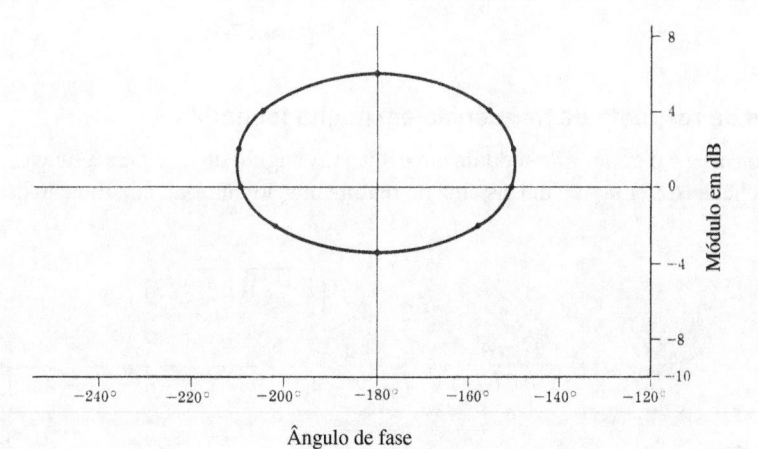

Figura 17-18

17.13 Construa o diagrama do módulo em dB *versus* ângulo de fase para o lugar definido pela Equação (17.13) para tg[arg(C/R)(ω)] = $N = -\infty$.

tg[arg(C/R)(ω)] = $-\infty$ implica que arg(C/R)(ω) = $-90 + k360°$, $k = 0, \pm 1, \pm 2, \ldots$, ou arg($C/R$)($\omega$) = $-270° + k360°$, $k = 0, \pm 1, \pm 2, \ldots$. Traçamos apenas o ciclo entre $-360°$ e $0°$, que corresponde a $k = 0$. Fazendo $N = -\infty$ na Equação (17.13), obtemos a equação do lugar

$$|G(\omega)| + \cos\phi_G = 0 \text{ ou } \cos\phi_G = -|G(\omega)|$$

Visto que $|\cos\phi_G| \leq 1$, o lugar existe apenas para $0 \leq |G(\omega)| \leq 1$ ou, equivalentemente,

$$-\infty \leq 20\log_{10}|G(\omega)| \leq 0$$

Para obter o diagrama, usamos a equação do lugar para calcular o módulo em dB de $G(\omega)$, que corresponde a diversos valores de ϕ_G. Os resultados desses cálculos são dados na Tabela 17.4. O diagrama desejado é mostrado na Figura 17-19.

Tabela 17-4

ϕ_G		$\cos\phi_G$	$|G(\omega)|$	$20\log_{10}|G(\omega)|$
$-180°$	—	-1	1	0 dB
$-153°$	$-207°$	$-0,893$	$0,893$	$-1,0$
$-135°$	$-222,5°$	$-0,707$	$0,707$	-3
$-120°$	$-240°$	$-0,5$	$0,5$	-6
$-110,7°$	$-249,3°$	$-0,354$	$0,354$	-9
$-104,5°$	$-255,5°$	$-0,25$	$0,25$	-12
$-100,3°$	$-259,8°$	$-0,178$	$0,178$	-15

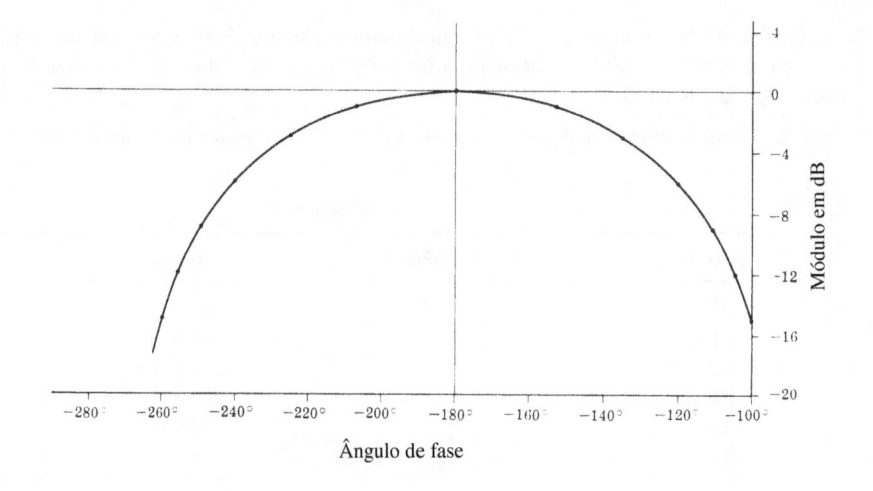

Figura 17-19

Funções de resposta de frequência em malha fechada

17.14 Construa o diagrama do módulo em dB *versus* ângulo de fase para a função resposta de frequência de malha fechada $(C/R)(j\omega)$ de um sistema de realimentação unitária, cuja função de transferência é

$$G = \frac{2}{s(1+s)(1+s/3)}$$

$$\frac{C}{R}(j\omega) = \frac{G(j\omega)}{1+G(j\omega)} = \frac{6}{(j\omega)^3 + 4(j\omega)^2 + 3j\omega + 6} = \frac{6}{(6-4\omega^2)+j(3\omega-\omega^3)}$$

Portanto,

CAPÍTULO 17 • ANÁLISE PELO DIAGRAMA DE NICHOLS

$$20\log_{10}\left|\frac{C}{R}(j\omega)\right| = 10\log_{10}\left|\frac{C}{R}(j\omega)\right|^2 = 10\log_{10}\frac{36}{(6-4\omega^2)^2 + (3\omega-\omega^3)^2}$$

e
$$\arg\left[\frac{C}{R}(j\omega)\right] = -\operatorname{tg}^{-1}\frac{3\omega-\omega^3}{6-4\omega^2}$$

O gráfico do módulo em dB *versus* ângulo de fase de $(C/R)(j\omega)$ é mostrado pela linha contínua na Figura 17-20.

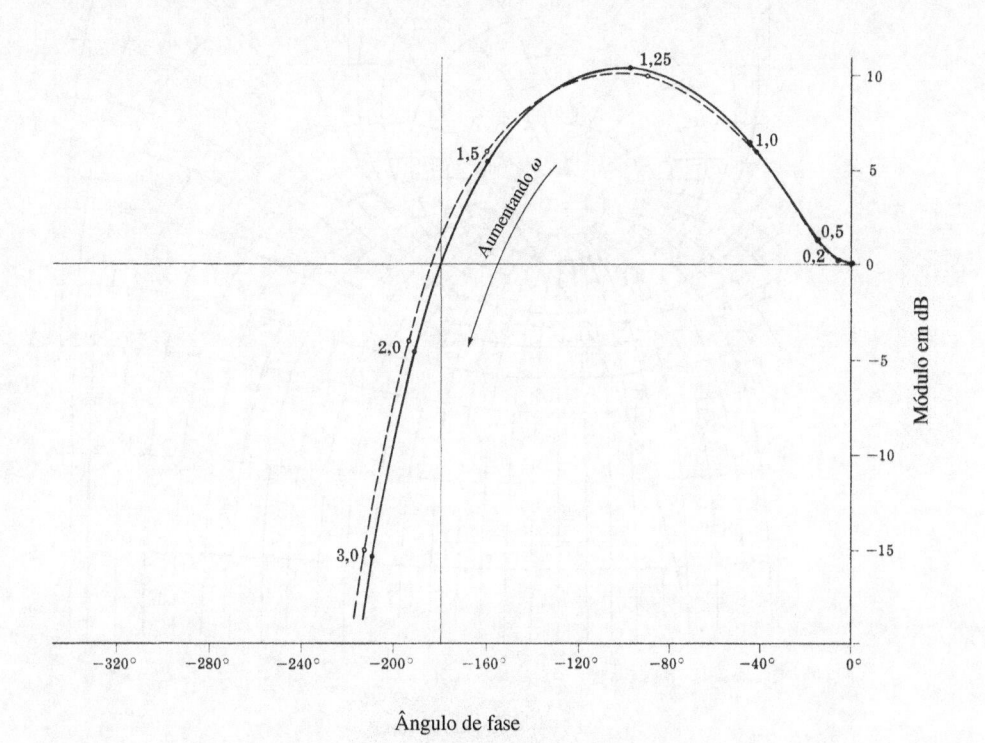

Figura 17-20

17.15 Usando a técnica discutida na Seção 17.6, resolva o Problema 17.14 novamente.

O traçado do diagrama de Nichols de $G(j\omega)$ é mostrado na Figura 17-21. Determinamos os valores do módulo em dB de $|(C/R)(j\omega)|$ e $\arg[(C/R)(j\omega)]$ interpolando valores do módulo em dB e ângulo de fase sobre o traçado do diagrama de Nichols para $\omega = 0; 0,2; 0,5; 1,0; 1,25; 1,5; 2,0; 3,0$. Estes valores são dados na Tabela 17.5.

Tabela 17-5

ω	$20\log_{10}\left\|\frac{C}{R}(j\omega)\right\|$	$\arg\left[\frac{C}{R}(j\omega)\right]$
0	0 dB	0
0,2	0,2	$-6°$
0,5	1,2	$-15°$
1,0	6,0	$-42°$
1,25	10,0	$-90°$
1,5	6,0	$-155°$
2,0	$-4,0$	$-194°$
3,0	$-15,0$	$-212°$

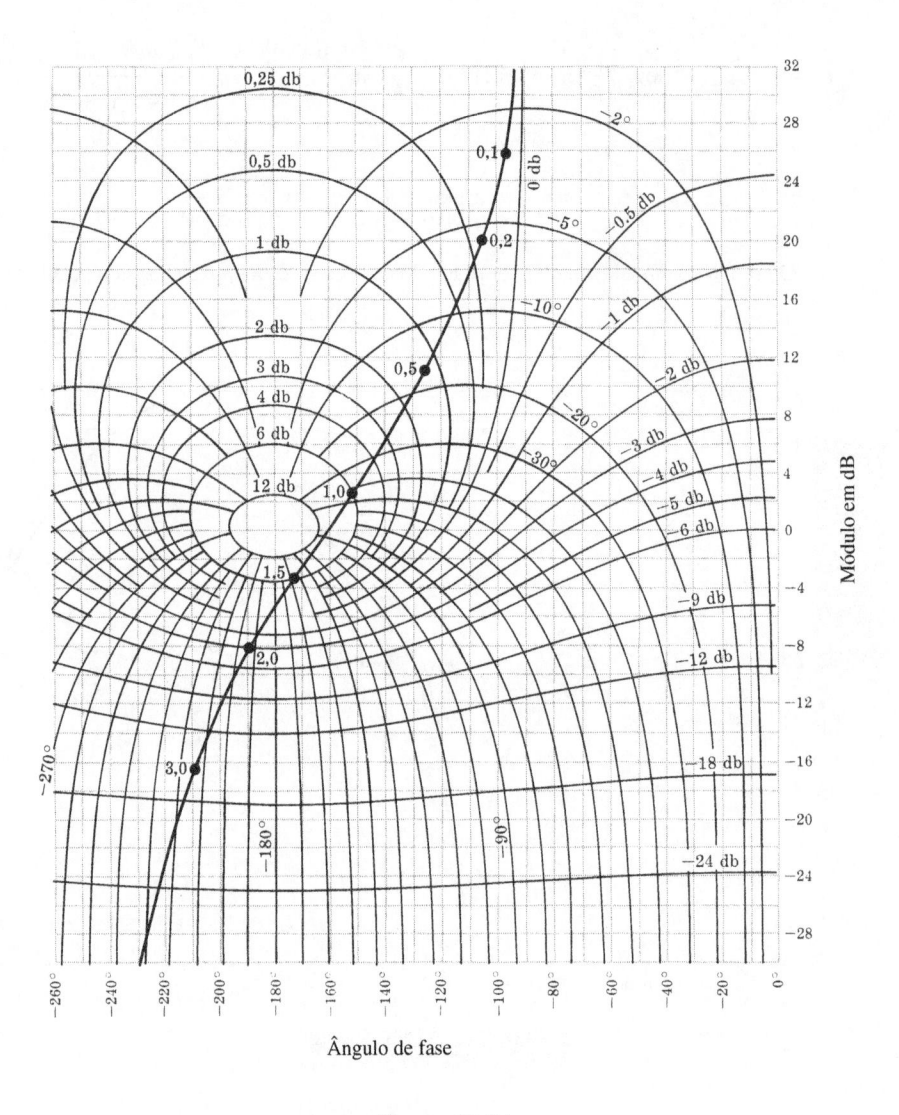

Figura 17-21

O diagrama do módulo em dB *versus* ângulo de fase de $(C/R)(j\omega)$, traçado usando os valores na tabela, é representado pela linha tracejada na Figura 17-20. As diferenças entre as duas curvas deve-se à interpolação necessária para obter valores de módulo em dB e ângulo de fase.

Problemas Complementares

17.16 Construa o diagrama do módulo em dB *versus* ângulo de fase para a função de transferência em malha aberta

$$GH = \frac{5(s+2)}{s(s+3)(s+5)}$$

17.17 Construa o diagrama do módulo em dB *versus* ângulo de fase para a função de transferência de malha aberta

$$GH = \frac{10}{s(1+s/5)(1+s/50)}$$

17.18 Construa o diagrama do módulo em dB *versus* ângulo de fase para a função de transferência de malha aberta

$$GH = \frac{1 + s/2}{s(1 + s)(1 + s/4)(1 + s/20)}$$

17.19 Determine as margens de ganho e fase para o sistema do Problema 17.17.

17.20 Determine o pico de ressonância M_p e a frequência ressonante ω_p para o sistema cuja função de transferência de malha aberta é

$$GH = \frac{1}{s(1 + s)(1 + s/4)}$$

17.21 Determine as frequências de cruzamento de ganho e fase para o sistema do Problema 17.17.

17.22 Determine o pico de ressonância M_p e a frequência ressonante ω_p do sistema no Problema 17.17.

17.21 Seja o sistema do Problema 17.17, um sistema de realimentação unitária e construa o diagrama do módulo em dB *versus* ângulo de fase de $(C/R)(j\omega)$.

Respostas Selecionados

17.19 Margem de ganho = 9,5 dB, $\phi_{PM} = 25°$.

17.20 $M_p = 1,3$ db, $\omega_p = 0,9$ rad/s

17.21 $\omega_1 = 7$ rad/sec, $\omega_\pi = 14,5$ rad/s

17.22 $M_p = 8$ db, $\omega_p = 7,2$ rad/s

Capítulo 18

Projeto pelo Diagrama de Nichols

18.1 FILOSOFIA DO PROJETO

O projeto por análise no domínio de frequência usando as técnicas do diagrama de Nichols é realizado da mesma maneira geral que nos métodos de projeto descritos nos capítulos anteriores. Redes de compensação apropriadas são introduzidas nos percursos diretos e/ou de realimentação, e o comportamento do sistema resultante é analisado criticamente. Dessa maneira, o traçado do diagrama de Nichols é conformado e reconformado até que as especificações de desempenho sejam satisfeitas. Essas especificações são mais convenientemente expressas em termos de valores de mérito no domínio de frequência, como margem de ganho e fase para desempenho transitório e as constantes de erro (Capítulo 9) para a resposta de estado estacionário no domínio do tempo.

Como o traçado do diagrama de Nichols é um gráfico da função resposta de frequência de malha aberta $GH(\omega)$, a compensação pode ser introduzida nos percursos direto e/ou de realimentação mudando, assim, $G(\omega)$. $H(\omega)$ ou ambos.

Enfatizamos que nenhum sistema simples de compensação é universalmente aplicável.

18.2 COMPENSAÇÃO DO FATOR DE GANHO

Vimos em vários capítulos anteriores (5, 12, 13, 16) que um sistema de realimentação instável pode, algumas vezes, ser estabilizado, ajustando-se o fator de ganho K de GH. Os traçados do diagrama de Nichols são particularmente apropriados para determinar os ajustes do fator de ganho. Entretanto, quando se usam as técnicas de Nichols, é mais conveniente usar o ganho de Bode K_B (Seção 15.4), expresso em decibel (dB), do que o fator de ganho K. As variações em K_B e K, quando dadas em dB, são iguais.

Exemplo 18.1 O diagrama do módulo em dB *versus* ângulo de fase para um sistema instável, representado por $GH(j\omega)$ com o ganho de Bode $K_B = 5$, é mostrado na Figura 18-1. A instabilidade deste sistema pode ser verificada por um esboço do diagrama de Nyquist, ou aplicação do critério de Routh. O diagrama de Nyquist, no Exemplo 12.1, Capítulo 12, mostra a forma geral para todos os diagramas de Nyquist de sistemas com os polos na origem e com dois polos reais no semiplano esquerdo. Este gráfico indica que as margens de ganho e fase positivas garantem estabilidade, e as margens de ganho e fase negativas garantem instabilidade para tal sistema, as quais implicam que uma diminuição suficiente do ganho de Bode estabiliza o sistema. Se o ganho de Bode é diminuído de $20\log_{10} 5$dB a $20\log_{10} 2$dB, o sistema é estabilizado. O diagrama do módulo em dB *versus* ângulo de fase para um sistema compensado é mostrado na Figura 18-2. Um maior decréscimo no ganho não altera a estabilidade.

Note que as curvas para $K_B = 5$ e $K_B = 2$ têm formas idênticas; a única diferença é que as ordenadas sobre a curva $K_B = 5$ excedem aquela sobre a curva $K_B = 2$ de $20\log_{10}(5/2)$ dB. Portanto, a mudança de ganho sobre o diagrama do módulo em dB *versus* ângulo de fase é realizada simplesmente deslocando o lugar de $GH(j\omega)$ para cima ou para baixo de um número apropriado de dB.

Apesar de a estabilidade absoluta poder frequentemente ser alterada pelo ajuste do fator de ganho, essa forma de compensação é inadequada para muitos projetos, porque outros critérios de desempenho, como aqueles que dizem respeito à instabilidade relativa, geralmente não podem ser satisfeitos sem a inclusão de outros tipos de compensadores.

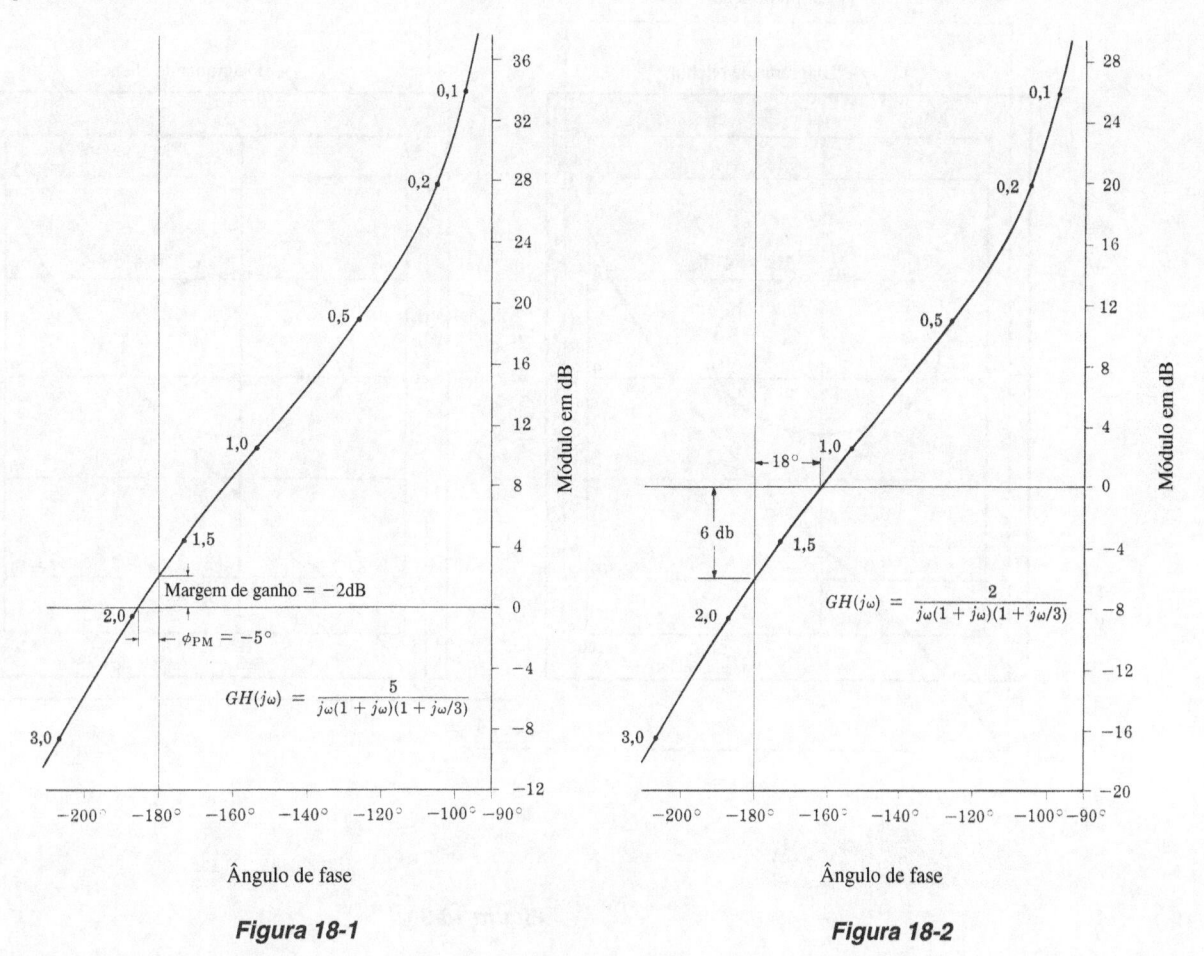

Figura 18-1

$$GH(j\omega) = \frac{5}{j\omega(1+j\omega)(1+j\omega/3)}$$

Figura 18-2

$$GH(j\omega) = \frac{2}{j\omega(1+j\omega)(1+j\omega/3)}$$

18.3 COMPENSAÇÃO DO FATOR DE GANHO USANDO AS CURVAS DE AMPLITUDE CONSTANTE

O diagrama de Nichols pode ser usado para determinar K (para um sistema de *realimentação unitária*) para um pico de ressonância especificado M_p (em dB). O seguinte procedimento requer o desenho do diagrama do módulo em dB *versus* ângulo de fase apenas uma vez.

Passo 1: Desenhe o diagrama do módulo em dB *versus* ângulo de fase de $G(\omega)$ para $K = 1$ sobre papel de desenho. A escala do gráfico deve ser a mesma que aquela do diagrama de Nichols.

Passo 2: Sobreponha este gráfico a um diagrama de Nichols de modo que as escalas de módulo e ângulo de fase de cada folha fiquem alinhadas.

Passo 3: Fixe o diagrama de Nichols e deslize o outro diagrama para cima e para baixo até que ele tangencie a curva de amplitude constante de M_p dB. A quantidade de deslocamento em dB é o valor desejado de K.

Exemplo 18.2 Na Figura 18-3(a), o diagrama do módulo em dB *versus* ângulo de fase de uma função de transferência de malha aberta de um sistema com realimentação unitária particular $K = 1$, é mostrado sobreposto a um diagrama de Nichols. O M_p desejado é de 4 dB. Vemos na Figura 18-3(b) a seguir que, se a sobreposição é deslocada para cima 4 dB, então o pico de ressonância M_p do sistema é de 4 dB. Assim, o K desejado é de 4 dB.

(a) *(b)*

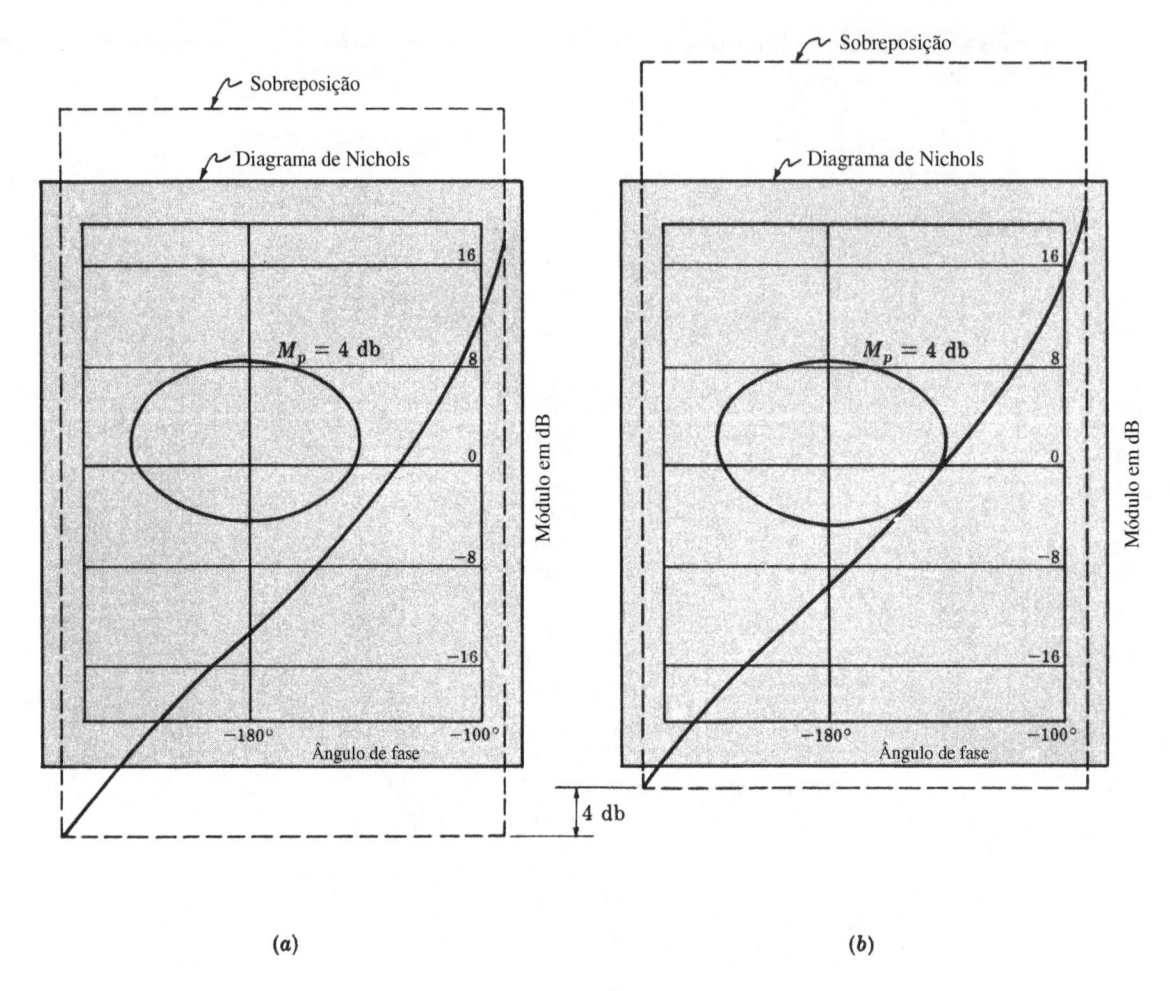

Figura 18-3

18.4 COMPENSAÇÃO EM AVANÇO PARA SISTEMAS CONTÍNUOS

A forma de Bode de uma função de transferência para uma rede de avanço é

$$P_{\text{Avanço}} = \frac{(a/b)\left(1 + \dfrac{s}{a}\right)}{1 + \dfrac{s}{b}} \qquad (18.1)$$

em que $a/b < 1$. Os diagramas do módulo em dB *versus* ângulo de fase de $P_{\text{Avanço}}$ para vários valores de b/a e com a frequência normalizada ω/a como parâmetro são mostrados na Figura 18-4.

Para alguns sistemas nos quais a compensação em avanço na malha direta é aplicável, a escolha apropriada de a e b permite um aumento em K_B, proporcionando grande precisão e menor sensibilidade sem afetar adversamente o desempenho transitório. Da mesma forma, para um dado K_B, o desempenho transitório pode ser melhorado. Também é possível melhorar as respostas de estado estacionário e transitório com a compensação em avanço.

As propriedades importantes de uma rede compensadora em avanço são suas contribuições no avanço de fase nas faixas de frequências baixas e médias (a vizinhança da frequência de ressonância ω_p) e sua atenuação desprezível nas altas frequências. Se for necessário um avanço de fase muito grande, várias redes de avanço podem ser conectadas em cascata.

A compensação em avanço geralmente aumenta a largura de faixa de um sistema.

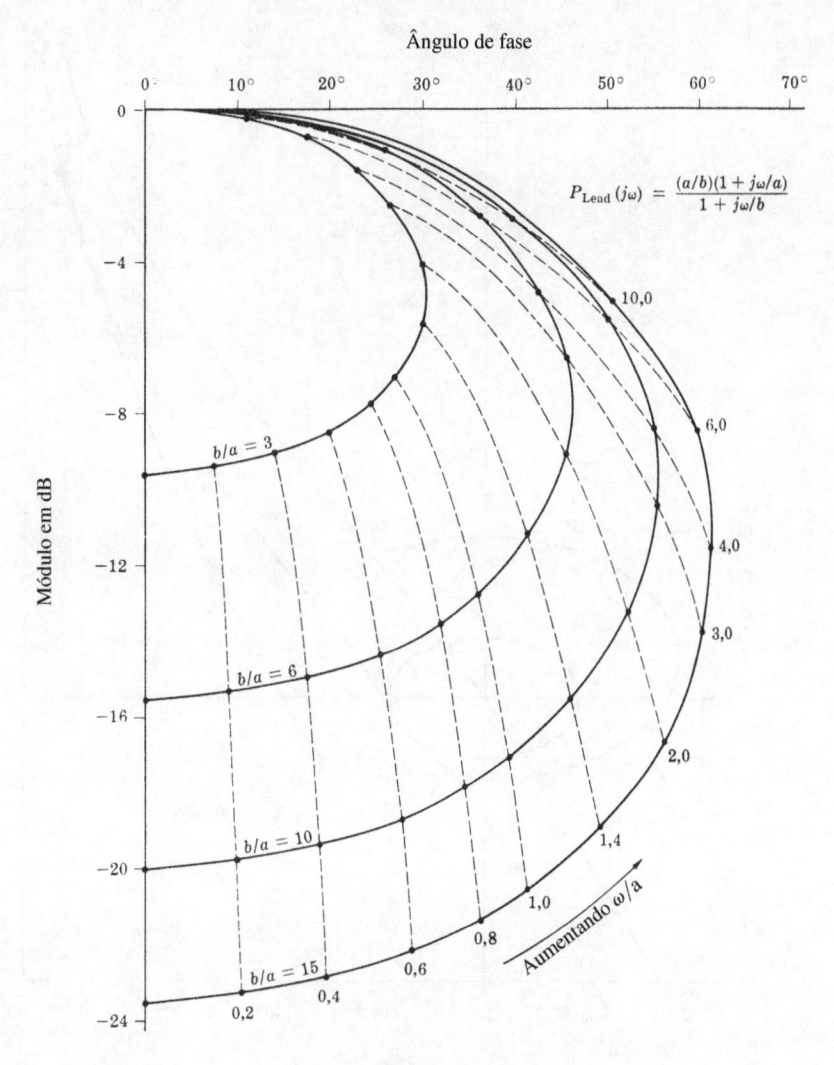

Figura 18-4

Exemplo 18.3 O sistema de realimentação unitária não compensado cuja função de transferência de malha aberta é

$$GH = \frac{2}{s(1+s)(1+s/3)}$$

deve ser projetado para satisfazer as seguintes especificações de desempenho:

1. Quando a entrada é uma função rampa unitária, o erro de posição de estado estacionário deve ser menor do que 0,25.
2. $\phi_{PM} \cong 40°$.
3. Pico de ressonância $\cong$ 4 dB.

Note que o ganho de Bode é igual à constante de erro de velocidade K_v. Portanto, o erro de estado estacionário para o sistema não compensado é $e(\infty) = 1/K_v = \frac{1}{2}$ [Equação (9.13)]. A partir do diagrama do módulo em dB *versus* ângulo de fase de GH na Figura 18-5, vemos que $\phi_{PM} = 18°$ $M_p = 11$ dB.

O erro de estado estacionário é muito grande por um fator 2; portanto, o ganho de Bode deve ser aumentado em um fator 2 (6 dB). Se aumentarmos o ganho de Bode para 6 dB, obtemos o diagrama designado GH_1 na Figura 18-5. A margem de ganho de GH_1 é cerca de zero, e o pico de ressonância é aproximadamente infinito. Portanto, o sistema está no limiar da instabilidade.

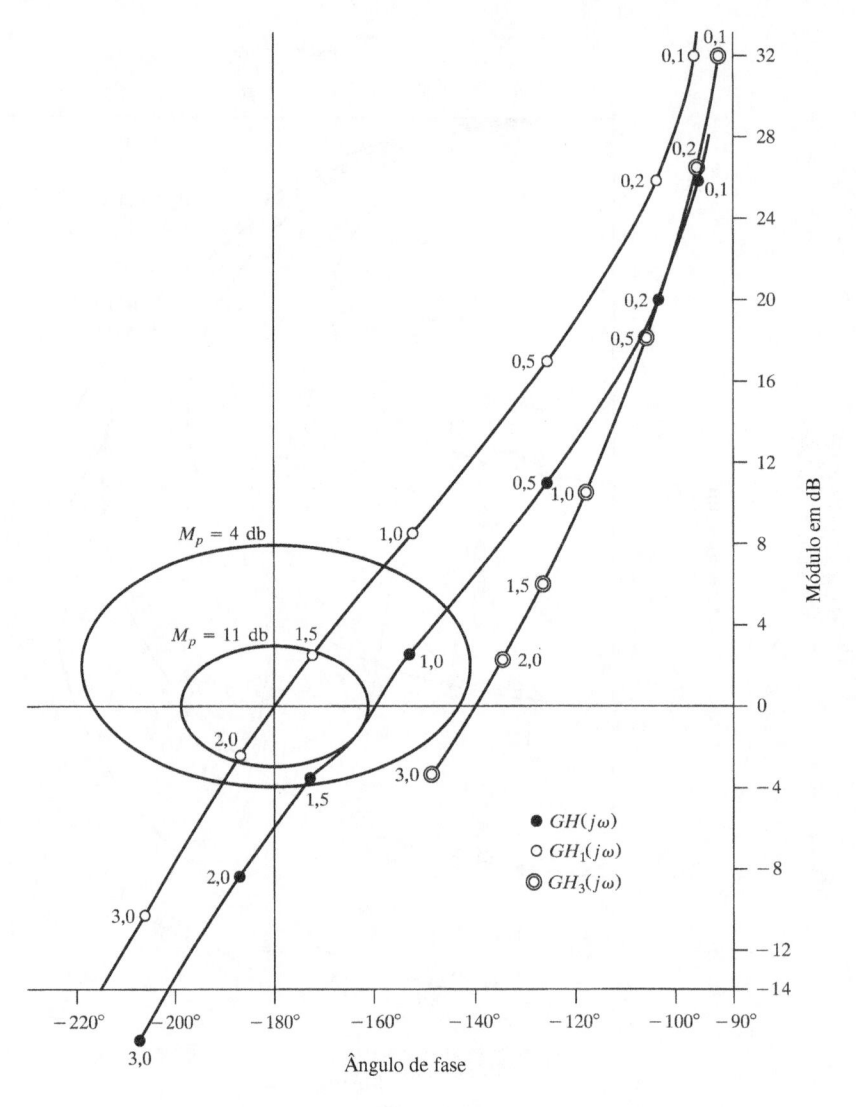

Figura 18-5

A compensação de avanço de fase pode ser usada para melhorar a estabilidade relativa do sistema. A função de transferência de malha aberta compensada é

$$GH_2 = \frac{K_B(a/b)(1+s/a)}{s(1+s)(1+s/3)(1+s/b)} = \frac{4(1+s/a)}{s(1+s)(1+s/3)(1+s/b)}$$

onde $K_B = 4(b/a)$ para satisfazer o erro de estado estacionário.

Uma maneira de satisfazer as exigências de ϕ_{PM} e M_p é adicionar 40° a 50° de avanço de fase à curva GH_1 na região $1 \leq \omega \leq 2,5$ sem mudar substancialmente o módulo em dB. Já escolhemos $K_B = 4(b/a)$ para compensar a/b na rede de avanço. Portanto, precisamos concentrar-nos apenas no efeito que o fator $(1+s/a)/(1+s/b)$ tem sobre a curva GH_1. Referindo-nos à Figura 18-4, vemos que, a fim de proporcionar o avanço de fase necessário, necessitamos de $b/a \geq 10$. Notamos que as curvas da Figura 18-4 incluem o efeito de a/b da rede de avanço. Visto que já compensamos este fator de ganho, devemos adicionar $20\log_{10}(b/a)$ aos módulos em dB sobre a curva. Para manter a contribuição do módulo em dB da rede de avanço pequeno na região $1 \leq \omega \leq 2,5$, fazemos $b/a = 15$ e escolhemos a de modo que apenas a porção inferior da curva ($\omega/a \leq 3,0$) contribua na região de interesse $1 \leq \omega \leq 2,5$. Em particular, fazemos $a = 1,333$. Assim, a função de transferência de malha aberta compensada é

$$GH_3 = \frac{4(1+s/1,333)}{s(1+s)(1+s/3)(1+s/20)}$$

O diagrama do módulo em dB *versus* ângulo de fase de GH_3 é mostrado na Figura 18-5. Vemos que $\phi_{PM} = 40,5°$ e $M_p = 4$ dB. Assim, as especificações estão todas satisfeitas. Entretanto, notamos que a frequência de ressonância ω_p do sistema compensado é cerca de 2,25 rad/s. Para um sistema não compensado definido por GH, ela é cerca de 1,2 rad/s. Assim, a largura de faixa foi aumentada.

Um diagrama em blocos de um sistema compensado completo é mostrado na Figura 18-6.

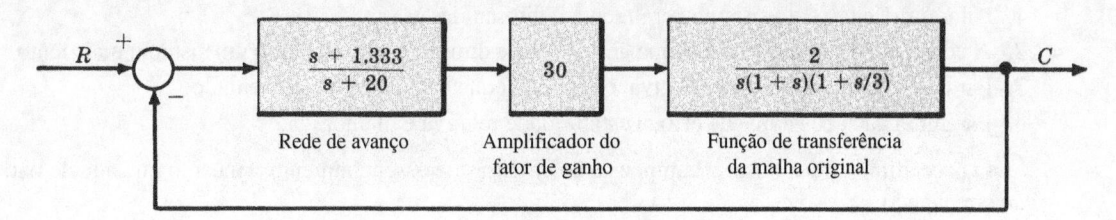

Figura 18-6

18.5 COMPENSAÇÃO EM ATRASO PARA SISTEMAS CONTÍNUOS

A função de transferência na forma de Bode para uma rede de atraso é

$$P_{\text{Atraso}} = \frac{1 + s/b}{1 + s/a} \tag{18.2}$$

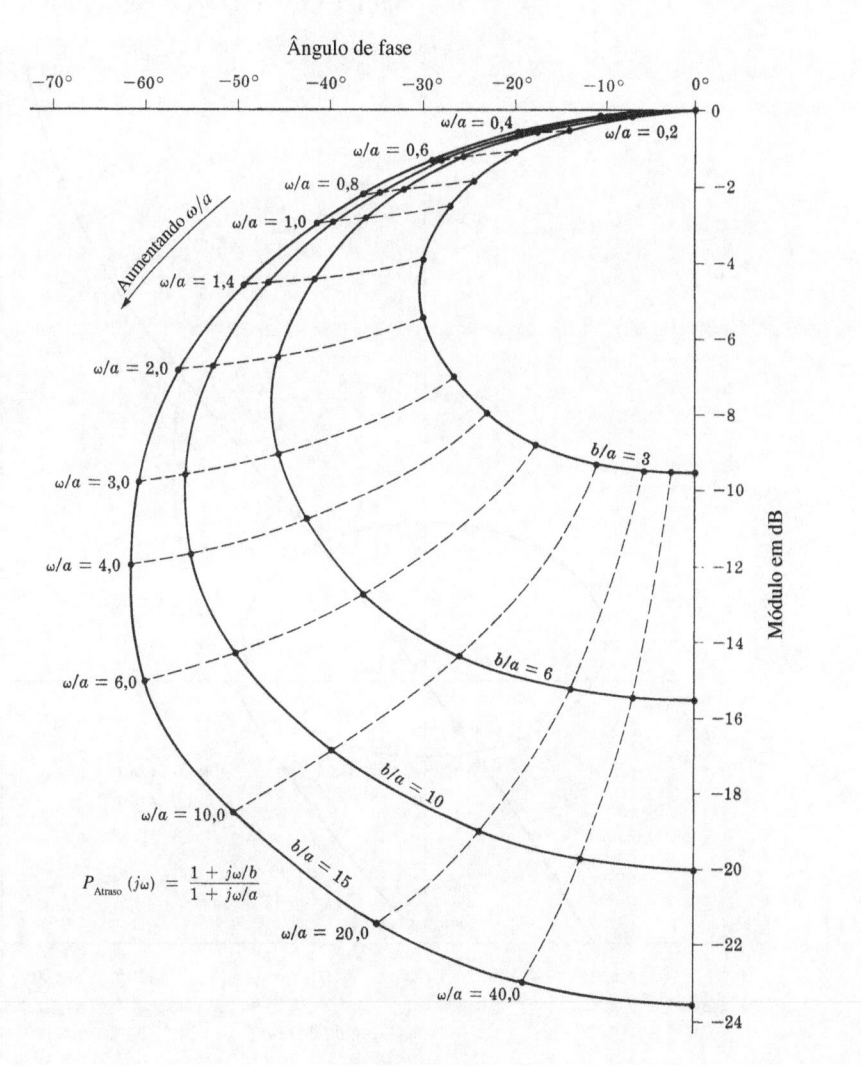

Figura 18-7

em que $a < b$. Os diagramas do módulo em dB *versus* ângulo de fase de P_{Atraso} para vários valores de b/a e com a frequência normalizada ω/a como parâmetro são mostrados na Figura 18-7.

A rede de atraso proporciona compensação atenuando a função de alta frequência do diagrama do módulo em dB *versus* ângulo de fase. A atenuação mais elevada é proporcionada conectando em cascata várias redes de atraso.

Alguns do efeitos gerais da compensação em atraso são:

1. A largura de faixa do sistema geralmente é diminuída.
2. A constante de tempo τ do sistema geralmente é diminuída, produzindo um sistema mais lento.
3. Para uma dada estabilidade relativa, o valor da constante de erro é aumentado.
4. Para uma dada constante de erro, a estabilidade relativa é melhorada.

O procedimento para usar a compensação em atraso é essencialmente o mesmo que aquele para a compensação em avanço.

Exemplo 18.4 Reprojete o sistema do Exemplo 18.3 usando o fator de ganho mais a compensação em atraso. A especificação de estado permanente é novamente satisfeita por GH_1. O diagrama do módulo em dB *versus* ângulo de fase de GH_1 é repetido na Figura 18-8. Visto que $P_{Atraso}(j0) = 1$, a introdução da rede de atraso depois que a especificação de estado estacionário tenha sido satisfeita pelo fator de ganho não exige um aumento adicional do fator de ganho.

Incorporando a rede de atraso, temos a função de transferência em malha aberta.

$$GH_4 = \frac{4(1 + s/b)}{s(1 + s)(1 + s/3)(1 + s/a)}$$

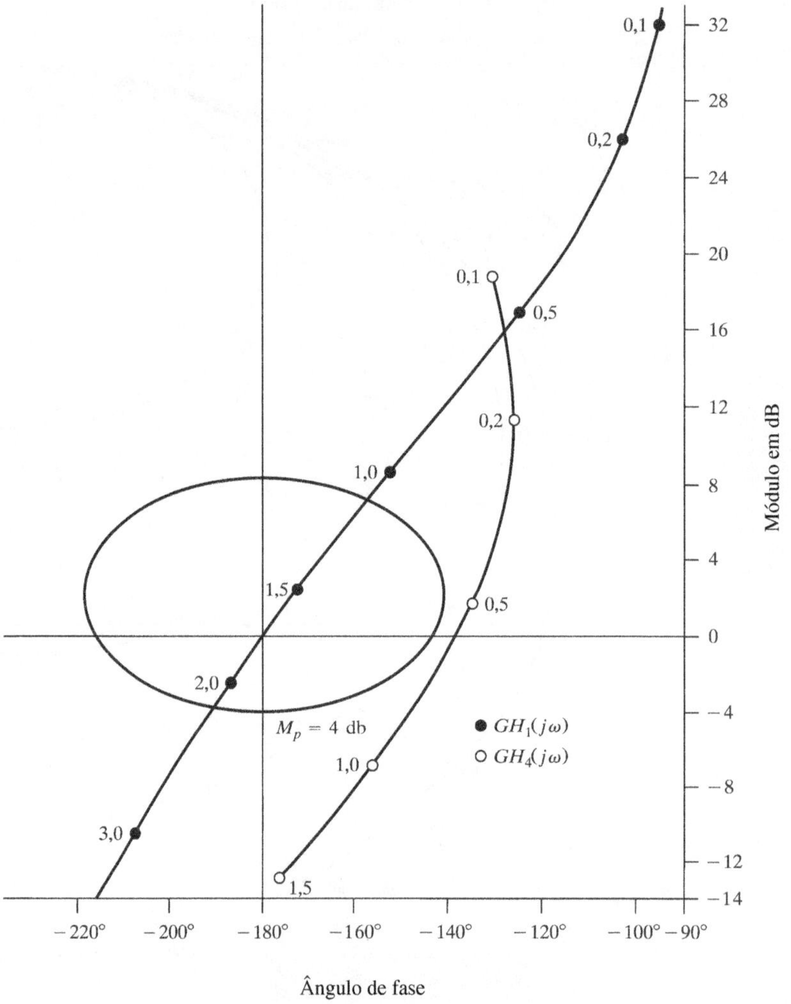

Figura 18-8

Uma maneira de satisfazer os requisitos de ϕ_{PM} e M_p é escolher a e b, tais que a curva GH_1 seja atenuada de 12 dB na região $0{,}7 \leq \omega \leq 2{,}0$, sem mudança substancial no ângulo de fase. Visto que a rede de atraso introduz algum atraso de fase, é necessário atenuar a curva mais do que 12 dB. Consultando a Figura 18-7, vemos que, se escolhermos $b/a = 6$, é possível um máximo de 15,5 dB de atenuação. Se escolhermos $a = 0{,}015$, então, numa frequência $\omega = 0{,}5$ ($\omega/a = 33{,}33$) 15,4 dB é possível ser obtido a partir da rede de atraso, com um atraso de fase de $-9°$. GH_4 pode ser agora escrito como

$$GH_4 = \frac{4(1 + s/0{,}09)}{s(1 + s)(1 + s/3)(1 + s/0{,}015)}$$

em que $b = 6a = 0{,}09$. O diagrama do módulo em dB *versus* ângulo de fase de GH_4 é dado na Figura 18-8. Vemos que $\phi_{PM} = 41°$ e $M_p \cong 4$, que satisfaz as especificações. Notamos que a frequência de ressonância ω_p do sistema compensado é cerca de 0,5 rad/s. Para o sistema não compensado definido por GH, ω_p é cerca de 1,2 rad/s. Um diagrama em bloco de um sistema inteiramente compensado é mostrado na Figura 18-9.

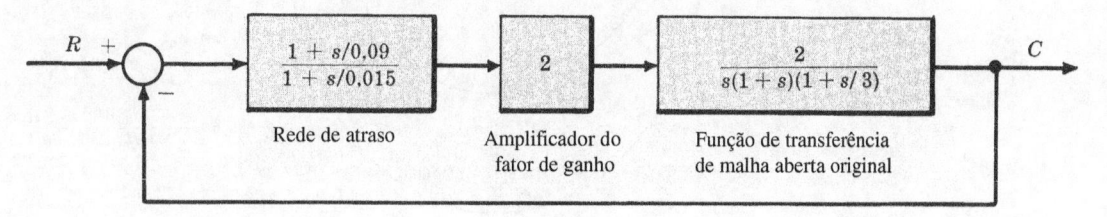

Figura 18-9

18.6 COMPENSAÇÃO EM ATRASO-AVANÇO

A forma de Bode da função de transferência da rede de atraso-avanço é

$$P_{LL} = \frac{(1 + s/a_1)(1 + s/b_2)}{(1 + s/b_1)(1 + s/a_2)} \tag{18.3}$$

em que $b_1/a_1 = b_2/a_2 > 1$. Os diagramas do módulo em dB *versus* ângulo de fase de P_{LL} de alguns valores de $b_1/a_1 (= b_2/a_2)$ quando $a_1/a_2 = 6, 10, 100$ e com a frequência normalizada ω/a_2 são mostrados na Figura 18-10 (a), (b) e (c).

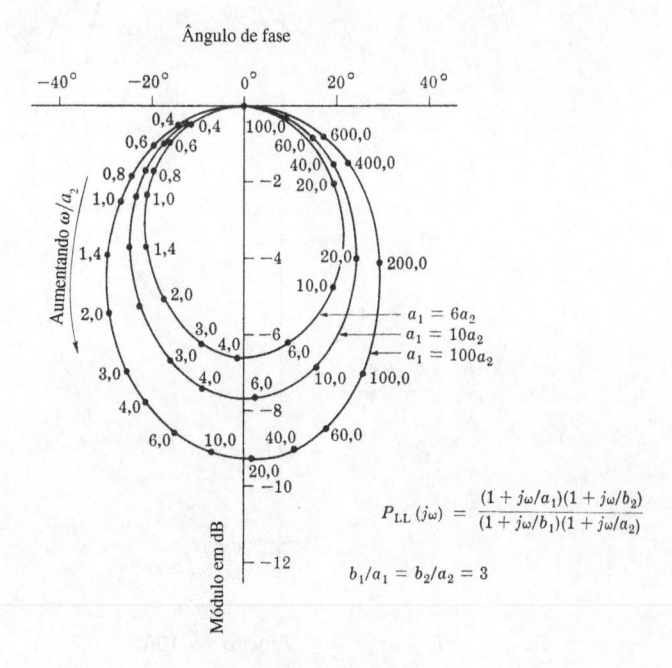

Figura 18-10(a)

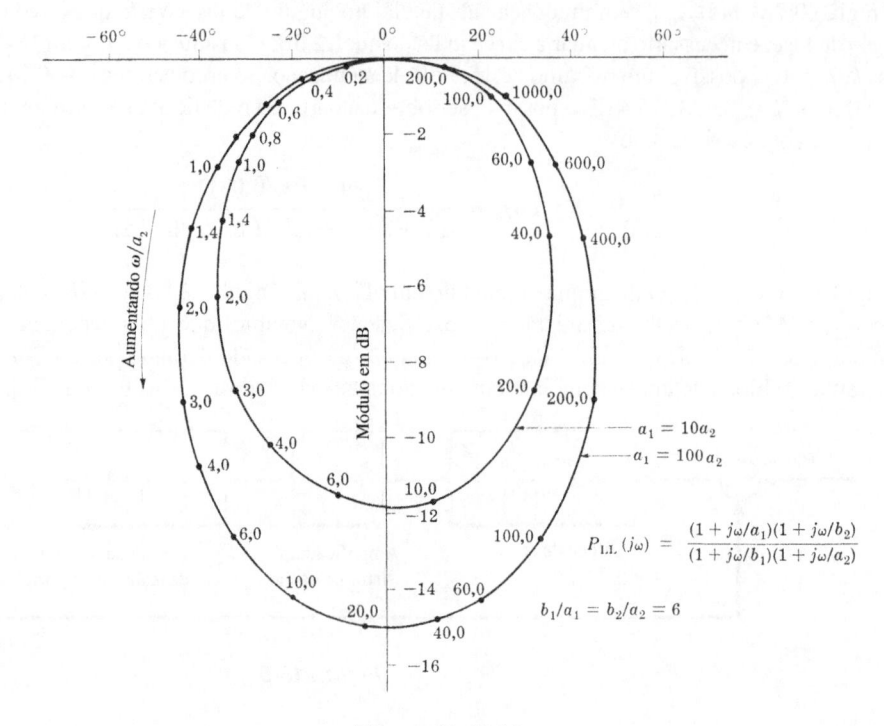

Figura 18-10(b)

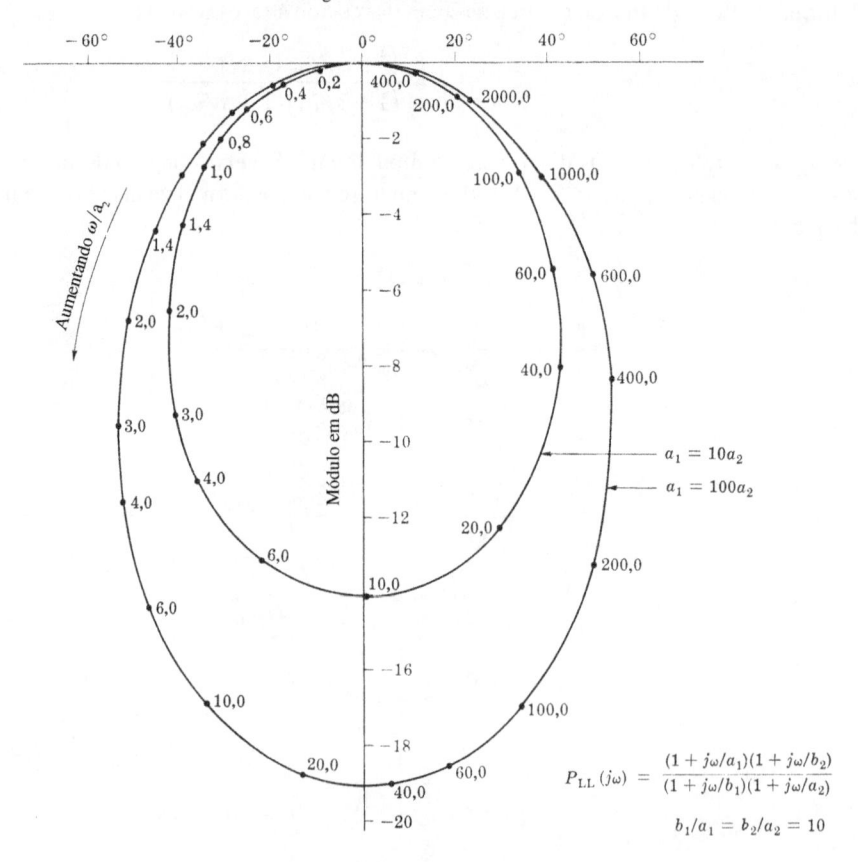

$$P_{\text{L.L.}}(j\omega) = \frac{(1 + j\omega/a_1)(1 + j\omega/b_2)}{(1 + j\omega/b_1)(1 + j\omega/a_2)}$$

$b_1/a_1 = b_2/a_2 = 6$

Figura 18-10(c)

$$P_{\text{L.L.}}(j\omega) = \frac{(1 + j\omega/a_1)(1 + j\omega/b_2)}{(1 + j\omega/b_1)(1 + j\omega/a_2)}$$

$b_1/a_1 = b_2/a_2 = 10$

Os diagramas adicionais de P_{LL} para outros valores de b_1/a_1 e a_1/a_2 podem ser obtidos combinando os diagramas da rede de atraso (Figura 18-7) e das redes de avanço (Figura 18-4).

A compensação de atraso-avanço tem todas as vantagens de ambas as compensações de atraso e de avanço, e um mínimo das suas características geralmente não desejáveis. Por exemplo, as especificações de sistema podem ser satisfeitas sem largura de faixa excessiva ou resposta de tempo lenta, ocasionada pelo avanço ou atraso de fase, respectivamente.

Exemplo 18.5 Reprojete o sistema do Exemplo 18.3 usando o fator de ganho mais compensação de atraso-avanço. Acrescentamos a especificação adicional de que a frequência de ressonância ω_p do sistema compensado deve ser aproximadamente aquela do sistema não compensado. A especificação de estado permanente é novamente satisfeita por

$$GH_1 = \frac{4}{s(1+s)(1+s/3)}$$

como mostra o Exemplo 18.3. Visto que $P_{LL}(j0) = 1$, a introdução da rede de atraso-avanço não requer um aumento adicional do fator de ganho.

Inserindo a rede de atraso-avanço, temos a função de transferência de malha aberta

$$GH_5 = \frac{4(1+s/a_1)(1+s/b_2)}{s(1+s)(1+s/3)(1+s/b_1)(1+s/a_2)}$$

A partir da Figura 18-5, vemos que para o sistema não compensado GH, $\omega_p = 1,2$ rad/s. A partir do diagrama do módulo em dB *versus* ângulo de fase de GH_1 (Figura 18-11), vemos que, se $GH_1(j1,2)$ é atenuada de 6,5 dB e tem a sua fase aumentada de 20°, a frequência de ressonância $\omega_p = 1,2$ é deslocada para $M_p = 4$ dB. Consultando a Figura 18-10(a), vemos que a atenuação desejada e o avanço de fase são obtidos com $b_1/a_1 = b_2/a_2 = 3$, $a_1/a_2 = 10$ e $\omega/a_2 = 12$. As constantes a_1, a_2, b_1 e b_2 são determinadas notando que

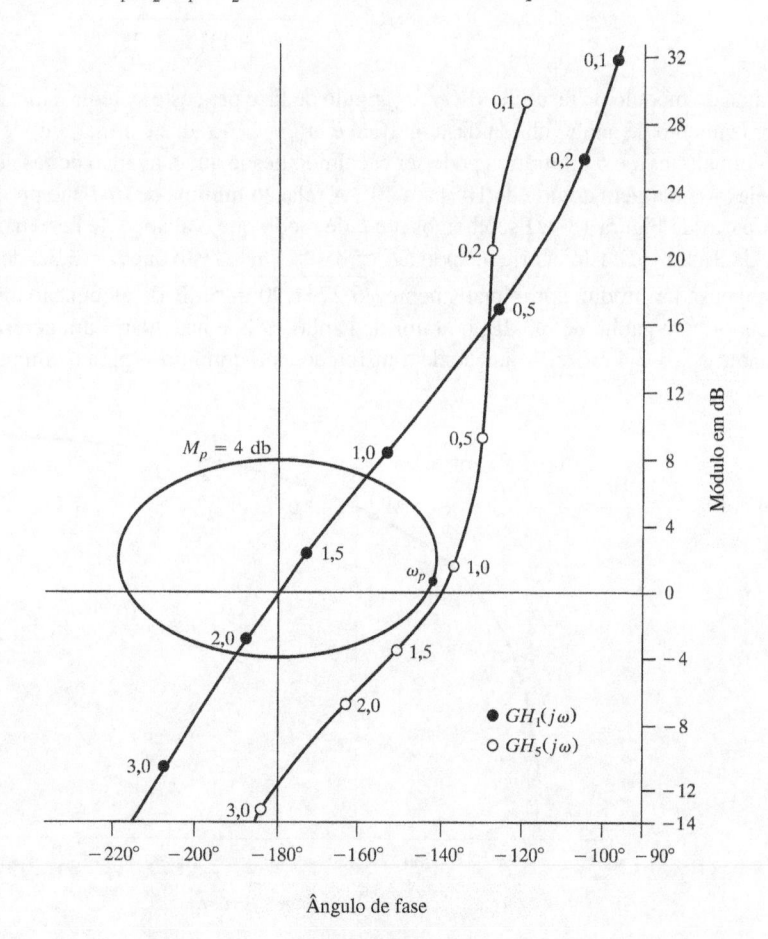

Figura 18-11

$$a_2 = \frac{\omega_p}{12} = \frac{1,2}{12} = 0,1 \qquad a_1 = 10a_2 = 1 \qquad b_2 = 3a_2 = 0,3 \quad \text{e} \quad b_1 = 3a_1 = 3$$

GH_5 então se torna

$$GH_5 = \frac{4(1+s)(1+s/0,3)}{s(1+s)(1+s/3)(1+s/3)(1+s/0,1)} = \frac{4(1+s/0,3)}{s(1+s/3)^2(1+s/0,1)}$$

O diagrama completo do módulo em dB *versus* ângulo de fase de GH_5 é mostrado na Figura 18-11. Vemos que ϕ_{PM} = 40,5°, M_p = 4 dB e a frequência de ressonância $\omega_p \cong 1,15$. Assim, todas as especificações foram satisfeitas.

18.7 PROJETO PELO DIAGRAMA DE NICHOLS DE SISTEMAS DISCRETOS NO TEMPO

Assim com os métodos de Bode (Seção 16.6), o projeto de sistemas discretos no tempo usando diagramas de Nichols não é tão simples como o projeto de sistemas contínuos usando qualquer uma destas abordagens. Porém, novamente, a transformada *w* pode facilitar o processo como para o projeto de Bode de sistemas discretos. O método é o mesmo que aquele desenvolvido na Seção 16.6.

Exemplo 18.6 O sistema discreto no tempo com realimentação unitária com a função de transferência da planta

$$G_2(z) = \frac{9}{4} \frac{(z+1)^3}{z\left(z+\frac{1}{2}\right)^2}$$

deve ser projetado para produzir uma margem de fase total de 40° e a mesma frequência de cruzamento de ganho ω_1 assim como o sistema não compensado. Visto que ambas especificações estão no domínio da frequência, transformamos o problema diretamente para o domínio *w* substituindo $z = (1+w)/(1-w)$, produzindo assim

$$G'_2(w) = \frac{72}{(w+1)(w+3)^2}$$

O diagrama do módulo de fase em dB *versus* ângulo de fase para este sistema é mostrado na Figura 18-12. A frequência de cruzamento de ganho obtida deste gráfico é ω_{w1} = 3,4 rad/s e a margem de fase é 10°. Um compensador de avanço com alguns *a* e *b* arbitrários pode ser escolhido desde que o avanço de fase em ω_{w1} = 3,4 rad/s seja suficiente para elevar a margem de fase de 10° para 40°. A relação mínima de *b/a* que produz 30° de avanço de fase é cerca de 3,3 a partir da Figura 18-4. Escolhemos *a* e *b* de modo que o avanço de fase máximo ocorra em ω_{w1} = 3,4 rad/s. A partir da Seção 16.3, isto ocorre quando ω_{w1} = 3,4 = $\sqrt{ab}$. Visto que b = 3,3a, determinamos b = 6,27 e a = 1,90. Este compensador produz aproximadamente $\sqrt{6,27/1,90}$ = 5 dB de atenuação em ω_{w1} = 3,4 rad/s. Portanto, um amplificador com ganho de 5,2 dB, ou fator de ganho 1,82, é necessário um acréscimo ao compensador de avanço para manter ω_{w1} = 3,4 rad/s. A função de transferência no domínio *w* para o compensador é, portanto, dada por

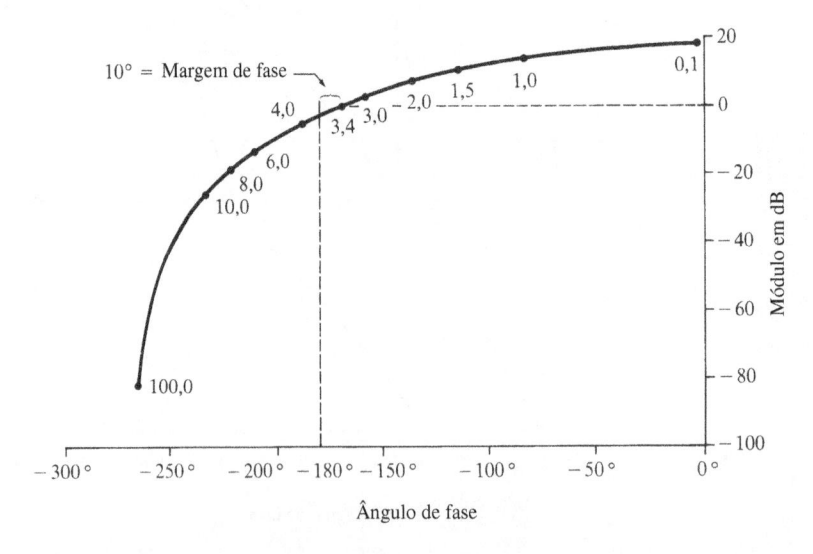

Figura 18-12

$$G_1(w) = \frac{1{,}82(w + 1{,}90)}{w + 6{,}27}$$

Esta é transformada de volta para o domínio z fazendo $w = (z-1)/(z+1)$, formando assim

$$G_1(z) = \frac{0{,}7229(z + 0{,}3007)}{z + 0{,}7222}$$

O sistema de controle compensado é mostrado na Figura 18-13.

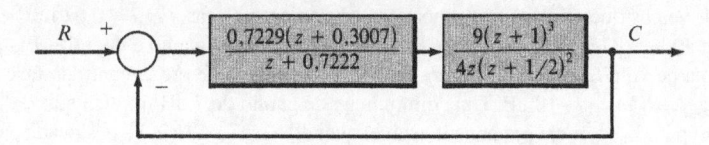

Figura 18-13

Problemas Resolvidos

Conpensação do fator de ganho

18.1 O diagrama do módulo em dB *versus* ângulo de fase para a função resposta de frequência em malha aberta

$$GH(j\omega) = \frac{K_B\left[1 - (\omega/2)^2 + j\omega/2\right]}{j\omega(1 + j\omega/0{,}5)^2(1 + j\omega/4)}$$

é mostrado na Figura 18-14 para $K_B = 1$. O sistema de malha aberta definido por $GH(j\omega)$ é estável para $K_B = 1$. Determine um valor de K_B para o qual a margem de fase é $45°$.

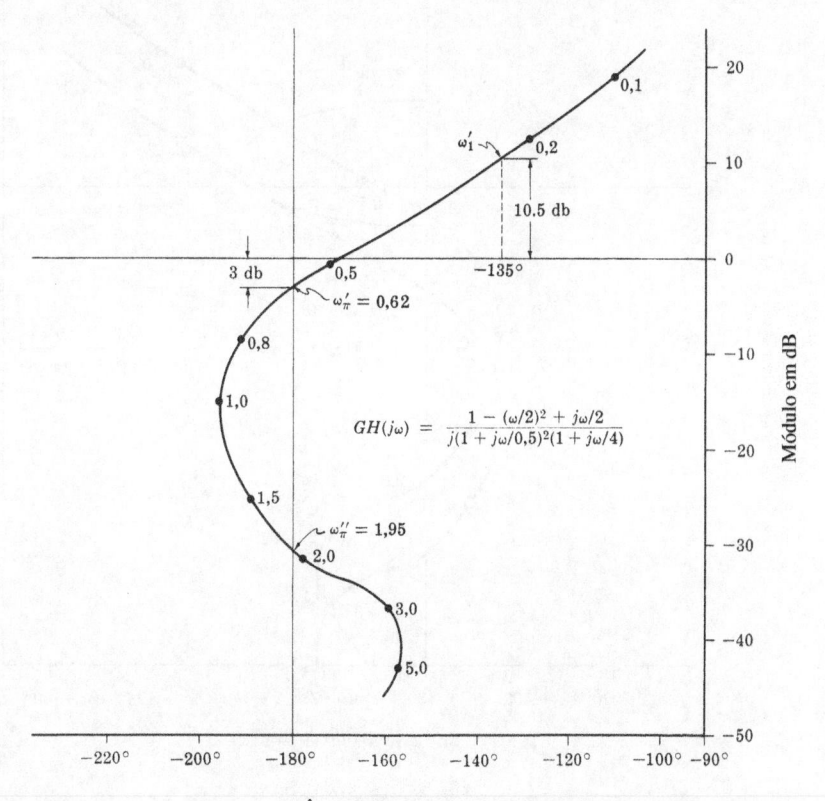

Figura 18-14

$\phi_{PM} = 180° + \arg GH(j\omega_1)$, onde ω_1 é a frequência de cruzamento de ganho. Para $\phi_{PM} = 45°$, ω_1 deve ser escolhida de modo que arg $GH(j\omega_1) = -135°$. Se desenhamos uma linha vertical com uma abscissa de $-135°$, ela intercepta a curva $GH(j\omega)$ num ponto $\omega_1' \cong 0{,}25$ rad/s onde arg $GH(j\omega_1') = -135°$. A ordenada deste ponto de intercessão é 10,5 dB. Se diminuirmos K_B de 10,5 dB, a frequência de cruzamento de ganho torna-se ω_1' e $\phi_{PM} = 45°$. Uma diminuição de 10,5 dB implica que $20\log_{10}K_B = -10{,}5$ ou $K_B = 10^{-10{,}5/20} = 0{,}3$. Uma redução ainda maior em K_B aumenta ϕ_{PM} além de 45°.

18.2 Para o sistema no Problema 18.1, determine o valor de K_B para o qual o sistema seja estável e a margem de ganho seja 10 dB.

Margem de ganho $= -20\log_{10}|GH(j\omega_\pi)|$ dB, onde ω_π é a frequência de cruzamento de fase. Consultando a Figura 18-14, vemos que há duas frequências de cruzamento de fase: $\omega_\pi' \cong 0{,}62$ rad/s e $\omega_\pi'' \cong 1{,}95$ rad/s. Para $\omega_\pi' \cong 0{,}62$, temos $20\log_{10}|GH(j\omega_\pi')| = -3$ dB. Portanto, a margem de ganho é de 3 dB. Ela pode ser aumentada até 10 dB deslocando a curva $GH(j\omega)$ de 7 dB para baixo. A frequência de cruzamento de fase ω_π' é a mesma na nova posição, mas $20\log_{10}|GH(j\omega_\pi')| = -10$ dB. Uma diminuição de ganho de 7 dB implica que $K_B = 10^{-7/20} = 0{,}447$. Como o sistema é estável para $K_B = 1$, ele permanece estável quando a curva $GH(j\omega)$ é deslocada para baixo. A estabilidade absoluta não é afetada a não ser que a curva $GH(j\omega)$ seja deslocada para cima e passe pelo ponto definido por 0 dB e $-180°$, como seria necessário se $-20\log_{10}GH(j\omega_\pi'') = 10$ dB.

18.3 Para o sistema do Problema 18.1, determine um valor para K_B, tal que: margem de ganho ≥ 10 dB, $\phi_{PM} \geq 45°$.

No Problema 18.1 foi mostrado que $\phi_{PM} \geq 45°$ se $K_B \leq 0{,}3$; no Problema 18.2, a margem de ganho ≥ 10 dB se $K_B \leq 0{,}447$. Portanto, ambas as exigências podem ser satisfeitas fazendo $K_B \leq 0{,}3$. Note que se tivéssemos especificado a margem de ganho $= 10$ dB e $\phi_{PM} = 45°$, então as especificações não poderiam ser satisfeitas apenas pela compensação do fator de ganho.

18.4 Suponha que o sistema do Problema 18.1 é um sistema de realimentação unitário e determine um valor para K_B tal que o pico ressonante M_p seja 5 dB.

$$GH(j\omega) = \frac{K_B[1-(\omega/2)^2 + j\omega/2]}{j\omega(1+j\omega/0{,}5)^2(1+j\omega/4)}$$

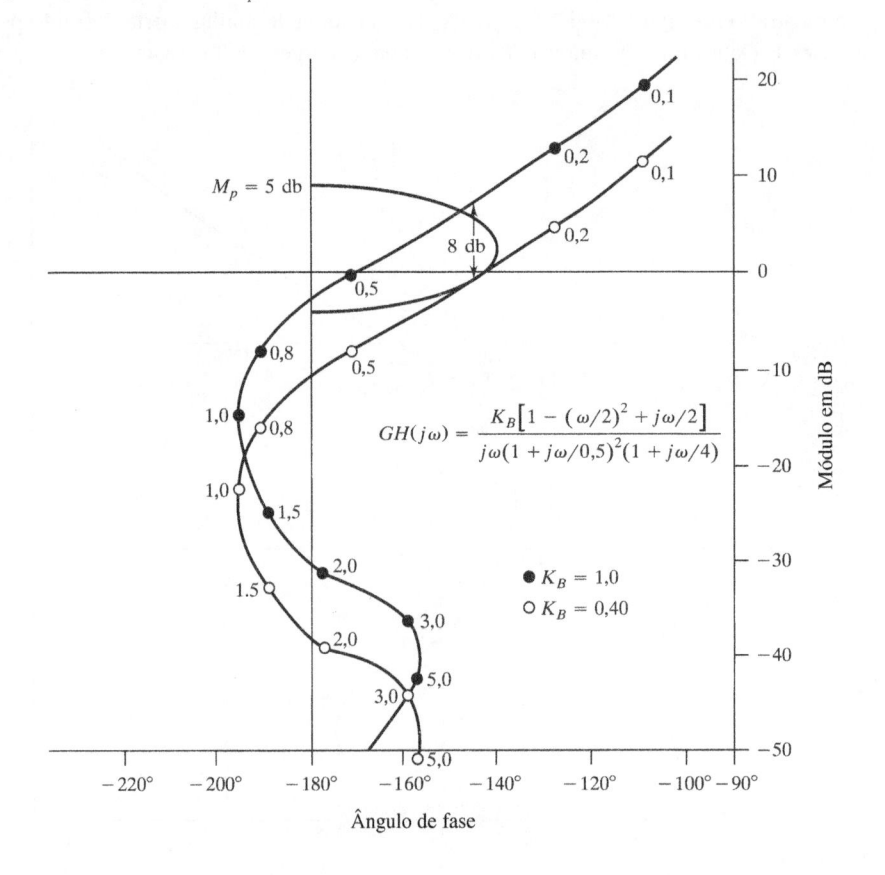

Figura 18-15

O diagrama do módulo em dB *versus* ângulo de fase de $GH(j\omega)$ para $K_B = 1$ é mostrado na Figura 18-15, junto com o lugar dos pontos para os quais $|(C/R)(j\omega)| = 2$ dB ($M_p = 2$ dB). Vemos que se K_B é diminuído de 8 dB, a curva resultante $GH(j\omega)$ é exatamente tangente à curva $M_p = 2$ dB. Uma diminuição de 8 dB implica que $K_B = 10^{-8/20} = 0,40$.

18.5 O diagrama do módulo em dB *versus* ângulo de fase da função resposta de frequência em malha aberta

$$GH(j\omega) = \frac{K_B(1 + j\omega/0,5)}{(j\omega)^2 \left[1 - (\omega/2)^2 + j\omega/2\right]}$$

é dado na Figura 18-16 para $K_B = 0,5$. O sistema de malha fechada definido por $GH(j\omega)$ é estável para $K_B = 0,5$. Determine o valor de K_B que maximiza a margem de fase.

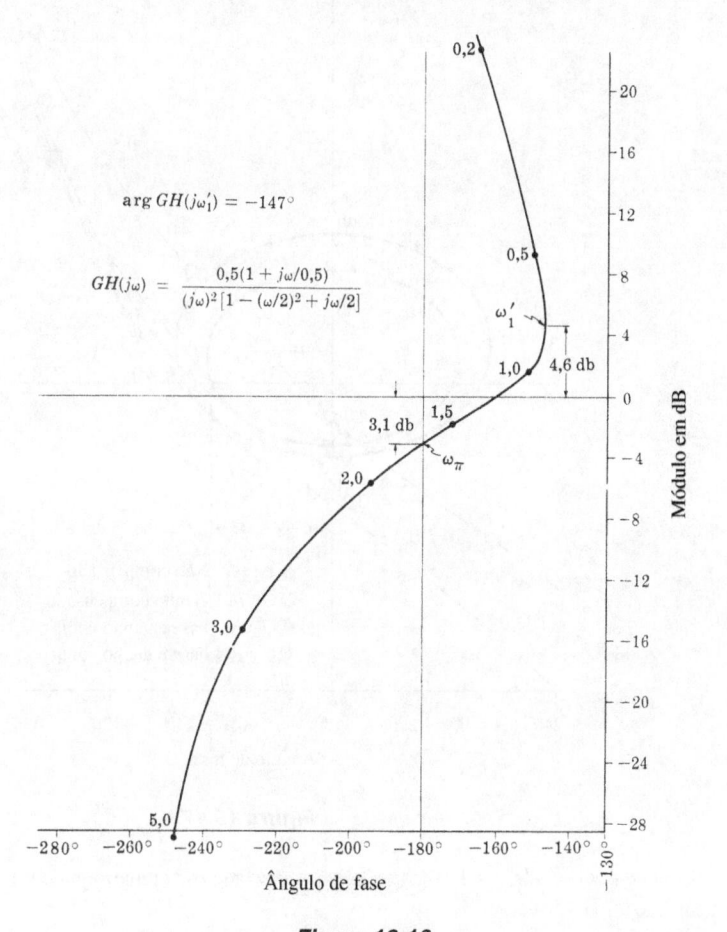

Figura 18-16

$\phi_{PM} = 180° + \arg GH(j\omega_1)$, onde ω_1 é a frequência de cruzamento de ganho. Consultando a Figura 18-16, vemos que arg $GH(j\omega)$ é sempre negativo. Portanto, se maximizamos arg $GH(j\omega_1)$, ϕ_{PM} será maximizado. A Figura 18-16 indica que arg $GH(j\omega)$ é máximo quando $\omega = \omega_1' \cong 0,8$ rad/s e arg $GH(j\omega_1') = -147°$. A ordenada do ponto $GH(j\omega_1')$ é 4,6 dB. Portanto, se K_B é diminuído de 4,6 dB, a frequência de cruzamento de fase torna-se ω_1'; e ϕ_{PM} assume seu valor máximo: $\phi_{PM} = 180° + \arg GH(j\omega_1') = 33°$. Um decréscimo de 4,6 dB em K_B implica que $20 \log_{10}(K_B/0,5) = -4,6$ dB ou $K_B/0,5 = 10^{-4,6/20}$. Então $K_B = 0,295$.

18.6 Para o sistema do Problema 18.5, determine um valor de K_B para o qual o sistema seja estável e a margem de ganho de 8 dB.

Margem de ganho = $-20 \log_{10}|GH(j\omega_\pi)|$ dB. Consultando a Figura 18-16, vemos que a margem de ganho é 3,1 dB. Ela pode ser aumentada para 8 dB deslocando a curva para baixo de 4,9 dB; ω_π permanece o mesmo e é independente de K_B. Um decréscimo de 4,9 dB em K_B implica que $20 \log_{10}(K_B/0,5) = -4,9$ ou $K_B = 0,254$.

Compensação de fase

18.7 O diagrama do módulo em dB *versus* ângulo de fase da função de transferência de malha aberta $G(j\omega)$, para um sistema de realimentação unitária particular, foi determinado experimentalmente como mostra a Figura 18-17. Além disso, o erro de estado estacionário $e(\infty)$ para uma função rampa unitária de entrada foi medido como sendo $e(\infty) = 0,2$. A função de transferência de malha aberta é conhecida como tendo um polo na origem. Determine uma combinação de avanço de fase mais compensação de ganho tal que: $M_p \cong 3,5$ dB, $\phi_{PM} \cong 40°$ e o erro de estado estacionário para uma entrada rampa unitária é $e(\infty) = 0,1$.

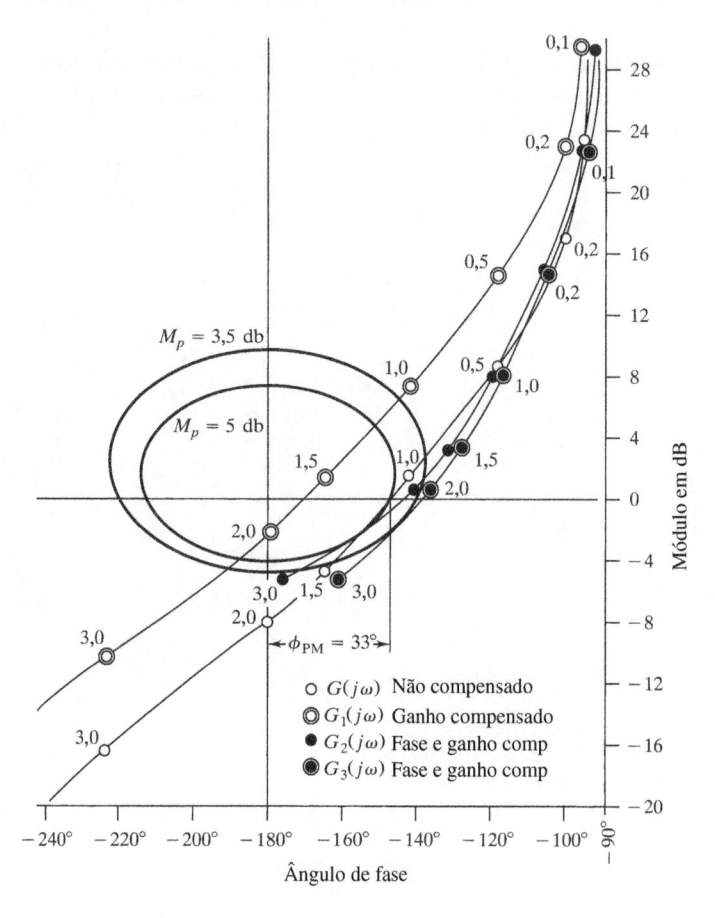

Figura 18-17

Visto que $e(\infty) = 1/K_v = 1/K_B$, a exigência de estado estacionário pode ser satisfeita dobrando o valor de K_B. A compensação tem a forma

$$K'P_{\text{Avanço}} = \frac{K'(a/b)(1 + s/a)}{1 + s/b}$$

Portanto, K_B é dobrado fazendo $K'(a/b) = 2$ ou $K' = 2(b/a)$.

O diagrama do módulo em dB *versus* ângulo de fase para a função resposta de malha aberta de ganho compensado

$$G_1(j\omega) = 2G(j\omega)$$

é mostrado na Figura 18-17. $G_1(j\omega)$ satisfaz a especificação de estado estacionário. Para satisfazer as especificações em M_p e ϕ_{PM}, a curva $G_1(j\omega)$ deve ser deslocada para a direita cerca de 30° a 40° na região $1,2 \leq \omega \leq 2,5$ sem mudança substancial no módulo em dB. Isto é feito pela escolha apropriada de a e b. Consultando a Figura 18-4, vemos que, para $b/a = 10$, o avanço de fase de 30° é obtido para $\omega/a \geq 0,65$. Visto que a razão de avanço a/b da rede de avanço é levada em conta quando se projeta o fator de ganho $K' = 2(b/a) = 20$, devemos adicionar $20\log(b/a) = 20\log_{10}10 = 20$ dB para todos os módulos em dB tomados da Figura 18-4.

Para obter 30° ou mais de avanço de fase, na faixa de frequência de interesse, fazemos $a = 2$. Para esta escolha, temos $\omega = (2)(0,65) = 1,3$ e obtemos 30° de avanço de fase. Visto que $b/a = 10$, então $b = 20$. A função resposta de frequência de malha aberta compensada é

$$G_2(j\omega) = \frac{2(1 + j\omega/2)}{1 + j\omega/20} G(j\omega)$$

O diagrama do módulo em dB *versus* ângulo de fase de $G_2(j\omega)$ é mostrado na Figura 18-17. Vemos que $M_p \cong 4,0$ dB e $\phi_{PM} = 36°$; portanto, as especificações não são satisfeitas para essa compensação. Precisamos deslocar $G_2(j\omega)5°$ para 10° além para a direita; portanto, é necessário um avanço de fase adicional. Consultando mais uma vez a Figura 18-4, vemos que fazendo $b/a = 15$, aumenta o avanço de fase. Novamente, vemos $a = 2$; então $b = 30$. O diagrama do módulo em dB *versus* ângulo de fase de

$$G_3(j\omega) = \frac{2(1 + j\omega/2)}{1 + j\omega/30} G(j\omega)$$

é mostrado na Figura 18-17. Vemos que $\phi_{PM} = 41°$ e $M_p \cong 3,5$ dB e, por consequência, as especificações são satisfeitas pela compensação

$$30 P_{\text{Avanço}} = \frac{2(1 + s/2)}{1 + s/30}$$

18.8 Resolva o Problema 18.7 usando a compensação de ganho mais *atraso*.

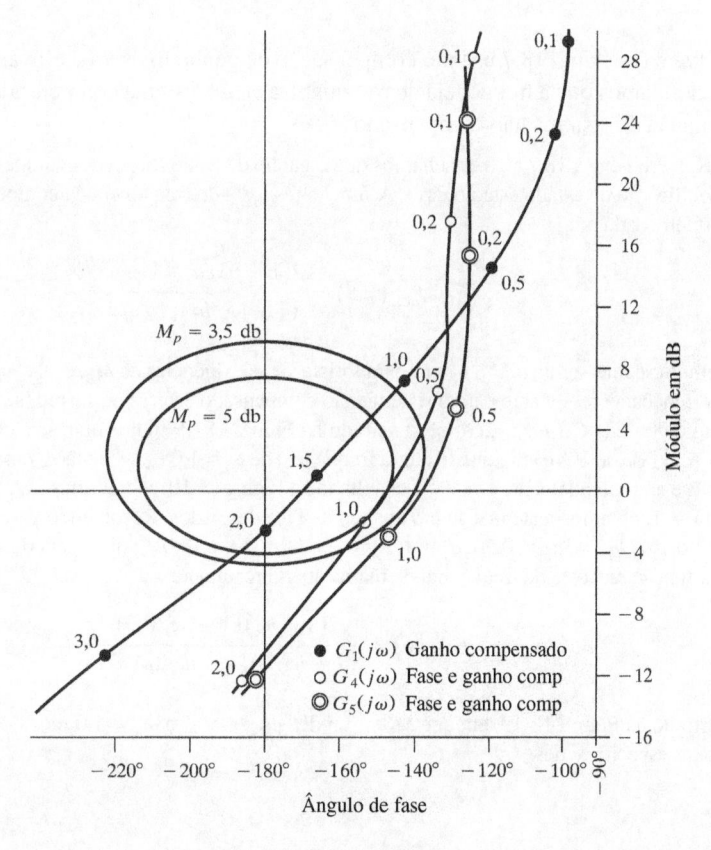

Figura 18-18

No Problema 18.7, achamos que o ganho de Bode K_B deve ser aumentado de um fator de 2 para satisfazer a especificação de estado permanente. Mas o ganho de Bode de uma rede de atraso é

$$\lim_{s \to 0} P_{\text{Atraso}} = \lim_{s \to 0} \frac{1 + s/b}{1 + s/a} = 1$$

Portanto, a compensação requerida neste problema tem a forma $2(1 + s/a)/(1 + s/b)$ onde o aumento duplo do fator de ganho é suprido por um amplificador, e a e b para a rede de atraso devem ser escolhidas para satisfazer às exigências de M_p e ϕ_{PM}. A função de ganho compensado é mostrada como $G_1(j\omega) = 2G(j\omega)$ na Figura 18-18; $G_1(j\omega)$ deve ser deslocada para baixo de 7 a 10 dB na região $0{,}7 \leq \omega \leq 2{,}0$ sem aumento substancial no atraso de fase, para satisfazer as especificações transitórias.

Consultando a Figura 18-7, vemos que, para $b/a = 3$, podemos obter uma atenuação máxima de 9,5 dB. Para $a = 0{,}1$, o atraso de fase é $-15°$ em $\omega = 0{,}7$ ($\omega/a = 7$) e $-6°$ em $\omega = 2{,}0$ ($\omega/a = 20$), ou seja, o atraso de fase é relativamente pequeno na região da frequência de interesse. O diagrama do módulo em dB *versus* ângulo de fase para

$$G_4(j\omega) = \frac{2(1 + j\omega/0{,}3)}{1 + j\omega/0{,}1} G(j\omega)$$

também é mostrado na Figura 18-18, com $M_p \cong 5$ dB e $\phi_{PM} = 32°$; portanto, este sistema não satisfaz às especificações. Para diminuir o atraso de fase introduzido na região $0{,}7 \leq \omega \leq 2{,}0$, mudamos a para 0,05 e b para 0,15. O atraso de fase é agora $9°$ em $\omega = 0{,}7$ ($\omega/a = 14$). O diagrama do módulo em dB *versus* ângulo de fase para

$$G_5(j\omega) = \frac{2(1 + j\omega/0{,}15)}{1 + j\omega/0{,}05} G(j\omega)$$

é mostrado na Figura 18-18. Vemos que $M_p \cong 3{,}5$ dB e $\phi_{PM} = 41°$. Assim, as especificações são satisfeitas. A compensação desejada é dada por

$$\frac{2(1 + s/0{,}15)}{1 + s/0{,}05}$$

18.9 Resolva o Problema 18.7 usando compensação de ganho mais atraso-avanço. Além das especificações prévias, desejamos que a frequência de ressonância ω_p do sistema compensado seja aproximadamente a mesma que aquela do sistema não compensado.

Nos Problemas 18.7 e 18.8, achamos que o ganho de Bode K_B deve ser aumentado de um fator de 2 para satisfazer a especificação de estado estacionário. A função resposta de frequência da compensação de ganho mais atraso-avanço é, portanto, dada por

$$2P_{LL}(j\omega) = \frac{2(1 + j\omega/a_1)(1 + j\omega/b_2)}{(1 + j\omega/b_1)(1 + j\omega/a_2)}$$

Devemos escolher agora a_1, b_1, b_2 e a_2 para satisfazer as exigências de M_p, ϕ_{PM} e ω_p. Consultando a Figura 18-17, vemos que a frequência ressonante para o sistema não compensado é cerca de 1,1rad/s. O diagrama do módulo em dB *versus* ângulo de fase de $G_1(j\omega) = 2G(j\omega)$, mostrado na Figura 18-19 indica que, se a curva $G_1(j\omega)$ é atenuada de 6,5 dB e o avanço de fase de $10°$ é adicionado numa frequência de $\omega = 1{,}0$ rad/s, então a curva resultante será tangente à curva $M_p = 2$ dB e aproximadamente 1rad/s. Consultando a Figura18-10, se fizermos $b_1/a_1 = b_2/a_2 = 3$, $a_1 = 6a_2$ e $\omega/a_2 = 6{,}0$ para $\omega = 1$, obtemos a atenuação e o avanço de fase desejados. Resolvendo para os parâmetros restantes, temos $a_2 = 1/6 = 0{,}167$, $b_2 = 3a_2 = 0{,}50$, $a_1 = 6a_2 = 1{,}0$, $b_1 = 3a_1 = 3{,}0$. O diagrama do modulo em dB *versus* ângulo de fase para a função resposta de frequência de malha aberta resultante

$$G_6(j\omega) = \frac{2(1 + j\omega)(1 + j\omega/0{,}5)}{(1 + j\omega/3)(1 + j\omega/0{,}167)} G(j\omega)$$

é mostrado na Figura 18-19, em que $M_p \cong 3{,}5$ dB, $\phi_{PM} = 44°$ e $\omega_p \cong 1{,}0$ rad/s. Estes valores satisfazem aproximadamente às especificações.

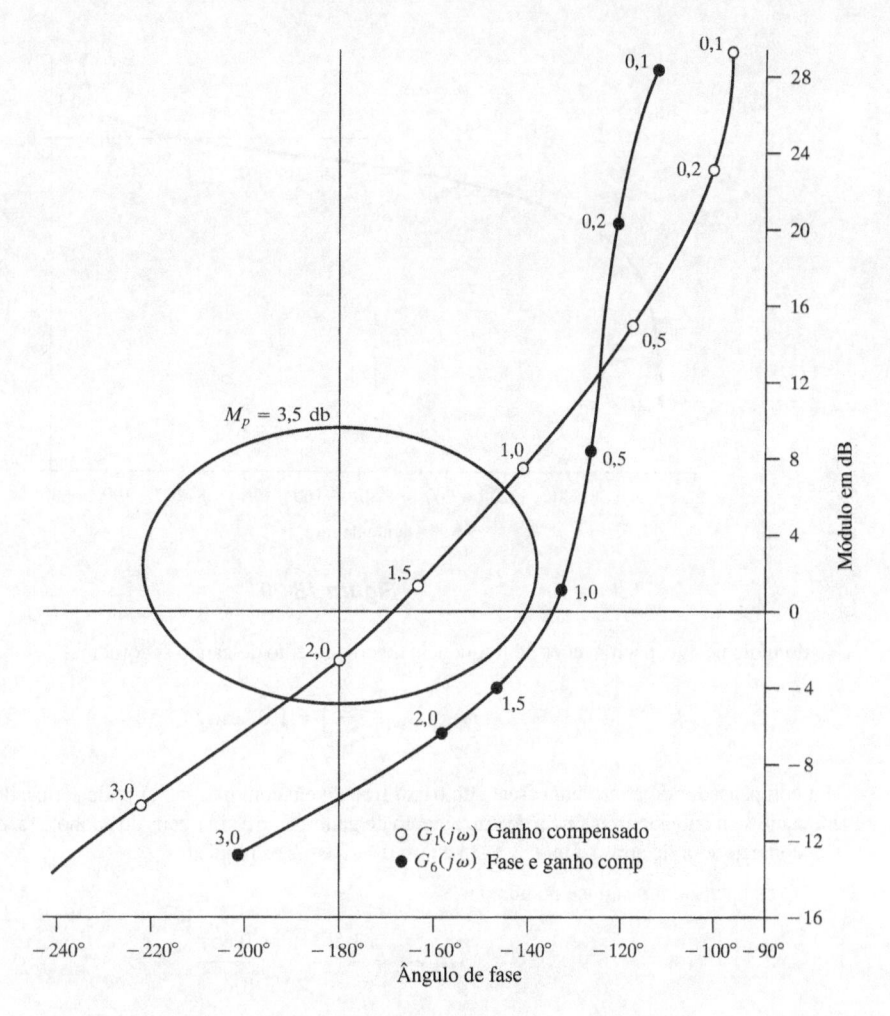

Figura 18-19

18.10 Projete uma compensação para o sistema discreto no tempo com a função de transferência de malha aberta

$$GH(z) = \frac{K(z+1)^3}{(z-1)(z+\frac{2}{3})^2}$$

de forma que as seguintes especificações de desempenho sejam satisfeitas:

1. margem de ganho ≥ 6 dB
2. margem de fase $\phi_{PM} \geq 45°$
3. frequência de cruzamento de ganho ω_1 tal que $\omega_1 T \leq 1,6$ rad
4. constante de velocidade $K_v \geq 10$

O diagrama de Nichols de GH mostrado na Figura 18-20 indica que $\omega_1 T = 1,6$ rad para $K = -3$ dB. As especificações das margens de ganho e de fase são atingidas se $K < 4,7$ dB; mas as especificações de estado estacionário necessitam que $K > 10,8$ dB (fator de ganho de 3.47). Substituindo $z = (1 + w)/(1 - w)$, transformamos a função de transferência de malha aberta do domínio z para o domínio w, formando assim

$$GH'(w) = \frac{36}{25} \frac{K}{w(1+w/5)^2}$$

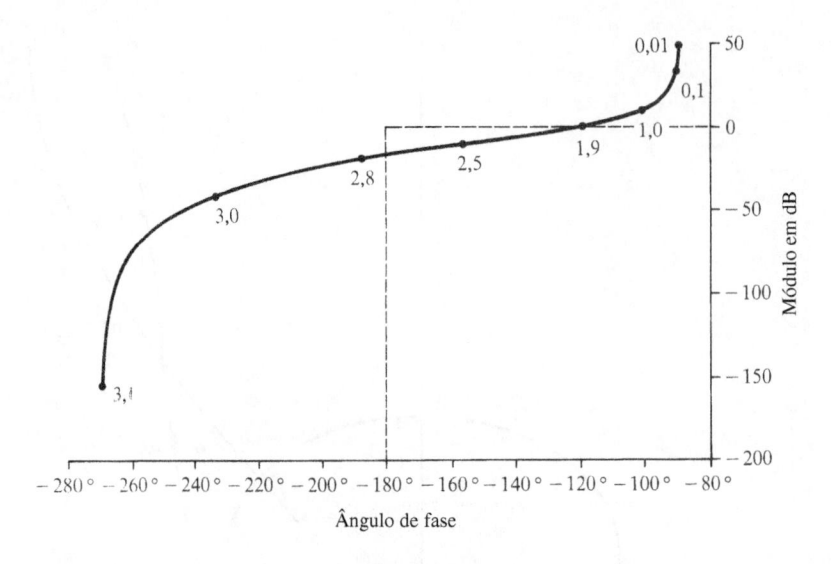

Figura 18-20

No domínio w, as especificações de frequência de cruzamento de ganho se tornam

$$\omega_{w1} = \text{tg}\left(\frac{\omega_1 T}{2}\right) = 1{,}02 \text{ rad/s}$$

Um compensador de atraso em cascata de baixa frequência com $b/a = 3{,}5$ pode ser usado para aumentar K_v para 10, enquanto se mantém a frequência de cruzamento de ganho ω_1 e as margens de ganho e fase em seus valores anteriores. Um compensador de atraso com $b = 0{,}35$ e $a = 0{,}1$ satisfaz os requisitos.

O compensador de atraso no plano w é

$$G_1(w) = \frac{3{,}5(1 + w/0{,}35)}{1 + w/0{,}1}$$

Este é transformado de volta para o domínio z substituindo $w = (z-1)/(z+1)$, formando assim

$$G_1(z) = 1{,}2273\left(\frac{z - 0{,}4815}{z - 0{,}8182}\right)$$

O gráfico do módulo em dB *versus* ângulo de fase para o sistema discreto no tempo compensado é mostrado na Figura 18-21.

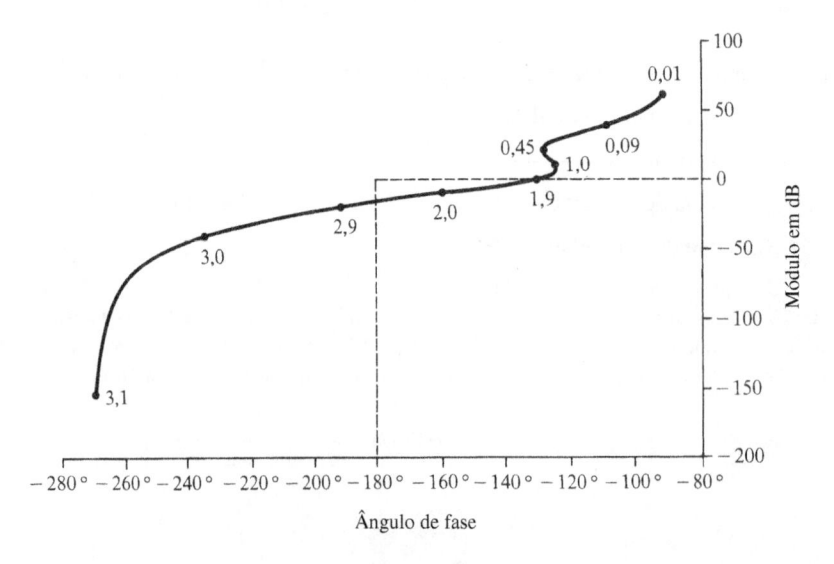

Figura 18-21

Problemas Complementares

18.11 Determine um valor de K_B para o qual o sistema cuja função de transferência de malha aberta é

$$GH = \frac{K_B}{s(1 + s/200)(1 + s/250)}$$

tem um pico de ressonância M_p de 1,46 dB. *Resposta*: $K_B = 119{,}4$.

18.12 Para o sistema do Problema 18.11, determine uma compensação de ganho mais atraso, tal que $M_p \leq 1{,}7$, $\phi_{PM} \geq 35°$ e $K_v \geq 50$.

18.13 Para o sistema do Problema 18.11, determine uma compensação de ganho mais avanço, tal que $M_p \leq 1{,}7$, $\phi_{PM} \geq 50°$ e $K_v \geq 50$.

18.14 Para o sistema do Problema 18.11, determine uma compensação de ganho mais atraso-avanço, tal que $M_p \leq 1{,}5$, $\phi_{PM} \geq 40°$ e $K_v \geq 100$.

18.15 Determine uma compensação de ganho mais atraso para o sistema cuja função de transferência de malha aberta é

$$GH = \frac{K_B}{s(1 + s/10)(1 + s/5)}$$

tal que $K_v = 30$ e $\phi_{PM} \geq 40°$.

18.16 Para o sistema do Problema 18.15, determine uma compensação de ganho mais avanço, tal que $K_v \geq 30$ e $\phi_{PM} \geq 45°$. *Sugestão*: Coloque em cascata duas redes de compensação de avanço.

18.17 Determine uma compensação de ganho mais avanço para o sistema cuja função de transferência em malha aberta é

$$GH = \frac{K_B}{s(1 + s/2)}$$

tal que $K_v = 20$ e $\phi_{PM} = 45°$.

Capítulo 19

Introdução a Sistemas de Controle Não Lineares

19.1 INTRODUÇÃO

Até agora, temos direcionado a discussão para sistemas descritíveis por modelos de equações lineares diferenciais ordinárias invariantes no tempo ou equações de diferenças ou suas funções de transferência, excitadas por funções de entrada na forma de transformada de Laplace ou transformada z. As técnicas desenvolvidas para estudar estes sistemas são relativamente simples e em geral levam a projetos de sistemas de controle práticos. Embora seja provável que nenhum sistema físico seja *exatamente* linear e invariante no tempo, tais modelos frequentemente são aproximações adequadas e, como resultado, os métodos de sistemas lineares desenvolvidos neste livro têm ampla aplicação. Entretanto, há muitas situações em que as representações lineares são inapropriadas e modelos *não lineares* são necessários.

Teorias e métodos para análise e projeto de sistemas de controle não lineares constituem um grande volume de conhecimentos, alguns deles bastante complexos. O objetivo deste capítulo é apresentar algumas das técnicas clássicas mais empregadas, utilizando conhecimentos de matemática de mesmo nível que os utilizados nos capítulos anteriores.

Sistemas *lineares* estão definidos na Definição 3.21. Qualquer sistema que não satisfaz esta definição é não linear. A maior dificuldade com os sistemas não lineares, em especial aqueles descritos por equações diferenciais ordinárias não lineares ou equações de diferenças, é que as soluções analíticas ou de forma fechada estão disponíveis apenas para poucos casos especiais, e estes geralmente não são de interesse prático na análise e no projeto de sistemas de controle. Além disso, ao contrário dos sistemas lineares, para os quais as respostas livre e forçada podem ser determinadas separadamente e os resultados sobrepostos para obter a resposta total, as respostas livre e forçada de sistemas não lineares normalmente *interagem* e não podem ser estudadas separadamente, e a superposição não se aplica a entradas ou condições iniciais.

Em geral, as respostas características e estabilidade de sistemas não lineares dependem tanto qualitativamente como quantitativamente dos valores das condições iniciais, o módulo, a forma e o tipo das entradas do sistema. Por outro lado, as soluções no domínio do tempo para o sistema de equações não lineares podem ser obtidas, para entradas *especificadas*, parâmetros e condições iniciais, por meio de técnicas de simulação por computador. Algoritmos e software para simulação, um tópico especial fora do escopo deste livro, estão amplamente disponíveis e, portanto, não são abordados aqui. Em vez disso, nos concentramos em diversos métodos analíticos para o estudo de sistemas de controle não lineares.

Problemas no sistema de controle não linear surgem quando a estrutura ou os elementos fixos do sistema são inerentemente não lineares e/ou há introdução de compensação não linear no sistema com a finalidade de melhorar o seu comportamento. Em ambos os casos, as propriedades de estabilidade são uma questão central.

Exemplo 19.1 A Figura 19-1 (a) é um diagrama em bloco de um sistema de realimentação não linear contendo dois blocos. O bloco linear é representado pela função de transferência $G_2 = 1/D(D+1)$, em que $D \equiv d/dt$ é o operador *diferencial*. D é utilizado em vez de s nesta função de transferência linear, porque a transformada de

(a) *(b)*

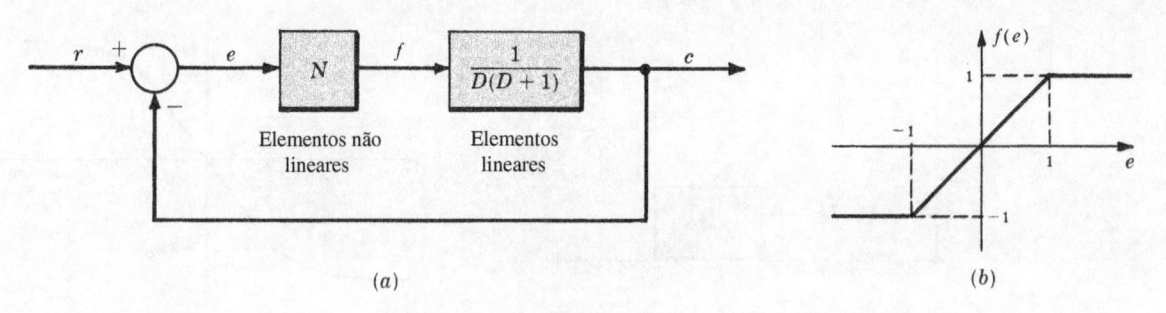

Figura 19-1

Laplace e sua inversa em geral não são estritamente aplicáveis para a análise não linear de sistemas com elementos lineares e não lineares. Além disso, quando se utiliza o método de função descritiva (Seção 19.5), uma técnica de resposta de frequência aproximada, costumamos escrever

$$G_2(j\omega) = \frac{1}{j\omega(j\omega + 1)}$$

O *bloco não linear N* tem a característica de transferência $f(e)$ definida na Figura 19-1(b). Tais não linearidades são chamadas de funções de **saturação** (lineares por partes), detalhadas na próxima seção.

Exemplo 19.2 Se a terra é tida como esférica e se todas as forças externas, exceto a gravidade, são insignificantes, então o movimento de um satélite da terra se situa num plano chamado de plano da órbita. Este movimento é definido pelos seguintes sistemas de equações diferenciais não lineares (ver Problema 3.3):

$$r\frac{d^2\theta}{dt^2} + 2\frac{dr}{dt}\frac{d\theta}{dt} = 0 \quad \text{(equação da força transversal)}$$

$$\frac{d^2r}{dt^2} - r\left(\frac{d\theta}{dt}\right)^2 = -\frac{k^2}{pr^2} \quad \text{(equação da força radial)}$$

O satélite, junto com qualquer controlador projetado para modificar o seu movimento, constitui um sistema de controle não linear.

Vários métodos usuais de análise não linear encontram-se resumidos a seguir.

19.2 APROXIMAÇÕES LINEARIZADAS E LINEARIZADAS POR PARTES DE SISTEMAS NÃO LINEARES

Termos não lineares em equações diferenciais ou de diferenças às vezes podem ser aproximados por termos lineares ou termos de ordem zero (constante), ao longo de intervalos limitados de resposta do sistema ou função forçante do sistema. Em ambos os casos, uma ou mais equações diferenciais lineares ou equações de diferenças podem ser obtidas como aproximações do sistema não linear, válidas nos mesmos intervalos de funcionamento limitados.

Exemplo 19.3 Considere o sistema massa-mola da Figura 19-2, onde a força da mola $f_s(x)$ é uma função não linear do deslocamento x medido a partir da posição de repouso, como mostra a Figura 19-3.

A equação do movimento da massa é $M(d^2x/dt^2) + f_s(x) = 0$. No entanto, se o módulo absoluto do deslocamento não excede x_0, então $f_s(x) = kx$, em que k é uma constante. Neste caso, a equação de movimento é uma equação linear de coeficiente constante dada por $M(d^2x/dt^2) + kx = 0$, válida para $|x| \le x_0$.

Exemplo 19.4 Voltamos a considerar o sistema do Exemplo 19.3, mas agora o deslocamento x excede x_0. Para tratar este problema, vamos aproximar a curva da força da mola usando uma linha reta, como mostra a Figura 19-4, uma aproximação por partes de $f_s(x)$.

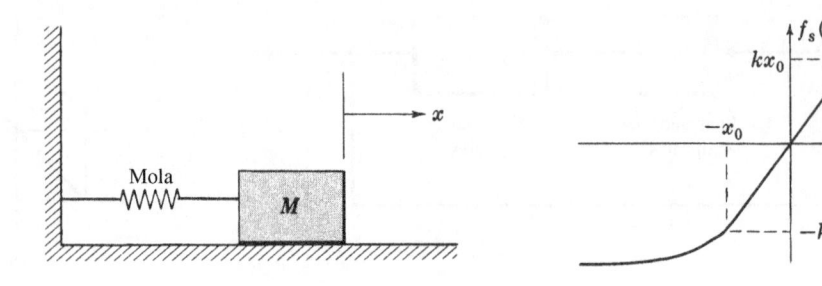

Figura 19-2 **Figura 19-3**

O *sistema* é então aproximado por um sistema linear por partes, isto é, o sistema é descrito pela equação linear $M(d^2x/dt^2) + kx = 0$ quando $|x| \leq x_1$, e pelas equações $M(d^2x/dt^2) \pm F_1 = 0$ quando $|x| > x_1$. O sinal + é usado se $x > x_1$ e o sinal − se $x < -x_1$.

Os termos não lineares de uma equação do sistema às vezes são conhecidos de forma que podem ser facilmente expandidos em uma série, por exemplo em séries de Taylor ou Maclaurin. Desse modo, um termo não linear pode ser aproximado pelos primeiros termos da série, excluindo os termos superiores ao primeiro grau.

Exemplo 19.5 Considere a equação não linear que descreve o movimento de um pêndulo (ver Fig. 19-5).

$$\frac{d^2\theta}{dt^2} + \frac{g}{l}\,\text{sen}\,\theta = 0$$

em que l é o comprimento do pêndulo e g é a aceleração da gravidade. Se pequenos movimentos do pêndulo sobre o "ponto de operação" $\theta = 0$ são de interesse, então a equação de movimento pode ser linearizada neste ponto de operação. Isto é feito por meio de uma expansão da série de Taylor do termo não linear $(g/l)\text{sen}\theta$ sobre o ponto $\theta = 0$ e mantendo apenas os termos de primeiro grau. A equação não linear é

$$\frac{d^2\theta}{dt^2} + \frac{g}{l}\,\text{sen}\,\theta = \frac{d^2\theta}{dt^2} + \frac{g}{l}\sum_{k=0}^{\infty}\frac{\theta^k}{k!}\left(\left.\frac{d^k}{d\theta^k}(\text{sen}\,\theta)\right|_{\theta=0}\right)$$

$$= \frac{d^2\theta}{dt^2} + \frac{g}{l}\left[\theta - \frac{\theta^3}{3!} + \cdots\right] = 0$$

A equação linear é $d^2\theta/dt^2 + (g/l)\theta = 0$, válida para pequenas variações de θ.

É útil expressar o processo de linearização mais formalmente para aplicações em série de Taylor, para melhor estabelecer sua aplicabilidade e limitações.

Séries de Taylor

A expansão em série infinita de uma função não linear geral $f(x)$ pode ser bastante útil na análise de sistemas não lineares. A função $f(x)$ pode ser escrita como a seguinte série infinita, expandida sobre o ponto $\overline{x}$:

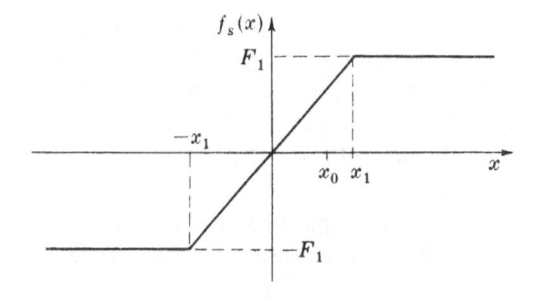

Figura 19-4 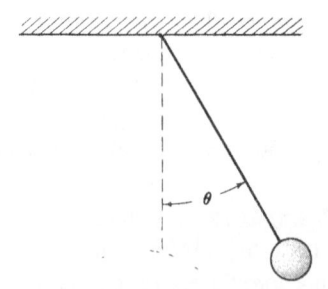 **Figura 19-5**

$$f(x) = f(\bar{x}) + \left.\frac{df}{dx}\right|_{x=\bar{x}} (x - \bar{x}) + \frac{1}{2!} \left.\frac{d^2 f}{dx^2}\right|_{x=\bar{x}} (x - \bar{x})^2 + \cdots$$

$$= \sum_{k=0}^{\infty} \frac{(x - \bar{x})^k}{k!} \left.\frac{d^k f}{dx^k}\right|_{x=\bar{x}} \qquad (19.1)$$

em que $(d^k f/dx^k)|_{x=\bar{x}}$ é o valor da derivada de ordem k de f em relação à x avaliada no ponto $x = \bar{x}$. Claramente, esta expansão existe (é viável) apenas se todas as derivadas necessárias existem.

Se a soma dos termos da Equação (19.1) de segundo grau e os de maior grau em $(x - \bar{x})$ são insignificantes em comparação com a soma dos dois primeiros termos, então podemos escrever

$$f(x) \cong f(\bar{x}) + \left.\frac{df}{dx}\right|_{x=\bar{x}} (x - \bar{x}) \qquad (19.2)$$

Esta aproximação geralmente funciona se x é "próximo o suficiente" de $\bar{x}$, ou, de modo equivalente, se $x - \bar{x}$ for "pequeno o suficiente", caso em que os termos de maior grau são *relativamente* pequenos.

A Equação (19.2) pode ser reescrita como

$$f(x) - f(\bar{x}) \cong \left.\frac{df}{dx}\right|_{x=\bar{x}} (x - \bar{x}) \qquad (19.3)$$

Então, se definirmos

$$\Delta x \equiv x - \bar{x} \qquad (19.4)$$

$$\Delta f \equiv f(x) - f(\bar{x}) \qquad (19.5)$$

A Equação (19.3) se torna

$$\Delta f \cong \left.\frac{df}{dx}\right|_{x=\bar{x}} \Delta x \qquad (19.6)$$

Se $x = x(t)$ é uma função do tempo t, ou qualquer outra variável independente, então, na maioria das aplicações t pode ser tratado como um parâmetro fixo ao executar os cálculos anteriores de linearização e $\Delta x = \Delta x(t) \equiv x(t) - \bar{x}(t)$, etc.

Exemplo 19.6 Suponha que $y(t) = f[u(t)]$ representa um sistema não linear com entrada $u(t)$ e saída $y(t)$, em que $t \geq t_0$ para algum t_0 e df/du existe para qualquer u. Se as condições normais de operação para este sistema são definidas pela entrada $x = u$ e a saída $y = \bar{y}$, então pequenas variações na entrada $\Delta u(t) = u(t) - \bar{u}(t)$ podem ser expressas pela relação linear aproximada

$$\Delta y(t) \cong \left.\frac{df}{du}\right|_{u=\bar{u}(t)} \Delta u(t) \qquad (19.7)$$

para $t \geq t_0$.

Séries de Taylor para operações com vetores

As Equações (19.1) a (19.7) são facilmente generalizadas para funções não lineares de um vetor m de argumentos de um vetor n, $\mathbf{f}(\mathbf{x})$, em que

$$\mathbf{f} \equiv \begin{bmatrix} f_1 \\ f_2 \\ \vdots \\ f_m \end{bmatrix} \qquad \mathbf{x} \equiv \begin{bmatrix} x_1 \\ x_2 \\ \vdots \\ x_n \end{bmatrix}$$

onde m e n são arbitrárias. Neste caso, $\Delta \mathbf{x} \equiv \mathbf{x} - \overline{\mathbf{x}}$, $\Delta \mathbf{f} \equiv \mathbf{f}(\mathbf{x}) - \mathbf{f}(\overline{\mathbf{x}})$ e a Equação (19.6) se torna

$$\Delta \mathbf{f} \cong \left. \frac{d\mathbf{f}}{d\mathbf{x}} \right|_{x=\overline{x}} \Delta \mathbf{x} \qquad (19.8)$$

em que $d\mathbf{f}/d\mathbf{x}$ é uma matriz definida como

$$\frac{d\mathbf{f}}{d\mathbf{x}} = \begin{bmatrix} \frac{\partial f_1}{\partial x_1} & \frac{\partial f_1}{\partial x_2} & \cdots & \frac{\partial f_1}{\partial x_n} \\ \vdots & \vdots & \ddots & \vdots \\ \frac{\partial f_m}{\partial x_1} & \frac{\partial f_m}{\partial x_2} & \cdots & \frac{\partial f_m}{\partial x_n} \end{bmatrix} \qquad (19.9)$$

Exemplo 19.7 Para $m = 1$ e $n = 2$, a Equação (19.9) se reduz a

$$\frac{df}{d\mathbf{x}} = \begin{bmatrix} \frac{\partial f}{\partial x_1} & \frac{\partial f}{\partial x_2} \end{bmatrix}$$

e a Equação (19.8) é

$$\Delta f \cong \begin{bmatrix} \frac{\partial f}{\partial x_1} & \frac{\partial f}{\partial x_2} \end{bmatrix} \begin{bmatrix} \Delta x_1 \\ \Delta x_2 \end{bmatrix} = \frac{\partial f}{\partial x_1} \Delta x_1 + \frac{\partial f}{\partial x_2} \Delta x_2 \qquad (19.10)$$

A Equação (19.10) representa o caso mais comum, onde uma função escalar não linear f de duas variáveis, digamos $x_1 \equiv x$ e $x_2 \equiv y$, são linearizadas sobre um ponto $\{\overline{x}, \overline{y}\}$ no plano.

Linearização de Equações Diferenciais Não Lineares

Seguimos o mesmo procedimento para linearizar as equações diferenciais como fizemos antes na linearização de funções $\mathbf{f}(x)$. Considere um **sistema diferencial não linear** escrito na forma de variável de estado:

$$\frac{d\mathbf{x}}{dt} = \mathbf{f}[\mathbf{x}(t), \mathbf{u}(t)] \qquad (19.11)$$

em que o vetor de n variáveis de estado $\mathbf{x}(t)$ e o vetor de entrada r $\mathbf{u}(t)$ são definidos como no Capítulo 3, Equações (3.24) e (3.25), e $t \geq t_0$. Na Equação (19.11), $\mathbf{f}$ é um vetor n de funções não lineares de $\mathbf{x}(t)$ e $\mathbf{u}(t)$.

Da mesma forma, as equações de saída não lineares podem ser escritas na forma vetorial:

$$y(t) = \mathbf{g}[\mathbf{x}(t)] \qquad (19.12)$$

em que $\mathbf{y}(t)$ é um vetor m de saídas e $\mathbf{g}$ é um vetor m de funções não lineares de $\mathbf{x}(t)$.

Exemplo 19.8 Um exemplo de um sistema diferencial SISO (entrada simples e saída simples) não linear na forma das Equações (19.11) e (19.12) é

$$\frac{dx_1}{dt} = f_1(\mathbf{x}, u) = c_1 u x_2 - c_2 x_1^2$$

$$\frac{dx_2}{dt} = f_2(\mathbf{x}, u) = \frac{c_3 x_1}{c_4 + x_1}$$

$$y = g(\mathbf{x}) = c_5 x_1^2$$

As *versões linearizadas* das Equações (19.11) e (19.12) são dadas por

$$\frac{d(\Delta \mathbf{x})}{dt} \cong \frac{\partial \mathbf{f}}{\partial \mathbf{x}}\bigg|_{\substack{\mathbf{x}=\bar{\mathbf{x}}(t)\\ \mathbf{u}=\bar{\mathbf{u}}(t)}} \Delta \mathbf{x} + \frac{\partial \mathbf{f}}{\partial \mathbf{u}}\bigg|_{\substack{\mathbf{x}=\bar{\mathbf{x}}(t)\\ \mathbf{u}=\bar{\mathbf{u}}(t)}} \Delta \mathbf{u}$$

(19.13)

$$\Delta y(t) \cong \frac{\partial \mathbf{g}}{\partial \mathbf{x}}\bigg|_{\mathbf{x}=\bar{\mathbf{x}}(t)} \Delta \mathbf{x}$$

(19.14)

em que as matrizes de derivadas parciais destas equações são definidas como nas Equações (19.9) e (19.10), cada uma calculada no "ponto" $\{\bar{\mathbf{x}}, \bar{\mathbf{u}}\}$. O par $\bar{\mathbf{x}} \equiv \bar{\mathbf{x}}(t)$ e $\bar{\mathbf{u}} \equiv \bar{\mathbf{u}}(t)$ são, na verdade, funções do tempo, mas elas são tratadas como "pontos" nos cálculos indicados.

As equações linearizadas (19.13) e (19.14) geralmente são interpretadas como se segue. Se a entrada for perturbada ou desvia-se de um "ponto de operação" $\bar{\mathbf{u}}$ por uma quantidade suficientemente pequena $\delta \mathbf{u}(t)$, gerando perturbações suficientemente pequenas $\delta \mathbf{x}(t)$ no estado e perturbações suficientemente pequenas na saída $\delta \mathbf{y}(t)$ sobre seus pontos de operação, as equações *lineares* (19.13) e (19.14) são equações de aproximação razoável para os estados perturbados $\delta \mathbf{x}(t)$ e saídas perturbadas $\delta \mathbf{y}(t)$.

As equações linearizadas (19.13) e (19.14) são muitas vezes denominadas **equações de perturbações** (*pequenas*) para o sistema diferencial não linear. Elas são *lineares* em $\delta \mathbf{x}$ e $\delta \mathbf{u}$, devido as matrizes de coeficientes:

$$\frac{\partial \mathbf{f}}{\partial \mathbf{x}}\bigg|_{\substack{\mathbf{x}=\bar{\mathbf{x}}(t)\\ \mathbf{u}=\bar{\mathbf{u}}(t)}} \qquad \frac{\partial \mathbf{f}}{\partial \mathbf{u}}\bigg|_{\substack{\mathbf{x}=\bar{\mathbf{x}}(t)\\ \mathbf{u}=\bar{\mathbf{u}}(t)}} \qquad \frac{\partial \mathbf{g}}{\partial \mathbf{x}}\bigg|_{\mathbf{x}=\bar{\mathbf{x}}(t)}$$

que calculadas para $\bar{\mathbf{x}}(t)$ e/ou $\bar{\mathbf{u}}(t)$, não são funções de $\Delta\mathbf{x}(t)$ [ou $\Delta\mathbf{u}(t)$].

As equações linearizadas (19.13) e (19.14) são também *invariantes no tempo* se $\bar{\mathbf{u}}(t) = \bar{\mathbf{u}} = $ constante e $\bar{\mathbf{x}}(t) = \bar{\mathbf{x}} = $ constante. Nesse caso, todos os métodos desenvolvidos neste livro para sistemas diferenciais ordinários invariantes no tempo podem ser aplicados. No entanto, os resultados devem ser interpretados criteriosamente porque, mais uma vez, o modelo linear é uma aproximação, válida apenas para perturbações "suficientemente pequenas" sobre um ponto de operação e, em geral, perturbações "suficientemente pequenas" nem sempre são fáceis de determinar.

Exemplo 19.9 As equações linearizadas (perturbações) para o sistema descrito no Exemplo 19.8 são determinadas como a seguir a partir das Equações (19.13) e (19.14). Por conveniência, definimos primeiro

$$\frac{\partial f}{\partial x}\bigg|_{\substack{x=\bar{x}(t)\\ u=\bar{u}(t)}} \equiv \frac{\partial \bar{f}}{\partial x}$$

etc., para simplificar a notação. Em seguida,

$$\frac{d(\Delta x_1)}{dt} = \frac{\partial \bar{f}_1}{\partial x_1}\Delta x_1 + \frac{\partial \bar{f}_1}{\partial x_2}\Delta x_2 + \frac{\partial \bar{f}_1}{\partial u}\Delta u = -2c_2\bar{x}_1\Delta x_1 + c_1\bar{u}\Delta x_2 + c_1\bar{x}_2\Delta u$$

Da mesma forma,

$$\frac{d(\Delta x_2)}{dt} \cong \frac{\partial \bar{f}_2}{\partial x_1}\Delta x_1 + \frac{\partial \bar{f}_2}{\partial x_2}\Delta x_2 + \frac{\partial \bar{f}_2}{\partial u}\Delta u$$

$$= \frac{c_3 c_4}{(c_4+\bar{x}_1)^2}\Delta x_1 + 0 + 0 = \frac{c_3 c_4 \Delta x_1}{(c_4+\bar{x}_1)^2}$$

e a equação de perturbação da saída é

$$\Delta y \cong \frac{\partial \bar{g}}{\partial x_1}\Delta x_1 + \frac{\partial \bar{g}}{\partial x_2}\Delta x_2 = 2c_5\bar{x}_1\Delta x_1$$

Linearização de equações não lineares discretas no tempo

O procedimento de linearização por séries de Taylor pode ser aplicado a muitos problemas de sistema discretos no tempo, mas devemos tomar cuidado suficiente para justificar a existência da série. A aplicação é muitas vezes justificada se as equações discretas no tempo representam processos não lineares razoavelmente bem comportados, como as representações discretas no tempo de sistemas contínuos com variáveis de estado expressa apenas em instantes discretos no tempo.

Exemplo 19.10 O sistema discreto e invariante no tempo representado pela equação de diferenças não linear $x(k+1) = ax^2(k)$, com $a < 0$ e $x(0) \neq 0$, é facilmente linearizado, pois o termo não linear $ax^2(k)$ é uma função suave de x. Temos

$$x(k+1) = ax^2(k) \equiv f(x)$$
$$\Delta f = f(x) - f(\bar{x})$$
$$\left.\frac{\partial f}{\partial x}\right|_{x=\bar{x}} = 2a\bar{x}$$
$$x(k) = \bar{x}(k) + \Delta x(k)$$
$$\bar{x}(k+1) = a\bar{x}^2(k)$$

Substituindo estas equações na Equação (19.6) e reorganizando os termos, obtemos

$$\Delta x(k+1) \cong 2a\bar{x}(k)\Delta x(k)$$

que é linear em δx, mas variante no tempo em geral.

19.3 MÉTODOS DE PLANO DE FASE

Nas Seções 3.15 e 4.6, a forma das variáveis de estado de equações diferenciais lineares foi apresentada e demonstrada como sendo uma ferramenta útil para a análise de sistemas lineares. Na Seção 19.2, esta representação foi aplicada para sistemas não lineares por meio do conceito de linearização. Nesta seção, os métodos de **plano de fase** são desenvolvidos para a análise de equações diferenciais não lineares na forma de variável de estado, sem a necessidade de linearização.

A equação diferencial de segunda ordem da forma:

$$\frac{d^2x}{dt^2} = f\left(x, \frac{dx}{dt}\right) \tag{19.15}$$

pode ser reescrita como um par de equações diferenciais de primeira ordem, como na Seção 3.15, fazendo a mudança de variáveis $x = x_1$ e $dx/dt = x_2$, resultando

$$\frac{dx_1}{dt} = x_2 \tag{19.16}$$

$$\frac{dx_2}{dt} = f(x_1, x_2) \tag{19.17}$$

As duas tuplas, ou par de variáveis de estado (x_1, x_2), podem ser consideradas como um ponto no plano. Visto que x_1 e x_2 são funções do tempo, então à medida que t aumenta, $(x_1(t), (x_2(t))$ descreve um *percurso* ou *trajetória* no plano. Este plano é denominado **plano de fase**, e a trajetória é um gráfico paramétrico de x_2 *versus* x_1, parametrizado por t.

Se eliminarmos o tempo como variável independente nas Equações (19.16) e (19.17), obtemos a equação diferencial de primeira ordem

$$\frac{dx_1}{dx_2} = \frac{x_2}{f(x_1, x_2)} \tag{19.18}$$

A solução da Equação (19.18) para x_1 como função de x_2 (ou vice-versa) define uma trajetória no plano de fase. Resolvendo esta equação para vários condições iniciais de x_1 e x_2 e examinando as trajetórias no plano de fase resultantes, podemos determinar o comportamento do sistema de segunda ordem.

Exemplo 19.11 A equação diferencial

$$\frac{d^2x}{dt^2} + \left(\frac{dx}{dt}\right)^2 = 0$$

com as condições iniciais $x(0) = 0$ e $(dx/dt)|_{t=0} = 1$, pode ser substituída pelas equações de primeira ordem

$$\frac{dx_1}{dt} = x_2 \qquad x_1(0) = 0$$

$$\frac{dx_2}{dt} = -x_2^2 \qquad x_2(0) = 1$$

em que $x \equiv x_1$ e $dx/dt \equiv x_2$. Eliminando o tempo como variável independente, obtemos

$$\frac{dx_1}{dx_2} = -\frac{x_2}{x_2^2} = -\frac{1}{x_2} \qquad \text{ou} \qquad dx_1 = -\frac{dx_2}{x_2}$$

A integração desta equação para as condições iniciais resulta em

$$\int_{x_1(0)=0}^{x_1} dx_1' = x_1 = -\int_{x_2(0)=1}^{x_2} \frac{dx_2'}{x_2'} = -\ln x_2 \qquad \text{ou} \qquad x_2 = e^{-x_1}$$

A trajetória no plano de fase definida por esta equação está representada na Figura 19-6. Seu sentido no plano de fase é

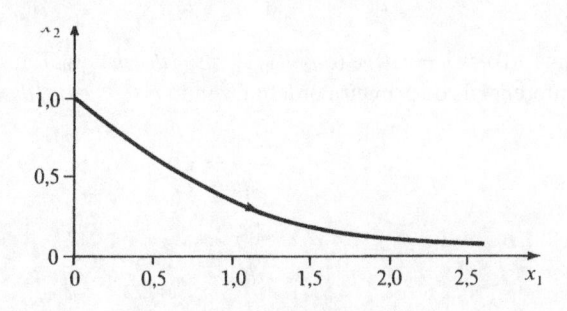

Figura 19-6

determinado pela observação de que $dx_2/dt = -x_2^2 < 0$ para qualquer $x_2 \neq 0$. Portanto, x_2 sempre diminui e obtemos a trajetória mostrada.

Sistemas de controle *on-off*

Uma aplicação particularmente útil de métodos de plano de fase é o projeto de controladores *on-off* (liga-desliga) (Definição 2.25), para a classe especial dos sistemas de controle com realimentação em plantas lineares de segunda ordem contínuas no tempo, como mostra a Figura 19-7 e a Equação (19.19).

$$\frac{d^2c}{dt^2} + a\frac{dc}{dt} = u \qquad a \geq 0 \tag{19.19}$$

As condições iniciais $c(0)$ e $(dc/dt)|_{t=0}$ para a Equação (19.19) são arbitrárias. O controlador *on-off* com entrada $e = r - c$ gera o sinal de controle u que assume apenas dois valores, $u =: \pm 1$.

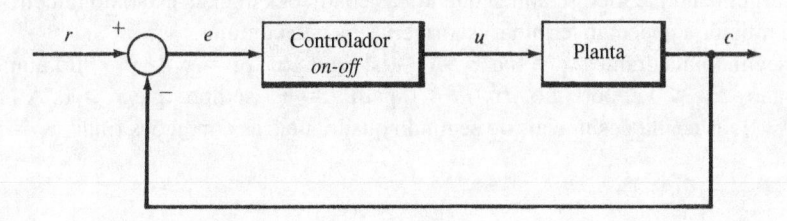

Figura 19-7

Especificações para projeto de controladores *on-off*

Se a entrada de referência *r* é uma função degrau unitário aplicada no instante zero, as especificações típicas de projeto para o sistema na Figura 19-7 são apresentadas a seguir. A entrada de controle *u* para a planta deve conduzir a saída da planta $c(t)$ para $c(t') = 1$ e sua derivada dc/dt para $(dc/dt)|_{t=t'} = 0$, simultaneamente, e no mínimo tempo t' possível. O erro de estado permanente se torna zero em t' e permanece zero se o sinal de controle for desligado ($u = 0$)

Visto que t' precisa ser mínimo, este é um *problema de controle ótimo* (ver Seção 20.5). Pode-se mostrar que t' é minimizado apenas se o sinal de controle *u* muda de valor, de +1 para –1 ou de –1 para +1, no máximo uma vez durante o intervalo de tempo de $0 \le t \le t'$.

Projeto de controlador *on-off*

Ao resolver este problema de projeto, é conveniente usar o erro $e = r - c$, em que $r = \mathbf{1}(t)$, conforme a variável de interesse, em vez da saída controlada *c*, porque $e = 0$ e $de/dt = 0$ quando $c = 1$ e $dc/dt = 0$. Portanto, exigindo que o erro *e* e sua derivada sejam zero no tempo mínimo, equivale ao nosso problema original.

Para resolver o problema, primeiro gere uma equação diferencial para *e*:

$$\frac{de}{dt} = \frac{d}{dt}(r - c) = -\frac{dc}{dt}$$

$$\frac{d^2 e}{dt^2} = -\frac{d^2 c}{dt^2} = a\frac{dc}{dt} - u = -a\frac{de}{dt} - u \qquad (19.20)$$

com condições iniciais $e(0) = 1 - c(0)$ e $(de/dt)|_{t=0} = -(dc/dt)|_{t=0}$. Em seguida, substituímos a Equação (19.20) por duas equações diferenciais de primeira ordem fazendo $e \equiv x_1$ e $de/dt \equiv x_2$:

$$\frac{dx_1}{dt} = x_2 \qquad (19.21)$$

$$\frac{dx_2}{dt} = -ax_2 - u \qquad (19.22)$$

com condições iniciais $x_1(0) = e(0) = 1 - c(0)$ e $x_2(0) = (de/dt)|_{t=0} = -(dc/dt)|_{t=0}$. Eliminando o tempo como variável independente, temos

$$\frac{dx_2}{dx_1} = -\frac{ax_2 + u}{x_2} \qquad \text{ou} \qquad dx_1 = -\frac{x_2 \, dx_2}{ax_2 + u} \qquad (19.23)$$

Esta equação mais as condições iniciais em $x_1(0)$ e $x_2(0)$ define uma trajetória no plano de fase.

Visto que o sinal de controle *u* não comuta (de +1 para –1 ou de –1 para +1) mais do que uma vez, podemos separar a trajetória em duas partes, a primeira antes do instante de comutação e a segunda após a comutação. Consideramos primeiro a segunda parte, uma vez que termina na origem do plano de fase, $x_1 = x_2 = 0$. Fazemos $u = \pm 1$ na Equação (19.23) e, em seguida, integramos entre um conjunto geral de condições iniciais $x_1(t)$ e $x_2(t)$ e as condições finais $x_1 = x_2 = 0$. Para executar a integração, consideramos quatro diferentes conjuntos de condições iniciais, cada um correspondendo a um dos quadrantes do plano de fase.

No primeiro quadrante, $x_1 > 0$ e $x_2 > 0$. Note que $dx_1/dt = x_2 > 0$. Assim, x_1 aumenta quando x_2 está no primeiro quadrante, e quando x_2 é igual a zero, x_1 pode não ser igual a zero. Portanto, as trajetórias que começam no primeiro quadrante podem não terminar na origem do plano de fase, se *u* não comutar.

Um argumento idêntico se aplica quando as condições iniciais estão no terceiro quadrante, isto é, se $x_1 < 0$ e $x_2 < 0$, a trajetória pode não terminar na origem se *u* não comutar.

No segundo quadrante, $x_1 < 0$ e $x_2 > 0$. Visto que $dx_1/dt = x_2 > 0$, x_1 irá aumentar enquanto $x_2 > 0$. Como $a > 0$, então $-ax_2 < 0$ e, portanto, $dx_2/dt < 0$ para $u = +1$ sempre que $x_2 > 0$. A integração da Equação (19.23) com $u = +1$, as condições iniciais do segundo quadrante e as condições finais $x_1 = x_2 = 0$ levam a

$$\int_{x_1(t)}^{0} dx_1 = -x_1(t) = -\int_{x_2(t)}^{0} \frac{x_2\, dx_2}{ax_2 + 1}$$

ou
$$x_1(t) = \frac{1}{a^2}\left[ax_2 + 1 - \ln(ax_2 + 1) \right]\bigg|_{x_2(t)}^{0} = -\frac{x_2(t)}{a} + \frac{1}{a^2}\ln\left[ax_2(t) + 1 \right] \qquad (19.24)$$

em que $x_1(t) \leq 0$, $x_2(t) \geq 0$. Esta equação define uma curva no segundo quadrante do plano de fase de modo que, para qualquer ponto dessa curva, a trajetória termina na origem se $u = +1$. Isto é, o sinal de controle $u = +1$ conduz x_1 e x_2 a zero simultaneamente.

Por um argumento idêntico, existe uma curva no quarto quadrante definida por

$$x_1(t) = -\frac{x_2(t)}{a} - \frac{1}{a^2}\ln\left[-ax_2(t) + 1 \right] \qquad (19.25)$$

em que $x_1(t) \geq 0$, $x_2(t) \leq 0$ de modo que para qualquer $(x_1(t), x_2(t))$ nesta curva o sinal de controle $u = -1$ conduz x_1 e x_2 a zero simultaneamente.

As curvas definidas pelas Equações (19.24) e (19.25) se juntam em $x_1 = x_2 = 0$ e em conjunto definem a **curva de comutação** para o controlador *on-off*. A curva de comutação divide o plano de fase inteiro em duas regiões, como indicado na Figura 19-8. A parte de uma trajetória após a comutação começa sempre nesta curva, move-se ao longo da curva e termina em $x_1 = x_2 = 0$.

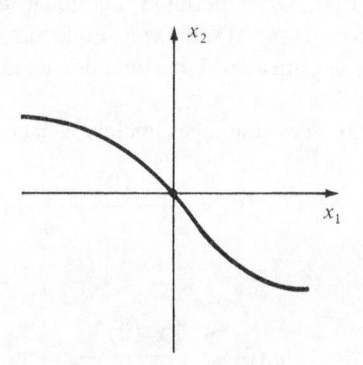

Figura 19-8

Agora vamos considerar a parte da trajetória anterior à comutação. Primeiro, vamos explorar a propriedade da monotonicidade da curva de comutação. No segundo quadrante, em que $u = +1$, $x_2 > 0$ e a inclinação da curva é negativa:

$$\frac{dx_2}{dx_1} = -\left(a + \frac{1}{x_2} \right) < 0$$

No quarto quadrante, em que $u = -1$, onde $u = -1$, $x_2 < 0$ e

$$\frac{dx_2}{dx_1} = -\left(a - \frac{1}{x_2} \right) < 0$$

Por conseguinte, a inclinação de toda a curva de comutação é negativa para qualquer (x_1, x_2) na curva, isto é, a curva de comutação é *monotonicamente decrescente*. Assim, e correspondendo a qualquer valor específico de x_1, há um e apenas um valor correspondente a x_2. Devido à propriedade de monotonicidade da curva de comutação, a região acima da curva de comutação é a mesma que a região à direita da curva de comutação, isto é, ela consiste no conjunto de pontos (x_1, x_2), de modo que

$$x_1 > -\frac{x_2}{a} + \frac{1}{a^2}\ln(ax_2 + 1) \qquad (19.26)$$

quando $x_2 \geq 0$ e

$$x_1 > -\frac{x_2}{a} - \frac{1}{a^2}\ln(-ax_2 + 1) \qquad (19.27)$$

quando $x_2 \le 0$.

Consideramos que a parte da trajetória antes de comutação, quando as condições de $(x_1(0), x_2(0))$ se encontram acima da curva de comutação. Para este caso, $u = +1$ e a primeira parte da trajetória é obtida pela integração da Equação (19.23), com $u = +1$ entre as condições iniciais $(x_1(0), x_2(0))$ e um par de pontos arbitrários $(x_1(t), x_2(t))$ que satisfaçam as inequações (19.26) e (19.27). Obtemos a trajetória integrando a Equação (19.23), o que resulta em

$$\int_{x_1(0)}^{x_1(t)} dx_1 = x_1(t) - x_1(0) = -\int_{x_2(0)}^{x_2(t)} \frac{x_2\, dx_2}{ax_2 + 1} = -\frac{1}{a^2}\bigl[ax_2 + 1 - \ln(ax_2 + 1)\bigr]\Big|_{x_2(0)}^{x_2(t)}$$

ou
$$x_1(t) = x_1(0) + \frac{x_2(0)}{a} - \frac{1}{a^2}\ln[ax_2(0) + 1] - \frac{x_2(t)}{a} + \frac{1}{a^2}\ln[ax_2(t) + 1] \qquad (19.28)$$

Note que esta parte da trajetória tem a mesma forma que a Equação (19.24), mas que é deslocada para a direita. Assim, quando $x_2(t) = 0$, $x_1(t) = x_1(0) + (1/a)[x_2(0) - (1/a)\ln(ax_2(0) + 1)]$, que é maior do que 0 devido à inequação (19.26).

Assim, quando $(x_1(0), x_2(0))$ situa-se acima da curva de distribuição, o controlador *on-off* produz o sinal $u = +1$, e a trajetória resultante $(x_1(t), x_2(t))$ é definida pela Equação (19.28). Quando esta trajetória intercepta a curva de comutação, isto é, quando $(x_1(t), x_2(t))$ satisfaz as Equações (19.25) e (19.28) ao mesmo tempo, o controlador *on-off* comuta o sinal de controle para $u = -1$, e a trajetória continua ao longo da curva de comutação para a origem do plano de fase.

Por um raciocínio idêntico, se as condições iniciais se encontram abaixo da curva de comutação, ou seja,

$$x_1(0) < -\frac{x_2(0)}{a} + \frac{1}{a^2}\ln[ax_2(0) + 1]$$

quando $x_2(0) \ge 0$, ou

$$x_1(0) < -\frac{x_2(0)}{a} - \frac{1}{a^2}\ln[-ax_2(0) + 1]$$

quando $x_2(0) \le 0$, então o controlador *on-off* produz um sinal de controle $u = -1$ e a trajetória $(x_1(t), x_2(t))$ satisfaz

$$x_1(t) = x_1(0) + \frac{x_2(0)}{a} + \frac{1}{a^2}\ln[-ax_2(0) + 1] - \frac{x_2(t)}{a} - \frac{1}{a^2}\ln[-ax_2(t) + 1] \qquad (19.29)$$

Quando essa trajetória intercepta a curva de comutação, ou seja, quando $(x_1(t), x_2(t))$ satisfaz as Equações (19.24) e (19.29) ao mesmo tempo, o controlador *on-off* comuta o sinal de controle para $u = +1$ e a trajetória se move ao longo da curva de comutação no segundo quadrante e termina na origem do plano de fase.

Recordando que $x_1 \equiv e$ e $x_2 \equiv \dot{e}$, a lógica de comutação do controlador *on-off* é a seguinte:

(a) Quando $\dot{e} > 0$ e $e + \dfrac{\dot{e}}{a} - \dfrac{1}{a^2}\ln(a\dot{e} + 1) > 0$, então $u = +1$

(b) Quando $\dot{e} < 0$ e $e + \dfrac{\dot{e}}{a} + \dfrac{1}{a^2}\ln(-a\dot{e} + 1) > 0$, então $u = +1$

(c) Quando $\dot{e} > 0$ e $e + \dfrac{\dot{e}}{a} - \dfrac{1}{a^2}\ln(a\dot{e} + 1) < 0$, então $u = -1$

(d) Quando $\dot{e} < 0$ e $e + \dfrac{\dot{e}}{a} + \dfrac{1}{a^2}\ln(-a\dot{e} + 1) < 0$, então $u = -1$

Exemplo 19.12 Para o sistema de controle com realimentação ilustrado na Figura 19-7 e a planta definida pela Equação (19.19) com parâmetro $a = 1$, a curva de comutação é definida por

$$e = -\dot{e} + \ln(\dot{e} + 1) \quad \text{para} \quad \dot{e} > 0$$
$$e = -\dot{e} - \ln(-\dot{e} + 1) \quad \text{para} \quad \dot{e} < 0$$

e a lógica de comutação para o controlador *on-off* é dada na Tabela 19.1.

Tabela 19-1

$\dot{e} > 0$	$f_1(e) = e + \dot{e} - \ln(\dot{e} + 1) > 0$	$f_2(e) = e + \dot{e} + \ln(-\dot{e} + 1) > 0$	u
Não	Não	Não	−1
Não	Não	Sim	+1
Não	Sim	Não	−1
Não	Sim	Sim	+1
Sim	Não	Não	−1
Sim	Não	Sim	−1
Sim	Sim	Não	+1
Sim	Sim	Sim	+1

Generalização

Métodos de plano de fase se aplicam a sistemas de segunda ordem. A abordagem foi generalizada para sistemas de terceira ordem e superior, mas a análise normalmente é mais complexa. Por exemplo, para projetar controladores *on-off* desta forma para sistemas de terceira ordem, as curvas de comutação são substituídas por *superfícies* de comutação, e a lógica de comutação se torna muito mais extensa do que o indicado na Tabela 19.1 para sistemas de segunda ordem.

19.4 CRITÉRIO DE ESTABILIDADE DE LYAPUNOV

Os critérios de estabilidade apresentados no Capítulo 5 não podem ser aplicados a sistemas não lineares, em geral, embora possam ser aplicáveis se o sistema for linearizado, como na Seção 19.2, se as perturbações $\Delta \mathbf{x}$ são suficientemente pequenas e se $\overline{\mathbf{u}}(t)$ e $\overline{\mathbf{x}}(t)$ são constantes, isto é, se as equações linearizadas são invariantes no tempo. Um método mais genérico é fornecido pela teoria de Lyapunov, para explorar a estabilidade dos estados $\Delta(t)$ e as saídas $\mathbf{y}(t)$ de sistemas no domínio do tempo, para qualquer tamanho de perturbações $\delta \mathbf{x}(t)$. Ele pode ser usado tanto para sistemas lineares quanto não lineares descritos por conjuntos de equações diferenciais, ou de diferenças, simultâneas e ordinárias de primeira ordem, que escrevemos concisamente aqui na forma de variável de estado:

$$\dot{\mathbf{x}} = \mathbf{f}(\mathbf{x}, \mathbf{u}) \tag{19.30}$$

ou

$$\mathbf{x}(k+1) = \mathbf{f}[\mathbf{x}(k), \mathbf{u}(k)] \tag{19.31}$$

As definições de estabilidade a seguir são para sistemas não forçados, isto é, para $\mathbf{u} = \mathbf{0}$, e para simplificar escrevemos $\dot{\mathbf{x}} = \mathbf{f}(\mathbf{x})$ ou $\mathbf{x}(k+1) = \mathbf{f}[\mathbf{x}(k)]$.

Um ponto $\mathbf{x}_s$ para o qual $\mathbf{f}(\mathbf{x}_s) = \mathbf{0}$ é denominado **ponto singular**. Diz-se que um ponto singular $\mathbf{x}_s$ é estável se, para qualquer região hiperesférica S_R (por exemplo, um círculo em duas dimensões), de raio R centrado em $\mathbf{x}_s$, existe uma região hiperesférica S_r de raio $r \leq R$ também centrado em $\mathbf{x}_s$ em que qualquer movimento $\mathbf{x}(t)$ do sistema que começa em S_r permanece em S_R para sempre.

Um ponto singular $\mathbf{x}_s$ é **assintoticamente estável** se ele for estável e todas as trajetórias (movimentos) $\mathbf{x}(t)$ tendem para $\mathbf{x}_s$ conforme o tempo segue para o infinito.

O **critério de estabilidade de Lyapunov** indica que, se a origem é um ponto singular, então, ele é estável se uma função de Lyapunov $V(\mathbf{x})$ pode ser determinada com as seguintes propriedades:

(a) $V(\mathbf{x}) > 0$ para todos os valores de $\mathbf{x} \neq \mathbf{0}$ \hfill (19.32)
(b) $dV/dt \leq 0$ para todos os valores de $\mathbf{x}$, para sistemas contínuos, ou $\Delta V[\mathbf{x}(k)] \equiv V[\mathbf{x}(k+1)] - V[\mathbf{x}(k)] \leq 0$ para todos os valores de $\mathbf{x}$, para sistemas discretos no tempo \hfill (19.33)

Exemplo 19.13 Um sistema contínuo não linear representado por

$$\frac{d^2x}{dt^2} + \frac{dx}{dt} + \left(\frac{dx}{dt}\right)^3 + x = 0$$

ou, de modo equivalente, o par de equações

$$\frac{dx_1}{dt} = x_2 \qquad \frac{dx_2}{dt} = -x_2 - x_2^3 - x_1$$

em que $x_1 \equiv x$, tem um ponto singular em $x_1 = x_2 = 0$. A função $V = x_1^2 + x_2^2$ é positiva para qualquer x_1 e x_2 em que $V = 0$. A derivada

$$\frac{dV}{dt} = 2x_1\frac{dx_1}{dt} + 2x_2\frac{dx_2}{dt} = 2x_1x_2 + 2x_2(-x_2 - x_2^3 - x_1) = -2x_2^2 - 2x_2^4$$

nunca é positiva. Por conseguinte, a origem é estável.

Exemplo 19.14 O sistema não linear mostrado na Figura 19-9 é representado pelas equações diferenciais [com $x_1(t) \equiv -c(t)$]:

$$\dot{x}_1 = -x_1 + x_2$$
$$\dot{x}_2 = -f(x_1 + r)$$

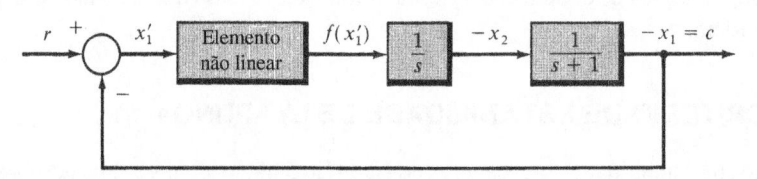

Figura 19-9

Além disso, $f(0) \equiv 0$ para este elemento não linear particular. Se r é constante, podemos fazer as mudanças de variáveis $x_1' \equiv x_1 + r$, $x_2' \equiv x_2 + r$ e a equação de estados se torna

$$\dot{x}_1' = -x_1' + x_2'$$
$$\dot{x}_2' = -f(x_1')$$

A origem $x_1' = x_2' = 0$ é um ponto singular, visto que $\dot{x}_1' = \dot{x}_2' = 0$ na origem. A função de Lyapunov é definida por $V \equiv 2\int_0^{x_1'} f(e)\, de + x_2'^2 > 0$ para qualquer $x_1', x_2' \neq 0$, se $x_1' f(x_1') > 0$ para qualquer $x_1' \neq 0$. Diferenciando V,

$$\dot{V} = 2f(x_1')\dot{x}_1' + 2x_2'\dot{x}_2' = 2f(x_1')(-x_1' + x_2') - 2x_2'f(x_1') = -2x_1'f(x_1')$$

Assim, se restringirmos $x_1' f(x_1') > 0$, para manter $V > 0$, $\dot{V} \leq 0$ para $x_1' \neq 0$. Portanto, o sistema é estável para qualquer elemento não linear que satisfaça as condições

$$f(0) = 0$$
$$x_1' f(x_1') > 0 \qquad \text{para } x_1' \neq 0$$

Note que este resultado é muito geral, pois apenas as condições acima são necessários para assegurar a estabilidade.

Se r não é constante, a solução para $x_1(t)$ e $x_2(t)$ que corresponde a $r(t)$, em geral não é constante. Mas, se a solução fosse conhecida, a estabilidade da solução poderia ser analisada de uma maneira semelhante.

Exemplo 19.15 Para o sistema discreto no tempo

$$x_1(k+1) = x_2(k)$$
$$x_2(k+1) = -f[x_1(k)]$$

onde $f(x_1)$ é a saturação não linear na Figura 19-1(b), a origem é um ponto singular, porque $x_1(k) = x_2(k) = 0$ implica em $x_1(k+1) = x_2(k+1) = 0$. Seja $V \equiv x_1^2 + x_2^2$, que é maior do que zero para qualquer $x_1, x_2 \neq 0$, Então,

$$\Delta V = x_1^2(k+1) + x_2^2(k+1) - x_1^2(k) - x_2^2(k)$$
$$= x_2^2(k) + f^2[x_1(k)] - x_1^2(k) - x_2^2(k)$$
$$= -x_1^2(k) + f^2[x_1(k)]$$

Visto que $f^2(x_1) \leq x_1^2$ para qualquer x_1, $\Delta V \leq 0$ para qualquer x_1, x_2 e, portanto, a origem é estável.

Escolha de funções de Lyapunov

Para muitos problemas, uma escolha conveniente para a função de Lyapunov $V(\mathbf{x})$ é função de forma quadrática escalar $V(\mathbf{x}) = \mathbf{x}^T P \mathbf{x}$, em que $\mathbf{x}^T$ é a transposta do vetor coluna $\mathbf{x}$ e P é uma matriz simétrica real. Para tornar $V > 0$, a matriz P deve ser *definida positiva*. Pelo teorema de Sylvester [7], P é **definida positiva** se e somente se todos os seus discriminantes forem positivos, isto é,

$$P_{11} > 0$$
$$\begin{vmatrix} P_{11} & P_{12} \\ P_{21} & P_{22} \end{vmatrix} > 0$$
$$\vdots$$
$$\begin{vmatrix} P_{11} & \cdots & P_{1n} \\ \vdots & \vdots & \vdots \\ P_{n1} & \cdots & P_{nn} \end{vmatrix} > 0 \qquad (19.34)$$

Para sistemas contínuos $\dot{\mathbf{x}} = \mathbf{f}(\mathbf{x})$, a derivada de $V(\mathbf{x}) = \mathbf{x}^T P \mathbf{x}$ é dada por

$$\dot{V}(\mathbf{x}) = \dot{\mathbf{x}}^T P \mathbf{x} + \mathbf{x}^T P \dot{\mathbf{x}} = \mathbf{f}^T(\mathbf{x}) P \mathbf{x} + \mathbf{x}^T P \mathbf{f}(\mathbf{x})$$

Para sistemas discretos, $\mathbf{x}(k+1) = \mathbf{f}[\mathbf{x}(k)]$ e

$$\Delta V(k) = V(k+1) - V(k) = \mathbf{x}^T(k+1) P \mathbf{x}(k+1) - \mathbf{x}^T(k) P \mathbf{x}(k)$$
$$= \mathbf{f}^T[\mathbf{x}(k)] P \mathbf{f}[\mathbf{x}(k)] - \mathbf{x}^T(k) P \mathbf{x}(k)$$

Exemplo 19.16 Para o sistema representado por $\dot{\mathbf{x}} = A\mathbf{x}$ com $A = \begin{bmatrix} -2 & 1 \\ 2 & -3 \end{bmatrix}$, seja $V = \mathbf{x}^T P \mathbf{x}$ com $P = \begin{bmatrix} 1 & 0 \\ 0 & 1 \end{bmatrix}$. Então

$$\dot{V} = \mathbf{x}^T [A^T P + PA] \mathbf{x} = \mathbf{x}^T \left[\begin{bmatrix} -2 & 2 \\ 1 & -3 \end{bmatrix} + \begin{bmatrix} -2 & 1 \\ 2 & -3 \end{bmatrix} \right] \mathbf{x}$$

$$\dot{V} = \mathbf{x}^T \begin{bmatrix} -4 & 3 \\ 3 & -6 \end{bmatrix} \mathbf{x} = -\mathbf{x}^T Q \mathbf{x}$$

em que $Q = \begin{bmatrix} 4 & -3 \\ -3 & 6 \end{bmatrix}$

Uma vez que P é definida positiva, $V > 0$ para qualquer $\mathbf{x} \neq 0$. Os discriminantes de Q são 4 e $(24 - 9) = 15$. Portanto, Q é definida positiva e $-Q$ é definida negativa, o que garante que $\dot{V} < 0$ para qualquer $\mathbf{x} \neq 0$. Portanto, a origem é assintoticamente estável para este sistema.

19.5 MÉTODOS DE RESPOSTA DE FREQUÊNCIA

Funções descritivas

Funções descritivas são funções de resposta de frequência aproximadas para os elementos não lineares de um sistema, que podem ser utilizadas para analisar o sistema global usando técnicas de resposta de frequência desenvolvidas em capítulos anteriores.

Uma função descritiva é desenvolvida para um elemento não linear analisando sua resposta a uma entrada senoidal $A \operatorname{sen} \omega t$, que pode ser escrita como uma série de Fourier:

$$\sum_{n=1}^{\infty} B_n \operatorname{sen}(n\omega t + \phi_n) \tag{19.35}$$

A **função descritiva** é a relação do coeficiente de Fourier complexo $B_1 e^{j\phi_1}$ da frequência fundamental desta saída, para a amplitude A da entrada. Isto é, a *função descritiva* é a função complexa de ω, $(B_1/A)e^{j\phi_1}$, uma função resposta de frequência de uma aproximação da resposta de frequência do elemento não linear. Assim, a função descritiva representa o ganho efetivo do elemento não linear na frequência da senoide de entrada.

Em geral, B_1 e ϕ_1 são funções tanto da frequência de entrada $\omega = 2\pi/T$ quanto da amplitude de entrada A. Portanto, podemos escrever $B_1 = B_1(A, \omega)$, $\phi_1 = \phi_1(A, \omega)$ e a função descritiva como

$$\overline{N}(A, \omega) = \frac{B_1 e^{j\phi_1}}{A} = \frac{B_1(A, \omega) e^{j\phi_1(A, \omega)}}{A} \tag{19.36}$$

Para aplicar o método, podemos substituir as não linearidades do sistema por funções descritivas e, em seguida, aplicar as técnicas no domínio da frequência dos Capítulos 11, 12 e 15 a 18, com algumas modificações para considerar a dependência de B_1 e ϕ_1 sobre A.

Exemplo 19.17 A saída da função não linear $f(e) = e^3$ em resposta a uma entrada $e = A \operatorname{sen} \omega t$ é

$$f(e) = A^3 \operatorname{sen}^3 \omega t = \frac{A^3}{4}(3 \operatorname{sen} \omega t - \operatorname{sen}^3 \omega t)$$

A partir da Equação (19.36), a função descritiva para $f(e)$ é

$$\overline{N}(A) = \frac{3A^2}{4}$$

Note que esta não linearidade não produz nenhum deslocamento de fase, de modo que $\phi_1(A, \omega) = 0$.

Histerese

Um tipo comum de não linearidade denominado **histerese** ou **assimetria** é mostrado na Figura 19-10. Nos sistemas elétricos, pode ocorrer devido a propriedades eletromagnéticas não lineares e, em sistemas mecânicos, pode resultar da assimetria em trens de engrenagens ou ligações mecânicas. Para outro exemplo, veja o Problema 2.16.

A função descritiva característica para histerese, normalizada para o parâmetro da zona morta $d = 1$ e inclinação $K = 1$, é mostrada na Figura 19-11. O atraso de fase $\phi_1(A)$ da função descritiva é uma função da amplitude de entrada A, mas é independente da frequência de entrada ω.

A técnica da função descritiva é particularmente adequada para a análise de sistemas contínuos ou discretos no tempo que contêm um único elemento não linear, como ilustrado na Figura 19-12, com a função de transferência de malha aberta $GH = \overline{N}(A, \omega)G(\omega)$. A análise da resposta de frequência de tais sistemas normalmente implica em primeiro determinar se existem valores de A e ω que satisfazem a equação característica, $1 + \overline{N}(A, \omega)G(\omega) = 0$, ou

$$G(\omega) = -\frac{1}{\overline{N}(A, \omega)}$$

Figura 19-10

Figura 19-11

Figura 19-12

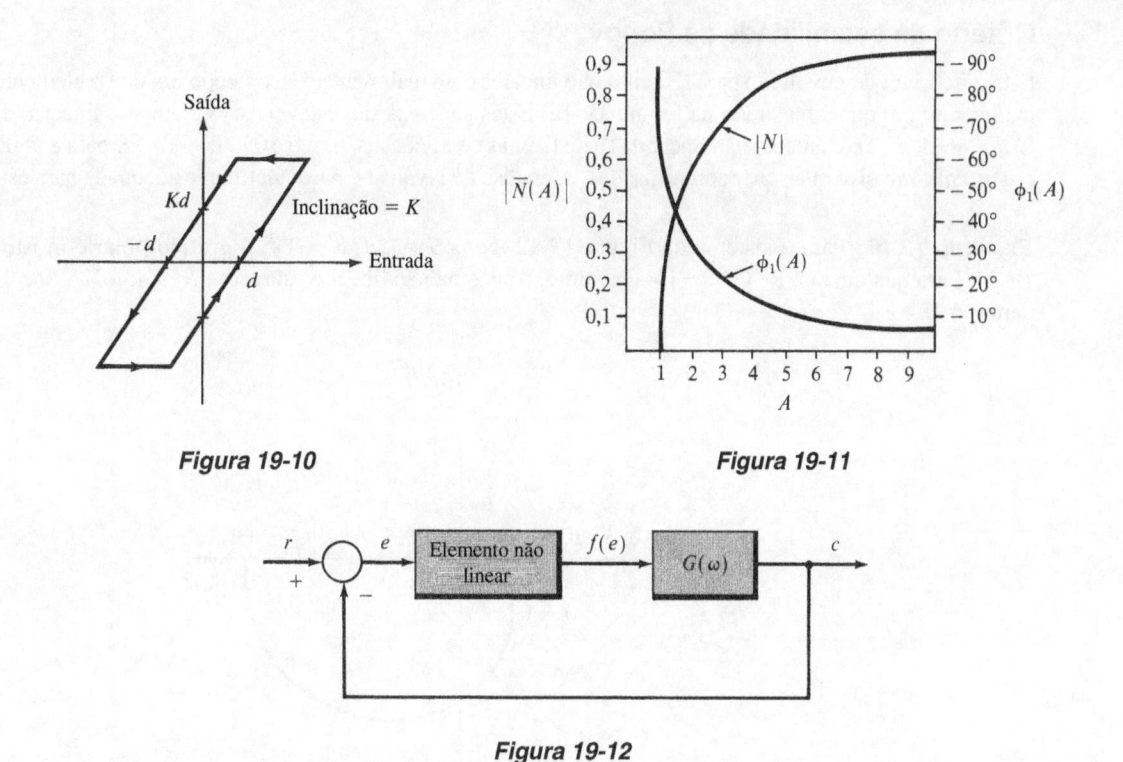

isto é, os valores de A e ω permitem oscilações. Os Diagramas de Nyquist, Bode ou Nichols traçam G e $-1/\overline{N}$ separadamente, e podem ser usados para resolver esse problema, porque os gráficos podem se interceptar se tais valores de A e ω existirem. A estabilidade relativa também pode ser calculada a partir destes gráficos por meio da determinação do ganho adicional (margem de ganho) e/ou deslocamento de fase (margem de fase) necessária para que as curvas se interceptem.

Deve-se ter em mente que a função descritiva é apenas uma aproximação para a não linearidade. A precisão dos métodos de função descritiva, usando análise de resposta de frequência com base em métodos de sistemas lineares, depende da filtragem eficaz pela planta $G(\omega)$ dos harmônicos superiores de primeira ordem (desprezados) produzidos pela não linearidade. Como a maioria das plantas têm mais polos que zeros, esta é muitas vezes uma aproximação razoável.

Exemplo 19.18 Considere o sistema da Figura 19-12 com $G(\omega) = 8/j\omega(j\omega + 2)^2$ e a não linearidade de saturação do Problema 19.17. Os gráficos polares de $G(\omega)$ e $-1/\overline{N}(A)$ são mostrados na Figura 19-13.

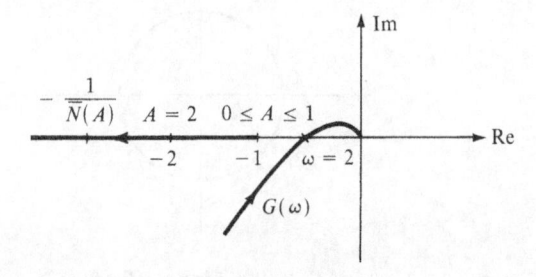

Figura 19-13

Não existem valores de A e ω para os quais os dois gráficos se interceptam, indicando que o sistema é estável e as oscilações constantes de amplitude constante não são possíveis. Entretanto, se o ganho de malha direta fosse aumentado por um fator de 2, de 8 para 16, os gráficos se interceptariam em $(-1,0)$ para $\omega = 2$ e $0 < A < 1$, e as oscilações constantes seriam possíveis. Assim, uma margem de ganho aproximada para este sistema é 2 (6 dB).

Critério de estabilidade de Popov

Este critério foi desenvolvido para sistemas não lineares com realimentação contendo um único elemento não linear na malha, como o que é mostrado na Figura 19-12. Estes sistemas são estáveis se o elemento linear G for estável, Re $G(\omega) > -1/K$, e o elemento não linear $f(e)$ satisfizer as condições: $f(0) = 0$ e $0 < f(e)/e < K$ para $e \neq 0$. Note que este critério não envolve quaisquer aproximações. A análise de Nyquist é particularmente adequada para esta aplicação.

Exemplo 19.19 Para o sistema da Figura 19-12, com $G = 1/(j\omega + 1)^3$, o gráfico polar é mostrado na Figura 19-14. Para qualquer ω, Re $G \geq -1/4$. Portanto, o sistema não linear é estável se $K < 4$, $f(0) = 0$ e $0 < f(e)/e < K$ para $e \neq 0$.

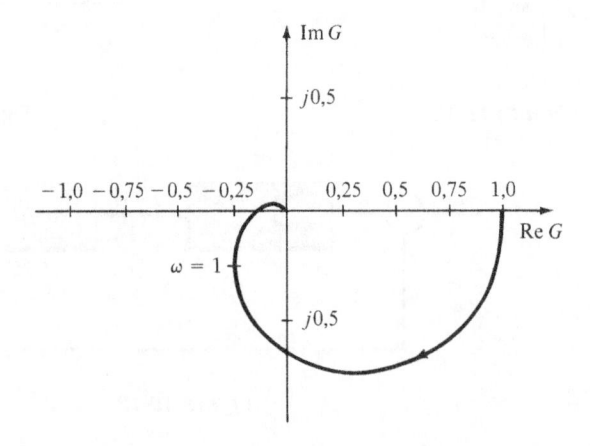

Figura 19-14

Exemplo 19.20 Para o sistema não linear na Figura 19-12, com a planta estável discreta no tempo $G = 1/z$,

$$G(e^{j\omega T}) = e^{-j\omega T} = \cos \omega T - j \, \text{sen} \, \omega T$$

O gráfico polar circular de G é mostrado na Figura 19-15, e

$$\text{Re} \, G(e^{j\omega T}) > \frac{-1}{K} \quad \text{para} \quad K < 1$$

Portanto, o sistema é estável se $f(0) = 0$ e $0 < f(e)/e < K < 1$ para $e \neq 0$.

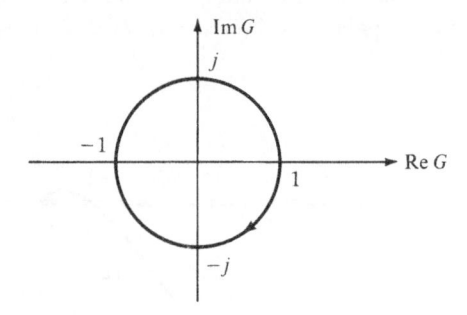

Figura 19-15

Problemas Resolvidos

Sistemas de controle não lineares

19.1 Alguns tipos de leis de controle ou algoritmos de controle foram apresentados nas Definições 2.25 a 2.29. Quais delas são lineares e quais são não lineares do ponto de vista de suas características de entrada-saída?

O controlador *on-off* (binário) da Definição 2.25 é claramente não linear, pois sua saída é uma função descontínua em relação à entrada. Os controladores restantes, isto é, proporcional (*P*), derivativo (*D*) e integral (*I*) e os controladores PD, PI, DI e PID dados nas Definições 2.26 a 2.29 são todos lineares. As saídas de cada um são definidas por operações lineares, ou combinações lineares de operações lineares, em cada uma de suas entradas.

19.2 Por que o sistema de aquecimento controlado termostaticamente descrito no Problema 2.16 é não linear?

O controlador termostático neste sistema é um dispositivo não linear (binário), com histerese na característica entrada-saída, conforme descrito no Problema 2.16. Este controlador regula a temperatura da sala deste sistema de controle de modo oscilatório entre os limites superior e inferior, escalonando a temperatura desejada. Este tipo de comportamento é característico de muitos sistemas de controle não lineares.

Aproximações linearizadas e linearizadas por partes de sistemas

19.3 A equação diferencial de determinado sistema físico é dada por

$$\frac{d^3y}{dt^3} + 4\frac{d^2y}{dt^2} + f(y) = 0$$

A função *f(y)* é não linear, mas ela pode ser aproximada pelo gráfico linear por partes ilustrado na Figura 19-16. Determine a aproximação linear por partes para a equação diferencial do sistema não linear.

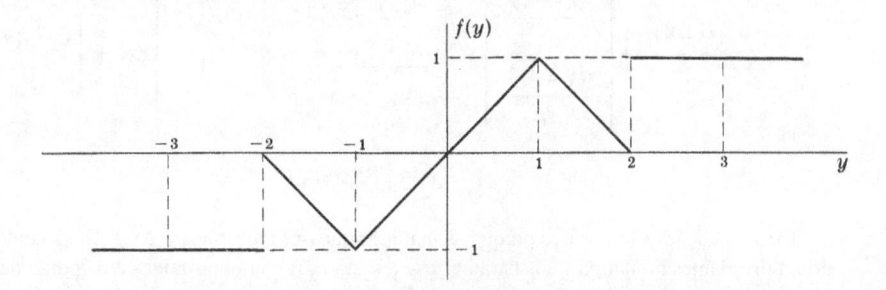

Figura 19-16

O sistema não linear pode ser aproximado pelo seguinte conjunto de cinco equações lineares nas faixas indicadas de *y*:

$$\frac{d^3y}{dt^3} + 4\frac{d^2y}{dt^2} - 1 = 0 \qquad y < -2$$

$$\frac{d^3y}{dt^3} + 4\frac{d^2y}{dt^2} - y - 2 = 0 \qquad -2 \leq y < -1$$

$$\frac{d^3y}{dt^3} + 4\frac{d^2y}{dt^2} + y = 0 \qquad -1 \leq y \leq 1$$

$$\frac{d^3y}{dt^3} + 4\frac{d^2y}{dt^2} - y + 2 = 0 \qquad 1 < y \leq 2$$

$$\frac{d^3y}{dt^3} + 4\frac{d^2y}{dt^2} + 1 = 0 \qquad 2 < y$$

19.4 Uma solução da equação diferencial linear

$$\frac{d^2y}{dt^2} + y\cos y = u$$

com entrada $u = 0$, é $y = 0$. Linearize é a equação diferencial sobre esta entrada e saída usando expansão em séries de Taylor da função $d^2y/dt^2 + y\cos y - u$ sobre o ponto $u = y = 0$.

A expansão em séries de Taylor de $\cos y$ sobre $y = 0$ é

$$\cos y = \sum_{k=0}^{\infty} \frac{y^k}{k!} \left[\frac{d^k}{dy^k}(\cos y) \Big|_{y=0} \right] = 1 - \frac{1}{2!}y^2 + \cdots$$

Portanto,

$$\frac{d^2y}{dt^2} + y\cos y - u = \frac{d^2y}{dt^2} + y\left(1 - \frac{y^2}{2!} + \cdots \right) - u$$

Mantendo apenas termos de primeiro grau, a equação linear é $d^2y/dt^2 + y = u$. Esta equação é válida apenas para pequenos desvios (perturbações) sobre o ponto de operação $u = y = 0$.

19.5 Escreva as equações de perturbação determinadas no Exemplo 19.9 na forma vetor-matriz. Por que elas são lineares? Em que condições seriam invariantes no tempo?

$$\frac{d(\Delta \mathbf{x})}{dt} \equiv \begin{bmatrix} \dfrac{d(\Delta x_1)}{dt} \\ \dfrac{d(\Delta x_2)}{dt} \end{bmatrix} \cong \begin{bmatrix} -2c_2 \bar{x}_1(t) & c_1 \bar{u}(t) \\ \dfrac{c_3 c_4}{[c_4 + \bar{x}_1(t)]^2} & 0 \end{bmatrix} \Delta \mathbf{x} + \begin{bmatrix} c_1 \bar{x}_2(t) \\ 0 \end{bmatrix} \Delta u$$

$$\Delta y \cong [2c_5 \bar{x}_1(t) \quad 0] \Delta \mathbf{x}$$

Essas equações são lineares porque as matrizes que pré-multiplicam $\Delta \mathbf{x}$ e Δu são independentes de $\Delta \mathbf{x}$ e Δu. Elas seriam invariantes no tempo se os parâmetros $c_1, c_2,..., c_5$ fossem constantes e o "ponto de operação" do sistema, para $u = \bar{u}(t)$ e $x = \bar{x}(t)$, também fosse constante. Este seria o caso se $\bar{u}$ = constante.

19.6 Deduza as Equações linearizadas (19.13) e (19.14) para o sistema diferencial não linear dado por (19.11) e (19.12).

Consideramos as variações $\Delta \mathbf{x}$ em $\mathbf{x}$ como resultado das variações $\Delta \mathbf{u}$ em $\mathbf{u}$, cada um sobre os pontos de operação $\bar{\mathbf{x}}$ e $\bar{\mathbf{u}}$, respectivamente, isto é,

$$\mathbf{x}(t) = \bar{\mathbf{x}}(t) + \Delta \mathbf{x}(t)$$

$$\mathbf{u}(t) = \bar{\mathbf{u}}(t) + \Delta \mathbf{u}(t)$$

Nestas equações, t é considerado um parâmetro, mantido constante na derivação. Portanto, suprimimos t por conveniência. A substituição de $\bar{\mathbf{x}} + \Delta \mathbf{x}$ por $\mathbf{x}$ e $\bar{\mathbf{u}} + \Delta \mathbf{u}$ por $\mathbf{u}$ em (19.11) resulta em

$$\frac{d\mathbf{x}}{dt} = \frac{d\bar{\mathbf{x}}}{dt} + \frac{d(\Delta \mathbf{x})}{dt} = \mathbf{f}(\bar{\mathbf{x}} + \Delta \mathbf{x}, \bar{\mathbf{u}} + \Delta \mathbf{u})$$

Agora vamos expandir essa equação em uma série de Taylor sobre $\{\bar{\mathbf{x}}, \bar{\mathbf{u}}\}$, mantendo apenas termos de primeira ordem:

$$\frac{d\mathbf{x}}{dt} + \frac{d(\Delta \mathbf{x})}{dt} \cong \mathbf{f}(\bar{\mathbf{x}}, \bar{\mathbf{u}}) + \frac{d\mathbf{f}}{d\mathbf{x}}\bigg|_{\substack{\mathbf{x}=\bar{\mathbf{x}}(t) \\ \mathbf{u}=\bar{\mathbf{u}}(t)}} \Delta \mathbf{x} + \frac{\partial \mathbf{f}}{\partial \mathbf{u}}\bigg|_{\substack{\mathbf{x}=\bar{\mathbf{x}}(t) \\ \mathbf{u}=\bar{\mathbf{u}}(t)}} \Delta \mathbf{u}$$

Então, uma vez que $d\bar{\mathbf{x}}/dt = \mathbf{f}(\bar{\mathbf{x}}, \bar{\mathbf{u}})$, a Equação (19.11) segue-se imediatamente depois de subtrair esses termos correspondentes de ambos os lados da equação acima. Da mesma forma, para

$$y = g(x)$$

$$y = \bar{y} + \Delta y = g(\bar{x} + \Delta x) \cong g(\bar{x}) + \left.\frac{\partial g}{\partial x}\right|_{x=\bar{x}} \Delta x = \bar{y} + \left.\frac{\partial g}{\partial x}\right|_{x=\bar{x}} \Delta x$$

Subtraindo $\bar{y}$ de ambos os lados, finalmente obtemos

$$\Delta y \cong \left.\frac{\partial g}{\partial x}\right|_{x=\bar{x}} \Delta x$$

19.7 As equações que descrevem o movimento de um satélite em torno da terra no plano da órbita são

$$r\frac{d^2\theta}{dt^2} + 2\frac{dr}{dt}\frac{d\theta}{dt} = 0 \qquad \frac{d^2r}{dt^2} - r\left(\frac{d\theta}{dt}\right)^2 = -\frac{k^2}{pr^2}$$

(Ver Problema 3.3 e Exemplo 19.2 para mais detalhes.) Um satélite está em uma órbita quase circular determinada por r e $d\theta/dt \equiv \omega$. Uma órbita exatamente circular é definida por

$$r = r_0 = \text{constante} \qquad \omega = \omega_0 = \text{constante}$$

Visto que $dr_0/dt = 0$ e $d\omega_0/dt = 0$, a primeira equação diferencial é eliminada para uma órbita circular. A segunda equação reduz-se a $r_0\omega_0^2 = k^2/pr_0^2$. Determine um conjunto de equações lineares que descreva, aproximadamente, as diferenças

$$\delta r \equiv r - r_0 \qquad \delta\omega \equiv \omega - \omega_0$$

Nas equações de movimento, fazemos as substituições

$$r = r_0 + \delta r \qquad \omega = \omega_0 + \delta\omega$$

e obtemos as equações

$$(r_0 + \delta r)\frac{d(\omega_0 + \delta\omega)}{dt} + 2\frac{d(r_0 + \delta r)}{dt}(\omega_0 + \delta\omega) = 0$$

$$\frac{d^2(r_0 + \delta r)}{dt^2} - (r_0 + \delta r)(\omega_0 + \delta\omega)^2 = -\frac{k}{p(r_0 + \delta r)^2}$$

Notamos que

$$\frac{d(r_0 + \delta r)}{dt} = \frac{d(\delta r)}{dt} \qquad \frac{d^2(r_0 + \delta r)}{dt^2} = \frac{d^2(\delta r)}{dt^2} \qquad \frac{d(\omega_0 + \delta\omega)}{dt} = \frac{d(\delta\omega)}{dt}$$

visto que tanto r_0 quanto ω_0 são constantes. A primeira equação diferencial torna-se então

$$r_0\frac{d(\delta\omega)}{dt} + (\delta r)\frac{d(\delta\omega)}{dt} + 2\omega_0\frac{d(\delta r)}{dt} + 2\frac{d(\delta r)}{dt}\delta\omega = 0$$

Visto que as diferenças δr, $\delta\omega$ e suas derivadas são pequenas, os termos de segunda ordem $(\delta r)(d(\delta\omega)/dt)$ e $2(d(\delta r)/dt)\delta\omega$ podem ser considerados insignificantes e eliminados. A equação linear resultante é

$$r_0\frac{d(\delta\omega)}{dt} + 2\omega_0\frac{d(\delta r)}{dt} = 0$$

que é uma das duas equações desejadas. A segunda equação diferencial pode ser reescrita como

$$\frac{d^2(\delta r)}{dt^2} - r_0\omega_0^2 - 2r_0\omega_0\delta\omega - r_0(\delta\omega)^2 - \omega_0^2\delta r - 2\omega_0(\delta r)(\delta\omega) - (\delta\omega)^2\delta r$$

$$= -\frac{k}{pr_0^2} - \frac{2k\delta r}{r_0^3} + \text{termos de alta ordem em } \delta r \text{ e } \delta\omega$$

em que o lado direito é a expansão da série de Taylor de $-k/pr^2$ sobre r_0. Todos os termos de ordem 2 e maior em δr e $\delta\omega$ podem ser novamente considerados insignificantes e eliminados, deixando a equação linear

$$\frac{d^2(\delta r)}{dt^2} - r_0\omega_0^2 - 2r_0\omega_0\delta\omega - \omega_0^2\delta\omega - \omega_0^2\delta r = -\frac{k}{pr_0^2} - \frac{2k\delta r}{pr_0^3}$$

No enunciado do problema, vimos que $r_0\omega_0^2 = k/pr_0^2$. Assim, a equação final é

$$\frac{d^2(\delta r)}{dt^2} - 2r_0\omega_0\delta\omega - \omega_0^2\delta r = -\frac{2k\delta r}{pr_0^3}$$

que é a segunda das duas equações linearizadas desejadas.

Métodos de plano de fase

19.8 Mostre que a equação $d^2x/dt^2 = f(x, dx/dt)$ pode ser equivalentemente descrita por um par de equações diferenciais de primeira ordem.

Definimos um conjunto de novas variáveis: $x_1 \equiv x$ e $x_2 \equiv dx_1/dt = dx/dt$.

$$\frac{d^2x}{dt^2} = \frac{d^2x_1}{dt} = \frac{dx_2}{dt} = f\left(x, \frac{dx}{dt}\right) = f\left(x_1, \frac{dx_1}{dt}\right) = f(x_1, x_2)$$

As duas equações desejadas são, por conseguinte,

$$\frac{dx_1}{dt} = x_2 \qquad \frac{dx_2}{dt} = f(x_1, x_2)$$

19.9 Mostre que a trajetória no plano de fase da solução da equação diferencial

$$\frac{d^2x}{dt^2} + x = 0$$

com as condições iniciais $x(0) = 0$ e $(dx/dt)|_{t=0} = 1$ é um círculo de raio unitário centrado na origem.

Fazendo $x \equiv x_1$ e $x_2 \equiv dx_1/dt$, obtém-se o par de equações

$$\frac{dx_1}{dt} = x_2 \qquad x_1(0) = 0$$

$$\frac{dx_2}{dt} = -x_1 \qquad x_2(0) = 1$$

Eliminamos o tempo como variável independente escrevendo

$$\frac{dx_1}{dx_2} = -\frac{x_2}{x_1} \quad \text{ou} \quad x_1\,dx_1 + x_2\,dx_2 = 0$$

Com a integração desta equação para as condições iniciais dadas, obtemos

$$\int_0^{x_1} x_1'\,dx_1' + \int_1^{x_2} x_2'\,dx_2' = \tfrac{1}{2}x_1^2 + \tfrac{1}{2}x_2^2 - \tfrac{1}{2} = 0 \quad \text{ou} \quad x_1^2 + x_2^2 = 1$$

que é a equação de um círculo de raio unitário centrado na origem.

19.10 Determine a equação da trajetória no plano da fase da equação

$$\frac{d^2x}{dt^2} + \frac{dx}{dt} = 0$$

com as condições iniciais $x(0) = 0$ e $(dx/dt)|_{t=0} = 1$.

Com $x_1 \equiv x$ e $x_2 \equiv dx_1/dt$, obtemos o par de equações de primeira ordem

$$\frac{dx_1}{dt} = x_2 \qquad x_1(0) = 0$$

$$\frac{dx_2}{dt} = -x_2 \qquad x_2(0) = 1$$

Eliminamos o tempo como variável independente escrevendo

$$\frac{dx_1}{dx_2} = -\frac{x_2}{x_2} = -1 \quad \text{ou} \quad dx_1 + dx_2 = 0$$

Então

$$\int_0^{x_1} dx_1' + \int_1^{x_2} dx_2' = x_1 + x_2 - 1 = 0 \quad \text{ou} \quad x_1 + x_2 = 1$$

que é a equação de uma linha reta, como mostra a Figura 19-17. O sentido do movimento no plano de fase é indicado pela seta e é determinado observando que, inicialmente, $x_2(0) = 1$; portanto, $dx_1/dt > 0$ e x_1 está aumentando, e $dx_2/dt < 0$ e x_2 está diminuindo. A trajetória termina no ponto $(x_1, x_2) = (1, 0)$, em que $dx_1/dt = dx_2/dt = 0$ e, assim, o movimento termina.

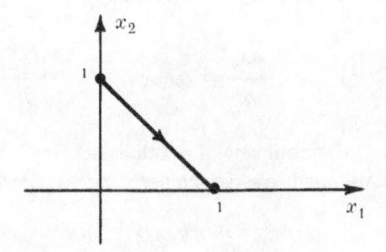

Figura 19-17

19.11 Projete um controlador *on-off* para o sistema dado pela Equação (19.19) e a Figura 19-7, com $a = 0$.

Para $a = 0$ na Equação (19.19), a Equação (19.23) se torna

$$dx_1 = \frac{x_2 dx_2}{u}$$

A curva de comutação é gerada pela integração desta equação no segundo quadrante, com $u = +1$ e terminando na origem, o que resulta em

$$x_1(t) = -\frac{x_2^2(t)}{2} \quad \text{ou} \quad e = -\frac{\dot{e}^2}{2}$$

e integrando no quarto quadrante com $u = -1$ e terminando na origem, obtemos

$$x_1(t) = \frac{x_2^2(t)}{2} \quad \text{ou} \quad e = \frac{\dot{e}^2}{2}$$

A curva de comutação é desenhada na Figura 19-18. A lógica de comutação do controlador *on-off* é dado na Tabela 19.2.

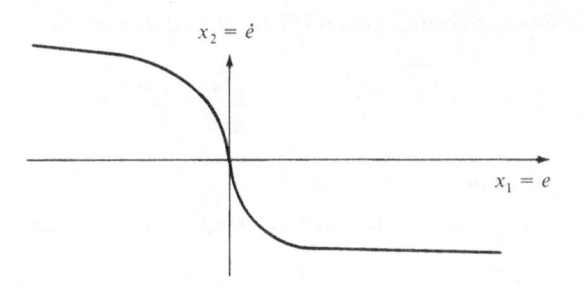

Figura 19-18

Tabela 19-2

$\dot{e} > 0$	$e + \dot{e}^2/2 > 0$	$e - \dot{e}^2/2 > 0$	u
Não	Não	Não	-1
Não	Não	Sim	$+1$
Não	Sim	Não	-1
Não	Sim	Sim	$+1$
Sim	Não	Não	-1
Sim	Não	Sim	-1
Sim	Sim	Não	$+1$
Sim	Sim	Sim	$+1$

Critério de estabilidade de Lyapunov

19.12 Determine os pontos singulares do par de equações

$$\frac{dx_1}{dt} = \operatorname{sen} x_2 \qquad \frac{dx_2}{dt} = x_1 + x_2$$

Pontos singulares são determinados fazendo sen $x_2 = 0$ e $x_1 + x_2 = 0$. A primeira equação é satisfeita por $x_2 = \pm n\pi$, $n = 0, 1, 2, \ldots$. A segunda é satisfeita por $x_1 = -x_2$. Portanto, os pontos singulares são definidos por

$$x_1 = \mp n\pi, x_2 = \pm n\pi \qquad n = 0, 1, 2, \ldots$$

19.13 A origem é um ponto singular para o par de equações

$$\frac{dx_1}{dt} = ax_1 + bx_2 \qquad \frac{dx_2}{dt} = cx_1 + dx_2$$

Utilizando a teoria de Lyapunov, determine as condições suficiente de a, b, c e d tal que a origem seja assintoticamente estável.

Escolhemos uma função

$$V = x_1^2 + x_2^2$$

que é positiva para qualquer x_1, x_2 exceto $x_1 = x_2 = 0$. A derivada no tempo de V é

$$\frac{dV}{dt} = 2x_1 \frac{dx_1}{dt} + 2x_2 \frac{dx_2}{dt} = 2ax_1^2 + 2bx_1x_2 + 2cx_1x_2 + 2dx_2^2$$

Para tornar dV/dt negativa para qualquer x_1, x_2, poderíamos escolher $a < 0$, $d < 0$ e $b = -c$. Neste caso,

$$\frac{dV}{dt} = 2ax_1^2 + 2dx_2^2 < 0$$

exceto quando $x_1 = x_2 = 0$. Assim, um conjunto de condições suficientes para a estabilidade assintótica é $a < 0$, $d < 0$ e $b = -c$. Há outras soluções possíveis deste problema.

19.14 Determine as condições suficientes para a estabilidade da origem do sistema não linear discreto no tempo descrito por

$$x_1(k+1) = x_1(k) - f[x_1(k)]$$

Seja $V[x(k)] = [x_1(k)]^2$, que é maior que 0 para qualquer $x \neq 0$. Então,

$$\Delta V = x_1^2(k+1) - x_1^2(k) = (x_1(k) - f[x_1(k)])^2 - x_1^2(k)$$

$$= -x_1(k)f[x_1(k)]\left(2 - \frac{f[x_1(k)]}{x_1}\right)$$

Portanto, as condições suficientes para $\Delta V \leq 0$ e, assim, a estabilidade do sistema, são

$$x_1 f(x_1) \geq 0$$

$$\frac{f(x_1)}{x_1} \leq 2 \quad \text{para qualquer } x_1$$

19.15 Determine as condições suficientes para a estabilidade do sistema

$$\dot{\mathbf{x}} = A\mathbf{x} + \mathbf{b}f(x_1) \quad \text{em que} \quad A = \begin{bmatrix} -2 & -1 \\ 0 & -2 \end{bmatrix}, \mathbf{b} = \begin{bmatrix} 1 \\ 2 \end{bmatrix}$$

Seja $V = \mathbf{x}^T P \mathbf{x}$ e $P = \begin{bmatrix} a & c \\ c & 1 \end{bmatrix}$. Então,

$$\dot{V} = \mathbf{x}^T(PA + A^T P)\mathbf{x} + \mathbf{x}^T P \mathbf{b} f(x_1) + f(x_1)\mathbf{b}^T P \mathbf{x}$$

$$= \mathbf{x}^T \begin{bmatrix} -4a & -a-4c \\ -a-4c & -2c-4 \end{bmatrix} \mathbf{x} + 2(a+2c)x_1 f(x_1) + 2(c+2)x_2 f(x_1)$$

Para eliminação do termo de produto cruzado $x_2 f(x_1)$, faça $c = -2$. Então,

$$\dot{V} = -\mathbf{x}^T Q \mathbf{x} + 2(a-4)x_1 f(x_1)$$

em que $Q \equiv \begin{bmatrix} 4a & a-8 \\ a-8 & 0 \end{bmatrix}$. Para $Q \geq 0$, $a = 8$. O $\dot{V}$ resultante é

$$\dot{V} = -32x_1^2 + 8x_1 f(x_1) = -8x_1^2\left(4 - \frac{f(x_1)}{x_1}\right)$$

Então, $\dot{V} \leq 0$ e o sistema é estável se $f(x_1)/x_1 \leq 4$ para qualquer $x_1 \neq 0$.

19.16 Determine as condições suficientes para a estabilidade do sistema não linear discreto no tempo

$$\mathbf{x}(k+1) = A\mathbf{x}(k) + \mathbf{b}f[x_1(k)]$$

em que $A = \begin{bmatrix} 1 & 1 \\ 0 & -1 \end{bmatrix}$ e $\mathbf{b} = \begin{bmatrix} 0 \\ -1 \end{bmatrix}$.

Seja $V = \mathbf{x}^T P \mathbf{x}$ e $P = \begin{bmatrix} a & c \\ c & 1 \end{bmatrix}$. Então,

$$\Delta V = V[\mathbf{x}(k+1)] - V[\mathbf{x}(k)] = \mathbf{x}(k+1)^T P \mathbf{x}(k+1) - \mathbf{x}(k)^T P \mathbf{x}(k)$$

$$= \left[f[x_1(k)]\mathbf{b}^T + \mathbf{x}(k)^T A^T\right] P \left[A\mathbf{x}(k) + \mathbf{b}f[x_1(k)]\right] - \mathbf{x}(k)^T P \mathbf{x}(k)$$

$$= \mathbf{x}^T(A^T P A - P)\mathbf{x} + f(x_1)\mathbf{b}^T P \mathbf{b} f(x_1) + f(x_1)\mathbf{b}^T P A \mathbf{x} + \mathbf{x}^T A^T P \mathbf{b} f(x_1)$$

em que

$$A^T P A - P = \begin{bmatrix} 0 & a-2c \\ a-2c & a-2c \end{bmatrix} \quad \text{e} \quad \mathbf{b}^T P A = \begin{bmatrix} -c & 1-c \end{bmatrix}$$

Agora, para $A^T PA - P \leq 0$, vamos fazer $a = 2c$ e, para eliminar o termo de produto cruzado $x_2 f(x_1)$, vamos fazer $c = 1$. Então, $A^T PA - P = 0$ e

$$\Delta V = [f(x_1)]^2 - 2x_1 f(x_1) = -x_1 f(x_1)\left(2 - \frac{f(x_1)}{x_1}\right)$$

Condições suficientes para $\Delta V \leq 0$ e estabilidade da origem são, então,

$$x_1 f(x_1) \geq 0 \quad \text{e} \quad \frac{f(x_1)}{x_1} \leq 2 \quad \text{para qualquer } x_1.$$

Métodos de resposta de frequência

19.17 Mostre que a função descritiva para o elemento de saturação linear por partes no Exemplo 19.1 é dada pela

$$\frac{B_1}{A} e^{j\phi_1} = \frac{2}{\pi}\left[\text{sen}^{-1}\frac{1}{A} + \frac{1}{A}\cos\text{sen}^{-1}\frac{1}{A}\right]$$

Vemos a partir da Figura 19-1(*b*) que, quando o módulo da entrada é menor do que 1,0, a saída é igual a entrada. Quando a entrada excede 1,0, então a saída é igual a 1,0. Usando a notação de Exemplo 19,1, se

$$e(t) = A \,\text{sen}\, \omega t \qquad A > 1$$

então, *f(t)* é como mostra a Figura 19-19 e pode ser escrita como

$$f(t) = \begin{cases} A \,\text{sen}\, \omega t & \begin{cases} 0 \leq t \leq t_1 \\ t_2 \leq t \leq t_3 \\ t_4 \leq t \leq 2\pi/\omega \end{cases} \\ 1 & t_1 \leq t \leq t_2 \\ -1 & t_3 \leq t \leq t_4 \end{cases}$$

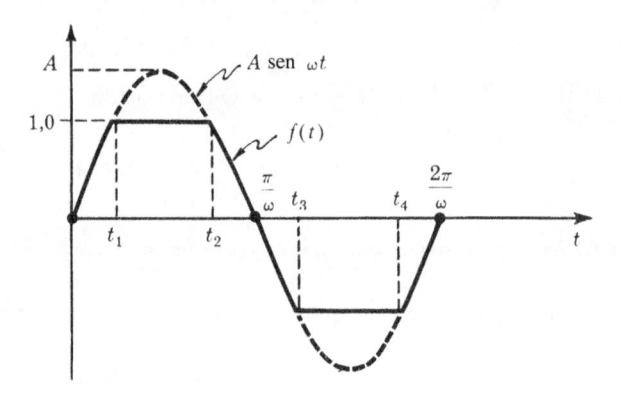

Figura 19-19

O tempo t_1 é obtido observando que

$$A \,\text{sen}\, \omega t_1 = 1 \quad \text{ou} \quad t_1 = \frac{1}{\omega}\text{sen}^{-1}\frac{1}{A}$$

Da mesma forma,

$$t_2 = \frac{\pi}{\omega} - \frac{1}{\omega}\text{sen}^{-1}\frac{1}{A} \qquad t_3 = \frac{\pi}{\omega} + \frac{1}{\omega}\text{sen}^{-1}\frac{1}{A} \qquad t_4 = \frac{2\pi}{\omega} - \frac{1}{\omega}\text{sen}^{-1}\frac{1}{A}$$

O módulo B_1 e o ângulo de fase ϕ_1 da função descritiva são determinados a partir da expressão para o primeiro coeficiente de Fourier:

$$B_1 = \frac{\omega}{\pi}\int_0^{2\pi/\omega} f(t)\operatorname{sen}\omega t\, dt$$

Visto que $f(t)$ é uma função ímpar, o ângulo de fase ϕ_1 é zero. A integral que define B_1 pode ser reescrita como

$$B_1 = \frac{\omega}{\pi}\int_0^{t_1} A\operatorname{sen}^2\omega t\, dt + \frac{\omega}{\pi}\int_{t_1}^{t_2} \operatorname{sen}\omega t\, dt$$

$$+ \frac{\omega}{\pi}\int_{t_2}^{t_3} A\operatorname{sen}^2\omega t\, dt - \frac{\omega}{\pi}\int_{t_3}^{t_4} \operatorname{sen}\omega t\, dt + \frac{\omega}{\pi}\int_{t_4}^{2\pi/\omega} A\operatorname{sen}^2\omega t\, dt$$

Mas
$$\int_0^{t_1} A\operatorname{sen}^2\omega t\, dt = \int_{t_4}^{2\pi/\omega} A\operatorname{sen}^2\omega t\, dt = \frac{1}{2}\int_{t_2}^{t_3} A\operatorname{sen}^2\omega t\, dt$$

e
$$\int_{t_1}^{t_2} \operatorname{sen}\omega t\, dt = -\int_{t_3}^{t_4} \operatorname{sen}\omega t\, dt = 2\int_{t_1}^{\pi/2\omega} \operatorname{sen}\omega t\, dt$$

Assim, podemos escrever B_1 como

$$B_1 = \frac{4\omega}{\pi}\int_0^{t_1} A\operatorname{sen}^2\omega t\, dt + \frac{4\omega}{\pi}\int_{t_1}^{\pi/2\omega} \operatorname{sen}\omega t\, dt = \frac{2}{\pi}\left[A\omega t_1 - \frac{A}{2}\operatorname{sen}2\omega t_1 + 2\cos\omega t_1\right]$$

Substituindo $t_1 = (1/\omega)\operatorname{sen}^{-1}(1/A)$ e simplificando, obtemos

$$B_1 = \frac{2}{\pi}\left[A\operatorname{sen}^{-1}\frac{1}{A} + \cos\operatorname{sen}^{-1}\frac{1}{A}\right]$$

Finalmente, a função descritiva é

$$\frac{B_1}{A} = \frac{2}{\pi}\left[\operatorname{sen}^{-1}\frac{1}{A} + \frac{1}{A}\cos\operatorname{sen}^{-1}\frac{1}{A}\right]$$

19.18 Determine a amplitude A e a frequência ω para as quais as oscilações poderiam ser mantidas no sistema do Exemplo 19.18 com o ganho da malha direta aumentado para 32 a partir de 8.

Os gráficos polares de

$$G(\omega) = \frac{32}{j\omega(j\omega + 2)^2}$$

e $-1/\overline{N}(A)$ são mostrados na Figura 19-20. Os dois locais se interceptam em $A = 2,5$ e $\omega = 2$, as condições para a oscilação.

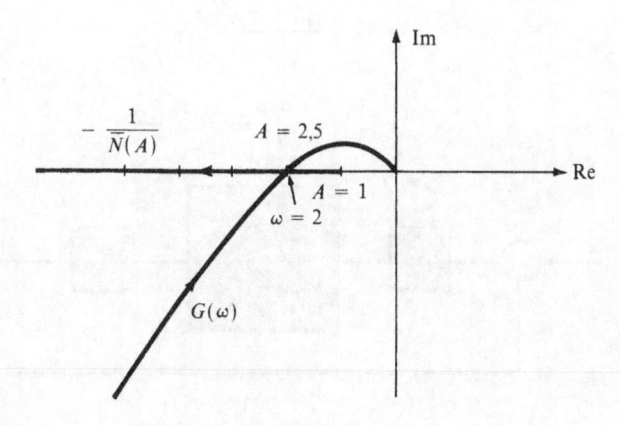

Figura 19-20

19.19 Determine a amplitude e a frequência das oscilações possíveis para o sistema da Figura 19-12 com $f(e) = e^3$ e

$$G(\omega) = \frac{1}{(j\omega + 1)^3}$$

A partir do Exemplo 19.17, a função descritiva para essa não linearidade é

$$\overline{N}(A) = \frac{3A^2}{4} \quad \text{e} \quad -\frac{1}{\overline{N}} = -\frac{4}{3A^2}$$

A partir dos gráficos polares mostrados na Figura 19-21, $G(\omega)$ e $-1/\overline{N}$ se interceptam em $\omega = 1{,}732$ e $A = 3{,}27$, as condições para oscilação.

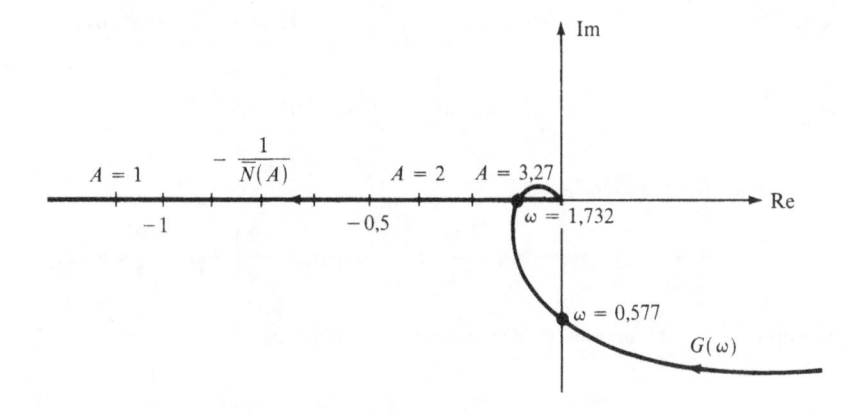

Figura 19-21

19.20 Determine a amplitude e a frequência das possíveis oscilações para o sistema da Figura 19-12, com a não linearidade da histerese mostrada na Figura 19-22, e $G(\omega) = 2/j\omega(j\omega + 1)$.

O diagrama em bloco do sistema pode ser manipulado como mostrado na Figura 19-23, de modo que o elemento com histerese seja normalizado, uma zona morta de 1 e uma inclinação de 1. A Figura 19-11 pode então ser usada para construir o gráfico polar de $-1/N$, mostrado na Figura 19-24 com o gráfico polar de $2G(\omega)$, em vez de $G(\omega)$, porque a função de transferência da malha que exclui a não linearidade é $4G(\omega)/2 = 2G(\omega)$.

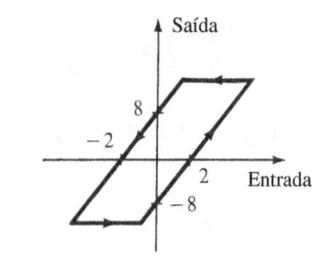

Figura 19-22

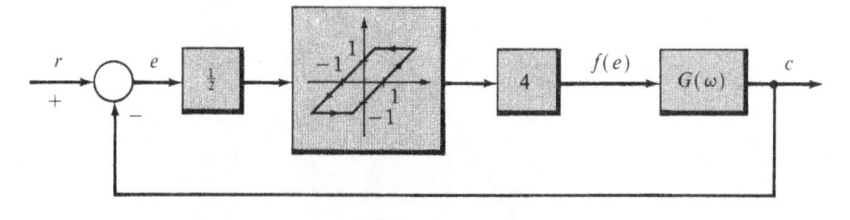

Figura 19-23

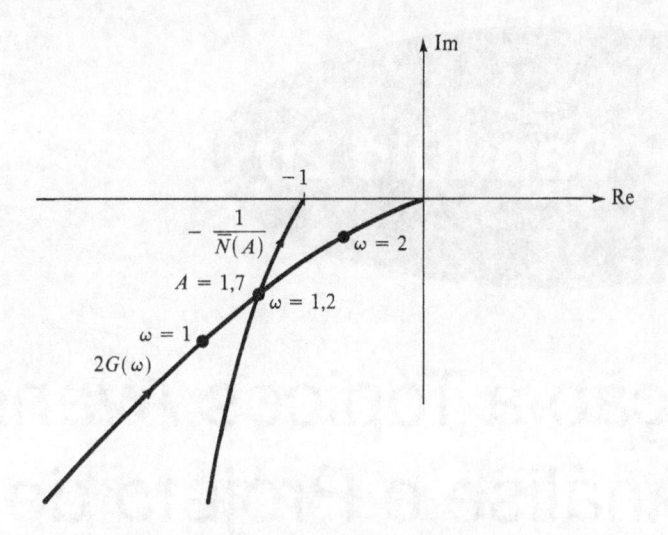

Figura 19-24

As duas curvas se interceptam em $\omega = 1,2$ rad/s e $A = 1,7$, a condição para a oscilação do sistema. Note que A é a amplitude da entrada para a não linearidade normalizada. Por conseguinte, a amplitude para as oscilações é de 3,4, em termos de e.

Problemas Complementares

19.21 Determine a trajetória no plano da fase da solução da equação diferencial

$$\frac{d^2x}{dt^2} + 2\frac{dx}{dt} + 4x = 0$$

19.22 Usando a teoria de Lyapunov, determine as condições suficientes em a_1 e a_0 que garantem que o ponto $x = 0$, $dx/dt = 0$ seja estável para a equação

$$\frac{d^2x}{dt^2} + a_1\frac{dx}{dt} + a_0 x = 0$$

Capítulo 20

Introdução a Tópicos Avançados sobre Análise e Projeto de Sistemas de Controle

20.1 INTRODUÇÃO

Este último capítulo é uma introdução a tópicos avançados sobre a ciência dos sistemas de controle. Cada assunto é abordado apenas de forma resumida para familiarizar o leitor com parte da terminologia e da matemática de metodologias avançadas. Este capítulo também motivará o leitor a estudos avançados. As técnicas de variáveis de estado no domínio do tempo, apresentadas nos Capítulos 3 e 4 e amplamente usadas no Capítulo 19, predominam em desenvolvimentos metodológicos avançados, principalmente porque elas fornecem uma base para a solução de uma grande classe de problemas de sistemas de controle, incluindo problemas muito mais complexos do que os que são propícios para os métodos no domínio da frequência.

20.2 CONTROLABILIDADE E OBSERVABILIDADE

A maior parte da teoria moderna de controle é desenvolvida no domínio do tempo, em vez do domínio da frequência, e o modelo de *planta* (processo controlado) invariante no tempo e linear básico normalmente é dado como uma descrição de *variável de estado* (Capítulo 3), Equação (3.25b): $d\mathbf{x}(t)/dt = A\mathbf{x}(t) + B\mathbf{u}(t)$ para sistemas contínuos, ou a Equação (3.36): $\mathbf{x}(k+1) = A\mathbf{x}(k) + B\mathbf{u}(k)$ para sistemas discretos. Para qualquer tipo de modelo, a equação de saída pode ser escrita como $\mathbf{y} = C\mathbf{x}$, em que $\mathbf{y} = \mathbf{y}(t)$ ou $\mathbf{y}(k)$, $\mathbf{x} = \mathbf{x}(t)$ ou $\mathbf{x}(k)$, e C é uma matriz de dimensão compatível. Podemos citar rapidamente que esta forma básica do modelo muitas vezes é usada para representar sistemas lineares *variantes no tempo*, com as matrizes A, B ou C tendo elementos que são funções do vetor de estado $\mathbf{x}$.

O conceito de *controlabilidade* aborda a questão de saber se é possível *controlar* ou *orientar* o estado (vetor) $\mathbf{x}$ a partir da entrada $\mathbf{u}$. Especificamente, existe uma entrada $\mathbf{u}$ fisicamente realizável que pode ser aplicada na planta ao longo de um período de tempo finito que vai orientar o vetor de estado $\mathbf{x}$ inteiro (cada um dos n componentes de $\mathbf{x}$) a partir de qualquer ponto $\mathbf{x}_0$ no *espaço de estados* para qualquer outro ponto $\mathbf{x}_1$? Se a resposta for sim, a planta é **controlável**; se for não, ela é **incontrolável**.

O conceito de *observabilidade* é complementar ao de controlabilidade. Ele aborda a questão da possibilidade de determinar todos os n componentes do vetor de estado $\mathbf{x}$ medindo a saída $\mathbf{y}$ ao longo de um período de tempo finito. Se isso ocorrer, o sistema é **observável**; caso contrário, é **não observável**. Obviamente, se $\mathbf{y} = \mathbf{x}$, ou seja, se todas as variáveis de estado são medidas, o sistema é observável. Entretanto, se $\mathbf{y} \neq \mathbf{x}$ e C não é uma matriz quadrada, a planta ainda pode ser observável.

As propriedades de controlabilidade e observabilidade da planta têm consequências práticas importantes na análise, principalmente no projeto de modernos sistemas de controle com realimentação. Intuitivamente, plantas não controláveis não podem ser controladas de forma arbitrária; e é impossível conhecer todas as variáveis de estado de plantas não observáveis. Estes problemas sem dúvida estão relacionados, porque juntos significam que esta-

CAPÍTULO 20 • INTRODUÇÃO A TÓPICOS AVANÇADOS SOBRE ANÁLISE E PROJETO DE SISTEMAS DE CONTROLE

dos (variáveis de estado) não observáveis não podem ser controlados individualmente, se for necessário que a variável de controle **u** seja função de **x**, ou seja, se for necessário controle com *realimentação*.

Modelos de plantas lineares e invariantes no tempo na forma de variáveis de estado [Equações (3.25b) ou (3.36)] são **controláveis** se e somente se a seguinte **matriz de controlabilidade** tem grau n (n colunas linearmente independentes), em que n é o número de variáveis de estado no vetor de estados **x**:

$$[B \quad AB \quad A^2B \quad \cdots \quad A^{n-1}B] \tag{20.1}$$

De forma similar, um modelo de planta é observável se se somente se a seguinte matriz de observabilidade tem grau n (n linhas linearmente independentes):

$$\begin{bmatrix} C \\ CA \\ CA^2 \\ \vdots \\ CA^{n-1} \end{bmatrix} \tag{20.2}$$

Exemplo 20.1 Considere a seguinte planta de uma entrada e uma saída (SISO – *single-input single-output*) com $\mathbf{x} \equiv \begin{bmatrix} x_1 \\ x_2 \end{bmatrix}$ e a_{11}, a_{12}, a_{22} não nulos:

$$\frac{d\mathbf{x}}{dt} = \begin{bmatrix} a_{11} & a_{12} \\ 0 & a_{22} \end{bmatrix}\mathbf{x} + \begin{bmatrix} 1 \\ 0 \end{bmatrix}u \qquad y = C\mathbf{x} = [1 \quad 0]\mathbf{x}$$

Para testar se este modelo é controlável, primeiro avaliamos a matriz dada pela Equação (20.1):

$$[B \quad AB] = \begin{bmatrix} 1 & a_{11} \\ 0 & 0 \end{bmatrix}$$

Pela Definição 3.11, as duas colunas, $\begin{bmatrix} 1 \\ 0 \end{bmatrix}$ e $\begin{bmatrix} a_{11} \\ 0 \end{bmatrix}$, seriam linearmente independentes se para as constantes α e β na expressão seguinte

$$\alpha\begin{bmatrix} 1 \\ 0 \end{bmatrix} + \beta\begin{bmatrix} a_{11} \\ 0 \end{bmatrix} = \begin{bmatrix} 0 \\ 0 \end{bmatrix}$$

forem tais que $\alpha = \beta = 0$. Este claramente *não* é o caso, porque $\alpha = 1$ e $\beta = -1/a_{11}$ satisfazem esta equação. Portanto, as duas colunas de $[B \quad AB]$ são linearmente *dependentes*, o grau de $[B \quad AB] = 1 \neq 2 = n$ e, portanto, esta planta é não controlável.

De forma similar, a partir da Equação (20.2),

$$\begin{bmatrix} C \\ CA \end{bmatrix} = \begin{bmatrix} 1 & 0 \\ a_{11} & a_{12} \end{bmatrix}$$

Para esta matriz, os únicos α e β para os quais $\alpha[1 \quad 0] + \beta[a_{11} \quad a_{12}] = [0 \quad 0]$ são $\alpha \equiv \beta \equiv 0$, porque $a_{12} \neq 0$. Portanto, o grau de $\begin{bmatrix} C \\ CA \end{bmatrix}$ é $n = 2$ e esta planta é observável.

20.3 PROJETO NO DOMÍNIO DO TEMPO DE SISTEMAS COM REALIMENTAÇÃO (REALIMENTAÇÃO DE ESTADO)

O projeto de muitos sistemas de realimentação pode se realizado usando representações no domínio do tempo e os conceitos de controlabilidade e observabilidade estudados anteriormente. Conforme notado nos capítulos anteriores, particularmente no Capítulo 14, o projeto de um sistema de controle linear geralmente é implementado manipulando-se a localização dos polos de uma função de transferência de malha fechada (as raízes da equação característica), usando compensadores apropriados no percurso direto ou de realimentação para atender às especificações de desempenho. Esta abordagem é satisfatória em muitas circunstâncias, mas ela apresenta certas limitações que podem ser superadas usando uma filosofia de projeto diferente, denominada *projeto por realimentação de estados*, que permite a colocação de polos *arbitrários*, proporcionando assim substancialmente mais flexibilidade no projeto.

A ideia básica subjacente ao projeto de sistemas de controle por realimentação de estados é abordada a seguir para plantas contínuas de entrada única, $d\mathbf{x}/dt = A\mathbf{x} + Bu$. O procedimento é o mesmo para sistemas discretos no tempo.

Em relação à Figura 2-1, buscamos um controle por realimentação de estados:

$$u = -G\mathbf{x} + r \qquad (20.3)$$

em que G é uma matriz de realimentação $1 \times n$ de ganhos constantes (a serem projetados) e r é a entrada de referência. Combinando estas equações, o sistema de malha fechada é dado por

$$\frac{d\mathbf{x}}{dt} = (A - BG)\mathbf{x} + Br \qquad (20.4)$$

Se a planta é controlável, a matriz G existe e pode gerar qualquer conjunto (arbitrário) de raízes desejado para a equação característica deste sistema de malha fechada, representado por $|\lambda I - A + BG| = 0$, em que as soluções λ desta equação determinante são as raízes. Este é o resultado básico.

Exemplo 20.2 A Figura 20-1 mostra um diagrama em bloco do sistema por realimentação de estados dado pelas Equações (20.3) e (20.4).

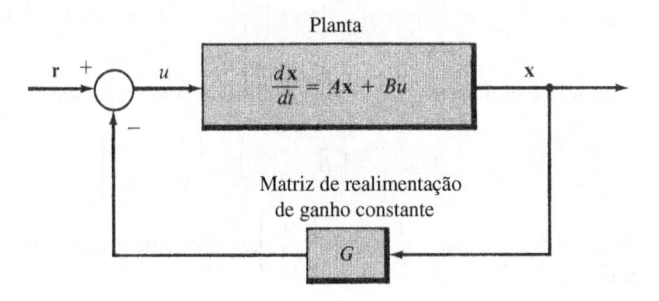

Figura 20-1

Para implementar um projeto por realimentação de estados, todo o vetor de estados **x** deve ser disponibilizado de alguma forma, ou exatamente como **x** ou como uma aproximação adequada, indicada por $\hat{\mathbf{x}}$. Se a saída é $\mathbf{y} = \mathbf{x}$, como na Figura 20-1, obviamente não há problema. Mas, se todos os estados não estiverem disponíveis como saídas, que é o mais comum, então a observabilidade do modelo diferencial de planta e equações de saída ($d\mathbf{x}/dt = A\mathbf{x} + Bu$ e $\mathbf{y} = C\mathbf{x}$) é necessário para obter o *estimador* ou *observador* $\hat{\mathbf{x}}$ de estados necessário. As equações para um sistema observador de estados típico são dadas por

$$\frac{d\hat{\mathbf{x}}}{dt} = (A - LC)\hat{\mathbf{x}} + L\mathbf{y} + B\mathbf{u} \qquad (20.5)$$

em que A, B e C são matrizes de plantas e sistemas de medição de saída e L é uma *matriz de projeto do observador* a ser determinada em um projeto particular.

Exemplo 20.3 A Figura 20-2 mostra um diagrama em bloco detalhado do sistema do observador de estados dado pela Equação (20.5), juntamente com a planta e o diagrama em bloco do sistema de medição (parte superior) para gerar os sinais de entrada necessários para o sistema do observador (parte inferior).

Exemplo 20.4 Sob condições adequadas, que incluem controlabilidade e observabilidade da planta a ser controlada, aplica-se o princípio da separação e as partes da realimentação de estados (matriz G) e observador (matriz L) de um sistema de controle por realimentação de estados (com $\mathbf{y} \neq \mathbf{x}$) podem ser projetados independentemente. Um diagrama em bloco dos sistemas combinados é mostrado na Figura 20-3.

Figura 20-2

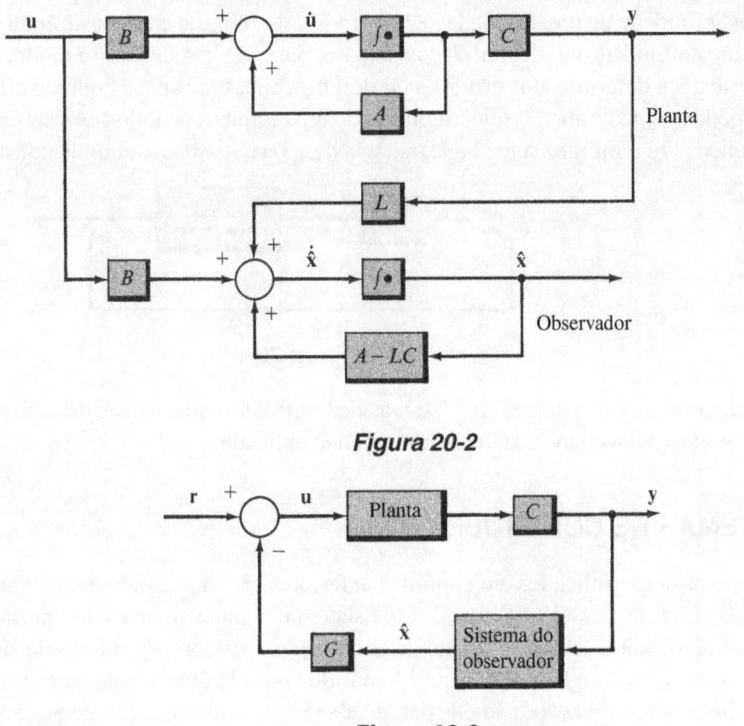

Figura 20-3

Omitimos muitos detalhes neste material introdutório, e os sistemas de controle por realimentação de estados são geralmente mais complexos do que os descritos acima.

20.4 SISTEMAS DE CONTROLE COM ENTRADAS ALEATÓRIAS

Os estímulos de sistemas muitas vezes incluem componentes aleatórios ou outros "desconhecidos". Isto significa que as funções de entrada podem às vezes ser mais apropriadamente descritas de modo probabilístico do que determinístico. Tais excitações são denominadas **processos aleatórios**. Os distúrbios n (Definição 2.21) de um sistema, ilustrados em alguns capítulos anteriores, podem ser representados por modelos de processos aleatórios na teoria e prática de controle moderno.

Um processo aleatório pode ser visto como uma função de duas variáveis, t e η, em que t representa tempo e η um evento aleatório. O valor de η é determinado por probabilidade.

Exemplo 20.5 Um processo aleatório particular é representado por $x(t,\eta)$. O evento aleatório η é o resultado de lançar uma moeda não viciada; as caras e coroas aparecem com probabilidades iguais. Definimos

$$x(t,\eta) \equiv \begin{cases} \text{função degrau unitário se } \eta = \text{caras} \\ \text{função rampa unitária se } \eta = \text{coroas} \end{cases}$$

Assim, $x(t,\eta)$ consiste em duas funções simples, mas é um processo aleatório, porque o acaso determina que função ocorre.

Na prática, os processos aleatórios consistem em uma infinidade de funções de tempo possíveis, denominadas *realizações*, e geralmente não podemos descrevê-los tão explicitamente como aquele no Exemplo 20.5. Em vez disso, eles podem ser descritos, num sentido estatístico, por médias sobre todas as funções do tempo possíveis. Os critérios de desempenho, discutidos previamente, têm sido todos relacionados a entradas específicas (por exemplo, K_p é definido para uma entrada de degrau unitário, M_p e ϕ_{PM} para ondas senoidais). Mas a satisfação de especificações de desempenho definidas para um sinal de entrada não garante necessariamente satisfação para outros. Portanto, para uma entrada aleatória, não podemos projetar para um sinal *particular*, como uma função degrau, mas devemos projetar para a média estatística do sinal de entrada aleatório.

Exemplo 20.6 O sistema de realimentação unitária da Figura 20.4 é excitado por uma entrada de processo aleatória r tendo uma infinidade de possibilidades. Queremos determinar a compensação, de modo que o erro e não seja excessivo. Há uma infinidade de possibilidades para r e, portanto, para e. Desse modo, não podemos pedir que cada erro possível satisfaça determinados critérios de desempenho, mas apenas que os erros médios sejam pequenos. Por exemplo, podemos pedir que G_1 seja escolhido de um conjunto de todos os sistemas causais tais que, à medida que o tempo tende para o infinito, a média estatística de $e^2(t)$ não exceda alguma constante, ou seja minimizada.

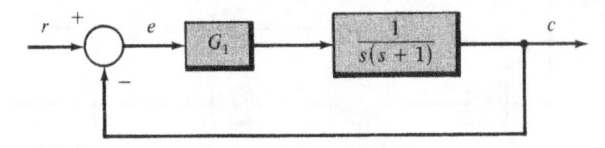

Figura 20-4

O estudo de processos aleatórios em sistemas de controle, muitas vezes denominado *teoria de controle estocástico*, é um assunto de nível avançado em matemática aplicada.

20.5 SISTEMAS DE CONTROLE ÓTIMO

Os problemas de projeto explicados em capítulos anteriores são, no sentido elementar, problemas de controle ótimo. As medidas clássicas desses desempenhos de sistema, como erro de estado permanente, margem de ganho e margem de fase, são critérios essencialmente de otimização, e os compensadores de sistema de controle são projetados para satisfazer essas exigências. Em problemas de controle ótimo, mais gerais, a medida do desempenho do sistema, ou *índice de desempenho*, não é especificada. Em vez disso, a compensação é escolhida de modo que o índice de desempenho seja *maximizado* ou *minimizado*. O valor do índice de desempenho é desconhecido até que o processo de otimização esteja completo.

Em muitos problemas, o índice de desempenho é uma medida ou função do erro $e(t)$, entre as respostas real e ideal. Ele é formulado em termos de parâmetros do projeto escolhido, sujeitos a limitações físicas existentes para otimizar o índice de desempenho.

Exemplo 20.7 Para o sistema ilustrado na Figura 20-5, queremos determinar um $K \geq 0$ tal que a integral do quadrado do erro e seja minimizada quando a entrada for uma função degrau unitário. Visto que $e \equiv e(t)$ não é uma constante, mas uma função do tempo, podemos formular este problema como a seguir: Escolha $K \geq 0$ tal que $\int_0^\infty e^2(t)dt$ seja minimizado, em que

$$e(t) = \mathcal{L}^{-1}\left[\frac{s+2}{s^2+2s+K}\right] = \sqrt{\frac{K}{K-1}}\, e^{-t} \operatorname{sen}(\sqrt{K-1}\, t + \operatorname{tg}^{-1}\sqrt{K-1}\,)$$

Figura 20-5

A solução pode ser obtida para $K > 1$ usando as técnicas convencionais de minimização de cálculo integral, como a seguir:

$$\int_0^\infty e^2(t)\, dt = \frac{K}{K-1}\int_0^\infty \left[e^{-t}\operatorname{sen}(\sqrt{K-1}\, t + \operatorname{tg}^{-1}\sqrt{K-1}\,)\right]^2 dt$$

A integração resulta em

$$\int_0^\infty e^2(t)\, dt = \left(\frac{K}{K-1}\right)\left(\frac{e^{-2t}}{4}\right)\left[-1-\frac{\cos(2\sqrt{K-1}\, t + 2\operatorname{tg}^{-1}\sqrt{K-1} - \operatorname{tg}^{-1}(-\sqrt{K-1}\,))}{\sqrt{K}}\right]\Bigg|_0^\infty$$

$$= \frac{K}{4(K-1)}\left[1+\frac{\cos(2\operatorname{tg}^{-1}\sqrt{K-1} - \operatorname{tg}^{-1}(-\sqrt{K-1}\,))}{K}\right]$$

Mas

$$\cos(2\,\mathrm{tg}^{-1}\sqrt{K-1} - \mathrm{tg}^{-1}(-\sqrt{K-1})) = -\cos 3\sqrt{K-1} = 3\cos\sqrt{K-1} - 4\cos^3\sqrt{K-1}$$

$$= \frac{3K-4}{K\sqrt{K}}$$

Portanto,

$$\int_0^\infty e^2(t)\,dt = \frac{K}{4(K-1)}\left(1 + \frac{3K-4}{K^2}\right) = \frac{K}{4(K-1)}\frac{(K-1)(K+4)}{K^2} = \frac{K+4}{4K}$$

A primeira derivada de $\int_0^\infty e^2(t)dt$ em relação a K é dada por

$$\frac{d}{dK}\left(\frac{K+4}{4K}\right) = -\frac{1}{K^2}$$

Aparentemente, $\int_0^\infty e^2(t)dt$ diminui monotonicamente conforme K aumenta. Portanto, o valor ótimo de K é $K = \infty$, que, obviamente, não é realizável. Para este valor de K,

$$\lim_{K\to\infty}\int_0^\infty e^2(t)\,dt = \lim_{K\to\infty}\left(\frac{K+4}{4K}\right) = \frac{1}{4}$$

Note também que a frequência natural ω_n do sistema ótimo é $\omega_n = \sqrt{K} = \infty$ e a razão de amortecimento $\xi = 1/\omega_n = 0$, o que o torna marginalmente estável. Portanto, apenas um sistema subótimo (menos do que ótimo) pode ser realizado na prática, e o seu projeto depende da aplicação específica.

Entretanto, problemas de controle ótimo típicos são muito mais complexos do que este simples exemplo, e necessitam de técnicas matemáticas mais sofisticadas para serem solucionados. Dentro da abordagem feita aqui, apenas mencionamos a sua existência.

20.6 SISTEMAS DE CONTROLE ADAPTATIVO

Em alguns sistemas de controle, certos parâmetros não são constantes ou variam de uma maneira não conhecida. No Capítulo 9, mostramos uma maneira de minimizar os efeitos de tais contingências projetando para sensibilidade mínima. Entretanto, se as variações dos parâmetros são grandes ou muito rápidas, pode ser desejável projetar com a capacidade de medi-los continuamente e variando a compensação, de modo que os critérios de desempenho de sistema sejam sempre satisfeitos. Isto é chamado de sistema de *controle adaptativo*.

Exemplo 20.8 A Figura 20-6 é um diagrama em bloco do sistema de controle adaptativo. Os parâmetros A e B da instalação são conhecidos como variantes no tempo. O bloco denominado "Identificação e ajuste de parâmetro" mede continuamente a entrada $u(t)$ e a saída $c(t)$ da planta, para *identificar* (quantificar) os parâmetros A e B. Dessa maneira, a e b do compensador em avanço podem ser modificados pela saída deste elemento para satisfazer as especificações do sistema. O projeto do bloco de Identificação e ajuste de parâmetro é o problema maior do controle adaptativo, que é outro assunto que requer conhecimentos avançados de matemática aplicada.

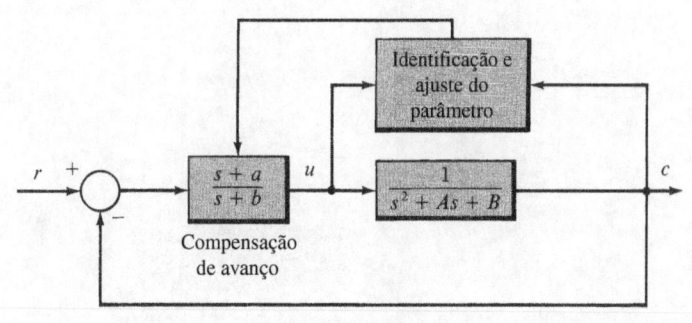

Figura 20-6

Apêndice A

Alguns Pares de Transformadas de Laplace Úteis para a Análise de Sistemas de Controle

$F(s)$	$f(t) \quad t > 0$
1	$\delta(t)$ impulso unitário
e^{-Ts}	$\delta(t - T)$ impulso com retardo
$\dfrac{1}{s+a}$	e^{-at}
$\dfrac{1}{(s+a)^n}$	$\dfrac{1}{(n-1)!} t^{n-1} e^{-at} \quad n = 1, 2, 3, \ldots$
$\dfrac{1}{(s+a)(s+b)}$	$\dfrac{1}{b-a}(e^{-at} - e^{-bt})$
$\dfrac{s}{(s+a)(s+b)}$	$\dfrac{1}{a-b}(ae^{-at} - be^{-bt})$
$\dfrac{s+z_1}{(s+a)(s+b)}$	$\dfrac{1}{b-a}[(z_1-a)e^{-at} - (z_1-b)e^{-bt}]$
$\dfrac{1}{(s+a)(s+b)(s+c)}$	$\dfrac{e^{-at}}{(b-a)(c-a)} + \dfrac{e^{-bt}}{(c-b)(a-b)} + \dfrac{e^{-ct}}{(a-c)(b-c)}$
$\dfrac{s+z_1}{(s+a)(s+b)(s+c)}$	$\dfrac{(z_1-a)e^{-at}}{(b-a)(c-a)} + \dfrac{(z_1-b)e^{-bt}}{(c-b)(a-b)} + \dfrac{(z_1-c)e^{-ct}}{(a-c)(b-c)}$
$\dfrac{\omega}{s^2 + \omega^2}$	$\operatorname{sen} \omega t$
$\dfrac{s}{s^2 + \omega^2}$	$\cos \omega t$
$\dfrac{s+z_1}{s^2 + \omega^2}$	$\sqrt{\dfrac{z_1^2 + \omega^2}{\omega^2}} \operatorname{sen}(\omega t + \phi) \qquad \phi \equiv \operatorname{tg}^{-1}(\omega/z_1)$

$F(s)$	$f(t) \quad t > 0$
$\dfrac{s\,\mathrm{sen}\,\phi + \omega\cos\phi}{s^2 + \omega^2}$	$\mathrm{sen}(\omega t + \phi)$
$\dfrac{1}{(s+a)^2 + \omega^2}$	$\dfrac{1}{\omega} e^{-at}\,\mathrm{sen}\,\omega t$
$\dfrac{1}{s^2 + 2\zeta\omega_n s + \omega_n^2}$	$\dfrac{1}{\omega_d} e^{-\zeta\omega_n t}\,\mathrm{sen}\,\omega_d t \qquad \omega_d \equiv \omega_n\sqrt{1-\zeta^2}$
$\dfrac{s+a}{(s+a)^2 + \omega^2}$	$e^{-at}\cos\omega t$
$\dfrac{s+z_1}{(s+a)^2 + \omega^2}$	$\sqrt{\dfrac{(z_1 - a)^2 + \omega^2}{\omega^2}}\, e^{-at}\,\mathrm{sen}(\omega t + \phi) \qquad \phi \equiv \mathrm{tg}^{-1}\left(\dfrac{\omega}{z_1 - a}\right)$
$\dfrac{1}{s}$	$\mathbf{1}(s) \qquad$ degrau unitário
$\dfrac{1}{s} e^{-Ts}$	$\mathbf{1}(t - T) \qquad$ degrau com retardo
$\dfrac{1}{s}(1 - e^{-Ts})$	$\mathbf{1}(t) - \mathbf{1}(t - T) \qquad$ pulso retangular
$\dfrac{1}{s(s+a)}$	$\dfrac{1}{a}(1 - e^{-at})$
$\dfrac{1}{s(s+a)(s+b)}$	$\dfrac{1}{ab}\left(1 - \dfrac{be^{-at}}{b-a} + \dfrac{ae^{-bt}}{b-a}\right)$
$\dfrac{s+z_1}{s(s+a)(s+b)}$	$\dfrac{1}{ab}\left(z_1 - \dfrac{b(z_1 - a)e^{-at}}{b-a} + \dfrac{a(z_1 - b)e^{-bt}}{b-a}\right)$
$\dfrac{1}{s(s^2 + \omega^2)}$	$\dfrac{1}{\omega^2}(1 - \cos\omega t)$
$\dfrac{s+z_1}{s(s^2 + \omega^2)}$	$\dfrac{z_1}{\omega^2} - \sqrt{\dfrac{z_1^2 + \omega^2}{\omega^4}}\cos(\omega t + \phi) \qquad \phi \equiv \mathrm{tg}^{-1}(\omega/z_1)$
$\dfrac{1}{s(s^2 + 2\zeta\omega_n s + \omega_n^2)}$	$\dfrac{1}{\omega_n^2} - \dfrac{1}{\omega_n\omega_d} e^{-\zeta\omega_n t}\,\mathrm{sen}(\omega_d t + \phi)$ $\omega_d \equiv \omega_n\sqrt{1-\zeta^2} \qquad \phi \equiv \cos^{-1}\zeta$
$\dfrac{1}{s(s+a)^2}$	$\dfrac{1}{a^2}(1 - e^{-at} - ate^{-at})$
$\dfrac{s+z_1}{s(s+a)^2}$	$\dfrac{1}{a^2}[z_1 - z_1 e^{-at} + a(a - z_1)te^{-at}]$
$\dfrac{1}{s^2}$	$t \qquad$ rampa unitária
$\dfrac{1}{s^2(s+a)}$	$\dfrac{1}{a^2}(at - 1 + e^{-at})$
$\dfrac{1}{s^n} \quad n = 1, 2, 3, \ldots$	$\dfrac{t^{n-1}}{(n-1)!} \qquad 0! = 1$

Apêndice B

Alguns Pares de Transformadas z Úteis para a Análise de Sistemas de Controle

$F(z)$	Termo de ordem k da sequência temporal $f(k)$ $k = 0, 1, 2,...$
z^{-k}	1 para k, 0, caso contrário (sequência delta de Kronecker)
$\dfrac{z}{z - e^{-aT}}$	e^{-akT}
$\dfrac{Te^{-aT}z}{(z - e^{-aT})^2}$	kTe^{-akT}
$\dfrac{T^2 e^{-aT} z(z + e^{-aT})}{(z - e^{-aT})^3}$	$(kT)^2 e^{-akT}$
$\dfrac{z^n}{(z - A)^n}$	$\dfrac{(k+1)(k+2)\cdots(k+n-1)}{(n-1)!} A^k$ (A é qualquer número complexo)
$\dfrac{z}{z - 1}$	1 (sequência degrau unitário)
$\dfrac{Tz}{(z - 1)^2}$	kT (sequência rampa unitária)
$\dfrac{T^2 z(z + 1)}{(z - 1)^3}$	$(kT)^2$
$\dfrac{z^n}{(z - 1)^n}$	$\dfrac{(k+1)(k+2)\cdots(k+n-1)}{(n-1)!}$
$\dfrac{z \operatorname{sen} \omega T}{z^2 - 2z \cos \omega T + 1}$	$\operatorname{sen} \omega kT$
$\dfrac{z(z - \cos \omega T)}{z^2 - 2z \cos \omega T + 1}$	$\cos \omega kT$

$F(z)$	Termo de ordem k da sequência temporal $f(k)$ $k = 0, 1, 2,...$
$\dfrac{ze^{-aT}\operatorname{sen}\omega T}{z^2 - 2ze^{-aT}\cos\omega T + e^{-2aT}}$	$e^{-akT}\operatorname{sen}\omega kT$
$\dfrac{z(z - e^{-aT}\cos\omega T)}{z^2 - 2ze^{-aT}\cos\omega T + e^{-2aT}}$	$e^{-akT}\cos\omega kT$
$\dfrac{1}{(z-a)(z-b)}$	0 para $k = 0$ $\dfrac{1}{a-b}(a^{k-1} - b^{k-1})$ para $k > 0$
$\dfrac{z}{(z-a)(z-b)}$	$\dfrac{1}{a-b}(a^k - b^k)$
$\dfrac{z(1-a)}{(z-1)(z-a)}$	$1 - a^k$

REFERÊNCIAS E BIBLIOGRAFIA

1. Churchill, R. V. and Brown, J. W., *Complex Variables and Applications*, Fourth Edition, McGraw-Hill, New York, 1984.
2. Hartline, H. K. and Ratliff, F., "Inhibitory Interaction of Receptor Units in the Eye of the Limulus," *J. Gen. Physiol.*, 40:357, 1957.
3. Bliss, J. C. and Macurdy, W. B., "Linear Models for Contrast Phenomena," *J. Optical Soc. America*, 51:1375, 1961.
4. Reichardt, W. and MacGinitie, "On the Theory of Lateral Inhibition," *Kybernetic* (German), 1:155, 1962.
5. Desoer, C. A., "A General Formulation of the Nyquist Criterion," *IEEE Transactions on Circuit Theory*, Vol. CT-12, No. 2, June 1965.
6. Krall, A. M., "An Extension and Proof of the Root-Locus Method," *Journal of the Society for Industrial and Applied Mathematics*, Vol. 9, No. 4, December 1961, pp. 644–653.
7. Wiberg, D. M., *State Space and Linear Systems*, Schaum Outline Series, McGraw-Hill, New York, 1971.
8. LaSalle, J. and Lefschetz, S., *Stability by Liapunov's Direct Method, with Applications*, Academic Press, New York, 1958.
9. Lindorff, D. P., *Theory of Sampled-Data Control Systems*, John Wiley & Sons, New York, 1965.
10. Åström, K. J. and Wittenmark, B., *Computer Controlled Systems*, Prentice-Hall, Englewood Cliffs, New Jersey, 1984.
11. Leigh, J. R., *Applied Digital Control*, Prentice-Hall, Englewood Cliffs, New Jersey, 1985.
12. Chen, C. T., *Introduction to Linear System Theory*, Second Edition, Holt, Rinehart and Winston, New York, 1985.
13. Truxal, J. G., *Automatic Feedback Control System Synthesis*, McGraw-Hill, New York, 1955.
14. Aizerman, M. A., *Theory of Automatic Control*, Addison-Wesley, Reading, Massachusetts, 1963.
15. Bode, H. W., *Network Analysis and Feedback Amplifier Design*, Van Nostrand, Princeton, New Jersey, 1945.
16. Brown, G. S. and Campbell, D. P., *Principles of Servomechanisms*, John Wiley, New York, 1948.
17. James, H. M., Nichols, N. B. and Phillips, R. S., *Theory of Servomechanisms*, McGraw-Hill, New York, 1947.
18. Kuo, B. C., *Automatic Control Systems*, Fifth Edition, Prentice-Hall, Englewood Cliffs, New Jersey 1987.

Índice

A
acelerômetro, 144-145
aleatório(a)
  entradas, 485-486
  evento, 485-486
  processos, 485-486
amortecimento
  coeficiente, 45
  razão, 45, 97, 263-264, 328, 340-341
amostrador fictício, 134-135, 244-245
amostradores, 17, 57, 111-112, 147-148, 155, 173, 177
amostradores em sistemas de controle, 111-112, 147-148, 155, 173, 177
amostragem uniforme, 233
analógico
  computador, 204
  sistema de controle, 5
ângulos de chegada, 322-323, 334
ângulos de partida, 321-322, 334
aproximações por polos e zeros dominantes, 348-349, 355, 358-359
aproximações por séries de Taylor, 456, 471-472
assimetria, 468-469
assíntotas (lugar das raízes), 320-321, 331-332
assintoticamente estável, 465-466
assintóticos(as)
  aproximações, 368, 380
  erros, 369
atraso
  compensação, 302, 345
  compensador, 130, 133-134, 392, 439
    contínuo, 130
    digital, 133-134, 312
automalha, 182
avaliação gráfica de resíduos, 95

B
baroreceptores, 146-147
bilinear
  equação, 38-39
  transformação, 119, 236, 378, 395
bloco, 14
Bode
  análise, 365
  análise e projeto de sistemas discretos no tempo, 378, 395
  diagrama de ângulo de fase, 365
  diagrama de módulo, 365
  diagramas, 365, 380, 387
  forma de, 366, 380
  ganho, 366, 380, 387
  pontos de separação, 320-321, 332-333
  projeto, 387
  ramo, 179
  sensibilidade, 209

C
calibrar, 3
causa e efeito, 4
causalidade, 54-55, 70
CC
  entrada, 130
  ganho, 130, 132-133
  motor, 143-144
centro das assíntotas, 320-321
chave (elétrica), 2, 24
circuito RLC, 33-34
círculo unitário, 117, 254-255, 338-339
círculos M, 262-263, 288-289, 299
círculos N, 262-263, 288-289
classificação de sistemas de controle, 214, 225
cofator, 50-51
comando, 1, 19-20
compensador de avanço, 129, 132-133, 345, 388, 436
  contínuo, 129
  digital, 132-133, 313
compensação
  ativa, 236
  de atraso, 302, 345, 392, 402-403, 439
  de atraso-avanço, 304, 309, 393, 405, 441
  de avanço, 300, 309, 345, 388, 399-400, 436
  por cancelamento, 344, 356
  com realimentação, 235, 353-354, 360-361
  de fase, 344, 357, 448
  em cascata, 235
  fator de ganho, 297, 299, 308, 343, 355, 387, 399-400, 434, 435, 445
  módulo, 345, 357-358
  passiva, 236
  tacométrica, 310
compensadores analógicos e digitais
  de atraso, 130, 133-134, 138-140, 312, 392, 439
  de atraso-avanço, 130, 138-139, 393, 441
  de avanço, 129, 132-133, 137-138, 210, 388, 436
  derivativo (D), 310
  integral (I), 20-21
  PID, 20-21, 130, 306
  proporcional (P), 20-21
complexo
  convolucional, 74, 101
  forma, 250
  função, 246
  plano, 94
  translação, 74
componente, 14
concentrador, 182
conjunto fundamental, 40, 49-50, 60, 70
constante de tempo dominante, 234, 303, 304, 440
constantes de erro, 218, 226
  aceleração, 217-218, 228
  degrau, 218, 228
  parabólica, 219, 228
  posição, 216, 228
  rampa, 216, 218, 228
  velocidade, 216, 228
contorno fechado, 248
controlabilidade, 482
  matriz, 482
controlado(a)
  saída, 16
  sistema, 16
  variável, 4
controlador derivativo, 20-21
controlador I, 20-21
controlador integral, 20-21
controlador on-off, 20-21, 31-32, 461-462
controlador P, 20-21
controlador PD, 20-21
controlador PI, 20-21
controlador PID, 20-21. 130, 306
controlador proporcional, 20-21
controladores, 20-21 (ver também compensadores, compensação)
controlável, 482
controle, 1
  ação, 3, 9
  algoritmo (leis), 20-21, 470-471
  modelos de sisteamas, 6
  problema de engenharia nos sistemas de, 6
  razão, 158
  sinal, 16

sistema, 1
subsistema, 2
controle de refrigeração, 12
controle de temperatura de um forno, 12, 32-33
controle do aquecedor, 2, 5
controle do avião, 3
conversor analógico-digital (A/D), 18
conversor digital-analógico (D/A), 18-19, 35
convolução
  integral, 42, 53-54, 69-70, 74
  soma, 50-51, 67, 86
corte
  frequência, 232
  taxa, 233
critério de ângulo, 318-319, 329
critério de estabilidade de Hurwitz, 116, 122
critério de estabilidade de Lyapunov, 464-465, 475-476, 480-481
Critério de Estabilidade de Popov, 470
Critério de Estabilidade de Routh, 115, 121
critério de estabilidade por fração contínua, 117, 123
curva de comutação, 462-463

D

dados da resposta de frequência experimental, 246, 251, 276
deadbeat
  resposta, 239, 356, 363
  sistema, 239, 363
decibel, 233
degrau unitário
  função, 44, 65
  resposta, 45, 65
delta de Kronecker
  resposta, 50-51, 90, 132-133, 142-143
  sequência, 50-51, 88
detector com fotocélula, 11
determinante, 50-51
diagrama de Nichols, 417-420, 427
  projeto, 434
  projeto de sistemas discretos no tempo, 444
  traçado, 419-420
diagrama em bloco, 14, 21-22, 154
  redução, 160, 164, 170, 187, 199
  transformações, 156, 166
diagramas de fluxo de sinal, 179, 189
diagramas polares, 250, 275, 289-290
  propriedades, 252, 275
digital
  compensador de atraso, 133-134, 312
  compensador de avanço, 132-133, 313, 314
  dado, 4
  filtro, 18-19
  sinal (dados), 4, 17
dipolo, 345
direção, 3

direção de um automóvel, 20-21
direto(a)
  função de transferência, 156
  percurso, 16, 182
discretização de equações diferenciais, 52
distúrbio, 19-20, 485-486
distúrbios externos, 2, 4
divisor de tensaão, 9
domínio do tempo
  especificações, 234
  projeto, 483
  resposta, 48-49, 52, 90, 103, 324-325, 338-339

E

elemento, 14
entrada, 2
  nó, 181
entrada de ruído, 2, 19-20
entrada de teste, 19-20
entradas múltiplas, 159, 167
envolvido, 248, 273
envolvimento negativo, 249
equação auxiliar, 116
equação característica, 39, 49-50, 59-60, 156, 184, 317
  raízes distintas, 40
  raízes repetidas, 40
equação de difusão, 36
equação diferencial homogenea, 39-41
equação diferencial ordinária, 37
equações de diferenças, 36, 48-49, 51, 66
equações de distúrbios, 458-459, 471-472
equações de um sistema massa-mola, 455
equações diferenciais, 36
  invariantes no tempo, 37, 58, 459-460
  lineares, 38-39, 54-55, 59-60
  não lineares, 38-39, 59-60, 458-459
  ordinárias, 37
  soluções, 41, 48-49, 62, 90, 103
  variantes no tempo, 37, 58
equações do pêndulo, 456
equações invariantes com o tempo, 37, 459-460
equações satélites, 55-56, 455, 472-473
equações variantes com o tempo, 37
equalizadores, 235
erro
  detector, 19-20
  razão, 158
  sinal, 17, 486
escalas logarítmicas, 365
especificações de desempenho, 231, 486
  domínio da frequência, 231
  domínio do tempo, 234
  estado permanente, 234
  transitório, 234, 486
especificações no domínio da frequência, 231
  métodos para sistemas não lineares, 468, 477-478
espelho, 1

estabilidade, 114, 465-466
  assintótica, 465-466
  critérios, 114, 464-465
  Hurwitz, 116, 122
  Lyapunov, 464-465, 480-481
  marginal, 114
  Popov, 470
  por frações contínuas, 117, 123
  Routh, 115, 121, 125-126
  teste Jury, 118, 125
estabilidade condicional, 299
estabilidade relativa, 114, 261-262, 287-288, 376, 385-386, 416-417
estado
  espaço, 482
  estimador, 484-485
  observador, 484-485
  projeto de controle por realimentação de, 483
  representações (modelos) de variáveis, 47, 51, 52, 66, 458-459, 465-466, 482
  soluções por vetores, 48-49, 52
  vetor, 47, 52
estado permanente
  erros, 226, 229
  resposta, 43, 51
estímulo, 19-20
estufa, 2

F

fase
  ângulo, 250
  compensação, 344
  frequência de cruzamento, 231, 261-262, 416-417
  margem, 231, 241, 262-263, 326-327, 339-340, 376, 385-386, 416-417, 426
  plano, 459-461
fase mínima, 129
fator de ganho, 129
  compensação, 297, 308, 343, 387, 399-400, 434, 435, 445
fisicamente realizável, 54-55
fonte, 181
forma canônica de um sistema de controle com realimentação, 156, 164
forma de Euler, 250
forma polar, 250
forma retangular, 251
fórmula do ganho entrada-saída, 184
fórmula geral de ganho entrada-saída, 184, 194
frequência
  aplicação de escala, 74, 75
  de canto, 370
  de corte, 232
  de cruzamento de fase, 231, 261-262, 416-417
  de cruzamento de ganho, 231, 262-263, 416-417
  natural amortecida, 45, 97
  natural não amortecida, 45, 97
função de Lyapunov, 465-466

função de resposta de frequência de malha aberta unifcada, 231, 251
função de saturação, 455
função de transferência de pulso, 147-148
função de transferência genérica, 251
função de transferência nominal, 208
função de transferência senoidal, 246, 251
função exponencial matricial, 48-49, 66
função plurívuca, 270-271
funções de singularidade, 44, 64
funções de transferência, 128
   com realimentação, 156
   contínua no tempo, 128, 135-137
   da malha, 156
   de malha fechada, 156
   derivada de, 247
   discretas no tempo, 132-133
   do percurso direto, 156
funções descritiva, 468, 477-478
funções inteiras, 265-266
funções racionais (algébricas), 79-80, 82, 88, 94, 95, 267-268

G

ganho, 131, 133-134, 182
   frequência de cruzamento, 231, 262-263, 416-417
   margem, 231, 241, 261-262, 326-327, 339-340, 376, 385-386, 416-417, 426
ganho de malha, 182
gerador (elétrico), 7
giroscópio, 145-146
gráficos do módulo em dB *versus* ângulo de fase, 411, 422
grau de um polinômio, 266-267

H

histerese, 31-32, 468-469, 479-480

I

impulso unitário
   função, 44, 64
   resposta, 45, 64, 83-84
índice de desempenho, 486
inibição lateral, 56
inicial(is)
   condições, 41
   problema de valor, 41, 48-49
insensível, 209
instabilidade, 4
instável, 114
"integradores" de sistemas discretos no tempo (digitais), 254
integral de contorno, 73, 86
intrada de referência, 16
inversa
   transformada de Laplace, 73, 99, 106-107
   transformada z, 86

J

juros compostos, 12, 36
Jury
   arranjo, 118, 125
   teste, 118, 125

L

largura de faixa, 4, 232, 241, 300, 303, 304, 312, 315, 377, 440
lei da integral de Cauchy, 134-135
lei da oferta e da procura, 10, 175
lei de Faraday, 54-55
lei de Ohm, 36
leis de Kepler, 55-56
leis de Kirchhoff, 55-56, 110-111, 183
linear(es)
   equação, 38-39
   equações diferenciais, 38-39, 54-55, 59-60
   sistema, 53-54
   soluções de sistemas, 62, 77-78
   termo, 38-39
   transformação, 53-54, 73, 86
linearidade, 53-54, 68-69
linearização
   de equações não lineares, 458-459
   de sistemas digitais não lineares, 459-460
linearização por partes, 455, 470-471
linearmente dependente, 39, 483
linearmente independente, 39, 60, 483
lugar das raízes
   análise pelo, 317
   construção, 322-323
   projeto, 343

M

malha aberta, 3, 9
   função de transferência, 156, 231
   função resposta de frequência, 231, 232, 251
malha fechada, 3, 9
   função de transferência, 155, 156, 324-325, 338-339
   polos, 325-326, 328
   resposta de frequência, 377, 385-386, 419-420, 430
mapa de polos e zeros, 94, 108-109
mapeamento, 247, 249, 265-266
mapeamento conforme, 249, 271-272
mapeamento de translação, 265-266
marginalmente estável, 114
matriz de projeto do observador, 484-485
mecanismo de controle da direção de um automóvel, 20-21
método da variação de parâmetros, 67
método de Horner, 92, 106-107
método de Lin-Bairstow, 93, 107-108
método de Newton, 93, 107-108
métodos de análise
   Bode, 365
   domínio do tempo, 36-70, 454-468
   lugar das raízes, 317
   Nichols, 411
   Nyquist, 246
microprocessador, 17
MIMO, 19-20
   sistema, 47, 52, 167
módulo, 250
   compensação, 345
   critério, 319-320

módulo em dB, 365
múltiplas entradas e múltiplas saídas, 19-20, 47, 52, 171

N

não linear
   equação, 38-39
   equações de saída, 458-459
   sistema diferencial (de equações), 458-459
   sistemas de controle, 454
não observável, 482
nó, 179
notação vetor-matriz, 47, 66, 80-81
número de lugares, 319-320
Nyquist
   análise, 246
   Critérios de Estabilidade, 259-260, 284-285
   Gráficos de Estabilidade para sistemas contínuos, 255-256, 277-278
   Gráficos de Estabilidade para sistemas discretos no tempo (digitais), 258-259
   percurso, 253, 277-278, 285-286, 295
   projeto, 297

O

observabilidade, 482
   matriz, 482
observável, 482
ondulação interamostras, 240
opeador de deslocamento, 49-50
operador diferencial, 39
operador diferencial de ordem n, 39
ordem, 41
ordem exponencial, 84-85
oscilação, 4

P

parcial
   desenvolvimento em fração, 82-84, 89, 104-105
   equação diferencial, 37
percurso, 181
   ganho, 182
percurso de Nyquist generalizado, 254
percurso direto, 16
pico de ressonância, 233, 263-264
piloto, 3
piloto automático, 3, 26
plano $P(s)$, 247
plano $P(z)$, 247
plano s, 247
plano z, 247
planta, 16
polinomial
   fatoração, 92, 329
   funções, 92, 266-267, 329
polinômio característico, 39, 59-60, 78-80, 128, 132-133
polos, 94
ponderação
   função, 42, 53-55
   sequência, 50-51, 54-55, 67

ponto de soma, 14. 25
ponto de tomada, 15
ponto singular, 248, 465-466
posição
   constante de erro, 215-216, 228
   servomecanismo, 20-21, 27
positivo
   envolvimento, 248
   matriz definida, 466-467
   realimentação, 17, 156
   sentido, 248
   sistema de realimentação, 156
precisão, 4
predição, 70
primária(o)
   razão de realimentação, 156
   sinal de realimentação, 17, 156
princípio
   da superposição, 53-54, 69-70
   de argumentos, 249, 272-273
princípio da separação, 484-485
processo, 16
projeto
   Bode, 387, 395
   lugar das raízes, 343
   métodos, 236
   Nichols, 434, 444
   Nyquist, 297
   objetivos, 231
   ponto, 352-353, 359-360
   por análise, 6, 236
   por síntese, 6, 236
projeto algébrico (síntese) de sistemas digitais, 238
projeto auxiliado por computador (CAD), 236
projeto por pontos, 352-353, 359-360
propriedade de filtragem, 44

R

raio de convergência, 84-85
raízes, 39
   de polinômios, 92
   distintas, 40
   repetidas, 40
rampa unitária
   função, 44, 65
   resposta, 45, 65
real
   função, 246
   variável, 246
realimentação, 3, 4, 9, 483
   características, 4
   compensação, 235, 353-354, 483
   função de transferência, 156
   malha, 182
   percurso, 16, 182
   potenciômetro, 27
realimentação negativa, 17, 156
   sistema, 156
realizações, 485-486
regra da adição, 180
regra da multiplicação, 181

regra dos sinais de Desctartes, 92, 106-107
regulador, 21-22
regular, 1
resíduos, 83
   avaliação gráfica de, 95, 108-109, 140-141
resposta de frequência, 130, 133-134
   contínuo no tempo, 130, 141-142
   discreto no tempo, 133-134, 142-143
   métodos para sistemas não lineares, 468, 477-478
resposta forçada, 42, 63, 67, 78-80, 90
resposta livre, 41, 63, 67, 78-80, 90
resposta total, 43, 51, 62, 64
resposta transitória, 43, 51
retenção, 18, 57, 134-135
retenção de dados, 18
retentor, 18
retentor de ordem zero, 18, 57, 134-135, 147-148, 150-152
   zeros, 94
robustez, 213

S

saída, 2
   nó, 182
   sensibilidade, 213
seccionalmente contínuo, 18
seguidor de emissor, 32-33
segunda lei de Newton, 36
semiplano direito, 95
semiplano esquerdo, 95
sensibilidade, 208
   coficiente, 213
   domínio do tempo, 213, 223-224
   função de transferência, 2, 8, 221-222
   malha aberta, 211
   malha fechada, 211, 407
   normalizada, 209
   relativa, 209
   resposta de frequência, 208, 221-222, 407
   saída, 213
servoamplificador, 27
servomecanismo, 20-21, 27, 32-33
servomotor, 27
setpoint, 2, 6, 21-22
simetria conjugada, 252
sinal analógico, 4
sinal atuante, 17, 156
sinal binário, 5
sinal de dados amostrados, 4, 18, 149-150
sinal digital discreto no tempo, 4
sinal modulado, 57
singularidade, 248
SISO, 15
sistema, 1
sistema causal, 42, 54-55, 70, 148-149
sistema controlado por computador, 18-19, 32-33
sistema controlado por radar, 13

sistema controlado termostaticamente, 5
sistema de controle biológico, 2, 3, 7, 10, 13, 25, 26, 29-35, 56, 146-147, 176
sistema de controle contínuo (discreto) no tempo, 5
   sinal, 4
sistema de controle de condução de um automóvel, 3, 25
sistema de controle de dados amostrados, 5, 33-34
sistema de controle de enchimento da caixa de descarga de um vaso comum, 11, 26
sistema de controle de iluminação, 11, 28-29
sistema de controle de investimento, 12
sistema de controle de perspiração, 2
sistema de controle de ponte levadiça, 13
sistema de controle de pressão sanguinea, 29-30
sistema de controle de temperatura, 5, 25, 31-32
sistema de controle de um semáforo, 10, 28-29
sistema de controle de uma cafeteira elétrica automática, 12
sistema de controle de uma máquina de lavar, 7, 8
sistema de controle de válvula, 27, 33-34
sistema de controle de velocidade, 27-28
sistema de controle digital, 5
sistema de controle discreto no tempo, 5
sistema de controle para o posicionamento do leme de um navio, 13
sistema de regulação, 21-22, 33-34
sistema multivariável, 19-20
sistema tipo l, 215-216
sistemas contínuos/discretos mistos, 134-135, 155
sistemas de controle de hormônios, 30-33
sistemas de controle econômicos, 10, 12, 13, 175
sistemas de controle adaptativos, 487
sistemas de controle híbridos, 5
sistemas de controle ótimo, 461-462, 486
sistemas de segunda ordem, 45, 65, 97, 109-110
sobrelevação (*overshoot*), 46-47, 66, 234
subótimo, 487
subsistema, 2
superposição, 53-54, 68-69, 159

T

tabela de Routh, 121
tacômetro
   função de transferência, 144-145
   realimentação, 165
tempo
   constante de, 45
   escalamento no, 74, 101
   resposta de, 19-20, 130, 139-140
   retardo de, 70, 74, 125-126, 246, 283

tempo de atraso, 232, 234
tempo de estabelecimento, 234
tempo de subida, 234, 241-242
teorema da amostragem, 233
teorema de Sylvester, 466-467
teorema do deslocamento, 87, 111-112
Teorema do Valor Final, 74, 87, 132-133
teorema do valor inicial, 74, 87
teorema fundamental da álgebra, 39, 82
teoria de controle estocástico, 486
termo, 37
termostato, 2, 5, 25, 31-32
torradeira, 3, 32-33
trajetória, 460-461
transdutores, 19-20, 32-33
transformação, 247
transformada de Laplace, 72, 98, 488
   propriedades, 73, 99
   tabelas, 76-77, 488
transformada w, 119, 236, 243, 378, 444, 451
   projeto, 236, 378, 444, 451
transformada z, 84-85
   inversa, 86, 91
   propriedade da, 86
   tabelas, 88, 490
transição
   matriz, 48-49
   propriedade, 48-49
transmissão
   função, 179
   regra, 180
trem de pulsos, 57

U
unitário
   operador, 49-50
   sistema de realimentação, 158, 167, 299, 435

V
variável independente, 4
variável manipulada, 16
velocidade
   constante de erro, 216
   servomecanismo, 27-28

W
Wroskiano, 60

Z
zona morta, 468-469